国家科学技术学术著作出版基金资助出版

功能薄膜及其沉积制备技术

戴达煌　代明江　侯惠君
林松盛　宋进兵　王　翔　编著

北　京
冶　金　工　业　出　版　社
2013

内容提要

本书结合功能薄膜的特点和工程应用与发展实际，概要地讲述了薄膜的含义、特征和分类及功能薄膜设计的原则；重点讲述了气相沉积、三束材料表面改性、复合处理等先进功能薄膜沉积制备方法、原理、工艺特点及适用的领域；在装饰与机械功能薄膜中，讲述了主要膜系、膜系的设计原则，并分别列举了装饰与机械功能膜的典型应用及发展趋势；在物理和特殊功能薄膜中，讲述了微电子、电磁、光学、光电子、集成光学等功能薄膜以及几种特殊的功能薄膜的特点及其典型的应用；最后扼要地介绍了微细加工技术、微机电系统加工的特点、典型器件与系统的新应用等内容。全书内容系统，深入浅出地介绍了一些新构思、新材料、新器件所实现的工程应用。

本书可供从事材料表面技术与工程、薄膜材料工艺与应用研究、设计、制造、管理的科技人员参考，也可供高等院校材料专业和相近专业师生使用。

图书在版编目(CIP)数据

功能薄膜及其沉积制备技术/戴达煌等编著．—北京：冶金工业出版社，2013.1

ISBN 978-7-5024-6026-6

Ⅰ.①功…　Ⅱ.①戴…　Ⅲ.①功能材料—薄膜技术　Ⅳ.①TB43

中国版本图书馆 CIP 数据核字(2012) 第 205223 号

出 版 人　谭学余
地　　址　北京北河沿大街嵩祝院北巷 39 号，邮编 100009
电　　话　(010)64027926　电子信箱　yjcbs@cnmip.com.cn
责任编辑　张熙莹　美术编辑　彭子赫　版式设计　孙跃红
责任校对　王永欣　刘　倩　责任印制　李玉山
ISBN 978-7-5024-6026-6
冶金工业出版社出版发行；各地新华书店经销；三河市双峰印刷装订有限公司印刷
2013 年 1 月第 1 版，2013 年 1 月第 1 次印刷
787mm×1092mm　1/16；33.25 印张；805 千字；516 页
99.00 元

冶金工业出版社投稿电话：(010)64027932　投稿信箱：tougao@cnmip.com.cn
冶金工业出版社发行部　电话：(010)64044283　传真：(010)64027893
冶金书店　地址：北京东四西大街 46 号(100010)　电话：(010)65289081(兼传真)
(本书如有印装质量问题，本社发行部负责退换)

序

现代材料表面科学与技术是在现代物理、化学、材料学、电子学、机械学等多种学科最新知识集成基础上发展起来的一门新兴的、综合性强、应用面广的先进科学技术，同时又是极具发展前景的多学科交叉的边缘学科。

通过表面状态的改变，不仅可以提高部件材料的耐磨损、耐腐蚀、抗高温氧化和抗疲劳性能，从而提高部件的可靠性、安全性，延长使用寿命，同时还可以通过表面技术赋予材料或部件特殊的声、光、电、磁、热等性能，使人们可以产生新的构思，创造新的材料、新的器件，以满足国民经济和国防建设的需要。

现代表面技术在国民经济中是实现可持续发展、节约资源、节约能源、保护环境的重要手段，其中的薄膜技术更是实现器件小型化和多功能化最重要的技术之一。

功能薄膜是现代表面科学与技术中的重要组成部分，它已广泛地应用在微电子行业（超大规模集成电路、微电子器件、大容量高存储密度的芯片元件）、精密机械制造、生物医学材料、新能源（太阳能薄膜电池、燃料电池）、半导体照明（MOCVD 技术的应用）、航空航天等国民经济的重要领域。功能薄膜在实现材料发展的复合化、多功能化、轻量化、智能化方面显示出了独特的优势，已成为材料科学研究和应用的热点领域。

本书的编著者，25 年来一直从事薄膜材料的研究，是这方面工作在一线的专家，取得了许多高水平的研究与应用成果，获得过近 20 项国家级、省部级科技进步奖，在这一领域做出了卓有成效的业绩。他们对目前国内外相对成熟的功能薄膜的性能、沉积制备技术、应用和一些新的功能进行了论述，把多年积累的知识和经验，以自身和他人的科学研究和实践为基础，对国内外的成果做了比较系统的整理，总结形成了较为系统的、新颖的、全面的《功能薄膜及其沉积制备技术》一书，献给读者。我认为这是很有意义的工作，它有益于推动发展我国现代材料表面技术科学领域的进步和应用，该书对从事薄膜性能与工艺研究及推广应用的科技人员、薄膜设计的工程技术人员是一本有价值的参考资料，对相关材料专业的学生也是一本实用的专业教科书和参考书。

中国工程院院士 周克崧

2012 年 3 月

前　言

20 多年来，作为特殊形态的薄膜及其沉积制备技术获得了迅速发展。在 20 世纪 60～80 年代期间，电子、真空、冶金、物理、化学、机械等学科的最新知识和电子束、激光束、离子束、等离子体、微波、超声速等离子体的最新成果被逐步引用到薄膜材料与工程应用后，各种装饰、机械、物理和特殊的功能薄膜已把材料表面性能改造成人们期望的各种功能，特别是一些新型的功能薄膜，已成为当代微电子、光电子、磁电子、刀具超硬化、太阳能利用、传感器、电子物理器件、计算机、通信、微机电系统、光学、电学、磁学、声学等新兴交叉学科和高新产品的材料基础，并广泛渗透到当代众多科学技术的各个领域，成为材料科学研究与应用的热点。令人瞩目的成果，有力地证明了功能薄膜材料的快速发展。

随着材料表面功能的不断改善，各种新的成膜方法不断涌现，特别是现代材料表面功能薄膜沉积制备新技术、新方法的开发，已从过去单一的蒸发镀膜发展到包括蒸发镀、离子镀、溅射镀、化学气相沉积、等离子辅助化学气相沉积、有机化学气相沉积、分子束外延、离子注入、微波电子回旋等众多先进的沉积功能薄膜的技术及离子刻蚀、反应离子刻蚀、离子束混合和多种技术相复合的复合技术、微细加工技术。由于这些技术的不断创新，为新型功能薄膜的大量涌现提供了技术保证，诸如纳米薄膜、量子线、量子点等低维材料、大规模集成电路用 Cu 布线材料，巨磁电阻薄膜、大禁宽度的电子学半导体材料、发蓝光的光电子材料、透明导电氧化物薄膜以及包括金刚石薄膜在内的超硬薄膜等。这些新型功能薄膜的出现，为探索薄膜功能在纳米尺度内的新现象、新规律，开发材料新特性、新功能，提高集成电路集成度，提高信息存储记录密度，扩大半导体材料的新应用和电子元器件的高可靠性，改善材料的耐磨、耐蚀、抗高温氧化性能等起到了不可低估的作用。当今它的应用已渗透到国民经济、国防建设和人民生活各个领域，并对一大批高新技术产业的发展起着支撑和先导作用，同时也推动着传统机械、冶金、石化、轻工、能源、建材、电子等传统工业的产品结构调整和升级换代。加上薄膜技术本身就是一门高新技术，它也是探索物质秘密，制备及分析特异成分、组织和晶体结构的有力手段，从理论到实际应用，都为材料表面保护、新型功能薄膜材料的揭示、展现乃至应用提供坚实的基础。在新世纪里，功能薄膜及其沉积制备技术的潜在应用前景将会吸引更多的跨学科的科技工作者的投入，我们相信，功能薄膜及其沉积制备技术是一门正在蓬勃发展的先进的新兴技术，特别在解决材料发展的复合化、轻量化、多功能化、智能化方面尤为突出。各种性能优异、功能独特的薄膜新材料在工业技术进步的高新技术应用发展中，必将发挥独特的优势和促进作用。

本书以功能薄膜和现代表面沉积技术为重点，结合薄膜的特点与工程应用的发展实际，概要地讲述了薄膜的含义、特征和分类及功能薄膜的选择设计原则和发展趋势；在薄膜沉积技术中，重点讲了化学和物理气相沉积、三束材料表面改性、复合处理等先进功能薄膜沉积制备的方法、原理、工艺特点及适用的技术领域；在装饰功能薄膜中，讲述了装饰膜的主要膜系，膜系设计的主要原则，重点列举了仿金与彩色、幕墙玻璃、塑料金属化、彩虹薄膜与镀铝纸等装饰薄膜的应用；在机械功能薄膜中，讲述了机械功能膜的主要膜系与设计膜系的基本原则，重点讲了氮化物、碳化物、硼化物、硅化物、金属、金属合金及超硬膜的性能、特点及其在工业上的典型应用与发展；在物理功能薄膜中，重点讲述了微电子功能、电磁功能、光学功能、光电子功能、集成光学功能薄膜的性能、特点和适宜的应用，重点列举了典型工业应用实例；在特殊功能膜中，扼要地介绍了几种特殊的功能膜的性能特点及其应用；最后简明介绍了微细加工及微机电系统加工技术的特点、典型器件与系统的新应用等内容。全书内容新颖、系统齐全、涉及面广，有些内容和技术研究属于前沿资料，其中有部分是我们25年来的研究成果，并着力贯穿一些新的构思、新的材料和新器件所实现的工程应用，力求做到深入浅出，通俗易懂。

全书总体思路由戴达煌、代明江提出。第1章由戴达煌编写，第2章由代明江编写，第3、4章由侯惠君、林松盛编写，第5、6章由宋进兵编写，第7章由戴达煌、王翔编写。代明江、戴达煌、宋进兵审阅并统稿了全书。宋进兵、胡芳负责了全书校对、绘图等工作。书中引用了一些国内外学者的著作、论文的观点和论述的成果，在此表达我们深深的谢意。

衷心感谢中国工程院院士、我国材料表面技术与工程专家周克崧先生为本书作序。同时在编写过程中，也得到了广州有色金属研究院领导的支持和材料表面工程研究所同事们的帮助，在此表示我们衷心的感谢。

衷心感谢国家科学技术学术著作出版基金对本书出版的经费资助。

功能薄膜及其沉积制备技术发展迅速，涉及的内容与应用新颖、宽广，加上编写时间有限，编者水平所限，书中不足之处恳请读者批评指正。

广东省工业技术研究院（广州有色金属研究院）
新材料研究所
戴达煌　代明江
2012年10月于广州

目　　录

1　绪论 …… 1

1.1　薄膜的含义及特征 …… 1

1.1.1　薄膜的含义 …… 1

1.1.2　薄膜学的主要研究内容 …… 2

1.1.3　功能薄膜的分类 …… 2

1.1.4　薄膜材料的特殊性 …… 4

1.1.5　薄膜材料的结构与缺陷 …… 8

1.1.6　薄膜材料的性质与应用 …… 9

1.2　功能薄膜材料的选择与设计 …… 10

1.2.1　装饰功能薄膜 …… 10

1.2.2　机械功能薄膜 …… 12

1.2.3　物理功能薄膜 …… 17

1.2.4　特殊功能薄膜 …… 19

1.2.5　微电子机械系统制备技术与所用的功能薄膜 …… 20

1.3　功能薄膜材料的发展趋势 …… 20

1.3.1　功能薄膜材料小型化、多功能化和高度集成化 …… 21

1.3.2　各类功能薄膜材料的发展 …… 22

1.3.3　功能薄膜沉积制备技术的发展 …… 24

1.3.4　功能薄膜表征技术的发展 …… 25

参考文献 …… 26

2　功能薄膜的沉积制备方法 …… 27

2.1　概述 …… 27

2.1.1　装饰功能薄膜的沉积制备方法 …… 27

2.1.2　机械功能薄膜的沉积制备方法 …… 28

2.1.3　物理功能薄膜的沉积制备方法 …… 28

2.1.4　特殊功能薄膜的沉积制备方法 …… 29

2.2　化学气相沉积技术 …… 30

2.2.1　化学气相沉积的原理 …… 30

2.2.2　热激发化学气相沉积 …… 32

2.2.3　常压和低压化学气相沉积 …… 32

2.2.4　等离子体增强化学气相沉积 …… 33

2.2.5　激光化学气相沉积 …… 42
2.2.6　微波等离子体化学气相沉积 …… 46
2.2.7　金属有机化学气相沉积 …… 48
2.3　分子束外延技术 …… 55
2.3.1　分子束外延的特点 …… 55
2.3.2　分子束外延的原理 …… 55
2.3.3　分子束外延装置与分类 …… 56
2.3.4　分子束外延的生长工艺 …… 58
2.3.5　分子束外延的应用 …… 58
2.4　现代材料表面改性技术 …… 58
2.4.1　电子束与材料表面改性技术 …… 59
2.4.2　激光束与材料表面改性技术 …… 67
2.4.3　离子注入与材料表面改性技术 …… 90
2.4.4　离子团束沉积技术 …… 111
2.5　物理气相沉积技术 …… 116
2.5.1　真空蒸发镀膜技术 …… 118
2.5.2　溅射镀膜技术 …… 127
2.5.3　离子镀膜技术 …… 141
2.6　新型镀制功能薄膜的复合镀膜技术 …… 167
2.6.1　磁控溅射与阴极多弧离子镀膜技术的复合 …… 167
2.6.2　金属离子源与离子镀技术的复合 …… 168
2.6.3　离子束辅助沉积技术 …… 169
2.6.4　多种表面技术沉积制备多层复合膜层 …… 171
参考文献 …… 172

3　装饰功能薄膜 …… 176
3.1　概述 …… 176
3.2　装饰功能膜的主要膜系 …… 176
3.3　装饰功能膜系设计的主要原则 …… 177
3.3.1　颜色 …… 177
3.3.2　明度 …… 177
3.3.3　耐蚀性 …… 178
3.3.4　耐磨性 …… 178
3.4　彩色装饰膜 …… 178
3.4.1　颜色 …… 179
3.4.2　光亮度 …… 182
3.4.3　耐蚀性 …… 182
3.4.4　耐磨性 …… 183
3.4.5　典型的镀制工艺 …… 183

3.5 玻璃装饰功能膜 …… 186
3.5.1 幕墙玻璃装饰膜的基本功能 …… 186
3.5.2 玻璃镀膜的材料与颜色 …… 188
3.5.3 镀膜玻璃的硬度和耐磨性 …… 190
3.5.4 智能窗玻璃 …… 191
3.5.5 防雾防露和自清洁镀膜玻璃 …… 194
3.6 塑料金属化装饰膜和七彩膜 …… 194
3.6.1 塑料金属化装饰膜 …… 194
3.6.2 七彩装饰膜 …… 196
3.7 包装装潢用装饰膜 …… 196
3.7.1 仿金属装潢的包装膜 …… 196
3.7.2 服饰用金银线 …… 196
3.7.3 电化铝箔 …… 197
3.7.4 高档食品用真空镀铝复合包装材料 …… 197
3.7.5 SiO_x 和 Al_2O_3 透明阻隔膜 …… 198
3.8 彩虹薄膜与镀铝纸 …… 198
3.8.1 彩虹薄膜 …… 198
3.8.2 镀铝纸 …… 199
3.9 大面积装饰镀膜生产中应注意的技术 …… 201
参考文献 …… 201

4 机械功能薄膜 …… 203
4.1 概述 …… 203
4.2 机械功能薄膜的主要膜系与设计膜层的原则 …… 204
4.2.1 主要膜系 …… 204
4.2.2 设计选择膜层的基本原则 …… 205
4.3 氮化物系 …… 207
4.3.1 TiN …… 208
4.3.2 ZrN …… 212
4.3.3 CrN …… 213
4.3.4 (Ti,Al)N …… 214
4.3.5 (Cr,Ti,Al)N …… 218
4.4 碳化物系 …… 226
4.4.1 TiC …… 226
4.4.2 Cr-C …… 227
4.4.3 W-C …… 228
4.5 硼化物与硅化物系 …… 229
4.5.1 硼化物（TiB_2、ZrB_2）系 …… 229
4.5.2 硅化物（WSi_2、$MoSi_2$、$TaSi_2$、$TiSi_2$）系 …… 231

4.6　金属与合金系 …… 232
4.6.1　金属与合金薄膜 …… 232
4.6.2　金属与合金膜用靶材 …… 235
4.6.3　金属元素用作注入离子来提高材料表层的性能 …… 235
4.6.4　金属与合金作薄膜材料的中间过渡层 …… 237
4.6.5　其他作用 …… 238
4.7　超硬薄膜 …… 238
4.7.1　金刚石膜 …… 239
4.7.2　类金刚石膜 …… 257
4.7.3　β-C_3N_4 超硬膜 …… 270
4.7.4　纳米晶 Ti-Si-N 薄膜 …… 274
4.7.5　纳米多层膜 …… 276
4.7.6　多层 Ti/TiN/Zr/ZrN 耐磨抗冲刷膜 …… 282
4.8　机械功能薄膜的主要工业应用 …… 286
4.8.1　机械功能薄膜的超硬耐磨性的主要工业应用 …… 286
4.8.2　机械功能薄膜（涂层）的防护性能主要工业应用 …… 297
4.8.3　在酸和熔融态金属及盐中的工业应用 …… 299
4.8.4　机械功能膜在特殊环境中的应用 …… 300
4.9　机械功能薄膜的发展 …… 302
4.9.1　新型的金属陶瓷薄膜涂层 …… 302
4.9.2　多元复合薄膜 …… 303
4.9.3　多层复合薄膜 …… 304
4.9.4　纳米薄膜 …… 306
4.9.5　纳米晶-非晶复合薄膜 …… 306
4.9.6　非金属超硬薄膜 …… 306
参考文献 …… 307

5　物理功能薄膜 …… 310
5.1　概述 …… 310
5.2　微电子功能薄膜 …… 310
5.2.1　半导体薄膜 …… 311
5.2.2　介质薄膜 …… 316
5.2.3　导电薄膜 …… 321
5.2.4　电阻薄膜 …… 330
5.3　电磁功能薄膜 …… 333
5.3.1　高温超导薄膜 …… 333
5.3.2　压电薄膜 …… 339
5.3.3　铁电薄膜 …… 343
5.3.4　磁性薄膜 …… 347

5.4　光学功能薄膜 …… 356
5.4.1　基本光学薄膜 …… 356
5.4.2　控光薄膜 …… 361
5.4.3　光学薄膜材料 …… 367
5.5　光电子功能薄膜 …… 372
5.5.1　薄膜光电探测器 …… 373
5.5.2　光电池薄膜 …… 377
5.5.3　光敏电阻薄膜 …… 379
5.5.4　光电导摄像靶薄膜 …… 381
5.5.5　透明导电氧化物薄膜 …… 384
5.6　集成光学功能薄膜 …… 389
5.6.1　光波导薄膜 …… 389
5.6.2　光开关薄膜 …… 392
5.6.3　光调制（光偏转）薄膜 …… 393
5.7　物理功能薄膜的应用 …… 395
5.7.1　物理功能薄膜在微电子器件和集成电路中的应用 …… 395
5.7.2　物理功能薄膜在光学器件上的应用 …… 400
5.7.3　物理功能薄膜在光电子器件上的应用 …… 408
5.7.4　物理功能薄膜在太阳能电池上的应用 …… 422
5.7.5　物理功能薄膜在传感器上的应用 …… 426
参考文献 …… 431

6　特殊功能薄膜 …… 434
6.1　导弹雷达整流罩用的高温耐磨与透光功能薄膜 …… 434
6.2　超高真空中的润滑用的功能薄膜 …… 435
6.3　超固体润滑功能薄膜 …… 436
6.4　航空航天用关键材料表面改性的特殊功效功能薄膜 …… 438
6.5　多功能用途的金刚石膜和类金刚石膜 …… 439
6.6　耐高压天然气冲蚀的密封面材料 …… 441
6.6.1　天然气田工况对部件的性能要求和国外设计采用的基材和密封面材质 …… 441
6.6.2　钛合金表面生成10μm的化合物TiN层作高压天然气的冲蚀与密封材料 …… 441
6.6.3　离子氮化后钛合金（材）表面生成的扩散层与TiN化合物层的性能与应用 …… 441
6.7　热沉材料 …… 444
6.8　高温条件下的耐磨功能薄膜 …… 446
6.9　射线环境下的润滑与耐磨和核反应堆相关重要部件的涂层 …… 446
6.10　超晶格特殊功能薄膜 …… 447
参考文献 …… 448

7 材料表面微细加工技术及其在微机电系统中的应用 …… 449
7.1 概述 …… 449
7.2 表面微细加工技术 …… 449
7.2.1 光刻加工 …… 449
7.2.2 电子束微细加工 …… 453
7.2.3 离子束微细加工 …… 455
7.2.4 激光束微细加工 …… 459
7.2.5 超声微细加工 …… 460
7.2.6 电火花微细加工 …… 462
7.2.7 电解微细加工 …… 463
7.2.8 微电铸加工 …… 464
7.2.9 LIGA 技术加工 …… 465
7.2.10 准 LIGA 技术加工 …… 472
7.2.11 扫描探针显微镜纳米精密加工 …… 472
7.3 微细加工技术在微电子先进新技术中的应用 …… 475
7.3.1 微电子微细加工技术 …… 475
7.3.2 微电子微细加工技术的应用 …… 478
7.4 微细加工在微机械器件、微机电系统部件制造加工中的应用 …… 478
7.4.1 大规模成熟制造集成电路技术的引用 …… 479
7.4.2 薄膜沉积制备技术 …… 481
7.4.3 光刻工艺技术 …… 482
7.4.4 LIGA 制造技术 …… 483
7.4.5 牺牲层技术 …… 483
7.4.6 基板键合技术 …… 485
7.5 微机电系统的加工与典型器件 …… 488
7.5.1 微机电系统加工技术特点 …… 488
7.5.2 微机电系统加工的典型器件与系统 …… 489
7.5.3 微机械与微机电系统常用材料 …… 511
7.5.4 微机电系统加工的多样化与标准化 …… 512
7.6 微机电系统研究开发概况与产业化前景 …… 513
7.6.1 国外微机电系统研究开发概况及产业化前景 …… 513
7.6.2 我国微机电系统研究开发概况和今后的发展方向 …… 514
参考文献 …… 515

1 绪　　论

1.1 薄膜的含义及特征

1.1.1 薄膜的含义

薄膜是一种特殊的物质形态。它在应用中涉及的材料十分广泛，可用单质或化合物，也可用无机材料或有机材料来制作，还可用固体、液体或气体物质来合成。薄膜与块体物质一样，可以是非晶态、多晶态、单晶态、微晶、纳米晶、多层膜或超晶格。20 世纪 60 ~ 80 年代，等离子体、电子束、离子束、激光束、微波、超高真空学科等的技术成果被逐步引入到材料表面薄膜科学与工程中；各种装饰、机械、物理（声、光、磁、绝缘、半导体等）、特殊功能（防辐射、自润滑、隐身、吸收、红外、催化、抗老化等）薄膜已把材料表面改造成具有人们期望的各种功能。它的应用遍及机械、石化、冶金、交通、能源、环保、核能、航空航天等工业及微电子、光电子、计算机、通信、光学、电学、声学、磁学等领域。特别是薄膜材料以最经济、最有效的方法改善材料表面及近表面区的形态、化学成分、组织结构、应力状态，赋予材料表面新的复合性能后，使许多新构思、新材料、新器件实现了新的工程应用，成为材料表面改性和提高某些先进工艺水平的重要手段。经过 30 余年的发展，逐步形成了一门独立学科——薄膜学。它是一门新兴的、跨学科的、综合性强的先进基础与工程技术，成为支撑当今技术革新和技术革命发展的重要因素。它既是应用广泛的工程技术，又是各学科交叉的边缘学科，已成为材料科学与工程领域发展的一个重要分支。

什么叫薄膜（thin film）？薄膜的定义是什么，有多“薄”才算薄膜？真实“薄膜”是随科学的发展而自然形成的。它和“涂层”、“箔”既有类似的含义，但又有差别。以厚度来对薄膜加以描述，通常是把膜层在无基片而独立形成的厚度作为薄膜厚度的一个大体标准，规定厚度约为 1μm。随着科学与工程应用领域的不断扩大和发展的深入，薄膜领域也在不断扩展；不同的应用，对薄膜的厚度有着不同的要求。曾有学者为与“涂层”的厚度区别，提出 20 ~ 25μm 厚度以上称为涂层，1 ~ 25μm 称为薄膜；也有人把几十微米的膜层称为薄膜。本书所指的薄膜是固体薄膜。从表面界面科学的角度上看，从微观研究的范围上看，它涉及的是材料表面几个至几十个原子层，因为在这一范围内的原子和电子结构与块体材料内部有明显的不同。若涉及原子层数量更大一些，且表面和界面特性仍起着重要的作用，通常厚度为几个纳米到几十个微米，这正是薄膜物理所研究的范围。

基于微电子器件发展的需要，加上对电子器件的集成度要求越来越高，20 世纪 80 年代的超大规模集成电路中的器件是微米量级，90 年代就要求亚微米量级，到 2000 年的分子电子器件是纳米量级。因此，就要求在发展上要研究亚微米和纳米薄膜的沉积制备技术和亚微米、纳米结构的薄膜制造的各种功能器件。这类薄膜有单晶薄膜、微晶薄膜、小晶粒的多晶薄膜、非晶薄膜、纳米薄膜和有机分子膜。可见，随着科学技术，特别是微电子器件、光电子器件的发展，薄膜的含义包括厚度在内也在不断地发展延伸。

1.1.2 薄膜学的主要研究内容

薄膜在沉积制备过程中，采用的是特殊的沉积制备方法，大都是物理气相沉积（PVD）和化学气相沉积（CVD）等方法。这些方法是在真空条件下沉积的，是属于原子量级的熔铸工艺，是将单个原子一个一个沉积凝结在衬底表面，经过形核与生长过程，形成薄膜。其原子结构类似于块体材料形式，但又有很大的变化，不仅存在多晶、表面界面缺陷态及结构的无序性，更与衬底表面有黏附性或者说有结合强度等问题。

薄膜材料与块体材料在表面结构特性上有很大的不同。块体材料的固体理论，是按原子周期性为依据，电子在晶体内的运动服从布洛赫定理，电子迁移率很大。但从薄膜的结构特性上看，其结构中的原子排列都存在一定的无序性和一定的缺陷态，电子在晶体中受到晶格原子的散射，使迁移率变小，因而使薄膜材料在电学、光学、力学等诸多性能上受到影响，这是与块体材料性能上的重要区别。从薄膜材料科学与应用的开拓研究看，其主要研究内容有：

（1）薄膜的沉积制备工艺技术。同一薄膜，采用不同的沉积制备方法，其性能差别很大，为此须研究不同的沉积制备工艺与薄膜性能的关系。

（2）研究薄膜所具有的特性，特别是新的特性，包括超硬特性、光、热、电、磁等特性以及这些特性的物理本质。

（3）根据研究的特性，有针对性地应用于工业的各个领域，特别是高新技术领域。

因此，功能薄膜，特别是新型功能薄膜，在当代高新技术中起着重要的作用。这些功能材料在电子学、微电子学、集成光学、光子学、微机械学、微机电学等领域有着广阔的用途。可以认为，当代的信息技术、微电子学技术、计算机科学技术、激光技术、航空航天技术、遥感遥测学技术的发展，都取决于功能薄膜的科学技术研究中所取得的成果，它们的发展都与功能薄膜科学技术研究与开发密不可分。

1.1.3 功能薄膜的分类

戴达煌，刘敏等人在薄膜功能的分类上提出了自己的看法，如图1-1所示。他们指出，就薄膜的功能用途，可大体分为装饰功能薄膜、机械功能薄膜、物理功能薄膜和特殊功能薄膜四大类。这种大致的分类涵盖的内容已十分广泛。就薄膜的功能及其应用看，也难以归类得完全科学、合理，因为无论怎么分类，它总会出现部分的重叠现象；而且它又处在一个高速发展之中，难以找到一个绝对完善的薄膜功能分类。为了便于功能薄膜的论述，本书就以装饰、机械、物理及特殊四类功能薄膜来论述。

（1）装饰功能薄膜。主要应用薄膜的色彩效应和功能效应。包括各种色调的彩色膜、幕墙玻璃用装饰膜、塑料金属化装饰膜、包装用装潢及装饰膜、镀铝纸等。

（2）机械功能薄膜。主要应用薄膜的力学性能和防护性能的功能效应，包括有高强度、高硬度、耐磨损，耐腐蚀、耐冲刷、抗高温氧化，防潮、防热、润滑与自润滑，成型加工等机械防护效应。这类薄膜主要包括氮化物系（TiN、ZrN、CrN、HfN、TiAlN、Mo_2N

- 薄膜技术
  - 装饰功能薄膜
    - 各种色调的彩色膜
    - 幕墙玻璃用装饰膜
    - 塑料金属化装饰膜
    - 包装用装潢及装饰膜
    - 镀铝纸
  - 机械功能薄膜
    - 耐腐蚀膜——TiN, CrN, SiO_2, Cr_7C_3, NbC, TaC, ZrO_2, MCrAlY, Co + Cr, ZrO_2 + Y_2O_3
    - 耐冲刷膜——TiN, TaN, ZrN, TiC, TaC, SiC, BN
    - 耐高温氧化膜——TiCN, 金刚石和类金刚石薄膜
    - 防潮防热膜——Al, Zn, Cr, Ti, Ni, AlZn, NiCrAl
    - 高强度高硬度膜——CoCrAlY, NiCoCrAlY + HfTa
    - 润滑与自润滑——MoS_2
    - 成型加工(防咬合,裂纹,耐磨损)——TiC, TiCN, CrC
  - 物理功能薄膜
    - 光学薄膜
      - 阳光控制膜
      - 低辐射系数膜
      - 防激光致盲膜——Al_2O_3, SiO_2, TiO, TiO_2, Cr_2O_3, Ta_2O_5, NiAl, 金刚石和类金刚石薄膜 Au, Ag, Cu, Al
      - 反射膜
      - 增反膜
      - 选择性反射膜
      - 窗口薄膜
    - 微电子学薄膜
      - 电极膜
      - 电器元件膜——Si, GaAs, GeSi
      - 传感器膜——Sb_2O_3, SiO, SiO_2, TiO_2, ZnO, AlN, Se, Ge, SiC, $PbTiO_3$, Al_2O_3
      - 超导元件膜——YBaCuO, BiSrCaCuO, Nb_3Al, Nb_3Ge
      - 微波声学器件膜
      - 晶体管薄膜
      - 集成电路基片膜——Al, Au, Ag, Cu, Pt, NiCr, W
    - 光电子学薄膜
      - 探测器膜——HF/DFCL, COIL, Na^{3+}, YAG, HgCdTe
      - 光敏电阻膜——InSb, PtSi/Si, GeSi/Si
      - 光导摄像靶膜——PbO, $PbTiO_3$, (Pb, L) TiO_3, $LiTaO_3$
    - 集成光学薄膜
      - 光波导膜
      - 光开关膜
      - 光调制膜——Al_2O_3, Nb_2O_5, $LiNbO_3$, Li, Ta_2O_5
      - 光偏转膜——$LiTaO_3$, Pb(Zr, Ti)O_3, $BaTiO_3$
      - 激光器薄膜
    - 信息存储膜
      - 磁记录膜——磁带,硬磁盘,软磁盘,磁卡,磁鼓等用: γ-Fe_2O_3, Co-Fe_2O_3, CrO_2, FeCo, Co-Ni
      - 光盘存储膜——CD-ROM, VCD, DVD, CD-E, GdTbFe, CdCo, InSb 膜
      - 铁电存储膜——Sr-TiO_2, (Ba, Sr) TiO_3, DZT, CoNiP, CoCr
  - 特殊功能薄膜
    - 真空中的干摩擦——DLC, 金刚石
    - 辐射下的润滑与耐磨——MoS_2
    - 高温耐磨与透光——金刚石
    - 具有某方面特殊功能的纳米薄膜——单层:金属、半导体、绝缘体、高分子; 复合膜(包括纳米复合结构与复合功能): 金属-半导体、半导体-绝缘体、金属-绝缘体、金属-高分子、半导体-高分子

图 1-1 薄膜功能分类

等），碳化物系（TiC、ZrC、CrC、DLC 等）；其次包括硼化物系（TiB_2、ZrB_2 等），硅化物系（TiSi、ZrSi 等），金属（Cr、Mo、W、MCrAlY（M = Co、Ni、Co-Ni）等）和超硬膜系（硬度大于 3000HV 以上）等。

（3）物理功能薄膜。主要应用薄膜物理性能的功能效应，是最重要的功能薄膜。这类薄膜主要包括：

1）微电子学薄膜（主要是半导体功能），主要有硅、锗薄膜，III_A-V_A 族化合物半导体薄膜（GaAs、CaP 等），II_A-VI_A 族化合物半导体薄膜和IV_A-VI_A 族化合物半导体薄膜。还包括介质薄膜，主要有 SiO、SiO_2、Si_3N_4、Ta_2O_5、钽基复合介质膜、Al_2O_3、TiO_2、Y_2O_3、HfO_2、氮氧化硅等；导电薄膜，主要有低熔点、高熔点导电膜、复合导电膜、多晶硅导电膜、金属硅化物导电膜、透明导电膜、电阻薄膜等。

2）电磁功能膜，主要有超导膜、压电和铁电膜、磁性膜、磁性记录膜、磁光膜、磁阻膜等。

3）光学薄膜，主要有减反射膜、反射膜、分光膜、截止滤光片、带通滤光片、阳光控制膜、低辐射系数膜、反热镜和冷光镜、光学性能可变膜等。

4）光电子学薄膜，主要有探测器膜、光电池膜、光敏电阻膜、光学摄像靶膜、氧化物透明导电膜等。

5）集成光学薄膜，主要有光波导膜、光开关膜、光调制及光偏转膜、薄膜透镜、激光器薄膜等。

（4）特殊功能薄膜。主要是指一些特殊用途的功能薄膜。如超高真空中的干摩擦、高温下的耐磨、射线辐照中的润滑与耐磨、热障薄膜、高温超导膜、航空中的固体润滑、导弹整流罩用高温耐磨与透光、催化、隐身、抗老化、托卡马克核聚变装置中的第三壁涂层等。

1.1.4 薄膜材料的特殊性

本书所指的薄膜材料是固体薄膜材料。固体的表面有其独特的物理、化学特性，因在材料的表面与其内部本体，材料在结构和化学组成上都有明显差异。对块体材料而言，薄膜的厚度很薄，很容易产生尺寸效应，即薄膜的物性会受厚度的影响；另外与块体材料相比，薄膜的表面积与体积之比很大，因而表面效应很显著，其表面能、表面态、表面散射、表面干涉对薄膜物性的影响很大，加上在薄膜材料中包含有大量的表面晶粒间界和缺陷态，其对电子输运的性能也有较大影响；因它沉积在基体上，基体与薄膜界面之间还存在一定的相互作用，就会产生膜/基间的黏附性，即膜/基结合力、内应力等问题。在应用时，这些特殊性都应作为薄膜材料的特殊性来加以改变，以下对这些问题作一简述。

1.1.4.1 表面能级

薄膜的表面能级很大，其表面与体积之比很大，表面效应十分明显。在固体的表面，由于原子周期排列的连续被中断，影响到电子波函数的周期性，把表面考虑在内的电子波函数已由塔姆进行了计算。一般来说，这些能级位于该物质体内能带结构的禁带之中，是处于束缚状态，起受主作用，表面态的数目和表面原子的数目具有同一数量级。如 Si 原子面密度均为 $10^{15}cm^{-2}$ 数量级，而实验值约为 $10^{14} \sim 10^{15}cm^{-2}$。因固体薄膜表面积很大，其表面能级将会对薄膜内电子的输运产生很大影响，尤其对半导体薄膜表面的电导和场效应产生很大影响，使用时，就必然影响半导体和器件的性能。

1.1.4.2 膜/基的附着性和附着力

膜/基的附着性（黏附性）和附着力是薄膜固有的主要特征之一。在很大程度上，它是决定薄膜应用的可能性和可靠性的性能。所谓附着，是指薄膜沉积在基片的过程中，膜层和基片两者间的原子相互受对方的作用，这种相互的作用通常的表现形式就是附着。

由于膜/基是异种材质，附着中，其对象是异种物质的边界和界面，两种异种物质间的相互作用能为附着能。把附着能视做界面能的一种类型。用附着能对基片与薄膜间的距离微分，微分的最大值称为附着力。

不同物质原子间最普遍的相互作用力是范德瓦尔斯力。它是永久偶极子与感应偶极子之间的作用力和其他色散力的总称。

假定，两个分子间相互作用能为 U，可用式(1-1)表示：

$$U = \frac{3a_A a_B}{2r^6} \cdot \frac{I_A I_B}{I_A + I_B} \tag{1-1}$$

式中 a——分子极化率；

r——分子间距离；

I——分子的离化能；

下标 A，B——分别表示 A 分子和 B 分子。

可以用范德瓦尔斯力解释多种附着现象。

假定薄膜与基片都是导体，两者费米能级不同，薄膜的形成会从一方到另一方发生电荷转移，界面上形成带电的双层。这时，膜层与基材间就会产生相互的静电力 F，用式(1-2)表示：

$$F = \frac{\sigma^2}{2\varepsilon_0} \tag{1-2}$$

式中 σ——界面电荷密度；

ε_0——真空中的介电常数。

此外，在考虑膜/基间相互产生的静电力 F 对附着的贡献外，还应考虑薄膜与基材间的相互扩散，其在两种原子间的相互作用大的条件下发生。由于两种原子间的混合和化合，造成界面消失，此时附着能变成混合物或化合物的凝聚能，而凝聚能要比附着能大。

从微观尺度上看，基体的表面并非完全平整，当基片在粗糙状态下，薄膜的原子进入基片中，就如同一个钉子打入基材，使薄膜附在基体上，同黏结剂所起的作用相类似。

应该指出的是，附着力的数据难以表示其物理意义。这是因为附着力的测量方法虽有不少，有一定的实用性，但大多是把膜层从基片上剥离，把剥离下来所需的力作为附着力的大小来作定量的判据。测量方法有黏结法和非黏结法。虽然其出现的数据较分散，但仍然可定性地测出附着力的大小顺序，对工艺研究还是具有实用性。

在分析薄膜与基材能否很好地结合或附着时，可看它们之间能否相互浸润，浸润性好，薄膜/基材的附着就好。大多数情况是，基体材质表面能小，因此，人们常使基材表面活化，以提高它的表面能，从而使附着力增大。使基材活化的方法主要是清洗、腐蚀、刻蚀、离子轰击清洗、电清理、机械清理等，当然加热也有效，加热会使异质元素相互扩散，促使附着力增大。在膜/基难以结合时，可通过与膜/基都能有效结合的“中间过渡层”来实现薄膜与基材两者的结合。这种中间过渡层，也可以是多层的。中间层的选择、设计在实现薄膜与基体的牢固结合上，极具实用价值。

1.1.4.3 薄膜的内应力

薄膜一面附着在基片上，受到约束的作用，易在膜层内产生应变。与膜层垂直的任一断面，其两侧会产生相互作用力，这种力称为内应力。薄膜的内应力是薄膜的固有特征之一。如果薄膜是沉积在薄薄的基片上，那么薄膜与基片都会发生不同程度的弯曲。其根源是在薄膜中有内应力存在。就弯曲现象看，一种弯曲是使薄膜成为弯曲面的内侧，使薄膜的某些部分与其他部分之间处于拉伸状态，称这种内应力为拉应力；另一种弯曲是使薄膜成为弯曲面的外侧，使薄膜处于压缩状态，称这种内应力为压应力。

内应力可分两大类：一类为固有应力（称为本征应力）；另一类为非固有应力。固有应力来源于薄膜中的缺陷，非固有应力来源于薄膜对衬底（基片）的附着力。因薄膜与衬底（基体）间不同的线膨胀系数和晶格失配，把应力引进薄膜；或因薄膜与衬底之间发生化学反应，在薄膜与衬底之间形成的金属化合物同薄膜紧密结合，有轻微的晶格失配，也能把应力引进薄膜；另外，在薄膜晶粒生长过程中，移走了部分晶粒间界，因而减少了晶粒间界中多余的体积，也会使薄膜和衬底间引进应力。对于宽带隙薄膜，诸如金刚石薄膜，C-BN、C_3N_4 薄膜，它们的内应力很大，在沉积制备过程中很容易发生薄膜龟裂、卷皮和崩落，在实验沉积过程中，时常都可观察到这种现象。

实验表明，当薄膜厚度大于 0.1μm 时，绝大多数情况下它的应力为确定值。蒸发镀膜实验研究证实，金属膜中的应力值大部分在 $-10^8 \sim 10^7$Pa 范围内（拉应力为正，压应力为负）。对一些易氧化的薄膜，如 Ti、Al、Fe 等薄膜，根据其形成的条件不同，其应力状况也比较复杂。一般来说，氧化会使应力向压应力方向移动。许多化合物表现为拉应力，而 C、B、TiC、ZnS 等薄膜表现为压应力，其压力值为 $-10^8 \sim -10^7$Pa，Bi、Ga 等也显示出不太大的压应力。在溅射镀膜过程中，薄膜表面受到高速离子、中性粒子的冲击，若在其他工艺参数相同的条件下，放电气压越低的高速粒子，能量就越大。这些高速粒子因对薄膜的冲击（轰击），会使薄膜中的原子因碰撞而从点阵位置离位，进入间隙位置，产生钉扎效应；或高速粒子进入晶格之中，这些都是产生压应力的原因。在溅射镀膜中，其所产生的内应力与溅射条件关系十分密切。

薄膜中存在内应力，也就表明了它存在应变能。设薄膜的内应力为 σ，弹性模量为 E，则在单位体积薄膜中其储存的应变能 U（J/m^3）为：

$$U = \frac{\sigma^2}{2E} \tag{1-3}$$

当薄膜厚度为 d，在单位面积基片上附着的薄膜所具有的应变能为：

$$U = \frac{\sigma^2 d}{2E} \tag{1-4}$$

在薄膜的应变能超过薄膜与基片的界面能时，薄膜就会从基片上剥离下来，特别是薄膜厚度太厚时，应变能经常超过界面能。这表明内应力大时，应变能容易超过界面能，薄膜就容易从基片上剥离。

1.1.4.4 异常结构和非理想化学计量比特性

通常，沉积制备的薄膜结构与相图不一定相符，这是因为它的沉积制备多数是气相沉积，是一个从气相到固相的急冷过程，易形成非稳态物质、非化学计量比的化合物膜层，属于非平衡态的沉积制备。人们把这种与相图不符的结构称为亚稳态（准稳态）结构或异常结构。由于固体的黏性大，实际上将其视为稳态也可以，通过加热退火和长时间的放置还是会缓慢变成稳定状态。

IV_A 族元素的非晶态结构是最明显的异常结构。在低于 300℃下生成的 C、Si、Ge 为非晶结构，在实际应用上把它们看成稳态结构。由于，非晶态的强度非常高，除具有优秀的抗腐蚀性能外，还具有普通晶态材料无法相比的电、磁、光、热等性能，应用价值十分高。薄膜的沉积技术就是制取非晶态材料的最主要方法之一。由于非晶态薄膜结构是长程无序而短程有序的，失去了结构周期性，因此，只要基片温度足够低时，众多物质均可实现非晶态。

常温时，Ni 的晶体为面心立方（fcc）结构，在非常低的气压下溅射沉积，得到的薄膜都是密排立方（hcp）结构。同样，和 Ta 具有的体心立方（bcc）结构相对应，当溅射沉积时，N_2 等杂质大多都会形成正方晶系的 β-Ta。和 bcc 结构 Ta 相比，β-Ta 的电阻率高，电阻温度系数却非常低。BN 晶体为六方结构，但低温时所形成的却是立方结构，成为立方氮化硼（C-BN）。C-BN 的硬度仅次于金刚石，非常高。

对于化合物而言，计量比一般是完全确定的。但多组元的薄膜成分的计量比就未必如此。当 Ta 在 N_2 的放电气氛中溅射沉积时，对应一定的 N_2 分压，其生成的薄膜 TaN_x（$0<x\leqslant1$）的成分却是任意的。由于化合物薄膜生长过程都会有化合与分解，因此依照薄膜生长的条件，其在计量上的变化相当大。如辉光放电法得到的 $\alpha\text{-}Si_{1-x}N_x$：H、$\alpha\text{-}Si_{1-x}O_x$：H 等，其中 x 可在很大范围内变化（$0<x\leqslant1$），因此，人们把这种成分偏离称做非理想化学计量比，这在薄膜沉积制备中是常见的。

1.1.4.5 量子尺寸效应和界面隧道穿透效应

在薄膜材料中，当它具有量子尺寸效应时，由于电子波的干涉，与膜面垂直运动相关的能量将取分立的数值，因此它会对电子的输运现象产生影响。一般，把这种与德布罗意波的干涉相关联的效应称为量子尺寸效应。

若取 x、y 轴在膜面内，z 轴垂直于膜面，薄膜长宽分别为 L_x、L_y，厚度为 d。这样，可把这种薄膜视为对电子起束缚作用的扁平的盒子形态，此盒子中电子的波函数 ψ 和能量 E 分别为：

$$\psi=\left(\frac{2}{v}\right)^{\frac{1}{2}}\sin\left(\frac{n\pi}{d}\right)\exp i(k_xX+k_yY) \tag{1-5}$$

$$E=E_0n^2+\frac{\hbar^2(k_x^2+k_y^2)}{2m}\quad(n=1,2,3,\cdots) \tag{1-6}$$

$$E_0=\frac{\hbar^2\pi^2}{2md^2},\qquad k_{x,y}=\frac{2\pi}{L_{x,y}}n_{x,y}\quad(n_{x,y}=\pm1,\ \pm2,\cdots)$$

式中 $\hbar$——普朗克常数除以 2π；

m——电子质量。

当 n_x、n_y 确定时，电子的能量取决于由 n 决定的分立值，即能带中出现亚能带。在膜厚 d 较小，能带交叠消失，产生能隙。

基于薄膜表面中有大量的晶粒界面，界面的势垒 V_0 比电子能量 E 要大得多。根据量子力学的原理，这类电子有一定的几率穿过这个势垒，称穿过势垒为隧道穿透效应。这种隧道穿透效应在一定条件下较为明显，其电子穿透这个势垒的几率 T 为：

$$T = \frac{16E(V_0 - E)}{V_0^2}\exp\left[-\frac{2a}{\hbar}\sqrt{2m(V_0 - E)}\right] \tag{1-7}$$

式中 a——界面势垒宽度。

当 $V_0 = E$ 时，则 $T = 0$，不会发生隧道穿透效应。在非晶态半导体薄膜的电子导电和金刚石薄膜的场电子发射中，这类效应都起重要作用。

1.1.4.6 比较容易实现多层薄膜结构的沉积制备

为提高膜层与基体的结合力，采用中间过渡的多层复合易于实现。如金刚石超硬涂层刀具膜，其多层膜为金刚石/TiC/WC-钢衬底；用于高保真度，镀有 DLC 的喇叭钛振膜的多层膜为 DLC-TiC-Ti 振膜；在线路板用的 ϕ0.3mm 微型钻头镀制(CrAlTi)N 膜层时，其中间过渡层为 Cr-CrN-(CrAlTi)N 膜梯度过渡等，大大提高了膜/基材的结合力，这在应用上极具实用价值。

多功能薄膜的各膜均有一定的电子功能。如非晶硅太阳能电池有玻璃衬底/ITO/P-SiC/I-μc-Si/N-μc-Si/Al 和 α-Si/α-SiGe 叠层太阳能电池；如玻璃/ITO/N-α-Si/I-α-Si/P-α-Si/N-α-Si/I-α-SiGe/P-α-Si/Al 至少在 8 层以上，膜总厚度约 0.5μm。

超晶格膜是把两种以上不同晶态物质薄膜，按 ABAB…排列，相互重叠在一起，人为沉积制成调制性的周期性结构。这样就会产生出一些不寻常的物理性能，如势阱层的宽度减小到和载流子的德布罗意波长相当时，能带中的电子能级将被量子化，使光学带隙变宽，称这种一维超薄层周期结构为超晶格结构。不同组分，或不同的掺杂层的非晶材料（如非晶半导体）也具有类似的量子化性能，如 α-Si∶H/α-$Si_{1-x}N_x$∶H、α-Si∶H/α-$Si_{1-x}C_x$∶H…。利用薄膜的沉积制备技术可比较容易地沉积制备出各种多层膜和超晶格结构。

1.1.5 薄膜材料的结构与缺陷

1.1.5.1 薄膜材料的结构

薄膜的结构大致有非晶、单晶、多晶三种类型。薄膜的结构，强烈依赖于薄膜的沉积制备方法和沉积的工艺条件。不同条件下会得到完全不同的结构。一般来讲，薄膜的制备大多是用物理或化学气相沉积的方法。这类方法是在真空条件下的一种原子量级的熔铸工艺，将单个原子一个一个沉积凝结在衬底表面，经形核与生长过程形成薄膜。同一种薄膜，由于沉积制备的方法与工艺的不同，其形核与生长过程所得的薄膜结构与性能也有差异，有时差别还较大。如用分子束外延法（MBE）和金属有机化学气相沉积法（MOCVD）沉积的薄膜接近单晶膜；而用溅射法、蒸发法、微波法、热丝等方法沉积的薄膜大多为多晶和微晶，其中也含有一定的非晶态膜。

1.1.5.2 薄膜材料的缺陷

薄膜材料的缺陷有以下几种：

（1）点缺陷。薄膜在沉积生长过程中存在着大量的晶格缺陷和局部的内应力。在沉积过程中，基片温度越低，膜层中的点缺陷，特别是空位的密度就越大，有的达0.1%（摩尔分数）。这是由于金属薄膜的迅速凝结、沉积的原子层来不及与基片达到热平衡就被新层所覆盖，导致薄膜中有许多原子空位。这类点缺陷对薄膜性能有影响。

由于杂质和应变的存在，薄膜内空位状态不一定是确定的。因此，空位产生、消失和移动的激活能分布在能谱上的跨越就相当宽，这种空位的存在和物性的不稳定性密切相关。空位在产生移动的过程中，因和其他空位合并，会长大生长成大空位，更大尺寸的空位就形成了空洞，这种现象在用物理气相沉积（PVD）的无机化合物膜中较为多见。因此，薄膜中主要考虑的是原子空位。

点缺陷的另一种类型是杂质。杂质多数是薄膜在生成的过程中，因周围环境的气氛混入膜层之中造成的。在用溅射法的沉积制备中，放电气体混入膜层的量很大；若在基片上加负偏压，就会加速放电气体混入膜层。对 Ar、Kr 等惰性气体，混入量（摩尔分数）可达百分之几；对 O_2 等活性气体，可达10%（摩尔分数）。高温下，大部分惰性气体都会通过扩散逸出薄膜表面而释放。薄膜中的气体是否以点缺陷的形式存在，也还没有确定的证据，可能形成空洞，也可能存在于晶粒边界。

（2）位错。薄膜中含有大量的位错，位错密度可达 $10^{10} \sim 10^{11} cm^{-2}$。之所以有如此多的位错，是因为在岛状膜的凝结过程中，取向不同的小岛在合并时，在晶格的交接处发生小角度扭曲。当小岛比较大，特别在大尺寸小岛接合的最后阶段，位错的数目增加特别多；加上基片与薄膜间晶格常数不同，界面处不仅有晶格畸变，而且还会导致小岛间的畸变，两个小岛合并时，也会产生位错；薄膜中的内应力，常在孔洞边缘内应力集中也易产生位错；基片表面的位错，在晶核形成过程中有可能延伸到晶粒中。

位错易发生互相缠绕现象，但螺旋位错能贯通至薄膜表面，穿过表面部分的位错，其在表面上产生运动所需的能量很高，从而处于所谓的钉扎状态，相对块体材料，薄膜的位错难以运动，在力学、热力学上是较为稳定的，因而薄膜的抗拉强度比起大块材料略高一些。

除位错外，薄膜还有一些其他缺陷，如堆垛层错、孪晶等，其密度通常在薄膜的覆盖率为50%时达到最大值，然后随沉积的增加，逐渐减小，达到连续薄膜时，会逐渐消失。

（3）晶界较多。薄膜的晶粒尺寸，相对比块体材料要小得多，所以薄膜中的晶界就多，致使薄膜的电阻率比块体材料要大。

1.1.6 薄膜材料的性质与应用

30多年来，薄膜材料与沉积制备技术取得了长足的进步，在各个工业领域的应用中，得到快速的发展，特别是在高新技术中所占据的地位和比例越来越显著。其涉及的领域广泛，想全面地概括出一个薄膜材料的应用领域是极其困难的，本书根据现有的大体概况，以薄膜的性质及其典型的应用录于表1-1中，以便对薄膜材料的性质与典型应用有个概貌性的了解。

表 1-1 薄膜材料的性质及其典型的应用

性 质	应 用
力学性质	耐磨和抗冲刷膜层，润滑膜层，微机械
热学性质	热防护膜层，热敏感元件，光电器件热沉
化学性质	扩散阻挡层，抗高温氧化、防腐蚀膜层，生物材料相容性膜层，化学催化膜层，气体或液体敏感器
光学性质	反射和减反射膜层，光吸收膜层，干涉滤色镜，装饰性膜层，光记录介质，集成光波导，集成电路光刻掩膜
电学性质	绝缘膜，导电膜，半导体器件，光电转换器，压电器件和信息存储单元，超导电器件，电子发射阴极和显示器件
磁学性质	磁记录介质，磁传感器

1.2 功能薄膜材料的选择与设计

功能薄膜应用范围广，适应环境的条件也千差万别，对薄膜材料的功能性要求也相差较大，因而对于它的材料选择与设计，本书仅能提出供参考的通用准则，以供功能薄膜选择设计时参考。

总体看，应进行系统设计，即把材料的表面和材料的功能视为一个整体，进行统一设计，尽可能使设计的功能薄膜达到完美的境地；少用资源，降低成本，使其发挥出最优功能。在系统设计中，原则上应重点注意：

(1) 所设计的材料、表面、表面功能薄膜的类型，必须满足环境和功能应用要求，一般表面层的体系都会是一个或几种膜层组合的体系。

(2) 不同的功能薄膜沉积制备方法和工艺，对功能薄膜的性能影响有一定的差异，因此，需有效地选择应用实施这种所要求的功能薄膜组合体系所选用的最佳沉积方法和工艺技术途径。

(3) 由于功能薄膜性能要求很高、很广，因此对工艺过程的控制，必须有严格的控制标准。

(4) 必须有严格的检测标准。

下面按功能薄膜的四种分类和微电子机械系统所用功能薄膜叙述各类功能薄膜的选择设计原则。

1.2.1 装饰功能薄膜

选择装饰功能薄膜的主要原则是：

(1) 颜色。不同的膜有其自身的可见光谱，这就决定了该成分光谱范围的颜色。根据不同用途和使用的性能要求，可选择金属的原色或化合物的原色，也可通过“反应镀膜”获得多元化合物（如 TiN）的颜色和非化学计量的多元化合物（如 TiC_xN_{1-x}）的颜色。

有些场合可选择与膜层厚度有关的干涉色，色谱非常丰富，不同角度，可得不同的干涉色；也可选择用透明（SiO_2、TiO）膜。

（2）明度。装饰膜除色泽外，光亮程度也很重要。根据可见光反射谱的特点，对人的视角会产生不同的光亮感，同一种成分的膜，因工艺方法不同，其产生的光亮度也会不同。一般炉内真空度高，炉内污染少，膜层会亮一些。镀膜时，残余气体中的氧、水蒸气会使膜层色调发暗。对于 TiN 膜，一般用阴极电弧沉积方法获得的膜，比用溅射沉积法获得的膜更鲜艳些。

（3）耐候性。对经常与人手接触的制品，如小五金饰品，应选择耐人汗腐蚀的膜系，膜厚也要有足够厚；对制品衬底要进行耐蚀处理。室外饰品更应注意耐候性和经受紫外线照射引起的变色。沿海地区或海运镀制品须考虑盐雾腐蚀性。浴室中的饰品，应考虑选择耐潮湿环境的膜系。厨具、炊具应考虑耐热性等。

（4）耐磨性。膜层的硬度和膜/基结合力决定其耐磨性。应视膜系的使用环境，设计选择相应的硬度、耐划伤的膜系。手表件、打火机、笔具、门把手等经常受摩擦，特别应注意膜系的耐磨性。

对于城市高层建筑的幕墙玻璃用的装饰膜，应考虑具有节能、控光、调温、改变墙体结构和具有艺术的装饰效果。一般幕墙玻璃对阳光中的可见光部分保持有较高的透过率，对红外线部分有较高的反射率，对紫外线部分有较高的吸收率，这样才能保证白天在建筑物内有足够的采光亮度；夏天时，可减少室内热辐射，不致使室内温度过高，还可减少紫外线的照射，防止室内家具、电器等陈设退色，延长使用寿命。在设计上，还可选择各种宜人的颜色，将外界景物映现到玻璃墙上，显得富丽堂皇，绚丽多彩。另外，有一种镀膜玻璃是低辐射玻璃，由于膜系选择有限，色彩稍欠丰富。在这类装饰功能膜系选择设计上，还要考虑大气环境耐候性、耐划伤性、耐风沙雨水冲刷、耐环境气候的腐蚀；在满足节能条件外，其余就是选择颜色。为了获得理想的色彩，一种是利用膜质色，如 TiN（金色）、TiC（黑灰色）；另一种就是利用不同厚度（50～300nm）的透明介质膜产生干涉色。为获得不同的色彩，必须进行膜系结构设计，有 M/G、MN/G、MN/M/G、M/M/G、MO/M/G、MO/M/MO/G 等（G 为玻璃片，M 为金属合金膜，MO 为氧化物膜，MN 为氮化物膜）。其中典型的膜系结构是 MO Ⅱ/M/MO Ⅰ/G，其中 MOⅡ是第二层金属氧化物膜层，主要起保护作用；M 为金属膜层，影响反射率和透射率；MO Ⅰ 为第一层金属氧化物膜层，其有适当的厚度。n（折射率）、$k(1,2,3,\cdots)$、d（膜厚）通过吸收和干涉作用产生不同玻面颜色，如宝石蓝、金黄、紫、绿、银、褐色等。

以下介绍两种装饰功能膜：

（1）塑料金属化装饰功能膜。塑料金属化是用真空镀膜，在塑料制品表面上镀一层铝膜，经染色产生金属质感的彩色效果，赋予塑料各种颜色和金属光泽。如石英钟壳、玩具、工艺品、衣物、皮具、装饰件、建筑家具装饰件、电子元件等塑料制品均可金属化。这类装饰镀膜件生产量十分巨大，其具体工艺本书不详谈，读者可参阅相关的装饰功能薄膜资料。

（2）七彩装饰功能膜。它是一种多层光干涉膜系。有用 ZnS-SiO 膜系作七彩膜，使用不同的衬底，ZnS 效果丰富多彩，如全黑色衬底坯件，没反射光，看到的全是干涉的七彩颜色，显示七彩缤纷；全白衬底，干涉的七彩颜色，在强白光下，显得十分清淡高雅；大红衬底，干涉最好镀成金黄，显示亮丽豪华；甚至绿、黄、蓝、橙衬底，也各具特色；若在工件饰品上嵌上不同底色或涂上不同颜色，效果将更丰富多彩。

对于包装用的装潢装饰膜，高档食品用的真空镀铝复合包装材料及镀铝纸等，本书不再赘述，读者可根据自己设计功能装饰膜所需，查阅相关资料来进行设计选择。

总之，装饰功能薄膜首先是表现装饰效果，除颜色和明亮度共同要求外，同时还应考虑使用环境和用途以及其他兼顾的性能。装饰功能膜一般膜厚在几微米至零点几微米的范围，大多以气相沉积方法制备，特别是物理气相沉积法。被镀的工件若是成卷的布、纸、塑料薄膜，则采用真空卷绕镀的方法。

1.2.2 机械功能薄膜

机械功能的超硬耐磨薄膜是当前在高新表面技术中应用面最广的一个领域。要获得经济、高效、优质的机械功能膜层，首先必须了解工程和产品的性能要求和工作环境状况，以及可能发生失效的类型，从而根据功能膜层的性能来确定设计和选择功能膜层材料的类型；其次再了解各种功能膜层工艺特点及其适用范围，设计选择合适的膜层沉积制备方法和沉积工艺，并制订相应的配套工艺。一般，机械功能薄膜在设计选择上应遵循下列通用的原则：

（1）膜层的功能应具优良的性能，能满足工况使用条件和环境状况要求。要根据膜层的受力状态，如冲击、振动、滑动、载荷大小；膜层所处的介质，如氧化气氛、腐蚀介质；工作温度等工况、环境，设计机械功能薄膜层的耐磨、耐蚀、抗氧化、绝热、绝缘或其他性能。此外，还应设计功能层的厚度，结合强度、尺寸精度以及膜层内是否允许有孔洞等。

（2）功能膜层与部件的材质、性能适应性要好。包括应与零部件的材质、外形尺寸、物理性能、化学性能、线膨胀系数、表面热处理状态等有良好的匹配和适应性，镀膜后原则上不会降低基体材质的力学性能。

（3）膜/基结合强度的要求要尽量高。膜/基结合强度的高低是影响使用寿命的关键，特别是对于许多磨损的切削刀具、刀尖和刀刃。切削时会有很大的作用力和很高的温升；而且在镀膜过程中，膜层中产生不同类型的应力，会引发界面破裂、脆裂，致使膜/基分离，界面分层。一般用化学气相沉积法，因沉积温度高，沉积速率低，膜层与基体间有扩散作用，会形成“混合界面区”，只要在“界面区”无脆性相形成，易在膜/基界面上实现冶金结合，可得到很高的膜/基结合强度。而用物理气相沉积法沉积的功能膜层的结合强度一般都会比用化学气相沉积法沉积的膜层低。为形成匹配的界面区，通常在膜层与基体间设计中间过渡层，或在工艺上通过离子轰击，促进界面处的碰撞混合，来提高膜/基结合强度。

（4）膜层本身的强度和塑性应尽量高，主要是防止膜层的裂纹扩展。对有镀膜层的高速钢破裂强度的研究表明，当膜层厚度小于基体结构中造成应力集中的缺陷尺寸，从膜层中扩展的裂纹数量就会很小。

（5）设计选择功能薄膜时应考虑内应力对膜层强度的影响。膜层在生长过程中所产生的本征应力，影响着膜/基结合的稳定性和功能薄膜的使用寿命。这类内本征应力是拉应力或压应力。它都产生于沉积过程中膜层材料与基体材料热膨胀的差别或杂质渗入界面，使结构排列不完整或结构重排。膜层的总应力是膜层厚度的函数。一般产生拉应力的膜层易开裂，而产生过大的压应力又会引起界面膜层变皱、弯曲变形，因此，一个适中的压应力是较为理想的。不同类型的内应力，可以引起界面破断，如膜/基线膨胀系数失配所引发的热应力可以是拉应力，也可以是压应力。相对来说，拉应力对膜/基结合的危害性更大。当膜层材质线膨胀系数比基体材质大，在沉积时，温度冷却后，膜层中常存在热应力是拉应力。表1-2是某些典型的镀膜层和有关基体材料的性能，这类硬质薄膜主要应用于高速钢或硬质合金切削刀具、模具等工件上，以单层、多层或复合形式沉积制备，对于改善耐磨性、提高工件的使用寿命效果十分明显，在工程实际应用中，可供选择设计膜层与基体组合时参考。

表1-2 某些典型的镀膜层和有关基体材料的性能

材料		弹性模量/GPa	泊松比	线膨胀系数/℃$^{-1}$	硬度	熔点或分解温度/℃
硬质镀层	TiC	450	0.19	7.4×10^{-6}	28.42	3067
	HfC	464	0.18	6.6×10^{-6}	26.46	3928
	TaC	285	0.24	6.3×10^{-6}	24.5	3983
	WC	695	0.19	4.3×10^{-6}	20.58	2776
	Cr_3C_2	370		10.3×10^{-6}	12.74	1810
	TiN			9.35×10^{-6}	19.6	2949
	Al_2O_3	400	0.23	9.0×10^{-6}	19.6	2300
	TiB_2	480		8.0×10^{-6}	33.03	2980
基体	94WC	640	0.26	5.4×10^{-6}	14.7	
	高速钢	250	0.30	$12\times10^{-6}\sim15\times10^{-6}$	7.84~9.8	
	Al	70	0.35	23×10^{-6}	0.294	658

在选择设计机械功能薄膜时，应该使热应力和膜层与基体间因弹性模量的不同，产生的应力尽可能小。此外，这类本征应力是拉应力或是压应力，与膜层的沉积制备方法和工艺参数密切相关。实践证明，用PVD法沉积的难熔氮化物、碳化物、氧化物膜层，一般易产生压应力。在实际应用中，往往难以设计选择出较佳的膜/基组合，这就寄希望研究制备出新型的膜层材料（包括中间过渡层材料）与基体。

（6）功能薄膜的硬度。薄膜的硬度是超硬耐磨机械功能膜考虑的重要指标。表1-3是一些主要的硬质镀层材料。

表1-3 主要的硬质镀层材料

分类	镀层物质	分类	镀层物质
碳化物	TiC，VC，TaC，WC，NbC，ZrC，MoC，UC，Cr_5C_2，Cr_3C_2，B_4C，SiC	硅化物	TiSi，MoSi，ZrSi，USi
		氧化物	Al_2O_3，SiO_2，ZrO_2，Cr_2O_3
氮化物	TiN，VN，TaN，NbN，ZrN，HfN，Th_3N_4，BN，AlN	合金	Ta-N，Ti-Ta，Mo-W，Cr-Al
硼化物	TiB，VB_2，TaB，WB，ZrB，AlB，SiB	金属	Cr，其他

一般磨料易磨损，所以要求膜的硬度必须高于磨料颗粒的硬度。因此，合理选择本征硬度的膜层材料或通过工艺改善膜层的微观结构，来达到应该满足的设计要求。在设计选

择膜材时，可依据硬质材料的原子间结合特性，即共价键、金属键、离子键三组硬质材料的性能比较来考虑，一般是：

（1）共价键材料，具有高的硬度。如金刚石、立方氮化硼、碳化硼等均是共价键类型。表 1-4 是一些共价键硬质材料的性能。

表 1-4　共价键硬质材料的性能

材　料	密度 /g·cm^{-3}	熔点 /℃	维氏硬度 HV	弹性模量 /GPa	电阻率 /μΩ·cm	线膨胀系数 /K^{-1}
碳化硼(B_4C)	2.52	2450	3920	441	0.5×10^{6}	4.6×10^{-6}(5.6×10^{-6})
立方氮化硼	3.48	2730	约 4900	660	1×10^{18}	
金刚石(C)	3.52	3800	约 7840	910	1×10^{20}	1.0×10^{-6}
B	2.34	2100	2646	490	1×10^{12}	8.3×10^{-6}
AlB_{12}	2.58	2150	2548	430	2×10^{12}	
SiC	3.22	2760	2548	480	1×10^{5}	5.3×10^{-6}
SiB_6	2.43	1900	2254	330	1×10^{7}	5.4×10^{-6}
Si_3N_4	3.19	1900	1686	210	1×10^{18}	2.5×10^{-6}
AlN	3.26	2250	1205	350	1×10^{15}	5.7×10^{-6}

（2）金属键材料，具有较好的综合性能。表 1-5 是金属键硬质材料的一些性能。

表 1-5　金属键硬质材料的性能

材　料	密度 /g·cm^{-3}	熔点 /℃	维氏硬度 HV	弹性模量 /GPa	电阻率 /μΩ·cm	线膨胀系数 /K^{-1}
TiB_2	4.50	3225	2940	560	7	7.8×10^{-6}
TiC	4.93	3067	2744	470	52	$8.0\times10^{-6}\sim8.6\times10^{-6}$
TiN	5.40	2950	2058	590	25	9.4×10^{-6}
ZrB_2	6.11	3245	2254	540	6	5.9×10^{-6}
ZrC	6.63	3445	2509	400	42	$7.0\times10^{-6}\sim7.4\times10^{-6}$
ZrN	7.32	2982	1568	510	21	7.2×10^{-6}
VB_2	5.05	2747	2107	510	13	7.6×10^{-6}
VC	5.41	2648	2842	430	59	7.3×10^{-6}
VN	6.11	2177	1523	460	85	9.2×10^{-6}
NbB_2	6.98	3036	2548	630	12	8.0×10^{-6}
NbC	7.78	3613	1764	580	19	7.2×10^{-6}
NbN	8.43	2204	1372	480	58	10.1×10^{-6}
TaB_2	12.58	3037	2058	680	14	8.2×10^{-6}
TaC	14.48	3985	1519	560	15	7.1×10^{-6}
CrB_2	5.58	2188	2205	540	18	10.5×10^{-6}
Cr_3C_2	6.68	1810	2107	400	75	11.7×10^{-6}

续表 1-5

材　料	密度 /g·cm^{-3}	熔点 /℃	维氏硬度 HV	弹性模量 /GPa	电阻率 /μΩ·cm	线膨胀系数 /K^{-1}
CrN	6.12	1050	1078	400	640	(23×10^{-6})
Mo_2B_5	7.45	2140	230	670	18	8.6×10^{-6}
Mo_2C	9.18	2517	1627	540	57	$7.8\times10^{-6}\sim9.3\times10^{-6}$
W_2B_5	13.03	2365	2646	770	19	7.8×10^{-6}
WC	15.72	2776	2303	720	17	$3.8\times10^{-6}\sim3.9\times10^{-6}$
LaB_6	4.73	2770	2480	400	15	6.4×10^{-6}

(3) 离子键材料，具有较好的化学稳定性。表 1-6 是离子键硬质材料的一些性能。

表 1-6　离子键硬质材料的性能

材　料	密度 /g·cm^{-3}	熔点 /℃	维氏硬度 HV	弹性模量 /GPa	电阻率 /μΩ·cm	线膨胀系数 /K^{-1}
Al_2O_3	3.98	2047	2058	400	1020	8.4×10^{-6}
Al_2TiO_3	3.68	1894		13	1016	0.8×10^{-6}
TiO_2	4.25	1867	1078	205		9.0×10^{-6}
ZrO_2	5.76	2677	1176	190	1016	11×10^{-6} (7.6×10^{-6})
HfO_2	10.2	2900	764			6.5×10^{-6}
ThO_2	10.0	3300	931	240	1016	9.3×10^{-6}
BeO	3.03	2550	1470	390	1023	9.0×10^{-6}
MgO	3.77	2827	735	320	1012	13.0×10^{-6}

共价键、金属键、离子键三组硬质材料的本征硬度，会随离子键或金属键所占的比例增加而成反比例的减少。三组硬质材料的性能比较见表 1-7。

表 1-7　三组硬质材料的性能比较

	增加 →		
硬　度	I	M	C
脆　性	M	C	I
熔　点	I	C	M
线膨胀系数	C	M	I
稳定性（$-\Delta G$）	C	M	I
膜/金属基体组合	C	I	M
交互作用趋势	I	C	M
多层匹配性	C	I	M

注：I—离子键；C—共价键；M—金属键。

表 1-8 是氮化物、碳化物和硼化物性能的比较。应该指出的是，由于沉积的方法和工艺不同，所得的氮化物、碳化物、硼化物的膜层强度会在一定范围内波动。这类氮化物、碳化物、硼化物材料在超硬材料中有诸多的优良性能，常在机械功能膜中设计选用。

表 1-8 氮化物(N)、碳化物(C)和硼化物(B)性能的比较

	增加 ⟶		
硬 度	N	C	B
脆 性	B	C	N
熔 点	N	B	C
稳定性 ($-\Delta G$)	B	C	N
线膨胀系数	B	C	N
膜/金属基体组合	N	C	B
交互作用趋势	N	C	B

通过对表 1-4 ~ 表 1-8 的性能比较，可以得出上述三组硬质材料的规律是：共价键硬质材料有最高的硬度；离子键硬质材料有较好的化学稳定性；金属键硬质材料有较好的综合性能的一般性规律。

应该指出的是，过渡金属的氮化物、碳化物、硼化物在超硬材料中占有重要的地位，可根据表 1-8 所给出的这三类材料的性能比较，结合具体的使用要求，利用这些图、表及相关相图来探索最合适的材料和膜/基结合。

若是采用多组元膜层，也是个很有发展前景的领域。其不仅保留了原有单一膜层性能的特点，还能使膜层具有相当高的强度。如表 1-9 中所列的就是在一种综合性能优良的 TiN 膜材上发展起来的新型多组元化合物超硬膜。实践证实，这类多组元化合物超硬膜在提高硬度、耐磨性、化学稳定性、改善膜/基结合强度和降低沉积温度上，都有良好的效果。

表 1-9 新型多组元化合物超硬膜

膜 材	特 点	膜 材	特 点
Ti(C、N)	高硬度,低的沉积温度	(Ti、Zr)N	能有效地防止月牙洼磨损
(Ti、Al)N	改善了高温抗氧化性和耐磨性	(Ti、Y)N	提高结合强度
(Ti、Al、V)N	改善了高温抗氧化性和耐磨性		

图 1-2 所示为一些多组元的新型碳化物超硬功能膜的显微硬度和含量的关系。这些多组元碳化物超硬膜是通过三元混合晶中置换金属的点阵来实现的。它的硬化效应实际上包括了固溶强化和沉淀强化，在超硬功能膜的设计中也有一定的参考价值。

(4) 中间过渡层。由于膜/基两种材质的线膨胀系数和弹性模量等性能差别大，在基体上沉积的膜层中必然产生应力，易发生膜/基界面分层，因而设计中间过渡层的目的是在膜层与基体、界面间起缓冲作用。中间过渡层既要能与膜层结合好，又要能与基体有效结合。在选择设计材质时，在材质结构与化学性能上，中间过渡层应尽量与膜层和基体相匹配，或在线膨胀系数与弹性模量上差别尽量小。如在钛上沉积制备类金刚石膜，其中间过渡层选择 TiC，即 Ti-TiC-DLC。

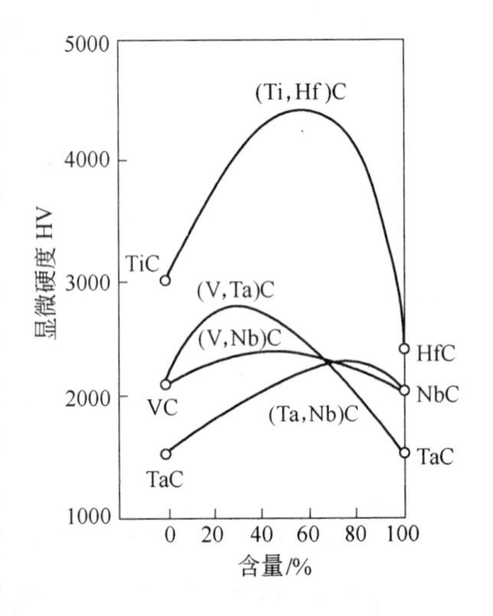

图 1-2 多组元碳化物功能膜的显微硬度和含量的关系

另外，用沉积制备复合化合物的方法形成中间协调的相界，如把各种氮化物、碳化物、硼化物相结合，组成繁多的复合化合物。通过这类复合化合物是解决提高硬质膜缺乏韧性、抗破断强度和黏着磨损的有效途径和方法。Helleck 等人的研究表明，碳化物-硼化物复合膜层影响韧性的最主要因素是相界的数量和组成。用射频磁控溅射在高速钢刀具上交替溅射沉积 TiC 和 TaB_2 制备的复合镀层，在厚度约 4μm 的镀层上形成大约 10^3 个 TiC-TaB_2 的相界，通过划痕法检测附着力，TiC、TaB_2 膜的临界载荷分别为 10N 和 20N，而 TiC-TaB_2 复合膜层的临界载荷可达 38N。其临界载荷的提高，表明了附着力的提高，这正是中间协调相界面形成的结果。所以，中间协调相界面有利于获得硬度高、韧性好的高质量机械功能薄膜。当今，又引入了“梯度材料”的概念，实际上也是进一步提高膜/基的附着力。

因此，只要按工程实用使用性能的技术要求，应用上述的图、表和有关相图，按这些原则来选择设计最佳的膜/基结合。

1.2.3 物理功能薄膜

物理功能薄膜，是人们通常所称的“功能薄膜”，也是最为重要的功能薄膜。这里所泛指的物理功能薄膜，完整地说是利用那些具有优异的物理、化学、生物功能和具有声、光、电、热、磁等互相转换功能及其他相关的效应，并用之于高新技术，特别是用于制造微电子的功能器件，并与元器件相组成为一体，以元器件的优异特性对薄膜作出评价的功能薄膜，统称为物理功能薄膜。

研究物理功能薄膜的目的是为了在功能器件上应用。因此，对物理功能薄膜的设计选择就须根据应用中所要求的功能器件性能来决定。而功能器件当今小型化、集成化和多功能化是它发展的总趋势。按此发展总趋势的要求，设计选择物理功能薄膜的主要原则是：

（1）根据功能器件应用及系统设计要求，确定功能器件的性能。

（2）根据功能器件要求的性能，进行器件设计；按器件的原理，确定所选设计材料的相关效应、材料所应达到的性能，从而保证达到功能器件的特性。

（3）根据器件设计所要求的材料性能，结合材料的基础数据库，选择物理功能薄膜材料及相关衬底材料。当在某些功能器件应用时，需制备底电极。这里所指的底电极实际就是一种底材。往往同一种功能薄膜可能会应用于不同器件之中，因此，要针对不同器件的应用，在考虑物理功能薄膜材料的同时，应考虑适合用于所设计的器件应用的衬底或底材的选材。

（4）同一功能薄膜的沉积制备工艺方法不同，其性能会有较大的差异。因此，选材设计确定后，就要选择合适的沉积制备方法和合成的工艺技术，以保证对所制备的功能薄膜进行显微组织调控，并成功沉积出性能达到设计要求的物理功能薄膜。必要时，可采用几种不同的沉积制备工艺，优选出既能沉积制备又能达到性能要求，还能和后续的器件制备工艺技术相兼容的功能薄膜合成沉积的制备工艺技术。这是整个功能薄膜设计与应用选材中最关键的一步。

（5）功能薄膜沉积制备完成后，即可进行器件制作。同时，提供一部分试样，对功能薄膜材料进行检测与评价，包括物理（或化学、生物）特性的评价，显微组织的分析与表征，并将测得的数据与基础数据库进行比较，也可用器件特性分析表征来验证功能薄膜材料的性能。

（6）用实际器件与应用中要求的器件特性进行对比，以确定是否需要改进设计，进一步优选功能薄膜材料或底衬，为进一步改进沉积制备工艺，使功能器件达到所需的目标。

图 1-3 所示为物理功能薄膜选择设计原则示意图，介绍了物理功能薄膜选择设计、合成沉积制备中重点考虑的一些技术问题。

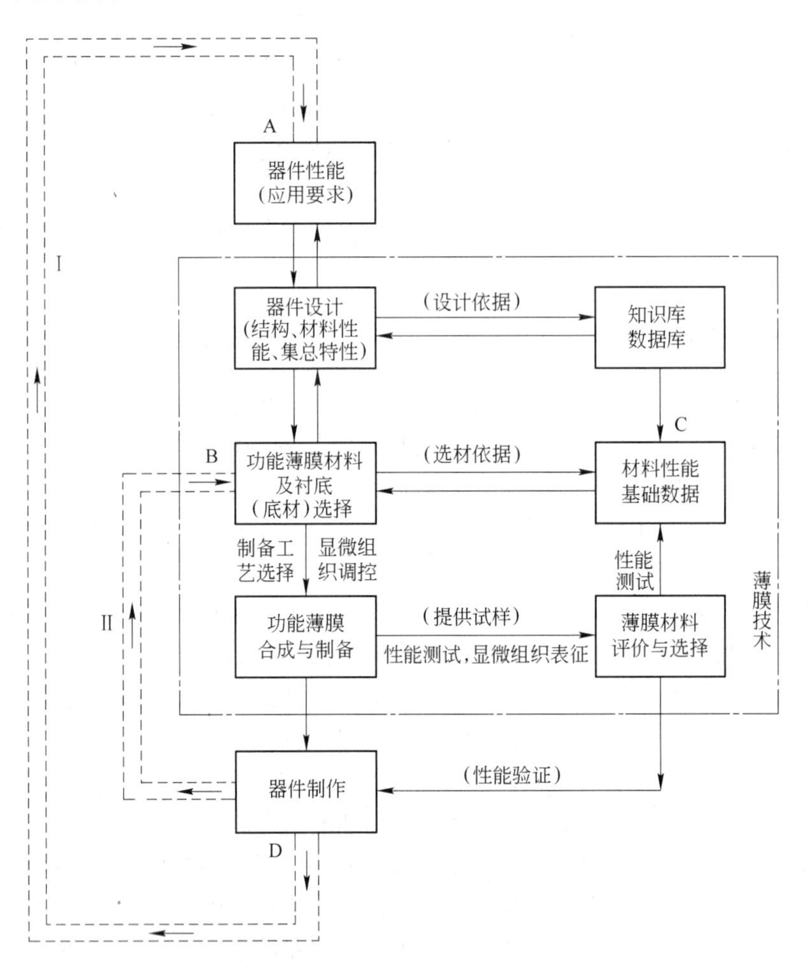

图 1-3　物理功能薄膜选择设计原则示意图

由于物理功能薄膜应用面广，品种繁多，其功能应用涉及电子学、光学、微电子学、光电子学、家电、微机械等高新技术，不可能一一举例来详细讲述。下面仅列举铁电功能薄膜器件，对上述物理功能薄膜的设计选择原则作进一步的说明。

20 世纪 80 年代中期以来，由于薄膜沉积制备技术的发展，使得在较低温度的衬底上沉积高质量的外延或择优取向的铁电薄膜成为可能。铁电薄膜具有多种的物理效应，利用这些物理效应可以制备不同的功能器件。结合功能薄膜的选择设计，从图 1-3 可知，在选择铁电功能薄膜时，按选择原则，首先根据应用要求，确定器件功能。这里假定希望利用铁电功能薄膜的热释电性能制备热释电单元探测器和列阵探测器（以制备单元探测器来讨论）。按单元探测器要求的主要性能指标，如探测率、响应时间、噪声等效功率等确定指标后，就应确定探测器的结构（包括电极的设置，衬底形状，接收热辐射的方式），然后查阅文献或相关材料数据库，可获取不同铁电材料的相关性能（包括热释电系数、介电常数、介电损耗角正切）。由于不同的铁电材料，如锆钛酸铅（PZT）、钛酸铅镧（PLT）、钛酸锶钡（SBT）等都具有热释电性能，这就要根据功能器件性能要求，考虑器件结构和材料性能，进行集中设计和计算，使之能达到设计预定的性能。通过器件工作者的设计，确定 PLT 这种铁电材料为制备热释电探测器的首选材料。按器件设计需要，接下来就要选择衬底。衬底的选择可从多方面考虑，如器件制备和加工工艺与 Si 平面技术的兼容性、衬底晶格常数与薄膜晶格常数的差异性、在不同衬底上制备所选择的功能薄膜的生长特性（包括外延生长特性），衬底与薄膜线膨胀系数的差异性、薄膜衬底上（或衬底表面沉积在电极上）的附着特性及界面相容性等。这些参数数据均可从材料数据库中获取。

假定通过上述的设计选择，已确定探测器敏感元件材料为 PLT 铁电功能薄膜，Si 晶片衬底，多层金属/复合氧化物作电极。之后，就进入关键的铁电功能膜合成沉积制备工艺方法的选择，沉积制备出合乎要求的 PLT 铁电膜及所需的多层复合电极。由于不同的沉积制备方法与工艺，所得功能薄膜的性能会有差异。此时，须认真分析各种方法的利弊，并根据设备工艺条件及器件制作要求，择优选择合适的合成沉积制备技术。对制备热释电探测器设计选用的铁电功能薄膜而言，有四种方法，即射频磁控溅射、脉冲激光沉积、金属有机化学气相沉积和溶胶-凝胶法，目前大多选用射频磁控溅射法。

若选择的组分为 $Pb_{0.90}La_{0.10}Ti_{0.975}O_3$（理想的化学配比，通常称为 PLT-10），用射频磁控溅射技术来制备就需要经过一系列的工艺试验，包括磁控陶瓷靶材的制备、溅射功率、溅射气氛（O_2/Ar 比）、衬底温度、溅射速率、后处理工艺条件等，确定适合的沉积制备工艺后制备出 PLT-10 的功能薄膜试样。结合对试样热释电膜的评价表征检验，包括热释电系数、介电常数、介电损耗角正切、显微结构分析表征、薄膜的化学成分、表面状态、表面形貌等研究铁电膜的质量，待质量基本达标后，便可供作器件研制，当然，器件研制有一套专门的工艺技术，这里就不再叙述。

完成了上述的整个设计选择过程，就相当于完成了图 1-3 中 A—B—C—D 的一个循环。实际上，在功能薄膜材料与器件的选择设计中，需要有针对性的待选材料（或材料不同的沉积制备工艺）进行试验比较。假定选择另一种 SBN 铁电材料，并把该材料制作的热释电探测器与用 PLT-10 材料制备的热释电探测器进行比较，就需要重新开始一个 A—B—C—D 循环周期，即图 1-3 中左侧双虚线箭头 Ⅰ 的含义。若仍选 PLT-10 铁电材料，而需采用另外一种沉积制备工艺方法，就又需要重新开始图 1-3 中的 B—C—D 循环（图 1-3 中左侧双虚线箭头 Ⅱ 的含义）。这就是物理功能薄膜设计选择的大体通则。

1.2.4 特殊功能薄膜

特殊功能薄膜应用最为“特殊”。基于它在应用上某些方面的特殊，对功能薄膜材料性能要求相对比较特别，特别是需要在一些特殊环境、工况条件下使用。诸如宇航上用的轴承，它要求具有真空条件下的干摩擦特性，在轴承运转中，不能有任何挥发物释放；又如像导弹雷达整流罩所用的功能薄膜，飞机和导弹超声速飞行时，头部锥形的雷达罩必须承受高温和耐高速雨点与尘埃的撞击，不仅要求雷达整流罩用的功能薄膜透光性好，还要求散热快、耐磨性好，在高速飞行中能承受高温骤变等性能。有些特殊工况还需应用特殊性能的纳米功能薄膜，这是因为它的独特量子尺寸效应、体积效应和表面效应，使材料的磁学、光学、电学、力学等功能产生惊人的变化。因此对这些特殊功能薄膜，难以归纳出一个通用的设计选择原则。

1.2.5 微电子机械系统制备技术与所用的功能薄膜

微电子机械系统是一种把微电子器件（包括集成电路）与微机械器件功能相集成的系统。其微机械器件与微电子器件均需有相同量级的尺寸。从制备方法上，它们是通过微细加工技术来制造和对功能薄膜进行“二维”或平面加工的微细加工技术。对于微电子机械系统所涉及的制备技术与功能薄膜设计极为严格、繁杂，它与物理功能薄膜的设计选择有类似之处，但不同的产品，所用的制备方法和工艺千差万别，远比物理功能薄膜的选择设计复杂得多，因此很难科学地归纳出一个设计的原则。为使读者有一个概貌性的理解，在此仅对微电子机械系统所涉及应用的设计方法——材料表面微细加工技术加以简述，其目的在于使读者在功能薄膜的设计选择上有个初步的领会。

表面微细加工是现代表面技术的一个组成部分。它是属于一个十分精密的专业技术领域。本书扼要地讲述材料表面微细加工的目的，主要是从发展角度上，不断地拓展与现代表面技术在高新技术应用前景中的认识。

这里所指的微细加工技术，主要有光刻、电子束、激光束、离子束微细加工和电火花、电解、超声、电铸加工、化学、物理气相薄膜沉积等。当今，这类微细加工技术已在高新技术中获得应用，特别对微电子工业的发展起着十分重要的作用。从精细化上看，它已从微米级发展到纳米级，其中，半导体器件、集成电路的飞速发展，对表面微细加工技术所提出的严格要求最为典型。涉及表面微细加工的技术主要有：

（1）电子束、离子束、激光束的材料表面微细加工。

（2）化学气相沉积、等离子化学气相沉积、离子镀膜、热氧化等的薄膜沉积制备。

（3）湿法刻蚀、溅射刻蚀、等离子刻蚀、离子束刻蚀等图形刻蚀。

（4）离子注入扩散掺杂等。

当然还有一些其他技术共同构成微细加工技术，如 LIGA（LI-G-A 分别是 X 射线光刻—电铸成型—注塑的德文缩写，即集光刻加工、电铸成型和塑料模铸技术的复合新加工技术）技术、准 LIGA 加工等。

从目前微电子的微细加工研究和生产技术现状归纳看，微电子微细加工大致由微细图形加工技术、精密控制掺杂技术、超薄层晶体及薄膜生长技术等三部分组成，将在本书的第 7 章中有进一步的论述。相关所选用的功能薄膜材料还可参阅 7.5.3 节中所讲述的内容。

1.3 功能薄膜材料的发展趋势

功能薄膜材料的发展主要取决于先进薄膜材料、先进的薄膜沉积制备技术和薄膜结构的控制以及对薄膜物理、化学行为相关的表面科学技术的深入研究。当今，对功能薄膜沉积制备技术的研究正向多种类、高性能、新工艺、新装备等方面发展；而对功能薄膜的研究正在向分子层次、原子层次、纳米尺度、介观结构等方向深入；小型化、多功能、高集成与制作过程中的工艺与硅平面工艺相兼容业已成为当今功能薄膜总的发展趋势。为对功能薄膜的发展趋势作一些简明扼要的说明，这里列举一些工艺和装备上的进展和发展加以说明。

1.3.1 功能薄膜材料小型化、多功能化和高度集成化

在小型化、多功能化和高度集成化的发展方向中，物理功能薄膜在功能器件的应用发展最为突出。由于硅半导体工艺已经十分成熟，因此，小型化、多功能化和制作工艺与硅平面工艺相兼容，以及器件高度集成是当前和未来功能薄膜材料一个最为主要的发展方向。下面以集成铁电器件和微电子机械系统器件为例进行说明。

1.3.1.1 集成铁电器件

20 世纪 80 年代至今，薄膜沉积制备技术已经能在较低温度下沉积出高质量的外延或择优取向的铁电薄膜，使铁电薄膜的工艺技术与半导体的工艺技术相兼容成为现实。由于微电子、光电子和传感器等相关技术发展的需要，对铁电材料提出小型化、薄膜化、高集成度等更高要求，因而形成了使传统的半导体材料与工艺和铁电材料工艺相结合形成的集成铁电学。使一大批铁电器件，由“半导体芯片（衬底）+铁电薄膜（元件）”所构成的器件出现了在集成铁电器件中作为衬底的半导体集成电路芯片，提供必要的控制、放大、传送、反馈等微电子功能特性。而多功能的介电材料——铁电薄膜与集成电路中特定的晶体管集成，按集成铁电器件总要求，通过铁电、压电、介电、热释电、电光或非线性光学效应，起存储、转换、开关、传感或其他功能的作用。这使得铁电材料与器件的研究，一是向单晶器件、向薄膜器件发展；二是由分立器件向集成化器件发展。这种集成化的器件、铁电薄膜已成为硅或砷化镓集成电路中的一个集成部分。不难理解，这里的“集成”已和传统意义上的“集成”有本质上的区别。

铁电随机存储器（FRAM），是一种具有高速、高密度、低功耗、抗辐射的典型铁电集成器件。它有在断电情况下也不会丢失数据的优点，是最有发展前途的新型存储器件之一。用于这种存储器的铁电材料主要有钙钛矿结构系列，包括 $PbZr_{1-x}Ti_xO_3$、$SrBi_2Ti_2O_9$ 和 $Bi_{4-x}La_xTi_3O_{12}$ 等，其原理是基于铁电材料的高介电常数和铁电极化特性，采用射频磁控溅射沉积制备铁电薄膜。铁电存储器的制作采用半导体硅器件的制作工艺。Ramtron 公司是最早成功研制铁电存储器的公司，该公司推出的高集成度的 FM31 系列器件产品，可用于汽车电子、消费电子、通信、工业控制、仪表和计算机等领域。Matsushita 公司在 2003 年 7 月宣布推出世界上首款采用 0.18μm 工艺大批量制造的 FRAM 嵌入式系统芯片（SOC）。这种存储器整合了多种新颖技术，包括采用独特的无氢损单元和堆叠结构，使存储单元的尺寸减小为原来的 1/10；采用厚度小于 10nm（$SrBi_2Ti_2O_9$）的超微铁电电容，大幅缩小了裸片的尺寸，且功耗低；工作电压只有 1.1V，成为存储器家族中最具发展潜力的新的铁电存储器。

还有像新一代的声表面波器件（SAW）采用硅-金刚石膜-铁电薄膜多层结构，以单晶硅片为衬底，应用金刚石膜，铁电薄膜一般是 ZnO 或 $LiNbO_3$ 等，具有最高的纵波声速而为声表面波传递介质。其中金刚石膜用 CVD 方法沉积，为了与现有半导体硅器件工艺兼容，要使均匀沉积的金刚石膜面积大于 101.6nm。而铁电薄膜则用射频磁控溅射或脉冲激光沉积法来制备。这种用硅-金刚石膜-铁电薄膜多层结构的 SAW 器件，可在 4～6GHz 下工作，被用作新一代移动通信或微波系统所需的高性能高频滤波器。日本住友公司宣称，

这种商用金刚石膜SAW器件，预计将会在未来几年内实现大规模应用。

1.3.1.2 微电子机械系统器件

微电子机械系统（MEMS）是一种把微电子器件（包括集成电路）与微机器件功能相集成的系统。其微机械器件与微电子器件都需有相同量级的尺寸，它们是通过微细加工技术来制造的。其中的微机械器件技术不是通常精密机械加工技术的缩小，而是对功能薄膜进行“二维”或平面加工的微细机械加工技术。系统中的微机械器件是通过微电子器件来测量或控制。

用MEMS制作的器件称为MEMS器件。它已于20世纪80年代后期研制成功。1988年，利用多晶硅薄膜制备成硅微静电马达、硅微型流量计、微机械加速度计、微机械振动陀螺仪、微型生物芯片。经过20多年的努力，这些器件可望用于计量、仪表、电磁信号处理、光信号显示处理、生物化学分析系统和微位置控制等。

要指出的是，铁电薄膜因具有介电、压电、热释电和铁电等优良特性，已是MEMS器件制作的优选材料之一。基于集成铁电器件与微电子机械系统相集成发展起来的器件，称为集成铁电微电子机械系统（MFMS）。这些器件，在高新技术中可望得到应用。

由于金刚石膜具有极低的摩擦系数、最高的热导率、最高的强度和弹性模量、极佳的化学稳定性，被认为是制作MEMS运动部件（如齿轮、轴）的最佳材料，运行中，可降低MEMS器件功耗，延长器件的使用寿命。此外，金刚石膜也用于基于MEMS技术的生物医学传感器、探测器、微泵（微量药物供给系统）等新型器件。最新研制成的纳米金刚石膜的表面平整、摩擦系数极低、导电性较好，因此又是MEMS器件制作的理想材料之一。

1.3.2 各类功能薄膜材料的发展

1.3.2.1 超硬薄膜的进展

维氏硬度HV大于4000的固体超硬薄膜材料，是机械功能和防护功能薄膜材料的发展方向。这种薄膜具有极高的超硬性、优异的抗磨损性、低的摩擦系数、高的热导率、低的线膨胀系数、高的透光率、优良的化学稳定性，与基体具有良好的相容性，在宝石工业、集成电路衬底、辐射窗、高保真振膜、半导体工业、机械轴承、医疗器械等领域都有重要应用。正是因为这些原因，人们将超硬薄膜归入功能薄膜之列。

近十年来，随着薄膜沉积方法和技术的提高与发展，各种低温沉积的工艺成果极大地促进了超硬功能薄膜的发展。除金刚石膜、类金刚石膜外，在这些年的研究中，人们比较关注的碳化硼（B_4C）、氮化碳（C_3N_4）、氮化硼碳（BC_2N）等都是多年来新型材料研究的热点。尤其是根据理论计算，β-C_3N_4系列材料的计算硬度超过金刚石，成了最受关注的超硬材料。虽然目前大部分合成的β-C_3N_4薄膜为非晶态，但它已显示出优异的抗磨损性能和较高的硬度。

另一类金属氮化物，例如TiN、Si_3N_4、VN、NbN等和用这类氮化物来沉积制备纳米多层超硬膜和超晶格膜（如TiN-VN、TiN-NbN），也是新型超硬功能薄膜发展的方向之一。对于某些氧化物超晶格薄膜，如Al_2O_3-ZrO_2，也有高的硬度、优异的耐磨损性能和高温稳定性，也都在发展中列为超硬功能薄膜的新系列。

目前，已用气相沉积方法制备出纳米晶Ti-Si-N等复合超硬功能膜层、微晶结构为nc-TiN/α-Si_3N_4等膜层，都具有极高的硬度、好的抗高温氧化性能、摩擦系数小和基体结合强度好等优越性能，已成为超硬功能薄膜研究的热点。

1.3.2.2 信息功能薄膜材料

在信息技术中，信息存储密度日新月异的发展，其主要依赖于磁性薄膜材料的研究成果。磁功能薄膜一个重要的发展趋势是磁性多层膜，它由铁磁金属层（FM）和非磁金属层（NM）交替生成，记为(CM)/FM/NM/…/FM/(CM)，CM代替覆盖层或缓冲金属层，除外层CM或FM可以较厚外，内部的FM、NM都很薄，均为数纳米至数十纳米，即小于或接近电子的平均自由程。另一个发展趋势是将NM换成绝缘体或半导体层，即(CM)/FM/Ⅱ…/FM/(CM)结构，称为磁性隧道结，由于制备上的困难和绝缘体或半导体的电阻率高，磁性隧道结一般仅含有一个或两个结。在这种多层膜和隧道结中，都存在巨磁电阻（GMR）效应，即在磁场中，这种多层膜和隧道结的电阻变化可达60%，具有巨大的应用价值，可用作超高密度存储读出的磁头、磁电阻传感元件等。

光电发射薄膜又是另一类的信息功能薄膜。它是把光信号转变成电信号。它的一个重要发展趋势是开发适用于超短激光脉冲，如皮秒至飞秒检测光电发射薄膜。近年来报道的Ag-BaO光电发射薄膜，不仅可暴露于大气，而且其量子产额要比相同条件下的金属薄膜高两个数量级，表明该薄膜可应用于超短激光脉冲检测。

多晶硅信息功能薄膜，除作传统互联介质外，在有源矩阵液晶显示器、三维集成电路和兆位静态随机存取存储器（SRAM）等都具有重要应用，也可用于MEMS器件中的静电微马达。诚然，就信息功能薄膜而言，它的研究日新月异；新原理、新器件、新应用不断涌现，在内容上远不止这些。读者有兴趣可以跟踪最新的文献来进一步了解其发展趋势。

1.3.2.3 LB膜——兰格缪尔·布洛奇特薄膜

LB膜（兰格缪尔·布洛奇特薄膜）是一种超薄的有机分子薄膜，是有机分子器件的主要薄膜材料。它是由羧酸及其盐、脂肪酸、烷基族以及染料、蛋白质等有机物所构成的分子薄膜或多层单分子层叠加的，具有超晶格特性的薄膜。LB膜在分子聚合、光合作用、磁学、微电子、光电子器件、激光、声表面波、红外检测、光学等领域中有广泛的应用。它是将制备的有机高分子材料溶于某种易挥发的有机溶剂中，然后滴在水面或其他溶液上，待溶剂挥发后，液面保持恒温和被施加一定压力，溶质分子沿液面形成致密排列的单分子膜层，接着用适当的装置将分子逐层转移，组装到固体载片上，并按需要制备几层到数百层的LB膜。利用LB膜功能体系实现分子尺度上的装配。

1.3.2.4 功能薄膜的异质结构

异质结构的制备及对异质结构物理性质的了解是提高功能薄膜器件性能和开发新器件的关键。在铁电薄膜用作器件时，都把铁电薄膜制作在一定衬底或电极-衬底（包括IC电路）表面，而在铁电薄膜的外表面，再制备电极或其他类型的薄膜。因此，功能薄膜异质结构是制备功能薄膜器件的核心。

在功能薄膜异质结构的研究中，用钙钛矿结构的铁电薄膜（如PZT铁电薄膜）与同样具有钙钛矿结构的金属氧化物薄膜（如钇钡铜氧（YBCO）、镧钙锰氧（LCMO））来制备异质结构，成为研究的一大热点。如制备PZT-LCMO异质结构，制备成钙钛矿结构的铁电场效应管。还因LCMO具有特大的磁阻效应，可望利用这种异质结构发展新的器件。全钙钛矿型的铁电-高温超导结构的研究结果显示，用这种异质结构可发展出低损耗、可调谐的微波元件，在谐振器、滤波器、延迟线、高容量动态随机存储器等方面都有重要的应用，已成为当前研究功能薄膜的热点。

1.3.3 功能薄膜沉积制备技术的发展

从功能薄膜沉积制备技术发展的总趋势看，一是把成熟的半导体薄膜沉积技术用于其他功能薄膜沉积制备之中；二是对一些针对性的功能薄膜，还需探索新的制备机制，研制新型的沉积制备装置，开发新型的沉积制备技术。

1.3.3.1 脉冲激光沉积技术的新进展

脉冲激光沉积（pulsed laser deposition，PLD）技术是20世纪80年代后期发展起来的新型薄膜沉积制备技术。它实际上是在装置中用一束强的激光经透镜聚焦后投射到靶上，靶被激光加热，熔化、汽化直至变为等离子体；等离子体（通常在气氛气体中）从靶向衬底传输，输运到衬底上的烧蚀物在衬底上凝聚、形核，长大形成一层薄膜。整个过程包括：激光与靶作用，烧蚀物的传输和到达衬底烧蚀物在衬底上沉积成膜三个阶段。前两段是PLD的本质过程，第三阶段是侧重于薄膜的生长行为。在整个沉积过程中，通常是在真空装置中充入一定压力的某种气体，如沉积氧化物时充氧，沉积氮化物时充氮，以改善膜层的性能。

PLD已成为沉积制备复杂组分薄膜的重要沉积方法。用PLD沉积制备钇钡铜氧为代表的多元氧化物高温超导体薄膜的异质结构已获成功；还用此技术在重要的微电子和光电子方面制备所用的多元氧化物薄膜及其异质结构；也用于制备氮化物、碳化物、硅化物以及各种有机物，甚至制备有机-无机复合材料薄膜。用它来沉积制备一些难合成的薄膜材料，如金刚石膜、立方氮化碳薄膜等有较大较好的进展；同时，还可扩大到制备纳米颗粒等其他领域。

PLD法制备的功能薄膜，不仅靶材和薄膜成分一致，而且在生长过程中可原位引入多种气体、烧蚀物能量高、易制成多层膜和异质结；工艺简单、灵活、沉积制备的薄膜种类多，还可用激光对薄膜进行各种处理。这种方法的不足之处是沉积的薄膜面积较小，且在膜的表面存在微米-亚微米尺度的颗粒。为克服这些不足，对此技术进行改进，如设置偏压，在靶与衬底之间安置网罩（阻挡沉积在衬底表面上的大颗粒）等，使PLD沉积技术日趋完善。

1.3.3.2 激光分子束外延

激光分子束外延（L-MBE）是新发展起来的，新的沉积薄膜的制备技术。它是把传统的分子束外延（MBE）的超高真空、原位监测的优点和脉冲激光沉积（PLD）易于控制化学成分、使用范围广等优点相结合而发展的一种新技术。用这种沉积技术探索人工控制多层薄膜新材料具有独创之处。L-MBE具体的装置结构不再叙述，读者可查阅相关的资料进一步了解。

用L-MBE装置已经进行了铁电薄膜、超导薄膜、铁电/超导双层膜以及STO-BTO强度振荡曲线数据采集处理，实现监测和记录生长过程的RHEED的衍射像及STO-BTO超晶格的研制工作，获得了性能优异的超晶格薄膜和层状多层膜，显示了L-MBE层状生长模式成膜的独特优势。

1.3.3.3 其他功能薄膜沉积制备新技术

功能薄膜沉积制备新技术有离子团簇束薄膜生长技术（ionized cluster beam，ICB）和正在向工业化方向发展的热丝 CVD 生长金刚石膜技术等。

从功能薄膜沉积制备设备发展看，总的趋势是向多功能化方向发展。如把离子镀和等离子体离子注入（全方位离子注入）相结合，多弧阴极离子镀与磁控溅射相结合，离子束溅射与离子束混合相结合，多靶多离子束溅射，非平衡磁控溅射、射频溅射和电子束蒸镀相结合等，以及在磁场、偏压或激光辅助下沉积等。另一个发展趋势是大型化和专业化，如各种工业化的专用包装用真空蒸镀铝箔镀膜生产线、幕墙玻璃镀膜生产线、ITO 玻璃磁控溅射镀膜生产线、太阳能电池镀膜生产线、半导体镀膜专用设备等。另外，计算机、自动化、智能化也是沉积设备技术发展的一个不能忽视的方向，对保证镀膜质量，实现有效监控十分有用。我们坚信，随着功能薄膜应用的不断扩展，满足特定新型功能薄膜材料制备的设备会在发展中不断涌现。

1.3.4 功能薄膜表征技术的发展

因功能薄膜种类多，应用面又极为宽广，在各种薄膜表征技术中除了膜层的组织结构、表面形貌、薄膜成分分析等是通用的表征技术外，对于功能薄膜没有统一的技术和标准。因为薄膜很薄，表面和界面所占比例又大，膜层中又含有更多的缺陷（如孔洞、纤维组织、层错、位错）和应力，往往又易形成具有非化学计量比的非稳态结构，有些膜层还具有择优取向和多层结构，加上应用背景不同，功能差异性大等特殊性；所以在评价表征功能薄膜时，除检测评价组成薄膜结构构成的状态外，还要测定与功能相关的薄膜特性。针对不同的应用背景，其采用的都可能是一些很不相同的性能表征技术。

但是功能薄膜的组成和结构是对功能具有决定性影响的。如对功能薄膜的性质，如电、磁、光、热、机械载荷、环境气氛等反应又主要决定于薄膜的成分和结构，所以对薄膜的成分和结构的表征就显得特别重要。它的表征结果，不仅是改进和完善功能薄膜合成与制备的重要依据，而且可以判定功能薄膜本身质量，预测功能薄膜的性质及在各种不同使用条件中表现出来的行为（使用性能）。例如，用低气压沉积金刚石膜，开创了金刚石膜涂覆技术的新纪元。这与超高压、高温技术合成的金刚石不同之处在于金刚石处于亚稳态条件下合成，因而它可能会同时伴随非金刚石碳的析出，导致金刚石薄膜质量的下降，就需对金刚石膜的相组成和结构有一个清楚的了解。于是人们用 X 射线衍射或电子衍射、喇曼散射技术来确定金刚石膜中碳原子的排列方式，其检测结果既可为改进和完善金刚石膜的低压气相沉积工艺参数提供重要依据，又可预测金刚石薄膜的性能。

基于功能薄膜种类的多样性，相关成分与结构表征的技术也是种类众多的。当前广泛采用的一些技术，对功能薄膜的成分分析、表面电子态分析、结构分析和形貌观察（统称为显微组织表征）的一些方法在此不再叙述，读者如需更深入了解，请参阅有关的专门著作。

诚然，对功能薄膜沉积制备过程的诊断和原位实时监控也有很快的发展，但这些主要适用于一些性能要求高，特别是层状外延功能薄膜。在其生长过程中，有利于改进和完善功能薄膜的沉积工艺，极大地提高产品的成品率，有利于规模化生产，大幅度降低成本；并且还可得到功能薄膜生长的实际信息。尽管功能薄膜的表征没有一个统一的技术和标准，但是对膜层结构与组成的测定与表征，却是最为重要的。

参考文献

[1] 戴达煌，刘敏，余志明，王翔．薄膜与涂层现代表面技术[M]．长沙：中南大学出版社，2008：8，10，29，594.
[2] 陈光华，邓金祥，等．新型电子薄膜材料[M]．北京：化学工业出版社，2002：1～13.
[3] 李金桂．现代表面工程设计手册[M]．北京：国防工业出版社，2000：555～559，595～603.
[4] 田民波，刘德令．薄膜科学与手册(下)[M]．北京：机械工业出版社，1991.
[5] 代明江，林松盛，侯惠君，等．用离子源技术制备类金刚石膜研究[J]．中国表面工程，2005，18(5)：16～19.
[6] 戴达煌，袁镇海，周克崧．机械功能薄膜与装饰功能薄膜[M]//李金桂．现代表面工程设计手册．北京：国防工业出版社，2000：550～588.
[7] 袁镇海，付志强，邓其森，林松盛，郑健红，戴达煌．真空阴极电弧沉积碳氮膜研究[J]．真空科学与技术学报，2001，21(4)：329～331.
[8] 吴大维．硬质薄膜材料最新发展与应用[J]．真空，2003(6)：1～5.
[9] 林松盛，代明江，侯惠君，等．离子束辅助中频反应溅射(CrAlTi)N 薄膜研究[J]．真空科学技术学报，2006(26)：162～165.
[10] 王福贞，马文存．气相沉积应用技术[M]．北京：机械工业出版社，2007：318，408～409.
[11] 于福喜．信息材料[M]．天津：天津大学出版社，2000.
[12] 陈德军，代明江，林松盛，侯惠君．TiN/AlN 纳米多层膜调制周期及力学性能研究[J]．真空，2007，44(4)：52～54.
[13] 陈国平．我国薄膜产业化的现状与展望[J]．真空，1997，2(1)：1～5.
[14] 王力衡，黄运添，郑海涛．薄膜技术[M]．北京：清华大学出版社，1991.
[15] 吴锦雷，吴全德．几种新型薄膜材料[M]．北京：北京大学出版社，1999.
[16] 李言荣、恽正中．电子材料导论[M]．北京：清华大学出版社，2001.
[17] 肖晓玲，洪瑞江，林松盛，侯惠君．非平衡磁控溅射沉积 TiC/α-c 多层膜的组织结构[J]．材料科学与工程学报，2008，26(5)：672～684.
[18] 王渭源，鲍敏杭．微电子机械系统进展和趋势[J]．功能材料与器件学报，1996，2(3)：129～136.
[19] 余圣发，等．低辐射卷绕镀膜工艺在线透过率监控技术[J]．真空，2005(4)：19～21.
[20] 吕反修．功能薄膜材料发展趋势[M]//徐滨士，刘世参．中国材料工程大典（17 卷）材料表面工程（下)．北京：化学工业出版社，2006：183～187.

2 功能薄膜的沉积制备方法

2.1 概述

功能薄膜在各个工业领域，特别是在高新技术领域中的应用十分广泛。从应用角度上看，主要特点是应用薄膜材料的某些特性；从应用的广义而言，都可称“薄膜”为功能薄膜（但一般人们认为在电子或物理特性方面应用的薄膜为功能薄膜）。因此，人们研究开发的各种薄膜沉积制备方法大体均可适用于各种功能薄膜的沉积制备。研究开拓一种薄膜沉积制备方法，最终是为在各个工业领域，特别是在高新技术领域中获得应用，这样才会使得各种研究开拓的功能薄膜沉积制备方法得以发展。本节按装饰功能、机械功能、物理功能和特殊功能的薄膜分类加以总结归纳。

2.1.1 装饰功能薄膜的沉积制备方法

按装饰功能薄膜材料的主要膜系（详见 3.2 节），装饰功能薄膜沉积制备的方法主要有物理气相沉积（PVD）、化学气相沉积（CVD）、化学镀、电镀和阳极氧化等，如图 2-1 所示。

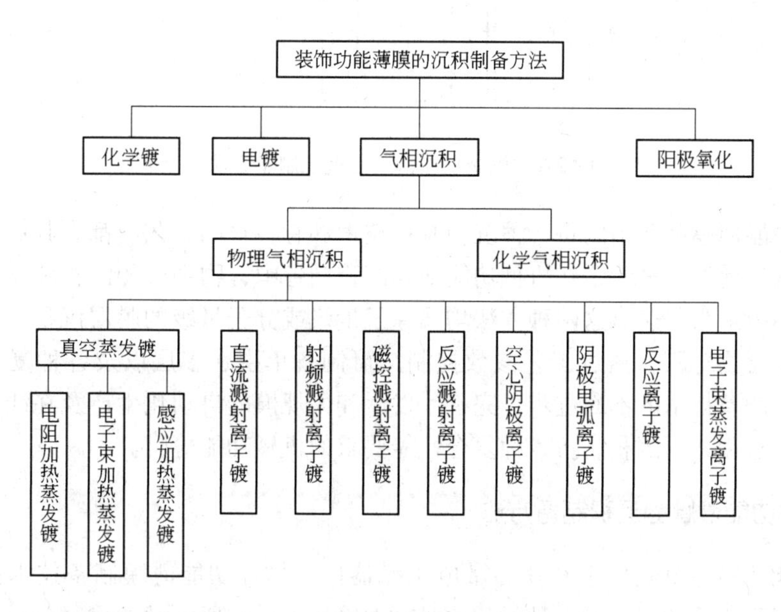

图 2-1 装饰功能薄膜的沉积制备方法

由于一般的装饰功能薄膜的厚度都是在零点几微米至几微米范围，因此大多以气相沉积的方法获得。对于化学镀、电镀、阳极氧化法虽然在装饰膜层的镀制中应用也不少，但在本章中不再叙述。从现代表面沉积的技术方法看，对于装饰功能薄膜，往往视其镀层的功能要求，由镀料的性质、被镀工件的材质、几何尺寸与形状、产品在市场的售价与成本等综合因素考虑决定。现代表面技术在装饰功能薄膜制备中应用较多的是真空蒸发镀、溅射离子镀、反应离子镀和阴极多弧离子镀等。

2.1.2 机械功能薄膜的沉积制备方法

按机械功能薄膜材料的主要膜系（详见 4.2.1 节），机械功能薄膜沉积制备的方法主要有两大类，一类是气相沉积（包括化学、物理气相沉积），另一类是材料表面改性制备（如离子扩散、离子注入、激光处理等），如图 2-2 所示。

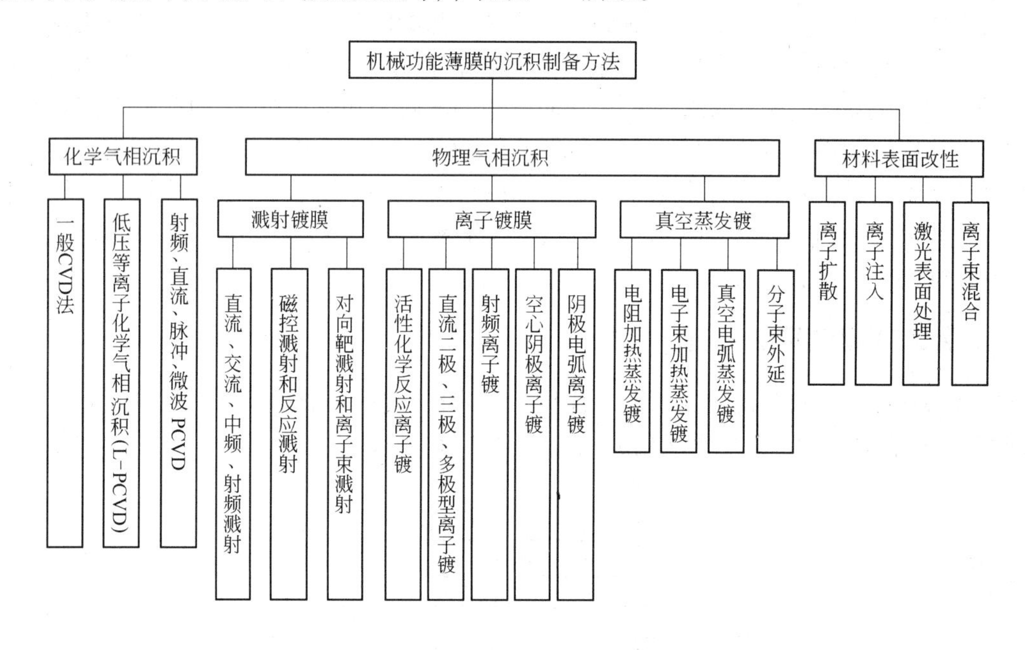

图 2-2 机械功能薄膜的沉积制备方法

在机械功能薄膜制备中的每一种沉积制备技术都有各自的工艺，都有其最合适的技术应用领域。从目前发展来看，在机械功能薄膜沉积制备中，物理气相沉积和化学气相沉积两种方法应用得最为普遍。这两种方法均属原子量级或分子量级的膜层沉积，可以沉积制备各种难熔化合物薄膜，通过工艺参数控制又可制备单层、多层以及各种复合机械功能膜。随着沉积制备技术的不断进步、完善、发展和大规模的自动化生产及在线分析手段监测膜层的生长过程，可沉积制备各种复合性能要求的机械功能薄膜。

2.1.3 物理功能薄膜的沉积制备方法

物理功能薄膜主要应用于芯片和微电子元器件。物理功能薄膜制备技术主要包括外延、氧化、沉积、掺杂、蒸发、溅射和薄膜刻蚀等技术。它所涉及的材料包括绝缘体、金属和半导体等。在薄膜沉积制备的方法上，主要还是化学气相沉积、物理气相沉积、外延法和（电）化学法等四种方法，如图 2-3 所示。

真空蒸发方法简单，大多用于金属薄膜的沉积制备。在溅射沉积中，直流二极管溅射

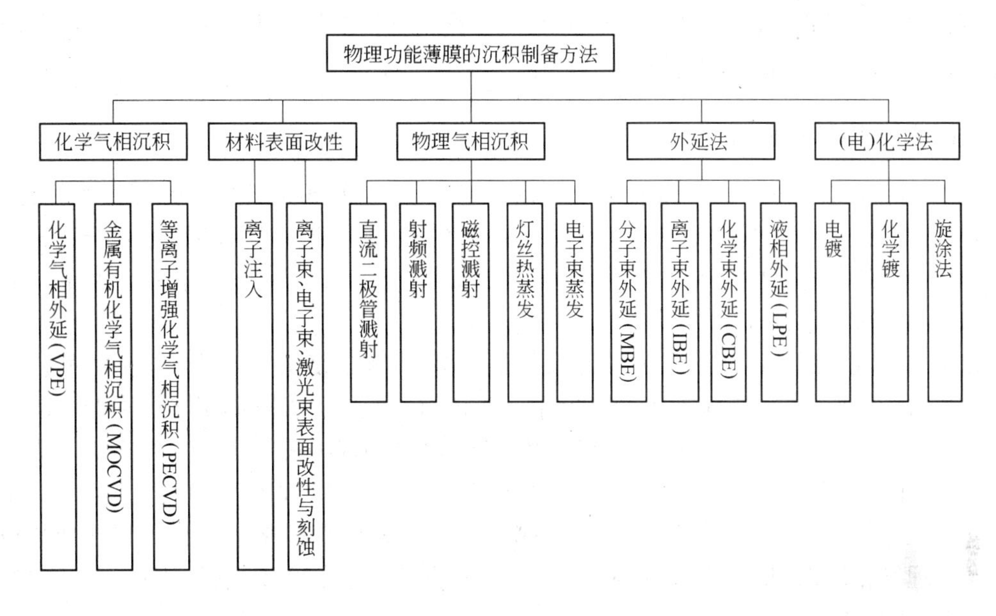

图 2-3 物理功能薄膜的沉积制备方法

是一种常用的物理功能薄膜沉积工艺的方法，射频溅射相对应用少些，而磁控溅射在物理功能薄膜中应用最为广泛。在制备绝缘功能薄膜时，经常采用氧化法和射频溅射法。而掺杂时应用最普遍的是离子注入法。刻蚀用得最多的是光子束、电子束、离子束、激光束刻蚀法。金属有机化学气相沉积（MOCVD）主要应用于微波和光电子器件、先进的激光器（双异质结构、量子阱激光器）、双极场效应晶体管、红外探测器和太阳能电池等。金属有机化学气相沉积（MOCVD）的关键包括涂层和化合物半导体材料及图形的描绘；在化合物半导体中，用 MOCVD 在绝缘基片上沉积 $\mathrm{Ⅲ}_A$-$\mathrm{Ⅴ}_A$ 族的化合物半导体有 GaAs、GaP、GaSb、AlAs、GaAlAs、AlN、GaN、InAs、InP、GaInAs、InSb、InAsSb 等，在绝缘基片上沉积生长 $\mathrm{Ⅱ}_B$-$\mathrm{Ⅵ}_A$ 族的化合物半导体有 ZnS、ZnSe、ZnTe、CdS、CdSe、CdTe 等，在绝缘基片上生长 $\mathrm{Ⅳ}_A$-$\mathrm{Ⅵ}_A$ 族的化合物半导体有 PbTe、PbS、PbSe、PbSnTe 等；在涂层材料上有各种金属氧化物、氮化物、碳化物和硅化物等；在细线和图形的描绘上，运用 MOCVD 的 MO 源可在气相或固相体中形成的特点，在已知的某些 MO 化合物对聚焦的高能束和粒子束具有很高的灵敏度，选择性曝光，可使已曝光的 MO 化合物不溶于溶剂，而制备出线条和各种几何图形。MOCVD 在四种物理功能薄膜的应用上，要比一般的化学气相沉积更具有应用的广泛性、通用性和先进性。分子束外延主要应用于各种半导体、外延生长单晶膜、绝缘膜；并生长出异质结、超晶格、量子阱、量子盒半导体微结构；并制备出各种异质结、超晶格、量子阱器件。

2.1.4 特殊功能薄膜的沉积制备方法

特殊功能薄膜视其在特殊环境下对工况的特殊要求及被镀工件的材质、形状、特征来选择、设计使用合理的沉积制备方法。一般而言，上面谈及的沉积制备方法，在特殊功能薄膜沉积制备中均可设计选用，这里就不多谈了。

基于上述四类功能薄膜沉积制备方法中，同一种或同一类方法适用于多种类的功能薄膜的沉积制备。因此，在本章中，是以现代表面材料沉积制备方法的传统，有系统分门别类地论述各类方法的原理、工艺特点及应用。

2.2 化学气相沉积技术

化学气相沉积（chemical vapor deposition，CVD）是薄膜沉积的一种气相生长方法。此法是通过活化环境（热、光或等离子体）中使含有构成薄膜元素的挥发性化合物分解或与其气相物质的化学反应产生非挥发性的固体物质，并使之以原子态沉积在衬底上，形成所要求的功能薄膜材料。

化学气相沉积覆盖性好，可在深孔、阶梯、洼面和其他复杂的三维形体上沉积；而其薄膜的化学计量比，能在很宽的范围内控制薄膜的沉积生长；设备和工艺成本低，适宜批量、连续生产，与其他加工有很好的相容性。在传统的 CVD 法基础上，又开发了低压化学气相沉积（LPCVD）、等离子体增强化学气相沉积（PECVD）、激光化学气相沉积（LCVD）、微波等离子体化学气相沉积（MWPCVD）、金属有机化学气相沉积（MOCVD）以及与物理气相沉积相结合的复杂沉积等新方法。从 20 世纪 70 年代起，CVD 就已成为一个举足轻重的薄膜气相沉积技术。

2.2.1 化学气相沉积的原理

化学气相沉积是利用空间气相的化学反应在基材表面上沉积固态功能膜的一种重要的沉积工艺技术。从原理上看，其所采用的化学反应类型有（△表示加热）：

（1）热分解：

如羰基镍 $$Ni(CO)_4 \xrightarrow[180℃]{\triangle} Ni + 4CO$$

硅烷 $$SiH_4 \xrightarrow[650℃]{\triangle} Si + 2H_2$$

金属卤化物 $$SiI_4 \xrightarrow{\triangle} Si + 2I_2$$

（2）氢还原：

如金属卤化物 $$SiCl_4 + 2H_2 \xrightleftharpoons{\triangle} Si + 4HCl$$

这种反应是可逆的。温度、氢气与反应气体浓度比、压力等都是重要参数。

（3）金属还原。它是金属卤化物与单质金属发生还原反应，如：

$$BeCl_2 + Zn \xrightarrow{\triangle} Be + ZnCl_2$$

（4）基材还原。这类反应发生于基材表面，反应气体被基材还原生成薄膜。如金属卤化物被硅基片还原：

$$WF_6 + 3/2Si \longrightarrow W + 3/2SiF_4$$

（5）化学输送。在高温区被置换的物质构成卤化物，或者卤素反应生成低价卤化物，它们被输送到低温区，由非平衡反应在基片上形成薄膜。

如在高温区： $$Si(g) + I_2(g) \longrightarrow SiI_2(g)$$

在低温区：　　$SiI_2 \longrightarrow 1/2Si(s) + 1/2SiI_4(g)$

总反应为：　　$2SiI_2 \underset{高温}{\overset{低温}{\rightleftharpoons}} Si + SiI_4$

（6）氧化。主要用于在基材上制备氧化物薄膜，如：

金属氢化物　　$SiH_4 + O_2 \longrightarrow SiO_2 + 2H_2$

金属卤化物　　$SiCl_4 + O_2 \longrightarrow SiO_2 + 2Cl_2$

金属氧氯化物　　$POCl_3 + 3/4O_2 \longrightarrow 1/2P_2O_5 + 3/2Cl_2$

有机金属化合物　　$AlR_3 + 3/4O_2 \longrightarrow 1/2Al_2O_3 + 3R$

（7）加水分解。如金属卤化物：

$$2AlCl_3 + 3H_2O \longrightarrow Al_2O_3 + 6HCl$$

其中 H_2O 是由

$$CO_2 + H_2 \longrightarrow H_2O + CO$$

反应而得。由于常温下 $AlCl_3$ 能与水完全发生反应，因此制备时常把 $AlCl_3$ 和 H_2O 混合气体输到基材上。

（8）与氨反应。如：

金属卤化物　　$SiH_2Cl_2 + 4/3NH_3 \longrightarrow 1/3Si_3N_4 + 2HCl + 2H_2$

金属氢化物　　$SiH_4 + 4/3NH_3 \longrightarrow 1/3Si_3N_4 + 4H_2$

（9）合成反应。几种气体在沉积区内反应于工件表面，形成所需要物质的薄膜。如 $SiCl_4$ 和 CCl_4 在 1200～1500℃下，生成 SiC 膜。

（10）等离子体激发反应。用等离子体放电使反应气体活化，可在较低温度下成膜。

（11）光激发反应。如在 SiH-O_2 反应系中使用 Hg 蒸发为感光物质，用 253.7nm 的紫外线照射，并被 Hg 蒸气吸收。这一激发反应可在 100℃左右制备硅氧化物。

（12）激光激发反应。如有机金属化合物在激光激发下反应：

$$W(CO)_6 \longrightarrow W + 6CO$$

CVD 的源物质可以是气态、液态和固态。CVD 过程包括：反应气体到达基材表面；反应气体分子被基材表面吸附；在基材表面产生化学反应，形核；生成物从基材表面扩散。CVD 法主要用的设备有气体的发生、净化、混合及输运装置、反应室、基材加热与排气装置。其中基材加热可采用电阻加热、高频反应和红外线加热等。采用 CVD 法制备优质薄膜，必须谨慎选择反应系。主要工艺参数是基材的温度和气体及气体的流动状态，它们决定了基材附件温度、反应气体的浓度和速度的分布，从而影响薄膜的生长速率、均匀性和结晶质量。

CVD 法通过控制薄膜的成分和结构，可制备半导体、外延膜、SiO_2 和 Si_3N_4 等绝缘膜、金属膜及金属氧化物、碳化物、硅化物等。CVD 法原先主要用于半导体等，后来扩大到金属等各种基材上，成为制备薄膜的一种主要手段，应用极为广泛。

由于 CVD 技术有多种分类，本书按其主要特征进行分类叙述，即分为热激发化学气相沉积，低压、常压化学气相沉积，等离子体化学气相沉积，激光（诱导）化学气相沉积，金属有机化合物化学气相沉积等。

2.2.2　热激发化学气相沉积

通常 CVD 反应是依靠高温来进行的，因此又称为热激发化学气相沉积（TCVD）。一般采用无机物前驱体，在热壁和冷壁反应器中进行。其加热的方式有射频（RF）加热、红外辐射加热、电阻加热等。

2.2.2.1　热壁化学气相沉积

热壁化学气相沉积反应器实际上是一个恒温炉，通常用电阻元件加热，用于间断式的生产。图 2-4 所示为切屑刀具涂层的热壁化学气相沉积生产设备示意图。这种热壁化学气相沉积可以涂覆 TiN、TiC、TiCN 等薄膜。其中反应器可设计得很大，装入大量的零件，并可十分精确地控制条件进行沉积。图 2-5 所示为用于半导体器件生产的掺杂硅的外延层装置。炉中的基片按垂直方向放置，以减小粒子对沉积面的污染，又可大大增加生产装载量，用于半导体生产的热壁反应器，通常是在低压下操作的。

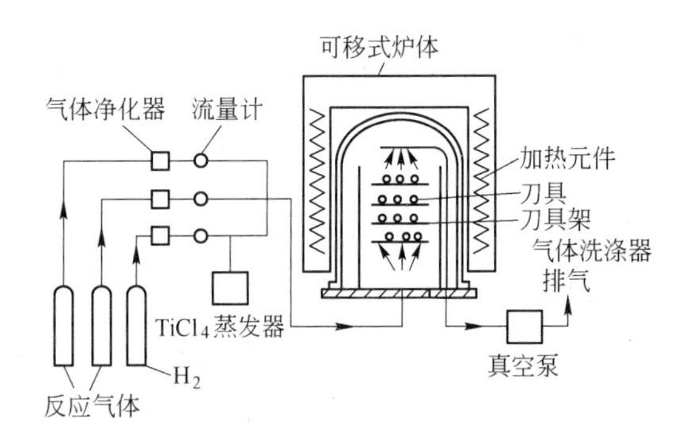

图 2-4　切屑刀具涂层的热壁化学气相沉积生产设备

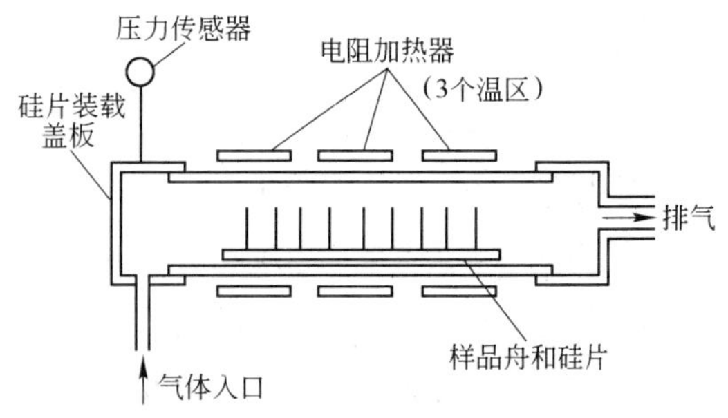

图 2-5　掺杂硅片外延的低压化学气相沉积装置

2.2.2.2　冷壁化学气相沉积

冷壁反应的 CVD 装置的基片由感应线圈或辐射的方法直接加热，而炉壁保持较低的温度。由于炉壁温度低，多数的反应又是吸热反应，反应在较热的衬底表面发生，而在较冷的炉壁上没有沉积层生成。图 2-6 所示为用于硅外延的冷壁化学气相沉积装置。它主要用于超大规模集成电路、双极管和 MOS 器件硅外延的双室反应器。该反应器用的是感应加热，炉中设置有辐射反射屏（见图 2-6中 A 放大图），以提高热效、增加沉积的均匀性。

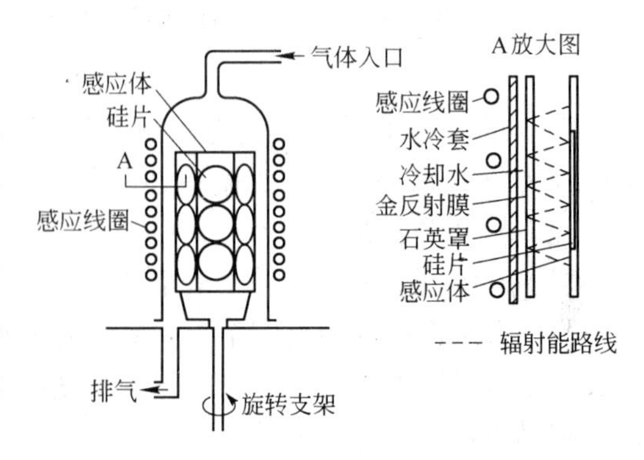

图 2-6　用于硅外延冷壁化学气相沉积装置

2.2.3　常压和低压化学气相沉积

在常压化学气相沉积的沉积中，由于是在大气压（常压）下，其反应气体和生成气体的输运速率（穿透边界层的扩散速率）较低，整个反应受扩散控制。在常压下，CVD 中某些反应必须使用惰性气体高度稀释以避免气相形核的发生。但这种常压化学气相沉积结构简单、成本低廉，并能连续不断地进行批量生产。

然而，在低压下（如小于 133Pa），反应物和生成物两者的气相输运速率都会随着压力的下降而反比例增大。低压的作用主要增强了反应气体和生成产物穿过边界层在平流层和衬底表面之间的质量输运。一般质量的输运速率可以提高 1 个数量级。随着压力的降低，气体平均自由程的增加，就可以把衬底彼此放置得更靠近一些，使系统的生产量增大。因此低压化学气相沉积（LPCVD）系统薄膜的沉积效率要高于传统的常压化学气相沉积；而且在低压下，表面反应的速率控制因素——质量输运所起的作用，远比常压化学气相沉积的情况要小。因此，LPCVD 在一般情况下，能提供更好的膜厚均匀性和阶梯覆盖性以及更高的膜层质量。但是在生产中，选择热壁或冷壁、常压或低压应该充分考虑生产的产品要求、设备的价格、生产的成本和效率以及操作的难易、膜层的质量等所有因素，最后做出选择。

2.2.4 等离子体增强化学气相沉积

2.2.4.1 等离子体增强化学气相沉积中等离子体的性质和特点

A 等离子体的性质

等离子体增强化学气相沉积（plasma enhanced CVD，PECVD）中等离子的性质是依靠等离子体中电子的动能去激活气相的化学反应。由于等离子体是离子、电子、中性原子和分子的集合体，在宏观上呈电中性。在等离子体中，大量的能量存储在等离子体的内能之中。等离子体分为热等离子体和冷等离子体。PECVD 系统中是冷等离子体，它是通过低压气体放电而形成的。这种在几百帕以下的低气压下放电所产生的等离子体是一种非平衡的气体等离子体。这种等离子体性质是：

（1）电子和离子的无规则热运动超过了它们的定向运动。

（2）它的电离过程主要是由快速电子与气体分子碰撞引起。

（3）电子的平均热运动能量比重粒子，如分子、原子、离子和自由基等粒子的运动能量高 1 ~2 个数量级。

（4）电子和重粒子碰撞后的能量损失可在两次碰撞之间从电场中补偿。

由于 PECVD 系统中是低温的非平衡等离子体，其电子温度 T_e 和重颗粒的温度 T_i 并不相同，很难用少量的参量来表征一个低温非平衡等离子体。在 PECVD 技术中，等离子体的首要功能是产生具有化学活性的离子和自由基。这些离子和自由基与气相中的其他离子、原子和分子发生反应或在基体表面引起晶格损伤和化学反应，其活性物质的产额是电子密度、反应剂浓度及产额系数的函数。也就是说，活性物质的产额取决于电场强度、气体压强以及碰撞时粒子的平均自由程。由于等离子体内的反应气体因高能电子的碰撞而离解，使化学反应的激活位垒得以克服，可使反应气体的温度降低。PECVD 与常规 CVD 主要区别在于化学反应的热力学原理不同。在等离子体中气体分子的离解是非选择性的，所以，PECVD 沉积的膜层与常规的 CVD 完全不一样。PECVD 产生的相成分可能是非平衡的独特成分，它的形成已不再受平衡动力学的限制。最典型的膜层是非晶态。

B PECVD 的特点

优点：

（1）沉积温度低。表 2-1 列出了一些膜层沉积中 PECVD 与 TCVD 典型的沉积温度范围。

（2）降低因膜/基材料线膨胀系数不匹配所产生的内应力。

（3）沉积速率相对较高。特别是低温沉积利于获得非晶态和微晶薄膜。

表 2-1 PECVD 与 TCVD 典型的沉积温度范围

沉积薄膜	沉积温度/℃	
	TCVD	PECVD
硅外延膜	1000 ~ 1250	750
多晶硅	650	200 ~ 400
Si_3N_4	900	300
SiO_2	800 ~ 1100	300
TiC	900 ~ 1100	500
TiN	900 ~ 1100	500
WC	1000	325 ~ 525

缺点：

（1）在等离子体中，电子能量分布范围宽。除电子碰撞外，其离子的碰撞和放电时产生的射线作用又可产生新的粒子。从这一点上看，PECVD 的反应未必是选择性的，有可能存在几种化学反应，致使反应产物难以控制，难以获得纯净的物质。

（2）因沉积温度低，反应过程中产生的副产物气体和其他气体的解吸进行得不彻底，经常残留沉积在膜层之中。

（3）对某些脆弱的衬底易造成离子轰击损伤。

（4）相对一般 CVD 而言，设备相对复杂，价格相对较高。

对其优缺点相比，PECVD 的优点是主流。它正获得越来越广泛的推广应用，最广泛的是用于电子工业。表 2-2 列出了用 PECVD 技术沉积的一些膜层材料。

表 2-2 PECVD 技术沉积的一些膜层材料

材　料	沉积温度/K	沉积速度/cm · s^{-1}	反 应 物
非晶硅	523 ~ 573	10^{-8} ~ 10^{-7}	SiH_4, SiF_4-H_2, Si(s)-H_2
多晶硅	523 ~ 673	10^{-8} ~ 10^{-7}	SiH_4-H_2, SiF_4-H_2, Si(s)-H_2
非晶锗	523 ~ 673	10^{-8} ~ 10^{-7}	GeH_4
多晶锗	523 ~ 673	10^{-8} ~ 10^{-7}	GeH_4-H_2, Ge(s)-H_2
非晶硼	673	10^{-8} ~ 10^{-7}	B_2H_6, BCl_3-H_2, BBr_3
非晶磷	293 ~ 473	$\leqslant 10^{-5}$	P(s)-H_2
As	< 373	$\leqslant 10^{-6}$	AsH_3, As(s)-H_2
Se, Te, Sb, Bi	$\leqslant 373$	10^{-7} ~ 10^{-6}	Me-H_2
Mo, Ni			$Me(CO)_4$

续表 2-2

材 料	沉积温度/K	沉积速度/$cm \cdot s^{-1}$	反 应 物
类金刚石	≤523	$10^{-8} \sim 10^{-5}$	C_nH_m
石 墨	1073 ~ 1273	≤10^{-5}	$C(s)$-H_2，$C(s)$-N_2
CdS	373 ~ 573	≤10^{-6}	Cd-H_2S
GaP	473 ~ 573	≤10^{-8}	$Ga(CH_3)$-PH_3
SiO_2	≥523	$10^{-8} \sim 10^{-6}$	$Si(OC_2H_5)_4$，SiH_4-O_2，N_2O
GeO_2	≥523	$10^{-8} \sim 10^{-6}$	$Ge(OC_2H_5)_4$，GeH_4-O_2，N_2O
SiO_2/GeO_2	1273	约 3×10^{-4}	$SiCl_4$-$GeCl_4$-O_2
Al_2O_3	523 ~ 773	$10^{-8} \sim 10^{-7}$	$AlCl_3$-O_2
TiO_2	473 ~ 673	10^{-8}	$TiCl_4$-O_2，金属有机化合物
B_2O_3			$B(OC_2H_5)_3$-O_2
Si_3N_4	573 ~ 773	$10^{-8} \sim 10^{-7}$	SiH_4-H_2，NH_3
AlN	≤1273	≤10^{-6}	$AlCl_3$-N_2
GaN	≤873	$10^{-8} \sim 10^{-7}$	$GaCl_4$-N_2
TiN	523 ~ 1273	$10^{-8} \sim 10^{-6}$	$TiCl_4$-H_2 + N_2
BN	673 ~ 973		B_2H_6-NH_3
P_3N_5	633 ~ 673	≤5×10^{-6}	$P(s)$-N_2，PH_3-N_2
SiC	473 ~ 773	10^{-8}	SiH_4-C_nH_m
TiC	673 ~ 873	$10^{-8} \sim 10^{-6}$	$TiCl_4$-$CH_4(C_2H_2)$ + H_2
GeC	473 ~ 573	10^{-8}	
B_xC	673	$10^{-8} \sim 10^{-7}$	B_2H_6-CH_4

由于 PECVD 的低温工艺，可减少热损伤，减低膜层与衬底材料之间的互扩散及反应等，使电子元器件在制成前或因返修需要，都可进行镀膜。对于超大规模集成电路(VLSI、ULSI) 制作来说，Al 电极布线形成之后，作为最终保护膜的硅氮化膜（SiN）的形成，以及平坦化，作为层间绝缘的硅氧化膜的形成等，都成功地应用了 PECVD 技术。作为薄膜器件，以玻璃为基板的有源矩阵方式的 LCD 显示器用薄膜三极管（TFT）的制作等，也成功地采用了 PECVD 技术。

近年来，随着集成电路向更大规模、更高集成度发展和化合物半导体器件的广泛应用，需要 PECVD 在更低温度、更高电子能量的工艺下进行。为适应这一要求，要开发更低温度下能形成更高平直的薄膜技术。采用 ECR 等离子体及采用螺旋等离子体的新型等离子体化学气相沉积（PCVD）技术，对 α-Si：H、SiN、SiO_x 膜进行了广泛研究，并在用较大规模集成电路层间绝缘膜等方面，已达到实用化程度。

随着开发清洁能源要求的日益迫切，近年来，有源液晶平板显示器的需求急剧扩大，为 PECVD 技术的发展提供了需求牵引。太阳能电池和液晶面板显示器用 TFT 所需要大面积、性能一致的薄膜和低成本的要求，使 PECVD 技术的连续化生产优点得到发展，由于技术上的突破，目前采用 PECVD 技术的这类产品已在市场需求中普及。

2.2.4.2 射频等离子体化学气相沉积技术

A 射频等离子体化学气相沉积装置

以射频（RF）辉光放电方法产生的等离子体的化学气相沉积装置，称为射频等离子体化学沉积（RF-PCVD）装置。射频放电有电感耦合与电容耦合两种。在选用管式反应腔体时，两种耦合电极均可置于管式反应腔体外。在放电中，电极不会发生腐蚀，也不会有杂质污染，但需要调整电极和基片的位置。这种结构简单，造价较低，不宜用于大面积基片的均匀沉积和工业化生产。比较普遍的是在反应室内采用平行圆板形的电容耦合方式。这种结构的电容耦合射频功率输入，可获得较均匀的电场分布。

在平板形的电容耦合系统中，基片台为接地电极，两极间距离较小，一般仅几厘米，这与输入射频功率大小有关。一般极间距只要大于离子鞘层，即暗区厚度的 5 倍，能保证充分放电即可。基片台可用红外加热。下电极可旋转，以改善膜厚的均匀。底盘上开有进气、抽气、测温等孔道。图 2-7 所示为平板形反应室的截面图。

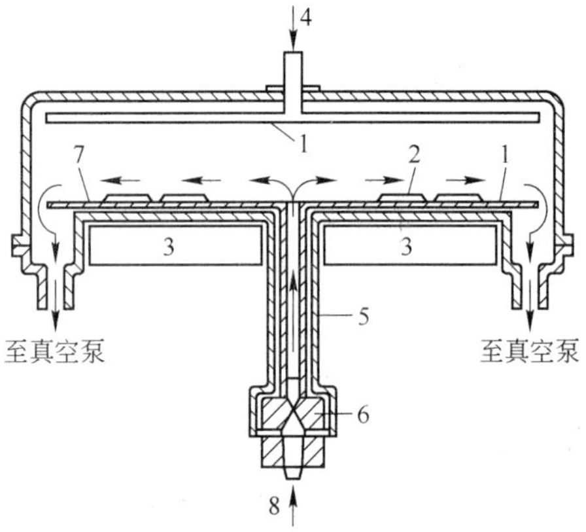

图 2-7 平板形反应室的截面图
1—电极；2—基片；3—加热器；4—RF 输入；5—转轴；6—磁转动装置；7—旋转基座；8—气体入口

电源通常采用功率为 50W 至几百瓦，频率为 450kHz 或 13.56MHz 的射频电源。

在气源和气路上，由于工艺和沉积薄膜要求的不同，需选用各种不同的化学气体和反应气体。如在沉积 SiN 薄膜时，常选用硅烷和氨或氮气。各种气体分别经由各自的流量计、流量控制器然后汇入反应室。若要稀释反应气体和沉积前需对反应室净化，则可另加两路气体，放电时可刻蚀去除电极表面等处的沾染物。

对真空系统，PCVD 技术要求不高，只要在一定的低压下工作就可以。一般只需一个机械泵先抽真空至 10^{-1}Pa，然后接着充入反应气体，保持反应室有 10Pa 左右的气压即可。但系统要有良好的密封性能。考虑到大流量和低压范围的要求，必要时，可选用机械增压泵。

为提高沉积薄膜的性能，在设备上，对等离子体施加直流偏压或外部磁场。RF-PCVD 可用于半导体器件工业化生产中 SiN 和 SiO_2 薄膜的沉积。

B 氮化硅膜沉积工艺

用 RF-PCVD 大规模生产的第一种材料是氮化硅。因氮化硅质硬，化学稳定性好，对水汽和碱离子具有很好的扩散障作用，所以被大量用作集成电路最外面的涂层和钝化膜。

经实验研究，有关工艺中各反应参数对 SiN 膜层沉积速率及膜层性能的影响规律见表 2-3。

表 2-3 各反应参数对沉积速率及膜层性能的影响规律

主动变化因子		受影响变化因子		
反应参数	反应参数变化方向	沉积速率变化方向	折射率变化方向	炉内不均匀性变化方向
射频功率密度	增 加	增 加	稍有增加	增 加
系统内总压力	增 加	先增后减	基本不变	增 加
总流量	增 加	基本不变	基本不变	先减后不变
流量比 $q_V(SiH_4)/q_V(NH_3)$	增 加	先增后不变	增 加	先减后不变
基片温度	增 加	稍有增加	增 加	基本不变

只要控制好各种反应参数的变化引起的沉积速率变化和膜层性质的变化就可沉积出优良的氮化硅膜。二氧化硅膜、非晶硅膜的沉积工艺，这里就不再叙述了。

C 工业应用

射频等离子体化学气相沉积的氮化硅膜、二氧化硅膜、非晶硅膜主要应用于半导体的集成电路中作钝化膜。非晶硅还可应用制作太阳能光电池。具体介绍如下：

（1）氮化硅钝化膜。由于半导体芯片内部的氧化层抗钠离子的能力较差，且芯片对水汽和钠离子的污染极其敏感，而氮化硅具有较好的抗钠离子性能；这些杂质离子在氮化硅中的扩散系数和迁移率又比较低，并且钠离子在氮化硅中的溶解度比在氧化硅中高出几百倍，如在1000℃时，Na^+在 SiN 中的离子数密度达$5\times10^{19}cm^{-3}$，而SiO_2中只有其1%。因此，Na^+在 SiN 中的渗透要比同样条件下的SiO_2中的渗透浅得多。在非平面工艺器件中，SiN 钝化直接与 Si 接触，它的界面密度较大，大量的电荷可能导致器件 P 型表面的反型。加上，SiN 与 Si 性能差异较大，它们之间的接触应力也会在界面上产生缺陷。因此，在实际沉积 SiN 之前，先沉积一层氧化层，形成双层结构或氮化硅-氧化硅混合结构。

此外，SiN 膜还可作掩蔽膜。因为它不仅可阻挡Na^+的侵入，还能对杂质硼、磷、砷、锑、镓、铟、锌和氧等有掩蔽功能，所以会在集成电路中作选择扩散的掩蔽膜。

（2）SiO_2钝化膜。SiO_2具有良好的绝缘性能和一定的硬度，作为钝化层，把它制作在金属互连布线上，既可作为保护和稳定半导体器件与芯片的介质膜，又可隔离并为金属互连和端点金属化提供保护。这层膜既是杂质离子的壁垒，又使器件表面具有良好的强度。

（3）非晶硅钝化膜。制作集成电路时，钝化是在低温下进行的。SiN、SiO_2膜虽能在低温下成膜，但它们都属绝缘膜，不能屏蔽外电场，也不能抑制可动离子的干扰，尤其在 MOS 器件中，主要靠控制栅偏压来调节绝缘膜下的半导体表面的沟道层。绝缘膜对外电场及沾污的可动离子具有极化作用，会影响场调制作用。α-Si：H 是典型的半绝缘膜，能消除由于绝缘膜中的极化现象所引起的对 P-N 结的干扰，而且绝缘膜本身不具备固定电荷，是中性薄膜，因此作钝化膜不会引起局部的电场集中。工艺上，半绝缘的非晶硅因沉积温度低，膜的室温电阻率为$10^9\sim10^{11}\Omega\cdot cm$，比较适用。

α-Si：H 钝化膜对 P 型、N 型衬底都适用。因 α-Si：H 膜中同时有俘获正负离子的双重作用，所以同时具有施主和受主型局域带能级。膜是中性，却能感应出相反符号的电荷，起到屏蔽外电场、保护 P-N 结的作用。在硅平面器件中，α-Si：H 钝化膜往往沉积在SiO_2上。因SiO_2膜对氢原子的掩蔽能力差，只需用低的退火温度（350℃），α-Si：H 中的

氢原子就会穿过 SiO_2 层而到达 SiO_2-Si 界面，同时可填充界面上的缺陷态，降低界面态密度。

RF-PCVD 可大面积地以比较低的成本制作 α-Si：H 膜，具有极好的光导性能，有很高的可见光吸收系数，是太阳光电池等多种重要的光器件的适宜膜层。这种方法成本低，工艺简便，能耗小，能以玻璃或不锈钢等廉价材料作衬底，容易制造大面积的太阳光电池。在最近几年中，国际市场上太阳能光电池尺寸迅速增大，表明了非晶硅膜的应用与发展迅速。

RF-PCVD 沉积制备功能薄膜的实例见表 2-4。

表 2-4 RF-PCVD 沉积制备功能薄膜的实例

膜　层	输入材料	放电数据	基片，基片温度/℃
Si	$SiCl_4$，H_2，Ar	射频：27.12MHz	不锈钢
Si	SiH_4	射频	Si，650
Si	SiH_4	射频：2.5～20W，13.56MHz	N 型 Si(001)，700～800
Si	SiH_4，H_2	射频	玻璃，50～350
α-Si	SiH_4	射频	玻璃，Cu
α-Si：H	$SiH_4+B_2H_6$	射频	玻璃，250
α-Si：H，F	SiF_4，H_2	射频辉光放电：27MHz	玻璃
掺 B：α-Si：H	SiH_4，H_2，B_2H_6	射频：13.56MHz，5～30W	玻璃，200～280
α-C：H	CH_4，H_2	低频(50Hz)等离子体	Si，钢，室温
α-C：H	C_2H_2	射频：13.56MHz	Si
Mo	$Ar+Mo(CO)_6$ 或 $H_2+Mo(CO)_6$	射频：100W	在 Si 或 SiO_2，100～300
BN	$B_2H_6+NH_3$ B_2H_6，NH_3，H_2	射频：13.56MHz	300
Ti_2B_2	$TiCl_4$，BCl_3，H_2	射频：20W，15MHz	Al_2O_3，石英，Si，480～650
TiN	$TiCl_4$，N_2，H_2	射频：0～200W	钢，350～500
AlN	$AlBr_3+N_2+H_2+Ar$	射频：50～500W，13～56MHz	石墨，200～800
SiN	SiH_4，N_2，H_2	射频：13.56MHz	Si，玻璃
Si_3N_4	硅烷，NH_3，H_2	射频：20W	P 型 Si(111)
α-SiN_x：H	SiH_4，CH 光导物	射频：13.56MHz	各种基片
α-SiN：H	NH_3，SiH_4	射频：440kHz，20W	Si，360
$Si_{1-x}CX$：F，H	SiF_4，CF_4，H_2	射频：13.56MHz	玻璃，Si
SiO_2	SiH_4+NO_2	射频：10～50W	N 型 Si(001)
$SiO_x(x<2)$	SiH_4+N_2O	射频：20～60W	350
B-C-N-H	B_2H_6，C_2H_6，Ar	射频：20W，13.56MHz	玻璃，NaCl
氟化物 SiH_xF_y	$SiH_4/He/NF_3/NH_3/$或 $SiH_4/He/NH_3/F_2$	射频：13.56MHz	P 型 Si(001)，300
$SiO_xN_yH_z$	SiH_4，N_2O，NH_3	射频：13.56MHz	玻璃，Si，200
α-Si_{1-x}-Ge_x：H	SiH_4，GeH_4	射频：3W，13.56MHz	200～400
α-Si_{1-x}-Ge_x：H_3F	SiH_4，GeH_4，H_2	射频：300W	玻璃，400

2.2.4.3 直流等离子体辅助化学气相沉积技术

A 直流等离子体化学气相沉积装置

图2-8所示为广州有色金属研究院自行研制的直流等离子体化学气相沉积（DC-PCVD）装置的示意图。装置主要包括炉体（反应室）、直流电源与电控系统、真空系统、气源与供气系统、净化排气系统。DC-PCVD装置适宜把金属卤化物或含有金属的有机化合物经热分解后电离成金属离子和非金属离子，为渗金属提供金属离子源。如用氢气或氩气为载体，把 $AlCl_3$ 和 BCl_3 或 $SiCl_4$ 气体带入真空炉内，在直流高压电场的作用下，电离成铝离子、硼离子和硅离子；可进行渗铝、渗硼、渗硅；也可用 $TiCl_4$ 经电离产生钛离子，在直流高压电场的作用下，以高速撞击工件，进行扩散渗钛；若加入其他反应气体，可以在工件上沉积TiN、TiC。

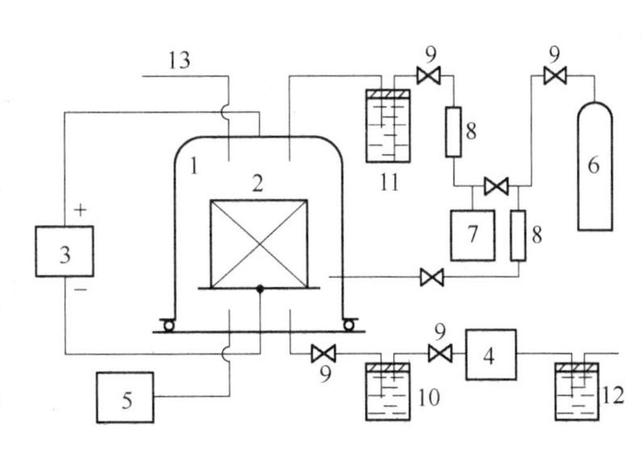

图2-8 直流等离子体化学气相沉积装置的示意图
1—炉体；2—工件；3—电源；4—真空泵；5—真空仪；6—气源；7—稳压罐；8—流量计；9—阀；10—冷阱；11—氯化物；12—净化器；13—测量仪

B TiN膜层的沉积工艺

在DC-PCVD炉中，采用纯度为99.9999%的氮气和化学纯的 $TiCl_4$ 作为反应气体，装炉量为500余片的市售YG、YT硬质合金刀片；选用500～700℃，0.5～1h，电压1100～1700V，炉压106～200Pa；$TiCl_4$ 的油浴温度为30～40℃。

a 膜层的相结构

560℃，1h和700℃，1h在硬质合金上沉积膜层均为TiN结构。在（111）、（200）和（220）晶面都有明显的TiN衍射峰和（200）择优晶体取向。随着工艺条件的改变，TiN结构会有某些变化。

b 膜层的成分

膜层含80.00% Ti，2.28% Cl，16.96% N和0.81% O。由于用 $TiCl_4$ 作气源，因此在沉积生成的膜层中含有少量的氯。氯含量的多少同温度、气氛中的氢分压有密切的关系。

DC-PCVD法沉积的膜层对沉积温度并不敏感，可在较宽的温度范围内得到化学成分基本不变的TiN膜层。当沉积温度和氮分压不变而改变 $TiCl_4$ 分压时，明显地影响着膜层的色泽。只有当 $TiCl_4$ 的输入量在适量范围内，即 TiN_x 的 $x \approx 1$ 时，膜层接近金黄。

c 膜层的硬度

膜层的硬度有一定的波动，其波动的大小与膜层中N/Ti的化学计量成分、沉积温度、沉积速率等因素密切相关。N/Ti值可使硬度最高值与最低值达2倍之差，当 $N/Ti \approx 1$ 时，膜层硬度HV约为2156；当 $N/Ti > 1$ 时，膜层硬度较低。膜层内N/Ti值的变化是导致膜层硬度差异的主要原因。

C 工业应用

目前，DC-PCVD技术基本上可实现批量生产应用。它所沉积的超硬膜，如TiN、TiC、Ti(CN)等膜层在高速钢的刀具上可提高切削速度，加大进刀量，使刀具的使用寿命更长。实践表明，用DC-PCVD法来沉积TiN装饰膜层，是不理想的，其所沉积的金黄色TiN膜层，尽管沉积出来时很漂亮，但它经不起手摸，一摸就有手印留在沉积的 TiN 表面上，难以去除。因此，用 DC-PCVD 法来制作 TiN 装饰膜是不适宜的。

2.2.4.4 脉冲直流等离子体化学气相沉积技术

A 脉冲直流等离子体化学气相沉积设备

图 2-9 所示为国家“863”计划中由西安交通大学研制成功的新一代工业型脉冲直流等离子体化学气相沉积设备示意图。设备容积为 ϕ450mm×650mm，最大承重 500kg。设备的主要特点是：

（1）脉冲直流电源采用了先进的逆变式技术和大功率 IGBT 开关，脉冲输出电压为 0~1400V 连续可调，脉冲频率为 1~30kHz 广域可调，最大输出功率达 5kW；还设计有先进的短路和过载保护电路，保证了在 500℃左右中温区的稳定沉积镀膜，较大地扩展了适用基材范围。

（2）设备采用热电分离，进行温度和等离子场的独立调控，避免了工艺参数选配不当造成的炉内污染。加热功率高达 36kW。真空镀膜室最高温度为 650℃，室内采用了风机强制冷却，提高了冷却速率，缩短了辅助镀膜时间，提高了功效。

（3）采用了 5 路独立工作气体和 2 路卤化物蒸发源的配置，加以质量流量计监控，保证了气体流量的定量精确。

（4）在工艺上可实现复合离子渗镀一次完成、梯度功能连续过渡、多层结构交替组合、对窄缝和盲孔镀膜。

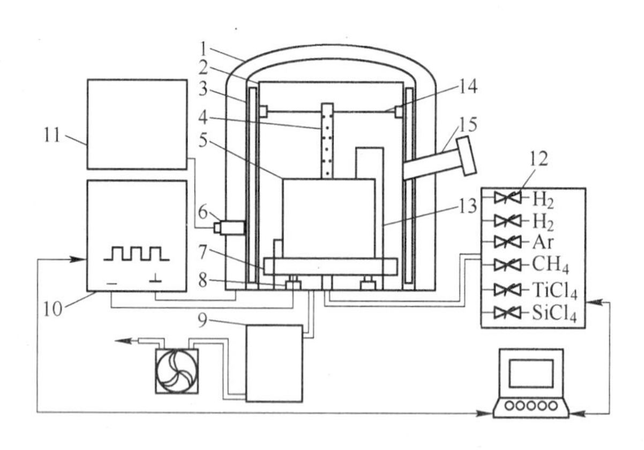

图 2-9 工业型脉冲直流等离子体化学气相沉积设备

1—钟罩式炉体；2—屏蔽罩；3—带状加热器；4—通气管；5—工件；6—过桥引入电极；7—阴极盘；8—双屏蔽阴极；9—真空系统及冷阱；10—脉冲直流电源系统；11—加热及控制系统；12—气体供给控制系统；13—热电偶；14—辅助阳极；15—观察窗

B 沉积工艺

以高速钢（W18Cr4V）切削刀具沉积 TiN 膜为例来介绍沉积工艺。整个工艺过程是先将真空室抽到 10Pa 以下，开加热系统。在炉内温度达 100℃时，通 H_2：Ar＝70mL/min：70mL/min，产生辉光放电轰击工件表面。到达沉积工艺温度后，保持 10min，调整工作气体流量到规定设计值。通入 $TiCl_4$ 后即开始镀膜。到达规定镀膜时间后，停镀、冷却，到 100℃以下出炉。TiN 基本沉积工艺参数见表 2-5。

表 2-5 脉冲直流等离子体化学气相沉积制备 TiN 基本工艺参数

脉冲电源/V	脉冲频率/kHz	气压/Pa	气氛比例（H_2：N_2：Ar：$TiCl_4$）	温度/℃	时间/h
650	17	300	600：300：60：100	550	2

表 2-6 是在表 2-5 的工艺参数实验优化条件下，在 W18Cr4V 基体上沉积的 TiN 膜的有关性能。

表 2-6 优化工艺条件下 TiN 膜层的性能

TiN 外观	膜厚/μm	显微硬度（HV0.05）	亚微硬度/kg·mm^{-2}	结合力/N	残余应力/MPa
金黄色	1.8～2.0	1800～2000	2212	L_c：40～45	-100～-450

注：1. 优化工艺条件为：650V，550℃，300Pa，17kHz，H_2：N_2：Ar：$TiCl_4$=600：350：70：75、沉积 2h。
2. L_c 表示膜层从基体上剥落的临界载荷。

C 工业应用

a TiN 硬质合金钻头和立式铣刀在加工航空发动机超硬高温材料上的应用

（1）用上述的优化工艺，镀制了 K35ϕ4.5mm×50mm 的硬质合金钻头。镀 TiN 后的 K35 钻头带有金黄色光泽。加工航空发动机超硬高温材料零件时使用寿命可提高一倍。经刃部修磨后，TiN 层在边缘的部位并未脱落，加工中，还会起到提高寿命的作用。

（2）用上述优化工艺镀制的 TiN 立铣刀。经航空工厂现场加工用后表明，镀制后的铣刀的切削速度明显加大，出屑率加快，工件余热很快导出，刀具刃部不易发热，生产效率和刀口精度明显提高。其使用寿命可延长一倍。

b 在热作模具上的应用

基于 H13 钢热作模具的复杂工作表面，较高的工作温度，剧烈的摩擦、磨损和冲击载荷等恶劣工况条件，使模具的使用寿命极为有限。用渗镀复合处理，得到最佳的表面性能匹配，满足各类模具的使用。这种先进独特的表面渗镀复合工艺很值得推广和应用。H13 钢模具的渗镀复合处理工艺参数见表 2-7 和表 2-8。

表 2-7 离子渗氮工艺条件

脉冲电压/V	1000	气压/Pa	60～1000
脉冲频率/kHz	17	N_2/(H_2+N_2)	25%，50%
占空比	1：1	渗氮时间/h	0.5～30
温度/℃	520		

表 2-8 TiN 的 PCVD 沉积工艺条件

项目		数值
脉冲电压/V		650
脉冲频率/kHz		17
占空比		1：1
温度/℃		520
气压/Pa		300
气体流量/mL·min^{-1}	N_2	350
	H_2	600
	Ar	70
	$TiCl_4$（载 H_2）	75
沉积时间/h		2

经渗镀复合处理后的铝型材挤压模具，有较好的耐磨性和抗疲劳性，通料量由原来的2.5t提高到5t以上；而且还可以继续使用，使用寿命至少提高1倍以上。

从处理后的精密模具锻压钛合金叶片数量上看，等离子体渗镀处理后的模具锻钛合金叶片的数量较之淬火回火态的使用寿命提高7~8倍，比离子渗氮的使用寿命提高1倍以上。

2.2.5 激光化学气相沉积

1972年由Nelson和Richardson用CO_2激光聚焦束沉积出碳膜，就开创了激光化学气相沉积（LCVD）技术。

2.2.5.1 激光化学气相沉积设备

激光化学气相沉积是用激光诱导来促进化学气相沉积。沉积过程是激光光子与反应主体或衬底材料表面分子相互作用的过程。依据激光的作用机制，可分为激光热解沉积和激光光解沉积。激光热解沉积是用波长长的激光进行的（如CO_2激光、YAG激光、Ar^+激光等）。而激光光解沉积要求光子有大的能量，且是短波长激光（如紫外、超紫外激光，准分子XeCl、ArF等激光器），但紫外和超紫外激光器还未实现商品化，仅停留在实验室阶段。而CO_2激光器已商品化，性能稳定可靠，价格低，热解沉积已开始走向工业应用。

激光化学气相沉积装置由激光器、导光聚焦系统、真空系统与送气系统和沉积反应室等部件组成。设备结构示意图和导光系统示意图分别如图2-10和图2-11所示。激光器一般用CO_2或准分子激光器。沉积反应室内设有温度可控的样品工作台及通入气体和通光的窗口，与真空分子泵相连，能使沉积反应室的真空度小于10^{-4}Pa，气源系统装有通Ar、SiH_4、N_2、O_2的质量流量计，沉积过程中工作总炉压通过安装在沉积反应室与机械泵之间的阀门调节，通过容量压力表进行测量。

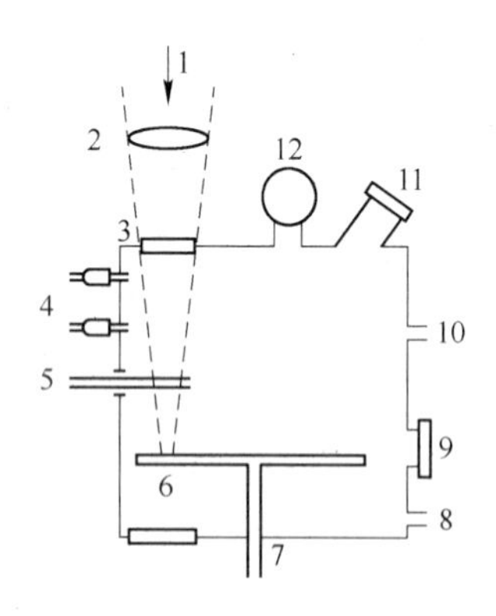

图2-10 激光化学气相沉积设备结构示意图

1—激光；2—透镜；3—窗口；4—反应气进入管；5—水平工作台；6—试样；7—垂直工作台；8，12—真空泵；9—测温加热电控；10—复合真空计；11—观察窗

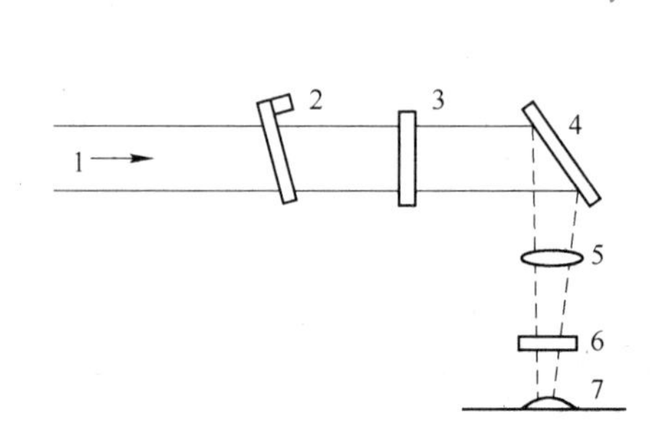

图2-11 导光系统示意图

1—激光；2—光刀马达；3—折光器；4—全反镜；5—透镜；6—窗口；7—试样

2.2.5.2 激光化学气相沉积工艺

在激光热解沉积中，激光波长要求反应物质对激光是透明的，无吸收，而基体是吸收体。这就可在基体上产生局部加热点，利于该点的沉积。其热解沉积机制如图2-12所示。激光光解沉积，要求气相有高的吸收截面，基体对激光束是透明与不透明均可，化学反应

是光子激发，不需加热，沉积可在室温下进行。但沉积速度太慢是它致命的弱点，限制了它的应用，其光解沉积机制如图 2-13 所示。若能开发出高功率、廉价的准分子激光器，激光光解沉积就可与 TCVD、激光热解沉积相竞争。特别在诸多关键的半导体器件加工技术应用上，降低沉积温度对工艺技术至关重要。

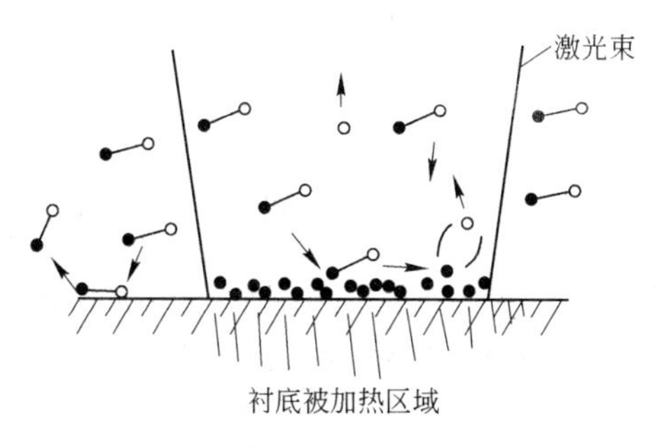

图 2-12 激光热解沉积机制示意图

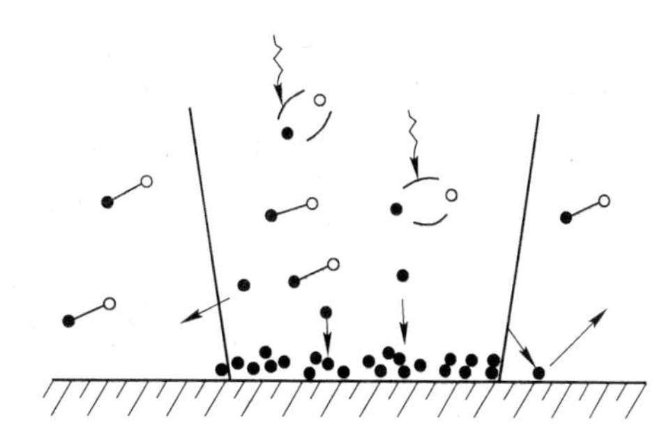

图 2-13 激光光解沉积机制示意图

本书以 CO_2 激光诱导 SiH_4 沉积 Si_3N_4 膜层为例介绍激光化学气相沉积的工艺。图 2-14 所示为沉积与激光功率密度和辐照时间的关系。可看出，激光的功率密度与辐照时间对有沉积膜层关系密切。图 2-15 所示为不同激光功率和辐照时间与沉积膜层厚度的关系。其关系同样表明，沉积膜层厚度与激光功率和辐照时间关系密切。图 2-16 和图 2-17 分别为沉积速率与反应区表面温度和反应气体压力的关系。表明随温度的升高，沉积速率增大；随反应气体压力的升高，沉积速率增大；到 8kPa 时，沉积速率最高，之后，随反应气体压力的继续升高，沉积速率呈下降趋势。

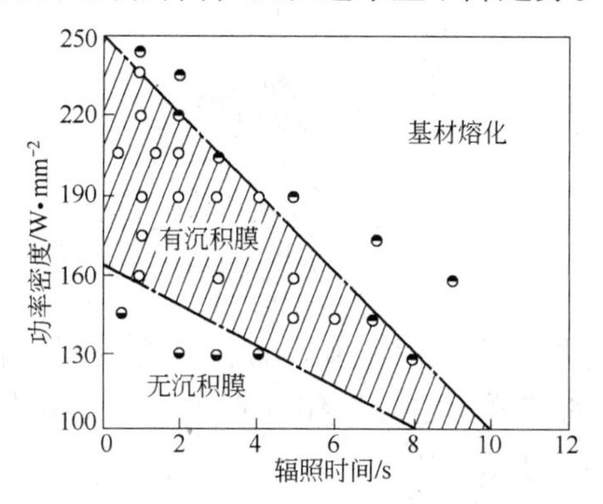

图 2-14 沉积与激光功率密度和辐照时间的关系

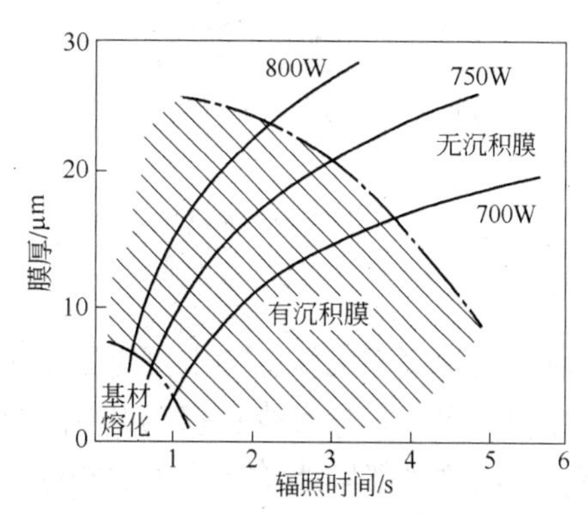

图 2-15 沉积膜厚度与激光参数的关系

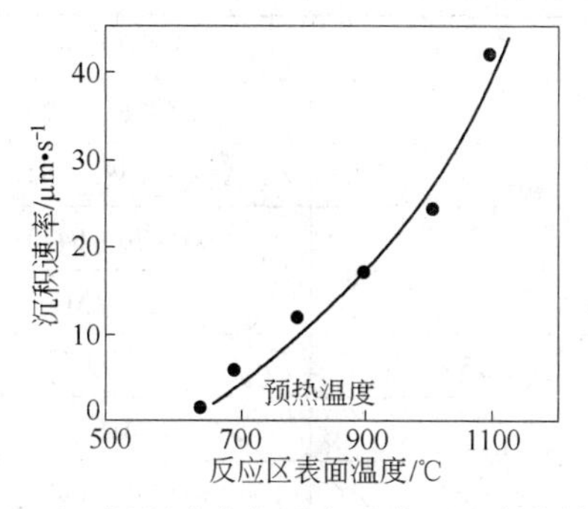

图 2-16 沉积速率与反应区表面温度的关系
（激光功率为 800W，使用 SiH_4 和 NH_3 的混合气）

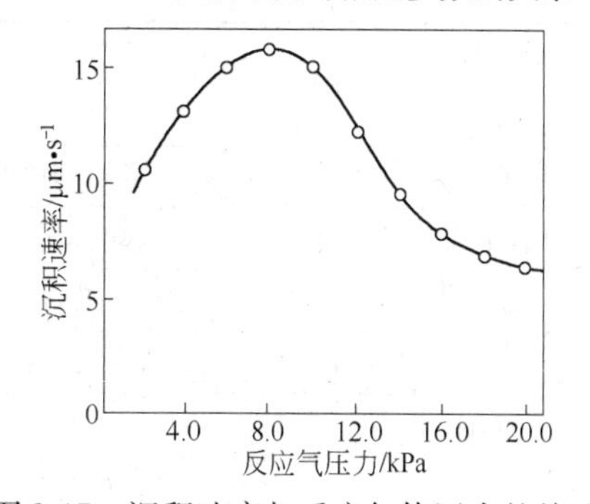

图 2-17 沉积速率与反应气体压力的关系

图 2-18 所示为膜成分与反应气配比之间的关系。有使用 SiH_4 : Ar 混合气，在基体温度为 200℃时，沉积出具有平行结构的质量优良的 α-Si : H 膜层。

图 2-19 和图 2-20 为气流稳定区与气源压力、气体流速和喷嘴形状、角度等参数的关系。从上述关系曲线中可以看出，沉积膜层生成的特点由气体总压力、流速、喷嘴角度、形状尺寸、表面温度及激光参数等工艺条件所决定。需精确调整这些工艺参数，来有效地控制激光化学气相沉积膜层的处理。

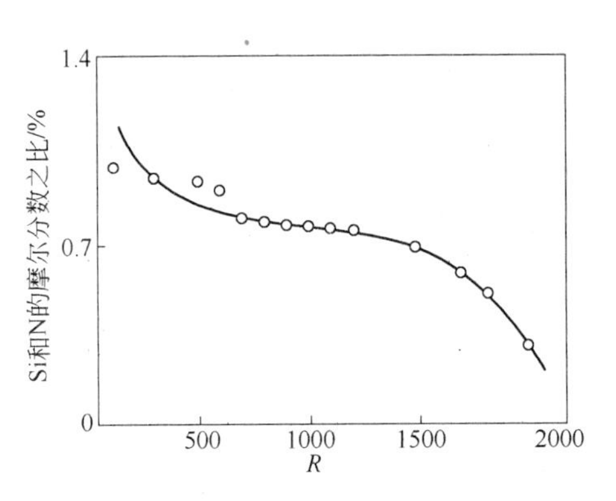

图 2-18 膜层成分与反应气配比 R 的关系
（R 为 NH_3 的流量与 SiH_4 的流量之比）

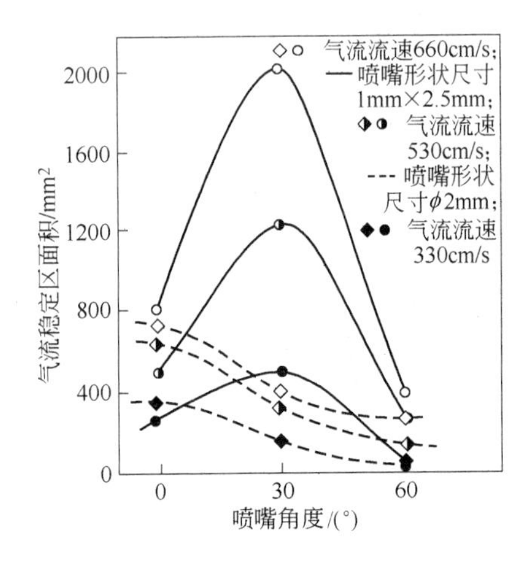

图 2-19 气流稳定区面积与气源压力及气体流速的关系

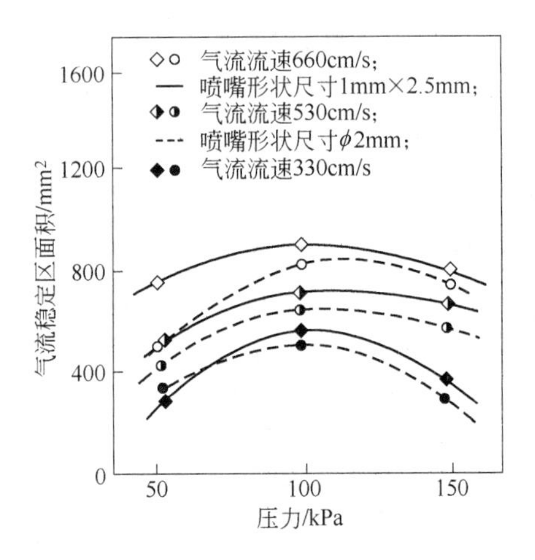

图 2-20 气流稳定区面积与喷嘴形状、角度及气流流速的关系

激光化学气相沉积工艺主要应用于半导体器件加工中，用作薄膜的“直接写入”，使用卤化物一次沉积具有线宽仅为 0.5μm 的完整线路花样，也可用作空心硼纤维、碳化硅纤维。采用激光热解化学气相沉积的部分薄膜材料列于表 2-9。

表 2-9 激光热解化学气相沉积的部分薄膜材料

材 料	反 应 气 体	压力/Pa	激光/nm
Al	$Al_2(CH_3)_6$	1330	Kr(476 ~ 647)
C	C_2H_2, C_2H_6, CH_4		Ar ~ Kr(488 ~ 647)
Cd	$Cd(CH_3)_2$	1330	Kr(476 ~ 647)
GaAs	$Ga(CH_3)_3$, AsH_3		Nd : YAG
Au	Au(ac. ac.)(戊二酮金)	133	Ar
氧化铟	$(CH_3)_3In$, O_2		ArF
Ni	$Ni(CO)_4$	4.7×10^4	Kr(476 ~ 647)
Pt	$Pt(CF(CF_3COCH\text{-}COCF_3))_2$		Ar

续表 2-9

材 料	反应气体	压力/Pa	激光/nm
Si	SiH_4, Si_2H_6	1.01×10^5	Ar ~ Kr(488 ~ 647)
SiO_2	SiH_4, N_2O	1.01×10^5	Kr(531)
Sn	$Sn(CH_3)_4$		Ar
SnO_2	$(CH_3)_2SnCl_2$, O_2	1.01×10^5	CO_2
W	WF_6, H_2	1.01×10^5	Kr(476 ~ 531)
$YBa_2Cu_3O_x$	卤化物		准分子激光

2.2.5.3 应用

激光化学气相沉积是近几年来迅速发展的先进表面沉积技术，其应用前景广阔，在太阳能电池、超大规模集成电路、特殊的功能膜、光学膜、硬膜及超硬膜等方面都会有重要的应用。目前大多数还处在研究开发阶段，但有的也较成熟地走上了工业应用，现分别简述如下：

(1) 正在研究开发的一些膜层与应用见表 2-10。从表中可知，它可应用于微电子工业、化工、能源、航空航天以及机械工业。

表 2-10 正在研究开发的膜层与应用

膜 层	基材	反应式	膜厚/μm	硬 度	用 途
SiC	碳钢	$2SiH_4+C_2H_4\xrightarrow{激光}2SiC+6H_2\uparrow$	0.1 ~ 30	HK 1300	光通信、制半导体器件
Fe	Si	$Fe(CO)_5\xrightarrow{激光}Fe+5CO\uparrow$			用于集成电路
Fe_2O_3	Si	$Fe(CO)_5\xrightarrow{激光}Fe+5CO\uparrow$ $4Fe+3O_2\longrightarrow 2Fe_2O_3$			集成电路
Ni	不锈钢	$Ni(CO)_4\xrightarrow{激光}Ni+4CO\uparrow$			石油工业
碳(功能膜)	不锈钢	$C_2H_4\xrightarrow{激光}2C+2H_2\uparrow$			太阳能电池
TiN	Ti	$2NH_5\xrightarrow{激光}2N+5H_2\uparrow$ $Ti+N\longrightarrow TiN$	0.1 ~ 2.0	HK 1950 ~ 2050	在航空、航天化工、电力等领域有广泛应用前景
TiN-Ti(CN)-TiC 复合膜	Ti	$2NH_3\xrightarrow{激光}2N+3H_2\uparrow$ $Ti+N\longrightarrow TiN$ $C_2H_4\longrightarrow 2C+2H_2\uparrow$ $Ti+N+C\longrightarrow Ti(CN)$ $Ti+C\longrightarrow TiC$	在 0.2μm 厚度的 TiN 膜基础上可调节三个膜层不同比例的厚度，总厚度为 0.4 ~ 20μm	HK 2200 ~ 2800	膜层硬度比 TiN 还高，且保持与基材良好的结合，用于航天、航空等领域

(2) 走向工业应用的，如用激光化学气相沉积法制造的 Si_3N_4 光纤传输透镜已开始走上工业应用。其衬底材料选用石英，反应气用 SiH_4-NH_3，辅助气为 N_2，膜厚根据工艺可控制为 0.2 ~ 40μm，膜层的平均硬度 HK 为 2200，最高可达 3700。沉积可得的 Si_3N_4 膜的耐磨性能比基材提高 9 倍之多。沉积的 Si_3N_4 与基材在 H_2SO_4 溶液中抗蚀。

2.2.6 微波等离子体化学气相沉积

微波等离子体化学气相沉积（MWPCVD）是一种用微波（2.45GHz）放电产生等离子体进行化学气相沉积的先进方法。微波放电的放电电压范围宽、无放电电极、能量转换率高、可产生高密度的等离子体。在微波等离子体中，不仅含有高密度的电子和离子，还含有各种活性基团（活性粒子），可以在工艺上实现气相沉积、聚合和刻蚀等各种功能，是一种先进的现代表面技术。

2.2.6.1 微波等离子体化学气相沉积装置

微波等离子体化学气相沉积装置一般由微波发生器、波导系统（包括环行器、定向耦合器、调配器等）、发射天线、模式转换器、真空系统与供气系统、电控系统与反应腔体等组成。图 2-21 所示为一台典型的微波等离子体化学气相沉积装置。从微波发生器产生 2.45GHz 频率的微波能量耦合到发射天线，再经模式转换器，最后在反应腔体中激发流经反应腔体的低压气体形成均匀的等离子体。由于微波放电非常稳定，所产生的等离子体不与反应容器壁接触，对沉积制备高质量的薄膜极为有利；但微波等离子体放电空间受限制，难以实现大面积均匀放电，对沉积大面积的均匀优质薄膜还存在技术难度。

近几年来，在发展大面积的微波等离子体化学气相沉积装置上，已取得较大进展，美国已有 75kW 级的微波等离子体化学气相沉积装置出售，可在 ϕ200mm（8in）的衬底上实现均匀的薄膜沉积。

2.2.6.2 电子回旋共振等离子体化学气相沉积装置

电子回旋共振（ECR）等离子体化学气相沉积装置是用电子回旋共振产生等离子体。它是从核聚变的研究中发展起来的“电子回旋共振加热”。典型的微波电子回旋装置如图 2-22所示。它具有两大优点：一是可大大减轻

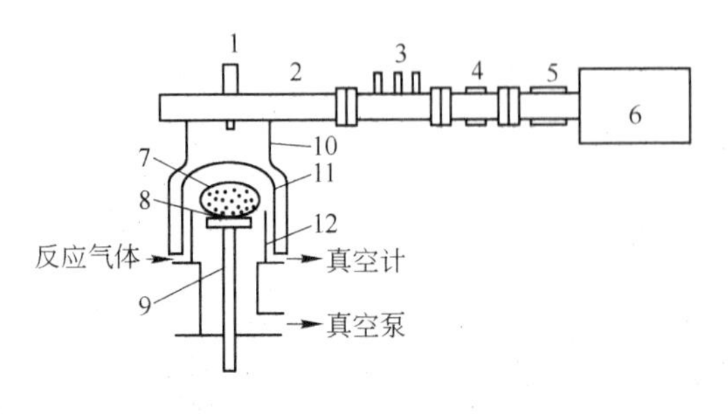

图 2-21 微波等离子体化学气相沉积装置

1—发射天线；2—矩形波导；3—三螺钉调配器；4—定向耦合器；5—环行器；6—微波发生器；7—等离子体球；8—衬底；9—样品台；10—模式转换器；11—石英钟罩；12—均流罩

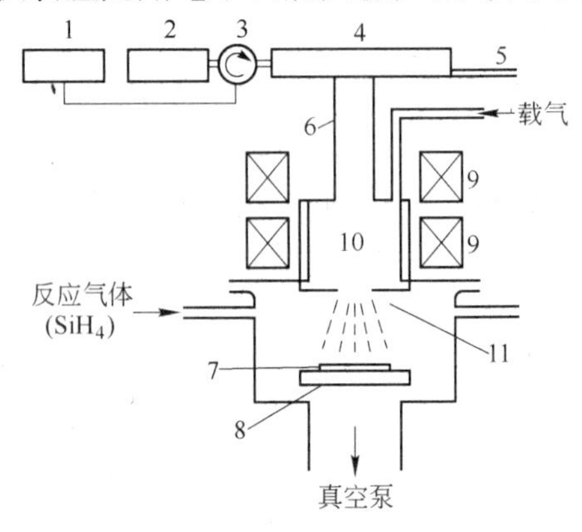

图 2-22 ECR 微波等离子体化学气相沉积装置

1—微波电源；2—微波源；3—环行器；4—微波天线；5—短路滑板；6—波导管；7—基片；8—试样台；9—磁场线圈；10—等离子体；11—等离子体引出窗口

因高强度离子轰击造成的衬底损伤；二是可比RF产生的等离子体更低的温度下沉积，进一步减小了对热敏感衬底在沉积过程中受破坏的可能性，还可减少形成异常沉积小丘的可能性。

电子回旋共振，是指输入的微波频率 ω 等于电子回旋频率 ω_e，其微波共振耦合给电子，获得能量的电子使中性气体电离，产生放电。电子回旋频率为：

$$\omega_e = eB/m \tag{2-1}$$

在一般情况下，所用的微波频率为2.45GHz。因此要满足电子回旋共振的条件，要求外加磁场强度 B 为：

$$B = \omega_e m/e = 875\text{G} = 8.75 \times 10^{-2}\text{T} \tag{2-2}$$

即电子在满足这一条件的区域内运动，电子才会持续获得更大的能量。而在实际运用时，电子与其他离子碰撞，是其能量连续增加的制约因素，但是采用ECR得到的高能电子可获得更充分的气体放电。

从微波等离子体ECR装置上看，在放电室外部设置有电磁线圈，使放电室内的适当区域满足了ECR条件。轴向磁场强度分布为发散磁场，放电室压力保持在 10^{-2} ~ 10^{-3}Pa。将2.45GHz微波导入放电室，因放电室内适当区域满足了ECR条件（87.5mT），所以产生ECR放电。

在ECR等离子体中，电子围绕发散磁场做回转运动的同时，向着磁场减弱方向（样品方向）移动，即做右螺旋运动；另一方面，离子却慢于电子的速度，向样品方向移动。当向绝缘样品台流入的电子和离子数量达到相等时，则在等离子体流中形成离子加速，致使电子减速的双极性电场（由离子的正电荷和电子的负电荷造成的等离子体中的电场）达到稳定。由于在样品台附近形成鞘层，其离子能量与等离子体电位相当（大约10eV），它与普通平板型的离子能量（800eV）和磁控型的离子能量（200eV）相比，要低很多。但是，因这种等离子体流是以散发状射向基板，当基板面积较大时，离子射向基板的入射角不一定垂直，需在基板台附近施加辅助磁场或在基板上施以高频偏压，来保持离子垂直入射。

电子回旋放电是一种无极放电，能量转换率高（95%以上的微波功率转换成等离子体的能量），能在 1.33×10^{-3} ~ 0.133Pa的低气压下产生高密度的等离子体，离化率高（一般在10%以上，有的可达50%），电子能量分散性小，通过调节磁场位形来控制离子平均能量和分布，使电子回旋等离子体化学气相沉积在很低的温度下高速率地沉积各种薄膜。有报道称，可在300℃沉积 SiO_2 薄膜，在140℃沉积出多晶金刚石薄膜。

2.2.6.3 微波等离子体化学气相沉积工艺与应用

本书重点列举用此法沉积金刚石薄膜的工艺实例：

（1）用1kW，频率为2.45GHz的微波，通过矩形的波导管传送入石英放电管中，当放电管真空达 6.5×10^{-2}Pa时，便通入 CH_4(5%)-H_2、CH_4(5%)-Ar或 CH_4(1% ~ 10%)-H_2O(0 ~ 7%)-H_2 等混合气体。混合氢的流量为1.5cm^3/s，压力为13 ~ 530Pa，放电功率为150W，放电管温度为600 ~ 800℃，沉积基片为Si单晶片，沉积时间为3h。当通入 CH_4-H_2 时，产生粒状金刚石；通入 CH_4-Ar时，沉积出膜状金刚石，同时伴随有石墨。在 CH_4-H_2 中加入水蒸气，可明显提高沉积速率，这是因为水蒸气的存在加速了 CH_2 的分解，在等离子体中产生的 OH^- 加速了对石墨的刻蚀，从而把沉积的石墨清除，沉积出优质的金刚石薄膜。

Matsumoto 对装置进行设计改进后，实现在大面积上沉积金刚石膜。在压力为 5 ~ 15kPa 下，金刚石膜的生长速率为 0.5 ~ 3μm/h；在常压下，金刚石膜生长速率为 30μm/h。

（2）在用磁场增强的微波电子回旋装置中，因电子回旋频率与微波频率相等，就产生了电子回旋共振现象，促成了等离子体的密度大大增强。对频率为 2.45GHz 的微波，在外加 8.75×10^{-2}T 的磁场强度下，压力为 0.1 ~ 1Pa，用不大于 20eV 的低离子能量，便可保持高密度的放电（不小于 $10^{12}cm^{-3}$），使导入气体获得高的离化率。在 693K 时，可生长出晶面较好的金刚石，甚至在 453K 低温下还生长出微晶金刚石，生长速率达 0.01 ~ 0.1μm/h。

微波等离子体化学气相沉积设备昂贵，工艺成本高。在选用微波等离子体化学气相沉积法沉积薄膜时，重点应考虑利用它具有沉积温度低和膜层质优的突出优点。因此，它主要应用于低温高速沉积各种优质薄膜和半导体器件的刻蚀工艺。目前，应用制备优质的光学用金刚石薄膜较多。美国已经研制成半球形的金刚石导弹整流罩，并在导弹上实现了实用化。

2.2.7 金属有机化学气相沉积

金属有机化学气相沉积（MOCVD）是使用金属有机化合物和氢化物作原料气体的一种热解化学气相沉积法（金属有机源 MO 也可在光解作用下沉积）。它能在较低的温度下沉积各种无机物材料，如金属氧化物、氢化物、碳化物、氟化物及化合物半导体材料和单晶外延膜、多晶膜和非晶态膜。特别是最近在微电子、半导体工业中的应用，更促进了 MOCVD 技术自身的发展。从现状看，MOCVD 最重要的应用是 $Ⅲ_A$-$Ⅴ_A$ 族、$Ⅱ_B$-$Ⅵ_A$ 族半导体化合物材料，如 GaAs、InAs、InP、GaAlAs、ZnS、ZnSe、CdS、CdTe 等气相外延。现今，可以说 MOCVD 技术不仅可改变材料的表面性能，而且可直接构成复杂的表面结构，制造出多种新的功能材料，特别是复杂结构的新功能材料，在微电子的应用中，已获得很大的成功。

在沉积金属镀层上，已用金属有机化合物沉积出金属的氧化物、氮化物、碳化物、硅化物和金属镀层。许多有机化合物在中温分解，可沉积在钢的基体上，因此，MOCVD 又可视为中温化学气相沉积（MTCVD）。

与传统的 CVD 相比，MOCVD 沉积温度低，可沉积单晶、多晶、非晶等多层和超薄膜层，甚至是原子层的特殊结构表面材料，还可大规模地低价格制备，生产各款新的复杂组分的薄膜和化合物半导体材料；并且，其沉积能力强，在每一种或每增加一种 MO 源，便可增加沉积材料中的一种组分或一种化合物，如果用两种或多种 MO 源，便可沉积二元、多元或二层、多层的表面沉积层，其工艺通用性强。MOCVD 技术的主要缺点是沉积速度较慢，仅适合沉积微米级的表面膜层，而所用的原料 MO 源，往往又具毒性，这给防护和工艺操作带来难度。近年来，我国的 MOCVD 技术发展较快，继 1986 年中科院上海冶金所组装成第一台 MOCVD 装置后，国内至今已有 20 余个单位从事 MOCVD 研究与应用工作，目前，主要是研制多层和超晶格量子阱结构的化合物半导体材料。

2.2.7.1 金属有机化学气相沉积的原理

MOCVD 的原理并不复杂，比较简单。以 $Ⅲ_A$-$Ⅴ_A$ 族化合物半导体沉积的 GaAs 薄膜为例，通常用的金属有机化合物和氢化物有 TMGa（三甲基镓）、TMAl（三甲基铝）、TMIn（三甲基铟）、TMAs（三甲基砷）、AsH_3（砷烷）、PH_3（磷烷），其典型的化学反应为：

$$(CH_3)_3Ga(g) + AsH_3(g) \xrightarrow{600 \sim 800℃} GaAs(s) + 3CH_4(g)$$

其化学反应原理虽不复杂，但其反应机理却比较复杂。

而 $Ⅱ_B$-$Ⅵ_A$ 族化合物半导体则用 $Ⅱ_B$ 和 $Ⅵ_A$ 族元素有机化合物和氢化物热分解反应沉积制备。通常用的原料气体是 $(CH_3)_2Cd$（DMCd，二甲基镉）、$(CH_3)_2Te$（DMTe，二甲基碲）、$(CH_3)_2Zn$（DMZn，二甲基锌）、H_2S、H_2Se 等，其典型的化学反应原理是：

$$DMCd + DMTe \longrightarrow CdTe + 2C_2H_6$$

大多数金属有机化合物易燃，与 H_2O 接触易炸；部分金属有机化合物和氢化物有剧毒。因此使用这些化合物时，在设备安全上，工艺操作上，应严格依据有关的防护、安全规定进行操作。

2.2.7.2 金属有机化学气相沉积设备与工艺

A 设备

金属有机化学气相沉积设备，由反应室、反应气体供给系统、尾气处理系统和电气控制系统等四个部分组成，如图 2-23 所示。从反应室的结构上又分卧式和竖式。卧式反应室结构简单，放置衬底的基座一般呈短形，迎气流方向倾斜 2°～6°。而竖式反应室结构较为复杂，密封要求严，且基座宜旋转，衬底既可平放又可倾斜放置。图 2-23 是一台竖式金属有机化学气相沉积设备的示意图。竖式、卧式反应中的基座通常都用高频感应或电阻进行加热，近来国外也有用“聚焦光束”加热，测温一般采用热电偶，整个设备气路管道均用不锈钢管，阀门采用气动波纹管式密封截止阀。由于对密封的性能要求严格（接口处的气体泄漏量小于 $10^{-7} \sim 10^{-8} cm^3/s$），因此管路间的连接均采用焊接、双卡套连接和垫圈

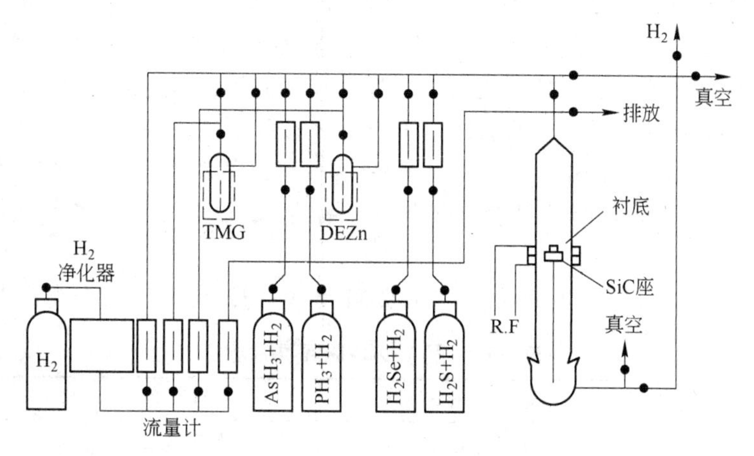

图 2-23 MOCVD 设备（竖式反应室）示意图

TMG—Ga 源；AsH_3，PH_3—As 源和 P 源；H_2Se，H_2S，DEZn—Se，S 和 Zn 的掺杂源；H_2—载流气体；R. F—射频

压紧式密封连接。气体流量采用质量流量计控制。由于 MOCVD 工艺中所选的原料气均为剧毒和易燃，因此对气体的尾气排放前必须处理。最为有效的处理是裂解，就是把尾气中的 AsH_3 等气体在温度为400℃以上进行热解，然后用活性炭吸附或碱性高锰酸钾溶液喷淋吸收，或通入微氧进行氧化燃烧。实践证明，一般可用裂解和三种方法中的两种进行串联处理，即可使尾气达到排放的指标要求。电控系统主要是对反应室中基座和若干个 MO 源的温度，气体管路中的气动阀开关、阀门互连互锁，气体流量，有毒气体的泄漏，气压过载报警，真空炉压的维持进行自动控制以及各工艺参数的计算机全自动操作控制。

B 工艺

金属有机化学气相沉积工艺主要有：

（1）常压 MOCVD（APMOCVD）。APMOCVD 操作方便，价格成本相对较低，常被用来沉积各种薄膜，特别是从超大规模集成电路的互连材料中发现，铜比铝好，而 APMOCVD 是制备铜膜的最佳方法。现已经用双-六氟化乙酰丙酮铜[$Cu(HFA_2)$]于45℃作铜的 MO 源，在流量为200cm^3/min 载氢气氛下，于220℃的 TiN 衬底上沉积出铜膜，并可作大规模集成电路互连材料的制膜方法。

（2）低压 MOCVD（LPMOCVD）。LPMOCVD 主要在亚微米级涂镀层和多层的结构上采用，特别是在多层结构，要求每层间的层次分明，界面陡峭，掺杂浓度或组分的缓变层又限制在小于 10nm 量级的条件下采用，其工作压力约为 13. 3kPa，在工艺操作中，气体流速较高。已用 LPMOCVD 工艺成功地生长出多层和超晶格结构，制备的新功能材料使材料的性能与器件的性能都得到了提高。

（3）原子层外延（ALE）。原子层外延是生长单原子级薄膜与制备新型电子和光电子器件的先进技术。它首先用在高质量的发光显示膜上沉积非晶和多晶 $Ⅱ_B$-$Ⅵ_A$ 族化合物与绝缘氧化物薄膜。用 MOCVD 技术进行 $Ⅲ_A$-$Ⅴ_A$ 族化合物的原子层外延时，需在一定的温度范围内，根据 $Ⅲ_A$MO 源的控制与自制机理，其生长速率被控制在每一周期为一个原子层。而且原子层外延的低温和逐层生长可解决杂质的互扩散及表面形貌的改善。

（4）激光 MOCVD（LMOCVDJ）。由于 MOCVD 通常是在加热条件下进行，可能导致来自反应室内杂质的沾污。用激光，一方面可增强 MOCVD 的工艺过程，另一方面又可在局部进行。可用激光的特点，使用低温生长从而减少沾污。最近已发展出不用气态的 MO 前置体，而用旋转的 MO 源涂膜的 LMOCVD 法，不仅降低了设备的成本，而且用低温沉积使膜层质量得到提高。已经用 Ar^+，Nb：YAG 和受激光热解 MO 薄膜制取了 Au、Pd、Ir、Ca 等金属薄膜；并且还进行了用激光束直接“书写”MO 薄膜制备各种几何图形的涂层研究。

（5）MOCVD 技术沉积的一些镀层见表 2-11 和表 2-12。

表 2-11 用 MOCVD 沉积的镀层

镀　层	初始反应物（MO 前置体）	温度/℃	压强/Pa
Al_2O_3	$Al(OC_3H_7)_3$	700 ~ 800	<1333
	Al-三异丙基氧化物	270 ~ 420	13332
B_7O	$B(C_2H_5O)_3$-H_2	800	101
Co	$Co_2(CO)_8$	200 ~ 400	

续表 2-11

镀　层	初始反应物(MO 前置体)	温度/℃	压强/Pa
Co,Fe,Ni	$M(C_2H_5)_2$	550	5×10^{-3}
CoSi	$H_3SiCo(CO)_4$	670~700	53~267
Cr_7C_3	$Cr(CH(CH_3)_2)_2$	300~550	67~6666
β-$FeSi_2$	$(H_3Si)_2Fe(CO)_4$	670~700	53~267
Mn_3Si	$H_3SiMn(CO)_4$	670~700	53~267
SiC	CH_3SiCl_3-H_2	800~1200	101323
	$(CH_3)_2SiCl_3$-H_2		
	CH_3SiCl_2-H_2		
	CH_3SiCl_3-H_2	900~1200	89324
	聚碳酸硅烷	350~800	101323
	CH_3SiCl_3-H_2	1150~1450	9332
	CH_3SiCl_3-C_3H_8-H_2	1150~1250	30664
	$(CH_3)_4Si$-H_2	1000	2000
Si_3N_4	$(CH_3)_4Si$-NH_3	525~1500	133~101323
SnO_2	$(CH_3)_4Sn$	400~500	
	$(C_2H_5)_4Sn$		
	$(C_4H_9)_4Sn$		
	$(C_4H_9)_2(CHCOO)_2Sn$		
TiC	$(C_5H_5)_2TiCl_2$-H_2	825~1050	133~933
Ti(C,N)	$(CH_3)_3N$-$TiCl_4$	560~950	200~95990
	CH_3CN-$TiCl_4$		
	$CH_3(NH)_2CH_3$-$TiCl_4$		
	HCN-$TiCl_4$		
TiO_2	$Ti(C_3H_7O)_2$	190~550	101323
Y_2O_3	$Y_2(thd)_3$	430~490	1000~3000
ZrO_2	$Zr(OC_3H_7)_4$	700~800	360
	$Zr(OC_5H_{11})_4$	750~950	101323
	$Zr(tfacac)_4$-O_2	450~750	101323
	$Zr(thd)_4$-O_2		
	Zr_2,4-戊二醇	300~430	100~323
	$Zr(tfacac)_4$-O_2	450	101323
	$Zr(C_3H_7O)_2$	<425	101323

表 2-12 用 MOCVD 法外延的化合物半导体材料

化合物半导体	前 置 体	化合物半导体	前 置 体
GaAs	TMGa-AsH_3-H_2	AlGaAsSb	TMGa-TMAl-TMSb-AsH_3-H_2
	TEGa-AsH_3-H_2	GaInP	TMGa-TMIn-PH_3-H_2
GaAlAs	TMGa-TMAl-AsH_3-H_2	AlGaInP	TMGa-TMAl-TMIn-PH_3-H_2
GaInAs	TMGa-TMIn-AsH_3-H_2	GaN	TMGa-NH_3-H_2
GaSb	TMGa-TMSb-H_2	CdTe	DECd-DETe-H_2
GaInSb	TMGa-TMIn-TMSb-H_2	HgCdTe	DMCd-DETe-Hg-H_2
GaInAsSb	TMGa-TMIn-TMSb-AsH_3-H_2	ZnSe	DMZn-H_2Se-H_2

2.2.7.3 金属有机化学气相沉积技术的应用

MOCVD 主要广泛应用于微波和光电子器件、先进的激光器设计，如双异质结构、量子阱激光器、双极场效应晶体管、红外探测器和太阳能电池等。从 MOCVD 在表面技术材料中的应用上看，主要包括化合物半导体材料、涂层和细线、图形的描绘。

A 化合物半导体材料

表 2-13 ~ 表 2-15 列出了 Rockwell 公司 Manasevit 研究小组用 MOCVD 方法在绝缘的基片上沉积的$Ⅲ_A$-V_A 族、$Ⅱ_B$-$Ⅵ_A$ 族和$Ⅳ_A$-$Ⅵ_A$ 族化合物半导体材料。表 2-16 所列为用 MOCVD 方法生长的各种化合物半导体单晶膜。这些化合物半导体材料主要用于微电子领域。

表 2-13 用 MOCVD 方法在绝缘基片上生长的$Ⅲ_A$-V_A 族化合物半导体材料

化 合 物	绝缘基片	反 应 物	生长温度/℃
GaAs	Al_2O_3，$MgAl_2O_4$	TMGa-AsH_3	650 ~ 750
	BeO，ThO_2		
GaP	Al_2O_3，$MgAl_2O_4$	TMGa-PH_3	700 ~ 800
$GaAs_{1-x}P_x$（x = 0.1 ~ 0.6）	Al_2O_3，$MgAl_2O_4$	TMGa-TMAl-AsH_3	700 ~ 725
$GaAs_{1-x}Sb_x$（x = 0.1 ~ 0.3）		TMGa-AsH_3-TMSb	
GaSb	Al_2O_3	TEGa-TMSb	500 ~ 550
AlAs	Al_2O_3	TMAl-AsH_3	700
$Ga_{1-x}Al_xAs$	Al_2O_3	TMGa-TMAl-AsH_3	700
AlN	Al_2O_3，SiC	TMAl-NH_3	1250
GaN	Al_2O_3，SiC	TMGa-NH_3	925 ~ 975
	Al_2O_3	TMGa-NH_3（不稳定）	800
InAs	Al_2O_3	TEIn-AsH_3	650 ~ 700
InP	Al_2O_3	TEIn-PH_3	725
$Ga_{1-x}In_xAs$	Al_2O_3	TEIn-TMGa-AsH_3	675 ~ 725
InSb	Al_2O_3	TEIn-TESb-AsH_3	460 ~ 475
$InAs_{1-x}Sb_x$（x = 0.1 ~ 0.7）	Al_2O_3	TEIn-TESb-AsH_3	460 ~ 500

表 2-14 用 MOCVD 方法在绝缘基片上生长的 Ⅱ$_B$-Ⅵ$_A$ 族化合物半导体材料

化合物	绝缘基片	反应物	生长温度/℃
ZnS	Al_2O_3，BeO，$MgAl_2O_4$	DEZn-H_2S	约 750
ZnSe	Al_2O_3，BeO，$MgAl_2O_4$	DEZn-H_2Se	720～750
ZnTe	Al_2O_3	DEZn-DMTe	约 500
CdS	Al_2O_3	DMCd-H_2S	475
CdSe	Al_2O_3	DMCd-H_2Se	600
CdTe	Al_2O_3，BeO，$MgAl_2O_4$	DMCd-DMTe	约 500

表 2-15 用 MOCVD 方法在绝缘基片上生长的Ⅳ$_A$-Ⅵ$_A$ 族化合物半导体材料

化合物	反 应 物	生长温度/℃	化合物	反 应 物	生长温度/℃
PbTe	TMPb-DMTe，TEPb-DMTe	500～625	SnTe	TESn-DMTe	约 625
$Pb_{1-x}Sn_xTe$	TMPb-TESn-DMTe	550～625	SnS	TESn-H_2S	约 550
PbS	TMPb-H_2S	约 550	SnSe	TESn-H_2Se	约 500
PbSe	TMPb-H_2Se	约 550			

表 2-16 用 MOCVD 方法生长的各种化合物半导体单晶膜

基 片	化合物半导体单晶膜
Al_2O_3	ZnS，ZnTe，ZnSe；CdS，CdTe，CdSe PbS，PbTe，PbSe；SnS，SnTe，SnSe $PbSn_{1-x}Te$；AlAs GaAs，GaP，GaSb $GaAs_{1-x}P$，$GaAs_{1-x}Sb$ $Ga_{1-x}Al_xAs$，$In_{1-x}Ga_xAs$，InGaP GaN，AlN，InN，InP，InSb $InAs_{1-x}Sb_x$，InGaAsP，InAsP
$MgAl_2O_4$	ZnS，ZnSe，CdTe，PbTe GaAs，CaP，$GaAs_{1-x}P$
BeO	ZnS，ZnSe，CdTe，GaAs
BaF_2	TbTe，PbS，PbSe
α-SiC	AlN，GaN
ThO_2	GaAs

B 涂层材料

涂层材料主要是各种金属、氧化物、氮化物、碳化物和硅化物等。在沉积的衬底材料不能承受 CVD 所需的高温时，MOCVD 法能在较低工艺温度下沉积各种涂层材料。其中 Al_2O_3、B_7O、Co、Co-Ni-Fe、CoSi、Cr_7C_3、β-$FeSi_2$、SiC、Mn_3Si、Si_3N_4、SnO_2、TiC、Ti(CN)、TiO_2、Y_2O_3、ZrO_2 等就是用 MOCVD 法沉积的各种涂层材料。对于金属涂层，在表 2-9 中已经提及沉积金属薄膜（如 Au、Pt、Al 等）用的 MO 新源，这里就不再叙述。

C 在器件上的应用

在电子器件上，MOCVD 的膜只限于具有高迁移率的化合物半导体 N 型 GaAs、InP。这类电子器件要求的外延生长层的载流子深度与膜厚要有精确的控制，如 GaAs 的电子器件，膜厚需要两个数量级内，而电子浓度要在 4 个数量级内进行精确控制。MOCVD 法均可在这一范围内满足要求。有关电子器件制作上的一些工艺细节本书不再加以叙述，可参考微电子元器件制作的相关资料。

用 MOCVD 法制作的 $Ga_{1-x}Al_xAs$ 系激光器，在临界电流值上与其他方法制作的（如用 LPE、MBE）没有差别；在使用寿命上，MOCVD 法制作的 $Ga_{1-x}Al_xAs$ 激光器的寿命已经接近唯一得到实用的 LPE 激光器的寿命。对一般的激光器的结构运用 MOCVD 方法，可精确控制薄膜的组成和膜层的厚度。也可用 MOCVD 方法制备多量子阱（MQW）激光器，表 2-17 给出了多量子阱激光器的特性和性能。

表 2-17 多量子阱激光器的特性和性能

优 点	特 性	作 者
用外延生长厚度控制波长（用于短波器件）	$\lambda=706.5$nm（$j=1$kA/cm^2） $\lambda=650.0$nm	Burnham 等（1982） Camras 等（1982）
低临界值 $J_{th}=240$A/cm^2	820nm 波长下：$J_{th}=168$W/cm^2（70A/cm^2） 单量子阱光抽运 $J_{th}=260$A/cm^2	Camras 等（1983） Kasamset 等（1982） Hersee 等（1982）
低温对临界值的决定作用	$T_0=154\sim171$K	Hersee 等（1982）
高功率输出（多条排列）	$P_{out}=1.5$W/mirror	Scifres 等（1983）

注：j 表示电流密度；J_{th}表示能量密度。

MOCVD 法不仅适用一般结构的电子器件、光学器件的批量生产或多品种少量生产的 GaAs、GaAlAs、InP、GaInAsP 等最通用的化合物半导体，也适用制作 $Ⅲ_A$-$Ⅴ_A$ 族、$Ⅱ_B$-$Ⅵ_A$ 族化合物半导体材料。作为真正的实用性的 MOCVD 技术会在新功能器件的开发上得到发展。

D 细线与图形描绘

许多薄膜在微电子器件的应用中，都要求描绘出细的线条和各种几何图形。运用 MOCVD 的 MO 源可在气相或固体中形成的特点，在已知的某些 MO 化合物对聚焦的高能光束和粒子束具有很高的灵敏度，选择曝光法可使已曝光的 MO 化合物不溶于溶剂，而制备出细线条和各种几何图形，用于微电子工业中的互联布线和有关元件。现今已用了许多聚焦光束，如激光束、电子束、离子束。激光束可局部热解 MO 源化合物，电子束和离子束可诱导 MO 源化合物中的键断裂，使其不溶于有机溶剂中制备出各种几何图形。

用固体激光束从铜的甲酸盐书写成 Cu 的细线条，用快速光解激光从金属聚合物薄膜书写成 Au 线，用激光从含 Au 碳氢化合物的薄膜书写出导电的 Au 迹，还用激光从有机化合物涂膜中直接书写出 Fe_2O_3 的细线等。这些书写成的细线的边界分辨率很好，因此，可以看出 MOCVD 要比一般的 CVD 更具有应用的广泛性、通用性和先进性。它在现代表面技术中，是近年来研究和应用最广泛的 CVD 技术之一，已从传统的表面化学沉积发展到新型的表面材料的沉积制备和加工。在制备构成复杂的表层结构和新的功能薄膜上，随微电子工业和高技术应用的要求越来越严格，一定会得到进一步的发展。

2.3 分子束外延技术

2.3.1 分子束外延的特点

分子束外延（molecular beam epitaxy，MBE），是在超高真空条件下一种或多种组元加热的原子束或分子束以一定的速度射入被加热的基片上面进行的外延生长。分子束外延把生长的薄膜材料的厚度从微米量级推进到亚微米量级。分子束外延生长是在非平衡条件下完成的，它具有下列特点：

（1）超高真空下进行的干式工艺（MBE 系统本底真空度为 2.67×10^{-9}Pa），提供了极为清洁的生长环境，适合于生长活泼、易氧化元素的外延材料，生长产量高（生产型的 MBE 设备，3 片/炉，10.16cm（4in）；或 24 片/炉，5.08cm(2in)），操作上可自动快速换片，无需破坏真空。

（2）生长温度低（GaAs 500～600℃，Si 500℃），可清除体扩散对组分和掺杂浓度分布的干扰。通过对束源炉快门的控制，可实现立即喷射或立即停止分子束，可制备出超突变的界面和陡变的掺杂浓度分布的结构和组成的器件。

（3）膜的生长速率高度可控（可以从 0.1μm/h 到 1～2μm/h 还能生长单原子层材料）。

（4）可在大面积上得到均匀性、重复性、可控性好的外延生长膜。这是因为它通过从束源炉喷口至衬底的几何尺寸的合理设计，在线监控仪和样品架旋转来控制外延层厚度、组分、掺杂浓度，均匀性可控制在 ±0.05%。

（5）MBE 是在非平衡态下生长，因此可以生长不受热力学机制控制的外延技术（如液相外延等技术）无法生长的又处于互不相溶的多元素材料，可实现 II_B-VI_A 族半导体的 P、N 型导电，而且因其生长机制受动力学因素控制，对大多数衬底晶向都可获得均匀光滑表面。

（6）MBE 配置了多种在线原位分析仪器，可进行原位观察。如配置了反射高能电子衍射仪（RHEED）及其强度振荡仪（IORHEED）、器极质谱仪（QMS）、组元束流强度测试仪、原子力显微镜（AFM）、扫描隧道显微镜（STM）等仪器，用来监控外延生长前要求衬底表面的清洁度与表面结构，研究生长机制界面的状态和性质，可把得到的晶体生长中的薄膜结晶性和表面状态的数据立即反馈以控制晶体的生长。

2.3.2 分子束外延的原理

MBE 法是把加热的组元的原子束（或分子束）入射到衬底表面，并与衬底表面进行反应的过程。这个过程的步骤包括：组元原子或分子吸附于衬底表面；吸附的分子在表面迁移和离解为原子；该原子与近衬底的原子结合成核并外延成单晶薄膜；在高温下部分吸附在衬底薄膜上的原子脱附。根据有关蒸气压、温度等数据，依据有关公式可分别计算出组元、掺杂剂原子到达衬底的表面速率和生长速率。图 2-24 所示为砷稳态结构下，As_2 和 As_4 入射到 GaAs 衬底表面外延过程的原理。

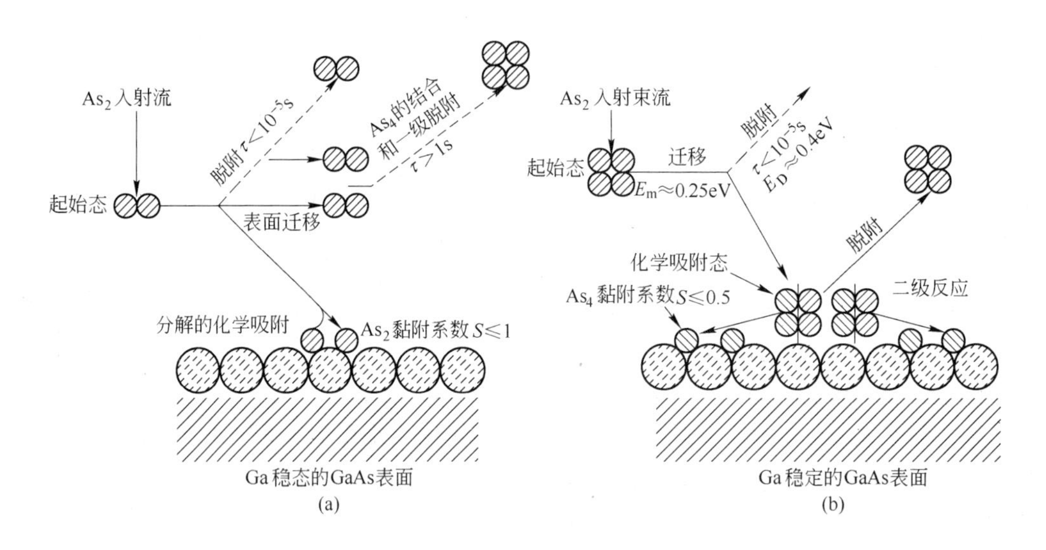

图 2-24 砷稳态结构下 As_2 和 As_4 入射到 GaAs 衬底表面的外延过程的原理

（a）由 Ga 和 As_2 生长 GaAs 的模型；（b）由 Ga 和 As_4 生长 GaAs 的模型

2.3.3 分子束外延装置与分类

2.3.3.1 分子束外延装置

MBE 装置由样品进样室、预处理分析室和生长室等组成。室间用闸板阀隔开，以确保生长室的超高真空与清洁。

根据 MBE 系统的几何结构相应地配置真空系统。根据要求，3 个室的真空配置的配置泵的系统并非一样：

（1）进样室。真空度为 $1.33\times10^{-6}\sim1.33\times10^{-8}$ Pa。在 $1.33\times10^{-6}\sim1.33\times10^{-7}$ Pa 段用吸附泵或涡轮分子加离子泵；1.33×10^{-7} Pa 时用涡轮分子泵；1.33×10^{-8} Pa 时用涡轮分子泵或其他泵加闭路循环液氮低温泵。

（2）预处理分析室。真空度为 1.33×10^{-8} Pa，由 400L/s 抽速的离子泵获得。

（3）生长室。真空度为 1.33×10^{-9} Pa。要按生长室的容积大小和所用的生长材料的性质来配置。用大抽速带冷阱的特种油扩散泵、大抽速涡轮分子泵、大抽速闭路循环液氮低温泵、大抽速离子泵等四种泵为主泵，再辅以钛升华泵。

应该注意的是，离子泵对惰性气体如 Ar、N_2 的抽速很小，不适用作 $Ⅲ_A$-$Ⅴ_A$ 族氮化物研究；液氮低温泵有一安全放气阀，在生长室压力大于所限制值时，不宜选用这类泵。因此，在选择泵类时，要使系统有最有效的抽速和最小的沾污。

生长室是 MBE 系统的核心，由三部分组成：

（1）束源炉及挡板。束源炉由加热器及裂解氮化硼坩埚组成。坩埚通常有 8 个，均匀分布于生长室。束源炉的位置，是决定所生长材料均匀性的技术关键。每个束源炉前都装有挡板，用于开启或停止束源的喷射。

（2）液氮冷阱。在生长室，束源炉配置冷阱，用于捕集生长室及束源炉通道内的剩余气体，使系统达最佳清洁度。

（3）样品架。由样品加热器和步进电机组成。步进电机用来驱动样品架连续旋转，以确保材料的均匀性。

在生长室内一般都装有若干原位测量仪器，具体介绍如下：

（1）反射高能电子衍射仪（RHEED）及强度振荡仪（IORHEED）。RHEED 用来监控衬底表面氧化物脱附的情况、衬底表面的清洁度、外延层的表面再构，确定外延层的生长成核状态和外延层平整度。并非所有的 MBE 系统都配 IORHEED。但从强度振荡的周期间距，可算出所生长的外延层厚度和组分。RHEED 是 MBE 系统中关键的在线监控仪。

（2）束源强度测试仪。用离子规检测组元的离子流，算出每组元的束流强度比，达到控制多元系的组分，保证生长多元系材料的重复性。同时还可获得束源是否耗尽的信息，是关键的在线测量仪。

（3）四极质谱仪（QMS）。用来测量喷射炉组元的束流强度，研究吸附和脱附力学，检测系统剩余气体与检漏。

（4）测温仪。在生长室外，用红外测温仪通过观察窗对衬底进行表面温度测量。

（5）在 MBE 系统的预处理分析室中，有的装有俄歇分析仪等其他监控设备仪器。

MBE 系统所用的结构材料，要求蒸气压低，在工作状态下不放气，耐高温等，其中一些受热部件均选用高纯钼、高纯钽，热电偶用 W-Re，坩埚用不起化学反应的高纯裂解氮化硼（PBN）。

2.3.3.2 分子束外延装置的分类

分子束外延装置分为：固态源分子束外延（SSMBE），气态源分子束外延（GSMBE），化学束外延（CBE），金属有机物分子束外延（MOMBE），等离子体分子束外延（PMBE）。

图 2-25 和图 2-26 所示分别为 $\mathrm{III_A}$-$\mathrm{V_A}$ 族固态源分子束外延系统和 $\mathrm{III_A}$-$\mathrm{V_A}$ 族气态源分子束外延系统装置。

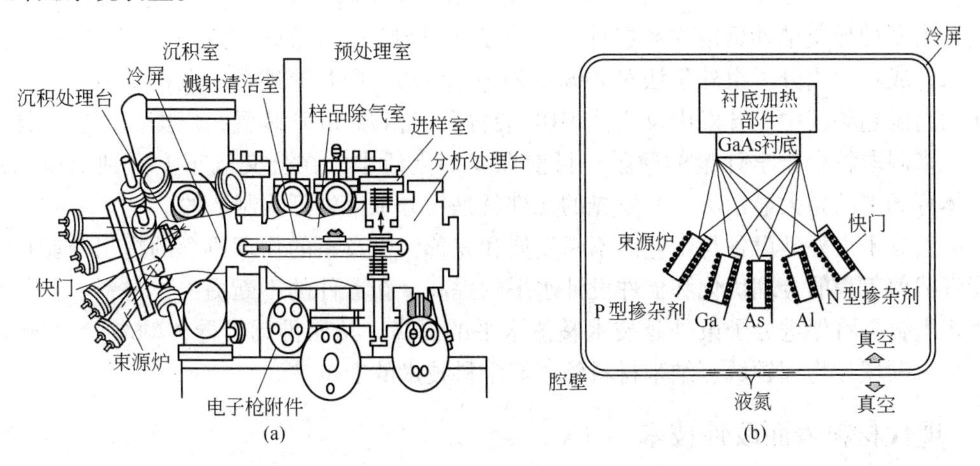

图 2-25 $\mathrm{III_A}$-$\mathrm{V_A}$ 族固态源分子束外延系统

（a）$\mathrm{III_A}$-$\mathrm{V_A}$ 族 MBE 系统；（b）SSMBE 生长 P 型和 N 型 $Al_xGa_{1-x}As$ 过程示意图

2.3.4 分子束外延的生长工艺

图 2-26 $Ⅲ_A$-V_A 族气态源分子束外延系统

第一步，对衬底进行化学清洗，除去油污和表面氧化物，这是成功制取高质量 MBE 外延材料不能忽视的重要步骤，它是保证“高度清洁”的前提。第二步，用铟粘贴在钼基层上。第三步，装入样品室，抽真空到 1.33×10^{-6} Pa 后，在 150 ~ 200℃除气，脱出表面吸附水气。第四步，样品传送到预处理室，加热到400 ~ 500℃进一步除气。第五步，样品传送到生长室，在 V_A 族保护气氛下加热到相应的氧化物离解温度，除去氧化物及 CO 等，这时采用 RHEED 来跟踪监测衬底表面氧化物的脱附情况，衬底表面的清洁度。第六步，用 RHEED 进行表面结构监控，当在 RHEED 的图像中衍射点突然清晰，表明氧化物已去除，立即降到工艺上所定的生长温度，开始外延和掺杂。

要成功制备高质量的 MBE 外延材料，在工艺技术上，衬底的精心制备和对生长工艺条件的严格控制十分关键，特别是起始的成核生长要十分严格地在 RHEED 严密监控下进行。

2.3.5 分子束外延的应用

分子束外延不仅可以用来制备现有的大部分器件，而且可以用来制备其他方法难以实现的许多新器件。分子束外延已经用于 GaAs、InP、AlGaAs、InGaP、InGaAs 等 $Ⅲ_A$-V_A 族半导体单晶膜外延生长，在原子面和平面掺杂的控制上也已取得较好的效果，并且还制备 $Ⅱ_B$-$Ⅵ_A$ 族 ZnS 单晶膜，GaF_2、SrF_2、BaF_2 等绝缘膜和 PtSi、Pb_2Si、$NiSi_2$、$CoSi_2$ 等硅化物。还用分子束外延技术生长出异质结、超晶格、量子阱、量子点等半导体微结构材料，并制备出多种异质结外延构件和器件。用分子束外延法得到的铋锶钙铜氧膜具有超导性。近年来，成功地用分子束外延法对 ZnSe、ZnTe、GaN、GaP 等进行了沉积制备。还在生长氧化物高温超导膜中，开发出反应性 MBE 装置及气相源 MBE 装置，以提高原料气体的反应性，来制取符合化学计量的薄膜。目前在我们生活中，在公交汽车上看到的车站预告版、体育场上的超大显示屏，其发光的元件就是用分子束外延法制造的。

随着分子束外延设备与工艺的不断发展和完善，以及新的物理概念的提出与验证；随着能带裁剪工程的合理优化和器件设计水平的提高，新器件的不断提出，材料、器件物理的优化组合必将促进分子束外延技术整体水平的提高，从而推动半导体领域、信息领域、低维材料领域、物理领域、纳米材料领域等学科技术的变革。

2.4 现代材料表面改性技术

本节中的现代材料表面改性仅介绍与现代表面技术密切相关的电子束、激光束、离子束（即三束）材料表面改性技术与工程应用。因为“三束”技术的出现、应用与发展，显著地改变了材料表面渗层的组织结构，大幅度提高了渗层的品质，工艺可控性好，展示出具有广泛的工程应用前景。美、日、英、德等先进发达国家都把“三束”的加工技术、研究与发展放在比较高的技术地位。

2.4.1 电子束与材料表面改性技术

电子束表面改性处理技术是近20多年发展起来的表面改性处理新技术。它是用高速的电子束经聚焦线圈和偏转线圈照射到金属表面，并深入金属表面一定深度，与基体金属的原子核及电子发生相互作用，其能量的传递主要通过电子束的电子与金属表层电子碰撞，能量以热能的形式传给金属表面原子，致使被处理的金属表面温度迅速升高。利用电子束对材料表面0.01～0.2mm范围作用的能量加热、熔化，实现对材料表面硬化（淬火）、表面熔凝、熔覆、合金化和非晶化等材料表面改性。

2.4.1.1 电子束与材料表面改性的特点

电子束与材料表面改性工艺的主要特点见表2-18。

表2-18 电子束与材料表面改性工艺的主要特点

优　点	缺　点
（1）能量密度高，可达10^9W/cm²，而一般表面改性的热源能量密度最高只有10^5W/cm²； （2）可局部改性极小的面积，聚集微细（电流1～10mA时，能聚集10～100μm；电流1pA时，聚集可小于0.1μm），故热影响区小； （3）作用时间短（10^{-7}s），工件变形小； （4）由于在真空度为1.33×10^{-2}Pa条件下进行改性处理，产生污染少，工件不易氧化，特别适用于易氧化的金属及贵重合金以及半导体材料的改性处理； （5）由于通过磁场或电场直接控制电子束强度、位置及聚集，故可实现高精度、高速度、无惯性控制（精度为0.1μm左右，速度大于100m/s）	（1）需在真空条件下处理，其灵活性和适应性差； （2）只能处理小尺寸的零件； （3）生产效率较低； （4）易生产放射性射线，有害健康，需加防护措施

2.4.1.2 电子束与材料相互作用

电子束中的电子可以偏转、吸收或输送，在撞击材料时引起二次电子发射或造成原子激发和离子化，甚至还会引起X射线和γ射线的辐射，这主要取决于电子能量和撞击材料的性能。如果电子的动能主要转变成热能，就可用于表面工程。

被加速的电子到达工件表面，在穿透工件表面的过程中很快被减速。一个单独的电子会在材料的晶格、单个原子、粒子之间运动，其结果是这些粒子的电场被破坏，产生原子和粒子的迁移，它们振动的振幅会加剧，使温度显著升高，这样，加工的材料就在电子激活的区域被加热。

在一次电子穿透加工材料时，与加工材料的电子发生碰撞。这些电子可能是自由电子，也可能是晶格中的束缚电子。于是一部分二次电子从材料中被激发出来，这种现象称为二次发射。一次电子由阴极发射，而其他电子由于碰撞可从原子中被激发出来，它们可穿越轨道进一步远离原子核，这些电子发出X射线电磁辐射。

而材料的加热是因材料晶格的电子弹性和非弹性碰撞所产生的，是材料吸收电子束能量的结果。在吸收能量的过程中，其能量交换区位于加工材料的表面，并瞬间进入材料表面以下。其能量交换区域的大小，取决于加工材料中电子的弥散程度。电子的初始高能量因碰撞降低了。在穿透路径开始时，电子束的发散程度很小，其发射度随电子能量的降低而增大，由于电子波的波长很小，因此电子束穿透材料的深度也很小。实际是电子束的全部能量都在材料表层下转变成热量，这个层厚可用式(2-3)表述：

$$Z_r = 10^{-12}\frac{U^2}{\rho}K \tag{2-3}$$

式中 Z_r——电子束流穿透的最大深度，cm；

K——经验系数，$K=2.1$；

ρ——材料密度，t/m^3；

U——加速电压，V。

电子穿透材料的深度，随加速电压的增加而增厚，随材料密度的增大而降低。若加速电压分别为10kV、20kV、50kV、100kV，其在钢中穿透的厚度分别为0.3μm、1.05μm、6.1μm、27μm，而在铝中穿透的厚度分别为0.8μm、3.1μm、19.4μm、80μm。加速电压常用范围是30～50kV。在黑色金属中，电子穿透的深度从几微米到40多微米，加速电压越高，电子穿透受热金属或熔化金属的深度就越大。

电子束的截面电流密度的分布呈高斯型，束流中功率密度的分布与电流密度的分布成正比，其沿电子束进入材料厚度方向释放的能量密度分布也可近似地用高斯曲线表示，因此电子束和材料作用的结果，所产生的热，其分布具有正交体积分布的特点。

2.4.1.3 电子束与材料表面改性装置

电子束表面改性装置主要由电子枪、真空系统、控制系统、电源、传动机构等五部分组成，其结构如图2-27所示。

（1）电子枪系统。电子枪是电子束表面改性的加热源，分为热阴极发射枪和等离子发射枪。常用的是热阴极电子枪，其结构如图2-28所示，由发射阴极（纯W或纯Ta制成，能发射大量热电子）、控制栅极和加速阳极所组成。在控制栅极的上方加负偏压，用以初步聚焦和控制电子束的强弱，自偏压线

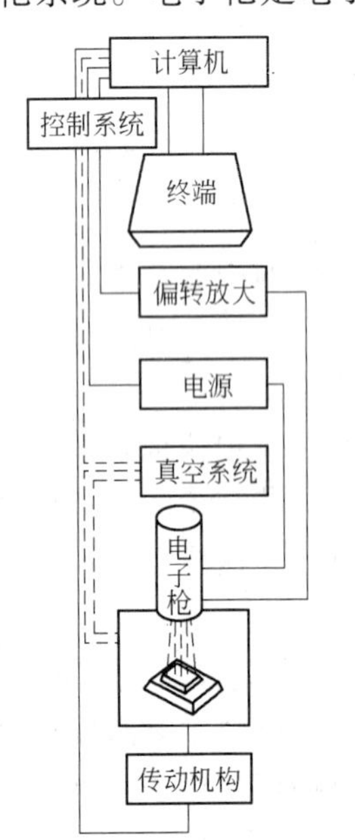

图2-27 电子束表面改性装置示意图

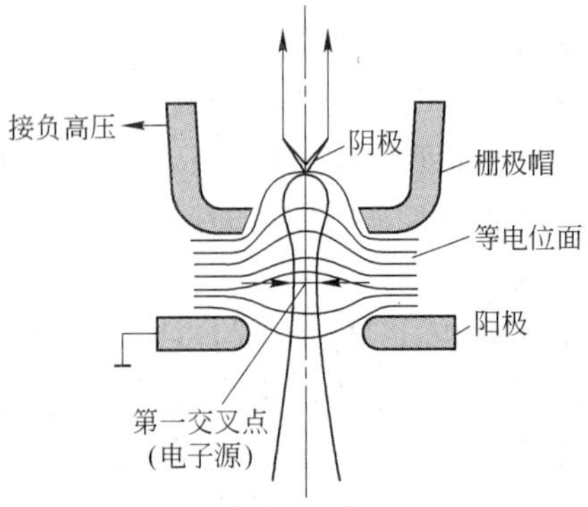

图2-28 热阴极电子枪示意图

路给栅极提供比阴极负几百到近千伏的偏压，当阴极电位和阴极高度（阴极尖端至栅极孔的距离）一定时，电极间的电位分布主要取决于栅极电位，使阴极尖端发射的电子限制在 100μm×150μm 的区域内。当阴极加热电流或阴极本身电阻变化导致发射电子束流变化时，自偏压回路将自动改变栅板偏压，从而调整阴极尖端发射电子区域的大小，使电子流的发射稳定、饱和。偏压对电子束的控制见表 2-19。从阴极加热发射出来的电子的动能还远不能满足电子束表面改性的要求，需通过图 2-28 中的中央带小孔的阳极板对发射出来的电子加速，以使电子束获得足够大的动能。这种类似于三极静电透镜系统对阴极发射的电子束起着聚焦作用，在阳极孔附近形成一直径为 50μm 左右的第一交叉点，即电子源。电子枪的亮度与电子流密度、加速电压成正比，而与阴极热力学温度成反比。

表 2-19 偏压对电子束的控制

偏压/V	电子束电流/μA	效 果
<300	500	发 散
300~700	100	会 聚
>700	10	截 止

（2）真空系统。为保证发射阴极免受高温下的氧化，减少它对工件表面产生金属蒸气的污染和电子的高速运动以及电子束改性工艺的要求，一般采用机械泵和扩散泵的两级真空系统，以保证达到 $133.3\times10^{-4}\sim133.3\times10^{-6}$Pa 的真空度。

（3）控制系统。由聚焦、加速、偏转、对准装置所组成。

1）聚焦装置。聚焦的原理是利用电磁透镜，通过磁场进行聚焦。聚焦的目的是提高能量密度，而电子束聚焦的大小，最终还是取决于工件表面改性的面积和性能要求。根据电子学原理，为消除像差，获得更细的焦点，常进行二次聚焦。

2）加速装置。加速装置的作用是使电子流得到更高的速度，在阳极或工件上加 $5\times10^4\sim15\times10^4$V 的正高压（或在阴极上加负高压）。为避免热量扩散到工件上无需加热的部分，可使电子束做间歇脉冲运动，脉冲延时为 1~10μs。

3）偏转装置。一般用磁偏转（也可用静电偏转）以改变电子束的运行方向，控制 x、y 两个方向上的焦点位置。

4）对准装置。主要是通过莫尔干涉条纹探测器来实现电子束的对准。这是一种利用莫尔干涉条纹原理，实现电子束对准的先进可靠的方法。

（4）电源系统。因电子束聚焦和阴极发射强度与电压波动关系密切，要求电源电压波动范围不超过 1%。各种控制电压与加速电压由升压整流或超高压直流发电机供给。电源有高压和低压两个基本电压，除电子枪外，都以低压供电。高压电源中有交流调压、高压升压变压器、高压整流元件、高压测量元件、电子束总束流测量元件、过流保护快速切断单元、自动稳压电压反馈单元、晶闸管输出端固定阻性负载、高压输出端固定阻性负载等。灯丝电源为发射电子提供能量。在阴极和阳极之间供 60~150kV 的直流电压，调节电压的大小，即可改变加速电子的速度。偏压电源控制束流大小和通断，以适应不同功率的需要。高压电子流通过由聚焦电源控制的磁聚焦线圈把电子束聚焦成各种不同的束流。扫描电源通过磁偏转线圈控制电子流的运动方向，图 2-29 所示为电子束表面改性设备电源配置的示意图。

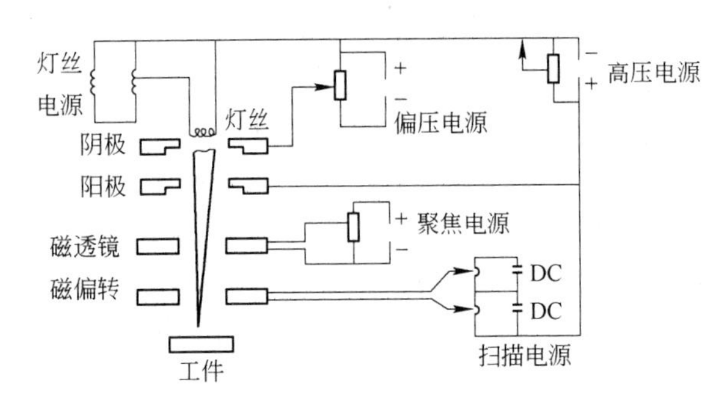

图 2-29 电子束表面改性设备电源配置示意图

2.4.1.4 电子束与材料表面改性工艺

A 电子束表面硬化（即相变硬化，表面淬火）

用散焦的方式利用电子束轰击金属工件表面，使工件表面被加热到相变点以上（奥氏体转变温度以上，加热速度为 $10^3 \sim 10^5$℃/s），即用 $10^8 \sim 10^{10}$K/s 的高速冷却，产生马氏体等相变强化（即表面硬化或淬火硬化）。由于电子束加热能量利用率高、速度快、温度梯度大、冷却速度快、材料的相变过程时间短，奥氏体晶粒来不及长大，可获超细晶粒的组织，而使材料表层具有较高的强硬性和耐磨性。这种方法比较适合于碳钢、中碳低合金钢、铸铁等材料的表面强化。例如，对 45 号钢和 T7 钢，经 2 ~ 3.2kW，束斑直径为 6mm 的电子束，以 3000 ~ 5000℃/s 的加热速度，在钢的表面形成隐针和细针马氏体，45 号钢和 T7 钢的表面硬度 HRC 分别达到 62 和 66。2Cr13、GCr15 钢的硬度 HRC 分别可达 46 ~ 51（最高可达 56 ~ 57）和 66。因心部没有受到加热温度的影响，仍保持原有 45 号钢和 T7 钢的较好塑性和韧性。表 2-20 为典型的电子束相变硬化工艺参数，图 2-30 所示为 45 号钢（扫描速度为 10mm/s）的硬度分布曲线，图 2-31 所示为 2Cr13 钢（扫描速度为 5mm/s）的硬度分布曲线，图 2-32 所示为 45 号钢、2Cr13 钢的硬度及硬化深度和加热速度之间的关系曲线。

表 2-20 电子束淬火工艺参数

编号	材料	束斑尺寸 /mm × mm	加速电压 /kV	束流/mA				试样移动速度 /mm·s⁻¹	编号	材料	束斑尺寸 /mm × mm	加速电压 /kV	束流/mA				试样移动速度 /mm·s⁻¹
				1	2	3	4						1	2	3	4	
1	45 号钢	8 × 6	50	35	37	33	40	5	6	2Cr13	8 × 6	50	35	37	45		5
2	45 号钢	8 × 6	50	45	47	43	41	10	7	2Cr13	8 × 6	50	45	49	47		10
3	45 号钢	8 × 6	50	55	57	53	51	20	8	2Cr13	8 × 6	50	55	57	59		20
4	45 号钢	8 × 6	50	65	67	63	61	30	9	2Cr13	8 × 6	50	65	63	61		30
5	45 号钢	8 × 6	50	70	70			40	10	2Cr13	8 × 6	50	69	69			40

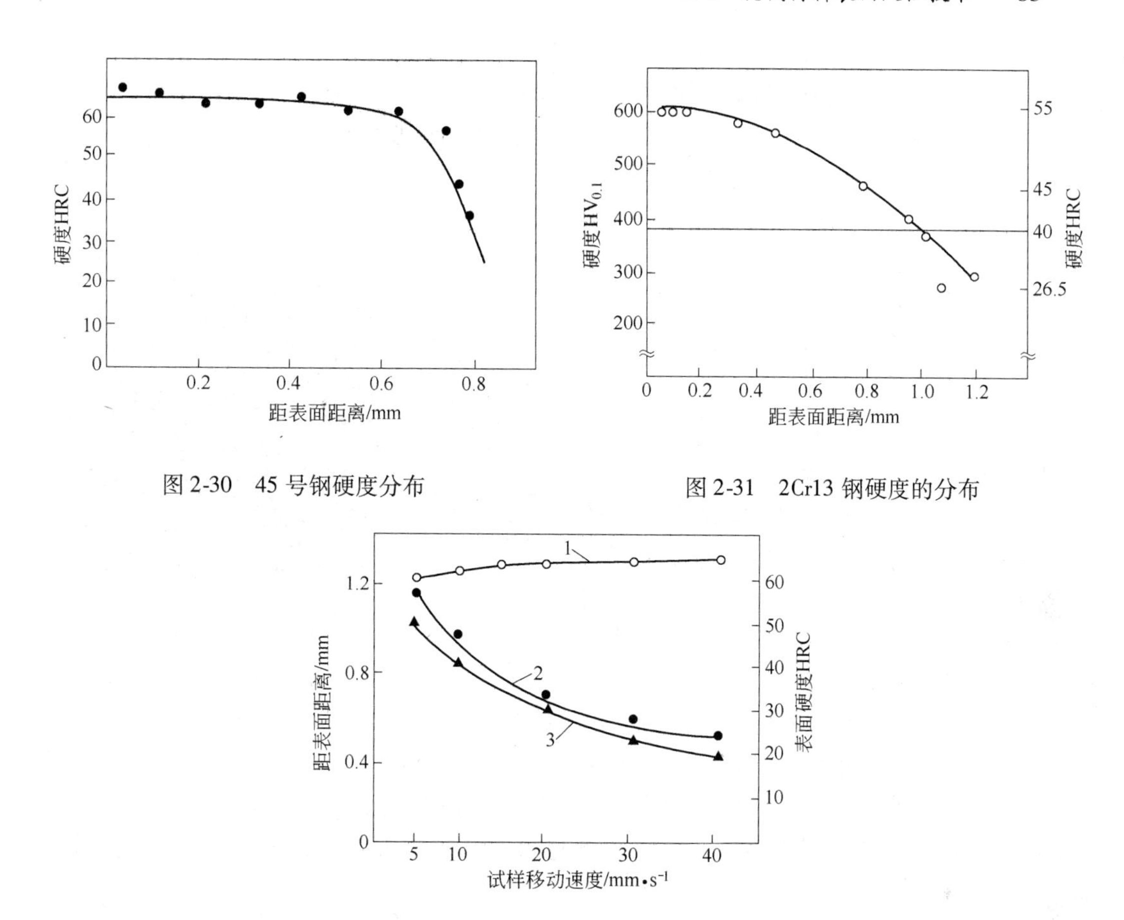

图 2-30　45 号钢硬度分布

图 2-31　2Cr13 钢硬度的分布

图 2-32　硬度及硬化深度与加热速度之间的关系

1—45 号钢硬度曲线；2—45 号钢硬化深度曲线；

3—2Cr13 钢硬化深度曲线

2Cr13 钢经电子束淬火后，抗疲劳性能大大提高，结果见表 2-21。经电子束表面淬火的 2Cr13 钢的循环次数比调质态提高 2.6～3 倍。

表 2-21　振动疲劳试验

序　号	处理工艺	自振频率/Hz	全振幅/mm	循环次数/次	裂纹位置	备　注
1	调　质	154.0	13.12	6.9192×10^{4}	根部	
2	调　质	146.9	13.12	6.7838×10^{4}	根部	
3	调　质	160.1	13.12	3.9944×10^{4}	根部	更换夹具
4	调质 + 电子束	149.7	13.12	1.8069×10^{5}	根部	
5	调质 + 电子束	151.0	13.12	1.8579×10^{5}	根部	
6	调质 + 电子束	159.8	13.12	1.2103×10^{5}	根部	更换夹具

电子束表面淬火工艺在 45 号钢、GCr15 钢导轨、船用柴油机活塞及一些工、模具上的应用都取得了很好的效果。

B 电子束表面熔凝

电子束表面熔凝是用高能量密度的电子束轰击工件表面，使表面产生局部的重新熔化，并在冷基体的作用下快速凝固，达到使组织细化，实现硬度和韧性的最佳结合，减少原始组织的显微偏析。电子束熔凝最适用于铸铁、高碳高合金钢。铸铁熔凝后形成莱氏体组织，进一步冷却，将引起奥氏体向马氏体转变，表面含 Mn、Mo 的铸铁熔凝后形成适于高温下工作的稳定碳化物。电子束熔凝也相当多地应用于模具，提高了模具的表面强度、耐磨性和热稳定性。表面熔凝的冷却速度相对较低，一般获得的组织为铸态。图2-33所示为 AlSi 合金熔凝后的微观组织，它在快速凝固后形成与基体的组织结构和性能不一样但成分一样的表面层。对于某些合金，经电子重熔可使各组成相间的化学元素重新分布，降低某些元素的显微偏析程度，提高工件的表面耐磨性能。电子束表面重熔目前主要用于工模具的表面处理，在提高工模具表面强度、耐磨性和热稳定性的同时，仍保持工模具心部的强韧性。如高速钢孔冲模具的端部刃口，经电子束熔凝处理，可获得深1mm、硬度 HRC 为66～67，分布均匀的表层，其表层细化，具有强度和韧性最佳配合的优良性能。由于电子束重熔是在真空下进行的，重熔凝固过程中，利于工件表层除气，因此也可有效地提高铝合金、钛合金的表面处理质量。

图 2-33 AlSi 合金熔凝后的微观组织

C 电子束表面合金化

预先将具有特殊性能的合金粉末涂敷在基体金属表面，再用电子束轰击加热，使特殊的合金粉末熔融在基体材料的表面上，从而在工件（基体）表面形成一层具有耐磨、耐蚀、耐热等性能的新合金表面层。它所需的功率密度约为相变硬化的 3 倍以上，或者可增加电子束照射时间，促使基体表层在一定深度内发生熔化，以达到表面合金化的目的。

合金粉末选择是根据零部件的性能要求和电子束表面合金化的工艺要求来定的。如以耐磨为主，就应选 W、Ti、B、Mo 等元素及其碳化物；以耐蚀为主，就应选 Ni、Cr 元素；为改善电子束工艺，可添加 Co、Ni、Si 等元素。表 2-22 是一些典型的电子束表面合金化的工艺及结果。

表 2-22 电子束表面合金化工艺及结果

粉末		WC/Co	WC/Co + TiC	WC/Co + Ti/Ni	NiCr/Cr_3C_2	Cr_3C_2
粉末中合金元素的质量分数/%		W 82.55，C 5.45，Co 12.0	W 68.52，C 7.92，Ti 13.60，Co 9.96	W 68.52，C 4.52，Co 9.96，Ti 7.65，Ni 9.35	Ni 20.0，Cr 70.0，C 10.0	Cr 86.7，C 13.3
涂层厚度/mm		0.11～0.12	0.10～0.13	0.13～0.15	0.16～0.22	0.15～0.17
电子束工艺参数	功率/kW	1.82	2.03	1.89	1.24	1.24
	束斑尺寸/mm × mm	7 × 9	7 × 9	7 × 9	6 × 6	6 × 6
	移动速度/mm · s^{-1}	5	5	5	5	5

续表 2-22

粉 末		WC/Co	WC/Co + TiC	WC/Co + Ti/Ni	$NiCr/Cr_3C_2$	Cr_3C_2
合金层	深度/mm	0.50	0.55	0.50	0.45	0.36
	显微硬度 $HV_{0.1}$	913 ~ 981	约 1018	约 946	约 557	557 ~ 642
	显微组织	M + 碳化物	M + 碳化物	M + 碳化物	γ + 碳化物	γ + 碳化物
合金层成分（质量分数）/%	C	1.55 ~ 1.65	1.81 ~ 2.22	1.51 ~ 1.67	3.85 ~ 5.12	5.80 ~ 6.52
	Ni			2.43 ~ 2.81	7.11 ~ 9.78	
	Cr				24.89 ~ 34.22	36.13 ~ 40.94
	W	18.16 ~ 19.81	12.46 ~ 16.20	17.82 ~ 20.56		
	Ti		2.47 ~ 3.21	1.99 ~ 2.30		
	Co	2.64 ~ 2.88	1.81 ~ 2.35	2.59 ~ 2.99		
	Fe	77.65 ~ 75.66	81.45 ~ 76.02	73.66 ~ 69.67	64.15 ~ 50.88	58.07 ~ 52.54

电子束表面合金化已应用于高速线材轧机的导嘴、卧式自动螺母攻丝机料道、机械手挡块和一些工模具上，其使用寿命都得到大幅度的提高。

D 电子束熔覆

按需要在基体材料表面预先涂覆一层特殊性能的合金粉，并用电子束加热将其熔化，在基体表面形成具有某些特性的覆层。它与电子束表面合金化有类似之处，但要防止涂覆层与基体过分地混合熔融而得不到所需要的涂层，这一点又是与电子束表面合金化不同。图 2-34 所示为电子束表面熔覆的微观组织。

电子束表面熔覆的工艺有粉末预置法和喂粉法两种。粉末预置法主要有黏结法与热喷涂法。喂粉法是用一个特殊设计的喂粉器，将配置好的合金粉末充分混合，并以一定的供粉速度送到电子束照射处。电子束一方面加热粉末，另一方面加热基体材料。

在选择合金粉末时，要使涂覆粉末材料的熔点低于基体材料的熔点为好。例如，铁基、镍基、钴基等合金粉末作为熔覆材料比较理想，工艺范围较宽，工艺性能也比较好。如果以耐磨为主要目的，可选用镍基碳化钨，或者在上述材料中添加一些高硬度的碳化物粉末，如 B_4、C、WC、TiC、Cr_3C_2 等。

在 2Cr13 钢基体上，熔覆 Co-Cr-W 合金时，电子束加热参数为：加速电压 50kV，束流 62mA，束斑尺寸 17mm × 5mm，扫描速度 10mm/s。熔覆层的金相组织如图 2-35 所示。表面是一层精细树枝状结构熔覆层，接着是一层针状马氏体，再向里是极细的马氏体，然后过渡

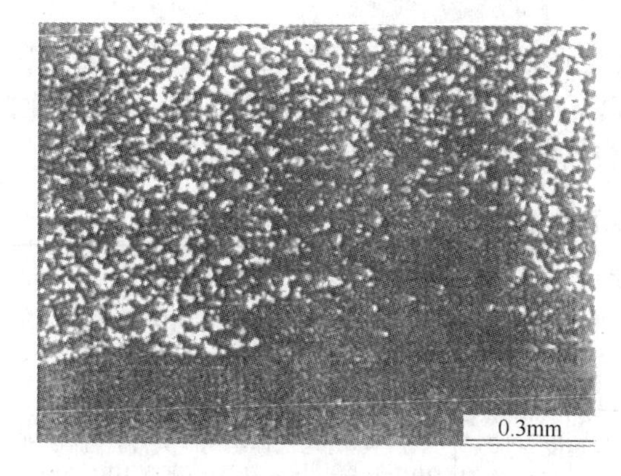

图 2-34 电子束表面熔覆的微观组织

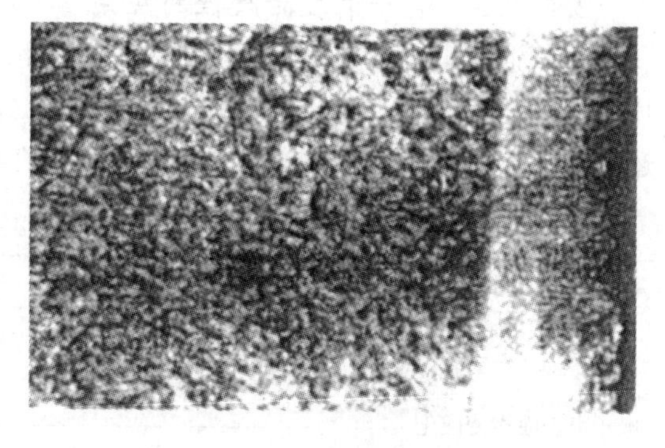

图 2-35 2Cr13 钢经电子束表面涂覆处理后的组织

到基体。熔覆层与淬火层之间有一条明显的界线，形成犬牙交错的连接，表明熔覆层与基体是一种冶金结合，连接紧密。对熔覆层通过扫描电子显微镜分析表明：Co 元素固溶于基体中，Cr、W 元素主要分布在晶间以复合碳化物的形式存在。通过 X 射线衍射分析表明，熔覆层是由 Co 的固溶体和 $(Cr,Fe)_7C_3$、$Cr_{23}C_6$、$Cr_{12}Fe_{36}W_{10}$ 等化合物组成。熔覆层极耐腐蚀，用一般腐蚀剂侵蚀只能观察到一层白亮层。用强酸腐蚀才能显示出树枝结构。

图 2-36 所示为 2Cr13 钢经电子束 Co-Cr-W 熔覆后强化层的硬度分布。由图可以看出，熔覆层最高硬度 HRC 可达 49，熔覆层厚度在 0.14mm 左右，2Cr13 钢基体在 HRC40 以上的深度可达 1mm 以上。

电子束熔覆层的组织致密，有一定硬度和很好的耐腐蚀性能，同基体连接紧密，熔覆层里层的淬火层也可提高基体材料的强度。

E　电子束表面非晶化

电子束表面非晶化是利用聚焦的电子束高能量密度以及作用时间短的特点，使工件表面在极短的时间内迅速熔化，在基体与熔化的表层间产生很大的温度梯度，表层的冷却速度高达 $10^4 \sim 10^8$℃/s，致使表层几乎保留了熔化时液态金属的均匀性，经高速冷却，在材料的表面形成良好的非晶层。图 2-37 所示为 Ti6Al4V 合金经电子束表面非晶化的组织，该非晶化的组织具有高的耐蚀性和抗疲劳性能。

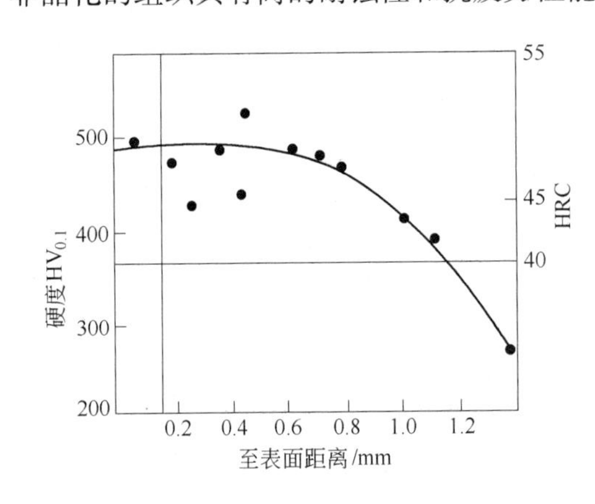

图 2-36　2Cr13 钢表面 Co-Cr-W 涂覆层硬度分布

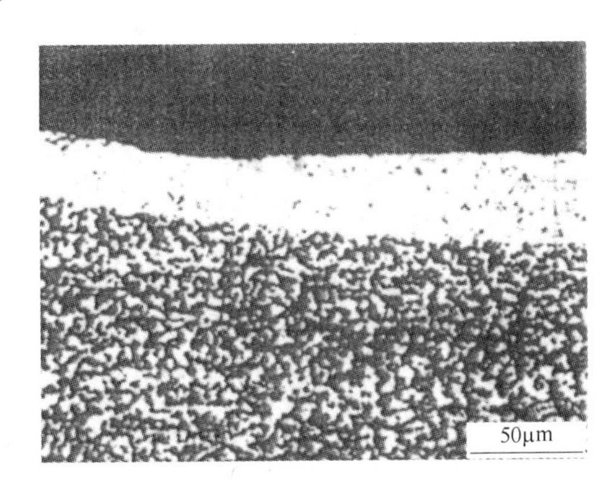

图 2-37　Ti6Al4V 的表面非晶层

2.4.1.5　电子束表面改性的应用

尽管通过电子束表面改性可提高材料的耐磨、耐蚀和高温使用等性能，并得到一定的应用，但电子束表面改性的处理技术发展还不成熟，目前主要应用于汽车制造业和宇航工业，还需进一步深入研究并拓展电子束表面改性在各行各业中的应用，其应用实例见表 2-23。

表 2-23　电子束材料表面改性的应用实例

名　称	材　料	工　艺	效　果
电子束表面相变硬化	铸　铁	功率 2kW（温度为 1000 ~ 1050℃），冷却速度大于 2200℃/s	硬化层深 0.6mm，表面团絮状石墨熔解，碳扩散到奥氏体中，获得细粒状石墨包围的变形马氏体
	高碳、中碳钢	功率 3.2kW，冷却速度 3000 ~ 5000℃/s	获得隐针马氏体组织，T7 钢表面硬度 HRC 为 66，45 号钢表面硬度 HRC 为 62

续表 2-23

名称	材料	工艺	效果
熔化、凝固与合金化改性	模具钢和碳钢	表面预先涂覆硼粉 WC、TiC 粉	可获得 Fe-B、Fe-WC 等合金层，Fe-B 层硬度 HV 为 1266～1890，Fe-WC 层硬度 HV 为 1000 左右
非晶化改性	镍金属	能量输入达 10^{-2} ～ $1J/cm^2$，当熔化厚度为 $2.5\times10^{-2}mm$ 时，冷却速度高达 5×10^6℃/s	表层由晶态转为非晶态，其表层所生成的固体可以保留液体特有的微观均匀性
汽车离合器凸轮表面改性	SAE5060	用 4kW、六工位电子束设备每次处理 3 个，耗时 42s	硬化层深度 1.5mm，硬化层硬度 HRC 为 58
薄形三爪弹簧片改性处理	碳的质量分数为 0.7% 的碳钢	当注入功率为 1.75kW、扫描频率为 50Hz 时，其加热时间为 0.5s	表面硬度 HV 为 800

2.4.2 激光束与材料表面改性技术

2.4.2.1 激光束与材料表面改性的特点

激光束与材料表面改性，是 20 世纪 70 年代发展起来的高新技术。它是用激光的高辐射亮度、高方向性、高单色性特点，作用于金属材料表面，使材料的表面性能得到提高，特别是材料的表面硬度、强度、耐磨性、耐蚀性和耐高温性，大大提高了产品的使用寿命。

激光与材料表面改性具有加热、冷却速度快，处理效率高、效果好，工件变形小，激光束易控、易传输、易导向、易自控，省能，无污染等优点。它的表面改性，主要是激光表面相变硬化、激光冲击硬化、激光熔覆、激光合金化、激光非晶化和表面烧蚀、表面清洗、化学气相沉积等。它的理论基础是激光与材料相互作用的一些规律。从工艺上看，它们各自的特点是作用在材料表面的激光功率密度不同和冷却速度不同所致。从表 2-24 中所列的各种激光表面改性工艺的特点可明显地看出这一点。目前，激光表面改性主要用于汽车、机械、冶金、石油、机车、轻工、农机、纺织机械行业中的部件、配件和刀具、模具等。

表 2-24 各种激光表面改性工艺的特点

工艺方法	功率密度/W · cm^{-2}	冷却速度/℃ · s^{-1}	作用区深度/mm	作用时间/s
激光相变硬化	10^3 ～ 10^5	10^4 ～ 10^6	0.2～1	0.01～1
激光熔覆	10^4 ～ 10^6	10^4 ～ 10^6	0.2～2	0.01～1
激光合金化	10^5 ～ 10^6	10^4 ～ 10^6	0.2～2	0.01～1
激光非晶化	10^6 ～ 10^{10}	10^6 ～ 10^{10}	0.01～0.10	10^{-7} ～ 10^{-6}
激光冲击硬化	10^9 ～ 10^{12}	10^4 ～ 10^6	0.02～0.2	10^{-7} ～ 10^{-6}

2.4.2.2 激光束与材料的相互作用

激光束与材料表面改性的物理基础是激光与物质的相互作用。激光与材料相互作用是指激光束辐射到各种物质时所发生的物理、化学等现象，包括物质对激光的反射、吸收和能量转化，激光对物质的加热、熔化、气化和相关的力学效应及等离子体现象。

A 材料对激光的反射与吸收

激光从一种介质传播到另一种折射率不同的介质时，在介质间的界面将出现反射和折射。从光学薄材料，如空气或材料加工时的保护气氛（其折射率接近于1）到具有折射率为 $n_e = n + ik$（k 为吸收指数）的材料的垂直入射光，在界面处的反射率 R 为：

$$R = \frac{(n-\mu)^2 + k^2}{(n+\mu)^2 + k^2} \tag{2-4}$$

式中 μ——材料的磁导率，对于大多数材料通常 $\mu \approx 1$。

反射率描述了入射激光功率或能量被反射的部分。进入材料内部的激光，按朗伯定律，随穿透距离的增加，光强按指数规律衰减，深入表层以下 z 处的光强为：

$$I(z) = (1-R)I_0 e^{-\alpha z} \tag{2-5}$$

式中 R——材料表面对激光的反射率；

I_0——入射激光束的强度；

$(1-R)I_0$——表面（$z=0$）处的透穿光强；

α——材料的吸收系数，cm^{-1}。

吸收系数 α 对应的材料特征值是吸收指数 k，两者之间的关系为：

$$\alpha = \frac{4\pi k}{\lambda} \tag{2-6}$$

式中 λ——辐射激光的波长；

k——吸收指数，材料的复折射率 n_c 的虚部。

材料对激光的吸收系数 α 除与材料的种类有关外，同时还与激光的波长有关。例如，GaAs 对可见光是不透明的，但对 CO_2 激光器和 Nd：YAG 激光器输出的红外光则是透明的；又如，石英玻璃对 YAG 激光是透明的，而对 CO_2 激光基本上是不透明的。将吸收系数 α 与波长有关的这种吸收称为选择吸收。

如果把光强降至 I_0/e 时，激光所穿过的距离定义为穿透深度或趋肤深度，用 l_α 表示，有：

$$l_\alpha = \frac{1}{\alpha} = \frac{\lambda}{4\pi k} \tag{2-7}$$

在弱吸收材料中，如透明光学材料或气体，激光束穿过材料的厚度通常小于穿透深度 l_α，材料中能量的吸收将取决于材料的厚度。

在强吸收材料中（对激光为不透明的材料），如金属，吸收指数 k 大于1，穿透深度小于激光波长，除了极薄的箔之外，穿透深度远远小于材料的厚度，穿透到材料中的激光能量完全被吸收，吸收与材料的厚度无关。对于非透明的材料，吸收的激光功率部分 A 可以通过 R 求得，即：

$$A = 1 - R = \frac{4n}{(n+1)^2 + k^2} \tag{2-8}$$

光在材料表面的反射、透射和吸收，本质上是光波的电磁场与材料中自由电子或束缚电子相互作用的结果。金属中存在大量的自由电子，这些自由电子在激光电磁波的作用下强迫振动而产生次波。这些次波形成强烈的反射波和较弱的透射波。由于金属中的自由电子数密度大，因而透射光波在金属表面很薄的表层内被吸收。对于波长为 0.25μm 的紫外光到波长为 10.6μm 的红外光的测量结果表明：光波在各种金属中的穿透深度为 10nm 左右，吸收系数约为 $10^5 \sim 10^6 cm^{-1}$。

CO_2 和 YAG 等红外激光照射到金属材料表面时，因光子能量小，通常只对金属中的自由电子发生作用，也就是说能量的吸收是通过金属中的自由电子这个中间体，通过电子碰撞将能量传递给晶格。当激光的波长较短（小于 0.5μm）时，由于激光光子的能量较大，激光除与自由电子发生相互作用之外，还可对金属中的束缚电子发生作用，引起价带电子向导带电子的跃迁，从而使金属的反射能量降低，透射能量增强，金属对激光的吸收率增大。图 2-38 所示为室温下几种金属的吸收率与激光波长的关系。一般而言，随着波长的缩短，金属对激光的吸收率将增加。多数金属对 10.6μm 波长的 CO_2 激光的吸收率不足 10%，而对 1.06μm 波长的 YAG 激光的吸收率约为 CO_2 激光的 3～4 倍。

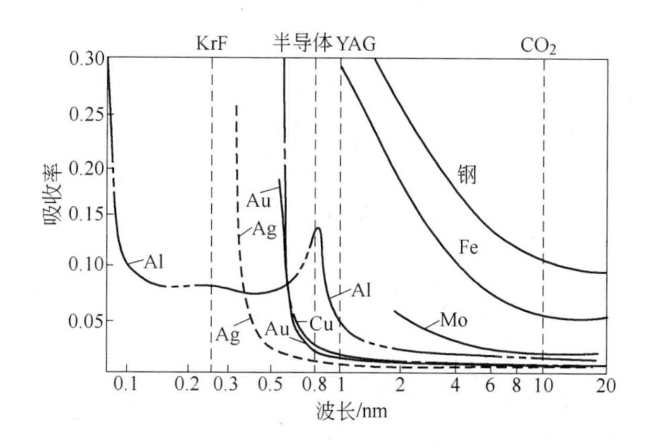

图 2-38　室温下垂直入射时金属的吸收率与激光波长的关系

B　表面状态对金属光学特性的影响

金属吸收率的实验数据有很大的离散性，而且实验数据和理论计算值之间存在很大的差异。这种差异主要来自金属试样的表面状态。其与理想表面不同，实验测得的吸收率不仅是由金属的固有性质决定，而且在很大程度上是由试样表面的光学性质决定的。因此，实际金属表面的吸收率 A 由两部分组成——金属的光学性质所决定的固有吸收率 A_i 和表面光学性质所决定的附加吸收率（也称为试样的外部吸收率）A_{ext}，即：

$$A = A_i + A_{ext} \tag{2-9}$$

A_{ext}由表面粗糙度 A_r、各种缺陷和杂质 A_{id}以及氧化层和其他吸收物质层决定 A_{ox}：

$$A_{ext} = A_r + A_{id} + A_{ox} \tag{2-10}$$

a　表面粗糙度

表面粗糙度对吸收率的影响表现在两个不同的方面。首先，在入射角 $\theta \neq 0$ 的表面区域以及沟槽和裂纹内存在吸收增大，沟槽和裂纹有利于辐射的波导传输。其次是粗糙表面的聚合效应，聚合效应与周期性的表面微起伏所产生的表面电磁波有关。

有关粗糙度对吸收率影响的理论研究通常是针对具有精加工表面的金属样品，如各种金属反射镜，其粗糙度 δ_σ 比入射激光的波长小得多，即 $\delta_\sigma/\lambda \ll 1$。

如果假设样品表面粗糙度按高斯分布，则粗糙表面的反射率 R_r 可由式(2-11)简单估算：

$$R_r = R_j \exp[-(4\pi\delta_\sigma/\lambda)^2] \tag{2-11}$$

式中 R_j——金属的固有反射率，即理想的光洁表面的反射率。

随着表面粗糙度的增加，金属表面的吸收率将快速增大。因此，对于高质量的金属反射镜，计算时可以忽略粗糙度的影响，而对于普通的金属试样，粗糙度引起的附加吸收变得非常明显，与镜面相比，吸收率可以提高一倍。

b 杂质和缺陷

由于金属样品的表面存在一系列杂质和显微杂质，每种杂质都能对辐射的附加吸收作出一份贡献。最常见的表面微观杂质是各种形状和大小不同的尘埃颗粒，金属表面的这类颗粒显著增加局部吸收率。另一类常见的杂质是金属表面抛光时留下的磨料颗粒，这些颗粒留在金属表面，或者镶入基体内部。这些非金属磨粒往往对激光有较高的吸收率。

增加金属试件吸收率的一个重要因素是金属自身的缺陷，这些缺陷包括气孔、裂纹和沟槽（或空穴）。这些缺陷暴露于金属试件表面时将成为吸收激光的“陷阱”。这些缺陷处于表面之下时将使表面金属层和基体材料绝热，这种情况强化吸收的原因在于表层金属吸收激光后易于加热和金属吸收率的温度依赖性的联合效应。

c 氧化物

常规金属表面因暴露于空气，多数情况下覆盖着一层氧化物。氧化层的厚度 X 和结构取决于金属试件的准备和经历的时间，相当厚的氧化层可以使试件的吸收率增加一个数量级甚至更高。氧化层对吸收的影响还取决于激光波长。例如，在通常情况下，铝表面的自然氧化铝是很薄的（$X < 10$nm）。在准分子激光产生的紫外区（$\lambda \geqslant 220$nm），薄的氧化物膜层的附加吸收超过金属的固有吸收，即 $A_{ox} \geqslant A_i$；但是，同样的氧化铝膜对 CO_2 激光却是完全透明的。铝表面4nm厚的自然氧化铝膜层对 CO_2 激光的附加吸收不足铝的固有吸收的1.6%，即 $A_{ox} \leqslant 0.016A_i$，然而采用阳极氧化处理铝表面所得到的氧化铝厚膜对 CO_2 激光的吸收率接近100%。

C 金属吸收率随温度的变化

温度升高时，金属中电子的热运动加剧，直流电阻率增大。随着温度的升高，金属对红外激光的固有吸收率会增大。对于红外激光，金属吸收率与温度依赖关系可简单表示如下：

$$A(T) = A_0 + r(T - T_0) \tag{2-12}$$

式中 A_0——温度 T_0 时金属的吸收率；

r——吸收率的温度系数；

T——温度。

当金属从固相转变成液相时，每个金属原子的导电电子数、金属密度以及金属的直流电阻率同时改变，因此，可以预期在金属的熔点处从固态转变成液态时金属的吸收率有一个台阶增长。

实际材料加工时，金属试样表面的氧化物、污染物、表面粗糙度、杂质和缺陷等都有影响。当金属表面与理想情况相差很大时，大多数情况下金属的光学性质的温度变化表现出特殊性，金属的吸收率与温度的关系在高温时可能会呈现相反的现象。图 2-39 所示为未经抛光的机械加工铝试样对 10.6μm CO_2 激光的吸收率的温度依赖关系的实验曲线，曲线 1 对应于基体材料的激光加热，曲线 2 和 3 对应于同一试样的重复加热。从图中可以看出，金属表面的初始的吸收率 $A(T_0)$ 约为 0.04%，远远大于纯金属的固有吸收率（约 1%）；每次后续加热，初始的吸收率 $A(T_0)$ 减小；在熔点附近吸收率有下降的趋势。

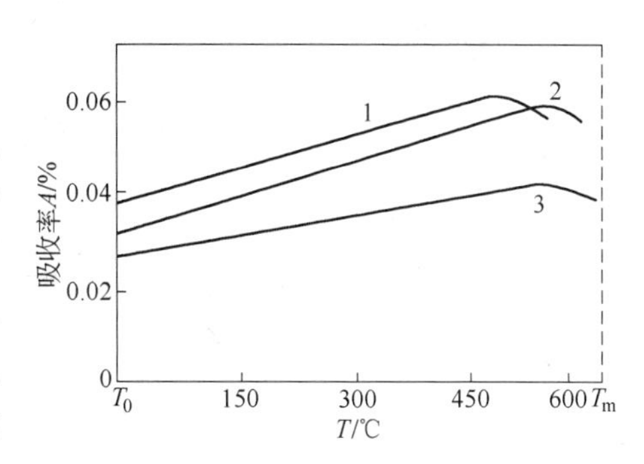

图 2-39 铝试样对 CO_2 激光的吸收率的温度依赖关系的实验曲线

D 反常吸收效应

在强激光作用下，金属对激光的吸收出现突然增大的现象，其数值远远超过金属吸收率的温度依赖关系所决定的数值，这一现象称为金属的反常吸收，它与材料的蒸发和光致等离子体的形成有关。

等离子体强化吸收的机制常被解释为高温等离子体的短波长热辐射，即等离子体吸收激光能量之后再辐射出易于被金属吸收的短波光子以及等离子体的热传导和受等离子体压力作用而被迫返回表面的蒸气凝结。由于等离子体的强化吸收效应，材料对 CO_2 激光的吸收率可以达到入射激光功率的 30% ~50%。

E 金属的激光加热

金属吸收激光是通过自由电子这一中间体，然后通过电子与晶体点阵的碰撞将多余的能量转变为晶体点阵的振动。电子和晶体点阵碰撞总能量的弛豫时间的典型值为 10^{-13}s，因此可认为材料吸收的光能向热能的转变是在一瞬间发生的。由于金属中的自由电子数密度很高，因此金属对光的吸收系数很大，约为 $10^5 \sim 10^6 cm^{-1}$。对于从波长 0.25μm 的紫外光到波长为 10.6μm 的红外光这个波段内的测量结果表明，光在各类金属中的穿透深度仅为 10nm 数量级，也就是说，透射光波在金属表面一个很薄的表层内被吸收。因此金属吸收的激光能量使表面金属加热，然后通过热传导，热量由高温区向低温区传递。

当匀强光束的激光作用时间足够长时（$t \to \infty$），试样表面光斑中心所能达到的最高温度为：

$$T(0,0,0,\infty) = \frac{AI_0 r_F}{K} = \frac{AP}{\pi r_F K} \tag{2-13}$$

式中 P——激光功率；

I_0——入射激光束强度；

K——材料导热系数；

A——金属的吸收率；

r_F——吸收率的温度系数。

对于高斯光束，试样表面光斑的中心温度 T_C 随时间的变化为：

$$T_C(0,0,0,t) = \frac{AI_0 r_F}{K\sqrt{2\pi}}\arctan\left(\frac{8\alpha t}{r^2 F}\right)^{1/2} \tag{2-14}$$

式中 α——材料的吸收系数。

当高斯光束激光作用时间足够长时（$t\to\infty$），试样表面光斑中心所能达到的最高温度为：

$$T_C(0,0,0,\infty) = \sqrt{\frac{\pi}{8}}\frac{AI_0 r_F}{K} = \sqrt{\frac{1}{2\pi}}\frac{AP}{r_F K} \tag{2-15}$$

由于材料的热物理参数和吸收率实际上是随温度而变化的，因此在应用上述公式进行计算时，可以取一定温度范围内的平均值。对于光束相对于工件运动的情况，上述公式仍然适用，此时激光的作用时间可以近似取为 $t = 2r_F/v$（v 为光斑扫描速度）。另外，只要激光的作用时间 $t \gg r_F^2/\alpha$，式(2-13)和式(2-15)仍然成立。计算表明，对于聚集光斑，当激光的作用时间 $t > 0.01$s，光斑中心温度基本上达到稳定状态。

比较式(2-13)和式(2-15)可以发现，对于具有相同功率和光斑大小的高斯光束和匀强光束，高斯光斑中心处所能达到的最高温度高于匀强光斑，其比值为：

$$T_C(0,0,0,\infty)/T(0,0,0,\infty) = \sqrt{\pi/2} \approx 1.25 \tag{2-16}$$

F 激光诱导等离子体

CO_2 和 YAG 激光均是可以在大气中传输的，但是将激光聚集到极小的光斑可以引起气体击穿，其现象类似于两个电极之间的放电。强激光束辐照下气体击穿的机理有三种，即多光子电离、级联电离和热驱动电离。

a 多光子电离（multiphoton ionization，MPI）

要击穿气体使其电离需要有足够的能量。对大多数元素来说，其电离能为几至几十电子伏特。直接的单光子电离需要处于紫外光谱区的激光光子，因此可见光和红外光谱区的单光子是不足以使气体电离的。

但是，如果受激光辐射的气体原子或分子同时吸收多个光子，这些光子合起来的能量达到原子或分子的电离能，则可以引起气体击穿，这一过程就称为多光子吸收电离。

激光波长越长，原子电离能越大，多光子电离必须同时吸收的光子数目就越多。因此，多光子电离只有对短波长激光（$\lambda < 1\mu m$）是重要的。由于大多数气体的电离能超过 10eV，CO_2 激光（$h\nu = 0.12$eV）诱发多光子电离必须同时吸收 100 个以上的激光光子，这几乎是不可能的。

在强度为 I 的激光束辐射下，元素的多光子电离概率正比于 I^m（m 表示光子数量），对于恒定的激光强度 I，多光子电离产生的电子数随时间线性增长。理论计算表明，红宝石激光（$\lambda = 694$nm，光子能量 $h\nu = 1.8$eV）若引起氩气击穿时必须同时吸收 9 个光子，产生 1 个电子的理论强度为 2.4×10^{10} W/cm²，而使气体完全电离所需的激光强度则高达 19.8×10^{12} W/cm²。

b 级联电离（cascade breakdown）

所谓级联电离即是自由电子通过逆轫致辐射吸收激光能量而被加速，获取了足够能量的自由电子与气体原子或分子发生非弹性碰撞而使原子或分子电离。

理论和实验研究均表明，级联击穿阈值强度与气体的电离能、激光频率的平方成正比，与气体压力成反比。气体的电离能越高、激光波长越短、气体压力越低，击穿阈值强度越高。同时，在相同条件下，光斑直径增大，击穿阈值将减小。增加初始电子数密度也可以降低击穿阈值。CO_2 激光直接引起大气击穿的阈值一般超过 $10^8 W/cm^2$。

c 热驱动电离（thermal runaway）

级联电离和多光子电离使气体击穿形成等离子体需要的激光功率密度一般超过 $10^8 W/cm^2$，这取决于激光的波长和光斑大小。然而，有金属靶或激光材料加工时，等离子体的形成阈值可以降低到 $10^5 \sim 10^6 W/cm^2$。

当激光作用于金属材料表面时，如果激光功率密度足够高，那么材料局部迅速熔化并产生强烈蒸发。材料的蒸发给激光作用空间提供了高温、高密度、低电离能的蒸发原子，这种高温金属蒸气因为热电离产生大量的自由电子，另外，材料表面的热发射也将提供大量电子，这两种机制在材料表面上方产生的电子数密度可高达 $10^{13} \sim 10^{15} cm^{-3}$。如此高密度的自由电子将通过电子-中性粒子的逆韧致辐射吸收激光能量，使金属蒸气的温度升高，导致进一步的热电离。更多电子的产生将使金属蒸气对激光的吸收进一步加强，从而使温度急剧升高，金属蒸气在极短时间内被击穿而形成金属蒸气等离子体。这种有固体靶或激光材料加工时气体的击穿机制称为热驱动电离。

d 激光支持的吸收波（laser-supported absorption waves，$LSAW_S$）

在激光作用下，材料蒸发而在工件表面形成的金属蒸气等离子体将通过两种方式与周围环境气氛相互作用：

（1）高压蒸气等离子体的膨胀在环境气氛中形成冲击波；

（2）能量通过热传导、辐射和冲击波加热向环境气氛中传递。

环境气体被加热后将产生一定的热电离，从而使冷态时为透明的气体开始吸收激光。一旦气体中的自由电子数密度达到一定的临界值，与金属蒸气击穿形成等离子体的加热过程相同，热的气体层对激光的吸收急剧加强并快速加热到等离子体状态。后续气体层又经历同样的过程——开始时通过等离子体的能量传递使气体加热，直到气体开始自持吸收激光；然后通过吸收激光能量快速加热到产生等离子体。这一过程不断重复进行，等离子体前沿（吸收区）逆着激光束的入射方向向前传播，形成激光支持的吸收波。根据传播机制的不同，吸收波可分为激光支持的燃烧波和激光支持的爆发波。

当激光功率密度为 $10^7 W/cm^2$ 时，虽然因等离子体的膨胀而形成的冲击波使气体的密度、压力和温度升高，但是，受冲击的气体对激光辐射仍为一种透明介质。工件表面形成的高温金属蒸气等离子体将通过热传导和热辐射使其周围的气体加热，等离子体前沿以亚声速向前推进，其速度为 10～100m/s，这种等离子体称为激光支持的燃烧波。

在聚集状态下，当入射激光功率一定时，相对于焦点位置，激光支持的燃烧波有一最大传播距离，而且，当外界条件变化时，激光支持的燃烧波将自动调节其位置。然而，实际上却经常发现，当激光支持的燃烧波到达其最大传播距离时将会熄灭，激光束重新照射至工件上，形成激光支持的燃烧波的过程又重新开始，等离子体周期性地产生和消失。

当激光功率密度大于 $10^7 W/cm^2$ 时，等离子体的快速膨胀而形成很强的压缩波，受冲击的气体对激光辐射不再是一种透明介质，无需通过热传导和热辐射的方式从等离子体获取能量就可以加热到足够高的温度，等离子体前沿将以超声速向前运动，形成所谓的激光支持的爆发波。在聚集状态时，随着等离子体向前运动，激光功率密度不断降低，这种激光支持的爆发波将逐步转变成激光支持的燃烧波。

2.4.2.3 激光束与材料表面改性设备

激光束与材料表面改性设备主要由激光器、导光聚焦系统、功率计、工件工作台数控系统、软件编程系统等组成。具体介绍如下：

（1）激光器。现今，工业上常用的激光器有横流 CO_2、YAG 和准分子激光器三种。横流 CO_2 激光器多用于黑色金属大面积零件的改性。YAG 激光器多用于有色金属或小面积零件的改性。准分子激光器的波长为 CO_2 的 1/50，YAG 的 1/10，它可使材料表面化学键发生变化，大多数材料对它的吸收率特别高，能有效地利用激光能量，称为第三代材料表面改性激光器。目前，准分子激光器主要用于半导体工业、金属、陶瓷、玻璃、天然钻石等材料的高清晰度无损标记以及光刻加工等，在材料改性的固态相变重熔、合金化、熔覆、化学气相沉积、物理气相沉积等方面目前也有一些应用。表 2-25 是三种激光器的性能和适用范围比较。

表 2-25 三种激光器的性能和适用范围比较

激光器类型	波长/μm	与材料表面耦合效率	光纤传输额定功率/W	结构	质量	商品功率/kW	研究最高功率/kW	方向性/mrad	运转效率/%	每瓦输出功率的成本	表面改性选择范围
CO_2	10.6	低	≤10	庞大	重	2，5，10	60	10^{-3}	10	低	相变硬化，熔覆，合金化
YAG	1.05	高	≤200	紧凑	轻	0.05，0.1，0.2，0.4	1	10^{-2}	1～3	高	黑色金属非晶化，有色金属表面改性，冲击硬化
准分子	0.193～0.351	最高	几瓦	大	较重	0.02，0.1，0.2	1	10		最高	化学和物理气相沉积

（2）导光聚焦系统。导光聚焦系统是把激光束传输到工件的加工部位的设备，是一种从激光输出窗口到被加工工件之间的装置，它要根据加工工件的形状、尺寸及性能要求，把激光束的功率经测量及反馈控制，光束传输、放大、整形、聚焦，并通过可见光同轴瞄准系统找准工件被加工部位，实现激光束的精细加工。整个导光系统主要有：光束质量监控设备、光闸系统、扩束望远镜系统、可见光同轴瞄准系统、光传输转向系统和聚焦系统等。

（3）功率计。目前国内外在生产线上都采用功率计来测量和控制激光输出功率的大小和稳定性。激光功率是描述激光器特性和控制加工质量的最基本参数，它是用光电转换的原理，利用吸收体吸收激光能量后转变成温升，通过温升的变化来间接测出激光功率。

（4）加工工件表面温度控制器。激光束经传输、聚焦后作用于不同材料工件表面产生的温度变化是决定激光加工产品的质量所在。过去只能用假设的数学模型来计算激光加工时的工件表面温度，不可能完全反应温度场的真实情况。现今已可用热像仪测定钢铁材料受激光照射时表面的温度场分布，并研究出激光相变硬化非稳定态温度场的计算机软件，用这种软件可揭示激光扫描加热的全过程，定量描述激光加热的非稳定温度场，还可预测熔化区和相变区的形状和深度。

2.4.2.4 激光与材料表面改性工艺

A 激光表面相变硬化

a 激光表面相变硬化的优缺点和适用范围

激光表面相变硬化，又称激光淬火。它是以 $10^4 \sim 10^5 W/cm^2$ 高能功率密度的激光束作用在工件表面，以 $10^5 \sim 10^6$℃/s 的加热速度，使受激光束作用的工件表面部位温度迅速上升到相变点以上，形成奥氏体，并通过仍处于冷却态的基体与加热区之间形成极高的温度梯度的热传导，一旦激光停止照射，则以 10^5℃/s 的速度冷却，实现自冷淬火，形成表面相变硬化层。

激光表面相变硬化的优点是：

（1）硬层组织细化，硬度比常规淬火高 15% ~20%，耐磨性能提高 1 ~10 倍。

（2）加热速度快，成本低，周期短，自动化程度、生产效率高。

（3）对工件中的特殊部位，如槽内壁、槽底小孔、深孔、盲孔、长腔筒内壁等，只要激光能照射到的，都可实现表面硬化。

（4）能精确控制硬化层深度。对大型部件、复杂部件、部件的局部硬化所引起的工件变形小，几乎无氧化脱碳，对零部件的表面粗糙度没太大影响，可作为工件加工的最后工序。

（5）无需油、水等淬火介质，可实现自冷淬火，避免了对环境的污染，工艺过程易实现计算机控制。

激光表面相变硬化的缺点是：

（1）因金属表面对激光波长（10.6μm）反射严重（一般反射为 90% 以上），所以为了增大被处理工件材料对激光的吸收，需要在工件表面涂层和做其他预处理。

（2）硬化层深度有限，一般在 1mm 以下，如采取有效措施，可达 3mm。

从材料上看，较为适用激光处理的材料是：钢铁材料和铸铁材料，部分有色金属材料，如铝、镁、铜、钛、锆合金等。从适用的零部件上看，激光处理最为适用于局部需硬化的零部件。目前主要用于汽车、机车、机床用零部件及其配件，刀具、模具，纺织机、风机、轻工机械及军工上应用的零部件。在美国也有用激光相变硬化替代渗碳、渗氮来处理导弹和飞机的重要零部件。在国内，已在航空、航天、兵器、汽车、机车等一些零部件上得到应用。

b 激光相变硬化后的组织与力学性能

激光相变硬化的温度一般是在相变点以上 50 ~200℃之间，其温度区间的数值随加热速度、钢的化学成分和原始组织的变化而变化。

激光相变（淬火）后的组织由相变硬化区、过渡区和基体三部分组成。碳素钢激光相变硬化区表层是极细的马氏体；合金钢表层为极细的板条状或针状马氏体、未熔碳化物和少量残余奥氏体；铸铁表面为极细的马氏体和残余奥氏体、未熔碳化物及石墨。过渡区为复杂的多相组织，基体为原基体组织。

图 2-40 所示为不同碳素钢和合金钢在激光表面硬化后的硬度分布。激光相变硬化后，淬硬层的组织细化，硬度比常规的高 15% ~20%。这是因为激光加热相变完成时间很短，

同时，加热区的温度梯度又很大，造成奥氏体相变在过热度很大的高温区短时间内完成，相变形核既可在原晶界和亚晶界形核，也可在相界面和其他晶体缺陷处形核。为此，快速加热相变可获超细晶粒；又可使马氏体中的位错密度大增，残留奥氏体量也增高，而碳来不及扩散，奥氏体中碳量相当高，在奥氏体向马氏体转变中，出现高碳马氏体，致使硬度提高。激光相变硬化过程中各种强化因素促成硬度的增高。表 2-26 所列为金属材料激光表面改性后的组织与硬度。图 2-41 和图 2-42 所示分别为低碳钢和 W18Cr4V 钢激光淬火与常规淬火硬度的比较。

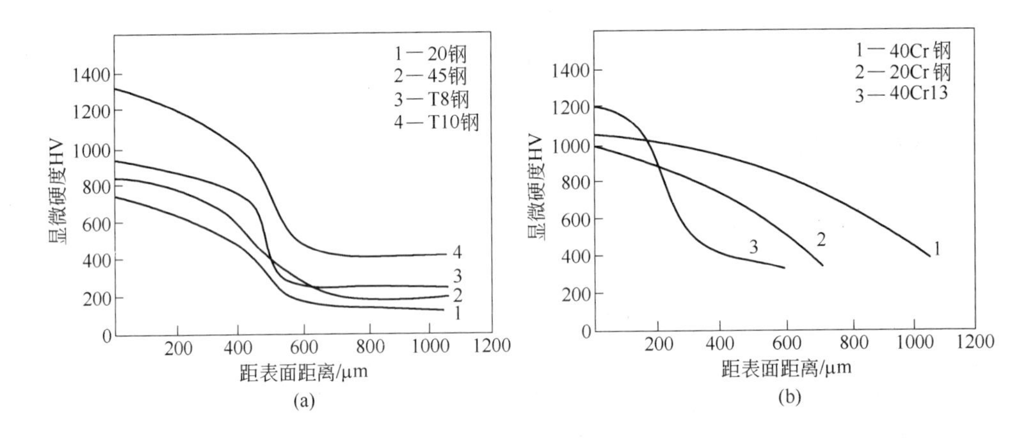

图 2-40 不同金属材料在激光表面硬化后的硬度分布

（a）碳素钢；（b）合金钢

表 2-26 金属材料激光表面改性后的组织与硬度

材 料		激光淬火后组织结构及特性	表面硬度 HV_{50}
亚共析碳钢		粗晶铁素体＋细针状低碳马氏体，钢中固相淬火区的组织很不均匀	20 钢：500～600
共析和过共析钢		高碳马氏体＋残余奥氏体＋未溶碳化物	700～1200
合金钢	低碳合金钢 12CrNi3A 中碳钢（40Cr，4Cr13） 高碳低合金钢	高碳合金马氏体＋未溶碳化物 高碳马氏体＋未溶碳化物＋残余奥氏体，组织极不均匀	40Cr：1140 4Cr13：1000～1200
灰铸铁（亚共晶） 球墨铸铁（过共晶） 可锻铸铁		片状马氏体和共晶莱氏体中的渗碳体和共晶奥氏体呈与热流方向平行的柱状生长特征	QT600-3：800～1100 HT250：740～1000 KTT350-10：600～800
钛合金		形成针状 α′和 α″相的马氏体	α′的硬度比 α″高得多
锆合金		生成具有针状结构的马氏体 α′相	溶解了气体的过饱和固溶体使硬度升高
纯铝及单相铝合金		细化晶粒，增加晶体缺陷，提高硬度	提高硬度幅度较小，650
硬铝合金		通过时效前的第二相固溶体的过饱和及晶粒细化提高硬度	2200（激光淬火前已时效处理的除外）

续表 2-26

材　料	激光淬火后组织结构及特性	表面硬度 HV_{50}
铝青铜合金	组织特征与硬铝合金相同，如原始组织为时效状态，激光处理后可使单相固溶体变成二相组织，可达到软化目的	由 220 降至 120
锡青铜合金	激光处理后由于枝晶间的偏析，析出了亚稳相	HV_{20} 由 860 ~ 1070 提高至 1200 ~ 1650

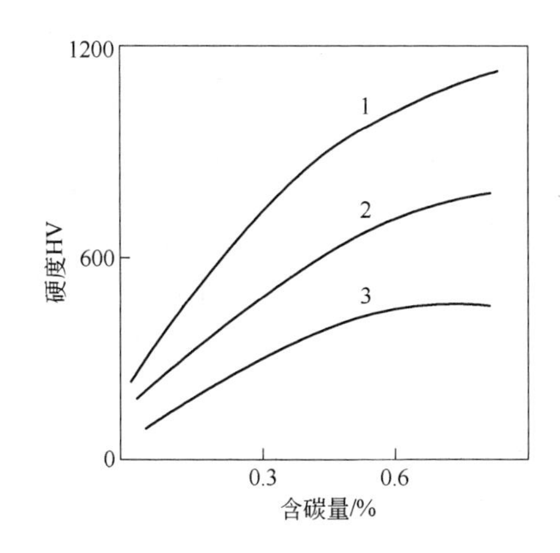

图 2-41　不同淬火方式下低碳钢的显微硬度与含碳量之间的关系

1—激光淬火；2—常规淬火；3—非强化状态

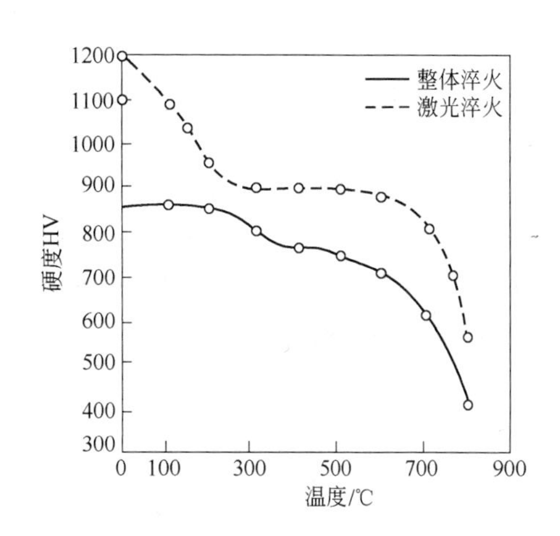

图 2-42　W18Cr4V 钢整体淬火和激光淬火后不同温度回火的硬度

（激光照射时间 1.5×10^{-3}s，光斑直径 5mm）

表 2-27 是几种材料的激光淬火与其他处理后的耐磨性的比较。表中数据表明，激光相变形成的硬化层的耐磨性优于其他的渗碳层和渗氮层。

表 2-27　几种材料激光淬火与其他处理后的耐磨性比较

材　料	处理规范	强化面积/%	磨损量/mg
18CrMnTi	渗碳，淬火	整　体	3.3 ~ 4.6
		10	2.6 ~ 4.5
	激光强化	20	1.9 ~ 2.2
		30	1.4 ~ 1.6
20Cr	渗碳，淬火	整　体	2.2 ~ 2.9
		10	3.1 ~ 4.0
	激光强化	20	2.5 ~ 3.1
		30	1.3 ~ 3.3
38CrMoAl	渗　氮	全表面	3.4 ~ 4.9
		10	4.7
	激光强化	20	2.9 ~ 4.5
		30	2.3 ~ 2.7

续表 2-27

材　料	处理规范	强化面积/%	磨损量/mg
40Cr	调　质	整　体	10.2 ~ 13.5
	激光强化	20	2.0 ~ 3.5
		30	2.3 ~ 2.7
45 号钢	调　质	整　体	30.9 ~ 40.9
	激光强化	20	2.1 ~ 4.4
		30	2.2 ~ 2.9

激光相变硬化后，会使其疲劳强度有较大的提高，也会使工件表层产生较高的残余应力（可达 400MPa）。

c　激光表面改性工艺参数

激光表面改性工艺参数主要包括激光输出功率 P、作用于工件表面的光斑直径 D、激光束在工件表面的扫描速度 v 和材料表面预处理情况等。激光处理后，相变硬化层的深度 H 与工艺参数的关系为：

$$H \propto \frac{P}{Dv} \tag{2-17}$$

$$W = P/S \tag{2-18}$$

式中　W——功率密度；

S——光斑面积。

确定工艺参数时，应考虑加工件的材质特性，应用条件，服役工况，硬层深度、宽度、硬度等因素，确定这些因素后，只需调整激光功率、扫描速度、焦点位置即可达到激光表面改性的目的。图 2-43 所示为几种材料在激光光斑尺寸和扫描速度一定时，激光功率密度对激光相变层深度的影响。图 2-44 所示为激光扫描速度与硬化层深度的关系。图 2-45 所示为 45 号钢硬化层深度与扫描速度和激光功率密度的相互关系。

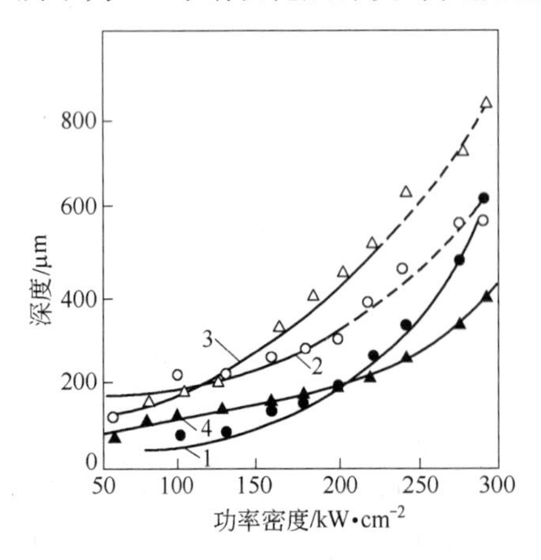

图 2-43　激光功率密度与硬化层深度的关系

1—T8A；2—12CrNi3A；3—W6Mo5Cr4V2；4—GCr15

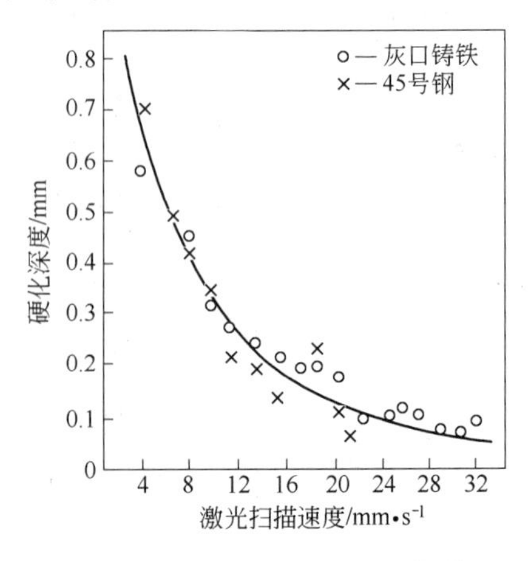

图 2-44　激光扫描速度与硬化层深度的关系

（P = 400W；D = 2nm；冷磷化）

脉冲式激光相变硬化的影响因素有激光能量参数（激光能量、光斑直径、能量密度、脉冲宽度、脉冲频率）、单个硬化斑尺寸、硬化图形等，其硬化区的显微组织具有“鳞片状”特征，形成的原因是后面的脉冲激光作用区对相邻的硬化斑重叠区进行重新加热，加热温度超过 A_{C1} 温度的部位，将重新淬火，而低于 A_{C1} 温度的部位将被回火软化。表 2-28 和表 2-29 分别是碳钢和几种合金钢在脉冲激光淬火后的硬化层深度与显微硬度值。从表 2-28 和表 2-29 中可以看到，同样激光参数下，淬火钢的硬化层深度比退火钢高 50 ~ 60μm，淬火钢的显微硬度也要高于退火钢的显微硬度。脉冲激光淬火与连续激光淬火相比，生产效率低、硬化层浅、过渡层薄、但硬度高，表面粗糙度有所增大，适合处理精密的刀具和模具。

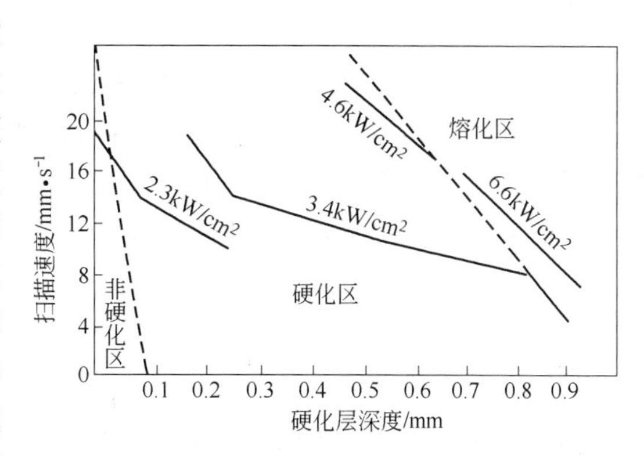

图 2-45　45 号钢硬化层深度与扫描速度和激光功率密度的关系

表 2-28　碳钢脉冲激光淬火的硬化深度和显微硬度

加工条件	钢种					
	20	45	45①	T8	T8①	T12
硬化深度/μm						
无涂料	15	40	80	60	90	50
氩	10	30	70	40	80	40
石墨，氩	40	100	130	170	160	140
显微硬度 HV						
无涂料	500	950	850	950	830	950
氩	550	1080	1080	850	850	900
石墨，氩	680	980	980	850	1200	900

①淬火钢，其余为退火钢。

表 2-29　几种合金钢脉冲激光淬火的硬化深度和显微硬度

加工条件	钢种							
	9CrSi	GCr15	CrWMn	CrWMn①	W6Mo5Cr4V2	W6Mo5Cr4V2①	Cr12MoV	Cr12MoV①
硬化层深度/μm								
无涂料	110	120	55	120	40	100	40	110
氩	100	90	50	110	40	90	40	90
石墨，氩	180	150	110	200	50	120	50	150
显微硬度 HV								
无涂料	1000	980	1000	1010	820	1220	630	900
氩	950	830	1000	980	850	1220	850	1200
石墨，氩	1000	900	1160	980	900	1100	520	1200

①淬火钢，其余为退火钢。

d 黑化处理

黑化处理是激光淬火前的预处理。对金属而言，都是 10.6μm 波长 CO_2 激光的良反射体，其反射率高达 70% ~80%（金属温度达到熔点时，反射率降到 50%）。对工件进行黑化处理的目的是增加吸收率。黑化处理的方法有：涂炭素墨汁（方法简便，易剥落，效果差），磷化（即在工件表面生成磷化膜，比较疏松，能吸收较多的激光能），氧化（即在工件表面形成一层黑色 Fe_2O_3 膜层或含氧化铁和磷酸铁的混合物），激光专用黑色涂料（如清华大学研制的 QH-1 型专用黑色涂料，吸收率高，涂刷简单，效果较好）。

B 激光熔覆与合金化

激光熔覆是把所需配制设计的合金粉末经激光熔化成熔覆层的主体合金，熔覆层与基体金属有一薄层熔化，并构成冶金结合的一种激光表面处理技术。

激光合金化是用激光在把基体表面熔化的同时，加入合金元素，以基体作为熔剂，合金元素为熔质可构成配制的合金层的激光表面处理技术。

a 熔覆用的合金粉与合金元素

激光熔覆一般用粒度为 0.045 ~0.154mm 的球状热喷涂粉末。为减少熔覆层的残余应力，应使所用粉末的热胀性、导热性尽量与工件材料相近。用前要把粉末烘干。粉末应有良好的浸润性、流动性，熔覆中还应具有良好的造渣、除气、隔气性能。

激光合金化所用的合金元素是按工件要求的性能选定的，常用的有 Cr、Mn、Mo 等合金元素。表 2-30 是一些合金粉末的种类及特点。

表 2-30 合金粉末的种类及特点

<table>
<tr><th colspan="2">合金粉名称</th><th>特　点</th></tr>
<tr><td rowspan="4">自熔合金粉</td><td>镍基合金粉（NiBSi，NiCrBSi）</td><td>熔点低，自熔性好；有良好的韧性、耐冲击性、耐磨和抗氧化性；高温性能不如钴基粉</td></tr>
<tr><td>钴基合金粉</td><td>耐高温性能最好；抗氧化、抗震、抗磨、抗腐蚀性好；价格贵</td></tr>
<tr><td>铁基合金粉</td><td>成本低，但抗氧化性、自熔性均较差</td></tr>
<tr><td>碳化钨合金粉</td><td>用于磨损严重的情况；在镍基、钴基、铁基合金中加质量分数为 20% ~50% 的碳化钨，在一定韧性的基础上，具有高耐磨和高的热硬性</td></tr>
<tr><td rowspan="4">复合粉末</td><td>硬质耐磨复合粉末</td><td>具有优异的抗磨料磨损性能，是理想的耐磨材料</td></tr>
<tr><td>减摩润滑复合粉末</td><td>摩擦系数低、硬度低，多用于无油润滑或干摩擦、边界润滑以及无法保养的机械中</td></tr>
<tr><td>耐高温和隔热复合粉末（分金属型、陶瓷型、金属陶瓷型三类）</td><td>金属型：涂层致密度高，热传导快，是良好的高温涂层；陶瓷型：孔隙多，传热散热较慢，高温隔热性好；金属陶瓷型：耐高温性最好（1200 ~1400℃），可作高温隔热层</td></tr>
<tr><td>耐腐蚀、抗氧化复合粉末（分金属、陶瓷、金属陶瓷三类）</td><td>三类粉末均有无孔、致密，保护母材不受腐蚀和氧化的作用，化学稳定性、抗震性好，与母材结合力强</td></tr>
</table>

b 激光熔覆与合金化工艺

激光熔覆与合金化工艺参数和特点及试验结果见表 2-31 与表 2-32。

表 2-31　激光熔覆与合金化工艺参数及特点

种　类	需控制的主要工艺参数	特　点
脉冲激光熔覆与合金化	激光束的能量、脉冲宽度、脉冲频率、光斑的几何形状及工件的移动速度	可以在相当大的范围内调节合金元素在基体中的饱和程度；生产效率低，表面易出现鳞片状宏观组织
连续激光熔覆与合金化	光束形状、扫描速度、功率密度、气体种类、气流流向、引入材料的成分、粒度、供给方式、供给量及稀释度（基体熔化面积/涂层面积 + 基体熔化面积）	生产效率高；容易处理任何形状的表面；层深均匀一致
激光固态合金化（被渗入合金元素的物质形态在激光作用时是固态）	光束形状、扫描速度、功率密度、气体种类、气流流向、引入材料的成分、粒度、供给方式、供给量及稀释度（基体熔化面积/涂层面积 + 基体熔化面积）；激光固态合金化工艺可分：非金属合金化，如碳、硼、氮等；金属元素合金化，如铬、铝、钨、钴等；化合物的合金化，如难熔金属碳化物、TiC、NbC、VC、WC 等	用于激光合金化的元素及其化合物具有广泛的可选择性，根据合金化目的和工艺条件可以选择不同合金化物质
激光液态和气态合金化（被渗合金元素的物质形态在激光作用前是气态或液态）	渗入液态或气态物质中的元素或化合物成分、密度以及工件在其中被照射的激光功率密度、作用时间等	利用相应的液体、气体与金属表面发生反应，形成难熔的硬质相；通过熔池对流可使金属间化合物均匀分布，提高耐蚀和耐磨性

表 2-32　激光合金化工艺参数及试验结果

合金元素	Cr	Cr、C	Cr、C、Mn	Cr、C、Mn、Al
粉末配料质量分数/%	100Cr	85Cr、15C	25Cr、50C、25Mn	24Cr、48Cr、24Mn、4Al
深度/mm	0.5	0.75	0.025	0.125
宽度/mm	16	25	25	25
涂粉方法	膏剂	膏剂	喷涂	喷涂
激光束性质	固定式	摆动式 690Hz	摆动式 690Hz	摆动式 690Hz
光斑尺寸/mm × mm	18 × 18	6.4 × 19	6.4 × 19	6.4 × 19
激光功率/kW	12.5	5.8	3.4	5.0
扫描速度/mm · s^{-1}	1.69	21.17	8.47	8.47
保护气体	He	He + Ar	无	无
合金铸层深度/mm	1.95	0.38	0.13	0.66
合金铸层宽度/mm	21	15	15	15
合金层中各成分质量分数/%	Cr 16.0，Mn 0.7	Cr 43.0，C 4.4	Cr 3.5，C 1.9	Cr 0.9，C 1.4

值得指出的是，对部分有色金属，激光熔覆远不如钢铁那么容易，如铝合金和钛合金。从铝合金看，其与熔覆的合金熔点相差大，加上铝表面存在一层致密、熔点高、表面张力大的 Al_2O_3 膜，常出现熔覆层与铝合金基体未浸润而脱落或熔覆元素被铝熔体混合而合金化。最为突出的还是熔覆层出现裂纹、气孔等缺陷。防止的方法有很多，其中采取对基体预热最为可行。一般铝合金激光熔覆与合金化的预热温度为 300 ~ 500℃，钛合金预热温度为 400 ~ 700℃，可以防止熔覆层开裂。

为保证激光熔覆层与合金化的质量，在工艺实施中，应注意成分的污染控制、氧化与烧损的控制、熔覆层开裂与气孔以及工件变形和表面粗糙度的控制。

C 激光表面非晶化

a 激光表面非晶化的优缺点

就非晶态合金而言，有许多优异的特性（见表2-33）是晶态合金无法相比的。同样，表面非晶态合金具有很高的耐磨性、耐蚀性及特殊的电学、磁学和化学性能。它的原理是基于被加热的金属表面熔化，以大于临界冷却速度急冷到低于某一特征温度，以抑制晶体形核和生长，而获得非晶态金属。与急冷法制取的非晶态合金相比，激光法制取的非晶态合金的优点是：冷却速度高，达到10^{12} ~ 10^{13}K/s，而急冷法的冷却速度只能达到10^{6} ~ 10^{7}K/s；可在金属零件的表面上形成可控的非晶层；对纯金属元素也可获得非晶。

表2-33 非晶态合金的特性

项 目		非晶态特性
力学性能	强 度	比常用材料高2000 ~ 5000MPa
	弹 性	比晶态金属低20% ~ 30%
	硬 度	高，HV一般为600 ~ 1200
	加工硬化	几乎没有
	加工性	冷压延性达30%
	耐疲劳性	比晶体金属差
	韧 性	大
磁学性能	导磁性	可与supermalloy（铁镍钼超级导磁合金）相匹敌
	磁致伸缩	与晶体金属相同
电学性能	电 阻	为晶体金属的2 ~ 3倍
	温度变化	霍耳系数温度变化小
其 他	密 度	比晶体金属约小1%
	耐腐蚀性	比不锈钢高

激光法制取的非晶态合金的缺点是：目前还不能直接生产非晶金属薄带。激光一次扫描制造非晶合金的宽度不能过宽。

b 非晶化的原理

在激光快速熔凝时，短程有序区的尺寸Z（短程有序区尺寸为1.3 ~ 1.8nm是非晶）与激光作用参数的关系为：

$$Z = 0.94\lambda\beta_0\cos\theta \tag{2-19}$$

式中 λ——激光波长，μm；

β_0——X射线像和电子衍射像第一个最大值的宽度，nm；

θ——光的反射角。

在相同条件下，YAG激光比CO_2激光更容易形成非晶态。这是因为YAG激光波长比CO_2激光波长小一个数量级。

在激光加热表面形成熔体冷凝后，其结构取决于凝固过程的热力学和动力学条件。从热力学条件看，当过冷熔体的温度低于晶化温度 T_g 时，非晶态的自由能最低，此时原子扩散的能力接近于零，最可能形成非晶。当合金为过共晶成分，在晶化温度 T_g 附近凝固时，与形成非晶的竞争相不是平衡相，而是共晶组织。形成共晶的必要条件是必须在成分均匀的熔体中，通过扩散再分布完成生成共晶组成的重构，这就是结晶动力学障碍，使深共晶成分的合金容易形成非晶态。因此，在激光非晶化时，热力学的判断温度应是 T_g/T_n（T_n 为实际结晶的温度）。实际上，熔体合金急冷时，形成非晶更严格的判据是动力学，即取决于凝固过程的固-液界面移动速度 v_j 和热量扩散速度 v_r。当 $v_j > v_r$ 时，凝固过程受热流控制，过冷度小，难得非晶。当 $v_j \leqslant v_r$ 时，凝固过程受移动控制，过冷度很大，易形成非晶。

当短或超短激光脉冲（$10^{-6} \sim 10^{-15}$s）作用在金属表面时，超快速加热金属表面，将在小于 10^{-6}m 的薄层内形成过热度很高的熔体，在热量还未传导给基体的条件下，熔体与相邻基体间保持了很大的温度梯度，实现了熔体的超快冷却，使熔体过冷至其晶化温度 T_g 以下，从而在金属表面形成非晶。

c 激光非晶化工艺

脉冲激光非晶化常用 YGA 激光器。为获微秒级、纳秒级（10^{-9}s）、皮秒级（10^{-12}s）、飞秒级（10^{-15}s）的脉宽，必须采用相应的锁模和调 Q 技术。对半导体材料的激光非晶化应采用倍频技术。连续激光非晶常用 CO_2 激光器。

非晶化工艺参数往往取决于被处理材料的特性。对易形成非晶的金属材料，其工艺参数为：脉冲激光能量密度为 1 ~ 10J/cm²，脉宽为 $10^{-6} \sim 10^{-10}$s（激光作用时间），连续激光功率密度大于 10^6W/cm²，扫描速度为 1 ~ 10m/s。

d 影响激光非晶化的因素

影响激光非晶化的因素有：

（1）合金成分的不均匀。激光非晶化与合金表面熔化和随后的冷却过程密切相关。当合金表面熔化的熔池寿命短到一定程度时，若熔池内合金成分不均匀，各微小体积元之间的成分会出现差异，又因作用时间太短，熔池中还保留了未熔的原始晶体。显然，原始组织弥散度不同，经同样条件的激光作用后，熔池成分的均匀性也不同，其热力学参数也各异，处在共晶点的成分形成非晶能力最大。成分不均匀的熔体过冷到低温时，将可能偏离共晶成分，非晶形成能力差的微小区域将形成晶相。这些晶体又可立即成为相邻体积元的“杂质”而满足相邻微区非均匀形核的条件，从而降低了相邻区域形成非晶的能力。在高冷却速度下，熔体内微区成分不均匀，将促进扩散和形核所需的成分起伏，有助于晶体生长，降低了非晶形成能力。

（2）晶态基体和熔池中未熔晶体对非晶形成的影响。因为晶态基体和熔池中的未熔晶体为过冷熔体提供了非均匀形核，甚至晶体外延生长的条件，也提高了熔体形成非晶所需的临界冷却速度。大量的实验结果证实，在激光非晶化时，所得的表面非晶层厚远小于熔层厚度，这正说明晶态基体对过冷熔体形成非晶的影响是不利的。

D 激光冲击硬化

a 激光冲击硬化原理

所谓激光冲击硬化是应用脉冲激光作用于材料表面所产生的高强冲击波或应力波，使金属材料表面产生强烈的塑性变形，在激光冲击区，显微组织呈现位错的缠结网络，其结构类似于经爆炸冲击及快速平面冲击的材料中的亚结构，这种亚结构明显地提高了材料的表面硬度、屈服强度和疲劳寿命。把这种激光冲击波作用产生的材料表面硬度与强度的提高统称为激光冲击硬化。这种冲击波是在激光功率密度为 10^9W/cm^2，脉冲持续时间为20～40ns 时，激光使材料表面薄层迅速气化，表面原子逸出期间发生动量脉冲而产生的冲击波。这种大功率的激光作用，基本上是力学性质。冲击波产生的压力幅度约为 10^4Pa，作用的范围局限于靠近激光照射表面附近的区域。

b 工艺参数对材料力学性能的影响

工艺参数对材料力学性能的影响有：

（1）对硬度的影响。激光冲击硬化多采用光开关钕玻璃激光器，功率密度为 10^9W/cm^2，脉冲宽度为 20～100ns。为提高应力波峰值，须先在样品上涂黑色涂料后再覆盖约束层（如石英、水或塑料等），可使峰压从无约束时的 1GPa，提高到 10GPa。考虑到应力波在材料内传播、反射和叠加作用，往往用两束激光同时冲击两相对表面。对铝合金的激光冲击硬化效果与材料时效状态有关。其中以应力波峰压的影响为主。图 2-46 所示为铝合金不同时效态的实验结果。图 2-46(a)表明欠时效状态的铝合金表面硬度随峰压增加而提高。峰压超过 5GPa 时，硬化作用达到饱和。图 2-46(b)则表明，峰值时效状态铝合金在峰压为 5GPa 时无硬化作用，其材料的表面临界峰压为 8～10GPa。状态不同，硬化效果不一可能是应变硬化率不同造成的。

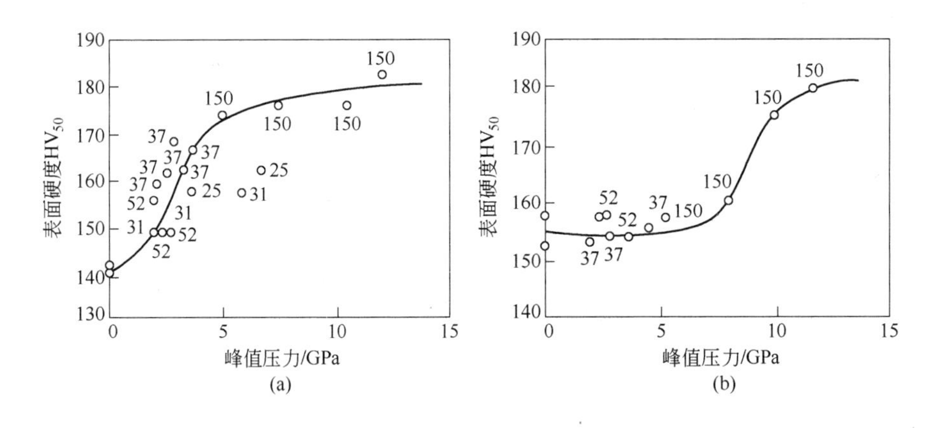

图 2-46 铝合金在不同峰压下的表面硬度

（每点标注的数字表示激光束脉宽，单位为 ns）

（a）欠时效状态铝合金；（b）峰值时效状态铝合金

对 Ti-V 合金，经激光冲击后，表面硬度增加 20%。对不锈钢一次冲击后，表面硬度几乎不增加，但冲击 5 次后，表面硬度累计增加 40%，经透射电镜分析，多次冲击后位错密度增加。

对薄型板材，激光冲击效应在表面处最大，在距离表面 1～2mm 处降为零。这是因为应力波在向材料内部传播的同时，迅速衰减所致。

（2）对强度的影响。欠时效铝合金和过时效铝合金经激光冲击处理均提高了强度，欠时效铝合金最多提高 6%，过时效铝合金提高 15%～30%。而峰值时效状态铝合金经激光冲击处理后强度无变化。图 2-47 所示为防锈铝合金与硬铝合金焊缝区经激光冲击处理后的屈服强度。从图中可以看出，防锈铝合金焊缝区屈服强度提高到相当于焊前母材的水平，而硬铝合金焊缝区屈服强度提高到介于冲击前和母材之间的水平。

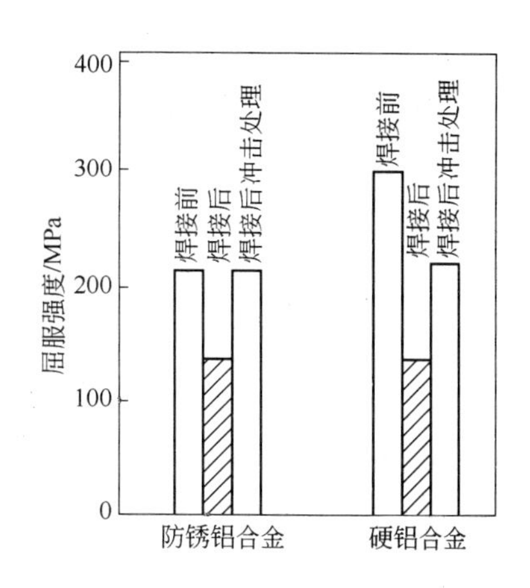

图 2-47 激光冲击前后铝合金焊缝区强度

（3）对残余应力和疲劳寿命的影响。激光冲击硬化的材料表面残余应力对提高疲劳寿命有重要的作用。当裂纹前沿进入激光冲击区后，与残余应力相互作用，会改变裂纹前沿的形状，从而降低裂纹的扩展速率。图 2-48 所示为铝合金圆形冲击区表面残余应力径向分布情况。中心位置残余应力较小，从中心至边缘之间有极大值，冲击区外是拉应力。图 2-49 所示为 ϕ0. 5mm 孔外环形冲击区表面残余应力分布。从图中可以看出，在冲击区外围也存在残余压应力，并在冲击区内上升到最大值。总之，激光冲击后的表面存在残余压应力，无疑具有抑制裂纹萌生和扩展的作用。

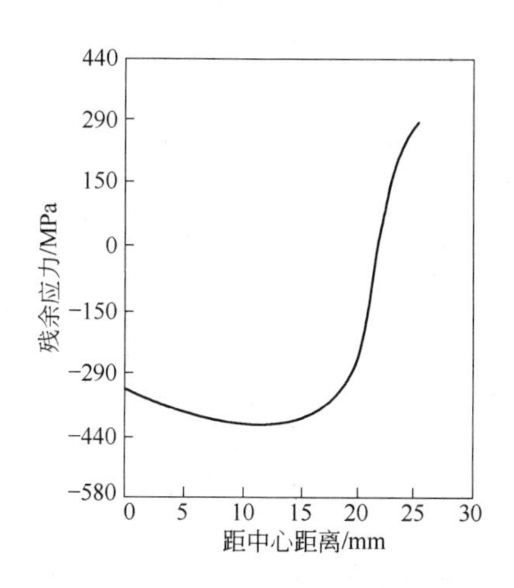

图 2-48 铝合金圆形冲击区径向残余应力分布

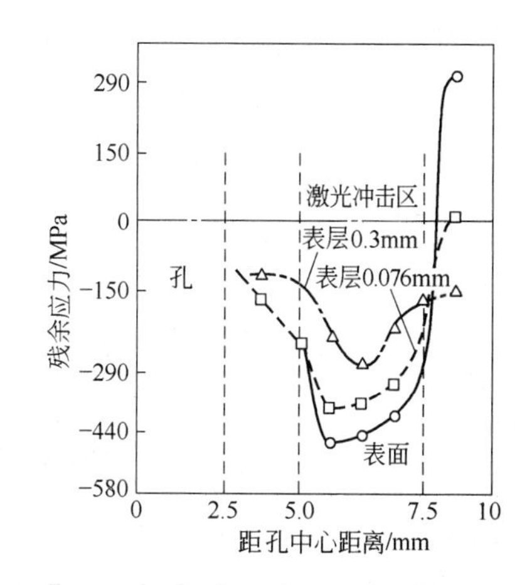

图 2-49 环形冲击区径向残余应力分布

2.4.2.5 激光束表面改性在工程材料中的应用

激光束表面改性在工程材料上得到广泛应用，主要有：

（1）在铸铁中的应用，见表 2-34。

表 2-34 激光束表面改性在铸铁中的应用

材料名称	激光束表面改性种类	效 果
珠光体基体灰铸铁	激光强化	激光淬火后珠光体基体转变为细针状马氏体、奥氏体和渗碳体的混合组织，提高了耐磨性；与渗硼灰铸铁相比，其抗磨粒磨损性可提高 10% ~44%
	激光熔凝硬化	表面可获得马氏体和莱氏体组织，表层硬度 HV 可达 800 以上，抗压强度和断裂强度明显提高，硬度和耐磨性可与气体渗氮钢相比拟
	激光铬合金化	合金化层具有良好的抗回火性；电化学实验表明，铸铁表面熔入铬后，其耐蚀性有较大提高

续表 2-34

材料名称	激光束表面改性种类	效果
灰铸铁	激光渗碲	白口深度可达 2mm，硬度 HRC 达 68，显微硬度 HV 达 1900
灰铸铁	激光 N-B 共渗	氮与硼渗入灰铸铁表面，形成多种硬质化合物，能使表面强化和细化组织，改善灰铸铁表面性能
球墨铸铁	激光熔化	由于激光熔化处理细化了组织和亚稳奥氏体基体的存在，使激光熔化处理过的球墨铸铁耐磨性得到有效的提高
	激光硬化	可显著改善抗摩擦磨损性能
	激光重熔	可使普通球墨铸铁获得较好的耐蚀性，在质量分数为 5% 的 H_2SO_4 溶液中和室温下，可使原不能钝化的球铁转变成很容易钝化的材料
	激光表面熔化	可获得表面较平整、无裂纹、无气孔的熔凝带，熔凝带硬度高、耐磨性好，有效硬化深度可达 0.5mm，性能可与 38CrMoAl 钢气体渗氮相比
铁素体基体球墨铸铁	激光铬合金化	可获得 0.2mm 左右的合金层，层内无气孔，表面较平整，具有较高的硬度和好的抗高温回火性能，抗蚀性较基体有较大提高
不同基体球墨铸铁	激光硬化	可使球墨铸铁接触疲劳极限提高，增加硬化层深度，有利于提高球墨铸铁的接触疲劳极限
高磷铸铁	激光表面熔化，激光相变硬化	可使高磷铸铁表面具有较好的抗空气腐蚀性能
	激光镍合金化	高磷铸铁经激光合金化后，具有较好的抗气蚀特性，与未处理试样相比，失重减少约 60%
CrNiMo 铸铁	激光硬化	表面硬度 HV 达 650 ~ 740，耐磨性提高 1 ~ 2 倍
	激光相变硬化和熔凝硬化	硬化效果显著，磨损量降低，使用寿命提高 3 倍
CrMoCu 铸铁	激光淬火	硬化率为 20% ~ 40%，比电火花表面淬火的耐磨性提高 30% ~ 100%

（2）改善金属材料的耐蚀性，见表 2-35。

表 2-35 激光束表面改性改善金属材料的耐蚀性

材料名称	激光束表面改性种类	效果
20 号钢	激光铬、碳合金化	可得到有较好耐酸蚀性能的马氏体型不锈钢表面
45 号钢	激光铬、钼合金化	表面固溶大量的铬，钼使铬均匀分布，使钢的高温抗氧化性能显著提高
	激光铬合金化	表面含铬量大于 20%，使抗酸蚀性大为提高
60 号钢	激光铬、碳合金化	使钢的耐酸、耐碱效果变得很好
Q235 钢	激光熔覆镍、铬、硅、硼	提高了钢的抗电化学腐蚀性能，使钢的耐蚀性达到 18-8 不锈钢的相同水平
镀铬炮钢	激光熔化	改善了镀铬层的抗高温剥落、高温裂纹扩展和抗酸蚀能力

续表 2-35

材料名称	激光束表面改性种类	效 果
CrMoCu 铸铁	激光相变微熔	表面熔化区石墨消失，而马氏体与基体的硬度与耐蚀性较高，故耐空蚀性有所提高
高磷铸铁	激光镍合金化	具有较好的抗空化腐蚀性能
灰铸铁	激光熔化	使灰铸铁表面的抗酸、碱腐蚀性能提高
铸造镍基合金	激光上釉	使组织细化，消除了铸造偏析，改善了合金的耐蚀能力
Ni-Cr-Al-Hf 合金	激光重熔	可使组织细化，Hf 在基体中的溶解度明显增大，形成高 Hf 析出物，提高了合金在高温下的抗氧化性

（3）在汽车零件中的应用，见表 2-36。

表 2-36 激光束表面改性在汽车零件中的应用

零件名称	激光束表面改性种类	效 果
凸轮轴（45 号钢）	激光硬化	马氏体组织得到细化，无工艺变形，粗糙度小，抗磨损性能提高
凸轮轴（CrNiMo 铸铁）	激光熔凝硬化	硬化层深度均匀，硬化效果显著，磨损量小，耐磨性提高
曲轴（45 号钢）	激光淬火	表面获得很细的马氏体，最高硬度 HV 达 765，组织细化，钢的强度和疲劳寿命明显提高
曲轴主轴颈	激光淬火	平均磨损量比未激光淬火的低 90%
连杆轴颈	激光淬火	耐磨性提高 0.42 倍，寿命提高 10%，疲劳强度提高 15%
汽车排气阀座（CrNiMo 铸铁）	激光淬火	表面硬度 HV 可达 650～740，比未经激光淬火的阀座耐磨性提高 1～2 倍
发动机缸体（灰铸铁）	激光淬火	表面硬度 HRC 达 63.5～65，比未经激光淬火的耐磨性提高 2～2.5 倍
柴油机汽缸套（灰铸铁）	激光强化	铸铁中的珠光体激光淬火转变为细针状马氏体、奥氏体和渗碳体的混合组织，残余奥氏体高达 50%，因而耐磨性提高
高速柴油机缸套（高磷铸铁）	激光相变硬化，激光熔凝	表层可分别获马氏体或马氏体（外层）+莱氏体（内层）组织，该组织具有好的抗空气腐蚀性能
高压油泵分油盘零件（球墨铸铁）	激光熔凝	可获得表面平整、无气孔、无裂纹的熔凝带，有效硬化深度达 0.5mm，耐磨性好；台架试验表明，性能与原 38CrMoAl 钢气体渗氮相近

（4）在模具钢中的应用，见表 2-37。

表 2-37 激光束表面改性在模具钢中的应用

钢 种	激光束表面改性种类	效 果
Cr12 型钢	激光淬火	激光淬火后表层与基体相比具有较高的硬度、耐磨性和韧性
冲裁硅钢片的模具（Cr12 型）	激光微熔	模具表层硬度 HRC 可达 67，比常规淬火高 30%，模具寿命由 2 万次增加到 50 万次，且刃口还可修磨一次以上
搓丝板（9CrSi）	激光淬火	表面硬度、耐磨性、疲劳寿命可有很大提高，使用寿命提高 20% ~30%
冲孔模（GCr15）	激光淬火	表面形成具有良好塑性、韧性，强度和硬度高的超精细隐针马氏体及均匀分布的粒状碳化物，提高模具耐磨性，冲孔寿命提高 1.32 倍
3Cr2W8V	激光淬火	表面获得隐晶马氏体和未溶碳化物，奥氏体晶粒极细，对提高材料的耐磨性和临界断裂韧性有利，取得了较好的强韧化效果
	激光熔覆镍基合金	表面可获无裂纹、无气孔的熔覆层，在 600℃ 和 800℃ 回火都具有良好的抗高温回火性能，其热疲劳抗力优于 3Cr2W8V 钢，可提高模具使用寿命
轧辊（3Cr2W8V）	激光淬火	可使轧辊表面硬度 HRC 达 55 ~69，淬硬层深度达 1.5 ~2mm，轧辊使用寿命延长 2 倍
5CrNiMo 渗硼层	激光重熔和相变硬化双重作用	与原渗硼层相比，强化层深度增加，硬度趋于平缓；合理选择工艺参数，可望改善渗硼层脆性
4Cr5MoV1Si	激光熔凝	激光熔凝区具有较高的硬度和良好的热稳定性，其抗塑性变形能力提高，对疲劳裂纹的萌生和扩展有明显抑制作用

（5）在工具钢中的应用，见表 2-38。

表 2-38 激光束表面改性在工具钢中的应用

钢 种	激光束表面改性种类	效 果
高硅硒钢片剪切工具（T7）	激光淬火	可使硬度与耐磨性大幅度提高，寿命提高 3 倍
CrWMn 钢	激光合金化	适当配制复合合金粉末，可获得综合技术指标优良的合金层，其最低体积磨损率为淬火 CrWMn 钢的 1/10，最高寿命提高 14 倍
W18Cr4V 高速钢盘形铣刀	激光淬火	可提高铣刀表面的硬度和红硬性，处理变形小，强化效果好，可提高刀具寿命
AISIT1 高速钢	激光上釉	表面硬化层厚度增加，硬度提高，硬度梯度减小，其硬度可与碳化物、陶瓷相比拟
W6Mo5Cr4W2	激光合金化	激光合金化区具有高的热稳定性
P6M5	激光复合处理	处理后可使钢抗软化温度比普通淬火高 70 ~100℃
W18Cr4V	激光熔凝	常规淬火平均显微硬度 HV 为 850，熔凝层硬度 HV 在 914 ~961 之间
M2	激光熔凝	M2 刀具耐用度比常规处理高 200% ~250%
M35	激光熔凝	M35 刀具耐用度比常规处理高 20% ~125%

（6）在有色金属中的应用，见表2-39。

表2-39 激光束表面改性在有色金属中的应用

材料名称	激光束表面改性种类	效 果
2024-T62 铝合金（紧固孔）	激光冲击	激光冲击处理在优选工艺参数条件下，能显著地提高坚固孔疲劳寿命
铝合金	激光熔覆	用镍基粉熔覆于铝合金上，可获得无裂纹的熔覆层，硬度 HV 在 700～1100 之间
	激光表面熔覆 Ni-Cr 合金	涂敷层均匀平整，厚度达 1mm，最高硬度 HV 为 680，耐磨性比基体提高 8 倍
LY12C2	激光冲击	激光冲击处理可大幅度提高铝合金的疲劳寿命，这是由于微观组织中位错密度增加，使材料表层得到强化所致
铜基材	激光熔覆	在铜基材上进行熔覆 PdCuSi 合金非晶态涂层，可节省合金用量和避免成型加工的困难
过共晶 Al-Si 合金	激光熔凝	利用激光对合金表面的重熔急冷处理能有效地抑制初生相 Si 的长大，或形成完全共晶形态，有效地改善了材料的综合性能
航空铝合金 7475T761 2024T62	激光冲击	能有效地提高这两种航空铝合金的抗疲劳断裂的性能
航空铝合金 7475T761	激光冲击	疲劳寿命可提高 89%
纯 镁	激光熔覆 Mg-Al 合金	在纯镁基底上激光熔覆 Mg-Al 合金，合金的腐蚀速率比纯镁低两个数量级
钛合金	激光自淬火	使钛合金显微组织明显细化，硬度值提高，化学成分趋于均匀，改善了钛合金的耐磨、耐蚀性
Ti-Mo 合金	激光表面熔化	可以显著地减小合金的显微偏析
钛合金 Ti-6Al-4V（TC_4）	激光合金化	经激光处理后，材料表层及次表层组织发生变化，硬度 HV 从 250 提高到 800～900，其耐磨性提高 2～3 倍
铸造镍基高温合金 M38	激光辐照 （熔化-凝固）	激光熔凝处理可强烈改变 M38 表层的组织，有效地改善抗晶界腐蚀能力
耐酸铸造镍基合金钢	激光上釉	合金组织高度细化，大量高熔点第二相熔化，扩大了固溶度，基本上消除了铸造偏析，改善了合金的抗酸蚀能力
铝硅合金 ZL109	激光重熔火焰喷涂层	激光重熔使涂层显微组织细化，质量明显改善，耐磨性能提高 1 倍以上
	涂敷激光熔凝处理	激光处理后的铸造铝合金 ZL109，表面耐磨性比基体材料有了大幅度提高，最小的比基体提高 2.1 倍，最大的提高 4.3 倍
硬铝合金 LY12	激光表面强化	选择合适的工艺参数进行激光表面强化处理，可使硬化区的硬度 HV 由 130 提高到 530

续表 2-39

材料名称	激光束表面改性种类	效 果
高温镍基合金 K17	激光重熔 Ni-ZrO_2 复合镀层	激光重熔处理后，进一步使表面硬度值提高 28 个单位，振动磨损量降低 20%，耐高温性能提高 10%，与高温镍基合金 K17 相比，耐高温氧化性能提高 20%
Ti-6Al-4V 合金	镨（Pr）激光表面合金化	钛合金经激光表面镨合金化，改变了氧化膜的结构，抑制了氧的短路扩散，并改善膜的附着性和塑性，氧化速度显著下降，可显著提高 600℃ 大气中的抗氧化性
Cu-Ag、Cu-Al、Ag-Al、Cu-Ag-Al 贵金属合金	激光非晶化	这类合金的非晶态晶化速度快，亚稳晶相多是单相固溶相，具有作为相变形光盘介质材料的优异性能，有望成为擦写速度快、寿命高的相变型光记录材料介质
Ni-Nb 及 Ni-Nb-Cr 合金	激光非晶化	激光获得的非晶态 Ni60%-Nb40% 的耐腐蚀性远优于晶态的 Ni60%-Nb40%，在 Ni-Nb 中加铬所得的非晶涂层的耐腐蚀性有很大提高，且优于 18-8 不锈钢
Al-Si 合金	激光表面合金化	可以显著细化合金表层的显微组织，显微硬度 HV 可由基体的 80～90 提高到 250～280
铝合金 ZL104	激光表面熔化	经激光表面熔化处理的 ZL104 表层组织明显细化，其耐磨性较之未经激光处理的提高 2 倍
Al-Si 合金	激光表面 Ni、Cr 合金化	可获得深 3.5～4mm，宽 7～9mm 的合金层，表面致密、平整；合金层硬度 HV 为 140～190，耐磨性比原材料提高 2.48～3.71 倍；与原工艺相比，铝合金活塞的使用寿命提高 2 倍以上

2.4.3 离子注入与材料表面改性技术

离子注入是把气体或金属元素蒸气通入电离室电离形成正离子，经高压电场加速，使离子获得很高速度后打入固体中的物理过程。离子注入所引起的材料表面成分微结构、形貌等方面的不同变化，已在表面非晶化、表面冶金、表面改性和离子与材料表面相互作用等方面取得了十分可喜的研究成果。用离子注入的方法，可获得高度的过饱和固溶表面、亚稳相、非晶态和平衡态等不同的组织结构，大大改善了工件的使用性能。目前，离子注入已在微电子技术、宇航、生物工程、医疗、核能等高技术领域获得应用，特别是在工具、刀具、模具制造业的应用效果突出。早期对离子注入的研究和应用是模拟核反应堆中的燃料元件、结构部件材料，受中子、核裂变的碎片及其他荷能粒子的长期照射，使材料发生肿胀、表层剥落等辐照损伤。20 世纪 60 年代，离子注入又作为一项专门技术在半导体工业中得到了重要的应用，特别是在发展集成电路的精细掺杂工艺中，推动了集成电路的迅速发展，引发了微电子、计算机和自动化领域的革命。

离子注入在半导体工业的应用成功，激发了人们将离子注入技术应用于金属、陶瓷、高分子聚合物等材料的改性。20 世纪 70 年代中期，发展了纯束流氮离子注入技术，并开始走向一定规模的工业生产。用离子束混合研究出了几十种亚稳态合金和玻璃金属（非晶态金属），还提出了相应的模型。强束流脉冲注入、金属蒸发真空弧离子源（MEVVA 源）和其他离子源的问世，为离子束材料的表面改性提供了强金属离子束技术，为基础研究和新材料及其应用研究提供了先进的技术工具，取得了许多离子注入实际应用的可喜进展，显示了诱人的应用前景。离子束增强沉积技术（IBED）、全方位离子注入新技术、离子束表面分析技术、离子束刻蚀技术等在实际应用上都具有重要的价值。一些科学家预言，从20世纪90年代至2012年将是离子束材料改性发展的新时代。

2.4.3.1 离子注入的基本原理和优缺点

A 基本原理

图2-50所示为离子注入设备基本原理的简图。离子注入设备的主要组成部分有：离子源（电离室、供电装置、引出电极），聚焦电极（系统），加速电极（系统），分析磁铁，扫描装置（系统），靶室，真空及排气系统。

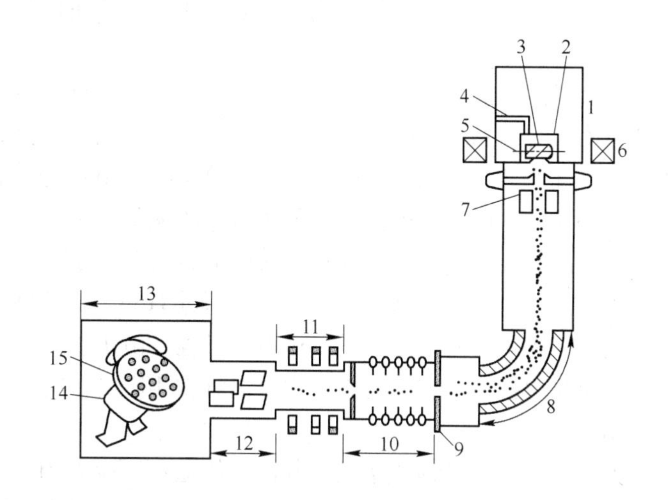

图2-50 离子注入设备原理图

1—离子源；2—放电室（阳极）；3—等离子体；4—工作物质；5—灯丝（阴极）；6—磁铁；7—引出离子预加速；8—质量分析检测磁铁；9—质量分析缝；10—离子加速管；11—磁四极聚焦透镜；12—静电扫描；13—靶室；14—密封转动马达；15—滚珠夹具

从离子源发出的离子由几万伏电压引出，按电荷质量的差异，将一定质量/电荷比的离子分选出来，在几万伏至几十万伏的离子加速管中进行加速，并获得高的动能，经聚焦透镜，使分析束聚于要轰击的靶面上，再经过扫描系统扫描轰击工件表面。在离子进入工件表面后，与工件内原子和电子发生一系列碰撞，这一系列的碰撞包括三个独立的过程：

（1）电子碰撞。荷能离子进入工件后，与工件内围绕原子核运动的电子或原子间运动的电子的非弹性碰撞。其结果可能引起离子激发原子中的电子或原子获得电子发生电离或X射线发射等。

（2）核碰撞。荷能离子与工件原子核弹性碰撞（又称核阻止），碰撞的结果是使工件中产生的离子大角度散射和晶体中产生辐射损伤等。

（3）离子与工件内原子做电荷交换。碰撞会损失离子自身能量，使荷能离子的能量减弱，经多次碰撞后，能量耗尽而停止运动，并作为一种杂质原子留在工件材料中。

研究结果表明，离子注入元素的分布，根据不同的情况有高斯分布、埃奇沃思分布、皮尔逊分布和泊松分布。具有相同初始能量的离子在工件内的投影射程符合高斯函数分布。因此，注入元素在离表面 x 处的体积离子数 $n(x)$ 为：

$$n(x) = n_{\max} e^{\frac{-x^2}{2}} \tag{2-20}$$

式中　$n_{\max}$——峰值体积离子数。

设 N 为单位面积离子注入量（单位面积的离子数），L 为离子在工件内行进距离的投影，d 为离子在固体内行进距离的投影的标准偏差，则注入元素的浓度可按下式求解：

$$n(x) = \frac{N}{d\sqrt{2\pi}} \exp\left[-\frac{(x-L)^2}{2d}\right] \tag{2-21}$$

由于离子进入固体后，对固体表面性能发生的作用除离子挤入固体内的化学作用外，还有辐照损伤（离子轰击所产生的晶体缺陷）和离子溅射作用，这些在材料改性中都有重要的意义。

离子注入晶体时，离子注入的范围、数量和分布主要取决于相对于离子束入射方向的结构取向。如果离子在物体里沿结晶学方向运动，如[110]、[111]面，就会产生离子束离子和晶格原子的相互作用，并且离子的注入范围按离子浓度分布的大小变化增加。这种现象被称为材料结构中的离子沟道效应。这一过程伴随离子所引起的缺陷数量减少，而减少的程度主要取决于物质的结构学取向和表面条件、温度及注入离子的数量与方向。

离子注入固体的深度相当小，只在特殊情况下才会超过 1μm。从基材原子和注入的原子间可形成化学键的观点看，离子注入是个非平衡热力学过程。由于注入原子和基材原子的充分混合，发生的扩散现象比包括熔化在内的普通冶金过程快 10^4 倍，因而产生用其他传统方法不可能获得的亚稳相。

离子注入基本上不会使基体材料体积增大，其注入伴随着压应力的形成和被注入材料表面温度的局部升高。在级联区，撞击离子会在不到 10^{-11}s 内使局部温度达到 1000℃左右。这主要取决于注入离子的能量和剂量，也可用能量密度描述。当能量密度为 $10kW/cm^2$ 时，材料表面在几分钟内就可加热到 350～500℃，当能量密度达最大值 $6000kW/cm^2$ 时，材料会熔化甚至蒸发。通常在注入过程中，不让基体材料表面温度超过 200℃，由此来消除或减少基体材料性能的变化和变形。

B　优点

离子注入的优点有：

（1）离子注入不同于任何扩散方法，可注入任何元素，不受固溶度和扩散系数的影响，即元素的种类不受冶金学的限制，注入的浓度也不受平衡相图的限制。可以获得不同于平衡结构的特殊物质和新的非平衡状态物质，在开发新的材料上，是一种非常独特的好方法。

（2）对注入元素的数量可控性、重复性好。通过控制监测注入电荷的数量，即可控制注入元素的精确量。通过改变离子源和加速器的能量，可调整离子注入深度和分布。通过扫描机构，不仅可在大面积上实现均匀化，而且还可在小范围内进行局部的材料表面改性。

（3）注入离子时，靶温可控制在低温、室温和高温。低温和室温离子注入可保证工件尺寸精度，不发生变形，退火软化，表面粗糙度一般无变化。由于在真空中进行，工件表面也不会氧化，可作为工件的最终工艺。

（4）通过离子注入，可获得两层或更多层以上性能不同的复合层材料，而且复合层不易脱落，注入层薄对工件尺寸基本没影响。

（5）通过磁分析器分析注入束，可获得纯的离子束流。

（6）离子注入的直进性（横向扩展小）特别适宜集成电路微细加工的技术要求。

（7）加速的离子可通过薄膜注入到金属衬底内，使薄膜和衬底界面处形成合金层，也可使薄膜与衬底牢固粘合，实现辐射增强合金化与离子束辅助增强粘合。

（8）用多种离子注入，实现了注入层的抗磨耐蚀性能，又因在蒸发和溅射过程中伴随注入，改善了镀膜特性，发展了离子束辅助增强沉积技术。

由于离子注入技术具有上述的优点，它的出现，普遍引起了科技工作者的高度重视，特别是材料科技工作者的重视，并在许多的技术领域得到应用，特别是半导体工业中的微细加工技术领域和材料表面改性的应用领域。

C 缺点

从目前的技术进展和发展水平看，离子注入也存在一些缺点，主要有：

（1）对金属离子的注入，还受到较大的局限。这是因为金属的熔点一般较高，注入离子繁多，组织结构、成分复杂，注入能量高，难于气化等特殊难题。1985 年，由美国人布朗设计和研制的金属蒸气真空弧放电离子源（MEVVA）引出了 20 ~ 30 种金属离子。为金属离子注入的材料改性提供了较好的技术支撑和潜在的应用前景。

（2）注入层薄，一般小于 1μm，如金属离子注入钢中，一般仅几十纳米至二三百纳米。

（3）离子注入一般直线行进，不能绕行（全方位离子注入除外）。对复杂和有内孔的零件注入困难。

（4）目前还有一些特殊的物理问题需要解决，诸如工艺上高剂量的注入的溅射和升温，溅射腐蚀，注入过程中的优选溅射，高量注入元素浓度的修正、复杂形状的注入技术（倾斜注入、转动注入、柱体注入以及注入后的溅射影响）等。

（5）离子注入设备造价高，影响推广应用。

2.4.3.2 离子注入机

A 离子注入机的种类

按不同的分类方法，离子注入机的种类有：

（1）按能量大小分。低能注入机（5 ~ 50keV），中能注入机（50 ~ 200keV），高能注入机（0.3 ~ 5MeV）。

（2）按束流强度大小分。低束流、中束流（几微安到几百毫安）和强束流（几毫安到几十毫安）。强束流注入机适用于金属离子注入。

（3）按束流状态分。稳流注入机和脉冲注入机。

（4）按类型分。质量分析注入机（与半导体工业用注入机基本相同），能注入任何元素；工业用氮注入机，只能产生气体束流（几乎只出氮）；等离子源离子注入机，主要是从注入靶室中的等离子体产生离子束。

在国外，半导体集成电路的生产与研究单位主要在美国、英国、日本、瑞士、荷兰等国。一般束流强度从几微安到十几毫安，能量为 10 ~ 3000keV，均匀性 ±（0.75% ~ 2.0%），注入 76.2 ~ 101.6mm 硅片能力为 100 ~ 300 片/h。对金属离子注入机，已有强氮离子注入机，束流强度达 30mA，靶室直径达 2.5m，可用于大型机器部件的氮离子注入。一般的金属离子注入机仅能获少数几种金属离子，远远满足不了对金属离子注入的技术要求。1986 年，美国加州大学布朗（I. G. Brown）等人研制开发成功金属蒸气真空弧源放电离子（metal vapor vacuum arc，MEVVA）源，基本上满足了强的金属离子束流的需要，在这个MEVVA源的基础上，研制成各式强的金属离子注入机（见图2-51）。1993年，北京师范大学低能核物理所也试制了这种带MEVVA源的注入机，取得了成功，并在用MEVVA源离子注入机来改善金属部件的耐磨性上，取得了良好的效果。由于工件不像半导体工业中遇到的是平面，而是各种各样的几何形状，这对离子束流机来讲，受束的“视线加工”方式限制，处理工件形状复杂的表面有较大困难，需要工件做复杂的三维运动，不仅设备制造困难，而且处理时间大大增长，处理总成本增加，不宜于工业规模生产。为克服这些困难，美国威斯康星州立大学J. conrad和C. Forest提出把工件浸没在等离子体中进行处理的设想，即所谓的全方位离子注入或称为浸没式离子注入。这是个很有工程实用价值的发展方向，国内外都在为之努力。我国核工业西南物理研究院等离子体应用开发中心，在国家“863”计划的支持下，研制成功全方位（浸没式）金属离子注入低温改性处理机，如图2-52所示。其机体外形为一钢筒，放电电压加在8根分置于筒四周、上下作阴极的用电流直接加热的钨丝及筒壁之间。辉光放电形成的等离子体充斥于筒内空间。当工件和筒壁间加上负极性脉冲交流电压时，工件表面处等离子体鞘层中的电子即被推开，同时，正离子被加速，射向工件表面。对表面导电的工件，由于电场总垂直于工件表面，只要近表面处的等离子体和电分布比较均匀，对形状复杂的工件都可得到相当均匀的注入表层。该设备的真空室静压强为8×10^{-4}Pa，等离子体密度为$10^8 \sim 10^{10}$cm^{-3}，脉冲负高压为10～80keV，脉冲宽度为5～50μs，脉冲频率为5～500Hz。现今该设备已安装在国家“863”新材料表面工程中心，并生产运行，已处理过水压机油泵中的摩擦副、航空液压泵配流盘和电子及微电子工业用的精密模具等产品，并取得了较好的应用效果。目前，在国外已用这类装置处理形状复杂的铣刀、工具、刀具和工件等。但仍还存在一些技术问题有待解决，如工件尖角处的尖端放电、电场和电流分布的均匀性、离子注入剂量的准确测量等。如果能在这类设备中添加可用于沉积的粒子源，即可用于离子束辅助沉积薄膜的工业应用。

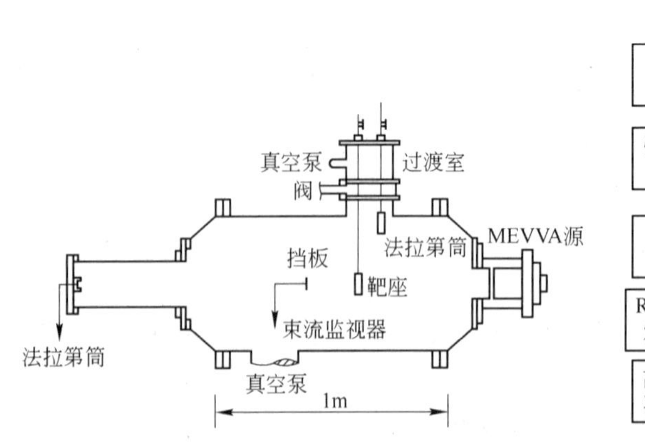

图2-51　用MEVVA源的离子注入机示意图

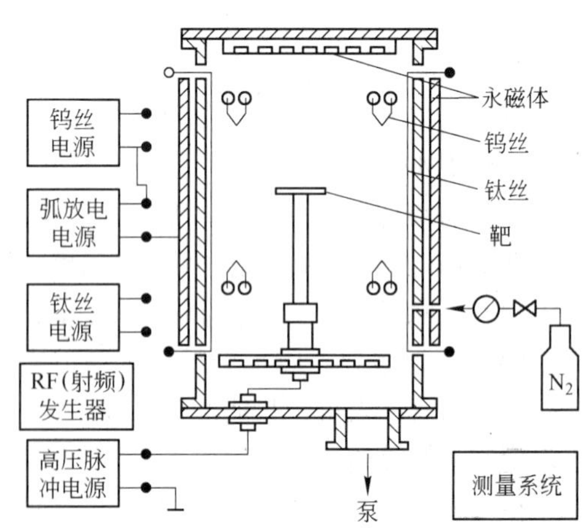

图2-52　我国研制的全方位离子注入机装置示意图

B　典型的工业用离子注入机

典型的工业用离子注入机有：

（1）工业强束流氮离子注入机。图2-53所示为英国哈威尔原子能研究中心弗利曼教授研制成的强束流离子注入机处理工件的情形。注入机靶室为ϕ2.5m×5m，束流强度达50mA，采用弗利曼离子源引出纯氮的多条离子束，构成大面积束，束流直径可达1m，可进行多个离子源、多方位的注入，其最大的特点是束流强度大。

（2）20N型多用途离子注入机。图2-54所示为美国离子注入科学公司生产的较为普遍的工业应用型离子注入机。靶室直径1.2m，采用桶形弧放电离子源，束斑直径75cm，N_2^+和N^+离子束达70mA，工件台承重75kg，加工时，工件台可自动、手动旋转和±45°倾斜。注入状态有屏幕显示。加工面积为0.76m^2。装满一靶工具，注入量为$3\times10^{17}cm^{-2}$，只需30～45min。注入机加速电压20～200kV，可安装MEVVA源，注入金属离子，也可安装等离子离子源，对复杂工件进行全方位注入。

图2-53 哈威尔的强束流氮离子注入机处理工件的情形

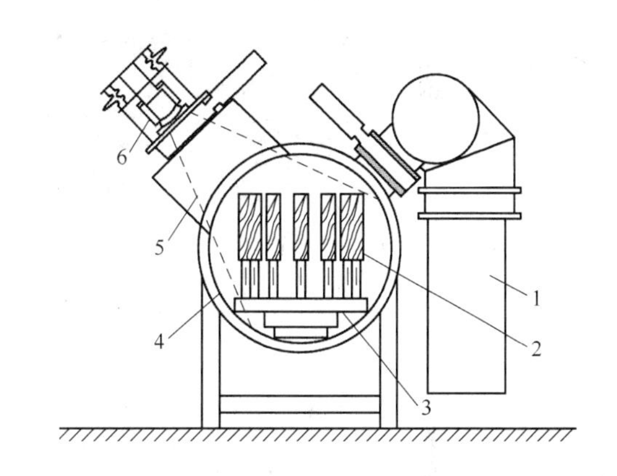

图2-54 20N型多用途离子注入机
1—扩散泵；2—工件；3—工作台；4—加工室；5—离子束；6—离子源

（3）金属离子注入机。图2-55所示为美国ISM技术公司生产的MEVVA金属离子注入机。在真空室顶端排列有4个离子源，距离子源1.6m处可形成2m×1m的离子束加工面积。每个源可引出75mA的束流，总束流达300mA。每个源有6个阴极，可旋转更换。

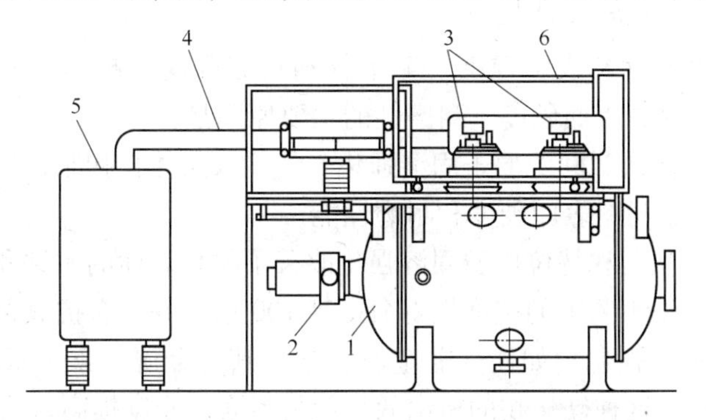

图2-55 美国ISM技术公司生产的MEVVA金属离子注入机
1—真空靶室；2—抽气口；3—离子源；4—高压电缆；5—高压电源；6—X射线屏蔽罩

加速电压 80kV。

（4）丹物 1090 型离子注入机。图 2-56 所示为丹麦物理公司生产的，靶室为 0.7m × 0.7m ×0.7m，采用尼尔逊离子源，离子束流强度达 5～40mA 的离子注入机。注入时先加速 50kV，后加速 200kV，有 90°的分析磁铁，分辨率为 250。用电磁铁对引出分析和聚集的离子束进行偏转扫描，后进行离子注入。注入面积为 40cm ×40cm。这种离子注入机在欧洲应用较多。

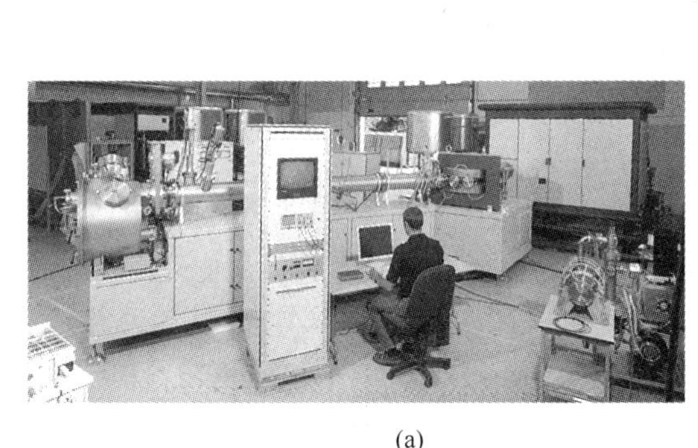

(a)

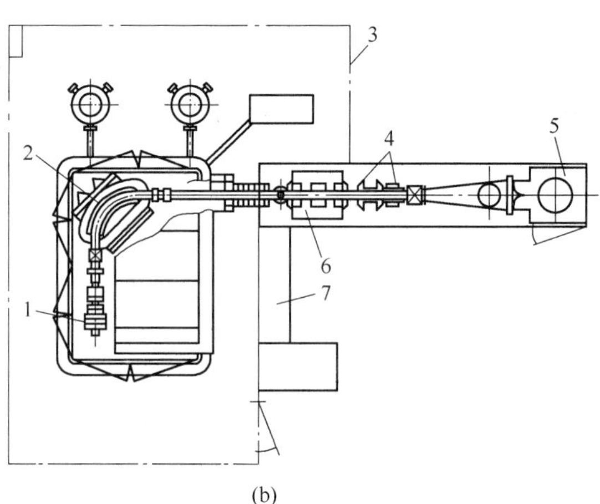

(b)

图 2-56 丹物 1090 型离子注入机

（a）实物图；（b）原理图

1—离子源；2—分析磁铁；3—保护箱；4—磁扫描；5—靶室；6—聚集透镜；7—控制台

（5）国内主要有建光机械厂生产的工业用离子注入机和核工业西南物理研究院等离子体应用开发中心生产的带 MEVVA 源的全方位离子注入机。

从目前有关的统计得知，有数千台离子注入机和千余台离子注入机分别在国外和国内运行，这些离子注入机主要用于半导体材料的离子注入。实验室用的注入机一般是多功能的，具有复杂的设计；而工业注入机，一般是为单一用途而制造的，多数不带离子分离器，在大多情况下，被设计为一种类型离子的注入。

2.4.3.3 离子注入的改性机理

A 离子注入提高材料表面硬度、耐磨性和疲劳强度的机理

离子注入能提高材料表面硬度、耐磨性的主要原因是：

（1）超饱和离子注入和间隙原子固溶强化，使注入层体积膨胀，注入层应力增大，阻止了位错运动，提高了材料表面硬度和耐磨性能。

（2）超饱和离子注入和替位原子固溶强化改善了材料表面的耐磨和抗氧化性能。如注入超饱和的 Y 离子，使不锈钢的抗磨损寿命提高 100 倍，并具有抗氧化性能。

（3）析出相的弥散强化。如注入非金属元素，其与金属元素形成各种氮化物、碳化物、硼化物的弥散相，这种硬化物的析出效果使材料表面硬度提高，耐磨性增强。

（4）高的位错强化。如把 Ti 离子注入 H13 钢中，形成了高密度的位错网，同时还在位错网中出现析出相，这种位错网和析出相使材料表面硬度和耐磨性得到提高。

（5）位错钉扎。大量的注入杂质聚集在因离子轰击产生的位错线周围，形成柯氏气团，并在位错上形成许多位错钉扎点，阻止位错运动，改善了抗磨性能。

（6）替位原子与间隙原子对强化，可阻止位错，提高材料的表面硬度和耐磨性。如N、C、B离子注入钢，这些小尺寸的原子易与Fe原子形成原子对，这种结构在晶格位置上形成更高势垒，阻止了位错运动，使钢得到强化。

（7）间隙原子对强化。若选取替位率低的两种元素注入钢中，这两种元素有很强的化合能力，并在钢中形成间隙原子对，这种结构容易缀饰位错，使钢得到强化，提高了耐磨性和表面硬度。

（8）晶粒细化强化。离子轰击导致晶粒细化，引起晶界增加，而晶界又是位错移动的障碍，使位错更加困难，使材料表面硬度明显提高。

（9）注入重金属离子（Mo、Sn）增加金属表面的塑性，可使摩擦面表面平滑，不易剥落，同时，注入某些离子（Sn、Mo、S、Mo+S、N+Ca、N+Mo）形成固体润滑层。另外，也可在外表面形成一层很薄的较软的氧化锡或氧化钇层，减少摩擦力，保护内层金属不变磨损。

（10）辐射相变强化、结构差异强化、溅射强化等机理都提高了材料表面的耐磨性能。

也有学者认为，耐磨性能的提高主要是离子注入引起摩擦系数降低。还有人认为与磨损粒子的润滑作用有关。如Mo、W、Ti、V离子和C双注入钢中；Sn、Mo+S、Pb注入钢都可使摩擦系数明显降低，形成自润滑。离子注入的表面磨损碎片，比没有注入的表面磨损碎片更细，接近等轴，不是片状，因而改善了润滑性，提高了耐磨性能。在众多不同注入元素中，氮离子的注入，摩擦性能改善的效果最佳，差不多所有常见金属材料的耐磨性都可通过注入氮离子来提高。

离子注入使材料的疲劳性能得到改善的原因是：

（1）离子注入所产生的高损伤缺陷阻止了位错的移动，形成可塑性表面层。

（2）由于注入离子剂量的增长，更多的离子充填到近表面区域，使表面产生的压应力可以压制表面裂纹的产生。离子注入可使疲劳强度提高几十个百分点，如将Ti合金与N、C、B合金化，可使疲劳强度提高10%~20%，因而改善和延长了材料的疲劳寿命。

B 离子注入提高材料表面耐腐蚀性能的机理

注入元素改变材料的电极电位、改变阳极或阴极的电化学反应速率，从而提高材料的抗蚀特性。具体机理如下：

（1）离子注入元素在材料的表面形成稳定致密的氧化膜，从而改变了表面的性能，提高了材料表面的耐蚀性能。

（2）离子注入使一些不互溶的元素形成表面合金、亚稳相合金、非晶态合金，从而提高了材料表面的耐蚀性能。

（3）注入能减缓阴极过程的离子（如Pb），或注入有催化作用的离子（如Pt）及其同一族的金属离子，可以减缓氧化的迁移速度。

例如：核反应堆用包套的耐蚀镀层，因辐照肿胀而剥落，露出新鲜表面又进一步氧化，经钇离子注入后，防止了氧化物的脱落并减少了氧化。用铬离子注入铜中，形成新的亚稳态表面相，提高了铜的耐蚀性能。用3.5%的铅离子注入纯钛（约100nm深），在浓度为1mol/L的沸腾H_2SO_4中耐蚀电位接近于铅，大大提高了钛材料耐还原性介质的性能，铅离子注入钛后，在表面形成钝化状态，可防止钛的缝隙腐蚀。在钢铁中注入硼或磷离子，能产生非晶态表层，在酸性溶液中可有效阻止阳极腐蚀。

提高材料表面耐蚀性的注入元素的离子种类有：

（1）气体离子：N、O、He、Ne、Ar、Kr、Xe。

（2）金属离子：Li、Mg、Ti、Zr、Ta、Nb、Cr、Ni、Mo、W、Co、Pd、Cu、Ag、Au、Zn、Al、Sb。

（3）非金属离子：C、Si、P、As、B。

（4）稀土元素：Ce、Er、Yb、Y。

主要改性的材料是：纯铁、低碳钢、不锈钢、铝和铝合金、钛合金。但目前，实际上离子注入很少用来改善金属的耐磨性。

C 离子注入提高材料抗氧化性能的机理

离子注入提高材料抗氧化性能的机理有：

（1）离子注入元素在晶界富集，阻塞了氧的短程扩散通道，把锶、铕或镧注入钛，可快速扩散50μm深，填充了晶界，形成 $SrTiO_3$、$LaTiO_2$ 或 $EuTiO_3$，填塞了氧原子通道，从而防止了氧进一步向内扩散。研究用 Ba 离子注入钛合金，形成 $BaTiO_3$；Y 离子注入高铬钢形成 $YCrO_3$，使抗氧化能力提高 1 万倍。

（2）离子注入形成致密的氧化阻挡层，如 Al_2O_3、Cr_2O_3、SiO_2 等某些氧化物形成致密薄膜，其他元素难以扩散通过这层薄膜，从而起到抗氧化的作用。

（3）离子注入改善了氧化物的塑性，减少了氧化产生的应力，防止了氧化膜的开裂。

（4）离子注入元素进入氧化膜后，改变了膜的导电性，抑制了阳离子向外扩散，从而降低了氧化速率。

2.4.3.4 离子注入材料的工业应用

A 在微电子工业中的应用

离子注入是应用最早、最为广泛、最为有效、最为成功的先进技术，主要集中在集成电路和微电子加工上，引发了从集成电路（IC）发展到大规模集成电路（VLSI）、超大规模集成电路（ULSI）和吉规模集成电路（GSI）的一场微电子革命。发展离子注入浅结工艺和快速退火技术等都实现了集成电路的腾飞。特别在集成电路的掺杂中，不仅满足了离子注入工艺的多样化，更实现了浅结工艺、超浅结工艺的微细化；而浅掺杂和细线条工艺，随芯片尺寸的增大，线条的变细，在最小图形尺寸、对准精度和有效沟道长度方面不断进步；结深、栅氧化层厚度、电容器厚度变薄，不断地刷新提高了集成度。在微电子的应用中，其意义极为深远。

B 在核反应堆材料模拟试验中的应用

在原子反应堆中，材料都受到中子束和离子照射而引起核反应堆中材料体积的变化，特别是堆中的核心——燃料元件包壳材料和核燃料的肿胀，给反应堆的安全运行带来影响。要想确定材料在反应堆中能否经受得住考验，需用大量中子辐照几年以上才能有结果。由于离子的质量比中子大，用注入离子于金属上可以产生与注入大量中子状态相同或相当的变化，即通过离子注入向核反应堆材料进行大量的中子束辐照模拟试验，在很短的时间模拟出材料的损伤和辐照肿胀，判明该材料用于反应堆中是否安全可靠。特别是聚变堆和增殖堆的发展，更需承受大量的中子束和离子的照射。这类研究在美国、英国进行得最多，在法国和德国也取得了不少研究成果。我国结合反应堆工程的发展，在模拟生产堆、动力堆的发展和工程需要做过相应的材料模拟实验，并取得了一些有实用价值的成果。

C 在冶金学上的应用

注入冶金学是物理冶金的一种研究手段，是一门新兴的学科。注入冶金，就是用离子注入技术制备新的表面合金。这种注入的表面合金有常规方法得不到的冶金参量和基体性质。这些参量包括注入原子晶格位置扩散、增强扩散、溶解度、沉淀等。这种方法为制备新的金属间合金提供了新的途径。

用低温和高温两个温度范畴来看原子是否扩散，其依据是：

低温范围： $\sqrt{D_A(T)t} < a$ （温度较低，原子扩散约为零） (2-22)

高温范围： $\sqrt{D_A(T)t} > a$ （温度较高，有明显的原子扩散） (2-23)

式中 D_A——注入原子在其热峰值衰减后的扩散系数；

T——温度；

t——实验延续时间；

a——晶格常数。

在低温范围内，离子注入技术主要用于亚稳定相。因为实验的低温，原子扩散速度极小，可忽略不计，使得亚稳定相持续存在，超过固溶度而析出的第二相在低温范围并不析出。平衡的热力学在此时并不适用。离子注入可以在互不溶解的元素间形成置换式固溶体和非晶态合金等。

如在研究亚稳定相中，把3%的原子浓度的Au沿［100］方向注入到单晶Cu中，Au对Cu有100%的置换性；Au注入到Ag、Pd中也得到100%的置换性。在常规下互不相溶的二组元，如3%原子浓度的W注入Cu中，有90%的W占据Cu的晶格位置，随后进行高温退火，W将会沉淀出来，就如同平衡时互不相溶一样。把Mo、Ru、Te、Bi注入Cu中，Mo、Cu注入Al中，都具有很高的溶解度，而且紊乱程度很高。这类亚稳定置换式固溶体的注入成功，为制备研究新合金、新型材料提供了有效的手段。

又如在非晶态合金方面把30%原子浓度的Dy注入到Ni中，分析发现，有厚度大于1nm的非晶表面层。用大于10%原子浓度的大剂量注入离子，可制备非晶表面合金，如用10%原子浓度的W注入Cu中，可得非晶表层。

在较高温度范围时，注入过程中发现有明显的扩散，注入条件下的亚稳定态通过扩散向着热力学平衡状态变化。此时的表面合金实为平衡态合金。用离子注入技术在较高的温度范围中，主要研究扩散动力学和第二相的形核与长大。

由于离子注入时，因轰击、碰撞在高温范围，使表面产生过量的空位和间隙原子，促进了固相反应，大大增强了扩散，使注入离子的位移加快了几个数量级。如研究Zn离子注入Al时，用80keV，剂量为$3\times10^{16}cm^{-2}$的Zn注入到Al中，在50℃时，用辐射法测定Zn在Al中的扩散系数增加了10^6倍。

在高温范围内，当离子注入浓度大于溶解度时，可用离子注入研究第二相的沉淀规律。因为离子注入会沉淀出第二相。而在合金中，第二相的存在又使合金的性能得到很大的提高，用离子注入法研究第二相的形核、长大，可有效地控制合金性能。如把Sb注入Al中，由于Sb在Al中溶解度很小（小于0.1%原子浓度），发现在低注入剂量下即可有

AlSb 第二相沉淀，Al、Sb 的熔点接近 650℃，而沉淀的 AlSb 的熔点却为 1050℃，AlSb 又是金刚石结构，与 Al 的 fcc 结构在电子衍射图上很容易区分。结果表明，在 300℃时将 Sb 注入 Al 中，出现 AlSb 沉淀相。

材料中化学成分的变化会引起相变。相变时，相变区域需很大的变形。因此要促进相变，研究相变机理，需要注入大量的离子才能引起相变，而形变引起的应力用离子注入法是比较容易实现的。如 18-8 不锈钢在 77K 用 $10^{17}cm^{-2}$ 的氮离子注入，可产生黑色的小板条马氏体，而未注入的 18-8 不锈钢在 77K 进行深冷处理，不会产生马氏体。离子注入直接获得马氏体，使 18-8 不锈钢表面硬化。如对 18-8 不锈钢进行加工变形，也可间接获得马氏体。因此，离子注入法可以用来研究低温下奥氏体变成马氏体的机理。

D 在机械工业中的刀具、工具、模具等重要零部件上的应用

用氮离子注入加工较轻质的工具，可使寿命提高 2 ~ 12 倍，而且注入件的刀口锋利，加工效率高。表 2-40 所列为美国、英国、日本等国的氮离子注入在刀具方面的应用效果。

表 2-40 氮离子注入在刀具方面的应用效果

工件名称	被加工材料	效 果	工件名称	被加工材料	效 果
裁纸刀	1.6Cr1C 钢	延寿 2 倍	齿轮插刀	WC-6% Co	延寿 2 倍
橡胶切刀	WC-6% Co	延寿 12 倍	薄钢板切割刀	WC-6% Co	延寿 3 倍
醋酸纤维板切刀	铬钢板	增 产	面包切刀	高速合金钢	延寿 6 ~ 8 倍
酚醛树脂切刀	M2 高速钢	延寿 5 倍	手术刀	404 不锈钢	延寿数倍
螺纹铣刀	M2 高速钢	延寿 5 倍	罐头顶切刀	环表不锈钢	延寿 3 倍
塑料切刀	铬钢筒	增 产	剃须刀	不锈钢	抗氧化
牙科钻头	WC-6% Co	延寿 2 ~ 7 倍	树脂板钻头	SKD11 钢	延寿 5 倍
电路板钻头	WC-6% Co	延寿 2 倍			

注：注入量为 $3\times10^{17}\sim4\times10^{17}cm^{-2}$。

离子注入既可保持模具的精度（如金属拉丝模具的精度不大于 2.5μm），又可延长模具的使用寿命。值得指出的是：注入拉丝模的孔径磨损是沿直径方向均匀增大的，这就可继续拉更大直径的金属丝，一直使用。使用过的拉丝模再进行离子注入，又可进一步延续拉丝模的使用寿命。而未注入的拉丝模其磨损沿着径向的增长不均匀，这种损坏往往难以再继续使用。离子注入后的拉丝模具，可降低它与金属丝之间的摩擦系数，降低拉动金属丝的拉力，且拉出来的金属丝表面光滑，这些使拉丝模的使用寿命提高 2 ~ 12 倍。表 2-41 所列为离子注入在模具方面的应用效果。

表 2-41 离子注入在模具方面的应用效果

模具名称	被加工材料	注入离子	效 果
反向挤压模	WC-6% Co	N	延寿 3 倍
铜拉丝模	WC-6% Co	N	延寿 4 ~ 6 倍
铜杆拉模	WC-6% Co	C ($5\times10^{17}cm^{-2}$)	产量提高 5 倍
压延模	WC-6% Co	CO ($5\times10^{17}cm^{-2}$)	产量提高 5 倍
汽车环形冲压模	工具钢	N	延寿 3 倍
罐头压痕模	D2 钢	N	延寿 3 倍
金属丝导槽	硬铬钢	N	延寿 3 倍

续表 2-41

模具名称	被加工材料	注入离子	效　果
钢丝拉模	WC-6% Co	N	延寿 3 倍
凹槽模	WC-6% Co	N	延寿 18 倍
注塑模	WC-6% Co	N	延寿 5 ~ 8 倍
硅钢片冲头	WC-6% Co	N	延寿 6 倍
平面镦锻模	40CrMnV51（AISIH13）	B，N（$4\times10^{17}cm^{-2}$）	磨损下降 30%
大型注塑杆	工具钢	N	延寿 18 倍
反向罐头挤压模	AISI（SL-5-2）	N + Sn + Ag	磨损率下降 30%
		N + Sn + Ag，低温退火	磨损率下降 85%
工具插块	4Ni1Cr 钢	N	磨损率降低 67%
塑料挤压模	P-20 工具钢	N	延寿 2 倍

表 2-42 是世界各地报道的工业工具（部件）的一些离子注入试验数据。因磨损是十分复杂的过程，各个不同工厂使用条件也不相同，所以，各地工厂使用各种工具结果也出现明显差别，这里仅供参考。

表 2-42　国外离子注入工具和零件的试验数据

项　目		离　子	寿　命	备　注
金属成型刀具	WC 拉丝模	N，C	3 ~ 5 倍	
	WC 深拉模	N	2 倍	
	WC 旋锻模	N	2 倍	
	铜用司太利 4 拉丝模	C	5 倍	
	WC 冲压模和拉丝模	N	5 倍	
	Cr-C，高速钢，镀铬高速钢冲压模	N	4 倍	经周边注入和多次重磨，总寿命提高 100 倍
	电机芯片的冲压模	N	5 倍	
	镀黄铜带钢用钻头	N	3 倍	
	环状钢压制工具	N	10 倍	
	12Cr-2C 钢成型工具	N	2.5 倍	
	M2 螺纹切割板牙	N	4 倍	
	低温用高速钢切齿刀具	N	2 倍	
	H13 钢轧辊	N	4 倍	
	高速钢连续工具	N	6 倍	
塑料生产工具	注塑模具、浇道套、供料承磨套	N	提高 20%	摩擦和腐蚀普遍减少
	热固性树脂用压头	N	5 倍	
	酚醛塑料用 M2 压头	N	10 倍	
	工具钢注塑螺杆	N	10 倍	
	印刷线路板用 WC 钻头	N	2 倍	孔内洁净，黏着较少，钻孔时温度低

续表 2-42

项目		离子	寿命	备注
塑料生产工具	用于磨料填料的通用模制工具	N	10 倍	
	工具钢制注塑模具喷嘴	N	2~5 倍	
	铝制注塑模具和工具（塑料生产工具）	N	3 倍	生产中已采用铝制原型模具
	镀铬黄铜制挤压工具	N	3 倍	
	橡胶用 WC 切刀	N	2 倍	
其他用途	Cr-C 钢切纸刀	N	2 倍	
	醋酸纤维用镀 Cr 钢冲模	N	3~10 倍	
	钢制面包切刀	N	6 倍	
	燃油电站喷油嘴	Ti，B	2~4 倍	
	核反应堆燃料棒的不锈钢外壳	Y		防腐蚀，辐照下不剥落
	坡莫合金记录磁头	B	1.5 倍	改善耐磨粒磨损性
	52100 钢轴承	N	2 倍	
	440C 不锈钢轴承	Ti + C		减少滚动接触疲劳
	喷气发动机用钛合金涡轮叶片	Pt	100 倍	提高疲劳寿命，未测出磨损和磨粒磨损
	钛合金假体（髋和膝关节）	N	1000 倍	防止腐蚀磨损，明显减少聚乙烯臼杯的磨损
	镀锡钢制髋关节	N	1000 倍	
	Co-Cr 骨科假体	N		减少腐蚀和离子释放

在国内，十多年来，一些高等院校、科研院所、工厂已为国内 100 多个单位在刀具、精密模具、精密零部件、电触头、航空用工件等进行了氮离子注入，使工件使用寿命提高 1~10 倍。表 2-43 为国内一些离子注入工业应用的实例。

表 2-43 国内离子注入工业应用实例

注入工件名称	注入工件加工或使用场合	应用效果（提高耐用度）
高速钢三角花键插刀	40Cr 锻件插键槽	4~9 倍
高速钢滚齿刀	摇臂钻齿轮	1~2 倍
高速钢键槽铣刀	摇臂钻主轴铣键槽	3.5 倍
高速钢齿条铣刀	摇臂钻主轴铣齿	4 倍
硬质合金镗（铰）刀	铝合金，35CrMoAl	1~3 倍
硬质合金刀片（铣，车床用）	铸铁，45 号钢，GCr15，A3 钢等	1~3 倍
不锈钢泵轴	在酸中与密封圈摩擦	4 倍以上
不锈钢凸模	加工玻璃反射灯碗	10 倍以上
印刷板小孔冲模	印制板冲孔	3~4 倍
CrWMn 冲模	冲手表零件	1~3 倍
自动插件机专用刀具	进口电子元件自动插件机用	1~3 倍
继电器银触头	电话交换机用	2 倍
金刚石拉线模	拉不锈钢丝	1~2 倍

在金属离子注入方面，国内起步较早。应用MEVVA源也取得了较好的成效。表2-44为用MEVVA源注入Ti、C离子的一些应用实例。可以看到，用强金属离子注入，进一步克服了强流氮离子的弱点，使不锈钢铣刀的使用寿命提高了16倍，加工高速钢的板牙寿命提高了4倍，加工不锈钢的钻头寿命提高5倍以上，H13钢的挤压模具在挤压铝型材上寿命提高30倍，而且挤压力下降15%。这些都显示出用MEVVA源注入Ti、C离子具有极好的使用效果。

表2-44 MEVVA源注入Ti、C离子的应用实例

注入元素	工具（工件）名称	工具（工件）材料	被加工材料	效果
Ti + C	铣刀	高速工具钢	不锈钢	延寿16倍，减少屑瘤
Ti + C	钻头	高速工具钢	不锈钢	延寿5倍，重磨仍有效
Ti + C	热挤压模	H13钢	铝型材	延寿30倍，挤压力下降15%
Ti + C	板牙	高速工具钢	45号钢	延寿4倍
Ti + C	铣刀	高速工具钢	45号钢	延寿1倍
Ti + C	牙用钻头	高速工具钢	牙齿	延寿3倍，降低黏着性
Ti + C	钻头	高速工具钢	45号钢	延寿3倍
Ti，Ti + C	模具	H13钢	铝型材	挤压力降低15%
Ti + C	拉细铜管游动头	WC硬合金	铜管	延寿2倍，牵引力下降10%以上
Ti + C	钻头	高速工具钢	45号钢	延寿3倍，转速提高1倍
Ti + C	板牙	高速工具钢	J60-005铜棒	延寿5倍，降低材料黏附
Ti + C	盘状铣刀	高速工具钢	BC复合材料	延寿2倍
Ti + C	卫星抽气泵		转子定子	工作电流从6.3A下降到4.7A

E 在医疗上的应用

离子注入技术在医疗上主要应用于人造关节、断骨连接体、植入体。对Co-Cr合金骨科植入物，经离子注入后明显增强了抗蚀性，减少了毒性元素Cr、Co、Ni离子的释放。注入离子后，假体的寿命可超过患者的寿命。在欧洲、美国已广泛应用（见表2-45）。

表2-45 离子注入在医疗上的应用

名称	被加工材料	注入离子及注入量/cm^{-2}	效果
人造髋关节	Ti-6Al-4V	N, 4×10^{17}	寿命延长100倍
人造膝盖	Ti-6Al-4V	N, 4×10^{17}	寿命延长100倍
人造关节	Ti-6Al-4V	N, 4×10^{17}	寿命延长100倍
人造髋关节	Co-Cr合金	N, $(2\sim4)\times10^{17}$	寿命延长10倍
人造手、脚、肩腕等关节	Ti-6Al-4V	N, 4×10^{17}	寿命延长100倍
固定骨骼植入体	不锈钢	N, $(2\sim4)\times10^{17}$	寿命延长10倍
高分子聚合物	UHMWPF	N, $(2\sim4)\times10^{17}$	寿命延长10倍
断骨连接体	硅橡胶	N, $(2\sim4)\times10^{17}$	寿命延长10倍
牙科钻头	WC-6% Co	Ti, $(2\sim4)\times10^{17}$	寿命延长2~3倍

F 在军事工业上的应用

早在 1983 年，美国国防部联合美国从事军事研究的科研院所和高等院校制订了一项离子束联合发展计划。其主要目的是应用离子束能技术改善燃气轮机、航天器、飞机以及舰艇和其他武器装备关键部件的性能。其中以美国海军实验室为首，研制适合工业应用的离子注入机，开展各种精密轴承、精密齿轮、燃料喷嘴、火箭往复活塞等关键部件的使用寿命研究与应用。经过几年的努力，上述部件大都通过了严格的例行实验，表 2-46 列出了其应用的效果。可以看出，汽轮机的燃料喷嘴经 Ti、B 离子注入后，其高温使用寿命延长 2.7 ~ 10 倍；汽轮机用主轴承和其他轴承经 Ti + C、Ti + Cr 离子注入后，使用寿命提高 100 倍；航天发电机液氮系统低温轴承使用寿命延长 400 倍；直升机传动齿轮注入 Ta 离子后，其载重量增加了 30%。

表 2-46 离子注入在军事工业方面的应用

工具名称	应用环境	材 料	注入离子	效 果
汽轮机轴承	卫 星	440C 不锈钢	Ti + C，$0.6 \times 10^{17} cm^{-2}$ Cr + C，$0.6 \times 10^{17} cm^{-2}$	寿命延长 100 倍 寿命延长 100 倍
发电机主轴承	火 箭	M-50 钢	Cr，$1 \times 10^{17} cm^{-2}$	改善点蚀
飞机主轴承	海 上	M-50NIL 钢	Ta，$(3 \sim 5) \times 10^{17} cm^{-2}$	抗磨损
仪表轴承	海上/航天	M-50 钢	Pb，Ag，Sn	降低摩擦系数
真空仪表轴承	海上/航天	52100/303 钢	Pb，Ag	固态滑润
直升飞机主轴承	海 上	52100 钢	Cr，Cr + C(Mo)	防腐，抗磨损
发电机低温轴承	航 天	440C 不锈钢	Ti + C，Ti + Cr	寿命延长 400 倍
汽轮机热料喷嘴	航 天	—	Ti + B	寿命延长 2.7 倍
燃料喷嘴	航 天	—	N	寿命延长 10 倍
冷冻机阀门	航 天	—	Ti + C	寿命延长 100 倍
压缩机往复活塞	火 箭	—	Ti + C	极大降低磨损
火箭发电机齿轮	航 天	9310 钢	Ta	极大降低磨损
火箭压缩机齿轮	航 天	9310 钢	Ta	极大降低磨损
直升飞机主齿轮	军用/民用	9310 钢	Ta	载荷增加 30%

G 在提高材料性能上的应用

在提高材料性能上的应用主要有：

(1) 金属离子注入明显降低材料表面的摩擦系数和磨损率，明显改善金属材料的耐磨、耐蚀、抗氧化和抗疲劳性能，分别见表 2-47 ~ 表 2-50。

表 2-47 金属离子注入后的材料摩擦系数

材 料	离子	能量/keV	注量/cm^{-2}	负载/N	摩擦副	摩擦系数	
						未注入	注入
低碳钢	Cr	150	3.5×10^{17}	1 ~ 2	红宝石球	0.5 ~ 0.6	0.42
	Cu	150	1.0×10^{17}	0.5 ~ 2	AISI1025 笔	0.5 ~ 0.6	1.10
En352	Sn	380	0.3×10^{17}	20	WC 球	0.25	0.10
	Mo	400	0.3×10^{17}	20	WC 球	0.25	0.24
	Mo + S	400	0.3×10^{17}	20	WC 球	0.25	0.20

续表2-47

材 料	离子	能量/keV	注量/cm^{-2}	负载/N	摩擦副	摩擦系数	
						未注入	注入
304不锈钢	T+C	90~180	2.0×10^{17}	0.5	440C钢球	0.85	0.55
52100钢	Ti	190	5.0×10^{17}	10	AISI52100钢	0.62	0.38
440C钢	T+C	90~180	2.0×10^{17}	0.5	440C钢笔	0.85	0.30
Co基合金	Ti	190	5.0×10^{17}	10	52100钢球	0.56	0.19
	Ti	190	5.0×10^{17}	10	WCrCo合金	0.57	0.16
	Ti	190	5.0×10^{17}	10	WC球	0.62	0.27
440C	Ti	140	4.0×10^{17}	0.245	440C球	0.55	0.17
	Pt	147	1.0×10^{17}	0.245	440C球	0.55	0.25
	Ta	181	4.0×10^{17}	0.245	440C球	0.55	0.15
Al_2O_3单晶	Ti	300	0.77×10^{17}	5~25	纯铁笔	0.04~0.05	0.1
	Zi	300	0.17×10^{17}	5~25	纯铁笔	0.04~0.05	0.09
	Ti	180	0.5×10^{17}	1.0	铝 球	0.45	0.26~0.38

表2-48 金属离子注入后的材料磨损率

材 料	离 子	能量/keV	注量/cm^{-2}	负载/N	摩擦副	磨 损 率	
						未注入	注 入
中碳钢	Mo	400	0.3×10^{17}	10~20	440C钢笔	7×10^{-5} $mm^3/(N\cdot m)$	1×10^{-5} $mm^3/(N\cdot m)$
416不锈钢	Ti,Ti+B,Ti+C	75	2.0×10^{17}	20	注入304钢	—	抗磨损增加100~300倍
52100钢	Ti	190	5.0×10^{17}	—	金刚砂1~5μm	—	抗磨损增加20~150倍
H13钢	Ti	300	3.0×10^{17}	0.49	金刚石笔		抗磨损增加10.4倍
	Ti+N	300+100	2.0×10^{17} + 2.0×10^{17}	0.49	金刚石笔		抗磨损增加6.3倍
	Mo	96	2.0×10^{17}	0.49	金刚石笔		抗磨损增加2.0倍
	W	75	2.0×10^{17}	0.49	金刚石笔		抗磨损增加2.5倍
440C	Pt	147	1.0×10^{17}	0.245	440C球		抗磨损增加14.3倍
	Ti	140	4.0×10^{17}	0.245	440C球		抗磨损增加10.5倍
	Ta	181	4.0×10^{17}	0.245	440C球		抗磨损增加10.5倍
304	Ti+C		2.0×10^{17}		316		抗磨损增加165倍
	Ti+B		2.0×10^{17}		316		抗磨损增加237倍
Al_2O_3多晶	Ti	180	0.5×10^{17}	10	52100钢球	—	抗磨损增加5倍
	Ti	180	0.5×10^{17}	10	铝 球	—	抗磨损增加70倍

表 2-49 离子注入后的高循环疲劳寿命试验结果

材 料	离 子	能量/keV	注量/cm^{-2}	应力幅度/MPa	实验方式	疲劳循环次数	
						未注入	注入
AISI 1018 钢	N	150	2.0×10^{17}	345	悬梁旋转	10^6	2.5×10^6
	N	150	2.0×10^{17}	345	悬梁旋转	10^6	1×10^8
4140 钢	N	100	2.0×10^{17}	400	悬梁旋转	8×10^3	8×10^4
304 不锈钢	Ti	200	2.0×10^{17}	—	悬梁旋转		
纯铜	Ne	3000	5.0×10^{17}	—	—	6.1×10^6	9.6×10^6
多晶铜	O	120	0.5×10^{17}	120	伺服液压推位式	1.7×10^6	4.3×10^6
	Al	100	500×10^{17}	100	伺服液压推位式	4×10^6	1×10^7
	Cr	100	500×10^{17}	100	伺服液压推位式	4×10^6	8×10^6
Ti6Al4V	N	100	500×10^{17}	620		8×10^5	1.2×10^6
	C	75	2.0×10^{17}	620		8×10^5	5×10^6
Ni20Cr	C	125	2.0×10^{17}	700		1.5×10^5	2×10^6

表 2-50 离子注入在提高金属材料性能上的部分应用实例

离子种类	母 材	改善性能	适用产品
Ti + C	Fe 基合金	耐磨性	轴承、齿轮、阀、模具
Cr	Fe 基合金	耐蚀性	外科手术器械
Ta + C	Fe 基合金	抗咬合性	齿 轮
P	不锈钢	耐蚀性	海洋器件、化工装置
C,N	Ti 合金	耐磨性、耐蚀性	人工骨骼,宇航器件
N	Al 合金	耐磨性、脱模能力	橡胶、塑料模具
Mo	Al 合金	耐蚀性	宇航、海洋用器件
N	Zr 合金	硬度、耐磨性、耐蚀性	核反应堆构件、化工装置
Y,Ce,Al	超合金	抗氧化性	涡轮机叶片
Ti,C	超合金	耐磨性	纺丝模口
Cr	Cu 合金	耐蚀性	电 池
B	Be 合金	耐磨性	轴 承
N	WC + Co	耐磨性	工具,刀具

在改善腐蚀性能上，Mo、C 和 Mo + C 离子以及 Ti、C 和 Ti + C 离子共注入 H13 很有效。如用 Mo 和 Mo + C 离子注入 H13 钢中，通过电子显微镜和 X 射线衍射分析，发现有三元化合物 Fe_2MoC，Mo 的碳化物 MoC、MoC_x、Mo_2C，铁的碳化物 FeC、Fe_2C、Fe_5C_2，合金相 FeMo、Fe_2Mo，游离的 Mo 等，这些耐腐蚀相在注入层中形成后，使 H13 钢耐蚀性提高。经 Mo、Mo + C 离子注入后对 H13 钢腐蚀前的透射电镜观察和腐蚀后的扫描电镜观察表明，腐蚀后留下来的弥散的抗腐蚀相与透射电镜观察到的弥散强化相相似，证明弥散相具有很强的抗蚀性能。Ti 和 Ti + C 离子注入 H13 钢，其腐蚀特性和机理与 Mo 和 Mo + C 离子注入 H13 钢相类似，在 Ti、Ti + C 注入后生成 Fe_2Ti，FeTi 合金相

和 TiC、Fe_5C_3、Fe_7C_3 等金属碳化物，在注入层表面还有 TiO_2 钝化膜，其对抗腐蚀能力的提高都起作用。当然还有 W 和 W + C 对 H13 钢的离子注入，都有与 Mo、Mo + C 相似的结果。

对钴基碳化钨硬质合金，经离子注入后，显微硬度增加 20%。把氮离子注入到 Ni-Ti 形状记忆合金中会产生非晶态薄层，其摩擦性能明显下降。把 Al 离子注入 Cu 中，使滑移均匀化，明显提高疲劳寿命 50% ~70%。把 Pt 离子注入钛合金涡轮叶片，模拟高温条件对发动机进行运行试验，结果疲劳寿命增加 100 倍。

在金属材料性能改性方面，由于 MEVVA 源至今仅开发出 48 种可提供的金属注入离子，因此在探索与应用金属离子对金属材料的改性方面还有很大的潜力。

（2）离子注入可提高陶瓷材料的硬度、抗弯强度、断裂韧性，改善摩擦性能和电学性能。陶瓷材料具有化学稳定性好（耐蚀、耐高温、耐氧化）、强度高、摩擦系数低、体质轻等优异性能。而脆性大、韧性差、不耐急冷急热等又是陶瓷材料最突出的缺点。陶瓷材料的力学性能与它的表面状况密切相关，离子注入可改变陶瓷材料的表层组织、结构应力状态等，从而提高陶瓷材料的力学性能。在改善陶瓷材料性能上主要是：

1）可增加硬度。陶瓷材料与注入条件有关，在注入量还未达到引起材料无序态的值时，相对硬度随注入量的增大而加大。当注入量达到能形成无序态埋层时，其硬度则开始下降。而在注入层全部无序化时，其硬度会低于未注入区的硬度。表 2-51 是离子注入陶瓷层表面硬度的测量结果。实验结果表明，$3\times10^{16}cm^{-2}$ 的 Y 注入到 Al_2O_3 中硬度可增加 1.57 倍；$2\times10^{16}cm^{-2}$ 的 Ti 注入到 MgO 中，硬度可增加 2.3 倍；$3\times10^{16}cm^{-2}$ 的 Ti 注入到 ZrO 中，硬度可增加 1.6 倍；$1\times10^{17}cm^{-2}$ 的 Ni 注入到 TiB_2，硬度可增加 1.7 ~2.1 倍。

表 2-51 离子注入陶瓷层表面硬度的测量结果

材料	离子	注入量/cm^{-2}	能量/keV	靶温/K	相对硬度	测法	结构
Al_2O_3（*c* 轴）	Cr	1×10^{16} ~ 10×10^{16}	280	300	1.27 ~ 1.55	K-15	
	Cr	4×10^{16}	280	640	1.1	K-15	
	Cr	0.3×10^{16}	280	77	0.6	K-15	无序
	Al + O	4×10^{16} + 6×10^{16}	90 + 50	77	0.45	ULL	无序
	Fe, Cu, Ti, W, Mo	1.5×10^{16} ~ 4.0×10^{16}	多 重	300	1.1 ~ 1.4	K-15	
	Ni	10×10^{16}	300	300	1.3	K-25	
	Ni	10×10^{16}	300	100	0.6	K-25	无序
Al_2O_3（*a* 轴）	Y	3×10^{16}	300	300	1.57	K-25	
	Y	60×10^{16}	300	300	0.7	K-25	无序
	Ti	3.4×10^{16}	300	300	1.3	K-25	
	Cr	3.2×10^{16}	300	300	1.11	K-25	
MgO	Ti	2.0×10^{16}	300	300	2.3	K-10	
	Ti	35×10^{16}	300	300	0.8	K-10	
	Cr	6×10^{16}	300	300	2.0	K-10	
ZrO	Al	1×10^{16}	190	300	1.28	K-50	

续表 2-51

材　料	离　子	注入量/cm^{-2}	能量/keV	靶温/K	相对硬度	测法	结构
(Y-FSZ)	Al	40×10^{16}	190	300	0.83	K-50	无序
	Ti	3×10^{16}	400	300	1.6	K-10	
	Ti	10×10^{16}	400	300	0.9	K-10	无序
TiB_2 烧结	Ni	10×10^{16}	1000	300	1.7~2.1	K-15	
SiC(*c* 轴)	Cr	0.04×10^{16}	280	300	1.2	K-15	
	Cr	0.2×10^{16}	280	300	0.55	K-15	无序
	N_2	80×10^{16}	80	300	0.37	V-25	无序
SiC(烧结)	Ar	1.0×10^{16}	800	300	0.5	V-100	无序

注：“测法”一列中 K 为努氏硬度，V 为维氏硬度，ULL 为超低负载，数字表示测量用克数。

2）可引入表面压应力。注入到陶瓷材料表面的离子，在注入轰击、碰撞的过程中引入了大量的空位和间隙原子，会引起陶瓷材料表面体积的增大。如对于 Al_2O_3 来说，无序层体积可比其晶态体积大 30%，对 SiC 来说，无序态比其晶态体积大 30%~35%，因而在一定程度上降低了陶瓷材料表面在硬化过程中的剩余应力。

3）可使陶瓷材料抗弯强度提高，横向断裂强度得到改善。陶瓷的强度与表面状态密切相关。陶瓷工件的失效常发生在施加膨胀应力的周期性工件中，而往往又从表面开始，特别是表面出现流变或裂纹。而离子注入产生压缩应力，这是改善陶瓷强度的好方法，其虽仅在陶瓷表面薄层改性，但对陶瓷的体特性影响较大。把 Ar 和 N 离子注入蓝宝石条和多晶 Al_2O_3，注入靶温 300K，对单晶 Al_2O_3 的抗弯强度增加 60%，对多晶 Al_2O_3 的抗弯强度增加 15%，用 Mn 离子注入蓝宝石，负载为 0.49N 时，注入 Mn 离子样品的抗弯强度是未注入的 2 倍。

4）可使陶瓷材料断裂韧性增加。陶瓷脆性大，易碎，失效往往从“伤痕处”发生，用离子注入到 Al_2O_3 中，可使压痕破裂韧性 K_c 提高 15%~100%。如在 300keV 能量下，将剂量为 $1\times10^{17}cm^{-2}$ 的 Ni 离子（靶温为 300K）注入 Al_2O_3 中，相对破裂韧性 K_c 提高 80%，在靶温为 100K 时，注入层形成无序态，相对破裂韧性 K_c 增加 100%。若把离子注入 SiC，在未形成无序态时破裂韧性 K_c 可提高 32%；无序层出现后，其破裂韧性 K_c 可提高 20%~28%。离子注入 TiB_2，可使破裂韧性 K_c 提高 80%~100%。

5）可改善陶瓷材料的摩擦性能。这主要是因为离子注入陶瓷表面后，改变了陶瓷材料表面的摩擦系数 μ，注入后形成无序层时，摩擦系数 μ 值最低。因此，高的离子注入量是有效的；而较低的离子注入量，因压缩压力的增强，而降低了磨损率，如 SiC 晶体的摩擦系数 μ 为 0.5，当离子注入后形成的无序层的摩擦系数仅为 0.3。对 Ti 或 Ni 注入的 Si_3N_4，其摩擦系数为 0.09。Ti 或 Ni 注入的 ZrO 摩擦系数分别为 0.09 和 0.06。

6）可使陶瓷材料电学性能得到改善。随着离子注入量的增大，空穴性高电荷态中心向低电荷态转化，如把 Fe 离子注入 MgO 中，Fe^{3+} 将转化到 Fe^{2+} 态。这种向低电荷态的转化，将增加导电性，并最终使金属态 Fe^0 成分增加，甚至析出注入金属元素的金属颗粒，使陶瓷导电电阻大幅度下降。经研究表明，把 Fe 注入 MgO，随注入量的增加，电阻率可下降 4 个数量级；随 Fe 注入量的增加，激活能可从 0.47eV 下降到 0.16eV。

（3）用离子注入可以提高有机聚合物的导电性、耐蚀性、抗氧化等性能。这是因为离子注入过程中，使聚合物的表面断链、交联、石墨化，也可形成类金刚石或 SiC 表面，产生自由基，挥发性气体的逃逸等。一个直接的表现是相对分子质量分布及溶解度的变化，它与注入层中由离子注入沉积的能量多少有关。在研究有机聚合物材料离子注入改性中，离子能量为 $10^3 \sim 10^6$eV 量级，注入剂量为 $10^{14} \sim 10^{17}cm^{-2}$。在低剂量时，可检测到链的交联和断开；中等剂量时，注入层显示出类似于含氢无定形碳的性质；在极高剂量时，注入层变石墨化。离子注入对有机聚合物性能的影响具体介绍如下：

1）离子注入可降低有机聚合物的电阻。在离子注入过程中，激烈的原子碰撞引起大分子的裂解，形成数量众多的小分子，有些小分子易挥发离开母体，如 H_2、CH_4、C_3H_3、C_6H_6、C_8H_8 等，形成了不可逆的结构变化，其中氢的损失量最大，形成了导电的石墨化表面。离子注入可使聚合物的表面电阻下降 4 ~ 14 个数量级。如离子注入聚苯硫醚（PPS），电导率提高 14 个数量级。注入聚合物的电阻随不同注入离子种类虽有不同，但其电阻率的变化趋势是相同的，随注入量的增加，电阻率下降并达到饱和值；高能离子注入引起的饱和值比低能的低几个数量级，晶态聚合物的电阻率饱和值比无序态的饱和值低很多。

2）离子注入可提高有机聚合物的硬度和抗磨损特性。这主要是因为离子注入后，在聚合物中形成新的结构，如聚合石墨化、类金刚石、SiC 结构和三维网形成等。聚合物结构的复杂性对表面硬度有重要的影响。把 B 离子分别注入聚乙烯（PE）和聚苯乙烯（PS）后，其硬度分别增加 6.8 倍和 22.6 倍。用 2MeV 能量的 Ar 离子注入聚羟基二联苯，其表面硬度是不锈钢的 4.2 倍。

3）离子注入可提高有机聚合物的抗化学腐蚀、抗氧化特性。如把 Ar 离子和 Zr 离子分别注入 PS 膜和 PC 膜，形成高交联的聚合物，在苯液中不会溶解，提高了 PS 膜、PC 膜的化学稳定性，这一特性对工具或工件保护很有价值。又如太阳能电池用的衬底聚合物，用 200keV 的 B 离子或 300keV 的 N 离子注入聚羟基二联苯膜，其抗氧化性能得到明显改善。把 F 离子注入导电聚合物薄膜使其具有抗氧化的性能，把注入后的聚合导电薄膜在空气中放置一年，其结构和导电性仍保持不变，而未注入 F 离子的导电薄膜一年后被氧化变脆。

（4）离子注入改善了磁泡材料的性能。磁泡材料是存储器和显示器的核心材料。目前，超大规模集成电路磁性存储器利用了离子注入技术改善了磁泡材料的性能。诸如，在磁性存储材料中存在的硬磁泡，它不受电磁信号控制，严重影响存储性能。通过离子注入可使硬磁泡效应得到抑制。经离子注入后，引入的损伤层形成压应力层，使磁膜具有负磁滞收缩特性，将引起磁性的各向异性，因而补偿了由于生长而引起的非轴向的各向异性，在磁膜的表面形成平行于表面的磁分量，并以罩的形式包容着磁膜的出现，明显降低了硬磁泡所需的磁场强度，其结果是抑制了这种硬磁泡效应。其中离子的注入量十分关键，注入量太少，使注入层中损伤密度低，不足以产生平行的磁分量；注入量过大，又会导致磁膜严重破坏。用 200keV 能量的 Ne 离子注入钇石榴石单晶薄膜，其最佳注入量为 $2 \times 10^{14}cm^{-2}$，H 离子的最佳注入量要高些，Fe 离子的最佳注入量略低。

（5）在其他材料方面的应用。如离子注入可改变玻璃的折射率，引起玻璃的透射和反透射的变化。已发现用 $2 \times 10^{17}cm^{-2}$ 的剂量，把 Ti、N 离子注入玻璃，大大提高了玻璃对阳光，特别是对红外线的反射率。把 O、N 离子注入玻璃，可改变玻璃对水的亲和性，若用接触角来表征，大大增加了接触角；若用 Ar 离子注入玻璃，则减小接触角。在石英玻璃中，因离子注入引起的损伤导致损伤区的折射率高于其周围的未损伤区，而成为光玻导的腔壁。用离子注入加上电化学腐蚀，制备多孔硅和多孔碳化硅的发光薄膜，有关这类制备发光材料层的研究还在不断进行。还有将离子注入高温超导薄层器件，以起隔离作用的尝试也都在进行研究。由于离子注入可以使改性的表面层与基体间无明显的界面，这就保证了改性表面层与基体的牢固结合。

从现在的发展情况看，离子注入的许多独特的优势，如能量密度高、可控性好、加工精细等，都还有很大的潜力。从当今已可提供的 48 种（Li、C、Mg、Al、Si、Ca、Sc、Ti、V、Cr、Mn、Fe、Co、Ni、Cu、Zn、Ge、Sr、Y、Zr、Nb、Mo、Pd、Ag、Cd、In、Sn、Ba、La、Ce、Pr、Nd、Sm、Gd、Dy、Ho、Er、Yb、Hf、Ta、W、Ir、Pt、Au、Pb、Bi、Th、U）元素离子看（实际上，只要能制成弧光放电用阴极的材料，包括各种化合物和合金，都可用在 MEVVA 源中并产生复合的离子束），就很值得科技工作者做大量的研究、探索和应用。特别在实现新材料设计，在改善沉积膜机械、化学黏合特性，在配制二元、三元、多元合金及化合物和多层纳米膜时，除了对离子能量选择研究外，还可在多层膜间的原子充分混合、膜/基间界面原子混合（增强膜/基结合）上应取得更多、更新的成果，以推动薄膜产业与应用的发展。此外，在双离子束和多离子束系统形成离子束清洗、抛光、溅射与沉积，材料迁移，改性与混合，新材料的合成等领域，会再一次把离子注入与材料表面改性推向新的阶段。特别用离子注入技术来研究薄膜的含气、应力、离子强化与扩散、低能离子注入、薄膜的微结构、晶粒的演变、超晶格结构、多层膜、多相材料等方面已经在 21 世纪的头十年中，展示出丰富、新颖的研究成果和更多的在高新技术领域中的应用。

2.4.3.5 离子束技术进展展望

由于这种独具特色的离子注入精确可控，不改变加工尺寸和无界面影响，特别在应用发展上适用于精密工模具的表面优化处理。

对于膜层性能而言，离子注入能很好地改善沉积膜层的力学性能、化学特性和黏合特性。这对开发工艺、提高膜层性能，特别是黏合性能，意义深远。

现今，离子注入或者说多功能离子束技术在与其他薄膜表面沉积技术相结合发展，尤其在提高膜层性能、丰富薄膜沉积技术上，具体体现在：

（1）离子溅射、离子混合和薄膜沉积技术方面。最为突出的是在薄膜沉积的设备中加上离子束，使沉积过程中伴随离子束轰击，增强了沉积原子能量和纵向与横向的运动能量，减少膜层内空洞的形成，同时通过轰击衬底表面，又可将离子注入衬底，形成过渡层，增强了膜/基结合力。在提高膜层的抗腐蚀性能（包括抗气蚀）、抗氧化性能，提高抗磨损和自润滑性能上特别优异。

（2）全方位离子注入与沉积技术的结合，使沉积过程中伴有高能离子注入，边沉积，边注入，得到了十分明显的改性效果，而且还特别适宜于复杂形状的大工件沉积，特别体现在近年来“渗镀—沉积—注入”机的问世。这类设备已有可处理 1.4t 重、复杂的塑料注塑模具，改善了用于集成电路板加工的渗 Co 的 WC 钻头，提高 TiN 工具、冲模、模具的使用寿命，使沉积的车刀使用寿命提高 8 倍，抗沙尘磨损特性提高 2.5 倍。

（3）离子注入与离子镀技术结合，沉积多层的纳米薄膜性能优异。如在离子镀的沉积室中加上离子束，把工件放置在三维卫星型转架上，转速为1.5～8r/min，沉积室中安放4个矩形阴极，一侧安放2对阴极，如TiAl（50%：50%）和V（99.8%）。沉积时，通入Ar和N_2混合气。当工件对准TiAl阴极时，沉积TiAl膜；继而对准V阴极时，沉积VN膜，旋转一周，可沉积2层TiAlN/VN薄膜。TiAlN/VN多层纳米薄膜就可这么方便地沉积制备。而且，在沉积前还可先用离子束对工件表面进行清洗和离子注入，增强膜/基结合力。制备的这类多层纳米膜，具有超高的硬度（TiAlN/VN，HV 5600），而且膜层结构致密，韧性好，膜/基结合力一般可达70N，最高可达140N。又如用此法沉积的TiAlN/CrN超晶格膜，在最佳周期3.6nm时，维氏硬度HV高达5500。虽然离子束和多层纳米膜沉积技术发展较晚，但其进展和发展趋势业已表明，所沉积的膜层具有更独特的特性。

值得指出的是，离子束技术也是当今纳米微细加工技术中重要的关键工艺技术，特别在微机电产品（MEMS）这一新兴的高技术领域中，已提供了技术支撑。预想，离子束技术将会在材料表面纳米化工程中有更大的发展空间。在未来创建新的表面工程工业应用中，将起到其他技术无法达到的效果；在改造传统工艺中必将取代低效率、高能耗、高污染的老传统工艺；在建立新的环保型绿色工业、在国民经济和国防建设应用上发挥更大的作用。

展望未来，还可以通过对工件进行额外的加热，将离子注入与热扩散相结合，取得更加广泛的应用。

2.4.4 离子团束沉积技术

离子团束沉积（ionized cluster besm depostion，ICBD）是日本京都大学Takagi和Yamada等人在1972年首先提出了一种新型的离子源而发明的新技术，是一种用真空蒸发和离子束方法相结合的在非平衡条件下的薄膜沉积新技术。这种方法在电子、光学、声学、超导等的应用上都很有用。尤其是近几年来，用这种方法在Si、Ge、GaAs、CaF衬底上外延生长高质量的单晶铝膜，在Si和GaAs衬底上外延生长达到器件质量的GaAs单晶膜。用此方法镀制的大面积高反射率的Au膜已用于CO_2激光反射镜和X射线反射镜。这种方法在解决离子束沉积速率低及离子对膜层易造成损伤等问题上极为有效，适合制备各种功能器件所用的高精度薄膜。

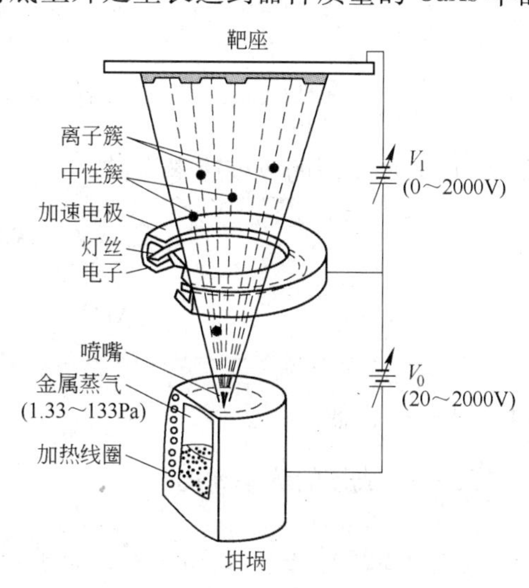

图2-57 离子团束沉积装置结构示意图

2.4.4.1 离子团束沉积装置与沉积过程

离子团束沉积装置结构如图2-57所示。

在沉积中，将沉积的材料先放置于特殊的坩埚之中。通过加热线圈使坩埚中的材料形成1.33～133Pa的高温过饱和蒸气，经过喷管（喷嘴）喷出而形成超声气体。向高真空沉积室喷射，利用绝热膨胀产生的过冷现象，形成10^2～10^3个的原子团束（粒）。其内部原子间联结松散，在强大的电流照射下，团束（粒）

会被电离。其离化团束（粒）占团束（粒）总数份额高达百分之几十，并随照射电子流强度而变化。若在靶处加上负偏压，带正电的团束（粒）就会加速撞向沉积靶面，与喷向靶面的中性原子团一起构成团束（负偏压一般为千伏量级），最后在衬底上沉积薄膜。其中原子团的形成、离化与增大沉积速率是十分关键的技术，具体介绍如下：

（1）原子团的形成。原子团束源是带有喷嘴的圆柱形坩埚。表 2-52 列出了原子团束源的设计与工艺参数，并与分子束源做了比较。

表 2-52 原子团束源的设计与工艺参数

分子束源	原子团束源
非饱和蒸气	绝热膨胀下的超饱和蒸气
$D<\lambda$	$D\gg\lambda$（$D=0.1\sim2\text{mm}$）
$p_0/p<10^4\sim10^5$	$p_0/p\geqslant10^4\sim10^5$，$p=1.33\times10^{-5}\sim1.33\times10^{-3}\text{Pa}$，$p_0=1.33\sim1.33\times10^2\text{Pa}$
$L\gg D$	$L/D=1$

注：D 为喷嘴直径，λ 为坩埚中原子的平均自由程，p_0 为坩埚内压强，p 为真空室压强，L 为喷嘴长度。

一定温度和压强的气体向真空室膨胀的过程中，其离子随机运动的热能转换成定向运动的动能。在适当的迟滞条件下，气体的绝热膨胀达饱和状态便形成原子团。Yamada 根据经典的凝聚态理论，得到形成半径为 r 的原子团所需的吉布斯自由能为：

$$\Delta G = 4\pi r^2\sigma - \frac{4}{3}\pi r^3\left(\frac{KT}{V_c}\right)\ln S \tag{2-24}$$

式中 σ——表面张力；

V_c——每个分子的体积；

S——饱和率；

K——常数。

当 r 比较小时，$\frac{d\Delta G}{dr}>0$，即普通的蒸发过程所满足的条件。当 r 大于形成原子团的临界半径 r^* 时，$\frac{d\Delta G(r^*)}{dr}\equiv0$，$dG<0$。形成临界半径为 r^* 的原子团的自由能 $\Delta G(r^*)=\Delta G^*$。此时原子团的成核速率为：

$$J = K\exp\left(-\frac{\Delta G^*}{KT}\right) \tag{2-25}$$

$$\frac{\Delta G^*}{KT} = \frac{16\pi}{3}\left(\frac{\sigma}{KT}\right)^3\left(\frac{V_c}{\ln S}\right) \tag{2-26}$$

式中 K——常数；

$\frac{\Delta G^*}{KT}$——成核的势垒高度。

从式（2-25）、式（2-26）看，原子团成核速率是 $\left(\frac{\sigma}{T}\right)^3$ 的函数。过去认为金属与半导体等固体材料表面张力大，难以形成原子团。而金属与半导体在凝聚态压强下的蒸发温度通常要比气体高。实际上其形成原子团的势垒高度和成核速率是与气体相当的。图2-58所示为飞行时间（TOF）谱仪测得的碲原子团的试验结果。从图中可知，碲原子团体积和分布在500～1500范围内。当坩埚温度升高，原子团的体积和原子团束流强度也随之增大。原子团经坩埚喷嘴的喷射速率 v_0 的方程为：

$$v_0^2 = \frac{2c}{c-1}\frac{\rho_0}{\rho}\left[1-\left(\frac{\rho_1}{\rho_0}\right)^{\frac{c-1}{c}}\right] \tag{2-27}$$

式中 c——金属蒸气的比热容系数；

ρ——蒸气密度。

$$\rho = (T/\theta_{ev})(dp_s/dT) \tag{2-28}$$

式中 θ_{ev}——蒸发热；

T——坩埚内蒸气温度；

p_s——蒸气压强。

对Cu原子团，当 $p_0=133\text{Pa}$，$T=1890\text{K}$ 时，$\theta_{ev}=72.8\times4.1896\text{kJ/mol}$，$dp_s/dT=1.13\text{Pa/K}$。经计算，由1000个Cu原子组成的原子团的喷射速度相当于离化原子团在400V加速电压下所具有的速度。实验证实，原子团的喷射速度随坩埚的温度升高而增大。在采用大直径喷嘴时，在较低温度下就可得较大的喷射速度。

（2）原子团的离化。坩埚喷嘴喷射出来的原子团经电子轰击发生离化。因原子团体积大，离化面积大，易形成离化原子团。其离化原子团的含量（指在整个原子团束中）可由电子轰击电压 V_e 和离化电流 I_e 来控制，一般占10%～50%。图2-59所示为TOF谱仪测得的Pb原子群束离子电流和离化电压的关系曲线。其坩埚温度为1900K，喷嘴直径为10μm，TOF谱仪脉冲电压为1000V，脉冲宽度为3μs。从图中可以看出，在 V_e 为100V左右时，得到的离子电流量大，当 I_e 为150mA时，最大离子电流达6μA。

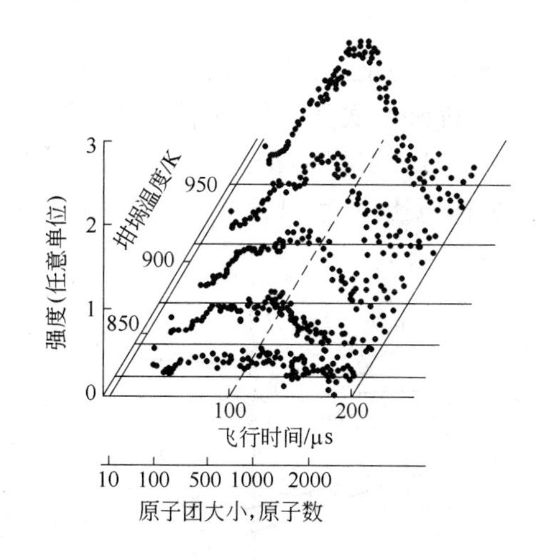

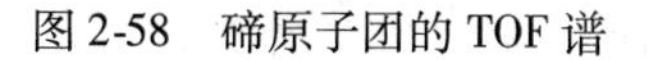

图2-58 碲原子团的TOF谱

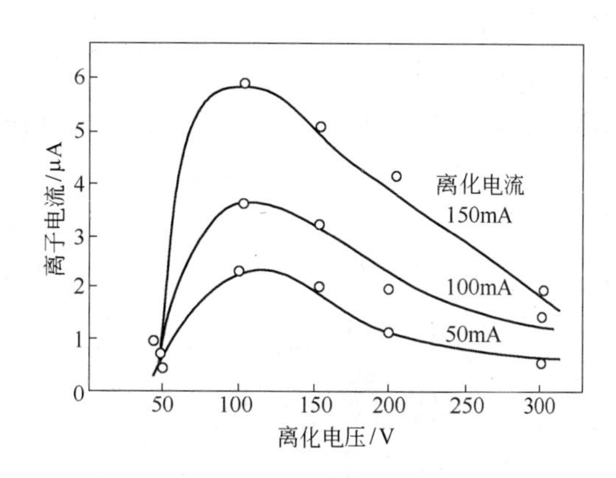

图2-59 Pb原子群束离子电流和离化电压的关系曲线

离化原子团一般带正电，电子轰击离化原子团的几率比中性原子团小。带双正电荷的原子团在库仑排斥力作用下会分裂成两个带单电荷的原子团。因此，离化原子团荷质比较小，这就消除了离化团束在输运过程中与空间电荷的相互影响，减少了正电荷在绝缘衬底上的积累，并可得到高的沉积速率。

在离化原子团与衬底表面碰撞时，破碎为单个原子，每个原子的平均能量为：

$$\overline{E} = \frac{ZV}{N} \tag{2-29}$$

式中 Z——电子电荷；

V——加速电压；

N——原子团的大小，即每个原子团的原子数。

控制加速电压，使每个原子的能量大于表面扩散能（$\overline{E} \approx 1\text{eV}$），并小于导致膜层产生缺陷的能量（$\overline{E} < 5\text{eV}$）。而为使常规离子束沉积具有相当的束流和沉积速率，至少要求每个原子的能量大于20eV。相比之下，ICBD的低电荷含量和低能量对生长高精度薄膜起着很大的作用。

（3）多源ICBD。在真空系统中用多源的ICBD（两个或两个以上的源）增大沉积速率和沉积面积。在各个束源放不同的材料，控制每个源的参数，也可制备出化合物膜。此外，还可在ICBD装置中通入反应气体，沉积氧化物和氮化物薄膜。

2.4.4.2 离子团束沉积技术的特点

图2-60所示为离子团束沉积薄膜生长的物理过程，其主要有：溅射效应，衬底局部加热，离子注入，增强原子迁移等。这些过程对薄膜的附着强度、沉积率和表面原子迁移的作用，都体现在ICBD生长膜层的形态和性能特点上。

（1）附着强度。原子团束的溅射，清除了衬底表面的吸附气体和污染，同时使衬底材料与沉积原子混合形成紧密结合的界面层。如在玻璃上沉积Cu膜，通过实验测定，当离化电压从0kV升到10kV，Cu膜在玻璃上的附着强度从40N/cm^2升至1000N/cm^2。从实验可知，只要控制离化原子团的能量和离子含量，可在低温衬底上生长致密的附着力强的膜层。

（2）沉积速率。由于离化原子团的荷质比小，可在低的能量下获得高的沉积速率。沉积的质量与衬底温度、加速电压相关。图2-61所示为单晶Si衬底上生长Si膜，其质量M随衬底温度的倒数$1/T$的变化趋向。对中性原子团（$V_a = 0$），沉积质量随衬底温度的升高而减小，而离化原子团沉积质量随温度升高而增加。加速电压增大，$\ln M$-$1/T$直线的斜率

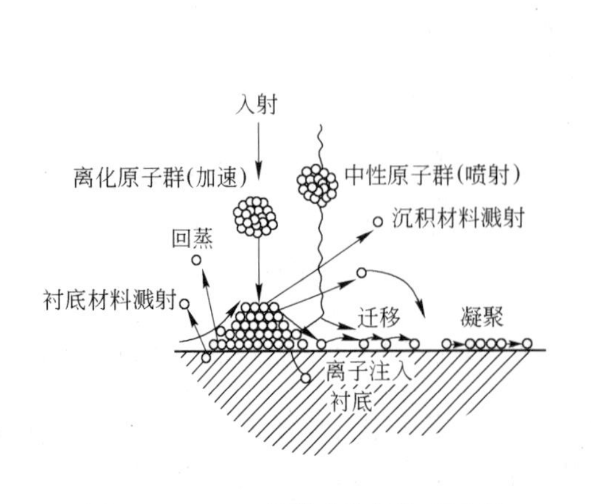

图2-60 ICBD薄膜生长的物理过程

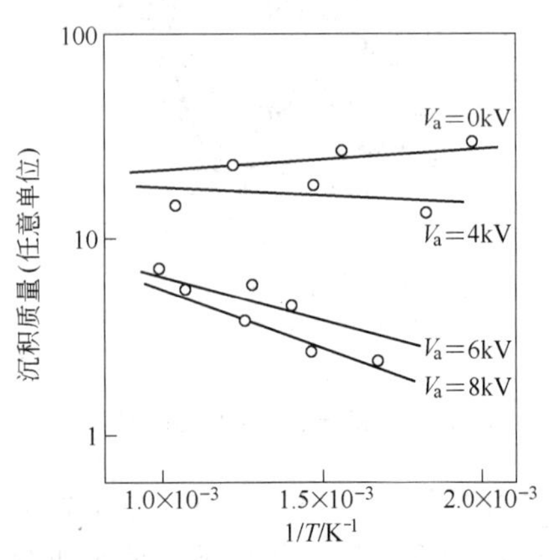

图2-61 沉积质量和衬底温度的关系

发生变化。在一定的衬底温度下，因溅射效应，加速电压越大，沉积质量越小，所以ICBD可在低能下获得高的沉积速率。

（3）迁移效应。中性和离化原子团与衬底碰撞、破碎时为具有一定能量的单个原子，一方面在衬底表面做横向迁移，另一方面参与形成薄膜，提高薄膜的结晶性能。根据这一显著特点，Pakagi 在 SiO_2 膜上沉积 Au 膜来研究原子的迁移效应。图2-62所示为 Au 在 SiO_2 上沉积核密度与迁移距离的关系。从图中可知，真空蒸发沉积的原子迁移率很小，而ICBD加速电压为零，有较大的原子迁移距离。随加速电压的增大，其高能量原子增多，因而迁移距离和成核密度都增大。当加速电压达4kV时，最大迁移距离已大于30μm，而其他方法均不可能达到这样的迁移距离。原子的这种迁移，有助于改善薄膜的结构和形态。因此，可以用控制沉积条件来制备取向度高、结晶完善的单晶薄膜。

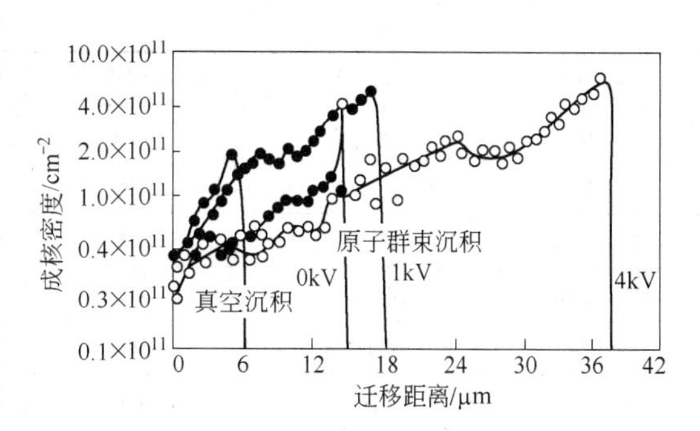

图 2-62 Au 在 SiO_2 上沉积核密度与迁移距离的关系

离子团束沉积的主要缺点是与真空蒸镀和离子镀相比，装置比较复杂。

2.4.4.3 离子团束沉积技术应用研究进展

离子团束沉积技术主要用于研究制备各种功能薄膜，包括金属、半导体、绝缘介质、光学涂层、光电涂层、热电材料、磁性材料和有机材料等。表2-53列出了用ICBD制备的部分薄膜与工艺特点。目前看，对ICBD的研究大多应用于电子功能器件。其实在需要制备光滑的、致密的和附着力强的薄膜时，ICBD技术也很有优势。总之，在制备Au和Al薄膜、磁化薄膜、超导薄膜、光致发电薄膜、高效热电转化薄膜、高绝缘和高导热薄膜、半导体器件、红外器件、薄膜太阳能电池、半导体表面金属化、表面保护、光学涂层等方面都可应用离子团束沉积技术。根据ICBD制备薄膜的特点，可以预计，其在应用领域上会有很大的扩展，必将引起薄膜研究与应用工作者的广泛兴趣。

表 2-53 ICBD 生长的薄膜及其工艺特点

薄膜材料	衬 底	衬底温度/℃	加速电压/kV	应用或工艺特点
Al	Si, Ge, GaAs, CaF_2	<150	0.2~5	外延择优取向多晶薄膜
Au	Si(111)	室温	1~3	激光和X射线反射镜
Si	Si(111), Si(100), 蓝宝石(1T02)	620	6	低温外延，在半导体装置中形成P-N结
GaAs	Si, GaAs	550	6	低温外延单晶膜
CdTe	Si, GaAs	250	1~3	外延单晶薄膜
ZnSe	GaAs	100~350	0.5~3	外延单晶薄膜
ZnTe	GaAs(100), Si(100)	300	0.8	外延单晶薄膜
非晶 Si	玻 璃	300	1~3	薄膜太阳能电池
InSb	蓝宝石	250	3	可控晶体结构，磁敏感器

续表 2-53

薄膜材料	衬　底	衬底温度/℃	加速电压/kV	应用或工艺特点
PbO	玻　璃	室温	3	低温生长，超导体
BeO	玻　璃	400	0	c 轴择优取向，高电阻率，高热导率
ZnO：Li	蓝宝石(1T02)	230	0.5～1	外延单晶薄膜，光波导
GaN/ZnO	玻　璃	450	0	低温生长，发光二极管
SiC	Si，玻璃	600	0～8	可控晶体状态，表面保护层
TiN/Ti	Si	300	1	用于大规模集成电路
MnBi	玻　璃	300	0	c 轴取向，磁性薄膜
GdFe	玻　璃	200	0	非晶态，磁光记录介质
聚乙烯	玻　璃	－10～0	0～2	控制结晶取向，发光二极管

2.5 物理气相沉积技术

早期，人们把通过高温加热金属或化合物蒸发成气相或通过电子、离子、光子等荷能粒子的能量把金属或化合物靶溅射出相应的原子、离子、分子（气态），并在固体表面上沉积成固相膜，且不涉及物质的化学反应（分解或化合）称为物理气相沉积（PVD）。随着气相沉积技术的发展和应用，人们又把等离子体、离子束引入到传统的物理气相沉积技术的蒸发和溅射中，使其参与镀膜过程，同时通入反应气体，可使固体表面发生化学反应，生成新的化合物薄膜，称其为反应镀膜。这说明物理气相沉积也可包涵一定的化学反应。在本章中，仍依照已有的习惯，以镀料形态的区别来区分化学和物理气相沉积。把固态（液态）镀料通过高温蒸发、溅射、电子束、等离子体、离子束、激光束、电弧等能量形成气相原子、分子、离子（气态、等离子态）进行输运，在固体表面上沉积凝聚（包括与其他反应气相物质进行化学反应生成反应产物），生成固相薄膜的过程称为物理气相沉积。

人们把等离子体与离子束技术引入真空蒸发与溅射沉积，使传统的物理气相沉积技术得到迅速发展，出现了许多非常有效的气相沉积门类，如离子镀技术和离子束辅助沉积技术。而离子镀技术门类又很多，已成为物理气相沉积新发展的主流技术；离子束辅助沉积技术是在真空中以蒸发或溅射沉积的同时，用具有一定能量的离子束进行轰击，利用沉积原子与离子间一系列的物理化学作用，改善膜层与基体的结合和膜层质量。如果将离子镀与离子束辅助沉积技术相结合，则更强化离子干预镀膜的过程，这就是新近出现的复合型物理气相沉积。因此，离子与等离子体的干预大大加速了传统物理气相沉积技术的发展，并产生了许多非常有应用价值的气相沉积技术。

物理气相沉积包括有：真空蒸发，直流二极、三极溅射，反应磁控溅射，射频溅射，非平衡磁控溅射，中频交流磁控溅射，磁控溅射离子镀，直流二极、三极型离子镀，空心阴极离子镀，真空电弧离子镀，热阴极强流电弧离子镀，离子束沉积，离子束辅助溅射沉积，离子束辅助电弧沉积等。本章着重讲述常用的溅射技术和离子镀技术及其新发展。

物理气相沉积的技术类型虽然五花八门，但都具有气相沉积的三个环节，即镀料（靶材）气化→气相输运→沉积成膜。各种沉积技术类型之所以不同，主要是在上述三个环节中能量供给方式不同、固-气相转变方式不同、气相粒子形态不同、气相粒子荷能大小不同、气相粒子在输运过程中能量补给方式及粒子形态转变不同、镀料粒子与反应气体的反应活性不同以及沉积成膜基体表面条件不同而已。与化学气相沉积技术相比，物理气相沉积的优点是：

（1）镀膜材料广泛，容易获得。金属、合金、化合物，导电或绝缘，低熔点或高熔点，液相或固相，块状或粉末，都可以使用或经加工后使用。

（2）镀料汽化方式可用高温蒸发，也可用低温溅出。

（3）沉积粒子能量可调节，反应活性高，通过等离子体或离子束介入，可以获得所需的沉积粒子能量进行镀膜，提高膜层质量，通过等离子体的非平衡过程提高反应活性。

（4）低温型沉积的沉积粒子能量高、活性大，不需遵循传统的热力学规律的高温过程，就可实现低温反应合成和在低温基体上沉积，扩大沉积基体适用范围。

（5）可沉积各类型的薄膜，如纯金属膜、合金膜、化合物膜等。

（6）无污染，有利于环境保护。

物理气相沉积技术已广泛用于各行各业，许多技术已实现工业化生产，其镀膜产品涉及许多实用领域，例如：

（1）装饰膜。主要利用其色泽多样、鲜艳美观的功能。如在塑料上蒸镀铝后染色，称为塑料金属化。在包装塑料薄膜上蒸镀铝，除有装饰作用外还有防潮功能。

（2）装饰耐磨膜。主要利用彩色和耐磨、耐蚀功能。如有不锈钢、黄铜、锌合金上离子镀 TiN（仿金）、TiC（仿枪色）、TiAlCN 和 ZrCN（各种颜色），制品包括表壳表带、洁具、家具、建筑五金、皮具五金配件、饰物等。

（3）耐磨超硬膜。主要利用高硬度、高耐磨性。如在刀具、工具、模具机械构件上离子镀 TiN、TiC、TiCN、TiAlN、ZrN、CrN 以及 TiN 系列多层膜等，高尔夫球棒的镀膜也属此类，兼有装饰功能。

（4）减摩润滑膜。主要利用低摩擦系数的干摩擦润滑功能。如在干摩擦轴承上、刀具和模具硬质涂层的顶层上离子镀 MoS_2、DLC 等。

（5）光学膜。主要利用膜的折射率差异，以多层结构获得增透、减反、选择透光（滤光）保护等功能。如用蒸发镀或离子束辅助蒸发镀 MgF、ZnS、SiO_2、TiO_2 等。制品有冷光碗、镜头、眼镜片、舞台灯滤光片等。

（6）热反射膜。主要利用对红外和远红外反射功能。如在建筑幕墙玻璃上溅射沉积阳光控制膜（如 $TiN/Cr/TiO_2$）。

（7）耐热膜。主要利用耐高温腐蚀功能。如在发动机叶片上离子镀 M-CoCrAlY。

（8）微电子学应用。包括电极、引线、绝缘层、钝化膜等。膜系包括 Al、Al-Si、Ti、Pt、Au、Mo-Si、TiW、SiO_2、Si_3N_4、Al_2O_3 等。

（9）磁性膜。主要利用软磁和硬磁性能，应用于磁盘、磁头等。膜系包括 Fe-Ni、Fe-Si-Al、Ni-Fe-Mo 等软磁膜和 γ-Fe_2O_3、Co、Co-Cr、MnBi 等硬磁膜，以及过渡金属和稀土类合金等特殊材料。

（10）平面显示应用。主要利用透明导电性和变色功能。如在玻璃和塑料膜上溅射 ITO 透明导电膜；WO_3 也属光色膜。

（11）医学生物。主要利用生物相容性。如在植入体和手术器械上离子镀 DLC、Ti 膜，也有在人造合金假牙上镀 TiN。

随着物理气相沉积技术的不断发展，其在各个工业领域中将会获得更为广泛的应用。

2.5.1　真空蒸发镀膜技术

2.5.1.1　真空蒸发镀膜技术的优缺点

气相沉积技术中蒸发镀膜是一种发展较早和应用较广泛的镀膜技术。在薄膜沉积技术发展的最初阶段，蒸发法相对于溅射法具有一些明显的优点，包括较高的沉积速率、相对简单的设备与工艺方法、较高的真空度、膜层纯度高，并且在适当的工艺条件下，能制备非常纯净的、在一定程度上具有特定结构和性能的膜层。因此，蒸发镀膜至今仍有着重要的地位，同时也增添了很多新的内容。

真空蒸发镀膜技术的主要优点：

（1）选材、使用范围广。能在半导体、绝缘体，甚至塑料、纸张、织物等材料表面上沉积制备金属、半导体、绝缘体、不同成分的合金、化合物及部分有机聚合物等薄膜。还可同时蒸镀不同材料而得到多层膜。

（2）可以不同的沉积速率、不同的基板温度和不同的蒸气分子入射角蒸镀成膜，因而可得到不同显微结构和结晶形态（单晶、多晶、非晶等）的薄膜。

（3）易于在线检测和控制膜厚与成分，精度最高可达单分子层量级。

（4）薄膜纯度高、表面光亮、产品质量高，可连续化生产。

蒸发镀膜技术的缺点是：因需真空设备投资费较高；薄膜最厚一般为微米量级。

近年来，对于真空蒸发镀膜技术，为提高真空系统，除改抽气为无油系统、加强工艺过程的监控之外，主要改进蒸发源，如改用陶瓷的 BN 坩埚；为了蒸发低蒸气压物质，采用电子束加热源或激光加热源；为制造成分复杂或多层复合膜，发展了多源共蒸发或顺序蒸发法；为制备化合物薄膜或抑制薄膜成分对原材料的偏离，出现反应蒸发法等。

2.5.1.2　真空蒸发镀膜原理

A　膜料在真空状态下的蒸发特性

真空蒸镀是先将工件放入真空室，并用一定的方法加热，然后使镀膜材料（简称膜料）蒸发或升华至工件表面凝聚成膜。其原理如图 2-63 所示。

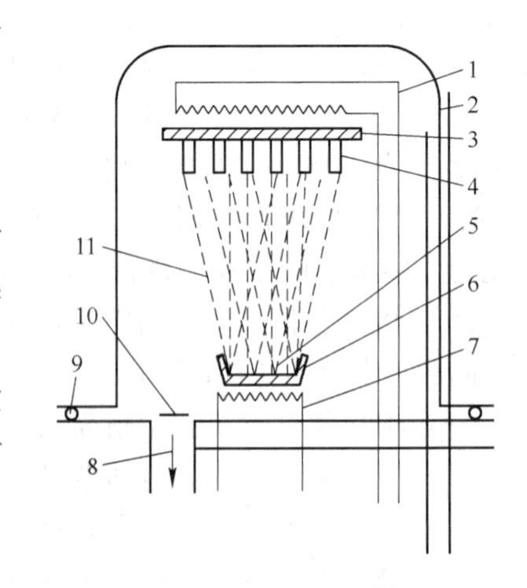

图 2-63　真空蒸发镀膜原理图
1—镀件加热电源；2—真空室；3—镀件支架；4—镀件；5—蒸发制膜材料；6—蒸发器；7—加热电源；8—排气口；9—真空密封；10—挡板；11—蒸气流

单位时间内膜料单位面积上蒸发出来的材料质量称为蒸发速率。理想的最高速率 G_m（kg/(m^2 · s)）计算如下：

$$G_m = 4.38 \times 10^{-3} p_s \sqrt{A_r/T} \tag{2-30}$$

式中　T——蒸发表面的热力学温度，K；

p_s——温度 T 时的材料饱和蒸气压，Pa；

A_r——膜料的相对原子质量或相对分子质量。

蒸镀时一般要求膜料的蒸气压在 $10^{-1} \sim 10^{-2}$ Pa

量级，材料的 G_m 通常处在 $10^{-4} \sim 10^{-1} kg/(m^2 \cdot s)$ 量级范围，因此，可以估算出蒸发材料所需的加热温度。

膜料的蒸发温度最终要根据膜料的熔点和饱和蒸气压等参数来确定。表2-54 和表2-55 分别列出了部分元素和化合物的熔点以及饱和蒸气压为 1.33Pa 时相应的蒸发温度。

表 2-54 部分元素的蒸发特性

元　素	熔点/℃	蒸发温度/℃	蒸发源材料	
			丝、片	坩　埚
Ag	961	1030	Ta、Mo、W	Mo、C
Al	659	1220	W	BN、TiC/C、YiB_2-BN
Au	1063	1400	W、Mo	Mo、C
Cr	约 1900	1400	W	C
Cu	1084	1260	Mo、Ta、Nb、W	Mo、C、Al_2O_3
Fe	1536	1480	W	BeO、Al_2O_3、ZrO_2
Mg	650	440	W、Ta、Mo、Ni、Fe	Fe、C、Al_2O_3
Ni	1450	1530	W	Al_2O_3、BeO
Ti	1700	1750	W、Ta	C、ThO_2
Pd	1550	1460	W（镀 Al_2O_3）	Al_2O_3
Zn	420	345	W、Ta、Mo	Al_2O_3、Fe、C、Mo
Pt	1770	2100	W	ThO_2、ZrO_2
Te	450	375	W、Ta、Mo	
Rh	1966	2040	W	Mo、Ta、C、Al_2O_3
Y	1477	1649	W	ThO_2、ZrO_2
Sb	630	530	铬镍合金、Ta、Ni	Al_2O_3、BN、金属
Zr	1850	2400	W	
Se	217	240	Mo、Fe、铬镍合金	金属、Al_2O_3
Si	1410	1350		Be、ZrO_2、ThO_2、C
Sn	232	1250	铬镍合金、Mo、Ta	Al_2O_3、C

注：饱和蒸气压为 1.33Pa。

表 2-55 部分化合物的蒸发特性

化合物	熔点/℃	蒸发温度/℃	蒸发源材料	观察到的蒸发种
Al_2O_3	2030	1800	W、Mo	Al、O、AlO、O_2、$(AlO)_2$
Bi_2O_3	814	1840	Pt	
CeO	1950		W	CeO、CeO_2
MoO_3	795	610	Mo、Pt	$(MoO_3)_3$、$(MoO_3)_{4,5}$
NiO	2090	1586	Al_2O_3	Ni、O_2、NiO、O
SiO		1025	Ta、Mo	SiO
SiO_2	1730	1250	Al_2O_3、Ta、Mo	SiO、O_2

续表 2-55

化合物	熔点/℃	蒸发温度/℃	蒸发源材料	观察到的蒸发种
TiO_2	1840			TiO、Ti、TiO_2、O_2
WO_3	1473	1140	Pt、W	$(WO_3)_3$、WO_3
ZnS	1830	1000	Mo、Ta	
MgF_2	1263	1130	Pt、Mo	MgF_2、$(MgF_2)_2$、$(MgF_2)_3$
AgCl	455	690	Mo	AgCl、$(AgCl)_3$

注：饱和蒸气压为 1.33Pa。

B 蒸气粒子的空间分布

蒸气粒子的空间分布与蒸发源的形状和尺寸有关，并且对蒸发粒子在基体上的沉积速率及膜厚分布有显著影响。最简单的理想蒸发源有点和小平面两种类型。在点源的情况下，以源为中心的球面上膜厚均相同，所以工件放在球面上就可得到膜厚相同的镀膜。如果是小平面蒸发源，则发射具有方向性。

实际蒸发源的发射特性应按具体情况加以分析。例如用螺旋状钨绞丝作蒸发源，可以简化为由一系列小点源构成的一个短圆柱形蒸发源，但对于距离相对很大的平板工件（例如平板玻璃）来说，这种假设的计算结果几乎完全等效于点源模型。在忽略空间残余气体分子及膜材料蒸气分子间的碰撞损失情况下，单一空间点源对于平板工件上任一点 B 处的沉积膜厚 t 为：

$$t = m/(4\pi\rho)h/(h^2 + L^2)^{3/2} \tag{2-31}$$

式中 m——一个点源蒸发出的总膜料质量；

h——点源中心到平板工件的垂直距离（即蒸距）；

L——B 点至 A 点的距离（即偏距，A 是平板工件上与点源垂直的点）；

ρ——膜材料的密度。

显然，A 点处（$L=0$）的膜层厚度最大，其值为：

$$t_0 = m/(4\pi\rho h^2) \tag{2-32}$$

任一点 B 处相对于 A 处的相对膜厚为：

$$t/t_0 = [1 + (L/h)^2]^{-3/2} \tag{2-33}$$

C 凝结、生长过程

蒸发粒子与基材碰撞后一部分被反射，另一部分被吸附。吸附原子在基材表面发生表面扩散，沉积原子之间产生两维碰撞，形成簇团，有的在表面停留一段时间后再蒸发。原子簇团与扩散原子相碰撞，或吸附单原子，或放出单原子，这种过程反复进行，当原子数超过某一临界值时就变为稳定核，再不断吸附其他扩散原子而逐步长大，最后与邻近稳定核合并，进而变成连续膜。

2.5.1.3 真空蒸发镀膜方式及蒸发源

真空蒸发所用的方式及蒸发源根据其使用目的有很大的差别，从简单的电阻加热方式的蒸发源到极为复杂的分子束外延设备，都属于真空蒸发镀膜装置的范畴。在蒸发镀膜装置中，最重要的组成部分是蒸发源，它是用来加热膜料使之气化蒸发的部件。目前使用的蒸发源主要有电阻加热、电子束加热、高频感应加热、电弧加热和激光加热等五大类。根据其加热原理可以将真空蒸发装置分为以下各种类型：

（1）电阻式蒸发方式及蒸发源。电阻式蒸发方式是应用最为普遍、历史最为久远的一种蒸发加热方式。电阻加热蒸发一般是用片状或丝状的高熔点金属（如钨、钼、钽等），做成适当形状的蒸发源，将膜料放在其中，利用大电流通过蒸发源所产生的焦耳热，使膜料直接加热蒸发，或者把膜料放入 Al_2O_3、BeO 等坩埚中进行间接加热蒸发。由于电阻加热蒸发方式结构简单、价格低廉、易于操作，因此是一种应用很普遍的蒸发装置。

采用电阻加热方式时应考虑蒸发源的材料和形状。通常对蒸发源材料的基本要求是：

1）高熔点。必须高于待蒸发镀料的熔点。常用的镀料熔点多数在1000～2000℃之间，在蒸发温度下不会与膜料发生化学反应或互溶，具有一定的机械强度。

2）低的平衡蒸气压。主要是防止或减少在高温下蒸发源材料随膜料的蒸发而成为杂质进入蒸发膜层中，而且在蒸发时又具有最小的自蒸发量，不致影响系统真空度或污染膜层。电阻加热法中常用蒸发源材料的熔点和达到规定的平衡蒸气压时的温度可参照表2-54。为了减少蒸发源材料的挥发，在选择蒸发源材料时，应确保蒸发源材料在蒸发温度下不与膜料发生化学反应或互溶，并具有一定的机械强度，保证在蒸发状态下稳定。

3）化学性能稳定。在高温下，某些蒸发源材料与蒸发材料之间会发生反应和扩散而形成化合物和合金，特别是形成低共熔点合金，蒸发源就很容易烧断。例如在高温时钽和金会形成合金；铝、铁、镍、钴等也会与钨、钼、钽等蒸发源材料形成合金；钨还能与水汽或氧发生反应，形成挥发性的氧化物，如 WO、WO_2 或 WO_3；钼也能与水汽或氧反应而形成挥发性 MoO_3 等。因此，应选择在高温下不会与镀膜材料发生反应或形成合金的材料作该材料的蒸发源材料。

电阻加热蒸发制膜的局限性是：

1）难熔金属蒸气压低，很难制成薄膜；

2）有些元素容易和加热丝形成合金；

3）不易得到成分均匀的合金膜。

常用的蒸发源材料有 W、Mo、Ta、石墨、氮化硼等。电阻蒸发的形状是根据蒸发要求和特性确定的，通常有多股线螺旋形、U 形、正弦波形、圆锥筐形、薄板形、舟形等。

（2）电子束蒸发方式及蒸发源。采用电阻加热蒸发已不能满足蒸镀难熔金属和氧化物材料的需要，同时也难以制作高度纯净的薄膜，于是发展了将电子束作为蒸发源的方法。它是将蒸发材料放入水冷铜坩埚中，利用高能密度的电子束加热，使蒸发材料熔融汽化并凝结在基板表面成膜，如图2-64所示。在电子束加热装置中，被加热的物质被放置于水冷的坩埚中，电子束只轰击到其中很少的一部分物质，而其

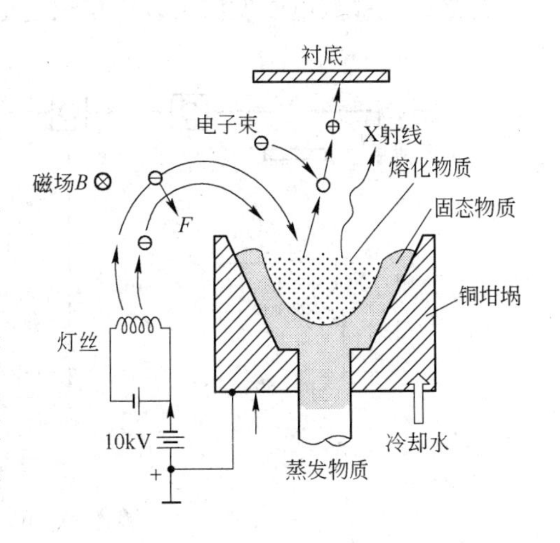

图2-64　电子束蒸发装置示意图

余的大部分物质在坩埚的冷却作用下一直处于很低的温度，即后者实际上变成了被蒸发物质的坩埚。因此，电子束蒸发沉积方法可以做到避免坩埚材料的污染。在同一沉积装置中可以安置多个坩埚，这使得人们可以同时或分别蒸发沉积多种不同的物质。

电子束蒸发源的结构形式可分为直式枪（布尔斯枪）、环形枪（电偏转）和 e 形枪（磁偏转）三种。

（3）高频感应蒸发方式及蒸发源。高频感应加热蒸发是将装有蒸发镀料的坩埚放在高频螺旋线圈的中央，使蒸发材料在高频电磁场的感应下，产生强大的涡流损失和磁滞损失（指对铁磁体），致使蒸发镀料升温直至气化蒸发。蒸发源一般由水冷高频线圈和石墨或陶瓷（氧化镁、氧化铝、氧化硼等）坩埚组成。高频电源采用的功率为 1 万至几十万赫兹，输入功率为几至几百千瓦。图 2-65 所示为高频感应加热示意图。此法主要用于铝的大量蒸发。

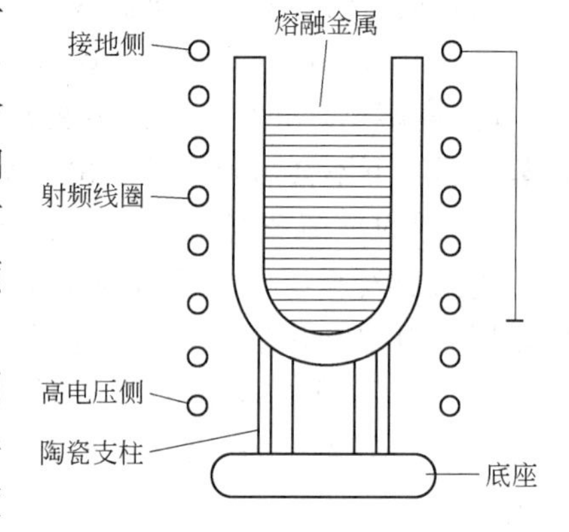

图 2-65　高频感应加热蒸发的工作原理图

（4）电弧蒸发方式及蒸发源。电弧加热蒸发是利用高真空中电弧放电的真空蒸镀法。它是通过两种导电材料制成的电极之间形成电弧，产生足够高的温度使电极材料蒸发沉积成薄膜。与电子束加热方式十分相似，有很多相同的特点，但这一方法所用的设备比电子束加热装置简单，是一种较为廉价的蒸发装置。它避免了电阻加热法存在的加热丝、坩埚与蒸发物质发生反应的问题，且还可制备如 Ti、Hf、Zr、Ta、Nb、W 等高熔点金属在内的几乎所有导电性材料的薄膜。

电弧加热蒸发可以分为交流电弧放电、直流电弧放电和电子轰击电弧放电，如图 2-66 所示。在电弧蒸发装置中，使用欲蒸发的材料制成放电的电极。在薄膜沉积时，依靠调节真空室内电极间距的方法来点燃电弧，而瞬间的高温电弧将使电极端部产生蒸发从而实现物质的沉积。控制电弧的点燃次数或时间就可以沉积出一定厚度的薄膜。

总之，电弧放电蒸发法可以简单快速地制作无污染薄膜，并且不会引起由蒸发源辐射

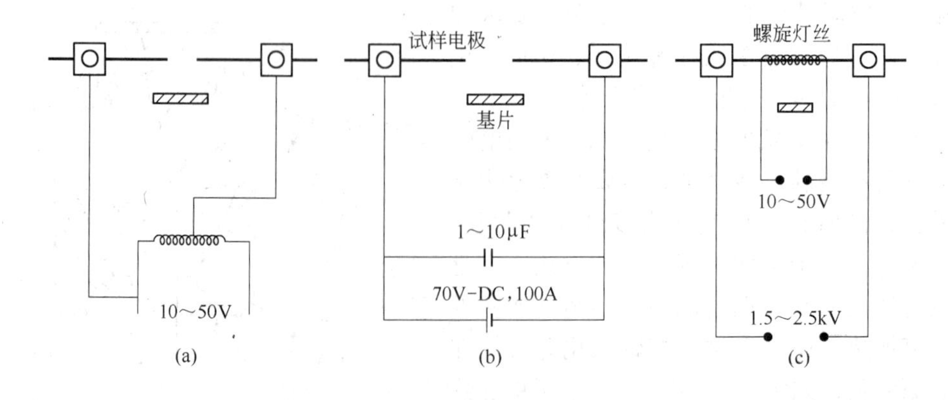

图 2-66　电弧加热蒸发示意图
（a）交流电弧放电；（b）直流电弧放电；（c）电子轰击电弧放电

作用而造成基体温度的提高。缺点是电弧放电会飞溅出微米级大小的电极材料的微粒。这些微粒是红热的，当它们碰撞蒸镀膜时会伤害膜层。

（5）激光加热方式及蒸发源。使用高功率的激光束作为能源进行薄膜的蒸发沉积的方法被称为激光蒸发沉积法。由于不同材料吸收激光的波段范围不同，需要选用相应的激光器。例如 SiO、ZnS、MgF_2、TiO_2、Al_2O_3、Si_3N_4 等膜料，宜用 CO_2 连续激光（波长为 10.6μm、9.6μm）；Cr、W、Ti、Sb_2S_3 等膜料，宜用玻璃脉冲激光（波长为 1.06μm）；Ge、GaAs 等膜料，宜用红宝石脉冲激光（波长为 0.694μm、0.692μm）。这种方式经聚焦后功率密度可达 $10^6 W/cm^2$，可蒸发任何能吸收激光光能的高熔点材料，蒸发速度极快，制得的膜层成分几乎与膜料成分一样。图 2-67 所示为激光蒸发原理图。激光器置于真空室之外，高能量的激光束透过窗口进入真空室中，经透镜或凹面镜聚焦之后照射到制成靶片的蒸发材料上，使之加热气化蒸发，然后沉积在基体上。

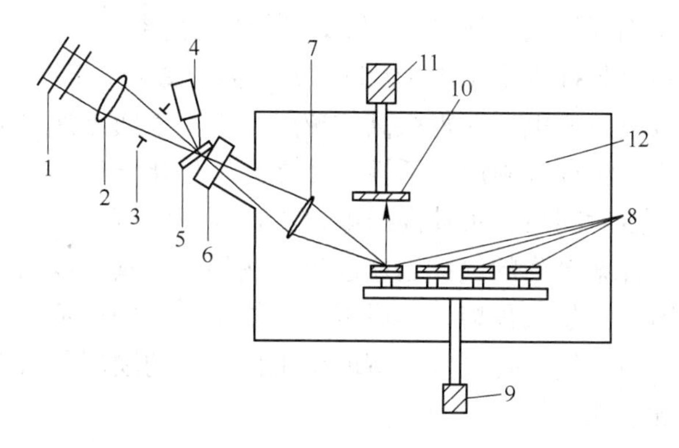

图 2-67　激光蒸发原理图

1—玻璃衰减器；2，7—透镜；3—光圈；4—光电池；5—分光器；6—沉积室窗口；
8—旋转靶；9，11—旋转电机；10—基片；12—真空室

目前，准分子激光蒸发镀膜技术已经成为高温超导薄膜、高温超导电子器件以及铁电薄膜制备的一项重要工艺。

2.5.1.4　真空蒸发镀膜设备

真空蒸发镀膜设备一般包括前处理设备、蒸发镀膜机和后处理设备三部分。蒸发镀膜机是主机，通常由真空室、真空（排气）系统、蒸发系统和电器设备等组成。真空室内除工件架外，有加热（烘烤）、离子轰击或离子源等装置。为提高镀膜厚度均匀性，工件架有转动机构。连续镀膜机还有卷板和传动装置。排气系统一般由机械泵、罗茨泵和扩散泵组成。蒸发系统包括蒸发源及电气设备，连续镀膜机还有加料装置等，电器设备用于测量真空度、膜层厚度及控制台等。

在镀膜过程中，特别是光学镀膜，对膜厚的测量和控制是非常重要，有的产品要求镀多层膜，层数甚至多达几十层，而每层膜厚又是纳米量级，需要用特殊技术来测量。常用的有光干涉极值法和石英晶体振荡法两种。前者基于光线垂直入射到薄膜上，其透射率和反射率随薄膜厚度而变化的原理，适用于透明光学薄膜，测量仪器主要有调制器、单色仪（或滤光片）和光电倍增管。后者是基于石英晶片的振荡频率随沉积薄膜厚度而变化，目前已广泛使用，测量仪器主要有石英晶体振荡片、频率计数器、微分电

路或数字电器等。

2.5.1.5 真空蒸发镀膜工艺

A 一般非连续镀膜工艺

真空蒸发镀膜工艺是根据产品要求来确定的。一般非连续镀膜的工艺流程是：镀前准备→抽真空→离子轰击→烘烤→预热→蒸发→取件→镀后处理→检测→成品。

镀前准备包括工件清洗、蒸发源制作和清洗、真空室和工件架清洗、安装蒸发源、膜料清洗和放置、装工件等。这些工作是重要的，它直接影响了镀膜质量。对不同基材或零部件有不同的清洗方法。例如玻璃在除去表面脏物、油污后用水揩洗或刷洗，再用纯水冲洗，最后要烘干或用无水酒精擦干；金属经水冲刷后用酸或碱洗，再用水洗和烘干；对于较粗糙的表面和有孔的基板，宜在水、酒精等清洗的同时进行超声波洗净；塑料等工件在成型时易带静电，如不消除，会使膜产生针孔和降低膜的结合力，因此常需要先除去静电；有的工件为降低表面粗糙度，还涂 7 ~ 10μm 的特制底漆。

工件放入真空室后，先抽真空至 1 ~ 0.1Pa 进行离子轰击，即对真空室内铝棒加一定的高压电，产生辉光放电，使电子获得很高的速度，工件表面迅速带有负电荷，在此吸引下正离子轰击工件表面，工件吸附层与活性气体之间发生化学反应，使工件表面得到进一步的清洗。离子轰击一定时间后，关掉高压电，再提高真空度，同时进行加热烘烤，控制一定温度，使工件及工件架吸附的气体迅速逸出。达到一定真空度后，先对蒸发源通以较低功率的电流进行膜料的预热或预熔，然后再通以规定功率的电流，使膜料迅速蒸发。蒸发结束后，停止抽气，再充气，打开真空室取出工件。有的膜层如镀铝等，质软和易氧化变色，需要施涂面漆加以保护。

B 合金蒸镀工艺

合金中各组分在同一温度下具有不同的蒸气压，即具有不同的蒸发速率，因此在基材上沉积的合金薄膜与合金膜料相比，通常存在较大的组分偏离，为消除这种偏离，可采用下列工艺：

(1) 多源同时蒸镀法。将各元素分别装在各自的蒸发源中，然后独立控制各蒸发源的蒸发温度，设法使到达基材上的各种原子与所需镀膜组成相对应。

(2) 瞬源同时蒸镀法（闪蒸发）。把合金做成粉末或细颗粒，放入能保持高温的加热器和坩埚之类的蒸发源中。为保证一个颗粒蒸发完后就有下次蒸发颗粒的供给，蒸发速率不能太快。颗粒原料通常是从加料斗的孔一点一点出来，再通过滑槽落到蒸发源上。除一部分合金（如 Ni-Cr 等）外，金属间化合物如 GaAs、InSb、PbTe、AlSb 等，在高温时会发生分解，而两组分的蒸气压又相差很大，故也常用闪蒸法制薄膜。

C 化合物蒸镀工艺

化合物在真空加热蒸发时，一般都会发生分解。可根据分解难易程度，采用两种不同的方法：

(1) 对于难分解（如 SiO、B_2O_3、MgF_2、NaCl、AgCl 等）或沉积后又能重新结合成原膜料组分配比的化合物（如 ZnS、PbS、CdTe、CdSe 等），可采用一般的蒸镀法。

(2) 对于极易分解的化合物如 In_2O_3、MoO_3、MgO、Al_2O_3 等，必须采用恰当蒸发源材料、加热方式、气氛，并且在较低蒸发温度下进行。例如蒸镀 Al_2O_3 时得到缺氧的 Al_2O_{3-x}膜，为避免这种情况，可在蒸镀时充入适当的氧气。

D 高熔点化合物薄膜

氧化物、碳化物、氮化物等材料的熔点通常很高，而且制取高纯度的这类化合物也很昂贵，因此常采用“反应蒸镀法”来制备此类材料的薄膜。具体做法是在膜料蒸发的同时充入相应气体，使两者反应化合沉积成膜，如 Al_2O_3、Cr_2O_3、SiO_2、Ta_2O_5、AlN、ZrN、TiN、SiC、TiC 等。如果在蒸发源和基板之间形成等离子体，则可提高反应气体分子的能量、离化率和相互间的化学反应程度，这称为“活性反应蒸镀”。

E 离子束辅助蒸镀法

蒸发原子或分子到达基材表面时能量很低（约 0.2eV），加上已沉积粒子对后来飞达的粒子造成阴影效果，使膜层呈含有较多孔隙的柱状颗粒聚集体结构，结合力差，又易吸潮和吸附其他气体分子而造成性质不稳定。为改善这种状况，可用离子源进行轰击，镀膜前先用数百电子伏的离子束对基材轰击清洗和增强表面活性，然后蒸镀中用低能离子束轰击，离子源常用氩气；也可以进行掺杂，例如用锰离子束辅助蒸镀 ZnS，得到电致发光薄膜 ZnS：Mn。另外还可用这种方法制备化合物薄膜等。

F 激光束辅助蒸镀法

在电子束蒸发膜料的同时，用 10～60W 的宽束 CO_2 激光（束径 15mm）辐照石英基板，制得性能优良的 HfO_2 和 Y_2O_3 等介质薄膜。

G 单晶蒸镀法

基材通常为一定取向的单晶材料，选择较高的基板温度和较低的沉积速率，以及控制薄膜厚度、蒸发粒子入射角、残余气体种类与压力以及电场等参数，可以制备单晶薄膜。

H 非晶蒸镀法

采用快速蒸镀，有利于非晶薄膜的形成。Si、Ge 等共价键元素和某些氧化物、碳化物、钛酸盐、铌酸盐、锡酸盐等在室温或其以上温度下可得到非晶薄膜，而纯金属等需在液氦温度附近的基板上才能形成非晶薄膜。采用金属或非金属元素或两种在高浓度下互不相溶的金属元素共同蒸镀，比纯金属容易形成非晶薄膜。另外，也可通过加入降低表面迁移率的某些气体或离子来获得非晶薄膜。非晶薄膜往往有一些独特的性能和功能，有着重要用途。

I 工艺操作注意事项

真空蒸发镀膜工艺操作应注意：

（1）选用的真空度应从 5×10^{-3}Pa 开始。但注意真空度并非越高越好，因为在真空室内真空度超越 1.33×10^{-6}Pa 时，必须经过对系统的烘烤才能获得，这种烘烤过程会造成对被镀件的污染。

（2）残余气体对镀膜有影响，因为残余气体轰击着真空室中的所有表面，要使镀膜纯度好，则必须使蒸发材料原子到基片的速率比残余气体的到达速率大，这样应先提高真空室温度，减少活性气体。

（3）对被镀件加温，因为在真空下加热被镀件是使其净化，使存在于被镀件表面上的污染物解吸，同时也会使凝聚的原子在被镀件表面上的移动性增大，从而改变薄膜的晶体结构。相邻层间的扩散，也会随温度的提高而增加，使合金薄膜变得更加均匀。

总之，真空镀膜室的真空度、镀膜材料的蒸发速率、基板和蒸发源的间距以及基板表面状态和温度等都是影响镀膜层质量的因素。

2.5.1.6 真空蒸发镀膜的应用

真空蒸发镀膜应用非常广泛，已有相当规模的工业化生产。表 2-56 列出了真空蒸镀技术的应用实例。

表 2-56 真空蒸镀技术的应用实例

蒸发技术	典型应用	薄膜实例
电阻加热	制镜工业	Al
	塑料、纸、钢板上金属化涂层	Al，Co，Ni
电子束加热	光学工业（如塑料透镜）	SiO_2
	抗腐蚀和高温氧化涂层	MCrAlY（M = Co、Fe、Ni）
	热障涂层	ZrO_2
	塑料、纸、钢板上金属化涂层	Al，Co、Ni、Fe 的合金或氧化物
感应加热	核工业	Ti，Be
电弧加热	导电层	C，W
激光加热	超薄薄膜	Y、Ba、Cu 的氧化物

蒸发镀铝膜是真空蒸发镀膜最大的应用领域，其中塑料金属化占非常大的份额，已非常普及。在塑料件上蒸铝成为金属质光亮表面再染色，应用范围涉及玩具、灯饰、饰品、工艺品、家具、日用品、化妆品的容器、纽扣、钟表等，几乎眼睛所及的塑料构件都可以用镀铝变色美化。但其美中不足的是耐候性差，这涉及涂油的老化问题。另一大类的应用是卷绕式柔性塑料薄膜以及纸张蒸镀铝，这是包装材料一大家族（见图 2-68）。食品、香烟、礼品、服装的包装都用上了镀铝包装膜。另外，纺织物中闪光的彩色丝也是镀铝变色的塑料丝。电解电容也用镀铝膜作电容电极（见图 2-69）。还有在织物上蒸镀铝，用于反射热的消防服。

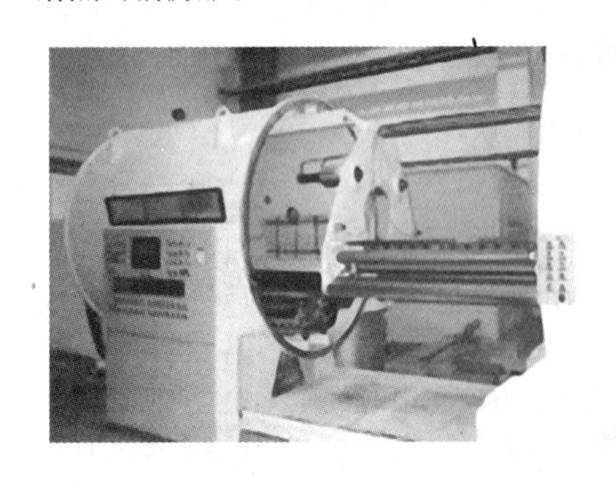

图 2-68 计算机控制与光学监测的包装薄膜卷筒镀膜机

图 2-69 电容器用铝薄膜卷筒镀膜机

有相当的光学膜产品也是用真空蒸镀生产的。目前大宗节能灯的冷光碗就是用真空蒸镀 MgF_2/ZnS 多层膜制备的，一般采用 21 层以上达到红光向后、冷光向前的效果。国内月产几千万只这种冷光灯碗，大多用 1100 ~ 1400mm 大型真空蒸发镀膜机生产。一个企业往往拥有上十台镀膜机三班生产，月产500万只以上。图2-70所示为镀制冷反光碗的真空蒸发镀膜机。

手表玻璃和手机视窗玻璃镀膜，生产量都是以千万计。镜面反射铝膜、铬膜也是用蒸发镀生产的，包括汽车后视镜、反光镜、汽车灯具反光镜也已成为大的蒸发镀膜产业。蒸发镀SiO膜呈现珠光色，塑料珠上镀SiO可作各种饰品。

由于蒸发镀膜设备简单，膜的沉积速率较高，膜层纯度又可保证，工艺易于控制，因此其应用非常广泛。

图2-70 冷反光碗真空蒸发镀膜机

2.5.2 溅射镀膜技术

用离子轰击靶材表面，靶材的原子被轰击出来的现象称为溅射，溅射产生的原子沉积在基体表面成膜即为溅射镀膜。通常是利用气体放电过程中部分气体被分解为可导电的离子与电子，即形成等离子体。这种低压等离子体含有离子，电子数占气体分子总数的0.01%左右。此时的等离子体中的电子吸收了外电场所提供的能量又可不断地复制出新的电子和离子，其中正离子在电场作用下高速轰击阴极靶体，轰击出的阴极靶体原子或分子以很高的速度飞向基体表面沉积成薄膜，因此，气体放电是薄膜溅射的物理基础。

早在1852年Grove就在气体辉光放电管中发现了离子对阴极材料的溅射现象，其离子束来源于气体辉光放电产生的等离子体。自1870年开始，人们就利用溅射现象发展了直流二极溅射技术；1877年Wringt将二极溅射技术用于镜面镀制反射膜；20世纪30年代，美国西屋电气公司采用二极溅射在留声机的蜡制母板上镀金，作为电镀的导电底层。由于溅射镀膜速率比真空蒸法镀膜速率低一个数量级，致使其在工业化应用方面处于劣势，直到1963年美国贝尔实验室和西屋电气公司才采用连续溅射装置在集成电路上镀钽膜，开始实现溅射镀膜的产业化。随后溅射技术得到了长足的发展，出现了三极溅射和磁控溅射。三极溅射是利用热丝弧光放电增强辉光放电产生等离子体，但三极溅射难以实现大面积均匀镀膜，工业上未能获得广泛应用。磁控溅射是在阴极靶面建立跑道磁场，利用其控制二次电子运动，延长其在靶面附近的行程，增加与气体的碰撞几率，从而提高等离子体的密度，这样可以大大提高靶材的溅射速率，最终提高沉积速率。磁控溅射技术相对于其他溅射技术而言有较高的镀膜速率，一般二极溅射和射频溅射的镀膜速率为20～250nm/min，三极溅射为50～500nm/min，而磁控溅射可以高达200～2000nm/min。20世纪70年代磁控溅射镀膜已实现工业化，80年代我国的磁控技术有较大的发展，90年代已可以提供大型磁控溅射装置并大规模生产镀膜制品。磁控溅射是当今镀膜主流技术之一，人们仍一直致力于提高磁控溅射技术的效率和应用范围。为了改善镀膜质量，20世纪80年代，出现了一种新型镀膜方式，它是把镀件连接偏置电源产生几十到几百伏的偏压，使工件接受较高能量的离子轰击，被称为磁控溅射离子镀，简称溅射离子镀（sputtering ion plating，SIP）。为了提高偏流密度，20世纪90年代人们又开发了非平衡磁控阴极。其特点是通过磁路的设计，让磁力线把等离子体引向被镀基体，同时对电子进行磁场约束和静电反射。非平衡磁控溅射将会获得更广泛的应用。在反应溅射制备介质膜技术中，存在靶中毒、溅射工况不稳定、沉积速率低，化合物组成和结构、应力、表面性能较难控制等问题，一直困扰着生产上的应用。直到 20 世纪末，中频交流磁控溅射技术和非对称脉冲溅射技术的出现才解决上述问题。中频交流磁控溅射在化合物薄膜制备中将会开创出新天地。

溅射镀膜一般具有以下特点：

（1）溅射出来的粒子能量约为几十电子伏，膜/基结合较好，成膜较为致密。

（2）可实现大面积靶材的溅射沉积。粒子飞行过程中会不断发生碰撞，沉积面积大且膜层比较均匀。

（3）可用于高熔点金属、合金和化合物等材料的成膜。

溅射镀膜已广泛应用于工具镀硬质合金膜、各种彩色的装饰膜、建筑用玻璃阳光控制膜、太阳能吸收膜、各种光学器件和玻璃的光学膜（增透、减反、全反、选择透过等）、磁学膜、光电子器件膜、微电子器件的各种用途薄膜、传感器功能膜、平面显示功能膜等。此外，溅射还可以用来清洁固体表面和溅射刻蚀。溅射镀膜从 20 世纪 70 年代起，就成为了一种重要的薄膜沉积技术。

2.5.2.1 溅射镀膜原理

A 溅射现象

用几十电子伏或更高动能的入射荷能粒子轰击靶材表面，使其原子获得足够的能量而溅出进入气相，这种溅出的、复杂的粒子散射过程称为溅射。它可以用来刻蚀、成分分析（二次离子质谱）和镀膜等。

被轰击的材料称为靶。由于离子易在电磁场中加速或偏转，因此入射荷能粒子一般为离子，这种溅射称为离子溅射。用离子束轰击靶而发生的溅射，则称为离子束溅射。

入射一个离子所溅射出的原子个数称为溅射率或溅射产额，单位通常为原子个数/离子。显然，溅射率越大，生成膜的速度就越大。影响溅射率的因素有很多，大致分为三个方面：

（1）与入射离子有关，包括入射离子的能量、入射角、靶原子质量与入射离子质量之比、入射离子的种类等。入射离子的能量降低时，溅射率就会迅速下降；当低于某个值时，溅射率为零，这个能量值称为溅射的阈值能量。对于大多数金属，溅射阈值在 20～40eV 范围。当入射离子能量增至 150eV，溅射率与其平方成正比；增至 150～400eV，溅射率与其成正比；增至 400～5000eV，溅射率与其平方根成正比，以后达到饱和；增至数万电子伏，溅射率开始降低，离子注入数量增多。

（2）与靶有关，包括靶原子的原子序数（即相对原子质量以及在周期表中所处的位置）、靶表面原子的结合状态、结晶取向以及靶材是纯金属、合金或化合物等。溅射率随靶材原子序数的变化表现出某种周期性，随靶材原子 d 壳层电子填满程度的增加，溅射率变大，即 Cu、Ag、Au 等最高，而 Ti、Zr、Nb、Mo、Hf、Ta、W 等最低。

（3）与温度有关。一般认为在和升华能密切相关的某一温度内，溅射率几乎不随温度变化而变化；当温度超过这一范围时，溅射率有迅速增加的趋势。

溅射率的量级一般为 10^{-1}～10 个原子/离子。溅射出来的粒子动能通常在 10eV 以下，大部分为中性原子和少量分子，溅射得到离子（二次离子）一般在 10% 以下。在实际应用中，溅射产物的考虑也是重要的，包括有哪些溅射产物，状态如何，这些产物是如何产生的，其中有哪些可供利用的产物和信息，还有原子和二次离子的溅射率、能量分布和角分布等。

B　直流辉光放电

辉光放电是在 $10 \sim 10^{-2}$Pa 真空度范围内，在两个电极之间加上高压时产生的放电现象，它是离子溅射镀膜的基础，即离子溅射镀膜中的入射离子一般利用气体放电法得到。

气体放电时，两电极之间的电压和电流的关系不能用简单的欧姆定律来描述，而是如图 2-71 所示的变化曲线：开始加电压时电流很小，*AB* 区域为暗光放电；随电压增加，有足够的能量作用于荷能粒子，它们与电极碰撞产生更多的带电荷粒子，大量电荷使电流稳定增加，而电源的输出阻抗限制着电压，*BC* 区域称为汤逊放电；在 *C* 点以后，电流自动突然增大，而两极间电压迅速降低，*CD* 区域为过渡区；在 *D* 点之后，电流与电压无关，两极间产生辉光，此时增加电源电压或改变电阻来增大电流时，两极间的电压几乎维持不变，*D* 至 *E* 之间区域为辉光放电；在 *E* 点之后再增加电压，两极间的电流随电压增大而增大，*EF* 区域称非正常辉光放电；在 *F* 点之后，两极间电压降至一很小的数值，电流的大小几乎是由外电阻的大小来决定，而且电流越大，极间电压越小，*FG* 区域称为弧光放电。

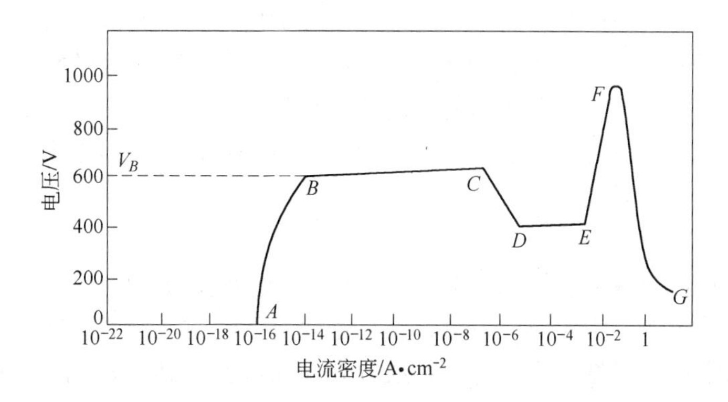

图 2-71　直流辉光放电特性

正常辉光放电的电流密度与阴极物质、气体种类、气体压力、阴极形状等有关，但其值总体来说较小，所以在溅射和其他辉光放电作业时均在非正常辉光放电区工作。

气体放电进入辉光放电阶段即进入稳定的自持放电过程，由于电离系数较高，产生较强的激发、电离过程，因此可以看到辉光。仔细观察则可发现辉光从阴极到阳极的分布是不均匀的，可分为如图 2-72 所示的 8 个区。自阴极起分别为：阿斯顿暗区（Aston 暗区），阴极辉光区，克鲁克斯暗区（阴极暗区），以上三个区总称为阴极位降区，辉光放电的基本过程都在这里完成；还有负辉光区，法拉第暗区（Faraday 暗区），正离子光柱区（正柱区），阳极暗区，阳极辉光区。各区域随真空度、电流、极间距等改变而变化。

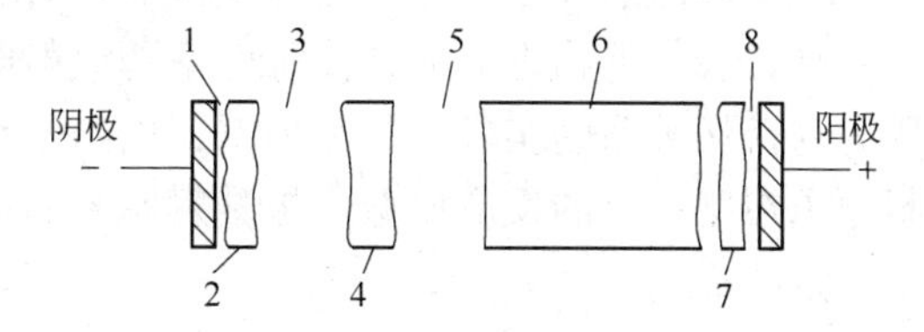

图 2-72　直流辉光放电图形

1—阿斯顿暗区；2—阴极辉光区；
3—克鲁克斯暗区；4—负辉光区；
5—法拉第暗区；6—正离子光柱区；
7—阳极暗区；8—阳极辉光区

阴极位降区是维持辉光放电不可缺少的区域，极间电压主要降落在这个区域之内，使辉光放电产生的正离子撞击阴极，把阴极物质打出来，这就是一般的溅射法。若其他条件不变，仅改变极间距离，则阴极位降区始终不变，而其他各区相应缩短。阴极与阳极之间的距离至少应比阴极位降区即阴极与负辉光区的距离长。

C 射频辉光放电

气体放电产生的正离子向阴极运动，而一次电子向阳极运动。放电是靠正离子撞击阴极产生二次电子，通过克鲁克斯暗区被加速，以补充一次电子的消耗来维持。如果施加的是交流电，并且频率增高到50kHz以上，那么会发生两个重要的效应：

(1) 辉光放电空间中电子振荡达到足够产生电离碰撞的能量，故减少了放电对二次电子的依赖性，并且降低了击穿电压。

(2) 由于射频电压可以耦合穿过各种阻抗，故电极就不再要求是导电体，完全可以溅射任何材料。

在二极射频溅射过程中，由于电子质量小，其迁移率高于离子，因此当靶电极通过电容耦合加上射频电压时，到达靶上的电子数目远大于离子数，电子又不能穿过电容器传输出去，这样逐渐在靶上积累电子，使靶具有直流负电位。在平衡状态下靶的负电位使到达靶的电子数目和离子数目相等，因而通过电容与外加射频电源相连的靶电路中就不会有直流电通过。实验表明，靶上形成的负偏压幅值大体上与射频电压峰值相等。对于介质材料，正离子因靶面上有负偏压而能不断轰击它，在射频电压的正半周时，电子对靶面的轰击能中和积累在靶面上的正离子。如果靶为导电材料，则靶与射频电源之间必须串联连入100～300pF的电容，以使靶具有直流负电位。

D 反应溅射原理

自从人们发明射频溅射装置后，就能比较容易地制取SiO_2、Al_2O_3、Si_3N_4、TiO_2、玻璃等蒸发压比较低的绝缘体薄膜。但是，在采用化合物靶时，多数情况下所获得的薄膜成分与靶化合物成分发生偏离。为了对薄膜成分和性质进行控制，特地在放电气体中加入一定的活性气体而进行溅射，称为反应溅射，以此可得到所需要的氧化物、氮化物、碳化物、硫化物、氢化物等。它既可用直流溅射，又可用射频溅射；若制取绝缘体薄膜，一般用射频溅射。

一般认为，化合物薄膜是到达基底的溅射原子和活性气体在基底上进行反应而形成的。但是，由于在放电气氛中引入了活性气体，在靶上也会发生反应，依化合物性质不同，除物理溅射外也可能引起化学溅射，后者在离子的能量较低时也能发生。如果离子能量升高，会加上物理溅射，使溅射率随溅射电压成比例增加。人们以沉积速率与活性气体压力的密切关系的实验结果为依据，提出了在靶面上由表面沿厚度方向的反应模型、由吸附原子在靶面上的反应模型、被溅射原子的捕集模型等，试图说明反应溅射的机制，取得了一定的成功。

2.5.2.2 溅射镀膜的方式

A 二极溅射

原理：直流二极溅射是利用气体辉光放电来产生轰击靶的正离子，工件与工件架作为阳极，被溅射材料做成靶作为阴极。射频二极溅射与直流二极溅射的主要区别是电源不同，相应的镀膜原理也有不同。

工艺参数：DC 1～7kV，0.15～1.5mA/cm^2；RF 0.3～10kW，1～10W/cm^2。氩气压力约1.3Pa。

特点：构造简单，在大面积的工件表面上可以制取均匀的薄膜，放电电流随压力和电压的变化而变化。

B 三极或四极溅射

原理：通过热阴极和阳极形成一个与靶电压无关的等离子区，使靶相对于等离子区保持负电位，并通过等离子区的离子轰击靶来进行溅射。有稳定电极的，称为四极溅射；没有稳定电极的，称为三极溅射。稳定电极的作用就是使放电稳定。

工艺参数：DC 0～2kV，RF 0～1kW，氩气压力为$6\times10^{-2}\sim1\times10^{-1}$Pa。

特点：可实现低气压、低电压溅射，放电电流和轰击靶的离子能量可独立调节控制。可自动控制靶的电流，也可进行射频溅射。

C 磁控溅射

原理：在阴极靶表面上方形成一个正交电磁场（即利用磁控管原理，使磁场与电场正交，磁场方向与阴极表面平行）。当溅射产生的二次电子在阴极位降区被加速为高能电子后，并不能直接飞向阳极，而是在正交电磁场作用下来回振荡，近似于做摆线运动，并不断地与气体分子发生碰撞，把能量传递给气体分子，使之电离，而本身变为低能电子，最终沿磁力线漂移到阴极附近的辅助阳极，进而被吸收，这就避免了高能粒子对基底的强烈轰击，消除了二极溅射中基底被轰击加热和被电子辐照引起损伤的根源，体现了磁控溅射中基底“低温”的特点。

另外，正因为磁控溅射产生的电子来回振荡，一般要经过上百米的飞行才最终被阳极吸收，而气体压力为10^{-1}Pa量级时电子的平均自由程只有10cm量级，所以电离效率很高，易于放电，它的离子电流密度比其他形式溅射高出一个数量级以上，溅射速率高达$10^2\sim10^3$nm/min，体现了“高速”溅射的特点。

工艺参数：0.2～1kV（高速低温），3～30W/cm^2。氩气压力为$10^{-2}\sim10^{-1}$Pa。

特点：磁控溅射是低温低损伤高速溅射，沉积的膜层均匀、致密、针孔少、纯度高、附着力强、应用靶材广；进行溅射时，工艺上，操作电压低、工作压力范围宽；阴极背面的SmCo、NbFeB等永磁体或电磁铁产生平行于阴极表面的磁场；同时，在阴极表面施加负偏压或13.56MHz的射频电场，使阴极附近产生电场（阴极位降）与磁场相垂直的电磁场作用下，阳离子被束缚在阴极表面，沿环形轨道做圆周滚线运动，增大电子与气体分子碰撞，减少了电子对基底的轰击，而且在5Pa以下能产生高密度的等离子体，使高速溅射成为现实。

D 对向靶溅射

原理：两个靶对向放置，在垂直于靶的表面方向加上磁场，以此增加溅射的电离过程。

工艺参数：用DC或RF，氩气压力为$10^{-2}\sim10^{-1}$Pa。

特点：可以对磁性材料进行高速低温溅射。

E 射频溅射

原理：在靶上加射频电压，电子在被阳极收集之前，能在阳极和阴极之间的空间来回振荡，有更多机会与气体分子产生碰撞电离，使射频溅射可在低气压（$1\sim10^{-1}$Pa）下进行。另外，当靶电极通过电容耦合加上射频电压后，靶上便形成负偏压，使溅射速率提高，并能沉积绝缘体薄膜。

工艺参数：RF 0.3 ~ 10kW，0 ~ 2kV，射频频率通常为13.56MHz。氩气压力约1.3Pa。

特点：既能沉积绝缘体薄膜，也能沉积金属膜。

F 偏压溅射

原理：相对于接电的阳极（例如工件架等）来说，在基底上施加适当的偏压，使离子的一部分流向基底，即在薄膜沉积过程中基底表面也受到离子轰击，从而把沉积膜中吸附的气体轰击出去，提高膜的纯度。

工艺参数：在基底上施加0 ~ 500V 范围内的相对于阳极的正或负的电位。氩气压力约1.3Pa。

特点：在镀膜过程中同时清除 H_2O、H_2 等杂质气体。

G 非对称交流溅射

原理：采用交流溅射电源，但正负极性不同的电流波形是非对称的，在振幅大的半周期内对靶进行溅射，在振幅小的半周期内对基底进行较弱的离子轰击，把杂质气体轰击出去，使膜纯化。

工艺参数：AC 1 ~ 5kV，0.1 ~ 2mA/cm^2。氩气压力约1.3Pa。

特点：能获得高纯度的膜层。

H 吸气溅射

原理：备有能形成吸气面的阳极，能捕集活性的杂质气体，从而获得洁净的膜层。

工艺参数：DC 1 ~ 7kV，0.15 ~ 1.5mA/cm^2；RF 0.3 ~ 10kW，1 ~ 10W/cm^2。氩气压力为1.3Pa。

特点：能获高纯度的膜层。

I 反应溅射

原理：在通入的气体中掺入易与靶材发生反应的气体，因而能沉积靶材的化合物膜。

工艺参数：DC 1 ~ 7kV，RF 0.3 ~ 10kW。在氩气中掺入适量的活性气体。

特点：沉积阴极物质的化合物薄膜。例如，若阴极（靶）是钛，可以沉积 TiN、TiC。

J 离子束溅射

原理：从一个与沉积室隔开的离子源中引出高能离子束，然后对靶进行溅射。这样，沉积室真空度可达 10^{-4} ~ 10^{-8}Pa，残余气体少，可得高纯度、高结合力的膜层。另外，由于基底与等离子体隔离，不必考虑成膜过程中等离子体的影响，靶与基板又可保持等电位，靶上放出的电子或负离子不会对基底产生轰击的损伤作用。此外，离子束的入射角、能量、密度都可在较大范围内变化，并可单独调节，因而可对薄膜的结构和性能在相当广泛范围内进行调节和控制。

目前常用的离子源有双等离子体离子源和考夫曼离子源两种。

工艺参数：用 DC，氩气压力约 10^{-3}Pa。

特点：在高真空下利用离子束溅射镀膜是非等离子体状态下的成膜过程。成膜质量高，膜层结构和性能可调节和控制。但束流密度小，成膜速率低，沉积大面积薄膜有困难。

2.5.2.3 溅射镀膜装置和工艺

A 装置

溅射镀膜装置的真空系统与真空蒸镀膜装置比较，除增加充气装置外，其余均相似；基材的清洗、干燥、加热除气、膜厚测量与监控等也大体相同。但是主要的工作部件是不同的，即蒸发镀膜装置的蒸发源被溅射源所取代。现以目前普遍使用的磁控溅射镀膜装置为例对溅射镀膜装置做扼要的介绍。

磁控溅射镀膜装置主要由真空室、排气系统、磁控溅射源系统和控制系统四个部分组成，其中磁控溅射源有多种结构形式，具有各自的特点和适用范围：

（1）平面磁控溅射源。按靶面形状又分为圆形和矩形两种。在溅射非磁性材料时，磁控靶一般采用高磁阻的锶铁氧体作磁体，溅射铁磁材料时则采用低磁阻的铝镍钴永磁铁或电磁铁，保证在靶面外有足够的漏磁以产生溅射所要求的磁场强度。用平面磁控溅射源制备的膜，膜厚均匀。平面磁控溅射适合于大面积连续大规模的工业化生产。

（2）圆柱面磁控溅射源。它有多种形式。特点是结构简单，可有效地利用空间，在更低的气压下溅射成膜。如用空心圆管制作，管内装有圆环形永磁铁，相邻两磁铁同性磁极相对放置，并沿圆管轴线排列，形成了所需的磁场。圆柱面磁控溅射源适用于形状复杂、几何尺寸变化大的镀件，内装式镀管子内壁，外装式镀管子外壁。

（3）S 枪型磁控溅射源。其靶呈圆锥形，制作困难，可直接取代蒸发镀膜装置上的电子枪。这种源适合于小型制作，科研用。

B 工艺

现以典型的磁控溅射为例，如果是间歇式工作的，一般工序为：

（1）镀前表面处理。与蒸发镀膜相同，详见 2.5.2.5 节。

（2）真空室的准备。包括清洁处理，检查或更换靶（不能有渗水、漏水，不能与屏蔽罩短路），装工件等。

（3）抽真空。

（4）磁控溅射。通常在镀膜室的真空度为 0.066 ~ 0.13Pa 时，通入氩气，其分压为 0.66 ~ 1.6Pa 后通入靶的冷却水，调节溅射电流或电压达到工艺规定值时进行溅射。自溅射电流达到开始溅射的电流算起，到时即停止溅射、停止抽气。这仅是一般操作情况，实际上对不同材料和产品，所选用的工艺条件是不一样的，应按具体要求而定，但有些条件须严格控制。

（5）镀后处理。根据产品需要达到预定出炉温度方可出炉，出炉后需进行产品检验，合格后进行产品包装，最后登记入库。

值得指出的是，靶的选择和靶的冷却十分重要，对热导率小、内应力大的靶，溅射功率不能太大，溅射时间不宜太长，以免局部区域的蒸发量多于溅射量。在正式溅射时，最好进行预溅射，并适当地提高功率，去除靶面上吸附的气体和杂质。为增强膜/基结合力，可对基体进行反溅射（即在基体上加相对于等离子体为负的偏压）或离子轰击。

2.5.2.4 溅射镀膜的应用

溅射镀膜工艺易控，重复性好，被广泛应用于各类薄膜的制备和工业生产。其应用膜层的种类主要有纯金属膜、合金膜和化合物膜，其应用分类见表 2-57。

表 2-57　溅射膜的应用分类

应用领域			用　途	薄 膜 材 料
电子微电子工业	大规模集成电路及电子元器件	电阻薄膜	电阻薄膜	Re, Ta_2N, TaN, Ta-Al, Ta-Si, Ni-Cr, Al, Au, Mo
			电极引线	W, Cr, Au, Cu, Ni-Cr, $TiSi_2$, WSi_2, $TaSi_2$
			小发热体薄膜	Ta_2N
			隧道器件电子发射器件	Ag-Al-Ge, Al-Al_2O_3-Al, Al_2O_3-Au
		介质膜	表面钝化、层间绝缘、LK 介质	SiO_2, Si_3N_4, Al_2O_3, FSG, SiOF, SOG, HSQ
			电容、进界层电容、HK 介质	$BaTiO_3$, KTN($KTa_{1-x}Nb_xO_3$), P2T, $PbTiO_3$
			压电体、铁电体	ZnO, AlN, γ-Bi_2O_3, $Bi_{12}GeO_{20}$, $LiNbO_3$, P2T, $Bi_4Ti_3O_{12}$
			热释电体	硫酸三甘肽(TGS), $LiTaO_3$, $PbTiO_3$, P2T
		半导体膜	光电器件、太阳能利用	Si, α-Si, Au-ZnS, ThP, GaAs, CdS/Cu_2S, CIS, CIGS
			薄膜三极管	α-Si, LTPS, HTPS, CdSe, CdS, Te, InAs, GaAs, PbS
			透明导电膜	In_2O_3, SnO_2
			电致发光	ZnS, 稀土氟化物, In_2O_3-Si_3N_4-ZnS 等
			磁电器件	InSb, InAs, GaAs, Ge, Si, $Hg_{1-x}Cd_xTe$, $Pb_{1-x}Sn_xTe$
		超导膜	约瑟夫森器件	Pb-B/Pb-Au, Nb_3GeV_3Si, YBaCuO 等高温超导膜
			超导量子干涉记忆器件等	Pb-In-Au, PbO/In_2O_3, YBaCuO 等高温超导膜
	磁记录元件、高密度存储器	磁记录	水平磁记录	γ-Fe_2O_3, Co-Ni
			垂直磁记录	Co-Cr, Co-Cr/Fe-Ni 双层膜
			磁头材料	Ni-Fe 合金膜, Co-Zr-Nb 非晶膜
			磁头缝隙材料、绝缘体	Cr, SiO_2 玻璃
			特殊材料	过渡族金属和稀土合金
		光磁记录	光　盘	MnBi, GdCo, GdFe, TbFe, GdTbFe
		磁学器件	磁学器件、霍耳器件、磁阻器件	$Y_3Fe_5O_{12}$, γ-Fe_2O_3
	CRT 及平板显示器		CRT	ZnS, Ag, Cl, ZnS：Au, Cu, Al, Y_2O_2S：Eu, Zn_2SiO_4：Mn, As
			LCD	ITO, 用于 TFT-LCD 的 α-Si, LTPS, HTPS, Mo, Ta, SiO_x, SiN_x
			PDO	ITO, MgO 保护膜, Cr-Cu-Cr, Cr-Al, Ag 电极
			OLED 及 PLED	分子有机发光材料, HIL, HTL, ETL, EIL, α-Si, LTPS, HTPS, RGS 发光层, ITO 高分子有机发光材料
			LED	三元及四元等化合物半导体薄膜, 发蓝光的 SiC 膜, $Ⅱ_A$-$Ⅵ_A$ 族化合物半导体薄膜
			ELD	ZnS, Mn, ZnS, Sm, F, CaS, Eu, Y_2O_5, SiO_2, Si_3N_4, $BaTiO_3$, IFO
			FED	W, Mo, CNT 膜, 金刚石薄膜, DLC, Ta_2O_5, Al_2O_3, HfO_2, IFO

续表2-57

应用领域		用　途	薄膜材料
光学及光导通信		保护膜、反射膜、增透膜	Si_3N_4, Al, Ag, Au, Cu
		光变频、光开关	TiO_2, ZnO, YIG, GdIG, $BaTiO_3$, PLZT, SnO_2
		光色膜	WO_3
		光　栅	Cr
		光记忆器件、高密度储存器	CdFe, TbFe
		光传感器	InAs, InSb, $Hg_{1-x}Cd_xTe$, PbS
能源科学	聚变堆第一壁材料 太阳能利用核反应堆用	耐热、抗辐射表面保护	TiB_2/石墨, TiB_2/Mo, TiC/石墨, B_4C/石墨, B/石墨
		太阳能电池	Si, Ag, Ti, In_2O_5
		光电波、透明导电膜	Au-ZnS, Ag-SnS, CdS-Cu_2S, SnO_2, In_2O_3
		选择性吸收膜	金属碳化物，氮化物
		选择性反射膜	In_2O_3
		元件保护、防蚀、耐辐照	Al
机械化学应用	耐磨表面硬化	刀具、模具、机械零件 精密部件	TiN, TiC, TaN, Al_2O_3, BN, HfN, WC, Cr, 金刚石薄膜, DLC, Pt, Ta, CrN, CrC, CrAlTiN, TiSiN, CrAlTiN + DLC, 纳米超硬膜
	耐　热	燃气轮机叶片等部件	Co-Cr-Al-Y, Ni/ZrO_2 + Y, Ni-50Cr/ZrO_2 + Y, Al, W, Ta, Ti, Mo, Co-Cr-Al 系合金
	耐　蚀	表面保护	TiN, TiC, Al_2O_3, Al, Cd, Ti, Fe-Ni-Cr-P-B 非晶, Cr, Ta, CrN, CrC 等
	润　滑	宇航设备、真空、原子能	MoS_2, Ag, Cu, Au, Pb, Cu-Au, Pb-Sn, 聚四氟乙烯
塑料工业	餐饮、硬化、包装	塑料表面金属化	Cr, Al, Ag, Ni, TiN

A　纯金属膜的溅射

在集成电路金属化中，采用溅射纯铝膜取代蒸发纯铝膜。溅射的铝膜附着力强、晶粒细小、台阶覆盖好、电阻率低、可焊性好。

高反射率的镜面采用溅射镀铝时，其晶粒、镜面反射率和表面平滑性远优于蒸发镀铝膜。

B　合金膜的溅射

溅射与其他物理沉积技术相比最适于镀制合金膜。其镀制方法有多靶溅射、镶嵌靶溅射和合金靶溅射。多靶溅射是采用两个或更多的纯金属靶同时对工件进行溅射，通过调节各靶的电流来控制膜的合金成分，可获得合金成分连续变化的膜层。镶嵌靶溅射是将两种或多种纯金属按设定的面积比例镶嵌成一块靶材，同时进行溅射。镶嵌靶的设计是根据膜层成分要求，考虑各种元素的溅射产额，计算出每种金属所占靶面积的份额。表2-58列举了一些典型溅射合金膜的应用。

表 2-58 一些典型溅射合金膜的应用

膜层材料	工件	功能
不锈钢	平板玻璃	光电反射层
Al-Cu-Si	集成电路硅片	导电层
Ti-W	集成电路硅片	扩散阻挡层
Co-Ni	计算机硬盘	磁记录介质层
Fe-Ni	计算机硬盘磁头	磁路导磁层
CoCrAlY	燃气轮机叶片	抗高温腐蚀层

C 化合物膜的溅射

化合物膜通常是指金属元素与 C、O、N、B、S 等非金属元素相互化合而生成的膜层，也有用化合物靶直接溅射获得，其镀制方法有直流溅射、射频溅射和反应溅射。

直流溅射化合物膜必须采用导电的化合物靶材，例如 SnO_2、TiC、MoB、$MoSi_2$、ITO（氧化铟锡）等。化合物靶材通常用粉末冶金方法制成，价格昂贵。ITO 透明导电膜的镀制是直流溅射化合物膜的工业应用实例。

射频溅射不受靶材是否导电的限制，但因其设备昂贵还有人身防护，故只有溅射绝缘的化合物靶材时才采用。镀 ITO 透明导电膜的 SiO_2 隔离层就是射频溅射镀制化合物膜的工业应用实例。

反应溅射是在金属靶材进行溅射时，同时向镀膜室中通入所需的非金属元素的气体，在工件上通过化学反应而生成化合物膜。例如，镀 TiN 时，采用 Ti 靶和氮气；镀 Al_2O_3 时采用 Al 靶和 $Ar+O_2$ 混合气；镀碳化物时反应气体用 CH_4 或 C_2H_2。

中频交流磁控溅射的出现将为化合物的溅射开辟广阔天地。表 2-59 列出了一些溅射化合物膜的应用实例。

表 2-59 溅射化合物膜的应用实例

膜层材料	工件	功能
TiN	高速钻头和铣刀	超硬耐磨
	不锈钢表具、洁具、家具	仿金装饰
ITO	透明导电玻璃	透明导电
SiO_2	透明导电玻璃	防钠离子扩散
AlN	玻璃太阳能吸热	选择吸收太阳光
TiO_2	平面玻璃	减反、增透、自洁
SnO_2	平面玻璃	热反射
MoS_2	干摩擦轴承	减摩润滑
Al_2O_3	集成电路硅片	绝缘钝化

D 应用实例

a 阳光控制膜

高层建筑外墙广泛采用幕墙玻璃——阳光控制膜玻璃（glass with solor control coating）。其基本功能是使阳光中可见光波段通过，而红外线和远红外波段反射。建筑物的热能传递主要通过墙体和窗口，阳光中的可见光部分对室内采光是必需的，但红外部分的热能辐射只能使室内温度升高。在中央空调的高层建筑，采用阳光控制膜玻璃，可以让空调能源能耗至少节约 1/3 以上。阳光控制膜玻璃色调鲜艳，有美化建筑物的功能。

阳光控制膜玻璃适用于温带和热带地区，其可见光透过率在 8% ~30% 之间。阳光控制膜最简单的膜系一般分为三层，第一层是化合物膜（InO_3、SnO_2、TiN、Ti(NO)等），由于镀膜厚度不同，可能因界面反射干涉效应而呈现出不同的色彩；第二层是调整透过率和反射率的金属薄膜（Cr、Cu、Ti、不锈钢、Ag 等）；第三层是保护层（例如 TiO_2），防止膜层在环境条件下的变质和划伤。复杂的膜系有五层、七层，有不同颜色和不同的光、热性能。各膜层均用溅射镀膜技术来实现。图 2-73 所示为镀膜玻璃生产线示意图，图 2-74 所示为莱宝公司安装在瑞士的世界上最大的大面积平板玻璃水平输送连续生产镀膜机。

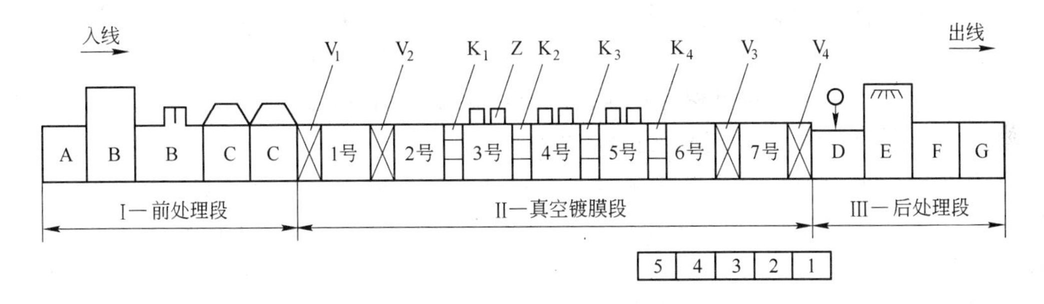

图 2-73 镀膜玻璃生产线示意图

A—进线工作台；B—打霉机、玻璃洗涤机；C—防尘加热烘烤装置；D—膜层透射率检查台；V_1 ~ V_4—阀门闸板阀；K_1 ~ K_4—隔离腔；Z—平面磁控溅射阴极；1 号—预储室；2 号，6 号—过渡室；3 号 ~5 号—溅射室；7 号—输出室；1 ~5 中频电源；E—膜层清洗后处理机；F，G—膜层物理外观检查台

图 2-74 大面积平板玻璃水平输送连续式生产镀膜机

b ITO 透明导电膜

透明导电玻璃是指在玻璃表面镀一层透明导电膜，最常见的是氧化铟锡（indium-tin-oxide，ITO）薄膜。大规模生产 ITO 膜仍然是用反应磁控溅射技术。

ITO 膜对可见光有高透过率又具有良好的导电性，因而被广泛用于液晶显示器件

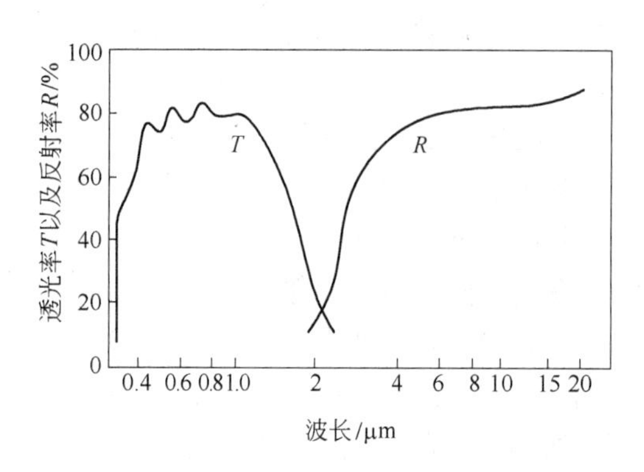

图 2-75　ITO（In_2O_3-SnO_2）系列选择性透光膜的光学特性（聚酯薄膜衬底）

（liquid crystal display，LCD）的透明电极，液晶盒的两端面都是 ITO 玻璃，按需要光刻成电极图案，组成一对电极，在相应的图形电极加上电压，即在相应电极面积上显现颜色。ITO 玻璃是液晶显示器的基础材料。此外，在气体放电显示、电致发光器件、电致变色器件、各种电热玻璃、太阳能电池、电磁波屏蔽等方面，ITO 都是不可缺少的材料。

ITO 膜的光学特性如图 2-75 所示。由于 ITO 膜的透明截止波长在 2μm 附近，因此，太阳光谱大部分可以通过，而室温状态下的低温与辐射有反射作用。这一特性适用于高寒地区的窗口和温室棚，提高保温功能，即阳光输入的热能并不减少，而室内低温辐射损失减少。ITO 膜可以镀在玻璃上，也可以镀在聚酯薄膜上。

ITO 玻璃用于 LCD 时其性能要求远高于幕墙隔热玻璃，它对透光率、方电阻（导电性）、化学与热稳定性都有严格要求；对玻璃和 ITO 膜上的线、点缺陷要求特别严，因为缺陷会直接影响显示图像质量。整个显示屏上某个疵点就可能导致报废。因此，镀制 ITO 玻璃的溅射镀膜设备配置和工艺有严格的要求，不同的 ITO 玻璃技术指标有相应的生产工艺。

LCD 用 ITO 膜分几种等级，LCD 手表等静止画面显示屏要求较低，方块电阻要求为 200 ~ 500Ω/□；对于图形功能和彩色的 LCD 屏，例如记事本、膝上计算机等，要求方块电阻为 20 ~ 50Ω/□；而对于 LCD 电视屏的要求最高，其方块电阻要求为 10 ~ 20Ω/□。它们之间的镀膜工艺都有所区别。

LCD 用的 ITO 膜玻璃的结构有三层，即玻璃/SiO_2/ITO。其中 SiO_2 用于阻隔玻璃的 Na^+、K^+ 游离离子向 ITO 膜扩散，从而防止向液晶材料扩散。

目前成熟的 ITO 膜玻璃的镀制技术为：SiO_2 采用 SiO_2 靶，用射频溅射法；ITO 膜采用缺氧的 ITO 靶，用加氧反应直流磁控溅射法。

图 2-76 所示为一种连续生产 ITO 玻璃的溅射装置示意图，其构成与产品性能如下：

（1）ITO 膜的厚度和产品的方块电阻有下列对应关系：10nm，300Ω/□；15nm，

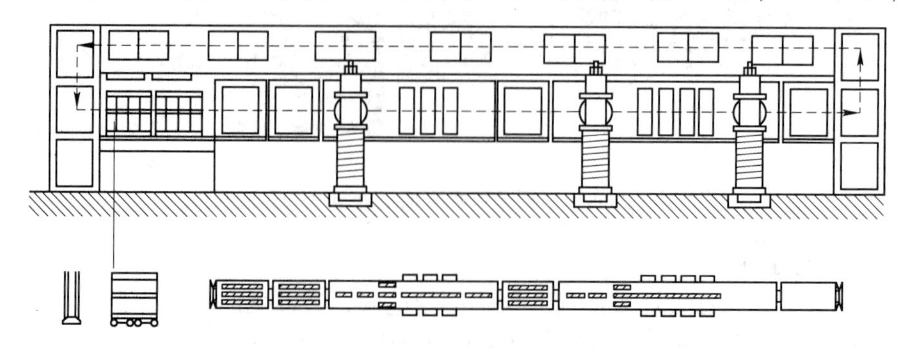

图 2-76　SDP-850VTM 型 ITO 玻璃连续溅射系统示意图

200Ω/□；75nm，20Ω/□；150nm，10Ω/□。

（2）生产能力为：每月生产16～22万片300mm×400mm×1.1mm的玻璃片，平均每3min生产16片玻璃。

（3）系统组成为：6个真空室，7道真空空锁。其中包括溅射SiO_2和ITO膜的两个主要工艺真空室，其他为装载、加热、等待出片等辅助功能的真空室。另外，外围还有一套传动提升机构。

（4）溅射方式为：立式双面对靶溅射，SiO_2用射频溅射靶，ITO用直流溅射靶，SiO_2有6个靶（3对），ITO有8个靶（4对）。SiO_2靶材尺寸为142mm×1100mm×6mm。ITO靶材尺寸为200mm×1100mm×8mm，SiO_2膜的沉积厚度是30nm，ITO膜厚150nm。均匀性：SiO_2膜为不大于±10%，ITO膜为不大于±5%。溅射气体为$Ar+O_2$，溅射压强为1～0.5Pa，靶片距为60～80mm。

（5）加热溅射ITO膜时温度为（365±15）℃，最高不得超过450℃，溅射SiO_2膜时为250℃。

（6）溅射时的移动速度为475mm/min。

（7）电源为：SiO_2用10kW的射频电源6台，ITO用10kW的直流电源8台，加热功率为262kW。

c 柔性基材透明导电ITO膜

柔性基材透明导电ITO膜是指镀在聚酯（PET）薄膜上的ITO膜，它可以打卷，可以张贴，使用上有极大的灵活性。

柔性基材透明导电ITO膜主要用于LCD的背光源、TFT-LCD的背电极、ELD（电致发光）显示器、显示器触摸屏和透明触摸开关、电磁屏蔽和静电泄放。近年来随着TFT-LCD产业的爆发性增长，柔性透明导电ITO膜的需求也急剧增长。TFT-LCD的主要应用领域是笔记本电脑、台式计算机显示器、工业监视器、全球卫星定位系统（GPS）、个人数据处理器、游戏机、可视电话、便携式VCD和DVD及其他一些便携式装置等。

柔性基材为聚酯薄膜镀ITO膜，一是要在低温（室温）下成膜，膜的电阻率、电阻稳定性、透光率和结合力都受到一定限制；二是基膜柔软，热膨胀率高，对工艺实施操作有一系列困难。现较成熟可靠的工艺是：采用ITO靶，加氧反应溅射镀膜。膜的方阻控制在30～500Ω/□，可见光（550nm）透过率为80%～85%。在常温溅射镀膜过程中，氧分压控制特别重要，氧分压太低，透光率低；氧分压太高，电阻率过高，必须选择合适的氧分压，才能满足两方面的要求。大生产采用多靶连续卷绕式溅射镀膜的方式；为保证镀膜均匀，必须配稳定的溅射电源，保证溅射速率恒定，同时要求稳定的抽气系统，布气也必须均匀。采用透过率监控法控制膜厚。由于基材是有机膜，其膨胀系数与ITO膜也不匹配，膜极易开裂和划伤，给生产过程带来很多麻烦，在生产各环节都必须非常小心。

d 低电压与掺水或氧的溅射

在大规模的生产中，获得性能优良的ITO薄膜的工艺窗口通常较窄，特别是在低温（小于100℃）条件下溅射生长时更为突出。在许多应用领域中，如在聚酯或塑料基体上沉积ITO薄膜，就需要低的沉积温度。为此研究较宽工艺窗口的工艺十分必要。在溅射沉积过程中，通入适量的氢气和水蒸气，往往可以稳定薄膜的沉积工艺，提高镀膜质量的重复性。在大规模的ITO镀膜生产中，通过导入氢气和水蒸气，在室温下制备出电阻率小于

$6\times10^{-4}\Omega\cdot cm$ 的 ITO 薄膜，质量重复性非常好。通过导入适量的氢气，可使镀膜氧分压范围大大加宽，即工艺窗口得到拓宽。但当沉积温度较高时，导入氢气的效果将变得不明显。日本真空技术株式会社的 SDP 系列和德国莱宝 ZV 系列设备均采用这种低电压与掺水或氢的溅射。低压溅射因减小了黑色 ITO 的产生，提高了膜层光学透过率。

e　替代 ITO 膜的新膜——ZnO：Al 薄膜

一般认为，ITO 膜的透光性与光学性能在所有的透明导电氧化物薄膜中是最佳的，因而其在电子工业中获得广泛的应用。近十年来，国外对 ZnO 薄膜光学、电学性能进行了较为系统的研究，结果表明：ZnO：Al 薄膜是完全显示出可替代 ITO 膜的新型透明导电膜。ZnO：Al 新型透明导电膜不仅具有相当好的电学、光学性能，还具有工艺上易控制沉积制备、成本低廉的优点。在实验室取得成功的基础上，在探索工业规模的生产上也已取得可喜的进展，被认为是当今替代 ITO 透明导电薄膜的极佳的新型透明导电薄膜。我国首位获得德国教授荣誉的姜辛博士和留德学者洪瑞江教授，在德国比较系统全面地对 ZnO 及 ZnO：Al 透明导电薄膜的微观结构、光学、电学性能、沉积制备技术和应用的可能性做了多年的研究，取得可喜的进展。

f　电子、光学、能源用膜

磁控溅射镀膜具有高速、低温、大面积沉积膜层的特点，现已可进行大批量生产。近年来，在大规模集成电路、电子元器件、平面显示器、磁光记录、光学及能源等领域获得了广泛的应用。有关应用磁控溅射制备电子、光学、能源用膜的各种材料和沉积工艺条件见表 2-60。

表 2-60　磁控溅射沉积制备电子、光学、能源用膜的各种材料和沉积工艺条件

材　料	靶	溅射气体	溅射功率（密度）/W	沉积速率 /nm · min^{-1}	工作压力 /Pa	基片及温度 /℃
$BaTiO_3$	$BaTiO_3$	Ar/O_2(80/20)	80	9000	0.13	Pt,500 ~ 700
CdSe	热压 CdSe	Ar	500	0.63		玻　璃
α-Si-H	高纯多晶硅	Ar/H_2	100 ~ 300			玻璃,47
PLT	PbO	O_2	300	0.5 ~ 0.7	1.33 ~ 13.3	Pt、Si,100 ~ 650
ZnO	烧结 ZnO	Ar	32 ~ 85	2.5 ~ 25	1.3 ~ 1.8	玻　璃
$LiNbO_3$	LiO_3 和 Nb_2O_5 合成烧结粉末	Ar/O_2	100(13.56MHz)	0.2 ~ 0.3		石英,水冷
Mo	Mo	Ar		360	> 1330	Si(001)
$MoSe_2$	$MoSe_2$	Ar	2.5×10^4	10 ~ 25	2.0 ~ 6.7	玻璃,150
SnO_2	热压 SnO_2	Ar/O_2	50	12	0.7	玻　璃
SiO_2	SiO_2	30% O_2 + 70% Ar	500		0.7	Si,200
Si-Cr 合金	Si 和 Cr	Ar			0.33	玻　璃
Y-Ba-Cu-O	$YBa_{1.86}Cu_{2.86}O_y$	Ar		52	1.33	石　英

续表 2-60

材 料	靶	溅射气体	溅射功率（密度）/W	沉积速率 /nm · min^{-1}	工作压力 /Pa	基片及温度 /℃
$Ti_{1-x}B_x$ CdZnSO ZnSO	纯 Ti 盘、ZnO、CdS 和 ZnS 混合	Ar	1000	7～15 g/(min · cm^2)	0.51	玻 璃
Al_2O_3	Al_2O_3	Ar	5	12	5.3	Fe 基合金
Bi(Pb)-Sr-Ca-Cu-O	$Bi_{2.7}Pb_xSr_2Ca_{2.5}Cu_{3.75}O_y$	$Ar+O_2$		20～30	1.3	MgO(101),400
WO_3	WO_3	$Ar+O_2$	100		3.99	Mg(100), 300～500
$ErBa_2Cu_3O_{7-x}$		$Ar/O_2(1/1)$		2	10.64～13.3	MgO 单晶, 650
Pb 掺杂 Br-Sr-Ca-Cu-O						MgO,400
α-Si_{1-x}-C_x ($0\leqslant x\leqslant1.0$)	石墨盘和硅片	Ar	270	42～480	0.7	Si(111),室温
Cd-Ba-Cu-O	$CdBa_2Cu_3O_{7-x}$	Ar/O_2				Si,740～770
WB_x	复合靶	Ar	1.3	14	0.5～2.8	Si 和 GaAs
$Ti_2Ca_2Ba_2Cu_3O_x$	$Ti_2Ca_2Ba_2Cu_3O_x$	Ar	250	3	0.67	(100)$SrTiO_2$
Y-Ba-Cu-O-Ag	Y-Ba-Cu-O-Ag 复合靶			10		(001)$SrTiO_2$

2.5.3 离子镀膜技术

离子镀膜技术（简称离子镀，ion plating）是真空蒸发和真空溅射相结合发展起来的一种新的镀膜技术。早在 1938 年，Berghaus 即已申请了有关离子镀的专利，但直到 1963 年由美国人 D. M. Mattox 开发出二极离子镀以后才付诸实践，从而开辟了离子镀膜技术新领域。

离子镀是指荷能粒子参与或者说干预镀膜过程的技术。它是在真空条件下，利用气体放电使气体或被蒸发物质部分电离，并在气体离子或被蒸发物质离子的轰击下，将蒸发物质或其反应产物沉积在基片上。离子镀把真空蒸发技术与气体的辉光放电、等离子体技术结合在一起，使镀料原子沉积与荷能离子轰击改性同时进行，不但兼有真空蒸发和溅射的特点，而且具有镀制膜层的附着力强、绕射性好、可镀材料广泛等优点，因此备受人们的重视，使研究开发得到迅速发展。1971 年，Chamber 等人研究开发出电子束离子镀。1972 年，Bunshah 等人发展了活性反应蒸镀（ARE）技术。1972 年，Morley 和 Smith 把真空阴极技术应用于镀膜领域，经后人的进一步完善而发展成为空心阴极放电（HCD）离子镀。1973 年，村山洋一等人发明了射频激励法离子镀。前苏联在阴极电弧离子镀技术上做了大量基础工作，后来美国 Multi-Arc 公司买了前苏联的专利，于 1981 年开发出多弧源的工业用阴极电弧离子镀设备，向世界推广。同期，欧洲巴尔泽斯公司开拓出热灯丝等离子弧的离子镀。1986 年我国也相应开发出多弧离子镀设备。20 世纪 80 年代离子镀技术发展迅速，90 年代风行全球。

2.5.3.1 离子镀的原理和特点

A 离子镀的物理原理

离子镀有多种形式，图 2-77 所示为比较有代表性的直流放电离子镀示意图。其工作原理是：镀前将真空抽至 $10^{-3} \sim 10^{-4}$ Pa 的高真空，随后通入惰性气体（如氩气），使真空度达到了 $1 \sim 10^{-1}$ Pa。接通高压电源，则在蒸发源（阳极）和基片（阴极）之间建立起一个低压气体放电的低温等离子体区。按照气体放电的规律，离子在 2 ~ 5kV 电压下使负辉光区附近产生的惰性气体离子进入阴极暗区被电场加速并轰击基片表面，可有效地清除基片表面的气体和污物。与此同时，镀料蒸发后，蒸发粒子进入等离子体区，与等离子体区中的正离子和被激活的惰性气体原子以及电子发生碰撞，其中一部分蒸发粒子被电离成正离子。正离子在负电压电场加速作用下，沉积到基片表面成膜。利用 O_2、N_2、CH_4 等气体产生等离子体，又可沉积出相应的化合物薄膜。由此可见，离子镀膜层的成核与生长所需的能量不是靠加热方式获得，而是由离子加速的方式来激励。在离子镀的全过程中，被电离的气体离子和镀料离子一起以较高的能量轰击基片或镀层表面。因此，离子镀是指镀料原子沉积与荷能离子轰击同时进行的物理气相沉积技术。离子轰击的目的是改善膜层与基片之间的结合强度，并改善膜层性能。显然，只有当沉积作用超过溅射剥离作用时，才能发生薄膜的沉积过程。

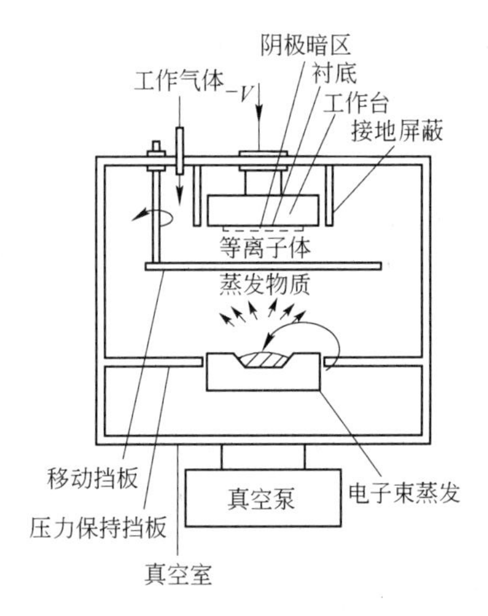

图 2-77 二极直流放电离子镀装置示意图

在上述离子镀的过程中，镀料气化粒子来源于蒸发，而镀料粒子的电离则发生在镀料与基片之间的气体放电空间。处于负电位的基片表面受到等离子体的包围，在镀膜前受到惰性气体正离子的轰击溅射，清理了表面。在镀膜时，则受到惰性气体离子和镀料离子的轰击溅射，沉积与反溅共存。所以说离子镀是真空蒸发和溅射技术相结合的产物，只不过溅射的对象是基片和沉积中的膜层。

离子镀技术必须具备三个条件：一是有一个气体放电空间，工作气体部分地电离产生等离子体；二是要将镀料原子或反应气体引进放电空间，在其中进行电荷交换和能量交换，使之部分离化，产生镀料物质或反应气体的等离子体；三是在基片上部施加负电位，形成对离子加速的电场。

在离子镀镀膜过程中，等离子体提供了一个增加沉积原子的离化率和能量的源，等离子体的主要作用是离化、分解、电子碰撞激活、离子荷能以及离子轰击。基片的负电位则提供一个对离子加速的电场，补给和调节离子的能量。

B 离子镀中放电空间的粒子行为

在离子镀中，到达基片的离子通量和能量起着决定性的作用。因此，了解在放电空间等离子体中粒子的电荷和能量转移的各种行为很有必要。

在放电空间中，工作气体（如 Ar）的行为是多样的，一些气体原子与电子碰撞而电离，并受基片前负电位电场加速，到达基体表面。被加速的离子又可能与其他中性原子发生电荷交换，产生高能中性原子（激发态）和离子。这些粒子可能一起到达基体表面，或被中和。高能的中性离子或介稳态原子也可能被基片（负电位）反射，当它们到达基体表面时，由于溅射产生二次电子发射和表面溅射粒子。所产生的二次电子被基片前的阴极位降加速，与气体原子碰撞产生电离，维持放电。表面溅射粒子在空间受到散射返回基片，也可能与电子或介稳态原子碰撞产生电离。它们被加速后返回负电位基片或飞出阴极区，沉积在系统的其他地方。

在沉积薄膜时，由蒸发源发出的中性原子在向基片方向运动的过程中，其中一部分在通过等离子体区时，由于与电子、介稳态原子碰撞而电离成正离子或者与工作气体的离子碰撞交换电荷成为正离子。这些正离子在电场作用下加速向基体运动，并且能量不断增加，在到达基体之前如果与电子相碰撞，或与放电气体原子以及蒸发粒子碰撞产生电荷交换，而本身变为具有较高能量的中性原子。

在通常的离子镀过程，传递给基体的能量中，离子带给的仅占10%，而中性粒子所带给的占90%。在离子镀过程中，沉积粒子小部分是高能离子，大部分是高能中性粒子，而离子和中性粒子的能量取决于基体上的负偏压。

C 离子镀中基片负偏压的影响

离子镀中基片负偏压的影响主要表现在以下几个方面：

（1）等离子体鞘。基片（工件）放进等离子体中，不与等离子体直接接触。基片与等离子体之间隔了一层电中性被破坏了的薄层，是一个负电位区，称为等离子体鞘，或称鞘层。等离子体与容器壁、放置在等离子体的任何绝缘体的表面、插入等离子体的电极近旁都会形成鞘层。轰击基片的离子的能量部分或大部分是在离子鞘内获得，所以在离子镀中调节离子鞘的电位很重要。

（2）悬浮基片处的鞘层。绝缘体插入等离子体中，由于等离子体内离子质量远比电子质量大，若二者热运动的动能相等，则电子的平均速度远大于离子的平均速度，因此在绝缘体刚插入等离子体的瞬间，到达其表面的电子数比离子数多得多，电子过剩，从而使绝缘体表面出现净负电子累积，即绝缘体表面相对等离子体区呈负电势。这个负电势将排斥向绝缘体表面运动的后续电子，同时吸引正离子，直到绝缘体表面的负电势达到某个确定值，使离子流与电子流相等为止。这时绝缘体表面电位趋于稳定，与等离子体电位之差也保持定值。此绝缘体称为悬浮基片，此稳定电势称为悬浮电位。它是一个负电位，约－10eV。悬浮基片与等离子体的交界处形成一个由正离子构成的空间电荷层，这即是悬浮基片的等离子鞘。

（3）施加负偏压的导电基片近旁的鞘层。导体插入等离子体中并施加负偏压，导体基片电位负于等离子体电位，那么在带负电位的导体近旁形成的电场将吸引离子并同时排斥电子，以致最终形成离子密度大于电子密度。随着电场的增强，将会在距基片一定距离的范围内形成由离子构成的空间电荷层，即形成了带负偏压的导电基片的等离子体鞘。

在带负电导体基片表面近旁形成三个区，即离子鞘区、准中性等离子区和外面的等离子体区。用调节施加的负偏区，建立不同的加速离子的离子鞘电位使离子获得不同的能量，实现离子轰击清洗工件表面或离子参与成膜。

D 离子镀过程中的离子轰击效应

离子镀中离子参与了沉积成膜的全过程，它的最大特色就是离子轰击基片引起的各种效应。其中包括：离子轰击基片表面、离子轰击膜/基界面以及离子轰击生长中的膜层所发生的物理化学效应。

离子对基片表面的轰击效应有：

（1）离子溅射清洗。清除表面吸附气体和氧化物的污染。

（2）产生缺陷。促使晶格原子离位和迁移而形成空位和间隙原子点缺陷。

（3）结晶学破坏。导致破坏表面结晶结构或非晶化。

（4）变表面形貌。做成表面粗糙化。

（5）气体渗入。气体渗入沉积的膜中。

（6）温度升高。大部分轰击粒子的能量转成表面加热。

（7）表面成分变化。选择溅射及扩散作用使表面成分有异于整体材料成分。

离子对基片和镀层界面的轰击效应有：

（1）物理混合。反冲注入与级联碰撞引起近表面区的非扩散型混合，形成“伪扩散层”界面，即膜基之间的过滤层，厚达几微米，其中甚至会出现新相。这可大大提高膜基附着强度。

（2）增强扩散。高缺陷浓度与温升提高了扩散速率，增强沉积原子与基体原子之间的相互扩散。

（3）改善成核模式。即使原来属于非反应性成核模式的情况，经离子轰击表面产生更多的缺陷，增加了成核密度，从而更有利于形成扩散—反应型成核模式。

（4）减少了松散结合原子。优先去除结合松散的原子。

（5）改善表面覆盖度。离子镀增强绕镀性。

离子轰击在薄膜生长过程中的效应有：

（1）有利于化合物镀层的形成。镀料粒子与反应气体激活反应，活性提高，在较低温度下形成化合物。

（2）消除柱状晶提高膜层密度。轰击和溅射破坏了柱状晶生长条件，转变成稠密的各向异性结构。

（3）对膜层内应力的影响。使原子处于非平衡位置而增加应力或增强扩散和再结晶等松弛应力。

（4）改变生长动力学。提高沉积粒子的激活能，甚至出现新亚稳相等，改变膜的组织结构和性能。

（5）提高材料的疲劳寿命。基体表面产生压应力和基体表面强化作用。

E 离子镀膜的离化率

离化率是指被电离的原子占全部蒸发原子的百分比，是离子镀膜的重要指标。特别是活性反应离子镀，其活化程度就尤为重要。蒸发原子和反应气体的离化程度，对膜层的性能（如附着力、硬度、耐热、耐蚀、结晶结构等）会产生直接影响。可通过对离化率的半定量分析，利用能量比来定义沉积膜层表面的能量活性系数 ε：

$$\varepsilon \approx n_i W_i / n_v W_v = \frac{eU_i}{1.5kT_v}\left(\frac{n_i}{n_v}\right) = C\frac{U_i}{T_v} \cdot \frac{n_i}{n_v} \tag{2-34}$$

式中 n_i——单位时间、单位面积所镀的离子数目；

W_i——离子的平均能量；

U_i——沉积离子的加速电压；

n_v——单位时间、单位面积的中性粒子的数目；

W_v——蒸发粒子所带的动能；

T_v——蒸发物质的温度；

k——玻耳兹曼常数；

C——常数；

n_i/n_v——离化率。

从式(2-34)中可知，在离子镀膜过程中，可用改变沉积离子的加速电压 U_i 和 n_i/n_v 的比值来提高离子镀膜的活性系数 ε。

表2-61列出了PVD中各种不同真空镀膜方法在各自的 U_i 和 n_i/n_v 数值下，可达到的活性系数 ε。从表中可以看出，在离子镀膜中可以通过改善 U_i 和 n_i/n_v，使能量活性系数 ε 提高2~3个数量级。加上因基片加速电压 U_i 的存在，也会提高能量活性系数 ε。

表2-61 不同真空镀膜技术的表面能量活性系数 ε

镀膜方法	能量活性系数 ε	参数
真空镀膜	1	$W_v=0.2$eV
溅射镀膜	5~10	W_v 为1至数个电子伏
离子镀膜	1.2	$n_i/n_v=10^{-3}$，$U_i=50$V
	3.5	$n_i/n_v=10^{-2}$，$U_i=50$V $n_i/n_v=10^{-4}$，$U_i=5000$V
	25	$n_i/n_v=10^{-1}$，$U_i=50$V $n_i/n_v=10^{-3}$，$U_i=5000$V
	250	$n_i/n_v=10^{-1}$，$U_i=500$V $n_i/n_v=10^{-2}$，$U_i=5000$V
	2500	$n_i/n_v=10^{-1}$，$U_i=5000$V

图2-78所示为在 $T_v=1800$K下（典型的蒸发温度）能量活性系数 ε 与不同的 n_i/n_v 的比值和 U_i 的关系。从图2-78中可以看到，能量活性系数 ε 与加速电压 U_i 之间的关系在很大程度上受离化率 n_i/n_v 的限制。目前，在新使用的离子镀膜装置中，如直流二极型中，气体分子的离化率为0.1%~0.7%，高频离子镀蒸发离子的离化率约为10%，空心阴极离子镀金属离化率约为22%~40%，多弧离子镀及电弧离子镀离化率约为60%~80%。因此，为了能达到高的能量活性系数 ε，应通过提高离子镀膜装置的离化率来实现。

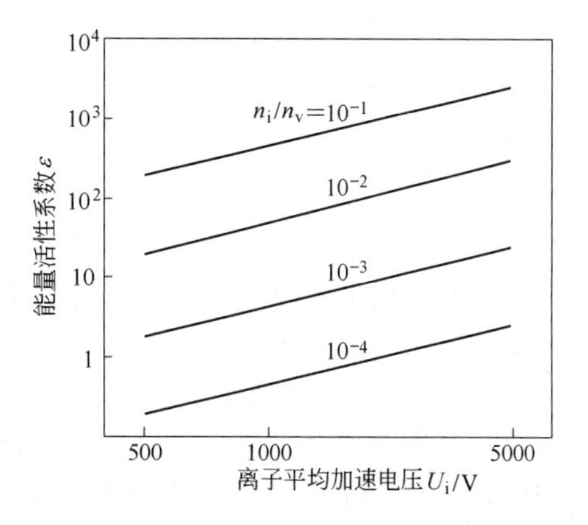

图2-78 $T_v=1800$K时能量活性系数 ε 与不同的 n_i/n_v 的比值和离子平均加速电压 U_i 的关系

F 离子镀膜的特点

与真空蒸发和溅射镀膜技术相比，离子镀膜有以下几个主要特点：

（1）附着性能好。在离子镀膜过程中，辉光放电所产生的大量高能离子对基片表面吸附的气体和污物进行了溅射清洗，而且在整个镀膜过程中随时进行，使离子镀膜层具有良好的附着力。而且在镀膜初期，因溅射与沉积两种现象共存，在膜基界面形成组分过渡层，也有效地改善了膜层的附着性能。

（2）绕射性能好。在离子镀膜中，因工作为阴极且带负高压，工件的正反表面及其孔、槽等内表面都处于电场之中。其中部分膜材被离化成正离子后，它们将沿着电场的电力线方向运动，只要有电力线分布，膜材离子均能到达，覆盖工件的所有表面。

另外，由于膜材是在压强较高（不小于1Pa）情况下被电离，气体分子的平均自由程小于源基之间的距离，因此离子或分子在到达基片的路程中将与惰性气体分子、电子及蒸气原子之间发生多次碰撞，产生非定向的气体散射，使膜材离子散射在整个工件的表面上。

（3）可镀材质范围广。利用离子镀技术可以在金属或非金属表面上，涂覆具有不同性能的单一镀层、化合物镀层、合金镀层及各种复合镀层；采用不同的镀料、不同的放电气体及不同的工艺参数，能获得表面强化的耐磨镀层、表面致密的耐蚀镀层、润滑镀层、各种颜色的装饰镀层以及电子学、光学、能源科学所需的特殊功能镀层。

（4）沉积速率快。离子镀的沉积速率通常为1～500μm/min，而溅射（二极型）只有0.01～1μm/min。

离子镀与真空蒸发和溅射镀膜的比较见表2-62。

表2-62 离子镀与真空蒸发和溅射镀膜的比较

项目		真空蒸发	溅射	离子镀
工作压强/Pa		$1.33\times10^{-3}\sim1.33\times10^{-4}$	19.95～2.66	26.6～0.665
粒子能量/eV	中性	0.1～1	1～10	0.1～1
	离子	—	—	数百至数千
沉积速率/$\mu m\cdot min^{-1}$		0.1～70	0.01～0.5	0.1～50
绕射性		差	较好	好
附着性		不太好	较好	很好
镀层密度		低温时密度低	密度高	密度高
镀层气孔		低温时多	少	少
内应力		拉应力	压应力	压应力

离子镀膜最主要的优点在于在镀膜过程中等离子体的活性有利于降低化合物的合成温度，离子轰击又可提高膜的致密性和膜/基结合力，并改善了膜的组织结构。

2.5.3.2 离子镀膜的工艺

要获得符合预先要求性能的薄膜，就要使沉积的薄膜具有合适的成分和组织结构与膜/基结合力。可以利用离子轰击效应对成膜过程各环节的有利影响来实现。离子镀影响成膜的主要因素是到达基片的各种粒子（包括镀料原子和离子、工作气体（如Ar）的原子和离子、反应气体的原子和离子）的能量、通量和各通量的比例。此外，还有基片的表面状态和温度。实施的关键是调控粒子的等离子体浓度和能量以及基片温度。不同的离子镀技术和设备产生和调控等离子体的机制有所不同。本节就有共同规律性的影响成膜的离子镀工艺参数进行讨论。

A 镀膜室总气压

对于真空离子镀，镀膜室总气压就是工作气体（如 Ar）的气压；对于反应离子镀，镀膜室总气压是指工作气体分压和反应气体分压之和。镀膜室的总气压是决定气体放电和维持稳定放电的条件，它对蒸发粒子的碰撞电离至关重要。所以，镀膜室总气压是建立等离子体、调控等离子体浓度和各种粒子离子到达基片数量的重要参数之一，它影响着沉积速率。气压还会影响成膜的渗气量。另外，镀料粒子在飞越放电空间时会受到气体离子的散射。气压值增加，散射也增加，可提高沉积粒子的绕镀性，使工件正反面的涂层趋于均匀，有利于镀层的均匀性。当然，过大的散射会使沉积速率下降。所以气压对沉积速度的影响是有极值的曲线。气体压力对于沉积速率的影响如图 2-79 所示。

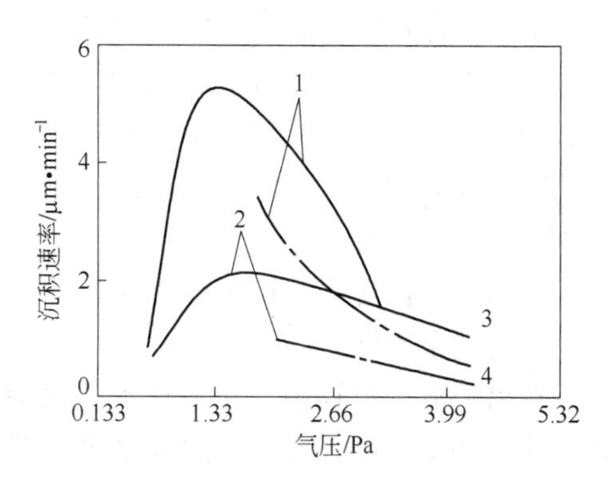

图 2-79 基体正面与背面的金、不锈钢的沉积速率与氩气压力之间的关系曲线

1—正面；2—背面；3—金镀膜；4—不锈钢镀膜

B 反应气体的分压

在反应离子镀中，往往通入的工作气体和反应气体是混合气体。比如，要沉积 TiN，除蒸发镀料 Ti 外，会通入 $Ar + N_2$ 混合气体，以工作气体 Ar 稳定放电，以 N_2 与 Ti 进行反应生成 TiN。除控制 $Ar + N_2$ 总气压外，还应调节 Ar 与 N_2 的比例。在恒定压力控制时，只调节 N_2 的分压；在恒流量控制时，调节 Ar 和 N_2 的流量比例。N_2 的分压（或流量）高低会影响合成反应产物的化学计量配比，它们可以生成 TiN、TiN_2、Ti_2N 或 Ti_xN_y，也会影响生成各种不同反应产物的比例，最终会影响膜的硬度和颜色。特别对反应离子镀合成 $TiAlC_xN_y$ 等多元化合物，反应气体涉及 N_2、O_2、CH_4 等，它们的分压（流量）都必须有精确和灵敏的调控，同时还要配合合理的反应气体的布气系统，才能获得良好的效果。

C 蒸发源和基体之间的距离

蒸发源和基体之间的最佳距离对于不同的离子镀技术和装置是不同的，它实际是最佳镀膜区域划定，涉及最有效的等离子体区、蒸发源蒸发粒子浓度、几何分布、蒸发源的热辐射效应以及膜层的沉积速率和均匀性要求等。一般来说，平面靶磁控溅射离子镀的靶-基距为 70mm，圆靶阴极电弧离子镀的靶-基距为 150 ~ 200mm，在此区域内有较高的沉积速率和膜层品质。增加靶-基距可改善基片的正、背面涂层厚度比的均匀性，但沉积速率会下降，离子能量也许会损失。从基体正背面涂层厚度比与蒸发源和基体间距离得知，当蒸发源与基体之间的距离增加到一定时，基体正面与背面的膜厚之比达到 1。

D 蒸发源功率

蒸发源功率提高，则镀料蒸发率增加，一般而言，膜的沉积速度也相应增加。蒸发源功率对蒸发速率的影响比较直接，但蒸发粒子到达基片之前需飞越放电空间，要受到空间气体粒子的碰撞、散射，受到空间电场的吸引和排斥，到达基片后会受到反溅和反应，成膜过程又会受到界面应力、膜生长应力、热应力的影响。因此，蒸发源的功率对沉积速率的影响不那么直接。

调控蒸发源功率最主要的目的是以最快速度得到最好质量的沉积薄膜。质量好的膜层要在适当的成核生长速度下成膜，所以要调控合适的蒸发功率进行离子镀过程。

阴极电弧沉积功率过高，伴随“液滴”发射多而大，导致膜层表面粗糙，不光亮。因此，必须有合理的蒸发源功率。

E 基片的负偏压

基片的负偏压促使镀料粒子电离并加速，赋予离子轰击基片的能量，镀料粒子在沉积的同时还具有轰击作用。负偏压增加，轰击能量加大，膜由粗大的柱状结构向细晶结构变化。细晶结构稳定、致密、附着性能好。但过高的负偏压会使反溅增大，沉积速率下降，甚至轰击会造成大部的缺陷，损伤膜层。负偏压一般取 -50 ~ -200V。高的基片偏压（大于600V）用于轰击清洁基片的表面，溅出附着在表面的污染物、氧化物等，获得离子清洁的活性表面。

F 基体温度

不同的基体温度可以生长出晶粒形状、大小、结构完全不同的薄膜涂层。涂层表面的粗糙度也完全不同。

在离子镀膜过程中，在各种条件保持不变的情况下，涂层组织结构随基体温度的变化而变化。基体温度升高，吸附原子表面迁移率加大，结构形貌开始由紧密堆积的纤维状晶粒转变为等轴晶形貌。基体温度低，涂层表面粗糙；温度高时，涂层表面平滑。

在离子镀膜过程中，基体表面温度一般在室温至400℃范围内。表面温度的高低，主要取决于要求得到何种膜层组织结构。同时要考虑在镀膜过程中粒子轰击引起的温升，特别在轰击清洗阶段。因为粒子轰击能量在工件表面进行能量交换，要考虑工件的材料的热导率、工件的热容量，特别是工件尖角、薄刃受轰击的局部温升是否导致退火，还要考虑蒸发源的辐射热的影响。

2.5.3.3 活性反应离子镀

活性反应离子镀（activated reactive evaporation，ARE）又称活性反应蒸镀，是离子镀的一种，通过引入活化的反应气体形成化合物薄膜。在放电空间增加一个具有正电位的探测极（活化极），目的是提高蒸发粒子的离化率，有利于化合物的形成。活化极与蒸发源之间放电电压为20 ~ 80V，但着火电压较高，约200 ~ 400V。一旦着火后，电压陡降，电流突然增加，电流达几安到几十安。活化极电流随一次电子束束流的增大而提高，也随放电气压的增加而增加。活化极与蒸发源之间由于电子密度和蒸气粒子密度很高，即使真空度为 10^{-2}Pa，也能维持放电。为提高化合物涂层与基体的附着力，基体还必须附加负偏压 0 ~ 3kV。活性反应离子镀的装置如图2-80所示。

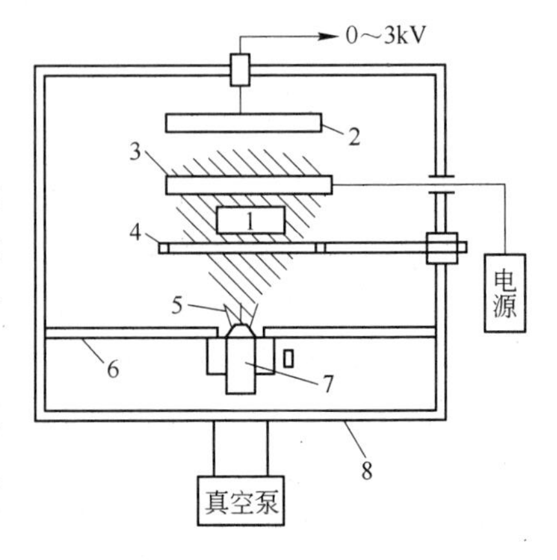

图2-80 活性反应离子镀装置示意图
1—等离子体；2—基体；3—活化极；4—反应气体导入；5—正气流束；6—差压板；7—电子束蒸发源；8—真空室

活化极（探测极）又称为探极，带正电位。探极

用 ϕ2.3mm 的钼丝绕成，呈环状（ϕ45mm）或网状，它有两个用途：

（1）将熔池（坩埚）上面的初次电子和二次电子吸引到反应区域中来，促进电子与蒸发出来的金属原子（如 Ti 原子）和反应气（如 N_2）相碰撞而离化。

（2）促使反应物激活，如果没有探测极，因激活作用差，尽管也通入反应气体（如 C_2H_2），但并不能得到 TiC 的沉积物，而只能得到 Ti 的沉积物，但也有例外，如钇蒸气和氧气之间不管有无激活作用都能生成 Y_2O_3。

一般来讲，探测极电流取 150mA，电压取 25～40V 是合适的。

活性反应离子镀有如下的特点：

（1）衬底温度低。在较低的温度下可获得硬度高、附着性良好的镀层，即使对要求附着强度很高的高速钢刀具、模具等的涂层（如 TiN、TiC 涂层）也只需要加热到550℃，故可安排在淬火和回火精密加工之后进行。对于高熔点金属化合物涂层也可以在低的基体温度下进行合成与沉积。

（2）可在任何基体上进行涂层沉积，不仅在金属上，而且在非金属（玻璃、塑料、陶瓷等）上均能沉积性能良好的涂层，并可获得多种化合物薄膜。

（3）沉积速率高而且可控。通过改变蒸发源功率及改变蒸发源与工件之间的距离，都可以对镀层生成速度进行控制。活性反应离子镀法沉积速率至少比溅射沉积速率高一个数量级。在沉积 TiC 涂层时，电子枪功率为 3kW，Ti 的蒸发速率为 0.66g/min，C_2H_2 的气压为 6.67×10^{-2}Pa，蒸发源到基体之间距离为 24～15cm，其沉积速率可达 3～12μm/min，因此可沉积厚膜。

（4）化合物的生成反应和沉积物的生长是分开的，而且可分别独立控制，反应主要在活化极和蒸发源之间的等离子体区进行，因而基体温度在一定范围内可调。

（5）沉积过程清洁无公害，安全可靠。由于在工艺中不使用有害物质，反应生成物也不是有害物质，因此可以说是无公害。由于不使用氢气，不用担心氢气爆炸。

根据放电的导入方式不同，活性反应离子镀的种类有多种多样，见表 2-63。反应活性空心阴极离子镀采用空心阴极电子枪作为放电源，由于它能发出大电流低电压的电子束，其离子化率同其他方法比较约高 10 倍。

表 2-63 各种活性反应离子镀法

种 类	放电导入法	附加电压	特 征
离子镀（IP）	直接加于工件上	数百至数千伏	温度难以控制，易大型化
射频离子镀（RFIP）	高频电极		离子化率高，但难大型化，温度难控制
活性反应离子镀（ARE）	探测极（DC）	数十伏	温度易于控制，可大型化
低压等离子体沉积（LPPD）	直接加于工件上（DC 或 AC）	数十伏	温度可以控制，可大型化
空心阴极离子镀（HCD）	电子束	零至数十伏	离子化率高
活性反应磁控溅射离子镀（ARE-MSIP）	复合等离子体（DC）	数百至上千伏	离子化率高，易控制

注：RF 为射频；AC 为交流；DC 为直流。

表 2-64 是利用活性反应离子镀获得的一些镀层的实例。从表中可知，影响镀层性能的主要因素，包括探测极电流和电压、氮气分压、工件温度、沉积速率、反应时间等。最

终集中表现在通过影响镀层的组织和结构来影响镀层的性能。

表 2-64　用活性反应离子镀得到的化合物的工艺参数

蒸发金属与反应气体	气体压力/Pa	探测极电压	工件温度/℃	沉积速度/$\mu m \cdot min^{-1}$	沉积化合物
Y-O_2	1×10^{-2}	有或无	室温	1.3	Y_2O_3
Ti-N_2	4×10^{-2}	有或无	室温	4.0	Ti + TiN
Ti-N_2	4×10^{-2}	有	室温	3.0	TiN
Ti-NH_3	4×10^{-2}	有	室温	3.0	TiN
Ti-C_2H_2	5×10^{-2}	有	450	4.0	TiC
Zr-C_2H_2	4×10^{-2}	有	540	5.0	ZrC
Hf-C_2H_2	4×10^{-2}	有	515	2.5	HfC
V-C_2H_2	5×10^{-2}	有	555	3.0	VC
Nb-C_2H_2	4×10^{-2}	有	540	2.5	NbC

表 2-65 是 500～550℃用活性反应离子镀沉积的几种化合物层的硬度。

表 2-65　500～550℃用活性反应离子镀沉积的化合物镀层的表面硬度

膜　层	TiN	TiC	VC	NbC	Mo_2C
硬度 HV	1900	2800	2000	2000	2400

图 2-81 所示为改进后的热电子辅助电离活性反应离子镀，（又称为强化活性反应离子镀）装置图。就是在装置上附设一个电子发射极（增强极），使该电极发射的电子促进和增强蒸气粒子与反应气体的活性反应。这样可以严格控制镀层厚度及尺寸精度，活性反应离子镀最低沉积速率为 0.24μm/min，强化活性反应离子镀沉积速度可低到 0.1μm/min，因此膜厚易控制，有利于应用到电子领域的通信元件等需要精确控制镀层厚度的电子元器件。

该装置在热电子发射灯丝的周围加了一个线圈，用于产生一个约束磁场；并设置一个加有正偏压的加速电极，使发射灯丝产生的热电子能更有效地到达蒸发源与基体之间的等离子体区域，提高了与蒸气粒子、反应气体原子碰撞电离几率，因而强化电离作用。另外，采用了正偏压的蒸发源，使蒸发源能吸引足够大的电子流促使涂层材料蒸发。这种改进的活性反应离子镀装置，能量消耗少，设备利用率较高。

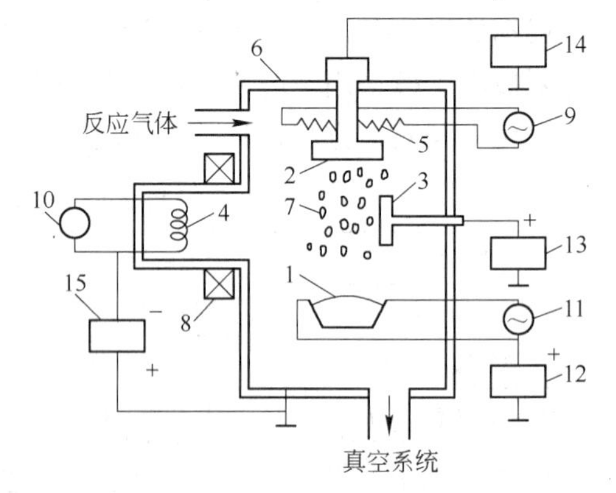

图 2-81　强化活性反应离子镀装置示意图

1—蒸发源；2—基体；3—加速电极；4—发射灯丝；5—基体加热器；6—机壳；7—等离子体；8—磁场线圈；9—加热器交流电源；10—灯丝电极交流电源；11—蒸发源交流电源；12—蒸发源正偏压电流；13—加速电极正偏压电源；14—基体负偏压电源；15—发射灯丝负偏压电源

电子发射极及探测极均接直流电源。电子发射极由直径为 0.3mm 的钨丝制成。这种附加电子发射极的强化活性反应离子镀装置的特点如下：

（1）反应物金属的蒸发以及等离子体的产

生和维持可以独立地加以控制。

（2）等离子体状况可以广泛地变化，但是沉积速率可保持一个恒定值。即探测极电流可以随着电子发射极输入功率的改变而变化，与金属蒸发率无关。

（3）镀层可以在低于0.1μm/min的沉积速率下制备，故镀层厚度可以得到精确控制。

（4）电子发射极提供的电子可以产生等离子体，所以可采用电阻加热和激光加热使反应金属蒸发，而不用电子束加热。这样可使设备简化。

电子发射极的作用明显地表现在探测极的伏安特性曲线上。图2-82所示为活性反应离子镀与强化活性反应离子镀的伏安特性曲线，由图可以看出，活性反应离子镀在低于120V时探测极电流只有几毫安，不可能明显地观察到辉光放电；而在强化活性反应离子镀中，探测极电流在55V时突然增加，产生辉光放电，此时电子发射极的功率为36W。图2-83所示为电子枪功率为零时，强化活性反应离子镀装置的探测极伏安特性。选择电子发射极的输入作为一个参数。当电子发射极的输入功率为56W时，探测极电流在电压为100V时突然增加。这说明此时产生辉光放电。可以说明没有电子枪，仅仅由电子发射极提供电子就可以产生等离子体。

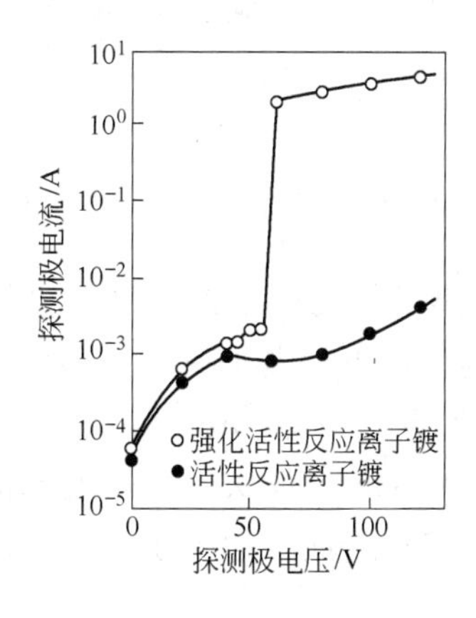

图2-82 活性反应离子镀与强化活性反应离子镀的探测极伏安特性曲线
（电子枪功率为0.5kW，氮分压为1.33×10^{-1}Pa）

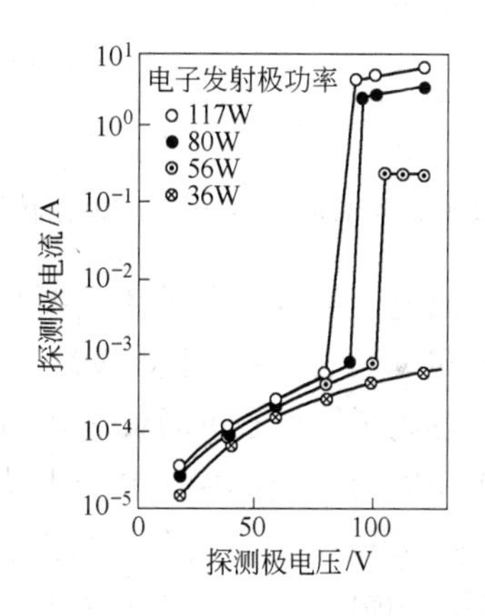

图2-83 强化活性反应离子镀的探测极伏安特性曲线
（电子枪功率为0kW，氮分压为1.33×10^{-1}Pa）

2.5.3.4 空心阴极离子镀

空心阴极放电（hollow cathode discharge，HCD）离子镀又称空心阴极离子镀，是在空心热阴极弧光放电和离子镀金属的基础上发展起来的一种沉积薄膜的技术。1972年Moley等人最先利用空心热阴极放电技术用于薄膜沉积。1973年以后，日本人小宫宗治将其实用化，1979年设备定型，应用于装饰镀膜和刀具镀超硬膜工业生产。20世纪80年代我国也开始了这方面的设备和工艺研究，随后也应用于工业生产。

A 空心阴极离子镀装置及工作原理

空心阴极离子镀装置分为90°和45°偏转型HCD电子枪离子镀两种，分别如图2-84和图2-85所示。90°偏转型可以减少钽管受金属蒸气的污染，加大沉积面积。90°偏转型HCD离子镀装置由水平放置的HCD电子枪、水冷铜坩埚、基板和真空系统组成。HCD电子枪产生低电压大电流电子束，空心阴极是一个钽管。钽管收成小口，使氩气经过钽管和辅助阳极流进真空室时能维持管内的压强在几百帕，而真空室的压强在 1.33Pa 左右。工作时，在阴极钽管和辅助阳极之间加上数百伏的直流电压引燃电弧，产生异常辉光放电。中性的低压氩气在钽管内不断被电离，氩离子又不断地轰击钽管表面，当钽管温度上升到 2300 ~ 2400K 时，钽管表面发射出大量的热电子，辉光放电转变成弧光放电。此时，电压降至 30 ~ 60V，电流上升至一定值维持弧光放电。

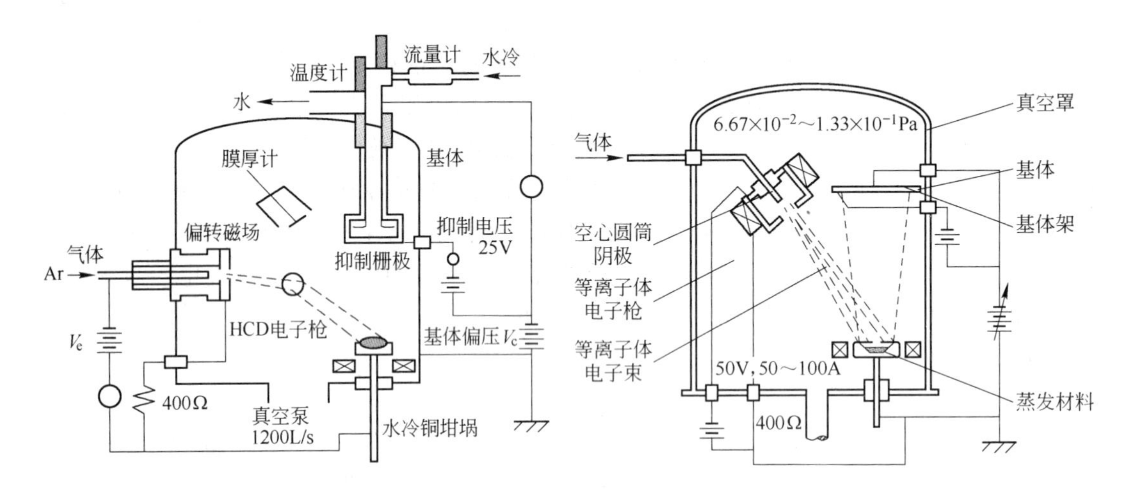

图 2-84 空心阴极离子镀（90°偏转型）　　图 2-85 空心阴极离子镀（45°偏转型）

弧光放电产生的等离子体主要集中在钽管口，等离子体的电子经辅助阳极初步聚焦后，在偏转磁场的作用下偏转 90°，再在坩埚聚焦磁场作用下，电子束直径收缩而聚焦在坩埚上。等离子体电子束的聚焦和偏转磁场感应强度为 10^{-3} ~ 2×10^{-2}T。HCD 电子枪的使用功率一般为 5 ~ 10kW，电子束功率密度可达 0.1MW/cm^2，仅次于高压电子枪能量密度（0.1 ~ 1MW/cm^2），可蒸发熔点在 2000℃以下的高熔点金属。但由于工作气压高，这种蒸发源的热辐射严重，热效率低。

等离子体的电子束集中飞向作为阳极的坩埚中的镀料，使其熔化、蒸发。电子在行程中不断使氩气和镀料原子电离，当在基板上施加几十至几百伏负偏压时，即有大量离子和中性粒子轰击基板沉积成膜。

B 空心阴极离子镀的特点

空心阴极离子镀的特点有：

（1）离化率高，高能中性粒子密度大。HCD 电子枪产生的等离子体电子束既是镀料汽化的热源，又是蒸气粒子的离子源。其束流具有数百安、几十电子伏能量，比其他离子镀方法高 100 倍。因此 HCD 的离化率可高达 20% ~ 40%，离子密度可达（1 ~ 9）$\times10^{15}$ (cm^2 · s)$^{-1}$，比其他离子镀高 1 ~ 2 个数量级。这是由空心阴极低电压、大电流的弧光放电特性所决定的。大量的电子与金属蒸气原子发生频繁的碰撞，产生出大量的金属离子和高速的中性粒子，同时，高荷能粒子轰击也促进了基-膜原子间的结合力和扩散以及膜层间原子的扩散迁移，因而提高了膜层的附着力和致密度。将衬底置于负偏压下，被蒸发物质的离子将造成对衬底的高强度轰击，形成致密牢固的薄膜涂层。

（2）绕镀性好。由于 HCD 离子镀工作气压为 1.33 ~ 0.133Pa，蒸发原子受气体分子的散射效应大，同时金属原子的离化率高，大量金属离子受基板负电位的吸引作用，因此具有较好的绕镀性。

（3）HCD离子镀采用低电压、大电流电源，可选用一般电焊机整流电源或自耗炉、喷涂、喷焊整流电源设备。设备及操作都比较简单、安全、易于推广。

C 空心阴极离子镀某些工艺参数的作用

空心阴极离子镀某些工艺参数的作用如下：

（1）基板电压。在HCD离子镀中，基板所加偏压不高，一般在-50V以内。这可避免刀具刃部受到离子严重轰击而变钝，或者过热而回火软化。轰击基板的离子能量可控制在数十电子伏，这不但远超过表面吸附气体的物理吸附能0.1~0.5eV，也超过了化学吸附能1~10eV，因而能起清洗作用。基板负偏压升高会提高离子的运动速度，使表面获得更高的平均能量。它不仅会增强膜层与基体的附着力，影响镀层的表面状态，而且会影响镀层的晶体结构及其他物理特性。

（2）工作气压。工作气压的大小对镀层性能的影响符合一般规律。但反应气体分压的大小对活性反应镀层来说，将直接决定化合物的成分及结构，从而影响镀层的性质。

（3）基板温度。基板温度对镀层的生成、生长及膜的性能将产生直接的影响。一般来说，基板温度高，有利于膜的生成、生长，增大薄膜的沉积速率，也有利于提高膜层与基板的附着力，并使膜层晶粒长大，表面平整光亮。如果温度过高，在制作纯金属硬质耐磨镀层时，会引起晶粒粗大，强度和硬度下降。但在制作化合物硬质镀层时，提高基板温度有利于提高镀层的硬度。

D 空心阴极离子镀的应用

HCD离子镀已广泛用于装饰、刀具、模具、精密耐磨件的镀膜。装饰镀制的TiN膜层色泽比较鲜艳，这与HCD的离化率高有关。在工具上镀硬质耐磨膜的效果良好，但因工件架在坩埚上方，装卡工件系统操作比较麻烦。此外，HCD离子镀还可沉积Ag、Cu、Cr、CrN、CrC、TiN、TiC等优质膜和多种复合膜、多层膜。

下面列举的是HCD离子镀TiN的典型工艺参数：

（1）镀前离子轰击清洗工件：放电气体为Ar，放电电压为66.5~6.65Pa，轰击功率为1.0~3.0kV×500~1000mA，轰击时间为5~15min。

（2）离子镀前及离子镀中对工件的加热：加热温度为400~550℃，加热速度为10~15min达到所需要求温度，加热功率为2~5kW。

（3）活性反应TiN镀膜参数：充N_2前真空为$1.33\times10^{-2}\sim6.65\times10^{-3}$Pa，$N_2$分压为$(1.1\sim4)\times10^{-1}$Pa，基片偏压为0~-25V，空心枪功率为50~70V×130~200A，镀膜时间为15~20min。

（4）工件取出温度在200℃以下。

2.5.3.5 射频溅射离子镀

射频溅射离子镀（radio frequency ion plating，RFIP）包含于溅射离子镀中。溅射离子镀是在溅射沉积的基础上，在基体设置各种方式的偏压，并通入反应气体沉积成薄膜的方法，根据沉积放电特征，主要有直流、射频和磁控溅射。

射频离子镀的装置如图2-86所示。图2-86中蒸发源采用电阻加热或电子束加热。在蒸发源和基板之间设置高频感应线圈。感应线圈一般为7圈，用直径为ϕ3mm的铜丝绕制

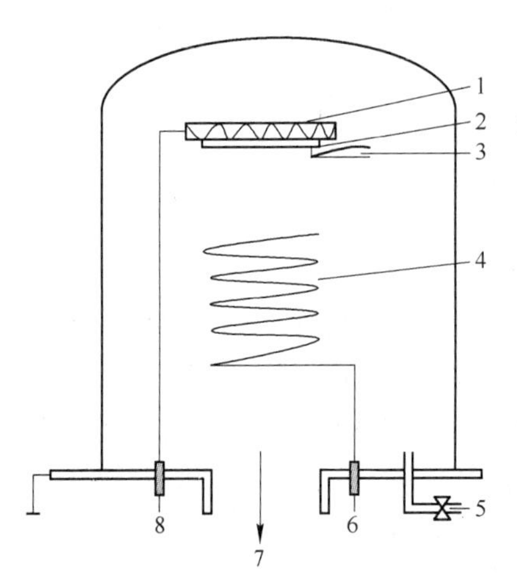

图 2-86 射频离子镀装置示意图

1—阴极；2—基片；3—热电偶；4—射频线圈；5—进气口；6—射频电源；7—抽气系统；8—直流电源

而成，高度为 7cm。基板与蒸发源的距离为 20cm。射频频率为 13.56MHz 或 18MHz，功率多为 0.5 ~ 2kW。基板接 0 ~ 2000V 负偏压，放电气压只有直流二极型的 1%，为 $10^{-1} \sim 10^{-3}$Pa。

镀膜室内分成三个区域：以蒸发源为中心的蒸发区、以感应线圈为中心的离化区、以基片为中心的离子加速区和离子到达区。通过分别调节蒸发源功率、感应线圈的射频激励功率、基体偏压，可以对三个区域进行独立控制，从而有效地控制沉积过程，改善镀层的性能。

在反应离子镀合成化合和用多蒸发源配制合金膜时，精确调整蒸发源功率、控制物料的蒸发速率是十分重要的。

在感应线圈射频激励区中，电子在高频电场作用下做振荡运动，延长了电子到达阳极的路径，增加了电子与反应气体及金属蒸气碰撞的几率，这样可提高放电电流密度。正是由于高频电场的作用，使着火气压降低到 $10^{-1} \sim 10^{-3}$Pa，即可在高真空进行高频放电。因而以电子束加热蒸发源的射频离子镀，不必设置差压板。

射频离子镀的金属离化率可达 5% ~ 15%，提高了沉积粒子的总能量，改善了镀层的致密度和结晶的结构。

射频离子镀具有以下特点：

（1）通过调节蒸发源功率、线圈的激励功率和基板负偏压，对蒸发、离化和加速三个过程可分别独立控制。离化靠射频激励，而不是靠直流加速电场，基板周围不产生阴极暗区。

（2）由于电子在高频电场作用下，沿圆周做振荡运动，增加了和气体与金属的碰撞几率，使射频离子镀在 $1.33 \times 10^{-1} \sim 1.33 \times 10^{-3}$Pa 的高真空下也能稳定放电，且离化率最高可达 15% 左右，镀层质量好。

（3）基体温升，且容易控制。基体温升的主要原因不是气体离子的轰击，而仅是蒸发源的辐射热和沉积原子放出的凝结热，因此，可以通过调节射频功率和加速电压在较低的基片温度下成膜。对于耐热性较差的塑料制品和塑料膜等基体上都可镀膜。但在制取较厚的膜（10 ~ 20μm）时，由于蒸镀时间长，放出的凝结热多，有必要采取适当的方法对基片加以冷却。

（4）由于工作真空度较高，沉积粒子受气体粒子的散射较小，故镀膜的绕射性差。

（5）射频辐射对人体有害，必须注意采用合适的电源与负载的耦合匹配网络，同时要有良好的接地，防止射频泄漏。另外，要有良好的射频屏蔽，减少或防止射频电源对测量仪表的干扰。

2.5.3.6 磁控溅射离子镀

磁控溅射离子镀（MSIP）是把磁控溅射和离子镀结合起来的技术。在同一个装置内

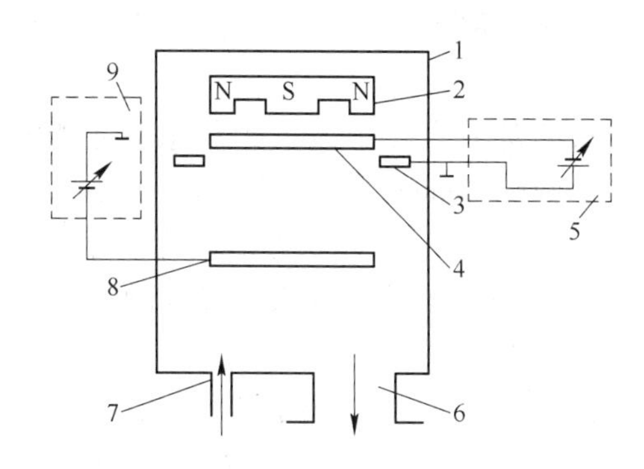

图 2-87 磁控溅射离子镀装置原理简图

1—真空室；2—永久磁铁；3—磁控阳极；4—磁控靶；5—磁控电源；6—真空系统；7—氩气离气系统；8—基体；9—离子镀供电系统

既实现了氩离子对磁控靶（镀料）的稳定溅射，又实现了高能靶材（镀料）离子在基片负偏压作用下到达基片进行轰击、溅射、注入及沉积的过程。

A 磁控溅射离子镀的工作原理

磁控溅射离子镀的工作原理如图 2-87 所示。真空室抽至本底真空 5×10^{-3}Pa 后，通入氩气，维持在 $1.33\times10^{-1}\sim1.33\times10^{-2}$Pa。在辅助阳极和阴极磁控靶之间加 400 ~ 1000V 的直流电压，产生低气压气体辉光放电，并建立起一个等离子体区。其中带正电的氩气离子在电场作用下轰击磁控靶面，溅出靶材原子。靶材原子在飞越放电空间时部分电离，靶材离子经基片负偏压（0 ~ 3000V）的加速作用，与高能中性原子一起在工件上沉积成膜。其可以在膜/基界面上形成明显的混合界面，提高了附着强度。可以使膜材和基材形成金属间化合物和固溶体，实现材料表面合金化，甚至出现新的相结构。磁控溅射离子镀可以消除膜层柱状晶，生成均匀的颗粒状晶体结构。

B 磁控溅射偏置基片的伏安特性

磁控溅射离子镀的成膜质量受到达基片上的离子通量和离子能量的影响。离子必须具有合适的能量和足够到达基片的数量（离子到达比）。就工艺参数看就是工件的偏置电压（偏压）和偏置电流密度（偏流密度）。偏流密度 J_s(mA/cm^2)与离子通量 Φ_i 成正比，即：

$$J_s = 10^3 e\Phi_i \tag{2-35}$$

式中 Φ_i——入射离子通量，(cm^2 · s)$^{-1}$；

e——电子电荷，$e=1.6\times10^{-19}$C。

图 2-88 所示为 Musil 等人发表的磁控溅射偏置基片的伏安特性曲线，所用的是直径为 120mm 的圆靶。磁场由电磁铁产生，功率为 1.5kW。各曲线已标明测试时的靶-基距，这些曲线分两类：

（1）恒流特性。如图 2-88 中的 60mm、70mm 和 80mm 曲线。这时靶-基距较大，基片位于距靶面较远的弱等离子体区内。这类曲线的特点是，最初偏流是随负偏压而上升，当负偏压上升到一定程度以后，偏流基本上饱和，处于恒流状态。这时偏流为受离子扩散限制的离子流（即离子扩散电流）。

（2）恒压特性。如图 2-88 中的 40mm 和 50mm 曲线。这时靶-基距较小，基片位于靶面附近的强等离子体区内，偏流为受正电荷空间分布限制的离子电流

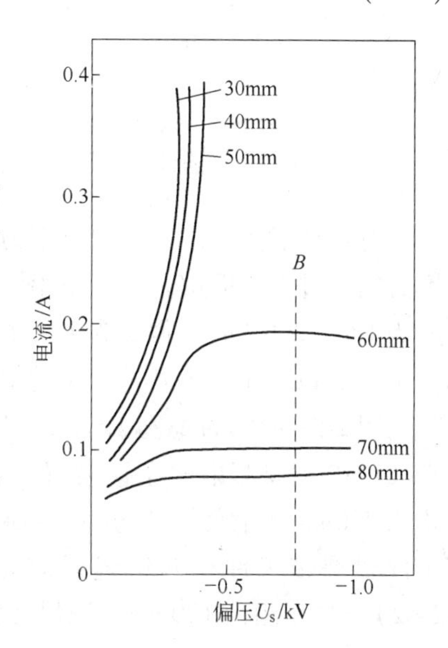

图 2-88 磁控溅射偏置基片的伏安特性曲线（$P_0=1.5$kW）

(即空间电荷限制离子电流)。这类曲线的特点是，偏流始终随负偏压的上升而上升。当负偏压上升到一定程度，例如200V以后，处于恒压状态。

要求偏压和偏流可独立调节，且偏流要稳定，这些都只有在恒流工作状态下才能实现。对于图2-88的试验条件，工件适于放置在距靶面60~80mm处。对于不同的靶结构、不同的靶功率、不同的基片大小、不同的镀膜室结构而言，产生恒流状态的偏置基片伏安特性是不同的。要使沉积速率达到实用的要求，偏流既要独立可调，又要有较大的密度。

C 提高偏流密度的措施

提高偏流密度，实质上是提高基片附近的等离子体密度。人们提出了几种办法：

(1) 对靶磁控溅射离子镀。它是由两个普通的磁控溅射阴极相对呈镜像放置，即两者的永磁体以同一极性相对对峙，两个阴极的强等离子体相互重叠的区域是工件的镀膜区。图2-89所示为对靶磁控溅射离子镀的示意图，镜像对靶的距离为120~200mm。相距太远会使等离子体密度降低，且不均匀，对反应离子镀极为不利。

图2-90所示为对靶磁控溅射离子镀的偏置伏安特性曲线。测试条件为：靶尺寸48.8cm×8.8cm，靶面积为430cm^2，靶电压为460V，靶电流为10A，靶功率密度为11W/cm^2，试样面积为143cm^2 (靶面积的1/3)。

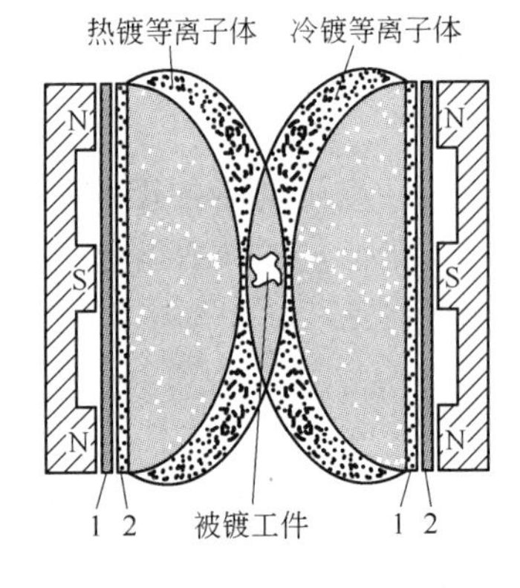

图2-89 镜像对靶布置

1—阴极；2—靶

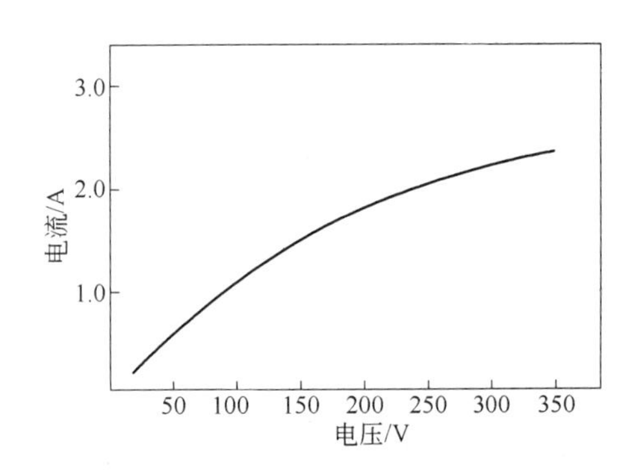

图2-90 对靶磁控溅射装置的伏安特性曲线

对靶溅射离子镀TiN的速率为3.5nm/s，偏流密度必须超过8~40mA/cm^2。由图2-90可见，在负偏压为100~200V时，偏流为1~2A，相应的偏流密度为7~14mA/cm^2，大致符合上述要求。

图2-91所示为德国Leybold-Heraeus公司生产的Z700P2/2对靶溅射离子镀装置。真空室直径和高度均为700mm。工件装在绕中心轴转动的工件架上，工件架携带工件在两组镜像对靶之间穿行（见图2-92）。对靶相距120mm，靶尺寸为488mm×88mm。靶面磁场强度为0.02T。

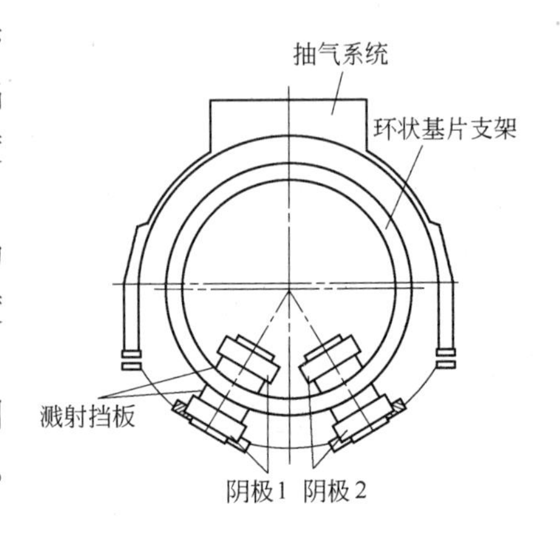

图2-91 对靶溅射离子镀装置

工件在镀膜前先溅射刻蚀，在工件上施加刻蚀的负电位逐渐增大至1700V，共刻蚀5min。为提高溅射刻蚀的等离子体密度，对靶阴极同时维持低功率工作：Ar压强为1.2Pa、靶压275V，刻蚀完后，磁控阴极转入溅射工作状态，并将加在工件上的刻蚀电位降为离子镀所需的负偏压（110～150V），Ar压强为0.8～2Pa，靶压500～520V，靶功率密度7.5W/cm²，进行溅射离子镀膜。该装置镀TiN时，8h产2000支ϕ6mm钻头或1500个表壳。

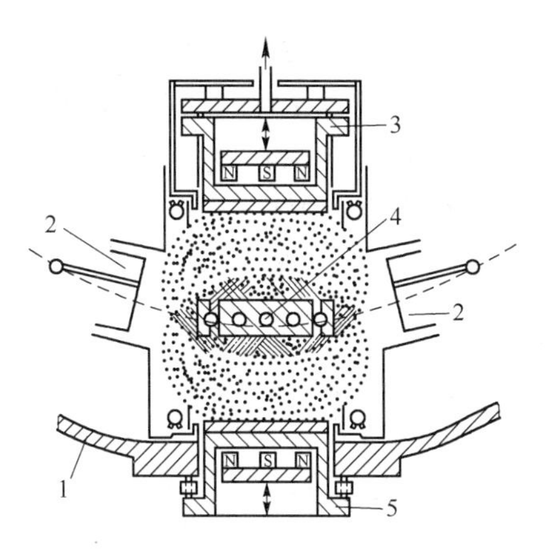

图2-92　对靶溅射镀膜机局部示意图
1—真空室；2，5—转轮；3—内置阴极；4—基片

对靶磁控溅射离子镀也有连续式多室生产线。

（2）添加电弧电子源。图2-93(a)所示为热丝电弧放电增强型磁控溅射，其原理与三极溅射阴极相似。图2-93(b)所示为空心阴极电弧放电增强型磁控溅射阴极。

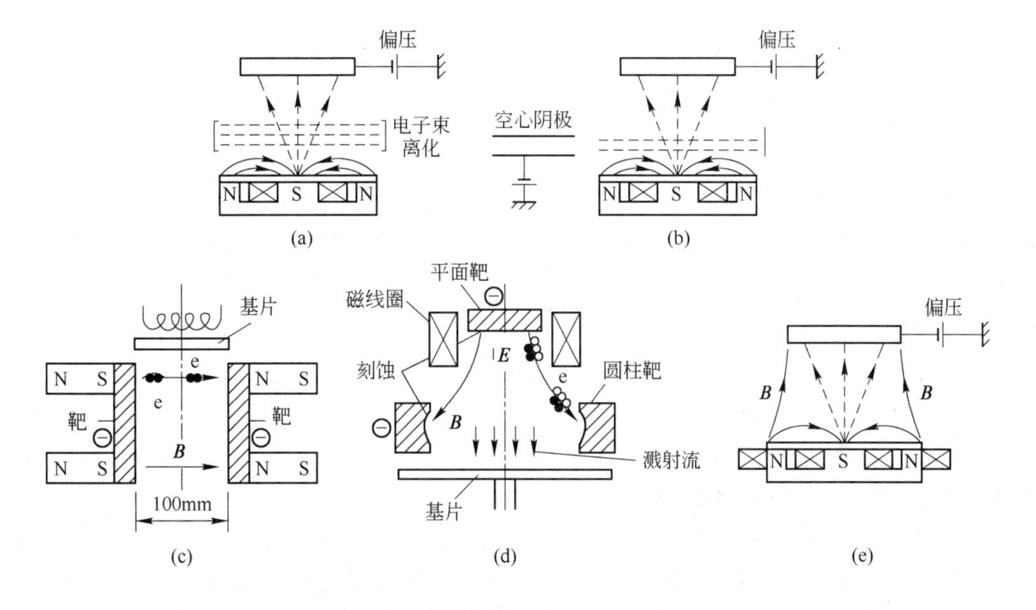

图2-93　提高等离子体密度的五种磁控溅射阴极

（3）对电子进行磁场约束和静电反射。图2-93(c)所示为Naoe的溅射阴极，利用同处于负电位的两个靶面相互反射电子，磁场的作用是将电子约束在两个靶面之间。在溅射阴极的阴极暗区和负辉区中，磁力线与电子力是平行的，不存在由正交磁场引起的$\boldsymbol{E}\times\boldsymbol{B}$漂移。电子绕磁力线螺旋前进，一旦接近靶面即被静电反射，于是在两个靶面之间振荡，从而将其能量充分用于电离。这种阴极实质上是采用静电反射提高等离子密度的二极溅射阴极，并非磁控溅射阴极。

图2-93(d)所示为对靶阴极的另一类型，它与上述平面对靶阴极的差别在于采用环形靶材替换其中一个平面靶材。

（4）非平衡磁控溅射阴极。图2-93(e)所示为Ⅱ型非平衡磁控溅射阴极，其磁力线将等离子体引向基体，可以满足溅射离子镀的要求。其缺点是径向均匀性较差。

采用非平衡磁控阴极同时对电子进行磁场约束和静电反射，这是磁控溅射离子镀技术中赖以提高等离子体密度的基本措施。

D　非平衡磁控溅射离子镀

a　对靶非平衡磁控溅射离子镀

图 2-94 所示为对靶非平衡磁控阴极的两种布局。

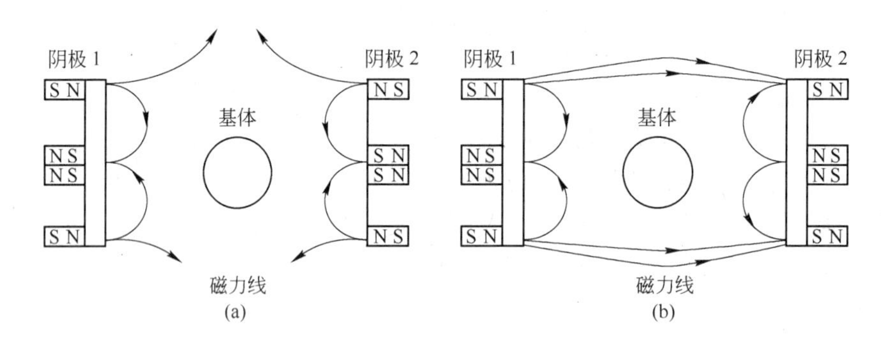

图 2-94　对靶非平衡磁控阴极的布置方式

（a）镜像对靶布置时两个阴极的磁力线相斥；（b）反像对靶布置时磁力线相连构成封闭磁场

反像对靶布置的偏流高于镜像布置的，这是由于反像对靶布置的磁力线形成了封闭磁场，能够最大限度地约束电子，而镜像对靶布置的磁力线分布是将电子引向阳极。有实验表明，反像对靶放置的饱和离子电流和电子电流分别比镜像对靶放置的大约高 76% 和 50%。反像对靶放置的等离子体电位约为 −21V，而镜像对靶放置的接近零。两者的差距表明，反像对靶放置的封闭磁场对电子进行了有效约束，使其难以到达阳极（机壳）。

b　封闭磁场磁控溅射离子镀

工业用磁控溅射离子镀装置除镀制板材的装置外，均以大体积镀膜区镀制大量工件为目的，这要求整个真空室的偏流密度都超过 $2mA/cm^2$。

图 2-95 所示为采用 4 个磁控阴极以实现离子镀的三种方案，其中图 2-95(a)是平衡磁控溅射阴极，等离子体局限于靶面附近；图 2-95(b)是非平衡磁控阴极，等离子体区域有所扩展；图 2-95(c)是非平衡磁控阴极构成封闭磁场，各个阴极之间是以异极性磁极相邻，彼此的磁力线相互连接，这能够对电子进行最有效的约束，使整个真空室的等离子体密度

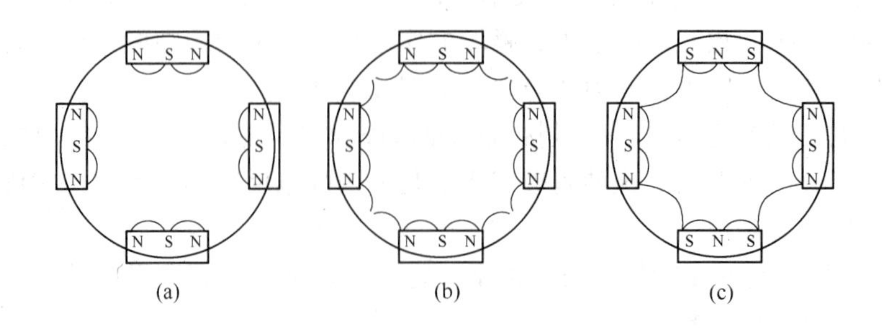

图 2-95　磁控溅射离子镀装置中的阴极布置方式

（a）平衡磁控系统；（b）非平衡磁控系统；（c）封闭磁场非平衡磁控系统

得以提高。

图 2-96 所示为 Hauzer 公司的 HTC1000-4ABS 离子镀膜装置示意图，它装有 4 个两用阴极，即矩形平面非平衡磁控溅射阴极与矩形平面阴极电弧靶可互换。真空室高度为 1000mm，双门结构，门上各装两个阴极，相对的两个阴极之间的靶间距为 1000mm，靶的尺寸为 160mm × 190mm。该装置的 4 个阴极的磁极 N 和 S 交替相邻布置，构成封闭磁场。

图 2-96 HTC1000-4ABS 离子镀膜装置示意图

Sproal 等人利用该装置对 TiN 和 $Ti_{0.5}Al_{0.5}N$ 的镀制进行了研究。真空室抽至 8×10^{-4}Pa 后进行离子刻蚀，可采用溅射辅助刻蚀或电弧辅助刻蚀两种方式：

（1）溅射辅助刻蚀。充 Ar 至 0.3Pa，工件加 1200V 负电位产生辉光放电进行溅射刻蚀，各个阴极以 0.5kW 低功率按磁控溅射方式运行，以增加等离子体密度，刻蚀至工件达 300℃为止，满载约需 100min。

（2）电弧辅助刻蚀。充 Ar 到 0.3Pa，工件加负电位 1200V 产生辉光放电进行刻蚀，同时 1 ~ 2 个阴极以 50A 的低电流按电弧蒸发方式运行，产生 Ti 离子以供刻蚀（此时阴极外沿永磁体离开靶材，电磁铁励磁电流为 0.5A），刻蚀 15min，工件达 300℃。

工件达 300℃后进行溅射离子镀膜，靶功率密度为 8.3kW/cm²，Ar 压强为 0.3Pa，N_2 压强为 0.02Pa，调节励磁电流和工件偏压，控制偏流密度和工件温升。在高速钢上镀 TiN，硬度 HV 为 2100 ~ 2400，划痕临界载荷为 50 ~ 70N。镀 $Ti_{0.5}Al_{0.5}N$ 的高速钢锯条，寿命为阴极电弧离子镀 TiN 的 3 倍。

图 2-97 所示为荷兰 Hauzer 公司的 HTC1000 离子镀系统，该系统有 4 个矩形非平衡磁控溅射靶。图 2-98 所示为德国 Cemecon 公司的非平衡磁控溅射离子镀系统，也是矩形靶，靶功率密度可达 35W/cm²，并有增强等离子密度措施，用于工具镀膜。图 2-99 所示为 Cemecon 公司生产的镀层钻头。

图 2-97 荷兰 Hauzer 公司的 HTC1000 离子镀系统

图 2-98 Cemecon 公司的非平衡磁控溅射离子镀系统

E 中频交流磁控溅射

由于中频交流磁控溅射有高的沉积速率、在溅射过程中又可稳定在设定的工作点、在沉积过程中消除了“打火”现象等优点，它为化合物反应磁控溅射实现工业化奠定了基础。在中频交流磁控溅射过程中，处于负半周电位时，靶面被正离子轰击溅射；而在正半周时等离子体的电子被加速到达靶面，中和在靶面绝缘面上累积的正电荷，从而抑制了打火。中频交流磁控溅射电源频率选在 10 ~ 100kHz，可以保证绝缘材料和金属靶面上的绝缘沉积层导通。研究表明，频率过高，溅射靶的正离子能量低，溅射速率低，在满足抑制打火的前提下，电源频率应取较低值，一般不应该超过 60 ~ 80kHz。

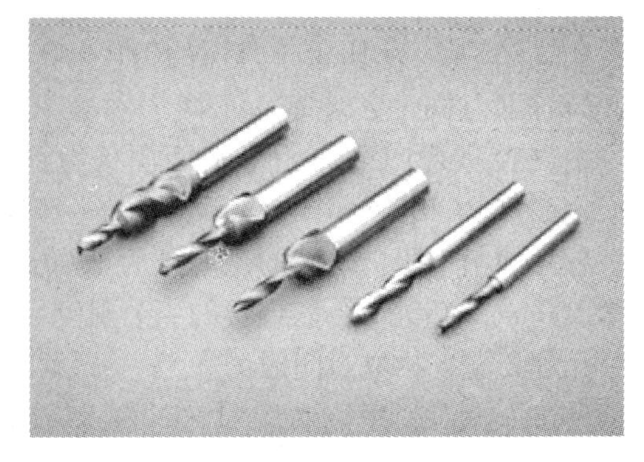

图 2-99 Cemecon 公司生产的镀层钻头

实验证实，交流电的波形对溅射工艺有影响。矩形波响应曲线不理想，如果匹配不合适，滞后比较严重；而正弦波形电源的电流响应要好得多。正弦波实现半波调节功率相对较困难，一般采取对称输出。现在一般推荐的中频交流磁控溅射电源是 40kHz 正弦波形，对称供电，带有自匹配网络的交流电源。

中频交流磁控溅射常用于对两个靶同时供电，通常两个尺寸大小和外形相同的靶并排配置，称为孪生靶。它们是悬浮安装的，各自与中频电源的一端相连，并与整个真空室相绝缘。在反应溅射过程中，两个靶轮流作阳极和阴极，在同半周期互为阳极、阴极。在作为阴极的半个周期中，靶电极将被离子轰击和溅射。离子轰击产生的二次电子将在作为阳极的另一个靶电极上中和掉可能积累起来的正电荷，这样既可抑制靶表面上电荷的积累和靶面打火的发生，又消除了“阳极消失”的现象，同时采用了等离子体发射光谱监控并快速响应反应气体供气，稳定了溅射过程。图 2-100 所示为德国莱宝公司装有孪生磁控靶的连续立式中频交流磁控溅射装置。图 2-101 所示为其运行的连续过程示意图。中频交流磁控溅射技术为化合物磁控溅射成膜技术实现工业化奠定了基础。

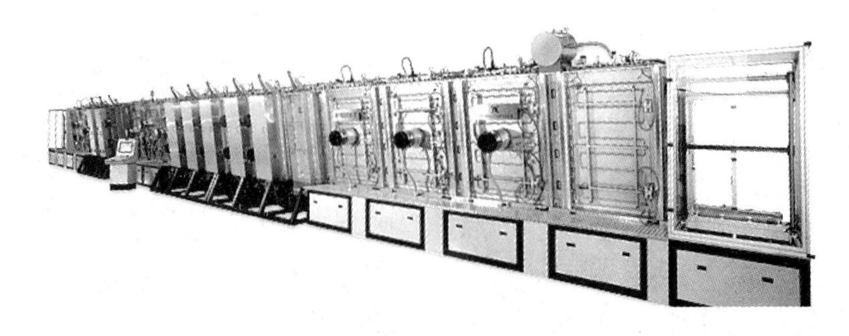

图 2-100 德国莱宝公司装有孪生磁控靶的连续立式中频交流磁控溅射装置

2.5.3.7 真空电弧离子镀

真空电弧离子镀（VAD）以及由其衍生出的多弧离子镀是工业上大量采用的一种离子

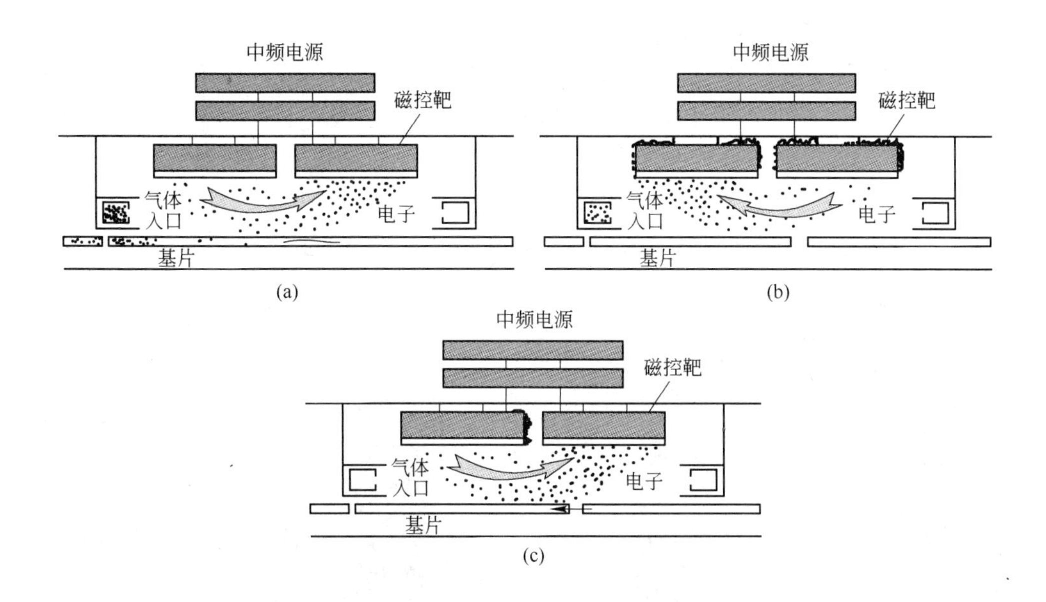

图 2-101 孪生磁控靶中频交流溅射装置连续运行过程示意图

（a）洁净的镀膜室，大的导电面积；（b）阴极上有连续的镀层，被绝缘层包围着；（c）在阴极四周有厚的绝缘镀层，在正的磁控靶上导电跑道区成为有效的阳极，以绝缘层的放电抑制了散弧（阴极-阳极交替）

镀方法。早年人们从发现真空开关电弧烧蚀触头材料沉积成膜的现象获得启发，转向研究利用真空电弧沉积镀膜，变害为利。真空电弧离子镀最先是前苏联的专利，后来美国人从前苏联引进了阴极电弧蒸发源镀膜设备和技术，经不断地试验改进后，开发研究成有多个弧源的工业化生产设备和技术，首先在刀具上镀 TiN，20 世纪 80 年代在世界上推广，很快席卷全球，到 90 年代促成了阴极电弧镀膜热，成为硬质保护膜生产的主流技术，广泛应用在工具镀、装饰镀和特殊功能镀膜领域。

真空电弧离子镀沉积之所以得到广泛应用，归因于它的许多优点：如离化率高，离子流密度大，离子流能量高，沉积速度快，膜/基结合力好，利用固体靶，没有熔池，靶阴极本身又是离化源，可以任意位置安装以保证镀膜均匀，可以沉积金属膜和合金膜，也可以反应镀合成各种化合物膜（氮化物、碳化物、氧化物），甚至可以合成 DLC 膜、C-N 膜等，设备操作简便，技术易于推广。美中不足的是：在沉积时，从靶表面飞溅出微细液滴，在所镀膜层中冷凝后膜层粗糙度增加。不过，已经有许多有效的方法减少和消除这些液滴。真空电弧沉积技术已广泛用于涂镀刀具、模具的超硬保护层。

人们一直努力改进真空电弧离子镀技术。近年来，有很多新技术的运用促使电弧技术和产品都有很大的发展。在电弧靶方面，除小圆靶外，发展了大面积矩形靶和柱弧靶。靶的磁场控制方面，有永久磁铁、可动永久磁铁和电磁铁可调磁场控制。在电源方面，发展了各种逆变电源和脉冲电源技术，如逆变弧电源、脉冲偏压电源、脉冲弧电源等。人们花了很大努力发展减少和消除阴极电弧的微滴喷溅的各种磁过滤技术。近年来，研究特别关注于各种新技术与电弧技术的结合，发展了电弧与溅射结合、电弧与各种离子源结合，以适应高质量产品的镀膜技术。

A　真空电弧离子镀的设备

真空电弧离子镀已相当普遍。图 2-102 和图 2-103 所示分别为我国制造的 AS700DTX（ϕ900mm × 1200mm）12 弧源计算机全自动阴极多弧离子镀设备和 8 弧源真空阴极电弧离子镀膜机，用于工具镀膜。图 2-104 所示为瑞士 Platit 公司的 PL70 旋转柱靶电弧离子镀系统。图 2-105 所示为荷兰 Hauzer 公司的 HTC1500 系统，镀膜室直径为 1200mm，高 1000mm，配有多个矩形平面电弧蒸发源，可在 650kg 重的模具上沉积 TiN。

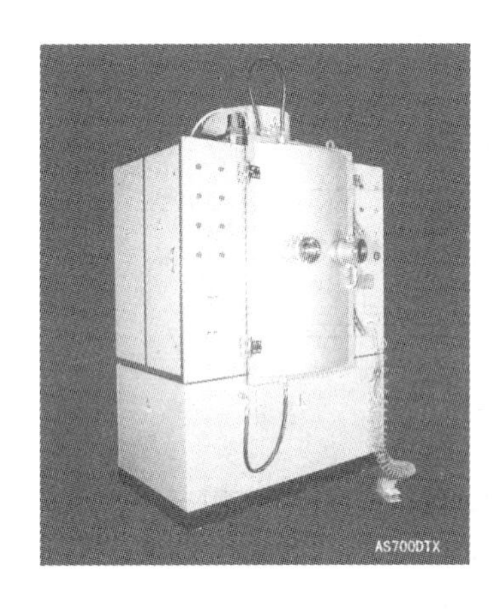

图 2-102　AS700DTX（ϕ900mm × 1200mm）12 弧源计算机全自动阴极多弧离子镀设备

图 2-103　国产圆靶 8 弧源真空阴极电弧离子镀膜机

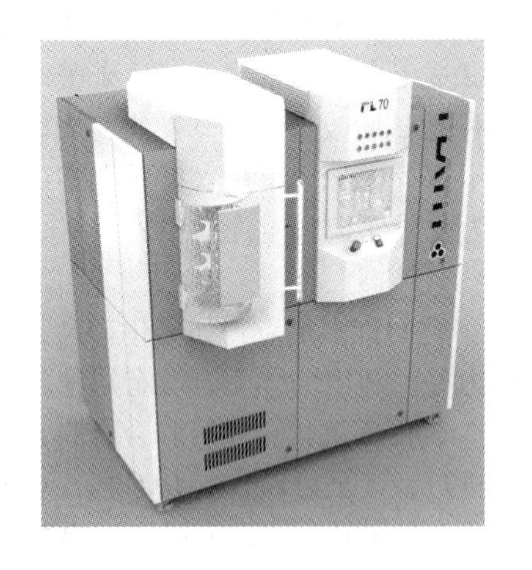

图 2-104　瑞士 Platit 公司的 PL70 旋转柱靶电弧离子镀系统

图 2-105　荷兰 Hauzer 公司 HTC1500 系统

下面介绍用于生产电弧离子镀膜机的主要技术要求和配置：

（1）真空系统。镀膜室的形式和尺寸要适合镀膜的工件数量和种类。一般采用立式侧开门形式，方便装卸工件。极限真空度应大于 5×10^{-4}Pa。抽气速率影响生产效率。系统的升压率是必须保证的指标，行业标准定为小于 1×10^{-3}Pa · L/s。该指标与镀膜过程中大气渗入污染镀膜室气氛的程度关系密切。

（2）阴极电弧蒸发源。阴极电弧蒸发源有多种形式和结构。

1）形状尺寸。圆靶直径为60～100mm，矩形靶长1000～1500mm，柱状靶直径为70～100mm、长度为100～130mm。

2）磁体与结构。磁体有固定永磁体与运动永磁体两种。圆靶的磁体有圆柱形和环形；柱状靶有直线安排磁体，螺旋线安排磁体。另有电磁铁结构，磁场强弱与磁场分布均可调，可以控制弧斑运动轨迹。

3）引弧机构。分机械接触式和高频脉冲非接触式。机械接触式是通过阳极引弧杆与阴极靶面接触短路后即脱离而点燃电弧。引弧杆的动作分气动式和电动式两种。频率接触短路引弧时，引弧杆材料蒸发以及轰击靶面溅出的靶材碎片会污染膜层，但结构简单。高频脉冲非接触式引弧系统包括一个高压高频脉冲引弧电源和电弧蒸发源上特殊的传输通道，它对于直流供电是绝缘的，而对于高压高频脉冲可以击穿通过到达靶面引弧。这种机构是非接触式，自然没有机械式的缺点，而且高频脉冲不停供电，不会有感觉到的息弧现象。

4）冷却方式。分直冷式和间接冷却式。直冷式的冷却水与电弧蒸发源的靶材背部直接接触，靶材通过橡胶圈与冷却水套连接实现水封。直冷式的冷却效果好，但万一漏水，处理麻烦，而且只适用于金属靶材，对多孔性靶材不适用。间接冷却式冷却水只与铜靶座接触，而靶体连在靶座上，不与水接触，这样冷却效果虽然差些，但使用时安全，不会漏水，适用于各类靶材。

5）合金靶的形式。分合金材料型和镶拼型。合金材料型靶是采用真正的合金材料制成，而镶拼型靶是采用合金靶中所含有的各种单纯金属块拼镶而成的。其制作方法是：用主要成分做成靶基体，将其他元素在合金靶中所占的质量比换算成面积比，制成相应的圆饼，按照需要在靶机上均匀地挖出多个小圆孔，把制成的圆饼镶嵌进去。

6）电弧蒸发源的技术要求（以直径60mm圆形靶为例）。在正常镀膜气压下（5×10^{-1}Pa），靶流可调范围为35～100A（Ti靶），在低靶流（35A）时能稳定运动；在高真空下（10^{-3}Pa），可正常稳弧；磁场可调，靶面弧斑线细腻，弧斑线向靶心收缩且向靶边扩展运动均匀，靶面刻蚀均匀。

（3）负偏压系统。分直流偏压和脉冲偏压电源。直流偏压电源应具有自动快速熄灭闪弧的功能，0～1000V连续可调，具有预置和自动升压功能。脉冲偏压电源有单极性和双极性，频率一般为30kHz，占空比可调。偏压电源要有足够的功率容量，耐电压冲击，元器件可靠。偏压系统的抑止闪弧能力是镀膜质量的关键性指标。

（4）供气方式。由于抽气速率的波动，工作气体和反应气体的消耗，镀膜室壁的结构件和工件放气，导致炉内气压不断变化。为了获得稳定的镀膜气氛环境，要不断地、及时地补给工作气体和反应气体。目前常用的供气模式分恒压强和恒流量两种。

（5）烘烤加热系统。目前多采用发热管辅助加热。发热管除安排在炉中央外，还分布在炉壁附近。烘烤加热一方面使工件均匀地升温，另一方面有利于系统解吸杂质气体，净化真空环境。

（6）测温系统。一般是将铠装热电偶固定在炉内某个位置上测温，所显示的温度是该位置的环境温度，不一定反映工件的实际温度。

在镀膜过程中，测量工件表面的实际温度是比较困难的，但监控工件表面的实际温度又非常必要，因为基片温度是影响成膜质量的重要因素。

（7）工件架运动系统。为了镀膜均匀这一系统是必不可少的。工件架的运动方式有公转、公自转和三维转动。

（8）冷却系统。长时间运行的设备，镀膜室应采用不锈钢的夹层水套，内有控制水流方向导流水道，保证充分均匀冷却。在气候潮湿地区，应考虑可冷热供水切换系统，在开炉门前供温水，防炉壁结露。

（9）保护系统。应有冷却水失压警示，电弧蒸发源短路警示，真空测量仪表与放气阀连锁，真空系统合理程序的连锁，以及高电压的安全保护，电气系统的可靠保护。

B 真空电弧离子镀的缺点

真空电弧离子镀一个显著的缺点，就是在弧光放电过程中会产生显微喷溅颗粒沉积于膜层之中，影响薄膜的表面质量和性能。为抑制显微颗粒的喷溅，一是减少和消除颗粒的发射，二是从阴极等离子束流中把颗粒分离出来。由于大颗粒的液滴主要分布在与阴极表面上方成10°～30°的立方角内，将被镀制的工件放置于电弧源前方120°角的球面内，就会减少液滴对膜层质量的影响。此外，减少或消除颗粒的方法有降低弧电流，减弱电弧放电（也降低了沉积速率），加强阴极冷却，让弧斑热量快点导走，缩小熔池面积，减少液滴发射，增大反应气体分压，加快弧斑运动速度，降低局部高温加热影响，减少熔池面积，降低液滴发射，采用脉冲弧放电。在颗粒分离的方法中，高速旋转阴极靶体和遮挡屏蔽在工业上应用都有较大困难。弯曲型磁过滤是最彻底的消除微滴的方法（见图2-106），可获得100%离化率的高纯粒子束用于薄膜沉积，但要损失相当大的沉积速率，这种方法现已成功地用于沉积半导体的各种金属及合金、金属氧化物、氮化物、碳化物及类金刚石等膜。与传统的电弧离子镀膜相比，过滤弧后的膜层无宏观颗粒杂质，成分均匀，结构致密，满足光学、微电子学薄膜的要求。阴极前置螺旋管磁场，利用靶外磁场增强离化率，同时减少微滴，实际上起的是电磁透镜的作用，即等离子束通过电磁透镜，会产生离子流导向、旋转、压缩、聚集，使等离子体密度增高，高能电子非弹性碰撞增加，使微滴细化，甚至蒸发，提高了离化率，因而抑制了微滴。这种螺旋管型增强弧源应该有合理的几何结构尺寸、磁场强度与分布设计，才能有预期效果，有关文献报道称，沉积速率基本没有降低。作者认为，工业上应用，应综合考虑沉积覆盖面积和平均沉积速率，才有真实的意义。增强直线型过滤源的结构，可降低宏观粒子的数目，因而相应地降低了膜层沉积的缺陷和膜层的表面粗糙度，给工业带来方便，很值得关注。

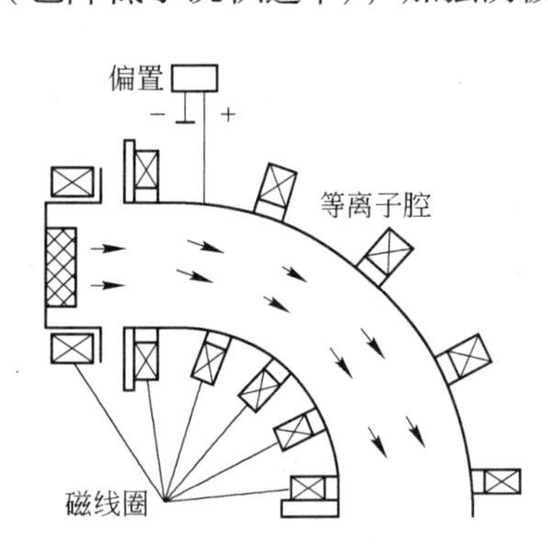

图2-106 弯曲管磁过滤装置

C 真空电弧离子镀TiN、DLC膜的生产工艺

a TiN硬质膜生产的典型生产工艺

采用小圆靶（直径60mm）8弧源阴极电弧离子镀膜机，在直径6～8mm高速钢麻花钻头上沉积TiN膜的工艺如下：

（1）工艺条件为：靶-基距为150～200mm，本底真空度为5×10^{-3}Pa，基体加热温度不小于350℃。

（2）离子轰击溅蚀清洗。靶压约20V，靶流约50A（后同），单靶轮流轰击，Ar气压

约 10^{-1}Pa，负偏压由零升至 700～800V，各靶轰击 1min。

（3）预镀 Ti 打底。Ar 气压约 10^{-1}Pa，负偏压 300V，4～8 靶同时作业 2～3min。

（4）镀 TiN 膜。N_2 气压 1.5～0.5Pa，负偏压 50～150V，4～8 靶同时作业 30～40min。

（5）效果。TiN 膜层呈金黄色，膜厚 2～2.5μm，硬度 HV 大于 2000。附着力划痕试验临界负载不小于 60N，膜层组织致密，细晶结构，麻花钻头使用寿命按 GB 1436—85 标准测试，钻层钻头钻削长度平均值为 13.8m，比未镀钻头的 1.98m 高 6 倍。

b DLC 膜的生产工艺

真空阴极电弧沉积 DLC 膜的典型工艺如下：

（1）工艺条件为：本底真空度为 5×10^{-3}Pa，炉温为 150～250℃；

（2）轰击清洗。Ar 气压为 10^{-1}～10^{-2}Pa；启动 Ti 靶，靶流 40～60A，负偏压 0～800V，5～10min。

（3）沉积过渡层。Ar + H_2 气压为 1～10^{-2}Pa，负偏压 50～300V，按浓度梯度的要求设计好 Ti 靶和石墨靶启动的顺序和数目，分别启动 Ti 靶和（或）石墨靶。石墨靶流 30～60A，5～10min。

（4）沉积 DLC。H_2 气压为 1～10^{-2}Pa，石墨靶 3～6 个，负偏压 50～300V。

在优化工艺条件下所沉积 DLC 膜的性能为：

（1）硬度（DLC/Ti）$HV_{0.01,15}$为 3000～5000。

（2）结合强度：临界强度 60～80N，达到 TiN 的结合强度。

（3）拉曼光谱显示沉积的膜具有典型的 DLC 特征。

DLC 膜应用于硬质合金刀具上，材质为 YG6，刀片型号 41610N，被切削材料为高强度耐磨铝青铜合金，其主要成分（质量分数，%）为 Al 9.0～10.5、Fe 3.0～5.0、Ni 1.0～2.5、Mn 1.6～25，微量 Ti、B、Pb，余量为 Cu，硬度 HB 为 170 左右。DLC 涂层刀具的切削长度较未涂层的高 7 倍。

DLC 膜应用于扬声器振膜上，家用音响用直径为 25mm 的 DLC/Ti 高音振膜与纯钛振膜比较，DLC/Ti 复合扬声器振膜的频响上限比纯钛振膜的 20kHz 提高了 10kHz，为 30kHz。提高了保真度主观听感，高音清脆亮丽。专业长筒式高音扬声器振膜的直径为 30～100mm，采用 DLC/Ti 复合振膜与纯钛振膜相比提升了频响上限。如直径 44.5mm 的振膜，从原来的 15kHz 提高到 18kHz，高频端声压值可提高 3dB，同时高频谐波失真降低，瞬态特性改善。

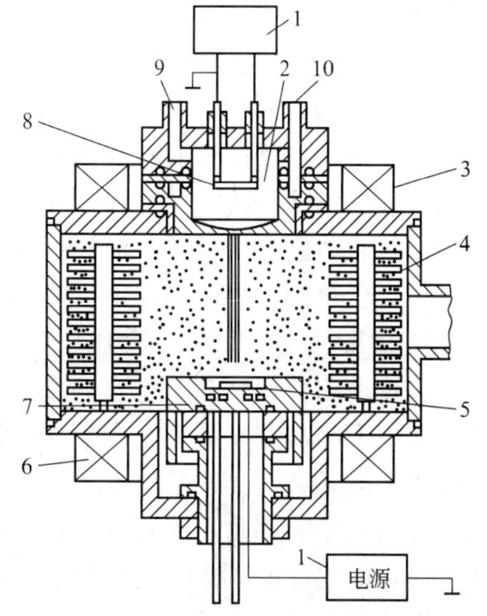

图 2-107 热阴极强流电弧离子镀装置示意图
1—热灯丝电源；2—离化室；3—上聚焦线圈；4—基体；5—蒸发源；6—下聚焦线圈；7—阳极（坩埚）；8—灯丝；9—氩气进气口；10—冷却水

2.5.3.8 热阴极强流电弧离子镀

热阴极强流电弧离子镀是一种别具特色的离子镀，是巴尔泽斯（Balzers）公司发明的。图 2-107

所示为热阴极强流电弧离子镀装置的示意图，在离子镀膜室的顶部安装热阴极低压电弧放电室，热阴极用钽丝制成，通电加热至发射热电子，是外热式热电子发射极，低压电弧放电室通入氩气。热电子与氩气分子碰撞，发生弧光放电，在放电室内产生高密度的等离子体。在放电室的下部有一气阻孔与离子镀膜室相通，放电室镀膜室形成气压差，在热阴极与镀膜室下部的辅助阳极（或坩埚）之间施加电压，热阴极接负极，辅助阳极（或坩埚）接正极，这样，放电室内的等离子体中的电子被阳极吸引，从枪室下部的气阻孔引出，射向阳极（坩埚），在沉积室空间形成稳定的、高密度的低能电子束，起着蒸发源和离化源的作用。

沉积室外上下各设置一个聚焦线圈，磁场强度约为 0.2T，上聚焦线圈的作用是使束孔处的电子聚束。下聚焦线圈的作用是对电子束聚焦提高电子束的功率密度，从而达到提高蒸发速率的目的。轴向磁场还有利于电子沿沉积室做圆周运动，提高带电粒子与金属蒸气粒子、反应气体分子间的碰撞几率。

这种技术的特点是一弧多用，热灯丝等离子枪既是蒸发源又是基体的加热源、轰击净化源和镀料粒子的离化源。镀膜时先将沉积室抽真空至 1×10^{-3}Pa，向等离子枪内充入氩气，此时基体接电源正极，电压为 50V。接通热灯丝，电子发射使氩气离化成等离子体，产生等离子体电子束，受基体吸引加速并轰击基体，使基体加热至 350℃，再将基体电源切断加到辅助阳极上，基体接 -200V 偏压，放电在辅助阳极和阴极之间进行，基体吸引 Ar^+，被 Ar^+ 溅射净化。然后再将辅助阳极电源切断，再加到坩埚上，此时电子束被聚焦磁场汇聚到坩埚上，轰击加热镀料使之蒸发。若通入反应气体，则与镀料蒸气粒子一起被高密度的电子束碰撞电离或激发，此时，基体仍加 100~200V 偏压，故使金属离子或反应气体离子被吸引到基体上，使基体继续升温，并沉积镀料和反应气体反应的化合物涂层。

下面列举 TiN 的沉积试验工艺：把块状金属钛放入坩埚中，装置抽真空至 10^{-2}Pa，N_2 从进气口进入热阴极放电室，通过小孔再进入蒸发室，真空泵对蒸发室抽气，维持放电室 N_2 气压为 5Pa，而蒸发室的 N_2 气压为 0.52Pa。然后，接地热阴极以 1.5keV 加热，随后在阳极上加 70V，短时间把阳极电压加在热阴极放电室和蒸发室之间的隔离壁上，点燃低压电弧。116A 电流流过热阴极，131A 电流流过阳极，两者之差为 15A，显示电流有通过基片和炉壁的回路。由于电子流流过（坩埚），在坩埚里的钛被熔化，并以 0.3g/min 的速度蒸发。由于热阴极和阳极之间的低压电弧放电引起 N_2 和蒸发的镀料粒子强烈离化效应，在基片上沉积上金黄色、硬度高、附着力强的 TiN 膜层。它有很好的耐磨性和装饰性。

该技术的特点是在放电室高真空（约 1Pa）起弧，对镀膜室污染小。热阴极发射的电子流提高了金属蒸发源原子产生非弹性碰撞的几率，致使镀膜室的等离子体密度增大，加上高浓度电子束的轰击清洗和电子碰撞离化效应好，使膜层组织致密、膜/基结合力好，镀制的 TiN 的镀层质量非常好。我国在 20 世纪 80 年代曾对用空心阴极离子镀、电弧离子镀、热阴极强流电弧离子镀镀制的麻花钻镀层做评比，结果表明，用热阴极强流电弧离子镀镀制的麻花钻头镀层使用寿命最长。该技术用于工具镀层质量最具优势，采用多坩埚可镀合金膜和多层膜。

该技术的缺点是可镀区域相对较小，均匀可镀区更小，现有的标准设备只有 350mm 高的均镀区，用于大件的装饰镀膜生产不太适宜。但国外将设备改进后已用于高档表件沉积 TiN 的生产。

现今 Balzers 公司已使用改型的热阴极沉积电弧离子镀膜机生产工具、模具镀层产品。该公司还利用强流直流电弧的等离子体辅助化学气相沉积设备生产金刚石膜。目前利用热阴极强流电弧蒸发源已可实现电弧蒸发、离子镀、溅射、混合物理气相沉积、等离子体辅助化学气相沉积。主要沉积的膜系有 TiN、TiCN、TiAlN、CrN、CrC、TiAlN + WC/C、WC/C、DLC、金刚石膜等。

2.6 新型镀制功能薄膜的复合镀膜技术

当今，国内外在发展新型现代表面技术应用中，都把表面技术作为一个系统工程进行优化设计和组合。这种优化设计和组合在很大程度上就是表面复合镀膜新技术。其具有两层含义，一层是“膜层”的优化设计，特别是“多层膜系”的优化设计，使膜层材料“物尽其用”；另一层含义是通过各种表面复合镀膜技术优化组合，使各类表面镀膜技术“各展所长”，这是因单一的表面镀膜技术在实际应用时受到一定局限，还满足不了对材料使用的高性能要求。近十多年来，综合运用两种甚至两种以上的现代表面镀膜技术进行复合镀膜的方法，在实际应用中得到较快的发展。人们把这类组合应用、具有突出实效的表面处理工艺称为现代表面复合处理技术，或称为新型的复合镀膜技术，在日本、德国、法国、美国等诸多发达国家已经得到比较广泛的应用。当今各发达国家已研究开发出一些新型特殊的复合离子表面处理新技术。如目前，已经沉积出一侧具有热、电绝缘性能，另一侧有导电、导热性能的薄膜材料；国内外开发成功的磁控溅射与阴极多弧离子镀膜的复合技术；金属离子源（MEVVA）与离子镀膜的复合技术；离子束辅助沉积技术（IBAD）以及多种表面技术沉积制备多层复合膜的复合技术等，它们都具有一些特殊的用途。下面仅简略地介绍与现代表面镀膜技术密切相关的、较成熟的四种新型的复合镀膜新技术。

2.6.1 磁控溅射与阴极多弧离子镀膜技术的复合

磁控溅射与阴极多弧离子镀膜的复合镀膜设备，既可单独地分别工作，又可同时工作；既可沉积制备纯金属膜，又可沉积制备金属化合物膜或复合薄膜；既可以是单层膜，又可以是多层复合膜。它的优点为：不仅综合了各种离子镀膜的优势，兼顾了各领域应用的薄膜沉积制备，还可在同一真空镀膜室中一次完成多层单质膜或多层复合膜的沉积制备。沉积制备的膜层用途十分广泛，备受人们关注。其技术有多种形式，典型的有：

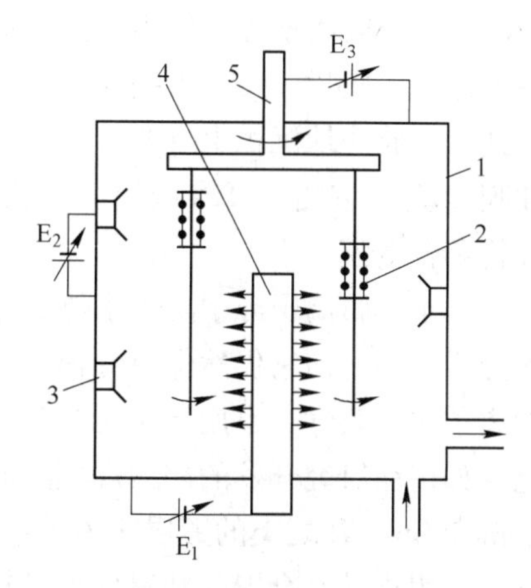

图 2-108 柱状磁控靶与阴极离子镀膜的复合镀膜装置示意图
1—真空室；2—被镀件；3—电弧源；4—柱状磁控靶；5—转架；E_1—磁控靶电源；E_2—弧电源；E_3—偏压电源

（1）非平衡磁控溅射与阴极离子镀技术的复合。其装置如图 2-108 所示。它是柱状磁控靶和平面阴极电弧离子镀的复合镀膜设备，既适用于工具镀复合膜，也适用于镀装饰膜。工具镀膜时，先用阴极电弧离子镀进行底层镀膜，后用柱状磁控靶进行氮化物等膜层的沉积，可得到高精度加工工具表面膜层。用于装饰镀膜时，可用阴极电弧镀先沉积 TiN、ZrN 装饰膜，再利用磁控靶掺金属膜，其掺金属效果非常好。

（2）孪生平面磁控和柱状阴极电弧离子镀技术的复合。其装置如图 2-109 所示。它所采用的是先进的孪生靶技术，当两个并排相邻的孪生靶联结中频电源后，它既克服了直流溅射固有的靶中毒、打火等弊端；又可沉积 Al_2O_3、SiO_2 氧化优质膜，使镀件的抗氧化性能有所提高和改善。在真空室中心安装柱状多弧靶，靶材可用 Ti 和 Zr，不仅保持了多弧离化率高、沉积速率大的优点，还能有效降低小平面多弧靶沉积过程中难免的“液滴”，可以沉积制备出低孔隙率的金属薄膜、化合物薄膜。若在周边安装的孪生平面磁控靶的靶材用 Al 和 Si，可以沉积制备 Al_2O_3 或 SiO_2 金属陶瓷膜。另外，在周边还可以安装多个小平面的多弧蒸发源，其靶材可以是 Cr 或 Ni，又可沉积制备金属膜和多层复合膜。因此，这种复合镀膜技术是一种具有多种用途的复合镀膜技术。

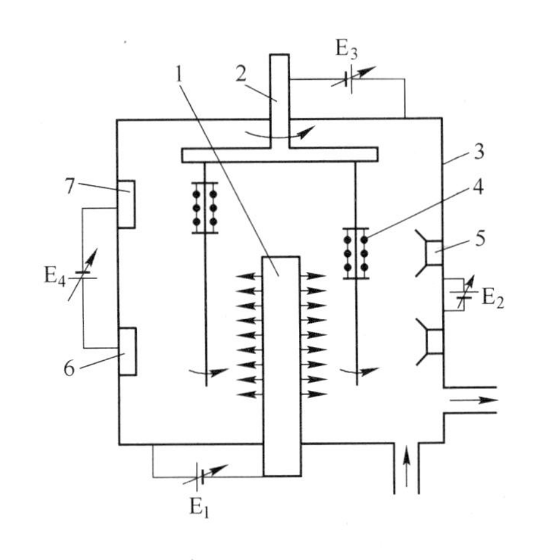

图 2-109　孪生平面磁控和柱状阴极电弧离子镀膜的复合镀膜装置示意图

1—多弧柱状靶；2—转架；3—真空室；4—被镀件；5—小平面多弧源；6，7—孪生平面磁控靶；E_1—多弧柱状靶电源；E_2—小平面靶多弧电源；E_3—偏压电源；E_4—孪生平面靶电源

2.6.2　金属离子源与离子镀技术的复合

应用金属离子源（MEVVA）阴极电弧发射出来的金属离子进行聚束，并经磁场和电场加速引出，这是一种低成本的金属离子注入。诸如在电弧离子和金属离子沉积源的复合技术中，金属离子源的作用有两点：一是用金属离子实施溅射轰击清洗；二是通金属离子注入形成扩散过渡层，来提高膜/基结合强度。人们用这种金属离子源与电弧离子源的复合技术，成功地沉积出（TiAl）N 膜；在铝合金和低合金钢的基材上，沉积出致密的高硬和膜/基结合良好的 TiN 膜层。应该说，用这种复合的沉积技术，还可以沉积制备各种化合物和合金膜。

由于金属离子源中等离子体支持气体是由金属阴极蒸发而来，引出的离子束尽管未做磁分析过滤，但它仍然保持着很高的纯度；因此，这种装置在国外不仅用于非半导体材料的离子注入改性，也用于半导体工业中某些特殊的非掺杂性的，特别是一些研究性的工艺。如正在研究开发的超大规模集成电路的多层布线工艺中的一种是要在氧化物或氧化硅上沉积 Cu、W 之类的镀层，为了帮助沉积层的形核，在基体中注入 Mo、Ti、W 之类的元素，应用这种复合镀膜装置取得了较好的效果。

在金属离子源与离子镀技术复合的基础上，我国核工业西南物理研究院、西安交通大学、国家“863”新材料表面工程中心联合研制了工业用“注—掺—镀”的复合工业机。此机安装在国家“863”新材料表面工程中心，投入商业运行。遗憾的是，因生产的镀膜产品针对性不强，该机的真正潜力没有得到应有的发挥。

2.6.3 离子束辅助沉积技术

离子束辅助沉积技术（ion beam assisted deposition，IBD 或 ion beam enhanced deposition，IBED），实际上是一种复合技术。它是把离子注入与气相沉积镀膜技术相结合的复合表面离子处理技术，也是新型的离子束表面优化技术。这种技术除了具有气相沉积的优点外，还可在更严格的控制条件下连续生长任意厚度的膜层，能更显著地改善膜层的结晶性、取向性，增大膜层/基体的附着强度，提高膜层的致密性，并能在接近室温下合成具有理想化学计量比的化合物膜，包括在常温常压下无法得到的新型膜。离子束辅助沉积在工艺上既保留了离子注入工艺的优点，又可实现在基体上覆以与基体完全不同的薄膜材料。

2.6.3.1 装置

最常见的离子束辅助沉积技术工艺装置有：

（1）电子束蒸金属离子束辅助沉积。典型的是 20 世纪 80 年代美国 Eaton 公司生产的 Z-200 离子束辅助沉积装置（见图 2-110）。利用图 2-110 下方的电子束蒸发装置，在电子束加速到 10keV 轰击坩埚内材料时，材料熔化蒸发，形成喷向靶台的粒子流。蒸发台有 4 个坩埚，可顺次转位，保证在不破坏真空下可沉积四种材料。沉积靶台与离子束及蒸发的粒子流成 45°，可绕台轴旋转转位。通过弗里曼离子源引出离子束，在靶台处呈 20.32cm×25.4cm 的矩形，借离子源与引出的电极系统同步摇摆，实现束流在靶台的机械扫描。离子能量为 20～100keV 可调，束流最大达 6mA。工作室真空度可达 6.5×10^{-5}Pa，工作真空因有离子源中气体流出，真空下降至 1.2×10^{-3}Pa。靶台具有水冷，膜层的沉积速率为 0.5～1.0nm/s。其优点是可获得较高的沉积速率。其缺点是只能用单质或有限的合金或化合物作蒸发源，因合金和化合物各组分蒸气压不同，不易获得与原蒸发源（镀料）成分相同的膜层。

（2）离子束溅射与离子束轰击混合沉积。该设备是一种离子束溅射与离子束轰击相结合的宽束离子束混合装置，如图 2-111 所示。图 2-111 所示设备是中科院上海微技术研究所自行研制的，具有 3 个考夫曼源，其能量分别为 2keV、5～100keV、0.4～1.0keV，分

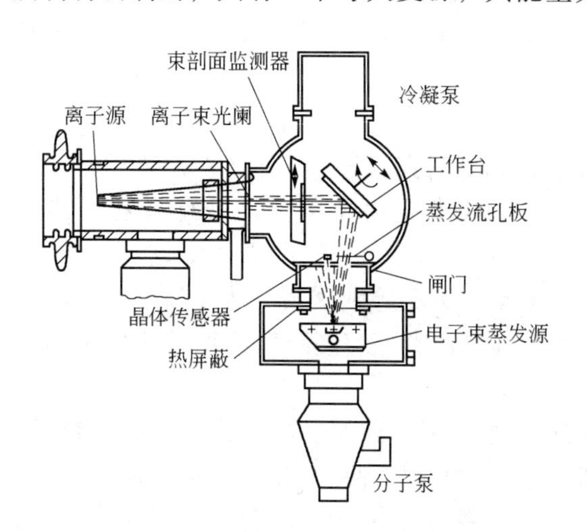

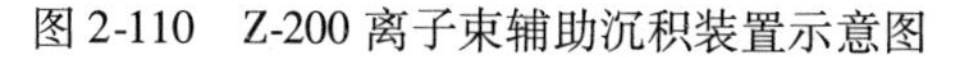
图 2-110　Z-200 离子束辅助沉积装置示意图

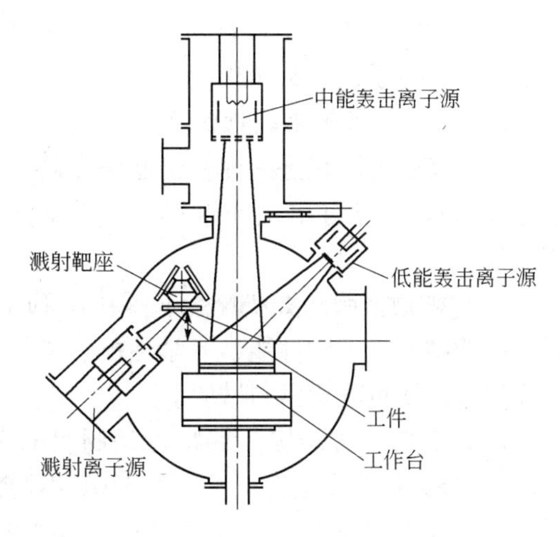

图 2-111　宽束离子束混合装置示意图

别用作磁控、中频和低能束斑轰击。中能束在靶台平面上的直径为 200mm，最大束流密度为 $60\mu A/cm^2$；低能束斑在靶台平面呈椭圆形，束流小于 $120\mu A/cm^2$，靶台直径为 350mm，水冷，可绕台旋转和侧倾。工作台直径为 1m，长 0.9m，真空度达 6.5×10^{-4}Pa。工作时，有离子源气体泄出而下降至 10^{-2}Pa；沉积速率为 3～20nm/min。溅射靶座可安 3 个溅射靶，在不破坏真空的条件下，可沉积三种材料。该装置的工作室较大，可处理较大部件和数量较多的小部件。

(3) 多功能离子束辅助沉积。图 2-112 所示装置有 3 个离子源，是中科院空间中心与清华大学合作研制的多功能离子束辅助沉积装置。3 个离子源分别为：溅射离子源；中能宽束轰击离子源，能量为 2～50keV，离子束流 0～30mA；低能大均匀区轰击离子源，离子能量分别为 1000～2000keV 和 2000～4000keV，离子束流 0～180mA。该装置轰击离子能量范围广，覆盖面大，在 50～750keV 和 2～50keV 均可获得辅助沉积所需离子束流，整机结构简单、造价低、运行安全、稳定、可靠。

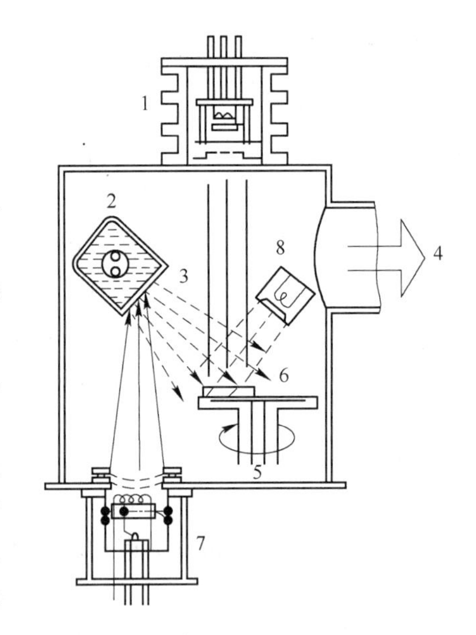

图 2-112 多功能离子束辅助沉积装置

1—中能宽束轰击离子源；2—四工位靶；3—靶材；4—真空系统；5—样品台；6—样品；7—溅射离子源；8—低能大均匀区轰击离子源

另外，我国核工业西南物理研究院经十多年的研究开发，并结合国内外 20 年的研究基础，开发出 ϕ800mm×900mm×1550mm 多功能离子束辅助沉积工业机，该设备结合离子注入和薄膜沉积的优点，不仅能进行气体离子注入和薄膜沉积，还能进行气体注入与薄膜沉积相结合的动态增强沉积成膜。因该设备配置了高能气体离子源、高能金属离子源、低能离子束溅射沉积薄膜系统，具备进行单元离子注入、双元离子注入、薄膜沉积、静态和动态离子束增强等多种功能，可实现离子注入材料表面改性、金属表面合金化及制备各种功能薄膜等。整个工作台可 1 个工位或 6 个工位工作，靶台可倾斜、自转、公转、平移，水冷，可承载 50kg 的沉积工件。

2.6.3.2 离子束辅助沉积的应用

离子束辅助沉积是一种新的复合镀膜技术，国内外研究工作做了不少。总体看，工作还处在与应用密切相关的基础性研究阶段，工业规模应用还不多，仅有个别付诸实用，如：

(1) 硬质薄膜。如 TiN、SiC、BN、Si_3N_4、TiB_2、DLC 等硬质膜。从文献中看，已对膜层的微结构、力学性能、光学性能、电学性能、内应力、膜/基结合力以及表面工程中的应用进行了过程探索与试验。

(2) 金属与合金膜。其特点是制得的金属与合金膜具有膜层内应力小、结构致密、膜/基结合力强等突出特点。有在 316L 不锈钢上沉积 Nb 膜，使 316L 不锈钢具有与 Nb 同样的耐点蚀性能和电化学耐蚀性能。又如在 Si 上沉积制备 Ag/Ni-Cr 合金双层膜背电极，适用于蓝光二极管背电极，使产品成品率提高几倍，有较高的经济效益。

（3）功能薄膜。在 Si(111)衬底上，用室温沉积的 $PbTiO_3$ 铁电膜，经 600℃退火，或近于 100% 取向的 $PbTiO_3$ 铁电体薄膜。又如首次成功在 Si(100)衬底上用 200℃低温外延出 $Si_{0.5}Ge_{0.5}$单晶薄膜。这种 $Si_{1-x}Ge_x$ 薄膜是一种可变能隙新型半导体材料。如用分子束外延生长，温度需 550 ~ 600℃，而离子束辅助沉积降低了生长温度，抑制了三维岛状生长，改善了结晶的完整性。

（4）生长过渡层薄膜。如有些材料难以结合，用离子束辅助沉积来生长过渡层膜解决诸如陶瓷与金属结合强度的难题。日本用 Ti^+、Ar^+、N^+ 离子束对蒸发沉积在 Si_3N_4、SiC、Al_2O_3 基材上的 Cu 膜或 Mo 膜做辅助轰击，沉积后部分加热至 973K，在 Ar 气保护下用钎焊与 Cu 焊合。其抗拉试验表明，Cu 与基体的结合强度高达 70MPa，过渡层用 Mo 膜，其抗拉强度达 120MPa，甚至有的部件拉断时，部位发生在陶瓷部分内。

2.6.4 多种表面技术沉积制备多层复合膜层

2.6.4.1 用多种气相沉积制备发光器件的多功能复合膜层的复合技术

在微电子工业中，相当多的应用溅射沉积、电子束蒸发、金属有机化学气相沉积、分子束外延、原子束外延等多相气相沉积技术，沉积各种功能各异、多种膜层相结合的复合膜层。其中典型的就是发光器件所用的多功能复合膜层所选用的多种气相沉积相复合的技术。日本夏普公司开发出了具有双层绝缘结构的高辉度、长寿命、高稳定性的发光器件。这种发光器件，实际上是在玻璃基板上，用电子束蒸发沉积一层 In_2O_3 透明导电膜后，再用射频溅射沉积厚度约为 200nm 的致密 Y_2O_3 或 Si_3N_4 高介电性绝缘膜，然后再用电子束蒸发厚度为 500nm 的含有 Mn 的 ZnS 荧光薄膜作为发光体，紧接着在发光薄膜层上用射频溅射沉积一层厚度尽可能同前一层绝缘膜厚（200nm）接近的 Y_2O_3 或 Si_3N_4 膜，最后再用电子束蒸发镀一层 Al 金属作背面电极，如图 2-113 所示。

这种双层绝缘膜层结构交流场致发光器件，如果用原子束外延生长含 Mn 的 ZnS 发光层膜层和 Al_2O_3 绝缘膜层，可使发光效率大幅提高，只不过是 ZnS 发光层在沉积上把 ZnS 或 $ZnCl_2$ 及 S 或 H_2S 蒸发依次以半结合状态原子形式相互重叠外延生长形成。即在薄膜基板上用溅射镀膜法形成厚度为 50nm 的 ITO 薄膜后，再用原子束外延生长法制作 Al_2O_3 和含 Mn 的 ZnS 所形成的绝缘层-发光层-绝缘层的三明治夹层结构，如图 2-114 所示。

在多层膜结构中，一种具有约瑟夫森集成电路特征的 Pb 合金集成电路多层薄膜结构

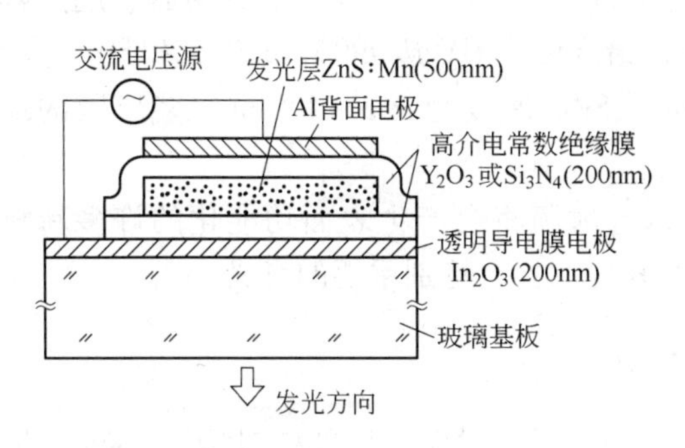

图 2-113 交流场致发光器件结构图

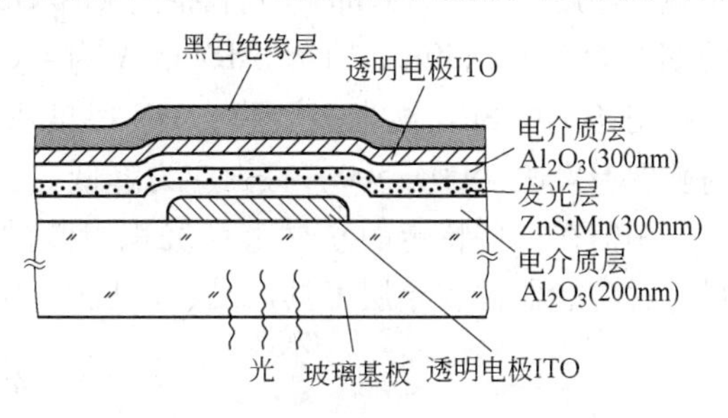

图 2-114 采用原子束外延法制备的交流场致发光器件

如图2-115所示。采用12~13层掩膜工序制成。不难看出，它与硅集成电路复杂制作工序很相近。另外，按最小线宽为2.5nm的集成电路比例，制取了存储电路、逻辑电路等集成电路。从这类复杂的微电子用器件或集成电路的结构中看到，采用的多层结构膜层材料都是涉及多种有色金属及其化合物和现代表面薄膜技术相复合的沉积技术。

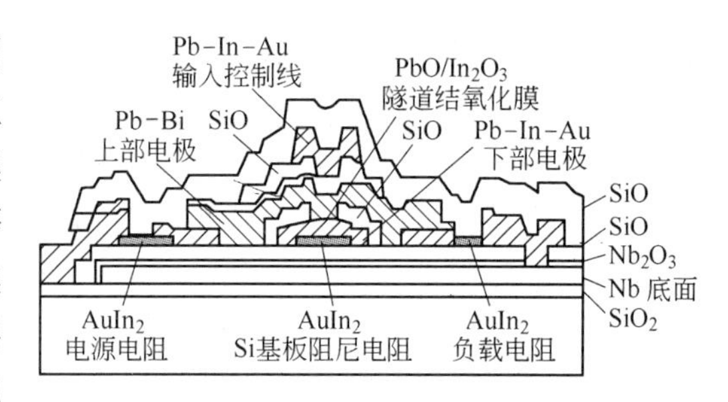

图2-115 Pb合金集成电路多层薄膜结构

2.6.4.2 用多种气相沉积制备性能特殊、综合性能优异的复合镀层技术

合理设计和制备的多层膜，完全可以获得膜/基结合强度高、耐磨耐蚀好、高综合塑性和高强度的特殊性能。虽然，一些单相膜，如已广泛应用的TiN、TiC、TiCN等膜层，硬度高、摩擦系数较低、耐磨抗蚀性好，但难以同时具备高硬度、良好韧性、高的膜/基结合强度和弱的表面反应性等综合性能。因而用多层气相沉积技术来制备多层综合性能优异的复合膜层，是一个重要的发展方向。如在$Cr_{12}MoV$钢上沉积制备$Cr_{12}MoV$/TiC/TiCN/TiC/TiCN/TiC/TiCN/TiN的7层膜层，膜层厚度控制在6~8μm。这是因$Cr_{12}MoV$钢基体的线膨胀系数比膜层大，而膜层实属陶瓷膜，脆性大，弹性变化范围小，不宜沉积得太厚；加上膜层与基体钢界面上会产生剪切应力，此剪切应力是厚度的函数，当膜层在6~8μm以内，此剪切应力可忽略不计。至于膜层的层数，实验证实，当厚度不一定时，层数越多，子膜层厚度越小，可使膜层在晶粒形核后开始长大之际，即改用沉积新的子膜层，就可避免晶粒择优取向连续长大，而出现各向异性，降低膜层性能。经性能检测，在$Cr_{12}MoV$钢上沉积的7层复合膜层，硬度HV为3100，其与基体的结合强度比单相TiC膜高出两倍。若用9Cr18钢制备该复合膜层，则耐磨性要比没有膜层或沉积有单相膜层的都好，相对耐磨性提高1.2~44倍；且多层膜的强韧性都好，经接触疲劳测定，多层复合膜显著提高9Cr18不锈轴承钢的滚动接触疲劳寿命，比额定的疲劳寿命高4倍。一些企业对7层复合膜镀制的YG8冷拉模、Cr12MoV冷压模和刀具做实际实验，其使用寿命均可提高3~7倍。

当然，还可用此种方法沉积制备纳米多层膜。采用各种蒸发、溅射、离子镀的方法，选择设计不同碳化物、氮化物、氧化物、硼化物等材料作物源，通过开启或关闭不同的源，改变靶的几何布局或工件旋转经过不同的源，便可方便地调节膜层组成物的顺序和各层膜的厚度。如M. Shinn等人制备的TiN/NbN、TiN/VN、TiN/VNbN超点阵薄膜，超点阵周期λ为1.6~450nm，TiN/NbN的λ为4.6nm，最高硬度HV达4900~5100。Chen等人，沉积制备TiN/SiN_x纳米多层膜，TiN厚度为2nm，SiN_x厚度为0.3~1.0nm，多层膜的最高硬度HV达4500±500，且内应力降低。

相信在一些特定的基材上，沉积组装的纳米超薄膜将会产生表面功能化的许多新材料，对功能器件、涂层刀具产品、微机电产品的开发都具有特别重要的意义。

参 考 文 献

[1] 戴达煌，刘敏，余志明，王翔．薄膜与涂层现代表面技术[M]．长沙：中南大学出版社，2008：8，10，29，594.

[2] 李金桂，肖定全．现代表面工程设计手册[M]．北京：国防工业出版社，2000：555～559，595，596.

[3] 钱苗根，姚寿山，张少宗．现代表面技术[M]．北京：机械工业出版社，1999：1，2，207～209，212～216，242～246.

[4] 胡传炘．表面技术手册[M]．北京：北京工业大学出版社，1997：666～668，733～736.

[5] 张通和，吴瑜光．离子束表面工程技术与应用[M]．北京：机械工业出版社，2005：10～13.

[6] 邹斯洵，王季陶．等离子化学气相沉积[M]//钱苗根．材料表面技术及应用手册．北京：机械工业出版社，1998：759～769，772，773.

[7] SUDARSHAN T S. 表面改性技术工程师指南[M]．范玉殿，等译．北京：清华大学出版社，1992：175～180.

[8] 戴达煌，谢红希，侯惠君，等．直流等离子化学气相沉积在硬质合金上镀 TiN 膜研究[J]．广东有色金属学报，1996，6(2)：119～124.

[9] MOGENSEN K S，THOMSEN N B，ESKIDSEN S S，MATHIAZEN C. A parametric study of the microstructural，mechanical tribological properties of PACVD TiN coatings [J]. Surf Coat Technol，1998(99)：140～146.

[10] 马胜利．工业脉冲直流 PCVD 过程等离子体特征诊断及硬质薄膜制备技术研究[D]．西安：西安交通大学，2001.

[11] RIC K T，GEFAUER A，WOEHLE J. Investigation of PACVD of TiN：relations between proess parameters，spestroscopic measurements and layer properties[J]. Surf Coat Technol，1993，60：385～388.

[12] 苏宝蓉．激光化学气相沉积[M]//钱苗根．材料表面技术及应用手册．北京：机械工业出版社，1998：782～785.

[13] 彭瑞伍．金属有机化学气相沉积[M]//钱苗根．材料表面技术及应用手册．北京：机械工业出版社，1998：777～781.

[14] 李爱珍．分子束外延[M]//钱苗根．材料表面技术及应用手册．北京：机械工业出版社，1998：786.

[15] 江崎玲于奈．通过分子束外延发展起来的半导体超晶格和量子阱[M]．张立钢，克劳斯，普洛洛译．上海：复旦大学出版社，1988：1～37.

[16] 陈西善，柳襄怀．离子注入表面改性[M]//钱苗根．材料表面技术及应用手册．北京：机械工业出版社，1998：697～698.

[17] 张通和，吴瑜光．离子注入表面优化技术[M]．北京：冶金工业出版社，1993：147～175.

[18] 赵玉清．电子束与离子束技术[M]．西安：西安交通大学出版社，2002.

[19] 陈宝清．离子束材料改性原理及工艺[M]．北京：国防工业出版社，1995.

[20] 柳百新．离子束和材料表面的作用[R]．北京：第二届中国材料研讨会特邀报告，1990.

[21] 袁骏，等．具有双轴取向 YS2 缓冲层离子束辅助沉积合成研究[J]．科学通报，1996，41(22)：2103～2106.

[22] VEPREK S, Structural properties，internal stress and thermal stability of nc-TiN/α-Si_3N_4，nc-TiN/$TiSi_x$ and nc-($Ti_{1-y}Al_ySi_x$)N superhard nanocomposite coatings reaching the hardness of diamond[J]. Vac. Sci Technology，1999，A17：2401～2420.

[23] ZENG X T. TiN/NbN superlattice hard coatings deposited by unbalanced magnetron sputtering[J]. Surf and coat Technol，1999，113：75～79.

[24] VEPREK S. Recent progress in the superhard nanocrystalline composites：towards their industrialization and understanding of the origin of the superhardness[J]. Thin solid Films，1998，317：449～454.

[25] NIEDERHOFER P，NESLADEK H D. Structural properties，internal stress and thermal stability of nc-TiN/

α-Si_3N_4, nc-TiN/$TiSi_x$ and nc-($Ti_{1-y}Al_ySi_x$)N superhard nanocomposite coatings reaching the hardness of diamond[J]. Surf Coat Technol, 1999, 120/121: 173 ~ 178.

[26] RIBEIRO E, MALCZYK A, CARUALHO S, et. al, Effects of ion bombardment on properties of d. c. sputtered superhard (Ti, Si, Al)N nanocomposite coatings [J]. surf Coat Technol, 2002, 151/152: 515 ~ 520.

[27] CARVALHO S, REBOUTA L, CAVALERRO A. Microstructure and mechanical properties of nanocomposite (Ti, Si, Al)N coatings[J]. Thin Solid Films, 2001: 391 ~ 396, 398 ~ 399.

[28] 曲敬信，汪泓宏．表面工程手册．北京：化学工业出版社，1998：282 ~ 285，431 ~ 441，494 ~ 505.

[29] 范毓殿．电子束和离子束加工．北京：机械工业出版社，1989.

[30] 戴达煌，周克崧，袁振海，等．现代材料表面技术科学．北京：冶金工业出版社，2004：255 ~ 300，303，307，319 ~ 325，330 ~ 334，337 ~ 345，348 ~ 363，367 ~ 383.

[31] 徐滨士，刘士参．中国材料工程大典（17 卷）材料表面工程(下)[M]．北京：化学工业出版社，2006：109 ~ 119，72 ~ 93.

[32] 许强龄，等．现代表面处理新技术，上海：上海科学技术文献出版社，1994.

[33] 钱苗根．材料表面技术及应用手册[M]．北京：机械工业出版社，1998：799，800，806 ~ 808.

[34] BEISTER G, et al. Technical note: optical properties of reactively evaporated SiO_x films[J]. Surf Coat Technol, 1995, 76 ~ 77: 776.

[35] COLLIGON J S, et al. Synthesis of silicon oxynitride by ion beam sputtering and the effects of nitrogen ion-assisted bombardment[J]. Surf Coat Technol, 1997, 70: 9.

[36] 赵化桥．等离子体化学与工艺[M]．合肥：中国科技大学出版社，1993.

[37] FANCY K S, et al. In Advanced Surface Coating: A Handbook of surface Engineering[M]. Glasgow: Blackie and Son, 1991: 127 ~ 161.

[38] 李云奇，等．真空镀膜技术与设备[M]．沈阳：东北大学出版社，1989：98.

[39] MUNZ W D, Microstructures of TiN films grown by various physical vapour deposition techniques[J]. Surf Coat Technol, 1991, 48: 81.

[40] WINDOW B. Recent advances in sputter deposition[J]. Surf Coat Technol, 1995, 71: 93.

[41] 王怡德．中频交流磁控溅射技术进展[C]．北京：磁控溅射新技术研讨会，2001.

[42] 茅昕辉，陈国平．反应磁控溅射的进展[C]．北京：磁控溅射新技术研讨会，2001.

[43] 茅昕辉，陈国平，蔡炳初．反应磁控溅射的进展[J]．真空，2001(4)：1 ~ 7.

[44] SCHERER M, et al. Reactive alternating current magnetron sputtering of dielectric layers[J]. Vac Sci Technol, 1992, A 10(4): 1772.

[45] 彭传才．柔性基材磁控溅射卷绕镀膜的新进展[C]．北京：磁控溅射新技术研讨会，2001.

[46] SIEMROTH P, SCHNLTRICH B, SUCHLKE T. Fundamental processes in vacuum arc deposition [J]. Surf and Coat Technol, 1995, 74 ~ 75: 92 ~ 96.

[47] BOXMAN R L, GOLDSMITH S. Macroparticle contamination in cathodic arc coatings: generation, transport and control[J]. Surf Coat Technol, 1992, 52: 39 ~ 50.

[48] KANG G H, et al. Macroparticle-free TiN films prepared by arc ion-plating process[J]. Surf Coat Technol, 1994, 68/69: 141 ~ 145.

[49] SATHIUM P, COLL B F. Plasma and deposition enhancement by modified arc evaporation source[J]. Surf Coat Technol, 1992, 50: 103 ~ 109.

[50] OLTRICH W, et al. Superimposed pulse bias voltage used in arc and sputter technology[J]. Surf Coat Technol, 1993, 59: 274 ~ 280.

[51] AKARI K, et al. Reduction in macroparticles during the deposition of TiN films prepared by arc ion plating [J]. Surf Coat Technol, 1990, 43/44: 312 ~ 323.

[52] MIERNICK G K, WALKOWICZ J. Reduction in macroparticles during the deposition of TiN films prepared by arc ion plating [J]. Surf Coat Technol, 2000, 125: 161 ~ 166.

[53] 任妮，等. 磁过滤电弧离子镀技术[J]. 真空科学与技术，1999，19(10)：111 ~ 116.

[54] MUSIL J, et al. Reactive sputtering of TiN films at large substrate to target distances [J]. Vacuum, 1990, 40.

[55] SPROUL W D. Aspects of residual stress measurements in TiN prepared by reactive sputtering [J]. Surf Coat Technol, 1990, 43/44: 270(234 ~ 244).

[56] ROHDE S L, et al. Effects of an unbalanced magnetron in a unique dual-cathode, high rate reactive sputtering system [J]. Thin Solid Films, 1990, 193/194: 117.

[57] MUNZ W D, et al. A new method for hard coatings: ABSTM (arc bond sputtering) [J]. Surf Coat Technol, 1992, 50: 169.

[58] 田民波. 薄膜技术与薄膜材料[M]. 北京：清华大学出版社，2006：369 ~ 374，391 ~ 393，401 ~ 403，411 ~ 420，427 ~ 436.

[59] 袁镇海. 珠三角地区离子镀工模具硬质膜产业的技术进步[J]. 材料研究与应用，2007，(1)：13.

3 装饰功能薄膜

3.1 概述

装饰功能薄膜在家电、小五金装饰饰品、轻工、食品、包装、建筑等行业中得到了广泛的应用，已在当今的薄膜产业链中形成了一个比较庞大的产业。它主要用真空蒸发镀膜和离子镀膜技术进行生产。其中真空镀铝膜因有高的可见光反射率，最早应用于制镜行业以铝代银。由于真空镀铝膜呈现耀眼的金属光泽，经染色后又出现具有金属质感的鲜艳色彩，因此，在此基础上诱发出了多种工业应用，如在塑料制品中就出现了塑料金属化产业，还有石英钟框架、玩具、家用电器装饰件、艺术品、服饰配件等。在成卷的塑料薄膜上经真空镀铝后染色，成为装饰用装潢彩色膜，可作彩色花、彩带、礼品包装、装饰用材、包装用材。塑料真空镀铝后染成金、银色，形成仿金线、仿银线，用于纺织业编成布料或成衣，产生金、银闪烁的特效。在印刷业中又可制成广为流行的电化铝烫金箔为代表的烫金材料族。印刷的图案塑料膜上镀铝，大量用于包装业作密封包装、食品包装、广告商标路牌，还可用于复合包装和软罐头包装等。真空镀铝纸用于香烟包装、软饮瓶口包装。经特殊压纹处理后的塑料镀铝可制成彩虹膜，它是光的衍射干涉膜，可用于装饰和防伪，这类装饰功能已经发展成较大的产业群。

1980 年前后，由于国外的离子镀技术（主要是空心阴极离子镀、电弧离子镀）和磁控溅射镀技术的兴起与发展，在工业化上迈出了十分可喜的步伐。这些镀膜的新技术一个重要的应用就是装饰功能膜的应用与开发。30 多年来，我国离子镀和磁控溅射镀装饰功能膜的种类和应用日新月异。在高层建筑上，建筑玻璃镀阳光控制膜和低辐射膜的建筑用幕墙玻璃，不仅具有节能功能，还具有装饰功能，使高层建筑外墙颜色丰富多彩。我国现今已经形成年产近 2000 万平方米的镀膜玻璃产业。

离子镀 TiN 仿金装饰已经走过近 30 年的历程。我国从无到有，从小到大，现已成为世界上离子镀装饰膜的生产和应用大国。已形成比较庞大的生产能力，以大量的装饰镀膜产品进入消费市场，其中装饰膜的成套设备还出口海外。膜系有仿金色系列、黑色系列、彩色系列等；被镀的基体有不锈钢、黄铜、锌合金、玻璃、陶瓷、塑料等；镀制的产品有表件、笔具、餐具、饰物、建筑五金配件、皮具五金配件、服饰五金配件、洗具、厨具、家具、室内室外装饰板、体育用品。

3.2 装饰功能膜的主要膜系

装饰功能膜的膜厚一般在几微米至零点几微米，用电镀、阳极氧化、化学镀和气相沉积等方法制取。其制备方法的选择要看镀层的功能要求，镀料的性质，被镀工件的材质、形状、尺寸以及产品的成本、售价等综合技术与经济因素来考虑决定。

装饰功能膜的首要功能是表现装饰效果。除颜色、明亮度有共同要求外，还应考虑产品的使用环境和用途及其他兼顾的性能。在膜系上主要有：

（1）用于金属、合金、陶瓷工件的装饰膜系，主要包括：

1）仿金色膜系。如 TiN、ZrN、TiO_xN_{1-x}、HfN、ZrO_xN_{1-x}、ZrC_xN_{1-x}，TiC_xN_{1-x}、TiN + Ni + Au、TiN + Ti + Au、TiN + Au、TiN +（TiN + Au 混合层）+ Au、Au。

2）黑色膜系。如 TiC、DLC、TiC + i - C、NbO_x。

3）银色膜系。如 Ag、Al、Ti、不锈钢、Ni、Cr、CrN。

4）彩色膜系。如 TiO、$Ti_xAl_{1-x}N$，TiCN，ZrCN。

（2）用于玻璃的装饰膜系，主要包括：

1）阳光控制膜。典型的膜系为 TiO_2(20nm)/Ti(30nm)/TiO_2(10 ~ 200nm)/玻璃，靠近玻璃的 TiO_2 膜厚度为 10 ~ 120nm 范围，颜色为周期性变化，可得全色谱中的各种颜色。其他还有 TiONC、TiN_x、不锈钢、Cr、CrN 等。

2）低辐射玻璃系。膜系结构为介质Ⅰ/金属反射膜/介质膜Ⅱ/玻璃。其中介质Ⅰ可选 SnO_2、ZnO、TiO_2、TiO，金属反射膜可选 Cu、Ag、Au，介质膜Ⅱ可选 SnO_2、ZnO、TiO_2、TiO。

（3）用于塑料金属化装饰膜系。如 Al + 染料，SiO。

（4）用于包装材料装饰膜系。如 Al、Cu、Cr、Ag、Au、Ti、Ni、ZnS、TiO_2、Al_2O_3、SiO_2 等。

3.3 装饰功能膜系设计的主要原则

3.3.1 颜色

膜的成分是决定颜色的关键，不同成分的膜，有其自身的可见光反射谱，决定着在该成分条件下的可见光谱范围的色彩，即颜色。膜的颜色既可选用金属或化合物的原色，也可选用反应镀所得的多元化合物的颜色（如 TiCN），甚至选择非化学计量的多元化合物（TiC_xN_{1-x}）的颜色。在有些场合中可选择与膜层厚度相关的干涉色。色谱非常丰富，不同的角度得到不同的干涉色，甚至还可选用透明的 SiO_2、TiO 膜。

在生产产品的过程中，往往客户都会提供样品或标样，根据标样的色标 L^*、a^*、b^* 值（色度学中所用的用色空间值，L^* 表示明亮度，$+L^*$ 表示较白，$-L^*$ 表示较黑；a^* 表示红与绿，$+a^*$ 表示较红，$-a^*$ 表示较绿；b^* 表示黄与蓝，$+b^*$ 表示较黄，$-b^*$ 表示较蓝）进行生产。此外还要求每炉不同部位零件的色泽要均匀，各炉重复性好，每炉须用色差计或光谱光度计抽查不同部位零件的 L^*、a^*、b^* 值。TiN 仿金色的 L^* 为 65 ~ 70，a^* 为 1.5 ~ 3，b^* 为 25 ~ 30。TiCN 黑膜的 L^* 为 30 ~ 40，a^* 为 0.7 ~ 2.0，b^* 为 0.3 ~ 5.0。

3.3.2 明度

明度指的是装饰膜的光亮程度，选择的膜系因自身具有可见光反射谱的特点，会使人的视觉产生不同的光亮感。相同成分的膜，因沉积制备的方法和工艺不同，其产生的膜光亮程度是不同的。一般本底真空度高、炉内污染少，膜的颜色会更明亮些。镀膜中的残存气体，主要是 O_2、水蒸气，会使膜颜色发暗。用阴极电弧沉积的 TiN 膜一般比溅射沉积的

TiN 膜颜色更鲜艳。

3.3.3 耐蚀性

装饰膜要求具有耐蚀性。一般装饰膜制品常与人的手接触，应选择耐人工汗液腐蚀的膜系，并要求有足够的厚度，且制品的基材要进行耐蚀处理。在室外的装饰品应比在室内的装饰品的耐候性要求更高，因为室外要经受紫外线照射所引起的变色。在沿海地区应用的饰品或需海运的饰品应考虑盐雾腐蚀的性能。浴室用的洁具饰品应选择耐潮湿的膜系。厨具、炊具应考虑耐热性等。

在耐蚀性的评定上，对装饰层的耐蚀性检测常用：

（1）醋酸盐雾试验法。50g NaCl 溶于 1L 蒸馏水中，加冰醋酸，调整 pH 值至 3.2 ± 0.1（用酸度计测量），测试时间为 24h 或 48h。每 8h 取出，清水清洗后用毛巾擦干净，观察检测后做出评价。

（2）人工汗液腐蚀试验。1000mL 纯水或蒸馏水，配入 9.9g NaCl、0.2g 蔗糖、1.7g 尿素、0.8g 硫化钠、1.40mL 乳酸、0.31mL 氨水，充分搅匀配成 pH 值为 3.8 ~ 4.6 的人工汗液，试件悬浮于容器内，倒入人工汗液将饰品全部浸没 24h 或 48h 后取出。每隔 8h 取出，清水清洗后用毛巾擦干净，观察检测后并做出评价。

3.3.4 耐磨性

耐磨性主要是由膜层硬度与膜/基结合力所决定。设计时，应视装饰品使用的环境设计选择相应的硬度与耐划伤的膜系。如手表件、打火机、笔具、门把手等装饰件经常受摩擦，要特别考虑膜系的耐磨性能；对户外的装饰件要考虑耐雨水、风沙的冲蚀与划伤。

一般氮化物、碳化物膜层硬度都很高。装饰膜层因膜层较薄，用显微硬度计测得的硬度一般是膜层与基片的混合硬度，比膜层本身硬度都低。因此，只能对特定的基材、膜层、厚度制定出生产部门的硬度检测标准。

在耐磨性试验上，需进行流砂实验或振盘振动实验、往复摩擦试验。生产中用振盘振动实验较多，其振动频率为 3000 次/min，试验用研磨石 5.5kg，倒入洗净的振盘，可开启振动，每个振盘中加入 10mL 研磨液，开机后慢慢加入 30mL 左右的清水，使磨石内充满研磨液泡沫，试验 24h 或 48h，每隔 8h 取出洗净观测一次，以膜层不脱落为合格。

膜/基结合力除划痕法测定外，也用弯曲试验法。选取样品，用毛巾包裹将样品固定在台钳上，选最薄部位弯曲，弯 45° ~ 90°，用 90 倍的显微镜观其外观，样品弯曲后膜层不开裂或粘胶纸处膜层未脱落为合格。

3.4 彩色装饰膜

今天，美化人民生活的装饰品五彩缤纷。从镀制装饰品的基体材质看，有钛、不锈钢、黄铜、锌合金、陶瓷、玻璃、塑料等。镀制的主要产品有表壳、表带、眼镜架、灯饰、餐具、笔具、洁具、服饰五金、建筑五金、金属家具、室内外装饰配件、工艺品、整形不锈钢抛光板、手机壳、手机视屏、食品包装、烟衬纸等。镀制的彩色膜层从单纯的仿金 TiN 发展到不同色调的 ZrN、TiAlN、TiCN 以及黑色 TiC、彩色的 TiN 等。在国内，经过 30 多年的发展，从镀制装饰膜的装备、膜系设计、工艺技术一直到不同层次的镀膜产品的生产，已经形成了一个庞大的薄膜产业。

3.4.1 颜色

颜色是装饰功能膜关注的最主要的实效。离子镀膜可以镀制除大红色之外的各种颜色。表 3-1 列出了某些化合物的膜层颜色。

表 3-1 某些化合物的膜层颜色

化合物种类	色 调	化合物种类	色 调	化合物种数	色 调
TiN	黄青铜色	CrNb	银白	Cr_2C_6	灰色
TiN_x	浅黄,金黄,棕黄,黑色	i-C	黑色	WC	灰色
ZrN	金黄，绿色	Be_2C	红色	TiN + Au	金色
HfN	黄绿色，黄褐色	YC_2	黄色	TiC_xN_y	金黄，玫瑰金，紫色
TaN	蓝灰	LaC_2	黄色	TiC + i - C	黑色
WN	褐色，茶色	CaC_2	浅黄	ZrC_xN_y	金色，银色
MnN	黑色	UC	灰色	$Ti_xAl_{1-x}N$	金黄，棕色，黑色
Cr_2N	浅灰	TiC	明亮，浅灰，深灰	$Ti_xZr_{1-x}N$	金黄
LaN	黑色	ZrC	灰色	CrCN	银色
Mg_3N_2	黄绿	NbC	浅茶色	TiCN	棕色
Be_3N_2	灰色	TaC	全褐色	TiO	紫,青,蓝,绿,黄,红,橙

大多数的金属颜色均呈光亮的银白色，在整个可见光波长范围（380 ~ 780nm）内呈现出高的反射率。然而也有几种金属具有别的颜色，它是选择性吸收某特殊波长带而得。如 Au，它选择性吸收发生在约 470nm 处而呈现所谓“金”的颜色。又如 TiN、HfN、ZrN、TaC 呈金黄色（彼此色调有些差异），这类膜层在装饰应用中非常普遍。表 3-2 列出了 Cu、Au、电镀 Au 和 TiN 的光反射特性，可以看出，金和 TiN 的特征很类似。

表 3-2 Cu、Au、电镀 Au 和 TiN 对光的反射特性

成 分	光的反射特性	成 分	光的反射特性
Ti_xN_y	$x = 0.364$；$y = 0.368$	Au	$x = 0.41$；$y = 0.362$
Cu	$x = 0.41$；$y = 0.39$	电镀 Au	(SG - 2.5) $x = 0.397$；$y = 0.368$

从仿金的角度上看，TiN 的反射光谱与 24K、18K 的金还是有些差别的。图 3-1 中的

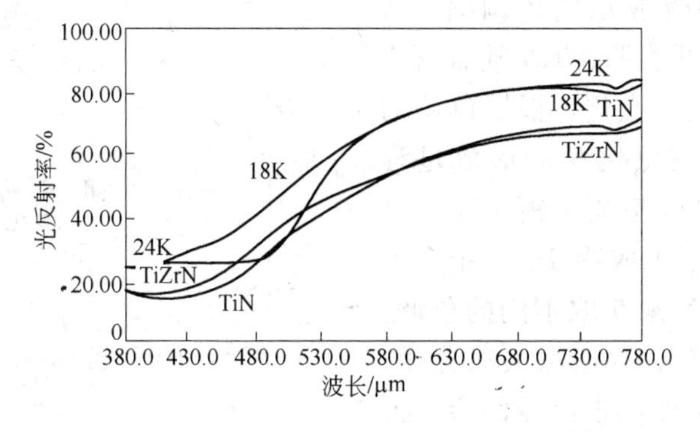

图 3-1 TiN、TiZrN、18K 金、24K 金光谱反射性能

光谱反射性能表明，TiN 不可能和真金有完全一样的色调和明亮度。为了更为精确地反映色调的装饰性能，用颜色坐标（L^*，a^*，b^*）来表示色调。其中 L^* 代表光亮度或明度；a^* 代表颜色的成分，从绿到红；b^* 代表颜色成分从蓝到黄。表 3-3 列出了部分不同材料的颜色坐标。

表 3-3 部分不同材料的颜色坐标

材 料	范 围		
	L^*	a^*	b^*
TiN	77 ~ 80	2 ~ 5	33 ~ 37
$TiC_{1-x}N_y$ ($x<0.2$)	66 ~ 79	5.5 ~ 16	21 ~ 33
ZrN	86 ~ 89	-3 ~ 1	23 ~ 25
ZrC_xN_{1-y} ($x<0.2$)	79 ~ 84	-1 ~ 3	17 ~ 29
10K 金	81 ~ 86	-1.6 ~ 1	19 ~ 30
20K 金	88 ~ 91	-3.7 ~ 1	27 ~ 34

膜层成分相同，沉积膜层制备的方法不同，得到的膜层颜色也有差异，这从表 3-4 所列出的溅射离子镀、阴极电弧离子镀沉积的 TiN 膜层与电镀 Au 的颜色比较可以看出。为了解释这种不同沉积制备方法产生镀层色调上差异的机理，不少研究工作者从沉积制备过程中等离子体的能量、气体的离化率、浓度、膜层的晶体结构、取向等角度进行解释，这从一定程度上讲有些道理，但总体看，还难以令人完全信服。尽管如此，从表 3-4 测得的颜色坐标看，阴极电弧沉积的 TiN 的颜色比其他沉积方法获得的 TiN 颜色更接近电镀的 10K 金色。

表 3-4 不同镀膜方法制备出的产品坐标

镀膜方法	范 围			成 分
	L^*	a^*	b^*	
溅 射	75 ~ 77	3 ~ 5	25 ~ 35	TiN
离子镀	74 ~ 80	0.5 ~ 10	20 ~ 30	$TiN_{1.05}$
阴极电弧	77 ~ 80	2.5	33 ~ 37	TiN
电镀金	81 ~ 86	-1.6 ~ 2.0	25 ~ 35	10K

图 3-2 所示为 TiN 膜层的色调图，从 x、y、z 颜色特征曲线表明，TiN 随着含 N 量的变化，色调也随之变化。根据色调的 x、y 的比例，可以在氮化膜的形成过程中，通过反应溅射或反应离子镀中输入反应气体氮分压来控制生成物 Ti_xN_y 中含 N 比例，以富 N 或贫 N 来获取不同的色调。低的 N 分压呈银白色，逐渐增大氮分压，颜色就会从带白的金变成带淡蓝的金，再变到黄金色彩。图中 NⅡ（$x=0.363$，$y=$

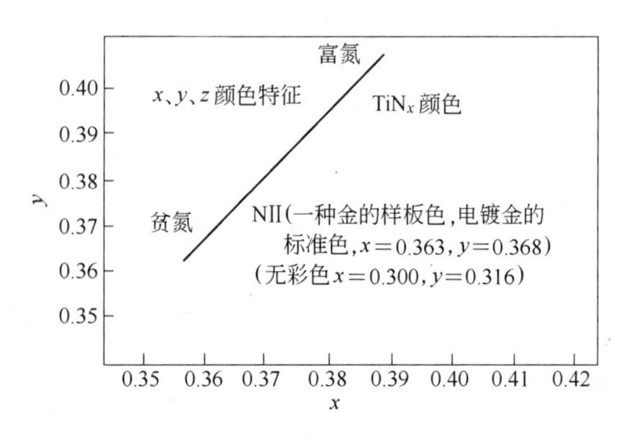

图 3-2 TiN 膜的色调图

0.368）是最典型的电镀 Au；而在 $x=0.300$，$y=0.316$ 处却是无彩色的。图 3-3 所示为各种电镀 Au 的颜色与离子镀 TiN 的颜色变化，电镀 Au（18K～24K）的颜色和 TiN 的颜色很相似。在氮气中加入 O_2 或碳氢气同时通入离子镀的反应室，又可以获得 TiN_xO_y 或 TiN_xC_y 的薄膜。这些附加的 O_2 或碳氢气可以调整镀层的色调，如生成白金色和玫瑰金色等。

图 3-4 所示为按 Hanter 公式计算的 NⅡ金和各种 TiN-O-C 薄膜颜色的比较。在 Hanter 的色差值大于 0.5 时，就可以区别出颜色的差异。在图 3-4 中阴影部分的左边缘表示了各种不同的 N_2 分压的纯 TiN 颜色变化。阴影部分表示加入 O_2 和碳氢气获得的颜色变化。从图中可知，通过反应气 N_2、O_2、碳氢气的控制，可以获得接近标准的金色。

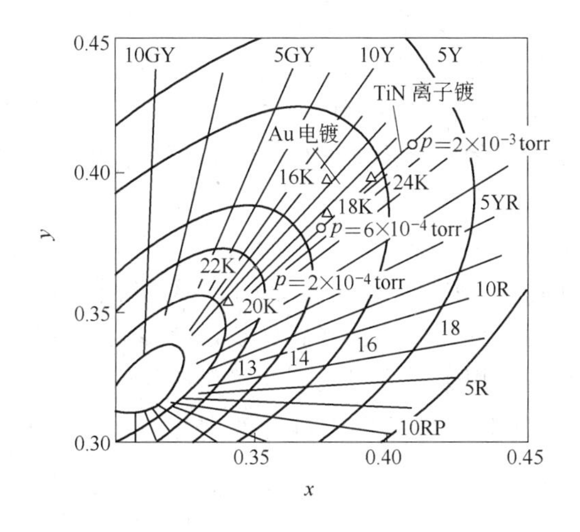

图 3-3 离子镀 TiN 和电镀 Au 的颜色变化(1torr = 133.3Pa)

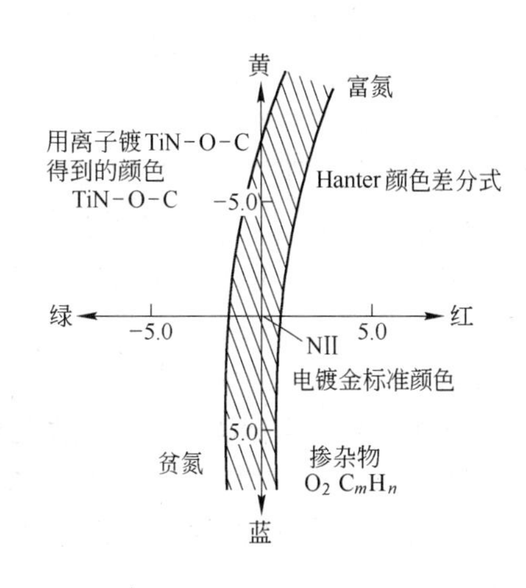

图 3-4 TiN-O-C 和电镀 Au 颜色差异

虽然 TiN、TiO_xN_y、TiC_xN_y 可以通过调整反应气体得到接近黄金的色彩，但不可能达到和黄金完全一样的色彩。对于高档次、优质的仿金制品，如高档表壳、表带、领带夹、高档洁具等，则要求以 TiN 打底作耐磨层，表面上再镀一层薄的 Au，会有极佳的效果。这样的复合膜层耗 Au 量少，色调如真金。当 Au 镀层局部磨损后显露出的仿金 TiN 硬质膜层不会被人注意。

图 3-5 所示为离子镀 TiN、纯金和在 TiN 表面上镀一层 Au 的光反射率随波长的变化，可以看出曲线 3、曲线 4 和曲线 2 很接近，而曲线 1 却显示出色调不足。在 TiN 底层上镀 Au 有两种工艺，一种是 TiN 活化处理后水法镀 Au；另一种是在 TiN 底层上真空溅射镀 Au，这种真空溅射的“炉内金”附着力强，已成为发展方向。

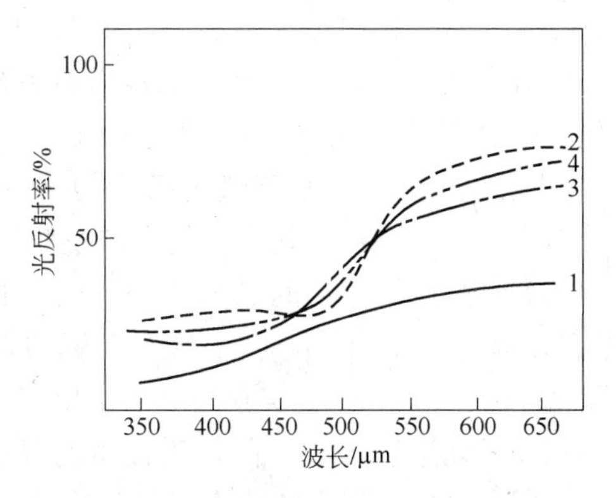

图 3-5 TiN、纯金和 TiN 表面镀 Au 的光反射率随波长的变化

1—TiN；2—纯金；3—TiN 表面镀 0.03μm 金；4—TiN 表面镀 0.1μm 金

选用特殊的工艺参数和工艺方法，如 TiN 膜在氧化气氛中加热，300℃以上 TiN 与氧反应生成 TiO_xN_y，原来的仿金色发生变化。随着温度的上升和保温时间的延长，可以得到黄、土黄、

紫、褐、紫红、蓝、绿的氮化钛彩色膜。在某些制品中，可获得五彩缤纷的不规则的彩色图案。如用柱状磁控溅射靶可在花瓶之类的陶瓷制品上沉积出一圈一圈不同颜色的彩色膜，这些不同颜色的出现与不同膜厚干涉现象有关。又如 TiN 在空气中加热至 600 ~ 700℃将分解，彩色消失，留下来的一层类似珍珠色膜，在陶瓷制品中获得应用。

ZrN 也是带青的黄金色，因有 C、O 元素的加入，ZrN 的色调范围比 TiN 的色调范围宽得多，效果也好。在高档次的洁具镀膜中，多采用 ZrN、ZrON、ZrCN、ZrOCN 膜系，可以调出 TiN 难以调出的黄铜色、古铜色等。虽然 Zr 靶比 Ti 靶昂贵，但 ZrN 作为高档瓷的装饰膜将大有前途。

与 TiN 仿金同时流行的还有 TiC 黑膜。TiC 膜层比较硬脆，生长应力也较大，若沉积的工艺控制不好，TiC 膜会边生长边剥离。实践中发现，在镀层生长后，有时打开炉门，TiC 膜层就崩落；有的 TiC 镀层存放几天后就剥离。早期的 TiC 膜是半透明的黑膜，亮黑灰色，大多用磁控溅射法沉积。经过多年的努力，已开发出特殊的加黑技术，可以生长出牢固的乌黑色的膜，已大量用于表带、表壳和其他五金饰件的生产。若用阴极电弧镀沉积 TiC 膜是很难得到乌黑色膜层的。

类金刚石膜（DLC）也可成为装饰功能膜。用 PCVD 法、石墨靶磁控溅射、石墨靶阴极电弧沉积都可生长出类金刚石或非晶碳膜。刚开始生长的类金刚石膜的颜色随厚度变化，属于干涉膜，有黄、紫、蓝、绿、灰黑等周期性变化；当膜生长足够厚时，方呈现黑色。这些年来，高档次的流行表壳是极为亮丽的黑膜。作者采用非平衡磁控溅射加阳极层流型离子源，通入 CH_4 反应气体，在表壳上沉积的 DLC 膜十分光滑细腻，又亮又黑，深受用户欢迎，并在国产的飞亚达表上获得应用。

3.4.2 光亮度

装饰功能膜中颜色的光亮度是人们视觉上鲜艳的感觉，它与镀层材料抛光和膜层的粗糙度密切相关。若用阴极电弧离子镀沉积 TiN 系列的装饰功能膜，在膜层中存在大小不一的微粒，造成镀制的 TiN 膜层粗糙，孔隙率增加，膜层致密度、光亮度下降，色彩“发朦”。膜层中微粒的存在严重地影响膜层表面的光亮度。这是因在电弧沉积过程中有液滴 Ti 颗粒所致，即电弧在高温下，从 Ti 靶蒸发出的 Ti 蒸气在电场作用下产生的等离子体中夹带着大量液滴 Ti 的微滴，其被抛射到被镀工件的表面，冷凝后就在镀层中成为 Ti 或外包 TiN 的 Ti 大颗粒，尺寸一般为 1μm 或 10μm。

经高倍金相显微镜观察表明，在膜层中存在少量的大颗粒并不影响膜层的光亮度，而分布密度大的小颗粒是引发膜层“发朦”的根源。这是因为对光产生漫反射的结果。小颗粒的数量是随镀膜时间延长所积累的。目前，国内的厂家用电弧法沉积的膜层厚度达到 0.7μm 以上，能出口、达高级光亮度的表件不多。要达到合格的光亮度，就须设法消除或降低 Ti 液滴的产生。实施的方法主要有：(1) 牺牲沉积速率，在靶前加挡板屏蔽；(2) 提升弧斑运动速度；(3) 降低阴极靶的温度；(4) 通过附加的磁场过滤装置约束等离子体束，增加碰撞，提高离化率以及其他有效的抑制液滴产生的方法。

3.4.3 耐蚀性

由于 TiN 本身就是较好的耐蚀膜系，因此在人工汗液、海洋的气氛环境中都较稳定，但应用于装饰膜一般较薄（都在1μm以下），其要消除膜层的孔隙是困难的。装饰膜在铁基上属阴极保护性膜，在人工汗液或其他电介质下，极易发生透锈。为此，必须注意装饰膜下基材的耐蚀性。如果是黄铜、锌合金，必须先用足够厚的Cr或Ni的电镀层覆盖，其一是为防止发生透锈现象，其二是在沉积TiN的过程中防止底层Zn的蒸发，污染镀膜的反应气氛。因此，一般基材宜用不锈钢耐蚀材料。若基材用1Cr13一类的低牌号不锈钢或不锈铁，即使用离子镀TiN，在潮湿环境应用场合中也会出现微弱的透锈现象。制作餐具一般只能用高牌号的1Cr18Ni9Ti耐蚀不锈钢。

对于黄铜或锌合金基材，一般镀前先电镀Ni、Cr，而黄铜件一般镀钯-镍层，因钯太贵，人们现今正以离子镀的方法，在黄铜上直接镀不锈钢以提高耐蚀性和降低成本，然后再镀TiN。

对于基材为陶瓷、玻璃、ABS树脂、尼龙、铝及铝合金、黄铜和碳钢等的电镀件，为了防止透锈，可在基材上涂一层底漆，然后再镀钛的氧化物、氮化物，而后再涂面漆或不涂漆。但其镀膜时温度要控制在60~80℃下进行。在不耐蚀的基材上涂底漆可以提高装饰品的耐蚀性，还可提高饰品的光亮度。但是选用底漆时应注意面漆的老化和适用的环境。

3.4.4 耐磨性

膜层的耐磨性与膜层的硬度关系密切。表3-5列举了一些膜层的硬度值。一般硬度较高的比较耐磨，但要看膜/基的结合力而定。当然耐磨性还与基材本身有关，在不锈钢和08钢镀0.1μm厚度的TiN经10000次擦拭，TiN外观未起变化；而镀Al合金经10000次擦拭颜色略有变化，究其原因是透过膜层孔隙发生了氧化作用。

表3-5 一些膜层的硬度值

膜层成分	硬度（负荷15g）/MPa	膜层成分	硬度（负荷15g）/MPa
TiN	21000	CrCN	15000~20000
ZrN	24000	$Ti_xZr_{1-x}N$	24000~29000
HfN	20000	$Ti_xAl_{100-x}N$	24000~29000
TiC_xN_{1-x}	24500~29000	DLC	25000~50000
ZrC_xN_{1-x}	24500~34500		

3.4.5 典型的镀制工艺

3.4.5.1 电弧离子镀在黄铜上镀亮Cr或Ni的表壳上沉积TiCN装饰膜

A 镀TiCN膜前的炉内、炉外清洗

炉外清洗：超声清洗，即先将黄铜上镀Cr或镀Ni的表壳用超声波进行脱脂清洗；清洗后酸洗，酸洗的目的一是中和超声清洗时带出的残余碱液，二是进行活化处理（即弱蚀）；再用去离子水或蒸馏水漂洗彻底去除酸液。通过上面“三洗”后进行烘干，温度一般为100~120℃，1h，或用热风吹干后马上入炉。

炉内清洗：第一，清理好镀膜真空室、工件架，检查靶源后抽真空至8×10^{-3}Pa；第二，炉内加热至100~200℃烘烤，真空室内壁放气时，真空下降，然后真空回升；第三，轰击清洗，主要是进一步清除表件表面污染层，露出金属表面的活性原子，是镀膜前的重要工序。轰击时，用 Ar 离子或 Ti 离子清洗。Ti 离子清洗称为“主弧清洗”，是生产工艺中最常用的镀前轰击清洗。Ti 离子清洗时，通入 Ar 气，真空度至 2×10^{-2}Pa 时，用 400～500V、占空比为 20% 的脉冲偏压，弧电流为 60～80A，轮换引燃阴极电弧源进行 Ti 离子轰击清洗，每个弧源引燃 1～2min。Ar 离子轰击清洗时，通入 Ar 气，真空度至 2～3Pa，轰击电压为 800～1000V，使炉内产生辉光放电，放电产生的 Ar 离子以较高的能量轰击工件表面，将表面上的吸附气体、杂质和表面原子溅射下来，显露出新鲜活性表面，轰击时间约 10min。

沉积 Ti 底层：通入 Ar 气后至炉内真空为 2×10^{-2}Pa 时，用 200～300V、占空比 50% 的脉冲偏压，弧电流 60～80A，引燃全部弧源，沉积 Ti 底层 2～3min。

B 沉积 TiCN 装饰膜

真空度为 $3\sim8\times10^{-1}$Pa，停 Ar 通 N_2 后，逐步增加 C_2H_2 的比例，随 C_2H_2 比例的增大，色泽变化为金黄—赤金黄—玫瑰金—黑色，控制好两种气体的比例，就可达到预定的色度。镀 TiCN 装饰膜的主要工艺参数为：弧电流 50～70A，脉冲偏压 100～150V，占空比 60%～80%，沉积温度 200℃左右，沉积时间 5～20min，膜层厚度 0.2～0.5μm。

C 冷却

镀制达到预定色度和厚度后，关弧电源，关气源，停转工件架，当真空炉内冷却至 80～100℃后，向真空室充 Ar，最后取出工件。

3.4.5.2 磁控溅射在黄铜镀亮 Cr 的卫生洁具上镀 ZrN 装饰膜

考虑到洁具膜层色度和膜层质量要求高，选用加偏压中频电源和非平衡磁控溅射靶，沉积的膜层组织细密、致密度好、沉积速率相对较低。

A 镀 ZrN 前的炉外、炉内清洗

炉外清洗：详见 3.4.5.1 节。

炉内清洗：Ar 离子轰击清洗，即通 Ar 后真空度为 2～3Pa，轰击电压 800～1000V，占空比为 20%，轰击时间 10min。

沉积 Zr 底层：通 Ar 至真空度为 5×10^{-1}Pa；磁控溅射靶电压为 400～500V，靶功率为 15～30W/cm^2；脉冲偏压为 450～500V，占空比为 20%；时间为 5min。

B 沉积 ZrN 装饰膜

在通 Ar 时同时通 N_2，真空度为 $3\times10^{-1}\sim5\times10^{-1}$Pa。磁控靶电压为 400～550V。靶电流随靶的面积增大而增大。脉冲偏压为 150～200V，占空比为 80%，时间为 20～30min。

C 冷却

镀制达预定色度和膜厚后，关磁控溅射电源、气源，停转工件架，炉内温度冷至 80～100℃后即向真空室充 Ar 气，最后取出工件。

3.4.5.3 电弧 + 柱状磁控复合离子镀 TiN + Au + SiO_2 装饰膜

在 TiN 中掺金，目的是进一步提高装饰饰品的效果，因表层金黄色层硬度低、不耐磨、膜层薄，常镀制一层 SiO_2 保护膜。

镀制设备靶的分布为：真空室内壁安装小弧源的 Ti 靶镀制 TiN；中心采用柱状磁控溅射 Au 靶镀 Au 或玫瑰 Au 靶镀玫瑰金；内壁上安装 SiO_2（或 Si）靶沉积 SiO_2 膜。沉积的产品为黄铜镀亮镍表壳。沉积的装饰膜系为 TiN + Au + SiO_2。

A 镀前炉外、炉内清洗

炉外清洗：详见 3.4.5.1 节。

炉内清洗：用主弧清洗和沉积 Ti 底层。

主弧清洗：通 Ar 至真空度为 2×10^{-2}Pa，弧电流 60 ~ 80A，轮换控制阴极电弧源，每个弧源引燃 1 ~ 2min，偏压 400 ~ 500V。

沉积 Ti 底层：通 Ar 后真空至 2×10^{-2}Pa，弧电流 50 ~ 70A，引燃全部弧源 2 ~ 3min，偏压 400 ~ 500V。

B 沉积 TiN 的工艺参数

关 Ar 通 N_2，真空度为 3×10^{-1} ~ 5×10^{-1}Pa。偏压为 100 ~ 150V，弧电流为 50 ~ 70A，时间为 10 ~ 30min，厚度为 0.1 ~ 0.7μm。关弧源。

C 沉积 Au

关闭 N_2 通 Ar，真空度至 3×10^{-1} ~ 5×10^{-1}Pa。偏压为 100 ~ 150V，磁控溅射靶电压为 400 ~ 550V，时间为 5 ~ 10min。关闭 Au 靶电源。

D 沉积 SiO_2

通 Ar 气，至真空度为 0.8×10^{-1} ~ 5×10^{-1}Pa。射频电源功率为 200 ~ 500W，时间为 10 ~ 30min。

E 冷却

关闭射频电源后再关气源，停工件架，在真空室内温度冷至 80 ~ 100℃时，向真空室充 Ar 后，最后取出工件。

3.4.5.4 手表壳镀类金刚石装饰膜

镀有类金刚石膜（DLC）的表壳与表带具有当今十分流行畅销的色彩。

镀 DLC 设备为 KYX-650 型多功能镀膜机。

生产工艺流程为：

（1）镀 DLC 前的炉外炉内清洗。

1）炉外清洗：详见 3.4.5.1 节。

2）炉内清洗：Ar 离子轰击清洗，即通 Ar 后真空度为 2 ~ 3Pa，轰击电压 800 ~ 1000V，占空比 20%，轰击时间 10min。

3）沉积 Ti 底层：通 Ar 至真空度为 5×10^{-1}Pa；磁控溅射靶电压 400 ~ 500V，靶功率 15 ~ 30W/cm^2；脉冲偏压 450 ~ 500V，占空比 20%；时间 5min。

（2）沉积 DLC 装饰膜。

1）真空度：在通 Ar 的同时通 N_2，真空度为 3×10^{-1} ~ 5×10^{-1}Pa。

2）磁控靶电压为 400 ~ 550V。靶电流随靶的面积增大而增大。脉冲偏压为 50 ~ 200V，占空比 80%。时间 20 ~ 30min。

（3）冷却。镀制的 DLC 膜达预定色度和膜厚后，关磁控溅射电源、气源，停转工件架，炉内温度冷至 80 ~ 100℃后即向真空室充 Ar 气，然后取出工件。

3.4.5.5 手表玻璃镀银白色图案生产工艺

蒸发镀设备为 ZZ-500 型真空蒸发镀膜机。

生产工艺流程为：

（1）镀前清洗。镀膜前对手表玻璃片进行去尘、除油污、去手印等清洗。配方选用：5% HF、33% HNO_3、2% 的离子去垢剂、60% 去离子水。也可用市售的防静电、防雾玻璃清洗液处理。严格的清洗可用超声波清洗，经彻底漂洗后，在 100 ~ 120℃ 烘箱中烘 10 ~ 30min。

（2）镀膜。镀膜前须将蒸发用的钼舟用丙酮浸泡 15 ~ 20min，再用无水乙醇清洗一遍烘干备用。装镀料和装工件时，要在钼舟中装入定量的 Cr 粉。清洗好的手表玻璃片装在旋转工件架上后。抽真空至 2×10^{-2} Pa，加热烘烤，工件旋转。再抽真空至 5×10^{-3} Pa，加热到 280℃ 进行蒸镀。紧接着进行“预热”，此时关好挡板，低电流加热镀料除气 1min，打开挡板，调大电流，蒸镀 1min，关挡丝板。冷却至 80 ~ 100℃ 后即可出炉。

（3）丝印。印丝前必须按客户要求进行绘图、照相制版和丝网印刷，并选好丝印材料如油墨、刮板等，调好油墨稠度，然后进行玻璃镀 Cr 面的丝印。

（4）固化。按油墨的性能进行固化处理。

（5）退镀。按所镀材料，选择合适的腐蚀液把丝印油墨未覆盖的镀 Cr 部分腐蚀退镀掉，保留丝印油墨覆盖的图形。

（6）清洗干燥。清洗去除残余退镀液，干燥。

（7）检查。合格后进行包装。

3.5 玻璃装饰功能膜

3.5.1 幕墙玻璃装饰膜的基本功能

应用建筑玻璃的主要目的是“采光”。20 世纪 70 年代，随着城市土地价格的日益上涨，迫使城市建筑的楼层向“高层”发展，迎来了建筑高层迎光部位用玻璃把它装饰起来的大发展，形成了所谓的高层建筑“幕墙玻璃”化的局面。作为墙体材料，玻璃一方面使高层建筑的整体质量大大减轻，另一方面也提高了建筑物的艺术魅力，改善了人们的居住环境。然而这些要求还满足不了人们对高层建筑的要求。从全球消耗能量统计看。在取暖和使用空调期间，40% 的能量用于建筑物内的室温控制。这样，建筑玻璃就由原来的单一采光，逐步被具有采光、节能、控光、调温、改变墙体结构，具有艺术魅力的多功能镀膜玻璃的新产品所取代，使城市的高层建筑通过幕墙玻璃的装饰显得富丽堂皇、绚丽多彩。

例如，在幕墙玻璃上镀制一组光学薄膜，就可使阳光中的可见光部分保持有高的透过率，发挥其玻璃的“采光”效果，然而膜层对红外线部分却有较高的反射率和对紫外线部分又具很高的吸收率。这样，在白天就可保证建筑物内有足够的采光亮度；在夏天，特别是低纬度地区，减少了通入室内的热辐射，不会使室内的温度过高；减少了紫外线的照射，又可使室内的陈设褪色减少，延长了陈设的使用寿命。这种光学薄膜称为阳光控制膜。另外还有一种镀膜玻璃是低辐射玻璃，由于膜系的选择所限，这类玻璃在色彩上稍欠。

在阳光控制玻璃膜系的选择上，除要考虑膜层对大气环境耐候性、耐划伤、耐风沙雨水的冲蚀、耐环境气氛的腐蚀及满足节能要求之外，还要选择颜色。

为了保证色彩，一种是用膜的物质色，如 TiN 是金色，TiC 是黑灰色，另一种就是利用膜厚为 50~300nm 的透明介质膜所产生的干涉色。为得到不同的彩色，就须进行膜系的结构设计，有 M/G、MN/G、M/MO/G、MO/M/G、MO/M/MO/G 等（M 代表金属合金膜，G 代表玻璃基片，MO 代表金属氧化物膜，MN 代表金属氮化物膜）。其中单层膜是利用金属本身的颜色和反射效果。外层介质膜是利用物质原色和保护作用。透明膜可以产生干涉色。在多层膜系中，金属膜起反射膜或保护膜和黏结作用，临近玻璃面的透明膜多利用产生干涉色。

阳光控制玻璃又称为遮阳玻璃，图 3-6 所示为 3mm 厚的普通玻璃与 6mm 厚的某种阳光控制玻璃遮阳性能的比较。

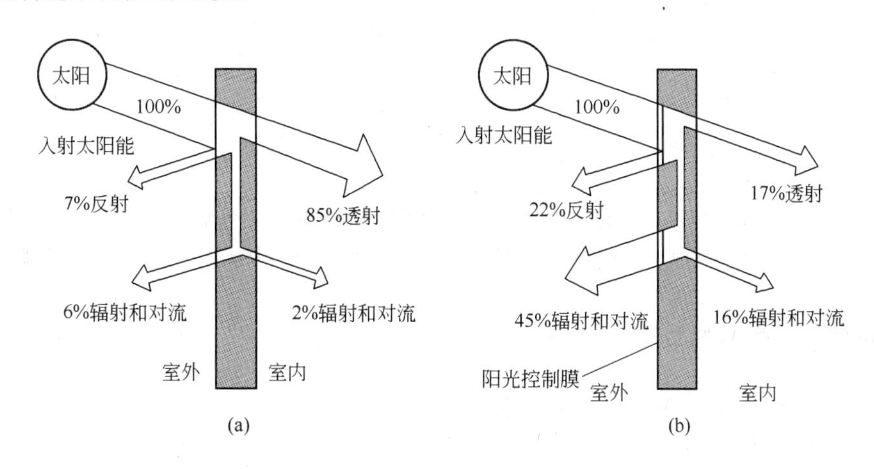

图 3-6 普通玻璃与阳光控制玻璃遮阳性能的比较
（a）3mm 普通玻璃；（b）6mm 镀有阳光控制膜的玻璃（遮阳系数 0.38）

从图 3-6 中可见，经 3mm 厚的普通玻璃射入到室内的太阳辐射占投射到玻璃上全部太阳辐射的 87%，而镀有阳光控制膜的 6mm 厚的镀膜玻璃，进入到室内的太阳辐射只占投射到它表面全部太阳辐射的 33%，这就意味着夏天室内采用空调降温时，能源的消耗可节省 50% 以上。

普通玻璃对于波长 400~1000nm 间的红外辐射光是不透明的。当室内温度为 293K 时，红外辐射光 98% 在 300~3000nm 范围内，其中 89% 红外辐射能量被玻璃吸收，使玻璃温度升高，然后通过玻璃的辐射和周围（玻璃窗面两侧，即室内外）空气的热交换而散发其热量，因而使室内很大一部分热量散逸到室外。减少这种热量散逸的有效措施之一就是在玻璃表面上镀一层低辐射率的薄膜，称之为低辐射率膜（low emisivity film，Low-E），它对红外线有较高的反射率，称这种玻璃为隔热玻璃、节能玻璃或低辐射玻璃。它对近红外线辐射（0.8~3μm）具有低的反射率，对可见光透射率高，白天利于室内采光和室内温度的提高；对远红外又具有高的反射率（反射率达 90%）而且能保持良好的透光性。正由于它具有高的反射率的功能，当室内温度高于控制室外温度时，室内温度较高的物体、墙体发射的远红外线，遇到安装在玻璃窗上的低辐射玻璃时，就又有 90% 左右反射回到室内，起到了保持室内温度的作用。通常是把低辐射玻璃与普通玻璃组成中空玻璃，主要用于高纬度寒冷地区。

图 3-7 所示为普通的双层中空玻璃与镀有低辐射率膜的双层中空玻璃的能量传输图，

从图中可知，若采用普通的双层中空玻璃，室内的能量80%通过玻璃传到室外；若采用双层中空玻璃，其内侧表面镀有一层低辐射率膜（即隔热膜），热量耗损可降低到40%。

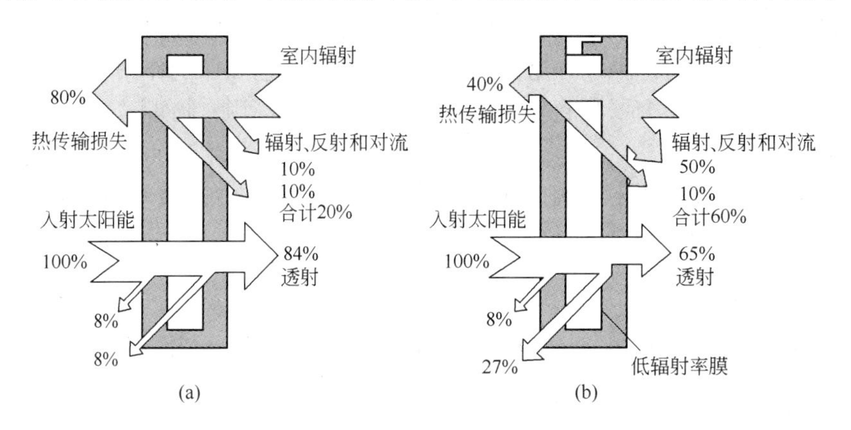

图3-7 普通的双层中空玻璃与镀有低辐射率膜的双层中空玻璃的能量传输图（均为12mm空气间隙）
（a）双层中空玻璃：6mm普通玻璃；（b）双层中空玻璃：6mm普通玻璃+6mm镀有低辐射率膜玻璃

3.5.2 玻璃镀膜的材料与颜色

3.5.2.1 阳光辐射膜的材料与颜色

阳光辐射膜的材料有：

（1）纯金属材料。如Cr、Ti、Ni、Fe、不锈钢等，大部分属导电性元素。这些材料镀制的薄膜反射率和透过率与波长无关。图3-8所示为单层金属阳光控制膜的反射与透射特性。

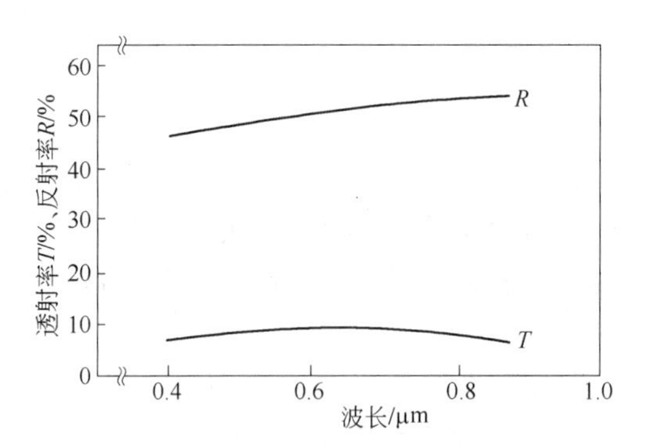

图3-8 单层金属阳光控制膜的反射与透射特性

（2）金属氧化物材料。如TiO_2、ZrO_2、Al_2O_3、Cr_2O_3、In_2O_3。从结构上，镀阳光控制膜最好是采用金属膜与金属氧化物膜的组合。调整好组合膜的成分和厚度，就可以在较宽的范围内调节阳光控制膜的透射率、反射率和外观色彩。其中TiO_2折射率高，牢固稳定，在可见光至近红外线区呈透明。TiO_2作第一层金属氧化物膜，因干涉和吸收作用可得到不同的干涉色。

（3）金属氮化物有TiN、CrN、Cr_2N、SSN（不锈钢氮化物）。其中TiN为金黄色，在300℃以上处理，TiN_x被氧化，膜色发生变化，在800℃急剧分解形成TiO_2；氮化铬系为银白色，化学稳定性好，硬度高，耐磨耐蚀；不锈钢1Cr18Ni9Ti和O_2、N_2、C_2H_2反应可得到紫色和黑色。

典型的膜系结构是：MOⅡ/M/MOⅠ/G。在这种膜系中，MOⅡ（即第二层金属氧化物膜层）主要起保护作用；M（即金属膜层）主要是影响反射率和透射率；MOⅠ（即第一层金属氧化物）由于有适当的膜厚，通过吸收和干涉作用，产生不同的玻面颜色，有宝石蓝、金黄、紫色、银色、绿色、褐色等颜色。经过试验和计算证实，靠近玻璃的TiO_2

膜厚在10～120nm范围内变化，玻面可获得全色谱中的各种颜色。图3-9所示为TiO_2(20nm)/Ti(30nm)/TiO_2(10～200nm)/G的膜系的玻面色品坐标变化曲线。其颜色的变化与临近玻面的TiO_2膜厚度变化存在周期性关系。

还有由多元化合物薄膜组成的膜系结构，其色调的变化大些，如三元化合物TiNC比二元化合物TiN的色调变化大。因此，人们常常利用三元化合物来获得各种各样大范围的色调变化（从工艺上，控制调整颜色的范围困难一些）。

当反应气体氮中加入O_2时，生成Ti(ON)膜，其颜色变化如图3-10所示。Ti(ON)的折射率为2.3。

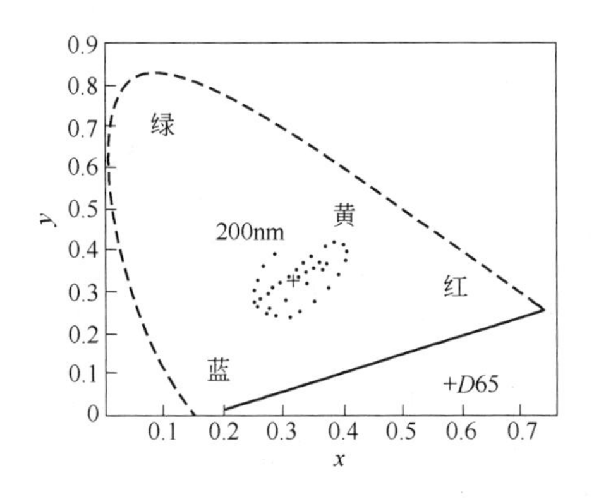

图3-9 TiO_2(20nm)/Ti(30nm)/TiO_2(10～20nm)/G的膜系的玻面色品坐标变化

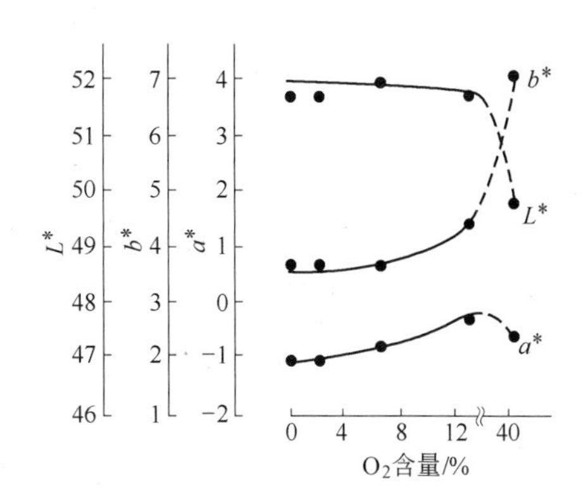

图3-10 Ti(ON)膜的L^*、a^*、b^*值随O_2含量的变化

TiC_xN_{1-x}（$x<1$，碳氮化钛）是TiC和TiN的中间化合物，x可以为小于1的任何值，TiC_xN_{1-x}的性质介于两者之间，但TiC_xN_{1-x}最大的特点是随x值的变化其色调在金色至暗紫色之间变化。

3.5.2.2 低辐射率膜的材料

低辐射率膜的材料主要是一些正电性的元素，如Au、Ag、Cu等。其膜通常是三层膜或多层膜的结构。靠玻璃的一层膜是介质膜，目的是增大膜层/玻璃的结合力；中间层是金属膜材料层，以求达到低的辐射率；最外层是一层减反膜，也是一层介质膜，是增大光和太阳光中近红外辐射的透过率。一般要求低辐射率膜对从室外照射进入室内的太阳光的透射率应大于50%，而辐射率小于10%。一般用TiO_2-Ag-TiO_2和TiO_2-Cu-TiO_2三层膜系结构，但多以Ag为基础，把Ag夹在两层减反膜的金属氧化物中间，有单层Ag和多层Ag。金属氧化物常用SnO_2和ZnO。图3-11(a)所示为单层Ag和双层Ag的膜系结构。图3-11(b)所示为单层Ag和双层Ag膜系结构的透射率、反射率的曲线。

从工艺上，为保护Ag在溅射过程中不被浸蚀，设计选用一层用Ni-Cr低价氧化物$NiCrO_x$作阻挡层。

有一种新型的低辐射率膜系，采用TiO_2（$n=2.5$）替代SnO_2或ZnO（$n=2.5$）。其膜系为玻璃/TiO_2/ZnO/Ag/$NiCrO_x$/Si_3N_4。图3-12所示为TiO_2基和ZnO基低辐射玻璃的可见光透射率和阳光透射率特性的比较。

这种低辐射玻璃一般采用磁控阴极溅射法生产，其膜层均匀、质量好，特别在沉积多层膜时，溅射法又可连续生产；缺点是价格较贵。

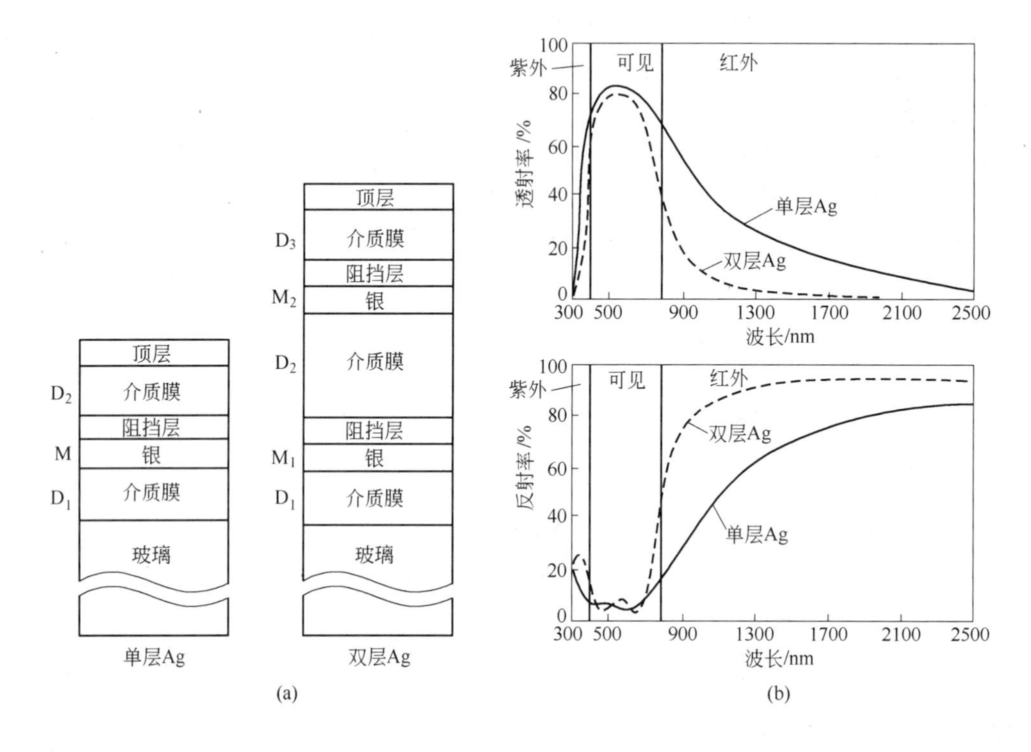

图 3-11 单层 Ag 和双层 Ag 的膜系结构（a）及透射率、反射率曲线（b）

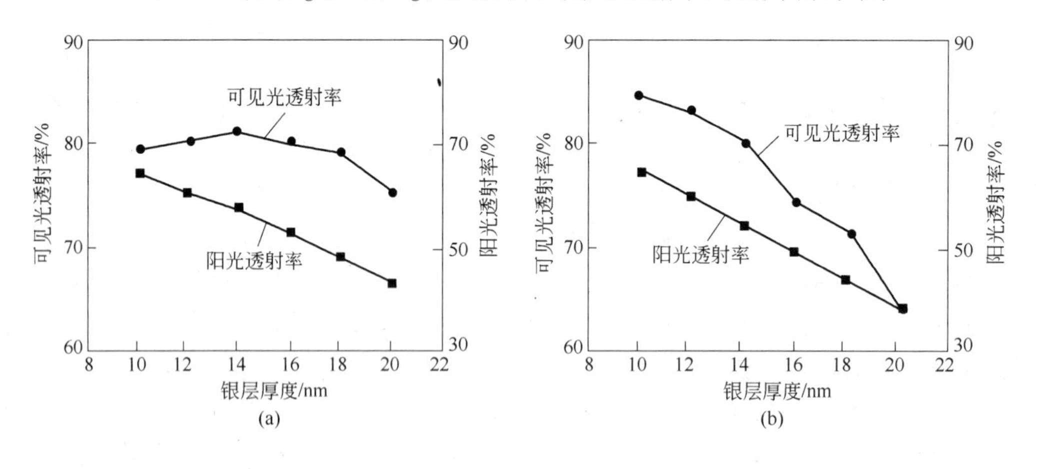

图 3-12 TiO_2 基（a）和 ZnO 基（b）低辐射玻璃的透射率特性比较

3.5.3 镀膜玻璃的硬度和耐磨性

3.5.3.1 镀膜玻璃的硬度

镀膜玻璃的硬度和耐磨性直接相关，是幕墙玻璃的一个重要性能。幕墙玻璃的硬度与其最外层的膜层物直接相关。膜层硬度从小到大的顺序依次是：不锈钢 < TiO_2 < CrN < Cr_2O_3 < TiN，一般氧化物、氮化物的金属膜硬度高。在低温下沉积薄膜时硬度较低，随基片温度升温，膜层的硬度会增大。

3.5.3.2 镀膜玻璃的耐磨性

幕墙镀膜玻璃的耐磨性与膜层硬度和附着强度相关。为了提高镀膜玻璃的耐磨性，一是可选用有利于“粘合”的元素来作过渡层。其中 Cr、Ti 等是极易氧化的金属原子，在向基片传输的过程中，会与真空镀膜室中残存的 O_2、H_2O 分子发生反应，在基片表面形成少量的氧化物，它们会与玻璃基片中的硅氧键合，又与 Cr、Ti 等金属原子键合，大大增强了 Cr、Ti 金属膜的附着强度。二是要尽可能地减小薄膜内的各种应力，其中退火就是减少应力的有效方法，它可防止膜层与玻璃脱落。

3.5.4 智能窗玻璃

3.5.4.1 智能窗玻璃的应用

随着时代的进步，社会经济的发展，人们对生活质量的要求越来越高。在一年的各个季节里，人们都希望生活在25℃的生活环境中。现有的幕墙玻璃、低辐射玻璃都具有一定的温度调节功能，但无法实现对室内温度的智能化调节；设计的空调，虽然可调节室内温度，并能保持室内温度恒定，但要消耗大量电能，而且又具有一定的噪声等污染。因此，人们希望能开发智能窗玻璃。利用热冷功能的光学薄膜，在居住的建筑物、行驶的汽车上对采暖、制冷进行调节，一方面降低能耗，另一方面调节温差。现今，人们通过电致变色、光致变色、气致变色和热致变色改变玻璃窗对红外光的透射率来实现智能化目的。

3.5.4.2 智能窗玻璃的种类

智能窗玻璃实质就是在玻璃上镀制能改变红外光透过率的电致变色、光致变色、热致变色、气致变色的智能膜。这类膜按成分分类有 WO_3、NiO、VO_2、TiO_2；按变色原理分类有电致变色、光致变色、热致变色、气致变色等。

3.5.4.3 智能膜的变色机制

A 电致变色

电致变色是一种光学性能可变换性变色，一般是材料在外电场或电流作用下，发生可逆性色彩的变化，直观表现为材料的颜色和透明度发生可逆性变化。要求电致变色的材料具有良好的离子或电子导电性、较高的对比度、较高的变色效率和循环周期等电致变色性能。还要求电致变色材料具备良好的记忆功能，能耗低，符合未来智能材料的发展方向。在灵巧窗、大屏幕信息显示防眩目后视镜、变色眼镜、电致变色显示器上都有广泛的应用前景。

WO_3 薄膜材料就是典型的阴极电致变色材料。WO_3 具有较好的电致变色性。非晶态的 WO_3 膜着色率高、可逆性好、响应时间短、使用寿命长；在着色和褪色时，光学变化范围宽，被人们视为是最具发展前景的光致变色材料之一，也是电致变色研究的热点材料。

WO_3 的变色机理，存在有多种假设和理论，其中被人们广泛接受的是双注入理论，即离子与电子成对注入形成蓝色的钨青铜结构。其电致变色的反应式为：

$$\underset{\text{无色}}{WO_3} + xM^+ + xe \underset{\text{氧化}}{\overset{\text{还原}}{\rightleftharpoons}} \underset{\text{蓝色}}{M_xWO_3} \quad (0 \leqslant x \leqslant 1, M^+ = H^+、Li^+、Na\text{等})$$

M^+ 的注入使得部分 W^{6+} 还原成 W^{5+}，电子 e 吸收光子能量导致着色。新制备的原始

态 WO_3 膜为淡黄色透明膜。着色过程中薄膜颜色变成深蓝，褪色时又重新恢复透明。WO_3 的变色电压为 3V。WO_3 经 MoO_3 掺杂后，能改变 WO_3 的颜色更适宜人眼的敏感区，着色电压为 -1.7V，漂白（褪色）电压为 +1.9V。

NiO 也是电致变色智能薄膜。图 3-13 所示为 NiO 电致变色特性曲线。

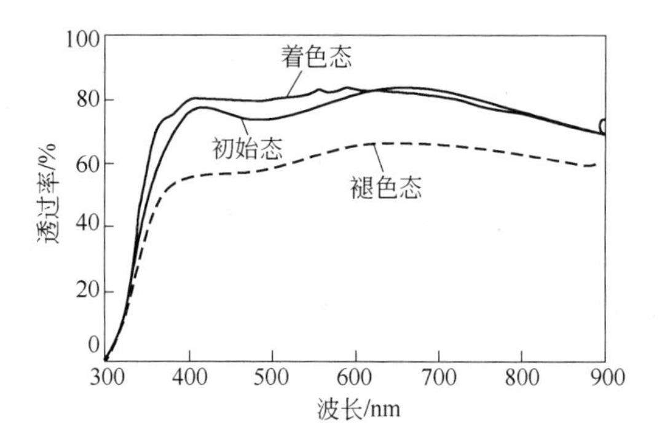

图 3-13　NiO 电致变色特性曲线

对于 NiO 的变色原理有不同观点，第一种观点认为：

$$\underset{\text{无色}}{M_yNi_{1-x}O} \rightleftharpoons \underset{\text{灰色}}{M_{y-2}Ni_{1-x}O} + 2M^+ + 2e \quad (M^+ = Li^+、Na^+、K^+)$$

第二种观点认为

$$Ni(OH)_2 \rightleftharpoons NiOOH + H^+ + e$$

反应中必须有 H^+ 参加。

第三种观点认为，NiO 变色涉及许多相，如：

$$\begin{array}{ccc} Ni(OH)_2 + OH^- & \rightleftharpoons & \gamma\text{-}NiOOH + H_2O + e \\ \downarrow H_2O & & \uparrow \text{电荷过多} \\ \beta\text{-}Ni(OH)_2 + OH^- & \rightleftharpoons & \beta\text{-}NiOOH + H_2O + e \end{array}$$

如果没有 OH^-，变色反应就不能发生。

在玻璃表面镀制电致变色膜（EC）时，必须镀透明电极（TC）、离子存储层（IS）和离子导体（IC），这样才能组成一个膜系。离子导体（IC）起促进电致变色和离子储存层之间的离子传递作用，而不存在电子传递过程；离子存储层（IS）在变色过程中起平衡电荷作用，具有可逆电化学的性质。智能窗膜的结构通常为堆垛式和夹层式两种类型，见表 3-6。

表 3-6　智能窗结构模式

类　型	基　片	膜　层					基　片
		1	2	3	4	5	
堆垛式	玻　璃	TC-1	EC	IC	IS	TC-2	
夹层式	玻　璃	TC-1	EC	IC	IS	TC-2	玻　璃

注：表中 TC-1、TC-2 分别为透明电极膜 1 和膜 2。

电致变色膜用于智能窗时，必须具有一定的光学、电学和使用寿命，其要求的性能数据见表 3-7。

表 3-7　电致变色膜的性能要求

性　能		指　标	性　能	指　标
太阳光透过率/%	褪色态	50 ~ 70	记忆时间/h	1 ~ 24
	着色态	10 ~ 20	变色转换时间/s	1 ~ 60
可见光透过率/%	褪色态	50 ~ 70	循环次数/次	$10^4 \sim 10^6$
	着色态	10 ~ 20	寿命/a	5 ~ 20
变色转换电压/V		1 ~ 5	工作温度/℃	-30 ~ 70 和 0 ~ 70（如果受到保护）

电致变色窗通过改变电场方向和强弱，即可控制变色的深浅。调节通过建筑物或汽车玻璃窗的太阳光强度，使室内、车内的光线柔和、温度舒适，起到智能或是灵巧窗的作用。

B 气致变色

WO_3 膜也具有气致变色的特性。气致变色窗的 WO_3 结构简单，可在更大的范围内实现对可见光和近红外辐射透过率的连续控制与调节，调节的可见光部分为5%～75%。因此它有望替代电致变色在建筑与汽车节能上的广泛应用。

只要把两块玻璃四边封合，预流通气孔后，便制成中空气致变色窗。通入氢氩混合气（氢含量5%），致色窗变成蓝色。通入氧气致色窗褪色。

若用纳米的 WO_3 膜（膜厚为200nm）制成气致变色窗，其褪色态薄膜平均透过率高于70%，变色态平均透过率低于10%，平均透过率变化超过60%，在700nm处相差达65%。

C 热致变色

热致变色是根据室内温度自动调节对太阳光的透过率来实现的。当入射光线稳定、室内温度较低时，靠红外光进入室内来提高温度；当温度升高时自动降低红外光的透过率，室内温度逐渐降下来；当温度降到一定值后，再自动提高红外光的透过率。如此往复循环，便可实现对室内温度的智能调节。

VO_2 就是一种热致变色材料。它的变色机制是：当温度低于68℃时，块体的 VO_2 呈单斜晶结构；而温度高于68℃时，VO_2 呈四方晶系结构。即 VO_2 经过68℃，晶体就会发生相变。在高于85℃和低于20℃时，光的透过率发生明显变化。在波长大于1500nm时，光的透过率可从低温态的40%降至高温态的零。利用 VO_2 晶系结构的变化，VO_2 的光电性能发生了很大的变化，且这种变化可逆。VO_2 可逆相变特性以及相变前后光电性能所发生的较大变化，使 VO_2 在光电转换材料、光存储、激光保护和视窗太阳能控制方面都具有广泛的应用前景。

通过对 VO_2 薄膜的热滞回线，可观察到 VO_2 薄膜的透过率随温度的变化特点。图3-14是波长为2.5μm的太阳光在相变前后 VO_2 膜透过率的变化。从图中可知，低于72℃时，随温度的升高，透过率会逐渐地降低，但其透过率降幅很小；当温度上升到72℃后，透过率迅速下降；当温度上升至80℃以后，再下降温度时，VO_2 的透过率又会随温度的下降而缓慢增大；当温度降至63℃后，透过率又产生急剧增大，到达56℃时，便恢复到升温前的透过率数值，而完成一个循环。不难看出，VO_2 具有智能调节的性能。这种性能，还满足不了智能窗的实用化要求，必须要把 VO_2 的相变温度降到接近室温，并且提高可见光的透过率，才能在智能窗上实现实用化。因此，在降低 VO_2 的相变温度和提高可见光透过率上还要做更多的研究工作。

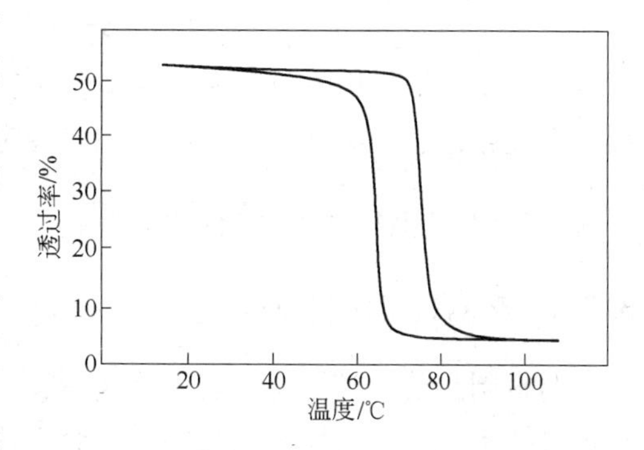

图3-14 VO_2 薄膜的热滞回线

3.5.4.4 智能窗的膜层沉积工艺

考虑到智能窗大量用于建筑行业，因此就须采用大面积的磁控溅射镀膜沉积技术。由于智能窗选用的薄膜都是氧化物薄膜，在磁控溅射沉积膜层工艺中易产生靶中毒现象，因此采用中频孪生靶非平衡的磁控溅射沉积非晶 WO_3 薄膜可以获得很好的实效。

A 中频电源非平衡磁控溅射沉积非晶 WO_3 薄膜工艺

设备：中频电源、真空室为圆筒形。磁控靶：非平衡磁控靶，靶材为金属 W（纯度为 99.9%），两靶中心距为 8.5cm，靶与玻璃的距离为 7cm。基片：ITO 玻璃和单晶 Si 片，基本转速 13r/min。工作气体：高纯 Ar（纯度 99.999%），高纯 O_2（纯度 99.999%）。

B 中频电源非平衡孪生靶磁控溅射沉积非晶 WO_3 薄膜工艺

真空度：真空室本底真空低于 5×10^{-3}Pa；沉积膜层真空度为 8×10^{-1}Pa。气体：用质量流量计送气，总量为 100%，其中 O_2 气流量分别为 60%、80%、90%、>95%。中频电源参数：靶工作电流 1.2A，工作电压 850V。退火温度：沉积的薄膜分别在 100℃、200℃、300℃、400℃、500℃温度下退火处理 1h。

3.5.5 防雾防露和自清洁镀膜玻璃

3.5.5.1 防雾防露和自清洁镀膜玻璃的功能

镀 TiO_2 膜的玻璃具有防雾、防露和自清洁的功能。在紫外线照射下，TiO_2 薄膜会产生零角度的高亲水性的表面，这种高亲水性的表面能防雾、防露。因此可以将具有亲水性的 TiO_2 膜镀制在汽车的侧视镜上，使它具有不结露的功能。

当紫外线照射到滴了水的 TiO_2 薄膜上时，空气中的水分子解离吸附在氧空位中，成为化学吸附水（表面羟基）。化学吸附水可进一步吸附空气中的水分，即在 Ti^{3+} 缺陷的周围形成了高度亲水的微区，而表面剩余区仍保持着疏水性，主要就在 TiO_2 表面上构成了均匀分布的纳米尺寸的分离亲水区。湿润表面停止紫外光照射后，化学吸附的表面羟基被空气中的氧所取代，重新又回到原来的疏水性状态，这是一个可逆的过程。

TiO_2 还具有杀菌、消毒的作用。它在紫外线的照射下，发生光催化作用，能将有机物分解为 CO 和 H_2O，且不发生二次污染，可用于清除有机物、杀菌、消毒、处理污水、消除异味、保鲜食品等。此外它在紫外线的照射下，还可把空气中的 NO_x、SO_x 分解。若把这种薄膜安放在建筑物和街道上，在阳光的照射下，即可自动分解空气中的污物，是一种防止污染、净化空气的低成本、持续有效的好方法。对汽车玻璃和建筑玻璃也有自清洁的作用。

3.5.5.2 防雾、防露和自清洁 TiO_2 膜玻璃的沉积工艺

基于 TiO_2 是一种氧化物材料，在沉积镀膜中应采用中频电源的磁控溅射沉积膜层的技术，以防止靶材中毒，利于沉积镀膜过程稳定顺利进行。采用双极脉冲电源与闭环工艺控制系统相结合，会使镀膜沉积工艺更稳定、沉积速率高、成膜的稳定性和重复性好。

3.6 塑料金属化装饰膜和七彩膜

3.6.1 塑料金属化装饰膜

塑料制品装饰膜之一是表面镀金属膜，又称为塑料金属化膜。简单地说，就是利用真空镀膜技术，在塑料表面上镀铝膜，经染色后产生金属质感的彩色效果，赋予塑料表面各种颜色的金属光泽。它是一种价格便宜、质量轻的装饰品，大多用于灯饰、石英钟壳、玩

具、工艺品、塑料花、衣服皮具装饰件、建筑家具装饰件、塑料眼镜、电器元器件、首饰、化妆品容器、汽车摩托车装饰零件等。

常用的塑料有 ABS、PC、PP、PS 等。镀制的装饰膜材有 Al、Al 合金、Cu、Cu 合金、Ti、Ti 合金、Ni、Ni-Cr 合金、Cr、Sn、不锈钢、Zn、Zr、Mg、SiO_2 等。

从装饰应用的要求看，主要是色泽好，耐摩擦、腐蚀，膜/基结合力强。像手机视屏和按键，要求半透、30% 透、耐磨、有一定的硬度，要求能抗外界电磁干扰和消除对其他设备的干扰等。

塑料装饰镀膜，大体上有真空蒸镀和磁控溅射。其中真空蒸镀应用最早、设备简单、操作简便、生产实效高，是当今仍然广泛应用的镀膜技术。这类装饰镀膜的生产量十分巨大。特别是在我国的珠三角地区，塑料真空镀膜厂林立，真空室的直径为 1.4m 的镀膜设备就有数百台之多。

3.6.1.1 塑料装饰膜的真空蒸镀生产工艺

塑料装饰膜的真空蒸镀生产工艺大多采用真空电阻加热蒸发镀膜机。炉体有两种，一种是卧式，另一种是立式（双室）镀膜机。

工艺流程为：塑料工件—脱脂—上架—除尘—上底油（涂底漆）—固化—真空蒸发镀膜—上面油（涂面漆）—固化—下架—染色—检验成品。

（1）脱脂上架。零件有时含较多水分，需在 50 ~ 60℃ 下进行 3 ~ 5h 的干燥处理。上架时，对油污较少的一般工件，仅需擦拭就可上架；油污较多时，应用市售洗洁剂刷洗、漂洗、烘干；严重时需在 50 ~ 60℃ 清洗剂中浸泡 15 ~ 20min 进行脱脂处理。

（2）除尘—涂底漆—固化。上架工件后，用吸尘器对工件架上的待镀件仔细进行除尘，除尘后涂底漆，这是保证镀膜完全的关键工艺之一。其目的是提高被镀件表面光亮和光洁，提高膜/基结合力。涂漆后，应固化处理，一般用红外加热、电加热及紫外光固化。固化温度为 60 ~ 70℃，时间为 1.5 ~ 2h。

（3）镀装饰膜。这是质量保证的关键。

1）镀前准备。待镀工件上架后，装上发热清洁的蒸镀的 W 丝和待镀的清洁料 Al 丝（或蒸发 Al 箔舟），开泵抽真空至 $1 \times 10^{-2} \sim 2 \times 10^{-2}$ Pa，即可蒸镀，真空度越高，膜层质量越好。

2）蒸镀。蒸镀前，先对 Al 丝预热，以去除残存气体，当真空回升到 $1 \times 10^{-2} \sim 2 \times 10^{-2}$ Pa 时，须快速加热蒸镀，以减少氧化和防止膜层组织粗化，同时还可减少散射损耗，提高镀料利用率。

3）冷却充气。蒸镀完成后，即停炉充气。

目前上述工艺都用 PCL 全自动控制来完成上述工艺流程。

4）涂面漆。目的是保护金属膜层，为下步变色工艺做准备。

5）着色。零件出炉后立即涂面漆，经彻底固化后进行染色处理。根据用户要求，将不同颜色按一定比例配制，常用的 24K 金色，可用黄粉、金粉和红粉配制；黑色用黑粉、绿粉和蓝粉配制；枪色（深灰或亮黑色）用元青染料染成或镀 Cr 或镀 Ni-Cr 合金；铜或古铜色可用不同比例红色与绿色染料；深古铜色可适当加黑染料。为加强镀件的湿润性，可加入 1% 的冰乙酸，变色温度控制在 0 ~ 60℃（不能大于 80℃），颜色按客户要求确定。

3.6.1.2 塑料装饰膜的磁控溅射生产工艺

塑料装饰膜的磁控溅射的机型为卧式或立式（双室）真空室；磁控靶有平面、柱状磁控靶；磁控溅射温度低，膜/基结合力强，绕镀性好，但沉积速率相对较低。

其溅射镀膜工艺的镀前准备与镀后工艺的处理，均与蒸发镀装饰膜工艺相同。前处理工件去油污、烘干去水，上底漆、烘干、固化（温度60~65℃）。

磁控溅射镀Al，采用常规的柱状磁控靶的溅射工艺沉积Al膜。镀完Al膜后上面漆，进行着色（冷染或热染）处理。

3.6.2 七彩装饰膜

七彩装饰膜是一种透明的、干涉颜色强度较弱的七彩缤纷膜。若在镀件的坯料上有不同的底色，其视觉效果更是丰富多彩。如全黑的衬底，坯料没有反射光，看到的全是干涉的七彩颜色，显示出七彩缤纷；全白的衬底，干涉的七彩颜色在强的白光下显得十分清淡高雅；大红的底色，干涉色最好镀成金黄，显得富丽豪华；绿、黄、蓝、橙的底色，也各有特色。当在一件工艺品上镶嵌上不同底色或涂上不同色彩时，工艺实效更显丰富多彩。

在塑料坯件上镀制的七彩膜是多层的光干涉膜系。有用ZnS-SiO膜系作七彩膜，其中ZnS是高折射率的材料，在可见光范围的折射率为2.35；而SiO是低折射率材料，在可见光范围的折射率为1.85。配制成的ZnS-SiO透明干涉膜系光泽高，七彩颜色色彩鲜艳。加上SiO本身又是一种光学保护膜，膜层细密，吸收紫光和紫外光，因此膜层的耐候、耐光性能好。但是，在工艺控制上应注意的是，只有在5×10^{-3}Pa真空度下，才能获得SiO膜；在10^{-2}Pa真空度的范围内，只能得到SiO_2膜；得到SiO_2膜将会影响颜色的色彩。

为了达到更好的光学和艺术效果，除了要考虑不同的底色，不同的外形坯件外，还应该考虑膜层中各层膜厚的分配。如控制不同的厚度，会使干涉的级别不同，达到不同的实效。要表面光泽度高，应以折射率高的ZnS层作外层；而要得到保护性能好，就要用SiO作外层。

3.7 包装装潢用装饰膜

包装装潢用的装饰薄膜是以真空卷绕镀Al为代表。卷状材料可以是各种塑料薄膜、纸、布等，用这些卷状材料来真空镀Al，在外观上有金属质感，色泽光亮，鲜艳，新颖美观。当今真空卷镀业已成为装饰镀膜中一个庞大的产业。

3.7.1 仿金属装潢的包装膜

塑料上镀Al，可以产生金属质感，再染上各种颜色，又可得到具有金属光泽的彩色薄膜。这类彩色薄膜用于礼品包装、纸花工艺品、包装袋、香烟等。

3.7.2 服饰用金银线

在塑料薄膜上蒸镀Al，染成金、银色后再分剪成细的金、银线，就可成为仿金线、仿银线，掺夹入纺织物中后，在光照下就会闪闪发光。这种镀Al着色的金银彩色塑料线，增加了服饰的花色品种，美化了人们的生活。

3.7.3 电化铝箔

3.7.3.1 电化铝烫金箔

电化铝烫金箔色泽鲜艳，新颖美观，是一种新颖的烫金材料，广泛用于广告、商标、印刷封面、包装装潢、皮革、塑料等产品。电化铝箔的生产工艺为：在 12 ~ 16μm 聚酯薄膜上涂布脱落层和色层，真空镀 Al，涂布热敏胶，成品复卷等。有金、银、红、蓝、绿等多种颜色，其结构如图 3-15 所示。

3.7.3.2 压敏胶电化铝薄膜

压敏胶电化铝薄膜，又称为干胶薄膜。这种薄膜美观，牢固性好，用于家用电器、仪器仪表等产品的标牌。压敏电化铝薄膜的生产工艺为：在 20μm 左右的聚酯薄膜上涂布印刷层，真空镀 Al，涂布压敏胶，然后复合在涂有硅胶的纸上。根据需要，可以印刷成文字图案，剪切后可以直接贴用。

另外，在 20μm 左右的聚酯薄膜上先进行凹印，依次进行真空镀 Al、涂布压敏胶，然后复合在涂有硅胶的纸上，也可制成具有多种图案彩色的产品，其结构如图 3-16 所示。

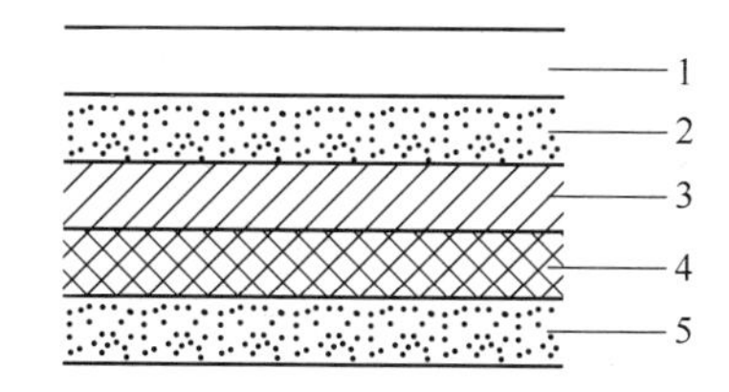

图 3-15 电化铝箔结构
1—聚酯薄膜；2—脱落层；3—色层；
4—镀铝层；5—胶层

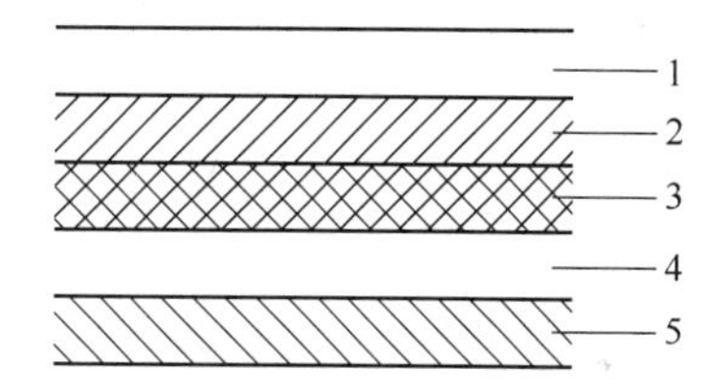

图 3-16 干胶薄膜结构
1—聚酯薄膜；2—印刷层；3—镀铝层；
4—胶层；5—硅胶底

3.7.3.3 仿金属热转印电化铝箔

仿金属热转印电化铝箔，是一种新的热转印材料，应用于电视机、计算机、电子仪器、仪表等的面板和表盘。它最大特点是具有金属质感。

热转印铝箔的生产工艺为：在 25μm 聚酯薄膜上，依次涂布脱落层和保护层，真空镀 Al，涂布热敏胶，成箔变卷。材料制成后，可直接烫印在各种机器、仪表的塑料面板或外壳上，也可通过丝网印刷，用热复合的工艺制成各种仿金属装饰板、表盘。

3.7.4 高档食品用真空镀铝复合包装材料

真空镀铝复合包装材料广泛用于各种装饰性的防潮、防紫外线照射的食品包装。图 3-17 所示为复合镀铝的食品包装袋。这种包装袋可制作软罐头，又具有密封性、导热性，携带及使用方便等优点。

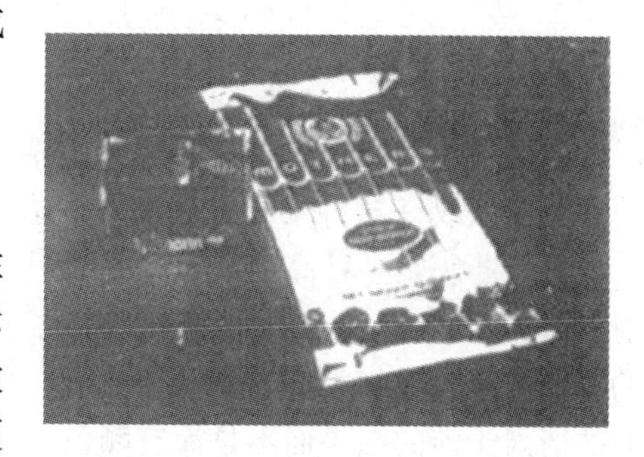

图 3-17 复合镀铝的食品包装袋

高档的镀铝食品用复合包装材料，首先是在 OPP（双向拉伸聚丙烯薄膜）上印刷商标图案，然后再将此薄膜进行真空镀 Al，再与 PET（聚酯薄膜）及 PE（聚乙烯薄膜）用胶黏剂干法复合而成，如图 3-18 所示。

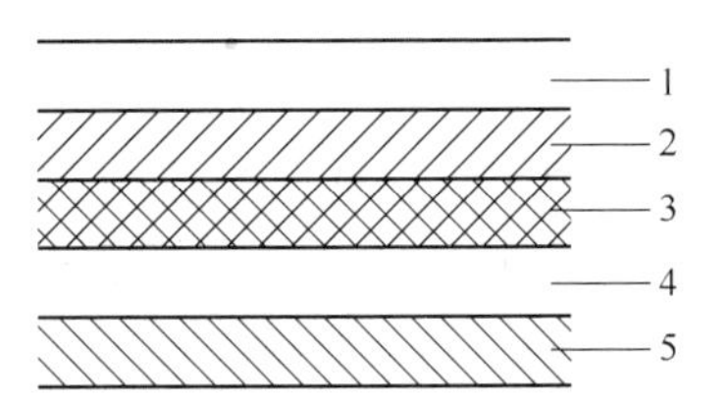

图 3-18 食品包装复合薄膜结构
1—OPP；2—Al；3—PET；4—胶黏剂；5—PE

另外还有“开窗式”的真空镀铝复合包装材料。由于真空镀铝后的塑料薄膜是不透明的，若要留出“开窗”部分（以便消费者看清内部包装的食品），需将此薄膜再进行腐蚀，清洗，除去“开窗”区的铝层，这就形成了“窗”。窗可做成各种形式增加美感，再用胶黏剂与 OPP 进行干法复合。其结构如图 3-19 所示。

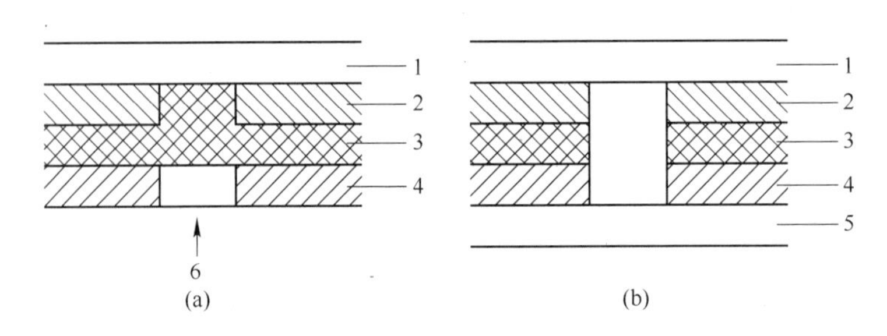

图 3-19 开窗式复合镀铝膜结构
（a）开窗；（b）复合
1，6—OPP；2—Al；3—PET；4—胶黏剂；5—PE

3.7.5 SiO_x 和 Al_2O_3 透明阻隔膜

具有玻璃透明阻隔层的包装材料将广泛用于食品包装。近几年来，一般采用电子束蒸发镀 SiO_x 和反应蒸发 Al 形成透明的 Al_2O_3 阻隔材料。这种材料是适应包装工业的要求，使包装物不受高温和高湿气的影响，对水蒸气、氧气和气味的渗透具有极高的阻隔作用，使所包装的食品能得到极好的保护，同时因透明，又能观察到包装内的物品，起到极好的保护和广告作用。

3.8 彩虹薄膜与镀铝纸

3.8.1 彩虹薄膜

彩虹薄膜是一种表面布满均匀凹槽-反射光栅的塑料薄膜。即在薄膜表面微压入极细的等距图条纹（这种条纹每毫米内多达 600 条，沟槽宽度为 1～0.8μm），再经真空镀铝。

彩虹薄膜是一种高级装潢印刷材料，广泛应用于包装、印刷行业。这种薄膜在阳光照射到薄膜表面时，薄膜中的条纹破坏了光的波阵面，由于光波的衍射和干涉作用，在人眼的视网膜上形成红、橙、黄、绿、蓝、靛、紫排列的七色彩虹光谱。薄膜的彩虹效果是光波的衍射干涉的结果而不是涂有颜色或颜料造成的。因此，彩虹的效果不会衰退，长期保持鲜艳的色彩。

彩虹薄膜是由两层聚酯薄膜和一层保护纸所组成，其结构如图3-20所示。

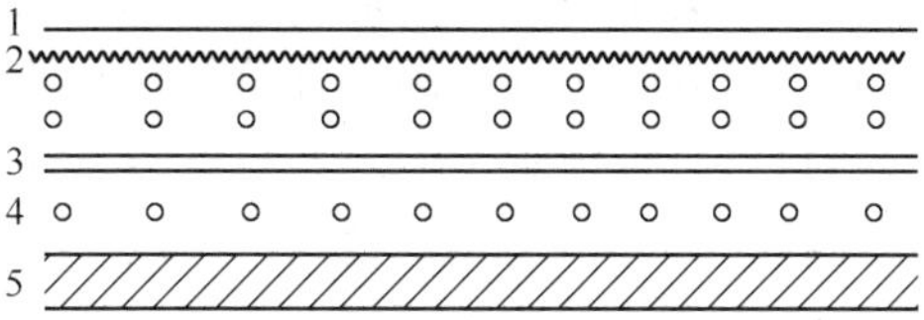

图3-20 彩虹薄膜结构

1—聚酯薄膜；2—镀铝层；3—聚酯膜或其他塑料薄膜；4—不干胶；5—保护纸

彩虹效果是光栅的分光作用所致，用它装饰舞厅、餐厅或橱窗，必须配以合适的灯源或利用好自然光，才能收到好的效果。

3.8.2 镀铝纸

3.8.2.1 镀铝纸的功能特点

真空卷绕镀铝纸具有防湿性、气障性，对紫外线和红外线遮断性，强韧性以及防止电磁性等许多优异的功能，加上其外观素雅大方，质轻，因而广泛应用于现代包装工业和电容器工业。其在包装上，主要应用于香烟及食品包装，也用于酒类与饮料瓶口包装和高级礼品的包装装潢。

真空镀铝纸在包装袋上可以替代铝箔，铝箔是通过轧制而成，厚度不能小于6μm，用它来制造产品包装，大量消耗铝材；厚度小于2.5μm的铝箔，无法消除针孔，气密性差。用于香烟包装的镀铝纸，厚度只有0.1nm级，其耗铝量仅为轧制铝箔的2%。图3-21所示为金属化的真空镀铝卷纸。

图3-21 金属化真空镀铝卷纸

3.8.2.2 真空卷绕镀铝设备的特征与设备组成

真空卷绕镀铝设备的主要技术特征是：

（1）被镀基材一般都是柔性基材，即可卷绕。

（2）生产镀铝的整个过程是连续的，其基材运行速度为300~800m/min。

（3）镀铝过程在真空条件下进行，以保证产品质量。卷材放气量大，在较低真空下进行；放气量相对较小的镀铝和送料系统真空度相对要高一个数量级。因此真空卷绕镀设备大多由低真空室和高真空室两部分组成。

卷绕镀设备的基本结构有卷绕传动机构、分为卷材（基材）的放卷和收卷机构。在放卷和收卷机构的运行过程中，对基材进行镀制铝薄膜。薄膜部分就是真空卷绕镀膜的工作部分，其位于基材和收放卷之间。

整个设备的蒸发源，有电阻蒸发、感应蒸发、电子束蒸发，现今已经发展到磁控溅射激光等，在这类蒸发设备中，只要其中的一种蒸发源即可。

由于蒸镀的连续性，就要求镀材（Al）足够多。在蒸发卷镀中，还要有足够大的坩埚或连续的送料机构。用磁控溅射时要求有足够大的 Al 靶材。

要有一套能稳定工作、可靠的真空机组，以确保整个工作过程在真空环境下进行。

为保证膜层的均匀性，必须使卷绕系统线速度保持恒定；为保证基材的平整度和收卷时不跑偏，就要求卷绕系统基材张力也恒定，同时基材要有展平装置。在镀铝膜部分，需有挡板和水冷装置。在连续蒸镀材料的机构中，送料的速度必须可调而且恒定。

设备组成中，最主要的是真空系统和连续蒸镀。由于卷绕的基材放气量大，真空卷绕镀设备必须有较大的真空抽气速度。卷镀设备按功能区将真空主体分隔开，把放气量大的基材卷绕系统放置在真空主轴的上室；将放气量相对较小的镀膜工作部分和送料系统置于真空的下室。原则上，上室的真空度比下室的真空度低一个数量级，即上室真空镀不大于 10^{-1}Pa，下工作室的真空度达 6.7×10^{-2}Pa，就能满足镀 Al 蒸发的最佳真空。在两室（上下室）之间，卷材通过狭缝。狭缝越小越好，主要是保证下室的真空度尽量小地受上室影响。

一般用增压泵作为上真空室的抽气主泵，用扩散泵作为下真空室的抽气主泵，而两套真空系统的前级真空泵均可共用。

图 3-22 所示为具有双室结构的真空卷绕镀膜设备的示意图。其真空室的大小以能满足内部卷绕、镀膜及送料系统所需的空间即可。原则上，要求真空室的容积越小越好；在双室结构中，镀膜真空室与卷绕真空室之间的狭缝越小越好。

为了保证镀膜工作周期的连续过程，镀材（沉积的 Al 镀料）应足够多。在蒸发镀的卷绕镀中，就要求有足够大的坩埚和连续送料机构。连续蒸镀的蒸发系统（一般用钨舟，导电氮化硼，石墨坩埚等）。图 3-23 所示为用计算机控制与光学监测的包装 Al 薄膜卷绕镀膜机。

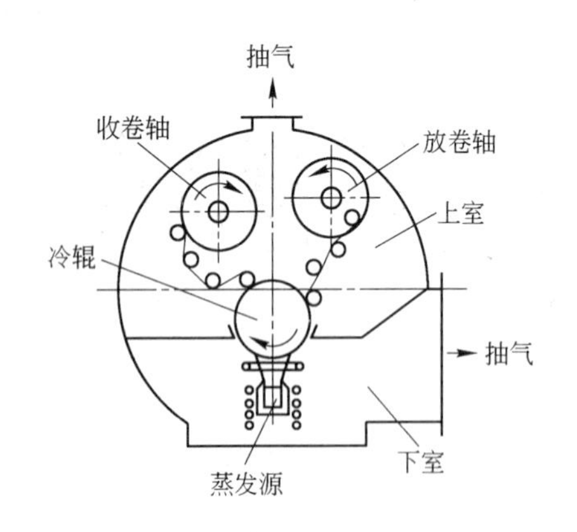

图 3-22 双室结构的真空卷绕镀膜设备结构示意图

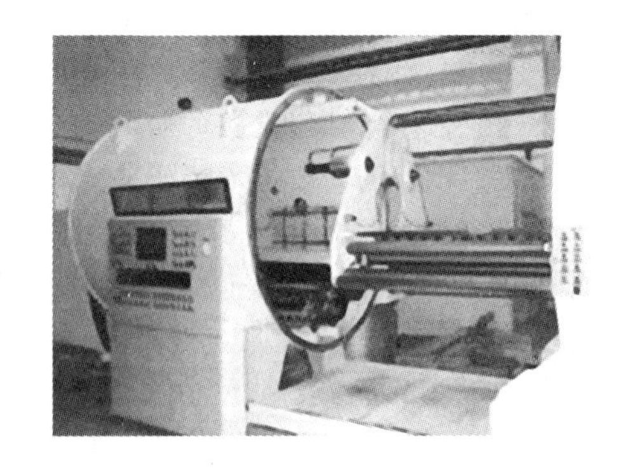

图 3-23 计算机控制与光学监测的包装 Al 薄膜卷绕镀膜机

另外，现今有的钢带防护层也用镀铝来进行防护。在上述真空卷绕镀 Al 设备上，若是要在钢带上蒸镀 Al 层作防护，其连续蒸发源的蒸发功率须足够大，一般采用感应加热或电子枪加热。

现今还有 Al 薄膜体电解电容器的电极。图 3-24 所示为用于电解电容器的 Al 薄膜卷筒镀膜机。

图 3-24 用于电解电容器的 Al 薄膜卷筒镀膜机

3.9 大面积装饰镀膜生产中应注意的技术

在装饰镀膜生产中，如以 TiN 为主的彩色不锈钢薄板、软包装用的塑料镀 Al 薄膜或纸、镀 Al 的防伪商标、高层建筑用的镀膜玻璃等，都是涉及大面积的镀膜产品。一张不锈钢抛光的薄板为 2.2m×1.2m；建筑镀膜玻璃为 1.6m×2.4m，更大的有 3.2m×6m；塑料有膜宽 2.2m，卷长 18000m（镀速 720m/min）。在这类大的面积上沉积薄膜，它的膜层成分和结构（包括几何结构和晶态结构）的均匀性和缺陷会严重影响产品的质量。

要解决大面积薄膜沉积的膜厚均匀性是相当困难的事。膜层的均匀性与镀膜设备和沉积工艺密切相关。作为镀 Al 塑料薄膜和镀 Al 纸的包装材料，厚膜差在 10% 以内，用户可以接受；但对于大面积的高层用建筑幕墙镀膜玻璃，5% 的膜厚均匀性就不足以完全保证玻璃颜色的均匀性。当前，对于大面积均匀薄膜的沉积，从磁控溅射的综合效果来看，是一种最佳的沉积镀膜技术，而其他各种蒸发技术、电弧离子沉积技术很难适用于均匀性要求严格的大面积薄膜的沉积。

膜层的成分均匀性与所选用的沉积设备与工艺也密切相关。成分和厚度的均匀就要求对生产工艺实行闭环控制。在大面积的薄膜沉积中，只要产品的显眼部分出现膜层缺陷，如针孔、斑点、斑纹（霉斑、渍斑）、膜层局部剥离或脱落等都会影响整个大面积镀膜产品的质量，甚至报废，造成严重的损失。这类缺陷造成的主因是在清洗不彻底和微粒玷污所致。减少缺陷的方法除了镀前要彻底清洗干净外，还应注意减少微粒造成的污染。这就要求薄膜产品的生产环境有较高的洁净等级，而且还应对薄膜沉积设备的内部采取各种有效措施，抑制或减少污染微粒的产生。这些措施包括：

（1）在沉积设备上要用“软放气”或“软抽气”以减少因真空放气或抽气过程中，真空室内气体湍流而引起的微粒飞扬。

（2）在连续生产镀膜过程中，基片尽可能垂直运输，以减少微粒在基片上落积。

（3）镀膜沉积设备中的运动部件应设计选用不易磨损或少起尘的材料。

参 考 文 献

[1] 戴达煌，周克崧，袁镇海．装饰薄膜[M]//李金桂，肖定全．现代表面工程设计手册．北京：国防工业出版社，2000：578～589.

[2] 田民波．薄膜技术与薄膜材料[M]．北京：清华大学出版社，2006：691.

[3] 杨乃恒．幕墙玻璃真空镀膜技术[M]．沈阳：东北大学出版社，1994.

[4] 邓仁达，江以业．塑料真空镀膜的生产实践与技术创新[J]．真空，1996，10(5)：37～42.

[5] 姜燮昌．低辐射玻璃的最新进展[J]，真空，2003(2)：1～6.

[6] 王承遇，陶瑛．玻璃的表面镀膜[M]//钱苗根．材料表面技术及应用手册．北京：机械工业出版社，1998：870～875.

[7] 殷顺湖，徐键，洪樟连，等．灵巧窗电致变色复合膜材料器件及应用[J]．材料导报，1995(6)：70.

[8] 姚康德，徐美萱．智能材料进展[J]．材料导报，1994(2)：7.

[9] 张海军．烷/炔气低温沉积 TiC 黑膜的研究[J]．真空，2001(6)：26～28.

[10] 牛建钢，等．氮化锆薄膜色度特征与参数研究[J]．真空，2006(1)：36～38.

[11] 任毫．制备 WO_3 电致薄膜的低压反应离子镀工艺研究[J]．真空科学与技术，2004(4)：289～292.

[12] 李建军，等．掺杂氮化钨薄膜的电致复变色特征[J]．真空，2001(2)：23～25.

[13] 陈长崎，等．二氧化钒相变分析与应用[J]．真空，2001(6)：9～13.

[14] 方应翠．二氧化钒薄膜在智能窗方面的应用研究[J]．真空，2003(2)：16～17.

[15] 王福贞，马文存．气相沉积应用技术[M]．北京：机械工业出版社，2006：347～356，398～408.

[16] 陈国平．大面积薄膜沉积[J]．薄膜科学与技术，1995，8(3)：178～184.

[17] 陈国平．我国薄膜产业化的现状与展望[J]．真空，1997，2(1)：1～5.

[18] 戴达煌，周克崧，袁振海，等．现代材料表面技术科学[M]．北京：冶金工业出版社，2004：401～403.

[19] 戴达煌，刘敏，余志明，王翔．薄膜与涂层现代表面技术[M]．长沙：中南大学出版社，2008：429～430，446.

[20] 梁勇．真空卷绕镀膜技术及设备的现状与发展[J]．真空，2005(3)：6～10.

4 机械功能薄膜

4.1 概述

机械功能薄膜的含义除了指它的机械功能外，还包含了它的防护和结构性功能。就功能而言，机械功能薄膜主要包括耐磨、减摩、抗热腐蚀、抗磨蚀、耐损伤和自润滑等膜。科技工作者研究材料表面改性的各种成膜方法，一方面是增加全新的功能，目标是高品位和高性能的功能性薄膜；另一方面就是增加耐磨、抗蚀、耐损伤和润滑等性能，目标就是机械功能或者说防护性结构薄膜。

为了减小相对运动和两个固体表面之间的摩擦和磨损，希望在两个表面之间隔以液体，实施液体润滑。实际上，因受各种因素和条件所限，在很多情况下，不能在界面供应润滑材料，两个表面（界面）处于干摩擦状态，即在无界面润滑、固体润滑下相对运动。无论在何种情况下，表面的摩擦学特性都要受到表面薄膜和固体表面间相互作用的很大影响。为此，表面改性可使摩擦学特性发生很大变化。从 20 世纪 70 年代初化学气相沉积（CVD）法开创的“黄金刀具”到 80 年代初物理气相沉积（PVD）法的技术突破，都体现了机械功能中的超硬耐磨是当时高新技术应用最广的一个方面。无论是越来越轻薄短小化的信息设备，还是可靠性要求极高的航天设备，都离不开耐磨、耐损伤的硬质和润滑功能膜。随着 CVD 和 PVD 新工艺不断突破、不断完善，对超硬膜系的开发和研究，特别是过渡族金属氮化物和碳化物应用的实际绩效，加上氧化物、硼化物、硅化物、复合化合物、金属合金、金刚石和类金刚石等膜层的研究与应用开拓，推动了机械功能薄膜产业的重大发展。镀层磨损后的重新镀膜处理，又大幅度地提高了刀具、工模具等产品的使用寿命，再次为开拓新的产品提供了新的技术支持。近十多年来，在氮化物、碳化物、氧化物膜与金属膜相组成的研究开发中，又涌现出多层硬质膜与纳米多层膜，也就是说，硬质机械功能的耐磨膜系已从多元单层向多元多层膜系发展。也即，一是用不同性能的单层膜复合在一起，获得有多种功能（不单是机械功能、防护功能）的膜系或具有优质综合性能的膜系；二是利用两种不同的成分和性能的纳米膜，重复交叠，即所谓的纳米多层膜系，有的已开始进入工程化。这种新的机械功能中的多层硬度膜和纳米超硬膜的研究开发，还会吸引着众多跨学科的科技工作者去探索、研究并开发应用。

又如在防护涂层上，为解决热腐蚀难题，超合金膜系（MCrAlY 系列）已经提供了技术保证，在航空前沿的涡轮发动机单晶叶片和定向叶片上实现了工程应用。在抗热腐蚀的基础上，又进一步发展了热障镀层，使它既具有抗热腐蚀的功能，又兼有使机械零部件基底温度得到降低的功能。当今已经把这种先进的技术推广到电厂发电用的大型地面燃汽轮机和柴油机、核反应堆和其他高温动力机械的难解决的关键部件上。还有在固体润滑膜的开发上，诸如航空航天中使用的干摩擦轴承、喷气发动机轴承及高温旋转部件等，都已经开始得到了应用。

当今研究的 JT-60 核聚变反应堆中的第一壁材料的选择要根据其热负荷而定，当热负荷高时，采用金属 Mo；当热负荷低时，采用 Inconel 625 合金。但无论设计选用哪一种第一壁材料，都需要沉积 TiC 膜层，以提高表面硬度，增加同金属及陶瓷基板的附着力，显著改善其耐热性、耐高温、高强度、耐磨损、耐腐蚀、耐氧化和轻量化等机械特性和光学特性，以保证表面的防护。一方面对于这种 TiC 膜层在沉积过程中，为提高膜层的耐热温度，需要提高 TiC 膜层的沉积温度；但另一方面，为了保证膜/基结合力，膜层中的晶粒又不能太大，这就使成膜温度又受到一定的限制。为了避免过高的温度，一般成膜温度选择在比膜层的再结晶温度 T_{RC}（$T_{RC} \approx (1/3 \sim 1/4) T_m$，$T_m$ 为膜层块体材料的熔点）低 200 ~ 300K。按此标准，对第一壁的 Mo 基材，TiC 的沉积就选用成膜工艺温度高的 CVD 法；而对第一壁的 Inconel 625 合金基材，则选择成膜工艺温度较低的 PVD 法。

机械功能薄膜是一项研究与开拓应用比较宽广的薄膜领域，其在工业中的应用，现今已经形成了比较大的产业和生产能力。在我国各有关企业中，已经逐步把机械功能薄膜纳入到产品同步设计与制造之中。

4.2 机械功能薄膜的主要膜系与设计膜层的原则

4.2.1 主要膜系

机械功能膜的主要膜系有：

（1）氮化物系。TiN、NbN、TaN、VN、ZrN、HfN、BN、AlN、MoN、CrN、Si_3N_4、(Ti,Al)N、(Ti,Al,V)N、(Ti,Zr)N、(Ti,Y)N、(Ti,V)N 和(Ti,Si)N 等。

（2）碳化物系。TiC、ZrC、HfC、VC、NbC、MoC、CrC、Cr_5C_2、B_4C、SiC 和 DLC 等。

（3）氧化物系。ZrO_2、Cr_2O_3、Al_2O_3 和 SiO_2 等。

（4）硼化物系。TiB_2、ZrB_2、TaB_2、VB_2、WB、AlB 和 SiB 等。

（5）硅化物系。TiSi、MoSi 和 ZrSi 等。

（6）金属合金系。Ti-Ta、Mo-W 和 Cr-Al 等。

（7）金属系。Cr、Mo、W 和 MCrAlY 等。

这些膜系中研究最多和应用最广的是 TiN 和 TiC，其次是氧化物、硼化物、复合化合物、金属合金、类金刚石和金刚石膜等。随着研究的深入，对韧性、塑性要求较高较好的新陶瓷膜的开发以及如何用它来做超硬膜也进行了诸多的研究。这类大多属于 Si-Al-O-N 系。近十多年来，特别是在对多层硬质复合膜、纳米多层膜和纳米混合膜的研究开拓来看，科技工作者、学者已经把氮化物、碳化物、氧化物膜与金属膜所组成的多层膜和纳米混合膜的研究从实验室走向工程应用。从多层化达到的目的来看，就力学性能而言，不仅提高了膜层的硬度，而且使膜层的韧性、抗裂纹扩展和耐磨耐蚀等多种力学性能都得到了显著改善。但是，从上述的主要膜系看，研究最多的还是 TiN。重点是微观结构（晶粒尺寸、缺陷和晶界结构）、亚稳态结构、杂质和织构等与膜层硬度密切相关的关系，包括沉积工艺参数与硬度、膜/基结合强度和耐磨性这类与工程应用实际紧密相关的规律性研究。

从应用发展膜系的研究重点来看，被视为能取代 TiN 的优选膜系包括 Ti(C,N)、Cr(C,N)、HfN、ZrN、(Ti,Al)N、(Ti,Si)N 和(Ti,Al,V)N 等复合氮化物或碳化物。DLC

膜和立方氮化硼膜虽然备受重视，但因其膜层内应力和膜/基结合等问题，沉积使用在金属上还有相当的难度。目前，正在研究通过与金属复合及中间过渡层加以解决。从发展角度看，硼化物和硅化物也是具有发展前途的硬质功能膜。

在金属膜系中，MCrAlY 也显示出它是极具发展前景的金属系列膜层，特别是应用于航空涡轮发动机叶片，抗高温氧化和提高叶片工作温度十分显著，它是既具有抗高温氧化又具有降低零部件基底工作温度的热障机械功能涂层。目前，除在航空燃气涡轮机上应用外，还逐步在柴油机、核反应堆和其他高温动力机械上应用。机械及防护功能膜业发展到今天已成为薄膜业中一个比较庞大的产业，而且还在不断发展扩大。

4.2.2 设计选择膜层的基本原则

设计选择膜层总的基本原则是：首先从使用性能出发，使膜层与基体要匹配适当，要把膜层与基体视为一个整体的系统来设计。在保证满足实际应用的前提下，需从膜层材质与基体材质之间的相互作用以及膜层的实际使用条件下发生的各种反应等因素考虑。在膜层的设计选择中，重点应考虑下述五个影响因素。

4.2.2.1 膜/基结合力的影响

膜/基结合力的高低是影响使用的关键，它是膜层与基体能否牢固结合的能力，是表征膜/基界面破裂强度，影响膜层使用寿命最为关键的重要指标。例如，最为典型的切削刀具，其刀尖和刀刃在切削加工过程中，产生很大的切削作用力和很高的温升，这就要求膜/基具有很高的结合强度。由于在膜层沉积过程中，膜层会产生不同类型的应力，易引起“界面”破裂脆裂，造成膜层与基体分层或剥离。在一般的 CVD 法沉积中，因沉积温度高，沉积速率低，膜层/基体具有“扩散”作用，形成“混合界面区”，只要界面区无脆性相形成，比较容易在膜/基界面处实现冶金结合，可获取膜/基强度很高的结合力。而用 PVD 法沉积膜层，沉积时温度低，沉积速率相对于 CVD 又高，一般膜/基界面比较分明，不易形成膜层与基体的冶金结合。这也是 PVD 法比 CVD 法膜/基结合强度低的缘由。为了形成相匹配的界面区，目前常用中间过渡层来进行匹配，或者从工艺上通过离子轰击，促进界面处的碰撞混合来提高膜/基结合强度。当膜层与基体相互间的结构与化学性能相匹配，易形成较低的界面能，也有利于膜/基结合强度的提高。

4.2.2.2 膜层的强度和塑性的影响

膜层的强度和塑性应尽可能高，主要是防止膜层的裂纹扩展。在对有镀膜层的高速钢破裂强度的研究中证实，当膜层厚度小于基体结构中造成应力集中的缺陷尺寸时，从膜层扩展的裂纹数量会很小。

4.2.2.3 内应力对膜层强度的影响

膜层的总应力与膜厚有关。一般而言，膜层的总应力是膜厚的函数，内应力产生源于沉积中线膨胀系数之间的差别和杂质渗入界面，结构排列不完整或结构重排面而造成的本征应力。从应力来看，拉应力易使膜层开裂，压应力过大，易造成膜层变皱、弯曲变形。但是一个适中的压应力对膜/基结合是较为理想的。膜层中内应力类型不同，可引发界面的破断，如膜层与基体、线膨胀系数失配所造成的热应力，可以是拉应力，也可以是压应力，相比之下，拉应力对膜/基结合的危害性更大。若膜层材质的线膨胀系数比基体材料大，在从沉积到温度冷却后，膜层中常存在的热应力是拉应力。表 4-1 所列是某些典型的镀膜材料和基体材料的性能，可供设计选择膜层时参考。与此同时，还应考虑使热应力和膜层/基体材料间由于弹性模量的不同产生的应力尽可能小，但是，往往又难以设计出较佳的膜/基组合，这就寄希望于研究出新型的膜层材料和基体。

表 4-1 某些典型的镀膜材料和基体材料的性能

性能		硬质合金	TiC	TiN	TiB_2	Al_2O_3	ZrO_2	Si_3N_4	Ti(CN)	Ti(BN)
维氏硬度 HV	20℃	1400 ~ 1800	3200	1950	3250	3000	1100	3100	2600 ~ 3000	2600
	1100℃	—	200	—	600	300	400	—	—	—
弹性模量/MPa		500 ~ 600	500	260	420	530	250	310 ~ 320	—	—
导热系数 $/W\cdot(m^2\cdot℃)^{-1}$	20℃	83.7 ~ 125.6	31.8	20.1	25.9	33.9	18.8	16.7	—	—
	1100℃	—	41.4	26.4	46.1	5.86	23.4	5.44	—	—
线膨胀系数 $/K^{-1}$		5×10^{-6} ~ 6×10^{-6}	7.6×10^{-6}	9.35×10^{-6}	4.8×10^{-6}	8.5×10^{-6}	—	3.2×10^{-6} ~ 3.67×10^{-6}	—	—
刀片与工件间在高温时的反应特性		反应大	轻微	中等	中等	不反应	中等	轻微	—	轻微
高温时在空气中的抗氧化能力		很差	欠缺	欠缺	欠缺	好	好	欠缺	—	—
在空气中的抗氮化温度/℃		<1000	1100 ~ 1200	—	1300 ~ 1500	好	—	—	—	1100 ~ 1400

膜层在生长过程中产生的本征应力是拉应力或压应力，与沉积的方法和工艺密切相关，其产生的本征应力影响着膜/基结合的稳定性和膜层的寿命，一般而言，用 PVD 法沉积出难熔碳化物、氮化物和氧化物的膜层是产生压应力的。

4.2.2.4 膜层硬度的影响

膜层的硬度是超硬机械功能耐磨损的重要指标，合理地选择本征硬度的膜层材料，或通过工艺调整膜层的微观结构以达到所希望的硬度来满足设计要求。在设计选择膜层材料时，可按硬质材料的化学特征，即共价键、金属键和离子键考虑，其特点为：

(1) 共价键材料具有最高的硬度，如金刚石、立方氮化硼和碳化硼等，部分共价键硬度材料的性能见表 1-4。

(2) 金属键材料具有较好的综合性能，一些金属键硬质材料的性能见表 1-5。

(3) 离子键硬质材料具有较好的化学稳定性，一些离子键硬质材料的性能见表 1-6。

在这些共价键、金属键和离子键硬质材料中，其本征硬度会随离子键和金属键所占比例增加而减少。由于氮化物、碳化物和硼化物有许多优良的性能，在超硬材料中占有十分重要的地位。虽然因沉积膜层的方法与工艺不同，这些氮化物、碳化物和硼化物的硬度会在一定范围内波动，然而，设计选用多组元的膜层，它不仅可以保留单一膜层性能的特点，还能使膜层具有相当高的强度。其中，TiN 为基的膜层所发展的新型多组元化合物膜就是典型的例证，如 (Ti, Al) N 及 (Ti, Al, V) N 改善了膜层抗高温氧化性和耐磨性；

(Ti,Zr)N及(Ti,Zr,V)N能有效地防止月牙洼磨损；(Ti,Y)N能提高结合强度。实践证明，这种以TiN为基础所发展的新型机械功能膜在提高膜层的硬度及耐磨性、改善结合强度和化学稳定性、降低沉积温度上都收到较好的实效。

4.2.2.5 中间过渡层

在膜/基界面间掺进中间过渡层，对于一些膜层与基体材质热膨胀及弹性模量性能差别很大，以及在基体上沉积的膜层中产生的应力，易引起基体与膜层界面分层来说，是一种十分奏效及实用性极强的技术手段。中间过渡层实际上是在膜层与基体之间起到缓冲作用，它既能与膜层较好结合，又能与基体有效结合。在选择设计中间过渡层时，在材质结构与化学性能上尽可能与膜层和基体相匹配，或者在线膨胀系数及弹性模量上差距尽量小，如在钛基体上沉积DLC膜（类金刚石膜），其中间过渡层设计选用TiC，即Ti-TiC-DLC的组合。

还可以用制备复合化合物的方法形成一个中间协调相界。例如把各种氮化物、碳化物和硼化物相组合，组成繁多的复合化合物。这些复合化合物，在解决提高硬质膜材所缺乏的韧性、抗破裂强度和黏着磨损特别有效。Holleck等人在研究碳化物-硼化物复合膜层时证实，影响韧性的最主要因素是相界的数量和组成。用射频磁控溅射在高速钢刀具基体上交替沉积TiC和TaB_2制得的复合膜层，在厚度约为4μm的镀层上形成大约1000个TiC-TaB_2相界。采用划痕法测其附着力，TiC和TaB_2膜层的临界载荷分别为10N和20N，而TiC-TaB_2复合膜层的临界载荷却达到38N，充分显示出其临界载荷的提高，也就是附着力的提高。这正是因由大量的中间协调相的存在的结果，所以，中间协调相是获得硬度高和韧性好的高质量膜层的有效方法。

又如，在用DLC膜制作生物材料中已经证实，在人工心脏瓣膜的金属环涂覆DLC膜，可以大大改善金属环的耐磨性和与血液的相容性，但金属环与DLC的线膨胀系数差别较大，致使DLC膜与金属环的附着力差。为此，设计选用线膨胀系数在金属与DLC两者之间的Si、SiC作中间过渡层来制备Si/DLC梯度薄膜，就进一步地提高了DLC膜与金属环的附着强度。

根据上述五个影响因素，在具体运用时，可依据工程实际中使用性能的技术要求，参照相关的相图和有关图表数据，来选择设计最佳的膜/基组合。

4.3 氮化物系

作为耐磨损的硬质薄膜，其组成都不是纯金属，而是氮化物、碳化物、氧化物、硼化物等金属化合物。氮化物膜系，主要有TiN、ZrN、CrN、HfN、TiAlN和Mo_2N薄膜等。这类氮化物熔点高、硬度大、韧性适当和化学稳定性好。特别是过渡金属Ti、Cr、V、Ta、Nb、Zr和Hf等都易与氮原子相结合生成金属氮化物。在过渡族金属氮化物中，其所组成的氮化物都形成简单结构。其中以过渡族金属Ti、Cr、Zr和Hf的氮化物薄膜（涂层）研究得最充分，应用得也最广，其应用领域从机械加工的刀具和模具所用的耐磨防护涂层、装饰涂层到集成电路的扩散阻挡层等。目前，应用最多的是TiN、TiAlN、TiCN以及所形成的多层膜与复合膜。在论述中，常用“膜”表示，同时也有用“涂层”表示的，其实都是相对厚度而言。目前国内外的名称并不完全相同，一般在基体上覆盖层厚度在1μm以上时，称为涂层（coating）；较薄（1μm以下）时，称为膜（或者薄膜，film）。根据用途而言，在论述中有时混用，其原因是从膜系出发，往往用薄膜；从某些应用出发，有时又用涂层。在硬质膜中，为了方便起见，在所见的著作中，往往都统称为涂层。

4.3.1 TiN

4.3.1.1 Ti-N 的晶体结构

Ti 与 N 能形成一系列的固溶体化合物，其中 N 元素的原子半径很小（约 0.070nm），可与 Ti 形成间隙固溶体，也可形成金属间化合物（间隙相或间隙化合物）。在间隙相中，Ti 原子以面心立方点阵或密排六方点阵方式排列；非金属 N 原子则充填在金属 Ti 晶体的间隙位置。最常见的 Ti-N 间隙化合物是 Ti_2N 和 TiN。在 Ti_2N 晶体结构中，Ti 以密排六方点阵排列，N 原子处在它的间隙位置上；而在 TiN 的晶体结构中，Ti 则以面心立方点阵排列，N 原子则在它的八面体间隙位置上。间隙相的成分可以在一定范围内变化，这种成分上变化的主要原因是在金属和非金属的点阵排列中存在有高浓度的空位所致。间隙相可以溶解组元元素，或间隙相之间互相溶解。但对结构相同的间隙相，甚至可互相形成连续的固溶体。由于在基体上形成的 TiN 薄膜（涂层），通常又是在非平衡的条件下形核生长成膜（涂层）的，Ti-N 间可以形成范围较宽的缺位式固溶体，其稳定组成的范围在 $TiN_{0.37}$ ~ $TiN_{1.2}$之间。当 N 含量低时，形成的缺位固溶体更多地表现出金属属性；当 N 含量高时，TiN_x 更多地表现出化合物的性质。TiN 相在符合化学计量成分时，点阵常数为 0.4240nm。而过计量或欠计量的涂层，其点阵常数都会降低。图 4-1 所示为 TiN 相的基体结构示意图。

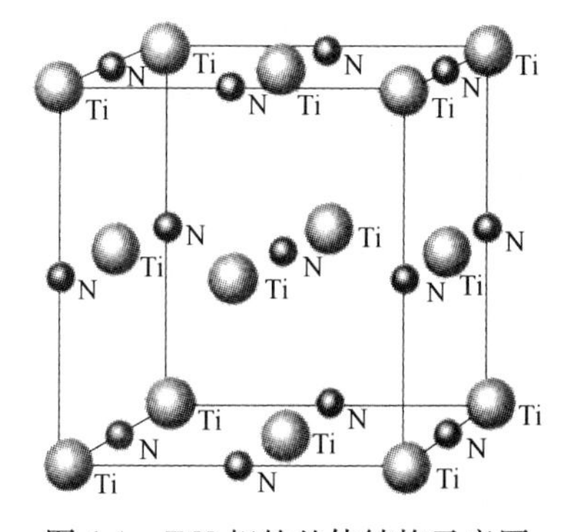

图 4-1 TiN 相的基体结构示意图

4.3.1.2 TiN 膜（涂层）的性质

TiN 的成分，在相当宽的范围内都比较稳定。它的结构和性质与其实际的成分密切相关。理想化学计量比的 TiN 块体材料属于立方晶系，呈现出具有光泽的金黄色，密度为 5.22g/cm^3，熔点为 2930℃，显微硬度 HV 约为 2100，弹性模量约为 590GPa，线膨胀系数为 9.35×10^{-6}℃$^{-1}$（20～1000℃），热导率（20℃）为 19.3W/(m · K)，电阻率为 25.0μΩ · cm。TiN 不溶于水和酸，微溶于热王水与氢氟酸的混合液。在强碱溶液中，TiN 会分解释放出 NH_3 气。

据对 TiN 薄膜（涂层）样品相组成的精细分析发现，在还原性介质中（如 20% HCl、H_2SO_4），随着氮化物中 δ 相（TiN）含量的增加，其在还原性介质中的耐蚀性大幅度提高，可以认为，在氮化层中 δ 相（TiN）比 ε 相（Ti_2N）更耐还原性介质的腐蚀；而得到以 ε 相（Ti_2N）为主的氮化物，其 TiN 涂层的韧性又优于以 δ 相（TiN）为主的 TiN 涂层。

TiN 具有高强度、高硬度、耐高温、耐酸性腐蚀、耐磨性和良好的导电、导热性。基于这些优点，在机械功能薄膜（涂层）应用中，TiN 可作优选的功能薄膜（涂层）材料。

4.3.1.3 TiN 薄膜（涂层）的沉积制备

沉积 TiN 薄膜（涂层）的方法很多，主要是 CVD 和 PVD。

A TiN 的化学气相沉积

瑞典的 Sandwick 公司在 20 世纪 60 年代末就已运用 CVD 技术在硬质合金刀具上沉积了硬质 TiN 薄膜（涂层），在应用中显著地延长了刀具的使用寿命，并迅速地实现了商品化。对不同的基体材料，需使用不同的沉积温度和介质环境。TiN 的 CVD 沉积方法有：

（1）高温法（850～1200℃；普通 CVD 法）：

$$2TiCl_4 + N_2 + 4H_2 \longrightarrow 2TiN + 8HCl$$

（2）低温法（700～850℃；等离子增强 CVD 法）：

$$2TiCl_4 + 2N_2 + 7H_2 \longrightarrow 2TiN + 8HCl + 2NH_3$$

CVD 法沉积出来 TiN 膜层的优点是：TiN/基体的结合力较 PVD 法高。因为 CVD 沉积温度一般都在 900～1100℃范围，膜/基结合力高的原因是高温下因互扩散产生了一些冶金结合的结果。但是 CVD 法沉积的温度超过了绝大多数常用刀具材料的热处理温度，因而可被用做涂镀 TiN 膜的刀具材料，实际上只有硬质合金可用，范围极为有限。当用 CVD 法沉积于高速钢刀具时，还需在沉积 TiN 膜（涂层）后对刀具重新进行热处理，造成制造成本的增加，影响刀具的精度。与此同时，由于 $TiCl_4$ 作 Ti 源，Cl^- 在高温下进入硬质合金基体，会引起晶间腐蚀，使刀具变脆。采用等离子增强 CVD 法虽然降低了沉积温度，但设备相对变得复杂，高配置等离子体产生的装置造成生产成本增加。对用于刀具沉积 TiN 膜（涂层）在市场上竞争，实际意义不太大。

CVD 沉积 TiN 工艺为：沉积温度为 950～1050℃，沉积时间为 60～180min，沉积真空室压力为 1×10^4～2×10^4Pa。各反应气体流量：

主 H_2 为 8000～13000mL/min（SCCM）；N_2 为 6000～10000mL/min（SCCM）；$TiCl_4$ 加热温度为 45～65℃；载气 H_2 为 5000～9000mL/min（SCCM）。

在整个工艺操作中，须严格控制加热温度和各种气体流量，特别是 $TiCl_4$ 金属卤化物通入的时间和流量，不然会对硬质合金 TiN 涂层的质量有影响。当沉积工艺结束后，就进行炉内冷却。冷却时，先把加热炉从沉积室上移开，罩上冷却罩开始冷却，冷却工艺：主 H_2 为 4000～8000mL/min（SCCM）；Ar 为 5000～8000mL/min（SCCM）；沉积室压力为 1×10^4～2×10^4Pa。冷却到 600～800℃以下，停 Ar，关真空泵，系统恢复到常压。直至冷却到 100～200℃下，方可出炉，取出硬质合金 TiN 涂层产品。最后进行检查包装。图 4-2 所示为此工艺的 TiN 硬质合金单涂层刀具断口的 SEM 照片。

图 4-2 TiN 硬质合金单涂层刀具断口 SEM 照片

B TiN 的物理气相沉积

用 PVD 方法来制备 TiN 十分普遍，特别是随着新一代 PVD 方法的开发与应用，使 TiN 的沉积温度明显降低，涂层的质量也明显改善和提高，相对成本也较适中。真空阴极电弧离子镀和磁控溅射等技术已成为工业生产沉积 TiN 薄膜（涂层）的主流，特别是在我国用真空阴极电弧镀来沉积 TiN 膜层相当普遍。在这些沉积技术中，靶材（阴极）为纯 Ti 靶（纯的 99.9% 以上），气体选用纯 N_2 或 N_2 + Ar 混合气。经在低压下起弧放电，使阴极 Ti 靶蒸发产生等离子体，在反应真空室中，与通入的 N_2 的等离子体相混，发生反应，最后沉积在衬底或高速钢刀具上凝聚成 TiN 晶体。其中 TiN 分子是在混合气氛中生成，或是在衬底表面形成，或两种过程同时存在，现在还无法确定。

典型的真空阴极电弧镀 TiN 硬质薄膜生产工艺，即使用小圆靶（ϕ60mm）八弧源阴极电弧镀膜机，在直径 6 ~ 8mm 的高速麻花钻头上沉积 TiN 膜的工艺如下：

（1）靶/基距：150 ~ 200mm；本底真空：5×10^{-3}Pa，基体加热温度不小于 350℃。

（2）离子轰击溅蚀清洗：靶压 20V，靶流 50A（后同），单靶轮流轰击，Ar 气压约 10^{-1}Pa，负偏压由 0V 升至 700 ~ 800V，各靶轰击 1min。

（3）预镀 Ti 打底：Ar 约 10^{-1}Pa，负偏压为 300V，4 ~ 8 靶同时作业 2 ~ 3min。

（4）镀 TiN 膜：N_2 为 1.5 ~ 0.5Pa，负偏压为 50 ~ 150V，4 ~ 8 靶同时作业 30 ~ 40min。

上述工艺的镀膜效果为：TiN 膜呈金黄色，膜厚 2 ~ 2.5μm，硬度 HV 大于 2000，附着力划痕实验临界负载不小于 60N，膜层组织致密，细晶织构，麻花钻头使用寿命按 GB 1436—85 标准进行测试，涂层钻头钻削长度平均值 13.8m，比未镀麻花钻头的 1.98m 高 6 倍。

在固定靶/基距、靶功率和基体加热温度条件下，沉积工艺对 TiN 膜层组织性能的主要影响因素是负偏压和氮分压。

（1）负偏压对离子轰击基体表面的刻蚀清洗效果的影响。这是一道“分子级”的清洗工序，是用高能离子反溅刻蚀去除工件表面污物（主要是氧化膜）。根据工艺实践，经 -700V 偏压离子轰击反溅刻蚀，已去除大部分表面氧化膜和吸附氧，-700V 轰击 1min 可以视为轰击清洗的最低有效条件。

（2）氮分压、负偏压对宏观颗粒分布的影响。根据工艺实践，基体表面会呈现出大小不一的“宏观颗粒”分布，是 Ti 的微滴，颗粒尺寸可达数微米。工艺实践证明，随氮分压增加，“颗粒”变小，数量也减小，负偏压在 100 ~ 300V 内变化，“颗粒”的变化不太明显，如图 4-3 所示。

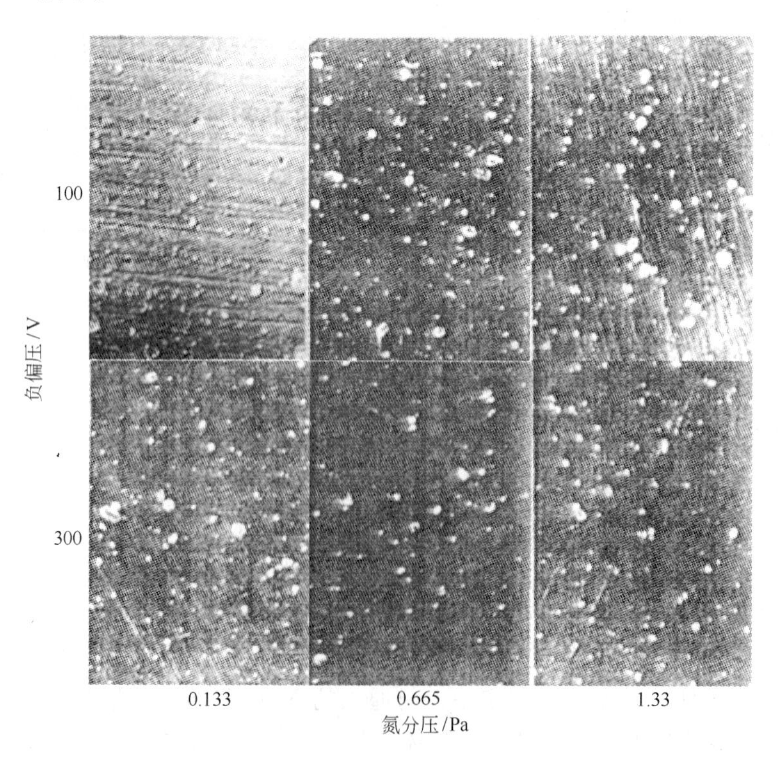

图 4-3 “宏观颗粒”分布与氮分压和负偏关系

（3）TiN 膜层的断口组织在 100V 负偏压下沉积的膜层断口（图 4-4）为柱状晶，在界面区晶粒细小，柱状晶沿生长方向逐渐变粗。随氮分压增加，柱状晶有变小趋势。对于在 300V 负偏压下沉积的 TiN 膜，随氮分压增加，柱状晶变细。1.33Pa，-300V 沉积的断口呈现粒状细晶，膜层致密、耐磨。图 4-4 所示为膜层断口组织 SEM 照片。

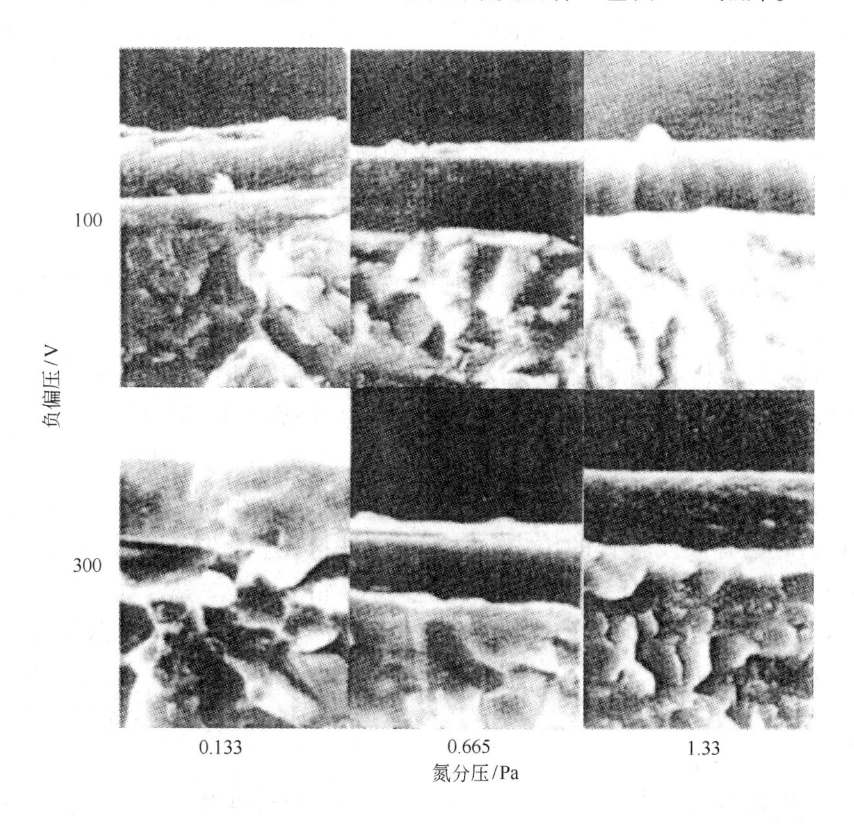

图 4-4 膜层断口组织 SEM 照片

4.3.1.4 TiN 膜（涂层）的应用

A 金属材料机械加工

金属材料机械加工是 TiN 膜（涂层）最大的应用领域。作为低速切削工具理想的机械加工功能涂层，在切削中，TiN 膜可减轻切削刃边加工材料的黏附，提高切削力，增大进刀量，提高加工精度，维持切削几何稳定，改善工件表面质量，成倍增加切削工具的使用寿命。特别在数控机床自动化生产线上，效果更为明显。

TiN 薄膜（涂层）也是理想的耐磨涂层，可应用于诸多耐磨损的关键部件。如汽车发动机的活塞密封环，各种轴承和齿轮以及广泛应用的成型工具涂层，特别是汽车工业中薄板成型工具的涂层等。值得指出的是，TiN 虽然熔点较高，但在 500~600℃时，会局部氧化生成疏松的 TiO_2，并成片剥落，而失去耐磨的功能。正因为如此，TiN 薄膜（涂层）不适宜于快速切削和干摩擦，对于这一点，人们研究加入 Al 元素来改善它的抗氧化性能。

B 腐蚀与防护

在实际应用中，常有腐蚀介质的工况环境，对膜层不仅要求强度高和耐磨性好，同时也要求耐腐蚀性好。从化学性能上讲，TiN 属陶瓷材料，比大多数金属有更强的耐腐蚀能力，可用作腐蚀介质环境下工作部件的耐蚀涂层。但 TiN 薄膜在 600℃左右发生氧化，会造成 TiN 膜剥落，因此，不宜作高温耐蚀涂层。

应该指出的是，TiN 涂层有时抗蚀性不理想，追其源，不是 TiN 本身，而是涂层（膜层）中存在微孔。特别是 PVD 法沉积的 TiN 膜层通常是柱状晶结构，这种结构含有大量从涂层表面连通到底层的微孔，使腐蚀液在毛细力作用下经微孔渗透到底层，造成膜/基交界处的衬底材料首先被腐蚀，甚至发生析氢反应，放出氢气，加剧孔洞的形成和涂层的剥落。一般通过增加膜层厚度，降低穿透性针孔数量和选择合适的工艺，减少和抑制涂层柱状晶的生长和消除，或减少表面贯穿到衬底的微孔，调整膜/基的界面性能，提高涂层质量；另外还可通过封孔处理，堵塞“连通孔”来提高 TiN 的耐蚀性能。

C 塑料和纺织工业

TiN 可作为塑料的挤压模具和注射模具以及纺织工业中的针和导线轮等的耐磨蚀涂层，不仅能使工具的使用寿命提高，还可使产品的表面质量得到改善，使塑料工件容易挤出或成型，减少对塑料工件的损伤，增加设备的使用寿命。如做聚苯乙烯光盘注射模具及用于聚碳酯和软性 PVD 制造的各种部件的表面涂层，特别宜作 PVC 注射模具的涂层。

D 医疗

医用金属植入体材料（如钛骨头、不锈钢骨头、人工关节、人造钛头盖骨和人造合金假牙等）的应用已有一段较长的历史。目前，这些医用植入体金属材料主要有奥氏体316、低碳 316 和超低碳 317L 不锈钢、含氮不锈钢、钴基合金、钛及钛合金等。这些医用金属存在的主要问题是生理环境的腐蚀造成金属离子向人体周围组织扩散及植入体材料自身的退变。在金属表面涂覆一层 TiN 陶瓷薄膜（涂层）制成的器件后再植入体内，这样，器件既具有金属的强度和韧性，又具有陶瓷的高硬度、低磨损、耐蚀性和较好的生物相容性。

另外，TiN 薄膜（涂层）也可用于有切割、剪切、摩擦和磨损作用的医疗器械，也适宜作夹子、钳子和牙托等医疗耐磨蚀涂层。

对于 TiN 薄膜（涂层）在微电子、装饰以及太阳能领域中的应用。诸如 TiN 薄膜层作半导体器件的表面扩散势垒层，场效应晶体管的门电极，太阳能电池的点接触层，超大规模集成电路结构器件中替代多晶 Si 层，宾馆建筑中的美观装饰镀层等，这里就不谈了，可参阅其他章节中谈及的有关这方面的工业应用。

4.3.2 ZrN

4.3.2.1 ZrN 的晶体结构和性能

ZrN 和 TiN 一样，属面心立方晶体结构，熔点为 2982℃，密度为 $7.32g/cm^3$，硬度 HV 约为 2400。线膨胀系数为 $7.2\times10^{-6}℃^{-1}$，弹性模量为 510GPa，电阻率为 $21\mu\Omega\cdot cm$，有一定的抗氧化能力，化学稳定性好，是应用比较广泛的硬质功能薄膜。

4.3.2.2 ZrN 薄膜（涂层）的沉积制备

ZrN 薄膜（涂层）的沉积制备方法与 TiN 相仿，主要也是 CVD 和 PVD。在 CVD 中与 TiN 所不同的是把气源由 $TiCl_4$ 改变成 $ZrCl_4$，即其化学反应为 $ZrCl_4+N_2+H_2$ 系统。高温法的化学反应式为：

$$2ZrCl_4 + N_2 + 4H_2 \xrightarrow{1200℃} 2ZrN + 8HCl$$

而在 PVD 中，也与 TiN 的沉积相仿。设备相同，只是把 Ti 靶换成 Zr 靶而已，这里就不详说了。

4.3.2.3 ZrN 薄膜（涂层）的应用

ZrN 薄膜的工业应用与 TiN 基本上完全相仿。主要应用其膜层的耐磨、耐蚀性、装饰性和一定的抗氧化性。对于具体应用，在 TiN 薄膜已经谈得较为详细，有关 ZrN 就不再叙述了。和 TiN 不同的是在应用性能上略好于 TiN。但 Zr 源的售价比 Ti 昂贵，正是因为这一点，能用 TiN 的地方，大多不选用 ZrN 薄膜来应用。在相关的文献中，目前对 ZrN 的报道相对较少。

4.3.3 CrN

4.3.3.1 CrN 的晶体结构

CrN 薄膜（涂层）系列有三个固相：体心立方结构的金属铬固溶体，六方晶体结构的 Cr_2N 和面心立方结构（B1-NaCl）的 CrN。其中 Cr_2N 和 CrN 相的性能优异，宜作硬质防护性机械功能薄膜（涂层）。Cr_2N 及 CrN 与 TiN 一样，也是间隙相，在 Cr_2N 晶体结构中，金属 Cr 具有密排六方结构，而非金属氮原子则是充填于密排六方结构的间隙位置。在 CrN 的晶体结构中，金属 Cr 呈面心立方点阵排列，氮原子充填在面心立方点阵的八面体间隙，形成简单的 B1 型 NaCl 结构。

4.3.3.2 CrN 薄膜（涂层）的性质

块状体 CrN 的熔点为 1700℃，密度为 5.9g/cm^3，膜层显微硬度 HV 为 1800，比 TiN 略低，不算太高，但 CrN 有很强的耐磨损性能和抗高温氧化性能，且膜/基结合力较高、摩擦系数低和耐蚀性能优良。因此 CrN 薄膜（涂层）已经广泛应用于很多领域，在机械加工方面，常用 CrN 制作超硬复合涂层来加工那些难加工的材料，如 Ti 合金等。

4.3.3.3 CrN 薄膜（涂层）的沉积制备

CrN 薄膜的沉积制备技术与 TiN 的薄膜沉积制备技术一样，主要是 PVD，包括真空阴极电弧离子镀、磁控溅射沉积和其他的一些气相沉积制备技术。从有关的文献报道看，用磁控溅射方法沉积制备的 CrN 薄膜的报道较多，真空阴极电弧离子镀 CrN 技术用得少些，还有就是用离子束辅助沉积技术。真空阴极电弧离子镀和磁控溅射的方法沉积制备选用纯 Cr 靶（99.9% 以上），气体选用 Ar 和 N_2 的混合气或高纯 N_2。在离子束辅助沉积技术中，离子束为氮离子，蒸发材料为纯 Cr，离子束能量可从几万电子伏到十万电子伏。因有高能离子的入射，膜层的结构和性能有明显的改善。由于 CrN 沉积方法不同，其涂层的性能也不尽相同，为此，人们在沉积工艺对 CrN 薄膜结构和性能影响上做了大量的研究。

4.3.3.4 CrN 薄膜（涂层）的应用

A 机械加工

CrN 膜层的硬度虽然比 TiN 膜层略低，但它的耐磨性好、摩擦系数低，与钢摩擦时，摩擦系数比钢-钢摩擦系数小 20% ~30%，比 TiN-钢摩擦系数小 10% ~20%，在加工使用时，表面易形成一层稳定致密、硬度高并且结合紧密的氧化层，可广泛用于一些机械零部件、模具和切削工具的表面强化及提高工具钢和器件的工作寿命，特别在对铜材的冲压模具、拉伸模具和五金成型模具使用上，CrN 涂层显得较优。应用于作内燃机密封环的耐磨涂层，可达到减摩、节省润滑剂和耐蚀的目的。特别是在高温条件下，CrN 会形成致密、热稳定性好，具有保护功能的氧化铬层，这层氧化铬作为热障，能起到对 CrN 层的隔热作用，从而可提高铸造成型模具的使用寿命，是成型模具的理想保护涂层。但是 CrN 的抗氧化温度还不够高，当温度高于 700℃时，其热稳定性和耐蚀性就不理想，因此，难以成为铸钢和铝合金的成型模具的防护涂层。为提高这方面的能力，人们研究在 CrN 涂层中，加入 Ti、B、Ta 等金属元素，对它进行合金化，以提升 CrN 的热稳定性、耐热蚀和耐高温磨损的性能。

B 防护与抗高温氧化

CrN 在酸性、碱性和腐蚀性盐溶液中显示出极好的防护耐蚀性，加上它的抗高温氧化性能，因此可在相关的防护耐蚀和高温条件中作防护功能涂层。

C 作装饰膜

基于 CrN 薄膜在沉积过程中，随着氮分压的增大，CrN 薄膜的色彩向浅灰→银灰→灰色变化。为达到理想的深灰色彩，工艺上，在确定氮分压后，向混合气体中添加一定的氧，其色彩随氧分压的增加，就会发生由灰色向深灰色的变化，继续增大氧分压，涂层则显示略带蓝色。特别是仿黑的 CrN 涂层用于手表、办公用具、艺术品，并在装潢上都有应用。

4.3.4 (Ti,Al)N

(Ti,Al)N 属于钛基三元氮化物。在钛基三元氮化物薄膜研究中，(Ti,Al)N 最具代表性。特别是 Al 元素的添加，提高了薄膜的抗高温氧化性能和工作温度，使整个(Ti,Al)N 膜层具有优异的力学和热学性能。

4.3.4.1 (Ti,Al)N 的晶体结构和显微组织

A 晶体结构

从 Ti-Al-N 的三元相图可知，Al 和 N 分别在 TiN 和 TiAl 中溶解度小，在高温下能形成 Ti_2AlN 和 Ti_3AlN 等相结构。Al 在 Ti_2N 和 TiN 中是间隙相。属于 B1-NaCl 结构的(Ti,Al)N 晶胞中，Al 的原子半径为 0.143nm，Ti 的原子半径为 0.146nm，Al 置换 Ti 后，使晶面间距缩小，晶体结构发生畸变。(Ti,Al)N 的晶体结构如图 4-5 所示。

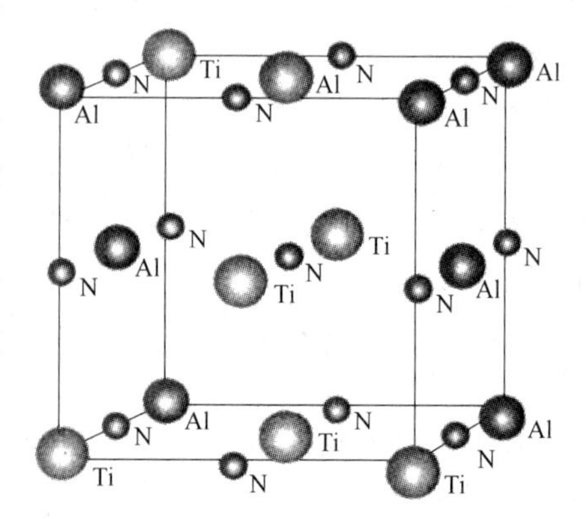

图 4-5 (Ti,Al)N 晶体结构示意图

(Ti,Al)N 薄膜的晶体结构与组成物中的 Al 含量密切相关，X 射线衍射分析表明，在 $Ti_{1-x}Al_xN$ 薄膜（涂层）中，Al 含量超过临界点（$x=0.6\sim0.7$ 时），薄膜（涂层）的结构为纤锌矿结构。对 B1-NaCl单一相结构的(Ti,Al)N 薄膜，其点阵参数随 Al 含量的增大而减小。点阵参数的改变，是因 Al 原子代替了 TiN 部分中的 Ti 原子所致。

B 显微组织

(Ti,Al)N 的显微组织与 Al 的含量和沉积的工

艺参数密切相关。在低的氮分压下，所形成的(Ti,Al)N 薄膜结构十分复杂，在其化学组成中存在有金属相、富金属氮化物$(Ti,Al)_2N$相和(Ti,Al)N 相。随着氮分压的增大，三相中的相对含量逐渐发生变化，氮化物的比例增加，最终薄膜（涂层）结构转变成单一的面心立方结构（B1-NaCl）的(Ti,Al)N 相。当沉积真空室压力较低时，高能离子的能量使薄膜（涂层）形成致密结构，并呈现（111）的择优取向；沉积真空室压力增大，因低能量的离子流轰击，使薄膜（涂层）形成（111）和（220）的混合结构；若继续增大真空室的压力，离子能量变得很低，以致形成非晶体的多孔薄膜（涂层）。对基片（衬底）施加的负偏压来说，在 0V、200V、400V、600V 和 1000V 的条件下，(Ti,Al)N 薄膜（涂层）经 X 射线衍射分析证实：在 0V 偏压时，生成非晶薄膜（涂层）；-200V 偏压时，可在生成的薄膜（涂层）中观察到（111）、(200)、(220）和（311）的 X 射线衍射峰；当进一步提高基片的负偏压时，沉积生成的薄膜（涂层）的晶粒尺寸减小，而晶体缺陷密度增大；在 -1000V 偏压时，因负偏压过高，薄膜（涂层）结构由晶体变成非晶体。

4.3.4.2 (Ti,Al)N 的性能

A 显微硬度

(Ti,Al)N 的显微硬度与沉积的工艺参数，如氮分压、膜层中的 Ti 和 Al 原子的比例等因素有关，图 4-6 所示为氮分压与膜层的硬度和杨氏模量的关系。由图可知，在氮分压较低时，膜层中具有金属相及富金属的氮化物相，膜层的硬度和杨氏模量较低；随氮分压增大到一定程度，膜层只是单一的(Ti,Al)N 相，这时硬度最高；当氮分压进一步升高，膜层中的(Ti,Al)N 相变消失，膜层出现非晶多孔，其硬度和杨氏模量显著下降。膜层的显微硬度随 Al 含量的增加而逐渐增大，HV 最高可达 3200（见图 4-7）。这是因为 TiN 膜层中的部分 Ti 原子被 Al 原子所取代而产生固溶强化所致；随后，当 Al 含量继续增加时，膜层中的晶体结构从 B1-NaCl 转变成六方的铅锌矿结构，其显微硬度急剧下降。

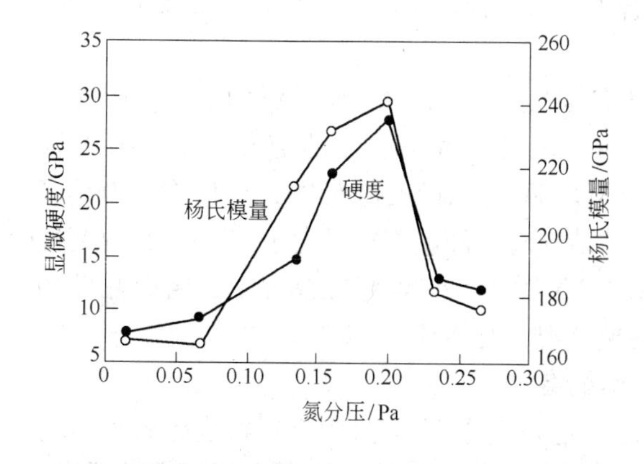

图 4-6 氮分压与膜层硬度和杨氏模量关系

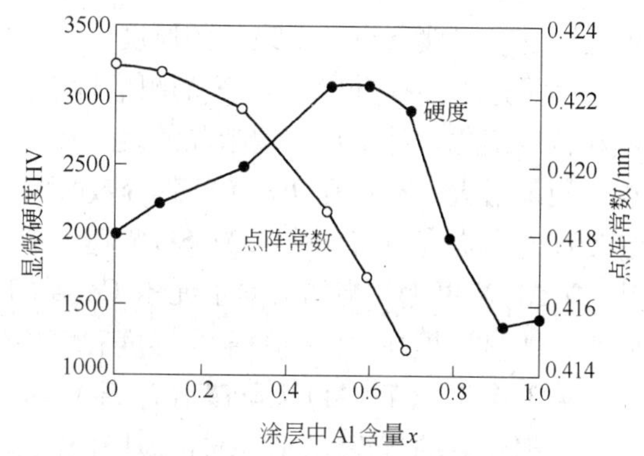

图 4-7 $Ti_{1-x}Al_xN$ 膜层中的 Al 含量与点阵常数和显微硬度的关系

B 结合强度

(Ti,Al)N 膜/基体结合强度与基体的材料、基体的清洗和沉积温度等因素密切相关，与 TiN 相比，(Ti,Al)N 膜与铁基材料的结合强度较弱。膜层/基体间好的结合强度取决于强的原子键能、低的残余应力和少的界面缺陷。沉积时，温度过低，常会使膜/基结合强

度较差。所以，适当控制好基体的沉积温度是成功制备(Ti,Al)N膜层的关键因素。用超声波清洗基体后，溅射清洗也很重要。用高能粒子Ar、Ti或Cr粒子轰击基体，也是保证获得好的膜/基结合强度的工艺因素。当然设计选用中间过渡层，如TiN或TiAl及其他中间过渡层，又可进一步使膜/基结合力得到提高。在保证(Ti,Al)N膜的高硬度、高的抗氧化温度和抗腐蚀的条件下，用双靶磁控溅射的(Ti,Al)N膜层中，由近基体的富Ti层至近表面的富Al层间形成成分梯度，可提高膜层/基体的结合，可通过调控Ti和Al靶的功率、氮分压和负偏压等工艺参数来实现成分的梯度过渡。加负偏压，在工艺上是很有效的，这是因为加有负偏压沉积得到的膜层内，往往存在的是压应力所致。

C 抗高温氧化性

与TiN相比，(Ti,Al)N膜层的抗高温氧化性明显提高，具有适宜Ti/Al比的(Ti,Al)N膜，其抗氧化温度可提高到800℃以上。其缘由是因Al元素的加入，在(Ti,Al)N膜表面自身形成了一层很薄的抗氧化Al_2O_3膜，防止了(Ti,Al)N膜层被进一步的氧化。但(Ti,Al)N膜层的抗氧化性受Al含量的影响，对于单一的B1-NaCl结构的(Ti,Al)N膜，它的抗氧化性能随Al含量的增加而线性地提高，而具有纤锌矿结构的(Ti,Al)N膜的抗氧化性能很差，这是因在氧化过程中，膜层外部的那层致密且薄的Al_2O_3层易剥落，而造成膜层中内部的氮化物层被氧化。因此人们研究了在(Ti,Al)N膜层中，添加Cr和Y元素来进一步提高(Ti,Al)N薄膜（涂层）在高温中的抗氧化性能。

D 耐磨性

(Ti,Al)N膜层的耐磨功能作用，主要取决于(Ti,Al)N膜层的显微硬度、韧性和膜/基结合强度。有一个值得引起注意的是：工艺上加偏压后，使膜层的硬度增大，耐磨性能比未加偏压的膜层要好；但是加偏压后，膜/基的结合力却因此而降低，反过来对膜层的耐磨使用性能又有负面影响；采用TiAl过渡层，与(Ti,Al)N膜层形成半共格的界面，极大地提高了(Ti,Al)N膜与高速钢基体间的结合力，从而提高了膜层（涂层）的耐磨性能，但是，这一过渡层有一个最佳的厚度。

为了进一步提升(Ti,Al)N的耐磨性能，人们研究了在(Ti,Al)N中添加Si，使膜层的晶粒得以细化，甚至形成纳米晶的复合膜层。研究表明，随Si含量的增大，Ti-Al-Si-N膜层的硬度增大，Si量在9%（摩尔分数）时，硬度HV达到最大值5000，用做涂层刀具高速切削寿命提高50%。(Ti,Al,Si)N膜为纳米晶结构时，硬度HV也大于4000，其耐磨性比(Ti,Al)N更优。当加入稀土元素Ce到(Ti,Al)N膜中，其聚集在晶界上，阻碍晶粒的长大，明显地提高了膜层的结合强度和膜层的抗高温氧化性能。

4.3.4.3 (Ti,Al)N薄膜（涂层）的沉积制备

根据作者的认识，(Ti,Al)N薄膜的沉积制备还是选用PVD法为好，特别是磁控溅射法。近年来，出现了两极脉冲双靶磁控溅射和非平衡磁控和过滤的阴极电弧沉积等设备，这些设备沉积的膜层质优、性能稳定和工艺重复性好。

Shum等人用反应封闭的非平衡磁控溅射方法，用3个Ti靶和1个Al靶，1个直流偏压，在$Ar+N_2$的混合气氛下，偏压-50V，在Si和M42工具钢表面沉积的$Ti_{1-x}Al_xN$ ($0\leqslant x\leqslant 1.0$)，并对其进行研究，结果表明，膜层中Al含量（$x$）值的增大（相对Ti含量降低），膜层的显微硬度HV从2300逐步增加到Al含量为0.41时的最高硬度HV3140，在Al含量为0.41时，残余应力也最低为0.3GPa。

使用双靶磁控溅射，可方便地调节膜层中的 Al 含量，达到调控膜层性能的目的。而且，在采用双靶磁控溅射沉积(Ti,Al)N 膜时，膜层的粗糙度随 Al 的溅射功率的增大而减小，对膜层质量十分有利。这是因为 Al 溅射功率增大，Al 原子的动能增加，原子的迁移率增大，使整个膜层变得光滑平整。

图 4-8 和图 4-9 所示分别为膜层（涂层）硬度和弹性模量与靶功率的关系和 Al 含量与涂层残余应力的关系。

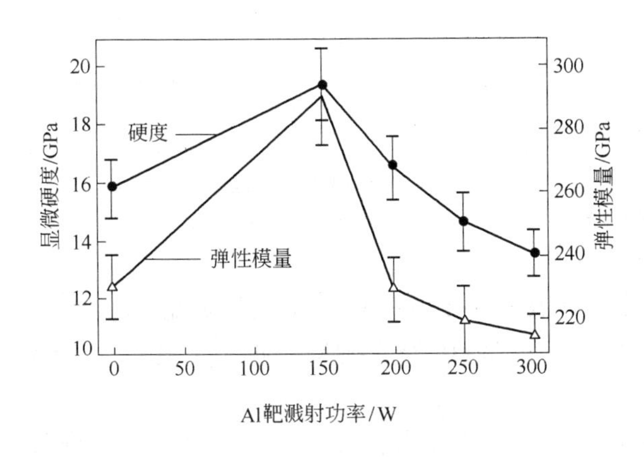

图 4-8 膜层（涂层）硬度和弹性模量与靶功率的关系

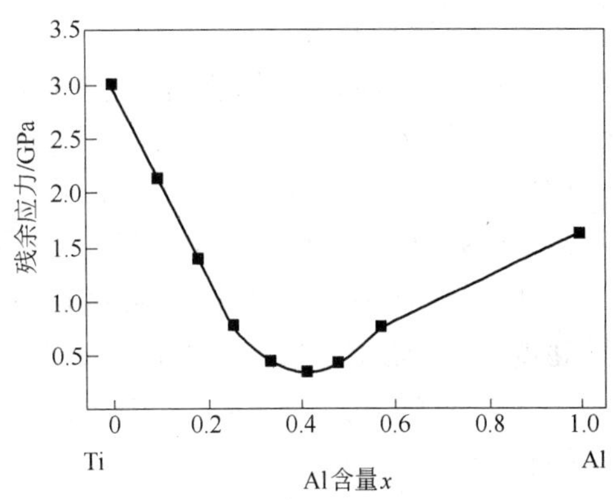

图 4-9 Al 含量与涂层残余应力的关系

图 4-10 和图 4-11 所示分别为(Ti,Al)N 膜层（涂层）不同偏压下的膜层（涂层）硬度和膜层（涂层）应力。

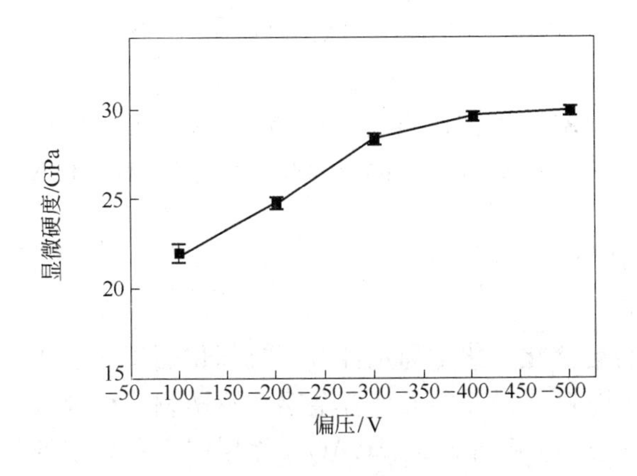

图 4-10 不同偏压下(Ti,Al)N 膜层（涂层）的硬度

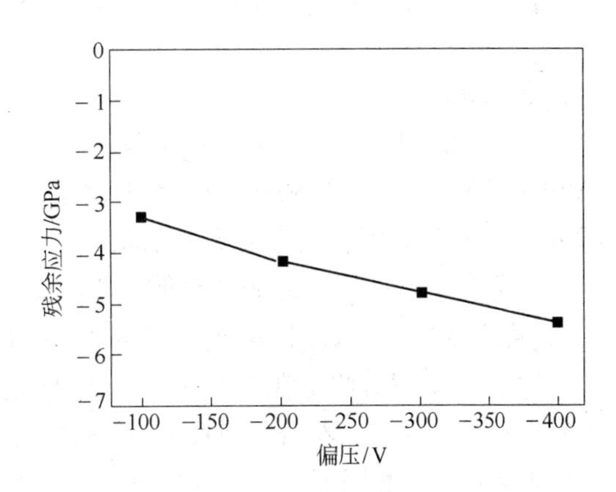

图 4-11 不同偏压下(Ti,Al)N 膜层（涂层）的应力

图 4-12 所示为不同偏压下(Ti,Al)N 膜层（涂层）与基体的结合强度。从图中可知，膜层与基体的结合强度随偏压的升高而下降。一般情况下，低偏压时，靶材蒸发出来的离子自由沉积到基材上，离子在基材上通过凝聚形核生长，然后连成膜；此时，膜/基体的结合力较大；随偏压的升高，粒子对膜层的轰击效应增强，膜层内应力逐渐增大，基体温

度也随之逐渐升高。因膜层与基体材质的线膨胀系数差异，引起的热应力也逐渐增大，导致膜层内应力积聚在膜/基界面处，致使膜/基结合力减小。

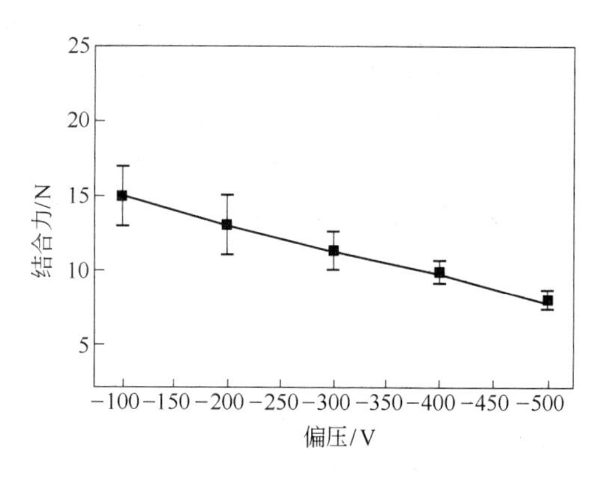

图 4-12　不同偏压下(Ti,Al)N 膜层（涂层）与基体的结合强度

顾艳红等人用电弧离子镀法，选用 3 种不同原子比的 Ti-Al 合金靶（$Ti_{60}Al_{40}$、$Ti_{50}Al_{50}$和 $Ti_{25}Al_{75}$），在高速钢的衬底上沉积了不同 Ti/Al 比率的(Ti,Al)N 膜层（涂层），研究了不同 Al 含量的膜层性能的影响。结果表明，在研究的 Al 含量范围内，沉积得到的膜层（涂层）均是面心立方结构的 B1-NaCl 结构的(Ti,Al)N相，Ti/Al 分别为 3/2、1/1 和 1/3 时，其膜层获得的显微硬度 HV 分别为 2050 ± 100、2235 ± 100 和 2817 ± 100，Al 的加入，明显提高了硬度，尽管 Ti/Al 为 1/3 时，即 $Ti_{1-x}Al_xN$ 中，x 值达到 0.75，硬度仍很大，没有应生结构的转变。

下面列举用多个平面非平衡磁控溅射沉积的(Ti,Al)N 涂层工艺实例，其工艺过程及参数为：

（1）工件加热、沉积室压力：通 Ar 至 $5\times10^{-1}\sim2\times10^{-2}$Pa，加热温度 200 ~ 300℃。

（2）Ar 离子轰击：开启 Ti 靶。沉积室压力：通 Ar 至 2Pa。

（3）偏压 −800V，占空比 30%。

（4）直流溅射电流 20A，电压 400 ~ 480V，轰击清洗 20 ~ 30min。

（5）沉积 Ti 底层：偏压 250 ~ 300V，占空比 30%。弧电流 20A，电压 400 ~ 480V；镀 Ti 20 ~ 30min。

（6）沉积(Ti,Al)N：开启 Ti-Al 靶。沉积室压力：通 N 至$(3\sim5)\times10^{-1}$Pa。偏压 150 ~ 250V，占空比 80%。中频溅射电流：每个 20A，电压 400 ~ 480V。沉积(Ti,Al)N 240 ~ 350min。沉积层厚度 3 ~ 4μm。

（7）冷却：真空室内冷至低于 100℃出炉。

4.3.4.4　(Ti,Al)N 膜（涂层）的应用

由于(Ti,Al)N 是在 TiN 基础上加 Al 进行合金化，化学稳定性好，抗氧化磨损，主要应用于涂层刀具。表面用(Ti,Al)N 沉积的涂层刀具，可加工高合金钢、不锈钢、钛合金和镍合金，其使用寿命比 TiN 的涂层刀具提高了 3 ~ 4 倍。因(Ti,Al)N 涂层中有较高浓度的 Al，在高速切削加工时，在涂层的表面会生成一层薄的非晶态 Al_2O_3 层，这是一层硬质惰性保护膜，这也正是该涂层适宜高速切削加工的原因。

在模具应用中，(Ti,Al)N 涂层比较适用于冲压钛、铝、镁和镍合金材料的模具，法国艾福公司用(Ti,Al)N 涂层制作的模具，涂层硬度 HV 高达 3200，最高使用温度可达 800℃。

4.3.5　(Cr,Ti,Al)N

(Cr,Ti,Al)N 薄膜是随商业化的 TiN 膜逐步发展来的。它是在二元氮化物的基础上，

添加金属元素或非金属元素，或者同时加入金属元素和非金属元素对 TiN 进行强化，形成多元合金氮化物。其中(Ti,Al)N 就是一种具有良好抗氧化性能的硬质薄膜，人们对它的研究和应用相当活跃。在(Ti,Al)N 膜的基础上，加入一定量的 Cr 元素，组成(Cr,Ti,Al)N 膜，不仅提高了膜层的抗高温氧化性，也提高了膜层的韧性。原因是它综合了(Ti,Al)N 膜、(Ti,Cr)N 膜和 CrN 膜的部分优点，同时添加 Cr 降低了膜层的内应力，使膜层的韧性得到提高，而且还能沉积成较厚的薄膜。与此同时，Cr 替代了部分的 Ti 元素，在高温时，会在膜层表面形成薄薄的 Al_2O_3 和 Cr_2O_3 层，减少了疏松 TiO_2 的生成，阻止了氧向内、钛向外的扩散，提高了膜层的抗高温氧化性能。

结合实际应用，(Cr,Al,Ti)N 膜事实上是在($Ti_{1-x}Al_x$)N 的高硬度、抗高温氧化的基础上，添加不同的金属元素 Cr、Zr、V 形成多元叠加相组合的多层硬质膜之一。人们注意到 Cr 和 Al 等金属元素的溅射率高，沉积速率快，有利于批量生产，因此，在($Ti_{1-x}Al_x$)N 基础上比较广泛地进行了研究。英国的 Teer 不仅研究了(Cr,Al,Ti)N 膜层的性能，还利用它的高硬度和抗高温氧化性，在硬质合金微型钻头上沉积出(Cr,Ti,Al)N 膜，并在线路板钻微孔上应用获得成功。国内白静力和蒋百灵等人发现用非平衡磁控溅射沉积制备(Cr,Ti,Al)N膜：Cr-CrN-CrN(少量的 Al、Ti)—CrTiAlN(Al、Ti 逐渐增加)—CrTiAlN(N 含量逐渐增加)—CrTiAlN 膜，在 900℃时，还表现出很好的热稳定性。代明江、林松盛和侯惠君等人不仅研究了(Cr,Ti,Al)N 膜（包括纳米级的(Cr,Ti,Al)N 膜），还在此基础上为使性能得到进一步的改善，研究了 CrTiAlZrN、CrTiAlSiN、CrTiAlCuN 及 CrTiAlCN 等膜层的性能以及应用开发，进一步在 CrTiAlN 的基础上的改善应用性能。周君灵等人用电弧离子镀对(Cr,Al,Ti)N 膜的沉积制备和性能也进行了比较系统的研究，都取得一定研究实效。国内亚特梯尔涂层公司与英国梯尔（Teer）公司合资，并引进 Teer 公司两台套的设备和工艺，进行硬质合金(Cr,Ti,Al)N 涂层刀具生产，供应市场。台湾奈米超晶格科技股份有限公司现今已开发出具有超晶格结构的(Cr,Ti,Al)N 膜层，并在 ϕ0.11mm 的微钻获得成功的应用，使钻用线路板的钻削效率与使用寿命得到较大幅度的提高，并镀制成超晶格结构(Cr,Ti,Al)N 膜的 ϕ0.11mm 微钻供应市场。

4.3.5.1 (Cr,Ti,Al)N 膜的结构和性能

这里所指的性能是(Cr,Ti,Al)N 膜的硬度、抗高温氧化和膜/基结合力等性能。

A 用电弧离子镀在 M2 高速钢基体上沉积的(Cr,Ti,Al)N 膜的结构和性能

a 组织结构

图 4-13 所示为 CrTiAlN 膜在 20℃ 和 800℃氧化 12h 的 X 射线衍射图。20℃时，(Cr,Ti,Al)N膜层结构为面心立方结构（fcc）。这是由于(Cr,Ti,Al)N 膜的晶格常数比较靠近 CrN 相。因此(Cr,Ti,Al)N 膜层的晶体结构和面心立方的 CrN 相基本相同。(111)和(200)择优取向明显。从图 4-13 中可知，经 800℃，12h 氧化后，该(Cr,Ti,Al)N 膜生成大量的 Cr_2O_3、少量的 Al_2O_3 和极少量的 TiO_2。实际

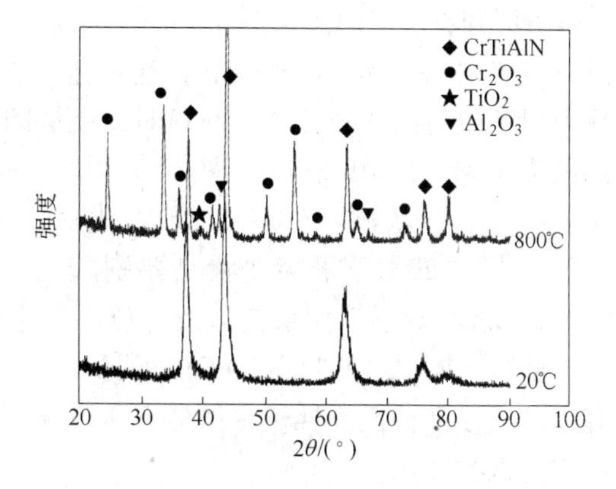

图 4-13 (Cr,Ti,Al)N 膜 20℃和 800℃氧化 12h 的 X 射线衍射图

上，不同元素比例组成的(Cr,Ti,Al)N 膜，经氧化后其生成的 Cr_2O_3、Al_2O_3 和 TiO_2 的量是不同的。表面所生成的氧化物对(Cr,Ti,Al)N膜的耐高温氧化性有较大的影响。就致密度而言，Al_2O_3 高于 Cr_2O_3，Cr_2O_3 高于 TiO_2，而 O_2 在三者之间的扩散速度则反之。根据作者的实验看，对于(Ti,Al)N 膜，其中 Al 含量越高，耐高温氧化性就越好，但是 Ti 含量太低，会导致(Ti,Al)N 膜的物理性能变差。在(Ti,Al)N 膜中加入一定量的 Cr 后，Cr 部分代替了 Ti，其既可以保持较好的物理性能，又可获得较高的耐高温抗氧化性，且韧性也有所提高。该(Cr,Ti,Al)N 膜的耐氧化温度在 850 ~ 900℃之间，而且抗高温氧化性和韧性也好。可以认为，在高温下使用的(Cr,Ti,Al)N 膜，其 Cr、Ti、Al 元素较好的组合方式是高含量的 Cr 和 Al，较低含量的 Ti 元素为好。

b 性能

在高速钢基体上沉积的(Cr,Ti,Al)N 膜硬度 HV 为 2850 ~ 3100（厚度为 1.84 ~ 1.92μm），膜/基结合力为 65 ~ 75N。表 4-2 所列为(Cr,Ti,Al)N 膜在不同温度和时间条件下氧化前后的硬度和膜/基性能。不同温度下，氧化前后的硬度和膜/基结合力均会有所变化。

表 4-2 (Cr,Ti,Al)N 膜在不同温度和时间条件下氧化前后的硬度和膜/基性能

温度，时间	20℃	800℃，4h	800℃，8h	800℃，12h	900℃，2h
M2 硬度 HV	950	600	400	400	400
膜层硬度 HV	3100	2600	2300	2000	1900
膜/基结合力/N	65	45	45	45	45

从表 4-2 可知，高速钢 M2 基体在高温下会发生很严重的退火行为，导致其硬度非常快地下降。在与基体相同的硬度下（HV400），不同氧化温度、时间，(Cr,Ti,Al)N 膜层硬度也有差别。其中 900℃，2h 硬度下降最快，而膜/基结合力在氧化过后，基本上保持一致，为 45N，其结合力测定时的声发射曲线和划痕在形貌中也得到了印证。当然其性能与(Cr,Ti,Al)N 膜层中各元素的含量也有关。

图 4-14 所示为(Cr,Ti,Al)N 膜在不同氧化温度、时间下的断面形貌 SEM 图。从图 4-14中可知，20℃时膜层图 4-14（a）断面可观察到整齐的贯穿柱状晶，结构致密，还可观察到膜层与基体间出现裂缝，这裂缝可能是在样品制备中造成的。对断面的样品，用机械力掰断以得到比较完整的断口时，膜层的高韧性和强度导致膜层从基体撕裂而不是直接的断裂。800℃，4h 氧化（图 4-14（b））膜层与 20℃稍有差别，膜层稍有疏松，但观察不到明显的柱状晶；800℃，8h 氧化后，膜层变得致密，可观察到柱状晶（见图 4-14（c））；但与 20℃下贯穿柱状晶差别较大，没有裂纹和孔洞，膜层保持良好的结构。在 900℃，2h 氧化后，膜层变得较为疏松，这表明已经失效。

此(Cr,Ti,Al)N 膜在 20℃时的杨氏弹性模量为 313.02GPa，氧化过后的(Cr,Ti,Al)N 膜，其硬度和杨氏弹性模量虽然有所下降，但基本上还是保持较高的数值，仍然对基体有一定的保护作用。

B 用阳极层流型矩形气体离子源 + 非平衡磁控溅射 + 阴极电弧 + 中频电源多种技术相复合的方法沉积的(Cr,Ti,Al)N 膜的结构和性能

图 4-14 (Cr,Ti,Al)N 膜在不同氧化温度、时间下的断面形貌 SEM 图
(a) 20℃; (b) 800℃, 4h; (c) 800℃, 8h; (d) 900℃, 2h

林松盛和代明江等人，用计算机全自动控制的国产多功能复合的离子镀膜机，研究了沉积在硬质合金、高速钢和 Si 基体上的(Cr,Ti,Al)N 膜的结构和性能。

a 组织结构

实验首先发现，不同的温度下沉积的(Cr,Ti,Al)N 膜成分基本一致（均在仪器分析误差范围内），膜层的主要成分为 Cr、Ti、Al 和 N。N 的质量分数都小于 50%。图 4-15 所示为抛光的单晶硅片上不同温度下沉积的(Cr,Ti,Al)N 薄膜的形貌。从图中可以看出，膜层的厚度约为 2μm。膜层结构致密细腻，为孔隙率小的柱形晶结构（图 4-15(a)）。在基体温度较低时，膜中针形晶粒较多，随沉积温度的升高，晶粒逐渐长大，针形晶粒不断减少，并逐渐呈片状生长，如图 4-15(b)、(c) 所示。与此同时，多晶薄膜中的晶粒随基体温度的升高而不断长大。膜层中结构和晶粒大小的变化，主要是基体温度的升高，促进了沉积物的扩散和晶体的生长，利于在基体上形成表面光滑、平整和均匀致密的薄膜。

经 X 射线衍射的结果可知，薄膜的晶格常数和晶体结构与卡片上查到的 CrN、TiN 和 AlN 的晶格常数相比，该(Cr,Ti,Al)N 膜的晶格常数与 CrN 及 AlN 晶体结构相比明显偏大，与 TiN 晶体结构相比明显偏小。这是因为 Ti 原子半径为 0.2nm，Cr 原子半径为 0.185nm，Al 原子半径为 0.182nm，Ti、Cr、Al 原子互相部分地替换了原氮化物晶格中的金属原子并保持原有的晶格。由于该(Cr,Ti,Al)N 膜的晶格常数比较靠近 CrN 相，膜层中含有的(Cr,Ti,Al)N 晶体结构与面心立方的 CrN 基本相同。

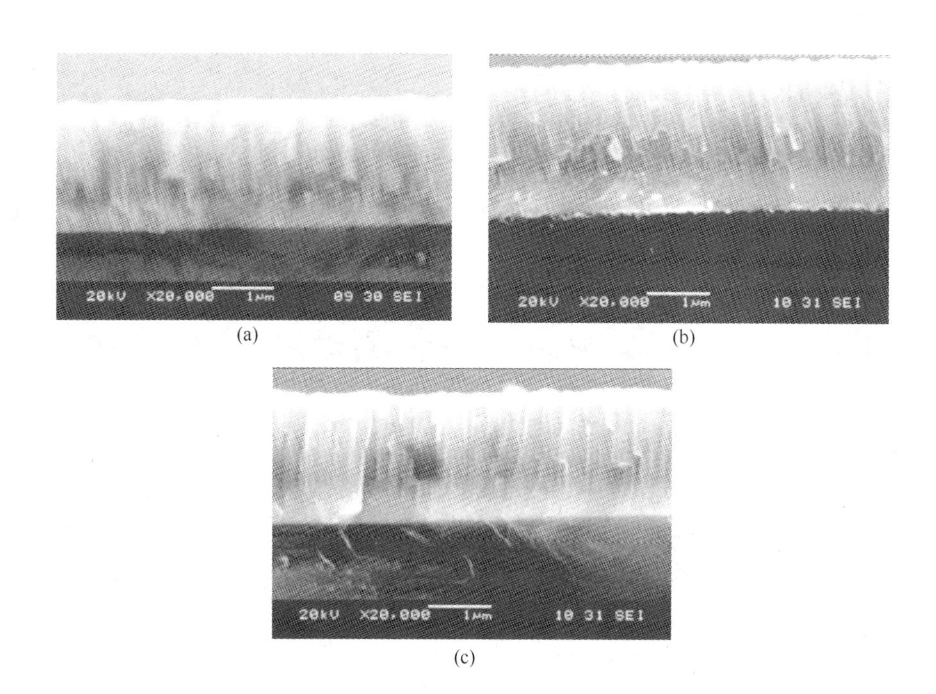

图 4-15 不同温度下沉积的(Cr,Ti,Al)N 薄膜截面形貌

（a）150℃；（b）200℃；（c）250℃

图 4-16 所示为在 150℃、200℃和 250℃温度下沉积的(Cr,Ti,Al)N 薄膜 X 射线衍射图。在 $2\theta=37°$附近，有一沿（111）面强的尖锐衍射峰，表明其具有（111）的择优取向，随温度的升高，（111）衍射峰稍微变尖，而（200）衍射峰的强度则逐渐增强，显示出随沉积温度的升高，有利于（200）择优取向晶粒的生长。

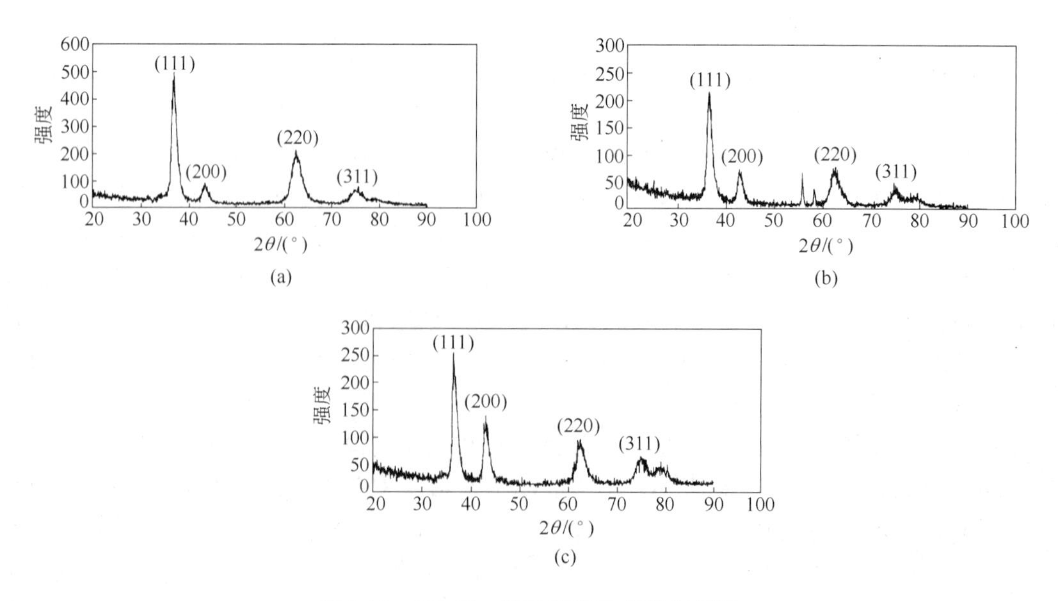

图 4-16 (Cr,Ti,Al)N 薄膜 X 射线衍射图

（a）150℃；（b）200℃；（c）250℃

b 性能

在钢基体上沉积一层2μm的(Cr,Ti,Al)N膜（250℃下沉积）后，在没有保护气氛的退火炉中，分别升温至600℃、700℃和800℃，保温3h，取出后空冷，可观察到800℃的样品边缘稍有蓝紫色出现外，其他样品表面均无变化。图4-17所示为(Cr,Ti,Al)N薄膜分别经600℃、700℃和800℃，3h氧化后的X射线衍射图。从衍射图中可以看出，均没有出现氧化物相，而且（111）的择优取向更加明显，其衍射峰都比没经高温处理的更细更高，但晶粒有所长大。为此，经700℃，3h氧化后，在(Cr,Ti,Al)N膜中没有出现氧化现象；而在800℃，3h的氧化样品中，其边缘开始有氧化出现，但量极少。用X射线衍射分析而得到的衍射峰，仍没有发现氧化物的衍射峰。

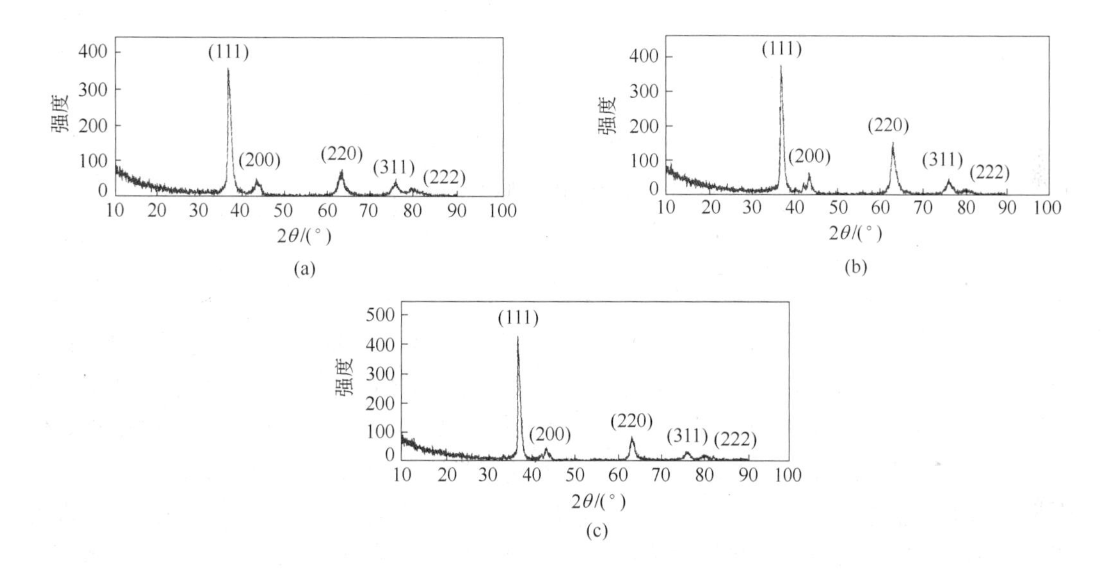

图4-17 (Cr,Ti,Al)N薄膜高温氧化后X射线衍射图
(a) 600℃, 3h; (b) 700℃, 3h; (c) 800℃, 3h

从微型钻镀(Cr,Ti,Al)N膜前后的表面形貌观察看，经2μm厚的(Cr,Ti,Al)N膜镀制后，微钻的刃型保持完好，没有改变刃口角度。肉眼观察到镀有(Cr,Ti,Al)N膜层表面呈灰色（见图4-18）。

从力学性能上看，其表面硬度与基体的材质和膜层的厚度等因素有关。经测定，在不同的基体和厚度的情况下，(Cr,Ti,Al)N膜的硬度是略有差别，HV大致在2750~3500，明显高于用电弧离子镀沉积制备的TiN（HV2300）或CrN（HV2000~2400）的膜层硬度。这是因为晶粒细化和Ti、Cr和Al原子间相互部分置换了原氮化物晶格中的金属原子，产生晶格畸变的缘故。随着沉积温度的升高，膜层的硬度增大，摩擦系数则降低；150℃、200℃和250℃温度下沉积的(Cr,Ti,Al)N膜层的摩擦系数曲线印证了这一点。这说明，膜层的部分力学性能和膜层织构的择优取向有一点关系。

在装4000支/炉微钻的条件下，(Cr,Ti,Al)N膜层的平均沉积速度为1μm/h。在均匀膜区内的沉积速率基本一致。经检测，(Cr,Ti,Al)N膜的力学性能见表4-3。经研究，(Cr,Ti,Al)N膜层的最高维氏硬度HV可达到3645。

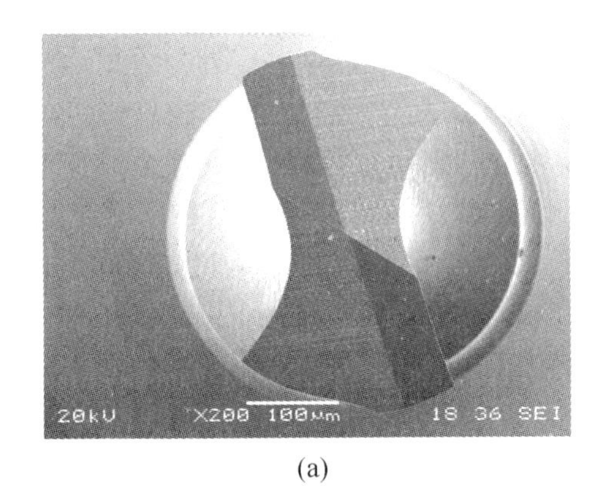

(a)

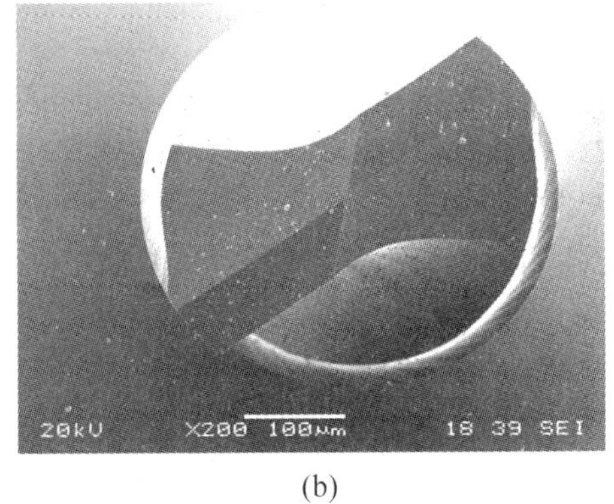

(b)

图 4-18 ϕ0.4mm 微型钻头镀前和镀(Cr,Ti,Al)N 膜后的表面形貌

（a）镀膜前；（b）镀膜后

表 4-3 (Cr,Ti,Al)N 膜的力学性能

沉积温度/℃	150	200	250	结合力/N	94	90	85
维氏硬度 HV	2750	2760	3100	摩擦系数（平均）	0.706	0.644	0.627

在工业应用中，微钻钻孔质量的好坏、使用寿命的长短，很大程度上取决于膜/基结合力的大小。膜/基间线膨胀系数差别越大，膨胀中形成的残余应力就越大，膜/基结合力就越低，适应宽温差环境的能力将越差。为提高膜/基结合力，通过中间过渡层逐渐降低层间的线膨胀系数的梯度过渡方法，即采用能够缓冲界面应力释放的金属铬打底，再用 CrN-CrTiAlN 的方法，以减少界面突变来提高膜/基结合强度；与此同时，又用离子源进行辅助轰击，以提高膜层质量及膜/基结合力。经划痕仪、声发射仪检测结果，膜基结合强度在 80N 以上。

图 4-19 所示为 CrN/(Cr,Ti,Al)N 界面的 TEM 图。从图中可知，Cr 层厚度约 100nm，Cr 层与 CrN 层的界面不太清晰明显，结合良好；而 CrN 与(Cr,Ti,Al)N 的柱状晶是错开一定角度生长的。这对(Cr,Ti,Al)N 膜层的抗氧化性及耐蚀性可起到非常好的作用。

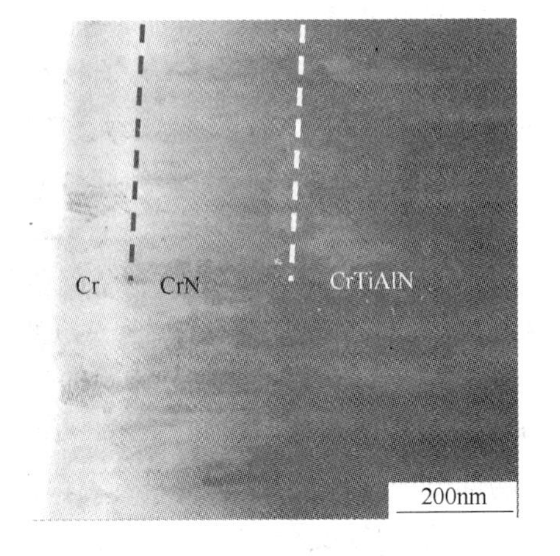

图 4-19 CrN/(Cr,Ti,Al)N 界面的 TEM 图

林松盛等人用多元梯度膜 + 自润滑膜的方法，在 WC-Co 的硬质合金上沉积(Cr,Ti,Al)N 膜层，膜/基结合力最高可达 100N，摩擦系数小于 0.2，膜层也比较光滑细腻。在用于工业的 PCB 微型钻上，膜层强化效果较为显著，钻孔质量得到提高，可使用寿命仅提高 1 倍以上，但还不够理想。

4.3.5.2 (Cr,Ti,Al)N 膜的沉积制备方法

目前，沉积制备(Cr,Ti,Al)N 膜的方法主要有两种，即非平衡磁控溅射和阴极电弧离子镀。

T. Yamamoto 等人用等离子增强阴极电弧沉积(Cr,Ti,Al)N 膜，采用三种靶材（A：$Ti_{0.14}Cr_{0.21}Al_{0.65}$，

B：$Ti_{0.10}Cr_{0.19}Al_{0.71}$，C：$Ti_{0.08}Cr_{0.18}Al_{0.74}$）沉积出三种不同比例 Cr/Ti/Al 元素合金的膜层。实验表明，在 $Ti_xCr_yAl_zN$ 膜层 $x:y=1:2$，$z=0.63\sim0.73$，$x+y+z=1$ 的情况下，其耐氧化温度达1000℃，硬度 HV 达3500，优于磁控溅射的膜层，但对其良好性能的原因并未加以说明。

S. G. Harris 等人用两个 $Ti_{0.5}Al_{0.5}$合金靶和3个纯 Cr 靶，选用多弧离子镀的方法沉积制备高 Cr 的(Cr,Ti,Al)N 膜，其组成分别为 $Ti_{0.25}Al_{0.19}Cr_{0.54}N$ 和 $Ti_{0.21}Al_{0.14}Cr_{0.65}N$，通过调节 Cr 靶的功率制得的两种不同组成的(Cr,Ti,Al)N 膜。经钻孔测试，膜层钻头的使用寿命比未沉积的钻头提高了3倍以上，显示出在干摩擦条件下的优异耐磨性，但其耐氧化性能有所下降，在800℃左右膜层已经出现明显的氧化。

Donohue 等人用非平衡磁控溅射沉积(Cr,Ti,Al)N 膜，其靶材选用两个 $Ti_{0.5}Al_{0.5}$合金靶和一个 Cr 靶。首先在 -1200V 偏压下，用 Cr 离子清洗基体（304 奥氏体不锈钢）20min，之后用功率为0.5kW 的 Cr 靶，在基体偏压为 -75V 下开启两个 TiAl 靶时，功率为8kW，N_2 流量增加，获得的梯度(Cr,Ti,Al)N 膜抗氧化温度达920℃，实验的膜层中 Cr 含量较低（0.03 ~0.25），Al 含量较高（0.5 ~0.7），硬度 HV 为2500，耐磨性能一般。此种膜虽有高的热稳定性和抗氧化性能，但耐磨性能较差，这就限制了它在严酷条件下（如钻头、铣刀上）的应用。

林松盛等人采用离子束辅助沉积 + 非平衡磁控溅射 + 中频电源反应溅射沉积制备的(Cr,Ti,Al)N 梯度膜，膜层细腻致密，在硬质合金涂层上的硬度 HV 达到3500，膜基结合力达80N，在 PCB（线路板）做微钻的涂层，表现出良好的应用前景。

周君灵等人用电弧离子镀的方法沉积的(Cr,Ti,Al)N 膜，膜层致密，在高速钢基体上(Cr,Ti,Al)N 膜硬度 HV 为3100，膜基结合力为65 ~75N，抗氧化温度在850 ~900℃。

国内还有蒋百灵等人，用 Teer 公司的成套设备和工艺，用非平衡磁控溅射的方法，沉积出(Cr,Ti,Al)N 膜并有涂层的钻头等工具出售和线路板的(Cr,Ti,Al)N 微钻供有关厂家试用。

4.3.5.3 (Cr,Ti,Al)N 膜的工业应用

(Cr,Ti,Al)N 薄膜硬度高，抗氧化和耐磨性好，膜基结合力高，应该说是一种比较理想的能适应高速钻削的涂层材料。对直径较粗的钻头，在应用上都比较理想。对线路板(PCB）的材质（覆铜的玻璃纤维增强层的复合材料，一般为几层到十几层），钻头直径细小（通用为 ϕ0.1 ~1.0mm），随着电脑和手机的微型化，微钻直径向更小的方向发展。现已有 ϕ0.02mm 的硬质合金麻花钻。在高转速（160000r/min），有的甚至更高转速下钻孔，由于直径小、转速高、排屑难，整个钻孔过程温度高，被加工 PCB 材料对微钻腐蚀极强，使微钻很易因扩散、黏结和热电磨损而失效。一方面因为工具磨损降低钻孔的精度和工具的使用寿命；另一方面磨损产生的热量，导致线路板材料中低熔点组元熔化和复合材料之间的分离以及在孔出口处产生拉毛等缺陷，严重时会造成线路板报废。在用(Cr,Ti,Al)N 涂层的微钻中发现，在确保钻孔质量的前提下，在各生产厂家使用的效果不一，还没达到理想的使用效果和高的使用寿命。追究原因，影响因素很多，如线路板的种类（即使在同一厂家因线路板的种类和层数不同，使用寿命就有较大差异）、生产线上机床的转速、硬质合金微钻各厂家生产的质量（如日本佑能公司和深圳金洲公司的微钻，用同一涂层工艺处理后，使用效果和寿命也不一样）和涂层的质量及性能等因素有关。

从在线路板生产线上的试用情况来看，涂有(Cr,Ti,Al)N 膜层的微钻，在有效提高使用寿命的前提下，技术上解决了断针、批锋、塞孔和孔位精度等项目的要求，并明显地改善了孔壁的粗糙度。试生产中，整个涂层微钻的使用寿命提高一倍以上，最高达到四倍。

随着现代微电子工业的飞速发展，对 PCB 的需求逐年增大。作为线路板中的三大物耗之一的微钻，在国际市场上年需求量已达 4 ~5 亿支。国内线路板的加工，大多选用进口微钻。仅广东深圳宝安地区几个线路板厂，年消耗达 1 亿支。据统计，广东每年光进口加工线路板的微型钻头，就超过 8 亿 ~10 亿人民币，若能将涂层的微钻使用寿命提高到 2 倍，每年仅微钻消耗的成本就可降低 4 亿 ~5 亿元。同时因微钻产品表面综合性能的提高，一方面使精密的线路板成为高附加值产品；另一方面因微钻使用寿命的提高，减少更换钻头次数，又提高了生产效率，对产品的质量和稳定性也将大幅度提高。作者认为，研究开发适用于各种规格的微钻膜层体系，对降低生产成本，提高产品附加值，减少进口，扩大加工利润空间，解决制约我国微钻加工领域发展的关键技术，都具有极为重要的意义和社会经济效益。

对于微钻钻孔时在线路板上产生的“钉头”指标，作者认为，它不仅是 PCB 加工行业的主要难点之一，也是镀膜工程技术人员应努力解决的技术难题。特别对一些高质量的或军用的线路板，其“钉头”指标要求严格，镀膜工程技术人员更应与密切配合生产应用、共同协力去改进解决。

(Cr,Ti,Al)N 膜在其他机械加工工具中也很值得推广应用。只要成本适当，相信它将是一种很具竞争力的优选机械功能涂层。

4.4 碳化物系

在研究和已经使用的碳化物系的碳化物主要有 TiC、ZrC、HfC、VC、NbC、TaC、CrC、MoC 和 WC 等。其中 TiC、ZrC、HfC、VC、NbC 和 TaC 均为一碳化物，一般情况下是 B1-NaCl 结构，而 CrC、MoC 和 WC 等碳化物具有相当复杂的结构。碳化物的硬度，相应比氮化物高。目前来看，应用最多的是 TiC、WC 和 CrC 等碳化物。

4.4.1 TiC

4.4.1.1 TiC 薄膜（涂层）的晶体结构

TiC 的晶体结构为 B1-NaCl 结构，与 TiN 相同，Ti 以面心立方点阵排列，C 原子充填在点阵的八面体间隙，所以 TiC 是间隙相。也是一种缺位式，组成范围较宽的固溶体。TiC_y 间隙相，其 y 值可在 0.47 ~1.0 之间变化，熔点也随之在 1645 ~3160℃ 间变化。因此，硬度等性能也随之改变。它与 TiN 不同的是，Ti 与 C 的结合，只有一种 TiC 结构。

4.4.1.2 TiC 薄膜（涂层）的性能

TiC 的密度为 4.93g/cm^3；熔点为 3160℃；维氏硬度 HV 在 20℃时为 3200，1100℃时为 200；弹性模量为 500MPa；导热系数在 20℃ 时为 31.8W/(m·℃)，1100℃ 时为 41.4W/(m·℃)；线膨胀系数为 $7.6\times10^{-6}K^{-1}$；室温电阻 180 ~250μΩ·cm。有很高的化学稳定性，与盐酸、硫酸几乎不起化学反应；而在氧化性溶液中，如王水、硝酸、碱性氧化物溶液、氢氟酸中易溶；TiC 可被氯气侵蚀。在氮气中加热时，约在大于 1500℃ 后会转变成 TiN。TiC 涂层刀片在加工中与工件产生高温时的反应轻微，在空气中抗氧化性欠缺。

4.4.1.3 TiC 薄膜（涂层）的沉积制备

TiC 薄膜的沉积制备方法主要是 PVD 和 CVD 法，与 TiN 薄膜（涂层）一样。在 PVD 法中，以磁控溅射、阴极电弧离子镀和空心阴极离子镀为主。一般设计选用纯金属 Ti 靶，在含碳气氛中进行反应沉积，常用 CH_4 和 C_2H_2 等气体。工业应用上，用阴极电弧离子镀和磁控溅射法较为普遍。其原因是，沉积温度低，膜层（涂层）致密，生产实效高，质量可控性好，特别是用 CH_4 作碳源，对工艺的操控性较佳，但往往会在膜层的硬质相中，难以达到硬质相所必需的化学计量比，使涂层在性能上达不到好的要求。而选用 C_2H_2 高活性的碳源，就可沉积出极硬的 TiC 涂层，且涂层的致密性、质量、工艺稳定性都好。

CVD 法沉积 TiC 膜技术，在早期使用较多，其沉积温度大多在 900℃以上，对于那些熔点比较低的金属零部件，是难以用 CVD 法进行 TiC 涂层沉积制备的。对于等离子增强的 PECVD 法，虽然可使沉积温度明显下降，沉积时因用 $TiCl_4$ 作 Ti 源，会造成 Cl^- 腐蚀设备，特别是机械泵被腐蚀和 Cl^- 进入工件。用 CH_4 或 C_2H_2 作碳源，成本相对较高，工业上达不到低价的要求。

还有设计选用电沉积的方法制备 TiC 薄膜（涂层）。游常等人用电泳法沉积制备出均匀的 TiC 涂层。这种方法的突出优点是设备简单、成本低和沉积速率比较快，还可以大规模进行沉积，且沉积时不受工件形状大的限制，涂层厚度均匀可控，电泳时还可连续进料操作，料液也可循环使用，电沉积是沉积制备 TiC 涂层的一种好方法。

4.4.1.4 TiC 薄膜（涂层）的工业应用

TiC 薄膜（涂层）的工业应用有：

（1）作机械加工的切削工具涂层。TiC 薄膜（涂层）的显微硬度 HV 一般在 2800 ~ 3000，具有较高的抗机械摩擦和抗磨料磨损性能，其膨胀系数与硬质合金相近。因膜基结合牢固，所以，特别适宜做机械加工的切削工具、钻头和各种成型模具的耐磨涂层和轴承、喷嘴等表面防护层。国内的株洲钻石切削工具股份有限公司、成都工具研究所、上海肯纳硬质合金工具公司和经纬纺织机械厂都生产 TiC 涂层的车刀片、铣刀片、镗刀片、螺纹刀片、纺织机的耐磨零件和模具等，在机械加工中都有应用。

（2）作耐蚀涂层应用。TiC 具有很好的化学稳定性，与 HCl 和 H_2SO_4 基本上不起化学反应。TiC 可以说是一种优秀的耐蚀涂层，可作能承受腐蚀磨损部件的防护涂层。

（3）作耐磨装饰上的应用。TiC 膜作为装饰膜，不仅耐磨性好，而且含碳量高的 TiC 膜呈黑色，常在手表壳和手表带等一些装饰耐磨饰品上广泛应用。现今还有不少高尔夫球头，也用 TiC 涂层作装饰耐磨膜使用。

4.4.2 Cr-C

4.4.2.1 Cr-C 薄膜（涂层）结构和性能

铬的碳化物有 Cr_3C_2、Cr_7C_3 和 $Cr_{23}C_6$ 三种，其结构是不相同的，如 Cr_7C_3 的晶体结构为三斜晶体结构。三种铬的碳化物的性能也有所差异，例如 Cr_3C_2 的熔点为 1810℃，Cr_7C_3 的熔点为 1726℃，$Cr_{23}C_6$ 的熔点为 1575℃，但是这三种铬的碳化物在所有的金属碳化物中，抗氧化能力最强，在 1100 ~ 1400℃的空气中，才会有显著的氧化。它在高温下，仍具有相当高的硬度。但是人们最常见，也是最重要的铬的碳化物是 Cr_3C_2。

Cr_3C_2 为斜方晶系（菱面体）结构，熔点为 1810℃，密度为 6.68g/cm^3，线膨胀系数

约为 6.0×10^{-6}℃$^{-1}$，显微硬度 HV 约 2100，弹性模量约 400GPa，抗拉、抗弯强度分别为 210GPa 和 690GPa，耐压强度约为 2760MPa，电导率约为铜的 2.5%。

4.4.2.2 Cr-C 薄膜的沉积制备

Cr-C 的沉积制备方法主要是 CVD 和 PVD 法。如上海工具厂用瑞士 PLATT 公司的 PVD 设备和哈尔滨超级镀膜中心用德国 PVT 公司的 PVD 设备沉积制备 CrC 高速钢工具、模具及硬质合金刀具产品；上海舍福表面处理有限公司用 PVD 法生产 CrC 的涂层模具产品；法国艾福（HEF）公司用 PVD 法在 280～400℃的沉积温度下生产 CrC 涂层模具。CrC 涂层硬度 HV 为 2200，最高使用硬度可到 600℃。由此可见，在 CrC 薄膜（涂层）刀具和模具的生产中，PVD 法是主要的沉积方法。

4.4.2.3 Cr-C 薄膜（涂层）的应用

Cr-C 薄膜（涂层）的应用有：

（1）在机械加工中的应用，主要是应用 CrC 的抗氧化性能、在高温下具有高的硬度，在刀具和模具上沉积制备涂层后对材料进行切削等机械加工。在模具中，如在加工铜材时用 CrC 涂层做冲压模具、拉伸模具、五金成型模具的涂层是比较理想的；还有在加工塑料时，用 CrC 涂层作注塑模具的涂层也是较好的优选方案。

（2）在化学工业中的应用，主要作耐冲蚀、耐磨损、耐气蚀和耐腐蚀的涂层。用于化学工业中的滑阀、阀芯、阀体、冲头、喷嘴、叶轮、叶片、反应器和管路的耐蚀涂层。利用 Cr_3C_2 不溶于水，具有很强的耐蚀和耐磨性，在稀硫酸溶液中，Cr_3C_2 的耐蚀性是 1Cr18Ni9Ti 不锈钢的 30 倍，在蒸汽中 Cr_3C_2 的耐蚀性为 WC-Co 合金耐蚀性的 50 倍。

（3）在塑料和橡胶工业中的应用，主要利用 CrC 涂层的耐冲蚀、耐磨损和耐腐蚀等性能，作储料罐和阀门的涂层，作叶轮和孔板的涂层，作冲头、铣刀和锯片的涂层。

（4）在零部件上的应用，主要利用 CrC 涂层耐磨损和防咬合的性能，用于无润滑剂轴承、摩擦磨损部件、凸轮和滑板等。

（5）在精密测量工具上的应用，主要利用 CrC 的耐磨损性能，做刻码头。若用粉末冶金的方法，冷压烧结成型，CrC 又可制作成精密的标准块规。

4.4.3 W-C

4.4.3.1 W-C 薄膜（涂层）的结构和基本性能

W-C 有两种成分，即 WC 和 W_2C。WC 是简单的六方晶系，是间隙相。C 处在 W 结构中的间隙位置上。WC 密度为 15.63/cm^3，熔点为（2870±50）℃，线膨胀系数为 3.84×10^{-6}℃$^{-1}$（在 20～1000℃），20℃的热导率为 29.3W/(m·K)，电阻率为 19.2μm·cm，其电导率为纯 W 的 40%，显微硬度 HV 为 2300，弹性模量 720GPa；不溶于水和酸，室温下不被氢氟酸和硝酸混合酸侵蚀，溶于王水，在室温下与氟反应时发光，空气中加热时会氧化。W_2C 为复杂的六方晶系，密度为 17.15g/cm^3，熔点为 2860℃，室温电导率为纯 W 的 7%，显微硬度 HV 略高于 WC，约为 2900，弹性模量约 417GPa，不溶于水，微溶于酸，虽然它能耐大部分酸，但却能被热硝酸分解，溶于硝酸与盐酸的混合酸，空气中易燃烧，500℃与氧发生反应并完全氧化。

对于 WC 来说，因其硬度高、摩擦系数低和耐磨性好，所以被视作硬质合金中最关键的主要成分，有一定的塑性。

4.4.3.2 W-C 薄膜（涂层）的沉积制备

W-C 薄膜（涂层）沉积制备的方法主要有 CVD 和 PVD 法。由于用作耐磨和防护，WC 膜层（涂层）较厚，又常和其他的 Co 和 Ni 等韧性金属相组合。

A CVD 法

CVD 法是沉积制备 WC 涂层的主要方法。大多以金属 W 的卤化物（如 WF_6（氟化钨）和 WCl_6（氯化钨））及烷烃作前驱物，Ar 气作载体，在氢气氢化下进行沉积。研究表明，用 WF_6 烷烃作原料，其反应温度大于 900℃ 才能沉积制备出完全的 WC 涂层；在 700 ~ 850℃ 时，只能得到的是 WC 和 W_2C 相混合的涂层；在 650℃ 以下，获得的是非晶态结构。若用 WCl_6 作原料沉积制备 WC 涂层，须在 1000℃ 以上，这种较高的沉积温度使用于沉积的基体材料受到限制。为降低反应温度，可用 $W(CO)_6$ 和 C_2H_2 气体作反应原料，其反应温度降低到 250 ~ 450℃ 可生长出 WC 涂层。其方法可用等离子体增强的化学气相沉积来促使反应温度降低。

B PVD 法

在 PVD 法中，磁控溅射应用得最多。磁控溅射中使用射频电源和直流电源。用金属 W 靶进行反应溅射沉积时，一般用 Ar 和 CH_4 或 C_2H_2 作反应气体，也有用 Ar 和 C_2H_6（苯）作反应气体；采用 WC 或 WC 与金属（Ni 和 Co 等）的粉末烧结体做靶材时，为获得理想的计量比 WC 结构，也常用 Ar 和烷烃混合气体。为了能方便地调节好 WC 涂层中的 W 含量，常用石墨和金属 W 的机械组合靶，通过对整个靶中 W 的体积比来控制涂层中的 W 含量，气体溅射则用 Ar 气。此时，溅射温度在 200 ~ 400℃，沉积温度较低。

若涂层厚度较厚，一般都用热喷涂的方法（包括等离子和高速火焰等），这里就不谈了。

4.4.3.3 W-C 薄膜（涂层）的工业应用

WC 薄膜（涂层）较多的是应用它的耐磨与防护性能，在有摩擦、磨损和冲蚀的领域中应用。WC 薄膜可作为电镀硬铬的替代产品。此外，WC 还可作为铜的扩散阻挡层用作一些电子器件。

4.5 硼化物与硅化物系

4.5.1 硼化物（TiB_2、ZrB_2）系

硼（B）是轻元素，与过渡族金属形成稳定的硼化物，其中熔点高的是与 $Ⅳ_A$ 族、V_A 族和 $Ⅵ_A$ 族元素形成的化合物。硼化物的晶体结构是由硼原子的结构特点决定的。硼化物的化学稳定性是以 $Ⅳ_A$ 至 $Ⅵ_A$ 依次序逐渐下降，最稳定的硼化物有 TiB_2、ZrB_2 和 HfB_2 等。

人们对硼化物膜层的研究远不如氮化物和碳化物薄膜那么深入、充分。硬度上，硼化物与碳化物相当，有些还略高一点。这是因为硼化物的共价键程度比碳化物更高的缘故。但是，硼化物相当脆，它的惰性很强，化学性能稳定，因此它在某些领域中得到应用。如作防护涂层和硬质合金的涂层刀具。大多数的硼化物薄膜是用 CVD 法制备，但也有用反应溅射和直接溅射法制取硼化物薄膜。

4.5.1.1 TiB_2 薄膜

TiB_2 薄膜是一种高硬度膜层。它的密度为 4.52g/cm^3，硬度 HV 为 3370，电阻率为 9 ~

15μΩ · cm，热导率为 0.25W/(cm · K)，线膨胀系数为 $7.8\times10^{-6}℃^{-1}$，熔点为 3225℃，弹性模量为 560GPa。

用 CVD 法形成的钛渗硼比较困难。这是因硼在 Ti 中的扩散较慢，而且 Ti 易受 HCl 的腐蚀。为避免 HCl 腐蚀衬底（基材），应用大量的氢将 BCl_3 稀释。因此，TiB_2 的直接沉积和渗硼不同，直接沉积硼化物时，并不需要硼与衬底（基材）的化学反应来形成硼化物。硼和金属都以气体形式供给，典型的热 CVD 化学反应是氢还原氯化物的方法，其反应式为：

$$TiCl_4 + 2BCl_3 + 5H_2 \xrightarrow{800 \sim 1100℃} TiB_2 + 10HCl$$

其反应压力为几百帕。

或用二硼烷作硼源，沉积 TiB_2 薄膜，其典型的化学反应式为：

$$TiCl_4 + B_2H_6 \xrightarrow{600 \sim 1000℃} TiB_2 + 4HCl + H_2$$

其反应压力为几百帕，相应的化学反应温度略低些。

除热 CVD 法外，用等离子体 CVD 法，在 480 ~ 650℃的辉光放电中也可沉积制备 TiB_2 薄膜。

TiB_2 薄膜可用于硬质合金工具表面涂层和其他摩擦磨损（如泵和阀门等）场合。TiB_2 还可用作铝工业生产的电解阳极涂层，因为 TiB_2 极耐熔融铝的侵蚀，且很易被熔融铝所浸润，可保证良好的电接触。

4.5.1.2　ZrB_2 薄膜

ZrB_2 是一种硬膜。它的密度为 6.09g/cm³，熔点为 3040℃，硬度 HV 为 2300，电阻率为 7 ~ 10μΩ · cm，热导率为 0.25W/(cm · K)，线膨胀系数（300 ~ 1000℃）为 $(6.6\sim6.8)\times10^{-6}K^{-1}$。

ZrB_2 薄膜的沉积制备也可用热 CVD 法，化学反应与 TiB_2 完全相仿。

$$ZrCl_4 + 2BCl_3 + 5H_2 \xrightarrow{800 \sim 1100℃} ZrB_2 + 10HCl$$

其反应压力为几百帕。

或用二硼烷作硼源沉积 ZrB_2 薄膜，其化学反应式为：

$$ZrCl_4 + B_2H_6 \xrightarrow{600 \sim 1000℃} ZrB_2 + 4HCl + H_2$$

其反应压力为几百帕，相应的化学反应温度比上式低些。

因 Zr 的价格较贵，此类涂层用得较少。但 ZrB_2 可用于太阳能的吸收涂层。

另外还有 W_2B_5、MoB_5、HfB_2、NbB_2 和 TaB_2 等重要硼化物薄膜。这类硼化物薄膜在机械功能膜中很难见到应用，所以就不再谈及。应该指出的是，用硼化物系的薄膜沉积于硬质合金涂层刀具为达到耐磨的目的，到目前为止，其所获得的成果还是十分有限的。

法国的艾福集团公司，在 TiN 膜中加入 B，形成间隙相或混合晶体，能使 TiN 晶格增大和畸变，有效地提高了 TiBN 薄膜的室温硬度和高温热硬性。另外，也因 B 元素的存在，增加了 TiBN 膜层生长时成核的数量，起到细化膜层晶粒的作用。400℃温度下用 PVD 和 PECVD 法沉积制备的 TiBN 薄膜硬度 HV 达 3500，最高使用温度达 800℃，用于铝的压铸模具涂层，其使用寿命比没涂 TiBN 涂层的铝压铸模具的使用寿命提高 6 倍。

这种在 TiN 二元膜层基础上掺进新元素 B 以形成多元复合膜层，既提高了膜层的硬度、抗高温氧化和热硬性，又提高了它的耐腐蚀性能。表面沉积 TiBN 薄膜（涂层）的刀具，硬度 HV 达 2800；B 的掺入，有效地降低了膜层的内应力，提高了膜层的韧性，阻止了裂纹的扩展，提高了膜层的耐磨损和化学稳定性，显著地提高了 TiBN 涂层刀具的使用寿命和使用温度。若在 TiBN 膜层中加入氧，形成 TiBON 膜，在高温下摩擦系数低，更适合铝和不锈钢等黏结性强的材料加工。

4.5.2 硅化物（WSi_2、$MoSi_2$、$TaSi_2$、$TiSi_2$）系

硅（Si）化学性质活泼，与大多数金属元素能形成化合物，而且不止形成一种化合物，因此硅化物的数量很大。在技术上，最重要的是硅与难熔金属 W、Mo、Ta、V 和 Zr 等所形成的硅化物。由于硅化物具有耐高温和高电阻率等特性，因此它是一类非常有用的陶瓷材料。

4.5.2.1 硅化物的沉积制备方法

W、Mo、Ta 和 Ti 等硅化物膜一般都用 CVD 法反应沉积或用 MOCVD 法沉积。

A 渗硅

渗硅是一种比较陈旧的形成硅化物的 CVD 工艺，其目的主要是为难熔金属提供抗氧化和抗腐蚀性能，它是以 CVD 的置换反应或还原反应在金属衬底上（基片）沉积硅，再经硅在金属衬底内的扩散而形成硅化物膜层，其典型的 CVD 反应（如 Mo 衬底）为：

$$2SiCl_4 + Mo + 2H_2 \longrightarrow MoSi_2 + 4HCl$$

其反应的沉积温度为 1200℃。通常的涂层结构为 Mo 基片的最外层为 $MoSi_2$，中间层为 MoSi，最里层为 Mo 基体，这种方法难以控制，常造成内应力和界面空隙，致使膜/基结合力下降。因此，以气相沉积直接形成硅化物的 CVD 方法是最好的工艺选择。

B 直接沉积硅化物

在衬底上直接沉积时的 CVD 反应为：

WSi_2：

$$WF_6 + 2SiH_4 \longrightarrow WSi_2 + 6HF + H_2$$

$$WF_6 + 2SiH_2Cl_2 + 3H_2 \longrightarrow WSi_2 + 4HCl + 6HF$$

$$WF_6 + Si_2H_6 \longrightarrow WSi_2 + 6HF$$

$MoSi_2$：

$$MoF_6 + 2SiH_4 \longrightarrow MoSi_2 + 6HF + H_2$$

$$MoCl_5 + 2SiH_4 \longrightarrow MoSi_2 + 5HCl + \frac{3}{2}H_2$$

$TaSi_2$：

$$TaCl_5 + 2SiH_4 \longrightarrow TaSi_2 + 5HCl + \frac{3}{2}H_2$$

$TiSi_2$：

$$TiCl_4 + 2SiH_4 \longrightarrow TiSi_2 + 4HCl + 2H_2$$

$$TiCl_4 + 2SiH_2Cl_2 + 2H_2 \longrightarrow TiSi_2 + 8HCl$$

$$TiCl_4 + 3Si \longrightarrow TiSi_2 + SiCl_4$$

4.5.2.2 常见硅化物的性质和应用实例

表4-4 列出了常见 $MoSi_2$、$TaSi_2$、$TiSi_2$ 和 WSi_2 的性质和应用实例。从表4-4 的应用实例中可看出，这些常见的硅化物主要还是用作微电子器件和集成电路中的物理功能膜层。

表4-4 常见硅化物的性质和应用实例

硅化物	晶粒结构	熔点 /℃	密度 /g · cm^{-3}	线膨胀系数 /K^{-1}	热导率 /W · (cm · K)$^{-1}$	电阻率 (20℃) /μΩ · cm	抗氧化性	应用实例
$MoSi_2$	正方	2050	6.24	8.4×10^{-6}	0.49	40 ~ 100	极佳	抗氧化涂层、半导体器件导电层
$TaSi_2$	六方	2200	9.08	9.0×10^{-6}	0.38	35 ~ 70	差	超大规模集成电路技术
$TiSi_2$	正交	1540	4.10	10.7×10^{-6}	0.46	13 ~ 16	好	集成电路中的肖特基势垒及欧姆接触一般金属化层，在 MoS 器件中替代掺杂硅
WSi_2	正方	2156	9.75	7.0×10^{-6}	0.48	30 ~ 100	差	非选择性 W 层的结合层，在 MoS 器件中替代多晶硅 Polycide 结构（WSi_2 + 多晶硅）

4.6 金属与合金系

有色金属与合金在薄膜的沉积中占有重要的地位，可以说，差不多 80% ~ 90% 的薄膜系都离不开有色金属及其合金。金属与合金，就结合机械功能而言，其主要还是耐蚀、耐磨、防潮、防湿包装等用膜；就其物理功能而言，其应用就更为宽广。本节根据真空薄膜沉积技术的实况，在内容叙述上与其他膜系有所不同，主要从应用角度出发来谈金属与合金系。

4.6.1 金属与合金薄膜

4.6.1.1 Cr 薄膜

Cr 是优良的耐蚀和抗氧化的硬质金属，体心立方结构，密度为 7.20g/cm^3，熔点为 1865℃，热导率为 91W/(cm · K)，线膨胀系数为 6.0×10^{-6}℃$^{-1}$，电阻率为 12.9 μΩ · cm。Cr 薄膜一般用溅射法沉积制备。用 CVD 法沉积制备的 Cr 薄膜主要用于钢和其他金属材料的耐蚀、抗氧化涂层及半导体集成电路金属化接触层和实验研究。

4.6.1.2 Mo 薄膜

Mo 是一种体心立方结构的难熔金属，强度高、延展性好、易加工；在 950℃时发生再结晶，同时力学性能变坏。用 CVD 法沉积制备的 Mo 薄膜（涂层），用于集成电路接触和门电路及 Schottcky 接触的金属化，炮筒钢的抗冲蚀涂层，高红外反射系数的太阳能光热转换涂层、高功率激光器反光镜涂层。

4.6.1.3 Ta薄膜

Ta是高熔点（2996℃）难熔金属，密度为16.65g/cm³，线膨胀系数为$6.5\times10^{-6}℃^{-1}$，热导率为0.54W/(cm·K)，耐酸性和延展性好。Ta膜是溅射沉积中最早实现工业化生产的。其化学性质活泼，易与残余气体发生反应，须在高真空下沉积。纯Ta膜可能存在两种同素异构体（α-Ta和β-Ta），α-Ta为体心立方结构，β-Ta为正方晶系结构；α-Ta电性能不稳定，机械特性也差，膜中易产生裂纹，表面大多不光滑，膜易剥落，现今基本不再用α-Ta沉积薄膜。β-Ta膜电阻率为180～220μΩ·cm（可稳定在220μΩ·cm），沉积β-Ta膜，关键是极间距应保持在50～70mm，偏压应在-100～+10V下溅射，就可得β-Ta膜。Ta薄膜主要用作薄膜电容器和抗蚀涂层。

4.6.1.4 Ir薄膜

Ir是最耐腐蚀最抗氧化的金属。密度为22.4g/cm³，熔点为2410℃，性质硬而脆，难加工成形。用CVD法沉积的Ir薄膜，主要用于火箭发动机的耐蚀、抗氧化涂层和其他的航天应用，也可用作热阴极涂层。

4.6.1.5 W薄膜

W是高熔点（3410℃）的难熔金属，密度高（19.3g/cm³），线膨胀系数低（$4.45\times10^{-6}℃^{-1}$），热导率高（20℃时为1.73W/(cm·K)），电阻率低（5.65μΩ·cm），抗腐蚀性好，但易氧化，因含有杂质W的塑性差难成形。CVD法沉积的W膜，可替代铝用于集成电路的金属化、集成电路Si和Al之间的扩散屏障层、X射线靶涂层（和Re共沉积）、太阳能采集板的选择性吸收涂层等。

4.6.1.6 MCrAlY合金薄膜

MCrAlY合金薄膜用于抗热腐蚀涂层。航空用的燃气轮机及涡轮发动机中的叶片，工作温度高达1000℃以上，一般材料都会软化，且表面还受燃气冲刷、腐蚀，一般采用镍基高温合金。而高温合金只能保证高温工作时的强度不变形和发动机飞行时的动平衡。但镍基高温合金表面耐燃气腐蚀能力低，须在高温合金叶片上增加抗燃气腐蚀的防护涂层。叶片工作温度越高，飞机发动机输出功率就越大，飞机飞行速度就越快，要求叶片防护涂层的防护能力就越强。因此抗热腐蚀涂层就成为提高燃气轮机和涡轮发动机工作温度的关键技术。抗热腐蚀涂层一般是以镍和钴为基的多元合金，如CoCrAlY为基的Co50-Cr30-Ni10-Al4-Ta5-Y0.5和Co-Cr-Ni-Al-Ta-Y-Hf等多元合金。图4-20所示为这种Ni基合金涡轮机叶

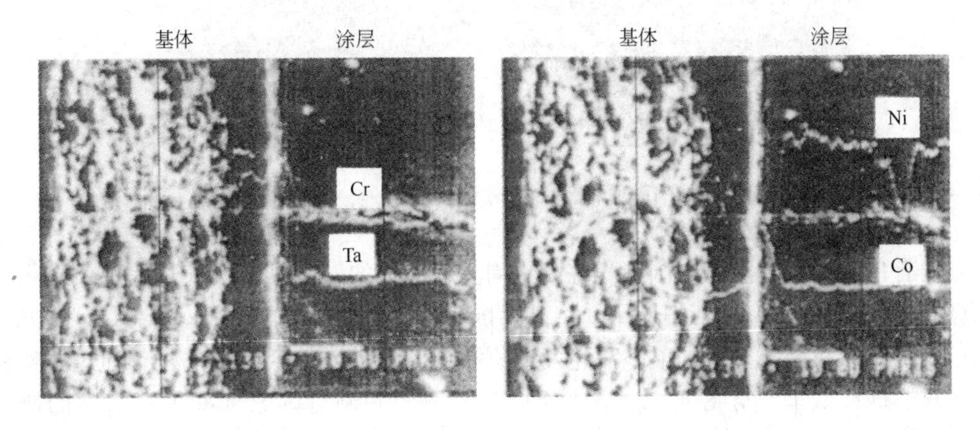

图4-20 Ni基合金叶片上离子镀Co-Cr-Ni-Al-Ta-Y涂层元素波谱线扫描照片

片上用阴极电弧镀沉积的 Co-Cr-Ni-Al-Ta-Y 高温防护涂层的结构和基体中各元素的波谱线扫描照片，从图 4-20 中可观察到各元素的分布特点。而图 4-21 所示为这种结构上的面扫描分析，也可看出各元素的分布特点。从图 4-21 中可知，34μm 的 Co-Cr-Ni-Al-Ta-Y 的高温防护涂层中各元素分布是很均匀的，在涂层与基体的界面处，膜/基元素的成分有很好的交混层，这种交混层有利于膜/基结合力的提高。MCrAlY 的作用首先是在基底金属与氧化物涂层之间提供一个过渡层，从而提高整个热防护层对基底材料的附着力，也增强了叶片在高温和有燃气冲蚀工况条件下的使用寿命；同时，金属涂层中，稀土元素 Y 还具有保护基底材料和涂层界面不被氧化的重要作用。

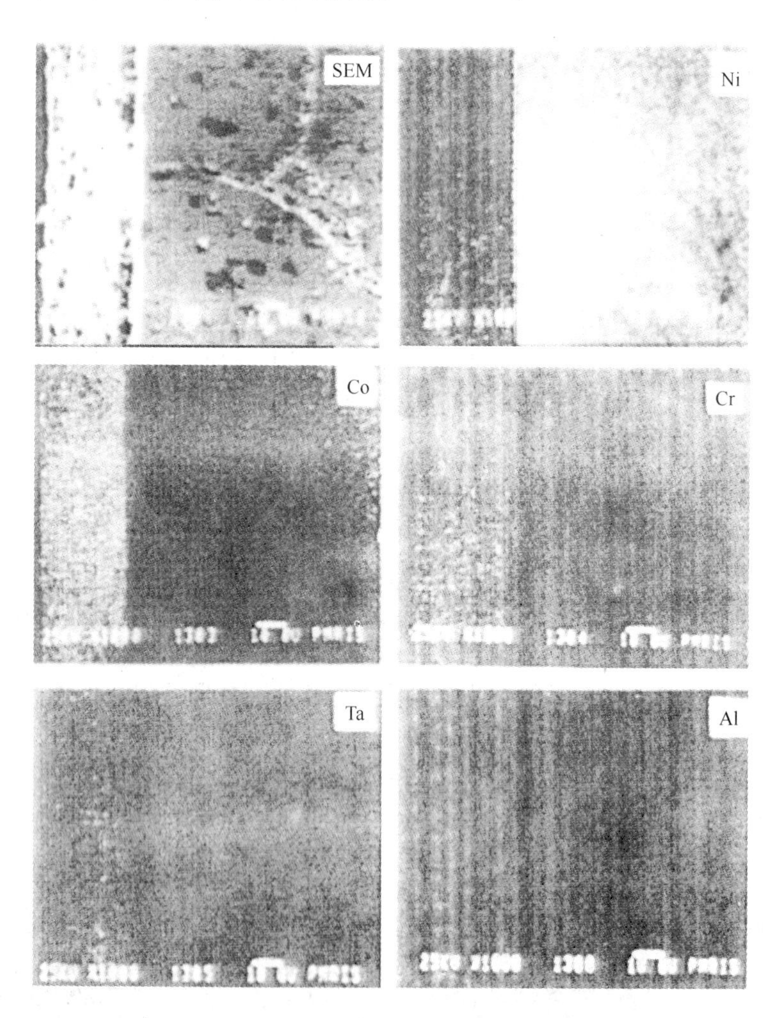

图 4-21　Ni 基合金叶片上离子镀 Co-Cr-Ni-Al-Ta-Y 涂层元素波谱面扫描曲线

广州有色金属研究院以中国工程院院士周克崧为首的航空发动机叶片涂层研究组在这方面做了 20 多年的研究和开拓应用，将高温抗氧化和抗热腐蚀的 Ni-Co-Cr-Al-Y-Ta 六元合金涂层技术用于我国某型号的航空涡轮发动机涂层叶片上。整个研发过程，通过了实验室全面考核、地面试车、空飞试验，空飞后叶片检测，并制订国家标准等一系列的研究开拓，还根据发展需要建成了涂层叶片生产线，使涂层叶片的合格率从原来的 40% 提高到

95%以上。2005年后，又研制了新机种的叶片涂层，已通过性能测试、地面台架试验，正待通过飞行考核。这类涂层作为反潜飞机发动机的叶片涂层，特别适用。此外，这类涂层还可用于地面燃气轮机发电装置的叶片上来提高地面发电用燃气机叶片的使用寿命。

4.6.2 金属与合金膜用靶材

金属与合金在薄膜系列中一个十分重要的用途是作镀膜靶材和蒸发镀膜镀料。在物理气相沉积中以阴极电弧镀和溅射沉积应用最多，其次是作蒸发镀膜的蒸发镀料。应用最多、最普遍的是Ti靶和Ti与Al的蒸发镀料。

镀膜工艺人员为了计算镀制金属与合金膜的沉积速率，常查找各种金属与合金的溅射产额。所谓溅射产额是指每一个入射离子击出靶材的原子数，又称为溅射率或溅射系数（用原子/离子表示）。靶材溅射产额的研究已积累了大量数据，表4-5列出了常用的一些金属靶材的溅射产额，一般为$10^{-1}\sim10$原子/离子范围。

表4-5 常用金属靶材的溅射产额

靶 材	阈值/eV	Ar^+能量/eV			靶 材	阈值/eV	Ar^+能量/eV		
		100	300	600			100	300	600
Ag	15	0.63	2.20	3.40	Ni	21	0.28	0.95	1.52
Al	13	0.11	0.65	1.24	Si	—	0.07	0.31	0.53
Au	20	0.32	1.65	—	Ta	26	0.10	0.41	0.62
Co	25	0.15	0.81	1.36	Ti	20	0.081	0.33	0.58
Cr	22	0.30	0.87	1.30	V	23	0.11	0.41	0.70
Cu	17	0.48	1.59	2.30	W	33	0.068	0.40	0.62
Fe	20	0.20	0.76	1.26	Zr	22	0.12	0.41	0.75
Mo	24	0.13	0.58	0.93					

实验表明，溅射产额S的大小与轰击离子的种类、能量、入射角和靶材原子种类及结构有关，与溅射靶材在表面发生的分解、扩散和化合等状况有关及溅射气体的压强有关，但在很宽的温度范围内与靶材的温度无关。即靶材的溅射速率R与溅射产额S和入射离子流额J的乘积成正比：

$$R \propto S \times J$$

常用的真空蒸发金属膜的镀料有：Ti、Al、Ag、Au、Ba、Zn、Cd、Fe、Cu、Cr、Zr、Ta、Pb、Ni、Pt和Pd等。图4-22和图4-23所示为真空蒸发镀铝膜和镀钛膜的断口组织的扫描电镜形貌。

4.6.3 金属元素用作注入离子来提高材料表层的性能

4.6.3.1 提高材料表层的硬度、耐磨性和疲劳性能

Y金属元素注入不锈钢。在不锈钢中，通过离子注入超饱和的金属Y离子，使不锈钢的抗磨损寿命提高100倍，并具有抗氧化性。这是因为超饱和的离子注入产生替位原子的固溶强化，改善了材料表层的耐磨性能和抗氧化性能。

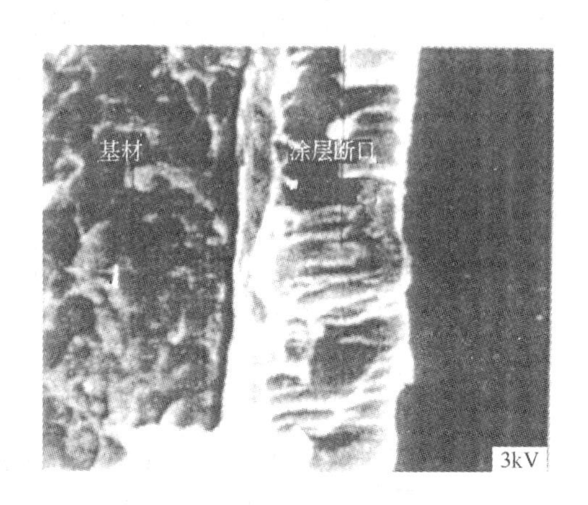

图 4-22 真空蒸镀铝膜的断口组织的扫描电镜形貌

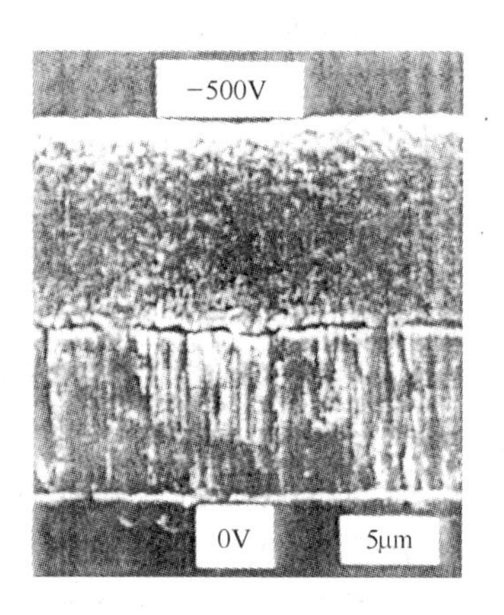

图 4-23 真空蒸镀钛膜的断口组织的扫描电镜形貌

Ti 金属元素离子注入 H13 挤压模具钢，大幅度地提高了挤压 Al 型材模具的使用寿命。其原因是因为 Ti 离子注入 H13 钢后，起到了高的位错强化，在 H13 钢中形成高密度的位错网，同时在位错网中还出现析出相。这种位错网和析出相使材料表面层的硬度和耐磨性得到提高。

Mo、W、Ti 及 V 的金属元素离子和 C 双注入钢中，Sn、Mo + S、Pb 离子注入钢中，使钢的摩擦系数明显降低，钢的表面形成自润滑。在分析离子注入表面后的磨损碎片晶粒发现，比没有注入的磨损碎片的晶粒更细，接近等轴，不是片状，因而改善了钢表面的润滑性，提高了耐磨性。

美国海军实验室用 Al 元素的离子注入钛合金，使更多的离子充填到了 Ti 合金的近表面区域，致使表面产生压应力，可以防止表面裂纹的产生，因而也延长了钛合金的疲劳寿命。

轴承是机械上应用最广的易磨件，用抗磨金属元素 Mo 和 Ta 的金属离子注入 9310 轴承钢，其磨损率分别下降了 93.8% 和 96.5%，使 9310 轴承钢的轴承使用寿命更长。

4.6.3.2 提高材料表面层的耐腐蚀性能

用金属 Cr 离子注入铜中，形成了新的亚稳态表面相，提高了铜的耐蚀性能。

因钛材料不耐还原性介质腐蚀，用 3.5% 的 Pb 离子注入纯钛材料中（约 100nm 深度），在浓度为 1mol/L 的沸腾 H_2SO_4 中，其耐蚀电位接近于 Pb，大大提高了钛材料在还原性介质中的耐蚀性能。Pb 离子注入钛材料后，在钛材料表面形成钝化状态，还可防止钛的缝隙腐蚀。

核反应堆的燃料包壳材料的耐蚀膜层，因受反应堆中辐照肿胀而剥落，露出的新鲜表面，又进一步被氧化。把金属 Y 元素离子注入包壳材料，可防止原包壳材料耐蚀氧化膜的剥落，并减少了氧化，对包壳表面起到耐蚀的作用。

4.6.3.3 提高材料表面层的抗氧化性能

用 Sr、Eu 或 La 金属元素离子注入钛材料，可快速扩散 50μm 深，填充了晶界，形成 $SrTiO_3$、$LaTiO_3$ 或 $EuTiO_3$，其填塞了氧原子通道，从而防止了氧的进一步内扩散。

用 Ba 离子注入钛合金，形成 $BaTiO_3$；Y 离子注入高铬钢形成 $YCrO_3$，抗氧化能力提高了1万倍。

30%原子浓度的Dy注入镍中，分析中发现，会有大于1nm的非晶表面层；用10%原子浓度的W离子注入铜，也会得到非晶表层，其抗氧化性、耐腐蚀性得到提高。

4.6.3.4 提高陶瓷材料的硬度，增加陶瓷材料的抗弯强度

陶瓷材料硬度提高与注入的条件有关。要使注入的量还未达到引起陶瓷材料无序态值时，相对硬度会随注入量的增大而加大。当注入量达到无序态埋层时，其硬度就开始下降。而注入层全部无序化时，它的硬度会低于未注入区的硬度。

实验研究结果表明：$3\times10^{16}cm^{-2}$的Y离子注入Al_2O_3陶瓷中，其硬度可提高1.57倍。$2\times10^{16}cm^{-2}$的Ti离子注入MgO陶瓷中，硬度可提高2.3倍。$3\times10^{16}cm^{-2}$的Ti离子注入ZrO陶瓷中，硬度可提高1.6倍。$1\times10^{17}cm^{-2}$的Ni离子注入TiB陶瓷中，硬度可提高1.7~2.1倍。

将Mn金属离子注入蓝宝石，负载为0.49N时，蓝宝石的抗弯强度为未注入Mn离子的2倍。

4.6.3.5 材料其他性能的提高

金属元素的离子注入，可使陶瓷材料电学性能得到改善。如把Fe离子注入MgO中，Fe^{3+}将转化为Fe^{2+}态。随注入量的增大，空穴性高电荷态中心向低电荷态转化，将增加导电性，并最终使金属态Fe成分增加，甚至析出注入金属元素的金属颗粒，使陶瓷材料导电电阻大幅度下降。研究表明，把Fe元素的离子注入MgO后，随Fe离子注入量的增加，电阻率可下降4个数量级，激活能可从0.47eV下降到0.16eV。

金属元素离子的注入，还可改善玻璃材料的折射率，引起玻璃的透射和反射的变化。已经发现用$2\times10^{17}cm^{-2}$的剂量，把Ti离子和N离子注入玻璃，可大幅度提高玻璃对阳光，特别是对红外线的反射率。

4.6.4 金属与合金作薄膜材料的中间过渡层

由于薄膜沉积制备过程中，膜层中造成的内应力与缺陷，致使膜/基结合力低下，加上有的基体材料的线膨胀系数与膜层材料差别较大，也造成膜/基结合力不高。而膜/基结合力又是发挥涂层优异性能的基础，是薄膜（涂层）应用中最为关键的性能。为了解决并提高膜/基材料的结合力，金属与合金在沉积中作为过渡层，起缓解因线膨胀系数差别过大，造成内应力过大的矛盾，对提高膜/基结合力起到关键作用。最为典型的是金刚石膜和类金刚石膜，它们的膜层因硬度高，沉积过程中产生的内应力大，膜层易碎易裂，金刚石与类金刚石与基体材料结合力低。因此在基材上沉积金刚石和类金刚石薄膜通常都需采用中间过渡层，其中就离不开金属及其合金作为涂镀的中间过渡层来提高膜/基结合力。

例如在金刚石膜硬质合金涂层刀具的沉积过程中，就需增加中间过渡层，目前经常采用的是纯Ti、WC、Ti-Ni-Nb、Nb-Ag-Nb、DLC、TiC和TiN等过渡层。镀制这类有一定厚度的中间过渡层，可消除硬质合金中Co的不利影响，更重要的是起到线膨胀系数梯度过渡作用，从而提高了金刚石膜与硬质合金的结合力，在应用中解决了金刚石膜易裂易崩的难题，提高了金刚石膜硬质合金涂层刀具的使用寿命。

在电子工业精密冲、剪模具硬质合金基体上镀DLC膜时，采用沉积有Ti(0.4μm)和Si(0.4μm)的中间过渡层，即用DLC/Ti、Si/基体（硬质合金）的中间过渡层的结构可提

高精密冲剪硬质合金模具的使用寿命。又如在镀锌钢板的深冲模具上沉积 DLC 膜时，掺入 W 元素，可以使 DLC 膜不用润滑剂，经同样次数的深冲后，工件表面质量明显优于未镀的模具。还有高保真扬声器，通过沉积 DLC 膜来提高它的高频响应时，为防止 Ti 振膜上 DLC 膜在高频震动时剥落或崩落，沉积时采用钛基体-Ti-TiC-DLC 的膜层结构，其中 Ti-TiC 两层均为中间过渡层，使 DLC/Ti 的结合强度获得提高。

金属与合金作为中间过渡层的实例还有很多，这里就不再一一列举。可以说，金属与合金膜是中间过渡层在提高膜/基结合力、提高镀膜产品使用寿命起到了至关重要的作用。

4.6.5 其他作用

金属与合金薄膜的功能作用还有许多，如飞机座舱的玻璃，采用物理气相沉积镀制 1μm 的 Ag、Au、Cu 和 Al 等薄膜，使红外波段具有很低的发射率，玻璃视窗（飞机）起到了良好的绝热作用。飞机上用的钛合金紧固件采用离子镀 Al，解决了钛紧固件与飞机上铝合金蒙皮接触加速铝合金的腐蚀问题，在飞机的蒙皮上采用离子镀 Al 还可提高机翼的耐疲劳性能。

还有适用于 450℃钛合金叶片的 WC/Co 耐磨涂层，叶片榫头部位沉积防粘防啮合的 Ag 膜层等。用离子镀金属膜代替电镀，如飞机上用的钛合金紧固件，原采用电镀法镀 Cd，在飞机飞行中受到大气、海水腐蚀，使 Cd 镀层易产生“镉脆”，甚至造成空难。后用离子镀在钛合金紧固件上沉积 Al 膜，解决了飞机零部件的“镉脆”问题，也开辟了用无污染的离子镀代替电镀的先河。对于钢带的防护，过去大多采用热镀 Al，现已用真空镀 Al 膜代替，使用寿命得到提高。采用连续的卷绕式镀膜生产的真空镀 Al 膜的钢带（Al 膜厚可达 3 ~5μm）在汽车钢板、消声器、散热片、包装用的罐头盒、饼干盒、家电用机箱、底板等上应用。还有真空卷绕镀 Al 膜包装袋等。用磁控溅射镀制的 Zn-Al 合金膜，其性能优于纯 Al、纯 Zn 膜，用负偏压沉积后，其膜/基结合力也获得提高。

有关金属与合金薄膜在光通信、光学、太阳能和电子器件中作导体膜、超导膜、磁记录材料膜、集成电路中的布线和显示器件膜等都具有十分重要的作用和地位。这里因讲述的是在机械功能中的作用及用途，就不再叙述了。

4.7 超硬薄膜

超硬薄膜，实际上是“非金属超硬膜”。硬度 HV 都在 4000 以上（极个别的也有在 3000 以上）。在这类超硬膜中，研究最多的是金刚石膜、类金刚石膜（DLC 膜）、C-BN、B_4C、β-C_3N_4、TiSiN 以及多层硬质耐磨膜和纳米超硬多层膜（包含纳米超硬复合膜）。除金刚石外，这些材料都是人工合成的，没有天然对应物。

超硬膜的研究开发发展很快，主要是源于工程应用的驱动，特别是金刚石膜、类金刚石膜和多层硬质耐磨膜及纳米多层膜的研究最为突出。尽管这些超硬膜在工程的推广应用中碰到了许多工程上的实际问题，诸如金刚石膜、类金刚石膜硬度虽高，但它们易裂，与基体的结合强度差；在多层超硬耐磨膜和纳米超硬膜的沉积制备中，其最佳硬度的工艺窗口较窄，致使工艺操作难度加大；而且要沉积出超硬点阵膜层的设计厚度、工艺控制十分困难，原因在于工程应用中被沉积镀制超硬膜层的部件形状都不大可能是平面，往往形状比较复杂；且在服役温度下又会有相邻界面元素的内扩散，这种相邻界面元素的内扩散难以防止，内扩散的结果常导致硬度的变化或者使超硬膜硬度的退化。目前还有一些基础理论和基础技术工作亟待去研究和解决。尽管如此，超硬膜特别是类金刚石膜、金刚石膜在工程上的应用还是获得了极大的发展。多层超硬耐磨膜和纳米多层膜特别是纳米超硬多层膜，诸如氮化物所组成的纳米超硬复合膜，因其氮化物能在膜层和晶体间形成强大的结合力，化学稳定性又好，摩擦系数又低，镀制后能有效提高膜层强度和硬度。如 TiN-NbN 的超硬复合膜层刀具已在铣削碳钢、不锈钢切削上获得应用，切削的使用寿命明显优于用 PVD 法沉积制备的 TiCN 膜层刀具和用 CVD 法沉积制备的 TiCN 涂层刀具。随着对超硬膜层的深入研究和开拓应用，特别是“产业技术的过关”，超硬膜的发展前景和应用的潜力是巨大的。

4.7.1 金刚石膜

金刚石是所有天然物质中硬度最高的材料。在力学、热学、光学、电学和声学等众多方面显示出优异的性能。正由于它有诸多优异性能集于一身的特点，被誉为 21 世纪的新型功能薄膜材料。20 世纪 80 年代以来，在席卷全球的研究开发热潮中，金刚石所有的性能组合显示出诱人的广泛的应用前景，吸引了众多的科技工作者跨学科地开展研究工作。从 1970 年苏联学者 Deryagin Spitagh 等人冲破了高温高压才能制备金刚石的禁锢，首先在低温低压条件下用 CVD 的方法实现了由石墨到金刚石的转变。到 20 世纪 80 年代初，日本学者 Setake 等人在 CVD 的研究初步展现出实际应用的可能，直到 90 年代初开始取得实质性进展。经过 30 年来全球科技工作者对金刚石膜的研究与开发，在理论上和相关的测试方法、沉积工艺与技术装备、应用研究与产品开发等方面都取得了令人瞩目的成绩。国内在“863”高技术新材料计划中，也抓住了时机，有效组织了国内科研院所和高等院校等单位的骨干力量，在沉积制备工艺和相关的检测方法，超硬材料、热沉材料、金刚石半导体和光学材料等研究和应用上，都取得了可喜的成绩。后又专门列有专项，并要求有实际应用，诸如超硬金刚石膜的涂层刀具和金刚石膜在光学上的突破与应用等，都做出了令人比较满意的成果。

当今，人工合成金刚石薄膜的方法主要还是 CVD 法，PVD 法沉积制备大多为类金刚石膜。金刚石膜的 CVD 法有：热丝 CVD 法、射频等离子体 CVD 法、直流射流 CVD 法、微波等离子体 CVD 法和火焰燃烧 CVD 法等。现今，已经可以制成热导率达 22W/(cm·K) 大面积的高质量的光学级透明金刚石膜。从 2006 年在美国召开的国际金刚石学术会上的论文看，新的东西和拓展面不断涌现。随着先进国家对高速拦截导弹和红外热成像的技术日益增长需求，金刚石膜已成为唯一可供选用的材料。这些都吸引着人们的注意，但在金刚石膜产业化的进程上，全球并没有取得突破性进展。交流中可知，用 CVD 法沉积制备生产金刚石膜最大的亮点是“大的金刚石单晶和纳米金刚石膜”，其中“大的金刚石单晶”一个很重要的用途是作首饰，有粉红色、黑色、蓝色和红色。美国人认为这方面市场前景看好。目前日本也有大的金刚石单晶出售。由于技术上已经实现了可使金刚石膜中的缺陷降到极低，体现在电子器件的制作上已经做得比较好了，达到了很高的水平，进展可贵，特别在微纳器件上，过去大多用 Si 来制作，现今已可以用纳米金刚石膜来研究开发做微纳米电子器件。美国已成立专门的公司，用纳米金刚石膜在开发研制纳米电子器件。

就作者自己从实践中的认识看，金刚石膜在产业化的道路上，开发低端用的金刚石涂层产品，如金刚石膜工模具产品的产业化技术已经实现，已有金刚石工具镀膜产品在市场上销售。其中端产品，如“热沉”用的金刚石镀膜产品，在技术上已经完全突破，为产业化已经打下了基础。目前只是在高端产品上，特别是军事用途的金刚石膜光学器件、微纳器件等，在技术研究开发上虽有很大进展，也有像样的器件样品研制成功，但要真正能应用上，还有许多应用中的难关需要攻克，如光学级透明金刚石膜的沉积制备方法，就目前所知只有微波等离子 CVD 法和直流等离子射流 CVD 法。这方面能否开发研究出其他更好的方法和沉积工艺等，都还会有一段艰难的路要去跨越，距产业化的距离还不小，还需科技工作者和器件设计人员的共同努力，方能突破难关，实现金刚石膜在高端产品上的产业化应用。

4.7.1.1 金刚石薄膜的结构

金刚石虽然是典型的原子晶体结构，但它的晶格是一个复式的格子，是碳的同素异形体之一，属面心立方结构；每个晶胞有 8 个碳原子，如图 4-24 所示。其晶格常数 298K 时为 0.356683nm。另有一种由 sp^3 键构成的六方金刚石，每个晶胞内有 4 个原子，298K 时晶格常数为 $a=0.252$nm，$c=0.412$nm，结构如图 4-25 所示，在结构稳定性上比面心立方结构的金刚石差，其他性能相近。

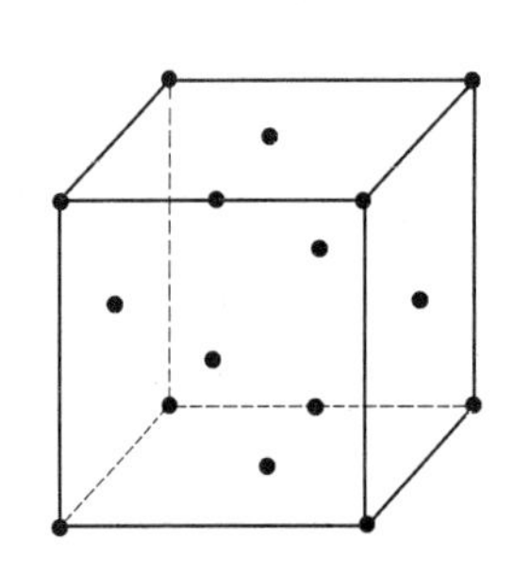

图 4-24 金刚石的晶胞

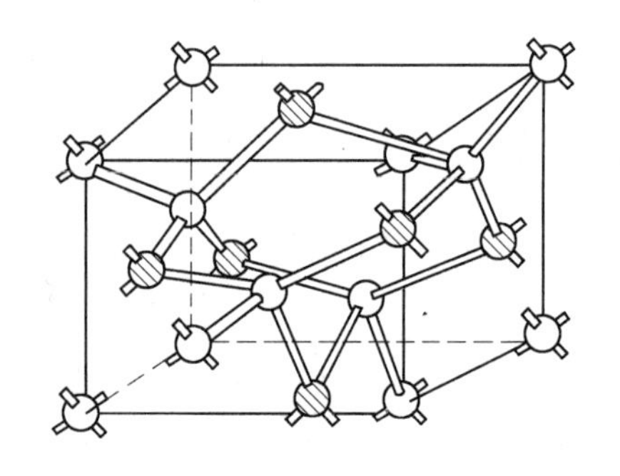

图 4-25 金刚石结构

金刚石的宏观晶体形态是多种多样的，通常所见的晶形是八面体和菱形十二面体，其次是立方体。在气相沉积金刚石薄膜的显微形貌中常出现多种的晶体形态，不同形态的出现，完全与气相沉积的工艺参数密切相关。由于金刚石的特殊晶体结构，就造就了金刚石具有许多优异的性能。诸如在所有的物质中具有最高的硬度（HV 约 10000），在 30 ~ 650℃范围内是热导率最优的固体物质（22W/(cm · K)），室温下为铜的 5 倍，硅的 15 倍，80K 时为铜的 25 倍，此时的热导率最高。同时又是很好的绝缘体，室温电阻率为 10^{16} Ω · cm，掺杂后可成为半导体材料，能制作高温、高频和高功率器件。另外，还有许多特殊的性能，如红外和可见光的透光性、耐磨耐蚀、抗辐射、耐高温和化学惰性等，因此一直是人们十分关注的，集多种优异性能于一身的和应用前景广阔的好材料。

4.7.1.2 金刚石薄膜的优异性能

金刚石薄膜除了具有超高的硬度外，在力学、热学、电学、光学和声学等方面都有许多独特的性能。表 4-6 列出了 CVD 金刚石薄膜的性质；同时，也把天然金刚石的性能一并列出，以便比较。从 CVD 金刚石薄膜的力学、电学、热学、光学和声学的性能组合可知，是其他任何材料都不具备如此多的优异性能集于一身的材料。

表 4-6 金刚石膜的性质

参 数	CVD 金刚石膜	天然金刚石
点阵常数/nm	0.3567	0.3567
密度/$g \cdot cm^{-3}$	3.51	3.515
摩尔定压热容 C_p(300K)/$J \cdot mol^{-1}$	6.195	6.195
弹性模量/GPa	910~1250	1220①
维氏硬度 HV	5000~10000	5700~10000①
纵波声速/$m \cdot s^{-1}$	—	18200①
摩擦系数	0.05~0.15	0.05~0.15
线膨胀系数/K^{-1}	2.0×10^{-6}	1.1×10^{-6}③
热导率/$W \cdot (cm \cdot K)^{-1}$	21	22①
禁带宽度/eV	5.45	5.45
电阻率/$\Omega \cdot cm$	10^{12}~10^{16}	10^{16}
饱和电子速度/$km \cdot s^{-1}$	270	270①
载流子迁移率/$cm^2 \cdot (V \cdot s)^{-1}$	—	—
电 子	1350~1500	2200②
空 隙	480	1600①
击穿场强/$MV \cdot m^{-1}$	—	1000
介电常数	5.6	5.5
光学吸收边/μm	—	0.22
折射率（10.6μm）	2.34~2.42	2.42
光学透过范围	从紫外直至远红外（雷达波）	从紫外直至远红外（雷达波）
微波介电损耗（$\tan\delta$）	<0.0001	—

①在所有已知物质中占第一。②在所有已知物质中占第一。③与 Invar 合金相当。

从它在机械功能上看，除了具有最高硬度、低的摩擦系数、密度小、高的弹性模量以及声音的传播速度快外，还具有好的化学稳定性和能耐各种温度下的非氧化性酸，加上无毒，与血液不起反应等特性，因而在机械功能和防护膜层上，金刚石薄膜都是具有发展前途的新型机械功能膜层材料。

4.7.1.3 金刚石薄膜生长的基本原理

CVD 法低压沉积的金刚石膜是以石墨相为稳态、金刚石为非稳态的区域中进行，基于石墨和金刚石相的化学位又十分接近，两相均能生成。为了促进金刚石相的生长同时抑制石墨相的生长，最有效的技术工艺手段就是使用原子态的氢去刻蚀石墨。根据现在的实验分析看，氢的作用有三点：一是离化的原子态氢有助于碳氢化合物（如甲烷）的离化，以便产生活性的甲基团 CH_3；二是原子态的氢的存在有利于稳定金刚石的 sp^3 键，不利于形成石墨的 sp^2 键；三是用原子态的氢对生成的石墨可起到刻蚀的作用。

现列举两种金刚石膜形成的机理。如图 4-26 所描述的是一个理想的抗石墨化的可能机理之一，称为理想的主要原因是石墨的表面上不一定只有 6 个碳原子簇，通常应是更多

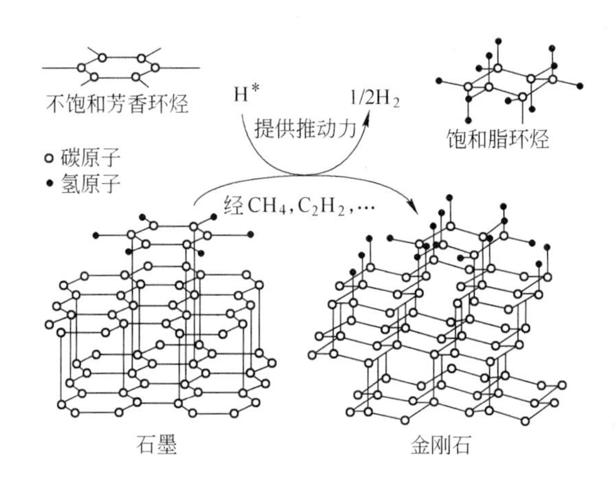

图 4-26 热丝法沉积金刚石膜的过程

的碳原子的原子簇；而气相中，主要是甲烷和乙炔等，而不是 6 个碳的环己烷。由于氢原子具有强的反应活性，易与石墨表面的碳原子发生反应生成甲烷、乙烯、乙炔、甲基和乙基等碳氢化合物。这些化合物又可在金刚石表面上释放出氢分子，而形成金刚石表面的原子簇并逐渐长大。由于金刚石表面上的碳原子是饱和的 sp^3 键构型，不易与氢原子反应，与此同时超平衡的氢原子的存在，形成不饱和的 sp^2 键构型的石墨晶核也不太可能，即相反过程不会发生，整个耦合的过程是单向的。

化学气相沉积金刚石膜所依据的化学反应是基于碳氢化合物（如甲烷）的裂解，这里举出苟清泉教授等人研究的一例，看一看其在 ME-CVD 的反应机制。

在 $CH_4 + H_2$ 的等离子体系中，可产生的活性化学反应有几十种，但最主要的反应有四种：

$$CH_4 + e \xrightarrow[8.5eV]{4.38eV} CH_3^- + H^* + e$$

$$H_2 + e \longrightarrow 2H^* + e$$

$$CH_4 + H \longrightarrow CH_3^- + H_2$$

$$CH_3 + CH_3 \longrightarrow C_2H_6^* + M \longrightarrow C_2H_6$$

上述反应中可知，能生成大量的甲基 CH_3^-，这种 CH_3^- 具有 sp^3 杂化轨道，利于形成金刚石。这种 CH_3^- 又是怎样形成金刚石的呢？其过程是由两个甲基 CH_3^- 结合成具有金刚石结构单元的乙烷 C_2H_6（见图 4-27）。周围的 6 个氢原子打掉并用 6 个 CH_3^- 与 6 个氢原

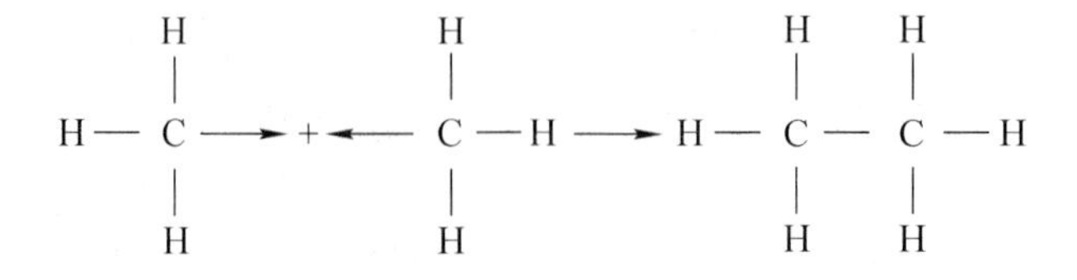

图 4-27 金刚石气相沉积中两个 CH_3^- 结合成 C_2H_6 的示意图

子的 C_2H_6 结合成具有 8 个金刚石结构单元的晶体，如图 4-28 所示。

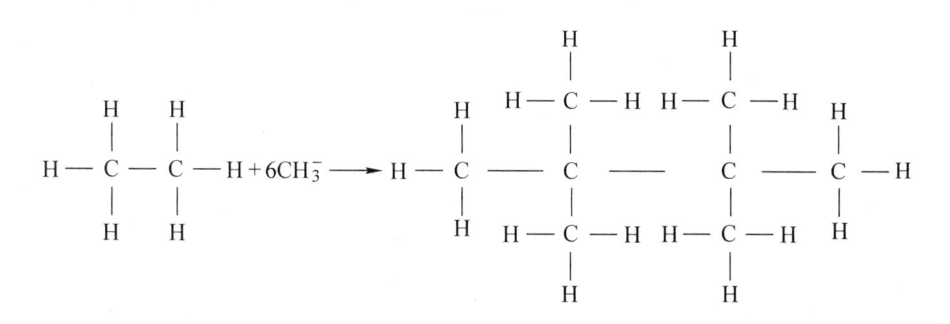

图 4-28 金刚石气相沉积中 C_2H_6 与 6 个 CH_3^- 结合成 8 个金刚石结构单元的晶体示意图

整个过程继续进行时，就可累积形成越来越大的金刚石晶体；与此同时，在低压合成金刚石的过程中，另一种可能的机制是生成石墨，其在原子氢的刻蚀作用下转变成金刚石，它的转变过程如图 4-29 和图 4-30 所示。

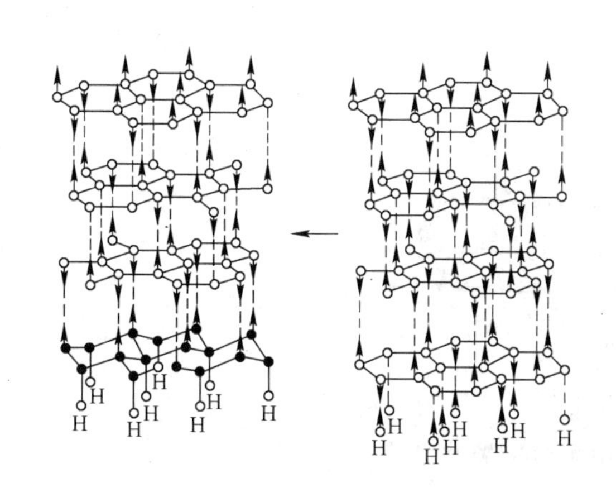

图 4-29 在氢原子作用下石墨结构转化成金刚石结构

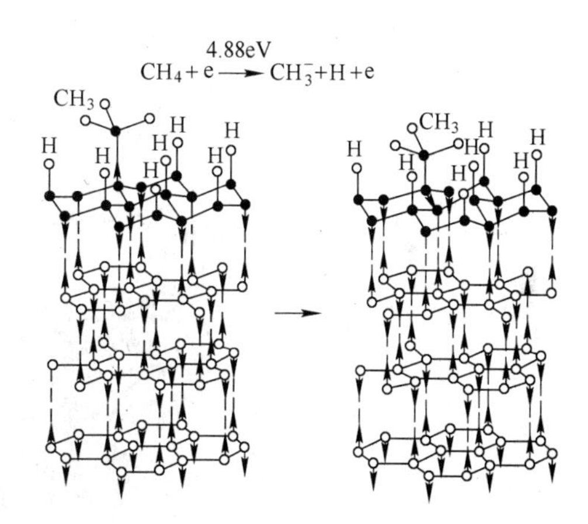

图 4-30 CH_3^- 与金刚石结构的石墨相互作用转化成金刚石

石墨原来是一个六边形的格子，在等离子体中由于大量高能活性粒子的作用发生“扭曲”，因而形成具有金刚石的结构（见图 4-29），再与生成的 CH_3^- 甲基反应，逐步脱氢，最后将生成的石墨转变成金刚石（见图 4-30）。

应该指出的是，金刚石膜实际沉积的过程是非常复杂的，至今尚未完全明白，特别是金刚石膜在异质衬底上的形核过程机理，历史上曾有过比较长期的争论，而且这类争议都有一定的实验证据为依据。

4.7.1.4 金刚石薄膜沉积制备方法和工艺参数对膜层质量的影响

A 沉积制备方法

CVD 法沉积金刚石膜的主要方法如图 4-31 所示。目前具有产业化发展前景的直流等离子喷射装置和热丝 CVD 装置，如图 4-32 和图 4-33 所示。

- 低压法
  - 简单的热分解化学气相沉积法
  - 激活化学气相沉积法
    - 热丝化学气相沉积法（HFCVD）
    - 燃烧火焰法（Flame eposition）
    - 等离子化学气相沉积法
      - 直流等离子喷射法（DC Arc plasma Jet CVD）
      - 射频放电
        - 低
        - 高压
      - 微波等离子体法
        - 微波等离子体法（MWCVD）
        - 电子回旋共振微波法（ECR-MWCVD）
      - 等离子体炬法
    - 化学输运法
    - 反应法（CTR）
      - 热输运
      - 等离子体输运
    - 激光化学气相沉积法（LECVD）
  - 其他方法

图 4-31　CVD 法沉积金刚石膜的主要方法

(a)

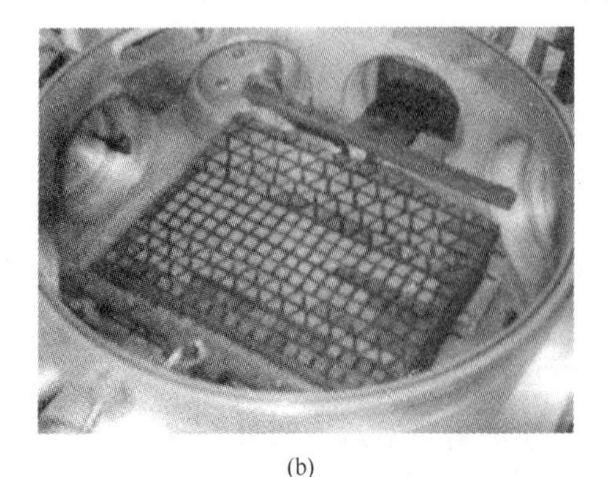

(b)

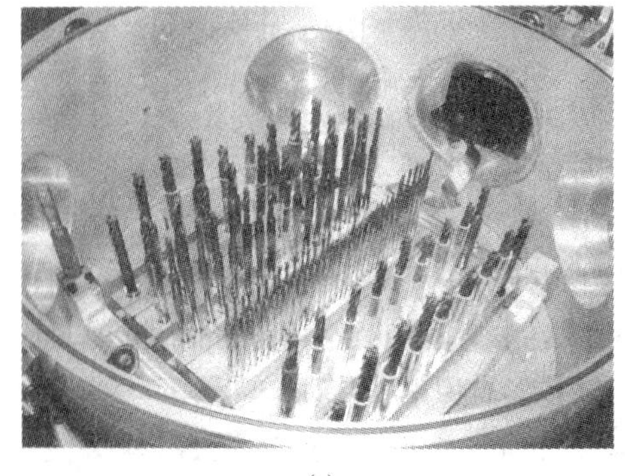

(c)

图 4-32　热丝 CVD 装置及其刀片、钻头的摆放示意图

（a）热丝 CVD 装置外形；（b）刀片装炉布局；（c）钻头装炉布局

图 4-33 直流等离子喷射装置内镀金刚石膜刀具的实况

Bachmen 等人根据等离子产生的原理对化学气相沉积的方法特点进行比较，将其结果列于表 4-7 之中。作者根据自己的实践总结比较后认为，比较有发展前途有望产业化前景的方法目前看是：热丝化学气相沉积、直流等离子喷射法（DC Arc Plasma Jet CVD）、微波等离子法。

表 4-7 各种化学气相沉积方法的比较

方 法	速率/μm·h⁻¹	直径/mm	质量(Raman)	优 点	缺 点
火焰法	30～100	<10	+ + +	简单	面积小，稳定性差
热丝 CVD	0.3～2	可以很大	+ + +	简单，面积大	灯丝污染，稳定性差，速率偏低
EACVD	>10	100	+ + +	速率高于 HFCVD	灯丝污染稳定性差
直流辉光放电	<1	50	+	简单，面积大	质量不高，速率低
热阴极放电	>10	50～70	+ + +	速率高，质量好	面积小
DC Plasma Jet	930，40～50	200	+ + +	速率高，质量好	工艺复杂，设备贵
低压射频放电	<0.1	200	+	放大容易	质量差，速率低
常压射频放电	180	30	+ + +	速率高	面积小，稳定性差，不均匀
微波 CVD	1～30	50～350	+ + +	质量好，低温沉积	设备贵，速率低
ECR 微波	0.1	>10	+	低温沉积	质量不高，速率低

这些方法的共同特点是：

（1）在气相中有高的激活态产生和有较高浓度的活性基团；

（2）能在非金刚石的基体上沉积生长金刚石膜；

（3）在生长金刚石膜过程中，必须要抑制石墨的生长，或在生长金刚石的同时石墨被刻蚀；

（4）可选用多种含碳气源，对碳、氢、氧的比例在体系中有较为严格的限制。

B 工艺参数对膜层质量的影响

从金刚石成核生长的热力学和动力学方面来考虑，这些方法中影响质量的主要共同因素有：基体材料、基体材料的预处理、沉积温度、工作炉压、气源比例和氢原子的特殊作用。由于成膜过程复杂，各种不同制备方法与各工艺参数又相互关联，彼此间又有差异，各工艺参数对沉积金刚石膜质量和沉积速率的影响还没有特定规律和精辟的解释。所谓的最佳工艺参数都是在某种方法中一定实验条件下的实验结果，难免有一定局限性。但并非没有启示性的规律可循，至少在一定工艺范围中，还是体现出它的科学性、规律性和可操作性。

C 化学气相沉积金刚石膜的表征方法

CVD 法沉积的金刚石膜一般都是由金刚石晶粒所组成的致密的多晶薄膜。目前除金刚石单晶表面的同质外延外，还不能制备大面积的异质外延单晶金刚石膜。通常采用扫描电镜、拉曼（Raman）散射谱和 X 射线衍射等方法对金刚石膜进行表征分析。

典型的金刚石膜表面及截面形貌如图 4-34 和图 4-35 所示。

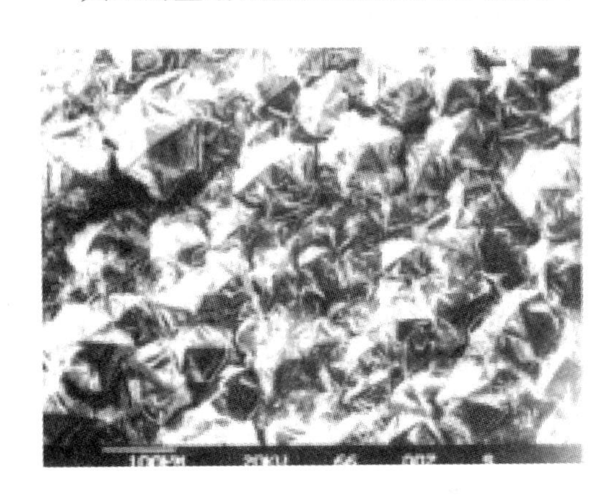

图 4-34 金刚石膜的表面形貌

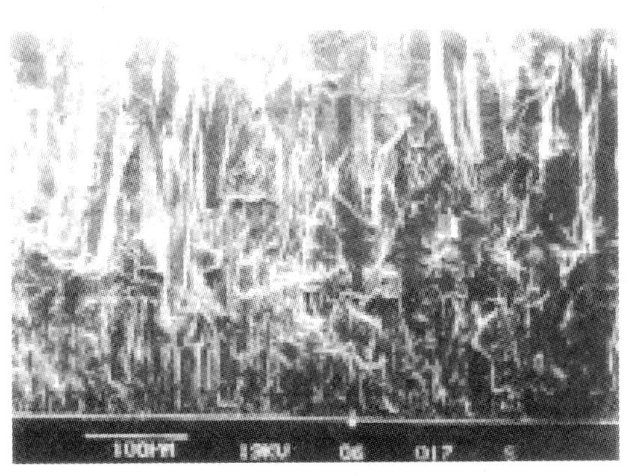

图 4-35 金刚石膜的截面形貌

金刚石的取向用 X 射线衍射测定。通常可观察到（111）和（100）的生长取向，在特殊情况下也可观察到（110）生长的取向。通过对衬底的预处理、沉积工艺参数和加负偏压等手段来控制金刚石膜的生成取向。

金刚石膜的内在质量用拉曼谱分析确定。拉曼特征峰的确切位置与其膜中存在的内应力、杂质的相对含量和晶体缺陷有关。图 4-36 和图 4-37 所示分别为优质的金刚石膜和含有较少晶体缺陷的金刚石膜的拉曼谱，从图中可知，金刚石膜的拉曼特征峰大致位于

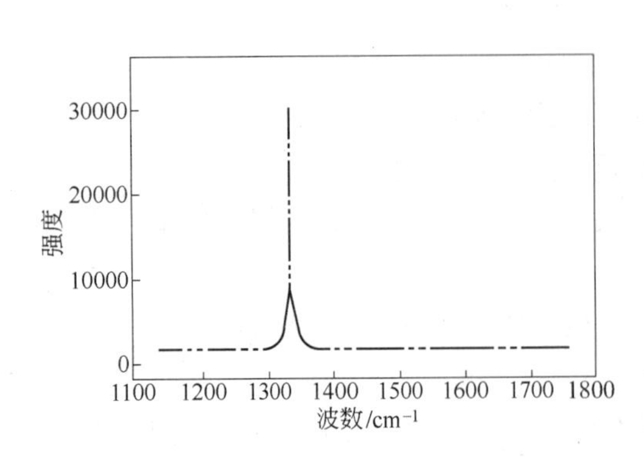

图 4-36 优质金刚石膜的拉曼谱

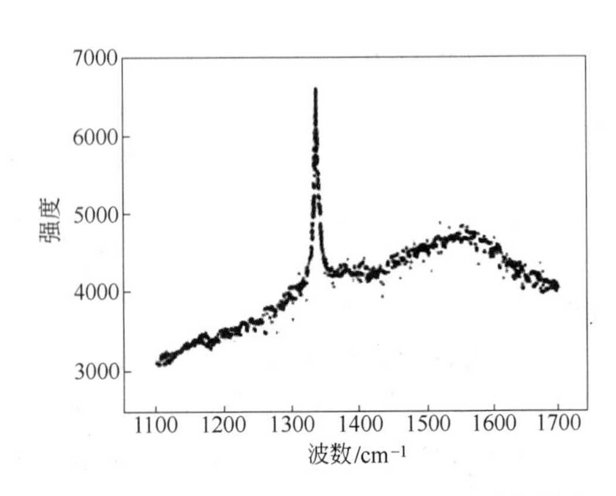

图 4-37 含有较少晶体缺陷的金刚石膜拉曼谱

$1332cm^{-1}$处，而非晶金刚石膜的拉曼峰一般在 $1350 \sim 1550cm^{-1}$之间，其具体的位置要视金刚石膜中非金刚石杂质的相对含量而定。由于非金刚石碳对拉曼散射比金刚石具有更高的灵敏度，加上金刚石膜中存在内应力，在评判金刚石膜的内在质量、测定它的特征峰确切位置时往往会偏离 $1332cm^{-1}$，如存在压应力，其峰位向高波数移动；存在拉应力，峰位向低波数位移。因而可根据其偏离 $1332cm^{-1}$的大小来评估金刚石膜存在的应力是拉应力或是压应力及应力的大小。

金刚石膜的拉曼特征峰的半高宽度与金刚石晶体的完整性有关，即与金刚石中的晶界、位错、晶粒缺陷、微孪晶等晶体缺陷有关。一般这些缺陷会使金刚石膜的拉曼谱半高宽度增加。从图 4-36 的优质金刚石膜的拉曼谱中可知，优质的金刚石膜不存在非金刚石碳峰，且金刚石膜特征峰的半高宽度很小。最高质量的光学级透明金刚石膜，其特征峰半高宽度与天然的Ⅱa 宝石级金刚石单晶峰完全相同。

D　影响金刚石膜生长的主要因素

从工艺角度上看，在金刚石膜形核与生长的过程中，第一阶段为形核。在含碳气源合理工艺参数下沉积于基体之上，形成一定量的孤立的金刚石核。要求是尽快在基体表面上形成金刚石晶核，并能有效控制晶核密度。第二阶段为生长阶段。金刚石晶核不断长大连成一体，覆盖整个基体表面，在沿垂直方向上生长成一定厚度的金刚石膜。这一阶段是让已形核的金刚石晶核长大，能有效控制生长速度和膜层质量。其中“形核”阶段是沉积中最关键的一步，没有金刚石形核就没有后续的金刚石生长。现今提出的“两步形核”、“气相形核”等机理，形核过程大致如图 4-38 所示。

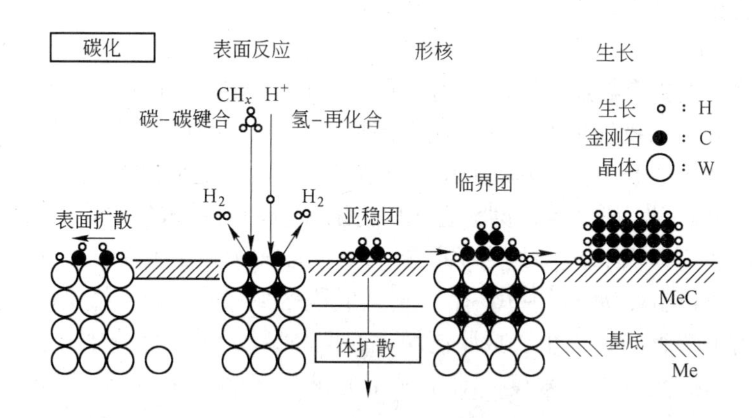

图 4-38　金刚石气相形核过程示意图

金刚石膜的沉积过程是一个比较复杂的物理化学过程，其中动力学因素是金刚石形核、快速生长成膜和抑制石墨相生长的重要控制因素，这些重要的影响因素有以下几方面。

a　基体材质

基体材质对金刚石形核影响较大，一般分为：

（1）天然金刚石基体，最易形核和生长金刚石，这是同类型核同质外延生长，其表面形核势垒最小，结构匹配。

（2）强碳化物形核基体（如 Ti、W、Mo 和 Ta）通常先在这类基体上形成碳化物，金刚石再在碳化物上形核，其形核过程如图 4-39 所示。

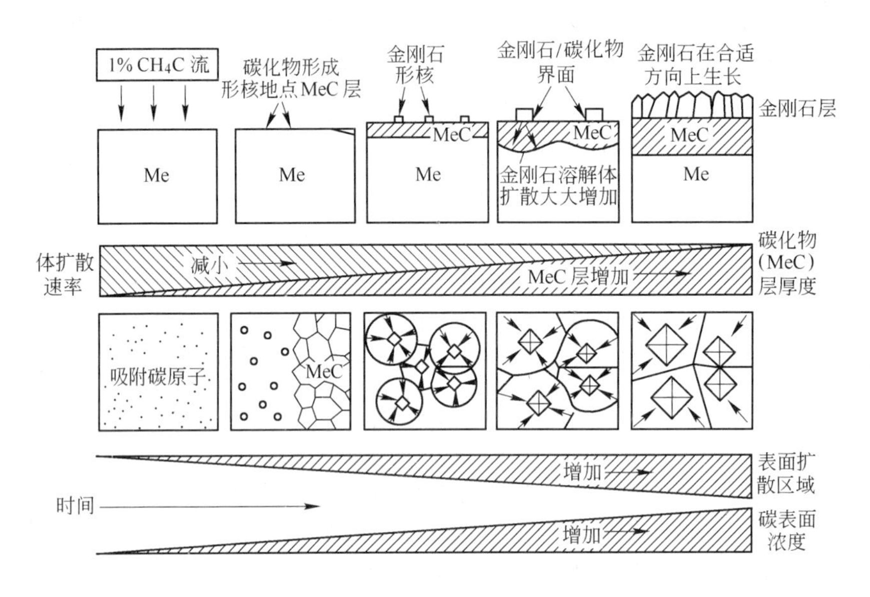

图 4-39 金刚石在强碳化物形成元素基体上的形核过程

（3）非碳化物形成基体。因金刚石形核要在较高碳浓度下进行，需要在这类基体上形成一层“碳膜”，如非晶碳、石墨等，金刚石再在其上形核，尽管形核有困难，随技术的进步，现今已能在这类非碳化物形成基体上生成金刚石。

b 基体表面状态

基体表面状态主要影响形核密度。用不同方法的前处理，所得的形核密度、形核质量完全不同。基体的“划痕处理”可大幅度提高形核密度，它使基体产生许多有利于生长金刚石的缺陷（形核中心）。这些缺陷降低了形核的自由能，起强化核的作用。图 4-40 ~ 图 4-42所示分别为用金刚石研磨膏研磨、含 SiC 粉末和金刚石粉末经超声处理后沉积的金刚石膜形貌。经研磨的 Si 片，成核约为 10^8 个/cm^2。沉积时不仅连成膜，且晶型好。经 SiC 粒子超声处理，成核密度为 $10^7 \sim 10^8$ 个/cm^2，成膜区域较小。而经金刚石粉末超声处理后，形核密度为 10^9 个/cm^2 以上，成膜区域大，但晶型较差。表面缺陷越大，形核密度越高，但形核密度的提高有一定限度。对于晶型完整的多晶金刚石膜，其形核密度一般在 10^8 个/cm^2 数量级。

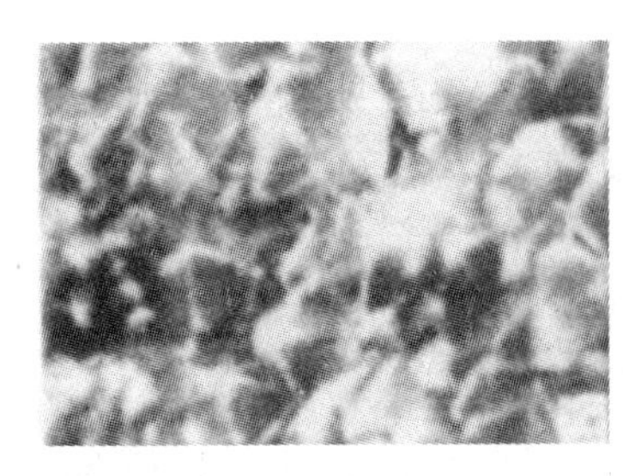

图 4-40 用金刚石研磨膏研磨后的金刚石膜形貌

图 4-41 用含 SiC 粉末的超声液处理后的金刚石膜形貌

图 4-42 用含金刚石粉末的超声波处理后的金刚石膜形貌

c 基体温度

基体温度高温的基体是金刚石形核能量的来源，对形核有利。1200℃时将发生石墨化，最先形核的金刚石晶核高温下迅速增长、长大，抑制了其他金刚石晶核的形成，造成形核密度不高，甚至基片变形，产生过大应力，故基体温度不能高于1200℃。温度太低，能量不足，形核困难，常伴随石墨生长；且低温下氢原子对石墨的刻蚀作用太弱，致使金刚石中石墨含量增加。目前一般都在600～1100℃温度下形核生长金刚石。

d 碳源气体浓度

碳源气体浓度是影响形核的主要因素。浓度太低，形核无法进行；太高，造成石墨和非晶碳的大量生成，使金刚石不纯。适中的碳源浓度可获得高的形核密度和质量。沉积方法不同，碳源气的浓度也会有差异，目前金刚石形核碳的浓度在0.5%～5%之间。

e 等离子体密度与功率密度

等离子体密度与功率密度对金刚石形核有影响。等离子体密度越大，含有对形核有用的活性基团CH_3、C_2H_2和H就越多，对形核有利。等离子体密度的大小，主要取决于沉积方法。热丝法最小，等离子射流法最大。功率密度越大，等离子体密度就越高。

f 真空沉积室气压

真空沉积室气压对形核有一定影响。压力大小决定着基体气体密度和气体间碰撞的几率。压力高，气体密度虽大，但有效活性基团的密度并不随气体密度增大而线性增大，到最高点后会下降。这是因碰撞过于频繁，气体分子和原子不能获得较高的能量所致。压力过低，虽有效活性基团的比率高些，但气体总量有限，有效活性基团总数实际并不多，形核密度也不会太高。只有合适气压才能获得较高的形核密度。不同的沉积方法，最佳沉积气压范围会有差异。

g 基体偏压

基体偏压加偏压能明显提高金刚石的形核密度。对热丝法和微波法尤其重要。正、负偏压都对形核有利。因它加强了碰撞过程和冲击。工艺上多数采用负偏压形核。虽然形核过程非常复杂，但可通过上述这些影响动力学的工艺因素手段来控制金刚石的形核过程。

E 影响金刚石生长动力学的主要工艺因素

金刚石生长阶段与形核阶段不完全相同，形核大多在异质基体上进行；生长阶段则是金刚石的同质外延，相对形核，生长较容易。形核阶段影响动力学因素的工艺参数可延续到生长阶段，但不同阶段其动力学影响的工艺参数作用并不完全相同。只有基体温度、等离子体密度、碳源在氢中的浓度和沉积室的气压这些动力学工艺参数的影响最大。

a 基体温度

基体温度对金刚石生长速率和质量影响较大。温度越高，生长速率越大。超过1200℃金刚石有石墨化倾向。温度太高，生长速率过快，金刚石晶粒粗大，晶粒间空洞较多。基体温度还影响金刚石的择优取向。对不同制备方法，温度对择优取向有所不同。温度太低，沉积速率低，难以使氢原子对石墨进行刻蚀，不易成膜。因此，生长阶段基片温度一般控制在600～1100℃。

b 等离子体密度和功率密度

等离子体密度和功率密度取决于等离子体产生的方法和功率，主要影响金刚石的生长速率。等离子体密度越大，等离子体中活性基团就越多，金刚石生长就越快。目前，等离子射流法功率最高达 1000kW，此法的最高速率可达 930μm/h。热丝法产生的等离子体密度较低，生长速率一般仅为 1 ~ 2μm/h。只要提高功率密度，热丝法的生长速率可达 10 ~ 20μm/h。

c　碳源气体浓度

碳源气体浓度主要影响金刚石的纯度和生长速率。碳源浓度增加，金刚石膜纯度和质量变差，而生长速率有所增加；碳高到一定程度，就不是刻面清晰的金刚石，而是球形金刚石聚集体或石墨，这是因氢原子对生成石墨的刻蚀速度低于石墨的生成速度。图 4-43 (a) 所示为热丝法 0.8% 左右的丙酮-氢源所得的十分清晰的晶粒形貌。拉曼谱 1333cm^{-1} 处有一尖锐的金刚石特征峰（见图 4-44 曲线 1）。当丙酮浓度升高时，晶粒的自形性随丙酮浓度升高而变差，呈粗糙的球状晶体（见图 4-43(b)和(c)）。拉曼谱中的金刚石特征峰也降低，类金刚石峰 1550cm^{-1}处的馒头峰升高（见图 4-44 曲线 2 和曲线 3）。这是因丙酮浓度低时（约 0.8%）活性氢原子浓度较高，而 CH_3^- 等含碳活性粒子浓度较低，比较容易使 CH_3^- 脱氢，以 sp^3 键形成金刚石结构，并使石墨气化。当丙酮浓度较高时，沉积物中会造成石墨和非晶碳的生成，使金刚石不纯，导致结构缺陷增加，因此在晶粒形貌上就明显不如 0.8% 左右的浓度特征。

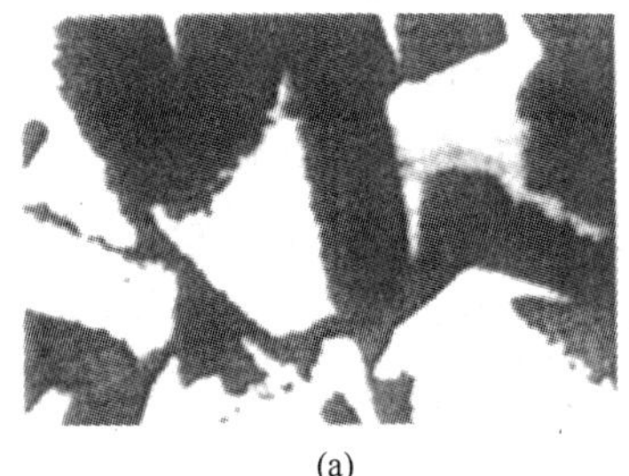
(a)

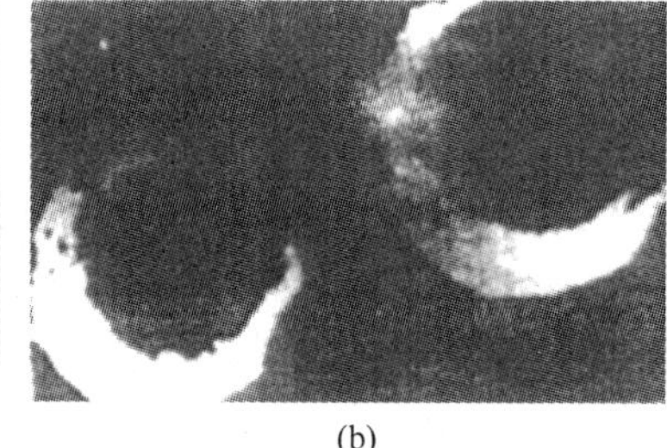
(b)

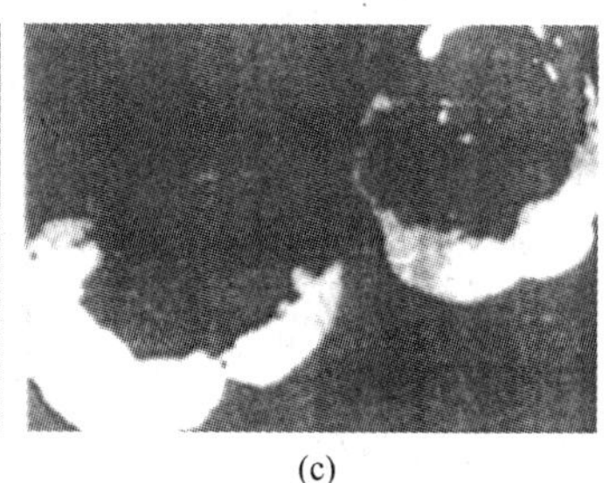
(c)

图 4-43　不同丙酮浓度的金刚石晶粒的电子显微镜照片

（a）丙酮浓度 0.8%；（b）丙酮浓度 2%；（c）丙酮浓度 5%

在直流射流法中，甲烷浓度对金刚石晶型、纯度和生长速率都有较大影响。图 4-45 所示为 1000℃ 基体温度下不同甲烷浓度的金刚石表面形貌。0.6% 金刚石晶粒刻面清晰，棱角分明，没有二次形核。升到 1% ~ 2% 时，金刚石颗粒刻面虽然清晰，棱角也分明，但出现了二次形核。升到 3% 时，金刚石变成球状晶粒，是许多细小金刚石微晶的聚集体，显示出随甲烷浓度的增加二次形核增多，金刚石晶形变差。甲烷浓度增大，会使碳氢基团在金刚石表面沉积速度增加，而碳氢基团在一定温度下，其在金刚石表面上的迁移速度基本不变。因此当甲烷浓度增加，二次形核随之增大。与金刚石共沉积的石墨因氢浓度较低无法将石墨完全刻蚀，夹杂于金刚石晶体中，使晶型变差。甲烷浓度太低，晶型虽然较好，但膜的致密度较低，存在空洞较多。

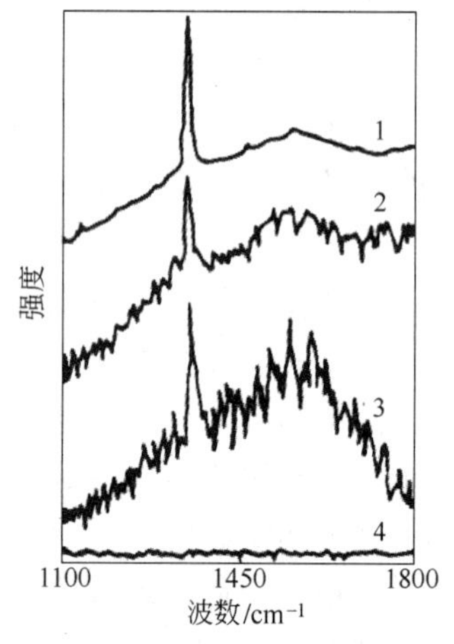

图 4-44　不同丙酮浓度的金刚石的拉曼谱

1—0.8%；2—1.4%；3—2%；4—5%

图 4-46 所示为不同甲烷浓度金刚石膜的拉曼谱。从图中可见，在 0.6% 时存在 1332cm^{-1}的金刚石特征峰；在 1.5% 时

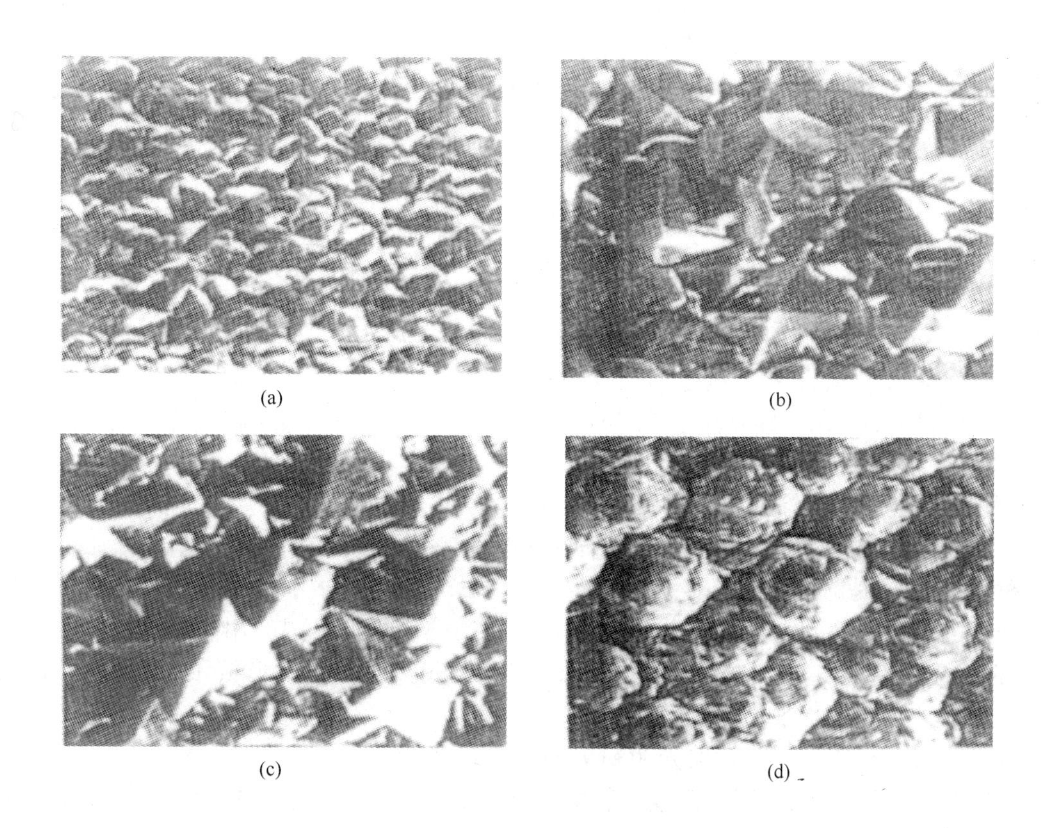

图 4-45 不同甲烷浓度下金刚石膜表面形貌
（a）0.6%；（b）1.0%；（c）2.0%；（d）3.0%

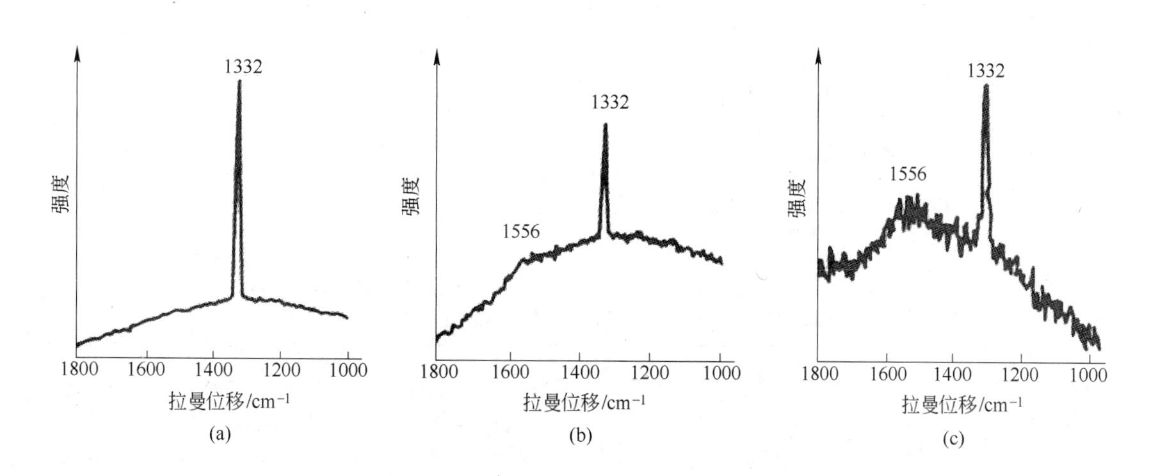

图 4-46 不同甲烷浓度下金刚石膜的拉曼谱
（a）0.6%；（b）1.5%；（c）3.0%

$1556cm^{-1}$处出现了非晶碳峰；在 3.0% 时 $1556cm^{-1}$处出现了较大鼓包，含有较多的非晶碳。图 4-47 所示为金刚石膜不同甲烷浓度下的生长速度。从图中可见，甲烷浓度增高，生长速度差不多呈线性增长。甲烷浓度增加，导致非晶碳、石墨沉积速率及金刚石膜生长速率的提高。因为氢的相对浓度降低，使氢对非晶碳、石墨刻蚀速度减慢，致使金刚石膜中非金刚石相增加。不同的沉积方法其甲烷浓度的范围有所不同。一般碳在氢中的浓度范围在0.1% ~3%之间就可得到高质量的金刚石膜。

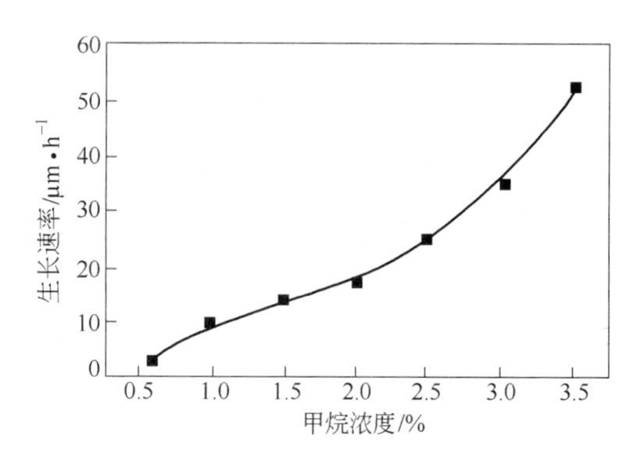

图 4-47　金刚石膜生长速率与甲烷浓度的关系

d　沉积室气压

沉积方法不同，沉积室气压变化很大。火焰燃烧法在大气中沉积，电子回旋共振微波法在 10^{-1}Pa 下沉积，目前普遍采用的是几千帕至几十千帕沉积。其他因素还有诸如气源中微量的 O、F、Cl 等对提高金刚石的质量有好处。而气体中其他杂质过高对金刚石膜纯度也有影响。

总之，形核是前提，是基础；生长是目的。两个阶段既有相同处，又有不同点。因目的不同可采用不同的动力学工艺参数加以控制。往往应根据不同的用途所需性能上的差异，选用合适的方法，采取各阶段不同的工艺参数来控制金刚石的形核和生长过程，以获得所需性能与用途的金刚石膜。

4.7.1.5　金刚石膜沉积与应用研究的主要进展

21 世纪开始至今，金刚石薄膜材料的性能与沉积制备研究已达到相当高的水平，国内外的研究取得了令人瞩目的进展。为便于比较，把反映国内外在金刚石膜部分的主要制备技术、应用研究和应用基础研究的主要进展列于表 4-8。

表 4-8　国内外金刚石膜部分研究进展比较

研究领域		国外（主要是日本、美国）	国　内
金刚石膜制备技术	制备方法	MW-PCVD，HF-CVD，EA-CVD，DC-Jet，DC-PCVD，ECR-CVD，火焰燃烧法等	MW-PCVD，HF-CVD，EA-CVD，DC-Jet，DC-PCVD，火焰燃烧法等
	大面积金刚石膜	ϕ150mm（EA-CVD 方法） ϕ300mm（DC-Jet CVD 方法）	ϕ100mm（EA-CVD 方法） ϕ100mm（DC-Jet CVD 方法）
	生长速率	20μm/h（EA-CVD 方法） 980μm/h（DC-Jet CVD 方法）	15μm/h（EA-CVD 方法） 40μm/h（DC-Jet CVD 方法）
	外延生长	天然金刚石上大面积同质外延，Ni、SiC、CBN 上的异质外延，Si 上的定向生长，大单晶金刚石	高压金刚石上同质外延，CBN 上的异质外延，Si 上的定向生长，Si 实现异质外延
	掺　杂	P 型掺杂（B），电阻率达到 10^{-2}Ω · cm，N 型掺杂（P），电阻率为 50 ~100Ω · cm	P 型掺杂（B），电阻率达到 10^{-2}Ω · cm，N 型掺杂（P），电阻率为 100Ω · cm 以上
	高品质金刚石膜	透明（大面积厚膜） 高热导率：22W/(cm · K) 超薄膜：0.5μm 厚，具有很好的气密性 高度定向（100）面，纳米金刚石膜	半透明（大面积厚膜） 透明 ϕ60 × 0.6mm（双面抛光） 高热导率：20W/(cm · K)

续表 4-8

研究领域		国外（主要是日本、美国）	国 内
金刚石膜应用研究	金刚石膜在刀具方面的应用	金刚石涂层刀具已有产品出售（镀在硬质合金和 Si_3N_4 等基底）；金刚石厚膜工具，有批量产品，它可代替高压金刚石聚晶工具	金刚石厚膜工具：金刚石膜涂层刀具和拉丝模已有批量产品出售
	金刚石膜热沉	实现金刚石膜的表面金属化，制备出高热导金刚石厚膜，金刚石膜热沉主要用于光通讯用半导体激光器和微波器件上，有批量产品出售	实现金刚石膜的表面金属化，制备出高热导金刚石厚膜，金刚石膜热沉主要用于光通讯用半导体激光器，可供应批量产品，膜层热导率：20W/(cm·K)
	电子学方面的应用	用掺硼半导体多晶金刚石膜制作的二极管、场效应管； 各种传感器：热敏电阻和压力传感器	各种传感器：温度传感器、生物传感器和声传感器等
	光学窗口	超薄金刚石膜 X 射线探测窗口 金刚石膜红外窗口 金刚石膜涂层红外窗口	金刚石膜红外窗口 ϕ60mm×0.6mm 红外透过率达 70.559%
应用基础研究		生长机理、生长特性、结晶特性、界面、表面、杂质、缺陷、力、电、光、热和声等性质	生长机理、生长特性、结晶特性、界面、表面、杂质、缺陷、力、电、光、热和声等性质 气相生长非平衡热力学-非平衡定态相图

理论上，基本弄清了化学气相沉积金刚石膜的生长机制，其理论模型计算与实验结果都有较好的吻合。在金刚石低压气相生长非平衡热力学耦合模型，非平衡定态相图及生长动力学因素、等离子体原位测量、金刚石膜性质的新表征方法、薄膜与厚膜的制备技术和应用等方面都取得了很大进展。特别在制备技术的沉积速率、沉积面积、结晶质量、组分纯度、透光性、结构致密性和表面平整度等性能指标，都达到了较高水平。金刚石膜半导体材料、超硬材料、光学材料和热沉材料等都取得了成功。与初期相比，沉积速率提高近1000倍，成本约降低到原来的1/1000。特别是20世纪90年代制成的光学级金刚石膜质量可与天然的Ⅱa型宝石级金刚石单晶相媲美，在其他物理、化学性能上都不相上下，仅在机械强度上与天然金刚石单晶差距较大。所有这些令人瞩目的进展，为金刚石薄膜的产业化和多方面的应用，如CVD金刚石涂层刀具、模具和高保真扬声器振膜涂层、X射线能谱仪的金刚石窗口、红外成像装置窗口、强激光窗口、高功率微波窗口、导弹弹头罩、磁盘和光盘防霉保护、巨大规模集成电路制造工艺中的X射线光刻掩模板衬底、高效率散热片、高功率半导体激光二极管、多芯片三维组装技术（MCMs）、导体激光器绝缘导热衬底及半导体器件的封装，各种类型金刚石膜探测器、传感器和粒子探测器，金刚石膜真空微电子器件，声波表面波器件，显示器应用等，提供了强有力的技术支撑。

从21世纪初国内的主要进展看，北京科技大学通过对“直流喷射”装置的气体循环系统、真空系统和膜面抛光等技术改造，进一步挖掘“直流喷射法”的潜力，使金刚石膜沉积过程中，污染进一步下降，制备成的金刚石光学膜，经双面抛光，对 ϕ60mm×1mm 的膜层测定结果表明，其红外透过率已十分接近理论值，达 70.599%；热导率达 20 W/(cm·K)，并已制备成光学级的窗口材料。为解决产业化技术，在直流射流法生长金刚石膜的“等离子弧”上，稳定实现了把电弧的“弧长”拉长到400mm，使开发的金刚石涂层刀具，特别是像钻头、端铣刀达到中试规模的稳定化量产。近十年来，在产品上，已有大的单晶金刚石出售（做首饰，有红、蓝、黑和粉红色），也沉积制备出纳米金刚石膜，技术上已实现可使金刚石膜的缺陷降到极低的水平。研制成用金刚石膜来制作的高水平的纳米器件。美国虽然成立了专门的公司，用纳米金刚石膜来开发研制纳米电子器件，但时至今日，金刚石膜在产业化，特别是成套产业化生产技术，并没有取得突破性进展。比人们预期的设想要缓慢。除成套生产装备的技术难度大之外，在结合应用时，又碰到许多（包括应用基础理论）还要进一步探索的研究难题。只有这些难关攻克之后，才有可能加速实现金刚石膜在高端产品上的产业化进程。

金刚石膜在一些主要指标上，已达到如下水平：

（1）沉积面积：ϕ300mm。

（2）结晶品质：已能制备出不含石墨和无定形碳的高品质金刚石多晶薄膜，在薄膜的硬度、密度、热导率、弹性系数、介电常数和折射率等性能上，都已达到或接近天然金刚石的性能。

（3）组分纯度：非碳的不纯物痕量已达到光谱分析极限。

（4）透光性：基本接近Ⅱa 型宝石级金刚石单晶的透光性。

（5）结构致密性：用 He 质谱图检漏仪测量，泄漏率在 $10^{-6} \sim 10^{-7}$范围，0.5μm 超薄膜（100 面）有很好的致密性。

（6）表面平整度：50mm 径向上，表面不平度小于 20nm。

（7）沉积速率：大功率等离子射流法已接近 1000μm/h。

N 型半导体金刚石膜的合成与多晶金刚石膜 P-N 结的制备也有突破。

金刚石膜沉积温度一般为 700～1000℃，沉积在光学与半导体衬底上的金刚石膜，这一沉积温度太高，需要进行低温沉积。低温沉积的金刚石膜面平整，晶粒细小，无需抛光即可作光学涂层或工模具涂层。要大幅度地降低金刚石膜的沉积温度，一个十分有效的方法是在沉积的气氛中加入适量的氧，其可在较低沉积温度下对沉积过程中产生的大量非金刚石碳成分去除。提高等离子体密度，也会促成沉积金刚石温度的降低，诸如采用微波等离子化学气相沉积，特别是 ECR-CVD 方法。

有关室温至 80℃范围内能沉积金刚石膜的报道，作者认为难以证实。因为这类报道大都属类金刚石（即 DLC 膜）居多。真正称为完整的优质多晶金刚石膜的最低沉积温度约为 700℃。

4.7.1.6 当前产业化中要解决的重要技术

要制备各种用途的优质金刚石膜并在工程上取得应用，技术上是个比较复杂的系统工程。现今制备成的大面积金刚石膜大部分是多晶结构，结构上存在缺陷和杂质，有高的晶界密度。在光学、热学和电学等性能上还达不到单晶金刚石的水平，应用上受到局限。由于实际应用领域不同，对金刚石膜性能的主要要求也会有大的差异。目前看，制备金刚石涂层刀具、工具和热沉等方面，在产业化上比较成熟。当前，在产业化中要解决的主要技术是：

（1）高速大面积的金刚石膜沉积技术；

（2）控制金刚石膜的晶界密度和缺陷密度的技术；

（3）金刚石膜中的 N 型掺杂和准单晶金刚石膜的制备技术；

(4) 金刚石膜在钢铁材料上的沉积技术；

(5) 有效控制金刚石膜的成核与生长技术；

(6) 金刚石膜的低温生长技术；

(7) 批量生产的质量控制和检测技术；

(8) 与应用密切相关的技术（如金刚石膜片的抛光、光学黏结、场发射、复杂的金属化处理和摩擦磨损的应用等）。

4.7.1.7 化学气相沉积金刚石膜的工业应用

化学气相沉积的金刚石膜具有极优异的力学性能。金刚石的硬度、热导率最高，摩擦系数极低（0.05 ~0.1），化学稳定性又好。从机械功能角度来看，已研究制备出的金刚石膜的硬度已基本达到天然金刚石硬度，加上其低的摩擦系数和散热快等优点，是机械工业中切削刀具和模具的优异的涂镀材料、真空条件下的干摩擦材料和导弹整流罩的防护透光材料。至于其在电学、光学、热学和声学等领域的应用，将在第5章中加以讲述。考虑到目前的制造成本还比较高，在机械功能应用上，我们仅重点介绍几种工业应用。

A 钎焊刀具

首先把沉积制成的金刚石膜，经激光切割成金刚石粒，然后钎焊在刀架上，再经研磨抛光、刀体加工、磨刃、喷砂和检验，最终制成金刚石钎焊刀具。金刚石膜焊接刀具使用寿命超过 PCD，加工的精度和粗糙度极佳。但制作成本较高，应用于超精密切削，可用来加工高硅铝合金、各种有色金属、复合材料、陶瓷和塑料等难加工材料，替代 PCD 或单晶金刚石刀具。图4-48所示为钎焊刀具产品。

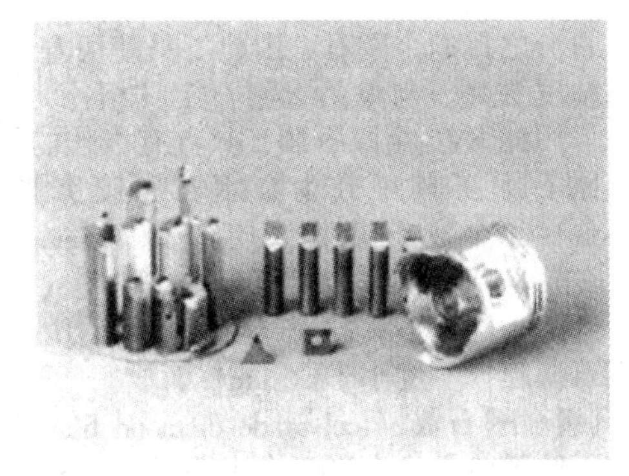

图4-48 金刚石钎焊刀具

B 金刚石涂层硬质合金刀具

金刚石涂层硬质合金刀具性能可以和 PCD 相当或略低于 PCD，最大的优点是能在任意形状的工具衬底上沉积，价格相对比较低廉，市场前景比金刚石钎焊刀具更好。这种涂层刀具要考虑的是，在硬质合金刀片中由于黏结剂 Co，其在化学气相沉积金刚石膜条件下会促使石墨生长，且 C 在 Co 中的溶解度和扩散系数都很大，造成金刚石的形核大大推迟；对所沉积金刚石的附着性十分有害，加上硬质合金和金刚石的线膨胀系数相差又大，其附着力在一般情况下很差。目前一般采用：(1) 低 Co 含量的硬质合金；(2) 酸浸去除硬质合金表面层中的 Co；(3) 用过渡阻挡层防止 Co 的扩散，缓和因线膨胀系数差异引起的热应力；(4) 用等离子刻蚀或激光表面处理去除硬质合金表层 Co，使表面粗糙化，提高金刚石膜/硬质合金的附着性能；(5) 采用梯度复合过渡层。现今这类技术的实施，附着力差的难题已经解决。金刚石涂层硬质合金刀具已进入市场，并形成一定规模。目前一次可涂镀数以百计的硬质合金刀片。作者认为在大批量生产中质量控制和检验技术还未完全过关，因而市场的规模还不是很大。可以预计，一旦质量监控得到更好的解决，金刚石涂层硬质合金刀具一定会得到广泛的应用。

广州有色金属研究院材料表面工程研究所用自己建立的直流等离子射流法，以高的沉积速度在硬质合金基体上获得了高结合强度的优质金刚石膜，所制备的刀具在切削有色金属时，使用寿命提高 27 倍以上。其关键是采用了“还原去碳—再结晶—再碳化”的工艺，在过渡层获微纳米结构（见图 4-49），使膜/基结合力和使用寿命大幅提高。用这工艺研制的涂层金刚石硬质合金刀具车削高硅铝合金的使用寿命比未涂硬质合金刀片使用寿命提高 40 ~55 倍。图 4-50 所示为金刚石涂层硬质合金刀具产品。

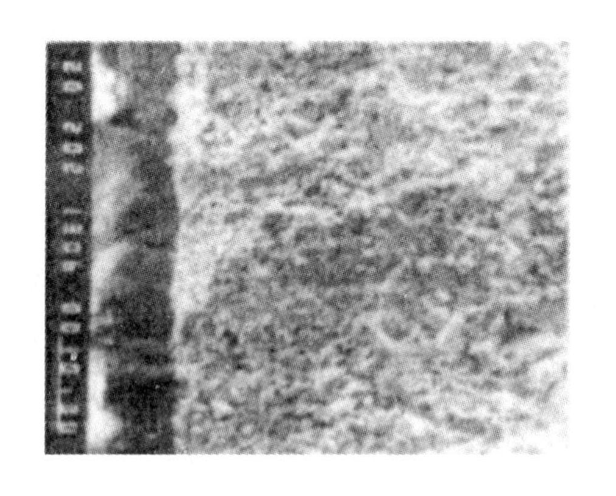

图 4-49　硬质合金刀具金刚石涂层的微纳米结构

图 4-50　金刚石涂层刀具

C　金刚石拉丝模

金刚石膜的多晶特征所具有的准各向同性，在做拉丝模时，模孔均匀磨损，优于金刚石单晶拉丝模的使用性能，其耐磨性可与 PCD 相比。目前国内在技术上比较成熟，价格相对也比较低廉，国内市场也很大，比较受用户欢迎，价格与国外相比，国内有优势。图 4-51 所示为金刚石厚膜制作的拉丝模。

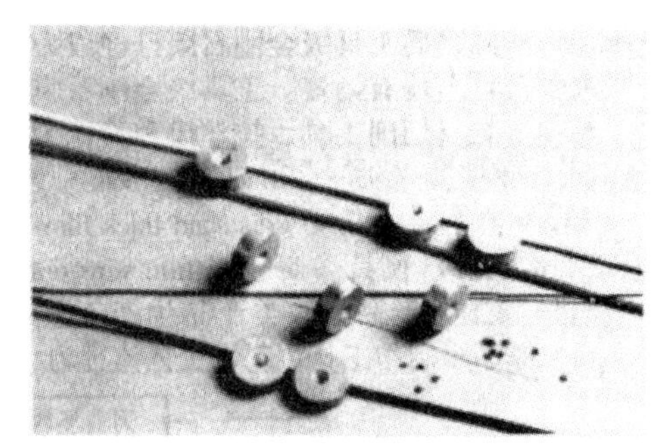

图 4-51　金刚石厚膜制作的拉丝模

D　金刚石涂层硬质合金微型钻

微型钻头主要用于微电子工业的线路板加工，其作用是为提高线路板的配线密度，实现小孔径化，加工高速和高效。这类专用于线路板的金刚石涂层微钻，具有良好的耐磨性和较长的使用寿命。但金刚石涂层会使微钻（特别是小于 ϕ3.0mm 的微钻）的刀尖圆弧半径增大。切削时会不如未涂层的微钻锋利，在切削中还会使线路板的钻孔产生“钉头效应”（高档及军用产品对“钉头效应”有严格的要求），有时在形状精度及加工孔径精度会造成不良影响，也会对线路板中的树脂层有擦伤。目前还处在试用不断改进阶段，生产还未完全采用，但在这方面的应用具有价值高和批量大，市场有潜力。当然，它与(Cr,Ti,Al)N 涂层微钻在市场的应用占有率的竞争也是很激烈的。

E　金刚石机械功能膜的其他应用

如宇航飞行器、卫星上用的干摩擦材料，特别是有些轴承材料，常处在高真空条件下使用，不能有任何因摩擦产生挥发性物质而破坏真空，且还要长寿命。因此，金刚石膜是干摩擦轴承的理想涂层材料。又如导弹整流罩材料，除了要求材料有优异的透光性功能外，还要求膜层在导弹飞行过程中，能耐摩擦引起的高温，高速飞行时能承受雨点、尘埃的撞击，金刚石膜是最佳的材料（别的材料难以达到和它相比拟），美国在这方面已成功地在导弹上获得应用。至于金刚石膜在热学、电学、光学和声学上的应用，将在第5章中进行讲述。

4.7.2 类金刚石膜

类金刚石膜（diamond-like carbon films，DLC）是含有金刚石结构（sp^3 键）的非晶碳膜。它具有许多和金刚石膜相似的性能。拉曼（Raman）谱是鉴别类金刚石膜的一种标准方法。DLC膜沉积制备的方法较多，有离子束沉积（IBD）、离子束辅助沉积（IBED）、射频溅射（RFS）、磁控溅射（MS）、真空阴极电弧沉积（VCAD）、高强度电流直流电弧法（HCDCA）、直流辉光放电等离子体化学气相沉积（DC-PCVD）、射频辉光放电等离子体化学气相沉积（RF-PCVD）、电子回旋等离子体化学气相沉积（ECR-CVD）、激光等离子体化学气相沉积（L-PCVD）和激光弧沉积（LAD）等。其中真空阴极电弧沉积（VCAD）、高强度电流直流电弧（HCDCA）及射频辉光放电等离子体化学气相沉积（RF-PCVD）等方法是当今沉积DLC膜具有很好的产业化技术发展前景的主要方法。对DLC膜而言，工艺上沉积温度低（IBM公司在77K沉积成DLC膜），沉积面积大，膜面光滑、平整，整套工艺相对比较成熟，已在众多领域得到应用。诸如抗磨损的涂层、高保真扬声器振膜、光学保护膜、机械的耐磨耐蚀部件、电学上的场发射平面显示器、太阳能电池、掩膜、磁介质保护膜、医学上的心脏瓣膜、高频手术刀和人工关节等。特别是一些基体要求沉积温度低、膜面光滑，如计算机的磁盘和光盘防霉保护，只有DLC膜才能很好胜任。它所具有的独特优点，并非金刚石膜能完全取代的，而且在金刚石膜适用的场合中，DLC膜也有良好的使用效果。正因为如此，DLC膜的研究开发同样吸引了不少材料科技工作者的极大关注，它的工业应用要比金刚石膜容易实现，且工艺重复稳定性好，现今已比金刚石膜的工业化应用先走一步，实现推广的应用面也显得比金刚石膜要广一些。

4.7.2.1 类金刚石膜的结构

非晶碳膜，因碳杂化态和含H量的不同有多种称谓，如α-C、Ta-C、α-C：H和DLC等。非晶碳膜的成分、结构、性能差别较大，情况较复杂。就其宏观性质而论，也有人把硬度超过金刚石的20%的绝缘无定形碳膜，也称为类金刚石膜。

类金刚石的结构，有严格的标准表征方法，即拉曼（Raman）谱鉴别法。对于纯金刚石的拉曼特征峰为$1332cm^{-1}$；石墨的拉曼特征峰为$1580cm^{-1}$，称为G线；微晶石墨特征峰为$1355cm^{-1}$，称为D线。含有键角无序和 sp^3 杂化的DLC的计算机模拟拉曼散射结果表明，拉曼峰位将向低波数方向移动。观察结果是，G线移到$1536cm^{-1}$（也有移到$1520cm^{-1}$），D线移到$1283cm^{-1}$。图4-52所示为几种不同样品的拉曼谱。由图可见，类金刚石（1线、2线）具有下移的G峰是一个展宽的“馒头”峰，而D峰不明显或只呈现一个微弱的肩峰，就是退火后类金刚石（3线）峰位与炭黑（D峰）的峰位，还是有着清晰可辨认的区别。类金刚石应是一种包含 sp^2 和 sp^3 键构型的结构薄膜。

下面用离子束增强沉积DLC膜的方法，来看看DLC膜的结构。用离子束增强沉积出来的DLC膜包含纳米晶的金刚石结构和石墨结构，用红外拉曼仪测量其所对应的结构分别为 sp^3 键和 sp^2 键，如图4-53所示。从图中可知，金刚石D和石墨G在谱线中的位置分

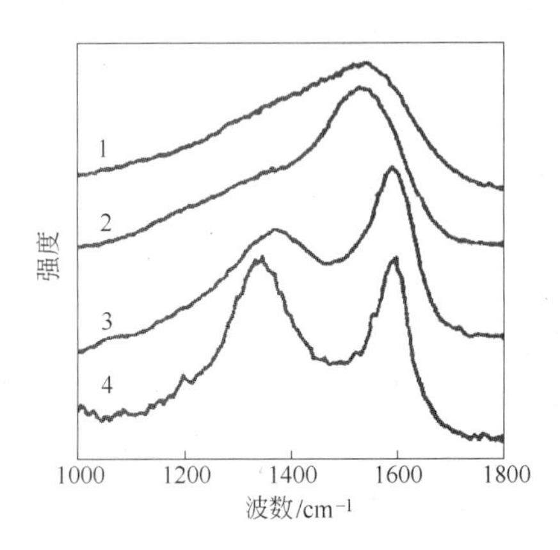

图 4-52 几种不同样品的拉曼谱
1—不含氢的非晶碳；2—含 40% 氢的 α-C：H；
3—退火的 α-C：H；4—粉状炭黑，
平均粒度 20nm

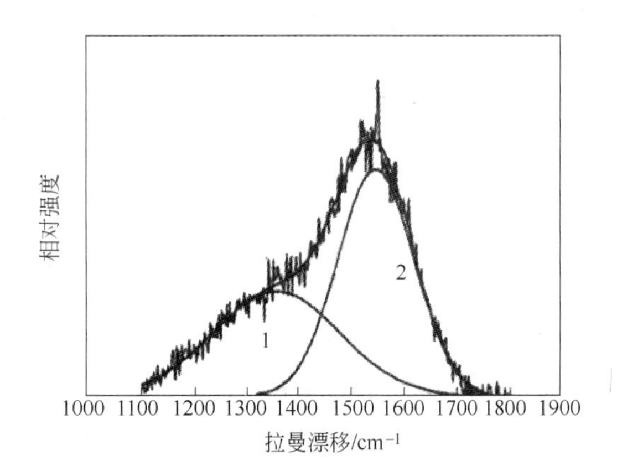

图 4-53 Ar 离子轰击增强单晶硅上
DLC 膜的红外拉曼谱（400eV）
1—sp^3 键；2—sp^2 键

别为 $1360cm^{-1}$（D）（曲线 1）和 $1550cm^{-1}$（G）（曲线 2）。积分 D 和 G 两个峰的面积分别定义为 I_D 和 I_G，通过 I_D 与 I_G 的比例可以得出 sp^3 键和 sp^2 键的比，用比值来确定 sp^3 键的含量。红外拉曼仪测量的结果列于表 4-9 中，可知 sp^3 键的含量可达 80% 或更高。

表 4-9 不同能量离子轰击下 DLC 膜的拉曼谱测量结果

轰击离子能量/keV	I_D/I_G	轰击离子能量/keV	I_D/I_G
100	1.25	600	0.84
200	0.89	800	0.96
400	0.76		

图 4-54 所示为 sp^3 键含量与离子轰击能量的关系。从图中可知，sp^3 键的含量最高点在 100eV，直到 1keV 时，sp^3 键的含量仍然很高，而弧源沉积的 sp^3 键的含量随能量的增加，要比 IBAD 法下降得快。由此可见，IBAD 法沉积比弧源法沉积效果更理想、更好。

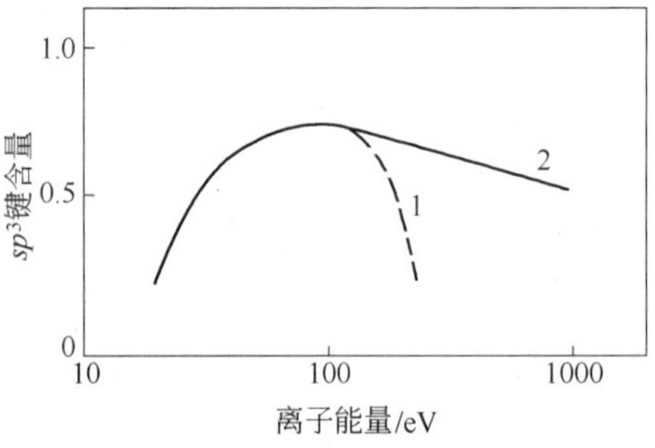

图 4-54 DLC 膜 sp^3 键含量与离子轰击能量的关系
1—弧源沉积；2—IBAD 沉积

4.7.2.2 类金刚石膜的性能

所提及的 DLC 性能，主要是指 DLC 膜在耐磨、减磨、抗磨损、自润滑和防护等方面应用到的性能，对它的光学、声学、热学和电学等性能将在第 5 章中叙述。

A DLC 膜的硬度

表 4-10 和表 4-11 给出了一些沉积方法制备 DLC 膜的硬度。采用不同的沉积方法制备的硬度差异很大。磁过滤阴极电弧法可以制备出硬度达到金刚石的 DLC 膜，用 VCAD 法制备的 DLC 膜最高硬度 HV 在 5000 以上，而磁控溅射法制备的 DLC 膜一般硬度较低，HV

在2000上下。沉积工艺参数对DLC膜也有影响，磁控溅射功率增加时，硬度下降；Lvanova等人研究高频PCVD分解苯等有机物沉积DLC膜时发现，基体偏压对膜的硬度影响很大，存在一个对应最高硬度的最佳偏压值；VCAD法沉积DLC膜存在一个最佳氢分压，在适当的偏压下，此时的氢分压得到的膜硬度最高；用IBED沉积DLC膜，利用不同的离子轰击膜层，得到的DLC膜硬度也不相同。

表4-10 离子束及溅射沉积的α-C:H碳膜的性能

沉积条件		α-C：H硬膜的性能					
沉积方法	碳源	离子能量/eV	密度/$g \cdot cm^{-3}$	电阻率/$\Omega \cdot cm$	光学性能	硬度	化学稳定性
碳离子的凝聚（离子束沉积）	射频等离子体中的碳	40~100		约10^{10}	折射率$n=2.0$	>玻璃	耐HF腐蚀（40h）
	电弧中的碳	50~100		$>10^{12}$	折射率$n \approx 2$		
	直流等离子体中的碳	50~100		介电常数约为6（金刚石为5.7）	$\lambda=5\mu m$时，$n=2.3$	HK1850（金刚石为7000）	
溅射沉积	射频等离子体中的碳	射频功率为2.25W,75W		$10^{-2} \sim 10^{-3}$	光学能隙E_0约为0.8eV		
	氩离子束溅射碳靶	1~20	2.1~2.2	$>10^{11}$	反射率0.2 吸收率0.7 吸收系数$\alpha=6.7 \times 10^4 cm^{-1}$	透过率0.1	
	直流磁控溅射碳靶	溅射功率密度/$W \cdot cm^{-2}$ 0.25 2.5 25	 2.1~2.2 1.9 1.6	300时 2.5×10^3 1.0×10^3 0.2×10^3	$n(\lambda=1\mu m)$ E_0/eV 2.4 0.74 2.73 0.50 2.95 0.40	HV 2400 2095 740	

表4-11 含氢非晶碳膜的性能

沉积系统	密度/$g \cdot cm^{-3}$	光学性能	电阻率/$\Omega \cdot cm$	氢含量	硬度
C_2H_2的直流辉光放电	1.35	光学能源$E_0=1.2eV$	$>10^8$		
CH_4-Ar离子束（摩尔比为0.28）	1.8	$E_0=0.34$（双离子束0.34）	8.7×10^6（3.3×10^5）	H/C=1.0	
CH_4、C_2H_2、C_3H_6、丙烯的射频辉光放电		$E_0=2.7$	$>10^{13}$		5~6（莫氏硬度）
C_2H_2的直流辉光放电	1.2~1.3	$E_0=1.8$	$>10^8$		
C_2H_2的射频放电（50~500W）		$E_0=2.7$	$<10^{13}$		

续表 4-11

沉积系统	密度 /g·cm^{-3}	光学性能	电阻率 /Ω·cm	氢含量	硬 度
C_2H_2-Ar（4% ~30%（体积分数））的辉光放电（1.33 ~13.3Pa）		E_0 =0.75	10^2 ~10^5	很低	HV2400 ~2800
CH_4 或 C_4H_{10} 的射频辉光放电	2.0 ~2.67		10^{12}	H/C 0.29 ~0.42	
Ar-C_2H_2 等离子体中的直流磁控溅射	1.12 ~1.27	1.15 ~2.0	>10^7	H/C 0.25 ~0.84	
C_6H_6 的射频辉光放电	1.5 ~1.8	E_0 =0.8 ~1.8	10^{12}	H/C 约 0.5	HK1250 ~1650
C_6H_6 的射频辉光放电	1.55	E_0 =1.2	>10^{12}	H/C 约 0.65	HK1250 ~1650
C_2H_2 的直流辉光放电			>2 ×10^5		HV2800
C_2H_2 的直流辉光放电		E_0 =0.9 ~2.1	10^6 ~10^{16}		HK1850
C_2H_2 的射频辉光放电	1.7	E_0 =1.5 ~2.6	10^{12}		
碳氢化合物的射频辉光放电	1.9 ~2.0		10^9		HV3400
苯、四氢化苯直流离子分解离子能量 （1）250eV （2）800eV	>2.0 （离子能量为 100 ~250eV 时）	λ =546.1nm 时的折射率 （1）n_λ =2.8 （2）n_λ =2.3	>10^{10}		（1）HV 约 5000 （2）HV 约 3000
CH_4 的直流辉光放电			10^9 ~10^{14}		HV1700 ~2700
CH_4 带自偏压的射频放电 （1）<100V （2）100 ~800V		介电常数 ε （1）2 ~4 （2）6 ~10	（1）10^9 ~10^{13} （2）10^6 ~10^9		
CH_4-Ar（比例为 0.25）的单离子束或双离子束		E_0 =0.9 ~1.1 ε =3.0	8.1 ×10^6	7%H（摩尔分数）	
CH_4-H_2（2%（体积分数），823K）的电子增强化学气相沉积	2.8	热导率约为 1100W/(m·K)	1013	在 IR 谱的伸缩振动模式中含有小的 C-H 峰	HV 约 10000

不同的基体对 DLC 膜的硬度也有影响。当选用 WC、高速钢 SKH 和 Si 单晶体基体沉积0.1μm 的 DLC 膜时，图 4-55(a)所示空心长条表明未轰击所沉积的膜层硬度低于基体硬度。当用 Ar 和 N 离子 20keV 轰击时，所沉积的 DLC 膜硬度均有所提高；其中 WC 基体所沉积的硬度增量最大；图 4-55(b)所示为用 20keV 和 35keV 分别轰击空心长条和实心长条时，所沉积膜的硬度。从图中可以看出，用 35keV 能量轰击，沉积到 WC、SKH 和 Si 三种基体上的 DLC 膜硬度都比低能量轰击所沉积的 DLC 膜硬度要高。

膜层内的成分对膜层的硬度也有一定影响。Michier 等人发现，Si 的掺入，可提高

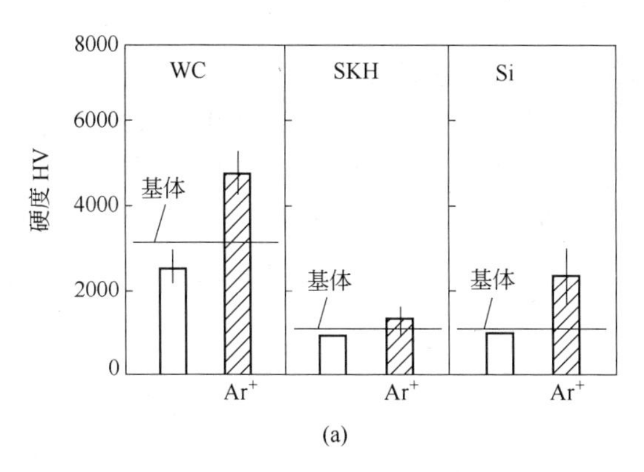

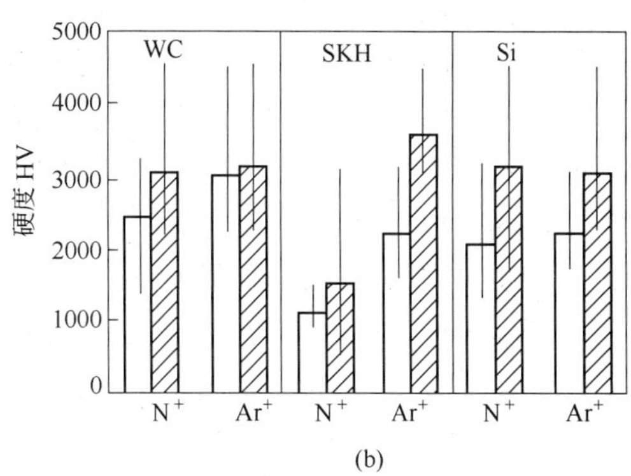

图 4-55　WC、SKH 高速钢和单晶 Si 硬度与离子种类的关系

（a）未轰击（空心长条）和轰击时（实心长条）膜的硬度；

（b）20keV 能量轰击（空心长条）和 35keV 轰击（实心长条）的膜的硬度

DLC 膜的硬度，许多研究者试图用 N 的加入来提高 DLC 膜的硬度，但大多数研究结果表明，N 的加入使 DLC 膜有不同程度的下降；但也有个别人获得高硬度的 DLC 膜。Yusuke Taki 等人认为，用有屏蔽的电弧离子镀（SAID）人工合成非晶碳（α-C∶H）膜，在较高氮分压时制备的 α-C∶H 膜含氮量虽可提高，但很软，不能得到硬度高的碳氮结构。

DLC 膜的硬度也随束流密度的增加而增加，因束流密度增大，将会导致膜层密度的增大。图 4-56 所示为 DLC 膜的硬度与密度的关系。从图中可以看出，随 DLC 膜层密度的增加，膜层的硬度也增加。

B　DLC 膜的摩擦系数和抗磨特性

DLC 膜具有优异的耐磨性、低的摩擦系数，是一种优异的表面抗磨损改性膜。图 4-57 所示为 DLC 的摩擦系数和低的摩擦系数持续的时间与离子轰击能量的关系。从图中可知，随离子轰击能量的增加，摩擦系数和低摩擦系数持续时间的增加，体现出抗磨损特性的增强。这是因为在较低能量轰击时，膜的硬度和密度都较低，膜层质地疏松且软、表面粗糙，摩擦系数因此高，低摩擦系数的持续寿命短。然而用较高能量轰击时，膜层硬度高、

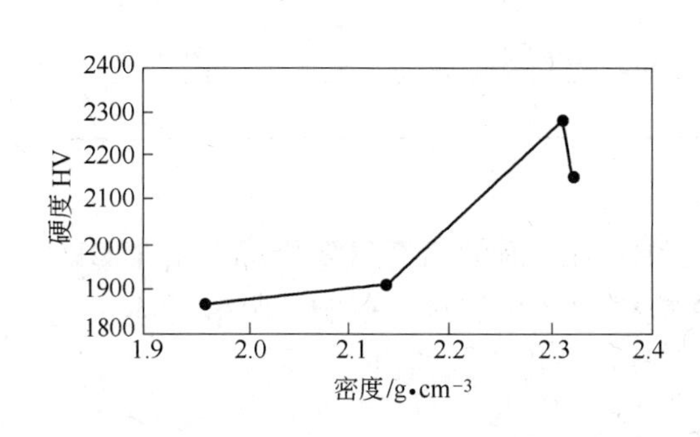

图 4-56　膜的硬度与其密度的关系

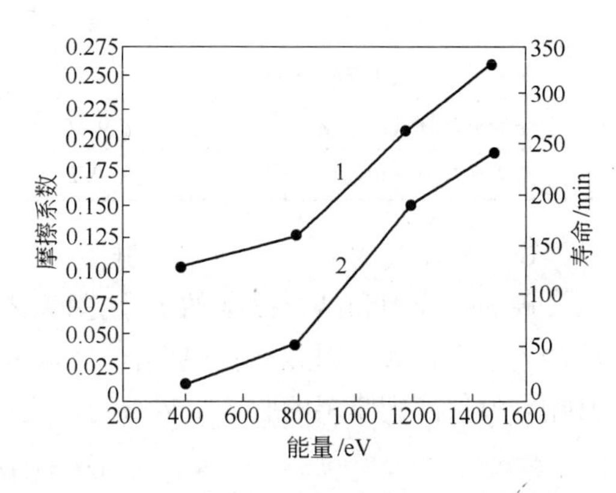

图 4-57　DLC 膜的摩擦系数和低摩擦系数持续时间与离子轰击能量的关系

1—摩擦系数；2—抗磨损寿命

工作寿命长。从图4-57中可看出，DLC膜的摩擦系数大多在0.1~0.25之间。

表4-12列出了摩擦系数综合测量的实验结果。表中数据表明，DLC在无润滑的干摩擦条件下，摩擦系数降到与MoS_2的低摩擦系数值同一水平。在固体润滑和湿润滑的气氛下，摩擦系数明显增大。若在DLC膜中掺入少量Si，将固化的硅橡胶（705）安放在加热室中，加热室顶端有3mm的气孔，当加热室温度在150~170℃，含有硅、碳、氧、氢的混合气体喷向样品表面，同时用40kV的Ar离子轰击样品表面，成分分析证实，沉积的成分为$C_{67}Si_{19}O_6H_{15}Ar_3$。其测定的硬度接近DLC膜的硬度。

表4-12　DLC膜和MoS_2膜摩擦系数实验值

膜	干磨	湿润磨（湿度/%）	膜	干磨	湿润磨（湿度/%）
MoS_2	0.01	0.1~0.2（10）	DLC[b]		0.12~0.16（45~55）
DLC	0.01	0.1~0.2（10）	DLC[c]		0.08~0.3（45~55）
DLC-Si	0.01	0.01（10）	i-Si	0.04	—
DLC-Si[a]	0.05	0.05（20~70）			

研究中还发现，环境对DLC膜的摩擦性能影响很大，如在干燥氮气中，DLC膜的摩擦系数为0.02（对磨件材料为金刚石或Si_3N_4），当温度提高就使摩擦系数增大（对磨件为Si_3N_4），而且在对钢铁材料对磨时就更明显。又如DLC膜中氢的存在和含量增加，会增大磨损率，但有助于减弱温度对摩擦性能的影响。掺入SiO_2网格物的DLC膜的耐磨性低于纯DLC膜，但明显减弱了湿度对DLC膜摩擦性能的影响。对掺金属的DLC膜，也可以明显的改善DLC膜的耐磨性能。

表4-13列出了对比的几种材料摩擦系数。从表中可知，不锈钢最高为1.24，其次是单晶硅0.6，然而在这几种基体上形成非晶金刚石膜后，其摩擦都大大低于基体的摩擦系数，其摩擦系数都比较接近，其中在不锈钢基体上沉积的非晶金刚石膜摩擦系数最低0.14。非晶金刚石膜经6000次摩擦后，膜层结构完整，仍可起耐磨损作用，且摩擦系数仍保持不变。

表4-13　非晶金刚石薄膜及其基体材料的摩擦系数

材　料	平均摩擦系数	材　料	平均摩擦系数
非晶金刚石膜（不锈钢基体）	0.14	不锈钢	1.24
非晶金刚石膜（工具钢基体）	0.16	单晶硅	0.6
非晶金刚石膜（单晶硅基体）	0.2		

C　DLC膜的内应力和结合强度

膜的内应力和结合强度的大小是膜层稳定性和使用寿命的两个重要指标。由于DLC膜的内应力较大，因此，膜/基结合力较差，易在应用中产生裂纹、褶皱、脱落（膜层）。常用划痕仪测定膜层的脱落临界载荷。它的切向应力σ可由下式给出：

$$\sigma = r_c H/(r^2 - r_c)^{0.5}$$

$$r_c = (W/\pi H)^{0.5}$$

式中　H——膜的硬度；

r——划痕仪针头顶的半径；

W——刻划力。

实验结果表明，未轰击的膜起皮所用的临界负载仅为1N，经离子轰击后可达40N，可见离子束增强沉积对膜/基结合力的增强显得多么重要。

DLC膜一般存在较大的压应力（GPa量级）。在含氢的DLC膜中，大的压应力是含氢造成的，含氢量小于1%，DLC膜内应力较低。Cheng等人用RF-PCVD沉积DLC膜发现，基体偏压增大可降低DLC膜内应力，这是因膜中氢含量降低了，sp^2/sp^3键比例的增大。膜中掺入N、Si及某些金属元素，可在保持DLC膜高硬度的同时，明显降低膜层中的内应力。膜厚的均匀性对内应力也有影响，厚度均匀的DLC膜在膜厚大于300nm时才会有褶皱，而膜厚不均匀的DLC膜在50nm就开始起皱。

Weissmantel等人发现，厚度小于1μm的离子镀DLC膜具有良好的膜/基结合强度。用离子束分解苯沉积DLC膜，在纯铁、灰口铸铁、16MnCr5钢和HG10硬质合金等基体上有良好膜/基结合强度。在实际的研究与生产中证实，直接在基体上沉积DLC膜，其膜/基结合强度一般比较低，目前大多用“过渡层”的措施来提高膜/基结合力。

Raveh等人用Cr作过渡层，经高能离子轰击诱发DLC/Cr界面形成碳化物，同时形成一个宽的较小浓度梯度的Cr-Fe界面层，显著改善了界面的结合状况。广州有色金属研究院采用DLC/TiC/Ti的结构膜层，也明显改善了DLC膜与Ti基的结合强度；同时还用梯度渐变多层膜的中间过渡层的设想在Cr12MoV、模具钢、单晶Si、不锈钢、高速钢、硬度合金和钛合金等基体上，设计用Ti-TiN-TiCN-TiC的中间多层过渡及在DLC膜中掺钛的技术，不仅降低了内应力，膜/基结合力高达60N，摩擦系数小于0.13，膜层光滑细腻，还有利于DLC膜的生长（厚度达6μm），为工业实用打下了扎实的工艺技术基础。值得指出的是，不同的基体，它的最佳过渡层也不同。在铝基上选用Ti过渡层最佳，而在不锈钢和烧结碳化物上，采用TiC过渡层最好，另外在DLC膜中加高熔点金属元素，也可明显提高膜/基结合力。

D 类金刚石膜的耐蚀性能

在铜合金薄片仪表元件上沉积厚0.5~1.0μm的DLC膜，具有抗酸碱溶液的腐蚀性、耐湿热性、抗有机气氛的腐蚀和耐热冲击的性能。用Ar或Ne离子轰击石墨在钢上沉积的DLC膜，膜厚为0.3μm，浸泡于腐蚀液中证实，未沉积DLC膜的钢表面放入腐蚀液中，立刻发生剧烈腐蚀；而沉积了DLC膜的钢，在同样腐蚀液中浸泡3天均未发现腐蚀。沉积在钢上的DLC膜用电化学法对腐蚀电流密度进行测量，发现其腐蚀性与轰击能量和入射角有关，随离子能量的增加，腐蚀峰值电流密度明显下降，随离子入射角的增加，腐蚀峰值电流密度下降，以60°的入射角为最佳。

E 磁过滤沉积制备的非晶DLC膜与CVD多晶金刚石膜的特征和DLC膜的一些重要实验室结果

a 特征

磁过滤沉积制备的非晶DLC有很高的硬度、较高的电阻率、密度和优良的光学特性以及力学性能（见表4-14），但有的特征不如CVD沉积的金刚石膜。从工艺上看，CVD金刚石膜沉积温度很高（600~1000℃），沉积的膜面粗糙，膜层厚了均匀性差，在应用上受到一定局限。而用磁过滤的技术能有效地克服这些困难，相对沉积制备工艺也比较成熟、稳定、重复性好。

表 4-14 金刚石、CVD 多晶金刚石和非晶金刚石特性比较

主要特性	金刚石	CVD 多晶金刚石	非晶金刚石
硬度 HV	9000	8000～9000	8800～11000
摩擦系数	0.05～0.15		0.15～0.45
密度/$g \cdot cm^{-3}$	3.515	2.8～3.5	1.8～3.5
原子密度/$mol \cdot cm^{-3}$	0.293	0.23～0.29	0.15～0.25
电阻率/$\Omega \cdot cm$	10^{18}	$>10^{9}$	5×10^{14}
热导率/$W \cdot (cm \cdot K)^{-1}$	20	10～20	
禁带宽度/eV	5.5	5.5	0.4～3.0

b 一些重要的实验室结果

把一些实验室研究的结果列于表 4-15 之中，通过表中典型的数据可做如下评述：

（1）最初用磁过滤真空弧沉积制备的 DLC 膜硬度 HV 可高达 18000，比天然金刚石（HV10000）还高，在以后的文献中，偶尔也有此类报道，但作者持怀疑的态度；且具有低的摩擦系数（0.15～0.45）和很高的弹性模量（900～1100GPa，超过金刚石的 1000GPa），电子衍射分析结果发现其为纳米晶结构，晶粒尺寸为 1～5nm，电阻率高达 $10^{8}\Omega \cdot cm$，而且含有很高的 sp^3 键（含量超过 80%）。可用做工具、重要零部件的保护和医用金属植入体表面保护。

（2）Mckenzie 等人用电子能量损失谱仪测量表明，等离子体能量 10～50eV，峰值能量为 29.5eV。膜的应力 8.4GPa，质量密度 3.1g/cm³。

（3）Veerasamy 等人得出 sp^3 键含量为 78%，压缩应力在 −10V 的偏压下存在一个尖峰。

（4）Davis 等人发现 sp^3 键含量、等离子能量和膜应力最大值发生在氢的流量为 0.1mL/min 时，而电阻率的峰值则出现在氢流量为 10mL/min。

（5）Amaratunga 等人实验表明，在磷或氮气氛下沉积的 DLC 膜具有 N 型半导体。

（6）Mckenzie 等人用磁过滤技术在硅片上制备出异质结二极管。

（7）原上海冶金所（中科院）研究组特别对 DLC 电子发射进行开创性研究，可望用在大屏幕显示器的开发上。

表 4-15 DLC 膜实验结果

年代	基体	$v_d/nm \cdot s^{-1}$	特性	应用
1991		8.3	$\rho_m=3.4$；$H_{200}=180$；$\rho=10^8$	
1991	钢	—	$d=3\sim4$；$H_{200}=40\sim180$；$f=0.04\sim0.1$；$L_f=1.5\sim3$（钻头/聚物）；$L_f=3\sim4$（车/Ti）	切割工具，车刀
1991	WC-Co；Si(100)	—	$f=0.045\sim0.084$ 对 Si_3N_4 球	摩擦副
1991			$E_m=29.5$；$\sigma_n=9$（当离子能量为 20eV）	
1991			n 为 1.6～2.7；E_g 为 0.3～3.6；ρ 为 $10^1\sim10^{10}$；$H=40$	

续表4-15

年代	基体	v_d/nm·s^{-1}	特性	应用
1992	Ge，Cu		$H=180$；ρ_m 小于石墨和其他 DLC	抗腐蚀
1992	WC-Co；Si(111)	1.7	ρ_m 为 2.5~2.7；$H_{10}=59$	
1992	石墨，Si	0.4	λ 透射范围为 200~900；E_g 为 2.1~2.4；$H=95$；$E=900\sim1100$	
1993	淬火钢	1.4~2.8	在不同的摩擦副和不同气氛下有着低的磨损率，最好的摩擦副为 DLC-TiN	可用于高速滑动摩擦
1993			n 为 2.5~2.8；k 约为 0.5	
1993	SiO_2		在 N 和 P 掺杂下生长，电导率为 10^6	
1993	WC，Si	3	ρ_m 为 2.7±0.3；$H=30\sim35$；$\sigma_n>70$；$n=2.47\sim2.57$；透射范围 0.8~50μm	
1993	塑料		$v_b=20$；N 掺杂：C 和 N 掺杂 C 形成 PN 结二极管	JEETs
1993	N-Si	20	$v_b=80$；sp^3 的含量 78%；$\sigma=11$；$E_m=31$；$\rho=6\times10^6$	
1994	Si		ρ_m 为 2.75（$v_b=100$）随偏压升高而下降；sp^3 的含量 50%；$H=30\sim50$；（$v_b=100$，脉冲 DC=50%）；$f=0.1$（$v_b=100$）H 随 v_b 增加	
1994	N-Si		在最佳 H 含量时，sp^3 的含量 80%；$E_m=30.5$；$\sigma=8.5$；$E_g=2.1$；$\rho=3.5\times10^5$	
1995	Si(100)	—	$d=0.1$；$E=1140$（$v_b=100$）；$E_g=2.1$	
1995	Si		硬/软多层膜；$d=0.25$；d(硬膜)=0.035；d(软膜)=0.02；ρ_m(硬)=3；ρ_m(软)=2.15	
1995		27		
1995	Si(100)		磁过滤+离子注入→400nm 膜混合和损伤层混合	
1995	石墨，Si(100)	0.4	sp^3 含量为 83%；$E_g=2.1\sim2.4$；$n=2.45\sim2.67$；$\rho=10^5\times10^6$	
1996	Si		$d=0.32$；$H=59$；$E=400$；$\rho_m=3$；sp^3 的含量 85%；$E_m=30.3$	
1999	Si(111)	0.5	$E_m=22$；$\rho_m=3.35$；sp^3 含量 >90%；$H=40$；$n=2.15\sim2.5$；$k=0.65\sim0.9$；λ 透射范围为 650；$\sigma=2\sim3$	
2001	Si(111)	0.5~2	$v_b=500$	大屏幕电子发射，阈值电场为 3~15V/μm；电子发射密度 $5\times10^2\sim2\times10$cm^{-2}

注：v_d 为沉积速率；ρ_m 为质量密度，g/cm^3；n 为折射率；λ 为波长，nm；k 为消光系数；d 为膜的厚度，μm；H_n 为 n（10^{-2}N）负载下所测量出的硬度（HV，×100）；L_f 为工件寿命延长倍数；v_b 为基体负偏压，V；DC 为直流工作状态；E 为弹性模量，GPa；E_g 为光学间隙，eV；ρ 为电阻率，Ω·m；f 为摩擦系数；E_m 为最大等离子体离子能量，eV；σ 为膜的应力，GPa；σ_n 为黏合强度，MPa。

F 润湿性

DLC 膜表面能较低。F 的加入可进一步降低其表面能（可达 20mN/m），但含 F 的 DLC 膜化学稳定性差。Grischke 等人通过在膜中掺入 SiO_2 可在保持化学稳定性同时，降低其表面能，其值可在 22～30mN/m 范围内调节。

G 热稳定性

热稳定性差限制 DLC 膜应用的一个重要因素。经大量研究发现，Si 加入可明显改善 DLC 膜的热稳定性。纯 DLC 膜在 300℃以上退火时即出现了 sp^3 键向 sp^2 键转变（见图 4-58），而含 12.8%（摩尔分数）Si 的 DLC 膜在 400℃退火时均未发现 sp^3 键向 sp^2 键转变（见图 4-59），含 20% Si 摩尔分数的 DLC 膜则在 740℃退火时才出现 sp^3 键向 sp^2 键转变。

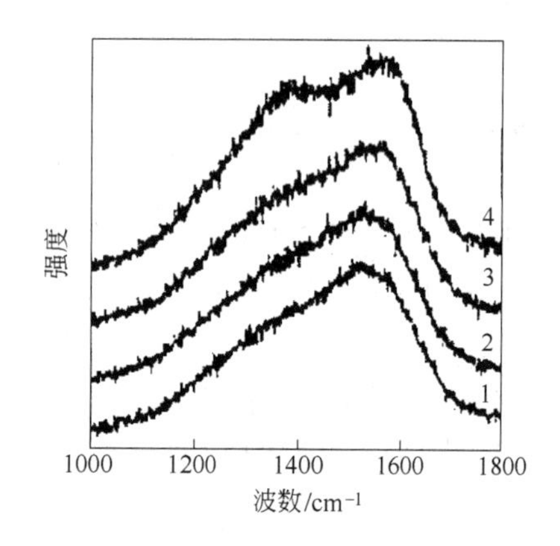

图 4-58 纯 DLC 膜退火后的拉曼谱
1—100℃退火；2—200℃退火；
3—300℃退火；4—400℃退火

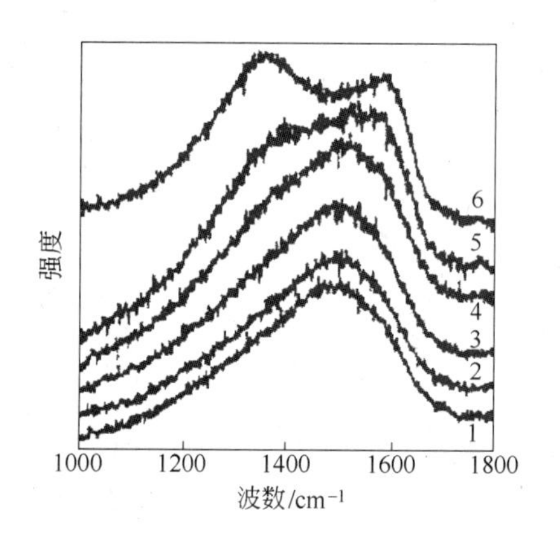

图 4-59 含 12.8% Si 的 DLC 膜退火后的拉曼谱
1—100℃退火；2—200℃退火；3—300℃退火；
4—400℃退火；5—500℃退火；6—600℃退火

4.7.2.3 类金刚石膜在机械功能上的应用

类金刚石膜与金刚石膜相比，在性能上虽有差距，但仍然具有优异的力学、防护等性能，产业化的工艺比较成熟，其应用拓展的范围日趋发展。

A 机械加工行业及耐磨件

DLC 膜有低的摩擦系数、高的硬度及良好的抗磨粒磨损性能，是加工有色金属材料和高硅铝合金的工业涂层材料。

用 DC-PCVD 法在高速钢 W6Mo5Cr4V2 刀具上沉积 0.7μm 厚、硬度 HV 为 3500 的 DLC 膜，切削铝箔时，明显优于未涂层的高速钢刀具。在切削高硅铝合金中，刀具的使用寿命大幅提高。

广州有色金属研究院用阴极电弧镀法在硬质合金刀具上沉积 1μm 的 DLC 膜，在共晶铝硅合金的切削生产线上，使用寿命比不涂层的刀具提高 1.5 倍；在切屑耐磨铝青铜工件生产中，使用寿命提高 8 倍。

在微型线路板的钻孔上，为降低线路板的加工成本，在保证钻孔精度的前提下，提高微型钻头的使用寿命，是线路板降低成本的一大技术措施。目前，有在微型钻头的刀刃上镀 1～3μm 的 DLC 膜，一是降低线路板材料和微钻的摩擦系数，二是提高微钻硬度和耐磨性，既可保证钻孔精度，又可提高微钻使用寿命。为降低成本，提高线路板在市场上的竞争力，美国IBM公司近年来努力发展DLC镀膜微钻用于线路板钻微孔，镀制的DLC微钻在钻孔中速度提高50%，使用寿命增加5倍，钻孔的成本降低50%，相关的工艺和沉积制备方法该公司没有作任何报道。值得提出引起注意的是，由于DLC膜中含有氢，其摩擦系数随温度的升高而增大。因此，镀有DLC膜的微型钻要在“干燥”气氛下钻孔，过于“潮湿”会造成断钻的频率增加。为了避免断钻数量的增加，采用在微钻上镀制非晶金刚石膜，其使用性能比DLC膜更佳，硬度HV可达8000，摩擦系数稳定，不会因“潮湿”引起钻头断裂。镀制的方法可用美国Multi-Arc Inc. 于1997年推荐的MA.500C增强的阴极电弧镀装置，其产生的碳离子束经阴极束通道，可被增强的磁场过滤、聚焦和发散，改善了等离子体的离化率、能量、密度，几乎消除了膜中沉积的碳微粒，可沉积出致密的高附着力的非晶金刚石膜。

国外，还在剃须刀片上镀DLC膜，其并非为使刀片变得锋利，而是在剃须时不易划伤脸面，同时又使刀片不受腐蚀，有利于清洗和长期使用。

在深冲模具上，国外在镀锌钢板的深冲模具上沉积DLC膜，经现场使用考核，在DLC膜中掺W，不仅可以不用润滑剂，经同样的次数深冲后的工件表面质量明显优于未镀掺W的DLC膜深冲模具。日本有专利在微电子工业精密冲剪模具的硬质合金基体上采用DLC/Ti、Si涂层，可提高模具使用寿命，并已推广应用，其膜厚为：DLC 1.0～1.2μm，Ti和Si 0.4μm，硬度HV达4000～4500。

广州有色金属研究院应用阳极层流型气体离子源结合非平衡磁控溅射生产设备，在高精密（镜面级）ϕ250～ϕ350mm的光盘模具上成功沉积厚度为3μm光洁、均匀、细腻的含Ti-DLC膜；生产实际应用中光盘开闭达400万次以上（未镀模具开闭合仅有50万次），使用寿命提高7倍，大幅降低了光盘模具的生产使用成本，还缩短了生产周期。镀制的DLC光盘模具如图4-60所示。

另外该院还在空调器翻边冲头上镀DLC膜，使其在加工铝合金材质的空调器零部件时使用寿命提高2～3倍，达1500万次以上，与日本进口镀制的翻边冲头使用寿命相当，单价成本下降许多。图4-61所示为镀有DLC膜的空调器翻边冲头。

图4-60 镀有DLC膜的光盘模具

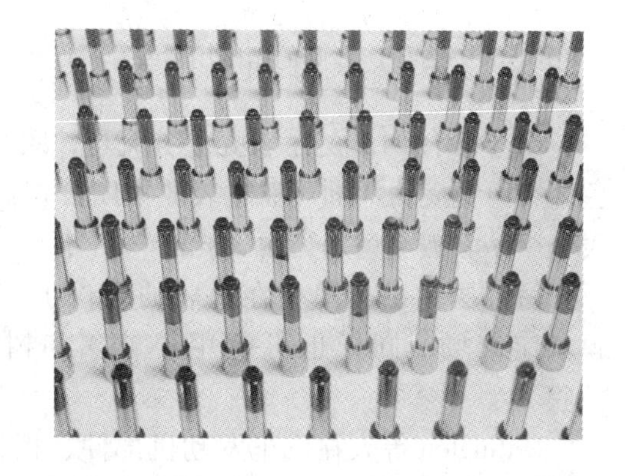

图4-61 镀有DLC膜的空调器翻边冲头

图4-62和图4-63所示分别为广州有色金属研究院研制的镀有DLC膜的塑料和玻璃成型模具。经DLC镀膜后，在使用上明显提高了胶模性和使用寿命，制备的零部件表面品

图 4-62　镀有 DLC 膜的塑料成型模具

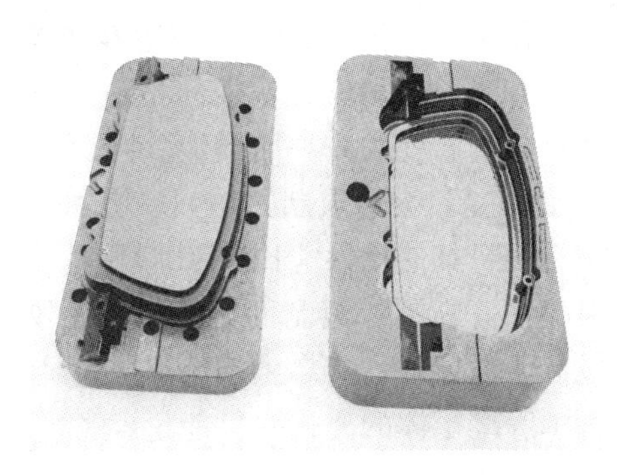

图 4-63　镀有 DLC 膜的玻璃成型模具

质优于镀膜前。

利用 DLC 膜的低摩擦系数来降低摩擦力，广州有色金属研究院研制了经沉积 DLC 膜的制冷用活塞（见图 4-64），提高了无润滑摩擦性能和使用寿命。在高尔夫球头上沉积一层 3μm 左右的 DLC 膜后，挥杆敲至 1500 次后仍未露基体（见图 4-65），而市面上镀有 TiCN 装饰膜的高尔夫球头敲几十次就产生较深（露基体）的划痕。

图 4-64　镀有 DLC 膜的制冷用活塞

图 4-65　镀有 DLC 膜的高尔夫球头

当今镀有 DLC 的手表壳十分流行，图 4-66 所示为广州有色金属研究院为深圳飞亚达表业集团公司镀制的 DLC 膜高档表壳产品。镀层乌黑亮丽、光洁、细腻，深受用户欢迎。

另外国内已有单位在手表的玻璃上沉积出透明的 DLC 膜供应市场。同样也可应用于玻璃和树脂眼镜片上做保护膜。

Lettington 等人在汽车发动机部件、板材、钉子等易磨损机械构件上沉积 DLC 膜获得成功，摩擦系数为 0.14，已开始试用，使易磨损机械构件提高了使用寿命。

DLC 膜涂层还用于航空动力钛合金传动主轴中的齿间咬合和航空航天领域陀螺仪轴承、飞船用齿轮等。

图 4-66　镀有 DLC 膜的飞亚达手表产品

B 磁介质保护膜

在计算机发展中，硬磁盘存储密度要求越来越高，对磁头与磁盘的间隙要求越来越小。在使用中，磁头与磁盘频繁接触，碰撞产生磨损。为保护磁性介质，就要求在磁盘上沉积一层既耐磨又足够薄而不影响其存储密度的膜层。用 RF-PCVD 法在硬磁盘上沉积 40nm 的 DLC 膜发现，有 Si 过渡层的膜层与基体结合强度高，具有良好的保护效果，对硬、磁盘的电磁特性无不良影响。三谷力等人在录像带上沉积一层 DLC 膜也收到良好的保护效果。DLC 膜还可起防霉的保护作用。

C 高保真扬声器振膜

低的密度、高的弹性模量以及在声音中的传播速度大，可作高保真扬声器高音单元的振膜，是高档扬声器高保真振膜的优选材料。1986 年日本住友公司在钛膜上沉积 DLC 膜生产高保真扬声器，高频响应可达 30kHz。随后，爱华公司推出沉积有 DLC 膜的小型高保真耳机，广告称频率响应范围在 10 ~ 30000Hz；先锋公司和健伍公司先后也推出了镀有 DLC 膜的高档音箱，其中健伍公司的 LS-M7 音箱以重视中音域的设计为目的，其 90mm 球顶单元用 DLC/Ti 复合做球顶，用碳纤维或戴尼玛纤维混纺材料做矮盒组合成振膜，它在不损害良好的指向性和声音高密度感的前提下，实现了中音域宽化，并获得了几乎接近点声源的特性。

广州有色金属研究院用阴极多弧镀（VCAD）法在高音球顶钛振膜上沉积了 DLC 膜，组装的扬声器高频响应达 30kHz 以上，达到日本健伍公司同类产品的声学水平，并组建了生产线，与扬声器厂联合，以产品的形式推向市场，其性价比受到用户的欢迎。现今还有部分镀有 DLC 钛振膜出口海外，据悉出口到德国的振膜已组装成高保真扬声器安装在该国生产的高档轿车中。图 4-67 所示为广州有色金属研究院和美国 Diamonex 公司生产的镀有 DLC 膜的高保真扬声器。

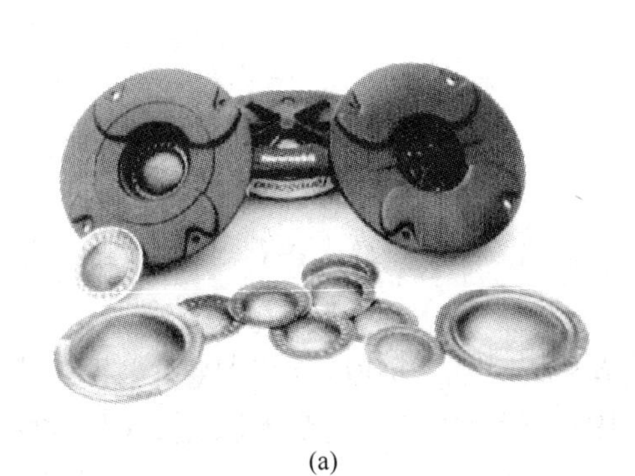

(a)

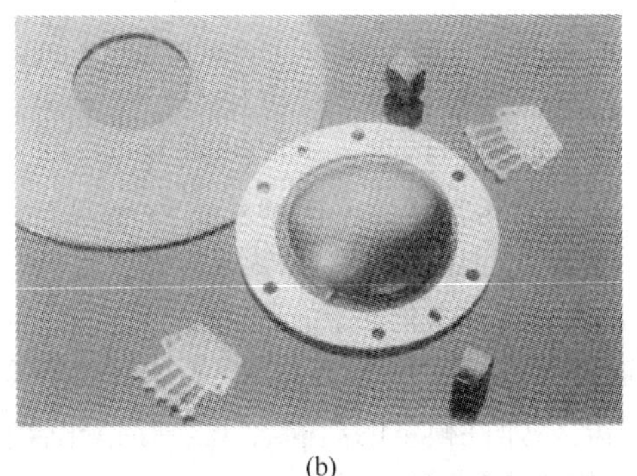

(b)

图 4-67 镀有 DLC 膜的高保真扬声器

（a）广州有色金属研究院生产的 30kHz 产品；（b）美国 Diamonex 公司生产的产品

D 医学中的应用

在医学中，DLC 膜用于心脏瓣膜、人工关节、高频手术刀、医用防菌黏附的门把手。

E 其他应用

光学透镜，眼镜片涂层以及光盘防霉、防划伤的保护膜等，详见 4.8 节。

4.7.3　β-C_3N_4 超硬膜

美国伯克利大学物理系 M. L. Cohen 教授以 β-Si_3N_4 晶体结晶为依据预言了 β-C_3N_4 这一代新的 C-N 化合物的特性，他利用具有一定普遍意义的经验公式计算出 β-C_3N_4 的体弹性模量将超过金刚石。这一开创性研究显示了人类第一次从理论上预言了具有超硬性的新材料。

对于 β-C_3N_4 的性质研究不仅对凝聚态物理，而且对材料科学的研究和实际应用都有重大意义。在随后的 10 余年中，全球众多的著名研究院所都相继投入相当多的人力物力集中攻关。相继用热解有机化合物气相沉积法，在氮混合气中用石墨靶射频溅射法、直流磁控溅射沉积法和离子束辅助沉积等法进行沉积工艺的制备。1988 年，Han 等人宣称成功获得了非晶态的 C-N 膜；1993 年，美国哈佛大学的 Lieber 小组和 1994 年美国伯克利 Lawrence 实验室 Yu 等人，分别用氮离子辅助激光蒸发石墨靶法和射频等离子体溅射法获得非晶 C-N 膜，在膜中发现了小于 5% 的晶体颗粒。1995 年瑞典 Sjöström 等人发现了一种具有类似于 C_{60} 结构的 C-N 化合物。与此同时国内也有不少单位，如中科院物理所王恩哥等人对 C-N 膜的沉积制备进行了大量的研究，取得了较好的结果。

4.7.3.1　β-C_3N_4 薄膜的原子结构

众所周知，从宏观结构上看，硬度由大的缺陷和位错决定；从微观结构上看，硬度由体积模量决定，而体积模量不依赖于材料的化学键特性，化学键的强度和压缩系数在材料的抗形变中起到决定性作用。

M. L. Cohen 提出了一个以 Phillipsvan Vechten 体系为基础的经验模型，其体积模量的关系式为：

$$B = \frac{19.71 - 2.20\lambda}{d^{3.5}} \cdot \frac{N_c}{4}$$

式中　B——体弹性模量，单位为 10^{11} Pa；

d——共价键长，单位为 0.1nm；

λ——化合物的离子性；

N_c——配位数（对四面体系统 N_c 为 4，否则 N_c 为平均配位数）。

上式已被一系列实验所证实。

通过上式，估算出 β-C_3N_4 的体弹性模量 B 为 $(4.10 \sim 4.40) \times 10^{11}$ Pa，也告知我们要得到大的体弹性模量的材料，就须寻找化合物中离子性比较小、共价键键长较短，原子排列致密的共价键固体材料。

β-C_3N_4 估算的 B 为 $(4.10 \sim 4.40) \times 10^{11}$ Pa（金刚石计算的 B 值也在此范围内），M. L. Cohen 等人认为，β-C_3N_4 与金刚石两种结构的原子排列不仅致密，而且 β-C_3N_4 中的 C—N 键长小于金刚石中的 C—C 键长。因小 d 意味着小的原子半径，N 原子半径小于 C 原子半径，使得 β-C_3N_4 的原子密度就比金刚石大，因而导致了 β-C_3N_4 的硬度可能比金刚石大的原因。M. L. Cohen 计算了 β-C_3N_4 的晶格常数 $a = 0.761$nm，与实验值 0.7608nm 十分相符。类似计算的 β-C_3N_4 晶格常数 a 为 0.644nm。图 4-68 所示为 β-C_3N_4 结构示意图。图中每个 sp^3 杂化的 C 原子（黑色）与 4 个 N 原子（白色）键合，形成一个四面体，而每

个 sp^2 杂化的 N 原子与 3 个 C 原子键合，形成一个平面三角形。这种原子组合形成一个所有方向都键合牢固的三维共价体系。这样构成的原胞具有六棱体晶型，共含有 8 个 N 原子和 6 个 C 原子，属于 $P3$ 对称群。另外 C-N 化合物还有一个十分相近的 α 相结构，即 $\alpha\text{-}C_3N_4$，它可描写成一个由 ABAB…在 c 轴方向排列起来的空间结构，这里 A 代表一个 $\alpha\text{-}C_3N_4$ 的原胞，B 代表 $\beta\text{-}C_3N_4$ 的镜面反演。这样一个 $\alpha\text{-}C_3N_4$ 的原胞比 $\beta\text{-}C_3N_4$ 大一倍，共 28 个原子组成；其中 16 个氮原子和 12 个碳原子。它对应的空间群为 $P3_1cP3_1c$。

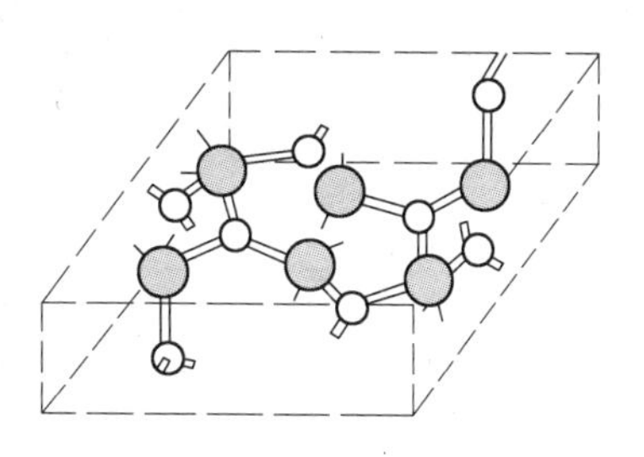

图 4-68 $\beta\text{-}C_3N_4$ 结构示意图

而在 $\beta\text{-}C_3N_4$ 中，由于 C 与 N 有相同的原子芯结构不存在 C 原子的电荷转移，即 C、N 原子间没有电荷转移，形成的是很强的 C—N 共价键，类似于金刚石中的 C—C 键。

1996 年 Teter 和 Hemley 用周期性边界条件，仍用第一性原理赝势能带方法计算得到 5 种结构的 C_3N_4：α 相、β 相、立方相；准立方相和类金刚石相。计算结果列于表 4-16 。这 5 种结构中，除石墨相外，其他 4 种 C_3N_4 都具有超硬材料结构。其中立方 C_3N_4 的晶体几何结构和 Zn_2SiO_4 相同，只是用 C 代替 Zn 和 Si，用 N 代替 O。理论上预言立方 C_3N_4 的体弹性模量为 496GPa，超过了金刚石 468GPa；并且在 68GPa 的压强下会发生 $\alpha\text{-}C_3N_4$ 的向立方 C_3N_4 的相变。理论上预言立方 C_3N_4 是间接带隙材料，带隙宽度为 2.9eV，有良好的导热性。Teter 给出的 $\alpha\text{-}C_3N_4$ 体弹性模量与 Liu 和 Cohen 计算得到的数值相当，仅次于金刚石。

表 4-16 5 种 C_3N_4 晶体及金刚石的有关参数

结构		$\alpha\text{-}C_3N_4$	$\beta\text{-}C_3N_4$	类石墨 C_3N_4	立方 C_3N_4	准立方 C_3N_4	金刚石
空间群		$P3_1c$ (159)	$P3$ (143)	$P\bar{4}m2$ (187)	$I\bar{4}3d$ (220)	$P\bar{4}2m$ (111)	$Fd3m$
晶格常数	a/nm	0.62665	0.64017	0.47420	0.053973	0.034232	0.035667
	c/nm	0.47097	0.24041	0.67205			
体弹性模量/GPa		425	451		496	448	468

4.7.3.2 $\beta\text{-}C_3N_4$ 薄膜的制备与特性

A $\beta\text{-}C_3N_4$ 薄膜的沉积制备

$\beta\text{-}C_3N_4$ 膜沉积制备的方法主要有：离子束辅助合成、反应溅射、热丝 CVD 和电子回旋共振（ECR），也有少数人用离子注入、有机热解等方法制备 $\beta\text{-}C_3N_4$ 膜。实验结果大多得到了非晶态的 CN_x 薄膜，少数实验获得纳米级尺寸的 C_3N_4 晶粒镶嵌于非晶碳膜中。薄膜中 N 的含量远小于理论上的 57%（C∶N = 3∶4）。表 4-17 所列为国内外常用的人工合成 C_3N_4 的实验方法及结果。

表 4-17 国内外常用的合成 C_3N_4 的实验方法及结果

研究者		实验方法	结晶情况	N 含量/%	结果特征
国外	H. X. Han	DC 反应磁控溅射	非晶		
	哈佛大学 C. Niu 等	激光溅射 + N 离子束辅助沉积	多晶	24 ~ 41	TEM 获多晶环 6 道
	加州大学 K. M. Yu 等	射频二极溅射	非晶中纳米晶粒	0 ~ 50	TEM 获多晶环 8 道
	休斯敦大学 A. Bousetta	电子回旋共振 ECR-CVD	非晶	24 ~ 48	FTIR
	伊利诺斯大学 M. Y. Chen	DC 反应磁控溅射	非晶中纳米晶粒	N/C 原子比 0.4 ~ 0.8	薄膜电阻率大于 $10^5 \Omega \cdot cm$
	日本 T. Okada 等	RF 反应磁控溅射	非晶	N/C 原子比 1.2	FTIR 和 XPS 热稳定性达 900K
	Okayama 大学 F. Fujimoto	电子束蒸发 + 离子束辅助沉积	非晶	N/C 原子比 1 ~ 2	维氏 HV 最高约 6370
国内	清华大学 崔斋福等	双离子束沉积	非晶中纳米晶粒	N/C 原子比 0.25 ~ 0.54	TEM 获 β-C_3N_4 多晶环 4 道，维氏 HV 最高约 5100
	中国科学院物理所 王恩哥等	热丝 RFCVD	非晶	N/C 原子比 1.2 ~ 1.4	TEM 和 XRD 获 β-α-C_3N_4 多晶，各 12 条

B 特性表征

在 Si（100）基片上，经 10min 生长后，出现一层反应物薄膜，经扫描电镜观察，有诸多 C-N 球状晶核堆成的晶团（直径约 1000nm），40min 后可观察到由许多单晶棒所组成的具有明显完整的六棱体形态，其截面尺寸为 20 ~ 200nm。这些单晶棒的截面靠近衬底一端较大，而向顶端逐渐变小，它们聚集在一起形成向外辐射的花状晶团。这些花状的 C-N 原子晶团在衬底表面密度为 $10^6 \sim 10^7 cm^{-2}$；同时还发现许多孤立的六棱柱单晶棒分布在这些大晶团之间的区域上。用 XPS 能谱分析 C-N 晶态膜的化学成分，不同区域分析结果表明，N 与 C 的原子比在 1.34 ~ 2.50 之间；样品中可观察到 Si 的成分（没观察到有其他杂质），它是来自没有被 C-N 覆盖的衬底表面 $C_{3-x}Si_xN_y$ 过渡层。这是实验室中获得的高含氮量的 C-N 晶体材料。

通过对样品的 X 射线衍射确定了 C-N 晶体的结构，发现 C-N 膜不存在非晶态。实验结果确定，其晶格常数 $a = 0.706nm$ 和 $c = 0.272nm$，$c/a = 0.385$，它与 Liu 和 Cohen 从第一性原理计算的结果 $c/a = 0.383$ 符合得非常好。

吴现成等人用偏压辅助热丝 CVD 法通入 N_2 气和 CH_4 在 Si 衬底上获得了很硬的多晶 β-C_3N_4 膜。用红外谱和 X 射线衍射谱进行分析。结果为：对于 β-C_3N_4，$a = 0.628nm$，$c = 0.237nm$；对于 α-C_3N_4，$a = 0.637nm$，$c = 0.465nm$。测得 CN_x 膜的 3 个红外吸收光谱（见图 4-69）：$2191cm^{-1}$， C≡N 三键；$1625cm^{-1}$，C＝N 双键；$1237cm^{-1}$，C—N 单键，

并精确测量了该膜的硬度为72.66GPa。

C 生长模型

在解释C_3N_4晶团生长机制上，中科院物理所王恩哥等人提出了“晶格匹配选择生长条件”。就是先在生长初期形成与Si衬底成一定夹角γ的外延$C_{3-x}Si_xN_y$过渡层单晶，然后围绕它的6个棱面再外延夹角$\gamma' C_{3-x'}Si_{x'}N_{y'}$。这个过程不断持续，形成一个具有中心的向外辐射晶团。在此过程中，对不能满足晶格匹配条件的晶粒被逐渐淹没。随着生长时间的延长和不断远离Si衬底，这些辐射的六棱体$C_{3-x}Si_xN_y$逐渐变为纯的C_3N_4结构。其生长模型的最重要条件是要求晶格匹配，如图4-70所示。

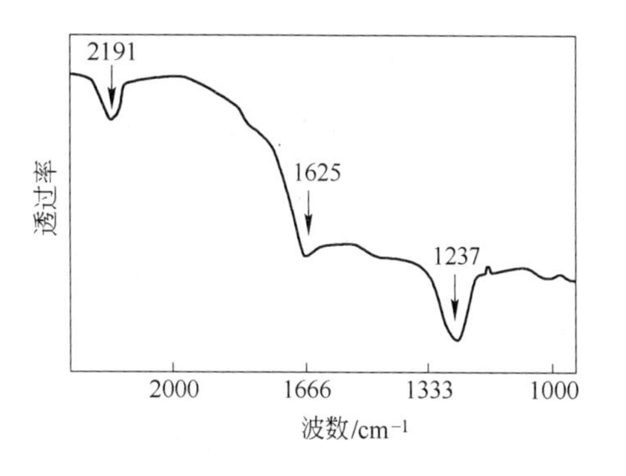

图4-69 CN_x傅里叶变换红外吸收光谱

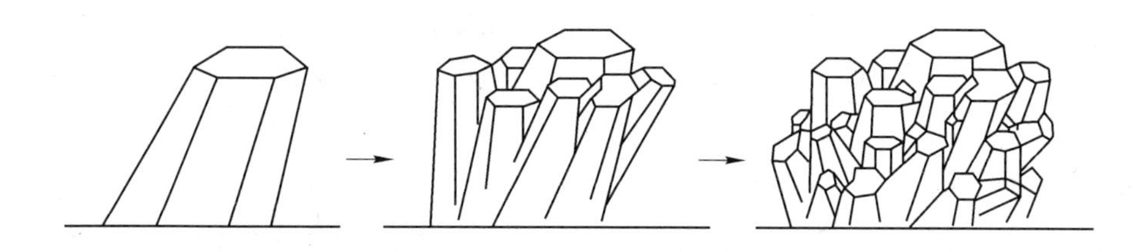

图4-70 Si(100)衬底与C_3N_4晶团的晶格匹配选择生长模拟

根据作者的研究实践看，要得到符合C_3N_4标准的β-C_3N_4膜是比较困难的，大多数是非晶态或纳米级的β-C_3N_4晶粒散布于非晶中。沉积获得的β-C_3N_4超硬膜硬度分布参差不齐，打在β-C_3N_4晶粒上硬度非常高，有的达到金刚石的硬度，有的又很低。对于这种现象，作者的看法是，超硬的β-C_3N_4膜没有真正完整的连成一片，即没有完全成为一体的β-C_3N_4薄膜。从沉积工艺实验看到，β-C_3N_4沉积的技术关键是要完全避免石墨相的析出，才有可能连成一片。在沉积制备的工艺中，基体的温度、偏压以及气体的压力都有很大影响。其中对β-C_3N_4中N含量影响最大的是基体温度；且不同的沉积方法，基体温度影响又大不一样；但总存在一个极限的温度，基体温度低于极限温度，膜层中N含量随温度的升高而增大；高于极限温度时，膜层中N含量随温度的升高而减少，直至得不到β-C_3N_4膜层。而基体偏压，它不仅直接影响膜层结构、沉积速率，且对膜层中的N含量也有很大影响。这是因为偏压直接影响离子能量到达基体的高低所致。沉积方法不同，基体偏压的影响也会不同。而气体的压力，对β-C_3N_4膜层结构和沉积速率有较大影响，气压太低，影响等离子体自持放电，不利于沉积；气压太高，空间分子密度就过大，导致等离子体中活性粒子向基体运动的过程中，会被多次散射而不能顺利到达基体，或到达基体的离子能量不够高，影响β-C_3N_4膜层结构。一般来说，随N_2分压的增高。膜层中N含量会增加，当N_2分压到一定值后，这种影响又不明显。因此要真正沉积出符合标准（C∶N＝3∶4）的β-C_3N_4超硬膜，还需做大量细致的工作，离大范围的推广应用还需时日。

D β-C_3N_4的应用前景

基于目前的研究，用离子辅助沉积法和RF-PCVD法获得的β-C_3N_4膜的显微硬度HV

分别已经达到 6380 和 5000，而且经计算设计出的立方相 C_3N_4 的体弹性模量达 496GPa，已超过金刚石的 468GPa 的实况看，其硬度有望达到金刚石的超硬度。另外，β-C_3N_4 还具有优异的电学、光学特性。使它在机械、电子和半导体领域中有着巨大的应用潜力，它将一定会成为新一代的切削刀具和新一代的优质半导体光、电器件的介质膜材料。它的合成成功是分子工程学上杰出的成绩，会继续成为材料科学，特别是超硬薄膜材料研究的重点。

4.7.4　纳米晶 Ti-Si-N 薄膜

4.7.4.1　纳米晶 Ti-Si-N 的微观结构

纳米晶 Ti-Si-N 膜的微观结构的 XPS 和 X 射线衍射谱线、膜层的断口图像和高倍 TEM 电子衍射图像，如图 4-71 ~ 图 4-74 所示。

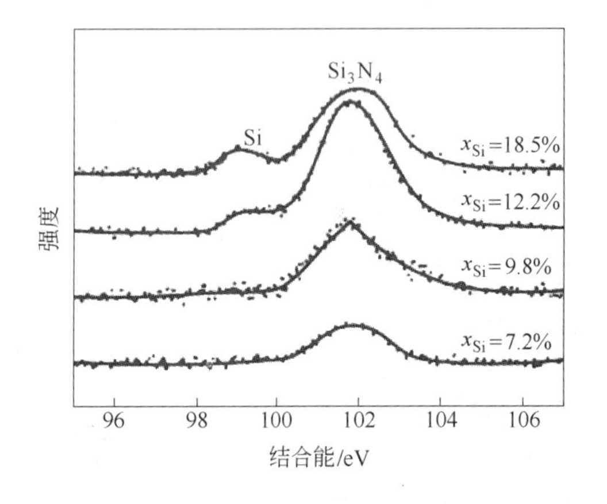

图 4-71　纳米晶 Ti-Si-N 膜层的 XPS 谱线（Si 2p，Al K_α）

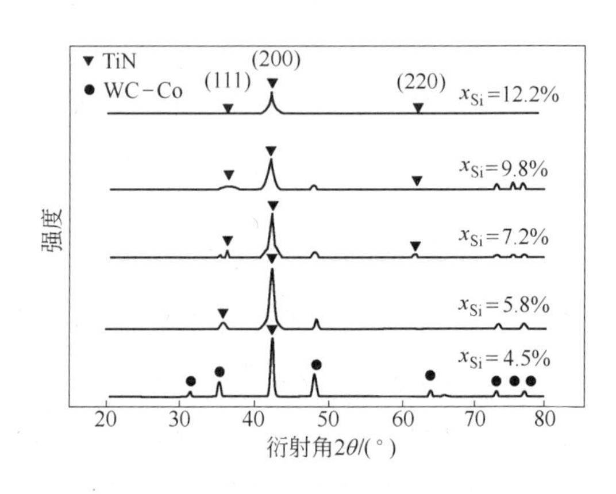

图 4-72　纳米晶 Ti-Si-N 膜层的 X 射线衍射谱

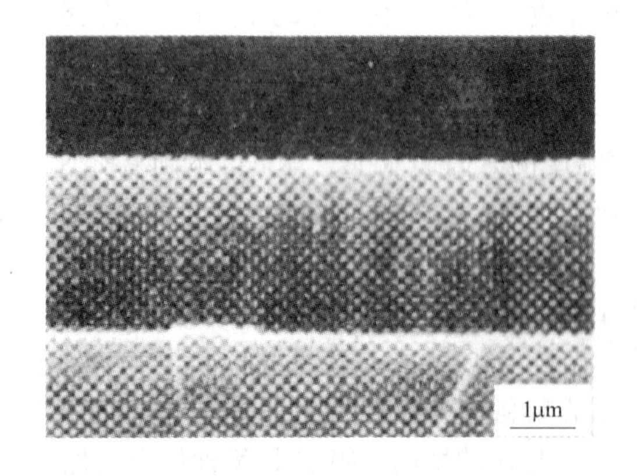

图 4-73　纳米晶 Ti-Si-N 膜层的断口 SEM 图像

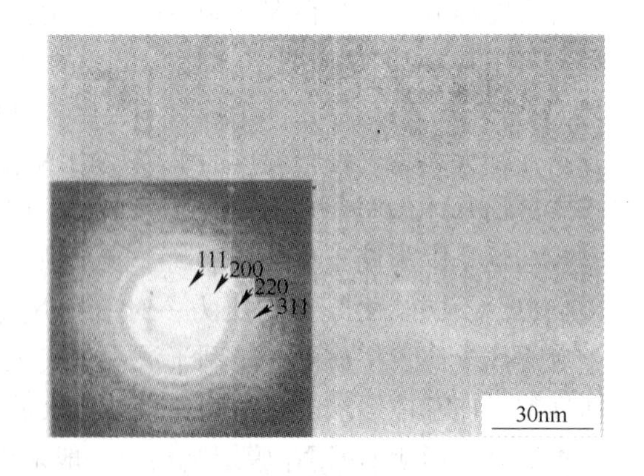

图 4-74　纳米晶 Ti-Si-N 膜层的高位 TEM 电子衍射图像

从图中分析表明，纳米晶 Ti-Si-N 的微观结构随沉积温度的高低和 Si 含量的多少会发生变化。

4.7.4.2 纳米晶 Ti-Si-N 膜层的性能及影响因素

A 硬度

影响 Ti-Si-N 膜层硬度的因素有含 Si 量、沉积温度和 N_2/Ar 气体的比例等，其中含 Si 量的影响最大（见表 4-18）。

表 4-18 纳米晶 Ti-Si-N 的涂层工艺方法和硬度与硅含量的关系

沉积方法	沉积温度/℃	Si 的质量分数/%	最高硬度 HV	组织特点
等离子增强 CVD	560	10～15	6350	nc-TiN/α-Si_3N_4
等离子增强 CVD	550	7～10	5000	nc-TiN/α-Si_3N_4
射频感应耦合 PECVD	500	10	4000	nc-TiN/α-Si_3N_4
等离子增强 CVD	500	7～8	3500	nc-TiN/α-Si_3N_4
等离子辅助 CVD	500	7	3400	nc-TiN/α-Si_3N_4
射频磁控溅射 PVD	350	6～13	5400	nc-TiN/α-Si_3N_4
直流磁控溅射 PVD	200	8～9	5000	nc-TiN/α-Si_3N_4
电弧离子镀 PVD	300	7.7	4500	nc-TiN/α-Si_3N_4
多靶磁控溅射 PVD	室温	4.14	3600	nc-TiN/α-Si_3N_4

B 抗高温氧化性

纳米晶 Ti-Si-N 的抗高温氧化性明显优于 TiN 膜。TiN 膜在 500℃左右开始氧化发蓝，接近 600℃膜层就逐渐脱落。纳米晶 Ti-Si-N 膜 820℃才开始稍微变蓝，1000℃以上才会有部分膜层脱落。这是因 Si 是强玻璃质形成元素，在氧化过程中能在纳米晶 Ti-Si-N 膜表面上形成玻璃状的保护膜，防止膜层继续氧化所致。

C 耐磨损性能

由于 Si 的加入，使纳米晶 Ti-Si-N 超硬膜层的晶粒尺寸比 TiN 晶粒小很多，硬度比 TiN 高得多，而摩擦系数也比 TiN 低很多。其摩擦系数在一定 Si 量的范围中，会随着 Si 含量的增加而减小。Si 含量从 5.1% 增至 9.5%，纳米晶 Ti-Si-N 的摩擦系数由 0.92 下降到 0.7。磨损试验证实，其膜层比 TiN 膜层的耐磨性能提高了 5 倍。

D 膜层的结合强度

纳米晶 Ti-Si-N 与基体的结合强度与基体的表面状态和膜层韧性密切相关。实验研究证实，在高速钢基体上沉积的晶粒尺寸为 5～34nm 的 $Ti_{0.70}Si_{0.30}N$ 和 $Ti_{0.83}Si_{0.17}N$ 膜，其整体失效的临界载荷分别为 115N 和 105N（划痕法），可以满足各类涂层制品对结合强度的性能要求。

E 耐蚀性能

纳米晶 Ti-Si-N 膜在大多数的强腐蚀介质中有优良的化学稳定性。膜层的耐蚀性关键是基体与腐蚀介质是否能隔绝。用 PECVD 沉积制备的纳米晶 Ti-Si-N 膜层的晶粒比用 CVD 法沉积制备的膜层晶粒小得多，膜层中无针孔、裂纹等显微缺陷，不会形成腐蚀介质的通道，因此其耐蚀性好。

4.7.4.3 纳米晶 Ti-Si-N 膜沉积制备的方法

纳米晶 Ti-Si-N 沉积制备的方法较多。有 PECVD、射频感应耦合 PECVD、等离子辅助 CVD、射频磁控溅射、直流磁控溅射、电弧离子镀、多靶磁控溅射和非平衡磁控溅射等。

其膜层的硬度与 Si 含量关系密切，不同的沉积方法，它的沉积温度高低也不相同。如直流磁控溅射沉积温度 200℃，Si 的质量分数在 8% ~9% 时，最高硬度 HV 可达 5000；多靶磁控溅射，经室温沉积，Si 的质量分数在 4.2% 时，最高硬度 HV 也可达 3600；用 PECVD 法沉积温度在 560℃，Si 的质量分数在 10% ~15% 时，最高硬度 HV 可达 6350。相对而言，直流脉冲 PECVD 法比较简便，工件温度升至 500℃ 左右时，通过离子轰击和外热加温，控制好脉冲电压、电流，通入高纯 N_2（99.999% 以上）、H_2，并使其充分混合，然后再通高纯度的 $SiCl_4$ 或（SiH_4）和 $TiCl_4$，即可沉积制备出纳米晶的 Ti-Si-N 膜。

4.7.4.4 纳米晶 Ti-Si-N 膜的应用

纳米晶 Ti-Si-N 膜是目前采用纳米薄膜技术比较成熟而且已在生产实际上应用的膜层。它在机械加工中，改变了原有加工高硬度材料的 TiAlN 膜抗氧化性能差和硬度低的问题。因为纳米晶 Ti-Si-N 膜硬度 HV 高达 3600，起始氧化温度 1100℃，都大大超越了 TiAlN 膜，且纳米晶 Ti-Si-N 膜层表面以 5nm 的超细晶粒规则排列，在高速加工时防止氧气扩散到膜层内部，抑制氧化反应速度，可用于极难加工的高硬材料。

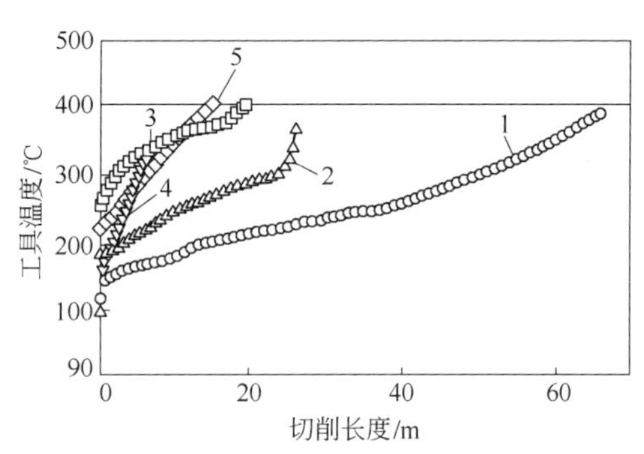

图 4-75 纳米晶 Ti-Si-N 涂层铣刀加工高硬度（HRC60）Cr12Mo1V1 模具钢结果

1—TiSiN 系复合涂层立铣刀；2—常用 A 涂层；3—常用 B 涂层；4—常用 C 涂层；5—常用 D 涂层

表 4-19 和图 4-75 所示为纳米晶 Ti-Si-N 涂层立铣刀在加工高硬度（HRC60）Cr12Mo1V1 钢时的应用效果。

表 4-19 纳米晶 Ti-Si-N 涂层立铣刀在加工高硬度 Cr12Mo1V1 钢时应用效果

参 数	原用刀具	Ti-Si-N 涂层刀具
刀具尺寸（型号）	ϕ8 ×6 齿（TiAlN 涂层）	ϕ8 ×6 齿（EPHT6080 涂层）
切削速度（转速）	23m/min（912r/min）	100m/min（3979r/min）
进给量（进给速度）	0.03mm/齿（165mm/min）	0.05mm/齿（1194mm/min）
切 深	A_d8mm × R_d0.4mm	A_d8mm × R_d0.4mm
切削方式	干式，顺铣	干式，顺铣
加工时间/min	62.5	8.6
加工成本（以本试验刀具为准）/%	100	46

可见，纳米晶 TiSiN 涂层铣刀在高速加工高硬材料中，比原有的 TiAlN 涂层铣刀切屑寿命提高 2 ~3 倍，加工成本降低一半以上。

另外，在用纳米晶 CrSiN 涂层铣刀加工碳钢时，具有良好的耐磨损性能，切削寿命是原有涂层刀具的两倍以上，切削速度比 TiAlN 涂层刀具提高了 3 倍，加工时间缩短了 74%，加工成本降低了 36%。可见，纳米晶 TiSiN 与纳米晶 CrSiN 是目前机械加工实际应用中比较成熟的纳米晶涂层。

4.7.5 纳米多层膜

最先提出“多层膜”结构是出于半导体和光学器件应用的需要，现今已把多层膜的结构研究扩展到高硬、耐磨、耐腐蚀、超导、磁记录以及多层膜层的结合匹配。在多层膜系的研究中，一种较多的模式是出于润滑的需要，在超硬膜的顶层上生长一层低摩擦系数的固体润滑膜来减小材料的摩擦系数，提高材料的耐磨使用寿命；其典型的膜层是 TiN/MoS_2、TiN/Me-DLC（即掺金属的类金刚石膜）等。这些已用于刀具、汽车零件、纺织机械零件、信息存储器和医学植入体等应用领域。

为了提高超硬性（硬度大于 40GPa）、抗摩擦磨损性、低摩擦系数、高热导率、高透光率、低线膨胀系数和优异的化学稳定性、与基体良好的相容性，并应用于机械涂层刀具切削高硬材料、机械耐磨轴承、医疗器件、宝石、集成电路衬底、辐射窗、音像制品以及半导体等材料，人们就把超硬多层膜也引入功能薄膜之中。除了上述讲到的金刚石、类金刚石膜、β-C_3N_4、Ti-Si-N 外，还有 B_4C、BC_2N 等。另外还有一类极具发展潜力的用氮化物制成的纳米多层超硬膜超晶格（如 TiN/VN、TiAlN/CrN 和 TiN/NbN）和纳米超硬混合（复合）膜等也都是当今新型超硬膜的发展方向之一。且有些氧化物的超晶格（如 Al_2O_3-ZrO_2），其优异的耐磨性能和高温热稳定性也已发展成超硬膜的新系列，下面重点介绍纳米超硬多层膜和纳米超硬混合（复合）膜。

4.7.5.1 纳米超硬多层膜

这些年来，纳米超硬多层膜备受重视的重要缘由是：1987 年发现用两种极薄的膜层（纳米级）材料（典型的是氮化物）重复交叠成纳米级的多层结构突现出异常的高硬度，有的甚至高达金刚石硬度的一半。在工艺上主要控制两种不同膜的厚度比例（调制比）和两层膜的厚度（调制周期）来沉积制备纳米多层膜的结构，最终获得具有理想的超硬耐磨性能的纳米多层膜系。国际上，对这种新的不同性能的多层膜的复合和纳米多层膜的研究表明，性能差异的氮化物可组成一种具有特殊性能的新型薄膜材料。经研究，多层膜的物理和力学性能的结果知，它们强烈地依赖着多重的界面性质，其性能对沉积制备的方法和生长条件十分敏感。这类结构主要有界面韧性、界面共格、内扩散、单向取向和纳米结构等。有人认为，此种超硬性和力学性能的提高取决于它们的显微结构。研究的结果证实，在微米尺度范围内，多层膜的硬度依照 Hall-Petch 方程，经大量实践证实总结的多晶材料屈服应力（或硬度）与晶粒尺寸的关系，即 $\sigma_r = \sigma_{0.2} + Kd^{-1/2}$ 或 $H = H_0 + Kd^{-1/2}$（$\sigma_{0.2}$ 为 0.2% 屈服应力，是移动单个位错所需克服的点阵摩擦力；K 为常数；d 为平均晶粒尺寸；H 为硬度）。随着调制周期的减少而上升，它的机制为 Hall-Petch 效应。一旦进入纳米尺度范围内时，其硬度曲线显示出现峰值（见图 4-76 中 1）。对其硬度出现的峰值，尽管有理论解释，但不少人认为，并不充分，仍需作进一步的论述。纳米多层膜的超硬度、超模量效应在材料学理论中提出过一些科学的解释、探讨。这些科学的解释其机制有量子效应、协调应变效应、界面应力效应和界面对位错的阻塞作用等理论，对纳米多层膜的力学性能进行解释、探讨。这些理论解释虽有一定的科学说理性，但结合对实验中所观察到的一些现象和结果的数据还不能令人信服，

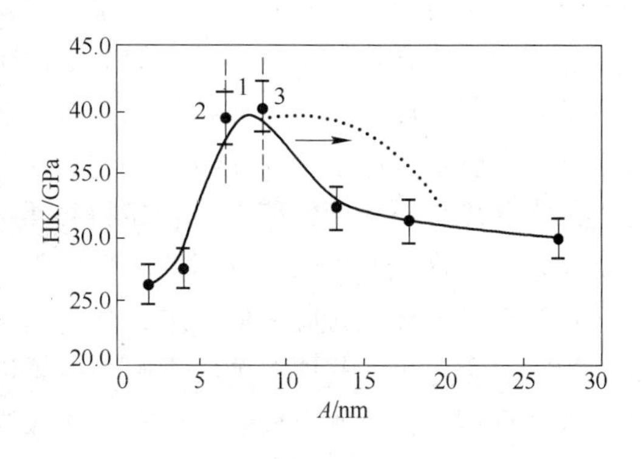

图 4-76 纳米多层膜硬度峰值的调制周期

理论上还不完善，还值得深入地研究探讨。尽管如此，纳米多层超硬膜存在大量与基体平行的内界面确实能引起阻碍裂纹的扩展、阻塞位错的运动、增加材料的韧性。这在工程应用的刀具耐磨上已取得很好的实效。当今纳米技术的研究和应用，已在全球范围引起一场工业革命。纳米材料的研究和应用，同样会在材料工程领域引起一场革命。

A 纳米超硬多层膜的组成

从现今人们已经研究的纳米超硬多层膜来看，它是由氮化物、碳化物、氧化物膜与金属相组成，大体有：

（1）氮化物/氮化物：TiN/VN(HV5600)、TiN/NbN(HV5100)、TiN/VNbN(HV4100)、TiN/AlN(HV4500)；

（2）碳化物/碳化物：TiC/VC（HV5200)；

（3）氮化物/碳化物或碳化物/氮化物：TiN/CN_x(HV4500～5500)、ZrN/CN_x(HV4000～4500)；TiC/NbN(HV4500～5500)、WC/TiN(HV4000)；

（4）氮化物或碳化物/金属：TiN/Nb(HV5200)、(TiAl)N/Mo(HV5100)；

（5）氮化物/氧化物：(TiAl)N/Al_2O_3。

M. Shinn 等人用磁控溅射沉积制备了 TiN/NbN、TiN/VN、TiN/VNbN 等超硬点阵薄膜，在调制周期为 4.6nm 时，TiN/NbN 膜的硬度 HV 最高达 4900，相对比它们的单层 TiN 膜或 NbN 膜的硬度获得大幅度的提高。M. Shinn 认为，硬度大幅度提高的原因是两种膜中其位错的线能量有差异和界面共格应变共同作用所致。

Zong 也用非平衡磁控溅射沉积制备 TiN/NbN 超点阵薄膜，调制周期为 7.3nm，偏压为 -50V 时，膜层的纳米压痕硬度 HV 为 5100。

B 沉积制备纳米超硬多层膜的方法

纳米超硬多层膜沉积制备的方法有物理气相沉积（PVD），过滤的阴极电弧沉积和多源的等离子体辅助气相化学沉积（PECVD）等方法。其中磁控溅射技术，特别是非平衡磁控溅射技术在沉积纳米超硬多层膜中能很好地控制调制周期和膜层质量，因此是目前应用得最多和最好的沉积制备技术之一。

C 纳米超硬多层膜的应用

由于纳米超硬多层膜是一定的周期交替叠加沉积形式，每单一层的厚度都控制在纳米量级，且叠加层数可达几百甚至上千层，因此在工程应用上，在沉积超硬点阵膜层具有相同的厚度时，工艺控制十分困难；加上工程应用中被沉积镀制的部件，一般形状都比较复杂，其在服役温度下，又会有相邻的界面元素的内扩散，这种相邻界面元素内扩散难以防止。内扩散会引起硬度的变化或者说超硬度的退化。因此，采用何种有实效的技术措施，拓宽最大硬度调制周期的范围，就显得很重要而又有实际工程意义。即在图 4-76 中，把多层纳米膜硬度的峰值的调制周期向区域 3 更大的单位厚度扩展。

尽管碰到上述工程应用的困难，但它还是得到较快的拓展。目前研究最多，并已在应用中取得显著效果的是纳米金刚石膜和由氮化物组成的纳米超硬多层膜。追其根源，是氮化物能在涂层和晶体间形成强的结合力的缘故，并且还能得到化学稳定性好、摩擦系数低的膜层，能有效地提高膜层的硬度。表 4-20 是不同氮化物纳米超硬多层膜的硬度。从表 4-20 中可知，其所有的硬度 HV 都在 4000 以上。

表 4-20 不同氮化物纳米超硬多层膜的硬度与调制周期

种 类	调制周期/nm	显微硬度 HV	种 类	调制周期/nm	显微硬度 HV
TiN/NbN	5～9	5100	NbN/CrN	3～7	4200～5600
NbN/TaN	2.3～17	5100	TiAlYN/VN	3～4	4200～7800
TiN/VN	4.8	5500	TaWN/TiN	5～6	5000
TiN/C_3N_4	2～4	5000～7000	TiN/AlN	3	4000
TiAlN/CrN	3～3.2	5500～6000			

图 4-77 和图 4-78 所示分别为 TiN/NbN 的纳米超硬多层膜的涂层结构和用 TiN/NbN 超硬多层膜涂层刀具在铣削碳钢和不锈钢时的切削性能对比。可以清楚地观察到，其切削的使用寿命明显优于 PVD 法的 TiCN 和 CVD 法的 TiCN 涂层。

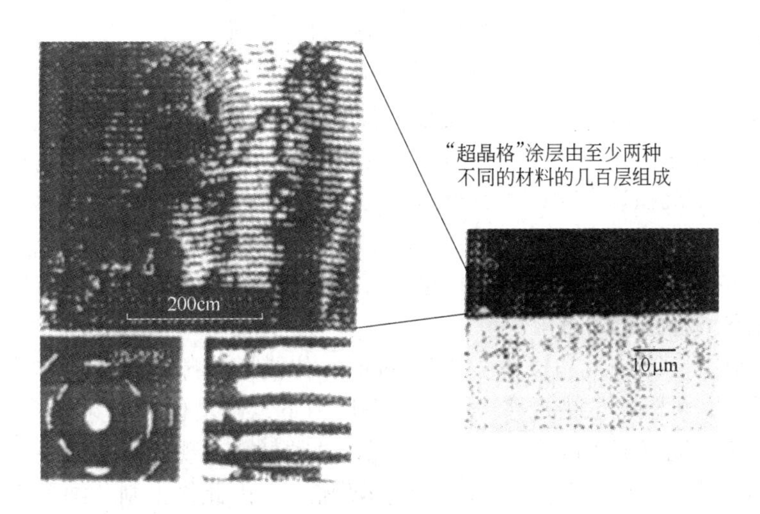

图 4-77 TiN/NbN 的纳米超硬多层膜的涂层结构

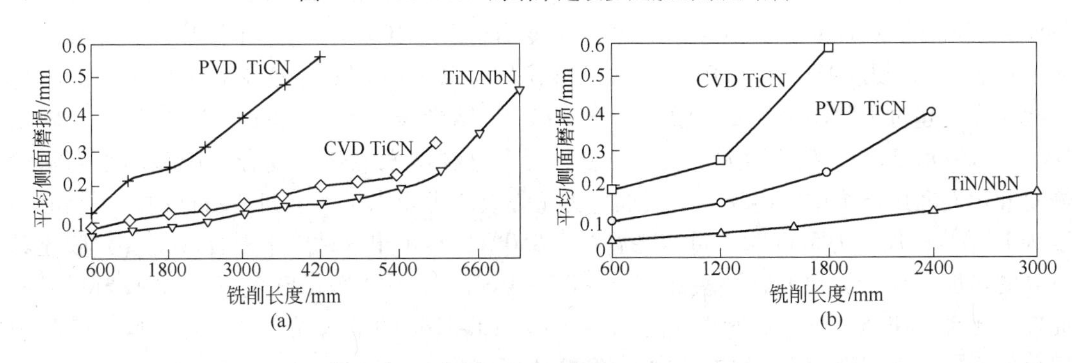

图 4-78 几种涂层刀片铣削加工性能的比较

(a) 碳钢；(b) 不锈钢

从表 4-20 中值得指出的是，TiAlYN/VN 纳米硬质多层膜的硬度 HV 高达 7800，已接近金刚石的硬度，而且其他性能也随之改善。日本住友公司推出用 TiN/AlN 的纳米超硬多层膜涂层沉积制备的高速强力型钻头，它是在韧性好的 K 类硬质合金基体上交互沉积了 1000 层的 TiN 和 AlN 膜，涂层厚度约 2.5μm。经应用表明，钻头的抗弯强度与断裂韧性可大幅度提高，刀具的高速强力钻削使用寿命提高 2 倍以上。因此发展纳米超硬多层膜是提高机加工工具的一个主要方向，十分值得人们极大的关注。

4.7.5.2 纳米超硬混合（复合）膜

纳米超硬混合（复合）膜是一种在薄膜基底上具有纳米尺寸单晶金属或粒子的纳米复合涂层材料，或者说是由两相或两相以上的固态物质组成的薄膜，其中至少有一相是纳米晶，其他相可以是纳米晶，也可以是非晶。这种超细结构的纳米混合（复合）膜层材料显示出异常的电子输运、磁、光、超导和力学性能。就其应用到的机械功能特性看，纳米超硬混合（复合）膜具有硬度高、抗高温氧化性能好、摩擦系数低和基体结合强度好等优异特性，是当今超硬膜层材料研究领域的热点。如纳米 TiN 晶粒和无定形的 Si_3N_4 所组成的纳米混合（复合）膜硬度 HV 达 5500，热稳定性和抗氧化性达 800℃就是一个典型。因此，纳米超硬混合（复合）膜表现出来的优异抗摩擦磨损性能及超高的硬度，已成为新型超硬膜的发展方向之一，也已发展成为超硬薄膜的新系列。

A 纳米超硬混合（复合）膜的设计原则

S. Veprek 提出了纳米超硬混合（复合）膜的设计原则：

（1）采用三元或四元化合物，在高温下发生析晶，实现达到成分调制；

（2）采用低温沉积技术时，避免异质结构在小调制周期易出现内扩散，而不致使硬度下降；

（3）为容纳多晶材料自由取向晶粒错配，对两种材料中各组分的晶粒尺寸应控制在纳米范围，接近晶向稳定态的极限。

S. Veprek 认为，当纳米晶尺寸小于 10nm 时，位错增值源不能开动，无定形相对于位错具有镜向斥力，可阻止位错迁移。就是在高压力下，位错也不能穿过无定形晶界基体，无定形材料可较好地容纳随机取向的晶粒错配。这种材料表现为脆性断裂强度，硬度和弹性模量成比例。其强度由纳米裂纹的临界应力所确定。由此提出制备纳米 TiN 晶粒和无定形 Si_3N_4 所组成的纳米混合（复合）膜的硬度 HV 达 5500，抗氧化性达 800℃，获得的 nc-TiN/α-Si_3N_4 或 nc-$TiSi_2$ 混合（复合）膜的硬度 HV 超过 10000。用纳米压痕法，在载荷为 50 ~ 70mN 时，硬度 HV 为 10000 ± 2000；当载荷为 100mN 时，硬度 HV 为 9000，此时的压痕深度已超过了膜厚的 7%（膜厚为 3.5μm）。纳米金刚石在 30mN 和 50mN 下，硬度 HV 为 10300 ± 2200；载荷增大，硬度急剧下降。这种纳米混合（复合）膜显示了高弹性恢复和韧性在压痕坑中仅出现环状裂纹，无角裂纹产生。当尺寸小到了 3nm 时，再结晶温度为 1150℃；尺寸为 5nm 时，再结晶温度为 850℃，显示出这种纳米混合（复合）膜还具有高的热稳定性。类似的超硬膜还有 nc-W_2N/α-Si_3N_4、nc-VN/α-Si_3N_4 和(Ti-Al-Si)N 等。此外，还有 Ti-B-N、Ti-B-C 所组成的 TiN-TiB_2、TiC-TiB_2 的纳米混合（复合）膜。随膜中组分的不同，膜层硬度 HV 可在 5000 ~ 7000 之间变化。

B 纳米超硬混合（复合）膜的组成

从已经研究的纳米超硬混合（复合）膜看，主要有四类：

（1）nc-MeN/α-氮化物：nc-TiN/α-Si_3N_4、nc-WN/α-Si_3N_4、nc-VN/α-Si_3N_4；

（2）nc-MeN/nc-氮化物：nc-TiN/nc-BN；

（3）nc-MeN/金属：nc-ZrN/Cu、nc-ZrN/Y、nc-CrN/Cu；

（4）nc-MeC/α-C：nc-TiC/α-C、nc-WC/α-C。

从超硬纳米混合（复合）膜的制备，实际上有两种模式：

（1）纳米氮化物+氮化物，如 nc-MeN/MeN（/α-Si_3N_4 等）；

（2）纳米氮化物+金属，如 nc-MeN/M（M=Cu、Ni、Y、Ag、Co 等）。

C 沉积制备纳米超硬混合（复合）膜的方法

纳米超硬混合（复合）膜的沉积制备方法和纳米超硬多层膜基本相同，有物理气相沉积（PVD）法、过滤的阴极电弧沉积法和多源的等离子辅助化学沉积（PECVD）等方法。其中，磁控溅射特别是非平衡磁控溅射技术应用较多，有直流多靶溅射、射频溅射、单极或双极溅射、非平衡磁控溅射、带离子源的阴极电弧与非平衡磁控溅射相组合的复合沉积。在沉积过程中，通过操控不同靶源的开启和关闭，或屏蔽不同靶源，或通过工件旋转，利用不同部位的源来进行沉积。这些源可以是金属、氮化物、碳化物或通入气体产生化学反应，或直接沉积在工件表面上，具体采用的工艺技术方法组合往往又需根据应用性能要求与工件的实际形状进行组合选择；但在工艺上要控制好两种不同膜层的设计厚度，要保证达到实现成分调制；在低温沉积中，要避免异质结构在小调制周期易出现的内扩散。

D 纳米超硬混合（复合）膜的应用

纳米超硬混合（复合）膜和纳米超硬多层膜一样，目前主要用于加工高硬度的材料。在加工过程中，它可以防止氧气扩散到内部，又可抑制氧化反应速度，因此用于极难加工的高硬材料（HRC 大于 60）较为合适。

近年来，由于在以零磨损、超润滑为目标的纳米薄膜表面改性技术和表面分子工程方面取得的进展，特别是通过对纳米薄膜微观磨损特性的研究，纳米超硬混合（复合）膜的微机电系统（MEMS）中解决超固体润滑的难题是十分有希望的涂层材料。还有望直接在需要处理的金属表面生成纳米耐磨相，以增加金属的润滑或耐磨性能，在高载荷作用下，使材料的磨损率呈现最低值。基于微机电系统（MEMS）装置的尺寸都在微米量级范围，其中的摩擦问题和宏观条件的摩擦问题完全不同。而减小微机电系统（MEMS）装置的摩擦磨损，对提高微机电系统（MEMS）装置的性能和使用寿命是十分有意义的。虽然超固体润滑还处于研究试验阶段，但从分析上看，纳米超硬混合（复合）膜和纳米超硬多层膜将有可能成为微机电系统（MEMS）在各种膜层中第一个被选用的应用领域。

4.7.5.3 纳米多层膜和纳米混合（复合）膜应努力解决的技术

从今后发展方向看，结合应用而言，纳米多层膜和纳米混合（复合）膜应努力解决的技术归结起来是，纳米多层膜硬度范围的扩展：

（1）纳米尺寸的稳定性；

（2）高温性能的稳定性；

（3）薄膜中应力松弛与硬度退化的理论解释；

（4）工业应用中的均匀化；

（5）纳米多层膜与纳米混合（复合）膜性能的科学评价与评价标准。

4.7.5.4 今后的研究方向

今后研究发展上应注意的理论研究有：

（1）对纳米超硬膜的超硬性起源还需进行深入的理论研究；

（2）对用不同的沉积方法制备的纳米多层膜和纳米混合（复合）膜的工艺参数对力

学性能的影响规律的深入研究；

（3）对可控硬度、弹性模量、弹性恢复及新功能的纳米混合（复合）膜开展深入研究；

（4）对提高膜/基结合力的深入研究；

（5）对晶粒尺寸在1nm左右的膜层进行研究。

差不多所有的纳米超硬膜都处于非平衡态，大量界面和点阵缺陷的存在使它的自由能态较高，热激活过程中必然导致内扩散和再结晶，使超硬膜的性能发生变化。尽管TiN/NbN、TiN/ZrN复合膜在800～1000℃是稳定的，但TiN/NbN、TiN/ZrN在室温下时效1～2年，硬度却发生了变化。超硬复合膜的退化，对其工程应用将产生很大影响。如何理解此种退化现象和发展有针对性的理论解释对纳米多层膜的应用具有重要的理论指导意义。

纳米多层膜和纳米混合（复合）膜，虽然已有成功的应用范例，就作者认为，其主要应用还是在一些特定的场合。如日本住友公司的TiN/AlN纳米多层膜铣刀（单层厚度2～3nm，层数达2000层）以及线路板钻孔用的ϕ0.3～0.35mm涂有纳米多层膜的微型钻等。这类应用成功令人兴奋，人们更期望的是通过纳米多层和纳米混合（复合）膜层获得新的结构和新的物理、力学性能。纳米多层膜和纳米混合（复合）膜研究开发的时间不长，还仅处在初期阶段。尽管影响纳米超硬多层和纳米超硬混合（复合）膜的因素很多，如组成多层膜的两种组元的材料种类、弹性模量的差异、界面反应的状态和纳米超硬多层膜和纳米超硬混合（复合）膜的沉积制备方法和工艺等，很多实验也已证实超硬现象的存在，但人们对那些材料以及如何调制参数才能得到超硬度的规律性还知之甚微。扩展现有超硬膜的应用范围，研究突破现有理论框架，开发设计新的纳米超硬多层膜与混合（复合）膜，会在当前和今后一段时间内成为薄膜材料研究领域十分关注之一的热点；与此同时，在应用中，基于实用零部件形状的复杂，要保证所有点阵的膜层都有相同的厚度，工艺控制上就十分困难；加上高的服役温度，所形成的相邻界面元素的内扩散引起膜层硬度的变化等因素，给纳米超硬多层膜和纳米超硬混合（复合）膜在沉积制备中带来相当大的工艺困难。正因为这些困难的存在，一定还会吸引更多的跨学科的科技工作者去探索研究开发它的工程应用。

4.7.6　多层Ti/TiN/Zr/ZrN耐磨抗冲刷膜

人们熟知，在金属和陶瓷间，由于晶格不匹配，存在晶体学上的不连续性；离子或离子—共价键结合的陶瓷和金属之间存在电子结构的改变。热力学上，两种材料的不平衡，在较高温度下，会发生界面反应，生成的界面产物，脆性大，影响涂层与基体的结合强度。但是Ti/TiN/Zr/ZrN这种多层结构，它突出特点是可有效地缓解膜层之间的应力，提高膜/基结合强度，还能沉积出厚膜；加上交替组合，使每一单层膜中所生成的缺陷（穿透性针孔），会被覆盖在它上面的另一单层膜的重新形核所补位，其在层间界面处的不断重新形核，致使对各单层膜中的孔隙起到封闭的作用，不会形成从涂层表面到基体的连通孔；采用多层结构，还可对单层膜中柱状晶的生长起限定作用，使膜层晶粒细化，提高膜层强度，最终使膜层的整体硬度HV最高达3155。膜/基结合力大于70N（膜厚为2～20μm），膜层的耐磨性、抗冲刷性及耐腐蚀性显著提高。一些零部件，经多元多层Ti/TiN/Zr/ZrN涂层后，在有磨蚀的工况下，能大幅度地延长零部件的使用寿命。

4.7.6.1 多元多层耐磨膜的结构和性能

A 形貌与结构

图4-79(a)所示为沉积18个周期的Ti/TiN/Zr/ZrN多层耐磨膜的形貌。从图4-79(a)中可以看出，多层膜的表面平整、致密，膜层表面分布有一些大小不等的球形颗粒，这是阴极电弧沉积时产生的“液滴”所致。

图4-79(b)所示为沉积18个周期的Ti/TiN/Zr/ZrN多层膜的截面形貌。从图4-79(b)中可以看出，Ti/TiN/Zr/ZrN四层结构为一周期，截面的18个周期中，每个周期厚度约0.8μm，膜层总厚度约为15μm。图4-79(b)中暗处是Ti/TiN层，亮处是Zr/ZrN层；观察到大的“液滴”可贯穿几个周期。同时也可观察到，采用多层的结构，可将“液滴”包覆，防止其造成从上至下的连通，这样可大幅度地提高多层膜的耐蚀性。

图4-79(c)所示为在Si片上沉积3个周期的多层膜的截面断口形貌。从图4-79(c)中可以看出，在一个周期内的多层膜中，层与层之间界面明晰，各层薄膜呈柱状生长。但在多层膜调制周期中，金属层的存在，阻断了氮化物层的柱状晶生长，也就限制了晶粒的长大。同时，从图4-79(c)中还可观察到多层膜的四层结构。

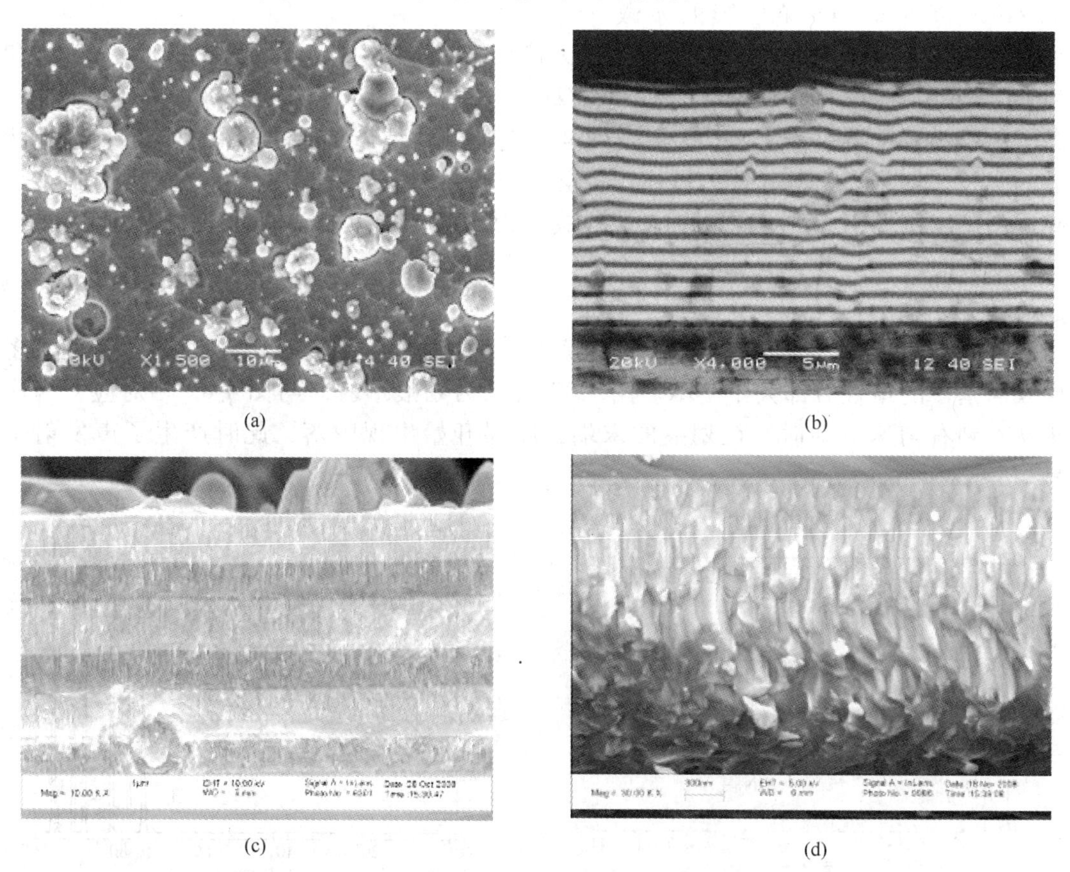

(a) (b) (c) (d)

图4-79 多元多层膜Ti/TiN/Zr/ZrN膜层的SEM形貌

(a) 沉积18个周期的多层膜表面形貌；(b) 沉积18个周期的多层膜截面形貌；(c) Si基材沉积3个周期的多层膜截面形貌；(d) Si基材单层TiN膜截面形貌

图 4-79(d)所示为 Si 片上沉积 2h 所得到的 TiN 单层薄膜的截面形貌。从图中可知，对单层 TiN 薄膜，随沉积时间的增长，细小的晶粒会合并成大的晶粒，并以柱状方式生长。图4-79(c)中的多层膜结构，由于金属层的沉积进入，有效阻断了柱状晶的长大，促成了晶粒的细小，减少了穿透性针孔的形成。

B　相组成

图 4-80 所示为 Ti/TiN/Zr/ZrN 多层膜的 X 射线衍射图谱。从图中分析可知，多层膜中主要存在 ZrN 和 TiN 两相和少量的 Zr 相和 Ti 相。ZrN 和 TiN 相均为面心立方结构。在相同的晶面指数下，ZrN 的衍射峰总处于 TiN 衍射峰的左边。

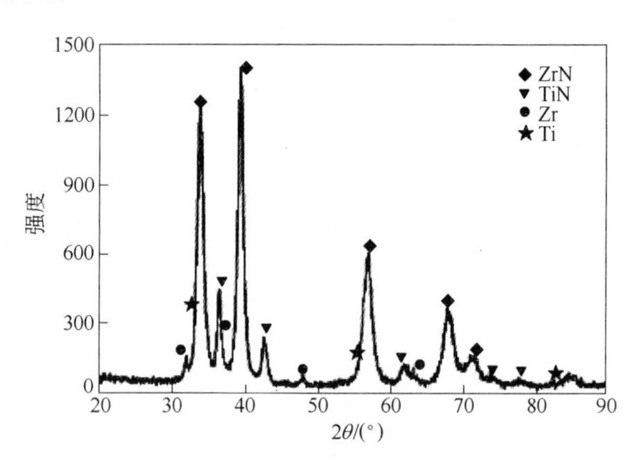

图 4-80　多层膜析 X 射线衍射图谱

C　膜层的主要力学性能

a　硬度

图 4-81 所示为多层膜 Ti/TiN/Zr/ZrN 与 TiN 和 ZrN 单层膜的显微硬度。由图 4-81 可知，单层的 TiN 和 ZrN 的显微硬度 HV 分别在 2000～2300 和 2400～2700 之间，而多层膜 Ti/TiN/Zr/ZrN 的显微硬度 HV 却在 2800～3100 之间，高于单层的 TiN 膜和 ZrN 膜。多层膜硬度的提高也许是金属层的沉积进入阻止了柱状晶的生长，细化了晶粒所致；另外，多层膜的调制周期 λ 在微米尺度范围内时，多层膜层的硬度按照 Hall-Petch 方程随 λ 的减小而增大，即其提高硬度机制是 Hall-Petch 效应所致。

b　膜/基结合力

图 4-82 所示为 Ti/TiN/Zr/ZrN 多层膜的声发射信号曲线。从图 4-82 可以看到，多层膜与基体的结合力都大于 70N。图 4-83 所示为划痕形貌。与图 4-82 相对应，当压头从左到右匀速滑动时，在划痕的末端，膜层开始出现脱落，此时产生了声发射信号。

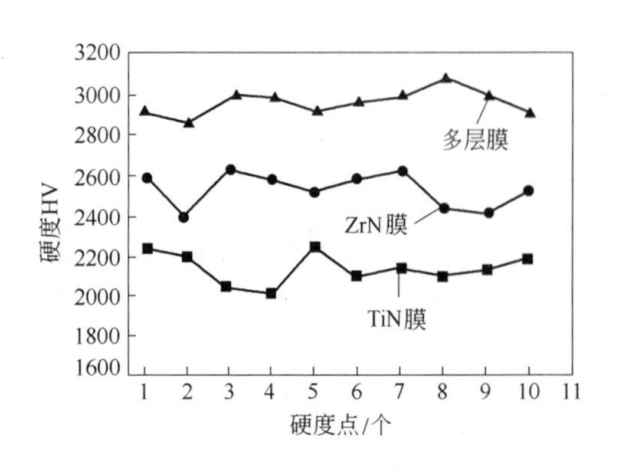

图 4-81　多层膜与单层 TiN 膜、ZrN 膜的硬度对比

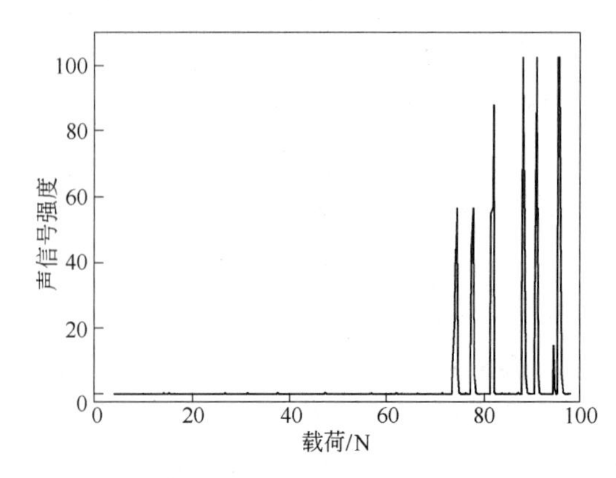

图 4-82　多层膜膜/基结合力声发射信号曲线

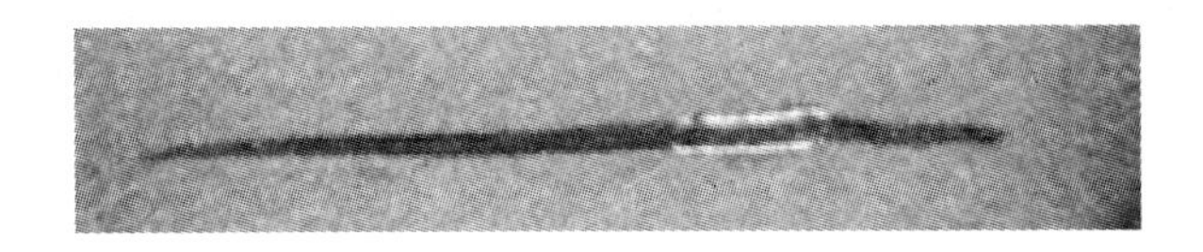

图 4-83 多层膜膜/基结合力划痕形貌

c 腐蚀性能

图 4-84 所示为多层膜、单层 TiN 膜和 1Cr11Ni2W2MoV 基材在 3.5% NaCl 溶液中的 Tafel 曲线。表 4-21 是图 4-84 中 Tafel 曲线经电化学软件拟合得到的自腐蚀电位和自腐蚀电流密度。从图 4-84 和表 4-21 中可以看出，1Cr11Ni2W2MoV 基材上镀 TiN 涂层后，其自腐蚀电位上升，自腐蚀电流密度小，对基体起到保护作用。在腐蚀介质中，TiN 膜基本不发生化学反应，对基体的保护作用近似于一种机械阻挡作用。材料失效来自于涂层微孔下基材的腐蚀，只有当腐蚀介质透过涂层到达基体表面并积累到一定量时，腐蚀才会发生。涂层的微观组织缺陷以及侵蚀性离子在缺陷处的传输行为是影响基材的主因。与 1Cr11Ni2W2MoV 基体材料相比，沉积 Ti/TiN/Zr/ZrN 多层膜后，自腐蚀电位升高 177mV，而自腐蚀电流密度约降低了一个数量级。和单层 TiN 膜相比，在 1Cr11Ni2W2MoV 基体上沉积 Ti/TiN/Zr/ZrN 多层膜后，自腐蚀电位上升近 100mV，自腐蚀电流密度变小，显示出多层结构的膜层比单层结构的 TiN 膜层，在提高基体的抗蚀能力上有显著的作用。这是因多层膜的结构降低了膜层的内应力，沉积出比单层膜更厚的膜层，膜的增厚延长了侵蚀性离子的传输路径，对基体材料起到了保护作用；加上多层膜结构增多的界面，不同膜层的交替生长利于隔离微孔和裂纹等缺陷，堵塞了侵蚀性离子的传输路径，达到保护基体材料的目的。

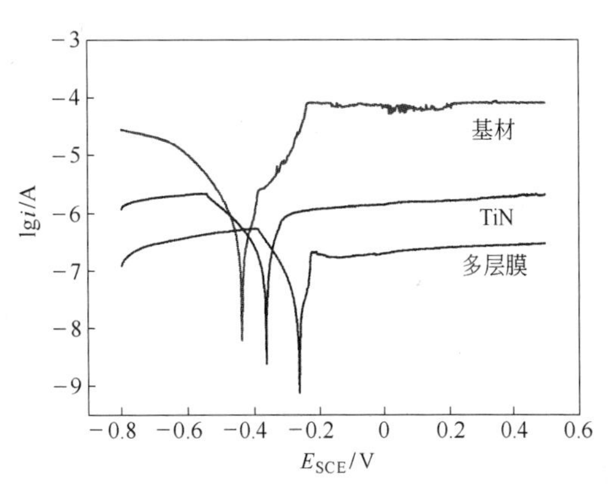

图 4-84 多层膜、单层 TiN 膜和 1Cr11Ni2W2MoV 基材的 Tafel 曲线

表 4-21 多层膜、单层 TiN 膜和基材的自腐蚀电位和自腐蚀电流密度

基材与膜层	E_{corr}/V	J_{corr}/A · cm^{-2}
基　材	-0.437	5.85×10^{-7}
TiN 膜	-0.361	1.91×10^{-7}
多层膜	-0.260	4.85×10^{-8}

4.7.6.2 多元多层耐磨膜的沉积制备方法

设计选用国产的 AS700DTX 型计算机全自动控制的阴极电弧离子镀膜机沉积制备 Ti/TiN/Zr/ZrN 多层耐磨膜。真空炉中分三列共装有 12 个圆形靶材，分别为 4 个 Cr 靶，沉积一层 Cr 做过渡层，以提高膜/基结合力。然后通过调节气体流量依次启动 Ti 靶和 Zr 靶，沉积出 Ti/TiN/Zr/ZrN 多层膜。以 Ti/TiN/Zr/ZrN 四层结构为一个周期，通过计算机程序

全自动控制，重复相同的工艺参数沉积出多个周期的软硬交替的多元多层 Ti/TiN/Zr/ZrN 膜。其主要沉积工艺参数为：沉积温度 300 ~ 350℃，偏压 -200 ~ -100V，N_2 压强 0.5 ~ 1.0Pa，靶电流 80 ~ 100A，一个周期内，金属层沉积 5min，氮化物层沉积 10min。

4.7.6.3 多元多层耐磨膜的应用

广州有色金属研究院在对多元多层膜的性能与沉积工艺深入研究的基础上，开展了多层耐磨 Ti/TiN/Zr/ZrN 膜在发动机用活塞环上的应用研究。重点研究发动机用活塞环（基体材料为 6Cr13）的清洗工艺、膜层厚度及装夹方式对膜层性能的影响等内容，实现了发动机用活塞环沉积制备多元多层耐磨 Ti/TiN/Zr/ZrN 涂层的批量生产（每炉装 7000 ~ 14000 片活塞环，见图 4-85），经实际应用，发动机用活塞环表面沉积有 3 ~ 5μm 厚度的多元多层 Ti/TiN/Zr/ZrN 耐磨膜的使用寿命由原来的 8000 ~ 10000km 提高到 13000 ~ 15000km，寿命提高 50% ~ 60%，而生产成本只提高约 10%，明显地起到了节约能源、延长使用寿命、提高发动机运行可靠性的效果，受到了用户的高度好评。

图 4-85 表面沉积 Ti/TiN/Zr/ZrN 膜层的活塞环

4.8 机械功能薄膜的主要工业应用

4.8.1 机械功能薄膜的超硬耐磨性的主要工业应用

4.8.1.1 超硬耐磨功能薄膜是机械工业应用中量最大最广的涂层

早在 20 世纪 70 年代，开创的 CVD 法 TiN 硬质耐磨功能涂层刀具被誉为“刀具革命”，使机械工业中的切削刀具的使用寿命和切削效率明显提高，拓展了刀具的使用范围，解决了许多难加工材料的加工问题。80 年代 PVD 技术的突破，因沉积温度大大低于 CVD 的沉积温度，在钢质刀具、工模具和耐磨机械零部件上得到广泛应用，使高速钢刀具使用寿命提高了几倍至几十倍。工业应用表明，TiN、TiC 和 TiCN 等薄膜涂镀的高速钢刀具在机械加工中可以以更高的切削速度和更大的进刀量，使刀具的使用寿命延长。1984 年美国芝加哥机械工具国际博览会上首次展出的美、日两家公司的离子镀膜涂层刀具引人注目，在很短时间内，发达国家硬质合金涂层刀具的覆盖率很快达 50% 以上；以后又推出了 13 层的复合镀膜层刀具。随着硬质涂层工具、模具使用性能的不断提高和应用范围的不断扩大，极大地促进了机械工业的快速发展。与此同时，随着涂镀过渡族金属碳化物、氮化物在工具、模具应用中所取得的显著工业实用绩效，这些被处理的工具，除高速钢刀片插齿刀和滚刀之外，还有大量的钻头、端铣刀、铣刀、铰刀、丝锥、拉刀和带锯的圆片锯条等，发达国家不重磨的刀具已有 50% 以上是硬质合金涂层刀具。随着离子束、电子束、激光束和等离子体（包括微波等离子体）的技术的工程化和实用化，促成了气相薄膜沉积和三束表面改性技术质的飞跃，为机械功能薄膜达到优异的耐磨耐蚀性能提供了十分有效的技术支撑。特别是进入 21 世纪，切削加工围绕“高速切削”，努力开发新的切削加工工艺和方法，以提供成套技术为特征的新阶段，显示出高效率、高精度、高可靠性和专用化的特色。当今，超硬耐磨功能薄膜涂层刀具的切削加工在机械工业中已成为应用最广和取得技术经济效益最好的领域之一，全球已经有100多个国家，500多家公司从事专业涂层工具的生产，牌号达1200种以上，为切削加工技术的发展，为机械工业技术进步和产业的结构调整作出了重大贡献。在刀具中，涂层刀具的比例已超过50%以上，今后还会进一步的发展壮大。表4-22列出了1998年与2005年刀具材料的组成情况（不包括高速钢）。

表4-22 1998年与2005年刀具材料的组成情况

年份	未涂层的硬质合金	CVD涂层硬质合金	PVD涂层硬质合金	氧化铝陶瓷	氮化硅陶瓷	金属陶瓷	CBN	金刚石	金刚石涂层
1998	25%	42%	10%	4%	4%	10%	2%	2.8%	0.2%
2005	17%	38%	15%	4%	4%	11%	5%	5%	>1%

随着涂层技术的发展，相信还会有更多的新型机械功能薄膜材料不断涌现。我国从1971年先后也相继开展了CVD、PVD、PCVD、MOCVD和三束与材料表面改性的薄膜超硬涂层技术与沉积设备的研究和开拓应用，并取得较快较好的发展。至今有的已经达到或接近世界先进水平。也有一些国外著名的工具制造公司和制造商看中中国的发展市场潜力，在我国相继成立了涂层工具生产服务中心。到2005年，我国的硬质合金镀机械功能膜的涂层刀具产量已占总产量的25%以上，高速钢涂层刀具也占总产量的10%。虽然，技术上仍与发达国家存在着较大的差距，但这种差距正在逐步缩小，发展空间广阔。表4-23所列是目前我国部分主要涂层工具生产厂和国外在我国的涂层工具生产服务中心的涂层工艺、沉积设备及生产的产品情况。

表4-23 目前我国部分主要涂层工具生产厂与国外在华涂层服务中心涂层工具的生产情况

厂商	涂层工艺	涂层设备	主要涂层材料及产品
株洲钻石切削刀具股份有限公司	CVD	6台套，引进瑞典Sandvik公司	TiN、TiC、MT-TiCN和Al_2O_3等，各种硬质合金不重磨车刀片、铣刀片和镗刀片等
	PVD	2台套，引进德国Ceme Con公司	TiN、TiAlN等，各种硬质合金铣刀片，精加工刀片，镗刀片等
成都工具研究所	CVD	2台套，自己研究开发制造	TiN、TiC、MT-TiCN、TiBN、TiCNO和Al_2O_3等，各种硬质合金车刀片、铣刀片和螺纹刀具等
	PVD	3台套，自己研究开发制造	TiN、TiAlN等，各种硬质合螺纹刀片，高速钢刀具及模具等
	PCVD	1台套，自己研究开发制造	TiN、TiSiN等，特种硬质合、高速钢刀具、模具等
自贡硬质合金厂	CVD	1台套，引进美国Ti-Coating公司	TiN、TiCN和Al_2O_3等，各种硬质合金不重磨车刀片和铣刀片
上海工具厂	PVD	1台套，引进瑞士PLATIT公司	TiN、TiCN、TiAlN和CrN等，各种高速钢刀具、模具及硬质合金刀具
哈尔滨超级镀膜中心（合资）	PVD	1台套，引进德国PVT公司	TiN、TiCN、TiAlN、CrN和DLC等，各种高速钢刀具、模具及硬质合金刀具等

续表 4-23

厂 商	涂层工艺	涂层设备	主要涂层材料及产品
巴尔采斯汉工涂层中心（合资）	PVD	1台套，引进瑞士 Balzers 公司	TiN、TiAlN 和 AlCrN 等各种高速钢刀具、模具及硬质合金刀具等
贵阳工具厂	PVD	1台套，引进德国 Ceme Con 公司	TiN 和 TiAlN 等各种高速钢刀具
重庆工具厂	PVD	1台套，成都工具研究所制造	TiN 和 TiCN 等，各种高速钢刀具、模具及硬质合金刀具
天威赛利涂层公司（合资，北京，苏州）	PVD	6台套，引进德国 Ceme Con 公司	TiN、TiCN、TiAlN 和超级 TiAlN 等，加工各种高速钢、硬质合金刀具、模具等
	PECVD	1台套，引进德国 Ceme Con 公司	金刚石、TiN 等，硬质合金刀具
东莞亚特梯尔涂层公司（合资）	PVD	2台套，引进英国 Teer 公司	TiAlCrN 和 DLC 等硬质合金刀具
上海肯纳硬质合金工具公司（独资）	CVD	2台套，引进美国 Kennametel 公司	TiC、TiCN 和 TiN 等，各种硬质合金刀片
	PVD	2台套，引进美国 Kennametel 公司	TiC、TiCN 和 TiAlN 等，各种硬质合金刀具
厦门金鹭特种材料有限公司	PVD	1台套，引进瑞士 Balzers 公司	TiN、金刚石等，各种硬质合金刀具（如球径铣刀）
巴尔采斯涂层有限公司（独资）	PVD	瑞士巴尔采斯公司	TiN、TiCN、TiAlN 等，加工各种硬质合金、高速钢刀具、模具
陕西硬质合金工具厂	PCVD	1台套，引进德国 RÜBIG 公司	TiN、TiCN 等，各种硬质合金刀具
成都量具刃具厂	PVD	1台套，引进美国 Mutal 公司	TiN、TiCN 等，加工硬质合金、高速钢刀具、模具
经纬纺织机械厂	CVD	1台套，引进瑞士 Bemex 公司	TiN、TiCN 和 TiN 等，各种纺织机械耐磨零件，加工硬质合金刀具、模具等
上海舍福表面处理有限技术公司	PVD PCVD	1台套，独资	TiN、TiCN、TiAlN、CrN 和 DLC 等，各种模具

2005 年，我国的高速钢刀具生产总规模已突破 30 亿元，而涂层的高速钢刀具产值达 2.5 亿~3.0 亿元。相对刀具而言，模具和耐磨损、耐腐蚀零件的超硬耐磨薄膜市场更大，应用也十分广阔，是超硬耐磨涂层应用中又一重要领域。就模具看，全球模具市场年销量约为 600 亿~650 亿美元，已超过全球机床年销售市场，比工具的全球市场大得多。随着我国汽车工业、家电产业、建材和电子工业的发展，我国的模具市场已超过 200 亿美元，每年进口模具费也高达 10 亿美元，加上各个工业领域中耐磨损、耐腐蚀的零部件所需用

的超硬耐磨耐蚀涂层，其应用量就十分巨大和宽广。表 4-24 列出了部分硬质耐磨功能涂层在机械、化工、塑料、橡胶等加工部门的一些典型应用。

表 4-24 硬质镀层在机械、化工、塑料和橡胶等加工部门的典型应用

应用分类	改善性能	涂覆的工具、部件	推荐镀层				
			TiC	TiN	TiCN	CrC	Al_2O_3
切削加工	切削刀 月牙槽磨损 防裂纹 防碎裂	切削刀具刀片	○	○	○		○
		车刀、钻头	○	○	○		○
		铣刀、成型刀具	○	○	○		○
		切削刀具	○	○	○		○
		穿孔器	○		○		
成型加工	防咬合 耐磨损 防裂纹	拉丝模	○		○		
		精整工具	○		○		
		扩孔、轧管工具	○		○		
		割断工具	○		○		
		锻造工具	○		○		
		冲压工具	○		○		
化学工业	耐冲蚀 耐磨损 耐气蚀 耐腐蚀	挡　板	○		○		
		滑　阀	○	○	○	○	
		冲　头	○		○	○	
		阀芯、阀体	○	○	○	○	
		喷　嘴	○		○	○	
		催化剂、反应器	○	○	○	○	
		叶轮、叶片	○	○	○	○	
		管　路	○	○	○	○	
塑料加工 橡胶加工	耐冲蚀 耐磨损 耐腐蚀	螺纹刀片	○		○		
		缸　体	○		○		
		储料罐、阀门等	○		○	○	
		成型工具	○		○		
		切削工具 （钻头、冲头、铣刀、锯片和切刀等）		○	○	○	○
		叶轮孔板	○		○	○	
纤维机械	耐磨损	纤维切断刀	○		○		
		绕线辊、压缩滚筒等	○		○		
零部件	耐磨损 防咬合	无润滑剂轴承	○	○	○	○	
		摩擦轴承内外圈	○	○	○		
		摩擦磨损部件				○	
		凸轮、滑板等	○	○	○	○	
精密工具 （包括测量工具）	耐磨损	测量端子、指针	○		○		
		滑动配合	○	○			
		轴　承		○	○		
		刻码头	○		○	○	

伴随着我国用先进的薄膜沉积技术所迅速形成的规模化的高技术产业的发展，相信，超硬功能薄膜（涂层）材料在各个工业中的应用将会发挥更大的优势作用。

4.8.1.2 硬质膜涂层工具、模具的性能要求

在现代化的机械工业的切削加工中，不论是实现高速切削、提高加工效率和产品质量、降低生产成本，还是加工中解决奥氏体不锈钢、高锰钢、淬硬钢、耐磨铸铁、复合材料、铝合金和钛合金等难加工材料都离不开刀具材料和先进的硬质功能薄膜（涂层）材料和涂层技术，对这些工具、模具用的硬质功能膜涂层材料的要求是：

（1）硬度高，耐磨性好；

（2）韧性好，不崩刃；

（3）化学稳定性好，不与被加工材料发生化学反应，尽量减少积屑瘤的产生；

（4）耐高温，抗氧化，耐疲劳，尽可能地提高涂层刀具（模具）的工作温度；

（5）摩擦系数小，涂层表面光滑、细腻；

（6）涂层/基体的结合强度要高。

高硬度功能膜涂层达到上述性能要求，就可望在材料的机械加工中实现高效率、高精度、高可靠性和专用性的目的，涂层工具和涂层模具的实验寿命也将大幅度提高，其在工业中的应用就更具吸引力。

4.8.1.3 硬质涂层工具的作用

硬质涂层工具、模具应用实效的好与否，一方面与功能硬质薄膜（涂层）本身的质量密切相关；另一方面还与薄膜（涂层）与基体材料的匹配，人们熟练掌握它们的应用技术密切相关。应根据具体的使用条件和工况、被加工材料的特征及其在使用过程中的失效机制，科学合理地选用功能涂层和基体材料，合理的确定涂层工具、模具的几何尺寸（如刀具的各种角度），表 4-25 列出了金属切削磨损失效机理及涂层的主要性能。

表 4-25 金属切削磨损失效机理及涂层的主要性能

磨损失效机理	硬质涂层在切削加工中的主要性能
连续磨损（线性）： （1）磨损； （2）黏结磨损； （3）化学（扩散）磨损 塑性变形磨损/失效（对数）： （1）刃口变形； （2）刃口压痕 断裂磨损（磨损）： （1）刃口崩损（磨损）； （2）机械疲劳或热疲劳； （3）顶部断裂或松散断裂 涂层磨损（随机）： （1）刃口侧面磨损； （2）热或机械侧面磨损； （3）导致塑性变形的侧面磨损	高硬度： （1）降低摩擦系数； （2）降低黏结磨损 化学稳定性： （1）降低摩擦磨损； （2）降低黏结磨损； （3）降低化学（扩散）磨损 低热扩散系数： （1）降低基体热负荷与工件材料低亲和力； （2）降低摩擦磨损； （3）降低黏结磨损（不形成积屑瘤） 涂层结合强度和残留应力：具有抗循环疲劳能力

从表4-25可知，金属切削过程中的连续磨损、断裂磨损和涂层磨损是几种磨损和实效相互作用的复杂过程。而刀具的磨损主要发生在刀具表面，因此在刀具表面上沉积一层硬质耐磨的功能薄膜（涂层），而且涂层的化学稳定性好，与基体的结合强度又高，对刀具切削性能的改善和提高刀具的使用寿命就显得十分重要。图4-86～图4-89所示分别为涂层硬质合金刀具的硬度和韧性关系及其在切削过程中磨损量、摩擦系数和切削力的变化情况。

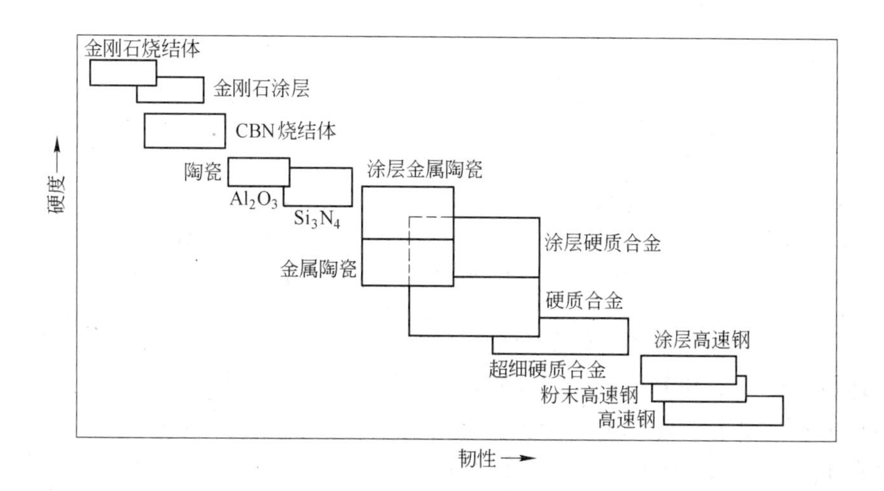

图4-86 各种刀具材料的硬度和韧性

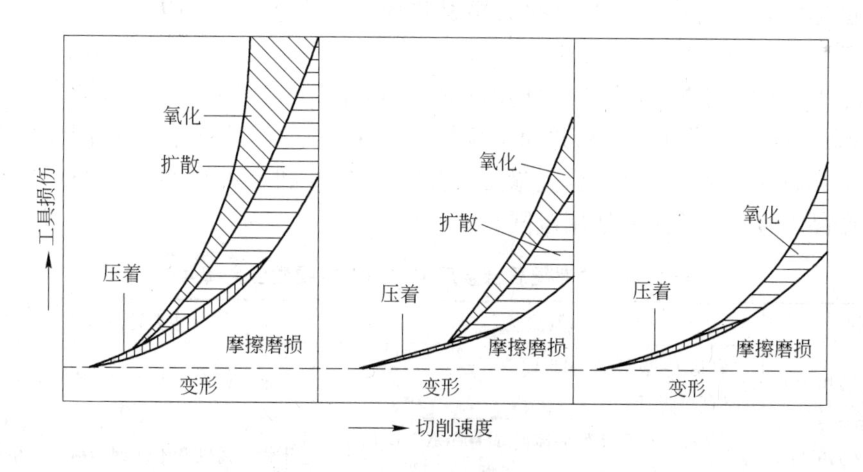

图4-87 硬质合金刀具磨损量和切削速度的关系

从图4-86～图4-89中可知，表面硬质耐磨功能膜（涂层）会减少刀具的机械磨损和热扩散磨损，降低摩擦系数和切削力，抑制切削升温，从而提高了刀具的综合力学性能，使硬质耐磨功能膜（涂层）对提高刀具的切削性能起到非常有利的作用。

4.8.1.4 硬质和超硬耐磨膜（涂层）工具在生产中的应用

A 切削加工的涂层刀具产品

硬质和超硬薄膜（涂层）在全球工模具生产中应用最广，是取得技术和经济效益最好的膜层（涂层）。

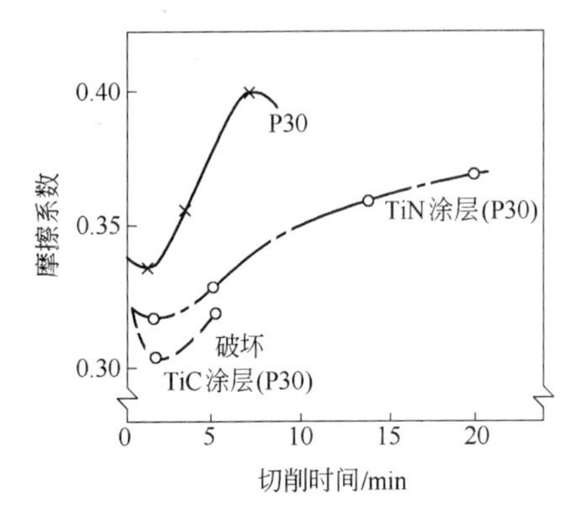

图 4-88　切削钢时摩擦系数变化情况
（碳素钢工 ISI1035，$v=160\text{m/min}$，
$f=0.8\text{mm/r}$，$a_p=2.5\text{mm}$）

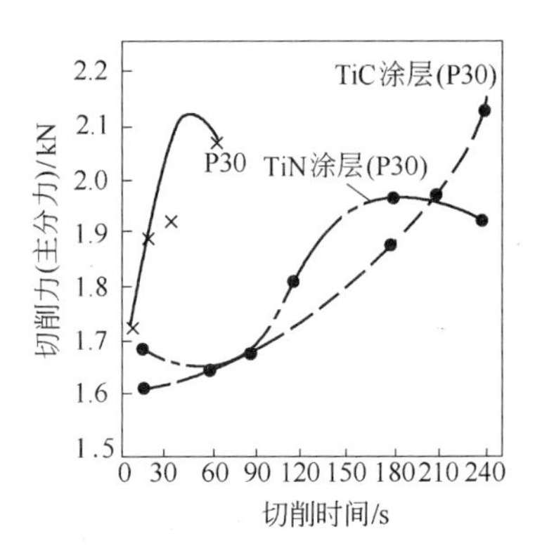

图 4-89　切削钢时切削力变化情况
（碳素钢工 ISI1035，$v=35\text{m/min}$，
$f=0.4\text{mm/r}$，$a_p=2.5\text{mm}$）

CVD 法硬质功能膜主要用于硬质合金工具，从全球和国内应用上看，其在涂层产品中仍占主导地位；PVD 法和 PECVD 法的硬质功能膜主要用于高速钢工具。近几年来，随着 PVD 技术的开拓发展和功能薄膜涂层材料性能的提高，PVD 法的硬质功能膜（涂层）的硬质合金在工具领域的应用水平上也有较大的提高。从量上看，世界上各主要硬质合金工具公司生产的涂层硬质合金，用 CVD 技术生产的涂层占 80% 以上。这类涂层硬质合金工具的牌号虽然繁多，但就其功能膜的涂层材料而言，主要是：TiC、TiC-TiN、TiN-TiCN、TiN-TiCN-TiN、TiC-Al_2O_3、TiCN-TiC-Al_2O_3、TiC-Al_2O_3-TiN、TiCN-Al_2O_3-TiN、多层 TiCN-Al_2O_3-TiN、TiC-TiBN-TiN、TiC-TiCNO-$Al(ON)_x$-TiN 和 TiN-MT-TiCN-Al_2O_3-TiN 等膜层（涂层），形成硬质合金工具涂层产品并向市场销售。在国内主要是湖南的株洲硬质合金厂和四川成都工具研究所生产的硬质合金涂层产品。表 4-26 和表 4-27 分别为两厂生产的涂层硬质合金产品牌号及其应用的适用范围。

表 4-26　株洲硬质合金厂主要的涂层硬质合金牌号

主要牌号		基体及涂层	主要适用范围
车削类	YBC151	耐磨件基体与 MT-TiCN、厚层 Al_2O_3、TiN 涂层组合	适于钢、铸钢和不锈钢高速精加工
	YBC251	高强度与高韧性基体与 MT-TiCN、厚层 Al_2O_3、TiN 涂层组合	适于钢、铸铁和不锈钢半精加工和精加工
	YBC351	高强度与抗塑性变形基体与 MT-TiCN、厚层 Al_2O_3、TiN 涂层组合	适于钢、铸铁和不锈钢的轻型粗加工和粗加工
	YBM251	韧性和强度好的基体与 TiCN、薄层 Al_2O_3、TiN 涂层组合	用于不锈钢的半精加工、轻型粗加工，可在连续与断续切削条件下使用
	YBD151	高耐磨性基体与 MT-TiCN、厚层 Al_2O_3、TiN 涂层组合	是球墨铸铁与灰铸铁加工的首选牌号，允许有较高的切削速度
	YBM151	特殊组织结构的基体与 TiCN、薄 Al_2O_3、TiN 涂层组合，具有良好的抗扩散磨损及抗塑性变形能力	适用于在切削条件较好情况下进行的精加工及半精加工

续表 4-26

主要牌号		基体及涂层	主要适用范围
铣削类	YBC301	高强度基体与 TiCN、薄 Al_2O_3、TiN 涂层组合	适用于中、高速、轻、重负荷铣加工低合金钢和非合金钢
	YBC401	极好韧性基体与 TiCN、薄 Al_2O_3、TiN 涂层组合	用于对钢及铸造不锈钢的中等及重型铣削加工
	YB235	韧性非常好的基体与 TiN、TiCN 涂层组合，刀刃安全性好	适于在中、低速情况下粗加工钢、奥氏体不锈钢和铸铁
	YBG40	韧性好的基体与 TiCN、薄 Al_2O_3、TiN 涂层组合，韧性和耐磨损性好	适于各类铸铁的铣加工，也适用于钢件轻负荷铣削
	YBM252	TiAlN 和 TiN 的 PVD 涂层，具有良好的韧性和耐磨损性能	适用于精车、镗加工和轻型铣削加工不锈钢及钻加工铸铁、不锈钢及合金铸铁

表 4-27 成都工具研究所生产的主要涂层硬质合金牌号

涂层牌号	涂层材料	涂层厚度/μm	应 用 范 围
C71	TiC-TiN	5～7	轻和中等负荷加工，较高速连续切削
C72	TiC-TiCN-TiN	5～7	中等和重负荷加工
C73	TiC-TiN	2～3	轻和中等加工，可用于切削
C75	TiC-Al_2O_3	4～6	中等负荷加工，较高速连续切削
C83	TiC-TiBN-TiN	5～7	中等负荷或更差条件下加工，切削速度范围宽；各种模具
C91	TiC-TiCN-TiC-Al_2O_3	3～4	中等负荷加工，高速连续切削（如螺纹梳刀）
C95	TiC-TiCN-TiC-TiCN-TiN	3～4	中等和重负荷加工，较高速连续切削；各种模具
C96	TiC-TiCN-TiC-TiCN-TiC-TiCN-TiN	8～10	重负荷加工，较高速连续切削；各种模具
C97	TiC-TiCN-Al_2O_3-TiN	5～7	中等和重负荷加工
C98	TiC-TiCN-TiBN-TiN	6～8	重负荷加工，适用切削速度范围宽；各种模具
C99	TiN-TiCN-(MT-CVD)-Al_2O_3-TiN	8～15	重负荷加工，高速连续切削或干切削（如火车轮箍刀）；各种模具

从表 4-26 和表 4-27 中不难看出，已经成为市售的产品，表明其应用已达到成熟的程度。但是随着工业的发展和对性能的高要求，目前，功能薄膜涂层硬质合金工具新的牌号的研究开拓应用发展很快，特别应该指出的是，各厂家特别重视基体和功能薄膜（涂层）的优化组合，并向系列化和专用化发展，已达到提高涂层工具的使用寿命、降低成本、提高加工精度和提升加工产品质量的目的。这方面比较突出的有世界著名的瑞典 Sandvik 公司最新研发具有高硬度、高耐磨性、高强度和高韧性等不同性能的基体材料和不同涂层厚度及结构的涂层材料相组合的涂层刀具。这些涂层刀具又具有不同的性能，以满足专门高速加工铸铁、高速加工球墨铸铁和在铸铁加工中低速断续切削加工所需，这些专用的牌号有 GC3025、GC3210 和 GC3215 等。图 4-90 所示为这三种牌号的涂层硬质合金工具断口的

SEM 图。

另外，日本的三菱材料公司近年来也在这方面相继开发成功适合车削加工铸铁的高性能涂层硬质合金工具。不仅使用特殊性能的基体和 MT-TiCN-Al_2O_3-TiN 高性能涂层材料的优化组合，还采用表面光滑涂层的新工艺，在涂层表面又沉积一层特殊的钛化合物涂层，使涂层表面光滑，化学稳定性好，不易粘刀，涂层不易剥落，大幅度提高了涂层刀片的使用寿命。

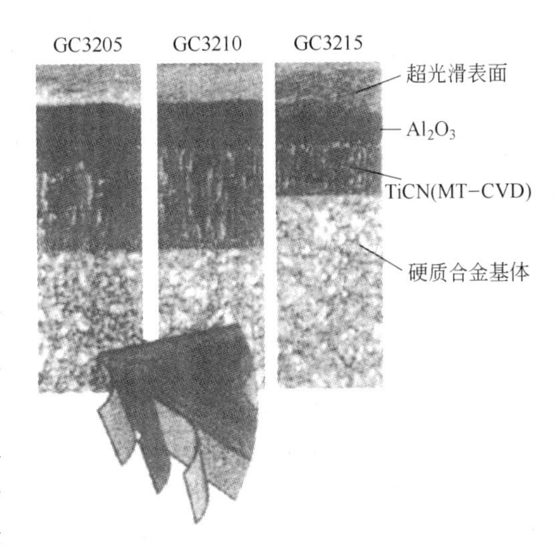

图 4-90　加工不同铸铁材料的三种涂层工具断口 SEM 图

对于用 PVD、PECVD 法沉积制备的涂层工具因沉积工艺温度低于高速钢、模具钢的回火温度，所以 PVD、PECVD 法主要用于高速钢、精密模具的硬质功能表面涂层，与此同时，在复杂成型的硬质合金刀具中，如各种立铣刀、钻头、微型钻头以及陶瓷刀具涂层的应用领域的水平相应也得到很大的提高。

为了提高刀具的使用寿命，刀具在磨损修磨后，再涂层的涂层刀具也在发展与应用，特别是高速钢刀具更是如此，有的刀具甚至可修磨 4 ~ 6 次，在国外，这类重复涂层的刀具所占比例已达 20%，对节材和降低刀具的制造成本都具有较好的社会、经济效益。

用 PVD、PECVD 法沉积超硬功能涂层的另一个发展是沉积多种的纳米涂层，包括纳米晶、纳米层厚和纳米结构的超硬功能薄膜（涂层），其中包括有金刚石膜、类金刚石（DLC）膜、CBN 膜、β-C_3N_4 和 Ti-Si-N 等，使超硬机械功能薄膜（涂层）有了更新层次的发展和应用，这部分的内容在 4.7 节中已作了详细的论述。

机械加工中不同的加工材料、不同的加工性能要求，对涂层材料刀具的选择也是有一定的讲究，表 4-28 列出了推荐加工不同材料时的涂层刀具材料。

表 4-28　推荐加工不同材料时的涂层刀具材料

被加工材料	钻削	车削	铣削	螺纹	铰削	拉削	滚削	插齿
模具钢、不锈钢	TiN AlTiN-PLC	TiN AlTiN	TiN TiCN AlTiN	TiCN AlTiN-PLC	AlTiN-PLC	CrN AlTiN-PLC	TiN TiCN AlTiN	TiN TiCN AlTiN
钢（HRC45 ~ 65）	AlTiN	AlTiN	AlTiN	AlTiN-PLC	AlTiN AlTiN-PLC	AlTiN	TiN TiCN AlTiN	AlTiN
铸铁	TiN AlTiN	TiN AlTiN	TiN AlTiN	TiN TiCN AlTiN-PLC	AlTiN	CrN AlTiN-PLC	TiN TiCN AlTiN	CrN AlTiN-PLC
钛、铝、镁和镍等合金	AlTiN AlTiN-PLC	AlTiN AlTiN-PLC	AlTiN AlTiN-PLC	AlTiN AlTiN-PLC	AlTiN AlTiN-PLC	CrN AlTiN-PLC	CrN AlTiN-PLC	CrN AlTiN-PLC
黄铜、青铜和镍银	CrN AlTiN-PLC	CrN AlTiN-PLC	CrN AlTiN-PLC	CrN AlTiN-PLC	CrN AlTiN-PLC	CrN AlTiN-PLC	CrN AlTiN-PLC	CrN AlTiN-PLC

表4-29列出了部分硬质涂层工具的应用实例。这些应用实例中，给出了涂层的种类、刀具、沉积技术、加工中使用的条件及使用效果。从表4-29中可以看出，涂层工具的使用寿命得到了大幅度的提高，作者认为，这方面的应用其意义是极其深远的。

表4-29 部分硬质涂层工具的应用实例

工具名称	涂层技术及材料	使用条件	效果
涂层高速钢滚刀	PVD/TiN	刀具：df115A级 加工材料：45钢 HBW 180～210 切削条件：刀具131r/min、v=47mm/r、f=0.56mm/r、a_p=4.62mm	寿命比未涂层滚刀提高3倍
涂层硬质合金刀片	PVD/AlTiN	刀具：CNMP120408 加工材料：NiCr19NbMo耐热合金 切削条件：v=100m/min、f=0.2mm/r、a_p=0.3mm，湿切削	寿命比未涂层硬质合金隐蔽处提高3～5倍
三角花键滚齿刀	PVD/TiN-C_3N_4	加工处理：38CrSi 切削条件：v=80r/min（16M），f=0.9mm/min、a_p=1.3mm	比未涂层滚刀提高4倍
涂层剃须刀	PVD/Ti-DLC	剃须刀、电剪刀和金属假肢	—
涂层高速钢钻头	PECVD/TiN	钻头：ϕ6 加工材料：GCr15、HBW 260～280 切削条件：v=23r/min、f=0.13mm/r、a_p=15mm	寿命比未涂层钻头提高6.8倍
涂层硬质合金石油管螺纹梳刀	CVD/TiN-TiC-TiCN-TiN	刀具：P8N_3-2 加工材料：N80高强度合金钢、HBW 250 切削条件：v=150～200m/min分三次走刀加工成型	涂层梳刀可加工钢管接头150～200件，未涂层刀片不能加工
涂层硬质合金不重磨刀片	CVD/MT-TiCN-Al_2O_3-TiN	刀具：CNMG120408 加工材料：SNCM439合金钢、HBW 270 切削条件：v=250m/min、f=0.27mm/r、a_p=2mm，干切削	寿命比HT-CVD涂层刀片提高1倍，比未涂层硬质合金刀片提高5～6倍
涂层硬质合金不重磨刀片	CVD/TiC-TiBN-TiN	刀具：TNMG160408 加工材料：45钢、HBW 179～201 切削条件：v=250m/min、f=0.27mm/r、a_p=2mm，干切削	寿命比一般涂层刀片提高了近1倍，比未涂层硬质合金刀片提高4～5倍
金刚石涂层整体硬质合金立铣刀	CVD/金刚石涂层	刀具：整体硬质合金立铣刀 加工材料：G-AlSi11 切削条件：v=350m/min、f_t=0.12mm/每齿、a_p=3mm	寿命比未涂层整体硬质合金立铣刀提高5～10倍
涂层金刚石铣刀片（硬质合金基体）	PVD/多层金刚石涂层	刀具：铣刀片 加工材料：G-AlSi17Cu4Mg合金 切削条件：v=1500m/min、f_t=0.125mm/每齿、a_p=2.5mm	寿命比一般金刚石涂层铣刀片提高30%，比PCD铣刀片提高2倍

B 涂层模具产品

涂层模具产品的市场销售的产值潜力远比涂层工具应用的市场销售的产值要大。因此，在硬质合金涂层模具的磨损和耐蚀零部件上的应用又是一个十分重要的领域，其经济意义和所收到的效益远大于涂层工具。特别是汽车、摩托车工业、家电行业、建材和电子工业对模具要求的规模很大，精密度要求也高。

对于各种硬质合金，高速钢和模具钢的模具以及耐磨损、耐腐蚀的零部件，大多采用沉积温度低的PVD、PECVD技术进行沉积处理。因沉积温度低，处理后就不需再进行热处理，且在低温沉积处理时变形小，绝大部分都可保证模具和零部件的原有加工精度及表面粗糙度（当然另有一些特殊的高精度模具和零部件，在涂层后还需经真空热处理和抛光处理来保证尺寸精度和性能）。表4-30和表4-31分别列出了部分模具推荐的涂层材料和涂层模具的应用实例。

表4-30 推荐部分模具的涂层材料

加工材料	注塑模具	冲压模具	拉伸模具	五金成型模具	轴承环整形模具
钢		TiCN、TiAlN	TiCN、TiAlCN	TiCN、TiAlCN	CVD/10μm TiC-TiCN等多层
合金（Ti、Al、Mg、Ni）	—	TiAlN、TiCN	TiCN、TiAlCN	TiCN、TiAlCN	
铜		CrN	CrN	CrN	
黄铜		TiCN	TiCN	TiCN	
塑胶	TiN、CrN				

表4-31 部分硬质涂层模具的应用实例

模具名称	涂层技术及材料	使用条件	效果
涂层模具钢冷冲模	PVD/TiN	冲制电子元件	寿命比未涂层模具提高3~5倍
涂层高速钢冷挤压模具	PECVD/TiN	冷挤压ML10、15钢	寿命比未涂层模具提高3~5倍
涂层硬质合金冷冲模（火花塞）	CVD/TiC-TiCN-TiC-TiCN-TiN	汽车火花塞、镍包铜挤压凹模	寿命比未涂层模具提高8~10倍
涂层模具钢轴承环整形模具	CVD（再热处理）/TiC-TiCN-TiC-TiCN-TiC-TiCN-TiN	用于精整GCr15轴承内环和外环	涂层模具可加工50000~100000件，未涂层模具不能用
涂层高速钢拉深模具	PECVD/TiC-TiN	加工材料：铜合金弹壳	寿命比未涂层模具提高3倍
涂层硬质合金拉丝模	CVD/TiC-Al_2O_3-TiN	拉制钢材4Cr9Si2、4Cr10Si2Mo	寿命比未涂层模具提高3~4倍

表4-32和表4-33分别列出了国外部分涂层模具的应用实例和法国艾福集团公司涂层模具的使用效果。

表 4-32 国外部分涂层模具的应用实例

模具品种	材质	耐用效果
冷冲冲头 （冲孔材料：S12C，壁厚 3.1mm）	SKH51	未涂覆：20000 次 PCVD：33000 次
冷镦模具 （镦料：球接部位承口 SCM415，壁厚 5mm）	SKH51	CVD（TiC）：15000 个 PECVD：48600 个
精整模 （加工料：螺栓 SCM415）	粉末高速钢	CVD：30000 个 PCVD：61900 个
冷锻冲头 （冲锻料：螺栓）	SKH55	未涂覆：45000 个 PVD（TiN）：45000 个 CVD（TiC + TiCN + TiN）：75000 个 PECVD：150000 个
拉钢管管芯	—	TGA 工艺（VC）：530 根

表 4-33 法国艾福集团公司涂层模具及使用效果

涂层成分	硬度 HV	最高使用温度/℃	沉积温度/℃	提高寿命
TiN	2500	450	150 ~ 400	
TiAlN	3200	800	400	
TiCN	3100	400	400	
TiBN	3500	800	400	铝压铸模具 6 倍
Cr_xN_y	2500	500	150 ~ 350	注塑模具 6 倍
CrN	2200	600	280 ~ 400	
Certess DLC	3000	300	150 ~ 350	橡胶模具 5 倍 铝拉伸模具 6 倍

耐磨耐腐蚀零部件的硬质涂层的应用范围很广，难以用较短的篇幅加以详细的阐述。目前研究开发应用的主要有：航空发动机的关键部件、无油轴承和滚珠，纺织机械零部件的纤维断刀、绕线辊和压缩滚筒，石化和天然气工业中使用的阀芯、阀板、阀体、挡板、喷嘴和叶片等，应用中都取得了十分明显的效果。以航空发动机为例，据英国 RR 公司统计，1976 年前发动机零部件有 60% 因磨损而报废，采用耐磨耐蚀涂层后，报废率下降至 30%。国内现今开发在某新机种上的耐磨涂层已有几百个零部件，还有一些特殊的零部件诸如航空涡轮发动机的叶片，提高工作温度后要求叶片涂镀具有高温抗氧化的耐蚀涂层，飞机雷达罩要求抗雨蚀、砂尘冲击、磨蚀、抗静电、良好的透波以及机上的一些钛合金紧固件与飞机上的铝合金蒙皮接触加速铝合金的腐蚀和高强度的钢部件，镀 Cd-Ti、Zn-Ni 等。

4.8.2 机械功能薄膜（涂层）的防护性能主要工业应用

机械功能薄膜（涂层）在耐磨蚀零部件中的应用领域范围也很宽广。特别是航空航天工业的防护上，常用表面耐磨蚀涂层来提高飞机运载火箭、卫星、宇宙飞船和导弹等在各种飞行恶劣环境下对材料性能产生的影响进行防护，提高材料的表面性能，起到保护航空航天飞行器免遭环境磨蚀的影响而失效，对提高航空航天产品的先进性和使用的可靠性都有十分重要的意义。下面举一些工业应用实例来叙述机械功能膜（涂层）在一些零部件上的应用。

4.8.2.1 离子镀 Al 取代 Cd 镀层

最早用离子镀 Al 取代 Cd 镀层是美国 MC Donald-Daulas 公司，该公司在 20 世纪 70 年代初就成功研制出离子镀 Al 膜，于 1974 年就已经开始在美国的海军中推广应用。最初，这方面研究的目的是解决飞机上高强度钢零部件因镀 Cd 产生 Cd 脆和镀 Cd 紧固件与连接的 Al 构件的剥蚀。对这些接触的高强度钢部件的离子镀 Al，避免了 Cd 脆，防止了事故的发生，用离子镀 Al 取代镀 Cd，不仅在技术上可靠，经济上可行，而且在大量应用中，得到科学的证实，并已获得推广，且作为工艺标准加以确定。

4.8.2.2 离子镀 TiN、CrN 和 Cr 取代电镀 Cr 层

电镀 Cr 污染环境，电镀产生的废渣、废气、废液处理的费用在当今越来越高。用先进的离子镀 TiN、CrN 和 Cr 取代电镀 Cr，不仅对环境起绿色保护，而且还保持或比原有电镀 Cr 的耐蚀性更佳的性能，是当今取代电镀 Cr 层的一个发展方向，也是 TiN、CrN 和 Cr 膜涂层在防护功能上的一个重要应用。

4.8.2.3 不锈钢镀 SiO_2 抗盐雾腐蚀

盐雾腐蚀对建筑用的不锈钢的腐蚀作用，限制了它在工业上的应用。用辉光放电滚筒卷绕式或平面磁控溅射的沉积方法，把 SiO_2 薄膜（涂层）沉积在预先进行适当处理的不锈钢带上。由于 SiO_2 本身对电子和离子的传输是一种极佳的阻挡层，它隔离了盐雾和不锈钢基体，某些缺陷部位之间的微电化学放电，致使不锈钢的抗盐雾腐蚀性能明显提高。尽管 SiO_2 膜层的性能很脆，因建筑实用的不锈钢不需变形加工，SiO_2 膜镀层在使用中很少会开裂，加上 SiO_2 膜又硬，沉积于不锈钢表面，其耐磨性令人十分满意。

4.8.2.4 沉积超合金 MCrAlY 和 NiCrSi-Cr_3C_2 涂层提高燃气轮机叶片和涡轮部件的抗热腐蚀性能

当今，对燃气轮机叶片的工作温度提出了越来越高的要求，目的是提高燃气轮机的热效率和输出功率。从材料研究的角度上，一是研究使用新型的耐热耐蚀材料来制造叶片，二是在现有叶片的基础上沉积一层耐热蚀的超合金涂层。后一种技术路径被视为经济有效，技术可行的节材途径。燃气轮机和航空涡轮发动机叶片，在高温工作时，除受高温氧化外，还受燃油中的杂质和海上高空飞行的环境而加速高温腐蚀的速率。采用 PVD 的方法，在叶片表面上涂镀一层 MCrAlY 系列的超合金涂层，特别是 CoCrAlY 对耐低温硫酸盐热腐蚀是最为有效的。随着沉积技术的发展，溅射镀、空心阴极镀、电弧离子镀和电弧蒸镀又不断沉积制备出 NiCoCrAlYTa、NiCoCrAlYHf、NiCoCrAlHfSiY、MCrAl 和 MCrSi 等一系列的超合金（高温合金）镀层。德国 Leydold-Heraous 用电子束蒸发镀制这种合金已有 30 年的历史，是当今航空涡轮机叶片和燃气轮机叶片解决热腐蚀的成功应用典型。

还有用真空电弧镀的方法在 GH846 合金表面沉积 34 ~ 42μm 的耐蚀耐磨 NiCrSi-Cr_3C_2 涂层，不仅硬度高，而且在 590℃ 温度下，又具有良好的抗氧化性和抗低温热腐蚀性能。这种 NiCrSi-Cr_3C_2 涂层可作为 590℃ 条件下，在燃烧劣质燃油涡轮部件的抗热腐蚀涂层。

4.8.3 在酸和熔融态金属及盐中的工业应用

各种金属碳化物和氮化物与金属相比，有更高的熔点和化学稳定性。这些金属碳化物和氮化物用作防止氧化及腐蚀的膜层是很奏效的。表4-34列出了镀有金属碳化物的硬质合金在常温 HNO_3 和 H_2SO_4 中室温浸渍50h的腐蚀比较。在硬质合金上镀碳化物膜层后，它在 HNO_3 和 H_2SO_4 中的失重分别为无碳化物膜层的1/3～1/4和1/2～1/3。这种硬质膜（涂层），可用于化工工业的阀门、阀芯、泵件和喷嘴及机械密封需用的耐酸部件上，在工业实用中，解决耐蚀耐磨难题都取得了明显实效。

表4-34 镀有碳化物膜层的硬质合金在酸中腐蚀情况对比

酸	失重/mg·cm^{-2}			
	无镀层	有 Cr_7C_3 镀层①	有NbN镀层②	有TaC镀层
HNO_3 10%	23.2①～23.1②	7.2	4.7	1.6
H_2SO_4 10%	1.26①～1②	0.51	0.4	0.6

①WC-4%Co；②WC-6%Co-2%TaC。

大部分的硬质合金碳化物在熔融金属及盐雾中都显示出优良的耐磨耐蚀性。表4-35中列举了TiC在各种熔融金属中的反应情况。就TiC而言，与多数的熔融态金属及盐类不发生反应或只发生弱反应。在1500℃条件下，其又不和熔渣发生反应。虽然各种硬质合金会有差异，但总体上都具有相当好的耐腐蚀性。这使得与液态金属接触时间较短并能冷却的一些部件上（诸如铸造模具），具有相当的实用水平，并取得了良好的实用效果。

表4-35 TiC与熔融态金属及盐的反应

化合物	熔融物	温度/℃	接触时间/h	介 质	反应特性
TiC	Zn	550	10	熔融物内	不反应
	Cd	450	10	熔融物内	不反应
	Al	1000	0.1	熔融物内	弱反应
	Si	1500	0.1	熔融物内	反应
	Sn	350	10	空气	不反应
	Pb	450	10	空气	不反应
	Bi	375	10	空气	不反应
	Co	1550	0.2	$Co+N_2$	反应
	Ni	1500	0.3	空气	反应
	碳 钢	1620	0.3	空气	反应
	铸 钢	1520	0.3	空气	反应
	盐基矿渣	1520	0.1	空气	不反应
	酸性矿渣	1520	0.1	空气	不反应
	冰晶石	1050	8	空气	弱反应

当今，引人注目的聚变反应堆的第一壁，直接与高温等离子体相接触，要选用高熔点、化学溅射产额小的材料。经各种覆膜材料的实验证实，TiC在 6.67×10^{-4} Pa高真空

下，加热到2000℃时，也几乎不产生重量变化。因此，人们正计划设计选用 PVD、CVD 的沉积方法来镀覆 TiC 的石墨、Mo 及因康镍合金作聚变反应堆的第一壁涂覆材料。

4.8.4 机械功能膜在特殊环境中的应用

4.8.4.1 超高真空中的润滑

润滑在机械摩擦和转动中是减少磨损，减小转动阻力的一个重要措施。然而润滑在高真空环境中，要求放气量极微，在摩擦润滑中不能有污染物释放出来；有的甚至还要在高温条件下长期稳定可靠运行等苛刻条件。诸如像人造卫星中的一些机构件，明确提出在润滑运动中放气量小、无污染和耐高温等。有关润滑膜在超高真空中的应用实例请参阅 6.2 节有关的实例。

4.8.4.2 高温下的耐磨

在高温下使用的膜层，都要求膜层具有热稳定性好、低的蒸气压和高的分解温度，这类大多是难熔的金属化合物，特别是涉及一些有反应性气氛和热震的应用。比较典型的有火箭喷嘴、加力燃烧室部件、返回大气层的锥体和高温燃气轮机热交换部件，都可用 CVD 的沉积方法涂镀 SiC、Si_3N_4 等涂层。用 CVD 法沉积的 Si_3N_4 和 SiC，其高温强度都高于用传统陶瓷工艺制作的 Si_3N_4，其硬度为 Si_3N_4 块体材料的两倍。在航天飞机上用的一种固体润滑膜 AFSL-28（CaF_2BaFAu，加上结合剂 $AlPO_4$），用等离子枪涂镀的以氟化钙和氟化钡为主要成分的复合膜，在低于480℃时的摩擦系数大，而在高温下使用，摩擦系数小、摩擦磨损小，并可使用到820℃。

4.8.4.3 射线辐照环境中的润滑与耐磨蚀

核反应堆中使用的核燃料元件不锈钢包套材料，在反应堆中承受高剂量的射线辐照，使不锈钢包壳易变脆，产生表面剥落，在冷却剂冲刷中耐蚀耐磨性也不太理想。通过离子注入的方法在核燃料元件用的不锈钢包套材料中注入钇，既可以使不锈钢耐冷却剂的冲刷腐蚀，又可以在高剂量的辐照条件下保持不锈钢表面不会剥落。

在核燃料的化工工艺生产中，普遍使用塑料，塑料的耐射线辐照性能差。MoS_2 润滑性受射线辐照的影响不显著，利用真空镀 MoS_2 固体润滑膜，已经用于通常的润滑油、润滑脂易发生固化的核工厂。

在高温气冷堆中，使用高压氦作初级冷却剂，而在氦气中不可避免的混入一些低浓度的杂质气体，使这种不纯的氦气在800℃以上时造成堆中大量使用的奥氏体合金材料产生强烈的碳化腐蚀，又因高温氦气中氧分压很低，在金属表面难以形成有效的氧化物保护膜，而奥氏体材料本身又有较高的黏着系数；当这些无保护膜的配合面间受到高应力作用时，会产生“自焊”现象。若产生相对运动，就会因高摩擦而导致产生严重的黏着磨损，以至造成完全卡死。另外，因反应堆中的部件，还会因热胀冷缩造成微幅滑动和氦气流动的冲击而引起微动磨损。美国 GA 公司在多年来从事高温气冷堆的耐磨蚀涂层研究中，以碳化铬（Cr_3C_2、Cr_7C_3 和 $Cr_{23}C_6$）为基本成分，黏结剂用 Ni-Cr 合金，经涂层后发现，长期处在高温氦气中的 Cr_3C_2 和 Cr_7C_3 不稳定，它们会与黏结剂中的 Cr 发生反应，逐步能变成 $Cr_{23}C_6$，这种相变伴随着体积收缩，产生复杂的应力状态，从而加速了涂层的剥落，同时还会分解出 C 原子，促进基体合金的表面碳化。但 $Cr_{23}C_6$ 基涂层的抗剥离性明显优于 Cr_3C_2 和 Cr_7C_3 基涂层，而且 $Cr_{23}C_6$ 基的涂层摩擦系数明显低于 Cr_3C_2，采用 $Cr_{23}C_6$ 涂层自配对时，可大大减轻高温下合金表面的“自焊和变形”。在 $Cr_{23}C_6$ 基的涂层方案中有 $Cr_{23}C_6 + NiCr$ 或 $Cr_3C_2 + NiCr$ 涂层为底层，上面覆以不含黏结剂的 $Cr_{23}C_6$ 层。这种复合涂层在低氧含量的氦气中，可使奥氏体合金材料的耐磨耐蚀性能有显著的提高。

另外，在高温氦气中，部分稳定的 ZrO_2 自配对时也具有优良的抗黏着、防“自焊”性。如 8% CeO_2 稳定的 ZrO_2 涂层的摩擦系数和磨损率都低于 Cr_3C_2 为基的涂层，ZrO_2-15% Y_2O_3 涂层在高温氦气中也无“自焊”发生，并具有较低的摩擦系数和足够的耐磨性能。采用 PVD、CVD 法或等离子喷涂法来沉积制备都十分成功。

4.8.4.4 航天应用中的固体润滑

在航天工业的发展中，对固体润滑膜的开发是以 MoS_2 和石墨为主要成分的固体润滑薄膜，在美国已有整套的“军用标准”。例如热硬化覆膜，用于 Al、Cu、钢铁、Ti、Zr、Ni、Al 合金和 Cu 合金的轴承表面，耐腐蚀性干燥覆膜用于防止过烧及严重的磨损，适用于钢铁、Ti 和 Al 合金球面轴承导向面，铰链凸轮等滑动面。近年来，在 MoS_2 的基础上，添加多种合金，如 Au、Nb 和 Ni 都显示出良好的润滑性能。

4.8.4.5 导弹整流罩上的高温耐磨与透光

金刚石膜优异的耐磨透光性能，是导弹整流罩应用的最佳材料。在导弹高速飞行中能承受摩擦引起的高温和承受雨点和尘埃的撞击，加上雷达波穿透金刚石膜不易失真，被当今誉为整流罩应用中的理想材料。这方面有关内容，请参阅 6.1 节中的论述。

4.8.4.6 热障涂层的抗高温氧化与隔热

热障涂层是航空涡轮发动机叶片的第四代涂层。它是在 MCrAlY 涂层的基础上再加一层陶瓷表层。其既具有抗高温氧化的性能，又能隔热，使零部件基体工作温度降低。目前研究的热障涂层的陶瓷表层大多用 ZrO_2 为基，并添加 CeO_2、MgO、Y_2O_3 和 CaO 各种稳定剂。稳定剂加入的目的是使 ZrO_2 非常稳定。从 20 世纪 80 年代以来，热障涂层就引起了航空业界、电力界（地面燃机发电）的极大关注。其缘由就在于热障涂层在提高叶片抗高温氧化能力和降低叶片基体工作温度的同时，还可减少冷却空气的用量，从而提高了热效率，降低了叶片的热应变量，改善了热疲劳的条件。

采用电子束物理气相沉积制备的双层结构的发动机叶片热障涂层是 6% ~8%（质量分数）Y_2O_3 和 ZrO_2 为主的隔热表层，并改善了基体与陶瓷镀层的物理相容性，提高了基底 MCrAlY 黏结层抗氧化腐蚀性，在热震性上，都起到了明显的效果。

采用射频磁控溅射（RF-MSD）法沉积制备的 ZrO_2 8% · Y_2O_3 热障涂层和用真空电弧镀沉积的基底镀层 NiCrAlY 的双热障镀层，在从室温到 1100℃的条件下，具有良好的抗热冷循环性能。160μm 的 $ZrO_2$8% · Y_2O_3 层具有良好的隔热效果，适宜用于涡轮发动机的叶片。目前，我国部分航空发动机燃烧室的内衬，也已使用 CoCrAlY 耐热涂层。现今，已将热障涂层开始用于地面燃气机的发电厂。

这种耐高温、耐热气流冲蚀磨损的 CoCrAlY 涂层还用于各种兵器，如坦克发动机的汽缸、活塞、活塞环和增压叶片，冲弹头的冲头，柴油机、核反应堆及其他高温动力机上。

4.8.4.7 在医学上的耐磨、抗蚀、防霉和防菌

机械功能膜在医学上的应用有：

(1) 高频手术刀。目前高频手术刀一般用不锈钢制造。在“开刀”使用时，会与肌肉粘连并在电加热作用下发出难闻的臭味。美国 ART 公司利用 DLC 膜表面能小、不湿润

的特点，掺入 SiO_2 网状物，并掺入过渡族金属元素，调节其导电性能，生产出不粘肉的高频手术刀推向市场，明显改善了医务工作者在对人体“开刀”中的工作条件，深受开刀医生的欢迎。

（2）人工关节。人工关节较多的是由聚乙烯凹槽和金属与合金（Ti 合金、不锈钢等）的凸球组成（见图 4-91），关节的转动部分接触界面会因长期摩擦产生磨屑，与肉体接触会使肌肉变质和坏死，导致关节失效。类金刚石膜无毒和不受液体侵蚀，沉积镀在人工关节转动部位上的 DLC 膜不会产生磨屑，更不会与肌肉发生反应，可大幅度延长人工关节的使用寿命，对人体也大为有益。

图 4-91　镀有 DLC 膜的人工关节产品

（3）防菌黏附的门把手。由于 DLC 膜具有防霉的干净效果，把 DLC 膜镀制在医院的门把手上可防止因细菌的黏附而引起细菌性疾病的传染，这方面对保障人们的健康是一件很有意义的应用。

（4）心脏瓣膜。郑昌琼等人用 RF-PCVD 法在不锈钢和钛上沉积厚度为 10μm 的 DLC 膜，除机械功能耐蚀性能满足要求外，生物相容性也好（Ti 上沉积的 DLC 膜比在不锈钢上沉积的 DLC 膜性能上明显改善），满足了人工机械心脏瓣膜的使用。

当然还有一些利用 DLC 膜的耐磨性和抗蚀性，作光学透镜、眼镜片（玻璃、树脂）和光盘的防霉防划伤的保护膜，以及汽车挡风玻璃的保护膜等。这其中主要的技术难度是要使沉积的 DLC 膜无色透明，被沉积的膜面要均匀、光洁。作者相信，这方面也会有较大的市场潜力。

4.9　机械功能薄膜的发展

作为特殊形态的薄膜，从功能薄膜四大分类发展上看，主要集中在机械功能薄膜（或防护功能薄膜）和物理功能薄膜。这两类功能薄膜的发展，都具有“高、深、广、大”特点。即高：对膜层性能指标要求越来越高；深：对膜层的研究越来越深入；广：膜层应用的领域越来越宽广；大：膜层的市场潜力巨大。当今，机械功能薄膜的发展，是人们、特别是研究薄膜材料的学者和材料科技工作者最为关注的功能薄膜之一，也是技术难度、操控工艺越来越严的功能薄膜材料。

4.9.1　新型的金属陶瓷薄膜涂层

新型的金属陶瓷薄膜涂层主要追求的是薄膜的力学性能（最主要是硬度）和耐腐蚀性能。

4.9.1.1　TiN 薄膜

TiN 薄膜是第一代的金属陶瓷涂层材料，也是产业化中应用最广泛的硬质涂层材料。其硬度 HV 为 2000；具有摩擦系数低，抗冲击韧性好，与被加工的材料之间的亲和力小，在机械加工中，不易形成由积屑瘤等引发的黏着等现象；加上其色彩的绚丽，膜层价格低廉，涂层工具机加工实效优良，是一般产业化涂层工具的首选涂层，也是机加工工具中销售量最大的涂层工具材料。随着应用的不断广泛，TiN 涂层的硬度不够高，膜层孔隙率较高，耐蚀保护不足，与钢基体的结合不够理想，使用温度不能超过 600℃，因此，用其他的氮化物、碳化物和硼化物进行合金化或用其他金属部分取代钛来改善膜层的性能。

4.9.1.2 TiC 薄膜

TiC 薄膜是具有较高抗摩擦和抗磨料磨损性能的优良陶瓷涂层材料。膜层硬度 HV 高达 2800 ~ 3000，线膨胀系数与硬质合金的线膨胀系数相近，是保证 TiC/硬质合金结合力牢固的优良涂层，非常适合用于硬质合金涂层刀具，可作多种涂层的底层，是发展多元涂层和多元多层超硬膜的底层材料。

4.9.1.3 ZrN 薄膜

ZrN 是具有一定抗氧化能力的薄膜，化学稳定性好。硬度 HV 比 TiN 高，约 2400。在应用上也是比较广泛的硬质薄膜（涂层）。德国不莱梅材料研究所曾将 ZrN 薄膜推广应用于该国的奔驰轿车耐磨损部件上，经实车试验，效果远比其他热处理部件和其他涂层部件的使用寿命要长。奔驰轿车耐磨部件最后没选用 ZrN 作耐磨涂层，其原因，根据德国不莱梅材料研究所的报告指出 ZrN 薄膜涂层的成本价高，因此，暂不设计选用。

4.9.1.4 CrN 薄膜

CrN 薄膜的显微硬度 HV 不是很高，比 TiN 薄膜略低，为 1800，但是它也是常见的硬质膜（涂层）材料。这是因为 CrN 膜层内应力较低，可沉积出厚度较厚的膜层，且具有很强的耐磨损性能、抗氧化性能和较高的附着力。通常把 CrN 用作沉积制备超硬复合薄膜的涂层，主要用于像钛合金这类难以进行机械加工的材料。

4.9.1.5 HfN 薄膜

HfN 薄膜的线膨胀系数与硬质合金相近，用 HfN 作硬质合金刀片的薄膜（涂层），具有很高的膜/基结合强度，它的热稳定性和化学稳定性均高于其他硬质薄膜涂层材料，其高温硬度 HV 高达 3000，耐磨性能比 TiN 高两倍，甚至超过 Al_2O_3，是适宜用做高速切削机械加工的涂层刀具。

4.9.1.6 TiB 薄膜

用磁控溅射法沉积的 TiB 薄膜，显微硬度 HV 高达 7000，具有很强的耐磨损性能，可用于硬质合金的薄膜涂层工具和其他的摩擦磨损部件的表面薄膜（涂层）。

薄膜材料的研究人员，一直在寻找、探索和设计更新型的、性能优良的硬质涂层。特别是真空阴极电弧镀高速发展期间，涌现出一系列的新的硬质薄膜体系。因此，薄膜的成分和结构的多元化、多层化、纳米化就成为薄膜研究开发当今的发展趋势。

4.9.2 多元复合薄膜

过渡金属的二元氮化物和碳化物，既可在同类之间互溶，又可在不同类之间互溶，因此可能沉积制备出二元或多元的复合型薄膜。多元复合膜，大多是以类似像 TiN 膜的二元膜成分为基础，掺进新的元素（如 Al、Cr、Zr、Nb、W 和 Mo 等）形成多元复合膜的涂层材料。目的是在类似 TiN 膜性能的基础上提高薄膜（涂层）的硬度、抗高温氧化、热硬性和抗蚀性。如 TiCN、TiBN、TiAlN、TiSiN 和 TiAlVN 等，其硬度 HV 大都在 2000 的基础上提高到 2800 左右。在提高多元复合膜硬度的同时，都降低了多元复合膜的内应力，提升了膜层韧性，阻止裂纹扩展，从而达到提高薄膜（涂层）的耐磨损和化学稳定性好的目的，显著提高了多元复合涂层工具的使用寿命和使用温度。

4.9.2.1 TiCN 薄膜

以添加非金属元素来强化 TiN 相的 TiCN 薄膜，有较强的韧性和抗破损能力。法国艾福公司用 PECVD 法沉积的 TiCN 膜涂层模具的硬度 HV 为 3100，最高使用温度 400℃，利用它的强韧性和抗破损性，用做于加工 Ti、Al、Mg、Ni 合金和黄铜材料的涂层冲模、拉伸模具和五金成型模具，用 TiCN 薄膜沉积制备的涂层刀具，可用来加工 HRC 为 45 ~ 65 的钢材和铸铁及对模具钢和不锈钢进行铣削、滚削螺纹和插齿等加工。

4.9.2.2 TiAlN 薄膜

TiAlN 薄膜显微硬度 HV2800。法国艾福公司用 PECVD 法涂镀的 TiAlN 模具，硬度 HV 达到 3200。由于 Al 元素加入 TiN 中，形成 TiAlN 薄膜复合氮化物提高了抗高温氧化性能。用 TiAlN 薄膜沉积的涂层刀具因氧化初期 Al 离子向外扩展，在涂层表面会生成一层较薄的化学性能非常稳定的 Al_2O_3 膜层，保护了涂层 TiAlN 不会被继续氧化，一定程度上改善了热稳定性，可使 TiAlN 薄膜涂层的工作温度达到 800℃，这也是 TiAlN 薄膜涂层刀具用于高速切削、干切削以及一些难加工材料的缘由，是高速钢刀具、硬质合金刀具（包括各种硬质合金铣刀片、镗刀片和精加工车刀片等）及模具的硬质耐磨涂层材料。

4.9.2.3 TiBN 薄膜

由于 B 元素的加入，在 TiN 膜层中能形成间隙相和混合晶体，使 TiN 的晶格增大并发生畸变，有效地提高了薄膜作为涂层的室温硬度（HV3500）和高温热硬性，最高使用温度可达 800℃，同时 B 元素的加入，也增加了膜层生长时的成核数量，起到细化晶粒的作用；加上硼元素和氧的亲和力强，在高温氧化时，能最先与氧结合，在膜层表面生成一层致密的硼氧化物，防止氧化反应的进一步发生。铝压铸模具沉积 TiBN 薄膜涂层后，使用寿命提高 6 倍。

4.9.2.4 AlCrN 薄膜

用 Cr 来替代 Ti 元素，可使沉积的膜层显微硬度 HV 高达 3200，起始氧化温度提升到 1100℃，与 TiAlN 薄膜涂层相比，AlCrN 薄膜韧性好，更适用于铣削、滚削等机械加工。

4.9.2.5 AlCrSiN 薄膜

AlCrSiN 薄膜具有超强的耐氧化能力，用它作涂层材料，在高温下又具有低的摩擦系数。

4.9.2.6 TiBON 薄膜

TiBON 薄膜是在 TiBN 薄膜为基中加入氧，形成薄膜，在高温下摩擦系数低。用 TiBON薄膜（涂层）的刀具，比较适合用做加工铝和不锈钢等黏结性强的材料。

4.9.3 多层复合薄膜

近十余年来，物理气相沉积的硬质膜系发展趋势已从多元单层向多元多层复合膜系发展。国内外薄膜研究科技工作者和一些著名的涂层刀具厂家，设想能否将上述的各种薄膜加以组合，获得性能更为优良的最佳膜层，经过对膜层的分析、组合，特别是对薄膜的成分、结构和厚度的设计，研制出多种多层复合薄膜的涂层。

从研究的层面上看，这类由多元单层膜系向多元多层复合膜系的发展大致有两种模式：一是用不同性能的单层膜复合在一起，获得有多种功能膜系或具有优质综合性能的膜系；二是利用不同的成分和性能的纳米薄膜重复交叠，即所谓的纳米多层膜系，工艺上控制两种不同膜的厚度比例（调制比）和两层膜的厚度（调制周期）来沉积制备纳米多层膜的结构，最终获得理想的超硬耐磨纳米多层膜（下面还会再叙述）。国际上，首先对这种新的不同性能的多层复合膜和纳米多层膜进行了研究，有的已经开始进入工程化；与此同时，多层膜沉积设备和工艺技术也得到同步的发展。目前最常见的多层复合膜的沉积技术是磁控溅射（有直流多靶溅射、射频溅射、单极或双极溅射和非平衡磁控溅射等）、过滤的阴极电弧沉积、多源的等离子辅助化学气相沉积、电弧与激光、离子源+阴极电弧+非平衡磁控溅射的复合沉积等。具体采用的工艺技术方法组合，又必须根据应用的性能要求与工件的实际形状进行工艺方法的组合选择。

通过对薄膜（涂层）的成分、结构和厚度的综合设计考虑，已在多层复合膜系上，研制成的有 TiN-MoS_2、TiN/Me-DLC（即掺金属的类金刚石）、TiC-TiN、TiC-TiCN-TiN、TiC-Al_2O_3-TiN、TiC-TiCN-Al_2O_3-TiN、TiC-TiBN-TiN、TiAlN-MoS_2、TiAlN-WC/C、TiC-TiCNO-$Al(ON)_x$-TiN 和 Ti-TiN-Zr-ZrN 等多层复合薄膜（涂层）材料。在多层硬质耐磨膜系研究上，最早较多的模式是在硬质膜的最顶层生长一层低摩擦系数的固体润滑膜，以减小表面摩擦系数，提高涂层刀具的使用寿命，其典型的膜层就是 TiN/MoS_2 和 TiN/Me-DLC 等多层复合膜。这些已用于涂层刀具、汽车零件、纺织机械零件、信息储存器和医学植入体上。

在这些多层复合薄膜的涂层中，充分发挥各层膜层各自的优点，大幅度地提高了涂层硬质合金刀片的使用寿命，用 CVD 法沉积的 TiC(1～2μm)—TiBN(3～4μm)—TiN(1～2μm)，硬度 HV 高于 2600，薄膜（涂层）的耐磨性能与抗冲击韧性兼优、抗高温氧化和化学稳定性好，在加工高强度合金钢时，切削速度达到 250m/min 以上。用 TiC-TiBN-TiN 多层复合涂层硬质合金的石油管螺纹梳刀，在加工高强度合金钢管螺纹时，其使用寿命和未涂层的硬质合金螺纹梳刀相比，提高 4 倍以上；和一般的 TiC-TiN 多层复合薄膜涂层的硬质合金螺纹梳刀相比，其使用寿命也提高 1 倍左右。用 TiC-TiBN-TiN 多层复合薄膜涂镀于高速钢 M12 螺帽冲针上，在一次穿孔成型加工 30 钢螺帽时，其使用寿命比未涂层的提高 6.5 倍，效果十分明显。用 5～7μm 的 TiC-TiN 薄膜涂镀于成都工具研究所的 C71 硬质合金工具上，可在中等负荷加工中以较高的速度进行连续切削加工；用 5～7μm 的 TiC-TiCN-TiN 薄膜，涂镀于 C72 硬质合金刀具上，可进行重负荷的机械加工；用 8～10μm 的 TiC-TiCN-TiC-TiCN-TiC-TiCN-TiN 薄膜，涂镀于 C96 硬质合金工具上，可在较高连续的重负荷条件下进行切削加工和模具加工等。目前，多层薄膜复合涂层的硬质合金工模具新牌号的研究开发很快。研究开发应用中，特别重视基体和薄膜涂层的优化组合，并已向系列化和专用化方向发展；如前面提到的瑞典 Sandvik 公司，最新研发的车削加工铸铁的专用牌号 GC3205、GC3210 和 GC3215 的硬质合金涂层刀具；日本三菱材料公司新研制成的适宜车削加工铸铁的 UC 系列高性能硬质合金涂层刀具就具有向系列化和专业化方向发展的特点。又如多层的 Ti/TiN/Zr/ZrN 耐磨抗冲蚀膜，它实际上是一种金属与陶瓷软硬交替的多元多层膜；软硬交替缓解了膜层间的应力，提高了膜层/基体的结合强度，还能沉积出厚膜，而且这种多层结构，还可对单层膜的柱状晶生长起到限定的作用，使膜层晶粒细化，提高了膜层的强度，最终可使膜层的硬度 HV 高达 3155，在膜层为 20μm 时，膜/基结合力达 70N 以上；膜层的耐磨性和抗冲蚀性显著提高。

4.9.4 纳米薄膜

纳米材料独有的量子尺寸效应、体积效应和表面效应，使纳米材料产生诸多的电学、磁学、光学和力学等性能的惊人变化。纳米薄膜可分为纳米多层膜和纳米复合膜。纳米多层膜一般是由两种厚度在纳米尺度上的不同材料层交替排列而成的膜层体系。两种材料具有一定超点阵周期，因此又称为纳米超点阵涂层。如用 TiN 和 AlN 薄膜交替重叠 2000 层，每层的调制周期为 1 ~ 2nm，涂层硬度 HV 大于 4500，大幅度提升了薄膜的抗高温磨损和抗高温氧化性能，还提高了膜层与基体的结合力，使薄膜（涂层）刀具的使用寿命和一般的涂层刀具相比，提高 3 倍以上。纳米复合膜则是由两相或两相以上的固态物质所组成。其中至少有一相纳米晶，其他相可以是纳米晶，也可以是非晶。有关纳米复合薄膜的相关详细内容，可参阅 4.7 节和 4.9.5 节中的相关论述，这里就不再赘述。

4.9.5 纳米晶-非晶复合薄膜

纳米晶-非晶复合薄膜是以过渡族金属的氮化物以纳米尺度的微细晶粒嵌含于另一种非晶中，可以获得大于 40GPa 的超高硬膜。这类超硬膜层又可称为纳米混合薄膜，从当前研究看，主要有两类：

（1）nc-MeN/氮化物：如 nc-TiN/a-Si_3N_4，TiN/BN；

（2）nc-MeN/金属：如 nc-ZrN/Cu，nc-ZrN/Y。

上述中，Me 为 Ti、Zr、V、Nb、W 和 Cu、Ni、Y；nc 为纳米晶，a 为非晶相。

随膜层中组分的不同，硬度 HV 在 5000 ~ 7000 范围内变化，如 nc-TiN/a-Si_3N_4 其硬度 HV 为 5500，热稳定性、抗氧化性达 800℃。类似的纳米晶-非晶复合超硬膜还有 nc-W_2N/a-Si_3N_4、nc-VN/a-Si_3N_4、(TiAlSi)N 等。

4.9.6 非金属超硬薄膜

非金属超硬膜包括金刚石、CBN、Si_3N_4、B_4C、SiC、β-C_3N_4 和类金刚石膜等。表 4-36 所列为几种非金属和非晶复合超硬薄膜涂层的性能。

表 4-36 几种非金属和非晶复合超硬薄膜涂层的性能

物理性质	金刚石	CBN	Si_3N_4	B_4C	SiC	β-C_3N_4	nc-TiN/a-Si_3N_4
熔点/℃	3727	2970 ~ 3227	1900（分解）	2450	2760	—	—
密度/$g \cdot cm^{-3}$	3.25	3.48	3.2	2.52	3.22	—	—
硬度 HV	8000 ~ 10000	5000	1700 ~ 2700	3000 ~ 4000	2600	6500	—
弹性模量/GPa	950	710	300 ~ 400	450	490	427(体模量)	3600 ~ 5000
热导率/$W \cdot (m \cdot K)^{-1}$	2038.97	1297.91	16.75 ~ 25.12		49 ~ 84	—	—
线膨胀系数/K^{-1}	1.2×10^{-6} ~ 4.5×10^{-6}	4.8×10^{-6}	2×10^{-6} ~ 3×10^{-6}	4.5×10^{-6}	5.3×10^{-6}	—	—
氧化起始温度/℃	600	1360	1300	—	—	—	—

根据目前看，最具前景的还是金刚石膜、类金刚石（DLC）膜、CBN、β-C_3N_4 和 nc-TiN/a-Si_3N_4 等超硬薄膜（涂层）材料。

机械功能薄膜的发展，主要取决于人们对先进硬质薄膜、特别是超硬薄膜（硬度 HV 大于4000）、先进的薄膜沉积技术和薄膜结构的控制以及对这类薄膜的物理、化学和相关表面科学技术的深入研究、开拓应用。性能上追求的是极高的硬度、优异的抗摩擦磨损、低摩擦系数、高热导率、高透光率、优异的化学稳定性和与基体的良好相容性等。随着新型硬质薄膜（涂层）技术的日益完善和发展，对刀具和模具在性能的改善和加工的技术进步起着非常重要的作用。薄膜（涂层）工具业已成为现代工具的标志。随着市场的需求，相信会有更多的新型硬质薄膜不断涌现；特别是纳米多层复合膜（涂层）的开拓应用，在充分发挥薄膜（涂层）机械功能的基础上，必将促进我国各个工业领域、特别是机械工业的技术进步和产业结构调整，发挥机械功能薄膜材料的优势作用。

参考文献

[1] 戴达煌，周克崧，袁镇海．机械功能膜[M]//李金桂，肖定全．现代表面工程设计手册．北京：国防工业出版社，2000：556~558，560，573~575.

[2] 李晖，许洪斌，张津，等．32Cr2MoV 钢氮化后离子镀 TiN 的摩擦磨损研究[J]．热加工工艺，2005(2)：32~33.

[3] 宋贵宏，杜昊，贺春林．硬质与超硬质涂层[M]．北京：化学工业出版社，2007：52~56，59~60，66~68，71，75~76.

[4] 王福贞，马文存．气相沉积应用技术[M]．北京：机械工业出版社，2006：29，110~112，281~282，289，290，296~297，299~302，308~309，319~324.

[5] SHUM P W，TAM W C，LI K Y，et al. Mechanical and tribological properties of titanium-aluminum-nitride films deposited by reactive close-field unbalanced magnetron sputtering[J]. Wear，2004，257(9-10)：1030~1040.

[6] 倪晟，孙卓，赵强．磁控共溅射制备氮化钛铝薄膜及其力学性能的研究[J]．功能材料，2005，36(12)：1842~1848.

[7] 唐伟忠．薄膜材料制备原理、技术及应用[M]．第2版．北京：冶金工业出版社，2003：222~226.

[8] 代明江，李洪武，侯惠君，等．纳米多层超硬薄膜及在工模具上的应用[成果鉴定技术报告]．广州有色金属研究院，2007.

[9] 戴达煌，周克崧．金刚石薄膜的沉积制备工艺与应用[M]．北京：冶金工业出版社，2001：8~9，47，48，115，138，167，173，177，184.

[10] 侯惠君，代明江，林松盛，等．H13 钢等离子渗氮—类金刚石膜（DLC）复合处理的性能研究[J]．材料研究与应用，2010，4(1)：36~39.

[11] CHEN L，LIU Z Y，ZENG D C，et al. Study on composition，microstructure and hardness of DLC films by VCAD[J]. Acta metallurgica SINICA（English letters），2003，16(4)：271~275.

[12] FU Z Q，WANG C B，DU X J，et al. Tribological behaviors of W-doped DLC films[J]. Key Engineering Materials，2010，434~435：474~476.

[13] WANG C B，FU Z Q，YUE W，et al. Influence of target current on the structure of Ti-doped DLC films [J]. Advanced Materials Research，2010，Vols. 105~106：451~454.

[14] FU Z Q，WANG C B，WANG W，et al. W-doped DLC films by IBD and MS[J]. Key Engineering Materials，2010，434~435：477~480.

[15] 付志强，王成彪，杜秀军，等．靶电流对掺钨类金刚石膜的结构与摩擦学行为的影响[J]．材料工程，2009(S1)：250～253，257.
[16] 张馨，肖晓玲，洪瑞江，等．掺杂钨类金刚石膜的显微结构与性能[J]．机械工程材料，2009，33(9)：79～84.
[17] 代明江，林松盛，侯惠君，等．用离子源技术制备类金刚石膜研究[J]．中国表面工程，2005，18(5)：16～19.
[18] 徐滨士，刘世参．中国材料工程大典（第17卷）材料表面工程（下）[M]．北京：化学工业出版社，2006：8～9，47～48，115，138，167，173，177，184，331.
[19] 林松盛，代明江，侯惠君，等．钛合金表面掺金属类金刚石膜的摩擦磨损性能研究[J]．摩擦学学报，2007，27(4)：382～386.
[20] 林松盛，代明江，侯惠君，等．掺钛类金刚石膜的微观结构研究[J]．真空科学与技术，2007，27(5)：418～421.
[21] DAI M J，ZHOU K S，LIN S S，et al. A study of metal-doped Diamond like carbon deposited by magnetron sputtering[J]. Plasma Surface Engineering 2006，2007，(3)：215～219.
[22] 戴达煌，周克崧，袁镇海，等．现代材料表面科学技术[M]．北京：冶金工业出版社，2004：370～371，374～378.
[23] 林松盛，代明江，朱霞高，等．CrTiAlCN多元多层梯度膜的制备及其结构研究[J]．中国有色金属学报，2009，19(2)：259～264.
[24] 陈光华，邓金祥，等．新型电子薄膜材料[M]．北京：化学工业出版社，2002：190.
[25] 戴达煌，刘敏，余志明，等．薄膜与涂层现代表面技术[M]．长沙：中南大学出版社，2008：557.
[26] 林松盛，代明江，侯惠君，等．离子束辅助中频反应溅射(Cr,Ti,Al)N薄膜研究[J]．真空科学与技术学报，2006(26)：162～165.
[27] 周君灵，电弧离子镀CrAlTiN膜的制备和性能研究[D]．广州：广东工业大学，2008：46，52.
[28] 白力静，蒋百灵，文晓斌等．热氧化温度对磁控溅射CrTiAlN梯度层表面形貌与组织结构的影响[J]．材料热处理学报，2005，26(4)：111～115.
[29] OISHI Y，KINGERY W D. Oxygen diffusion in peridase crystals[J]. Chemical physcs，1960，33：90.
[30] YAMAMATO T，HASEGAWA H，SUZAKI T，et al. Effect of thermal annealing on phase transformation and microhardness of ($Ti_xCr_yAl_2$)N films[J]. Surf. Coat. Technol.，2005，200：321～325.
[31] HARRIS S G，DAYLE E D，VALUELD A C，et al. A study of the wear mechanisms of Ti_xAl_xN and $Ti_{1-x}Al_xCr_yN$ coated High-speed steel twist drills under dry machining conditions[J]. Wera，2003，254：723～734.
[32] LIN S S，DAI M J，ZHU X G，et al. Influence of deposited temperature on the multi-component (Cr,Ti,Al)N films by ion beam assisted reactive mid-frequency magnetron sputtering[J]. Rare metals，2009，28(S)：437～441.
[33] 马大衍，王昕，马胜利，等，Ti-Si-N纳米复相薄膜及Si含量对脉冲直流PCVD镀膜品质的影响[J]．金属学报，2003，39(10)：1047～1050.
[34] 陈德军，代明江，林松盛，等．纳米多层膜力学性能研究进展[J]．模具工程，2007，(1/2)：29～33.
[35] 陈德军，代明江，林松盛，等．TiN/AlN纳米多层膜的调制周期及力学性能研究[J]．真空，2007，44(4)：52～54.
[36] 周君灵，代明江，林松盛，等．三种不同Cr/Al/Ti元素比例的电弧离子镀(Cr/Al/Ti)N膜耐高温氧化性能的比较[J]．模具工程，2008(1)：58～61.
[37] 肖晓玲，洪瑞江，林松盛，等．非平衡磁控溅射沉积TiC/α-C多层膜的组织结构[J]．材料科学与工程学报，2008，26(5)：684～687.

[38] 袁镇海，付志强，邓其森，等．真空阴极电弧沉积碳氮膜的研究[J]．真空科学与技术，2001，21(4)：329～331.
[39] 李建，刘艳红，俞世吉，等．等离子体技术在碳氮膜制备中的应用[J]．真空，2004(2)：8～13.
[40] 林松盛，代明江，侯惠君，等．物理气相沉积（PVD）硬质薄膜及在工模具上的应用[J]．模具工程，2006，(1/2)：63～67.
[41] 董超苏，代明江，邱万奇，等．阴极电弧离子镀 ZrN 梯度膜和 Zr/ZrN 多层膜的腐蚀特性[J]．电镀与涂饰，2009，28(6)：37～39.
[42] 董超苏，邱万奇，代明江，等．真空电弧离子镀 ZrN 涂层的工艺与性能[J]．新技术新工艺，2009(11)：87～89.
[43] 付志强，顾子平，袁镇海，等．碳氮膜的沉积工艺及其结构研究[J]．广东有色金属学报，2001，11(2)：134～137.
[44] 牛仕超，余志明，代明江等．中频磁控溅射沉积梯度过渡 Cr/CrN/CrCN/CrC 膜附着性能研究[J]．中国有色金属学报，2007，17(8)：1307～1312.
[45] 李成明，陈广超，吕反修．薄膜材料的制备及应用//徐滨士，刘世参．中国材料工程大典第 17 卷材料表面工程（下)[M]．北京：化学工业出版社，2006：143～144.
[46] 牛仕超，余志明，代明江，等．Cr/CrN/CrNC/CrC/Cr-DLC 梯度膜层的研究[J]．中国表面工程，2007，20(3)：34～38.
[47] 李福球，洪瑞江，余志明，等．真空阴极离子镀法制备 Ti/TiN/Zr/ZrN 多层膜[J]．材料保护，2009，42(10)：17～19.
[48] 林松盛，李福球，陈军，等．多层耐磨陶瓷薄膜技术及其在活塞环表面的应用[R]．广州有色金属研究院，2010.

5 物理功能薄膜

5.1 概述

人们常说的功能薄膜，是指利用薄膜相关的功能（包括物理、化学、生物或其他相关效应）来制备功能器件的薄膜。把主要利用薄膜材料的电、热、光、磁、声、半导体、绝缘等物理性能以及它们之间的一些耦合与转换性能，并重点在芯片和微电子器件等上应用的薄膜称为物理功能薄膜。

当代信息、微电子、计算机、激光、航空航天、遥感遥测等先进技术的进展，在相当大的程度上取决于物理功能薄膜技术在研究中所取得的成果。特别是一些新的功能器件，对薄膜材料提出了越来越精细、越来越高的性能要求，这对加速物理功能薄膜的发展起到了极大的促进作用，因而在物理功能薄膜的发展中，人们对先进薄膜材料、先进成膜技术、薄膜结构的控制及薄膜物理、化学行为相关的表面科学技术研究也就特别深入。目前，物理功能薄膜的研究正向高性能、多种新工艺精细复合、沉积成各种功能、多种膜层相结合的复合膜层等方面发展；在基础研究中，正向分子层次、原子层次、微纳米尺寸、介观结构等方向深入。总体来看，趋势是向小型化、多功能、高集成和兼容性佳等方向发展。

本章讲述在相关领域的若干科学技术上都有着重要意义或重要经济价值的微电子功能薄膜、电磁功能薄膜、光学功能薄膜、光电子功能薄膜和集成光学薄膜等内容。这类物理功能薄膜，本身不仅是薄膜类中的高新技术，而且对高新技术的整体发展都会产生深远的影响。

5.2 微电子功能薄膜

在当今现代科学技术的发展中，电子学占有十分重要的地位。现代电子技术正从固体电子向微电子技术、光电子技术方向发展。为满足微电子学元器件的日益小型化、智能化、集成化的发展所需，在现代微电子学中所设计选用的各种微电子材料已经向薄膜化、纳米化、复合化方向发展。其中，微电子功能薄膜在半导体大规模集成电路（LSIC）中起着十分重要的作用。目前，常用的微电子学薄膜大致可分成4类，见表5-1。考虑到微电子薄膜的种类太多、应用面广，在本节中，仅介绍已经实用化的微电子薄膜的组分、结构、性能及其制备。

表5-1 常用的微电子学薄膜材料的分类

类　别	薄膜材料
半导体薄膜	Ge，Si，Se，Te，SiC，GaAs，GaP，GaN，ZnO，ZnSe，ZnTe，ZnCdS，CdSe，CdS，PbS，PbO_2，HgCdTe，Mn-Co-Ni-O，α-Si：H[①]，As_2S_3，As_2Se_3，As_2Te_3，GeTe
介质薄膜	Bn，AlN，Si_3N_4，ZnS；BeO，Al_2O_3，SiO，SiO_2，TiO_2，HfO_2，ZrO_2，PbO，MgO，Y_2O_3，Ta_2O_3，Nb_2O_5，$BaTiO_3$，$LiNbO_3$，$PbTiO_3$，PLZT；PP，PS，PPS，PET，PVDF

续表 5-1

类别	薄膜材料
导电薄膜	Au，Al，Cu，Cr，Ni，Ti，Pt，Pd，Mo，W，Al-Si，Pt-Si，Mo-Si，Cr-Cu-Au，Ti-Cu-Nd-Au；ZnO，In_2O_3，SnO_2，TiO_2，Cd_2SnO_4
电阻薄膜	Cr，Ta，Re；NiCr，SiCr，TiCr，TaAl，TaSi，ZrB_2；TaN，TiN，TaAlN；SnO_2，In_2O_3，Cr-SiO，Cr-SiO_2，Au-SiO_2，Ta-Al_2O_3

① α-Si：H 为氢化非晶硅。

5.2.1 半导体薄膜

现代电子技术的迅速发展与半导体材料，特别是半导体薄膜材料的研究与开发密切相关。20 世纪 60 年代初，人们把单晶半导体薄膜的外延技术与半导体微细加工技术相结合，从而产生了“平面工艺技术”，这大大提高了硅器件的性能和生产实效，降低了成本，减小了器件的体积，使大功率和高频特性之间的矛盾得到了解决。与此同时，在平面工艺的基础上，制造的硅集成电路与超大规模的硅集成电路促成了电子学向微电子学发展。

半导体薄膜种类很多，按化学成分可分为元素半导体膜、化合物半导体膜。

元素半导体膜中主要包括$Ⅲ_A$族和$Ⅶ_A$族之间的金属与非金属交界处的十几种元素，如 Si、Ge、Se、Te、Sn 等。应用最多、最广的是 Si、Ge。

化合物半导体膜的材料众多，现今已超过 1000 余种，按组分可分为：二元化合物半导体薄膜（$Ⅲ_A$-$Ⅴ_A$族化合物，如 AlP、AlAs、AlSb、GaN、AlN、InP、InAs、InSb 等；$Ⅳ_A$-$Ⅵ_A$族化合物，如 GeS、GeSe、SnTe、PbS、PbTe 等；$Ⅳ_A$-Ⅷ族化合物，如 SiCo；$Ⅴ_A$-$Ⅶ_A$主族化合物，如 $AsSe_3$、$AsTe_3$、SbS_3 等）；多元半导体薄膜（$Ⅰ_B$-$Ⅲ_A$-$Ⅵ_A$型化合物，如 $CuGaSe_2$、$AgInTe_2$；$Ⅰ_B$-$Ⅴ_A$-$Ⅵ_A$型化合物，如 $CuSbS_2$、$AgAsSe_2$、$AgSbTe_2$；$Ⅰ_{B2}$-$Ⅱ_B$-$Ⅳ_A$-$Ⅵ_A$型化合物，如 $Cu_2CdSnTe_4$）；还有二元、三元固溶半导体和有机及玻璃半导体。

按晶体学特征，化合物半导体膜又可分为：非晶半导体薄膜；纳米晶半导体薄膜；多晶和单晶半导体薄膜。

下面从半导体薄膜的组成性能和应用等方面加以介绍。

5.2.1.1 *硅薄膜*

A 单晶硅膜

单晶硅膜属金刚石型晶体结构，是间接带隙半导体。$T=0K$ 时的禁带宽度 $E_g=1.16eV$。间接跃迁的禁带宽度随温度的升高直线地减小，在较低温度时，禁带宽度 E_g 随温度的变化较慢。

硅单晶的电化学性能与硅材料的结构缺陷和所含的杂质情况有关。对高纯单晶硅，$T=300K$ 时，电子和空穴的漂移率分别为 $1350cm^2/(V·s)$ 和 $500cm^2/(V·s)$，电子和空穴的霍耳迁移率分别为 $1900cm^2/(V·s)$ 和 $425cm^2/(V·s)$。外延硅膜中因存在缺陷，其载流子密度的迁移率比单晶硅片的迁移率低些。

B 多晶硅膜

最早多晶硅膜是在集成电路中用来做“隔离膜”，以后又做场效应晶体管。目前，多晶硅膜在半导体器件与集成电路中广泛应用。

用重掺杂的多晶硅膜可做金属-氧化物-半导体-(metal-oxide-semiconductor，即 MOS）晶体管的栅极，替代原来的铝膜做 MOS 晶体管的栅极；此外，掺杂的多晶硅用做集成电路内部互连引线可大大提高集成电路的设计灵活性，简化工艺过程。

当前，重掺杂的多晶硅膜多用做电容器的极板、MOS 随机存储电荷存储元件的极板、浮栅器件的浮栅、电荷耦合器件的电极等；而轻掺杂多晶硅膜用做制备集成电路中 MOS 随机存储器的负载电阻器及其他电阻器。多晶硅膜适用于做大面积的 PN 结，宜做太阳能电池，售价比单晶硅便宜许多。但目前使用中的转换效率较低，小于10%，这是由多晶硅中存在的晶粒间界造成的。

C 非晶硅膜

与单晶硅在结构上有很大的不同，非晶硅中原子的排列可以视做构成一个连续的无网络，没有长程有序，保持着短程有序。因此，长程无序、短程有序是非晶硅结构的特点，它对非晶硅薄膜的能态、能带及性能都有决定性影响。

在非晶硅膜中，研究开发应用最多的是氢化非晶硅（α-Si：H）膜，其应用前景广阔，可做光敏电阻器、光敏二极管、摄像靶、图像传感器、辨色器、静电复印鼓等。

非晶硅膜当今最成熟的应用是制作太阳能电池。它的光电导性优良，成膜工艺简单。可与玻璃、不锈钢或聚酰亚胺衬底材料进行大批量生产。目前，可供实用的非晶硅太阳能电池的能量转换效率超过10%，新结构、新品种的非晶硅太阳能电池不断出现，其制造工艺也日益成熟、完善，已经不局限于电子手表、计算器，还会有更大的应用空间。

5.2.1.2 锗薄膜

锗薄膜按其晶体结构可分为单晶、多晶和非晶3种。当今，除了单晶锗薄膜被用于少数半导体器件外，其重要性远没法和硅薄膜相比。锗薄膜主要用于制造分立器件高频晶体管、隧道二极管、低温工件的放大器件及辐射探测器。锗薄膜在微电子工业中未能广泛应用，其主要原因是缺乏一种稳定的介质，它与锗的界面上表面态的态密度不高，绝缘性能好；在工作温度和电场下离子流不大，密封性和辐射性好，介电常数高，而且与平面工艺相容。

5.2.1.3 III_A-V_A 族化合物半导体薄膜

III_A-V_A 族化合物半导体广泛应用于制备耿氏二极管、肖特基二极管、变容二极管、隧道二极管、雪崩二极管、场效应晶体管等微波器件和发光二极管、激光器、太阳能电池、雪崩光电二极管和光敏电阻器等光电子器件。目前，研究、广泛应用的主要是单晶薄膜。

A 砷化镓薄膜

砷化镓（GaAs）晶体属闪锌矿结构，构成晶胞的两套面心立方晶格不是一种原子而是两种原子分别所组成。它的晶格常数与锗几乎相等，比硅稍大。GaAs 是共价晶体，在共价键合后电子云分布不对称，即具有极性，这种极性对 GaAs 性能影响很大。GaAs 的禁带宽度较大，室温禁带宽度 E_g 为 1.43eV，用 GaAs 制造的器件可工作至 450℃。GaAs 又是直接带隙半导体，载流子可直接跃迁，跃迁效率很高，且对光的本征吸收系数和发光的辐射复合率很高。GaAs 宜做光电探测器件、光伏器件和发光器件材料。GaAs 具有负阻效应，是一种多能谷半导体，这是制作微波震荡管的基础。

因 GaAs 的电子迁移率比硅高很多，在低温下可电离，又因电子有效质量小，经轻掺杂可制成简并半导体。GaAs 既有半导体性质，又有绝缘体性质。它的禁带宽度 E_g 值较大，本征载流子浓度低，可使电阻率高达 $3\times10^8\Omega\cdot cm$。用它来制作电路中各元器件之间的隔离，可缩小芯片面积，降低电路功耗，提高集成电路速度。GaAs 制作的太阳能电池，理论效率高，具有高温特性，耐辐射性好。目前，GaAs-GaAlAs 异质结太阳能电池实际效率最高达24%。还可利用 GaAs 或以 GaAs 为基础的材料与光电子装置相结合制作单块的集成电路。

B 磷化镓（GaP）薄膜

GaP 具有闪锌矿型结构。室温禁带宽度 E_g 为 2.26eV，是一种间接带隙半导体，也是多能谷半导体，是制作发光二极管的半导体材料。发光效率高是因为向 GaP 掺入的某些杂质起辐射复合中心的作用，并使间接跃迁部分转化为直接跃迁。如掺 N 和 ZnO 于 GaP 中，可分别制作黄色发光二极管和红色发光二极管。GaP 还可制作雪崩二极管等器件。

C 多元固溶体薄膜

$Ⅲ_A$-$Ⅴ_A$ 族化合物半导体多元固溶体薄膜较多，下面主要介绍 GaAsP、GaAlAs、In-GaAsP 等多元固溶体薄膜。

（1）镓砷磷（$GaAs_{1-x}P_x$）薄膜。$GaAs_{1-x}P_x$ 的性能介于 GaAs 和 GaP 之间，可视为 GaAs 和 GaP 构成的三元固溶体，其性能随 x 的变化而变化。因 GaAs 是直接带隙半导体，而 GaP 是间接带隙半导体，因此，$GaAs_{1-x}P_x$ 是何种半导体要看 x 的大小而定。在 $x<0.46$ 时，$GaAs_{1-x}P_x$ 为直接带隙半导体；在 $x>0.46$ 时，$GaAs_{1-x}P_x$ 是间接带隙半导体。如果考虑适当大的禁带宽度 E_g 和发光效率不降至很低，则常用 $x=0.4$。此时，禁带宽度 $E_g\approx$ 1.91eV，相对应的本征辐射光谱峰的波长位置约为 0.65μm。$GaAs_{1-x}P_x$ 是很好的制作红色发光二极管的薄膜材料；掺 N 的 $GaAs_{1-x}P_x$ 是制作橙红、橙、黄、黄绿色发光二极管的薄膜材料。

（2）镓铝砷（$Ga_{1-x}Al_xAs$）薄膜。$Ga_{1-x}Al_xAs$ 可视为是 GaAs 和 AlAs 构成的三元固溶体，性能介于 GaAs 和 AlAs 之间。$Ga_{1-x}Al_xAs$ 的带隙大小和折射率随 x 的变化而变化。因 AlAs 是间接带隙半导体，所以随 x 的不同 $Ga_{1-x}Al_xAs$ 可为直接或间接带隙半导体。当 $x<$ 0.31 时，$Ga_{1-x}Al_xAs$ 为直接带隙半导体，此时禁带宽度 $E_g<1.90$eV，所以与 $GaAs_{1-x}P_x$ 相似。$Ga_{1-x}Al_xAs$ 可用于制造发光效率高的红色发光二极管。单晶 $Ga_{1-x}Al_xAs$ 薄膜可制备在室温下连续工作的半导体激光器，由 P-GaAs 夹在禁带较宽的 P-$Ga_{1-x}Al_xAs$ 和N-$Ga_{1-x}Al_xAs$ 之间的双异质结构是目前在室温下连续工作的半导体激光器最为理想的组合材料。由于 $Ga_{1-x}Al_xAs$ 与 GaAs 的晶格匹配很好，因此，$Ga_{1-x}Al_xAs$ 也是制作高效率 P-$Ga_{1-x}Al_xAs$-n-GaAs 异质结太阳能电池的重要材料。除此之外，$Ga_{1-x}Al_xAs$ 还可制作集成光路。

（3）铟镓砷磷（$In_{1-x}Ga_xAs_yP_{1-y}$）薄膜。$In_{1-x}Ga_xAs_yP_{1-y}$外延薄膜的禁带宽度 E_g 随 x 和 y 的不同，其可调节的范围在 2.25 ~ 0.365eV，相对应的光波波长范围为 0.55 ~ 3.4μm。考虑到 $In_{1-x}Ga_xAs_yP_{1-y}$薄膜与 InP 衬底晶格常数应很好地匹配，则可以做到禁带宽度 E_g 范围为 1.34 ~ 0.76eV，与之对应的波长范围为 0.93 ~ 1.6μm。单晶的 $In_{1-x}Ga_xAs_yP_{1-y}$薄膜可制造近红外发光二极管，也可用于制造 InGaAsP 为有源区的双异质结 InGaAsP/InP 激光器。

5.2.1.4 $Ⅱ_B$-$Ⅵ_A$ 族化合物半导体薄膜

$Ⅱ_B$-$Ⅵ_A$ 族化合物半导体薄膜是直接带隙半导体，其禁带宽度范围较宽，而且在三元固溶体中，可通过改变组成来调节和控制禁带宽度的大小，可用于制造各种工作波长的光电子器件。

II_B-VI_A 族化合物半导体可分为两类：一类是含汞的化合物，如 HgS、HgSe、HgTe、$Cd_xHg_{1-x}Te$ 等；另一类是不含汞的 Zn 和 Cd 化合物，如 ZnS、ZnSe、ZnTe、CdSe、CdTe、CdS 等。

A 含汞的化合物薄膜

这类化合物材料的特点是禁带宽度较窄，载流子迁移率很高，载流子浓度高，电子率低，参数稳定性良好。这类薄膜的光学性能和电学性能主要取决于膜层的晶体结构、化学组成、生长条件和后处理。如 HgSe 薄膜，在经过最佳热处理后，得到的霍耳迁移率 μ_H 为 $2\times10^3\sim4\times10^3\mathrm{cm^2/(V\cdot s)}$，霍耳系数 R_H 为 $4\sim10\mathrm{cm^3/C}$，电导率 σ 为 $2.5\times10^2\sim3.3\times10^2\Omega/\mathrm{cm}$。

B 无汞化合物薄膜

这类化合物材料的特点是禁带比较宽，迁移率低，载流子浓度低，电阻率高，但参数稳定性差。

单晶的 ZnS、ZnSe、ZnTe、CdS、CdSe、CdTe 的禁带宽度 E_g 分别为 3.6eV、2.7eV、2.26eV、2.4eV、1.67eV、1.44eV。多晶薄膜的禁带宽度也分别与这些值相近。与禁带宽度 E_g 有关的光学性能，如吸收光谱曲线上吸收限的能量位置，对于薄膜而言，也大体上与单晶材料相近。

无汞化合物薄膜的电性能特点是电阻率高，迁移率低。一些无汞化合物单晶片和多晶片薄膜的电性能比较见表 5-2。

表 5-2 无汞化合物薄膜典型电性能（300K）

化合物	结 构	霍耳迁移率 $\mu_H/\mathrm{cm^2\cdot(V\cdot s)^{-1}}$	电阻率 $\rho/\Omega\cdot\mathrm{cm}$
CdSe	多 晶	$0.6\times10^2\sim3.8\times10^2$	$10^2\sim10^5$
CdTe	多 晶	$2\times10^2\sim4\times10^2$	$10^3\sim10^4$
ZnSe	单 晶	5.5×10^2	$0.7\sim1.0$
ZnTe	多 晶	$0.1\sim10$	$5\times10^{-1}\sim5\times10^7$

因无汞化合物禁带宽度较宽，利用它的光导效应，可用于制作可见光、紫外线乃至 X 射线的探测器，通常无汞化合物多用于制作光敏电阻器，用得最多的是 CdS、CdSe、CdSSe 薄膜。为提高光电灵敏度，掺入激活剂 Ag、Cu 和 Cl，因为这些薄膜具有多晶结构，载流子寿命较短，光响应速度快。此外，CdTe、ZnSe、ZnTe、ZnS 薄膜也可制作近红外、可见和紫外光敏电阻器。在太阳能电池上，CdS 薄膜用得最多。目前，N 型 CdS 和 P 型 Cu_2S 构成的异质结太阳能电池能量转换率超过 10%，具有良好的抗空间辐射损伤能力，地面工作寿命可达 20 年。

利用 ZnS、ZnSe 薄膜还可制作电致发光器件，这类器件为夹层结构、中央半导体薄膜与两电极（一电极为透明电极）之间分别夹有介质膜，以防击穿，做保护用。这类器件主要用于制作显示器。

无汞化合物薄膜还可用于制作薄膜晶体管和薄膜二极管。

5.2.1.5 $\mathrm{IV_A}$-$\mathrm{VI_A}$ 族化合物半导体薄膜

$\mathrm{IV_A}$-$\mathrm{VI_A}$ 族化合物半导体大多属窄带半导体，在制作红外辐射探测器和激光器等方面占有重要的地位。这里主要介绍得到实用的铅的硫属化物和碲锡铅薄膜。

A 铅的硫属化物薄膜

铅的硫属化物包括硫化铅、硒化铅和碲化铅等。实际应用的有多晶、单晶铅的硫属化合物薄膜。它属于 NaCl 型面心立方晶格，是具有离子共价混合链的半导体，其中，离子链成分为主，当相对化学计量比硫元素过剩时，铅空位是主要的点缺陷，具有 P 型电导；当铅过剩时，铅的硫属化合物中主要的固有点缺陷是铅填满原子，化合物具有 N 型电导。铅的硫属化合物是电子电导或是空穴电导，与一次电离的缺陷有关。

PbS、PbSe、PbTe 都是直接带隙半导体，主价带和导带的极值在布里渊区边缘〈111〉方向。在室温（300K）时，PbS、PbSe 和 PbTe 的禁带宽度分别为 0.41eV、0.29eV、0.32eV。

铅的硫属化合物的本征吸收系数高，具有良好的光电导，它们的光电导响应长波限由相应的禁带宽度决定，PbS、PbSe 和 PbTe 分别为 3.0μm、4.3μm 和 3.9μm。利用它的光导效应，用多晶薄膜制作红外探测器，但这些多晶薄膜都要经过氧敏化处理后，才具有高的光电导。

PbS 多晶薄膜制作的红外光点探测器（光敏电阻器）具有相当高的探测率，缺点是响应时间长，电流噪声也大。PbSe 的响应时间短，且可在较高温度下工作。PbTe 探测器在室温下和在 195K 时不灵敏，宜在 77K 的室温下工作。多晶的薄膜制造工艺比较简单，成本也较低。

单晶硫属化合物薄膜也可制作红外激光器，但其制作成本相对于多晶硫属化合物薄膜要高，工艺也复杂一些。

B 碲锡铅（$Pb_{1-x}Sn_xTe$）薄膜

$Pb_{1-x}Sn_xTe$ 薄膜也可分为单晶和多晶薄膜。$Pb_{1-x}Sn_xTe$ 薄膜是由晶型相同的化合物所形成，其合金的晶格常数随其组分的变化而变化。其禁带宽度随锡含量的增加近似直线式降低，而禁带宽度 E_g 值随组分的变化是由其能带结构变化所致，可在一定范围内通过改变组分来改变和控制 $Pb_{1-x}Sn_xTe$ 薄膜的禁带宽度，即改变对光的吸收限、光电效应的波长限和发光效应的波长范围。

因 $Pb_{1-x}Sn_xTe$ 是直接带隙半导体，对光吸收系数高，光电效应比较灵敏，发光量子效率也较高。

用外延法沉积制备的单晶 $Pb_{1-x}Sn_xTe$ 薄膜电性能好，可达块状单晶水平。用液相外延制备的优质薄膜，可使载流子浓度 $n \leqslant 10^{16}\mathrm{cm}^{-3}$，可用于制作红外光电探测器，波长范围为 2.5 ~ 30μm。在实际应用上，主要是制造波长范围为 8 ~ 14μm 的光伏探测器。

用 $Pb_{1-x}Sn_xTe$ 薄膜制作的红外激光器分辨率高，在分子光谱学中得到广泛应用。这类激光器结构主要有两种：PN 结（同质结）和双异质结。其中，$Pb_{1-x}Sn_xTe$/PbTe 双异质结激光器是用外延法制造，其特点是阈值电流低，工作温度高，如用液相外延制作的双异质结激光器，其工作波长为 8.2 ~ 10.5μm，最高工作温度为 80K，连续状态最大功率为 1.2mW。

5.2.1.6 半导体薄膜的沉积制备

尽管半导体薄膜的沉积制备方法较多，但主要还是化学气相沉积（CVD）法，化学气相沉积包括气相外延沉积（VEP）、有机金属物化学气相沉积（MOCVD）、等离子增强化学气相沉积（PECVD），另外还有液相外延（LPE）以及气束外延（VBE），气束外延包括分子束外延（MBE）、化学束外延（CBE）、离子束外延（IBE）等，如图 5-1 所示。

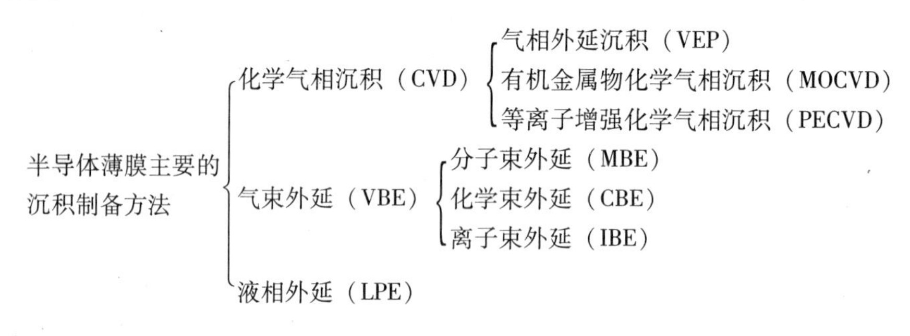

图 5-1 半导体薄膜主要的沉积制备方法

应该指出的是，在实际应用中，应根据半导体薄膜的种类、应用范围来确定相应的半导体薄膜的沉积制备方法。如单晶硅、多晶硅薄膜目前大多选用气相外延法。非晶硅膜则以等离子增强化学气相沉积（PECVD）法为主，而 III_A-V_A 族、II_B-VI_A 族、IV_A-VI_A 族化合物薄膜大多使用 MOCVD 和 MBE 法。不同的沉积制备方法在膜层的结构、性能上会有差异。因此，应该各自按照膜系及性能与应用要求，仔细地加以设计选用。

5.2.2 介质薄膜

介质薄膜具有优良的绝缘、耐热、耐湿和介电性能，它在半导体集成电路、薄膜混合集成电路、薄膜电容器、传感器等方面获得广泛应用。根据介质薄膜的主要用途不同，它可分为介电性应用类和绝缘性应用类两类。介电性应用类有 SiO、SiO_2、Al_2O_3、Ta_2O_5、AlN、Y_2O_3、HfO_2、$BaTiO_3$、$PbTiO_3$ 及锆钛酸铅（PZT）等薄膜。绝缘性应用类有 SiO、SiO_2、Si_3N_4 等薄膜，主要应用于各种集成电路和各种金属氧化物半导体器件。但从组成上分析看，介质薄膜主要还是各种金属氧化物、氮化物及多元金属化合物薄膜。

介质薄膜，根据其电学特性（电绝缘、介电性、压电性、热释电性、铁电性）、光学特性、机械特性等，广泛应用于电子元器件、光学器件、机械元器件等各个不同的应用领域，有显示元件、红外传感器、弹性表面波（SAW）元件、薄膜电容器、不易失性存储器等。本节主要介绍 SiO、SiO_2、Si_3N_4、Ta_2O_5、Al_2O_3 薄膜和其他介质薄膜。

常用介质薄膜材料的成膜方法、性能和部分应用见表 5-3。

表 5-3 常用介质薄膜材料的成膜方法、性能和部分应用

介电体材料	成膜方法	介电常数	$\tan\delta$ (1kHz,25℃)	电阻温度系数 TCR/℃$^{-1}$	绝缘强度 /kV·cm^{-1}	电容量 /μF·cm^{-2}	使用电压 /V	电极材料	备注
SiO	蒸　镀	3.6~5	0.01	1×10^{-4}~5×10^{-4}	1.2~1.6	0.01	50	Al	电容器、绝缘
SiO_2	反应溅射	4	0.001		3000	0.015	50	Al 或 Cu	低容量电器、绝缘、保护
Si_3N_4	反应溅射	9	0.2		2000		50	Al	低容量电器、绝缘、保护
Al_2O_3	蒸　镀	8	0.005	3×10^{-4}~5×10^{-4}	2	0.1	30	Al	电容器、薄膜二极管
	阳极氧化	8	0.005	3×10^{-4}	4	0.2	50	Al	
Al_2O_3+Si	CVD	6~7	0.003	3×10^{-4}	150	0.2	30~50	Al	
MgF_2	蒸　镀	5~6.5	0.016		1.2~1.6	0.01	50		
CeF_3	蒸　镀	7.5	0.05				30~50		
Ce_2O_3	蒸　镀	12	high						
ZnS	蒸　镀	8.2			200				
Ta_2O_5	反应溅射	20	0.003		4000	0.2	50	Ta 与 Al	电容器、绝缘
	阳极氧化	27	0.005	3×10^{-4}	1000	0.1	50	Ta 与 Au	
	阳极氧化		0.003	2×10^{-4}		0.2	30	Ta 与 NiCr-Au	
	阳极氧化		0.01	4×10^{-4}~7×10^{-4}		0.2	75	Ta 与 MnO_2-Au	
Ta_2O_3+SiO	阳极氧化+蒸镀		0.01			0.01	50	Ta 与 NiCr-Au	
TiO_2	阳极氧化	30~40	0.03		1000			Al	
	反应溅射	60	0.01		240	0.3			
HfO_2	反应溅射	24.5	0.0067	2.63×10^{-6}					大容量容器、换能器、电容器、绝缘保护
La_2O_3	反应溅射	30	0.00554	1.87×10^{-6}					
Nb_2O_5	反应溅射	38	0.018						
Y_2O_3	反应溅射	11.5	0.0045	3.56×10^{-6}					
ZrO_2	反应溅射	5.7	0.0051	1.46×10^{-6}					
PZT	溅　射	1000							
$BaTiO_3$	溅　射	<1000							
$PbTiO_3$	反应溅射	80	0.04		0.6	0.2			
$SrTiO_3$	反应溅射	800						Pt 与 Al	
聚对二甲苯	离子束溅射		0.002	-1×10^{-4}		0.5	60	Al 与 Cu	

5.2.2.1 SiO 薄膜

SiO 是一种绝缘材料，广泛用于薄膜电容器、平面液晶显示器件。SiO 膜与众多金属膜、介质膜有良好的附着力和较好的耐热、耐湿性。

SiO 属玻璃态结构，是以硅氧链形成的链网结构。介电常数 ε 为 3.6 ~ 5，$\tan\delta$ 为 0.02 ~ 0.04，比容值为 40 ~ 100pF/mm^2，通常采用值为 50pF/mm^2。电容温度系数为(0.4 ~ 3.0) $\times 10^{-4}$/℃，耐压强度达 1×10^6V/cm。SiO 薄膜主要用于制作电容器。因 SiO 薄膜介电常数小，损耗小，利用其低损耗、低介电常数，可制作容量在 10 ~ 1000pF 的薄膜电容器。

因 SiO 蒸气压高，所以能用普通的真空蒸发法沉积制备。工艺上要注意的是，蒸发温度对 SiO 的分解量、膜的组成、结构、膜层内应力有较大影响。

5.2.2.2 SiO_2 薄膜

SiO_2 薄膜具有介电性能稳定、介质损耗小、耐潮性好、温度系数小等优点。在混合集成电流中，SiO_2 薄膜广泛应用于做薄膜电容器、薄膜电阻器和电阻网络保护层、多层布线的绝缘层、扩散掩埋层、注射离子阻挡层等。

非晶的 SiO_2 薄膜介电常数为 3.9，禁带宽度约为 9eV(300K)，折射率为 1.46，热导率为 1.4W/(m · K)，热扩散率为 0.004cm^2/s，线膨胀系数为 5×10^{-7}K^{-1}，耐压强度为(6 ~ 9) $\times 10^6$V/cm，电子亲和力为 1.0eV。

SiO_2 薄膜沉积制备的方法较多，主要有真空电子束蒸发、射频溅射和等离子增强化学气相沉积法等。不同沉积方法制备的 SiO_2 薄膜性能有所不同。

SiO_2 薄膜损耗小，介电常数低，常用来制作 10 ~ 500pF 范围的薄膜电容器。利用 SiO_2 薄膜的绝缘性，SiO_2 可做各种钝化层、多层的绝缘层，掺杂的 SiO_2 膜常用来做多晶硅栅与金属导线之间的绝缘层，可作固态-固态扩散层。

5.2.2.3 Si_3N_4 薄膜

Si_3N_4 薄膜具有结构致密、介电系数高、阻止水和钠离子扩散能力强、抗氧化能力强等特点。因此，Si_3N_4 常被用来做表面钝化层、选择性局部氧化的掩模及栅极绝缘膜，是半导体集成电路和各种薄膜光电器件的绝缘、钝化、保护膜。

Si_3N_4 薄膜的结晶结构为六角形，晶格常数为 0.775nm，介电常数为 7.5，折射率为 2.0，禁带宽度为 4.7eV(300K)，线膨胀系数为 2.8×10^{-6}K^{-1}。

Si_3N_4 薄膜沉积制备方法有氮化法、化学气相沉积法和反应溅射法。采用反应溅射法和化学气相沉积法沉积制备的 Si_3N_4 薄膜性质分别见表 5-4 和表 5-5。

表 5-4 反应溅射法沉积制备的 Si_3N_4 薄膜性质

薄膜性质	沉积时气体压强		薄膜性质	沉积时气体压强	
	0.55Pa	6.70Pa		0.55Pa	6.70Pa
密度/g · cm^{-3}	2.97	2.28	腐蚀速度(30℃HF)/nm · min^{-1}	1.7	200
折射率 n	1.97	1.82	耐压强度/V · cm^{-1}	5.5×10^6	3.5×10^6
膜组分 (N/Si)	1.42	1.15	电阻率/Ω · cm	3×10^{11}	3×10^{10}
红外吸收峰/cm	840，860	900，460	内应力/Pa	压应力	压应力

表 5-5 化学气相沉积法沉积制备的 Si_3N_4 薄膜性质

沉积条件	减压化学气相沉积（LPCVD）	等离子体化学气相沉积（PECVD）	沉积条件	减压化学气相沉积（LPCVD）	等离子体化学气相沉积（PECVD）
生长温度/℃	700~800	250~350	介电常数	6~7	6~9
膜组分	Si_3N_4	SiN_xH_y	电阻率/Ω·cm	10^{16}	$10^6 \sim 10^{15}$
Si/N 比	0.75	0.8~1.2	耐压强度/V·cm^{-1}	1×10^7	5×10^6
H 含量(摩尔分数)/%	4~8	20~25	能带宽度/eV	5	4~5
折射率 n	2.01	1.8~2.5	内应力/Pa	$10T \times 10^8$ ①	$(2C-5T) \times 10^8$ ①
密度/g·cm^{-3}	2.9~3.2	2.4~2.8			

① T 为张应力；C 为压应力。

5.2.2.4 Ta_2O_5 薄膜

Ta_2O_5 薄膜介电常数高，结构致密，化学稳定性好，早在 1956 年就应用于固体 Ta 电容器，后发现 Ta_2O_5 具有光电效应和负阻效应，因而用 Ta_2O_5 膜来制作光波导、开关器件和隧道器件等。

Ta_2O_5 薄膜用阳极氧化法和射频溅射法沉积制备的膜层性能见表 5-6。为提高 Ta_2O_5 薄膜的性能，常用掺杂的方法掺入一些其他元素。其目的是使电容器件可用于同一钽基薄膜制造工艺，提高膜层的耐压强度和介电常数。掺入的元素有非金属元素（如 N_2、C、O_2）、金属元素（如 Mo、Al）和半导体 Si 元素等。可单独掺，也可复合掺入。掺入层一般处在钽基薄膜中的晶格位置，可有效阻止氧化膜中氧原子的迁移，可减少出现微观缺陷，提高介质薄膜的稳定性和电容器的可靠性。

表 5-6 Ta_2O_5 薄膜的性能

性 能	阳极氧化膜	反应溅射膜	
		掺 N	不掺 N
介电常数 ε	27.6	36	29.1
密度/g·cm^{-3}	7.93		
折射率 n	2.20		
电阻率/Ω·cm		$6.8 \times 10^9 \sim 1.58 \times 10^{10}$	$5.1 \times 10^{10} \sim 1.36 \times 10^{11}$

为减少 Ta_2O_5 薄膜中缺陷对电容器性能的影响，提高工作稳定性，常用双层复合介质结构，即在 Ta_2O_5 膜上再形成一层薄膜，此层薄膜可以是介质膜，也可是半导体薄膜，经双层介质膜复合后，在两层中缺陷重合的概率很小，既显著地消除膜中缺陷的影响，又使两层膜的性能得到相互补偿，这种钽基双层复合介质膜介电系数高，可做 500pF 的薄膜电容器。钽基介质膜制备的各种电容器的类型和结构见表 5-7。

表 5-7　钽基介质膜制备的各种电容器的类型和结构

电容器类型	结　构	电容器类型	结　构
TM 型	$Ta/Ta_2O_5/NiCr$-Au	TLM 型	$Ta/Ta_2O_5/PbO/NiCr$-Au
TMM 型	$Ta/Ta_2O_5/MnO_2/NiCr$-Au	TSM 型	$Ta/Ta_2O_5/SiO_2$ 或 $SiO_2/NiCr$-Au
TLMM 型	$Ta/Ta_2O_5/PbO/MnO_2/Cr$-Au		

5.2.2.5　氧化铝（Al_2O_3）薄膜

Al_2O_3 熔点高、硬度高，是一种优质薄膜，其膜的主要性能见表 5-8。这种 Al_2O_3 薄膜主要可用阳极氧化法、溅射法和化学气相沉积法制备。Al_2O_3 薄膜中既有空穴陷阱，又有电子陷阱，因此，Al_2O_3 薄膜有较强的抗辐射能力，密度大，对 Na^+ 的阻挡能力强，但因 Al_2O_3 有较大的载流子陷阱，有可能造成表面性能不稳定，因此，Al_2O_3 不能单独使用，大多数与 SiO_2 一起做双层钝化膜使用。

表 5-8　Al_2O_3 膜的主要性能

指　标	参　数	指　标	参　数
密度/$g \cdot cm^{-3}$	3.1 ~ 4.0	电阻率/$\Omega \cdot cm$	$10^{12} \sim 10^{13}$
折射率 n	1.72 ~ 1.76	禁带宽度/eV	7
介电常数	7.5 ~ 9.6	产生龟裂厚度/μm	0.4
介电强度/$V \cdot cm^{-1}$	$1 \times 10^6 \sim 7 \times 10^6$	表面负电荷密度	$3 \times 10^{11} \sim 10^{12}$
红外吸收峰/μm	14 ~ 16	Al_2O_3-Si 界面密度/$(cm^2 \cdot eV)^{-1}$	$10^{10} \sim 10^{11}$

5.2.2.6　其他介质薄膜

其他介质薄膜主要有：

（1）TiO_2 薄膜。具有高的介电常数（ε 为 31 ~ 173），可用来制作混合集成电路用的薄膜电容器。一般用热氧化法、阳极氧化法和反应溅射法制备。

（2）Y_2O_5 薄膜。晶体结构为体心立方，热稳定性好，介电常数为 11 ~ 17，适合做数百至 1000pF 的薄膜电容器。一般采用电子束蒸发、射频溅射法和阳极氧化法沉积制备。

（3）HfO_2 薄膜。它是一种绝缘氧化物，其介电常数为 20.5 ~ 23，比容为 0.05μF/cm^2，电容温度系数 TCC 为$(1.25 \sim 2.50) \times 10^{-4}$/℃。既可做薄膜电阻，又可做介质薄膜。一般用溅射法沉积制备。

（4）$Si_xO_yN_2$（氮氧化硅）薄膜。其性能兼有 SiO_2 和 Si_3N_4 在物理、化学上的某些优点。采用不同方法化学气相沉积反应系统，能制备出组分较宽的氮氧化硅膜，可较易制得折射系数大于 1.73 的 $Si_xO_yN_2$ 薄膜。

针对发展中的几种介电薄膜，再扼要地介绍一下：

（1）动态随机存取存储器（DRAM）在半导体、IC 存储器中占有重要位置，其中，为提高蓄积电荷用的电容器膜的可靠性，采用 $Si_3N_4(\varepsilon_r = 7)$ 与 SiO_2 复合的三明治膜层结构。

（2）$SrTiO_3$、$(BaSr)TiO_3$、PZT$(Pb(Ti,Zr)O_3)$、PLZT$(Pb,La)(Zr、Ti)O_3$ 等钙钛矿型氧化物具有顺电相和铁电相，介电常数都很高。在 IC 制作中，可用其介电常数很高的特性制作存储器用的电容器膜及 GaAs 基板上的单片微波 IC 用的旁路电容器，有的已达到实用化程度。在电子封装领域中，用这些高介电常数的膜层与导体层叠层共烧，可将电容器等元件植于高密度多层基板之中，从而实现三维组装。

上述这些发展中的介质膜层一般由射频溅射、离子束溅射、MOCVD 等方法沉积制备。

5.2.3 导电薄膜

导电薄膜在半导体、集成电路和混合集成电路的应用中十分普遍，如薄膜电阻器的接触端、薄膜电容器的上下电极、薄膜电感器的导电带引出端头、薄膜微带线、元器件之间的互连线、外贴元器件和外引线焊区、肖特基结和阻挡层等。但是，在不同的应用中，对薄膜的性能要求并非相同。另外，像 Pt、Ni、Cu 等导电薄膜可用于温度传感薄膜。透明导电薄膜用于液晶等显示板和太阳能电池的透明电极、平板发热体膜、带电阻止膜、静电屏蔽膜、热屏蔽膜、光选择膜等。

导电薄膜大致可分为低熔点单元素导电薄膜、复合导电薄膜、高熔点金属薄膜、多晶硅薄膜、金属硅化物导电薄膜和透明导电薄膜等 6 类。

5.2.3.1 低熔点单元素导电薄膜

低熔点单元素导电薄膜主要应用于集成电路中的导电，有 Al、Cu、Ag、Au 等。常用的单元素导电薄膜的物理化学性能见表 5-9。

表 5-9 常用的单元素导电薄膜的物理化学性能

材料	密度 /$g \cdot cm^{-3}$	熔点 /℃	沸点 /℃	汽化温度 /℃	电阻率 /$\mu\Omega \cdot cm$	电阻温度系数 /$℃^{-1}$	晶体结构	晶格常数 /nm
铝(Al)	2.702	660.37	2467	1082	2.66	4.20×10^{-3}	面心立方	0.40413
金(Au)	19.32	1063	2660		2.35		面心立方	0.40786
镍(Ni)	8.9	1455	2730	1382	6.84	6.84×10^{-3}	面心立方	0.3517
银(Ag)	10.49	960.8	2212	1300	1.59		面心立方	0.4086
钯(Pd)	12.02	1552	3140	1317	10.6	3.77×10^{-3}		
钛(Ti)	4.5	1660	3287	1577	55	3.50×10^{-3}	立方	$a=0.295$, $b=0.46838$
铂(Pt)	21.46	1772	3872		13.0	3.92×10^{-3}	面心立方	0.3924

其中，Al 是目前半导体、器件和集成电路中应用最多的导电薄膜。这是因 Al 及其合金电导率高，易于制备，成本低，对抗蚀剂的选择性好，易光刻和活性离子刻蚀；与 Au 丝、Al 丝可焊性好，能与多种基片（如 Si、SiO_2、玻璃、陶瓷）有较好附着性。Al 膜与 Au 膜、Cu 膜容易组成理想的互连导体，常用于电容器或电阻引出线的端结材料。

低熔点单元素导电薄膜大多用真空蒸发、直流或射频溅射法进行沉积制备。应注意的是，沉积制备 Al 膜时，原材料的纯度要高（99.99% 以上），真空度应优于 5×10^{-3}Pa。Al 膜的结构、性能与工艺参数（如蒸气温度、蒸发速率与时间）对 Al 膜的晶粒尺寸、厚度、导电性等有较大影响。

Au、Ag、Cu 膜都以真空蒸镀、溅射法沉积制备，也有用化学气相沉积法沉积制备的。其中，Ag、Cu 膜易氧化，会影响焊接性能，因此使用较少，而 Au 膜性能稳定，易焊，因此使用较多。

这类低熔点单元素金属导电薄膜在薄膜电路与混合集成电路中主要用于薄膜电容器的上下电极、薄膜元器件的端电极、互连导体和多层布线导体等。

5.2.3.2　复合导电薄膜

复合导电薄膜是由各种金属基复合而成的合金膜，主要有 Cr-Cu、Ni-Cr-Au、Ti-Pd-Au、Cr-Cu-Ni-Au、Ti-Pt-Au 等。为了降低使用成本，现在倾向于减少 Au、Pd、Pt 等贵金属用量，如 Cr-Cu-Au、Ti-Cu-Ni-Au、Cr-Cu-Ni-Au。几种常用的复合导电薄膜的主要性能见表 5-10。

表 5-10　几种常用的复合导电薄膜的主要性能

结构组成	典型厚度/nm	焊接方法	主要优缺点
Cr-Au	50/1000	热压、超声	工艺简单，成本低，但稳定性较差，锡焊时需有过渡层
Ni-Cr-Au	50/1000	热压、超声	工艺简单，成本低，但稳定性较差，锡焊时需有过渡层
Ti-Au	50/1000 ~ 1200	热压、超声	抗蚀性高，高温存在互扩散现象，大电流密度下有电迁移现象
Ti-Pd(Pt)-Au	50 ~ 70/100 ~ 300/1000	热压、超声	抗蚀性高，稳定性好，耐高温（300 ~ 500℃），但成本高
Ni-Cr-Pd(Pt)-Au	50/100 ~ 300/1000	热压、超声	抗蚀性高，稳定性好，耐高温（300 ~ 500℃），但成本高
Ni-Cr-Cu-Pd(Pt)-Au	50/3000/300/1000	锡　焊	噪声小，附着力稳定，不能耐受 250℃ 以上高温，需采用电镀
Ti-Cu-Ni-Au	50/3500/300/1500 ~ 2000	热压、超声	性能稳定，焊接性好，成本较低，适用于双层布线
Cr-Cu-Ni-Au	50/5000 ~ 60000/1000/300	锡焊、热压	焊接性好，性能稳定，高温性能好，微波损耗小

复合导电膜中的组分都是两种或两种以上的金属。一般用两源或多源蒸镀，或金属顺序靶溅射。几种复合导电薄膜的制备方法见表 5-11。

表 5-11　几种复合导电薄膜的制备方法

复合导电薄膜	沉积材料及厚度/10^2 nm^{-1}							制备方式	特　点
	Ti	Ta	Cr	Pd	Cu	Ni	Au		
Cr-Au	0	0	0.5	0	0	0	70 ~ 80	蒸发、溅射	耗金量大
Cr-Cu-Au	0	0	0.5	0	10	0	50 ~ 60	蒸发、溅射、电镀	耗金量大，需电镀，高温性能差
Ti-Pd-Au	2	0	0	2	2	0	18 ± 4	溅射、电子束蒸发	耗金量大，需贵金属铂
Ti-Cu-Ni-Au	2	0	0	0	5	10	18 ± 4	溅射	减少电镀工艺，与基片附着性好
Ta-Cu-Ni-Au	0	2	0	0	40 ± 10	10	18 ± 4	溅射	减少电镀工艺，节约用金，高温特性好

复合导电薄膜主要用于薄膜电路、混合集成电路及微带电路中的元件端极材料、引出线等，耐高温的 Ti-W、TiW-Au、TiMo-Au 膜还可用于 LSI 多层布线中的扩散阻挡层。

5.2.3.3 高熔点金属薄膜

高熔点金属薄膜是由 IV_B 族（如 Ti、Zr、Hf）和 V_B 族（如 V、Nb、Ta）、VI_B 族（Cr、Mo、W）等高熔点金属制成的薄膜。几种常用的高熔点金属的性质见表 5-12。使用高熔点金属薄膜，主要目的是为满足集成度大于 256kb 的器件对电极材料的要求。随着集成度的不断提高，电极与互连线的电阻将使信号延时增大。要求用低电阻率的金属或难熔金属硅化物来替代，如多晶硅栅电极。

表 5-12 几种常用的高熔点金属的性质

材 料	相对原子质量	熔点/℃	电阻率 /μΩ·cm	线膨胀系数 /℃$^{-1}$	功函数/eV
Ti	48	1690	43～47	8.5×10^{-6}	4.33
Mo	96	2620	5	5.0×10^{-6}	4.53～4.6
Ta	181	2996	13～16	6.5×10^{-6}	4.15～4.25
W	184	3382	5.3	4.5×10^{-6}	4.55～4.63
Si	28	1420	500	3.0×10^{-6}	

沉积高熔点金属薄膜大多用电子束蒸发法、溅射法和化学气相沉积法。若从膜的纯度考虑，电子束蒸发法和化学气相沉积法较为有利；从膜的台阶覆盖性考虑，则化学气相沉积法较为合适。

高熔点金属膜的电阻率一般比块状金属要大，其电阻率与沉积的方法、热处理工艺、晶粒的尺寸、内应力、杂质含量、分布、种类等因素有关。几种高熔点金属薄膜的电阻率值见表 5-13。

表 5-13 几种高熔点金属薄膜的电阻率值

材 料		ρ_b①/μΩ·cm	膜厚/nm	方阻率/μΩ·□$^{-1}$		电阻率/μΩ·cm		ρ/ρ_b
				沉积	热处理后（450～1000℃）	沉积	热处理后（450～1000℃）	
Mo	电子束蒸发	4.8	304.8	0.95	0.27	29.26	8.23	1.17
	RF 溅射		330.2	1.7	0.43	56.1	14.19	3.10
	磁控溅射		30	0.72	0.35	21.6	10.5	2.19
W	电子束蒸发	5.5	330.2	2.6	0.4	85.8	13.2	2.4
	RF 溅射		381	5.0	0.87	190.5	33.15	6.02
	磁控溅射		300	0.98	0.69	29.4	20.70	3.16
Ta		50	552.4	24.0	14.0	132.58	77.34	7.03
Ti-W			312.5	6.32	3.87	19.75	12.1	
多晶硅			450.0		20～30			
Al（电子束蒸发）		2.26	533.4	0.54		2.88		

① ρ_b 为块材电阻率（20℃）。

5.2.3.4 多晶硅薄膜

多晶硅导电薄膜能耐高温热处理和酸性处理，在其表面会生成 SiO_2，与半导体接触电阻小，有良好的台阶覆盖性；还能利用掺杂形成 N 型或 P 型半导体，而改变掺杂浓度又可改变膜层的电阻率；焊接性好，也利于微细加工等。

多晶硅导电薄膜沉积制备的方法较多，有真空蒸镀、溅射、化学气相沉积、电化学沉积、分子束外延等。但这些方法中，化学气相沉积法相对具有优势，尤其是在掺杂的多晶硅导电薄膜的沉积制备中更是其他方法无法相比的。

从应用上看，重掺杂的多晶硅膜已广泛用于集成电路的栅电极、单层或多层的互连线。未掺杂的或轻掺杂的多晶硅膜因有很高的电阻率，所以用做 MOS 静态存储器的负载电阻，以缩小电路的单元面积。高掺杂的多晶硅薄膜可做 MOS 集成电路的互连导体、端头接触材料、电荷存储元件。多晶硅已广泛用于多晶硅发射极、掺氧多晶硅-硅异质结、大面积显示驱动集成电路、太阳能电池、光电器件和三维的立体集成电路等。

5.2.3.5 金属硅化物导电薄膜

金属硅化物导电薄膜具有低的电阻率（约为多晶硅的 1/10 或更低），高温稳定性好，抗电迁移力强，又可直接沉积在多晶硅上，又能与现有硅栅 N 沟道 MOS 工艺兼容，现已广泛用于大规模集成电路。其成分通式为 M_xSi_y（M 代表金属元素，主要有 Ti、V、Cr、Mn、Fe、Co、Ni、Zr、Nb、Mo、Rh、Pd、Hf、Ta、W、Pt、Mg 等），其中，(x，y) 多为 (2，1)、(1，1) 和 (1，2)，其他组分较少，对高熔点金属，有形成 MSi_2 的倾向。金属硅化物可形成性能稳定的氧化物，能与多晶硅技术相匹配。金属硅化物的性质见表 5-14。

表 5-14 金属硅化物的性质

金属	硅化物	密度 /g · cm^{-3}	结晶结构	晶格常数	生成热 /kJ · mol^{-1}	形成温度 /℃	最低共晶温度 /℃	熔点 /℃	主要扩散物质
Ti	TiSi	4.34	FeB	a=3.61，b=4.96，c=3.62	-129.7	500		1700 1760	Si
	$TiSi_2$	3.9	斜方	a=3.62，b=13.76，c=3.6	-134.7	600	1330	1540	
V	VSi_2	4.71	六方	a=4.562，b=6.359	-29.3	600	1385	1670 1750	Si
Cr	CrSi	5.43	立方 B_2O_3	a=4.620，b=4.42，c=6.35	-125.4			1600	Si
	$CrSi_2$	4.4 或 5	立方		-144.8	450	1300	1550	

续表 5-14

金属	硅化物	密度 $/g\cdot cm^{-3}$	结晶结构	晶格常数	生成热 $/kJ\cdot mol^{-1}$	形成温度 /℃	最低共晶温度 /℃	熔点 /℃	主要扩散物质
Mn	MnSi		立方 B_2O_3	$a=4.548$		400~500		1275	
	$MnSi_2$		四方			800		1150	
Fe	FeSi	4.54	立方 B_2O_3	$a=4.489$, $b=2.657$, $c=5.120$	−73.6	450~550	1208	1410	Si
	$FeSi_2$	4.75	四方		−77.8	550		1212~1220	
Co	Co_2Si		斜方 $PbCl_2$	$a=7.095$, $b=4.908$, $c=3.730$	−115.4	350~500		1332	Co
	CoSi	6.5	立方 B_2O_3	$a=4.438$	−100.3	425~500		1460	
	$CoSi_2$	4.94	立方 CaF_2	$a=5.365$	−102.8	550	1195	1326	
Ni	Ni_2Si	7.23	斜方	$a=4.99$, $b=3.72$, $c=7.06$	−87.8	200~350		1318	Ni
	NiSi	5.86	斜方 MnP	$a=5.62$, $b=5.18$, $c=3.34$	−91.1	350~750		992	
	$NiSi_2$		立方 CaF_2	$a=5.393$		775	966	993	
Zr	ZrSi	5.66	斜方	$a=6.995$, $b=3.79$, $c=5.30$	−123.0			1950~2150	
	$ZrSi_2$	4.9, 5.2	斜方	$a=3.72$, $b=14.69$, $c=3.68$	−62.8	700	1335	1520~1700	
Nb	$NbSi_2$	5.29, 5.45	六方	$a=4.785$, $c=6.576$	−134.2	650	1295	1930~1950	
Mo	$MoSi_2$	5.9, 6.3	正方	$a=3.20$, $c=7.86$	−107.0	525	1410	1980, 2050	Si
Rh	RhSi		立方	$a=4.675$	−67.7	377			
Pd	Pd_2Si		六方 Fe_2P	$a=6.50$, $c=3.13$	−86.5	100~700	720	1250~1330	Pd 和 Si
			斜方 MnP	$a=6.121$, $b=5.588$, $c=3.374$		≥700, 800	900	1100	

续表 5-14

金属	硅化物	密度 /g · cm^{-3}	结晶结构	晶格常数	生成热 /kJ · mol^{-1}	形成温度 /℃	最低共晶温度 /℃	熔点 /℃	主要扩散物质
Hf	HfSi		斜方 FeB	$a=6.89$, $b=3.77$, $c=5.22$		550 ~ 675		2200	Si
				$a=3.69$, $b=3.64$, $c=14.46$		700	1300	1800, 1950	
Ta	$TaSi_2$	8.84, 9.14	六方	$a=3.212$, $c=7.880$	−119.2	650	1385	2200	
W	WSi_2	9.25, 9.3	正方	$a=3.212$, $c=7.880$	−91.5	650	1440	2165	Si
Pt	Pt_2Si		正方 $CuAl_2$	$a=3.93$, $c=5.91$	−86.5	200 ~ 500		1100	Pt 和 Si
	PtSi		斜方 MnP	$a=5.92$, $b=5.58$, $c=3.59$	−66.0	≥300	830	1229	
Mg	Mg_2Si		立方 Ca_2F	$a=6.338$	−77.7	≥200		1102	Mg

沉积金属硅化物的主要方法是：溅射法（包括共溅射、合金靶溅射）、共蒸发法和化学气相沉积（CVD）法（如 LPCVD、PECVD）等。其中，用化学气相沉积（CVD）法沉积的 WSi_2 硅化物导电薄膜已实现工业化生产。

需要指出的是，金属硅化物的电阻率与沉积的方法、烧结温度密切相关，不同的沉积制备方法，获得的金属硅化物的薄膜电阻率有较大的差异。电阻率与烧结温度也有关，在沉积制备金属硅化物导电薄膜时，应关注有最低电阻率的烧结温度。

$TiSi_2$、$NbSi_2$、$MoSi_2$、$TaSi_2$、WSi_2 等金属硅化物导电薄膜常被用做栅电极和互连材料；PtSi、Pd_2Si、$NiSi_2$ 等主要是做欧姆接触材料和形成肖特基势垒材料。

5.2.3.6 透明导电薄膜

透明导电薄膜是一种既有高导电性又可在可见光应用中具有很高的透光性，并在红外光范围有很高的反射性的一种非常有用的光电薄膜。它可分为透明导电金属薄膜、透明导电氧化物半导体薄膜、透明导电非氧化物薄膜和导电性粒子分散介电体等 4 类。其组成与分类见表 5-15。

表 5-15 透明导电薄膜的组成与分类

类别	组成	实例
透明导电金属薄膜	单层膜	Ni、Pt、Au、Ag、Cu
	双层膜；三层膜	Au/Bi_2O_3/基板、Au/Cu/基板；ZnS/Ag/ZnS、$SnO_2/Ag/SnO_2$
透明导电氧化物半导体薄膜	未掺杂	SnO_2、In_2O_3、Cd_2SnO_4、ZnO、CdO
	掺杂	SnO_2 : Sb，SnO_2 : F，In_2O_3 : Sn，ZnO : Al(AZO)
透明导电非氧化物薄膜	单相膜	CdS、ZnS、LaB_6、TiN、TiC、ZrN、HfN
	双相膜	TiO_2/TiN、ZrO_2/TiN
导电性粒子分散介电体	Ag、Au、Ru、ZnO、SnO_2 等粒子分散在 SiO_2 中	

透明导电薄膜是把光学透明性能与导电性能复合在一起的光电材料，这是功能薄膜中独具特色的一类薄膜。它的质量主要体现在其可见光区的透过率、电阻率、结构和表面形貌。它的电学和光学性能又强烈地依赖着薄膜的显微结构、各种成分的化学计量比、杂质的种类和浓度，因此，薄膜的沉积制备方法与技术对透明导电薄膜的性能有着极为重要的影响。

在透明导电薄膜中，透明导电氧化物半导体薄膜占有最为主要的地位，人们对它的研究也最为系统和深入。其在应用发展上也最为迅速，也是本节中讲述的重点。

常用的透明导电氧化物薄膜主要包括二元和三元体系，如 SnO_2、CdO、In_2O_3、ZnO、Ga_2O_3、Cu_2O、$SrTiO_3$ 以及在它们基础上的各种掺杂体系。二元氧化物体系基体特征是元素 Sn、In、Zn、Cd 同 O 反应后，它们的 d 电子轨道处于填满状态。在此基础上，相继出现三元氧化物及多组分复合氧化物透明导电薄膜。几种典型的透明导电氧化物薄膜的室温特性见表 5-16。

表 5-16 几种典型的透明导电氧化物薄膜的室温特性

材料	结构	晶格常数/nm			电阻率 /Ω·cm	禁带宽度/eV	介电常数	折射率
		a	b	c				
SnO_2	金红石	0.47371		0.31861	$10^{-2}\sim10^{-4}$	3.7~4.6	12 ($E/\!/a$) 9.4 ($E/\!/c$)	1.8~2.2
In_2O_3	正立方	1.0117			$10^{-2}\sim10^{-4}$	3.5~3.75	8.9	2.0~2.1
ITO①	正立方	1.012~1.031			$10^{-3}\sim10^{-4}$	3.5~4.6		1.8~2.1
Cd_2SnO_4	正交	0.55684	0.99871	3.1933	$10^{-3}\sim10^{-4}$	2.7~3.0		2.05~2.1
ZnO	铅锌矿	0.32426		0.51948	$10^{-1}\sim10^{-4}$	3.1~3.6	8.5	1.85~1.9

① ITO 为氧化铟锡。

透明导电薄膜常用性能指数 F_{TC} 来表征其性能：

$$F_{TC} = T^{10}/R_s$$

式中 T——膜层的透光率；

R_s——膜的方阻值。

T 和 R_s 两者都是膜厚的函数。F_{TC} 在 T 为 90% 时，所对应的膜存在有极大值出现。几种透明导电氧化物薄膜的性能指数 F_{TC} 见表 5-17。

表 5-17 几种透明导电氧化物薄膜的性能指数 F_{TC}

膜材料	电阻率 /Ω·cm	透射率			F_{TC}/Ω^{-1}		
		0.55μm	0.9μm	1.1μm	0.55μm	0.9μm	1.1μm
真空蒸发 In_2O_3(掺 Sn)	2.8	0.84	0.82	0.64	62×10^{-3}	49×10^{-3}	4.1×10^{-3}
溅射 In_2O_3(掺 Sn)	3.1	0.83	0.77	0.64	50×10^{-3}	24×10^{-3}	3.7×10^{-3}
喷涂 In_2O_3(掺 Sn)	9	0.85	0.92		22×10^{-3}	48×10^{-3}	48×10^{-3}
CVDIn_2O_3(掺 Sn)	3	0.75			19×10^{-3}		
喷涂 Sn_2	10.6	0.85	0.88	0.86	18.65×10^{-3}	26×10^{-3}	21×10^{-3}
CVDSnO_2(掺 Sb)	72	0.87			3.5×10^{-3}		
溅射 Cd_2SnO_4	2.4	0.84	0.82	0.7	73×10^{-3}	57×10^{-3}	11.8×10^{-3}

膜层厚度的透光性与导电性是矛盾的两个方面。也就是说，透光性越好的膜，其导电性就越差。因此，透明导电膜厚一般限制在 3~15nm 之间。

目前，在氧化物透明导电薄膜中，工业应用最普遍、最多的是氧化铟锡（ITO）膜。它是一种体心立方铁锰矿结构的 N 型宽禁带透明导电材料，它具有优异的光学性能和低的电阻率，红外反射率大于 80%，紫外吸收率大于 85%，同时还具有高的硬度、耐磨性、易刻蚀成一定的电极图形，目前它广泛应用于液晶显示器、电致发光显示器、电致变色显示器、场致发光平面显示器、太阳能电池、汽车、舰船、防雾气防霜冻视窗和高层建筑的节能玻璃幕墙等。另外，ITO 膜对微波还有强烈的衰减作用（衰减率达 85%），因此，它在防电磁干扰的透明屏蔽层的应用上具有很大的潜力。由不同生长工艺制备的 ITO 薄膜的性能见表 5-18。

表 5-18 ITO 薄膜的性能

制备方法	基体温度/℃	载流子浓度 n /cm^{-3}	迁移率 μ /$cm^2\cdot(V\cdot s)^{-1}$	电阻率 ρ /Ω·cm	光透过率 T /%
射频磁控溅射	450	6×10^{20}	35	3×10^{-4}	90
射频磁控溅射	200	12×10^{20}	12	4×10^{-4}	95
射频磁控溅射	未加热	3×10^{20}	15	4×10^{-4}	85
脉冲激光沉积	600	19×10^{20}	42	0.77×10^{-4}	85
直流磁控溅射	250	9×10^{20}	35	1.4×10^{-4}	85
直流磁控溅射	400	20×10^{20}	27	1.3×10^{-4}	85
RF 增强直流磁控溅射	200	9.5×10^{20}	45	1.5×10^{-4}	
反应蒸发	350	5×10^{20}	30	4×10^{-4}	91
喷涂热分解	580	5×10^{20}	45	3×10^{-4}	85
离子束溅射	<200	18×10^{20}		1.5×10^{-4}	80
化学气相沉积	350~450	9×10^{20}	43	$(1.6\sim1.8)\times10^{-4}$	90~95
化学气相沉积	300~350	18×10^{20}	40	0.95×10^{-4}	83
溶胶-凝胶	室　温	5.6×10^{20}	19	5.8×10^{-4}	

从表 5-18 中可以看到，ITO 薄膜的性质主要取决于基体的性质、状态、沉积制备方法和沉积的工艺参数（包括氧分压、基体温度、薄膜的后处理退火等）。

透明导电薄膜在电子、电器和光学方面已获得广泛应用。透明导电薄膜在应用中的实例见表 5-19。

表 5-19 透明导电薄膜在应用中的实例

在电子、电气方面

应用领域		特性参数		用 途	特 点
		方块电阻 R_s	光透过率 T		
透明电极膜	电子照相静电复印	10^2 ~ 10^7 Ω/□	≥80%	投影胶片、幻灯片、微缩胶片	面积大，可弯曲，透明度高
透明电极膜	固定显示	≤5×10^2 Ω/□	≥85%	场致光（EL）器件、液晶显示电致变色、电泳显示	质量小，厚度薄，易加工，耐冲击
透明电极膜	光存储器	≤10^3 Ω/□	≥80%	热塑型记录、铁电体存储器、合成橡胶	面积大，可弯曲，透明度高
透明电极膜	终端设备	≤5×10^3 Ω/□	≥80%	透明平板（透明开关）	面积大，可弯曲
透明电极膜	光电器件	≤5×10^2 Ω/□	≥80%	光放大器	易加工，透明度高
面发热膜	平面发热体	10^0 ~ 10^2 Ω/□	≥80%	防雾箱、飞机、火车窗、显示屏窗、照相机镜头、暖房用控电盘加热器、烹调铜加热板	面积大，耐冲击，透明度高，成本低
电屏蔽膜	防带电膜和静电屏蔽膜	10^0 ~ 10^2 Ω/□	≥85%	仪表指示窗、电子显示微镜窗、温室窗、集成电路包装袋、电磁场屏蔽	耐冲击，可弯曲，易加工，面积大

在光学方面

应用领域	特性参数		用 途	特 点
	方块电阻 R_s	光透过率 T		
热辐射遮断膜和节能膜	≤5×10^2 Ω/□	≥80%	建筑物窗、炉子、烘烤箱的观察孔、照明灯的外管、低压钠光灯、白炽灯	面积大，耐冲击
选择性透光膜	≤5×10^2 Ω/□	≥80%	太阳能集热器用：平板形盖板玻璃、聚光外管	面积大，可弯曲，透明度高

O、H、P：投影胶片；
EL 器件；
场致发光器件

虽然 ITO 膜是目前综合光电性能优异、应用最为广泛的一种透明导电薄膜，但在实际应用中还存在一些问题。在还原性气氛下热处理后薄膜中有 In 出现，这说明其化学稳定性欠佳；当以 ITO 为阳极材料制备 Al/8-羧基喹啉铝/ITO/玻璃基片结构的发光器件后，发现电致发光器件发光区暗斑形成是由于铟锡氧化物电极表面的 In 元素向有机层内扩散产生微区高电场。ITO 薄膜在实际应用中的另一决定性制约因素是金属 In 是一种稀有金属，世界上没有一个工厂专门开采 In 资源。In 资源只能作为一种附属产品来开发，而市场对 In 资源的需求较大，产生的供需矛盾尖锐，因此，必须寻求质量优异、原料便宜的替代材料，其中，ZnO 基透明导电薄膜就是目前有望替代 ITO 薄膜的最佳透明导电薄膜。在本章中的 5.5 节中还会谈及。

透明导电薄膜沉积制备的方法大体上分为物理方法和化学方法两大类。其中，真空蒸发法、溅射法用得较多。特别是 ITO 薄膜的生产，大多采用溅射镀膜连续生产的系统。柔性的聚酯膜基材上镀制的 ITO 膜一般都用磁控溅射卷绕式高透明低电阻的薄膜沉积系统来进行生产。

5.2.4 电阻薄膜

5.2.4.1 电阻薄膜的分类

薄膜电阻器是重要的电子元件，在微电子技术大规模集成电路中得到广泛的应用。目前得到应用的电阻薄膜大致有碳膜、金属氧化膜、金属和合金膜、金属陶瓷膜 4 种。电阻薄膜的性能与各类材料的组成、薄膜制备的热处理工艺、沉积电阻薄膜的绝缘基体材料和表面状态等因素有关。

A 碳膜、硼碳膜和硅碳膜

碳膜的电阻率较大，制备工艺简单，化学稳定性好，极限工件温度不能超过 150℃。

硼碳膜在适当厚度时，它的电阻温度系数在某一硼含量时，具有最佳值；其电阻率与膜层中硼的含量和热分解温度有关；硼碳膜的力学性能好，电阻温度系数的绝对值低，大多用于制造精密或半精密的电阻器。

硅碳膜耐热性好，但电阻温度系数较差，多用于制造小型电阻器。

B 金属氧化膜

金属氧化膜耐热性、化学稳定性、力学性能好，但在直流电压作用下易发生电解，使膜性能变差。但这种膜在适当的控制膜层结构和掺杂后又是很好的电阻材料，其耐热性、抗氧化性更高。其制作工艺简单，在薄膜电阻器上应用最多的是以掺杂的 SnO_2 为基础的金属氧化膜。

C 金属和合金膜

金属和合金膜耐热性、稳定性好，可用改变合金的组成来控制电阻率的范围，但其电阻率或者说膜电阻不高，只宜做低阻值和中阻值的薄膜电阻器。

D 金属陶瓷膜

金属陶瓷膜是由导电相和介质相组成的电阻薄膜，如 $Cr\text{-}SiO_2$、$Au\text{-}Ta_2O_5$、$Pt\text{-}WO_3$、Cr-Si、Fe-Si、Ni-Fe 等。由于金属陶瓷膜中存在导电相和介质相，其电阻性能取决于两种组分的浓度比。但金属陶瓷的电阻性能很大程度上由介质相来决定。

应该指出的是，虽然薄膜电阻器是重要的电子元件，但薄膜电阻器的应用目前还不多。在现代的微电子技术中，电子整机广泛使用着各种薄膜，随着整机的发展，对薄膜的要求也越来越高。按电阻薄膜的研究开发看，重点是提高性能，降低成本，开发新的应用。

根据电阻薄膜的耐环境性，可将其应用分成两类：一类是用来制造稳定元件；另一类是用于制造敏感元器件。稳定元件首先要求的是它的电阻率不随或尽可能少地随外界环境而变化，即要有很高的稳定性、可靠性；而敏感元器件则要求它的性能随外界环境尽可能多地发生变化。对稳定元件而言，提高性能就是扩展其电阻率的范围，降低电阻温度系数和噪声系数，提高耐恶劣环境的能力；对敏感元器件，则要求薄膜的电阻率随外界环境变化很大，即对外界环境很敏感。如温度传感器用的电子薄膜，要求其电阻率的温度系数很大。

下面重点介绍金属陶瓷类电阻薄膜。这是因为近年来，这类薄膜材料发展很快，而且也取得一定的成效。

5.2.4.2 金属陶瓷电阻薄膜

金属陶瓷电阻薄膜是金属和陶瓷的混合膜。近些年来，陶瓷电阻薄膜发展很快，尤其是 Cr-SiO、Cr-MgF_2、Au-SiO 系列。一般 Cr-SiO 特性稳定，在不同的 SiO 含量（25% ~ 90%）下可得到电阻率为 $4.3\times10^{-3}\sim3.1\times10^{-4}\Omega\cdot cm$ 的电阻薄膜。作为陶瓷电阻薄膜的金属陶瓷和 Ta_2N 薄膜，自混合集成电路（IC）开发初期就开始使用。一些典型的陶瓷薄膜电阻材料的实例见表 5-20。

表 5-20 一些典型的陶瓷薄膜电阻材料的实例

电阻体	成膜方法	组 成	体电阻率 /μΩ·cm	电阻温度系数 $TCR/℃^{-1}$	发表机构
Ta_2N	溅射镀膜（Ta 靶）		0.3 ~ 0.6	-103×10^{-6} ~ 0	芬兰 VTT 韩国成均馆大学
Ta-Si-O	溅射镀膜（Ta + Si：Ar + O_2）	Ta：SiO_2 = 60：40（摩尔分数比）	1.5 ~ 30		高纯度化学株式会社
Ta-Ti-N	溅射镀膜（Ta + Ti：Ar + N_2）		0.05 ~ 0.27	$+100\times10^{-6}$ ~ -50×10^{-6}	北海道大学
Ta-Au-SiO_2	溅射镀膜	Ta：Au：SiO_2 = 7.5：7.5：85（摩尔分数比）	4.3 ~ 47	-480×10^{-6} ~ 1390×10^{-6}	北海道大学
Ta-Si-O-Ni	溅射镀膜		5 ~ 10	-500×10^{-6} ~ -800×10^{-6}	冲电气工业
Ti-Si-N	溅射镀膜（TaSi：Ar + N_2）				冲电气工业
Ti-Si-C	溅射镀膜（TaC + SiC）		3 ~ 15	-600×10^{-6} ~ -2000×10^{-6}	冲电气工业
Ti-N	动态离子束混合（Ti 靶：N_2 离子束）		0.1μm 时为 13；1μm 时为 64	-200×10^{-6} ~ -300×10^{-6}	工学院大学
Ti-Si-N	溅射镀膜（Ti + Si：N_2 + Ar）	Si_3N_4 + TiN（混合）（TiN 70% ~ 80%）	0.0004	-20×10^{-6}	Wroclaw 波兰

续表 5-20

电阻体	成膜方法	组　成	体电阻率 /μΩ · cm	电阻温度系数 TCR/℃$^{-1}$	发表机构
Ti-Zr-Al-N	溅射镀膜 (Ti + Zr + Al：Ar + N_2)		0.6 ~ 7.8	-200×10^{-6} ~ $+200\times10^{-6}$	松下
Ti-C-O-N	溅射镀膜 (TiC：Ar + N_2 + O_2)	Ti：C：O：N = 1：0.4：0.32：0.24 (摩尔分数比)	0.6 ~ 7.8	-1000×10^{-6} ~ -10000×10^{-6}	飞利浦
Ti-Si-O	溅射镀膜 (Ti + SiO_2 + Ar)		0.1 ~ 70	-400×10^{-6} ~ -2400×10^{-6}	
Ti-Al-C-O			10		高纯度化学株式会社
Ti-B-N-O	溅射镀膜 (TiBN：Ar + N_2)	Ti：B：N：O = 20：20：20：25 (摩尔分数比)	15 ~ 17	-995×10^{-6}	冲电气工业
Ti-Al-N-O	溅射镀膜 (TiAlN：Ar + N_2)	Ti：Al：N：O = 20：20：28：30 (摩尔分数比)	12 ~ 15	-931×10^{-6}	冲电气工业
Ti-Al-Si-C-O	溅射镀膜 (TiC + Al_2O_3 + SiO_2：Ar)		10		高纯度化学株式会社
Cr-Si-O	溅射镀膜 (Cr + Si：Ar + O_2)	Cr：Si：O = (20 ~ 30)：(40 ~ 60)：(20 ~ 30) (摩尔分数比)	2 ~ 9	-500×10^{-6} ~ -5×10^{-6} 退火状态	日立
Cr-Ti-Si	溅射镀膜 (Cr + Si + Ti：Ar)	Cr：Ti：N = 21：12：67 (摩尔分数比)	0.06		日立
Zr-N	溅射镀膜 (Zr：Ar + N_2)		0.05 ~ 100	$+100\times10^{-6}$ ~ -1600×10^{-6}	NTT
La-Cu-Si-O	溅射镀膜 ($LaCuO_3$ + SiO_2：Ar)		30		高纯度化学株式会社

Ta_2N 电阻薄膜的晶体结构、电阻率、(电阻温度系数) TCR 与 N_2 分压的关系曲线证实，随 N_2 分压增加，Ta_2N 电阻薄膜的晶体结构、电阻率 TCR 依次按 β-Ta→β-Ta + α-Ta→α-Ta + N_2→α-Ta + Ta_2N→Ta_2N + TaN→TaN 次序变化。在含有 Ta_2N 的区域，膜层电阻率大，TCR 接近于零，且特性偏差小，阻值的瞬时变化小，因此，处于该区域的材料宜做电阻薄膜。要调节 Ta_2N 膜的电阻率一般用阳极氧化法，使它在 Ta_2N 的表面形成 Ta_2O_5。Ta_2N 膜在 200 ~ 800℃进行热循环试验，寿命达 3×10^7 次循环以上（在石英基体上沉积的 Ta_2N 膜），具有良好的热稳定性和耐热冲击性能。

此外，人们还研究开发了(Ti,Al)N、(Ta,Al)N、(Ti,Si)N、Ta(N,O)、AlN、TiN、ZrN 等陶瓷薄膜电阻材料，在表 5-20 中已列出了相关数据，其中，部分已在精密电阻薄膜和传真机用热写头的发热体中获得应用。

值得指出的是，时至今日，还没有一种薄膜可以适用于各种电阻器。因此，只能对具体的应用经过综合考虑后，优选出某一种电阻薄膜。因为，电阻薄膜的成分和结构敏感地依赖于制备工艺条件，就是同一种薄膜，其所报道的性能可能也有较大的差别。这是因为在成膜过程中，薄膜是气相或液相原子或分子、超微粒子逐渐堆积而成，加上膜的表面和界面体积之比很大，这两个方面处粒子化学活性又较大，因此，易于受环境的影响而发生物理和化学变化。

沉积电阻薄膜大多选用溅射法，通过真空磁控溅射或反应溅射来实现，其特点主要是溅射的薄膜与溅射的阴极靶有相近的成分。沉积制备金属氧化物薄膜电阻的典型工艺参数为：阴极靶材，溅射电流为0.45A，电压为440V，溅射时间为65min，通氧时间为15min。热处理工艺为360℃ ×4h +200℃ ×2h。制得的电阻阻值范围为0.5 ~1kΩ，$TCR \leqslant 10^{-4}℃^{-1}$。

5.3 电磁功能薄膜

具有铁电、压电、磁性、超导等效应的电磁功能薄膜，在当今现代信息、能源和机电领域已获得广泛的应用。例如，以ZnO、AlN为代表的压电薄膜已用于各种表声波器件；Fe_2O_3、FeCo、CoCr等磁性薄膜已制备成各种磁盘、磁带，用Bi-$Y_3Fe_5O_{12}$（YIG）制备的磁光光盘都已市售；用$Pb(Zr_xTi_{1-x})O_3$(PZT)和$Pb_{1-x}La_xTi_{1-x/4}O_3$(PLT)系列的铁电薄膜制备的磁电随机存储器（FRAM）已达到1Mb，且存储量大，断电后又可保存信息，抗辐射能力强，不断地会取代大部分现有的各类存储器；用超导薄膜作工作膜层制备的超导量子干涉仪（SQUID）已在各种微弱信号的测试中获得应用。

常见的电磁功能薄膜有：超导薄膜、压电薄膜、铁电薄膜、热电薄膜、磁性薄膜、磁光薄膜，见表5-21。因电磁功能薄膜种类众多，应用广泛，难以一一介绍。本节中重点介绍高温超导薄膜、压电薄膜、铁电薄膜和磁性薄膜的组成、结构、性能与应用。

表5-21 电磁功能薄膜材料

类别	薄膜材料
超导薄膜	Nb，NbN，Nb_3Si，LaBaCuO系，YBaCuO系，BiSrCaCuO系，TiBaCaCuO系
压电薄膜	ZnO，AlN，$LiNbO_3$，PZT，PVDF，SiO-$LiNbO_3$
铁电薄膜	$BaTiO_3$，$PbTiO_3$，$Pb(Zr,Ti)O_3$，PLZT，$(Sr,Ba)Ta_2O_9$，$(Sr,Ba)Nb_2O_6$，$(Bi,Sr)TiO_3$
热电薄膜	TGS，$LiTaO_3$，$PbTiO_3$，$BaTiO_3$，PLZT，PVDFSr$BaNb_2O_6$
磁性薄膜	Ni，Co，NiCo，NiFe，FeCo，Fe_2O_3，RFe，RCo，$R_3Fe_5O_{12}$
磁光薄膜	TbFeCo，$Y_3Ga_{1.1}Fe_{3.9}O_{12}$，MnBi，PtCo，MnCuBi

5.3.1 高温超导薄膜

高温超导薄膜对研究超导机理、超导材料的特性具有十分重要的作用，它可以直接推动实用型器件的研制。

目前，已发现的有三代高温超导材料。第一代为镧系高温超导材料；第二代为钇系高温超导材料；第三代为铋系、铊系及其他新型高温超导材料。

在高温超导体的材料体系中的超导相见表5-22。

表5-22　高温超导体系中的超导相

体系	组　成	超导体转变温度 T_c/K	体系	组　成	超导体转变温度 T_c/K
La系	$(La_{1-x}M_x)_2CuO_4$（$x\approx0.08$）		Tl系	$Tl_2O_2\cdot2Ba\cdot O(n-1)Ca\cdot nCuO_2$	
	M为Ba	30		$Tl_2Ba_2CuO_6$（2201）	20～90
	M为Sr、Ca	20，40		$Tl_2Ba_2CaCu_2O_8$（2212）	105
	M为Na	40		$Tl_2Ba_2Ca_2Cu_3O_{10}$（2223）	125
Y系	$Be_2LnCu_3O_7$	90		$TlO_2\cdot BaO\cdot(n-1)Ca\cdot nCuO_2$	
	Ln = Y, La, Nd, Sm, Eu, Cd, Dy,			$TlBa_2CaCu_2O_7$	70
	HO, Er, Tm, Yb, Lu			$TlBa_2Ca_2Cu_3O_9$	110～116
	$Be_4Y_2Cu_8O_{15}$	80		$TlBa_2Ca_3Cu_4O_{11}$	120
Bi系	$Bi_2O_2\cdot2SrO(n-1)Ca\cdot nCuO_2$			$TlBa_2Ca_4Cu_5O_{13}$	<120
	$Bi_2Sr_2CuO_6$（2201）	7～22	其他系	$(Nd_{0.8}Sr_{0.2}Ge_{0.2})_2CuO_4$	27
	$Bi_2Sr_2CaCu_2O_8$（2212）	80		$(Nd_{1-x}Ge_x)_2CuO_4$（$x\approx0.07$）	25
	$Bi_2Sr_2Ca_2Cu_3O_{10}$（2223）	110		$(B_{1-x}M_x)$ BiO_3（$x\approx0.4$），M为K，Rb	30
	$Bi_2SrCa_3Cu_4O_{12}$（2234）	90			

自从发现超导现象后，人们一直把超导体转变温度 T_c 作为追求的目标，终于在1986年发现了高温超导体，LaBaCuO体系在40K超导体系的存在；1987年，人们又发现超导体转变温度 T_c 为90K的YBaCuO和超导体转变温度 T_c 为110K的BiSrCaCuO超导体；1993年又发现了超导体转变温度 T_c 为135K（高温下可达163K）的HgBaCaCuO新材料。这些发现，使人们终于有望在液氮温度下（77K）实现应用超导电技术的愿望。

发现超导体后，科学家们也注意到建立和发展高温超导薄膜技术的重要性，并相继投入了巨大的人力、物力进行研究，通过溅射沉积、激光沉积、分子束外延（MBE）、金属有机物化学气相沉积（MOCVD）等先进薄膜沉积制备的方法，沉积制备出具有实用化的高温超导薄膜。如用外延的方法制备的高质量YBaCuO薄膜的临界温度达90K以上，零磁场下77K时，临界电流密度已超过 $8mA/cm^2$。此工艺基本成熟，并有一批高温超导薄膜器件问世。1988年，美国海军实验室开始实施“高温超导电性空间实验（HTSSE）计划研究”，包括研制各种微波无源器件，如滤波器、谐振器、延迟线、无线等，并在卫星上进行测试，目的在于考察HTSC（高温超导）采用后带来的优越性，以便对空间飞行器进行重大改革。因此，研究高温超导薄膜对以薄膜为基础来实现现代化电子器件，特别是集成电子器件，显得极为重要。

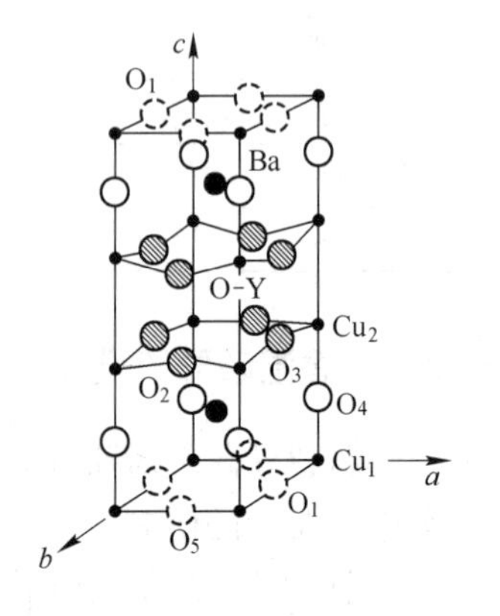

图5-2　$YBa_2Cu_3O_{7-\delta}$的结构

5.3.1.1　高温超导薄膜的结构

$YBa_2Cu_3O_{7-\delta}$的结构如图5-2所示。它是一种层状化合物，在 c 轴方向以Y、Ba-O、Cu-O按一定次序堆垛而成，相当于3个（缺氧的）钙钛矿结构单元的堆垛，是一种缺氧的（$\delta>0$）

化合物，晶胞中有3个Cu-O层，δ为0时，顶面和底面的氧原子处于b轴的O_1位置，使b大于a，成为正交晶胞。

$YBa_2Cu_3O_{7-\delta}$中的δ约为0~0.6，超导体转变温度T_c和δ有关。在δ小于0.2时，超导体转变温度T_c达90K；δ为0.2~0.6时，超导体转变温度T_c仅有60K；δ为0.6时（缺氧多时），顶面和底面的氧原子以等几率处于a轴和b轴上，使晶胞从正交转变成四方，并且不是超导体。

1986年以来，研究中得到的5种氧化物高温超导体转变温度T_c最高的氧化物的化学式、晶系、晶格常数和线膨胀系数见表5-23。

几种超导体转变温度T_c更高的高温超导体有类钛酸铋（$Bi_4Ti_3O_{12}$）结构。除了缺氧位外，c轴方向上也用多种堆垛。如铋系化合物中，除了表5-23中的2223相外，还有2201相、2212相、2234相。铊系化合物除了表5-23中的双层TL2223相外，还有双TL2201相、2212相、2234相，此外，还有单层的TL1201相、1212相、1223相、1234相、1245相、1256相。汞系化合物的堆垛和单层铊系化合物的情况类似，除表5-23中的1223相外，还有1201相、1212相。随着c轴方向的堆垛层数的变化，c值也相应变化，而a值的变化却很小。

表5-23　5种氧化物高温超导体晶系、晶格常数和线膨胀系数

高温超导体	晶系	结构类型	晶格常数/nm	线膨胀系数/℃$^{-1}$
$La_{1.8}Sr_{0.2}CuO_4$	四方	K_2NiF_4	$a=0.378$，$c=1.223$	$10\times10^{-6}\sim15\times10^{-6}$
$YBa_2Cu_3O_{7-\delta}$	正交	类钙铁矿	$a=0.382$，$b=0.389$，$c=1.168$	$10\times10^{-6}\sim15\times10^{-6}$
$Bi_2Sr_2Ca_2Cu_3O_{10+\delta}$	四方	类钛酸铋	$a=0.38$，$c=3.71$	12×10^{-6}
$Tl_2Ba_2Ca_2Cu_3O_{10}$	四方	类钛酸铋	$a=0.385$，$c=3.566$	
$HgBa_2Ca_2Cu_3O_{8+\delta}$	四方	类钛酸铋	$a=0.385$，$c=1.578$	

用外延法制得的外延氧化物超导薄膜常用的单晶的晶系、晶格常数和线膨胀系数见表5-24。表5-23和表5-24所得的数据对比后可知，$YBa_2Cu_3O_7$的a和b与$SrTiO_3$以及$LaAlO_3$的错配度很小（约为2%），它和MgO错配较小，$YBa_2Cu_3O_7$的a和b与Y稳定的立方$Zr(Y)O_2$在转动45°后的错配度约为5%~6%。在线膨胀系数上，它和$SrTiO_3$的匹配最差。这几种单晶的（100）是外延高温超导体薄膜工艺中最经常用的衬底。

表5-24　外延氧化物超导薄膜常用的单晶的晶系、晶格常数和线膨胀系数

衬底晶体	晶　系	晶格常数/nm	线膨胀系数/℃$^{-1}$
$SrTiO_3$	立　方	$a=0.3905$	8.6×10^{-6}
$Zr(Y)O_2$	立　方	$a=0.516$	10×10^{-6}
MgO	立　方	$a=0.4203$	13.8×10^{-6}
Al_2O_3	六　角	$a=0.4763$，$c=1.3003$	$7.8(\perp c)\times10^{-6}$
$LaAlO_3$	赝立方	$a=0.3788$	10×10^{-6}
$LaGaO_3$	正　交	$a=0.5519$，$b=0.5494$，$c=0.777$	10.6×10^{-6}

外延高温超导体做薄膜的微结构（主要是Y系和Bi系）X射线衍射表明，这些薄膜有明显的织构，其取向差一般小于1°。用高分辨率的电镜观察$YBa_2Cu_3O_{7-\delta}$薄膜，发现膜中有螺形位错、孪晶和层错等缺陷。经扫描探针显微镜研究得出，$SrTiO_3$衬底邻晶面斜切

角大于 3°时，$Bi_2Sr_2Ca_2Cu_3O_{10+\delta}$薄膜的 MOCVD 生长以台阶流动方式为主；经原子力显微镜（AFM）观察到的这种薄膜的表面形貌，仔细测量它的台阶，每个台阶的高度大体上等于晶格常数 c。若此薄膜的衬底斜切角小于 0.3°（衬底上台阶很少），从形貌上就可看到其生长以二维成核方式为主。这种生长模式的变化和化合物半导体薄膜的外延生长模式的变化情况类似。

5.3.1.2　高温超导薄膜的性能

铜氧化物高温超导体有钇（Y）系、铋（Bi）系、铊（Tl）系及汞（Hg）系。它们之中，都分别存在好几个相，因此，它们的超导体转变温度 T_c 就分为几档：钇钡铜氧（YBaCuO）约为 90K，铋锶钙铜氧（BSCCO）约为 110K，铊钡钙铜氧（TBCCO）约为 125K，汞钡钙铜氧（HBCCO）约为 135K。

对于高温超导薄膜来说，T_c 高的超导薄膜的性能远高于 YBaCuO T_c 高的超导体。表 5-25 中 T_c 高的超导薄膜的性能就表明了这一点。正是因为如此，人们对超导薄膜的研究、沉积方法以及器件的制作等进行了莫大的关注，并已取得了显著的进展。美国、日本等国都在积极开展高温超导薄膜器件的研究。如美国高温超导空间实验室在试验研究中，既采用 Y 系薄膜器件，也采用 Tl 薄膜器件。其中，Y 系薄膜研究得最多，技术上也最成熟，它的 T_c 最高可达 93K，临界电流密度 J_c(77K) 最高达 6×10^6 A/cm²，制备的微波器件可在 77K 下运行；而 $Tl_2Ba_2CaCu_2O_8$（Tl-2212）薄膜最高的 T_c 可达 107K，J_c(77K) 达 7×10^6A/cm²，制备的器件可在 82K 下运行；$Tl_2Ba_2Ca_2Cu_3O_{10}$（Tl-2223）薄膜 T_c 可达 125K，J_c(77K) 达 1.5×10^5A/cm²，制备的器件可在 100K 下运行。到目前为止，国际上已用 YBCO 及 Tl-2212、Tl-2223 高温超导薄膜开发了多种高温超导薄膜微波器件。

表 5-25　T_c 高的超导薄膜的性质

超导薄膜	主导相	零电阻温度 T_c/K	零磁场下临界电流密度 J_c/A · cm^{-2}
YBaCuO	(123)	93	$(4\sim8)\times10^5$(77K), 1×10^7
BiSrCaCuO	(2223)	105	$(3\sim4)\times10^6$(77K)
TiBaCaCuO	(2223)	116	1×10^6(100K)

5.3.1.3　高温超导薄膜的沉积制备方法

要沉积出性能良好的高温超导（HTSC）薄膜：第一要保证组分正确。第二是晶体结构正确。这是因为高温超导体是复杂的化合物，含有的组元多达 4～5 种，对组元有严格的比例需求，还存在几种晶体结构的物相。组分的难题往往通过沉积制备的方法和工艺参数严控来解决；而晶体结构需要高温下沉积薄膜或沉积薄膜后对其进行高温处理（后热处理）来解决。所需的高温在 600～900℃ 范围，与薄膜的种类和沉积方法有关。第三，高温超导薄膜是氧化物，需在氧气氛中形成（氧分压在 10^2Pa 以上），高的氧压与高温对镀膜设备很不利，常会使沉积设备中的发热元件和有关的工作部件迅速受损。第四，高温超导薄膜属于层状结构，又具有高度的各向异性，沿 c 轴方向的临界电流密度为 a、b 平面内的 1/100～1/10，因此，就需高温超导薄膜有确定的晶轴取向；为使薄膜晶轴定向生长，又要选用适当的单晶材料作基片，其晶格结构需能和高温超导膜匹配。第五，又因它的化学活性，还要保证基片与高温超导材料不发生化学反应或扩散，或反应、扩散不明显，不会显著影响超导性。这五点因素都是沉积制备高温超导薄膜时必须考虑的困难所在。

沉积制备高温超导薄膜常用的基片材料是：$SrTiO_3$(STO)、$LaAlO_3$(LAO)、钇稳定的ZrO_2(YSZ)、MgO。其中，STO、LAO 与 YBCO 晶格匹配好，扩散效果不显著，可外延出很好的 YBCO 薄膜。在 YSZ 和 MgO 的晶格与 YBCO 成45°角时，也可达到很好的匹配，外延出很好的 YBCO 薄膜。上述这些基材各有特点，如 STO 介电常数很高（$\varepsilon>300$），介质损耗大，不宜在微波器件中使用；LAO 与 MgO 介电常数适中($\varepsilon(LAO)\approx20$，$\varepsilon(MgO)\approx10$)，介质损耗也小（77K 时 $\tan\delta<10^4$），宜在微波器件中使用；YSZ 介质损耗较大，但售价便宜；LAO 存在明显孪晶，机械强度不够；MgO 易潮解。因此，在沉积制备时，应按需用的目的选用合适的基片材料。目前，寻找更新的宜于 HTSC 薄膜生长的基片还在继续研究中。

高温超导薄膜沉积制备的方法有：

（1）共蒸发技术。这是最早用于沉积制备 HTSC 薄膜的技术。该法成本低廉，最具工业价值。其蒸发源用电子束、离子束、等离子体和热蒸镀。因 HTSC 薄膜中各组元蒸发温度相差大，所以要求采用多源共蒸发。若使用电子束蒸发源，氧气的导入要尽可能离产生电子束的灯丝远些，使灯丝的使用寿命足够长。加大基片与蒸发源的间距，可在较大面积上得到均匀的薄膜。用后“热处理”工艺，可在基片的两面同时沉积制备出高质量的 YB-CO 超导膜。这种双面的 YBCO 膜也是沉积制备微波器件要求的。在共蒸发沉积中，基材温度对所制备膜体的超导性能有很大的影响作用，这点在工艺上应注意。

（2）脉冲激光法沉积技术（PLD）。这是新近发展起来的，也是应用最成功的沉积制备超导膜的技术之一。PLD 的原理是利用聚焦的高功率脉冲激光束作用于靶体材料表面，使靶体材料表面产生高温及熔蚀，进而产生高温、高压等离子体（$T\geqslant10^4$K），这种等离子体定向局域发射并在衬底上沉积成薄膜。此方法比电子束、离子束镀膜简单，被许多实验室选用。为获得高平整度的 HTSC 膜，需用波长较短的准分子激光器或红外激光器的高次谐波光束。有人用 Nb：YAG 激光器三次谐波（355nm），能量密度为 $3J/cm^2$，脉冲宽度为 8ns，以 $YBa_2Cu_3O_{7-x}$化合物为靶材，氧分压为 26Pa，在 STO 单晶片上原位外延 YBCO 薄膜，超导体转变温度 T_c 为 92～93K，J_c(77K)高达 $6\times10^6A/cm^2$。

PLD 法沉积膜的优点是：

1）宜用于多组元化合物沉积，能简便使薄膜的化学组成与靶的化学组成达到一致，且能控制好薄膜的厚度；

2）可蒸发金属、半导体、陶瓷等无机材料，利于解决难熔材料的薄膜沉积；

3）能沉积制备优质的纳米薄膜，高的离子动能明显增强二维生长和显著抑制三维生长，使薄膜生长沿二维展开，可形成连续的极细薄膜；

4）沉积温度低，可在室温下原位生长出取向一致的织构膜和外延单晶膜；

5）换靶装置，便于实现多层膜及超晶格的生长；

6）使用具有单晶硅辐射基片加热器和活性氧发生器的激光沉积系统，可沉积制备出双面高质量的大面积 YBCO 超导薄膜。

（3）溅射法。这也是应用最成功的制备超导薄膜的技术之一，包括直流、交流和磁控溅射。

直流法溅射可以使轰击在基材上的离子具有足够的能量，可实现沿 c 轴生长，且氧分压在几百帕左右，基材温度在 700～800℃，沉积制备的超导薄膜既可进行进一步的退火处理，又可不进行退火处理，不进行退火处理，有利于简化工艺，批量生产，成本低廉。

磁控溅射通常的本底真空度不高于1Pa、基材温度为600～700℃，沉积制备后的超导薄膜，需在400℃以下退火一定时间。应该指出的是，溅射的时间，气压对膜层的性能和状态都有很大影响。用磁控溅射除沉积制备YBCO高温超导薄膜外，还可沉积制备$Bi_2Sr_2Ca_{n-1}Cu_xO_y$、MgB_2、$Tl_2Ba_2CaCu_2O_8$、$Sr_xCa_{1-x}CuO_2$、$ErNiB_2C_2$等膜。

O. Meyer等人采用压力为80Pa的Ar和O_2混合气（Ar与O_2气体的流量比为2），用ϕ40mm的化合物平面靶，在无取向的Al_2O_3的基片上沉积出YBCO外延薄膜，T_c为89K，77K零磁场的J_c为$1.3\times10^6A/cm^2$。

5.3.1.4 高温超导薄膜的应用

从1986年发现高温氧化物超导体后，高温氧化物超导体就引起全球科学界的极大兴趣，追其原因在于高温超导的机制可能对固体中电子强关联理论的发展有重要的影响，同时，它的许多独特的性质，如元电阻、完全抗磁性和超流隧道效应（约瑟夫森效应）等，科学家们用这些特性发展了许多有重要价值的应用仪器，如强磁超导量子干涉仪。人们预料超导技术将对电工、电子技术产生巨大的影响。

由于超导须工作的液氦温区（4.2K以下）技术复杂，维持成本又相当高，使其应用受到很大限制。目前，高温超导的临界温度已突破液氮温区（77K），由它制成的器件可在这个温区下正常工作，这使超导器件可在更大范围内工作。

超导薄膜的应用主要在弱电领域，特别是在电子元器件和集成电路方面。超导薄膜可以制作无源器件，如微带传输线、微带天线、微带谐振器、滤波器、延迟线、环形器、定向耦合器以及红外探测器、开关器件等，有源的器件可制成超导结为基础的约瑟夫森器件，经过几年的努力，已经发明出许多人工可控制的高温超导约瑟夫森结技术，其中，有双晶晶界结、台阶衬底结、台阶边绝缘结、双外延结和临近效应结等。高温约瑟夫森结制成的数字信号处理系统和高频有源器件的性能优于常规器件。目前，高温超导红外探测器已进入实用化阶段，并且成为光电子探测技术发展的一个新的方向。几种较高水平的高温超导探测器的主要性能见表5-26。从表5-26中可以看出，单元超导探测器的性能已达到实用水平。它们都是用YBCO材料制作，其原因在于YBCO薄膜的沉积制备工艺成熟（T_c约为90K），而且探测器的热学设计容易实现。

表5-26 高温探测器的主要性能

超导材料	类型	NEP值/$W\cdot Hz^{-1/2}$	$D/cm\cdot Hz^{1/2}\cdot W^{-1}$	研究机构
YBCO	bolometr	7.0×10^{-14}	2.0×10^{10}	中科院昆明物理所
	bolometr	1.1×10^{-13}	1.8×10^{10}	中科院上海技术物理所
	bolometr	3.8×10^{-12}	1.7×10^{10}	西北大学、中科院物理所
	bolometr	7.8×10^{-12}	8.3×10^{9}	华中理工大学
	bolometr	1.6×10^{-11}	6.0×10^{9}	美国宇航局（NASA）
	bolometr	5.0×10^{-12}	1.4×10^{10}	佰克利大学
	ISRD	2.6×10^{-12}	2.7×10^{9}	美国麻省理工学院
	bolometr	4.5×10^{-12}	约5.0×10^{9}	美国加利福尼亚大学

目前，热敏型器件也有较成熟的发展，在2010年单元和线阵进入实际应用，部分已商品化，而光子型器件也将会有技术突破并进入试用。应该说：高温超导薄膜的潜在应用

前景是广阔的。

5.3.2 压电薄膜

1880 年，法国科学家居里兄弟首先在 α-石英晶体中发现有压电效应。1881 年，居里兄弟在实验中验证了逆压电效应，给出了石英的正逆压电常数。1894 年，Voigt 推证只有无对称中心的 20 种点群的晶体才可能具有压电效应。具有压电效应的物体，称为压电体。近些年来，压电材料的研究进展很快，已远超出了原有的单晶范围，在电、磁、声、光、热、湿、气、力等功能转换器中发挥着重要的作用。已形成的压电学在材料科学与物理学中成为一个很有发展前景的分支。

压电材料按成分可分为无机和有机压电材料；按结构可分为单晶和多晶材料（前者如压电单晶，后者如压电陶瓷）；按形态可分为块体和薄膜材料。

作为压电薄膜材料，它有单晶和陶瓷的优点，即表面光滑致密，易于制备，价格低廉，而且便于调变性能，可靠稳定，通过调节薄膜的厚度、基片的类型和叉指电极形式等，可调整器件的性能。更为重要和突出的是使用薄膜可使压电器件实现平面化、集成化的目的，可以使压电材料与半导体材料密切结合，实现压电与载流子、声波与光波的相互作用，制成各种新型压电和声光的单片集成器件。

为满足高性能、超高频压电器件的需要，从 20 世纪 60 年代初以来，就大力发展压电薄膜，先研究了 CdS 和 ZnS 薄膜，接着又研究了 ZnO 薄膜，然后又扩展到 AlN 和 $LiNbO_3$ 薄膜；70 年代初期，再延伸研究了 $PbTiO_3$、PLZT 等钛酸盐系压电薄膜；到 80 年代中期，再扩展研究 Ta_2O_5 薄膜和 ZnO/AlN 复合压电薄膜。在这些压电薄膜中，研究得比较深入而且性能最好的只有 ZnO 和 AlN 两种薄膜。其中，ZnO 薄膜已在前些年达到实用化程度，现正广泛用于制造多种压电器件，有的已投入大量生产。AlN 薄膜的沉积制备已比较成熟，其优异的压电性能已被肯定，预计它将会很快用于多种超高频压电器件。Ta_2O_5 和 ZnO/AlN 复合压电薄膜虽已显示出不少优异的特性，但其研究还不够深入。除上述几种薄膜外，其他压电薄膜虽各有所长，但由于制备困难或因性能不佳、成本较高等原因，至今未被广泛深入研究，应用得也很少。因此，本节只重点介绍 ZnO 和 AlN 两种已成为当今微波器件制造关键的压电薄膜。

5.3.2.1 压电薄膜的压电性能

压电性能特性参数主要是：介电常数、压电常数、损耗角正切、机电耦合系数、机械品质因数、频率系数等。对薄膜压电器件而言，压电薄膜的介电性能和压电性能最为重要。考虑到压电薄膜最大的应用是表面波器件和体波器件。因此，本节中重点介绍与这两种器件相关的 ZnO 和 AlN 压电薄膜的体波性能和表声波性能。应该指出的是，同一压电薄膜，由于沉积制备的方法和成分不同，其性能会有差异；在测试中，测试方法和测试条件不同，测得的具体数据也会不同。

A 体波性能

压电薄膜的体波性能主要有机电耦合系数、声速、温度系数和声阻抗等，它与薄膜内晶体的弹性、介电、压电和热性能密切相关。为保证薄膜的优异性能，首先应设计选用合适的材料来沉积制备薄膜。

ZnO 和 AlN 压电晶体主要性能参数见表 5-27。

表 5-27　ZnO 和 AlN 压电晶体主要性能参数

压电晶体	点群/mm	弹性常数/$N \cdot m^{-2}$	相对介电常数	压电常数/$C \cdot N^{-1}$	密度/$kg \cdot m^{-3}$
ZnO	6	$2.10 \times 10^7 (C_{11}^E)$ $2.10 \times 10^7 (C_{33}^E)$	$9.26(\varepsilon_{11}^T/\varepsilon_0)$ $11.0(\varepsilon_{33}^T/\varepsilon_0)$	$-5.0 \times 10^{-12} (d_{31})$ $10.6 \times 10^{-12} (d_{33})$	5.68×10^3
AlN	6	$3.4 \times 10^7 (C_{33}^E)$	$9.3(\varepsilon_{33}^T/\varepsilon_0)$	$5.0 \times 10^{-12} (d_{33})$	3.26×10^3

按机电耦合系数 k、声速 v 和声阻抗 Z_A 的下列关系，可算出这三个性能的具体数值：

$$k_{ni}^2 = \frac{d_{ni}^2 c_{ij}}{\varepsilon_{nn}} \tag{5-1}$$

$$v = \left(\frac{c}{\rho}\right)^{\frac{1}{2}} \tag{5-2}$$

$$|Z_A| = (\rho c)^{\frac{1}{2}} \tag{5-3}$$

因压电薄膜的结构不是完好的晶体，特别是择优取向的多晶薄膜，所以它的性能会与晶体有些差别。ZnO 和 AlN 压电晶体和薄膜的体波性能见表 5-28。

表 5-28　ZnO 和 AlN 压电晶体和薄膜的体波性能

材　料		机电耦合系数/%	声速/$m \cdot s^{-1}$	声阻抗/$kg \cdot (m^2 \cdot s)^{-1}$
ZnO	压电晶体	$18.2(k_{31}), 38(k_t), 48(k_{33})$	2945(切变),6400(v_{TE},伸缩)	$(34 \sim 36.3) \times 10^6$
	取向薄膜	$10(k_{31}), 17 \sim 28(k_t)$	2945(v,横波),6400(纵波)	
AlN	压电晶体	$20(k_1), 30(k_{33})$	10400(伸缩),5560(横波)	$(34 \sim 44) \times 10^6$
	取向薄膜	$18(k_{31}), 20 \sim 28(k_t)$	11300(纵波)	

从表 5-27 和表 5-28 中可知，AlN 的弹性系数特别大，密度较小，且声速最高，特别适用于超高频器件。

利用压电薄膜制备“剪切波”模式器件，制造了 c 轴方向与基片法线成一定夹角 β 的 ZnO 和 AlN 薄膜。据报道，当 ZnO 薄膜 c 轴的 β 角为 39°时，其机电耦合系数可达 37%，声速为 3240m/s，它的机电耦合系数与夹角 β 的关系如图 5-3 所示。

此外，压电薄膜的体波性能除与激励模式有关外，还与薄膜的晶粒取向和温度等密切相关。在温度变化后，晶粒的各种物理常数和密度都会发生变化，所以薄膜的体波性能也会有所变化，为提高体声波器件的温度稳定性，应选用温度系数较小的材料。

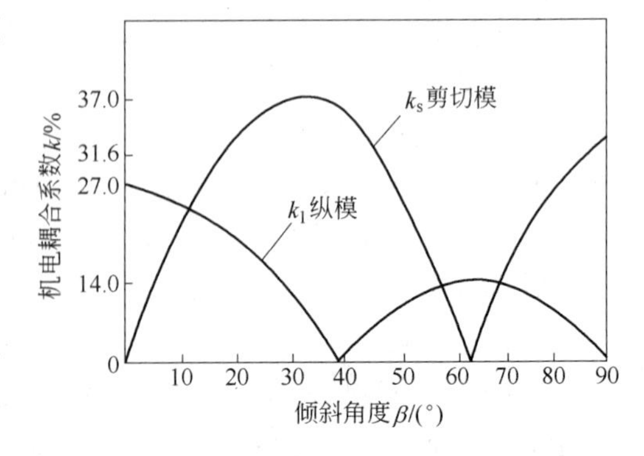

图 5-3　ZnO 薄膜的机电耦合系数随取向倾斜角度 β 的变化

B　表声波性能

表声波在压电材料中质点的位移轨迹比较复杂，有三个方向的质点位移分量，而且位移的振幅随离开材料表面的距离增大而呈指数性衰减，因此，表声波的能量主要集中在材料表面以下 1～2 个波长范围内。其表声波性能不同于它的体波性能。

表声波的相速度 v_s 为：

$$v_s \approx (\bar{c}/\rho)^{\frac{1}{2}} \tag{5-4}$$

式中 ρ——压电材料密度；

$\bar{c}$——有效弹性常数。

c 是弹性刚度系数能量和压电系数能量的非常复杂的函数。c 的数值略小于剪切刚度系数 c_{44}、c_{55} 和 c_{60}。为获得高的声速 v_s，使器件达到更高的工作频率，应选择坚硬（熔点高）而密度又低的材料，但在制作长延时器件时，则又需要低声速材料。

表声波相速的温度系数 a_v 为：

$$a_v = \frac{1}{2}(\bar{a}_c + a_1 + a_2 + a_3) \tag{5-5}$$

式中 $\bar{a}_c$，a_i——分别为压电材料的弹性刚度系数的温度系数和材料的线膨胀系数。

表声波的机电耦合系数 k_s^2 为：

$$k_s^2 \approx \frac{\Delta v}{v_\infty} \tag{5-6}$$

式中 v_∞——材料表面金属化区域的表声波相速；

Δv——表声波通过金属化区域的速度变化。

因为瑞利声表面波比体波更接近于剪切波，所以是具有大的剪切波的耦合系数的材料，一般有较高的 k_s^2 值。

机电功率流角 ψ 是压电材料的另一表声波性能。它的定义为最大机电功率通量方向与相速度方向之间的夹角。一般希望 ψ 较小。

而薄膜的表声波性能与薄膜材料、基片、波模式、传播方向、叉指电极形式和厚度波数乘积有关。虽然表 5-29 给出了 ZnO 和 AlN 压电薄膜的表声波特性，但是这些数据仅供参考，因表声波性能是个多种因素的函数，又与薄膜的质量密切相关，若在薄膜中有晶粒错向、晶粒极性反向、残留应变、各种缺陷和杂质等都会影响到压电薄膜的表声波特性。

表 5-29 ZnO 和 AlN 压电薄膜的表声波特性

压电薄膜	声速/m·s^{-1}		声速温度系数 /℃$^{-1}$	耦合系数 k_s^2 /%	传输损耗 /dB·mm^{-1}
	垂直 c 轴	平行 c 轴			
ZnO	2650	5560	$(15 \sim 25) \times 10^{-6}$	0.6~2.4	0.41~0.58 (57~212MHz)
AlN	5560~6200	9650~11300	42×10^{-6}	0.18~1.0	0.20~0.40

传输损耗又是表声波压电薄膜的又一特性。传输损耗源于声波在薄膜和基片中的散射（薄膜表面粗糙、晶粒晶界、内部缺陷、薄膜与基片的界面散射）。传输损耗主要产生在薄膜中，除此之外，还来自扩散损耗和吸收损耗（基片对载流子的吸收）。

5.3.2.2 压电薄膜的沉积制备

沉积制备压电薄膜的方法较多，有真空蒸发、分子束外延、脉冲激光溅射、磁控溅射等物理气相沉积法和化学气相沉积法等。各种沉积的方法都有各自的优点和缺点，具体选择哪种沉积制膜方法，应根据所沉积制备薄膜的种类和用途而定。下面重点结合 ZnO 和 AlN 薄膜来介绍沉积制备方法。

A ZnO 压电薄膜沉积制备

ZnO 压电薄膜压电性强，介电性好，无毒无害，价格低廉，易于形成单晶薄膜和择优取向薄膜，与硅又能比较好地匹配。用一般的化学气相沉积法沉积制备 ZnO 薄膜，表面粗糙，不符合应用要求。因此，沉积制备 ZnO 压电薄膜采用溅射法最为普遍；其次是激光蒸发和金属有机物化学气相沉积法。

溅射法主要是以磁控溅射和脉冲激光溅射，在溅射中，很关键的一点是靶材。对于高电阻率的 ZnO 单晶薄膜，需用掺杂的高阻性 ZnO 烧结靶或在富氧气氛中溅射，或溅射后在富氧气氛中 600℃左右进行高温热处理。掺杂靶一般是在 ZnO 的粉体中加入 1%（摩尔分数）的 Li_2CO_3，但发现掺入 1% ~4% 的 MnO_2 或 Cu_2O 效果更好，膜性能更佳。

对择优取向的 ZnO 薄膜，现普遍采用磁控溅射法，其基片可用单晶基片和非晶基片（石英、硼-硅玻璃等）。但单晶晶片制作成本高，硅基片价廉，线膨胀系数小，而且与 ZnO 薄膜可以实现压电效应和半导体载流子之间耦合，所以常被采用。在磁控溅射过程中，对基片的加热不能太高，太高温度会对基片造成热损伤和较大的残余应力，还会造成金属电极的热迁移。另外，在溅射过程中，基片受等离子体的热辐射以及薄膜由类液相到固相的凝结热的影响。在磁控溅射中，采用平面靶、空心磁控靶或同轴磁控靶，其中，平面靶材利用率低（小于 30%），靶的溅射刻蚀区域狭窄。为了消除基片位置对膜层质量的影响，可采用基片能自转和公转的旋转式工件架。用同轴磁控靶生产效率高，宜批量生产，且膜层质量也很优异，靶的利用率也高，基片温度控制在 100℃左右，溅射靶材与基片的间距一般不超过溅射粒子的平均自由程，它与溅射沉积室中的气压有关，气压一般小于 10^{-4}Pa，溅射气体通常用氩气，反应气体无疑是用氧气，沉积过程中功率不能太高，因为功率太高会使电子、二次电子、中性粒子的能量太大，造成对 ZnO 膜的损伤，一般实验采用的功率为 50 ~300W，生产设备功率为 800 ~3000W。总之，通过实践的经验总结，要优化工艺条件和工艺参数，沉积制备出符合化学计量比的 ZnO 压电优质薄膜。

B AlN 压电薄膜

AlN 压电薄膜声速高、色散小，特别适宜制作超高频和宽频带压电器件。现今已有多种方法沉积制备 AlN 压电薄膜，包括 PVD 法和 CVD 法。PVD 法中有反应蒸发法（包括分子束外延）和反应磁控溅射法，改进后又有辉光放电法和离子镀膜法。CVD 法中主要有金属有机物化学气相沉积（MOCVD）法。

按沉积温度看，有低温沉积（20 ~500℃）和高温沉积（900 ~1300℃），其中，低温沉积现在被广泛用于沉积 AlN 压电薄膜。在沉积制备上，技术与 ZnO 压电薄膜的沉积制备很类似，因为它们都常用溅射技术。AlN 单晶薄膜比较难以外延，多晶薄膜又较难实现择优取向，所以在沉积过程中常用较高的基片温度和较低的沉积速率，对于靶材，因 AlN 难溅射，很少使用化合物靶，沉积制备 AlN 膜时一般用纯 Al 靶和用纯 N_2 气，N_2 既作反应气体，又作溅射气体，当然也可用纯 NH_3 气，而 NH_3 放电电压较低，沉积速率也较低，常会形成微晶 *c* 轴平行基片表面的 AlN 压电薄膜。图 5-4 所示为沉积制备压电薄膜的磁控溅射

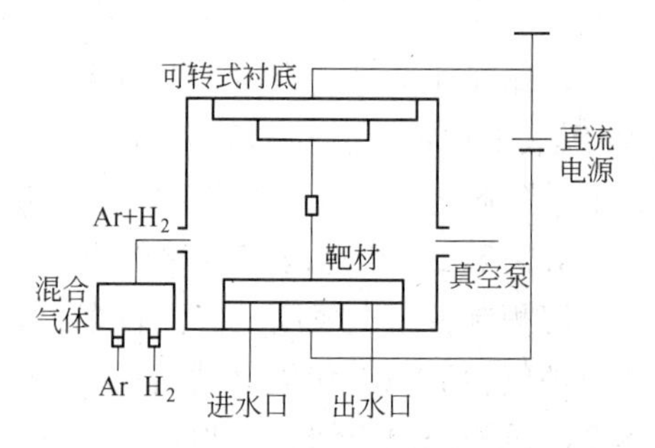

图 5-4 磁控溅射沉积制备装置

装置，所用的靶材是高纯 Al(99.999%)，反应气体为 99.995% 的高纯 Ar 和高纯 N_2(99.995%)，真空沉积室的本底真空度为 10^{-5}Pa，基材温度为 100℃，靶/基距对 AlN 膜层的结构有很大影响，如图 5-5 所示，溅射真空室的工作总压力（腔内压力）对膜层结构也有很大影响，如图 5-6 所示。为了确保 AlN 膜层的成分（化学比），在溅射沉积后一般可增加一道在氮气中的回火工序。

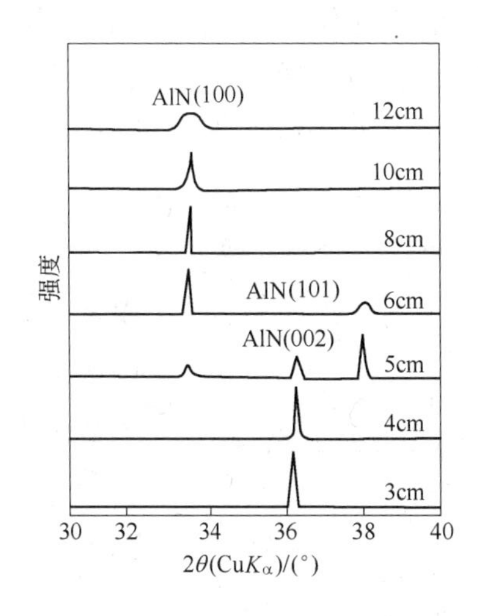

图 5-5 靶/基距对 AlN 结构的影响

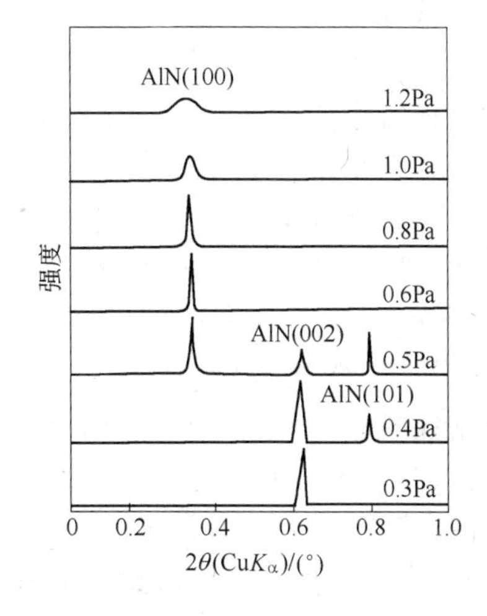

图 5-6 真空室压力对膜层结构的影响

5.3.2.3 压电薄膜的应用

压电薄膜被广泛应用于军事、航天、交通、生物医学、仪器仪表、环保和消费性电子产品中。从微电子和光电子技术的发展来看，压电薄膜的实际应用已经不少，有体波器件、表声波器件和复合谐振器件等。利用表声波和光波的作用，现已制成声光器件，如偏转器、光调器、光频移器、光模变换器、光开关等。在微机电系统（MEMS）中，利用压电薄膜的压电效应做执行器和压力传感器以及加速度计的动态信号传感器，如超声波传感器、应力传感器、振动接触探针传感器。在建筑上，用压电薄膜测定桥梁、大坝、房屋等大型建筑的“测振”。在防污染上，压电薄膜也有广泛的应用前景，如用压电薄膜来防止绝大部分会导致船舰污染的海洋生物靠近船舰。目前，正在研究的还有用于飞机上的防冻表面薄膜等。

5.3.3 铁电薄膜

铁电体是一种具有自发极化，且自发极化的取向随外电场的改变而改变方向的材料。主要的特征是电极化强度与外电场之间具有电滞回线的关系，即铁电性。目前，研究比较深入的铁电体为两大类：钛酸盐和铌酸盐、硼酸盐系列。常见的 PZT、PLZT、BST 是钛酸盐系列；SBN、KTN、铌酸锂是铌酸盐、硼酸盐系列。

铁电薄膜是厚度为数十纳米到数微米的薄膜材料。它具有良好的铁电性、压电性、热释电性、电光及非线性光学等特性，广泛地应用于微电子学、光电子学、集成光学和微电子机械系统等领域，已成为国际上研究功能材料的一个热电材料。20 世纪 80 年代中期以来，在铁电薄膜沉积制备技术中有一系列的技术突破，并发展了多种沉积制备铁电薄膜的方法，如用溶胶-凝胶法、脉冲激光、金属有机物气相沉积等方法，成功制备出厚度薄至70nm的性能良好的铁电薄膜，而且在3～5V的电压下，铁电薄膜又可与Si或GaAs电路相集成，这有力地促进了铁电薄膜的沉积制备和器件的应用研究的发展。随着光电子学的发展，铁电薄膜将日益受到人们的重视。

5.3.3.1 铁电薄膜的结构

铁电材料的典型结构为钙钛矿结构，是由ABO_3的立方结构构成，其中，离子A（如Ba^{2+}或Pb^{2+}）和离子B（如Ti^{4+}或Zr^{4+}）分别处在立方体的角上和体心；O^{2-}处于立方体每个面的面心。正常时，在一个晶胞内正负离子的总数相等，但实际上，因晶体中存在缺陷、畸变，正负离子之间相对位置移动，形成电偶极子，单位体积内的电偶极矩就是极化强度。取向一致的偶极畴即对外反映为具有剩余极化强度。典型的钙钛矿结构有$BaTiO_3$（钛酸钡）；锆钛酸铅$Pb(Zr_xTi_{1-x})O_3$，简称PZT；掺镧锆钛酸铅$(Pb,La)(Zr,Ti)O_3$，简称PLZT；钛酸锶钡$(Ba,Sr)TiO_3$，简称BST；钛酸铋$Bi_4Ti_3O_{12}$等。图5-7所示为铁电材料晶胞的示意图。

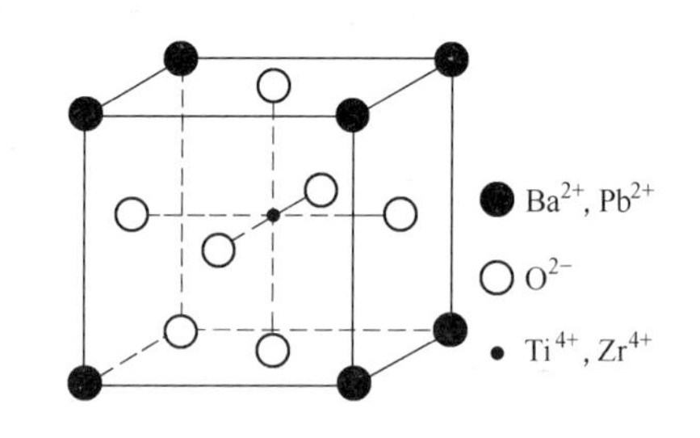

图5-7 铁电材料晶胞的示意图

5.3.3.2 铁电薄膜的组成和性能

目前研究的铁电薄膜有PZT，$SrTiO_3$(ST)，$BaTiO_3$(BT)和$(Ba,Sr)TiO_3$(BST)等。在介质膜的研究中，主要集中在顺电相的BST薄膜；在光电子的应用方面，$(Pb,La)(Zr,Ti)O_3$(PLZT)铁电薄膜是最受关注的材料。

A PZT薄膜

PZT是陶瓷$PbZrO_3$-$PbTiO_3$固溶体，具有高的介电常数，大的机电耦合系数和高的自发极化。因PZT的性质与膜的组成的化学计量比关系密切，而Pb、Ti、Zr的不同含量直接影响到膜层是否为钙钛矿的晶体结构。在采用PZT粉末靶或合金靶反应溅射沉积制备PZT薄膜时，由于Pb的熔点低、饱和蒸气压较高，难以在衬底上沉积，在刚生长的薄膜中往往缺Pb，因此，在PZT薄膜沉积制备中对Pb含量的控制十分重要。

为补偿Pb的缺失，可在靶中加入过量的氧化铅。另外，沉积PZT膜的结构与衬底温度有关，只有在700℃空气中热处理4～8h后，膜的晶体结构才有明显改善。研究表明，要保证所需的晶体结构和化学计量比，衬底温度应选择在600℃以上。在衬底温度为600℃时，Pb在衬底表面的蒸气压高达0.1333Pa左右，与磁控溅射气体的压强相接近，这就大为减少Pb在基板表面上沉积的几率，因而很易导致膜成分发生偏离。I. Kanno等人用射频磁控溅射法在Mg/Pt（100）衬底上生长了c轴取向的PZT薄膜，膜的剩余极化高达$50\mu C/cm^2$，并有极好的压电性。我国用溶胶-凝胶法在（100）取向的镍酸镧衬底上制备出高度（100）取向的PZT铁电膜，剩余极化达$53.4\mu C/cm^2$。

B PLZT薄膜

PLZT是由Pb、La、Zr、Ti四种成分所组成的金属氧化物薄膜。PLZT薄膜的化学式为$Pb_{1-x}La_{x/100}(Zr_{y/100}Ti_{z/100})_{1-x/400}O_3$，其中，$x$，$y$，$z$分别表示PLZT固溶体中La、Zr、Ti的百分比，如PLZT(9/65/35)表示PLZT中La/Pb比为9/91、Zr/Ti比为65/35。目前大多用射频溅射法来沉积制备PLZT薄膜。现今，已在MgO、$SrTiO_3$、GaP和蓝宝石基板上外延

生长出具有钙钛矿结构的 PLZT 薄膜。

成膜的条件对 PLZT 薄膜性能的影响很大。用射频法沉积制备的薄膜，其外延生长温度在 550～700℃较合适，在基片温度为 580℃、溅射气压为 0.4Pa 时，可获得重复性良好的外延生长 PLZT 膜。当靶/基距为 35～50mm、溅射功率为 150～250W 时，膜的生长速率为 6～10nm/min 为宜。PLZT 薄膜和陶瓷的介电性见表 5-30。薄膜与陶瓷相比，薄膜的介电常数值较小，居里温度较高。PLZT 薄膜的介电常数与其晶格结构的完整性有关，其热处理的条件又对薄膜结构有着很大影响。增加热处理温度、时间和膜厚，介电常数也会随之增大，并与陶瓷的数值相接近。

表 5-30 PLZT 薄膜和陶瓷的介电特性

组 分	相对介电常数	居里温度/℃	组 分	相对介电常数	居里温度/℃
$PbTiO_3$	370(230)	490(约 490)	PLZT(28/0/100)	1800(约 2000)	120(约 100)
PLZT(14/0/100)	600(约 1200)	320(约 220)	PLZT(35/0/100)	3000	
PLZT(21/0/100)	1300(约 2000)	225(约 100)			

注：( ) 内为陶瓷性能。

C BST 薄膜

BST 薄膜是 $(Ba_x, Sr_{1-x})TiO_3$ 的简称，它是由 $BaTiO_3$ 与 $SrTiO_3$ 形成的一种固溶体。BST 材料的室温介电常数可达数千，而当基板温度在 300℃左右时，沉积制备的 BST 薄膜的介电常数在 200 以上。

从用射频溅射法采用粉末靶沉积 BST 薄膜的 Sr 组分 x 的变化与介电常数的影响关系曲线中查知，当 Ba/Sr 为 1 时，BST 膜介电常数最大。

溅射条件对 BST 膜的性质也有较大的影响。基板温度小于 450℃、溅射电压从 700V 增大到 900V 时，介电常数可从 100 变化到 250，而在膜厚小于 100nm 时，介电常数迅速变小。

目前，人们已能采用不同的方法制备出 BST 薄膜，并在资料中报道了薄膜的铁电性、热释电性和微波特性。

D SBT 薄膜

SBT 薄膜是近年来人们新开发的铁电薄膜。人们在研究开发中发现了铋系层状钙钛矿结构的 $SrBi_2Ta_2O_9$（SBT）铁电薄膜，它克服了 PZT 系列铁电薄膜耐疲劳性差和 Pb 有害的问题。因 SBT 薄膜具有无疲劳、极化寿命长，并在亚微米束（小于 100nm）的厚度下仍有体材料的优良电学性能，已成为当今铁电材料物理中最热门的研究材料之一。人们已用多种薄膜沉积制备技术（射频、磁控溅射、金属有机物化学气相沉积、激光脉冲沉积和溶胶-凝胶法）成功沉积制备出 SBT 薄膜，并对它的电学、光学、抗疲劳等机理进行了广泛的研究。用 SBT 薄膜制备的以开关效应为基础的铁电随机读取存储器（FeRAM）在 10^{12} 次重复开关极化后，仍无明显的疲劳现象，而且具有良好的存储寿命和较低的漏电流。

5.3.3.3 铁电薄膜的沉积制备

随着薄膜沉积制备技术的发展，多种物理气相沉积和化学气相沉积的方法都可用来制备铁电薄膜。其所制备成的薄膜具有优良的性能，即便在膜厚薄至 70nm 时，仍然具有良好的铁电性能，很容易在 3～5V 的电压下与硅或 GaAs 电路相集成。

A 溅射法

与其他沉积方法相比，溅射法具有的优点是：

（1）沉积制备的薄膜结晶性能较好，在适当的工艺参数下，可沉积制备出单晶薄膜，且沉积速率也高，这是因溅射物流的能量高达十几至几十电子伏，在衬底的表面能维持较高的表面迁移率。

（2）成膜衬底温度低，膜层可无需进行后续热处理，即使进行后续处理，温度也不高，且易于与集成工艺的其他工序相兼容。

（3）适合多种铁电薄膜的沉积制备，得到的膜层具有较好的铁电性。

溅射法沉积的缺点是：因靶材中各组元的溅射率不同，沉积得到的薄膜在组分上与靶材组分有一定差异；加上沉积的衬底温度低，膜层的微结构与组分均匀性不是很理想，在大面积衬底上生长均匀优良的薄膜工艺难度大。

在溅射工艺中，影响成膜铁电性能的工艺参数有衬底温度、溅射功率、靶/基距及相对角度和溅射气氛等。其中，衬底温度是直接影响薄膜铁电性的关键参数，衬底温度过低，会使薄膜呈焦绿石结构而不具有铁电性；溅射功率控制着溅射速率，低速率易获得单晶外延膜；靶/基距和相对角度会对膜层的组分均匀性有影响。在不同方法与沉积设备中，这些工艺因素还需进一步细化。

采用溅射法可沉积制备出 $BaTiO_3$、$BiTi_3O_{12}$、$LiNbO_3$、$PbTiO_3$、$Pb(Zr,Ti)O_3$、$(Pb,La)(Zr,Ti)O_3$、$SrBi_2Ta_2O_9$ 等铁电薄膜。

B 脉冲激光沉积法

脉冲激光沉积法（PLD）是利用准分子激光器产生的高强度脉冲激光束聚焦于符合化学计量比的陶瓷烧结靶表面，使靶表面瞬时局部加热到高温，发生熔蚀和蒸发，随后在产生含有靶成分的高压高温等离子体，等离子体的定向局域膨胀发射形成羽辉，在羽辉前，与靶平行放置衬底，在等离子体羽辉中的物质便沉积到加热的衬底上成膜。在脉冲激光沉积时，因靶材的蒸发发生在远高于所含元素的沸点温度，就使得靶材中的所有成分均等地被蒸发，因而沉积得到的膜层与靶材的成分保持着相同的化学计量比，这是脉冲激光沉积制备铁电薄膜的一大优势。图5-8所示为脉冲激光法沉积系统的示意图。

脉冲激光法沉积制备铁电薄膜的优点主要是：

（1）可沉积制备与靶材成分化学计量比相同的复杂组分，膜层组分易控，使铁电薄膜中含有的易挥发元素的多元化合物，如 $Pb(Zr,Ti)O_3$；

（2）可引入氧等活性气体，利用多元氧化物，对铁电薄膜的制备极为有利；

（3）沉积工艺易调，生长速率快，靶材消耗少，置换靶灵便，可实现铁电多层薄膜的制备；

（4）能在工艺上实现原位退火，系统污

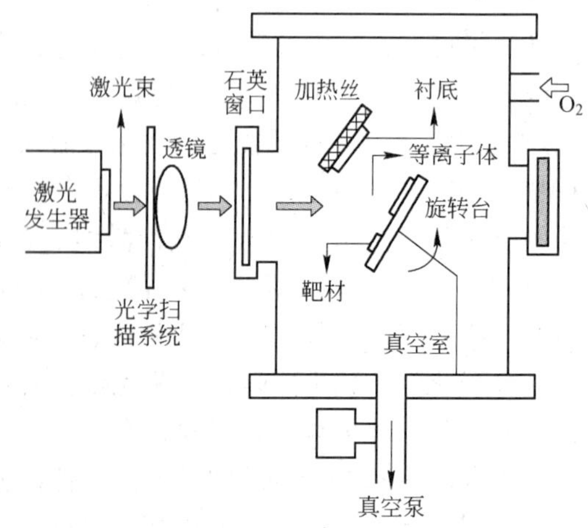

图 5-8 脉冲激光法沉积系统的示意图

染少。

脉冲激光法的缺点是：不利于大面积的成膜，聚焦粒子的沉积和反溅射的存在会使膜层中成分的均匀性变差。

现今已用脉冲激光法沉积制备出 $BaTiO_3$、$Pb(Zr,Ti)O_3$、$(Pb,La)(Zr,Ti)O_3$、$Bi_4Ti_3O_{12}$、$LiNbO_3$、$SrTiO_3$、$K(Ta,Nb)O_3$、$SrBi_2Ta_2O_9$ 等铁电薄膜，在晶体结构和铁电性等方面都取得了良好的结果。但膜层均匀性较差，难制备出大面积的优质铁电薄膜。

C 金属有机化合物化学气相沉积（MOCVD）法

MOCVD 法在原理上是把所需的金属有机化合物汽化后，利用载气（N_2 或 Ar）通入反应室，受热分解后沉积到加热的衬底上形成铁电薄膜。气源为链羟基化合物、醇盐和芳基化合物。MOCVD 法的优点是：

（1）薄膜的组成元素均可以气体进入反应室，通过载气流量的控制和切换开关可较容易地控制膜层的组成，且所有的工艺参数都可独立控制；

（2）沉积温度低，速率高，均匀性、重复性好；

（3）可在非平面的衬底上生长，即可直接沉积制备图案器件，易于规模化、商业化生产，特别适宜做大面积的成膜和批量生产。

MOCVD 法的缺点是：适宜用的金属有机化合物源不多，继续开发新的、挥发温度较低的、毒性小的 MO 源有一定困难。

现今已用 MOCVD 法沉积制备出的铁电薄膜有 $Pb(Zr,Ti)O_3$、$BaTiO_3$、$LiNbO_3$、$Bi_4Ti_3O_{12}$、$SrBi_2Ta_2O_9$ 等。

5.3.3.4 铁电薄膜的应用

铁电薄膜具有铁电性、压电性、热释电性效应、电光效应、声光效应、热光效应、光折变效应、非线性光学效应等特性，广泛应用于电容器、动态存储、声表面波器件、微机电系统、探测器、光开关等调光器件。从 20 世纪 80 年代中期获得突破性进展以来，铁电薄膜与半导体制备工艺相兼容，这促进了铁电薄膜在微电子、光电子和集成光学上的应用，并吸引着人们的注意。

按物理效应分类的铁电薄膜应用实例见表 5-31。在这些实例中，有的已开发成产品，但大多数还处在实验室研究阶段，这些器件的应用前景和市场潜力是肯定的、可观的。

表 5-31 铁电薄膜按物理效应分类的应用实例

铁电薄膜的物理效应	主要应用实例
介电性	薄膜陶瓷电容器、与硅太阳能电池集成的储能电容器、动态随机存取存储器（DRAM）、微波器件（谐振器、探测器、波导）、AC 电致发光器件、薄膜传感器
压电性	声表面波（SAW）器件、微型压电驱动器、微型压电马达
热释电性	热释电探测器及探测器件陈列
光电效应	全内反光开关、光波导、光偏移器、空间调制器、光记忆与显示器
光折变效应	空间光调制器
非线性光学效应	光学倍频器（二次谐波发生）

5.3.4 磁性薄膜

磁性薄膜的研究应用始于 20 世纪 50 年代，至今已经历了 60 多年的发展历程。磁性薄膜在电子学、微电子学、通信、航天、医疗、激光等高科技领域获得了广泛的应用。磁性薄膜材料系列虽然较多，但大致可分为磁记录薄膜、磁光薄膜、磁阻薄膜三大系列。

磁记录薄膜已经历了50余年的发展历史，其存储密度每年几乎翻两番，这方面先后研究并发展了 Fe_2O_3、γ-Fe_2O_3、Co-γ-Fe_2O_3、CrO_2、Ni-Co-P、Ni-P、Co-Cr 和钡铁氧体磁记录薄膜，已在录音、录像、计算机的数据存储和处理上应用。随高新技术的发展与应用。对磁记录密度要求越来越高。在性能上，要有高的剩余磁感应强度 B_r 和矫顽力 H_c；接近矩形的磁滞回线，在 H_c 附近的磁导率尽量要高；要有均匀的磁层结构和磁性粒子尺寸，磁性粒子呈单畴状态；要有小的磁致伸缩和基本磁特性温度系数，不产生明显的加压退磁效应和加热退磁效应。为了提高记录密度，目前研究的是垂直磁记录薄膜，同时，对薄膜磁头的开发应用也促进了磁盘及视频录像的发展。

磁光记录是集光记录和磁记录于一体，具有很高存储和反复擦写功能（大于 10^6 次）。通常，磁光存储的容量密度超过 1.8×10^8bit/cm^2，一片直径为30cm的双面磁光盘，记录容量达400千兆位。由于它是非接触的快速随机存取，采用的是无惰性光偏转技术，避免了磁头对磁介质的机械接触，又获得快速的存取速度，且性能稳定、抗损伤、抗灰尘力强，磁光存储系统的品质因子（容量/存取时间）达 10^{12}bit/s以上，超过大容量存储器的2～4个数量级。以磁光记录薄膜制成的光盘，如TbFeCo，便于携带，使用寿命长。MnBi-Al磁光薄膜和多层Pt/Co调制磁光薄膜等具有更高的性能，为更好地实现磁光记录，要求磁光薄膜在易磁化方向上必须垂直于膜表面，$K_u>2\pi M_s^2$（K_u 为单轴磁异晶常数；M_s 为饱矩）；为保证高的记录密度，要有小的磁畴尺寸；居里温度或补偿温度不能过高，以减少写入功率，达到高记录的灵敏度，一般要求 T_c 在100～300℃之间；尽可能大的法拉第旋转角或克尔旋转角，以提高载噪比；低的介质噪声；较好的化学稳定性和热稳定性；易在各种衬底上制备大尺度的高质量的磁光膜，且生产成本要低廉。

磁阻薄膜（MR）被广泛用于磁性传感器。磁电阻效应是指在磁场改变而引起物质电阻发生变化的一种现象。近年来，在磁性多层膜中发现了巨磁电阻效应，其电阻率的变化比普通的单层膜提高1个数量级，这种多层膜是具有纳米级厚度的两磁层之间夹有非磁性层的周期性结构，如Fe/Cr、Co/Cr、Fe/Cu、Fe/Ag磁层等。从磁电阻效应看，显然磁性多层膜是磁电阻薄膜的发展方向。衡量这种巨磁阻效应（giant magneto resistance，GMR）性能有两个基本参数，一个是在一定温度下所能达到的最大 *GMR* 值；另一个是获得巨磁阻效应所需施加的饱和外磁场强度。*GMR* 与饱和外磁场强度的比，称为磁场灵敏度，因此，要求巨磁阻薄膜具有 *GMR* 值高、饱和磁场小、磁灵敏度要高的特点，以为开发新型的磁阻传感器和新型的磁阻磁头提供技术支撑。

5.3.4.1　磁记录薄膜

磁记录薄膜主要有两大类，即金属氧化物薄膜（如 γ-Fe_2O_3、$Co_xFe_{3-x}O_4$、$BeFe_{12}O_{19}$ 等）和金属合金薄膜（Co-Cr、Mn-Al、FeSiAl等）。为满足信息科学发展，高密度、大容量、微型化也已成为磁记录元器件研究开发的方向，磁记录的介质正由非连续颗粒厚膜向连续型磁性薄膜发展。目前，国外公司已用连续金属薄膜制成硬盘，容量高达5000MB，有的公司已建成硬盘生产线，Co-Cr等垂直记录盘已投放市场。

A　γ-Fe_2O_3 薄膜

γ-Fe_2O_3 薄膜的各种物理参数见表5-32。

表 5-32 γ-Fe_2O_3 薄膜的物理参数

磁 性 薄 膜	膜厚/μm	矫顽力 H_c/A · m^{-1}	剩磁 B_r/T	矩形比 M_r/M_s
γ-Fe_2O_3 + $Ti_{2.0}$ + $Co_{2.0}$	0.14	55704.11	0.26	0.80
γ-Fe_2O_3 + $Co_{0.5}$ + $Co_{0.5}$	0.17	55704.11	0.27	0.80
γ-Fe_2O_3 + $Ti_{2.0}$ + $Co_{1.5}$ + $Co_{2.0}$	0.12	79577.3	0.30	0.88
IMB3340（颗粒介质）	0.90	26260.51	0.065	0.75

B $Co_xFe_{3-x}O_4$ 薄膜

用反应溅射法和电子束蒸镀法制成的 $Co_xFe_{3-x}O_4$ 铁氧体薄膜，膜厚在 400 ~ 600nm，H_c 为 38200 ~ 47750A/m；若采用 Fe-Al-Co 合金靶，在 Ar + O_2 气氛中溅射，可制备出含 Al 的钴铁氧体薄膜。

C $BaFe_{12}O_{19}$ 薄膜

典型的单相 $BaFe_{12}O_{19}$ 薄膜的磁性：饱矩 $M_s = 1.28 \times 10^7$ A/m，矫顽力 $H_{c\perp} = 54112$A/m，$M_{s\perp}/M_{sa} = 0.209$，$M_{r\perp}/M_{r/\!/} = 3.39$，单轴磁异晶常数 $K_u = 1.67 \times 10^{-2}$ J/cm^3。

D Co-Cr 薄膜

Co-Cr 薄膜具有优良的磁学性能，磁记录密度达 10^{10} bit/cm^2。用做垂直记录的 Co-Cr 薄膜，六角晶轴方向应垂直于膜面，其晶粒通常为圆柱状，直径约为膜厚的 1/10，随膜厚的增大而增大。圆柱畴的两端将呈现磁荷。为消除与基底交界面的磁荷，在沉积 Co-Cr 薄膜前，先在基底上沉积一层软磁性 Fe-Ni 薄膜，使 Fe-Ni 与 Co-Cr 薄膜交界面的磁畴消失，磁路通过软磁性薄膜成闭合回路，使用双层结构膜来做记录介质，可降低记录功率，有利于磁头主磁极尖端附近有效地聚集磁通，并且与单层薄膜的响应波长相同。这种双层磁膜的主要磁性能：Co-Cr 膜，M_s 为 5000000A/m，H_c 为 31830A/m；Fe-Ni 膜，M_s 为 600000A/m，H_c 为 80 ~ 160A/m。

E Mn-Al 合金膜

Mn-Al 永磁合金膜，磁能极较大，原料成本低，其合金膜的 M_s 仅为 0.01 ~ 0.015T，低于块状 Mn-Al 合金：添加少量 Cu，可以增加 M_s，且使 H_c 有所下降。Mn-Al 膜易磁化轴垂直于膜面，磁晶各向异性常数约为$(2 \sim 6) \times 10^{-4}$ J/cm^3，宜做垂直记录用，添加最佳 2%（质量分数）的 Cu，其薄膜的磁性 $M_s = 0.045$T，$H_c = 67640$A/cm，矩形比$(M_r/M_s)R = 0.65$。

F FeSiAl 合金膜

这种合金中 Fe 的质量分数为 85%，Al 为 5.4%，Si 为 9.6%。其磁导率和坡莫合金相当，原料来源广，耐磨性好。

FeSiAl 合金膜的结构与基底和沉积工艺密切相关，膜厚的均匀性显著影响膜的自发磁化，成膜中形成的柱状微晶是立方晶结构，一种是 Fe、Si 和 Al 三种原子在晶格中占位是任意的，称为 α 无序相；另一种是 Si 和 Al 原子主要占据体心位置的有序状态，在 FeSiAl 薄膜中形成的超晶格相 DO_3，DO_3 相的形成有效地降低了 FeSiAl 合金的 K_1 和 λ_s，相应提高了软磁性能。

G 磁记录膜的沉积制备

金属氧化物磁性记录膜一般多采用溅射法沉积制备。在 Si 基片上沉积制备 $Co_xFe_{3-x}O_4$ 膜，沉积室本底真空度为 133.32×10^{-6}Pa，工作气体为 Ar 和 O_2，工作压强为 933.2568mPa，

Ar 与 O_2 流量比为 7/1，靶材选用 CoFe，靶/基距为 6cm，射频功率为 120W，基片温度为 400 ~ 800℃，溅射后在 500 ~ 800℃退火，图 5-9 所示为退火温度对膜体磁性能的影响。

金属合金磁记录薄膜除用溅射法沉积制备外，还可用真空蒸镀。对 Co-Cr 膜，用电子束蒸发 Co-Cr 合金，基片的沉积温度从室温到 330℃。图 5-10 所示为膜体中 Co 成分及膜体矫顽力随沉积时基材温度的变化而变化的情况，它表明膜体成分对膜体的磁性能有很大的影响。

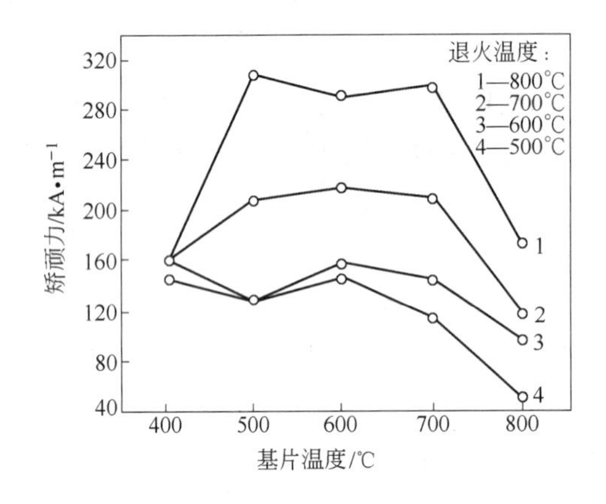

图 5-9　退火温度对膜体磁性能的影响

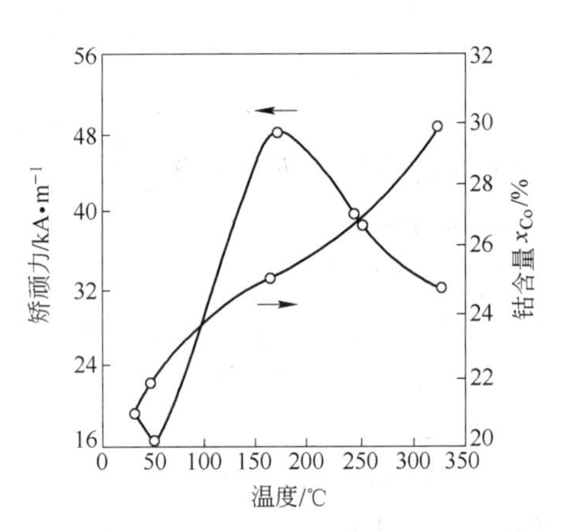

图 5-10　基材温度对膜体成分及膜体矫顽力的影响

H　应用

磁记录薄膜广泛应用于科研、军事、录音录像技术、计算机的数据存储和处理。

5.3.4.2　磁光薄膜

磁光薄膜有稀土-过渡金属（RE-TM）非晶态磁光薄膜、Bi 代石榴石磁光薄膜和 Pt/Co 多层调制膜三大类。在性能上，磁光记录优于普通的磁记录，其原因是磁光薄膜具有垂直于膜面的磁单轴异性。虽然 20 世纪 70 年代初已建立了磁光记录的理论，不过真正开辟磁光材料研究新方向却是 1973 年，J. J. Cuomon 等人发现了 GdCo 具有垂直膜面的各向异性。

由于磁光薄膜的结构、成分、厚度以及匹配膜层的界面效应都会改变磁光盘的性能，因此，磁光薄膜已成为未来信息记录优异薄膜材料。近 30 年来，新型磁光材料不断涌现，用稀土-过渡金属（RE-TM）磁光膜制成的光盘已投入市场；Bi、Ca 替代 DyIG 磁光膜和 Pt/Co 系列多层调制膜，必将成为下一代磁光新材料。

为达到磁光记录的要求，磁光薄膜应具备垂直膜面的磁各向异性，且 $K_u > 2\pi M_s^2$；具有矩形磁滞回线（$M_r/M_s = 1$）和较高的室温矫顽力及磁光记录灵敏度；较大的磁光效应（较大的科尔旋转角 θ_K 或较大的法拉第旋转角 θ_F）；低的磁盘写入噪声，足够的高写入循环次数（大于 10^6 次），良好的抗氧化性，耐蚀性和长期稳定性；居里温度在 400 ~ 600K 之间，补偿温度在室温左右。目前，基本满足这些要求的就是上述讲到的三大类薄膜。

A　稀土-过渡金属（RE-TM）非晶态磁光薄膜

它是目前在磁光记录中应用最成功的磁光薄膜材料。这类材料以 TbFeCo 成分为主，具有理想的磁特性和结构特性，而且又有很强的垂直于膜面的磁各向异性，可使记录畴的尺寸非常小，从而满足高记录密度的要求。另外，因其磁滞回线呈矩形，可以满足磁光读出高信噪比的要求；薄膜是非晶态，没有晶粒，没有介质噪声。问世的第一代到第三代（第一代 1987 年问世，ϕ130mm，650MB，称为Ⅸ密度；第二代 1993 年问世，ϕ130mm，1.3GB，称为 2X 密度；第三代 1995 年问世，ϕ130mm，2.6GB，称为 4X 密度）磁光盘材料都是以这类材料为基础。

这种稀土-过渡金属材料的主要缺点是抗氧化性能差，同时在向更高记录密度、更短读写时间、更快传输速率的发展上，还完全适应不了时代发展的希望，因此，对稀土-过渡金属介质提出了研究高记录介质的可靠性，研究短波长响应的 MD 材料，研究适合磁超分辨和单通道直接重写的介质结构，研究高密度低噪声介质等诸多新的要求。目前，正采用多元化（用 Nb、Dy、Gd、Ho、Pr 中的几种元素）来增大磁光效应，用掺杂（Ti、Ta、Ga、Cr、Pt、Na 等）来改变其性能和耐蚀性，并采用多层化学增强磁光盘的信噪比等。

要注意的是，制备 TbFeCo 磁光膜的方法和工艺参数对膜性能都有影响。几种典型的稀土-过渡金属非晶薄膜的磁学特性见表 5-33。由于 TbFeCo 膜非常容易氧化，人们常在 TbFeCo 膜沉积后再用射频溅射的方法在它的上面沉积一层 Si_3N_4 防护层，射频功率为 200W，反应腔压强为 3.99966Pa。

表 5-33 几种典型的稀土-过渡金属非晶薄膜的磁学特性

薄膜成分	M_s/T	K_u/J·m^{-3}	居里温度/K	科尔旋转角 θ_K/(°)	法拉第旋转角 θ_F/(°)
$Gd_{24}Fe_{76}$	0.006	2.5×10^4	480	0.38	1.8
$Tb_{18}Co_{82}$	0.025	1.6×10^4	>600	0.45	2.9
$(Cd_{95}Tb_4)_2(Fe_{95}Co_5)_{76}$	0.003	1.2×10^4	580	0.36	1.9
$(Gd_{95}Tb_5)_{24}Fe_{76}$	0.008	3.5×10^4	460	0.30	1.0

B 氧化物及锰铋系磁光膜

氧化物及锰铋系磁光膜有化学式为 $R_3Fe_5O_{12}$ 的石榴石型磁光薄膜和 Mn 及 MnBi 为基的合金磁光薄膜。Mn 及 MnBi 为基的合金薄膜有较大的磁光效应，Mn-Bi 合金膜具有元素六方结构时，其垂直膜面各向异性和激光效应都较大，居里温度为 360℃，矫顽力 H_c 为 47750～79500A/m，在居里温度以上快速冷却时，易形成四方结构，这损坏了磁性能，还要控制晶粒尺寸，防止晶界噪声过大，过大的晶粒，晶界噪声难以降低，无法应用。我国学者在研究中，在 MnBi 合金膜中加入各种杂质，以抑制高温相形成，已获得科尔旋转角 $\theta_K\geq2°$ 的 MnBi 系合金膜，如 MnBiAlSi（$\theta_K\approx2.04°$）、MnBiRE（RE = Ce，Pr，Nb，Sm）的科尔旋转角 θ_K 最大达 2.8°，反射率 $R\geq0.4$，磁光优值（$\theta_K\sqrt{R}$）可达 1.5～1.8，比一般的磁光薄膜的优值大 3 倍左右。

化学式为 $R_3Fe_5O_{12}$ 的石榴石型磁光膜，如 $Y_3Fe_5O_{12}$（钇铁石榴石，简称 YIG）、$Dy_3Fe_5O_{12}$（镝铁石榴石，简称 DyIG）等都有很大的磁光效应。石榴石型铁氧体具有体心立方晶格结构，它的晶格常数 a = 1.2540nm，每个单胞中含有 8 个 $R_3Fe_5O_{12}$ 分子。石榴石晶体结构由氧离子堆积而成，金属离子位于其间隙之中。在石榴石系中，Bi 代石榴石为主要的磁光材料，如 Bi，Ca：DyIG，Bi，Al：DyIG 等都有望成为新一代的磁光材料。

因石榴石薄膜法拉第效应较大，抗腐蚀性也较强，近紫外磁光增强，所以用它做成的磁光盘（如镀 Al 或 Cu、Ti 反射吸热层）稳定性好。目前，已接近实用的石榴石型薄膜的磁光盘结构为 GGG/BiCa：DYIG/Al（或 Cr），近期又在发展多层化的结构。石榴石磁光膜和磁光盘是第二代的薄膜磁光盘产品，可能取代现有的磁光材料及磁光盘。

Bi 代石榴石磁光膜的缺点主要是，沉积到玻璃基片上经退火后形成的多晶结构的晶界对光束的散射会造成较高的噪声。

C 多层调制磁光薄膜

多层调制磁光膜（如 Pt/Co、Pd/Co）是新型的磁光材料。在多层调制的膜中，Co 提供磁性和磁光效应，Pt 和 Co 层间的界面效应用来提供单轴磁各向异性。因界面间各向异性的伸缩距离较短，就要求 Co 层必须做到很薄，Co 层厚大约为 0.35～0.5nm，Pt 层厚约为 1～2nm，Pt/Co 要求的膜厚要精确，膜层的磁光性能与溅射气体的种类、膜层的周期数、各层的厚度有关。用磁控溅射的方法沉积的 Pt/Co 和 Pd/Co 膜的磁光性能见表 5-34。Pt/Co 薄膜制成的磁光盘信噪比可达 40dB 以上，并且在近紫外光范围内有较好的磁光效应。

表 5-34 Pt/Co 和 Pd/Co 磁性多层膜的磁光性能

性　能	Pt/Co 薄膜	Pd/Co 薄膜	性　能	Pt/Co 薄膜	Pd/Co 薄膜
科尔旋转角 θ_K/(°)	0.2～0.4	0.1～0.2	饱矩 M_s/A · m^{-1}	150000～400000	200000～450000
矫顽力 H_c/A · m^{-1}	7957～278520	7957～238732	厚度/nm	20～100	20～100
居里温度 T_c/℃	150～350	130～350			

此外，CeTe 和 CdSb 膜、在极低温度下有很大的磁光效应。锕系元素的合金（如 VSb_xTe_{1-x}）都有较大的 θ_K 值，但这些材料目前难以应用。一些磁光薄膜的磁光特性见表 5-35。其中，CeTe 和 SeSb 是测量温度约为 2K、H = 5T 下测得的数据。

表 5-35 各种类型的磁光薄膜的磁光特性

薄膜类型	法拉第旋转角 θ_F/(°)	科尔旋转角 θ_K/(°)	测量波长 /nm	薄膜类型	法拉第旋转角 θ_F/(°)	科尔旋转角 θ_K/(°)	测量波长 /nm
Pr-YIG	0.4～0.8		633	MnBiCe		2.6	633
$CoFe_2O_4$	3.3		780	MnBiRr		2.4	633
Co-BaM	0.8		800	CeTe		3.0	788
CrO_2	13.5	1.3	900	CeSb		14	2600
PtMnSb	73	1.9	750	UTe(单晶,(100)面)		8	780
MnBiAlSi		2.04	633				

D 磁光薄膜的沉积制备

a 稀土-过渡金属（RE-TM）非晶态磁光薄膜的沉积制备

以稀土 TbFeCo 为例，为保证沉积过程中实现多元化（掺入的稀土元素）和多层耦合（把膜层制成纳米厚度的多层调制膜），一般采用射频溅射法沉积制备 TbFeCo 薄膜。选用的靶材有两种：一种是单一的 TbFeCo 合金靶；另一种是 TbFeCo 和 Tb 双靶。反应室的本底真空度为 1.333224×10^{-5}Pa，为减少氧含量，用高纯的 Ar 和 N_2 混合气送入反应真空室。对于单合金靶（TbFeCo），射频功率为 200W，真空反应室工作压强维持在

399.9627 ~5332.869mPa；双靶（TbFeCo 和 Tb 靶）射频功率则不同，用溅射 TbFeCo 靶时，功率为 200W，溅射 Tb 靶时，功率一般要小些，为 10 ~30W，反应真空室的压强维持在 1.999836Pa。工艺参数对膜层的磁性能有很大影响，特别是压强、功率、温度都影响膜层的化学比、结构，最终影响膜层的整个磁光性能。

考虑到 TbFeCo 膜非常容易氧化，在膜沉积完后，要马上沉积一层 Si_3N_4 保护膜，其选用射频功率为 200W，真空反应室的压强为 3.99966Pa。

b 氧化物和锰铋系磁光薄膜的沉积制备

目前，最常选用的沉积制备石榴石磁光记录膜的方法主要是射频溅射和高温热解法。下面以射频溅射的 Bi 代石榴石磁光膜为例介绍。

靶材用烧结的 $Bi_2DyFe_4GaO_{12}$ 陶瓷靶材，溅射功率密度为 $2W/cm^2$，气体用高纯氩气，溅射时反应真空室压强为 1.999836Pa，基材用玻璃或硅，溅射温度保持在 150℃，沉积速率为 15nm/min 左右，膜厚在 100nm 左右，沉积制得的 $Bi_2DyFe_4GaO_{12}$ 膜在氧气中回火，回火温度为 400 ~700℃，升温速度为 1 ~200℃/s。图 5-11 所示为退火温度和膜层组分对膜层磁光性能的影响。从图 5-11 中可知，退火温度和膜层组分对整个膜层的磁光性能都有很大的影响。

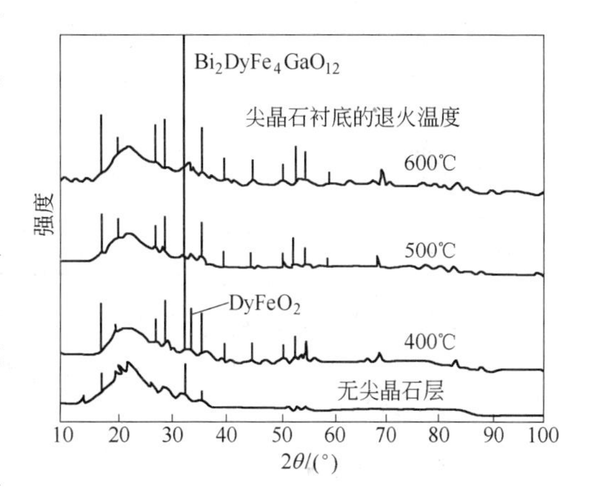

图 5-11 退火温度和膜层组分对膜层磁光性能的影响

c 多层调制磁光薄膜的沉积制备

多层调制磁光薄膜大多用直流磁控溅射和电子束蒸发的沉积方法来制备。工艺上，要对膜层的厚度严格控制，这是因为膜层的周期数和各层膜厚度与溅射气体的种类对 Pt/Co、Pd/Co 薄膜的磁光性能有很大的影响。

E 磁光薄膜的应用

磁光薄膜主要应用于磁光盘，且这方面发展十分迅速，特别是商业上的需求，其用量可观。

5.3.4.3 磁阻薄膜

A 薄膜的磁阻特性

磁场可使许多金属的电阻发生改变，只是变化率很小，一般不超过 2% ~3%。这种磁阻效应是因磁化强度相对电流方向改变时薄膜电阻发生的效应。

若单畴薄膜中磁化强度 M 和电流密度 J 的夹角为 θ，$\rho_{//}$ 表示与磁化强度方向平行的电阻率分量，$\rho_{\perp}$ 表示与磁化强度方向垂直的电阻率分量，则有：

$$\Delta\rho = \rho_{//} - \rho_{\perp} \tag{5-7}$$

$$\rho(\theta) = \rho_{//}\cos^2\theta + \rho_{\perp}\sin^2\theta = \rho_{\perp} + \Delta\rho\cos^2\theta \tag{5-8}$$

目前，比较实用的磁阻薄膜有 NiFe、NiCo、NiFeCo 合金，这些合金各向异性磁电阻相对变化率为 $\Delta\rho/\rho_0$。在 300K 时，其磁电阻相对变化率见表 5-36。

表 5-36　NiFe、NiCo、NiFeCo 等合金磁电阻相对变化率

合金组成	$\frac{\Delta\rho}{\rho_0}$/%	合金组成	$\frac{\Delta\rho}{\rho_0}$/%
Ni	2.66	99Ni-Fe	2.7
99.4Ni-0.6Co	2.10	99.8Ni-0.2Fe	3.0
97.5Ni-2.5Co	3.00	91.7Ni-8.3Fe	5.4
94.6Ni-5.4Co	3.60	85.0Ni-15Fe	4.6
90.0Ni-10.0Co	5.02	83.0Ni-17Fe	4.3
80.0Ni-20.0Co	6.48	76.0Ni-24Fe	3.8
70.0Ni-30.0Co	5.53	70.0Ni-30Fe	2.5
60.0Ni-40.0Co	5.83	90.0Ni-10Cu	2.6
50.0Ni-50.0Co	5.05	83.2Ni-16.8Pd	2.32
40.0Ni-60.0Co	4.30	97Ni-3.0Sn	2.28
30.0Ni-70.0Co	3.40	99.0Ni-1.0Al	2.40
97.8Ni-2.2Co	2.93	98Ni-2.0Al	2.18
94.0Ni-6.0Co	2.48	95Ni-5.0Zn	2.60
92.2Ni-2.4Fe-5.4Cu	3.65	80Ni-16.2Fe-3.8Mn	2.20
69.0Ni-16.0Fe-14Cu	3.30	35.5Ni-49.2Fe-15.3Cu	3.30

磁阻薄膜的性能主要取决于膜厚、晶粒尺寸、膜层的表面状态、掺杂与基体的种类，并且与沉积制备工艺密切相关。一些薄膜的磁阻特性见表 5-37。

表 5-37　薄膜的磁阻特性

薄膜成分	薄膜厚度/nm	ρ_0/μΩ · cm	$\Delta\rho$/μΩ · cm	$\frac{\Delta\rho}{\rho_0}$/%	基　体
$Ni_{0.82}Fe_{0.18}$	251.5	19.7	0.68	3.43	玻璃
	108.0	17.9	0.58	3.23	
	60.0	21.6	0.63	2.97	
	39.5	23.5	0.65	2.75	
	26.0	28.2	0.68	2.56	
	14.0	34.7	0.73	2.10	
	9.0	39.4	0.61	1.56	
$Ni_{0.67}Co_{0.30}Cr_{0.03}$	42.0	18.2	0.76	4.10	Al_2O_3
	42.0	16.7	0.70	4.10	Si
	42.0	17.4	0.72	4.10	SiO_2
	42.0	43.8	0.78	1.70	BeO
$Ni_{0.78}Co_{0.14}Cr_{0.08}$	200.0	27.5	1.30	4.20	玻璃
$Ni_{0.70}Co_{0.30}$	30.0	25.0	0.95	3.80	玻璃

B　巨磁阻多层膜

研究表明，能够产生巨磁阻效应（GMR）的多层膜系应满足：

（1）相邻磁层磁矩的相对取向能够在外磁场作用下发生改变；

（2）每一单层的厚度要远小于传导电子的平均自由程；

（3）自旋取向不同的两种电子（向上和向下），在磁性原子上的散射差别需很大。

近几年来，在磁性多层膜及纳米颗粒薄膜中发现的巨磁效应的电阻变化率比通常的磁阻薄膜提高了1个数量级。

多层膜结构的磁阻膜是在两层磁性膜之间夹一层很薄的非磁性膜，其典型的材料是Fe-Cr、Co-Cr、Co-Cu、Co-Ru等。两层磁性薄膜中的磁化矢量的排列可以是铁磁性的（平行取向），也可以是反铁磁性的（反平行取向），主要取决于磁性膜的厚度。巨磁阻效应是磁阻薄膜发展的方向。它为开发新型的磁阻传感器及巨磁阻磁头提供了良好的材料基础。近十多年来，在磁性材料研究上取得重大突破。1992年，Helmolt等人在$La_{2/3}Ba_{1/3}MnO_3$类钙铁矿材料中发现它的磁电阻效应高达60%。1995年，Raveau等人在$Pr_{0.7}Sr_{0.05}Ca_{0.25}MnO_{3.8}$的样品中发现了异常大的磁电阻（$2.5\times10^7\%$）。这一重大的发现，为研究磁阻效应开辟了新的有效技术途径。

多层Fe-Cr、Co-Cu调制薄膜，是在两层Fe膜间夹一层非磁性膜或在两层Co膜间夹一层Cu膜的周期性结构，产生巨磁阻效应最关键的是非磁性层的厚度。图5-12所示为巨磁效应随Cr层厚度的变化关系。显然，多层膜的周期数对多层膜的磁阻效应有较大的影响。

多层膜[Cu(5.5nm)/Co(2.5nm)/Cu(5.5nm)/Ni(Fe)(2.5nm)]×周期数n，n从1变化到15时，其电阻率相对的变化如图5-13所示。

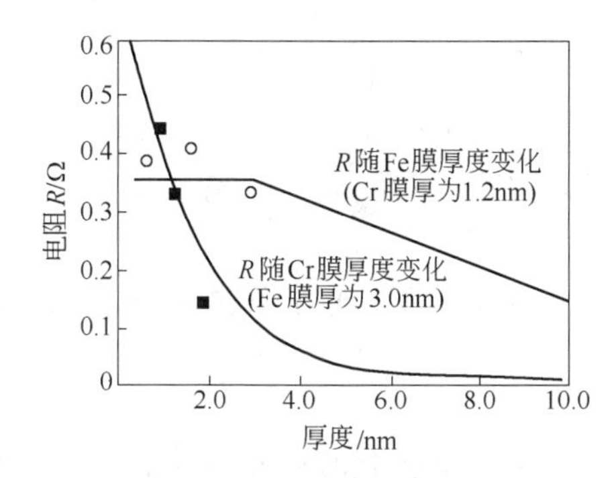

图5-12 Fe-Cr多层膜的电阻R随Cr层厚度的变化关系

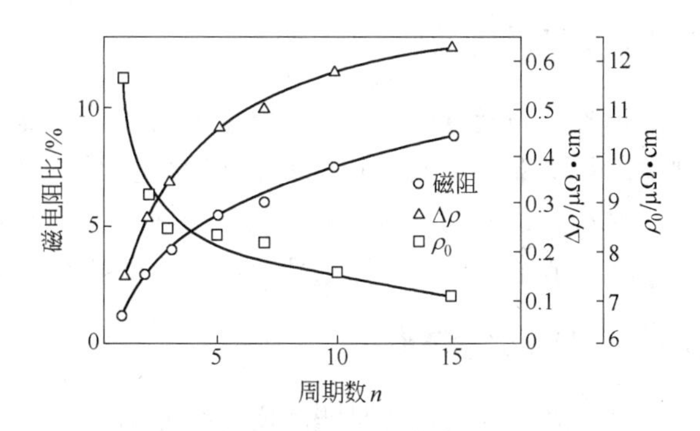

图5-13 [Cu/Co/Cu/Ni(Fe)]×n多层膜的电阻率变化与周期数的关系

从图5-13中电阻率变化与周期数n的关系中可知，电阻率相对变化随n的增大而上升。$n=15$时，电阻率相对变化达9%，这是因在膜界的散射影响较少；但电阻率随n的增大而下降。在通常情况下，薄膜的电阻率大于块体材料的电阻率。当$n=15$时，多层膜的电阻率为10.5μΩ·cm。这表明这种多层膜的结晶状态很完整，要得到较大的磁电阻效应，需增多膜层的层数。

C 磁阻薄膜的沉积制备方法

磁阻薄膜可用超高真空电子束蒸镀、磁控溅射、多靶共溅射、脉冲激光沉积等方法来制备。在沉积过程中，应注意的是膜层中的层周期、层厚是影响膜层磁阻效应的关键工艺参数。

以射频溅射NiFeCu为例，选用合金靶材，本底真空度为1×10^{-4}Pa，氩气工作气压为5Pa，溅射功率密度为25W/cm^2，薄膜的宽度为2mm，长度为10mm，每层的厚度均为3μm；铜膜的宽度在0.1～0.9mm之间变化，厚度为2μm。膜厚由溅射时间控制，溅射速率（NiFe）为 30nm/min，基材为微晶玻璃。采用快速光加热炉对样品进行退火处理，退火在氮气保护气体中进行，以防膜层表面氧化。

D 巨磁薄膜的应用

巨磁薄膜在磁记录和磁传感器等方面有着良好的应用前景，可实现硬盘的面记录密度超过 $1000Mb/in^2$（1in = 25.4mm），大大超越了可写光盘的面密度。磁阻薄膜传感器已经制备出来。应用磁阻薄膜可制成磁阻磁头、旋转式偏码器、位移式磁阻传感器、非接触式磁阻开关等众多磁阻元件。

5.3.4.4 磁阻薄膜的应用

除了本节中对磁阻薄膜已经讲到的应用外，近年来，一些新的进展已经引起军事和人们日常生活的关注，如用于军事雷达技术中的尖晶石和石榴石铁氧体磁记录薄膜。近年来，磁阻薄膜已被用于汽车中的小型雷达的微波集成器件，以防碰撞，使汽车智能化。1997 年，日本科学家桥本和仁等人提出了分子合金磁性薄膜的构想，到最近，成功研制出以 V-Nc-Cr 为基的分子合金类铁氧体薄膜，T_c 达 340K，能透可见光，预期还能自由控制磁光法拉第效应或具有特殊的导电性和光磁效应。分子合金类磁性材料在彩色光磁器件、光磁数据存储材料和磁光数据存储介质等方面的实际应用也将会在不远的将来成为现实。

5.4 光学功能薄膜

用光学功能薄膜制成的种类繁多的光学薄膜器件，已成为光学系统、光学仪器中不可缺少的重要部件。其应用已从传统的光学仪器发展到天文物理、航天、激光、电工、通信、材料、建筑、生物医学、红外物理、农业等诸多技术领域。

在本节中，重点介绍三部分内容，即基本光学薄膜、控光薄膜和光学薄膜材料。

5.4.1 基本光学薄膜

基本光学薄膜指的是能够实现分光透射、分光反射、分光吸收和改变光的偏振状态或相位，可用于各种反射膜、增透膜和干涉滤波片的薄膜，它赋予光学元件各种使用性能，对保证光学仪器的质量起到决定性的作用。

5.4.1.1 减反膜（增透膜）

减反膜（增透膜）是用来减少光学元件表面反射损失的一种功能薄膜。它可以由单层膜和多层膜系构成。单层膜能使某一波长的反射率为零，多层膜在某一波段具有实际为零的反射率。在应用中，由于条件和应用对象不同，其所用的减反膜的类型与诸多因素有关，例如基片材料、波长领域、所需特征及成本等。

A 单层减反膜

为减少光的反射损耗，增大光线的透射率，常在玻璃的表面上沉积一层减反膜（增透膜）。其原理是光的干涉现象。只要膜的折射率小于玻璃基片的折射率，就能实现光的减反射作用。通过真空蒸镀法沉积制备的减反膜在应用上相当普及。图 5-14 所示为薄膜中的光干涉现象。图 5-14 表明，当入射光波长为 λ_0，通过折射率为 n_1 的薄膜后，光的方向发生两次变化，光的入射角为

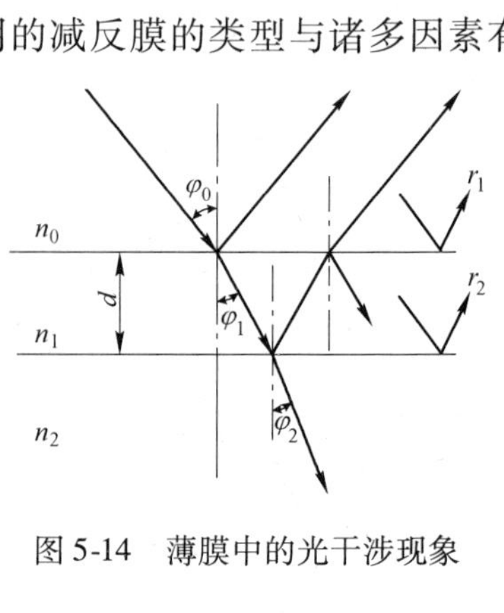

φ_0 r_1 n_0 r_2 d φ_1 n_1 n_2 φ_2

图 5-14 薄膜中的光干涉现象

φ_0，在薄膜中的折射角为 φ_1，在玻璃中的折射角为 φ_2。于是，光线在两界面的反射光就产生干涉现象。当光垂直入射时，若满足下式，其反射率则为零：

$$n_1^2 = n_0 n_2 \tag{5-9}$$

$$n_1 d = \lambda_0/4 \tag{5-10}$$

当波长 λ_0 为 520nm 的光从空气中入射到折射率为 1.52 的玻璃上时，因 $n_0 = 1$，$n_2 = 1.52$，所以 $n_1 \approx 1.23$。因此，最好选择用折射率为 1.23 的薄膜材料，它可使反射率降低到最小。目前，用氟化镁（MgF_2）薄膜，其折射率为 $n_1 = 1.38$，可计算出在中心波长处的反射率仍有 1.3%。图 5-15 所示为单层氟化镁薄膜的反射率曲线。$\lambda_0/4$ 称为光学厚度，为使薄膜具有最低反射能力，就必须严格控制氟化镁薄膜的厚度，这就要求沉积光学镀膜机要有在线膜厚控制仪。由图 5-15 可知，单层反射膜已比玻璃的反射率低很多。

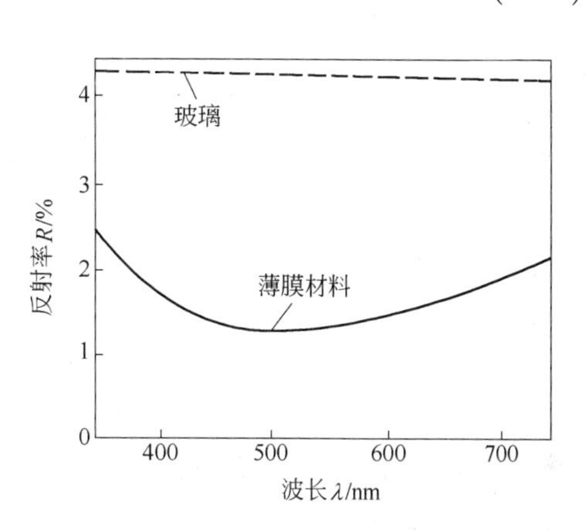

图 5-15　单层氟化镁薄膜的反射率曲线

B　多层减反膜

多层减反膜主要是为了改进单层减反膜的不足，进一步提高减反膜效果，因而采用的增加膜层层数的措施，图 5-16 所示为 V 形双层减反膜的反射率曲线。它先在玻璃上（折射率为 n_3）沉积一层折射率比玻璃高的、厚度为 $\lambda_0/4$ 的薄膜（折射率为 n_2），如厚度为 $\lambda_0/4$、折射率为 1.70 的 SiO 薄膜，然后再沉积一层 $\lambda_0/4$ 的氟化镁薄膜，就能起到更好的增透实效。镀上一层高折射率膜后，该膜层与玻璃基片相组合光学导纳 γ（等效折射率），根据 $\gamma = n_2^2 n_3$ 计算，$\gamma = 1.9$。即将镀氟化镁的折射率提高了，使氟化镁正好满足理想的减反条件，使波长的反射光减少到接近于零。这就是双减反膜。采用"$\lambda/4 - \lambda/4$"结构，同时也可采用"$\lambda/4 - \lambda/2$"的结构，使光谱反射率平坦些。采用了多层膜后，整个可见光区的平均反射率可抑制在 0.2% 以下。图 5-17 所示为多层减反膜（四层）的计算结果。

要指出的是，对不同的玻璃基片，选择设计薄膜材料还是件难事。因此，在实际应用

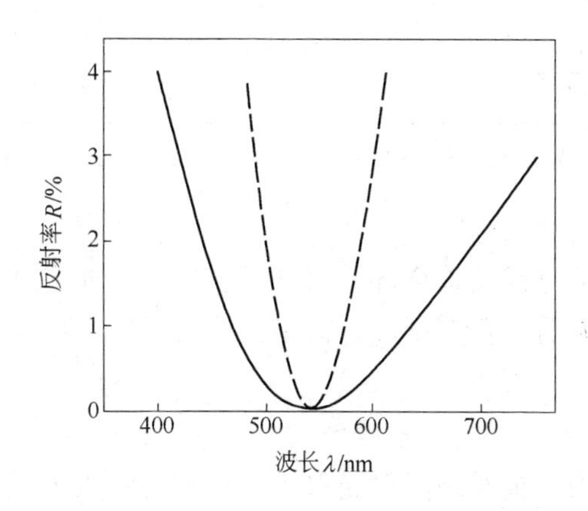

图 5-16　V 形双层减反膜的反射率曲线

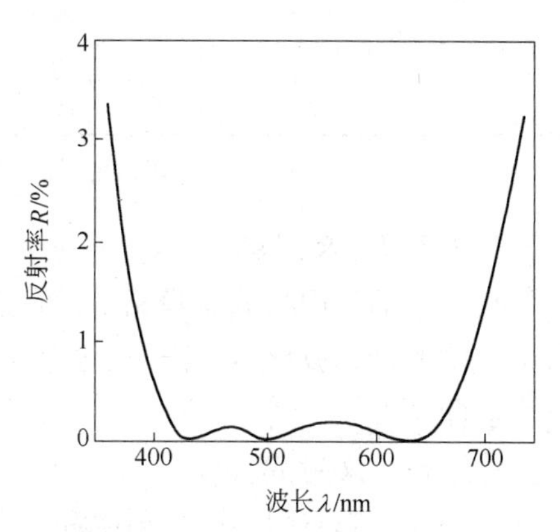

图 5-17　四层减反膜的反射率曲线

上，用两种稳定物质交替型多层膜（称为等效膜）来替代具有期望折射率的薄膜。这种方式中，总共约6层或7层膜，有时甚至多达数十层。部分具有代表性的薄膜材料的折射率见表5-38，供参数选择。

表5-38 部分光学薄膜材料的折射率

物 质	蒸发方式	折射率 n(波长/μm)	备 注
Al_2O	EB	1.62	最好用单晶
SbO_2	R(Mo)	2.04(0.55)	划痕不明显
CaF_2	R(Mo,Ta)	1.23～1.26(0.55)	具有明显性
CeO	R(W)	2.42(0.55) (350℃时)	易于变成多相
CeF	R(W)	1.63(0.55) 1.59(2.0)	划痕明显
Na_3AlF_6	R(Ta)	1.35(0.55)	质地软，划痕不明显
La_2O_3	R(W)	1.95(0.55)	随着使用容易产生变化
LaF_3	R(W)	1.95(0.55)	硬镀中有少量多相结构
PbF_3	R(Pt)	1.75(0.55)	和ZnS组合在一起使用
MgF_2	R(Ta)	1.38(0.55)	非常硬
NdFs	R(W)	1.60(0.55)	划痕明显，无吸收
Pr_6O_{11}	R(W)	1.92(0.5)	
SiO	R(Ta)	1.7(0.55)	常用做保护膜
SiO_2	EB	1.46(0.5)	虽然极其牢固，但可被碱略微腐蚀
TiO_2	EB R(W)	2.2～2.7(0.55)	极其牢固，不容易产生划痕
ThO_2	EB	1.8(0.55)	适用于防止射线辐射
ThF_4	R(Ta)	1.52 (0.4)	适用于防止射线辐射
ZnS	R(Ta)	2.35(0.55)	
ZrO_2	EB	2.1(0.55)	易于变为多相
Sb_2S_3	EB	3.3(589)	
PbTe	EB	5.5	

注：EB为电子束加热，R为电阻加热，R( )中( )的Mo、Ta、W、Pt表示加热材料。

5.4.1.2 反射膜

反射膜的作用与减反膜相反，它是要求把大部分或几乎全部入射光反射回去。如光学仪器、激光器、波导管、汽车、灯具的反射镜，都需沉积镀制反射薄膜。反射膜有金属膜和介质膜两种。

A 金属反射膜

金属反射膜有很高的反射率和一定的吸收能力。金属高反射膜仅用于对膜的吸收损耗没有特殊要求的场合。沉积镀制金属反射膜最常用的是Al、Ag、Au、Cu等。图5-18所示为几种金属反射光谱的特性曲线。金属膜在可见光区和红外光区反射率高，在紫外光范围的反射能力低，甚至会变得透明，显示出非金属的性能。如 Ag 对红光和红外光反射率都在0.9 以上，而在紫外光区反射率就很低，在316nm 附近，反射率降至0.04，相当于玻璃的反射。从图 5-18 中特性曲线可知，Ag 膜在可见光区和红外光区都有很高的反射率，且在光线倾斜时偏振小。为了提高金属膜表面的抗擦伤能力，必须再加一层保护膜，保护膜的光学厚度为工作波长的1/2，保护膜材料为 SiO、SiO_2 和 Al_2O_3。要指出的是，对用于紫外光区的铝反射镜，不能用 SiO 作保护膜，这是因为 SiO 在紫外光区有较大的吸收。用于紫外光区的保护膜为二氧化硅、氟化镁、氟化锂。

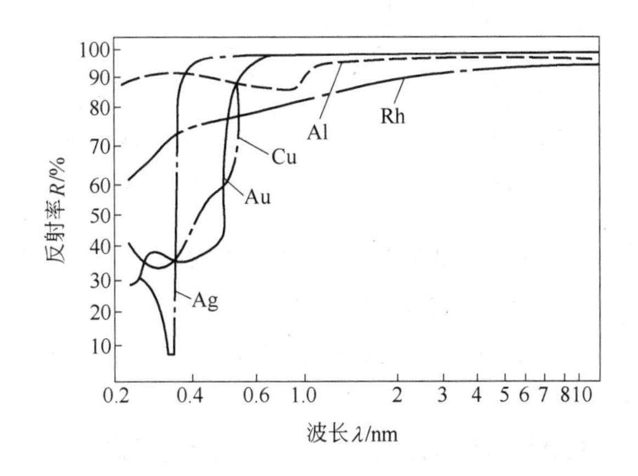

图 5-18 几种金属反射光谱的特性曲线

B 全介质高反射膜

金属高反射膜的吸收损失较大，在某些应用中，如多光束干涉仪、高质量激光器的反射膜，就要求沉积低吸收、高反射的全介质高反射膜。其结构是在基片上交替沉积光学厚度为 λ/4 高、低折射率的膜层，全介质高反射膜的结构示意图如图 5-19 所示。它实际上是“多层介质高反射率膜”。图 5-19 中 H 为高反射率膜层，L 为低反射率膜层，G 表示玻璃，A 表示空气。多层介质高反射膜系可表示为 G/HL HL HL⋯HL/A，简化写成 $G/(HL)^m/A$。其中，m 表示周期数，即 HL 的重复次数。这种多层介质膜系结构，在入射光从低折射率到高折射率界面反射时没有相位变化。又由于膜层的光学厚度为 λ/4，入射光经膜系各个界面上反射出来的光束到达前表面时，具有相同的位相，发生相干干涉，从而实现高反射。好的反射膜的反射率可达100%。

图 5-20 所示为 3 层、5 层、7 层、9 层高反射膜的反射特性曲线。图中横坐标是相对波数 g，$g=\lambda_0/\lambda$。在 $g=1$ 处，$\lambda_0=\lambda$，其反射率最大。

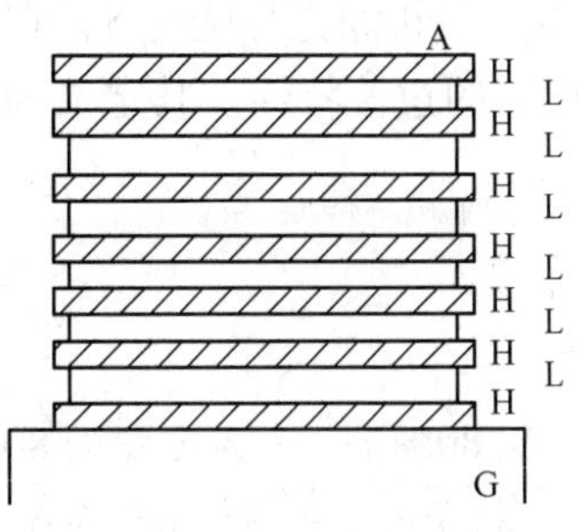

图 5-19 全介质高反射膜的结构示意图

全介质高反射膜的高反射带也是有限的，在不能满足某些实际应用要求时，就需展宽高反射带。最简单的方法是将图 5-21 曲线中的 A、B 或两个以上不同中心波长的高反射膜堆叠加起来，所形成的膜系为“基片/$[(H_1L_1)^{S_1}H_1]_{\lambda_1}[(H_2L_2)^{S_1}_{\lambda_2}H_2]$/空气”。但叠加后，相互间又会产生干涉，因而在展宽

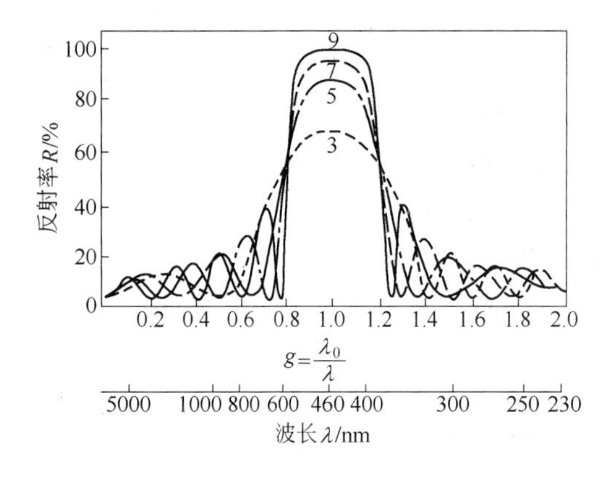

图 5-20 3层、5层、7层、9层高反射膜的反射特性曲线

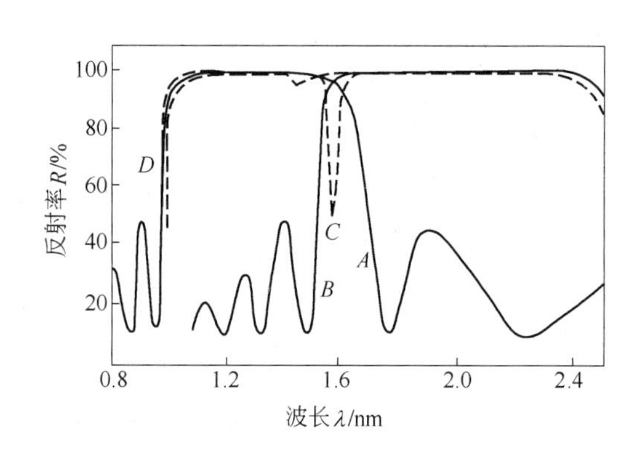

图 5-21 两个高反射带稍有重叠的 λ/4 多层膜的反射特性曲线

了的高反射带中心 $\lambda' = (\lambda_1 + \lambda_2)/2$ 处出现了一个透射峰，即图 5-21 中曲线 C。若在两个高反射膜堆之间插入一个低反射率的 $\lambda'/4$ 膜层。此时的膜系为“基片/$[(H_1L_1)^{S_1}H_1]L\lambda'[(H_2L_2)^{S_2}H_2]\lambda_2$/空气”,这样便可消去透射峰，即图 5-21 中曲线 D。

5.4.1.3 截止滤光片

光学应用中经常需用到的一种能使某一波长范围的光束高透射，而偏离这一波长的光束能迅速地变为高反射的光学元件，称为截止滤光片。也就是说，截止滤光片就是以某一特定波长 λ_c（截止波长）为界，反射（截止）$\lambda < \lambda_c$ 波段的光束，透过 $\lambda > \lambda_c$ 波段的光束，或是相反，前者称为短波滤光片，后者称为长波滤光片。

图 5-22 所示为截止滤光片的典型特性。截止滤光片的主要参数有：

（1）截止区的波长范围（$\lambda_0 \sim \lambda_1$）和透射区的波长范围（$\lambda_0 \sim \lambda_2$）；

（2）截止区的平均透过率 T_1；

（3）截止区中所允许的最大透过率 T_2；

（4）透射区的平均透射率 T_3；

（5）透过区中所允许的最小透过率 T_4；

（6）截止滤光片陡度 S，它表征了滤光片从抑制区到投射区的过渡特性。其定义为：

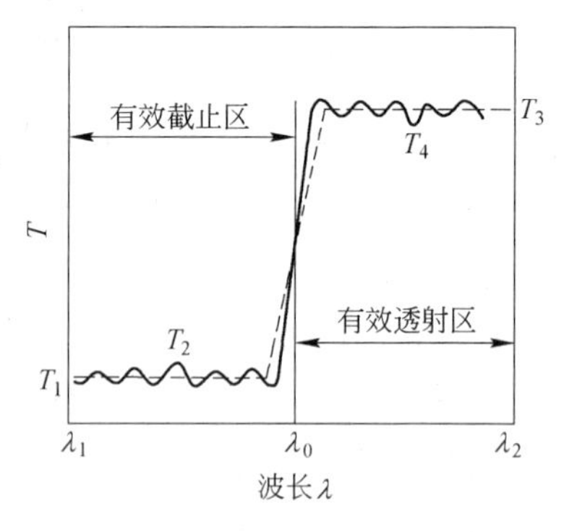

图 5-22 截止滤光片的典型特性

$$S = \frac{\lambda(80\%) - \lambda(5\%)}{\lambda(5\%)} \times 100\% \tag{5-11}$$

式中 $\lambda(80\%)$——透过率为 80%处的波长值；

$\lambda(5\%)$——透过率为 5%处的波长值。

截止滤光片有吸收型、薄膜干涉型和吸收与干涉组合型。

薄膜吸收型截止滤光片是由某种材料的单层薄膜组成，这种单层薄膜的本征吸收正好在所要求的波长。如锗的截止波长为1.65μm，透明波长范围为1.7~23μm，它是吸收型的长波滤光片；硅的截止波长为1.0μm，透明波段的范围为1.1~12μm。

薄膜吸收型滤光片的截止波长位置由材料所决定，实际上用做吸收滤光片的材料又很有限，无法适应多种多样的截止要求，因此，常使用干涉型截止滤光片或者两者相结合的干涉吸收型截止滤光片。

干涉截止滤光片的膜系是高、低折射率交替的 $\lambda/4$ 膜堆，与全介质高反射膜一样。其膜系结构有“基片/(0.5HL 0.5H)^S/空气”和“基片/(0.5LH0.5H)^S/空气”两种。

图5-23所示为15层长波通滤光片和15层短波通滤波片的透射特性曲线。图中实线 a 表示长波通滤光片，膜系为“基片/(0.5HL 0.5H)^7/空气”，截止中心波长 λ_0 = 450nm，n_H = 2.35（硫化锌），n_L = 1.35（冰晶石），n_S = 1.52（K9玻璃）；虚线 b 表示短波通滤波片，膜系为“基片/(0.5LH0.5L)^7/空气”，λ_0 = 750nm，n_H = 2.3、n_L = 1.38，n_S = 1.52。

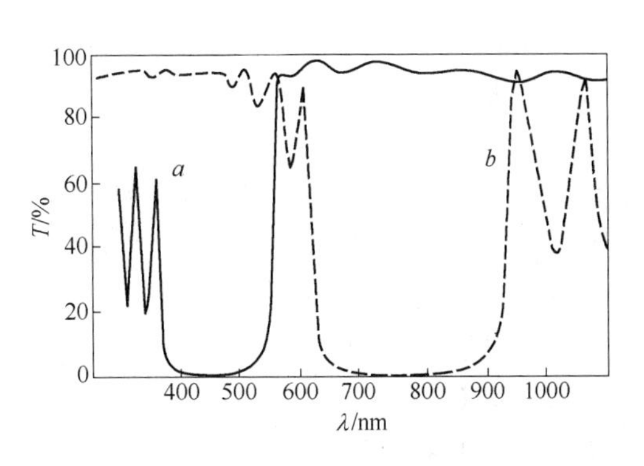

图5-23 15层长波通滤光片和15层短波通滤波片的透射特性曲线

截止滤光片很有实用价值，如在彩色电视、电影、印刷等彩色分光系统中使用的二向色镜就是截止滤光片。使蓝光反射而使红光、绿光透射的是长波滤光片；使红光反射而使绿光透射的是短波滤波片。电影放映机中的冷反射镜在可见光区中有较高的反射比，在红外光区又有较高的透射比，是长波滤光片。热辐射波导管是短波滤光片。利用光的反射原理，还可制作波导管。波导管是把光波封闭在有限界面的透明媒介内，使波在波导轴向传播的光结构。利用光的波导特性还可制作光调制器和薄膜激光器。

5.4.2 控光薄膜

5.4.2.1 阳光控制膜

A 阳光控制膜概述

在玻璃上镀上一层光学薄膜，使玻璃对太阳光中的可见光部分有较高的透射率，而对太阳光中的红外部分有较高的反射率，并对太阳光中的紫外线部分有很高的吸收率。将它制成阳光镀膜幕墙玻璃，就能保证白天建筑物内有足够的亮度；在夏天，特别是在低纬度的地区，不至于使透过玻璃的太阳辐射过多而使室内温度过高；由于减少了紫外线的照射，就使室内家具减少了龟裂，减少了地毯、墙纸、装饰物等的褪色，延长了它们的使用寿命。镀有这种膜的玻璃称为阳光控制玻璃，也称遮阳玻璃。镀的这种膜称为阳光控制膜，俗称遮阳膜。安装这种遮阳玻璃，可使夏天室内采用空调时的能源消耗减少50%以上。

B 阳光控制膜的材料与结构

沉积镀制在阳光控制玻璃上的膜材料有纯金属膜材（Cr、Ti、Ni、Fe及其合金等）、金属氧化物膜材（氧化钛、氧化锡、氧化铟锡等）和金属氮化物（如TiN、CrN、Cr_2N、SSN（不锈钢氮化物）等）。

从结构上看，在玻璃上镀制阳光控制膜最好是选用金属膜与金属氧化物膜的组合，用调整组合薄膜的成分和厚度就可以实现在较宽范围内调节阳光控制膜的透过率、反射率和外观彩色特性。在双层玻璃中，这种阳光控制膜镀在外面一块玻璃的内侧，各种反射颜色（黑色、古铜色、银色、蓝色或蓝绿色）取决于第一层 SnO_2 的厚度，整个阳光量的透过率由金属氮化物的厚度来确定。阳光控制膜的特性由屏蔽系数 S_c 表示。S_c 由 g/g_0 之比给出，其中，g 为透过镀膜玻璃总的太阳能传输；g_0 为透过无色玻璃（厚度为 3mm）总的太阳能传输；g_0 值为 0.87。一般屏蔽系数值 S_c 为 0.2 ~ 0.4。

阳光控制膜玻璃由三层膜组成，把吸收和反射膜（如 CrN_x、TiN_x）镶嵌在两个高折射率膜层（如 SnO_2）中间，典型的系统有：玻璃-SnO_2(10 ~ 100nm)-CrN_x(10 ~ 30nm)-SnO_2(10 ~ 30nm)。介质膜/金属膜/介质膜这三层薄膜组成的阳光控制膜的结构如图 5-24 所示，其镀制成本高，工艺也较为复杂。

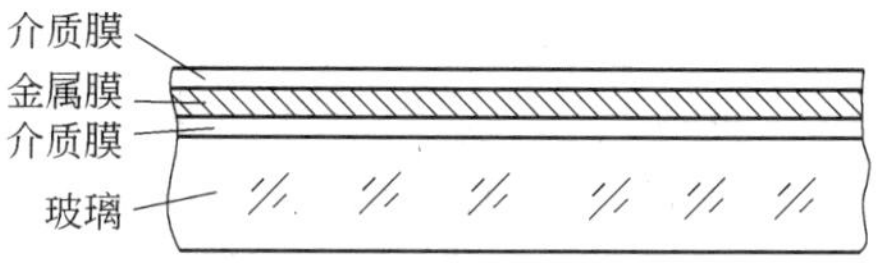

介质膜
金属膜
介质膜
玻璃

图 5-24 镀膜玻璃的三层膜结构

5.4.2.2 低辐射率膜

A 低辐射率膜概述

在玻璃的表面上镀制一层低辐射系数的薄膜，称为低辐射率膜（Low emisivity film Low-E），俗称隔热膜，它对红外线有较高的反射率。镀有这类膜的玻璃称为低辐射玻璃，也称隔热玻璃或节能玻璃。由于普通玻璃对波长 400 ~ 1000nm 之间的红外辐射光是不透明的，当室内温度为室温时，红外辐射能量的 98% 落在 300 ~ 3000nm 范围内，从而有 89% 的红外辐射能量被玻璃吸收，使玻璃温度升高。然后，再通过玻璃的辐射和与周围空气的热交换而散发其热量，使室内大部分热量散逸到室外。根据维恩定律，辐射力最大值下的波长与热力学温度（K）的关系是：$\lambda_{max} = 2898/T$，代入 $T = 23K$，$\lambda_{max} = 9.89\mu m$，测得 3mm 普通玻璃对 23K 的红外辐射光为：$T_r = 3\%$，$R_r = 8\%$，$a_r = 89\%$，即有 89% 的红外辐射能量被玻璃吸收，使玻璃温度升高。再经玻璃的辐射和与玻璃窗的面两侧，即室内外空气的热交换而散发其热量，致使室内大部分热量散逸至室外，造成热量损失。为了减少这种热量散逸，通常就用低辐射率的玻璃和普通玻璃组成中空玻璃来隔热节能。这主要用于高纬度寒冷地区。在采用普通的双层中空玻璃时，室内中 80% 的能量通过玻璃传输到室外；若采用在双层中空玻璃内侧一表面镀上一层低辐射率的隔热膜，热量传输损失可降低到 40%。

B 低辐射率膜材料

低辐射率膜材料通常用正电性金属元素，如 Au、Ag、Cu 等，其薄膜结构也常用图 5-24 所示的三层膜或多层膜结构：靠玻璃的一层是介质膜，以增加膜层与玻璃的亲和力；中间层是镀有 Au、Ag、Cu 等金属材料薄膜，以实现低的辐射率；最外层也是介质膜，它对金属膜起保护作用，并能增加可见光和太阳光中近红外辐射的透过率。一般要求低辐射率膜对从室外照射进室内的太阳光透过率应大于 50%，辐射率小于 10%，一般用三层膜的结构。多以 Ag 为基础，把它夹在两层减反射的金属氧化物中间，金属氧化物常用 SnO_2 和 ZnO_2。有单层 Ag，也有多层 Ag。为保护 Ag 在溅射过程中不受侵蚀，选镀一层阻挡层（$NiCrO_x$）。图 5-25 所示为镀有 TiO_2/Ag/TiO_2 和 TiO_2/Cu/TiO_2 三层膜的低辐射率玻璃的透射和反射特性。该膜系在可见光区透过率主要取决于金属膜厚度，但红外区的反射率几乎不变。

还有一种常见的膜系结构为：玻璃基体/TiO_2/TiN/TiO_2。由于TiN膜在红外区有很高的反射率，而在可见光区几乎不透光。因此，只要将TiN膜做得很薄，并与TiO_2薄膜积层化，就可得到性能良好的选择性透射膜系。把TiN夹在两层TiO_2薄膜中间，形成膜系：玻璃基体/TiO_2(18nm)/TiN(18nm)/TiO_2(18nm)。这是生产中最常见的一种膜系，它在可见光区和红外区透过率与波长的关系如图5-26所示。由图5-26可见，该膜系在可见光区是半透明的，而对2μm以上的热线几乎可以遮蔽。因此，可做高温薄膜或加热炉的窗口材料。另外，还有一种常用的低辐射率膜系结构为：玻璃基体/Cr/Ag/TiO_2，其各层膜厚分别为72nm、12nm和10nm时，在波长大于0.9μm红外区，透射率低于50%，可见光平均透射率为50%，透射主峰在550nm。一种新型的低辐射率的膜系用TiO_2替代SnO_2或ZnO($n=2.5$)，膜系为：玻璃/TiO_2/ZnO/Ag/$NiCrO_2$/Si_3N_4。

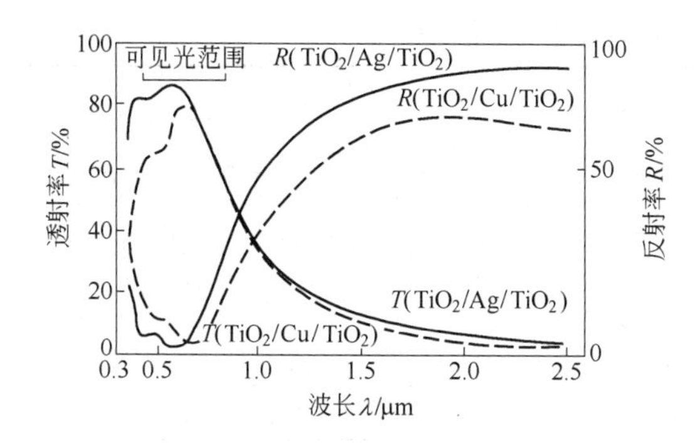

图5-25 TiO_2/Ag/TiO_2和TiO_2/Cu/TiO_2三层膜低辐射率玻璃的透射和反射特性

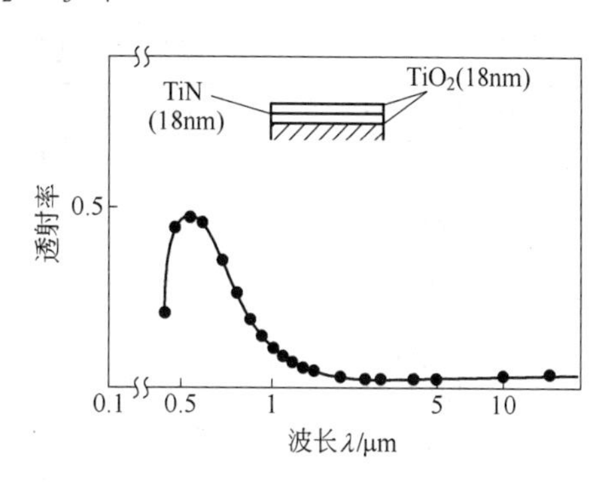

图5-26 玻璃基体/TiO_2/TiN/TiO_2膜系透射率与波长的关系

5.4.2.3 光学性能可变换膜

光学性能可变换膜是指物质在外界环境影响下产生一种对光反应的改变，在一定外界条件（如热、光、电）下，使它改变颜色并能复原，这种变色膜是一类有广阔应用前景的光学功能材料。目前，变色膜有4种，即电致变色膜、光致变色膜、热致变色膜和压致变色膜。

A 电致变色膜

电致变色膜是指在电流或电场作用下，薄膜材料发生的可逆变色。电致变色材料在电场作用下，发生离子与电子共注入与共抽出，使材料的价态与化学组分发生可逆变化，从而使材料的透射与反射特性发生改变。

电致变色薄膜大致分为无机电致变色薄膜和有机电致变色薄膜。

无机材料由于抗紫外线性能优于有机材料，在电致变色中更具优势。根据变色特性，电致变色薄膜材料又可分为阴极电致变色薄膜材料和阳极电致变色薄膜材料。

阴极电致变色薄膜在高价氧化状态下为无色，而在低价还原状态下着色，如WO_3、MoO_3、Nb_2O_5、TiO_2等。其中，MoO_3是研究较多的变色材料，它在可见光区有较平滑的吸收光谱曲线，并有灰色变色特性，具有比WO_3更加柔和的中性色彩。MoO_3膜有多晶和非晶两种形态，其晶化温度为225~275℃。人们常把MoO_3加入到WO_3膜中制备混合膜，混合膜中Mo和W位置的电子转移引起更高能量的吸收，吸收带比单独氧化物薄膜的吸收带要宽。如改变混合膜中 Mo 和 W 的比例，可制得不同电致特性的膜，此类混合膜常用于可见光和近红外区滤挡片。

阳极电致变色薄膜在低价还原状态下为无色，而在高价氧化状态下着色，如 IrO_x、Rh_2O_3、NiO_x、Co_2O_3、MnO_2 等。氧化铱（IrO_x）具有由透明态向蓝黑色转变的电致变色效应；Rh_2O_3（氧化铑）可在正电压下由黄色变为暗绿色或紫褐色；NiO_x（氧化镍）具有对比度高、光学密度变化大、稳定性和可逆性好、响应快、着色率高、易于制备、价格低廉、电致变色性能好等优点，因而受到重视，其透过率可调范围主要是在可见光区，且透过率的可调范围较大，经过 10^5 次循环后，电致变色性能降低较小，特别适合制作长时间记忆、低开关速率的大面积灵巧窗及信息显示器件。因此，氧化镍电致变色薄膜近年来受到重视。几种常见的无机电致变色薄膜材料见表 5-39。

表 5-39　几种常见的无机电致变色薄膜材料

电致变色薄膜材料	着色方式	颜色变化
WO_3	阴极着色	无色←→蓝色
NoO_3		无色←→深蓝色或黑色
Nb_2O_5		无色←→浅蓝色
V_2O_5		黄色←→蓝色
TiO_2		无色←→浅蓝色
NiO_x	阳极着色	无色←→黑褐色
Ir_2O_3		无色←→蓝黑色
Rh_2O_3		黄色←→深绿色
CoO_x		红色←→蓝色
$LuH(PC)_2$		紫色←→蓝色←→绿色←→红色
InN		橙黄色←→红褐色←→灰色

WO_3 薄膜可用电子束沉积、溅射、热蒸发、脉冲激光沉积和电化学沉积等方法制备。其中，射频溅射法沉积制备 WO_3 薄膜非常有效。当然，WO_3 薄膜也可采用化学气相沉积（CVD）的方法来制备。

NiO_x 薄膜用真空蒸镀、溅射、电解沉积、溶液-凝胶法等来制备。其中，真空蒸镀、溅射法比较复杂，对原料和设备要求高；电解法处于试验阶段；溶液-凝胶法设备简单，便于控制，易成大面积薄膜，受到广泛研究。

Nb_2O_5 薄膜是具有发展前途的阴极着色膜，它可与 NiO_x 组成最优性能匹配的互补型电致变色智能窗。制备 Nb_2O_5 薄膜的方法有金属氧化法、电子束蒸发法、溅射法、阳极氧化法、化学气相沉积法、脉冲激光沉积法、溶液-凝胶法。Nb_2O_5 薄膜主要是用溅射法和溶液-凝胶法沉积制备。

NiO_x 薄膜是阳极电致变色材料，可与 WO_3 等阴极电致变色材料一起组成互补电致变色器件，一般采用电子束蒸发的方法沉积制备。

由于电致变色薄膜在电场作用下对光线起调制作用，不受视角限制，驱动电压低，透光率可在大范围内调节等，因此，它适合应用于多个领域。电致变色薄膜与平板玻璃相结合制成建筑物的智能窗，可实现对室内温度的调节，达到节能、减少污染的目的。同时，电致变色薄膜也可用于火车、汽车等交通工具及电色储存器件和大屏幕显示等。

B 光致变色膜

光致变色膜是一种随观察角度不同而改变颜色的多层光学薄膜，在防伪领域有十分重要的应用价值，其原理是基于多层光学薄膜中的光干涉，变色膜的颜色是多层膜干涉所特有的，而且会随着观察角度变化而改变，是其他方法无法复制的。下面介绍的是一种制备金属/介质型纳米复合膜新技术。

变色膜膜系有前介质 HL^3HL^3H 膜系（H、L 分别代表高、低折射率介质）和金属-介质 $M_1/D/M_2$ 膜系（M 为金属，D 为介质）两种。

对 $M_1/D/M_2$ 膜系，反射光色纯度好，考虑到稳定性和成本，最佳的膜系是 $Cr/SiO_2/Al$ 和 $Ti/SiO_2/Al$。膜系设计的原则是：尽可能使膜堆在可见光区只有一个高而窄的反射峰。应指出的是，其各层膜的厚度与普通的光学薄膜是有差别的。下面给出 Cr/D/Al 膜系的一些数值计算结果。

a Al、Cr 膜层厚度对反射光谱的影响

Al 和 Cr 膜层分别起增加反射和提高对比度的作用。图 5-27 和图 5-28 所示分别为变色膜反射光谱与 Al 反射层厚度的关系和与 Cr 膜吸收层厚度的关系。图 5-27 中“Cr = 10nm”是指 Cr 膜吸收层厚度 = 10nm 情况下反射光谱与 Al 反射层厚度的关系；“SiO_2 = 1.3 × 210nm”指的是 SiO_2 折射率 $n = 1.3$，厚度 $d = 210$nm，则光学厚度 $nd = 1.3 \times 210$nm；“$\theta = 0°$”表示入射角为 0°，即垂直介质表面。从图 5-27 中可知，Al 膜不影响反射峰的位置和形状，反射峰的高度随 Al 膜厚度的增加而增加。为达最大的反射，Al 膜厚度应不低于 50nm。下面取 Al 膜厚度为 100nm。图 5-28 中“Al = 100nm”是指 Al 反射膜厚度为 100nm。由图5-28可知，Cr 膜的厚度对反射峰的位置、高度、宽度都有明显影响。Cr 膜折射率和消光系数都较大，光束经 Cr 膜层时，不仅被 Cr 层部分吸收，而且相位也要改变。Cr 膜层厚度在 10 ~ 20nm 时，可获得最好的反射峰。

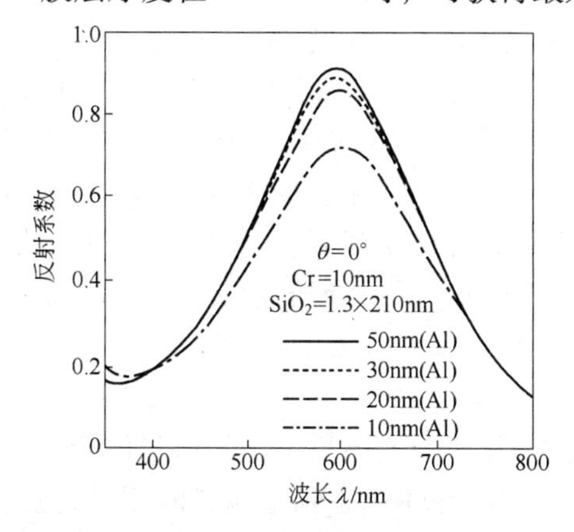

图 5-27 变色膜反射光谱与 Al 反射层厚度的关系

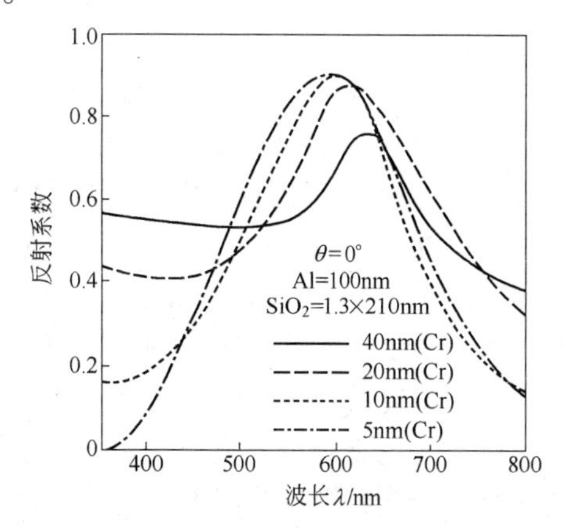

图 5-28 变色膜反射光谱与 Cr 膜吸收层厚度的关系

b 介质层折射率和厚度对反射光谱的影响

溶胶-凝胶法制备介质膜的厚度和折射率可以在比较大的范围内变化。对于介质膜层，可给出的折射率和厚度变化两个方面的结果。

在保持光学厚度 nd（n 为介质折射率，d 为介质的厚度）不变的条件下，介质层的折射率越低，反射峰就越窄；当角度增大时，峰位移动量增大，但峰高基本不变。

在折射率不变时，小范围内厚度的变化主要是峰位移动，介质膜层厚度增加，峰位红移，峰宽略有增大，但峰高基本不变。

当介质膜层的光学厚度按下式关系取值时，反射峰位置基本保持不变。

$$(nd)_D = 2m \times (\lambda_0/4) - (nd)_A$$

这里，$(nd)_D$ 和 $(nd)_A$ 分别表示介质 D 层和吸收层 M1 的光学厚度，m 为正整数，$m = 1$，2，3，4，其计算结果如图 5-29 所示。图 5-29 中设计的中心波长 λ_0 取 560nm，θ 为入射角，n 为介质折射率，$q_w = \lambda_0/4$，即 1/4 波长。可见，介质层越厚，峰宽越窄，对提高色纯度有利；但介质层太厚时，又会在可见光区产生多个反射峰，从而影响色纯度。因此，介质层光学厚度有一适合范围，即$(2q_w \sim 6q_w) - (nd)_A$，最佳值为 $4q_w - (nd)_A$，这里 $q_w = \lambda_0/4$。

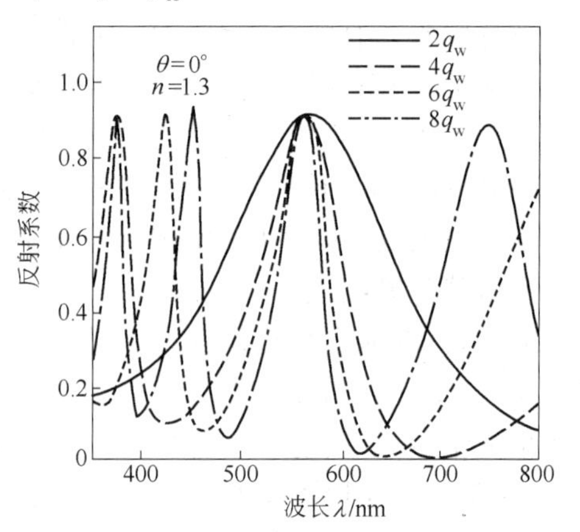

图 5-29 具有最优化介质层光学厚度变色膜的反射光谱

斜入射反射光谱相对垂直入射总是蓝移，为了保证变色效果，垂直入射时反射峰应位于 520nm（绿光）以上，$n = 1.3$ 和 $n = 1.8$ 的介质，计算所得的最小厚度要求分别是 180nm 和 125nm。值得指出的是，薄膜的光学常数不仅与薄膜厚度有关（尺寸效应），而且还与沉积制备薄膜的方法有关。上面设计、计算的 Al、Cr 的光学常数均是采用手册上的块体光学常数，因 Al 膜较厚（100nm），这样处理是可以的；但 Cr 膜厚仅有 10nm，其光学常数就会与块体材料有较大的差别，加上 Al 膜在空气中表面会生长一层约 7nm 的氧化层（Al_2O_3），上面的计算中没有考虑这一因素。

在真空镀膜机上镀制纳米复合变色膜的过程是：先在基底上（K9 玻璃、塑料薄膜、Si 片）蒸镀上一层 100nm 的 Al 膜；以 SiO_2 溶胶为源，用旋转涂覆法在 Al 膜上制备纳米多孔 SiO_2 膜；镀后先在室温下干燥 15min，再置于设定温度的烘箱中烘烤数小时，去除残余的有机物；最后用溅射法制备一层 10～30nm 的 Ti 膜，即成纳米复合变色膜。加拿大国家研究院于 1987 年设计制备了一种颜色可从金黄色变到绿色的全介质变色膜，于 1988 年在加元货币上首次获得防伪的实际应用。

C 热致变色膜

热致变色膜是指该膜的颜色随温度而变化，比较适用于苛刻条件下。一些过渡金属氧化物具有相变特性，当温度超过一定临界值后会经历从半导体价态到金属态的相变过程，伴随相变会发生光学、电学和磁学特性的显著变化，这称为“热致变色”。典型的材料是 VO_2 薄膜。它的相变温度与室温较近（$T_c = 68℃$），它从低温半导体态相变到高温金属态过程中，有明显的光学、电学性能变化。变化是高速、可逆相变，有广泛的应用前景。

在实验中，不同衬底温度下（300～500℃），改变 $O_2/(Ar + O_2)$ 的体积比，沉积出一系列薄膜，对衬底温度在 400℃ 以下薄膜电阻的测量表明：在 $O_2/(Ar + O_2)$ 体积比为 7.8% 时，低温电阻率与高温电阻率的比 ρ_S/ρ_m 达到极大，这说明此时 VO_2 相的含量最大，经测量，膜的组分非常纯，只有 VO_2 相存在。

测量 VO_2 热致变色膜低温20℃和高温80℃的透射光谱和电阻的变化，长波段为500～2500nm 范围。结果表明：不同温度下，光透过率发生明显变化，特别在红外波段，在波长大于2000nm 处，光透过率从低温态的60%降到高温态的18%，变化了42个百分点；在波长小于500nm 时，透过率很小，接近于零，且不随温度变化发生变化。把 VO_2 的热致变色光学效应与热致变色电学效应相比，发现越是热致变色电学效应明显（ρ_S/ρ_m）较大的样品，其热致变色光学效应也更加显著。当电阻率变化小于 10^2 以后，样品则无明显的热致变色效应。高/低温下光透过率的改变趋于零（100～200℃）。

热致变色薄膜可用于制作热激活电子开关和光开关的器件。亚微米波段的调制器和偏振器、适时耦合光学数据处理器、透射/反射开关、高速随机存取扫描激光器及化学传感器、节能涂层等应用。

VO_2 薄膜可用真空蒸发、反射溅射、化学气相沉积、溶胶-凝胶法等进行制备。由于 V 的价态结构复杂，并且这些相的稳定条件又比较接近。因此，要制备严格化学配比的 VO_2 比较困难，一般是用各种相的混合材料来制备。

D 压致变色膜

压致变色膜指的是在压力变化下其体积将发生急剧变化。在比较低的压强下，SmS 能呈现出急剧的光学变换。因此，它已成为一种非常重要的变色材料。一些压致变色薄膜的压力诱导变换见表5-40，供参阅。图5-30所示为单晶 SmS 在转换压强上下测量的反射率与波长间的函数关系。在视角上，随压力的增加，SmS 将由黑色变成金黄色。

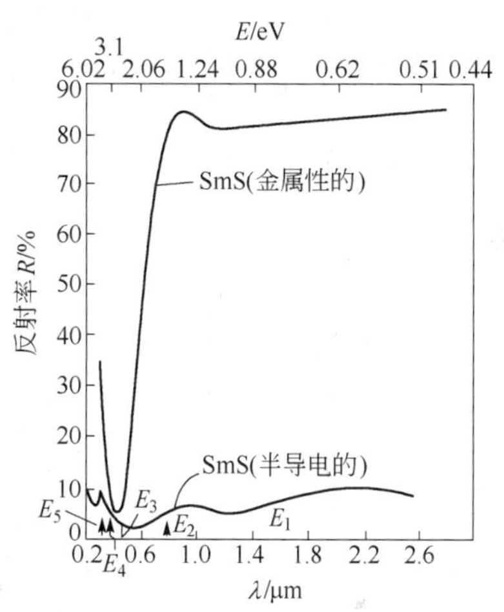

图5-30 单晶 SmS 在转换压强上下测量的反射率与波长间的函数关系

表5-40 一些压致变色薄膜的压力诱导变换

基 底	转换类型（在低压强/高压强下结构类型）	转换压强/GPa
EuTe	NaCl/CsCl	约11
EuSe	NaCl/CsCl	约14.5
EuS	NaCl/CsCl	约21.5
EuO	电子的破坏 NaCl/CsCl	约30 约40
SmS	电子的破坏	0.65

5.4.3 光学薄膜材料

5.4.3.1 金属和合金

金属和合金是较为广泛的薄膜，具有反射率高、截止带宽、中性好、偏振效应小以及吸收可以改变等特点，在一些特殊用途的膜系中，它们有特别重要的作用。常用的金属和合金的膜层材料见表5-41。

表 5-41 常用的金属和合金的膜层材料

材料名称	化学符号	熔点/℃	蒸发方式	波长/nm	折射率 n	消光系数 k	反射率/%	备 注
铝	Al	680	钨丝或钼舟	220	0.14	2.35	91.8	基片温度低于50℃，蒸发速率为5～100nm/s
				250	0.19	2.85	92.0	
				300	0.25	3.33	92.1	
				340	0.31	3.80	92.3	
				380	0.37	4.25	92.6	
				436	0.47	4.84	92.7	
				492	0.64	5.50	92.2	
				546	0.82	5.44	90.0	
				650	1.30	7.11	90.7	
				700	1.55	7.00	88.8	
				800	1.99	7.05	86.4	
				950	1.75	8.50	91.2	
				2000	2.30	16.5	96.8	
				4000	5.97	30.3	97.5	
				6000	11.0	42.2	97.7	
				8000	17.0	55.0	98.0	
				10000	25.4	67.3	98.1	
银	Ag	961	钨丝或钼舟	400	0.075	1.93	93.9	
				500	0.05	2.87	97.9	
				600	0.06	3.75	98.4	
				700	0.075	4.62	98.7	
				950	0.11	6.56	99.0	
				2000	0.48	14.40	99.1	
				4000	1.89	26.7	99.0	
				6000	4.15	42.6	99.1	
				8000	7.14	56.1	99.1	
				10000	10.69	69.0	99.1	
				12000	14.50	81.4	99.1	
铜	Cu		钨丝或钼舟	450	0.87	2.2	58.3	
				500	0.88	2.42	62.5	
				550	0.76	2.46	66.8	
				600	0.19	2.98	92.6	
				800	0.17	4.84	97.3	
				1000	0.20	6.27	98.0	
				3000	1.22	7.10	91.2	
				7000	5.25	40.7	98.8	
				10250	11.0	60.6	98.8	

续表 5-41

材料名称	化学符号	熔点/℃	蒸发方式	波长/nm	折射率 n	消光系数 k	反射率/%	备　注
铬	Cr	1890	钨丝或钼舟	550	2.0	3.0	55.6	
铂	Pt	1774	钨舟（电子枪）	630			76.4	
				1500			81.8	
				5000			94.9	
钛	Ti	1812	钨舟（电子枪）	630	2.9	3.3	55.6	
镍铬合金	80Ni-20Cr		钨丝	24 ~ 5000				基片温度为 350℃，作中性衰减膜
金	Au	1063	钨丝或钼舟	450	1.40	1.88	39.7	基片温度为 100 ~ 150℃，快速蒸发
				500	0.80	1.84	51.7	
				550	0.33	2.32	81.5	
				600	0.20	2.90	91.9	
				700	0.13	3.84	96.8	
				800	0.15	4.65	97.4	
				900	0.17	5.34	97.7	
				1000	0.18	6.04	98.1	
				2000	0.54	11.20	98.3	
				4000	1.49	22.20	98.8	
				6000	3.00	33.0	98.9	
				8000	5.05	43.5	99.0	
				10000	7.41	53.4	99.0	
				11000	8.71	58.2	99.0	

5.4.3.2 化合物（电介质）

化合物是有重要用途并广泛应用的光学薄膜，主要有：

（1）卤化物。卤化物在紫外到红外区范围内具有透明度高、折射率较低、熔点较低、有潮解性的特点。常用的卤化物薄膜材料见表 5-42。

表 5-42 常用的卤化物薄膜材料

材料名称	化学符号	熔点/℃	蒸发方法	折射率（波长/nm）	透明范围/nm	备　注
氟化钠	NaF	992	钼　舟	1.29 ~ 1.30(550)	250 ~ 1400	有　毒
氟化钙	CaF_2	1360	钼舟、钽舟	1.23 ~ 1.26(546) 1.36 ~ 1.42(550)	150 ~ 1200	膜疏松，集聚密度低
氟化铈	CeF_3	1460	钨　舟	1.63(550) 1.59(2000)	300 ~ 5000	高张应力，冷基片上沉积，易裂

续表 5-42

材料名称	化学符号	熔点/℃	蒸发方法	折射率（波长/nm）	透明范围/nm	备注
氟化镧	LaF_3	升华	钨舟	1.59(550) 1.57(2000)	220～2000	微不均匀性，热基片沉淀
氟化镁	MgF_2	1266	钼舟、钽舟、钨舟	1.38(550) 1.35(2000)	120～10000	高张应力，热基片沉积
氟化钕	NdF_3	1410	钨舟	1.62(400) 1.60(550) 1.35(2000)	220～2000	基片
氟化铅	PbF_2	822	铂舟	1.98(300) 1.75(550) 1.70(1000)	240～20000	
氟化锶	SrF_2	1190	钼舟、钨舟	1.45(550) 1.43(2000)	200～10000	
氟化钍	ThF_4	900	钼舟、钽舟	1.52(400) 1.51(750)	200～15000	放射性
碘化铷	RbI			2.0(紫外)	250	
氯化钠	NaCl		钼舟、钨舟	1.54(589) 1.53(1000)	170～25000	硬度低
溴化铯	CsBr		钽舟、钼舟	1.8(250) 2.0(300)	230～40000	
冰晶石	Na_3AlF_6	900	钨舟	1.35(550)	200～14000	

（2）氧化物。氧化物具有折射率范围广、力学性能和化学性能稳定、熔点高等特点，是一类具有广泛应用前景的膜层材料，尤其对高能量、高机械强度的激光薄膜更有意义。常用的氧化物薄膜材料见表 5-43。

表 5-43 常用的氧化物薄膜材料

材料名称	化学符号	熔点/℃	蒸发方法	折射率（波长/nm）	透明范围/nm	备注
三氧化二铝	Al_2O_3	2020	电子束	1.59(600) 1.56(1600)	200～7000	膜层硬而坚韧
氧化铋	Bi_2O_3	860	反应蒸发、反应溅射	2.45(550)	400	不充氧条件下使用吸收率高
氧化铈	CeO_2	1950	钨舟	2.2(550)	400～1600	非均匀性
氧化铪	HfO_2	2500	电子束	1.9～2.1(300) 1.84～2.0(2500)	235～2500	膜坚硬
氧化铟	In_2O_3	2465	铂舟、电子束、反应蒸发	2.0(500)	320	

续表 5-43

材料名称	化学符号	熔点/℃	蒸发方法	折射率（波长/nm）	透明范围/nm	备注
氧化镧	La_2O_3	2000	钨舟	1.95(550) 1.86(2000)	350~2000	需300℃基片，舟温度过高分解
氧化镁	MgO	2800	钨舟、电子束	1.85(220) 1.7(500)	200~8000	基片加热
氧化钕	Nd_2O_3	1900	钨舟	2.0(550) 1.95(2000)	400~2000	避免过热分解
氧化镨	Pr_6O_{11}		钨舟、电子束	1.92(550) 1.83(2000)	400~2000	低压下快速蒸发
三氧化二锑	Sb_2O_3	升华	钼舟	2.29(366) 2.04(546)	300~1000	
一氧化硅	SiO	1700	钽舟、钼舟	1.8~1.9(550) 1.7(6000)	500~8000	
二氧化硅	SiO_2	1700	电子束	1.46(500) 1.445(1600)	200~8000	
三氧化二硅	Si_2O_3		在氧中反应蒸发 SiO	1.52~1.55(550)	300~8000	
氧化钽	Ta_2O_3	1800	钨舟	2.1(550) 2.0(2000)	350~10000	
二氧化钛	TiO_2	1650	电子束反应蒸发 TiO	2.2~2.4(550)	350~12000	
氧化钍	ThO_2	2950	电子束	1.8(550) 1.75(2000)	250~2000	放射性
氧化钇	Y_2O_3	2410	电子束	1.79(546)	325~12000	
氧化锆	ZrO_2	2715	电子束	2.1(550) 2.0(2000)	300~12000	非均匀性
氧化钨	WO_3	1473	钨舟、铂舟	1.8(紫外) 2.0(2000)	10000	膜无颗粒结构
氧化锡	SnO_2	1127	钨舟、电子束	2.0~2.1(550) 1.9(3000)	10000	
三氧化二铁	Fe_2O_3	1565	电子束、反应溅射	2.72(550)	800	

（3）硫化物和硒化物。其透光区域一般为可见光区和红外区，折射率较高，熔点不高。常用的硫化物和硒化物薄膜材料见表5-44。

表 5-44 常见的硫化物和硒化物薄膜材料

材料名称	化学符号	熔点/℃	蒸发方法	折射率（波长/nm）	透明范围/nm	备注
硫化镉	CdS	升华	钨舟	2.6(600) 2.27(7000)	600 ~ 7000	
硫化锑	Sb_2S_3	550	钼舟、钽舟	3.0(589) 2.08(3000)	500 ~ 10000	
硫化锌	ZnS	升华	钼舟、钽舟	2.35(550) 2.2(2000)	380 ~ 25000	
硫化铅	PbS	1112	钨舟、石英坩埚	3.9 ~ 4.2	3000 ~ 7000	
硒化锌	ZnSe	升华	钼舟、钨舟	2.58(633) 2.42(6000) 2.4(10000)	550 ~ 15000	基片加热 有毒
硒化镉	CdSe	1350	钨舟	2.5(1000)	750 ~ 25000	
碲化镉	CdTe	1041	钽舟	3.05(近红外) 2.67(红外)	970 ~ 30000	
碲化铅	PbTe	升华	钽舟	5.5	3400 ~ 30000	热基片沉积， 避免过热

5.4.3.3 半导体

半导体材料在近红外和红外区透明，是一类重要的光学薄膜材料。在光学薄膜中使用最普遍的半导体材料是硅和锗。部分常见的半导体薄膜材料见表 5-45。

表 5-45 部分常见的半导体薄膜材料

材料名称	化学符号	熔点/℃	蒸发方法	折射率（波长/nm）	透明范围/nm	备注
锗	Ge	959	电子束、石墨舟	4.0	1700 ~ 100000	25000nm 处 有一吸收带
硅	Si	1420	电子束	3.5	1100 ~ 10000	
碲	Te	452	钽舟	4.9(6000)	3400 ~ 20000	有毒
硒	Se	1430	钽舟、钼舟、钨舟	2.45(2000)	800 ~ 20000	
砷化镓	GaAs	1238	电子束、激光蒸发	3.34(近红外) 3.20(5000) 3.14(10000)	900 ~ 18000	
硒锗合金	$Ge_{45}Se_{55}$		电子束	2.90(2750) 2.85(10000)	1000 ~ 10000	改变合金成分， 则折射率发生变化

5.5 光电子功能薄膜

光电子功能薄膜及其器件是近 30 年来发展最快的研究领域之一。它是利用光的辐射能（紫外、可见及红外光辐射），把其转变成电信号，即物质受光照射，吸收光能，内部电子被激发而向外放出，产生光电子。利用这种光电转换制成器件，在军事上用做侦查、测距、制导；工业上用做计量（温度、长度、表面质量）、生产的自动化、监测、控制、机器人等；农业上可探测火灾，估计农业收成；将其制成阳光电池又可做清洁能源，因此，其用途极为广泛。

在通常器件中，光电子功能薄膜主要包括光电子探测器薄膜和光学摄像靶薄膜。光电子功能薄膜中，大多数是半导体薄膜材料。光转变成电信号，是半导体材料中的束缚电子吸收能量足够大的光子转变成自由载流子（电子或空穴，或两者均有），与此相伴产生光生伏特效应或光致电导效应。光电子探测器和光电池就是利用光生伏特效应，而光学摄像靶就是利用光致电导效应。

5.5.1 薄膜光电探测器

5.5.1.1 薄膜光电探测器的工作原理

薄膜光电探测器的工作原理就是利用半导体中的光生伏特效应，在 PN 结及肖特基势垒结等结构中，因存在内建电动势，在受光照时，在连接结的两端就会有光电流流过此外接回路，即使没有外加偏压，PN 结自身也会产生一个光生电动势，这就是光生伏特效应。图 5-31(a)所示为 PN 结光伏器件工作原理示意图。

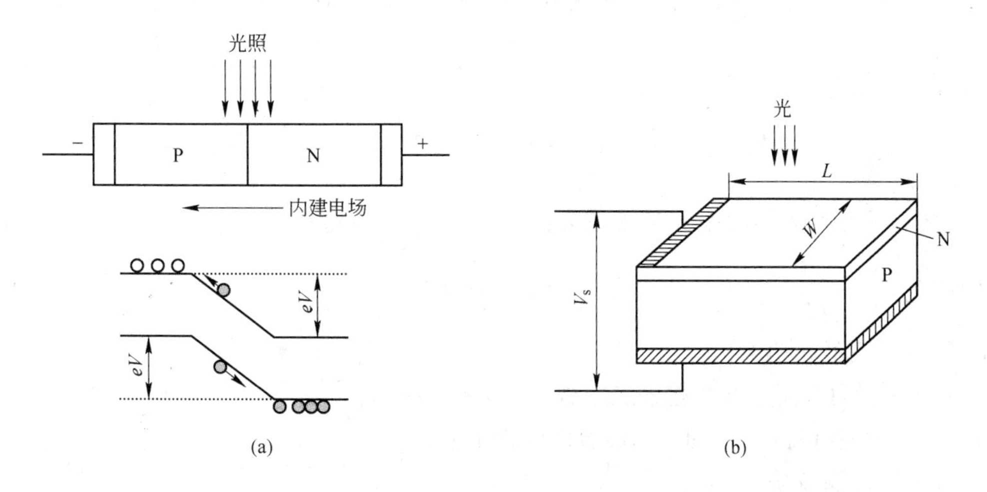

图 5-31 PN 结光伏器件的工作原理及基本结构

(a) 工作原理；(b) 基本结构

从图 5-31(a)中可知，光生载流子在结电场作用下被分开。光生电子漂移到 N 区，光生空穴漂移到 P 区。在开路状态时，P 区积累着空穴，N 区积累着电子，PN 结生成光生电压 V_s。PN 结的势垒高度由原来的 eV_D 降为 $(eV_D - eV_s) = eV$。光电流 I_s 与光生电压 V_s 的关系为：

$$I_s = I_0 \exp\left(\frac{eV_s}{kT} - 1\right) \tag{5-12}$$

式中 I_s——光电流；

I_0——反向饱和电流；

V_s——光生电压；

e——电子的电荷；

k——玻耳兹曼常量；

T——热力学温度。

$$I_0 = e\left(n_{P0}\frac{D_N}{L_N} + p_{N0}\frac{D_P}{L_P}\right)LW \tag{5-13}$$

式中 I_0——反向饱和电流；

e——电子的电荷；

n_{P0}——电子浓度；

p_{N0}——空穴浓度；

D_N——电子扩散系数；

D_P——空穴扩散系数；

L_N——电子扩散长度；

L_P——空穴扩散长度；

L——光敏面长度；

W——光敏面宽度。

光电探测器的基本结构如图 5-31(b)所示。这种探测器是在 P 型衬底上经扩散、离子注入等表面技术方法形成一层 N 型薄层而成 PN 结，并在 N 型上及背上和背底制成电极。

开路电压为：

$$V_{s0} = \frac{kT}{e}\ln\left(1 + \frac{I_{s0}}{I_0}\right) \tag{5-14}$$

短路电流 I_{s0}与入射功率 P 的关系为：

$$I_{s0} = \frac{P}{h\nu}\eta e \tag{5-15}$$

式中 P——入射光功率；

$h\nu$——光子能量，h 为普朗克常数，ν 为光子频率；

$P/h\nu$——单位时间入射到探测器表面的光子数；

η——转换效率；

e——电子的电荷。

常用的 PN 结光电探测器及肖特基势垒结光电探测器主要是光电二极管、雪崩光电二极管和光电池。

5.5.1.2 光电二极管

光电二极管是外加反向偏压的光伏效应探测器。PN 结在反向电场作用下耗尽区的宽度加宽，光照时，结区附近产生的光生载流子在内建电场作用下很快漂移过结，具有高的响应速度和响应度，体积小，价格低，坚实，已获得广泛应用。

做光电二极管的材料有：Si、Ge、InAs、InSb、PbTe、GaAs、GaAlAs、InP、InGaAs、GaAsP、AlGaSb、GaAsSb、AlGaAsSb、InGaAsP、HgCdTe、PbSnTe 等。其中，硅光电二极管应用最广。而 InGaAs 光电二极管在通信领域应用也较广。图 5-32(a)所示为硅光电二极

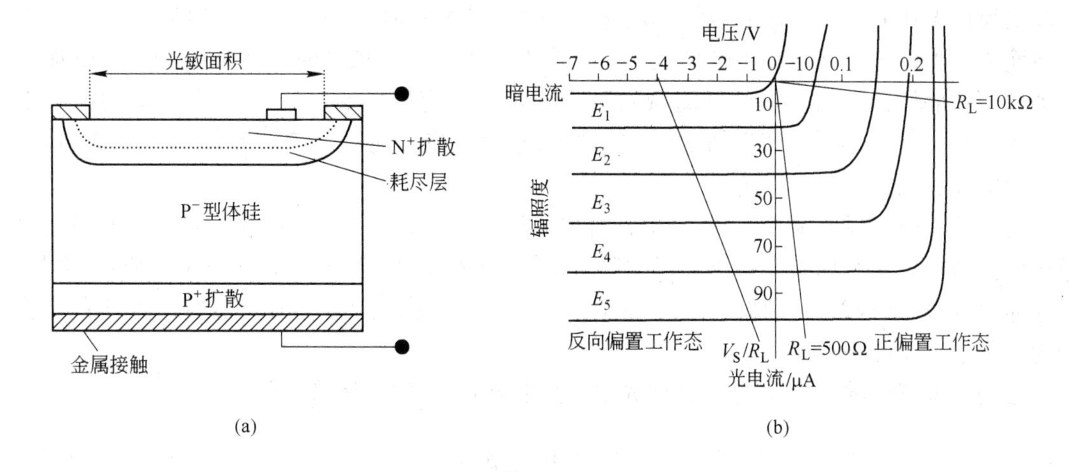

图 5-32 硅光电二极管的结构示意图（a）和典型的伏安特性曲线（b）

管的结构示意图。它是由高阻、低掺杂的 P 型硅基片扩散磷形成 1 ~ 2μm 厚的重掺杂 N^+ 型层，从而形成 PN 结。在 N^+ 区上引出正电极，并涂一层防潮及抗反射膜（如 SiO_2）作为保护层。在衬底上蒸负电极。

硅光电二极管电流响应度一般为 0.5μA/μW，最高达 0.6μA/μW。光谱响应范围为 0.4 ~ 115μm，峰值响应波长为 0.8 ~ 1μm。图 5-32(b)所示为硅光电二极管典型的伏安特性曲线。其他材料的光电二极管的典型性能见表 5-46。

表 5-46 其他材料的光电二极管的典型性能

材料	工作温度 /K	峰值波长 /μm	峰值探测度 D_λ^* /cm·Hz$^{1/2}$·W^{-1}	响应时间 /s	探测度 D^* /cm·Hz$^{1/2}$·W^{-1}
InAs	195	3.2	5×10^{11}	10^{-6}	5×10^{9}
	77	3.1	6×10^{11}	10^{-6}	1×10^{10}
Ge	298	1.55	5×10^{11}	5×10^{-6}	
	77	1.4	2×10^{11}	2×10^{-5}	
InSb	77	5	1.5×10^{11}	10^{-6}	2×10^{10}
PbTe	77	4.4	1.4×10^{11}		
InGaAs	常温	1.3 ~ 1.55		$<2\times10^{-9}$	
PbS	77		1.5×10^{11}	1×10^{-5}	
$Pb_{0.81}Sn_{0.19}Te$	77	长波限 12	7.5×10^{9}	1×10^{-8}	
HgCdTe	300	1.3	3×10^{11}	$(0.5\sim1)\times10^{-8}$	2×10^{10}
	300	2.2	9×10^{9}		
	77	2.2	2×10^{12}		
	77	5	1.2×10^{11}		
	77	7.3	7.4×10^{10}	2×10^{-7}	

5.5.1.3 雪崩光电二极管（APD）

雪崩光电二极管是一种十分重要的光电探测器。其工作原理是：在 PN 结上加以相对很高的反向偏压时，耗尽区有很强的电场。当光照 PN 结时，一个价电子吸收光子，跃入导带而成自由电子，同时在价带形成一个空穴。电子进入高场区时，在强电场作用下加速运动，又使晶格原子的价电子碰撞激发进入导带，而产生新的电子-空穴对。新的电子重复上述过程，空穴也同样产生新的空穴，如此连锁反应，使光生载流子得到雪崩式倍增，从而使电流放大。

雪崩式二极管具有响应度高、响应时间短的特点，并且可克服光电二极管输入回路信噪比低的缺点。其结构有多种，如保护环形结构、保护环拉通型的 N^+-P-π-P^+ 结构、金属-半导体（MS）结构、台面结构、侧入射的 P^+-N-N^+ 台面结构等。化合物半导体还有异质结构及量子阱超晶格结构。

雪崩二极管的输出电流 I_s 为普通光电二极管输出电流的 M 倍。I_s 可由下式表示：

$$I_s = M\frac{P}{h\nu}\eta e \tag{5-16}$$

式中 M——雪崩电流倍增因子，它的大小为几到几十乃至上百。

雪崩二极管的光谱响应与普通光电二极管的响应曲线类似，其光谱响应范围在 0.4 ~ 1.15μm 范围。但雪崩二极管的散粒噪声比普通光电二极管大，它在高反偏压下工作，光生载流子渡越时间短，为 10^{-10}s 量级。结电容为几个皮法，管子的响应时间很短，一般为 0.5 ~ 1.0ns，频率响应可达 1000MHz。雪崩二极管在光通信、测距等领域有着十分重要的应用。

做雪崩二极管的材料有：Si、Ge、HgCdTe 以及 $Ⅲ_A$-V_A 族化合物材料异质结（如 InGaAs/InP、InGaAsP/InP、AlGaSb/GaSb、AlGaAs/GaAs 等）。几种典型的雪崩二极管的性能参数见表 5-47。

表 5-47 几种典型的雪崩二极管的性能参数

材料	光敏面直径 /mm	响应度 /μA · $μW^{-1}$	击穿电压 V_B/V	V_B 的温度系数 /V · $℃^{-1}$	暗电流 /A	等效噪声功率 *NEP* /W · $Hz^{-1/2}$	结电容 /pF	上升时间 /ns
Si	0.8	85(0.9μm 处)	360	2.3	5×10^{-8}	1.4×10^{-14}	4	1.2
	0.5	18	220	0.2	3×10^{-8}	1×10^{-13}	5.5	0.5
	0.1	24	90	0.25	2×10^{-9}	6×10^{-14}	5.5	0.5
	0.25	550	550	0.6	2×10^{-14}	5×10^{-14}	2	1.0
Ge	0.1	20(0.78μm 处)	150			1×10^{-10}		0.08
	0.1	2（1.5μm 处）	30			1×10^{-10}		0.08
InGaAs	0.1	>0.7（1.3μm 处）	66		1.4×10^{-8} (0.9V_B 处)			

另外，光电三极管也是一种重要的光伏器件。光电三极管也有 P-N-P、N-P-N 之分。除用 Si 材料制作光电三极管外，$Ⅲ_A$-V_A 族化合物材料也可制作异质结构的光电三极管。

沉积生长光伏探测器（包括光电二极管、位置探测器、多元陈列器件、雪崩二极管、光电三极管等）薄膜的方法有液相外延（LPE）、气相外延（VPE）、金属有机化合物气相沉积（MOCVD）、分子束外延（MBE）及各种化学气相沉积（CVD）及热扩散、离子注入等。

5.5.1.4 光电池薄膜

有关光电池薄膜的内容详见5.5.2节。

5.5.2 光电池薄膜

光电池是一种光伏效应探测器，它的特点是工作时无需外加偏压，接受面积大，使用方便；缺点是响应速度低。光电池除作为光电探测器外，还可作为太阳能电池。

5.5.2.1 工作原理与要求

光电池与PN结光伏二极管的工作原理相同，只是用途不同，制作上各有差异。光伏探测器要有很高的并联电阻。光谱响应要和被探测的光谱相匹配，噪声低，线区宽，而太阳能电池关键是转换成电能的效率，因此，要求串联电阻小（减少内部功耗），响应光谱要与太阳光谱匹配，低成本；太阳能电池比光电二极管的面积大得多，在沉积制作工艺上，光电池与光电二极管相比，掺杂浓度一般较高。光电池的主要特性包括光谱响应特性伏安特性、温度特性及抗辐射特性等。

由于光电池作为光电探测器是在无偏压下工作，因此，没有暗电流造成的噪声，在无光照射下，只有热噪声，有较高的信噪比。但截止频率较低，长波敏感略小，主要应用于低噪声、低频领域及其仪器中。

光伏发电虽被视为人类能源的希望，但其成本昂贵，发电所占比例很小，目前仅在航天、通信等一些领域中应用（其原因是因为别的方法无法替代）。

5.5.2.2 光电池主要薄膜材料

光电池主要薄膜材料有Ge、GaAs、CdTe、$CuInSe_2$(CIS)、α-Si（非晶硅）、μ-Si（微晶硅）、Poly-Si（多晶硅）等。其中，硅光电池是目前应用最广的一种光电池，它是由本征硅材掺入大约$10^{16}\sim10^{19}cm^{-3}$杂质原子制得。

目前，太阳能电池正获得比较广泛的应用，下面简单介绍一下太阳能电池的基本原理及构成。太阳能电池是由太阳光照射而工作的电池，其基本原理和构成如图5-33所示（图中E_F为太阳光）。

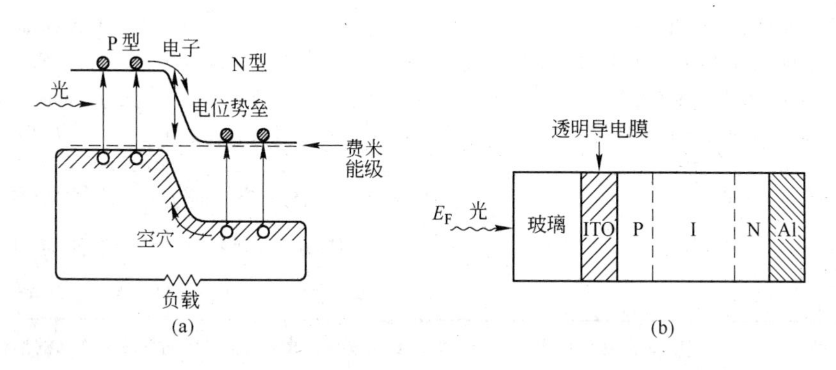

图5-33 太阳能电池的基本原理（a）及构成（b）

带有受光面的半导体、单晶或非晶板的表面之下，制作PN结。它的P区和N区分别与外电路相连，在太阳光照下，产生由P到N的电流。要使太阳能电池普及更快，还需简化制造工艺，并在低能耗、无公害、省工、省料、低廉上下工夫，要不断地改善、保证电池特性的提高，特别是 Si 系太阳能电池。目前，Si 系太阳能电池的效率已达 12% 以上。近年太阳能电池在材料、结构及转换效率等方面的技术进步见表 5-48。

表 5-48 近年太阳能电池在材料、结构及转换效率等方面的技术进步

材　料	结构技术	理论效率/%	实际效率/%	发表机构
单晶 Si	倒金字塔形	28～29	23.5（4cm^2）	澳大利亚新南威尔士大学
	V 形沟型		20～22（2～5cm. □）	日本日立、夏普公司
			约 20（ϕ10cm）	日本京瓷、大同公司
	点接触型	约 34	22.3（27.5）	美国斯坦福大学
多晶 Si（浇注）	V 形沟型	20	17.8（2cm. □）	澳大利亚新南威尔士大学
			17.2（10cm. □）	日本夏普公司
			16.4（15cm. □）	日本京瓷公司
	α-Si 串列型	20～25	21（4 端子）	日本大阪大学
结晶 Si 薄膜	熔化结晶化型		5.9（4μm）	日本电通总研公司
		20	16.5（60μm）	日本三菱电机公司
	固相成长型		8.5（<10μm）	日本三洋电机公司
结晶球状 Si	熔池中熔融除气		11.5（直径数百微米）挠性模块化	美国德州仪器公司
非晶态	α-Si 单一结型	15	13.2～12	日本东京工业大学、日本大阪大学、日本三洋公司
	α-Si/α-Si 串列型	稳定化的	12（1cm^2）	日本富士电机公司
			8.9（30cm×40cm）	日本富士电机公司
	α-Si/α-Si/α-SiGe		13.7	美国 ECO 创新公司
	α-Si/α-SiGe/α-SiGe	稳定化的	10.4（1cm^2）	日本夏普公司
化合物	GaAs 单一结型	27（约 34）	25.7（约 29.2）	美国第一太阳能公司
	InP 单一结型	26（约 33）	22	日本 NTT 公司、日本新日矿集团
	AlGaAs/GaAs 串列型	35（约 41）	27.6	美国 FRV Bryan 太阳能公司
	InP/GaInAs 串列型	35（约 42）	（31.8）	美国能源署太阳能研究所
	GaAs/Si 机械堆叠型	34（约 41）	（31）	美国 Sandia；国家实验室
	GaAs/GaSb 机械堆叠型		（35.8）	美国波音公司
化合物薄膜	$CuInSe_2$		15.2，约 9.7（3883cm^2）	西门子太阳能工业公司
	$Cu(InGa)Se_2$	17～18	17.612（小面积）	欧盟 Euro-CIS 计划
	CeTe		约 9.5（30cm×30cm）	日本松下公司、英国 BP Solar 公司

注：表中的效率是以大气质量 AM1.5 的太阳光为基准。实际效率的数字后括号中的含义为样品的形状和大小，单位为 cm^2 的表示样品的有效面积；前面有 ϕ 的则表示样品为圆形及其直径；后面有□的则表示样品为方形及其边长；单位为 μm 的则表示薄膜厚度；4 端子为其结构特点。( ) 中只有数据的则表示集光时的变换效率。

最近，有人提出在全球范围内将太阳能电站发出的电力用超导电缆连接，建立全球规模的太阳能供电网络的计划。目前，日本已有“新阳光计划”，美国有“Solar 2000 计划”，欧盟 EU 有“Sohel 计划”等。由此可以看出，世界主要工业发达国家针对 21 世纪能源的综合需要和地球环境需要改善，必将进一步推进包括太阳能电池在内的太阳能绿色计划。

5.5.2.3 光电池薄膜的沉积制备

沉积生长光电池薄膜的方法有CVD、PVCD、PECVD、LPE、MBE、MOCVD、光CVD、VPE、真空蒸发、真空溅射、电子束蒸发、热丝法、电沉积、原子层外延、直流辉光放电、射频辉光放电、电子回旋共振和热扩散、离子注入等。

5.5.3 光敏电阻薄膜

用光电导效应材料制成的光电探测器或敏感器称为光敏电阻。它的灵敏度高，结构简单，用来探测度量光的变化，光谱使用范围可从X射线到红外区域。光电导效应是一种内光电效应，是光电转换的基础。

5.5.3.1 光敏电阻器的原理及导电过程

半导体薄膜受光照射时，吸收光子，使载流子浓度增加，因而导致材料电导率增大，即光电导效应。光电导效应根据材料对光的吸收有本征和非本征型。当光子能量大于材料禁带宽度时，把价带中的电子激发到导带，在价带中留下空穴，从而引起电导率增大，这称为本征光电导效应。若光子能量激发半导体中的杂质施主或受主，使其电离，产生光生电子或空穴，从而引起电导率增大，这种现象称为非本征光电导效应。因杂质原子数远低于半导体本身的原子数，与本征半导体相比，通常由杂质引起的非本征光电导效应要微弱得多。

图5-34所示为孔型光敏电阻器的光电导过程示意图。本征激发出来的电子-空穴对和杂质能级上激发出来的电子（用图5-34中 • 表示）都参与导电，在外场作用下，它们做漂移运动，电子奔向电源正极，空穴奔向电源负极，使电阻器的阻值迅速降低，直至在该光照下的稳定电阻值。从光照开始到恒定的光电流是要经过一定的时间的，当光照停止后，光电流也逐渐消失，这种现象称为弛豫过程。它决定光探测器的响应时间，响应时间实际就是载流子的寿命τ。光敏电阻器的结构示意如图5-35所示。光敏电阻器都是制作在陶瓷基体上、封装在带有光窗的金属管帽中或直接进行塑封，以保证光敏电阻器性能稳定，能长期稳定工作。

应该指出，CuInSe（CIS）薄膜太阳能光电池具有稳定、高效、低价、环保等特点。

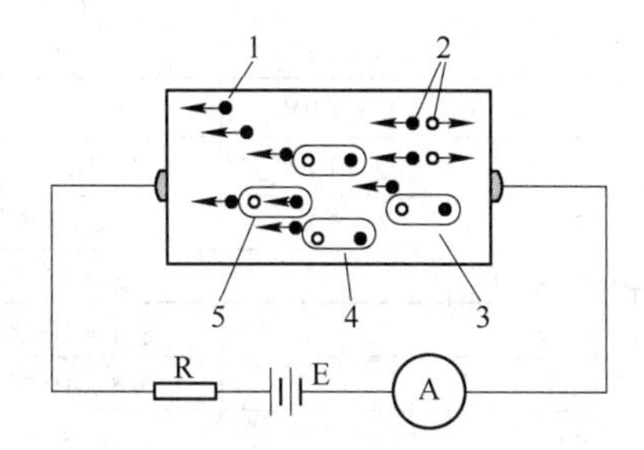

图5-34 光电导过程示意图

1—杂质能级上激发出来的电子；2—本征激发出来的电子-空穴对；3—缺陷；4—电子与复合中心的复合；5—电子-空穴对的复合

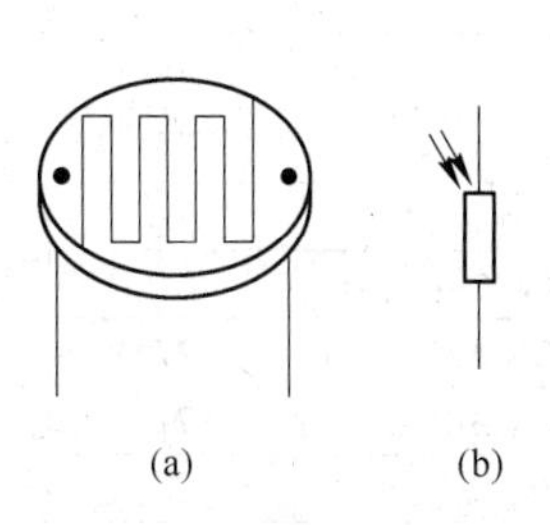

图5-35 光敏电阻器的结构

（a）结构示意图；（b）电路图中用此符号表示光敏电阻器

其理论效率为17% ~18%，实际已达15.2%，有望成为下一代的商品太阳能电池。

表征光敏电阻器特征的参数有：光谱响应、光照灵敏度、伏安特性、温度特性、频率特性及极限。

5.5.3.2 沉积制备光敏电阻器的薄膜材料

沉积制备光敏电阻器的薄膜材料有CdS、PbS、PbSe、GeAs、CdSe、Si、Ge、HgCdTe、PbSnTe、InSb、Se、InGeAsP等。每一种光敏电阻薄膜材料都具有特定的工作波段，所制成的探测器组合起来后，从可见光到远红外波段，几乎覆盖了供所有大气窗口用的探测器。几种常用的光敏电阻器的性能参数见表5-49。一般来说，工作在可见光波段的光敏电阻器材料有CdS和CdSe；工作在近红外（1 ~3μm）波段的光敏电阻器材料有PbS、PbSe、PbTe及HgCdTe等；工作在中红外（3 ~12μm）波段的光敏电阻器材料有InSb、HgCdTe、PbSeTe，其中，InSb是工作在3 ~5μm的大气窗口最佳光敏电阻器材料；工作在长于12μm波段的光敏电阻器主要是硅和锗掺杂的非本征效应，其光谱响应特性取决于掺杂原子的电离能。

表5-49 几种常用的光敏电阻器的性能参数

材料	工作温度/K	长波限/μm	峰值波长/μm	探测度/cm · $Hz^{1/2}$ · W^{-1}		响应时间/s
				比探测率 D^*	峰值探测率 D_λ^*	
CdS	300	0.8	0.555	1.5×10^{11}		$(1\sim140)\times10^{-3}$
CdSe	300	0.9	约0.7	2×10^{12}		约2×10^{-2}
PbS	300	3.5	2.4	$(3\sim10)\times10^{10}$	1.5×10^{11}	$(1\sim3)\times10^{-4}$
	195	4	2.8			
	77	4.5	3.2			
PbSe	300	4.5	4.0		1.0×10^{10}	2×10^{-6}
	195	5.5	4.5		3×10^{10}	3×10^{-5}
	77	7.5			2×10^{10}	4×10^{-5}
InSb	300	7.5	6		2×10^{9}	2×10^{-8}
	77	5.5	6		4.3×10^{10}	10^{-6}
$Pb_{0.83}Sn_{0.17}Te$	77	11	10.6		6.6×10^{8}	10^{-8}
$Pb_{0.8}Sn_{0.2}Te$	77	15	14		1×10^{8}	10^{-8}
	190	14	10.6	1×10^{8}		5×10^{-8}
	77				3×10^{10}	
$Pb_{0.72}Sn_{0.28}Te$	300	3 ~5			0.5×10^{10}	
	77	约4.8			2×10^{11}	10^{-8}
$Pb_{0.61}Sn_{0.29}Te$	300	1 ~3			4×10^{11}	$<10^{-8}$
Ge/Cu	4.2	27	23	$(2\sim4)\times10^{10}$		3×10^{-6}
Ge/Ag	27	14	11	4×10^{10}		1×10^{-6}
Ge/Au	77	9	6	$(0.3\sim3)\times10^{10}$		3×10^{-8}
Ge/In	5	100	90	8×10^{10}		$<10^{-6}$
Ge/Zn	<10	40		2×10^{10}		$<5\times10^{-6}$
Ge/Cd	25	22	20	4×10^{10}		4×10^{-8}
Ge/Ga	4.2	约150	约104	6.8×10^{10}		4×10^{-8}
Ge/B	4.2	约150	约106	4.8×10^{10}		10^{-6}

5.5.3.3 光敏电阻薄膜的沉积制备方法

光敏电阻薄膜可以是单晶，也可以是多晶，根据材料的具体要求，可用液相外延(LPE)、化学气相沉积（CVD)、真空蒸发镀膜、磁控溅射镀、热扩散和离子注入等方法对光敏电阻薄膜进行沉积制备。

5.5.4 光电导摄像靶薄膜

用光电导薄膜材料制成的摄像管靶面既是光电变换器，又是信号存储器。光电导摄像管是摄像器件最关键的部件，其靶面的光电导薄膜决定并支配着摄像管的全部特性。作为摄像器件，就是把活动的图像信息转化成电信号，通过显示器得到电视图像。光电导摄像靶薄膜广泛用于各种光电的信息处理系统，特别是摄像器件与电脑组合的光电信息，在自动监控和智能监控中发挥着重要的作用，在工业、国防和人民日常生活中获得广泛应用。

5.5.4.1 光电导摄像靶薄膜的性能要求

光电导摄像靶薄膜的性能要求是：

（1）为保证光电导薄膜具有积累电荷的效应，它的暗电阻率要大于 $10^{12}\Omega\cdot cm$，静电容量要大于 300pF；

（2）为减少残像，静电容量要小于 3000pF；

（3）光响应速度要快；

（4）灵敏度要高。

5.5.4.2 光电导摄像靶面薄膜材料的工作原理与结构

光电导摄像靶面的薄膜通常为三硫化锑（Sb_2S_3）、氧化铅（PbO）、硒化镉（CdSe）、硒砷锑（SbAsSe）、锑化锌（ZnSb）和非晶硅 α-Si 薄膜。这些光电导薄膜性能受材料成分、沉积气压、膜的沉积生长速率等因素的影响。因此，在沉积制备中需要严格控制沉积制备的工艺条件和参数。图 5-36 所示为光电导摄像靶面的工作原理和等效电路。

A 三硫化锑（Sb_2S_3）光电导靶面

其结构、工作原理、等效电路如图 5-36 所示。图 5-36 中透明导电层 A 是 SnO_2，光电导材料层 B 是 Sb_2S_3 薄膜。光电导膜 Sb_2S_3 一般用真空蒸镀法在 100Pa 左右的惰性气体（Ar）中蒸发镀膜。膜层中的晶粒为几十到几百纳米，用 Sb_2S_3 制成的光电导摄像管的特

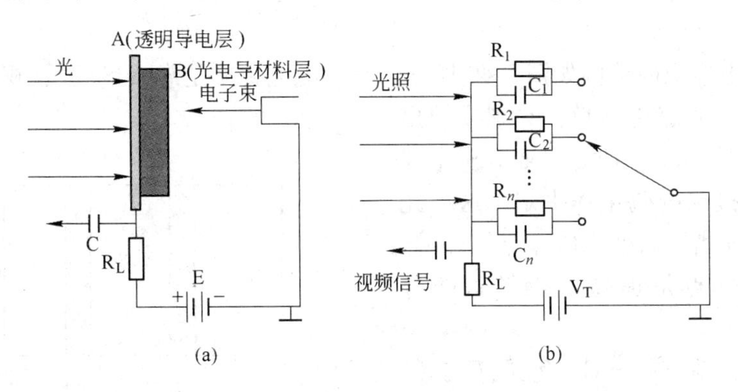

图 5-36 光电导摄像靶面的工作原理和等效电路

（a）工作原理；（b）等效电路

性主要取决于 Sb_2S_3 膜层中的成分及沉积制备工艺。Sb_2S_3 的光电导靶面的摄像器主要用于产业部门的监视器和单管彩色摄像器（机）。

B　氧化铅（PbO）光电导靶面

图 5-37 所示为 PbO 光电导靶面结构示意图。半导体 PbO 分别做成 P、I 及 N 型层。工作时 N 型层与电源（靶压）正电极相接，光电二极管处于反向偏置。其光谱响应特性与靶材及其厚度有关。图 5-38 和图 5-39 所示分别为 PbO 光电导靶面的光谱响应曲线和伏安特性曲线。PbO 光电导摄像管的优点是灵敏度高，约 400μA/lm，与人眼灵敏度相近；暗电流小（低于 1nA）；转化效率约为 1；光电特性近似线性，惰性较小。目前广泛应用于电视演播室的播送摄像机上。缺点是制造工艺复杂，成品率较低。

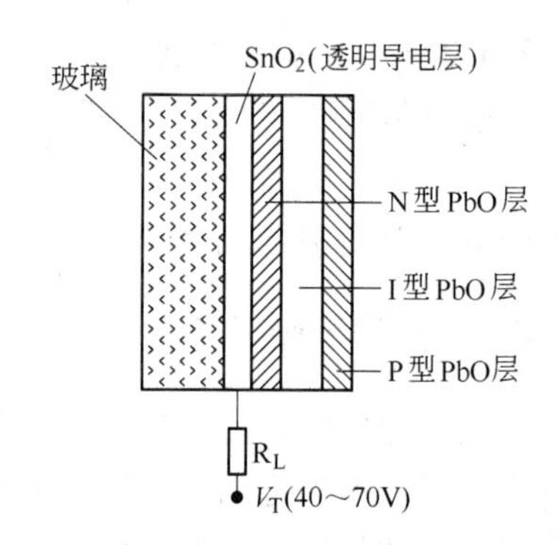

图 5-37　PbO 光电导靶面结构示意图

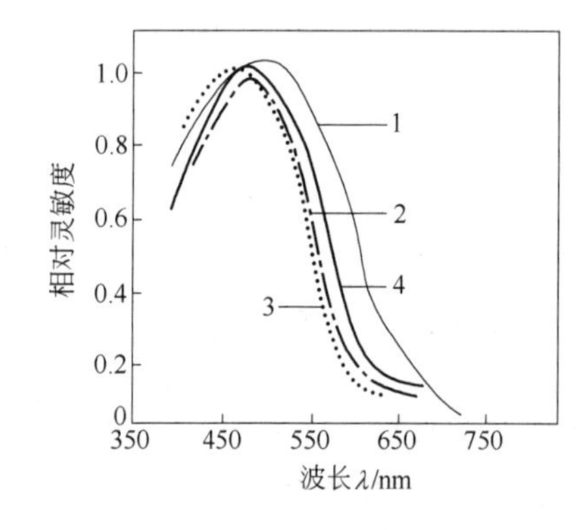

图 5-38　PbO 光谱响应曲线

1—光谱响应；2—介于红、蓝光之间的敏感绿光的光谱响应；3—离子较高蓝光灵敏度；4—人眼灵敏曲线

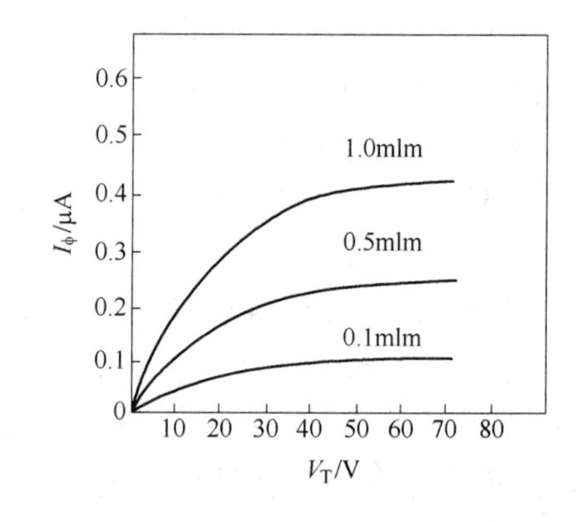

图 5-39　PbO 伏安特性曲线

PbO 薄膜是用白金的蒸发舟在 10^{-3} ~ 10^1Pa 的氧气氛中蒸镀，膜层厚度一般为 10 ~ 20μm；膜层中晶粒尺寸为 ϕ0.1μm × 1μm 左右；填充率为 30% ~50%。

C　硒化镉（CdSe）光电导靶面

硒化镉光电导靶面结构如图 5-40 所示。它的光电转换是靠 CdSe 膜，积累的电荷是靠高阻层的硫化锌或硫化砷膜；其制成的摄像器的灵敏度由 CdSe 膜决定，而分辨率和暗电流由高阻抗层的硫化锌决定。这种光导膜余像弱，光谱灵敏度峰值靠近红外端，约 700nm。其优点是提高了摄像管的分辨率。

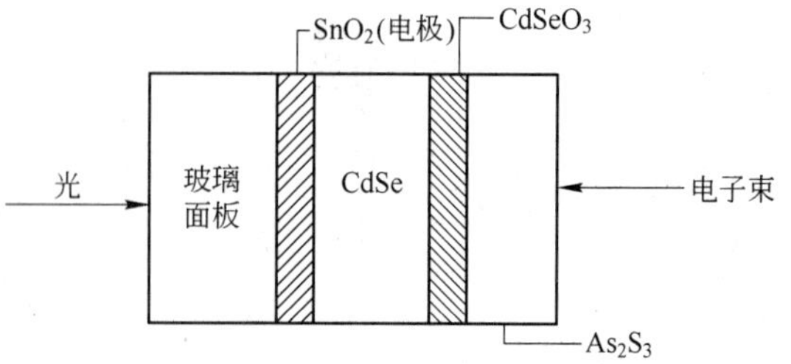

图 5-40　CdSe 光电导靶面结构

D　锌、硒、碲、镉/SnO_2 及锌、硒、碲、镉、铟/ITO 光电导靶面

锌、硒、碲、镉/SnO_2 及锌、硒、碲、

镉、铟/ITO光电导靶面结构如图5-41所示。两种靶面的光电导薄膜基本上属同一种材料。锌、硒、碲、镉、铟/ITO光电导靶面制成的摄像管是彩色摄像管，它的光电导膜是ITO（氧化铟锡）上依次沉积硒化锌和$(Zn_{1-x}Cd_xTe)_{1-y}(In_2Te_3)$所构成。

E 非晶硅光电导靶面

非晶硅光电导靶面结构如图5-42所示。非晶硅的光电导膜是用直流或射频溅射辉光放电法和溅射法沉积制备。这种光导膜的组成是通过氮化硅与非晶硅膜形成异质结或用SiO_2膜充当空穴阻挡层。因此，其所组成的光电导膜的靶面结构是属于阻止电荷注入型的。此外，硅靶摄像管的工作原理与光电导摄像管相似，是通过大量分立的微小光电二极管构成，量子效率较高，能在0.35～1.1μm光谱范围内有效工作，灵敏度也高，且光电转换特性近似线性，它已获得较为广泛的应用。

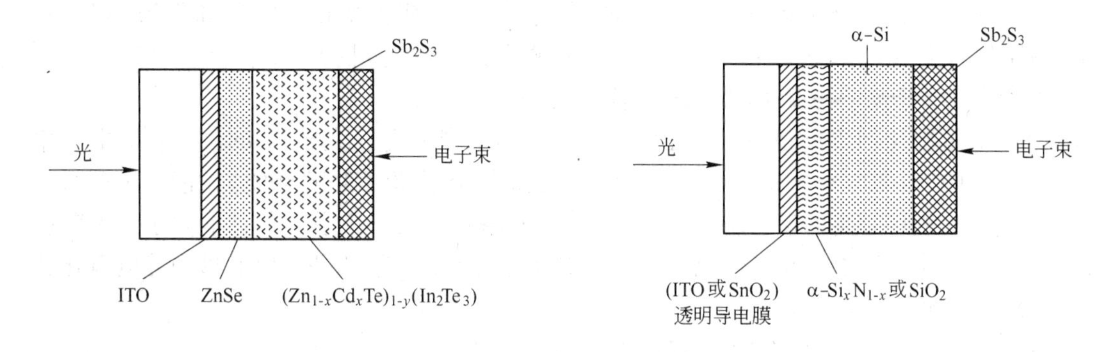

图5-41 锌、硒、碲、镉、铟/ITO光电导靶面结构

图5-42 非晶硅光电导靶面结构

5.5.4.3 几种典型的光电导摄像管的主要参数

几种典型的光电导摄像管的主要参数见表5-50，供选用参考。

表5-50 几种典型的光电导摄像管的主要参数

摄像管管名	靶面直径/mm	灵敏度/μA·lm^{-1}	信号电流/μA	暗电流/nA	惰性（三场）/%	灰度系数（表征其光电转换特性）	400TVL时中心调制度（摄像管的分辨率为400TVL时的调制度）/%
Sb_2S_3	50，32，26，18，12	250	0.2/10	10～20	15～25	0.65	50～65
PbO	32，26，18	400	0.4/10	1	1～2	1	40～50
CdSe	26，18	1500	0.16/0.5	1	10～20	0.95	45～50
SeAsTe	26，18	350	0.2	1	2～3	1	65
ZnCdTe	26，18	5000	0.2/0.5	6	20	1	45
硅靶（硅二极管）	26，18	4000～5000	0.25/0.5	7～15	3～10	1	40

5.5.5 透明导电氧化物薄膜

透明导电氧化物薄膜是性能优良的透明导电材料，它在太阳光谱的可见光范围内透明，它对红外光有较强的反射，且又有低电阻率，它在玻璃上还具有较强的附着力和良好耐磨性及化学稳定性。因而，目前它是优良的光电材料，已在太阳能电池、液晶显示器、气敏传感器、高层建筑的幕装玻璃、飞机和汽车窗导热玻璃（防寒和防结冰）等高档光电产品上得到广泛应用，目前它已发展成高新技术产业。

目前，氧化物透明导电材料体系主要包括 SnO_2、In_2O_3、Cd_2InO_4、$ZnOSnO_2$: Sb、SnO_2 : F、In_2O_3 : Sn(ITO)、ZnO : Al(AZO 或 ZAO)等。近年来，研究发展了一些新体系，主要是在 ZnO 薄膜中掺入 B、Al、Ga、In 和 Sc 等第Ⅲ_A族元素，或掺入 Si、Ge、Sn、Pb、Ti、Zr 和 Hf 等第Ⅳ_A族元素，也可掺入 F^- 替代 O^{2-}，使薄膜光导电性能和稳定性得到提高。下面重点讲述有广泛应用的性能优良的透明导电氧化物薄膜。

5.5.5.1 透明导电氧化物薄膜的基本特征

透明导电氧化物薄膜的基本特征包括：较大的禁带宽度（大于 3.0eV）；直流电阻率（N 型）达 $10^{-5} \sim 10^{-4}\Omega \cdot cm$；在可见光区有较高的透射率（大于 80%）；紫外区有截止特性，近中红外区有高的反射率；对微波有较强的衰减性等。随着器件性能要求的不断提高，对透明导电氧化物薄膜的性能也提出了更高的要求。其中几种主要的透明导电氧化物薄膜的基本特性参见表 5-16。

5.5.5.2 In_2O_3-SnO_2(ITO)薄膜的结构特性

室温下沉积的 ITO 薄膜的组织结构基本是非晶；在基体温度为 250 ~ 400℃时，一般为多晶薄膜。

图 5-43 所示为典型的直流溅射 ITO 薄膜的 XRD 谱。主要是采用磁控溅射，靶中 SnO_2 的摩尔分数为 17%，溅射气体为 Ar 和 O_2（氧气体积分数是 1%），沉积温度为 400℃；与此同时，为提高 ITO 膜的质量稳定性，在溅射气体中混入少量的水蒸气（气压为 10^{-3} Pa）。从图 5-43 中可以看出，除 In_2O_3 外，没有发现 SnO_2 及其他相的存在，其中（400）和（222）两个衍射峰强度最大，这表明晶体呈［001］和［111］择优取向生长。

溅射沉积 ITO 膜的择优生长方向与基体温度、沉积速率、溅射电压和溅射功率等工艺参数有关。基体温度为 100℃时，主峰（222）、(400）峰很弱；随温度的升高，［200］取

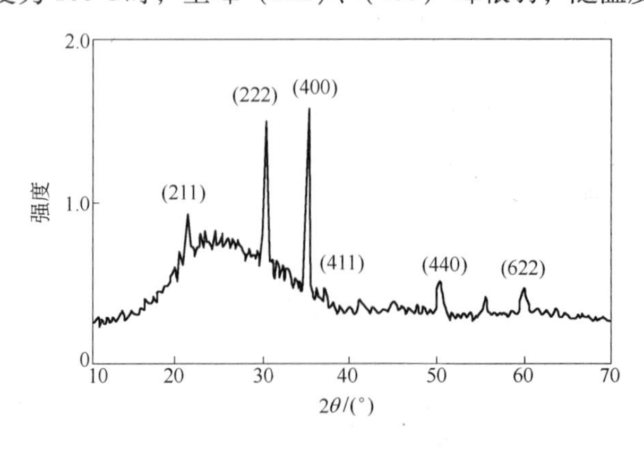

图 5-43 典型的直流溅射 ITO 薄膜的 XRD 谱

向逐渐增大，当基片温度大于300℃时，(400) 峰明显超过 (222) 峰。

沉积速度对ITO膜的择优取向也有影响。在小于200nm/min条件下，沉积的ITO膜呈[001] 择优取向；在200~300nm/min之间时，同时出现 (222) 和 (400) 峰；在更高沉积速率下（大于300nm/min）时，(222) 峰最强，显示[111] 择优取向。

溅射电压和功率对薄膜的择优取向也有影响。高溅射电压和功率有利于[111] 晶体生长，它与温度的影响类似。也可以说，工艺条件的变化促进了某些取向晶粒的生长而抑制了另一些取向晶粒的生长。若从生长动力学角度看，如果因工艺条件而促进某一取向的晶粒生长，便有利于形成这一取向的择优生长，进而形成该膜的织构。但大多数的实验中，ITO膜常易获得[111] 结构的择优取向和[001] 的择优取向。

退火温度对ITO膜的织构有明显影响。退火使ITO膜由非晶态转变成多晶态，随温度的升高，薄膜中最强的 (222) 峰和 (400) 峰整个衍射峰体系向高角度方向移动。计算表明，退火使ITO膜的晶格由膨胀转向收缩。在不同条件下退火后ITO膜的晶格常数及体材晶格常数值见表5-51。

表5-51 在不同条件下退火后ITO膜及体材晶格常数值

实验条件	体 材	室温制备			沉积温度300℃		空气中300℃退火		真空中300℃退火	
		聚酯膜	Si (100)	玻璃	Si	玻璃(100)	Si	玻璃(100)	Si	玻璃(100)
基体 α/nm	1.00118	1.0173	1.0230	1.0195	1.0095	1.0110	1.0099	1.0105	1.0115	1.0111

从表5-51中可以看出，真空中退火后引起的收缩量大于空气中退火的收缩量。高温沉积的薄膜在退火处理时，Sn^{4+}置换In^{3+}，就导致了ITO膜的晶格收缩，而不是膨胀（Sn^{4+}与In^{3+}的离子半径分别为0.069nm和0.073nm）。

5.5.5.3 ITO薄膜的组织形貌

图5-44所示为ITO薄膜的AFM形貌。图5-44中R_{MS}为均方根粗糙度，从图5-44中可以看到，100nm的ITO薄膜表面十分光滑，粗糙度小于2nm。

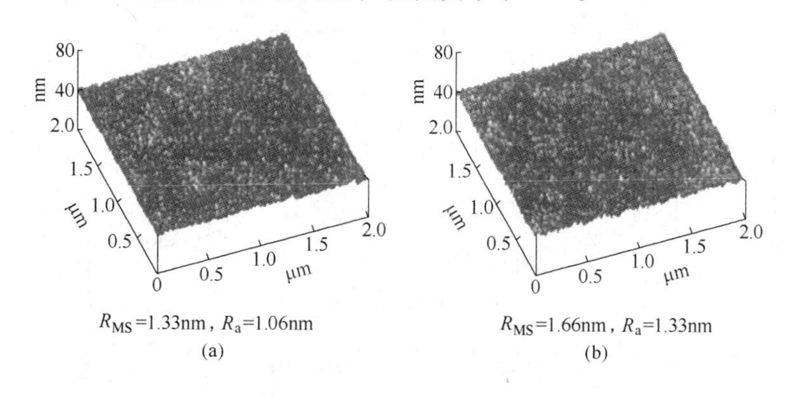

图5-44 ITO薄膜的AFM形貌

(a) 退火处理前；(b) 退火处理1h后

在平行基体方向上，薄膜晶粒生长时，受到基体与晶粒和晶粒之间相互的抑制作用；而在垂直方向上，晶粒生长不受此种限制。可以认为，当粒子的能量足够时，薄膜将会形成柱状结构。图5-45所示为室温下射频磁控溅射沉积的ITO膜的表面和断面的形貌。由

图 5-45 中可十分清楚地看到，室温下沉积的 ITO 薄膜非常致密，柱状结构完整。这充分表明，即使是在室温条件下，通过调整射频功率的工作气压等工艺参数是可以改善薄膜的微观结构的。其原因是薄膜的结构演化过程是基于原子的表面扩散迁移过程，改变粒子本身能量有利于结构演化的进行。

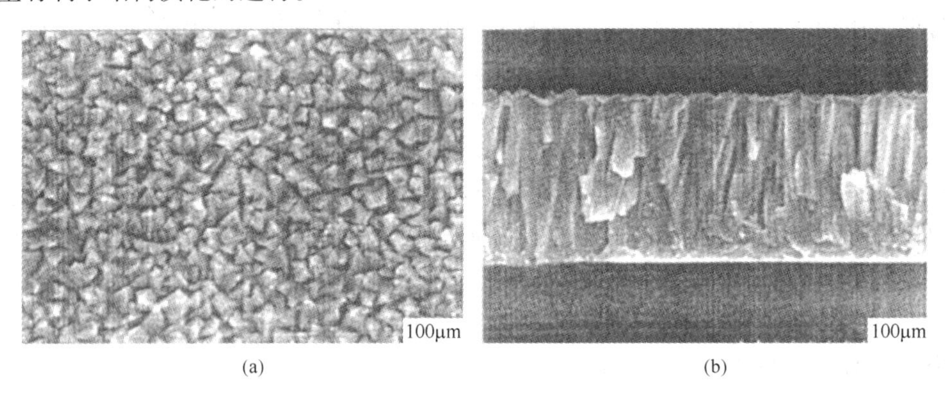

图 5-45 室温下射频磁控溅射沉积的 ITO 膜的表面（a）和断面（b）的形貌
（断面为完整的无空洞的柱状结构）

5.5.5.4 ITO 薄膜的电学性能

ITO 膜是重掺杂、高简并的 N 型半导体。在用 Sn 掺杂的氧化铟（ITO）薄膜中，因 Sn^{4+} 替换 In^{3+}，在能隙中形成施主能级，明显降低了薄膜的电阻率。ITO 膜是 N 型导电并完全简并的。实验证明：掺杂量对氧化铟薄膜的电性能有显著影响。图 5-46 所示为喷涂热分解法制备的 ITO 薄膜的电阻率、自由载流子浓度和霍耳迁移率与掺杂含量的变化关系。从图 5-46 中可以看出，最低的电阻率可达 $3\times10^{-4}\Omega\cdot cm$。用直流溅射法、电子束蒸发法和加热蒸发法沉积制备 ITO 膜，同样观察到类似结果。只是用不同的方法沉积制备的 ITO 膜的最低电阻率与所对应的最佳 Sn 掺杂含量不同而已。

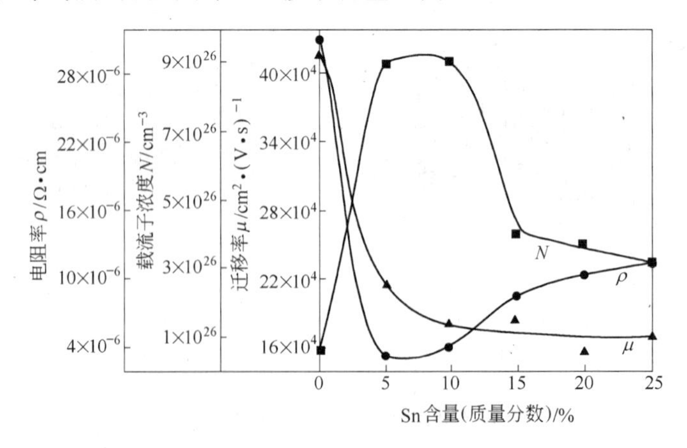

图 5-46 ITO 薄膜的电阻率 ρ、自由载流子浓度 N 和霍耳迁移率 μ 与掺杂含量的变化关系

5.5.5.5 ITO 薄膜的光学性能

透明导电薄膜在不同的波段范围有不同的光学特性，这些特性主要是：紫外截止性；

可见光频段透明性和近、中红外频段的反射性；远红外区透明导电膜存在声子吸收；在6.5～13GHz短波段频率范围内有与红外区反射相类似的强反射性等。而且它的光学和电学性质又有关联性。对于ITO膜而言，铟氧化物及其掺杂体系具有高的电导率和红外反射率。薄膜的综合性能优于SnO_2膜，是在玻璃上制备透明、导电、高红外反射膜的首选，通常铟氧化物及其掺杂的薄膜在0.4～2.0μm范围是透明的，其透明度和其他光学参数受许多因素的影响，包括沉积制备方法、工艺参数、膜厚及薄膜的导电性等。图5-47所示为ITO薄膜的光学特性。对于不同应用的要求来说，其电学、光学特性要求并不一样。如因ITO膜的透明截止波长在2μm附近，因此，太阳光谱大部分均可通过，而室温状态下的低温与辐射有反射作用，用这一特性，就可做高寒地区的窗口和温室棚，以提高保温功能。在阳光输入的热能不减的条件下，使室温低辐射损失减少。而用于LCD的ITO玻璃要求又比用于窗的隔热玻璃的要求严格得多，它对透光率、方电阻（导电性）、化学与热稳定性、ITO膜中的线点缺陷等都有严格要求。不同的ITO膜的玻璃技术指标有不同的生产工艺。

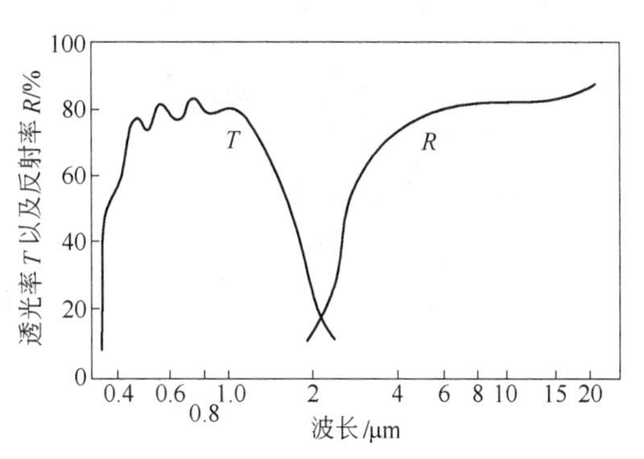

图5-47 ITO薄膜的光学特性

5.5.5.6 ITO薄膜的沉积制备

为沉积制备出低电阻率和高可见光透射率的透明导电薄膜，人们研究并开发了各种相应的薄膜沉积制备方法。事实上，采用不同的沉积方法，是为了满足对ITO膜在实际应用中提出的不同要求，同时对基础研究也有一定的价值。开拓一种薄膜沉积制备，最终是为能在生产中得到实际应用。沉积制备ITO薄膜的方法有喷雾法、浸渍法、化学气相沉积法、真空蒸镀法、磁控溅射法等。目前，比较成熟的ITO膜玻璃的沉积制备技术是SiO_2采用SiO_2靶（用SiO_2阻隔玻璃中的Na^+、K^+离子向ITO膜扩散，从而防止它们向液晶材料扩散）。用射频溅射法沉积，ITO膜采用缺氧的ITO靶用加氧反应直流磁控溅射法沉积。这类系统大体分两类：一类是批量生产设备；另一类是连续生产设备。

批量生产设备适用于生产不同用途的ITO膜，即宜于生产多品种、小批量的ITO导电玻璃。而连续生产设备宜于大批量生产、大规模生产，有机器人进行装卸片，可实现全自动连续化的批量生产，设备尘埃污染少，能在大面积的基片上沉积生产出膜层均匀的优质ITO膜。日本真空技术株式会社生产的SDP系列和德国莱宝生产的ZV系列连续生产均是连续磁控溅射生产镀ITO膜的设备。如日本SDP-500V型设备是一种中型连续生产线，其生产能力为2.5min生产出4片300mm×400mm的ITO镀膜玻璃；德国ZV-350型设备也是一种中型生产线，其生产能力为3.5min生产出5片356mm×356mm的ITO镀膜玻璃。两种设备均用放电电压为-250～260V的低压溅射，真空室也均装有防止放气和抽真空时扬起尘埃的装置，即“软放大气”和“软抽气”技术。目前，这款装置有人工装卸基片，也有新设计用机器人装卸基片，同时在工件架上也做了改进。图5-48所示为德国莱宝公司的ITO膜玻璃连续生产设备。

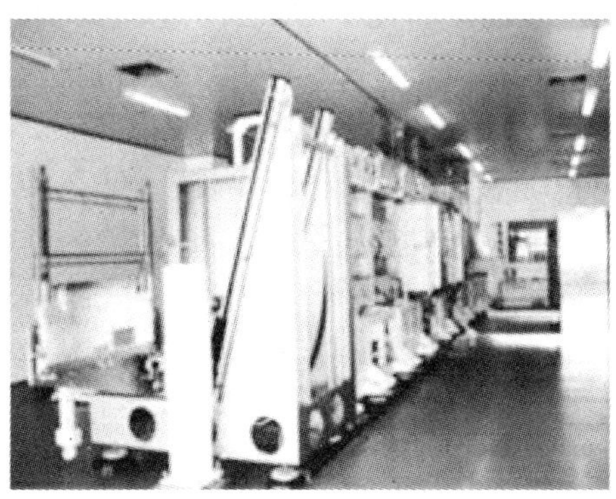

图 5-48 德国莱宝公司的 ITO 膜玻璃连续生产设备

柔性基片透明导电 ITO 膜是指镀在聚酯（PET）薄膜上的 ITO 膜。它可打卷，可张贴，使用方便灵活，主要用于 LCD 的背光源、TFT-LCD 的背电极、ELD 显示（电致发光显示器）、显示器触摸屏和透明触摸开关、电磁屏和静电泄放。近年来，随 TFT-LCD 产业的爆发性增长，柔性透明导电 ITO 膜的需求也急剧增长。TFT-LCD 主要用于笔记本电脑、台式计算机显示器、工业显示器、全球卫星定位系统（GPS）、个人数据处理器、游戏机、可视电话、便携式 VCD、DVD 及其他便携式装置。这种镀膜一定要在低温（室温）下成膜。这对膜的电阻率、电阻稳定性、透光率和结合力都受到一定的限制；另外，基膜柔软、线膨胀系数高，这使工艺实施操作有一些困难。

现在较成熟可靠的工艺是采用 ITO 靶、加氧反应镀膜。膜的方阻控制在 30 ~ 50Ω/□，可见光（550nm）透过率为 80% ~ 85%。在常温溅射中，氧分压的控制特别重要。氧分压太低，透光率低；氧分压太高，电阻率过高。必须选择合适的氧分压，才能满足两方面的要求。

在生产上，多采用多靶连续卷绕式的镀膜技术。为保证镀膜均匀，必须设置稳定的溅射电源，以确保溅射速率恒定；同时对抽气系统布气也需均匀，并用透过率监控法控制膜厚。因基材是有机膜，线膨胀系数与 ITO 膜不匹配，膜极易开裂和划伤，这给生产带来麻烦，因此，在生产过程中的各个环节都需小心。图5-49 所示为 JCJ-D1200 磁控溅射卷绕镀高透明、低方阻膜的设备结构示意图。

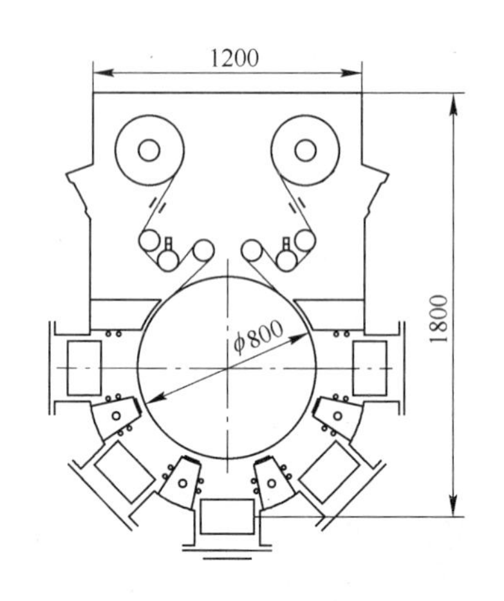

图 5-49 磁控溅射卷绕式镀高透明、低方阻膜的设备结构示意图

应该指出的是，目前，在日本真空技术株式会社的 SDP 系列和德国莱宝 ZV 系列设备中，均采用低电压溅射与掺水或氢溅射新技术。低电压溅射可以减弱负氧离子对 ITO 膜结构的轰击损伤，改善低温成膜的电阻率，获得刻蚀性能稳定的 ITO 膜。另外，低电压下溅射还提高了膜的光学透过率，其原因在于可减少黑色 InO 产生，增加了载流子密度。在气体中掺水或掺氢，是低温下沉积制备高电导率的 ITO 膜的新的有

效技术。当基片温度为室温，水汽分压为 2.0×10^{-3} Pa 时，能沉积出电阻率为 6×10^{-4} Ω·cm的ITO膜，更重要的是，用这种工艺生产的ITO膜的电阻率与膜的厚度无关，即此法可提高ITO膜的电导率。

5.5.5.7 透明导电膜的工业应用

工业应用要求不同，对ITO膜的导电性与透光性的指标的要求是不同的。对阳光控制的ITO镀膜玻璃和LCD用的ITO膜的性能要求就有很大的差别。LCD用ITO膜也分为不同的等级，如LCD手表等静止画面的显示屏要求较低，方阻只要在2.0～500Ω/□；图形功能和色彩的LCD屏和记事本、膝上计算机等要求方阻为20～50Ω/□；而LCD电视屏要求最高，方阻在10～20Ω/□。因此，它们之间的镀膜工艺也有所差别。ITO膜现在大多在电子照相、太阳能电池、显示屏、防静电、热反射、光记录、磁记录等电子领域和产品上得到广泛的应用。

5.5.5.8 ZnO：Al薄膜

在实践应用中，一般都认为，在透明导电氧化性薄膜中，ITO膜的透光性和电学性能是最好的，因而ITO膜在电子工业上广泛应用。近些年来，国内外对ZnO薄膜的光学、电学性能进行了系统的研究，特别是ZnO：Al薄膜的透光性能与导电性能的研究结果表明：未掺杂的ZnO膜在高温下不稳定，没有使用价值；而掺杂质Al后的ZnO膜具有稳定的电学和光学性质，因此，掺杂质Al的ZnO膜是透明导电应用方面的新型薄膜材料，它在电学性能和光学性能上已经表现出可以代替当今广泛应用的ITO膜。这种新型的ZnO：Al透明导电薄膜除具有相当好的电学性能和光学性能外，在工艺上也易于沉积制备，成本低廉，资源相对丰富、无毒，不仅在实验室研究上取得成功，而且在探索工业化生产上也取得了可喜的进展。可以明确，ZnO：Al薄膜是当今有望替代ITO膜且在光电领域应用极佳的新一代氧化物透明导电膜材料。德国Siegen大学材料技术研究所所长及创新材料中心主任姜辛教授和我国洪瑞江教授在德国比较系统全面地对ZnO系及ZnO：Al薄膜的微细结构、光学、电学性能、沉积制备技术以及应用的可能性做了多年的研究，并取得了可喜的进展。比较一致的看法是：ZnO：Al薄膜替代ITO薄膜并在电子工业上应用是完全可能的，而且ZnO：Al薄膜是一种性能优良、成本低廉、工艺可控的替代ITO薄膜的最佳透明导电薄膜。

5.6 集成光学功能薄膜

集成光学功能薄膜是用类似于集成电路的技术把一些光学元器件（如发光元件、光开关、光放大元件、光逻辑元件、光路元件、光调制元件、耦合、接收元件等）以薄膜的形式集成在一个基片上，形成具有独立功能的微型光学系统即集成光路。它与光学薄膜的不同之处在于，集成光学功能薄膜的光束是在薄膜中沿着薄膜传播，而光学薄膜则是光束穿过薄膜。集成光学功能薄膜在通信、计算机和光信息处理等领域都具有广阔的发展前景。这种集成光路体积小、功耗低、稳定性好、效率高、使用方便，是为适应光纤通信要求而发展起来的崭新的技术领域。

5.6.1 光波导薄膜

光波导薄膜是一种高折射率的薄膜。把光波导薄膜夹在两种低折射率介质之间，其结构如图 5-50 所示，其折射率 $n_2 > n_1 \geqslant n_3$；在介质光波导中的光导是通过光反复进行全反射，同时又在高折射率的膜 2（折射率 n_2）之中传播实现，其中，高折射率膜 2 称为光波导区，介质 1、3 则称为包层区。

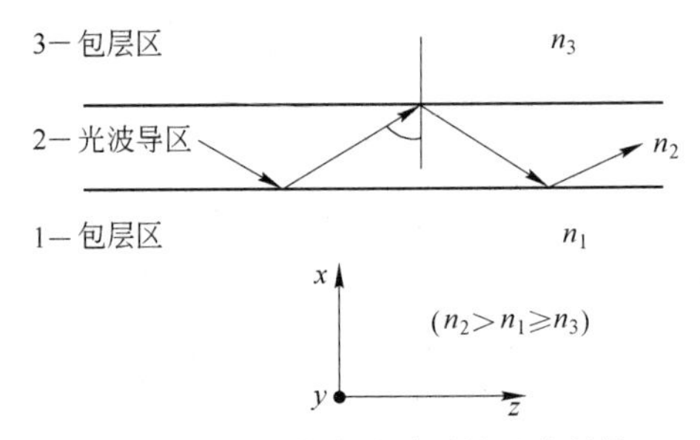

图 5-50　介质薄膜光波导的基本结构

光依据偏振态分为横向电场和横向磁场两种模式，一般的偏振态可用两者的重合来表示。

薄膜系统中光波导的种类如图 5-51 所示。图中阴影部分的折射率或等效折射率比周围的都高，这部分就是波导。

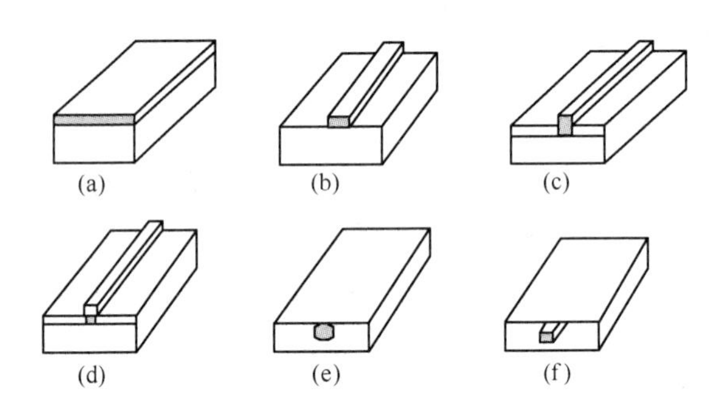

图 5-51　光波导的种类

（a）平板型波导；（b）凸变型波导；（c）加载型波导；（d）脊型波导；（e）扩散型波导；（f）掩埋型波导

光波导薄膜材料要求透明、性能稳定、沉积制备简单，这类材料有晶体、非晶体、液晶、有机材料、无机材料等。常用的光波导材料和它们的一些基本特性见表 5-52。

表 5-52　常用的光波导材料和它们的一些基本特性

材　料		制　法	折射率 Δn	吸收系数/$dB \cdot cm^{-1}$
波导区域	基　片			
聚氨酯	SiO_2 玻璃	旋转涂覆	约 10^{-2}	0.1～0.5
HMDS	硼硅酸玻璃	辉光放电（GD）	约 10^{-2}	0.01～0.3
康宁 7059 玻璃	SiO_2 玻璃	溅　射	约 10^{-2}	0.1～0.5
SiO_2		离子注入	约 10^{-2}	约 0.4
$LiNbO_3$		扩　散	5×10^{-4}～10^{-2}	0.1～0.2
		外扩散（N^+、O^+、Ne^+离子注入）		<1
$LiNbO_3$	$LiTaO_3$	EGM（熔融外延法）	10^{-4}～10^{-2}	1
		扩　散		约 1
N-GaAs	N^+-GaAs	液相外延（LPE） 气相外延（VPE） 分子束外延（LPE）	约 10^{-3}	约 24
$Ga_{1-x}Al_xAs$	$Ga_{1-y}Al_yAs$	液相外延（LPE） 分子束外延（LPE）	约 0.4（$y-x$）	约 10
CdS_xSe_{1-x}	CdS	扩散（Se）	约 10^{-2}	10～15

图 5-51(a)所示为平板型波导，它是用涂覆、蒸发、溅射、热扩散等制作方法在衬底上生成薄膜。它是最基本的平板型波导。图 5-51(b)所示为用平板型波导经光刻和反溅射制作而成。图 5-51(c)所示为在平板型波导上通过用不同的薄膜材料（光致抗蚀剂等）制成光路，由于其下部的等效折射率被提高，因而光被封闭在其中。图 5-51(d)所示为脊型波导。图 5-51(e)所示为扩散型波导，用离子注入方法制造，可呈类似圆柱状的折射率分布，目的是减少损耗。图 5-51(f)所示为掩埋型波导，在(b)型上生长一层与衬底同样材料的包层结构。

用有机材料制作的光波导是把有机材料溶于溶剂，用旋转涂覆的方法涂覆在基片上。玻璃的光波导是在玻璃基片上溅射或蒸发不同的玻璃膜，用扩散法或离子注入法将杂质掺入玻璃中而成。

$LiNbO_3$ 或 $LiTaO_3$ 光波导是在这些材料中扩散杂质或用热处理形成 Li 空位，使局部增加晶体表面折射率。

半导体制作的光波导是利用在高载流子浓度半导体的基片上生长低载流子浓度半导体的方法或用选择性扩散杂质的方法制作，也可用半导体异质结的方法制作，如把 $Ga_{1-x}Al_xAs$ 夹在两层 $Ga_{1-y}Al_yAs$ 之间（$x<y$），可由 $Ga_{1-x}Al_xAs$ 来实现光波导。在半导体光波导中，因自由载流子吸收、散射等原因，其传播损耗大于其他波导，所以在应用上仅限于在短距离传播的光波导。

用不同方法沉积制备的 $LiNbO_3$ 薄膜的性能比较见表 5-53。对于光波导的 $LiNbO_3$ 薄膜来说，其最终将集成在半导体硅芯片上，这就要求 $LiNbO_3$ 薄膜的制备与薄膜的后续加工技术都要与硅技术相兼容。通过快速热处理，有可能制成组成均匀、择优取向性好的 $LiNbO_3$ 薄膜，可满足硅集成和器件实际应用的需要。

表 5-53 不同方法沉积制备的 $LiNbO_3$ 薄膜的性能比较

方法	光折指数	光损/cm^{-1}	FWHM①	取向	形貌	膜厚/nm	衬底	热处理温度/℃
溅射法	2.32	5.0 ($TF_4$②)		c 轴取向	光滑均匀	157	蓝宝石	500
	2.100	4.0 (TM)						
		27.5 (TF_4)		c 轴定向生长	光滑均匀		蓝宝石(110)	400
		6.49 (TF_4)		c 轴定向生长	光滑均匀			400
	2.029	21.9 (TF_4)		c 轴定向生长	光滑均匀			550
	2.00							
脉冲激光沉积(PLD)					光滑均匀	200	蓝宝石	
				高度取向				
				无定向		500	Bi (110)	
金属有机化学气相沉积(MOCVD)	2.27	4 (TF_4)	1.80	c 轴定向生长	光滑(表面粗糙度 1.5nm)	60		650
	2.19							
	2.21	5 (TF_4)	0.01	c 轴定向生长	光滑(表面粗糙度 0.8nm)	500	钽酸锂(c 轴)	500
	2.16							
		2 (TF_4)	0.06	c 轴定向生长	光滑(表面粗糙度 1.5nm)	120	蓝宝石(c 轴)	700
	2.52	2 (TF_4)	0.041	c 轴定向生长	光滑均匀	102	蓝宝石(c 轴)	710
	2.27							

① 半峰值全宽度，主纵模峰值波长的幅度下降一半处光谱线两点间的波长间隔。
② 光波导模式之一。

5.6.2 光开关薄膜

光开关是集成光路的重要器件，是光在时空上切换的器件，它是通过自身的光电效应、声光效应、磁光效应来实现的。

图 5-52 所示为单节电极结构的定向耦合调制开关示意图。当光从波导 1 输入、从波导 2 输出时，称为交叉工作状态，用★号表示；若光从波导 1 输出，就称为直通工作状态，用◎号表示。

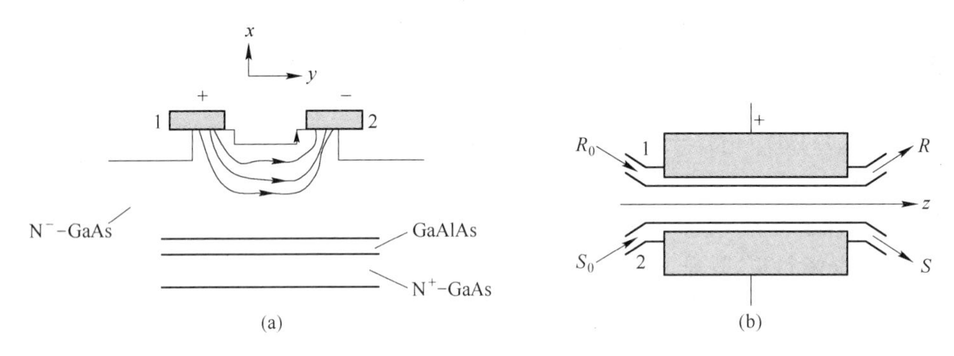

图 5-52 单节电极结构的定向耦合调制开关示意图
（a）横截面图；（b）俯视图

图 5-53 所示为单节电极结构的定向耦合调制开关的工作曲线。图中 L 为有源区长度，L_c 为最短耦合长度。$\Delta\beta$ 为传播常数差，其随调制电压而变化。当任意给出一个 L/L_c 值时，就必须使耦合开关的有源区长度精确等于耦合长度的奇数倍，在有源区长度确定后，转换效率与调制电压有关，它仍是不完全的功率转换，存在串音缺陷。为了用电压调整来保证交叉工作状态，可把定向耦合开关的电极分成相等长度的两节或三节，且所加的电压大小相等、极性相反，成为两节或三节的 $\Delta\beta$ 耦合开关，因此，此时的有源长度不是十分精确。而两个波导的不对称性也可用调制电压来补偿。这类双通道定向耦合开关最早用 GaAs 材料并用三电极结构来实现，以后又在 $LiNbO_3$ 和 GaAs 衬底上制备出双电极结构的定向耦合开关。后来又做出长波长 1.3μm 的 InGaAsP/InP 定向耦合开关，其开关电压为 22V，调制宽度为 1GHz，直通态串音为 −14dB，交叉态变音为 −10dB。

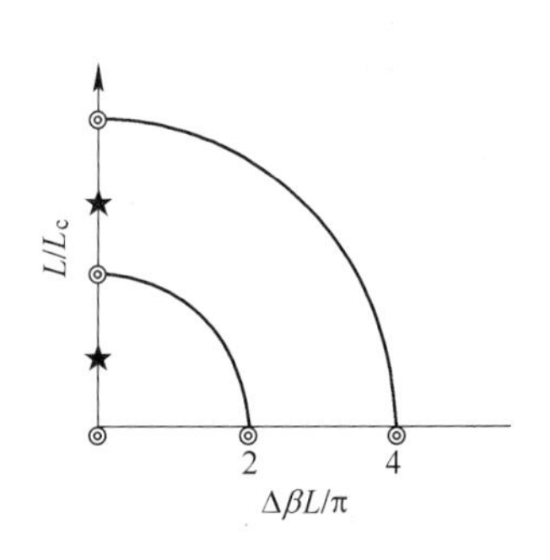

图 5-53 单节电极结构的定向耦合调制开关的工作曲线

图 5-54 所示为研制成的 GaAsAl/GaAs 双异质结两电极定向耦合开关。它是在掺 Si 的 N 型 GaAs 衬底上用 MOCVD 法生长出掺杂浓度 N 小于 $2\times10^{14}\,cm^{-3}$ 的 GaAsAl 下包层、GaAs 波导层、GaAsAl 上包层，其厚度如图 5-54(a)所示。波导宽 4μm，脊高 0.2μm；两平行波导间距 2μm；两对肖特基势垒电极分别覆盖在两平行波导上，每个电极长度 2.3mm；器件总长为 6.9mm；键合点面积为 80μm×80μm，样品背面减薄至 200μm 后形成欧姆接触；正面通过光刻、剥离掩模，蒸发形成肖特基势垒电极；经第二次光刻和反应

离子刻蚀形成单膜波导。在1.3μm波长下，测得的输出强度与调制电压的关系如图5-54(b)所示。图5-54(b)中列出了4个电极的位置，P_i为直通输出功率，P_e为交叉端输出功率，器件的消光比为26.8dB，总能耗为10dB。

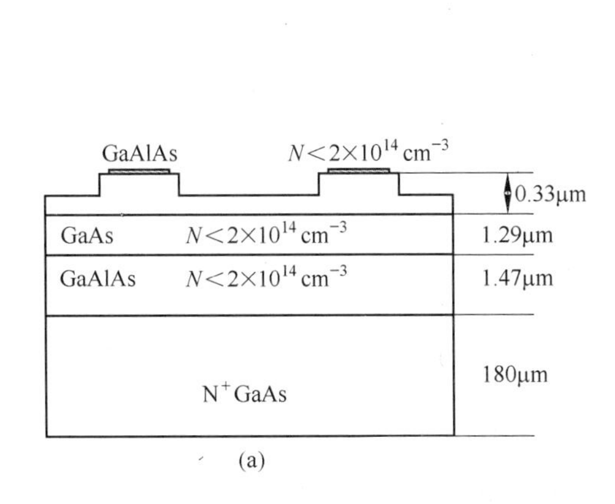

(a)

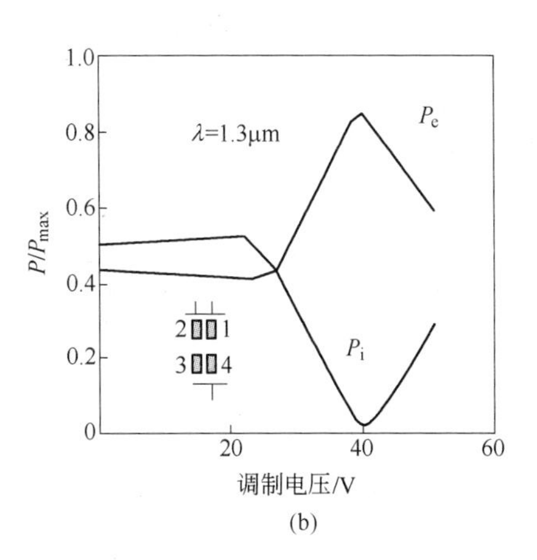

(b)

图5-54 GaAsAl/GaAs双异质结两电极定向耦合开关
(a) 器件的各层结构；(b) 输出强度与调制电压的关系

用光电效应制作的光开关器件通常是用强电介质的薄膜，如$LiNbO_3$、$LiTaO_3$、$B_{12}SiO_{20}$(BSO)、GaAs、SOI、GeSi/Si等，在$LiNbO_3$上是通过热扩散Ti制得，而在$B_{12}SiO_{20}$(BSO)上是通过液相外延（LPE）掺杂Ga而制得。

用声光效应制作的光开关薄膜材料有TeO_2、$LiNbO_3$等。

在高密度的记录器件中，Sb和AgO_x所引起的光开关作用也非常重要。Sb和AgO_x的光开关效应产生的机理目前还不十分清楚，不过有解释认为，对于Sb，当激光束聚焦在Sb膜上时，在90℃附近引起了一个由非晶态到晶态的转变。由于Sb膜层对于激光束高斯光束的非线性光学吸收，从而形成超瑞利分辨极限的孔径。因此，光导的近场记录和读出可以通过这些孔径来进行。对AgO_x，认为可能在180℃附近有一个分解过程，AgO_x分解成Ag颗粒和O_2。人们依据无孔近场扫描显微镜原理提出近场记录模型。另外，还有人认为，在Ag颗粒的周围产生了一些表面等离子体，由表面等离子体的增强效应来起到光开关的作用，从而实现近场光记录。但有关的关键，尤其是薄膜材料和机理的研究还需进一步深入地去进行。

5.6.3 光调制（光偏转）薄膜

光调制（光偏转）薄膜是光控制膜中对光的强度或相位起到调整和控制的一种薄膜，它和光开关相似。光调制（光偏转）薄膜也是利用自身的电光效应、声光效应、磁光效应、热光效应特性来实现对光的调控。

比较成熟的光调制（光偏转）薄膜有电光效应调制型薄膜、声光效应调制型薄膜和磁光效应调制型薄膜。

5.6.3.1 电光效应调制型薄膜

用于电光效应调制型薄膜的材料有$LiNbO_3$、$LiTaO_3$、ZnO、GaAs、$Sr_{0.5}Ba_{0.5}Nb_2O_3$。

一些用于集成光学的调制、开关器件常采用的强电介质晶体典型电光调制薄膜材料见表5-54。其中，铁电体（如 $LiNbO_3$）就有很强的线性电光效应。用它制成的电光调制器性能也最好，但因它的加工工艺和集成工艺远不如半导体，因而在进一步发展中受到很大限制。人们很快在Ⅲ$_A$-Ⅴ$_A$族和Ⅱ$_A$-Ⅵ$_A$族多元化合物半导体上发现了较强的电光效应，而且其薄膜生长的工艺也较为成熟、完善。因此，这类化合物半导体的光集成具有很大的潜力，特别是把铁电体、化合物半导体和硅、以硅基的形式结合起来是集成光学的又一重要途径。

表 5-54 典型的电光调制薄膜材料

材　料	常光折射率 n_0	非常光折射率 n_e	电光常数 γ_{33} /cm · V^{-1}	电光常数 γ_{13} /cm · V^{-1}	介电常数	$n_e^3\gamma_{33}/2$
$LiNbO_3$	2.288	2.207	30.8×10^{-10}	8.6×10^{-10}	44	166
$LiTaO_3$	2.176	2.181	35.8×10^{-10}	7.9×10^{-10}	53	186
$Sr_{0.5}Ba_{0.5}Nb_2O_3$	2.312	2.273	290×10^{-10}	49×10^{-10}	450	1703
ZnO	1.999	2.015	2.6×10^{-10}	-1.4×10^{-10}	8.2	11
GaAs	1.2（折射率 n(无双折射时)）		1.2×10^{-10}（电光常数 γ_{14}）		12	59($n^3\gamma_{14}/2$)

注：GaAs 的 $\lambda=1\mu m$，其余材料 $\lambda=0.6\mu m$。

5.6.3.2 声光效应调制型薄膜

用于声光效应调制型的薄膜材料有 TeO_3、$PbMoO_4$、SiO_2。典型的声光调制薄膜材料的性能见表5-55。利用声光效应可获得表面弹性波引起的折射周期变化，产生布拉格衍射或拉曼-纳斯衍射，从而实现光调制。

表 5-55 典型的声光调制薄膜材料性能

材　料	声波模式	折射率 n	声波衰减常数(500MHz)/dB · cm^{-1}	声速/cm · s^{-1}	$M_2$①
TeO_3	剪切	2.27	4.9	4.9×10^5	525
$PbMoO_4$	纵向	2.39	3.3	3.66×10^5	23.7
$LiNbO_3$		2.2	0.05	6.57×10^5	4.6
石英		1.46	3.0	5.96×10^5	1.0

①一个因子代号，$M_2=n^6p^2/(\rho v_s^2)$。

5.6.3.3 磁光效应调制型薄膜

用于磁光效应调制型的薄膜材料有 YIG($Y_3Fe_5O_{12}$)、$Cd_3Fe_5O_{12}$、$Y_3Ga_{0.75}Se_{0.5}Fe_{3.75}O_{12}$等。利用磁光效应尤其是磁致旋光效应（法拉第效应）可进行光相位调制。硅薄膜材料的电光效应小，但热光效应比较显著。因此，利用硅的热光效应制作光调制器也很有意义。

光偏转就是应用上述这些薄膜的电光效应、声光效应等来“调制”光束在空间的传播方向，即控制光束的偏转角度。

应该指出的是：光调制（光偏转）薄膜制备的这种集成光学器件，它本身的制备能否与硅基体结合是非常重要的，在选择工艺上需仔细考虑，不同的生长沉积方法其薄膜形成的影响因素都会有所不同，必须对这些影响因素严格控制，方可获得优质的光调制薄膜。

5.7 物理功能薄膜的应用

物理功能薄膜研究的目的主要是在“功能器件”上应用，特别是当今的功能器件又向着小型化、集成化、多功能化发展，在功能器件的设计制造应用上，都涉及应用多种类的物理功能薄膜。在本节中，重点列举一些比较重要又已取得应用价值的物理功能薄膜，即在微电子器件和集成电路、光学器件、光电子器件、太阳能电池及光敏传感器等5个方面部分应用的物理功能薄膜。

5.7.1 物理功能薄膜在微电子器件和集成电路中的应用

5.7.1.1 物理功能薄膜在微电子器件上的应用

大规模、超大规模集成电路是由众多的晶体管（包括二极管、三极管）和电阻、电容、导线等组成。其中，晶体管是有源器件，电阻、电容是无源器件。而晶体管是集成电路中的核心，它是经多种组合搭配的。薄膜微电子器件分为无源和有源薄膜元件两大类。

A 有源薄膜元件

晶体管（半导体三极管）和二极管等有源元件，在电子电路中起放大、振荡、开关等作用，是集成电路的核心。晶体管一般由两个非常靠近的PN结组成。现今主要由氧化、光刻、扩散3个工艺来制作。硅片在氧化后，表面形成非晶体的SiO_2薄膜。这种绝缘的介电质对大气中的有害物质有很好的阻挡作用，能使PN结得到有效的保护和钝化，同时，大部分$Ⅲ_A$、$Ⅴ_A$族杂质在SiO_2中的扩散系数比在Si中小3~4个数量级，即SiO_2对这些杂质起到掩蔽的作用。Si在氧化后加上光刻、扩散就能制作成硅平面型晶体管。

图5-55所示为一个有代表性的有源器件MOS晶体管（金属-半导体-半导体场效应晶体管，MOSFET）的基本结构。从图5-55中可知，它有4个电极：源（S）、漏（D）、栅（G）、衬底（B）。源和漏是向P型硅表面扩散高浓度磷元素形成的两个N^+扩散区；栅是真空蒸镀在绝缘体SiO_2上形成的金属电极；衬底和源是通过金属在硅表面上联结起来使用，因此，MOS晶体可看做三电极器件。

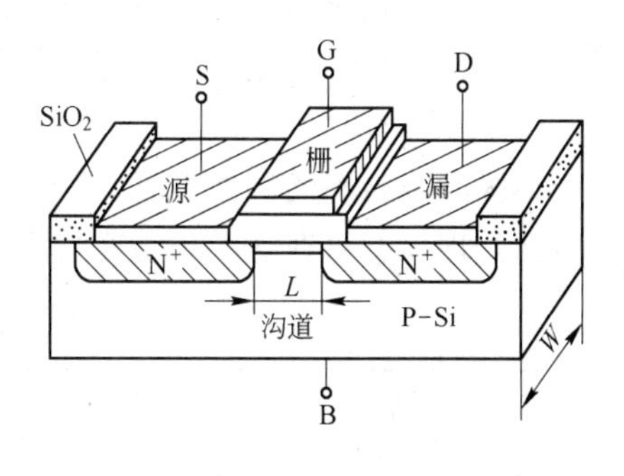

图5-55 MOS晶体管的基本结构

在用硅平面工艺制作晶体管时，又同时用相同的工艺在同一芯片上制作二极管及电阻、电容等元件。但要构成单片半导体集成电路，各元件之间必须互相隔离开来。隔离工艺是制作集成电路的重要工艺。隔离有多种方法，最简单的方法是利用PN结反向偏置把衬底和有源电路进行电隔离。晶体管的集电极和衬底所形成的PN结相当于一个二极管，当它被反向偏置时，晶体管就与其他部分隔离了。对各元件进行隔离，再按电路要求进行布线，就构成了单片半导体集成电路。图5-56所示为多层布线结构图解，从中可大体上看出各元件之间的关联。图5-57所示为有源器件及绝缘膜隔离的方法。

B 无源薄膜元件

a 金属薄膜

在集成电路中，金属薄膜主要用做电阻、内联、接触等导体和电感元件。金属薄膜在

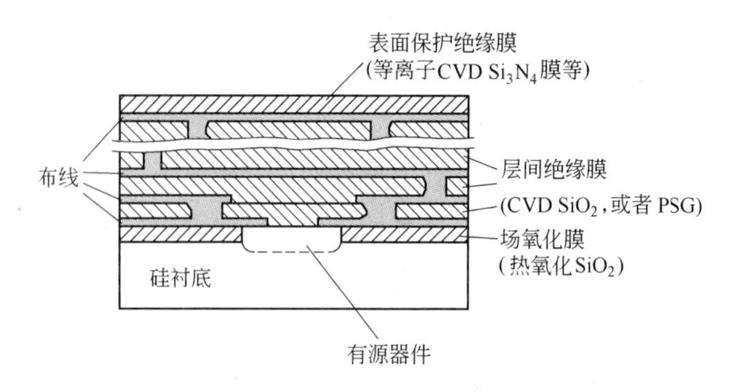

图 5-56　多层布线结构

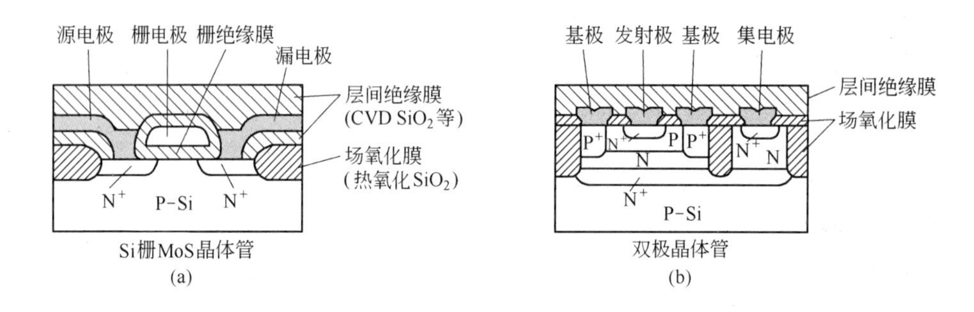

图 5-57　有源器件及绝缘膜隔离

很薄时，因氧化和凝聚等缘故形成非连续的膜结构，使其电阻值比连续薄膜更高。多孔对氧化又非常敏感，需用适当的保护措施来稳定高电阻值和低的电阻温度系数。

b　薄膜电阻

薄膜电阻材料的性能见表 5-56。在陶瓷等绝缘衬底上沉积的金属或合金薄膜，经适当的表面处理后，可在热的环境变化下维持稳定的性能，通常电阻较高。

表 5-56　薄膜电阻材料的性能

薄膜材料	沉积技术	方阻 $R_s/\Omega \cdot \square^{-1}$	电阻温度系数(T_{CR})/℃$^{-1}$
Cr-Ni (20~80)	真空蒸镀	10~400	$(1\sim2)\times10^{-4}$
Cr-Si	电弧喷镀	100~400	$\pm2\times10^{-4}$
Cr-Ti	电弧喷镀	250~600	$\pm1.5\times10^{-4}$
Cr-SiO	电弧喷镀	约 600	$(-0.5\sim-2)\times10^{-4}$
SnO_2	喷雾热解、CVD	约 10^4	1×10^{-4}
W、Mo、Re	溅　射	10~500	$(-0.2\sim-1)\times10^{-4}$
Ta	溅　射	约 100	$\pm1\times10^{-4}$
Ta_2N	反应溅射	10~100	-8.5×10^{-5}

c　薄膜电容

薄膜电容是由绝缘层两端的金属电极构成的。为使薄膜电容小型化，有效的手段是开发具有高介电常数的材料或减薄绝缘体的厚度。具有高击穿域的高性能薄膜电容通常是用连续、稳定的介质膜和合适的电极组成的。一些重要的薄膜电容材料及性能见表 5-57。在应用上最为成功的薄膜电容材料是真空蒸镀的 SiO 和阳极氧化的 Ta_2O_5，两者均为非晶态的多孔膜。图 5-58 所示为电容器件的结构图。

表 5-57 一些重要的薄膜电容材料及性能

薄膜材料	相对介电常数	损耗因数	频率/kHz	击穿电压/V·cm⁻¹	V_c/℃⁻¹	厚度/μm	沉积技术
Al_2O_3	9	0.008	1.0		3×10^{-4}	1.5~2	真空蒸镀
$BaSrTiO_3$	$10^3\sim10^4$	0.004	1.0	3×10^5	3×10^{-4}		电弧喷镀
SiO	6	0.015~0.02	$1\sim10^3$				蒸 镀
SiO_2	3~4			约 10^6		0.03~0.3	反应溅射
Si_3N_4	5.5	<0.01	0.1~50	10^7			CVD
Ta_2O_5	25	0.01	1.0	6×10^6	2.5×10^{-4}		阳极氧化
TiO_2	50	0.6			3×10^{-4}		阳极氧化
W_2O_5	40	0.05	0.1				阳极氧化
CaF_2	约 3	0.03	0.1				蒸 镀
LiF	约 5	0.07		1.0			蒸 镀
Nb_2O_6	39	0.05	1.0				反应溅射
$BaTiO_3$	约 200						蒸 镀

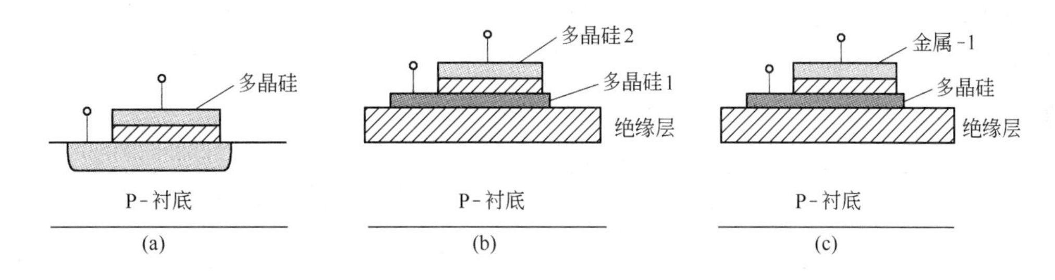

图 5-58 电容器件的结构图

d 绝缘膜

绝缘膜在集成电路中是主要的功能膜。它可作为刻蚀掩蔽膜或电学绝缘等功能膜。超薄的绝缘膜因非连续和有针孔等缺陷，其介电性能显著受影响。绝缘膜的最佳击穿电压为 10^7V/cm，一般绝缘体的最佳击穿电压则为 10^6V/cm。在实际的元件如电容器中，可能存在结构复杂等大量的击穿机制，此时，它们便成为元件击穿失效的主因。

e 导体的内联和接触

在微电子电路中，导体沉积在线路板上作为不同元件之间的连线。其要求是低的电阻率（$\leqslant 4\mu\Omega\cdot cm$），并且要求具有良好的附着性及化学、力学和高温稳定性。同时，工艺上还要求可焊、可刻蚀，在 $3\times10^5 A/cm^2$ 以上的电流通过时，不会出现电流漂移。其用到的主要是 Al 和 Al 合金，有时也考虑用 Mo-Al、Ta-Pt-Au 等，它们具有较高的抗碎裂性和耐蚀性。

在 MOS 器件中，采用多晶硅作栅电极和布线的硅栅结构自匹配性和稳定性良好，被广泛应用。但是对于 VLSI 而言，通过比例缩小，使栅长度变到 2μm 以下，布线就成为高速化的障碍，此时，可考虑用难熔金属硅化物来代替多晶硅。

5.7.1.2 物理功能薄膜在集成电路制造上的应用

集成电路是微电子学的基础，它是基础科学、基础材料、基础工艺以及许多技术（如计算机自动控制、精密光学、高能粒子束光学、精密机械定位对准、超净、化学超纯等）的综合结晶。特别是进入 21 世纪，超级计算机的运算已突破每秒 21 万亿次（目前已突破每秒 1000 万亿次）；因特网用户的高速增长，网上通信、电子政务、电子商务、网上医疗等网上应用席卷全球；信息存储密度的提高、信息显示的高清晰化；智能机器人、休闲娱乐、网络教育、家务等领域的广泛应用；语音功能的手机及游戏、图像、音频、视频、娱乐；以及宇航及军事科学应用等前沿技术的飞速发展，对集成电路的技术水平要求越来越高，促成了集成电路在高新技术中向着高度集成化的方向发展。集成电路的集成度越高，线宽就越小，元件的尺寸由微米量级向纳米量级发展；按“摩尔定律”和“比例缩小定理”集成度每 2～3 年提高 2 倍。按国际半导体技术发展指南，进入生产的加工特征尺寸，在 2010 年、2013 年和 2016 年分别达到 45nm、32nm 和 22nm（实际 2009 年英特尔公司已经量产 32nm 芯片）。

图 5-59 所示为一块普通的集成电路板，它是将一个或多个成熟的单元电路制作在一块硅材的半导体芯片上，再从芯片上引出几个引脚，用做电路供电和向外界输出信号的通道。现今微处理芯片将由多达 2 亿个晶体管集成（Intel 的已达 8.2 亿个）。集成电路板包括众多集成的器件和分立器件，都由许多单元电路组成，而单元电路由晶体三极管、二极管、场效应管、电阻、电容等常用元器件组成。不管集成电路板的内部有多少个元件，在使用中只要接上电源和将信号输出给负载，便能方便使用。

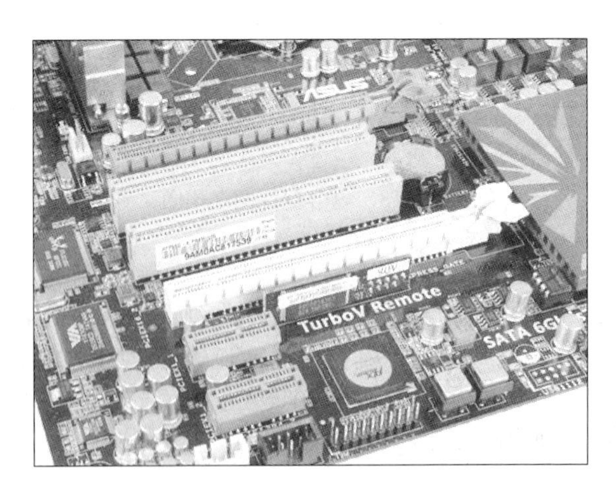

图 5-59 一块普通的集成电路板

集成电路的制作从晶片、掩模制备开始，经多次表面氧化、光刻、腐蚀、外延、掺杂等复杂的微细加工工艺，还有划片、引线焊接、封装、检测等一系列工序，最后得到成品。在这些繁杂的工序中，表面微细加工起的是核心作用。微细加工是一种从微米、亚微米到纳米量级的尺度制造微小元器件或薄膜图形的先进制造技术。从研究和生产来看，微电子微细加工技术大致分为微细图形加工、精密控制掺杂、超薄层晶体及薄膜沉积生长技术三部分。图 5-60 所示为 CMOS 集成电路制造过程实例。

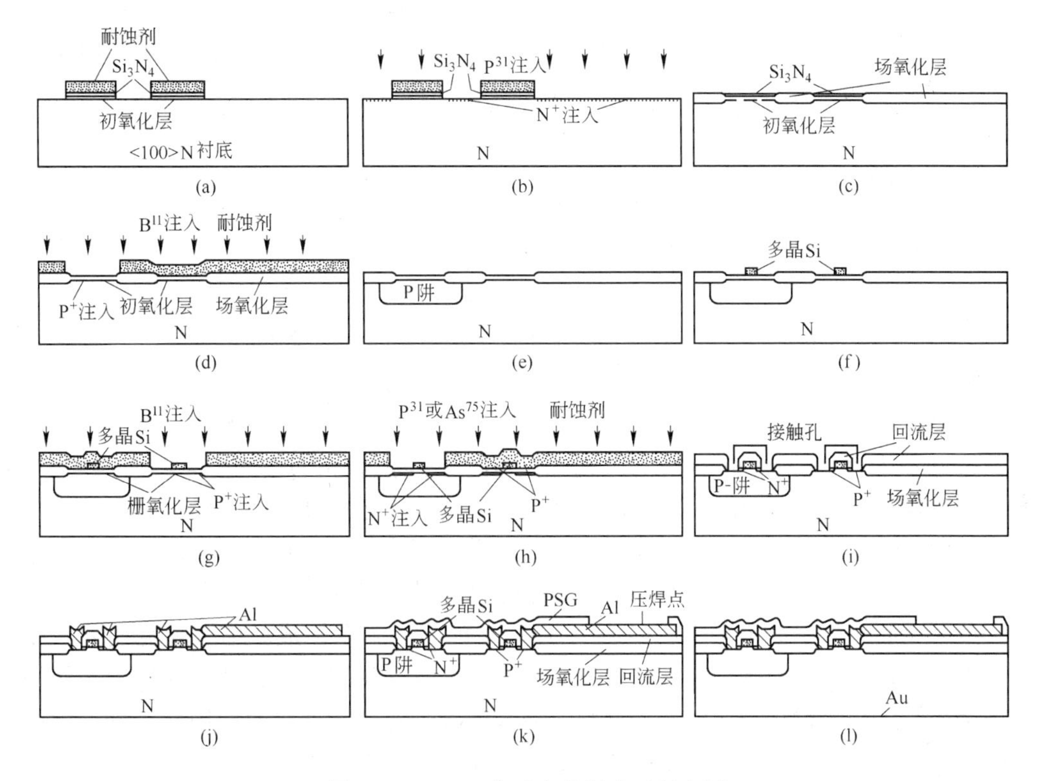

图 5-60 CMOS 集成电路制造过程实例

（a）原始片制备；$\rho=2\sim4\Omega\cdot cm$，$\phi76\sim100mm$；初氧化 900～1050℃，80～150nm；LPCVD：$Si_3N_4$80～150nm；光刻Ⅰ：场区：等离子腐蚀Si_3N_4和SiO_2；（b）场区磷注入：$E=100\sim150keV$；$D=6\times10^{12}\sim6\times10^{13}cm^{-2}$；（c）场氧化：950～1050℃；水气氧化：6～15h，$d_{SiO_2}=1\sim1.7\mu m$；（d）光刻Ⅱ：P阱（先腐蚀SiO_2，后用等离子刻蚀Si_3N_4）；P阱硼注入：$E=40\sim80keV$；$D=1\times10^{12}\sim2\times10^{12}cm^{-2}$；（e）去胶和P阱推进：1150～1200℃，$N_2$气氛中12～24h；（f）先腐蚀掉有源区上的$SiO_2$，栅氧化：900～1000℃，$d_{SiO_2}=60\sim90nm$；LPCVD沉积多晶硅400～600nm；掺磷$\rho=30\sim45\Omega/\square$；光刻Ⅲ：刻蚀多晶硅；（g）光刻Ⅳ：刻蚀P管源漏区，P沟管源漏硼注入，$E=40\sim60keV$，$D=4\times10^{14}\sim10^{15}cm^{-2}$；（h）光刻Ⅴ：刻N管源漏区，N沟管源漏磷注入，$E=80\sim150keV$；$D=8\times10^{14}\sim4\times10^{15}cm^{-2}$；（i）LPCVD PSG（其中磷的质量分数为7%～9%）400～800nm，光刻Ⅵ，刻接触孔和腐蚀接触孔；（j）蒸Al前清洗用$H_2SO_4+H_2O_2$加质量分数为5%的HF漂洗，蒸Al 0.6～0.8μm；光刻Ⅶ：刻铝；（k）合金：400～500℃，在含H_2（质量分数为30%）的N_2气氛中测试；PECVD钝化膜沉积SiO_2-PSG-SiO_2；光刻Ⅷ刻压焊点；(l)背面减薄：蒸金$d_{Au}=0.2\sim0.4\mu m$;380～420℃,N_2气氛中

通过这一集成电路制作的实例可以看到，它要求有各种材料、各种厚度的功能膜；在有源器件上（包括晶体管器件），它有多晶硅、介质层、金属连线的形状和P^+、N^+的形状，实际上这些形状的位置并不在一个平面上，而是分布在很多“层”上，它们是经过氧化（SiO_2介质功能膜）、刻蚀、掺杂（离子注入P、In）、蒸铝膜等集成工艺制备成的。在无源器件上，如电阻、电容，例如在CMOS中的电容是被加工成“多晶硅-扩散”、“多晶硅-多晶硅”或“金属-多晶硅”的结构。用到薄膜的电阻功能的材料有Cr-Ni、Ta、TaN、SnO_2、Cr-SiO、Cr-Ni等功能膜。这些功能电阻薄膜是用真空蒸发来制备的，而Ta、TaN薄膜电阻功能膜使用磁控溅射来制备。薄膜的网络器件中的薄膜电阻网络是以Ni-Cr功能

薄膜封装好使用。TaN 薄膜电阻网络多数是用做半导体芯片的电阻回路。电容网络与电阻网络、构成 CR 网络。总之，在大规模、超大规模集成电路中，需要更多品种的各种掩模、绝缘功能膜、金属功能膜、钝化功能膜、光学等功能膜。这些功能膜都是通过物理气相沉积（PVD）和化学气相沉积（CVD）等方法来制备的，这些功能薄膜在集成电路的功能上发挥着极为重要的作用。

5.7.2 物理功能薄膜在光学器件上的应用

5.7.2.1 减反膜（增透膜）的应用

减反膜是一种用来减少光能在光学元件表面的反射损失的薄膜。当光线由空气（$n_0=1$）垂直入射到折射率为 n 的光学器件表面时，其一个面的反射率 $R=[(1-n)/(1+n)]^2$。例如，在空气/玻璃（$n=1.52$）交界面上的反射损失为4%，在空气/锗（$n=4.0$）交界面上反射损失为36%。这种反射严重损害了光学系统的特性。若玻璃与空气的界面增多，其透过率 $T(\%)$ 会显著减少。一般光学仪器的光学系统都由多个透镜组成。光线经多个空气/玻璃界面，会造成相当多的光线被反射掉。透过光线的减少必然影响光学仪器成像强度，而且还会造成杂散光到达像平面，使像的衬度降低，分辨率下降。因此，常在光学元件（零件）上镀上适当的光学减反功能膜层来减少这种损失。

一般减反膜由简单的单层膜或多达 20 层以上的多层膜系构成。单层膜能使某一波长的反射率为零，而多层膜则是在某一波段具有实际为零的反射率。在特定应用中，所用减反膜的类型与多种因素相关，如基片材料、波长区域、所需特征以及使用成本等。减反膜（增透膜）工作区间大致对应于光谱的可见光区和红外区。

减反膜的工作原理是光的干涉现象。通过真空蒸镀层沉积减反膜，只要膜的折射率小于玻璃基片的折射率，就能起到减反作用。减反膜（增透膜）有单层、双层和多层。单层膜层的效果虽然不理想，但工艺简单，被广泛应用。由于单层减反膜的剩余反射率一般较高，因此，在基片上先镀一层折射率 n_2 高于基片的厚度为 $\lambda_0/4$ 的膜层，然后再镀厚度为 $\lambda_0/4$ 的低折射率的膜层，即采用 $\lambda_0/4-\lambda_0/4$ 结构。双层减反膜一般用于视觉光学仪器、激光或其他单色光作光源的光学系统。在某些应用中，双层膜还满足不了较宽光谱范围内的低反射，这就要求采用三层或更多层的减反膜层。常用的三层膜系是“$\lambda_0/4-\lambda_0/2-\lambda_0/4$”膜系。其中，对于中心波长来说，$\lambda_0/2$ 光学厚度膜层为“虚设层”，对反射率没有影响，与 $\lambda_0/4-\lambda_0/4$ 的 V 形膜的减反效果相同，它满足 $n_3=n_1\sqrt{n_s/n_0}$（n_s 为基片折射率），它使中心波长处的反射率为零。但 $\lambda_0/2$ 膜层对其他波长有影响。选择适当的折射率值，可使反射率特征曲线变得平坦。如比较典型的三层减反膜结构（$\lambda_0/4-\lambda_0/2-\lambda_0/4$）为 Sub/$M_2$HL/Air，其中，Sub 指基片，Air 指入射媒质为空气，高折射率材料（二氧化锆）的折射率 $n_H=2.0$，中间折射率材料（氧化铈）的折射率 $n_M=1.62$，低折射率材料（氧化镁）的折射率 $n_L=1.38$，基片折射率 $n_s=1.52$。其反射特性曲线如图 5-61 所示。

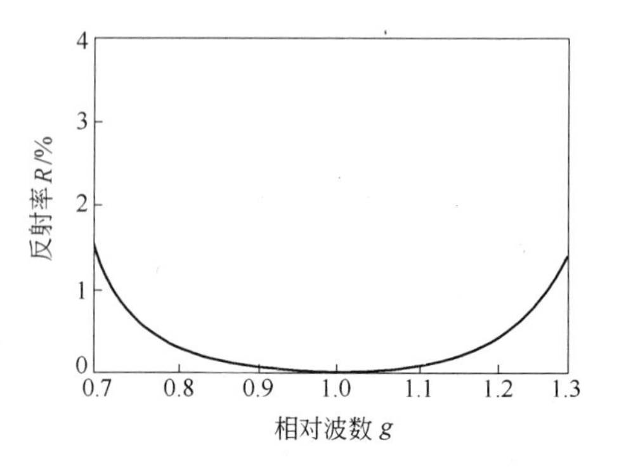

图 5-61 反射特性曲线

图中横坐标为相对波数 g。

不同的玻璃选择薄膜材料是很困难的。实际应用中是用两种稳定物质交替型多层膜（称为等效膜）代替具有期望的折射率的薄膜。这种膜层多达 6 ~7 层，有的甚至多达几十层。

一些基底上镀覆的增透膜实例和按增透膜层数分别列出的理论零反射的条件、镀膜分析和应用举例见表 5-58 和表 5-59。

表 5-58　在某些基底上镀覆的增透膜实例

基　底	基片折射率 n_s（在透射区）	n_1	n_2	n_3	n_4
玻　璃	1.51	1.38			
		1.38	1.7		
		1.47	2.14	1.80	
		1.38	1.82	2.20	2.96
锗	4.1	2.20			
		1.57	3.3		
		1.35	2.2	3.3	
		1.38	1.82	2.2	2.96
硅	3.5	1.85			
		1.35	2.2		
		1.38	1.86	2.56	
硫化锌	2.2	1.59			
砷化铟	3.4	1.85			

表 5-59　增透膜的镀覆分析

层数	理论零反射率条件	镀 膜 分 析	应用举例
单层	$n_1 t_1 = \lambda_0/4$ $n_1 = \sqrt{n_0 n_s}$ 式中，n_1，n_0，n_s 分别为薄膜、入射介质、基底的折射率；t_1 为薄膜厚度；λ_0 为波长。 用文字表述为：理想的单层增透膜的条件是膜层的光学厚度为 1/4 波长，其折射率为入射介质与基底两者折射率乘积的平方根（注：这是垂直入射的情况，若是斜射要修正）	单层增透膜在理论上可在某一波长上得到零反射率，然而合适的低折射率（$n<1.3$）的镀膜材料难以找到。因此，对于 $n<1.9$ 的玻璃来说，实际的单层增透膜达不到零反射率。 为进一步减少反射率，要采用折射率随厚度变化的非均匀膜，或采用多层增透膜	$n_s = 1.52$ 的玻璃在未镀时垂直反射率 $R = 4.1\%$，用折射率为 1.38 的 MgF_2 镀膜，R 降低到 1.33%；如果用折射率为 1.34 的冰晶石镀膜，R 可降低到 0.75%

续表 5-59

<table>
<tr><th>层数</th><th>理论零反射率条件</th><th>镀 膜 分 析</th><th>应用举例</th></tr>
<tr><td rowspan="3">双层</td><td rowspan="3">双层增透膜的零反射条件可以用矩阵法来决定。可推导得：
$\tan^2\delta_1 = \frac{(\eta_s - \eta_0)(\eta_2^2 - \eta_0\eta_s)\eta_1^2}{(\eta_1^2\eta_s - \eta_0\eta_2^2)(\eta_0\eta_s - \eta_1^2)}$
$\tan^2\delta_2 = \frac{(\eta_s - \eta_0)(\eta_0\eta_s - \eta_1^2)\eta_2^2}{(\eta_1^2\eta_s + \eta_0\eta_2^2)(\eta_2^2 - \eta_0\eta_s)}$
式中，δ_1，δ_2 分别为第一层和第二层镀膜的有效相厚度；η_0、η_s、η_1、η_2 分别为入射介质、基底、第一层膜、第二层膜的光学导纳</td><td>镀膜情况 1：每层膜的光学厚度都为 $\lambda_0/4$。此时，对于垂直入射，$\delta_1 = \delta_2 = \pi/2$，可推得零反射率条件是
$n_1^2 n_s / n_2^2 = n_0$
例如：对于冕牌玻璃基底（$n_s = 1.52$）和入射介质为空气（$n_0 = 1$）的情况，如果外层膜是 MgF_2（$n_1 = 1.38$），则内层必须镀 $n_2 = (n_1^2 n_s / n_0)^{1/2} = 1.7$ 的薄膜</td><td>在 $n_s = 1.52$ 的玻璃基底上先镀 $n_2 = 1.7$ 的 SiO，然后镀 $n_1 = 1.38$ 的 MgF_2 膜，厚度都为 $\lambda_0/4$，在 λ_0 处光的垂直反射率 $R = 0$。
但对于偏离 λ_0 的波长，不能满足干涉相消的条件，R 显著增加，所以这种双层膜的 R-λ 曲线呈 V 形，即只能在较窄的工作波段内有效减反射</td></tr>
<tr><td>镀膜情况 2：外层膜的光学厚度为 $\lambda_0/4$，而内层膜的光学厚度 $\lambda_0/2$。此时，由于外层光学厚度是内层的 2 倍，因此，可推得零反射率的条件是：$n_2^3 - \frac{1}{2} \cdot \frac{n_2 n_s}{n_0 n_1}(n_0^2 + n_1^2)(n_1 + n_2) + n_1 n_s^2 = 0$，也就是说，有效相厚度 δ_1 满足下列关系：
$\cos^2\delta_1 = \frac{1}{2}\left[1 - \frac{(n_0 + n_1)(n_1 n_s - n_2^2)}{(n_0 - n_1)(n_1 + n_2)(n_2 + n_s)}\right]$
外层和内层的光学厚度分别为 $\lambda_0/4$ 和 $\lambda_0/2$ 是最简单的情况。实际上 $\lambda_0/2$ 层可看做虚设层，在 R-λ 曲线上，中心波长 λ_0 两侧有两个反射率极小值，即 R-λ 曲线呈 W 形</td><td>例如：对于下列情况，基底为钡火石，$n_s = 1.6$；外层膜为 MgF_2，$n_1 = 1.38$；内层膜为 SiO，$n_2 = 1.70$；入射介质为空气，$n_0 = 1$ 则有：$n_1 t_1 = 1/2 n_2 t_2 = 1/4 \times 510$nm</td></tr>
<tr><td>镀膜情况 3：内外两层薄膜的光学厚度相同，但都不等于 $\lambda_0/4$。由 $\delta_1 = \delta_2 = \delta$ 可推导得到零垂直反射率的条件是：
$n_0/n_1 = n_2/n_s$
$\tan^2\delta = \frac{n_1^2 n_2 - n_1 n_0^2}{n_1^3 - n_0^2 n_2}$
这种情况的 R-λ 曲线也呈 W 形，即有两个极小点</td><td></td></tr>
<tr><td>多层和非均匀镀层</td><td>对于多层和非均匀增透膜，总体分析是相当复杂的，在需要分析时往往针对光学厚度等于或整倍数于 $\lambda_0/4$ 的多层膜等特殊情况。具体理论分析可查阅有关文献</td><td>用合理的多层膜可得到高增透和宽带增透。如果将膜层继续增加，在膜层很多的情况下，各层之间难于分辨，相当于单个非均匀层。在理论上已研究过线性的、余弦的、双曲线的折射率渐变线，在合理设计的情况下有可能实现完全透射。非均匀膜层可以通过两个分别控制的蒸发源或离子源来获得，也可通过将一种镀膜材料掺到另一种镀膜材料等表面技术来获得</td><td>例如：在玻璃上镀 $\lambda_0/4$ 氟化铈 - $\lambda_0/2$ 二氧化锆 - $\lambda_0/4$ 氟化镁三层增透膜，可在可见光区域实现宽带增透</td></tr>
</table>

一些具有代表性的蒸镀薄膜的折射率和透明区域见表5-60，这些膜层和数据可供设计选择时参考。

表5-60 一些蒸镀薄膜的折射率和透明区域

材 料	真空蒸镀技术	折射率 n	透明波段	备 注
氧化铝（Al_2O_3）	电子束	基片温度为300℃时： $\lambda_0=600nm$，1.62； $\lambda_0=1.6\mu m$，1.59； 基片温度为40℃时： $\lambda_0=600nm$，1.59； $\lambda_0=1.6\mu m$，1.56	200nm～7μm	膜层硬而坚韧
三氧化二锑（Sb_2O_3）	钼 舟	$\lambda_0=366nm$，2.29； $\lambda_0=546nm$，2.04	300nm～1μm	避免过热，易分解
三硫化二锑（Sb_2S_3）	钼舟或钽舟	$\lambda_0=589nm$，3.0	500nm～10μm	
氧化铋（Bi_2O_3）	反应溅射	$\lambda_0=550nm$，2.45		
硫化镉（CdS）	钨 舟	$\lambda_0=600nm$，2.6； $\lambda_0=7\mu m$，2.27	600nm～7μm	升华，避免过热
碲化镉（CdTe）	钼 舟	近红外区：3.05		
氟化钙（CaF_2）	钼舟或钽舟	$\lambda_0=546nm$，1.23～1.26	150nm～12μm	低聚集密度，结构疏松
氧化铈（CeO_2）	钨 舟	基片温度为室温时； $\lambda_0=550nm$，2.2； 基片温度为300℃时： $\lambda_0=550nm$，2.4	400nm～16μm	非均匀
氟化铈（CeF_3）	钨 舟	$\lambda_0=550nm$，1.63； $\lambda_0=2\mu m$，1.59	300nm～5μm	基片需加热，否则会形成细微裂纹
冰晶石（Na_3AlF_6）	钽 舟	$\lambda_0=550nm$，1.35	200nm～14μm	
锗（Ge）	电子束或石墨舟	4.0	1.7～100μm	吸收带位于25μm处
氧化铪（HfO_2）	电子束	$\lambda_0=300nm$，1.9～2.1； $\lambda_0=2.5\mu m$，1.84～2.0	235nm～2.5μm	
氟化镧（LaF_3）	钨 舟	$\lambda_0=550nm$，1.59； $\lambda_0=2\mu m$，1.57	220nm～2μm	基片需加热，轻微非均匀性
氧化镧（La_2O_3）	钨 舟	$\lambda_0=550nm$，1.95； $\lambda_0=2\mu m$，1.86	350nm～2μm	基片需加热至约300℃
氯化铅（$PbCl_2$）	铂舟或钼舟	$\lambda_0=550nm$，2.3； $\lambda_0=10\mu m$，2.0	300nm～14μm	
氟化铅（PbF_2）	铂 舟	$\lambda_0=550nm$，1.75； $\lambda_0=1\mu m$，1.70	240nm～20μm	

续表 5-60

材　料	真空蒸镀技术	折射率 n	透明波段	备　注
氧化铅（PbO）	氧化铝坩埚	2.55	450nm ~ 2μm	
碲化铅（PbTe）	钽　舟	5.5	3.4 ~ 30μm	避免过热，基片需加热
氟化锂（LiF）	钽　舟	λ_0 = 550nm，1.36 ~ 1.37	110nm ~ 7μm	
氟化镁（MgF_2）	钽舟或钼舟	λ_0 = 550nm，1.38； λ_0 = 2μm，1.35	210nm ~ 10μm	基片需加热，拉应力高
氟化钕（NdF_3）	钨　舟	λ_0 = 550nm，1.60； λ_0 = 2μm，1.35	220nm ~ 2μm	基片需加热至300℃
氧化钕（Nd_2O_3）	钨　舟	λ_0 = 550nm，2.0； λ_0 = 2μm，1.95	400nm ~ 2μm	基片需加热至300℃，舟温过高易分解
氧化镨（Pr_6O_{11}）	钨　舟	λ_0 = 500nm，1.92； λ_0 = 2μm，1.83	400nm ~ 2μm	基片需加热至300℃
硅（Si）	电子束	3.5	1.1 ~ 10μm	
一氧化硅（SiO）	钽　舟	λ_0 = 550nm，1.8 ~ 1.9； λ_0 = 6μm，1.7	500nm ~ 8μm	低压下快速蒸发
二氧化硅（SiO_2）	电子束	λ_0 = 550nm，1.46； λ_0 = 1.6μm，1.445	200nm ~ 8μm	
氟化钠（NaF）	钽　舟	可见区：1.34	250nm ~ 14μm	
氧化钽（Ta_2O_5）	钨　舟	λ = 550nm，2.1	350nm ~ 10μm	
碲（Te）	钽　舟	λ = 6μm，4.9	3.4 ~ 20μm	
二氧化钛（TiO_2）	电子束或反应蒸发	λ = 550nm，2.2 ~ 2.4	350nm ~ 12μm	
氯化亚钛（TiCl）	钽　舟	λ = 12μm，2.6	可见光区 ~ 12μm	
氧化钍（ThO_2）	电子束	λ = 550nm，1.8； λ = 2μm，1.75	250nm ~ 2μm	有放射性
氟化钍（ThF_4）	钽　舟	λ = 400nm，1.52； λ = 750nm，1.51	200nm ~ 15μm	有放射性，不可逆的潮气吸附
氧化钇（Y_2O_3）	电子束	λ = 546nm，1.79	325nm ~ 12μm	
硒化锌（ZnSe）	钼舟或钽舟	λ = 633nm，2.58	600nm ~ 15μm	
硫化锌（ZnS）	钼舟或钽舟	λ = 550nm，2.35； λ = 2μm，2.2	380nm ~ 25μm	
碲化锌（ZnTe）	钼舟或钽舟	λ = 550nm，2.8		
氧化锆（ZrO_2）	电子束	λ = 550nm，2.1； λ = 2μm，2.0	350nm ~ 7μm	

5.7.2.2 反射膜的应用

与减反膜相反，反射膜要求把大部分或全部入射光反射回去，如光学仪器、激光器、波导管、汽车和灯具的反射镜都需镀反射膜。反射膜有金属膜和介质膜两种。

A 金属反射膜

金属反射膜具有很高的反射率，还具有一定的吸收能力。因此，金属反射膜仅用于对膜的吸收损耗没有特殊要求的场合。

最常用的金属高反射膜有 Al、Ag、Au、Cu 等。为了提高金属反射膜的抗磨损能力，常在表面上再镀制一层 SiO、SiO_2、Al_2O_3 的保护膜。如 Al 膜，在紫外区、可见光和红外区都有很高的反射率，特别是经过氧化保护的 Al 反射镜，机械强度非常好。Ag 膜在可见光和红外区都有很高的反射率，但因易与硫化物发生作用失去光泽，其反射率反而下降，所以使用上受到一定限制，通常用于短期使用的场合或作后表面镜的镀层。因此，在 Ag 膜表面蒸镀 Al_2O_3 + SiO 作保护层，可以提高 Ag 膜的附着性能和发挥 Ag 膜的反射性。Au 膜在红外区反射率很高，强度和稳定性都比 Ag 膜好，常用来作红外反射镜。另外，还有一些金属反射膜，如：

(1) 玻璃基片/Al_2O_3(30nm)-Ag-Al_2O_3(30nm)-SiO_2(100～200nm)/空气；

(2) 玻璃基片/Al_2O_3(900nm)-Ag-Al_2O_3($\lambda_0/4$)-TiO_2($\lambda_0/4$)/空气；

(3) 玻璃基片/Al_2O_3(900nm)-Ag-[Al_2O_3(30nm)-MgF_2]($\lambda_0/4$)-Al_2O_3($\lambda_0/4$)/空气；

(4) 玻璃基片/Al_2O_3(900nm)-Ag-[Al_2O_3(30nm)-SiO_2]($\lambda_0/4$)-Al_2O_3($\lambda_0/4$)/空气。

B 多层介质高反射膜

在激光器和多光束干涉仪反射镜上，要求吸收系数低、反射高的全介质高反射膜。其在结构上就是在基片上交替沉积光学厚度为 $\lambda_0/4$ 的高、低折射率的膜层，这种多层膜称为 $\lambda_0/4$ 膜系。一般用 H 表示高反射膜层，L 表示低反射膜层，G 表示玻璃，A 表示空气。整个多层介质膜系可表示成 G/HL、HL、HL…HLH/A，如果层次太多，可简写成 G/(HL)^{p}H/A，其中，p 表示一共有 p 组高、低折射率的交替层。这种通用的膜系优点是计算和沉积制备工艺比较简单，缺点是层数多，反射率 R 不能连续改变。图5-62 所示为在玻璃上交替镀覆 $\lambda_0/4$ 厚 ZnS 和 MgF_2 的 (HL)^{p}H 膜的垂直反射率曲线，横坐标为相对波数 g，$g=\lambda_0/\lambda$，在 $g=1$ 处，$\lambda=\lambda_0$，反射率最大。后又发展了一种非 $\lambda_0/4$ 膜系，即每层光学厚度都不是 $\lambda_0/4$，具体厚度由计算确定。这种膜系的优点是只需用较少的膜层就能达到所需的反射率 R 值，缺点是计算及沉积制备工艺复杂。

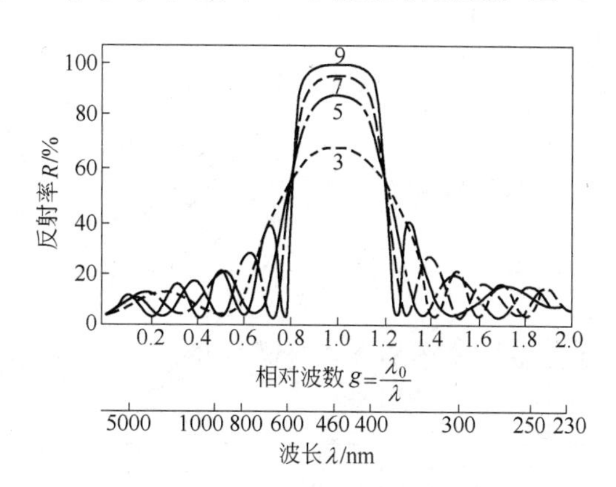

图 5-62 在玻璃上交替镀覆 $\lambda_0/4$ 厚 ZnS 和 MgF_2 的 (HL)^{p}H 膜的垂直反射率曲线
(图中 $p=3$、5、7、9；ZnS 的折射率 $n_H=2.3$，MgF_2 的折射率 $n_L=1.38$，玻璃的折射率 $n_s=1.52$)

5.7.2.3 截止滤光镜

有关截止滤光镜的概念可参阅 5.4.1.3 节。从应用上看，反热镜和冷光镜是截止滤光镜应用中最成功的例子。因有许多光学设备使用大功率照明光源，发射出的光主要是红外辐射，而可见光在总辐射能量中仅占小部分，大量红外转化为热，可能引起电影放映机胶片烧毁和操作者的不适等后果。反热镜是一种特殊的短波通滤光片，它抑制了红外光，透射可见光，截止波长为0.74μm。冷光镜则与反热镜相反，即大量反射可见光，透射剩余的热辐射。

用光的反射可制作波导管。利用光波导特性，还可制作光调制器、光开关和薄膜激光器。

吸收截止滤光片可由颜色玻璃、晶体、烧结多孔明胶、无机和有机液体以及吸收薄膜制成。优点是使用简单，对入射角不敏感，造价低廉，但吸收截止滤光片的截止波长是固定不变的。如锗的截止波长为1.65μm，透明波长范围为1.7～2.3μm，它是吸收型的长波通滤光片。

5.7.2.4 分光膜

分光膜是把入射光的能量分为透射光和反射光，它根据不同要求与需要确定下列参数：

（1）分光比（膜层的透过率与反射率之比 T/R），最常用的是分光比为1∶1的分光镜；

（2）分光效率（分光膜透过率与反射率的乘积）；

（3）分光膜的吸收；

（4）分光膜的光谱宽度；

（5）分光的偏光度。

分光镜常用的4种结构形式见表5-61。分光膜通常由金属层、介质层或金属加介质层组成。用介质膜堆还可制成偏振分光镜和消偏振分光镜。各种分光镜的原理、特点和应用见表5-62。

表5-61　分光镜常用的4种结构形式

序号	类　型	结 构 图	特　点
1	单板型	T R	在一个透明的平板基底上镀覆分光镜，结构最简单，但会引起透射光束的横向移动
2	胶合平板型	T R	由两块平板玻璃胶合而成，分光镜夹在中间，它可以保证分离后的光束有相同的位相移动，但也会引起透射光束的横向移动
3	胶片式分光镜	T R	为薄的硬质胶片，这种分光镜很轻，不易碎，并且把透射光束的横向移动减到很低
4	胶合棱镜型	T R	由两个直角棱镜胶合而成，膜层镀在胶合面上，它可以完全避免透射光束的横向移动，并且膜层得到保护

表 5-62 各种分光镜的原理、特点和应用

材质	类 型	原理或设计	特 点	应 用
金属	金属分光镜	在一定的波长区域内的反射率几乎不变的薄膜或薄膜组合，都可以起中性分光的作用，由于金属膜的折射率是一个复数，光线通过膜层时会有吸收，因此，在设计时应选择好金属类型，要注意正确的使用方向，平板分光镜的吸收可以通过改善金属膜的匹配状态减少，例如，使用铬膜分光镜时，在玻璃基板上先镀一层 $\lambda_0/4$ 硫化锌膜，然后镀上铬膜，就可使分光镜的吸收显著减小	（1）常用的材料有镍铬铁合金（Inconel）、铬、银、铝、铑、铂等。其中，以镍铬铁合金用得最多，它在很宽的光谱范围内分出的光都是中性的，力学性能、化学稳定性都好； （2）吸收严重，透射率与入射光的方向无关，而反射率与入射光的方向有关； （3）平板分光镜的吸收可以通过金属层与介质层的匹配来减少； （4）对光的偏振较小	一般用于中性光束分离
介质	介质分光镜	其设计分 3 个步骤： （1）确定一个 $\lambda_0/4$ 膜系，使它在中心波长处的垂直发射率为设计值； （2）通过膜系中插入半波层等方法消除色差； （3）在斜入射的情况下验证设计，如果膜层在使用时为倾斜入射，那么其有效厚度（$nd\cos\theta$）应为正入射时的设计厚度	（1）由于膜层没有吸收，所以分光效率高，在分光比为 50∶50 时，分光效率最高； （2）能完成中性分光的光谱宽度没有金属膜那样宽； （3）对光的偏振较大	消色差全电介质光束分离器，全电介质彩色选择光束分离器
	偏振分光镜	有两种设计： （1）棱镜偏振分光镜，用棱镜做，膜层内每个膜面的入射角设计成布儒斯特角，这种分光镜的偏振特性较差； （2）平板偏振分光镜，该膜系的基本结构是基片/$(0.5HL0.5H)^p$/空气或者基片/$(0.5LH0.5L)^p$/空气，其中 p 为层数，H 和 L 分别表示高折射层和低折射层。 由此组成的膜系倾斜地置于一个平行光路中，通过选择中心波长，使工作波长位于 P 偏振和 S 偏振的反射带边缘之间，实现 P 偏振光高透射、S 偏振光高反射的偏振分光	平板偏振分光镜有良好的偏振特性，选择 n_H/n_L（n_H 为高折射层的折射率；n_L 为低折射层的折射率）大的膜料配对和大的入射角，可获得大的工作波长带宽，如果对反射光的方向无要求时，可选择基片的布儒斯特角为工作角度	用于偏光干涉显微镜、倍频激光器等器件的偏振分光镜
	消偏振分光镜	在光倾斜入射时，薄膜对 S 偏振光和 P 偏振光表现出不同的有效折射率，即 S 分量为 $n_S = n\cos\theta$；P 分量为 $n_P = n/\cos\theta$，则偏振分离 $\Delta n = n_P/n_S = 1/\cos\theta$。显然，对于单层膜，$\Delta n$ 大于 1，因此，为达到消偏振的目的，要设计一组合适的膜系，使 $\Delta n = 1$。实际上，目前这类设计还不完善，大致有两类膜系：(1)全介质的膜系；(2)金属-介质组合膜系，例如，一个消偏振平板分光镜的设计结果是 1.0 | 1.58 41.6nm 1.75 57.1nm 2.23 133.0nm Ag 250nm 2.3 44.3nm 1.42 183.5nm 1.82 110.6nm | 1.52， 其中，厚度为几何厚度，膜系入射角为 45°	通常采用金属-架子组合膜系设计，因为其膜系层数少，结构简单，消偏振的光谱范围宽，消偏振效果较好	偏振效应有时会降低条纹对比度，使成像质量变坏，例如，在彩色电视分光镜的设计时，要尽可能减少元件的偏振效应

5.7.3 物理功能薄膜在光电子器件上的应用

5.7.3.1 光电子器件和材料

信息技术是以微电子和光电子技术为基础。光电子的核心是光电子器件。光电子材料又是开发制作光电子器件的重要基础，又是用表面技术制备和加工的。

光电子器件大致有两大类：

(1) 将电转换成光的器件，如电激励和注入的激光器、半导体光电二极管、真空阴极射线管等；

(2) 将光转换成电的器件，如光电导器件（光敏电阻、光电二极管、光电晶体管）、太阳能电池、光电子发射器（光电倍增管、变像管、摄像管）、光电磁器件（如光电磁探测器等）。

除上述器件外，还有许多传输和控制光束的器件或部件，如透镜、棱镜、反射镜、滤光器、偏振器、分束器、光栅、液晶、光导纤维和集成光学等器件。

在本节中，仅介绍相关的、比较重要的在光电子器件上的应用的物理功能薄膜。

由于光电子所用的材料主要是光电子和电子产生转换和传输的材料，大致由激光材料、光电探测材料、光电转换材料、光电存储材料、光电显示材料、光电信息传输材料、控制光束材料等7部分组成。上述7类材料的涵义及使用材料的作用见表5-63。

表5-63 光电子材料

序号	名 称	涵 义	具体使用材料及作用
1	激光材料	把各种泵浦（电、光、射线）能量转换成激光的材料	一般说的激光材料是指固体激光工作物质，主要包括以电激励为主的半导体激光材料和以通过分立发光中心吸收光泵能量后转换成激光输出的固体激光材料两类，工作物质是激光器的核心部分
2	光电探测材料	把光的信号转变为电信号的材料	主要是硅、锗、$Ⅲ_A$-V_A族、$Ⅳ_A$-$Ⅵ_A$族化合物半导体，用来制造光电二极管、图像显示器件和接收的列阵光电探测器等
3	光电转换材料	把光能直接转换为电能的材料，它是光电池的核心部分，光电池有两大用途：一是作为光辐射探测器件，在许多部门探测太阳光的辐射；二是作为太阳能电源装置	目前使用的较多的是单晶硅、多晶硅、非晶硅、砷化镓、硫化镉等半导体材料，用来制造光电池，即利用光生伏特效应制造结型光电器件
4	光电存储材料	以光学方法记录和存储并以光电方法读出（检出）的材料，包括光全息存储材料和光盘存储材料	光全息存储材料是在光全息存储中记录物体图像或数字信息的光介质材料，按记录介质中不规则干涉条纹形成的不同机理，可分为卤化银乳剂、光致折变、光色、光导热塑性高分子等材料；光盘存储材料是一种具有记录（写入）、存储和读出功能的材料，根据激光和材料相互作用的物化反应不同可分为烧蚀型、变态型、磁光型、相变型、电子俘获型、光子选通型等材料

续表 5-63

序号	名 称	涵 义	具体使用材料及作用
5	光电显示材料	显示技术是将反映客观外界事物的光、电、声、化学等信息经过变换处理，以图像、图形、数码、字符等适当形式加以显示，供人观看、分析和利用，这里说的光电显示材料主要指用来制造将电信号转换为光学图像、图形、数码等光信号的显示器件的材料	将电信号转换为光信号的显示器件有：阴极射线管（CRT，常用的有示波管、摄像管、显像管）、液晶显示器（LCD）、等离子体显示器（PDP）、光电二极管（LED）、电致发光显示（ELD）、激光显示（LD）、电致变色显示（ECD），这些器件用于电视、计算机终端、医疗、工业探伤图像显示、仪器仪表数码显示、大屏幕显示、雷达显示、波形显示等，这些器件所用的材料很多，如氧化物、硫化物、碳化物、砷化物、砷化镓、磷化镓、液晶材料等
6	光电信息传输材料	用于光传输（通信）的材料	目前主要用熔石英光导纤维作光通信材料，由于光纤通信系统具有低损耗、宽频带和其他一系列突出的优点，因而发展迅猛，并将成为未来信息社会中各种信息网的主要传输工具，光纤在传感器等方面也有重要应用
7	控制光束材料	在光电子系统中，除了需要光源、光探测器等外，还需要许多光学功能材料，即利用压光、声光、磁光、电光、弹光以及二次和三次非线性光学效应，使得光的强度、位相、偏振等产生变化，从而产生光的开关、调制、隔离、偏振等作用	光学功能材料很多，如铌酸锂（$LiNbO_3$）、磷酸氢二钾（KDP）、偏硼酸钡（BBO）、α-碘酸（α-HIO_3）、钼酸铅（$PbMoO_4$）、二氧化碲（TeO_2）等

5.7.3.2 物理功能薄膜在光源器件上的应用

在光电技术应用中，激光器是用得最多的光源，它可用于月球、卫星等长距离的测距，YAG 激光器常用于坦克、飞机等近距离的测距。在激光器中，以 GaAs、InSb、CdS 等为基础的半导体激光器的发射波长范围较宽、功耗低、效率高、体积小、质量轻、结构简单、易激励、易调制，是通信最为理想的光源，在军事上用途也很大。它们主要有 PN 结注入式半导体激光器、同质结和异质结半导体激光器、条形激光器。长波区的半导体激光器等的原理和应用都涉及一些专门的专业知识，这里就不谈了。读者要了解的话，请参阅有关激光器方面的专门著作。

这里仅提及一下激光器用的激光薄膜的主要类型和材料。在激光器上应用的激光薄膜实际上是一种光学薄膜。光学薄膜的材料很多，但适用于激光器的光学薄膜并不多，激光薄膜在激光技术中起着相当重要作用。激光薄膜的主要类型、材料和应用见表 5-64。

表 5-64 激光薄膜的主要类型、材料和应用

<table>
<tr><th>序号</th><th>类 型</th><th>材 料</th><th>用途（举例）</th></tr>
<tr><td>1</td><td>反射膜</td><td rowspan="4">（1）金属：Au、Ag、Al、Cu、Cr、Pt 等；
（2）半导体：Si、Ge 等；
（3）氧化物：TiO_2、SiO_2、Al_2O_3、ZrO_2、BiO_3、Nd_2O_3、CeO_2、ThO_2、PbO、Sb_2O_3 等；
（4）氟化物：MgF_2、CaF_2、BaF_2、NdF_2、CeF_3、ThF_4、Na_3AlF_6 等；
（5）硫化物：ZnS 等</td><td>主要用于激光谐振腔和反射器。在固体激光器中，金属反射镜应用最广，金属反射膜上经常加涂电介质保护膜</td></tr>
<tr><td>2</td><td>增透膜</td><td>在激光系统中的透镜都要镀增透膜，以防止透镜表面反射损失和避免反射光的反馈干扰而引起激光器件性能降低及部件损坏。根据需要，增透膜有单层、双层和多层</td></tr>
<tr><td>3</td><td>干涉滤光片</td><td>为激光通信仪中不可缺少的部件，在激光接收时用它滤去杂波而仅使激光波通过。一般采用全电介质干涉滤光片</td></tr>
<tr><td>4</td><td>薄膜偏振片</td><td>将激光变为偏振光，常用于激光调制和隔离</td></tr>
</table>

5.7.3.3 物理功能薄膜在光电探测器上的应用

光电探测器的工作原理是基于光电效应探测光信息（光能），并将其转变成电信息（电能）。光电探测器按工作效应分类见表 5-65。

表 5-65 光电探测器按工作效应分类

<table>
<tr><th colspan="2">工作效应</th><th>光电探测器类型</th><th>重要的光电探测器</th></tr>
<tr><td colspan="2">外光电效应（光电子发射效应）</td><td>光电子发射器件</td><td>真空光电管、充气光电管、光电倍增管、变像管</td></tr>
<tr><td rowspan="2">内光电效应</td><td>光电导效应</td><td>光电导探测器</td><td>光敏电阻、红外探测器</td></tr>
<tr><td>光生伏特效应</td><td>光伏型探测器</td><td>光电池、光电二极管、PIN 型光电二极管、雪崩型光电二极管</td></tr>
</table>

A 光电子发射器件

典型的光电子发射器件有光电管、光电倍增管等，其具有灵敏度高、稳定性好、响应速度快、噪声小等特点，它均由光电阴极、阳极和真空管壳组成。光电发射材料中的光电阴极是决定器件性能的主要因素，因而是最重要的。典型的光电子发射器件的结构、工作原理、主要特征及应用见表 5-66，某些常用的光电阴极材料见表 5-67。要指出的是，除表 5-67 中某些常用的光电阴极外，还有两类量子效率更高的光电阴极，即干涉光电阴极（量子效率增加到 3.7 倍，有的甚至达到 8 倍）和负电子亲和势（NEA）光电阴极，用它们可制成微光管、光电倍增器、高灵敏电视摄像管、图像增加器等。

表 5-66 典型的光电子发射器件的结构、工作原理、主要特征及应用

类型		结构	工作原理	主要特性	应用
光电管	真空光电管	在玻璃管中密封阴极和阳极，并抽成真空，有中心阴极型、中心阳极型、半圆柱面阴极型、平行平板极型、带圆筒平板阴极型等类型	入射光透过光窗照射到电阴极面上时，光电子从阴极发射到真空中，并在极间电场作用下加速运动到阳极并被吸收，在阳极电路上即可测出光电流值	（1）灵敏度，即在一定光谱和阳极电压下，阳极电流与阴极面上光谱量之比；（2）伏安特性；（3）光谱响应；（4）暗电流，即不受光照而由其他因素引起的漏电流	一般无放大作用，因此用来检测较强的光辐射，其频率响应特性好，有利于快速光脉冲测量
	充气光电管	在真空管内充入低压惰性气体，如氩、氖等。电极结构有中心阳极、半圆柱阴极和平板电极3种	管内充有低压惰性气体，工作时电子碰撞气体，利用气体电离获得光电流放大作用	（1）灵敏度；（2）伏安特性（3）暗电流；（4）噪声	多被灵敏度更高、性能更优良的光电倍增管所代替
光电倍增管		由光电阴极、倍增极、阳极真空管壳组成。倍增极有多个，分布在阴、阳极之间，各极间形成从阴极到阳极的、逐级递增的加速电场	光照射到光阴极上，从光阴极激发出的光电子在分级电场的加速作用下，打在第一个倍增极上，激发出数个二次光电子，再在第二个分级电场的加速作用下，又打在第二个倍增极上，引起新的二次电子发射……最后被阳极收集	（1）灵敏度；（2）放大倍数（电流增益）；（3）光谱响应度；（4）时间特性	为电流放大原件，具有较高的电流增益，特别适用于弱光信号的探测

表 5-67 某些常用的光电阴极材料

光电阴极	红限波长 λ_{max} /μm	制备方法	光电阴极	红限波长 λ_{max} /μm	制备方法
Cs_2Sb	0.65	真空蒸镀	CsI	0.19	真空蒸镀
Cs_3Na_2KSb	0.83	真空蒸镀	KBr，KCl	0.15，0.14	真空蒸镀
K_2CsSb	0.66	真空蒸镀	LiF	1.0	真空蒸镀
Cs_2Bi	0.70	真空蒸镀	Ag-O-Cs	1.3	真空蒸镀
K_2CsSb	0.78	真空蒸镀	$GaP/Ga_{0.25}Al_{0.75}As/GaAs$：$Cs\text{-}Cs_2O$	0.92	液相外延或气相外延
Ag-Bi-O-Cs（Cs_3Bi+Cs_2O+Ag）	0.76	真空蒸镀	GaAs：$Cs\text{-}Cs_2O$	0.92	化学气相沉积、真空蒸镀
Cs_2Te	0.35	真空蒸镀			

B 光电导探测器

当光照在半导体上时，因吸收光能形成非平衡载流子而使电导率升高的现象，称光电导效应。利用光电导效应制成的探测器称为光电导探测器或光敏电阻。

光电导探测器品种较多，应用广泛。每一种光电导探测器都有特定的工作波段。对于从可见光到近红外、中红外和远红外的所有大气窗口，都适用于光电导探测器。一些常用的光电导探测器的主要特点和应用见表 5-68。

表 5-68 一些常用的光电导探测器的主要特点和应用

工作波段	探测器	主要特点和应用
可见光	CdS	一般为单晶，其峰值波长接近人眼最敏感的 555nm 波长，可用于视觉亮度及底光曝光方面的测量。工作温度为室温，有很高的响应度，约 50A/lm。由于受单晶大小的限制，受光面积小。响应时间 1 ~ 140ms，其长短受光照强度的影响，光照强度越弱，响应时间越长。响应波长为 0.3 ~ 0.8μm
	CdSe	大致上与 CdS 接近，响应度为 50A/lm，响应波长范围略宽一些，约 0.3 ~ 0.9μm，响应时间约 500μs ~ 1s
近红外 (0.75 ~ 3μm)	PbS	一般为多晶薄膜型，室温时响应波长范围为 1 ~ 3.5μm，峰值响应波长为 2.4μm 左右，峰值探测度可达 1.5×10^{11}cm · $Hz^{1/2}$ · W^{-1}。冷却到干冰温度 195K 时，光谱响应波长范围为 1 ~ 4μm，峰值波长延伸到 2.8μm，探测度可提高近一个数量级。响应时间一般为 100 ~ 300μs，低温时可延长到几十毫秒。响应时间长是其主要缺点。另一个缺点是电流噪声大，但是对 1000Hz 左右的调制频率仍能保持良好的性能
	PbSe	室温时响应波长可达 4.5μm，峰值探测度为 1×10^{10}cm · $Hz^{1/2}$ · W^{-1}，响应时间为 5μs。冷却到 195K 时，响应波长可达 5.5μm，峰值响应波长为 4.5μm，峰值探测度为 3×10^{10}cm · $Hz^{1/2}$ · W^{-1}，响应时间为 30μs。通常在室温工作。PbSe 和 PbS 都可做成多元阵列
中红外 (3 ~ 6μm)	InSb	为单晶半导体，光激发为本征型，主要用于探测大气第二个红外透过窗口（波长 3 ~ 5μm）。室温工作时带限波长可达 7.5μm，峰值响应波长在 6μm 附近，峰值探测度为 1.2×10^{9}cm · $Hz^{1/2}$ · W^{-1}，响应时间约为 2×10^{-8}s。冷却到 77K 时，带限波长下降到 5.4μm，峰值波长为 5μm，恰好为大气窗口处。通常在低温工作，也能做成多元阵列
	InAs	在低温 196K 工作时，带限波长为 4μm，峰值波长为 3.2μm，峰值探测度为 3×10^{11}cm · $Hz^{1/2}$ · W^{-1}
远红外 (6 ~ 15μm)	HgCdTe	为 HgTe 和 CdTe 两种材料的固溶体，性能优良。随成分不同，可配制成禁带宽度在 0 ~ 1.6eV 范围变化响应不同波长的探测器。常用的有波长为 8 ~ 12μm、3 ~ 5μm，1 ~ 3μm 的器件。8 ~ 12μm 的 HgCdTe 单元探测器主要用于探测室温目标机 CO_2 激光器。用于热成像时，制成多元阵列，平均探测度在 77K 时可达 4×10^{10}cm · $Hz^{1/2}$ · W^{-1}。1 ~ 3μm 的 $Hg_{0.72}Cd_{0.28}Te$ 器件在室温下探测度达 4×10^{11}cm · $Hz^{1/2}$ · W^{-1}
极远红外 (15 ~ 1000μm)	杂质光电导探测器	目前已制成许多锗、硅及锗硅掺金的杂质红外光电导探测器。它们的光谱响应特性取决于掺杂原子的电离能 ΔE

C 光伏型探测器

光伏型探测器是一种用光生伏特效应制作的光敏器件。它的类型很多，有 PN 结型、肖特基型、异质结构型，其中，PN 结型应用最多，这里着重介绍。

a 光电池

光电池可直接转换成电能，它主要用于光辐射探测器件，在气象、农业、林业作太阳光的辐射探测和光电开关、光栅测长、激光识别等。但光电池又是一种绿色能源的太阳能发电装置，可用于空间卫星、宇航能源、野外灯塔、航标灯、无人气象站的能源等。

光电池的结构按基片的不同有两种类型：

（1）2DR 型。它是以 P 型硅为基片，在基片上扩散磷，形成 N 型厚度约为 0.3 ~ 1.0μm 的薄膜，形成 PN 结。光敏面是 N 型层，其结构如图 5-63 所示。为了使透光性较好，减少电极与光敏面之间的接触电阻，在光敏面上安置栅极状电极（上电极），下电极为基片电极。在光敏面上再镀一层有防潮和抗反射作用的 SiO_2 或二氧化铈的透明保护膜。

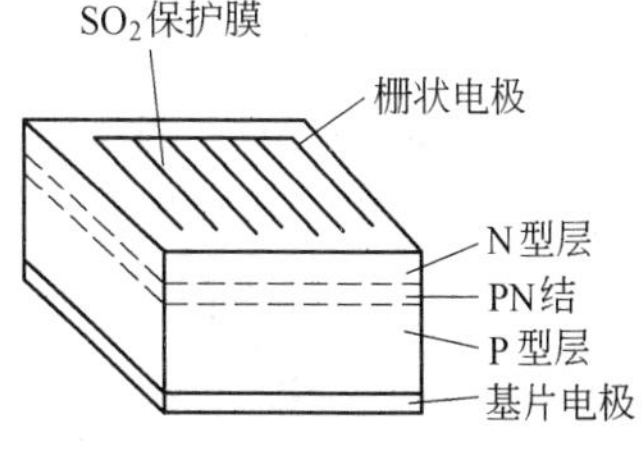

图 5-63 2DR 型光电池结构

（2）2CR 型。以 N 型硅为基片，在基片上扩散硼形成 P 型层，构成 PN 结，受光面（光敏面）为 P 型层。

用来制备光伏型探测器的材料有硅、硒、锗以及许多化合物半导体，其中，硅用得最多。

b 普通光电二极管

用硅、锗、锑化铟、碲镉汞、碲化铅、砷化铟、硫化铅等半导体来制造光电二极管。其中，以硅光电二极管的应用最为广泛，主要用于辐射度学、光度学、色度学、激光等的测量。这里主要讲述硅光电二极管，其结构有两种基本类型：

（1）2DU 型。它是由掺杂少、阻值高的 P 型硅基片扩散五价磷形成 1 ~ 2μm 厚的重掺杂 N^+ 型层，形成 N^+P 结。在 N^+ 结区上引出正电极，并镀制 SiO_2 保护层，衬底用镀金属引出负电极。其基本结构如图 5-64(a)所示。

（2）2CU 型。由 N 型硅作基片，在基片上扩散硼形成 P^+ 型层，形成 P^+N 结。其结构如图 5-64(b)所示。

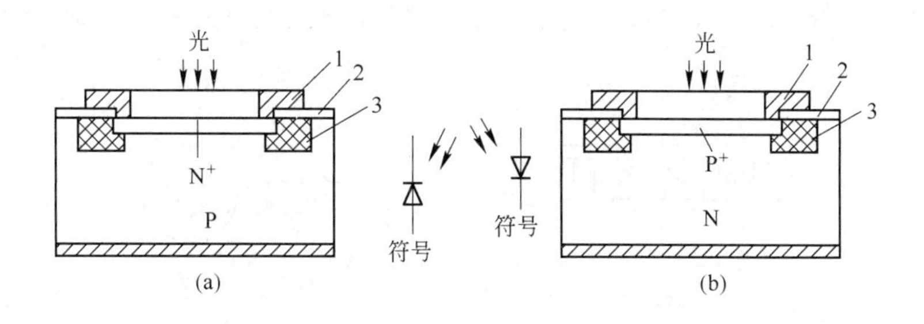

图 5-64 硅光电二极管的基本结构
(a) 2DU 型；(b) 2CU 型
1—Al 接触环；2—SiO_2 膜；3—保护环

c PIN 型光电二极管

普通的光电二极管在光纤通信等技术领域中还达不到响应时间小于 $10^{-8}s^{-1}$ 的要求，因此开发了 PIN 型光电二极管。它的主要特点是在 PN 型光电二极管的 P^+ 层型层和 N 层中间加上一层本征型的高阻 I 型层。光线从透光区进入，光经 P^+ 层，再进入 I 层，最后到 N 基片。I 区约 10μm 厚。当在管芯加上一定方向电压后，其耗尽区加宽，光生载流子扩散区被压缩，提高了器件的灵敏度，降低了响应时间。同时，因 PN 型势垒扩散到整个 I 型区，因此，对红外波长有较好的响应。PIN 型光电二极管结构示意图如图 5-65 所示。

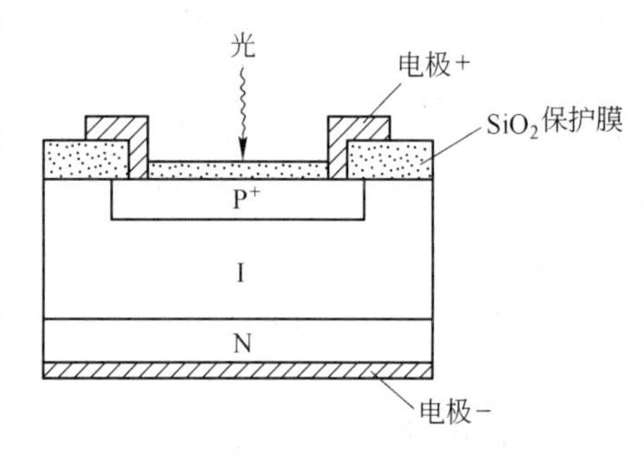

图 5-65 PIN 型光电二极管结构示意图

d 雪崩型光电二极管

雪崩型光电二极管的三种结构类型如图 5-66 所示。

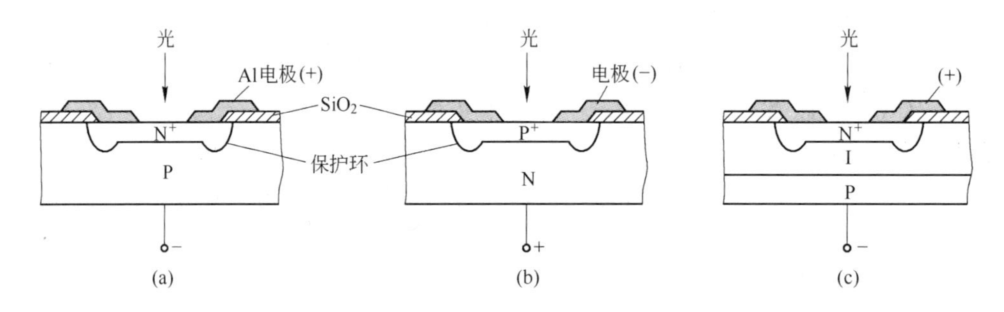

图 5-66 几种典型的雪崩二极管

雪崩式光电二极管电流增益大（雪崩式的光电倍增效应），灵敏度高，响应速度快（高于 PN 型结构和 PIN 结构光电二极管），而且不需要后续庞大的放大电路。它主要应用于微弱辐射信号探测。其缺点是工艺要求高，稳定性差，受温度影响大。

D 光电三极管

光电三极管与普通三极管一样，其基极没有外接引线，而是一个透光窗口，也有 N-P-N 结（3DU 型）和 P-N-P 结（3CU 型）之分。一般用硅材料制造。图 5-67 所示为光电三极管的结构和原理图。其中，图 5-67(a)所示为 NPN 型光电三极管，发射极接电源负极，

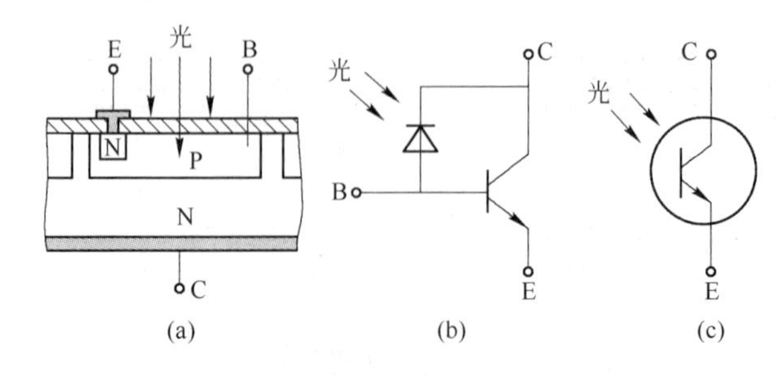

图 5-67 光电三极管的结构和原理图

B—基极；C—集电极；E—发射极

集电极接电源正极。而 PNP 型光电三极管的原理与 NPN 型相同，不同的仅是 PNP 型工作时，集电极接电源负极，发射极接电源正极。其可见光信号是在集电结进行光电变换后，再在由集电极、基极、发射极构成的晶体三极管中放大而输出电信号。

E 红外探测器

红外探测器有近红外（0.75～3μm）、中红外（3～6μm）、远红外（6～15μm）、极远红外（15～1000μm）探测器之分。已有的红外探测器大致分为光电探测器和热电探测器两大类。

a 光电红外探测器

光电红外探测器利用物体中的电子吸收红外辐射会改变运动状态的光电效应，有以"光电导效应"制作的（PC 型）、光生伏特效应制作的（PV 型）和光电磁型（Pem 型）光电红外探测器。其品种繁多，如 Si(PV)、Si(PC)、GaAs(PV)、Ge(PV)、PbS(PC)、PbS(PV)、InAs(PV)、PbSe(PC)、PbSe(PV)、InSb(Pem)、InSb(PC)、InSb(PV)、Ge：Au(PC)、GeHg(PC)、(Hg-Cd)Te(PV)、Ge：Cd(PC)、Si：Sb(PC)、Ge：Cu(PC)、Ge：Zn(PC)等，它们适用于各种红外波段，其中以探测 8～14μm 红外辐射的碲镉汞探测器最为重要。

b 热电红外探测器

热电红外探测器是利用物体因红外辐射而变热的"热效应"。因物体升温慢，而响应时间较长，一般在毫秒数量级以上，其要满足高探测度、快速响应是很困难的。虽然呈现热电效应的材料达近千种，但有实用价值的仅几十种。其中，最重要的有钛酸钡、钛酸铅、硫酸三甘肽、铌酸锂、锗酸铅等。

新型热释电探测器是一种新型的热电红外探测器，它利用材料的热电效应原理。热释电探测器具有响应速度快、响应频谱宽、室温下工作和价格便宜等优点，这使热电红外探测器领域大为扩展。虽然呈现热电效应的材料达近千种，但有实用价值的仅几十种。其中，最重要的有钛酸钡、钛酸铅、硫酸三甘肽、铌酸锂、锗酸铅等。目前它在防火和防盗报警器、非接触开关、气体分析、环境污染监测和激光功率检测等方面得到应用。如果做成红外阵列器件，可成为一种新的红外成像器件，可在军事、医疗和工业中得到应用。

F 像管

在光电探测中，像管、真空摄像器件、固体摄像器件等器件在民用、军用上都具有应用前景，读者如果感兴趣，可参阅相关的光电子器件书籍。

5.7.3.4 物理功能薄膜在信息存储上的应用

21 世纪是经济信息化、信息数字化的高科技时代，它把信息、广播电视、计算机融合成统一的、综合化的、多功能化的"信息高速公路"。先进的计算机和获取、处理、存储、传递各种信息，促成了信息存储沿着磁信息存储—磁光信息存储—全光信息存储的方向发展。而信息的处理主要又基于微电子器件和光电子器件，器件的尺寸由毫米到微米，又由微米发展到纳米量级，而且存储的密度越来越高，进入到了全光纳米信息存储的时代。

A 磁信息存储

a 薄膜记录介质

20 世纪 50 年代，计算机使用的磁存储器为磁盘、磁心、磁鼓、磁带等，它以铁磁材料来实现信息存储。优点是容量大、能永久存储，缺点是速度慢、体积大、可靠性低。

其磁记录方式有平行记录和垂直记录两种，如图 5-68 所示。它的磁记录密度取决于磁介质的高磁矫顽力、磁头的高饱和和磁化强度、磁导率和磁头缝隙宽度和缝隙大小。

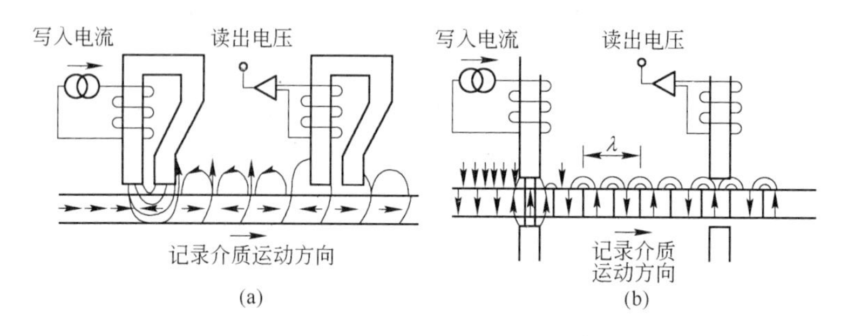

图 5-68 磁记录方式示意图
(a) 平行记录；(b) 垂直记录

磁记录薄膜记录介质发展方向主要是高矫顽力和低噪声，其材料已从 CoNi、CoCrNi、CoCrFe 发展到 CoCrPt 系列；矫顽力从 900Oe、1200Oe、1500Oe、1800Oe 发展到 2200Oe。在 CoCrFe 基础上，用硼合金化方法，矫顽力可达 3000Oe。图 5-69 所示为水平磁记录薄膜结构示意图。垂直磁记录薄膜以 CoFe、NiFe、MnIr、CoTaRu 结构为主，图 5-70 所示为垂直磁记录薄膜结构示意图。

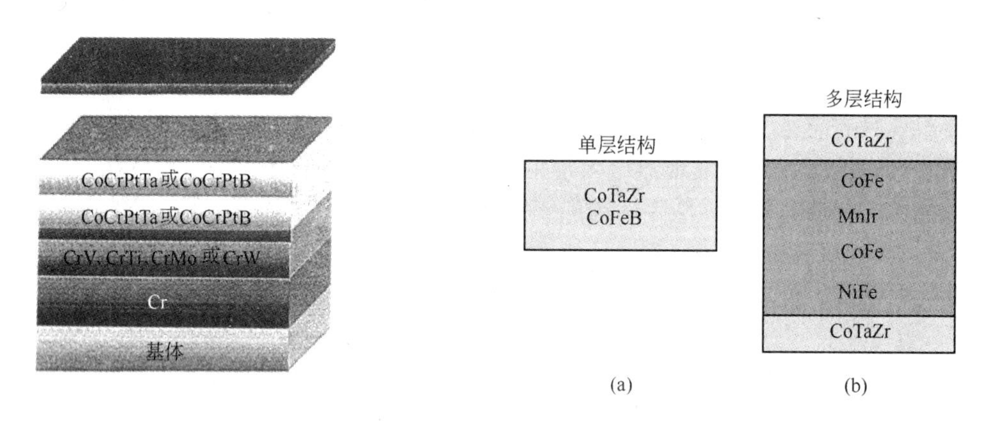

图 5-69 水平磁记录薄膜结构示意图

图 5-70 垂直磁记录薄膜结构示意图

b 感应式薄膜磁头的磁极材料

感应式薄膜磁头磁极材料的特点主要是软磁材料的高饱和磁化强度和磁化率，以及低的矫顽力和磁伸缩系数、优良的耐磨性和抗蚀性。可通过 FeTaN、FeZrN 的退火和通过溅射沉积制取铁基薄膜 FeAlN、FeAlVNbON 等来实现。目前，主要发展的是铁基纳米多晶多层膜（中间层为铁磁或非铁磁材料），如 FeAl/SiN、FeAl/FeNi 等。

c 薄膜磁阻磁头

薄膜磁阻磁头因磁阻效应材料范畴不同，分为各向异性磁阻效应磁头和巨磁阻效应磁头。这类磁阻薄膜磁头都是各向异性磁阻效应磁头。其记录密度约在 $2Gb/in^2$（1in = 25.4mm）以下，目前在硬盘驱动器和高容量磁带机中得到实用。巨磁阻磁头一般有 5 层膜：Ta(5μm)-NiFe(10μm)-Cu(2.5μm)-Co(2.2μm)-FeMn(11.0μm)。其中，NiFe 为磁化强度自由旋转层，在外磁场下产生移动时，因自旋阀响应而得到电阻改变。这种磁头有较好的灵敏度和输出值。这种薄膜各层膜的厚度需严格控制。磁控溅射沉积技术为膜层的厚度、均匀、产业化、高效提供了技术支撑。

B 磁光信息存储

磁光信息存储是用激光热退磁外加反偏磁场使介质光照斑点的磁畴取向反转；信息擦除仍用激光热退磁外加正偏磁场使磁畴取向复位。这种磁光信息存储实际上是激光辅助下的磁存储。即把激光束聚焦成 1μm 光斑，通过热磁效应实现磁光记录。磁记录的热源是通过半导体激光器经透镜聚光后提供。因此，它的存储密度和半导体激光波长直接相关。寻找在短波长有大磁光效应的存储介质，就是磁光存储器件研究的重要内容。

a 磁光信息存储薄膜

用于磁光信息存储器的存储介质薄膜有：高磁光性能的 Mn-Bi 膜、单轴向各向异性垂直于膜面 Gd-Co 非晶态磁性膜、RE-TM 膜（RE 为 Gd、Tb、Dy；TM 为 Fe、Co、Tc 等）。RE-TM 膜是稀土-过渡族金属，有较大磁光效应，可作热记录介质，它优于多晶 Mn-Bi 膜。比较理想的成分应为 TbFeCo 或 GdTbFeCo 非晶态合金薄膜。新的磁光记录膜有 Co-Tb、Fe-Co 交换耦合双层膜和 Co-Pt 多层膜，它们有可能成为高密度的存储介质。

b 沉积制备技术

磁光信息存储器用的功能薄膜普遍采用射频和直流溅射的沉积方法制备 RE-TM 非晶磁光薄膜。用溅射的方法在玻璃的衬底上沉积制备 Bi 的石榴石氧化物多晶膜成为第二代磁光存储器的介质膜。在钆镓石榴石衬底上溅射 BiGa、DyIG 薄膜，具有结构稳定、耐蚀性优的特点。磁控溅射还可沉积 Co-Pt 等多层磁光记录膜。

C 光信息存储

21 世纪的信息技术是由光电子学向光子学发展的阶段。两个阶段的区别在于信息载体和能量载体将由带负电的电子，即费米子转变为不带电的光子，即玻色子。光存储即是信息载体为光子的存储，其可达到电子载体不能达到的超高密度、超快速率以及并行输入/输出、高度互连的领域，体现出信息革命的根本内容实际上就是以信息载体的转变为基点而展开的。信息存储的发展见表 5-69。

表 5-69 信息存储的发展

信息革命内容	20 世纪——电子学世纪	21 世纪——光子学世纪
信息载体	电子（带电、费米子）	光子（中性、玻色子）
信息存储	磁存储	光存储
信息传输	金属导线，无线电波（高度空间局限性）	光纤，自由空间（无空间局限性）
信息运算	电子计算机	光子计算机
信息处理	微电子技术	光子技术
	电子开关	光开关
	大规模集成电子回路	大规模集成光子回路
	EIC	PIC

a 全信息存储器件分类

全光存储器件——光盘已广泛用于计算机、影视、音乐、办公、科研、文化娱乐、教育、财经等各个领域，它成为人民日常生活不可缺少的工具。光盘的功能由只读发展成一次写入，再发展为可擦与重写，而且其存储量越来越高。它的种类有 CD、CVD、VCD、DVD 等。

（1）低密度光盘，包括用来读取数据资料的只读光盘 CD-ROM、一次性写入数字资料的可录光盘 CD-R、可复写数字资料的可直接重写光盘 CD-RW。

（2）高密度光盘，其中，DVD-ROM 为 DVD 只读光盘，可用来读取数字资料的 DVD；DVD-Video 为读取数字影音资料的 DVD；DVD-Audio 为读取数字音乐资料的 DVD 光盘；DVD-R 为一次写入数字资料的可录 DVD 光盘；DVD-RAM 为可复写式数字资料的、可直接重写的 DVD 光盘。

DVD 与 CD 光盘相比，其存储密度功能与 CD 类似，也分为只读、可录、可直接重写。但 DVD 是图像、图形语音、文字的全数字存储，采用的是 MPEG-2 数据压缩软件，图像清晰度、分辨率和保真度都优于 CD 光盘，而且 DVD 存储量大。

CD 只读盘厚度为 1.2mm；DVD 只读盘厚度为 0.6mm。为防止 DVD 盘翘曲变形，DVD 的成品盘是把两个单盘封装在一起，一张 DVD 单面盘与另一张空白盘封接，形成一张 DVD 5（4.7GB）光盘；也有一张 DVD 单面盘与另一张单面盘封接（双面单层），信息从两面读出的，即 DVD 10（9.4GB）光盘；还有两张 DVD 双面盘与另一张双面盘通过半透明金属层封接（双面双层），信息从四面读出的，即 DVD 18（17GB）光盘。

无论是 CD 还是 DVD 光盘，都是以二进制的形式来存储信息。存储的方式都与软盘、硬盘相同。要在光盘上存储数据，都需要借助激光把电脑转换后的二进制数据用数据模式刻在扁平、具有反射能力的盘片上。为识别数据，光盘上定义激光刻出的一坑就代表二进制的“1”，而空白处就代表二进制的“0”。DVD 光盘记录的凹坑比 CD-ROM 更小，且螺旋存储凹坑之间的距离也更小。DVD 存放数据的信息坑非常小而又紧密。最小凹坑长度为 0.4pm，每个坑点间距只有 CD-ROM 的 50%，轨距仅有 0.7pm。

而 CD、DVD 光驱等一系列光存储器的主要部分就是激光发生器和光监测器。光驱上的激光发生器实际上就是一个激光二极管，它可以产生对应波长的激光束，经一系列处理后射到光盘上，再经光监测器捕捉发射回来的信号，来识别实际数据。当光盘不反射激光时，则代表那里有一个小坑，电脑就知它代表“1”；如果激光被反射回来，电脑就知该点是一个“0”。之后，电脑就可把这些二进制代码转换成原来的程序。当光盘在光驱中高速旋转，激光头便在电动机控制下前后移动，数据就源源不断地读取出来。

b 全光信息存储器所用的薄膜

全光信息存储器所用的薄膜有无机介质和有机染料功能薄膜，还有金属反光层和保护层。

在 DVD-R 的存储器中，薄膜材料是酞菁、偶氮；CD-R 的存储器件的薄膜材料是花菁；DVD-RW 和 CD-RW 的存储器件薄膜材料是 GeSbTe。DVD-R 的金属反射膜选用的是 Au；CD-R 的金属反射膜选用的是 Al。

在沉积制备技术中，金属性强的薄膜采用直流磁控溅射沉积技术；不导电或半导体的介质膜采用射频溅射；有机染料薄膜用旋涂法制备。

图5-71所示为DVD-ROM只读光盘生产线的示意图。从图5-71中可知，DVD-ROM光盘的生产从底层向上次序为：预格式基盘→旋涂染料记录层（花菁、酞菁、偶氮）→金属反射层→UV固化胶。

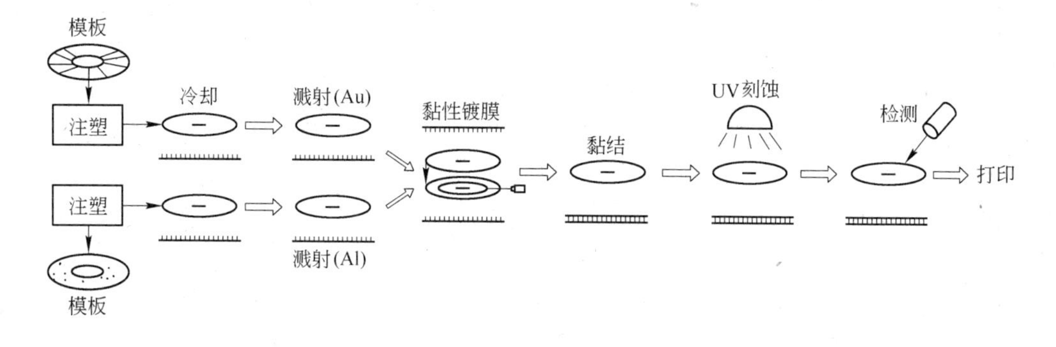

图5-71 DVD-ROM只读光盘生产线的示意图

而DVD-RW光盘生产线从底层向上的次序为：预格式基盘→第一层保护层$ZnS+SiO_2$→记录介质层GeSbTe→第二保护层$ZnS+SiO_2$→金属反射层→UV固化胶。其中，GeSbTe是一种基于激光热效应的光记录介质薄膜材料。

D 超高密度的信息存储

超大规模集成电路对元件的尺寸要求越来越小，微电子元件尺寸已经缩小到纳米量级。高集成度的微电子器件，当集成器件的存储密度大于$10^{12}bit/cm^2$时，称其为超高存储密度。此时，一块通常尺寸的软盘可能存储500万本左右平均为400页的书。这类集成器件具有惊人的信息处理能力，需要更小、更纯、更冷、更快的纳米器件。超高密度的信息存储条件下，元件尺寸小于$5nm \times 5nm$，其功能薄膜的厚度也是5nm量级。对一些材料的估算得知，信息的功率将小于$10^{-4}pJ$。微电子器件将是纳米电子器件，要求选用的材料和结构更小、更纯、功率更小和响应速度更快。当然，纳米电子器件也给功能薄膜沉积技术提出了更高的要求。

超高密度的信息存储材料有：

（1）光折变材料。在激光束穿越某材料时，在光束的焦斑区引起材料折射率变化。折射率的不均匀变化导致透过光束波前的畸变。如果用光均匀照射材料，当材料进入某一温度时，折射率又回到原始的均匀状态。光折变材料包括有机和无机光折变材料。有机光折变材料包括光导聚合物、二阶聚合物、含有双功能声色团的材料；无机光折变材料包括半导体GaAs、InP，铁电材料$LiNbO_3$、$Bi_4Ti_3O_{12}$，以及双掺杂$LiNbO_3$材料，如$LiNbO_3$-Fe-Mn，或在$LiNbO_3$-Fe中掺杂进另一种杂质（CeO_2、MgO、ZnO、In_2O_3、Sc_2O_3）。

（2）光化学烧孔材料。把色素溶解到有机溶剂中，冷却到液氮温度，经照射后，某光吸收带在有选择的波长下，产生比半波长更小的局部区域（或称孔）透过率增大的现象。在低温下，这种孔的寿命更长。将CdSe、CuCl、CuBr等原子团镶嵌在玻璃或晶体薄膜中实现持久谱烧孔，可以进行几十纳米的信息记录和多重记录。加热后还可将信息擦除。

（3）有机及有机金属复合薄膜信息存储。某些有机及有机金属复合薄膜在电或光的照射下，具有“0”或“1”的记录状态，如C_{60}-TCQN、Ag-TDCN（多共轭本腈）等。

E 纳米区内电荷存储技术

在P-Si基底上沉积一层5nm的SiO_2，再用化学气相沉积制备厚度为50nm的Si_3N_4层，再在其上沉积金属电极。电极可以是固定的，也可以是移动的。当在电极相对于P-Si基之间加40V的脉冲电压时，就会有电子从Si_3N_4隧道穿SiO_2进入P-Si基底，从而建立起空间电荷区，这就改变了电容特性。当金属电极是可以移动的扫描隧道显微镜（STM）的针尖时，其信息可以由STM来完成。在扫描隧道显微镜（STM）的针尖和薄膜之间施加一定的电压，利用产生的热接触力、近场光束或磁极等作用来进行数字写入。在信息存储中，信号主要是以"0"和"1"形式存储。基于针尖可以用半径小于1nm的Mo、Si、C纳米管、金刚石材料制成，信息存储密度可以更高，完全可实现超高密度信息存储，既能读、写信息，又能观察形貌，写入速度和集成密度也都极高。

5.7.3.5 物理功能薄膜在平板显示器上的应用

A 平板显示器的分类

显示器能把客观外界事物的光、电、声、化学等信息经变换处理，以图像、数码、字符等形式加以显示。20世纪80年代以来，个人便携式计算机、电视、手机、军用和医用电子装置、自动化办公设备等需求的增长，特别是对平板显示器的需求急剧地增长，促成了平板显示器件的飞速发展，一些大屏幕（40in、65in、102in，1in = 2.54cm）平板显示器相继展现。各种原理的平板显示器件层出不穷，其产值与产量在全部信息显示器中所占的比例迅速上升。本节中仅介绍常用的平板显示器。

平板显示器常用的种类有：液晶显示器（LCD）、等离子体显示器（PDP）、薄膜电致发光器（TFELP）、场致发射显示器（FED）、有机薄膜电致发光显示器（OEL）、薄膜晶体管液晶平面显示器（TFT-LCD）等。在市场上，占市场份额较大的是薄膜晶体管液晶平板显示器（TFT-LCD）和等离子体显示器。在本节中，就以这两类为重点加以介绍。

B 液晶平板显示器

液晶显示器的原理是利用液晶的物理特性，即在通电导通后排列有序，致使光线容易通过；不通电时，排列混乱，阻止光线通过。在多种平板显示器中，液晶平板显示非主动发光显示，具有低电压、功耗小、质量轻、厚度薄、寿命长、无电磁辐射、不耀眼、抗干扰性好、抗振性好、有效显示面积大、适宜大规模集成电路直接驱动、容易实现全彩色显示等优点。

薄膜晶体管液晶平板显示器是集大规模半导体集成电路技术、驱动IC技术和液晶平板光源技术于一体的一种高新技术，它采用薄膜晶体管有源矩阵，在每个像素上设计有一个场效应开关管，易实现真彩、高分辨率，响应速度快、灰度高。因此，它成为液晶显示器件的主要发展方向，使高画质的真彩图像显示进入一个新的阶段。薄膜晶体管液晶平面显示器被誉为高科技、高效应、高附加值的产品，具有美好的发展前景。图5-72所示为薄膜晶体管液晶平板显示器像素单元结构示意。从图中可知，它包含应用了7种物理功能薄膜。

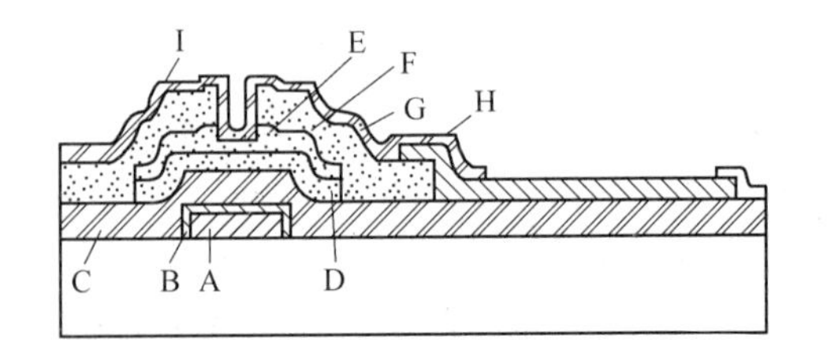

图5-72 薄膜晶体管液晶显示器像素单元结构示意

A—Ta膜栅电极；B—Ta_2O_3绝缘膜；C—SiN栅绝缘膜；D—α-Si∶H膜沟道；E—刻蚀阻挡层（SiN）；F—掺杂α-Si∶H（欧姆接触）；G—Ta膜源电极、漏电极和互联电极；H—ITO电极；I—SiN钝化膜现在，各种尺寸规格的薄膜晶体管液晶平面显示器已经面市，特别是在袖珍电视、壁挂式电视、投影电视以及便携式计算机上得到广泛应用。市场上销售的最大的 α-Si TFT（AMLCD）的对角线尺寸已超过 90 英寸。

α-Si TFT 有源矩阵经液晶封盒后，就可制造出有源矩阵 LCD。液晶封盒后的有源矩阵寻址液晶显示器（AMLCD）的结构示意图如图 5-73 所示。

C 等离子体平板显示器

等离子体显示器的基本原理是在显示屏上排列百万个密封的小低压气体室，即等离子管作为发光元件，都充入氙气和氖气混合物，利用惰性气体（Ne、He、Xe 等）放电时产生的紫外光束激发显示屏上的红、黄、蓝三原色荧光粉而发出可见光。用大量的等离子管排列成屏幕，每个等离子管对应于一个像素点，这些像数明暗的颜色变化组合，产生各种灰度和彩色图像。其与显像管发光很相似，但等离子体显示器是一种主动发光显示器。

在等离子体显示器中，由于激励等离子管中气体放电方式的不同，有交流对向放电型、交流表面放电型、直交流混合型、脉冲存储型、电子加速型、等离子体寻址型等多种形式的等离子体显示器。

图 5-74 所示为等离子体平板显示器结构示意图。图中显示器的栅极为 Cr-Cu-Cr，寻址电极材料为 Ag，透明电极材料为 ITO，保护层材料为 MgO。

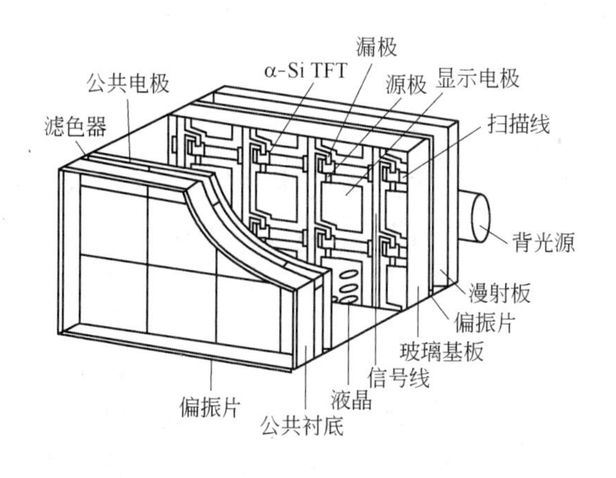

图 5-73 AMLCD 的结构示意图

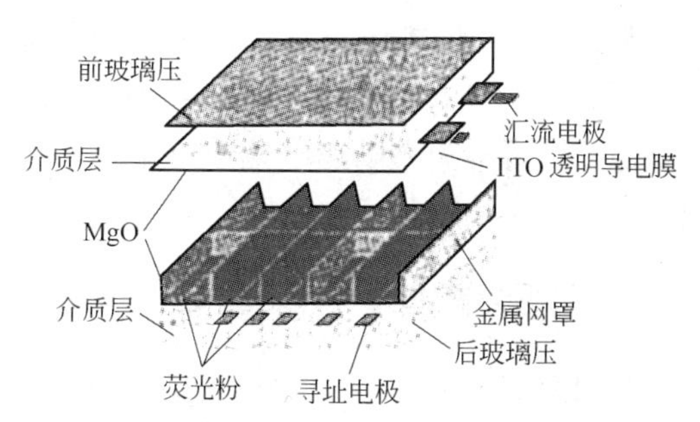

图 5-74 等离子体平板显示器结构示意图

等离子体显示技术的优势在于它能制备出 50in 甚至更大的超大尺寸的平面显示器，且可以使可视角度扩大到 160°以上，其分辨率也超过传统的显示器；图像色彩鲜艳、靓丽、图像清晰；不受磁场影响，具有更好的环境适应性；而且寿命长，达 30000h，可以工作 20 年。它的一个突出优点是可做到超薄，可轻易的制成 40in 以上的完全平面的大屏幕，其厚度不到 100mm。其缺点是发光效应低、功耗大、工艺复杂、投资大、价格高和制造难度大。

D 长寿命电致发光器

日本 Sharp 公司开发出一种具有如图 5-75(a)所示的双层绝缘结构的高辉度、长寿命发光器件。该发光器件在玻璃基板上用电子束蒸发镀 200nm 的 In_2O_3 透明导电膜，在它的上面用射频溅射沉积 200nm 厚致密的 Y_2O_3 或 Si_3N_4 高介电绝缘膜，然后再蒸镀约 500nm 厚、含少量的 Mn 的 ZnS 荧光体作发光层，紧接着在发光层上蒸镀一层厚度尽量与前一种

绝缘膜相同的 Y_2O_3 或 Si_3N_4，最后再蒸镀一层 Al 金属作背电极。为保证绝缘层与 Al 金属间的附着性能，在它们之间制备厚约 20 ~ 500nm 的 Al_2O_3 膜。近年来，研究者还在背面补加一层玻璃，以便在它与背面电极间封入少量的硅油，防止湿气从外侵入，可实现 30000 ~ 50000h 的使用寿命。

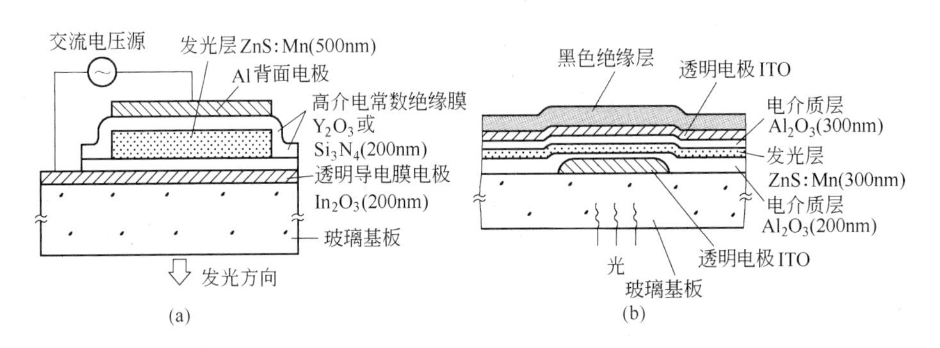

图 5-75　交流场致发光器件结构图

这种双层绝缘膜结构的发光器件也可采用原子束外蒸发镀来沉积制作发光层（ZnS：Mn）和绝缘层 Al_2O_3，从而使发光效率大幅度提高。器件的结构如图 5-75(b)所示，它是在玻璃基板上用溅射法形成厚度为50nm 的 ITO 膜，在其上用原子束外延生长法沉积 Al_2O_3 和 ZnS：Mn，从而形成绝缘层—发光层—绝缘层的三层结构。

5.7.3.6　物理功能薄膜在能量转换器上的应用

半导体光伏电池是最典型的光电转换器，其主要是将光能直接转换成电能，用于太阳能电源装置，称为太阳能电池或光电池。这里仅讲述在物理功能薄膜太阳能电池上的应用，参考 5.7.4 节。

5.7.4　物理功能薄膜在太阳能电池上的应用

太阳辐射能是一种取之不尽、用之不竭的无污染的绿色能源。太阳能每秒到达地面的能量高达 8×10^5kW。如果把地球表面 0.1% 的太阳能转换成电能，其转换效率为 5% 的话，则每年的发电量可达 5.6×10^{12}kW · h，相当于目前世界上能耗的 40 倍。在新型半导体、薄膜的研究开发中，以非晶半导体薄膜材料的沉积制备与器件制备的应用最为活跃，在高新技术领域的发展与应用最为迅速广泛。现已迅速发展成为一类新兴产业——太阳能发电。特别是空间科学航天技术的发展，急需轻便、长寿命的电池，因此，出现了各种各样的半导体太阳能电池，如 GaAs、CdS、CdTe、CdS-Cu_2S、GeP、SnO_2-Si、(Al,Ga)As-GdS、InP-GaS、α-Si 等。如今，宇宙飞船、人造卫星中的太阳能电池是一种重要的电源。现今，用高效、大面积的非晶硅（α-Si：H）薄膜制成的太阳能电池的发电站已并网发电；用 α-Si 薄膜的晶体管制作的大屏幕液晶显示器和平面显像电视机已有大量商品面市出售；大量复印机的硒鼓早已规模化使用；α-Si 的传感器、摄像管、电致发光器件、高速记录的大容量光盘等都在以商品化方向发展。在本节中，仅讲述物理功能薄膜在太阳能电池上的应用。

5.7.4.1　太阳能电池的极限和损失

设光电池上的总功率为 P_{in}，根据光电池能量转换的公式，其转换效率为：

$$\eta = V_{mp}I_{mp}/P_{in} = V_{oc}I_{sc}FF/P_{in} \tag{5-17}$$

式中 V_{oc}——开路电压；

I_{sc}——短路电流；

FF——填充因子，$FF = V_{mp}I_{mp}/(V_{oc}I_{sc})$。

其中，一个特定工作点（设 V_{mp}，I_{mp}）会使输出的功率最大。

用开路电压、短路电流、填充因子三个参数可以表征 PN 结光电池的特征。具有适当效率的光电池，FF 值约为 0.7 ~ 0.85。填充因子的最大值是开路电压 V_{oc} 的函数。此外，还有表征光电池特性的参数，如：（1）光频响应特性，硅光电池光谱响应特性范围为 0.4 ~ 1.1μm，峰值波长为 0.8 ~ 0.9μm；（2）频率特性，一般较差，硅光电池截止频率最高达 10 ~ 30kHz。

从式（5-17）可知，光电池的转换效率 η 取决于开路电压 V_{oc}、短路电流 I_{sc} 和填充因子 FF。而 FF 最大值又是 V_{oc} 的函数，因此，太阳能电池转换效率 η 的极限是由 V_{oc} 和 I_{sc} 两者的极限决定的。

图 5-76 所示为由经验公式计算出在禁带宽度 E_g 为 1.4 ~ 1.6eV 时出现的峰值效率。当大气质量 AM 从 0 增加到 1.5 时，峰值效率从 26% 增加到 29%。根据禁带宽度分析，GeAs 具有最高的转换效率。由于 Si 的资源丰富、生产技术成熟，它虽不是转换效率的最佳材料，但在实际应用上它是最佳材料。

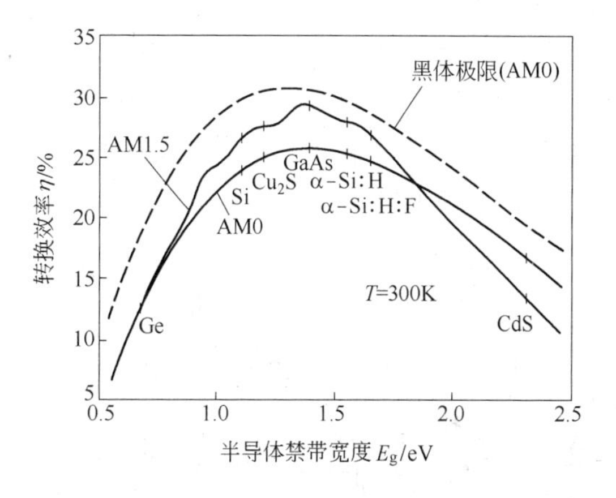

图 5-76 太阳能电池极限效率与半导体材料禁带宽度的关系

在实际使用中，太阳能电池的转换效率都低于理想的转换效率。这是由从理论到实际的制作以及太阳能电池的开路电压对温度的灵敏性和其他的光学损失等种种因素造成的。

5.7.4.2 薄膜太阳能电池

这里不再介绍各种势垒的太阳能电池（包括 PN 结太阳能电池、异质结和异质界面太阳能电池、肖特基势垒及光电化学电池等），仅介绍与薄膜相关的三种薄膜太阳能电池。

A 氢化非晶硅薄膜太阳能电池

为了大规模地使用太阳能电池，技术上必须解决功率密度小及随地点、时间、气候条件变化而不稳定等重大难题，而且还要成本低。大规模使用的太阳能电池应当具有较高的转换效率（不低于 10%），在较长的时间内（如 10 年）其性能应不会明显下降，售价要低，制备电池的主要原料应有足够资源等。其中，薄膜硅太阳能电池就是一个重要的发展方向。它通常可用价廉的多晶硅、带状硅、金属硅、铝、石墨等作为支撑部分，再在其上沉积活性的 P^+ 层、P 层和 N 层。其中，以氢化非晶硅太阳能电池的开发最为引人注目，它是太阳能电池产业化生产中最成熟、最广泛的一类太阳能电池，其最大的特点是成本低，但光电效率也低。这种电池实际上是具有 PIN 结类型的光伏器件，它还有很大的发展前景。

图 5-77 所示为氢化非晶硅太阳能电池结构示意图。从图中可知，按其薄膜组成作用，

其结构上可分为：

（1）透明导电上电极薄膜，即 SnO-F、SnO-In、ITO、ZnO-Al、ZnO-Ga、ZnO-B 等；

（2）吸收层薄膜，即氢化非晶硅（α-Si∶H）薄膜；

（3）下电极薄膜，即 ZnO-Al 或 ZnO-Ga 薄膜与导电好的 Ag、Al 薄膜配合使用；

（4）缓冲层。

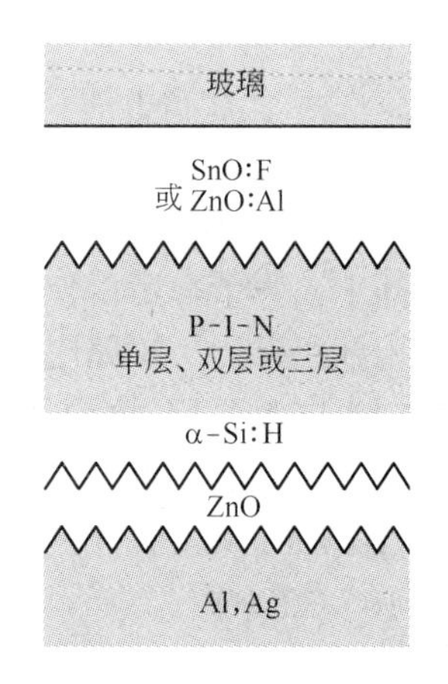

图 5-77 氢化非晶硅太阳能电池结构示意图

这些膜层结构的沉积制备大多采用等离子的 PECVD、RF-PECVD、中频磁控溅射以及热丝化学气相沉积（HWCVD）等方法。为适应用户所需及提高电池的输出电压（因一般 α-Si∶H 太阳能电池输出电压小于 1V），有人把这种电池做成“集成型”。这种集成型电池既可使制造过程简化，又可降低大面积电池带来的过大功率损耗的问题。“集成型”实质上是一种多级带隙型电池在一个衬底上把它“集成化”，即做成集成型多带隙 α-Si∶H 太阳能电池。其结构和电池数最佳值分别如图 5-78和图 5-79 所示。

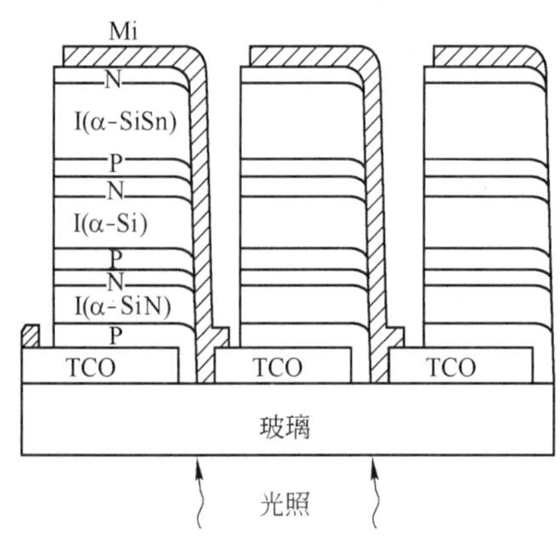

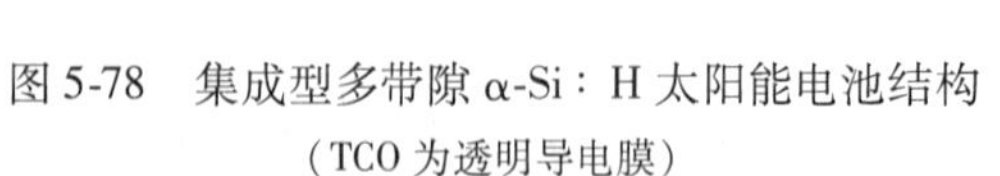
图 5-78 集成型多带隙 α-Si∶H 太阳能电池结构（TCO 为透明导电膜）

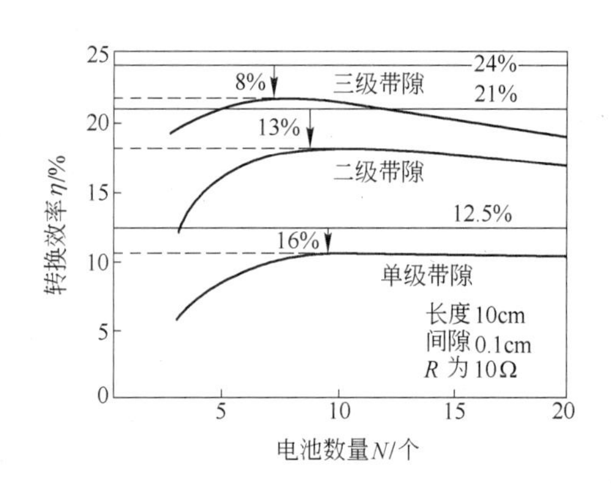

图 5-79 组成集成型电池的电池数最佳值

从图 5-78 可知，这种电池结构的衬底是平板玻璃，也可以用不锈钢、Mo、Al 和 Ag 等材料。透明导电膜（TCO 电极）也可用 Pt 或 SnO_2/ITO、AuPd 等。

近年来，有人对 α-Si∶H 单级型 PIN 型和多级型 α-Si∶H 太阳能电池的转换效率进行了理想预测后认为，它们的转换效率分别可达到 12% ~14% 和 14% ~24%。这种理论预测如果要变成产业生产中的现实，太阳能电池科研与应用、生产工作者还需付出更多的劳动和努力。

B 透明导电氧化物薄膜太阳能电池

透明导电氧化物薄膜太阳能电池的优势在于：

（1）允许太阳能直接照射到作用区域，减少或没有衰减，提高了太阳能电池对太阳光谱中光子能量较高部分波段的敏感性。

（2）形成 PN 结的温度较低，易制备。

（3）电池结构的接触电阻低。

目前已发展的有含有透明导电薄膜的硅、磷酸铟、碲化镉、砷化镓基异质结太阳能电池。

图5-80所示为半导体—绝缘体—半导体（SIS）结。从图5-80中的结构可知，当太阳能的透明氧化物结构层与半导体异质结间插入非晶绝缘层时，此种结构称为半导体—绝缘体—半导体（SIS）结。使用绝缘层的目的在于增加断路电压，降低黑暗中的饱和电流。它与肖特基式或金属—绝缘体—半导体（MIS）结构相比更稳定，并且有更高的理论效率。在SIS结构中，多数载流子的隧道效应被抑制；结构中不存在吸光的金属层，能经受环境退化；顶层材料的电导率及能隙选择范围更大。

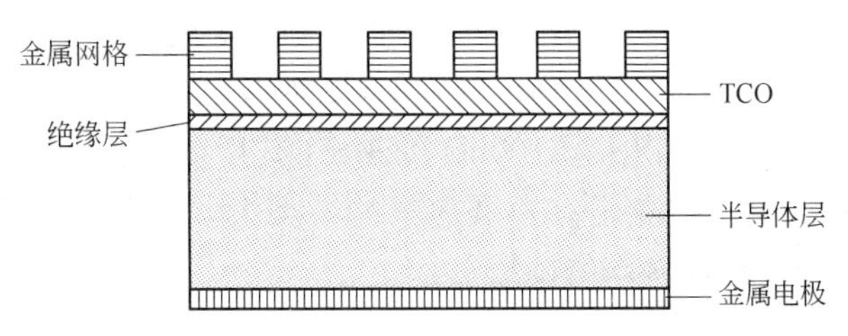

图5-80　半导体—绝缘体—半导体（SIS）结

C　CIS系薄膜太阳能电池

这是一种$CuInSe_2$化合物（CIS）薄膜太阳能电池。在它的吸收层中，掺入部分的Ga、Al替代CIS层中的In，形成CIGS、CIAS，是一种被认为未来最有希望真正实现的，又能大规模生产和应用的化合物薄膜太阳能电池。

美国再生能源实验室的$CuInSe_2$-Cd(Zn)S薄膜太阳能电池的光电转换效率达12%，是一种薄膜光电效率转换率高的太阳能电池。美国再生能源实验室的CIGS薄膜太阳能电池的光电转换效率见表5-70，他们在制作大面积上CIGS电池和电池模块上取得了很大进步，面积达3600cm^2以上，功率达40kW左右。

表5-70　美国再生能源实验室的CIGS薄膜太阳能电池的光电转换效率

器件结构	光电转化效率/%	电池面积/cm^2
ZnO-CdS-CIGS-Mo	18.8	0.449
ZnO-CIGS-Mo	15	0.462
ZnO-CdS-CIGS-Mo	17.4	0.414

根据美国再生能源实验室的研究，获得光电转换效率为18%的太阳能电池薄膜的结构组成是：玻璃-Mo-CIGS-CdS-ZnO-Al栅网极（即图5-81中的金属电极）-AR（减反射膜层），如图5-81所示。

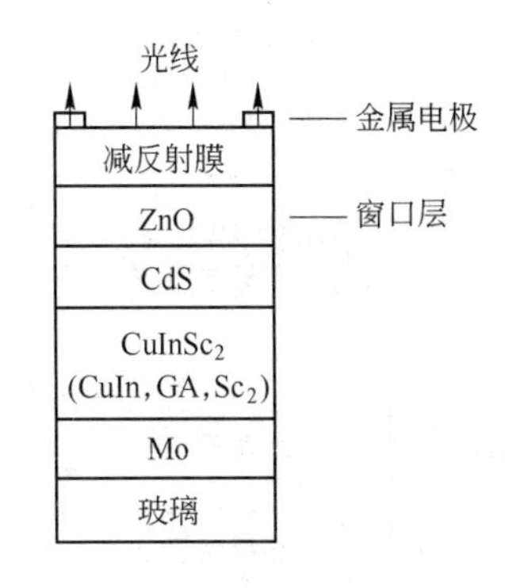

图5-81　CIS与CIGS电池的结构示意图

从图5-81可知，其制作过程大致为：

（1）用射频或磁控溅射在玻璃基底上沉积厚度均匀的1～2μm的Mo。

（2）在Mo层的基础上，用Cu、In、Se、Ga四元共蒸发，在基底为500～530℃间沉积一系列的薄膜；或者用二步法，先沉积CuIn或CuInGa预制合金薄膜，再在 500 ~560℃下硒化处理形成 CIGS 膜；有些还需经化学镀 P，这些过程就对 Mo 薄膜与玻璃基底和 Mo 薄膜与 CIGS 薄膜之间的结合力提出了挑战。Cu、In、Ga、Se 四元共蒸发法制备的膜层总厚度为 2. 3 ~3. 5μm。必须控制四元素的化学计量比。

（3）用真空蒸发沉积 CdS 厚度为 500nm 的薄膜。

（4）用射频溅射沉积 ZnO 厚度为 500nm 的薄膜。沉积完吸收薄膜后，紧接着用射频溅射一层具有高电阻率与低电阻率相匹配的 ZnO 薄膜。而典型的实际电池是先在 CdS 薄膜上沉积一层厚度为 500nm 高电阻率的本征 ZnO 薄膜，所用的靶为 ZnO 靶材，然后用中频交流溅射沉积一层厚度为 350nm、掺杂 Al_2O_3 的 ZnO 低电阻薄膜。这种低电阻 ZnO 薄膜特点主要体现在短波吸收限和长波反射限之间的波长区间很大。

（5）用真空蒸镀法沉积 Ni-Al 收集电极在 ZAO 薄膜表面上，遮蔽面积为 5%。

（6）最终用真空蒸镀法沉积一层 100nm 的 MgF_2 减反射膜层。

CIS 与 CIGS 太阳能电池是非常有发展前景的一类太阳能薄膜电池，迄今已经开始产业化，但还会在应用中碰到许多新的挑战。

太阳能电池在民用应用上可用于发电、生态屋顶、太阳能电池幕墙、灯具（路灯、景观灯）、汽车和航空航天器动力、玩具动力等。

值得自豪的是，我国太阳能电池的年产量自从 2001 年后已成为全球第一，当今太阳能电池年产量已占全球总量的 30%，成为发展最快的国家，而且 99% 太阳能电池产品出口海外。

5.7.5 物理功能薄膜在传感器上的应用

5.7.5.1 传感器的种类及材料

传感器的种类很多，从应用上看，可分工业和生物医学用传感器两大类。近年来又出现环境友好型，特别是舒适型传感器。不管是工业用传感器，还是生物医学用传感器，其工作原理及所涉及的薄膜材料并无本质的区别。

传感器指的是可接受外界信息，如光、热、磁、压力、加速度、湿度、环境气氛等，并能在体系内变化为可处理信号的器件，是机器设备接受外界信息、执行动作的信号源。一些与薄膜材料及加工技术相关的各种传感器及所用的材料见表 5-71。

表 5-71 各种传感器所用的材料

检测对象	利用效应	器 件	应用的材料
光	光伏效应	光电二极管	红外：HgCdTe，PtSi/Si； 可见光：Si，α-Si：H； X 射线：Si，CdTe
	光导电效应	雪崩光电二极管	可见光：Si
		光电三极管	可见光：Si，Ge，GaAs/Ge
		光导电电池、摄像管	红外：HgCdTe，GaAs/AlGaAs
	光电子发射	光电管	可见光：CdS，CdSe，α-Si：H，Sb-Cs，Cs-Te，GaAs
	热释电效应	热释电传感器	红外：PZT，PLT
	约瑟夫效应	超导元器件	红外：$Nb/Al_2O_3/Nb$

续表 5-71

检测对象	利用效应	器　件	应用的材料
磁	霍耳效应	霍耳元件	InSb，GaAs，Si
	磁致电阻效应	半导体	InSb
		磁性体	Ni-Co，NiFe
	隧道效应	超导量子干涉仪（SQUID）	Nb，NbN，高温超导体
力（压力，加速度）	压力电阻效应	压力电阻元件	Si，Poly-Si，SiC，Cr-Mo
	固有振动	振动式压力传感器	Si
温　度	热释效应	热释传感器	PZT，PLT
	电阻变化	热敏电阻	SiC，α-Si：H，MnO_2
	塞贝克效应	热电偶	
湿　度	电阻变化	湿度传感器	$MgCr_2O_4$-TiO_2，ZrO_2-MgO
气　体	电阻变化	气敏传感器	SnO_2，TiO_2，In_2O_3

至于舒适型薄膜制作的传感器，它能模仿人的五官，通过听、视、触、闻、尝等接受环境的刺激，并对音、色、软硬、气味、味道进行检测、辨别，产生出相应的信号，对执行机械发出指令进行控制，最终是为了创造更舒适的环境，提高人们的生活质量。

传感器本身就是一门专业性很强、发展又很迅速的工程应用技术。上面十分概略地用汇表的形式介绍了涉及薄膜传感器所用到的一些薄膜材料。下面对气敏传感器上的应用做点叙述，便于加深薄膜材料在传感器上应用的理解。

5.7.5.2 物理功能薄膜在气敏传感器上的应用

气敏传感器是把气体的物理、化学性质变换成易处理的光、电、磁等信号的转换元件。其传感器中的敏感体几乎都是薄膜。它通常根据气敏特性分为半导体型气敏传感器、电化学型气敏传感器、固体电介质气敏传感器、接触燃烧式气敏传感器、光化学型气敏传感器、高分子气敏传感器等类型。

半导体型气敏传感器是一种重要的传感器。特别是从 1962 年半导体金属氧化物陶瓷气敏传感器问世以来，半导体气敏传感器已经成为当前应用最普遍、最有实用价值的一类气敏传感器。它是采用金属氧化物或金属半导体氧化物制成元件，与气体相互作用时产生表面吸附或反应，从而引起以载流子运动为特征的电导率或伏安特性，或表面电位的变化来进行转换测定。这类半导体气敏传感器按气敏机制可分为电阻式和非电阻式半导体气敏传感器。

电阻式半导体气敏传感器是半导体金属氧化物陶瓷气敏传感器，是用金属氧化物薄膜（如 SnO_2、ZnO、Fe_2O_3 等）制成阻抗器件，根据气体的吸附、脱附造成的电阻随气体含量的不同而变化。气体分子在薄膜表面发生还原反应，并引起传感器电导率的变化，为消除气体分子，需发生一次氧化反应。传感器内的加热器有助于氧化反应的进程。这类气敏传感器的优点是成本低、制造简单、灵敏度高、响应速度快、使用寿命长、对湿度敏感度低、电路简单；缺点是必须在高温下工作，对气体的选择性差，元件参数分散，稳定性也不够理想，功率要求高，而且在探测气体中混有硫化物时易中毒。这类传感器上使用的金属氧化物薄膜除传统的 SnO_2、ZnO、Fe_2O_3 三大类外，研究中还开发了一些新的材料，包括单一的金属氧化物、复合金属氧化物和混合金属氧化物，这些新材料的开发大大提高了气敏传感器的性能和使用范围。若在半导体内添加 Pt、Pd、Ir 等贵金属，就能降低被测气体的化学吸附活化能，可有效提高气敏传感器的灵敏度，加快响应速度。如在 SnO_2 基半导体气敏材料中掺杂 Pt、Pd、Au 会提高对 CH_4 的灵敏度，掺杂 Ir 则会降低对 CH_4 的灵敏度，掺杂 Pt、Au 对 H_2 的灵敏度提高，而掺杂 Pd 则降低对 H_2 的灵敏度。利用薄膜技术、超粒子薄膜技术制备的金属氧化物气敏传感器，具有灵敏度高（达 10^{-9}级）、一致性好、小型化、易集成等特点。

非电阻式半导体气敏传感器是 MOS 二极管和结型二极管式以及场效应管式（MOSFET）半导体气敏传感器。其电流或电压随气体含量而变化，主要用于检测氢和硅烷等可燃气体。其中，MOSFEF 气敏传感器工作原理是挥发性有机化合物（VOC）与催化金属接触发生反应，反应物扩散到 MOSFEF 的栅极，改变器件的性能；通过分析器件性能的变化而识别 VOC。通过改变催化金属的种类和厚度可优化灵敏度和选择性，并可改变工作温度。MOSFEF 气敏传感器的灵敏度高，成本高，且制作工艺比较复杂。

任何气敏传感器应能探测到被探的活性气体组分,不受其他成分干扰;还应可控制气敏度,即导电性的变化应直接对应于空气组分的压力变化;同时还应具有合理的检测灵敏度。

当前，对有害气体的污染和安全性的关注促进了半导体气敏元件的研究、开发和应用。半导体透明导电薄膜，如锡氧化物、铟锡氧化物和锌氧化物等，都是最有应用前途的薄膜气敏功能材料。

半导体基的气敏元件主要应用于探测 H_2、CH_4、液化石油气，避免泄漏事故；探测 CO，对环境的排放进行污染控制；用于控制酒后驾车的酒精探测器，若加入一些催化性的金属添加剂，如钯，可以增加锡氧化物为基的气敏元件的选择性，提高响应速率。在百姓日常的生活中，气敏元件最主要的是检测气体的泄漏报警。ZnO 经某些元素掺杂之后，对有害气体、有机蒸气具有很好的敏感性，可制备成各种气敏传感器。

在本节中，主要讲的是半导体金属氧化物 SnO_2、ZnO_2 及 ITO 为主的气敏体薄膜以及这类气敏功能薄膜中添加 Pt、Au、Pd、Ir 等具有催化作用的贵金属的气敏元件，因为这种气敏元件具有灵敏度高（高达 10^{-9}级）、响应速度快、应用潜力大、测试一致性好、结构小、易集成等突出优点。

A 甲烷和丙烷气敏元件

透明导电薄膜（SnO_2、ITO 等）暴露于甲烷、丙烷还原性气体中，其导电性会发生可逆的显著变化。根据此特性，透明导电膜已应用在探测液化石油气气敏元件上。它的材料气敏度可用式(5-18)来表达：

$$\Delta G/G_{air} = (G_{gas} - G_{air})/G_{air} \tag{5-18}$$

式中 G_{gas}——有被测气体存在时薄膜的电导率；

G_{air}——不存在被测气体时薄膜的电导率。

一般用这种薄膜制备的气敏元件的气敏度受膜厚和薄膜导电性的影响显著，膜厚增厚，气敏度降低，导电性降低，气敏度增加。图 5-82 所示为用 CVD 方法沉积的 SnO_2 膜在不同厚度下其气敏度随气体体积分数的变化。由图 5-82 可知，薄膜厚度越薄，对丙烷的气敏度就越高。图 5-83 所示分别为在 500℃ 和 700℃ 条件下沉积的薄膜厚度相同的 SnO_2 膜的气敏度。700℃沉积的薄膜的电导率较低，其载流子浓度也比 500℃ 下沉积的 SnO_2 膜要低。然而，两者的霍耳迁移率之间的差别却很小。在低载流子浓度和低电导率的情况下，其薄膜的气敏度会随气体体积分数的变化更显著一些。利用上述这些原理和膜厚等影响因素，可制备甲烷、丙烷的气敏传感器，用于对甲烷和丙烷的探测。

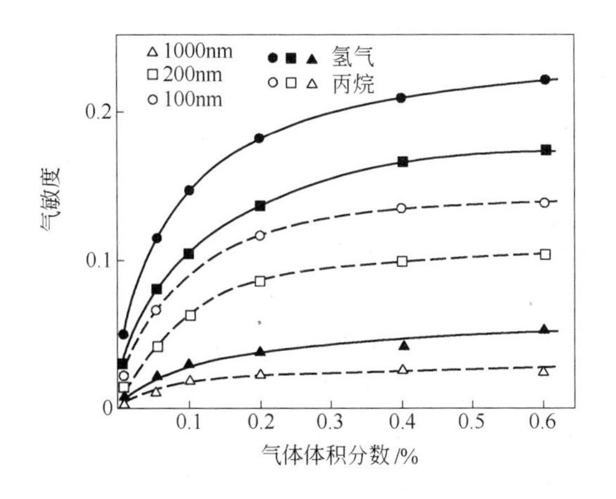

图 5-82 CVD 沉积的 SnO_2 膜在不同膜厚时气敏度随气体体积分数的变化
（传感器工作温度为 300℃）

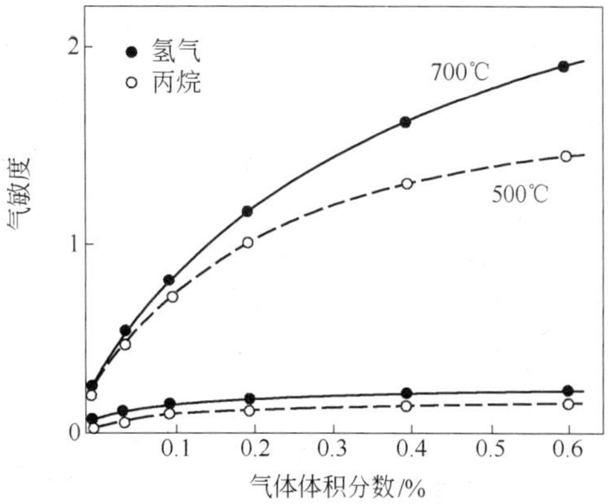

图 5-83 500℃和 700℃沉积相同厚度的 SnO_2 膜的气敏度
（传感器工作温度为 300℃）

B 一氧化碳探测器

在 Al_2O_3 的基片上用射频气相沉积的方法沉积一层 50nm 的 SnO_2 气敏膜制备成的气敏元件，能够在如 O_2、SO_2、NO、CO_2、N_2 等一些其他气体存在的情况下，探测到 0.0001% ~0.01%（体积分数）范围的 CO 气体。在 200 ~500℃范围内，气敏元件的电导率 G 随着环境气氛中 CO 分压 p_{CO} 的变化，可以按 $G = G_0 + \beta(p_{CO})^{1/2}$ 计算。式中，G_0 为气氛中不存在 CO 气体时元件的初始电导率；β 是常数。

图 5-84 所示为气敏元件电导率与 CO 气压的关系，其过程包括：

（1）薄膜从环境气氛中吸附的 CO 与化学吸附的氧发生表面反应生成 CO_2；

（2）由氧化反应放出反应能，导致 CO_2 中释放出的电子又回到了导带；

（3）随后发生中性 CO_2 的热解附作用。

但这种元件的工作温度受到一定限制。在低于 200℃时，产物 CO_2 就不会解吸附，从而阻碍该位置继续吸附氧；另外，当温度太高（大于 500℃）时，氧在结合反应中也不会发生物理吸附，因而无法吸收 CO。

研究中发现，在导带与化学吸附表面态之间的载荷传输速率与表面势垒 V_s 呈指数关系。V_s 越大，载荷传输速率就越低。由于 CO 的吸收降低了表面势垒，因此响应信号速率将随 CO 浓度的增加而增加。

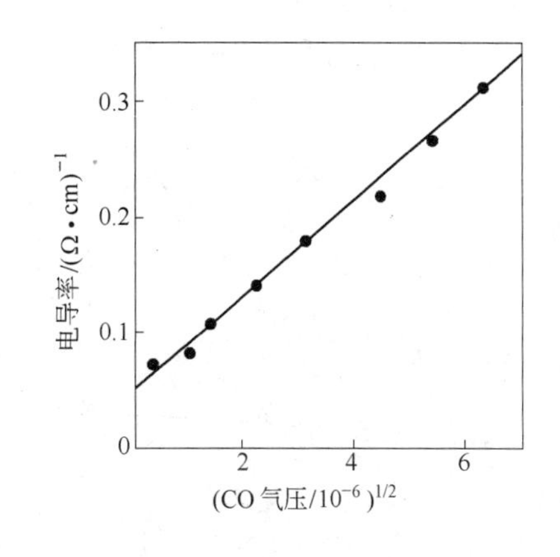

图 5-84 气敏元件电导率与 CO 气压的关系
（气体成分（体积分数）10% O_2、3% H_2O、9% CO_2，余量 N_2，工作温度为 300℃）

用激光蒸镀法制备的 SnO_2 气敏膜对许多气体都很敏感，如 CO、乙醇及 O_2 等。在 Ar^+ 为 $10^{16}cm^{-2}$ 的剂量下，对 SnO_2 薄膜进行离子注入，可提升 SnO_2 敏感元件对 CO 气体的选择性，使 CO 气体的敏感度从 10.46% 增加到 46.69%。对其他气体而言，气敏度的增加可忽略。

同样，ITO 膜也可用于制作 CO 气体的敏感元件。当暴露在 CO 气体中时，ITO 膜的导电性显著增加，用射频溅射在 247℃的基片上沉积厚度为 200nm 的 ITO 膜。在工作温度为 377℃时，当 CO 气体浓度从 0.001% 增加到 0.1% 时，ITO 膜对 CO 气体的敏感度从 0.5 增加到 8.0。

若选择合适的掺杂，如铋和钍，可进一步改善 SnO_2 薄膜对 CO 气体敏感元件的气敏度和选择性。在掺铋的 SnO_2 膜中，电阻率增加，因而改善了薄膜对 CO 气体的敏感度，并能使探测 CO 气体的 SnO_2 薄膜的工作温度从 450℃降至 250℃。在 250℃，CH_4、CO、H_2 和 C_2H_5OH 等多种气氛中，Sn-Bi 氧化物的导电性对 CO 气氛非常敏感，对其他气体，其导电率却不敏感，甚至没有变化，这显示出 Sn-Bi 氧化膜对 CO 气体具有选择性。

而对于钍掺杂 SnO_2 薄膜制成的探测器，在接触空气中的 CO 气体时，其电导率会产生振荡现象。把 93% SnO_2、1% $PdCl_2$、1% $Mg(NO_3)_2$ 和 5% ThO_2 混合后，经 800℃烧结 1h 制成气敏元件。预烧结的粉末要分散在硅胶中，通过丝网印刷沉积在 Al_2O_3 基片上，然后在 600℃下烧结 4h。在试样电极之间施加一个 $200V_{rms}$、50Hz 的交流电压，把与试样串联的选定电阻两端电压作为气体体积分数的函数记录下来。敏感元件的工作温度在 140～250℃范围内。图 5-85 所示为选定电阻上的均方根电压 V_{rms} 在不同温度下随 CO 浓度的变化。从图 5-85 中可以看出，振荡在 CO 体积分数较低时就发生了，呈锯齿波形状，通常其增强时间为 4.5s，而衰减时间约为 13.5s；振荡振幅和频率则依赖于环境气体的温度。

C 氢气气敏元件

氢气气敏元件是用离子束溅射的方法制备超薄的 SnO_2 膜，利用退火或合适的掺杂（如掺入铋氧化物或钍氧化物）来增强选择性和提高气敏度。其气敏度高是因为：

（1）在退火过程中微观结构上的变化；

（2）超薄厚度的控制。

图 5-86 所示为 SnO_2 膜在 500℃下空气中退火后其气敏度（R_0/R_g）随退火时间的变

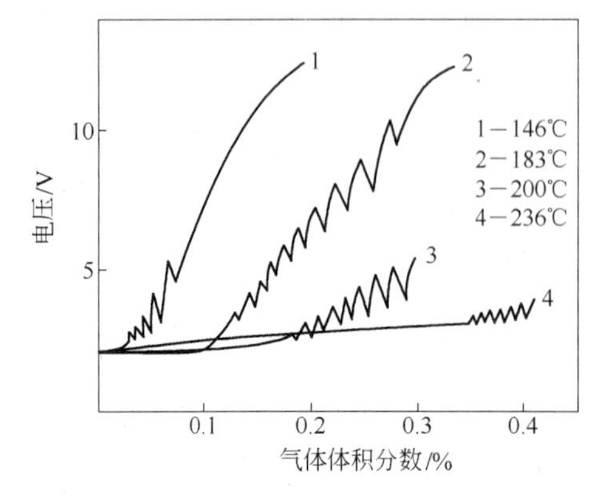

图 5-85 选定电阻上的均方根电压 V_{rms} 在不同温度下随 CO 体积分数的变化

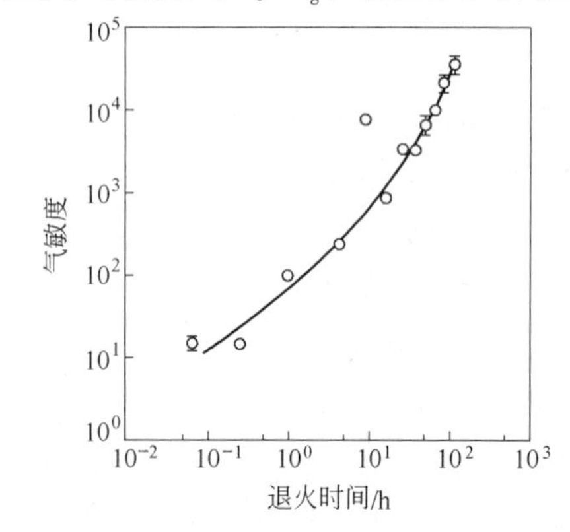

图 5-86 SnO_2 膜在 500℃下空气中退火后其气敏度（R_0/R_g）随退火时间的变化

化。R_0 和 R_g 分别为薄膜在空气中和氢气中的电阻值。从图 5-86 中可知，退火时间延长，气敏度显著增加。电学性能研究表明，空气中膜的电阻值随退火时间的延长迅速增加；而氢气中的电阻值随退火时间的变化并不大。因此，延长退火时间后气敏度的增加主要是由于电阻的增加。对在空气中退火的 SnO_2 膜，对氢气的气敏度受膜厚的影响，其气敏度在一个厚度很窄的范围内（3～20nm）具有最大值（约 10^4）；超出这一范围，它的气敏度就会下降。这是因在此范围内，空气中或氢气中退火后薄膜的电阻差别并不大。

退火外，用合适的掺杂剂或者把钯层作表面催化剂进行金属化，都可以改善 SnO_2 基氢气气敏元件的气敏度和选择性。气敏度的最大值出现在掺杂铋的质量分数为5%～6%的范围。SnO_2 膜的气敏度受工作温度和薄膜表面特性（如表面粗糙度）的影响很大。

D 乙醇探测器

用于探测 CO、H_2、CH_4 的薄膜气敏元件通常也可用来探测乙醇。掺杂和未掺杂的锡氧化物制成的薄膜气敏元件都可以用来探测乙醇。在用热喷热分解技术制备 SnO_2 薄膜来探测乙醇、丙醇和 CO 气体时，用 250～300℃范围内沉积出来的 SnO_2 薄膜制成的气敏元件对 CO、H_2、C_3H_8 和 C_2H_5OH 的气敏度最高。

人们在基于 SnO_2 薄膜与基于烧结体材料的探测器所进行的对比中发现，薄膜探测器所探测的最低浓度为0.00001%，而体材的气敏度则局限于0.0005%以上，这显示薄膜探测器的气敏度比基于体材的气敏度元件高出一个数量级，而探测的响应时间在30ms的量级。

E 氮氧化合物气敏元件

对燃烧过程中产生的氮氧化物（如 NO 和 N_2O）的检测，或者说动力装置的废气排放，可用反应磁控溅射沉积法制备的 SnO_2 薄膜在250℃下作为探测这种气体的气敏元件。近年来，用射频溅射的沉积技术制备的 ITO 膜也可用来探测这些气体。

F 其他气体的气敏元件

除上述讲到的气体外，用 SnO_2 和 Zn 膜制成的气敏元件也可用来发现和测量其他气体。针对那些本质上无害的气体，主要用于检测食物的新鲜程度。其中，ZnO：Al 和 SnO_2：CaO 基的薄膜气敏元件对三甲胺就有很高的气敏度和选择性，而三甲胺是食物腐烂过程中释放出来的主要气体之一。

ITO 薄膜对氯气的检测也具有潜在的应用价值。气氛中氯的存在会导致 ITO 薄膜电阻的增加，但敏感度很差。还需进一步深入的研究证实其在氯气探测装置应用上的可行性。

ZnO 薄膜气敏元件对还原性、氧化性气体都具有敏感性。经某些元素掺杂后，它对有害气体、可燃性气体、有机蒸气等都有很好的敏感性，可制成各种气敏传感器。其中，在 ZnO 中掺杂 Pt、Pd 对可燃性气体以及掺 Bi_2O_3、Cr_2O_3、Y_2O_3 后对 H_2 都具有敏感性；而掺 La_2O_3、Pd 或 V_2O_5 的 ZnO 对酒精、丙酮等气体表现出良好的敏感性。它制成的传感器可用于检测人体血液中的酒精浓度以及大气中的酒精浓度等。可以认为，用 ZnO 薄膜作气敏元件材料，其应用潜力巨大。

参考文献

[1] 李金桂，肖定全．现代表面工程设计手册[M]．北京：国防工业出版社，2000.

[2] 姜辛，孙超，洪瑞江，戴达煌，等．透明导电氧化物薄膜[M]．北京：高等教育出版社，2008.

[3] 徐滨士，刘世参. 中国材料工程大典(第17卷)[M]. 北京：化学工业出版社，2006.

[4] 田民波，薄膜技术与薄膜材料[M]. 北京：清华大学出版社，2006.

[5] WU W F, CHIOU B S. Pronerties of RF magnetron sputtered ITO films without in-situ sulstrate heating and nost-denosition annealing[J]. Thin Solid Films, 1994, 247: 201 ~ 207.

[6] HOSONO H, OHTA H, ORITA M, et al. Frontier of transparent conductive oxide thin films[J]. Vacuum, 2002, 66: 419 ~ 425.

[7] SHIN S H, SHIN J H, PARK K J, et al. Low resistivity indium tin oxide films denosited by unbalanced DC magnetron sputtering[J]. Thin Solid Films, 1999, 341: 225 ~ 229.

[8] KIM D, HAN Y, CHO T S, KOH S K. Low temperature deposition of ITO thin films by ion beam sputtering [J]. Thin Solid Films, 2000, 378: 81 ~ 86.

[9] SAWADA Y, KOBAYASHI C, SEKI S, FUNAKUTON H. Highly-conducting indium-tin-oxide transparent films fabcricated by shray CVD using ethanol solution of indium (Ⅲ) chloride and tin (Ⅱ) chloride[J]. Thin Solid Films, 2002, 409: 46 ~ 50.

[10] 陈光华，邓金祥，等. 新型电子薄膜材料[M]. 北京：化学工业出版社，2002.

[11] 吴自勤，王兵编. 薄膜生长[M]. 北京：科学出版社，2001.

[12] 李言荣，正中. 电子材料导论[M]. 北京：清华大学出版社，2001.

[13] 曲喜新，等. 电子薄膜材料[M]. 北京：科学出版社，1996.

[14] 王福贞，马文存. 气相沉积应用技术[M]. 北京：机械工业出版社，2007.

[15] 周友苏，等. 真空电弧源镀制纳米 TiO_2 薄膜研究[J]. 真空，2005(1)：15 ~ 17.

[16] 关奎元，等. 真空镀膜技术[M]. 沈阳：东北大学出版社，2005.

[17] 李筱琳. 制备 NiO 电致变色薄膜的低压反应离子镀工艺研究[J]. 真空，2004(2)：21 ~ 24.

[18] 赖珍荃，周斌，王金玉，等. 功能材料及器件学报，2001，7(2)：141.

[19] 孔梅影. 高技术新材料要览[M]. 北京：中国科学技术出版社，1993.

[20] GORJANC T C, LEONG D, ROTH D. Room temperatare deposition of ITO using RF magnetron sputtering [J]. Thin Solid Films, 2002, 413: 181 ~ 185.

[21] VASU V, SUBRAHUANGAM A. Reaction kinetics of the formation of indinum tin onide films growth by spray pyroysis[J]. Thin Solid Films, 1990, 193/194: 696 ~ 703.

[22] 戴达煌，周克崧，袁镇海，等. 现代材料表面技术科学[M]. 北京：冶金工业出版社，2004.

[23] 戴达煌，刘敏，余志明，等. 薄膜与涂层现代表面技术[M]. 长沙：中南大学出版社，2008.

[24] 钱苗根. 材料表面及应用手册[M]. 北京：机械工业出版社，1998.

[25] 李金桂. 现代表面工程设计手册[M]. 北京：国防工业出版社，2000.

[26] 王福贞，马文存. 气相沉积应用技术[M]. 北京：机械工业出版社，2007.

[27] 田民波，刘德令. 薄膜科学技术手册[M]. 北京：机械工业出版社，1991.

[28] 戎霭伦. 光信息与存储真空技术[J]. 真空，2000(2)：1 ~ 4.

[29] 陶世荃. 高密度光学全息存储技术新进展——向光盘存储挑战[J]. 物理，1997，26(2)：79 ~ 84.

[30] 李桂琴，等. 超薄磁盘保护膜的制备技术[J]. 真空，2005(5)：17 ~ 21.

[31] 柴天恩. 平板显示器的原理及应用[M]. 北京：机械工业出版社，1996.

[32] 申功烈. 平板显示器的发展[J]. 国际真空与薄膜，2004(2)：17 ~ 25.

[33] 马晓燕，等. 等离子体掀起的发展现状和前景展望[J]. 2005(2)：1 ~ 6.

[34] 孙超，等. 透明导电膜 ZnO：Al(AZO)的组织结构与特性[J]. 材料研究学报，2002(16)：113.

[35] KIM K H, PARK C G. Electrical properties and gas-sensing behavior of SnO_2 films prepared by chemical vapor deposition[J]. J. Electrochem. Soc., 1991, 138: 2408~2412.

[36] WINDISCHMAN H, MARK P. A modal for the operation of a thin films tin oxide conductance modulation carbon monoxide sensor[J]. J. Electrochem. Soc., 1979: 626~633.

[37] NITTA M, KANEFUSA S, TAKETA Y, HARADOME M. Oscillation phenomenon in ThO_2-doped SnO_2 exposed to CO gas[J]. Appl. Phys. Lett., 1978, 32: 590~591.

[38] SUZUKI T, YAMAZAKI T. Effect of annealing on the gas sensitivity of tin oxide ultrathin films[J]. J. Mater. Sci. Lett., 1992, 9: 750~75.

6 特殊功能薄膜

特殊功能薄膜，离不开应用所要求的特殊工况环境。这类功能薄膜对性能要求往往是多方面的，而且质高、量少，针对性强。目前已知的大多是在航空、航天以及军事上的关键场合中的关键部件上的应用。如高真空的干摩擦润滑、高气压下的耐冲蚀与气密封、射线辐照中的润滑与耐磨、航天器中的固体转动润滑、高温中的耐磨与透光等。

6.1 导弹雷达整流罩用的高温耐磨与透光功能薄膜

导弹雷达整流罩用的高温耐磨与透光功能薄膜首先应具有良好的透波性，透波系数不低于92%；其次是因要保护罩体结构不受破坏，要有突出的抗雨蚀性，能充分承受雨滴和砂尘等对罩体的冲击；还要求具有良好的抗静电性，消除或减少由于高速气流、砂尘等的摩擦而沉淀在罩体表面的静电荷的积聚而干扰机上的无线电工作。

现用的聚氨酯弹性体制作的雷达整流罩还不能满足这些要求，使用寿命相对也短。用金刚石膜制作的雷达整流罩，不仅散热快，耐磨性好，除满足上述要求外，还可以解决雷达罩在高速飞行中同时承受高温骤变难题。如当今美国已研制成ϕ150mm、厚度为2～3mm的金刚石导弹头罩，加上金刚石化学稳定性又好，能耐各种温度下的非氧化性酸。但是根据科技工作者的努力探索、实践，要真正付诸于应用，在技术上，在沉积制备的设备上，为获得高透光性，雷达波能穿透，就得沉积制备出高纯的具有sp^3键结构的大面积金刚石膜。就目前条件相比较而言，最好采用“大功率的微波电子回旋化学气相沉积”的方法。我国目前还不能制造这类大功率的微波电子回旋化学气相装置，进口这种沉积设备价格又十分昂贵，而且“大功率”的沉积装置美国还禁止出口，这是其一；其二，要沉积制备成“锥形”，技术上有难度，但国内现已掌控的技术能克服制备成“锥形”的技术难度；其三，要在技术上解决ZnS基体上黏结出大面积、半球形的具有sp^3结构的高纯金刚石膜，从工艺上来说难度也较大，而且在ZnS/金刚石的界面上，要求具有高的结合强度、特殊的光折射、透波技术，还要结合工程应用实际，难度很大。当今，这些技术美国都已突破。图6-1(a)所示为美国研制的CVD金刚石膜球罩的实物照片，图6-1(b)所示为加工的球罩通过热成像“看见”的飞机图像。这证实了美国在关键技术与材料上完全突破，而且进入实用化的阶段。对这种半球形的雷达整流罩，曾有人试图用“类金刚石膜”替代，也做过一些实验，实验结果没有透露，但作者估计都没有获得满意的结果，更谈不上应用。因为，从透光性来说，类金刚石膜（DLC）根本达不到金刚石膜的透光性要求。

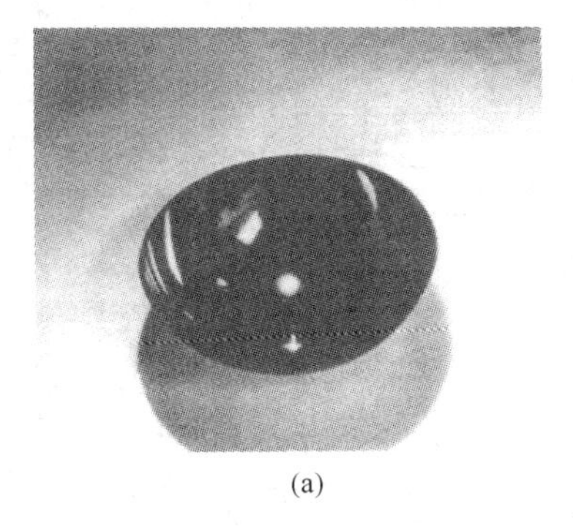
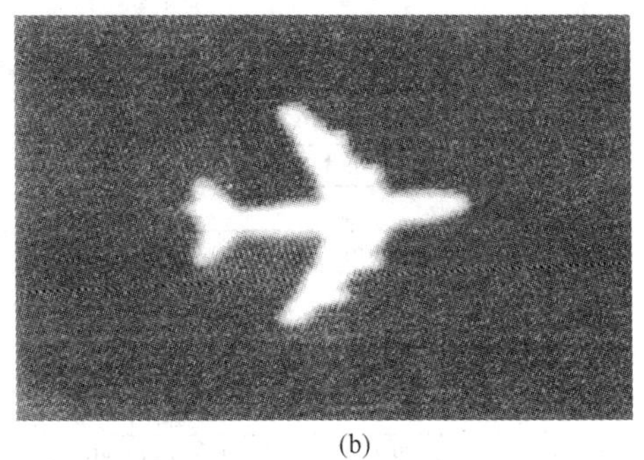

(a) (b)

图 6-1 美国研制的 CVD 金刚石膜球罩实物和金刚石膜热成像“看见”的飞机图像

（a）美国研制的 CVD 金刚石膜球罩实物；（b）金刚石膜热成像“看见”的飞机图像

6.2 超高真空中的润滑用的功能薄膜

润滑在机械摩擦和转动中是减少磨损、减小转动阻力的一个主要措施。它在超高真空环境中要求放气量小，摩擦润滑过程中不能有污染物挥发；有的还要求耐高温，能长期稳定可靠运行等苛刻条件。人造卫星中的一些机构件在润滑运动中，要求放气量小、无污染、耐高温。像人造卫星中带棱镜和透镜的光学系统，用真空溅射的方法镀 Au、Ag 膜，其一方面作为润滑，另一方面还要传递电信号。一些机构的转动也采用真空离子镀 Ag、Pb、MoS_2。润滑膜作滚动轴承的干摩擦润滑。图 6-2 所示为离子镀 Ag 膜在超高真空中的滑动摩擦特性，膜厚仅为 600nm 的 Ag 膜就能承受 10^6 以上的往复摩擦。还有宇航飞行器中有的旋转关键部件，需封闭在超高真空中工作。这种带旋转的部件中用到的一些轴承，在转动中，不能有任何气体释放或挥发物挥发造成对真空环境的破坏，影响一些微电子器件的正常工作。要求这些部件所用的旋转轴承具有低摩擦系数、长的工作寿命（10 年以上）而不被磨损。金刚石膜就是最好的选择。图 6-3 所示为 7204 球轴承在镀有厚度为 0.5 ~ 1μm 的 Ag、Pb 和 MoS_2 膜在真空中耐久性的比较。比较中可知：在 4000r/min 转速下，Ag 膜的摩擦转矩仅为 600 ~ 700N · cm，相当低，寿命达 1000h 以上。这种能耐高温特性的 Ag 膜，在 450℃的条件下仍具有良好的转速特性。Pb 膜在室温下润滑特性虽然优于 Ag 膜，但其不具备耐高温膜的耐热特性。MoS_2 在转速为 2000 ~ 4000r/min 条件下，寿命在 1500h 以上，摩擦转矩为 400 ~ 500N · cm。因此，MoS_2 膜层比金属 Ag、Pb 膜更优。

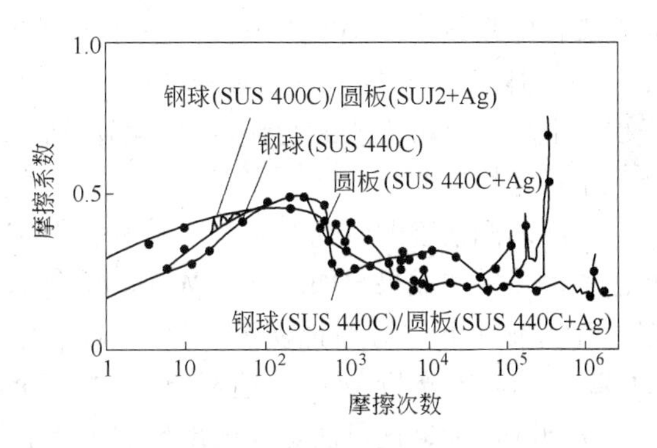

图 6-2 离子镀 Ag 膜在超高真空中的滑动摩擦特性

（1kg，0.3m/s，1.33×10^{-6}Pa）

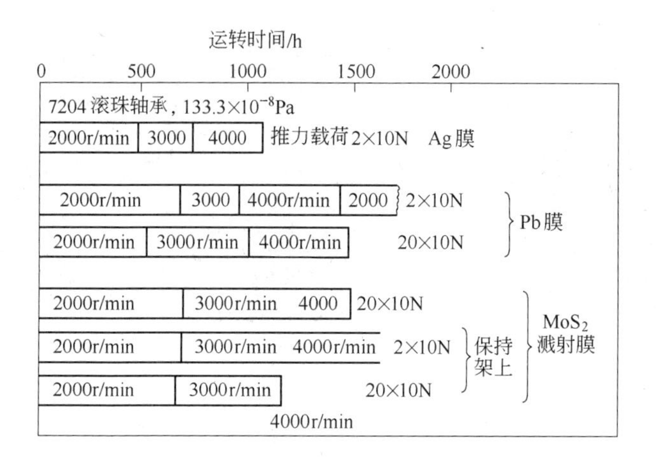

图 6-3 Ag、Pb、MoS_2 膜溅射润滑的滚动轴承的耐久性

6.3 超固体润滑功能薄膜

近几年来，随微机电系统（MEMS）和纳米摩擦学的发展，在固体润滑中出现了一个崭新的领域——超固体润滑领域，正在兴起。基于超润滑层的厚度很薄，从尺寸上看，大部分属纳米级厚。这类超固体润滑实际上是通过纳米固体功能膜来实现的。超固体润滑是在干接触条件下，摩擦系数在 0.01 以下的特殊固体润滑，它具有极高的使用价值。特别是在微机电系统（MEMS）中可解决摩擦磨损，提高摩擦磨损性能和使用寿命（10～30年）。超固体润滑功能膜具有很强的应用背景和技术竞争力，特别是当今空间技术的飞速发展、卫星和宇宙飞船的精确定位，都特别要求部件具有超低摩擦、低转矩、低噪声和低转矩干扰等特殊要求。

超固体润滑膜的研究发展起步较晚，但它在现代加工制造的应用领域极具应用前景，并已取得了一些成果。如法国 J. M. Martin 等人利用溅射法沉积制备的多晶 MoS_2 薄膜，在超高真空条件下进行摩擦实验，MoS_2 薄膜中不会混入任何杂质，测得的摩擦系数小于 0.002。经显微分析发现，这种多晶的 MoS_2 膜（001）晶面存在着晶格的角倾斜。J. M. Martin 认为，这可能是膜内出现超固体润滑的原因。

又如日本工业大学用化学气相沉积（CVD）法制得的非晶碳（α-C：H）膜，它的真空摩擦实验表明，其摩擦系数小于 0.01，经分析表征证实，薄膜产生的超润滑是主要原因，由于其中含有大量结合状态下的氢，在摩擦过程中，通过化学反应生成的 C(sp^3)-H起润滑作用。因此，日本工业大学的研究者又在类金刚石膜（DLC）上沉积制备了一层 WS_2 膜作润滑剂，经真空摩擦实验测得的摩擦系数仅为 0.007，分析超润滑原因后认为，这是因为从沉积膜层制备到进行摩擦实验，均是在真空条件下进行的，类金刚石（DLC）膜上沉积的层状结构 WS_2，其层间纳米空间没有吸附任何的吸附物质，抗剪能力弱。

还有日本桑野博喜先在 SUS440C 不锈钢平板上，利用高速原子束溅射 40nm 厚度的 BN 硬质膜，然后再在 BN 硬质膜上沉积形成一层 100nm 后的 MoS_2 软质膜，构成 BN-MoS_2 复合润滑膜，经摩擦实验测得其摩擦系数均小于 0.005。这数值仅是 MoS_2 摩擦系数的1/5，摩擦寿命提高了 5~10 倍。

对于具有球状结构的 C^{60}（分子直径约为 0.71nm，内腔直径约为 0.3nm），被认为是潜在的超固体润滑材料，这是因为 C^{60} 是中空的对称结构，分子间结合力弱，表面能低，化学稳定性高，分子键异常稳定，在摩擦过程中的作用近似于 MoS_2 的层状结构，很容易在摩擦副的表面上沉积成膜。这种球状结构可以在摩擦副间自由滚动；另外，C^{60} 还具有独有的物理特性——抗压性高（高于金刚石），维氏硬度高达 HV 1800；晶体硬度还随压力的增加而增大，为摩擦学的应用创造了优异的条件。有人设想，若把 C^{60} 表面进行全氟化修饰，形成一种氟包碳的球状特殊结构。这种全氟化的 C^{60} 表面氟原子为富电子原子，当全氟化 C^{60} 纳米粒子相互靠近时，会因其近程排斥的作用而阻止粒子发生团聚。加上全氟化的 C^{60} 还可改善 C^{60} 的热稳定性和耐蚀能力，若把全氟化 C^{60} 作为固体超润滑材料，在一定条件下，就有可能真正实现“分子轴承”的作用，完全成为具有超润滑结构的超固体润滑薄膜。

由于滚动摩擦要比滑动摩擦的系数小两个数量级，日本一学者把滚动摩擦的机理引入到滑动摩擦，最终实现了超润滑。作者认为，上面谈及的全氟化 C^{60} 作为固体超润滑薄膜材料就具有这种独特的特性。

在微机电系统（MEMS）中，摩擦问题的研究一直受到人们关注，发展也较快。对含有驱动器，即有相对回转或移动的 MEMS 装置中存在的一个重要问题就是摩擦、磨损以及与此相关的性能和寿命问题。在 MEMS 装置系统中，由于尺寸的微型化，与尺寸三次方成正比的体积效应（如质量、惯性力等）相对减弱，而与尺寸二次方成正比的表面效应（如表面摩擦、表面散热）却上升到主要地位；尺寸微型化后，在宏观世界中能很好动作的机械，它就可能不会动作了，或因效率太低无法实用。介观或微观条件下，摩擦之所以更为突出，是因其与载荷的大小无关，而与表面积大小成正比的表面力相对增大。这种表面力包括表面张力、摩擦产生的静电力及范德华力等，其中，表面张力和范德华力又是无法避免的。表面张力与接触面上所施加的法向载荷无关，即使不加载荷，只要表面相互接近，表面张力也会使微观表面产生变形。如果表面沿切向移动，也会产生摩擦力。因此，在微观条件下，库仑法则，即摩擦力与接触面积的大小无关，与法向载荷成正比的关系就不成立了。基于 MEMS 装置的尺寸均在微米量级内，因此，它的摩擦问题就和宏观条件的摩擦完全不同。因此，减小 MEMS 装置的摩擦磨损，对于提高 MEMS 装置的性能和使用寿命，就显得十分突出而又具有实用的意义。

由此出发，超固体润滑在 MEMS 装置中的应用前景除有研究的学术价值外，还吸引着人们对其应用价值的关注。随着研究的深入和 MEMS 装置技术的迅猛发展，超固体润滑在 MEMS 以及其他领域的应用研究的发展也非常迅速。浦风和裕等人就在 MEMS 装置上以广泛使用的硅晶体材料作为研究对象，研究载荷在 0.4~41.1μN 时，直径 1mm 的钢球与厚度 0.525mm 的硅板在摩擦过程中摩擦系数与载荷的变化规律。分析他们研究的结果后认为：在微机械中，采用液体润滑不是最佳选择，因 MEMS 的器件尺寸微型化后，接触面积很小，使得表面形态容易控制，况且载荷也很小，这正是实现超润滑的理想条件。MEMS 将完全可能成为超润滑实现的第一个应用领域。

近年来，在以零磨损、超润滑为目标的纳米薄膜表面改性技术和表面分子工程方面也取得进展。如用 DLC 膜、Ni-P 非晶膜、非晶碳膜等制作磁盘表面保护膜以及利用 LB

膜技术组装有序分子润滑膜，获得了优异的减摩耐磨性能，使软磁盘表面每运行 10 ~ 100km 的磨损量小于一个层原子，而硬磁盘的磨损率为零。人们通过研究，了解了纳米薄膜的微观磨损特性、表面的物理化学状态，这对优化薄膜的设计、完善薄膜的沉积制备方法都具有重要意义。特别是硬度高、耐磨性强的 BN、Al_2O_3、TiN、Si_3N_4 膜和具有超模量、超硬度的纳米多层膜等，在摩擦学领域将会产生更大的应用价值。若在 MEMS 装置中能很好地选择摩擦副材料以及微细加工技术进一步成熟，相信人们实现超固体润滑并非难事。

应该指出的是，超固体润滑和超滑是两个不同概念。超固体润滑只是一种超低摩擦系数的润滑，而不是零摩擦；而超滑指的是零摩擦、零磨损的理想状态。纳米摩擦学的研究仅是从微观结构上论证了零摩擦的可能性。

6.4 航空航天用关键材料表面改性的特殊功效功能薄膜

美国出于军事上的强国霸权地位，对航空航天工业的发展在技术上十分重视。凡是航空航天用的关键部件存在的技术难题，都是认真仔细地进行排查、出资攻关，取得特殊功效后就投入应用。早在 20 世纪 80 年代中期，美国国防部就联合美国从事军事技术研究的科研院所和高等院校，制定过一项“离子束联合发展计划”，为提高航空航天器的性能，他们以关键部件为突破点，应用离子束能技术（当时是比较先进的材料表面改性高新技术）改善燃气轮机、航天器、飞机以及舰艇和其他先进武器装备关键部件的性能。其中，以美国著名的海军实验室为首，研究适用于工业用途的离子注入机，开展各种精密轴承、精密齿轮、燃料喷嘴、火箭往复活塞等关键部件的使用寿命研究与应用。经过实验分析、应用研究，对上述的关键部件大都通过了严格的例行实验。他们公布的用离子注入部分关键部件在航空航天上的应用实效见表 6-1。

表 6-1 离子注入在航空航天中关键部件的应用实效

序号	工具名称	应用环境	材　料	注入离子	效　果
1	汽轮机轴承	卫星	440C 不锈钢	Ti + C(3×10^{17} ~ $5\times10^{17}cm^{-2}$)	寿命延长 100 倍
2	汽轮机轴承	卫星	440C 不锈钢	Cr + C(3×10^{17} ~ $5\times10^{17}cm^{-2}$)	寿命延长 100 倍
3	发电机主轴承	火箭	M-50 钢	Cr($1\times10^{17}cm^{-2}$)	改善点蚀
4	飞机主轴承	海上	M-50NIL 钢	Ta(3×10^{17} ~ $5\times10^{17}cm^{-2}$)	抗磨损
5	仪表轴承	海上/航天	M-50 钢	Pb, Ag, Sn	降低摩擦系数
6	真空仪表轴承	海上/航天	52100/303 钢	Pb, Ag	固态润滑
7	直升飞机主轴承	海上	52100 钢	Cr, Cr + C(Mo)	防腐，抗磨损
8	发电机低温轴承	航天	440C 不锈钢	Ti + C 和 Ti + Cr	寿命延长 400 倍
9	汽轮机热料喷嘴	航天		Ti + B	寿命延长 2.7 倍
10	燃料喷嘴	航天		N	寿命延长 10 倍
11	冷冻机阀门	航天		Ti + C	寿命延长 100 倍
12	压缩机往复活塞	火箭		Ti + C	极大降低磨损
13	火箭发电机齿轮	航天	9310 钢	Ta	极大降低磨损
14	火箭压缩机齿轮	航天	9310 钢	Ta	极大降低磨损
15	直升飞机主齿轮	军用/民用	9310 钢	Ta	载荷增加 30%

从表6-1的应用实效可知，汽轮机的燃料喷嘴经Ti、B离子注入后，其高温使用寿命比原来提高2.7~10倍；汽轮机的主轴承和其他轴承经Ti+C离子注入后，其使用寿命比原来提高100倍；而经Ti+C、Ti+Cr离子注入后的航天发电机液氮系统的低温轴承使用寿命延长了400倍；而直升机的传动齿轮经过Ta离子注入后，载荷增加30%。由于航空航天系统中使用的齿轮对尺寸精度、抗磨损、抗疲劳的性能要求很严，如在航空微光摄谱仪过滤器上所用的分度齿轮，其尺寸公差都小于±20μm，疲劳寿命大于6×10^5次；喷气发动机用的Ti合金涡轮叶片经Pt离子注入后，其疲劳寿命提高100倍，并且未测出磨损和磨粒磨损。他们从应用基础研究到实际使用，仅仅花了5~8年的时间。这些关键部件所公布的使用寿命所提供的数据，也许出于军事上的保密考虑，没有公布实际的使用寿命，而仅仅公布的是相对提高的使用寿命倍数。这种关键部件使用寿命提高的倍数与离子注入在其他工具、模具等领域上使用寿命提高的倍数相比，都高出许多。从这个层面上去理解，在这些航空航天关键部件表面经离子注入后的“改性层”一定会具有一些应用上的特殊性能，而这些离子注入后的特殊改性层在关键部件实施应用后，对美国航空航天器性能的提高，在技术上起到了不可低估的作用，其意义是比较重要的。

6.5　多功能用途的金刚石膜和类金刚石膜

作者把金刚石和类金刚石膜也列入特殊功能膜。其特殊的含义，作者看来，与上面谈及的特殊功能膜不同，上面的出发点是针对某些特殊应用要求而使用的特殊功能，如干摩擦、表面注入层的大幅改性、超固体润滑、高压天然气的冲蚀与密封、高温的耐磨与透光等。而金刚石和类金刚石膜的特殊性的含义在于它是在低温低压条件下沉积制备而成，和以前人们只有用高温高压才能合成的人造金刚石的制备条件完全相反；更重要的是在一种薄膜材料中集力学、热学、声学、光学、耐蚀、化学稳定性等优异性能于一身的金刚石膜是一种难得的多功能材料。可以说，时至当今，在所有的薄膜功能材料中，还没有看到哪一种薄膜有如此多的优异性能。正因为如此，从20世纪80年代中期后，金刚石和类金刚石膜就吸引了众多跨学科科技工作者的关注，并积极投身到对金刚石膜的理论研究、沉积制备、产业开发、应用基础研究与应用开发之中。还有一个特殊之处，就是金刚石和类金刚石膜因具备上述的优异性能，其在应用上的领域之广、遍及各个工业、高新技术之多，也是任何一种功能薄膜无法与它相比的。特别是它的超高硬度、优异的电学、热学、声学、力学等性能已经可以看到的应用都十分突出和特别，特别是它的光学性能使它成为当今解决光电高难度器件的关键材料，这是其他功能薄膜材料难以实现的。作者把它列入特殊功能膜的原因，主要是从这几点具有深远意义和潜在的应用来说的。尽管当前人们对它的兴趣有所减退，其原因是原来对它的期望值过高，特别是金刚石膜的产业化技术与成本，严重影响着它的商业应用。之所以把类金刚石膜也列入其中的一个重要原因，是因为类金刚石膜一方面也具有类似于金刚石膜的诸多优异性能，另一方面是类金刚石膜的沉积制备产业化技术已经获得突破，其成本完全可以和其他薄膜沉积制备的成本相当，推广应用已经取得了一定的成效。从这个意义上看，这也是其他特殊功能膜在应用广度上无法相比的。例如，金刚石、类金刚石膜低的密度和高的弹性模量以及高的声音传播速度，是其他材料难以相比的，它可以作为高保真扬声器高音单元的振膜，是高保真高档音响扬声器的优选材料。正是因为金刚石、类金刚石膜具有这种声学上的特殊功能，电声领域是金刚石和类金刚石（DLC）膜最早获得应用的领域，重点就是扬声器的振膜，如图 6-4 所示。

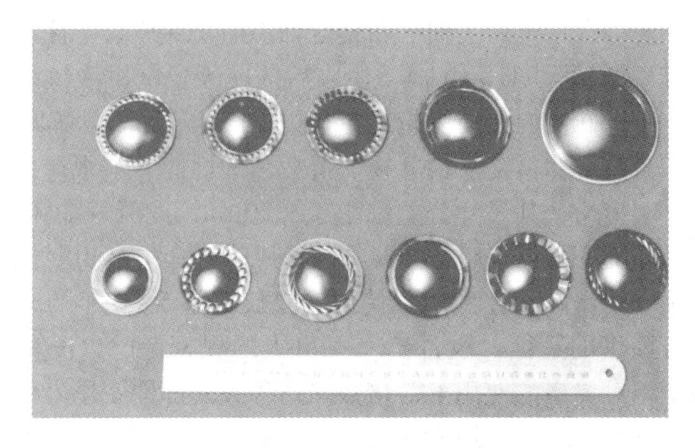

图 6-4　VCAD 法制备 DLC 及高保真扬声器喇叭振膜

1986 年，日本住友公司在钛膜上沉积 DLC 膜，生产高频扬声器，高频响应可达 30kHz；随后，爱华公司推出含有 DLC 膜的小型高保真耳机，广告称频率响应范围为 10 ~ 30000Hz；先锋公司和健伍公司也推出了镀有 DLC 膜的高档音箱，其中，健伍公司的 LS-M7 音箱以重视音域设计为目的，其 90mm 半球顶中音单元用 DLC/Ti 复合作球顶，用碳纤维与戴尼玛纤维混纺材料作矮盒组合成振膜。它在不损害良好指向性和声音高密度感的前提下，实现了中音域宽化，并获得了几乎接近声源的特性。广州有色金属研究院用 VCAD 法在高音球顶钛膜上沉积了 DLC 膜，组装的扬声器高频响应达 30kHz 以上，达到日本健伍公司同类产品水平。图 6-5 所示分别为广州有色金属研究院（频率响应不小于 30kHz）和美国 Diamonex 公司生产的镀有 DLC 振膜的产品。

又如，DLC 膜层细腻、硬度高、摩擦系数低，其可作为高精密的模具优选的镀膜材料，特别是高精密的光盘模具。广州有色金属研究院在研究 DLC 膜沉积制备的工艺的基础上，在 DLC 膜中选用了掺钛的 DLC 膜的最佳工艺，重点还在实际生产中解决了模具因长期使用、修复、重镀微观上受污染特别严重，如水道的水垢、气道中吸附的残存高分子物质等的镀前清洗，在单件面积大的工件上镀上均匀、膜层细腻、厚为 2 ~ 3μm 的 DLC 膜，并不影响原有模具的光洁度，成功地在 ϕ 250 ~ 350mm 的光盘精密模具上使用，进行实际的生产运行，开闭合达 400 万次以上（未处理模具最多能开闭 50 万次），如图 6-6 所示，使

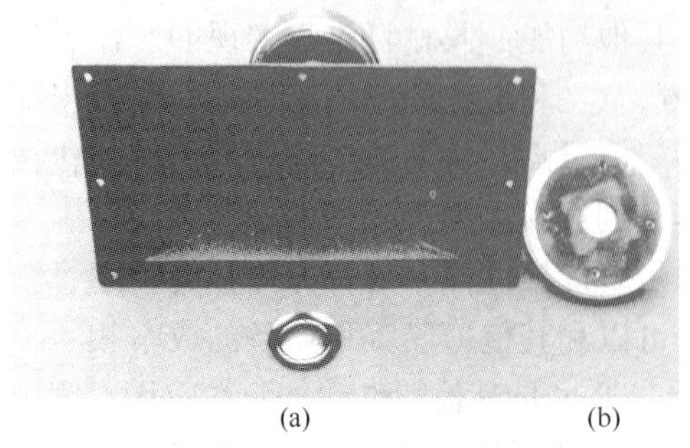

(a)　　(b)

图 6-5　镀有 DLC 的高保真扬声器
（a）广州有色金属研究院生产的产品（30kHz）；
（b）美国 Diamonex 公司生产的产品

图 6-6　沉积有 DLC 膜的光盘模具

用寿命提高7倍，降低了生产成本，缩短了生产周期。

除此之外，DLC膜还有望应用于航空航天领域的陀螺仪轴承、太阳能电池帆板装置、太阳能电池减反膜和人体用植入部件（如关节、心脏瓣膜）等。因此，从金刚石、类金刚石膜的多功能用途视角出发，作者希望引起薄膜研究与应用开发的科技工作者高度关注。

6.6 耐高压天然气冲蚀的密封面材料

我国从国外引进了新型的平行板式井口进行天然气田的开采。国内在消化这一先进技术的同时，也研制了这种平行板式的井口。其中，高压防硫采气井口的心脏关键密封部件——大面积的阀板、阀座的材质（基材和密封面材质），特别是密封面的材质是一项技术关键。国外引进的阀板、阀座在高压天然气田生产应用中起到了很好的密封作用，有效地保证了我国天然气的正常、安全生产。

6.6.1 天然气田工况对部件的性能要求和国外设计采用的基材和密封面材质

高压防硫采气井口装置是控制天然气生产的高压设备，作为关键的井口平板阀密封部件的阀板、阀座要求在高压负荷（10~67MPa）下长期工作（短时经受30~80MPa），安全可靠，启闭灵活；同时，还要求耐酸性腐蚀介质H_2S-CO_2-H_2O（H_2S+CO_2的体积分数小于15%）与20%~25%（体积分数）的HCl的介质腐蚀；还要求密封面材质的表面硬度HRC>45，能耐强力磨损，抗高速天然气冲刷，耐高比压擦伤，摩擦系数低，密封面比压小等。国外针对这些苛刻条件，设计采用的基体材质是K-蒙乃尔合金，密封面材质是Co-Cr-W合金。也就是说，把K-蒙乃尔合金制成阀板、阀座，在其上面堆焊Co-Cr-W硬质合金材质作密封面，最后经机械加工、表面抛光，制成高压天然气井口用的关键密封部件阀板、阀座。实践证明，美国卡麦隆公司研究的K-蒙乃尔+Co-Cr-W合金的阀板、阀座应用于我国四川高压天然气的开采是成功有效的。我国的石油设备厂也进行了仿制，并在天然气开采上使用，也获得了成功。

6.6.2 钛合金表面生成10μm的化合物TiN层作高压天然气的冲蚀与密封材料

这是一个大胆的设计，也就是说，把钛合金材质机加工成阀板、阀座，经过对钛合金阀板、阀座的离子氮化，在板、座的表面生成TiN化合物层（约10μm）进行应用。这么薄的TiN密封面能否挡住高压天然气的冲蚀，并能有效密封，对井口进行灵活开闭，用户和设计部门都认为难以实现。最终只能通过实验、现场考验，与国外研究的阀板、阀座进行对比，经生产试用考核，证实了经离子氮化的钛合金阀板、阀座表面所生成的TiN化合物密封面层完全可以在高压天然气田上安全可靠地进行生产使用。下面将简明的介绍我国自行研制的平行阀板、阀座密封面材料的性能与应用。

6.6.3 离子氮化后钛合金（材）表面生成的扩散层与TiN化合物层的性能与应用

6.6.3.1 钛合金等离子氮化的有关性能

A 氮化钛的表面硬度、相组成与耐磨性能

等离子氮化可大幅度提高钛合金的表面硬度。940℃×2h氮化的TC4钛合金，生产的氮化物表面硬度$HV_{0.3}$可达1385~1670，是未氮化钛合金的4倍。表面硬度的高低是由氮

化层中 δ 相（TiN）的相对含量确定的。图 6-7 所示为钛合金 TC4 等离子氮化层的显微组织。金相分析表明：渗层由化合物和过渡层组成。X 射线衍射分析证实，化合物层主要是 δ 相（TiN）和 ε 相（Ti_2N）的两种氮化物，过渡层是氮在 α-Ti 中的固溶体。TC4 钛合金氮化前后的摩擦实验结果见表 6-2。表 6-2 表明：经等离子氮化处理的 TC4 钛合金的磨损量和摩擦系数大幅度降低，摩擦面显著改善，即大幅度地提高了钛合金的耐磨性能。

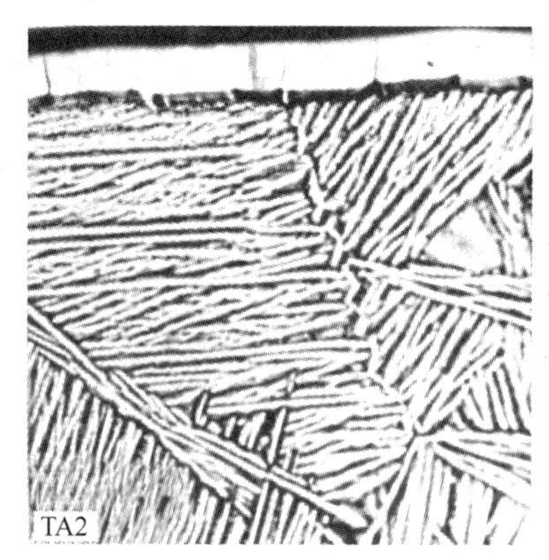

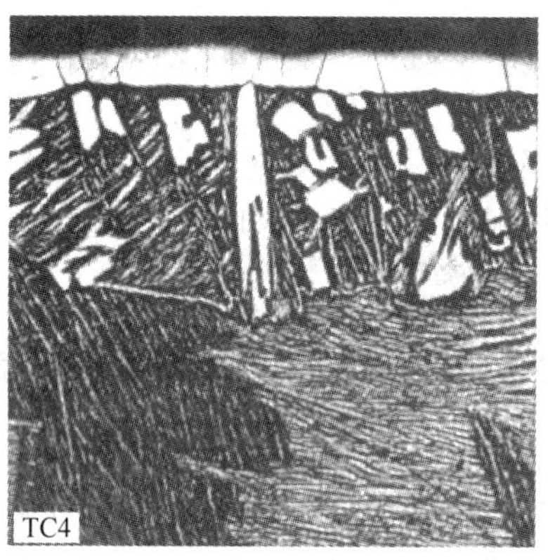

图 6-7 TA2 和 TC4 等离子氮化层的显微组织（200 ×）

表 6-2 TC4 钛合金氮化前后摩擦实验结果

组别		磨耗量/mg			摩擦系数	摩擦面状况	摩擦距离/m	滑动距离/m	润滑情况
上试样	下试样	上试样	下试样	总量					
未氮化	未氮化	378.2	221.8	600	0.46	粗糙擦伤	1885		不充分润滑
氮化	氮化	22.4	17.7	40.1	0.10	光滑	1885		润滑

B 腐蚀性能

TC4 合金在还原性介质 20%（体积分数）的 HCl 和 H_2SO_4 中的腐蚀速率分别为 0.7932mm/a 和 0.6095mm/a，而氮化后生成的氮化钛在同样浓度 20%（体积分数）的 HCl 和 H_2SO_4 中没有腐蚀。

6.6.3.2 钛合金阀板、阀座等离子氮化后表面生成 TiN 化合物在高压天然气井口工程上的应用

等离子氮化后的 TC4 合金阀板阀座表面上生成的 TiN 层密封面层是保证天然气能否密封、安全运行的关键材料。上井应用前，需检验 TiN 层密封面材在天然气田工况下的性能，合格后方能上井进行生产应用。

A TiN 密封面层在含硫天然气模拟介质中的腐蚀性能

针对井口现场实况，还需进行在 H_2S 中的电化学腐蚀、恒应力拉伸腐蚀和氢脆的实验。经过严格的使用证实，TiN 材在饱和的 H_2S 介质中基本无腐蚀；而在恒应力拉伸腐蚀中，TiN 材断裂时间却达到了 300h 要求，这表明它对 H_2S 介质很不敏感，即使开裂，裂纹也不会扩展，而且在饱和的 H_2S 溶液中，腐蚀后的氢脆系数很低，意味着若没有氢的来源，就不存在氢脆现象。四种常用材质在含硫天然气井模拟介质中的三种抗硫性能见表 6-3。从表 6-3 中可知，经离子氮化后的钛合金在三种主要的抗硫性能上有全面优势。

表6-3 四种常用材质含硫天然气井模拟介质中的三种抗硫性能

材质	腐蚀速率 /mg·(m²·h)⁻¹	氢脆率 /%	应力腐蚀性能		备注
			所加应力/MPa	持续时间/h	
35CrMo（铍）	>700	65	457.6	287（平均）	断
318合金	440~690	35~51	344	250~369	断
美国K-蒙乃尔合金	6.5~11.5	3.3~3.8	310.4	310	未断
离子氮化TC4	0~0.2	0	744	334	未断

B TiN平板阀板有关性能

在上述这些基础实验完满后，依据平板阀板、阀座的设计图纸，制成经离子氮化处理的阀板、阀座，国内外研制的四种平板阀的有关性能见表6-4。从表6-4中可知，经广州有色金属研究院离子氮化处理后的平板阀的检测数据，四项性能指标已达到或超过设计要求，而且与同规格的美国的FMC-O.C.T阀板相比，经离子氮化处理的钛合金阀板具有更高的表面硬度和尺寸精度。图6-8所示为经离子氮化处理后的TC4钛合金阀板和阀座。

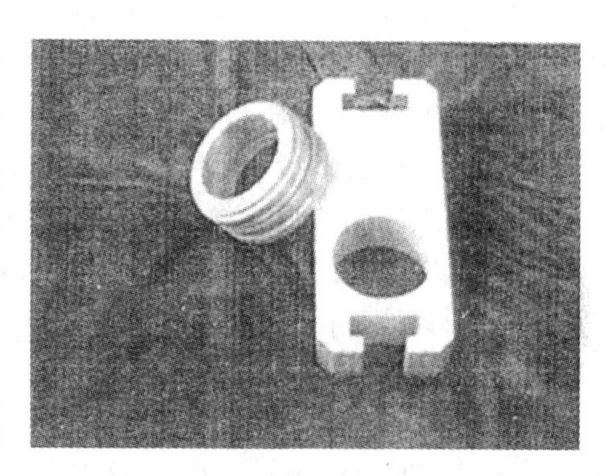

图6-8 经离子氮化处理后的TC4钛合金阀板和阀座

表6-4 平板阀板的有关性能

部件厂家与规格	硬度要求 $HV_{0.3}$		粗糙度 R_a/μm		平面不平度/μm		两平面不平行度/μm	
	要求	实测	要求	实测	要求	实测	要求	实测
美国FMC-O.C.T 709.3×10⁵Pa-65	713~856	700~900	0.2	0.8~0.4	10	1.3	10	<10
广州有色金属研究院 709.3×10⁵Pa-65	713~856	900~1200	0.2	0.2~0.1	10	0.3	10	<10
广州有色金属研究院 608.3×10⁵Pa-65	713~856	1100~1300	0.2	0.05~0.025	10	1.0	10	<10
四川钻井厂与广州有色金属研究院450.3×10⁵Pa-65	713~856	1300~1600	0.2	0.2	10	0.5	15	<10

C 现场实验与生产应用

在井口的现场工业实验与应用，主要是考查对气流密封的可靠性、阀门开闭的灵活性、耐磨、耐擦伤、耐冲蚀性、在腐蚀介质中的稳定性以及在高压与腐蚀双重作用下运行的安全可靠性和对特种的酸化裂化工艺的适用性，并根据这些结果，评定估测这种平面平行式渗有氮化钛表面滑动密封部件的使用寿命。

首先在一套井口用九个平行板阀进行组装进行水压实验，通过模拟井口压力为60MPa、水压保持15min无泄漏的密封实验。

其次，在水压为40~42MPa时，测得的扭矩为32~35N·m，仅为美国KQ-700-65阀板测得扭矩的1/2；为卡麦隆700-52阀板扭矩的3/4。在天然气压力下，无论是平衡状态下的开关力矩，还是非平衡状态的开关力矩，经等离子氮化处理的氮化钛层密封副（KQ-350-65 平行板阀）对应的力矩值最小（与 KQ-700 型美国卡麦隆的平板阀对比）。

然后，在地面静态天然气实验及解体检查中，在 27.2MPa（天然气井 H_2S 体积分数为 6.67% ~ 7.11%，CO_2 体积分数为 5.43%）下，经 225 天、开启 675 次后又进行在 27.2MPa 的密封压力实验，10min 内压力未降，仍保持原有 27.2MPa 的压力。在解体检查阀板、阀座擦伤情况中发现：经等离子处理的具有氮化钛表面生成的 TC4 合金 KQ-350-65 型板、座，在 27.2MPa 最高压力下，经 225 天 675 次开关后，板座表面仍保持钛材经等离子处理的氮化钛特有的光泽，在阀板关闭部位有阀座接触的环状痕迹。阀板痕迹粗糙度为 R_a 0.2，其他部位粗糙度为 R_a 0.4；阀座表面粗糙度为 R_a 0.2，在阀板环痕与其他部位之间测不出不平度。而用 35CrMo 经等离子喷焊钴基合金后加工的 KQ-700-65 型板座，在 25.2MPa 最高压力下经 181 天 543 次开关后，阀板表面有三条弧形擦痕，约 2mm 宽，70% 的表面布有细密的擦痕。解体检查结果表明，具有氮化钛层表面的等离子钛合金处理的 KQ-350-65 型板座，抗擦伤性大大优于 KQ-700-65 型板座，基本无擦伤，密封部位的光洁度反而高于其他部位，这说明经等离子处理的钛合金板座表面生成的 TiN 密封面具有越磨越光的优良摩擦特性。

最后，在现场井口做动态天然气生产应用。在关井压力为 27.9MPa（生产时为 25.2 ~ 26.4MPa，$\varphi(H_2S)$ 为 66.7%，$\varphi(CO_2)$ 为 5.43%）、日产天然气 $1 \times 10^5 \sim 3 \times 10^5$ m^3、凝析油 10 ~ 16t 的井口上，安装了离子氮化的 9 套钛合金阀板、阀座进行天然气生产应用，共运行 510 天，安全可靠，开启灵便。510 天后取下阀板、阀座检查，经等离子处理的钛合金板座表面生成的 TiN 层密封面仍然保持金黄色光泽，阀板关闭部位有阀座接触环痕。经测定，环痕粗糙度 R_a 为 0.2μm，其余部位 R_a 为 0.4μm，环痕与其他部位间测不出不平度；阀座密封面边缘表面 δ 相已有部分去除，露出维氏硬度在 1100 以上的 δ + ε 两相复合层，其密封面的粗糙度 R_a 为 0.2 ~ 0.1μm。而 KQ-700-65 型的阀板，近孔处有较深的擦伤痕，板面有细密磨痕；阀座除有明显擦伤与磨损外，还有微观疏松孔洞。

经等离子处理的钛合金，表面生成的 TiN 密封层的平行阀板、阀座在国内高压天然气田开采得到实用，这证实了作为等离子氮化处理的钛合金密封组合件表面生成的 TiN 渗层与基体可实现冶金结合，密封可靠性好，并可在高压下安全可靠运行。

如果设计选用的是在 K-蒙乃尔合金阀板、阀座上用气相沉积 TiN 膜层的方法，估计在高压含硫的天然气田冲蚀苛刻条件下难以实现对天然气的密封、开启作用。虽然同样是 TiN 层，但是这里设计选用的是在钛合金阀板、阀座上用等离子氮化冲击，在钛合金表面渗层“TiN（化合物层）+过渡层（氮在 α-Ti 中的固溶体）”的渗层。这种渗层与钛合金基体形成结合力好、附着力高的冶金结合，等于是在钛合金阀板、阀座表面生长成“过渡层 + TiN 层”。实践证明，这样形成的 TiN 渗层完全可以抵挡高压天然气对 TiN 渗层密封面的高压冲刷，对天然气起到了有效的密封作用。

6.7 热沉材料

高功率激光二极管和 MCM（多芯片三维组装技术）的高效散热是热沉材料的主要应用实例。高质量 CVD 金刚石膜的热导率已经和天然Ⅱa 型高质量金刚石晶体相当，高达约 20W/(cm · K)，是铜热导率的 5 倍，是已知物质中热导率最高的材料。金刚石膜热沉或者说金刚石膜作为高效散热片应是当今最佳的散热片功能材料。其中，高功率激光二极管和 MCM 就是当前 CVD 金刚石膜热学应用的两个主要领域。在此领域内，现有的热沉材料，比如目前使用的氮化铝、Cu-W 合金、氧化锆、氧化铍等，其在热沉材料的性能上都无法和金刚石膜相比。即使是中等质量的金刚石热沉膜，它的热导率也可达到铜室温热导率的 2 ~3 倍，仅次于天然 Ⅱa 型和高压合成的高质量金刚石单晶。此外，高功率的电子器件（如微波器件和大功率 IC）的封装也是金刚石热沉有市场前景的应用领域。

目前，已可以根据应用的要求和可以接受的成本生产不同热导率级别的热沉级金刚石膜供用户使用。热沉级的金刚石膜现已成为商品名称。国外已有一些公司向市场提供各种不同热导率级别的金刚石自支撑膜。图 6-9 所示为 DeBeers 公司热沉级金刚石膜热导率的数据。

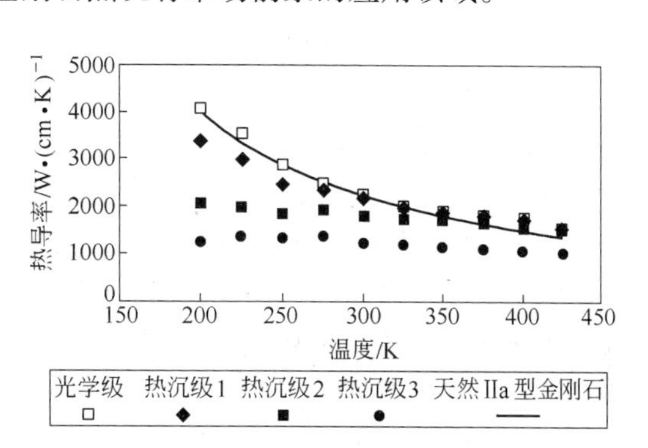

图 6-9 DeBeers 公司热沉级金刚石膜热导率的数据

早在 10 余年前，就有把天然金刚石单晶作热沉片的实例，因尺寸仅为 1mm^2 左右，只能用于单个激光二极管器件。而大面积高导热的 CVD 金刚石膜使高功率激光二极管阵列（LDA）和其他微电子和光电子器件的热沉应用成为可能。典型的激光二极管阵列是 200μm 宽、600μm 长、间隔 200μm 的交叉点，在 10mm 幅度上分布的激光二极管器件，需要长度为 10mm 的金刚石膜作导热片。CVD 金刚石膜技术已无难题。

图 6-10 所示为安装在硅微通道冷却板上的激光二极管阵列的热模拟结果。用的是热导率为 18W/(cm · K)的金刚石膜作热导片，用有限元计算的温度梯度，等温线的间隔为 10℃。激光二极管的热流量为 1kW/cm^2，采用硅微通道板冷却。金刚石导热片设在硅微通道板和二极管阵列基座之间。图 6-10(a)所示为没有金刚石热导片的情况，阵列的温升 ΔT = 45℃（相对冷却水），而在有金刚石热导片的情况下（见图 6-10(b)），温升 ΔT = 18℃。更重要的是，在激光二极管的活性区横截面上的温度梯度在有金刚石膜热导片的情况下可从原来的 17℃降到 3℃以下。这意味着激光二极管的使用寿命有可能大大延长或者可以在更高的功率输出水平上工作。

在国家“863”计划的支持下，已经比较早的在技术上解决了金刚石膜的热沉关键应

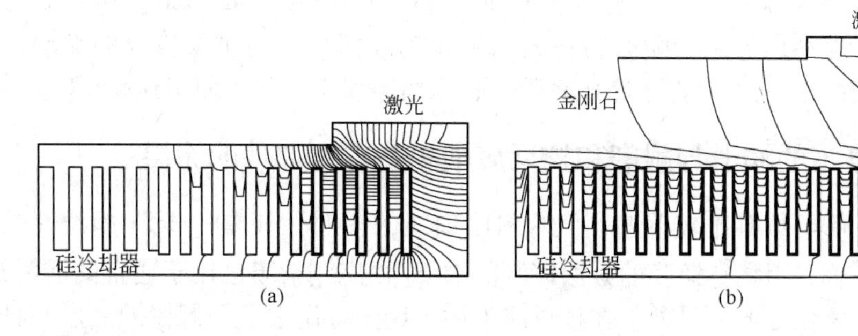

图 6-10 安装在硅微通道冷却板上激光二极管阵列热模拟结果
（a）没有金刚石热导片；（b）有金刚石热导片

用技术。金刚石膜在“八五”期间的热导率已达 14W/(cm·K)左右的水平。虽然与国外水平存在差距，但已可基本满足激光二极管对热沉的要求。近十年来，我国已在高热导率的金刚石膜的制备上取得较大进展，热导率已经达到 18.5W/(cm·K)，面积达 ϕ60mm，高热导率的金刚石膜热沉晶片开始接近国外的先进水平。

对于多芯片三维组装技术（multi-chip modules，MCM）而言，其组装的目的在于把许多超大规模的集成电路芯片以三维的方式紧密排列结合成为超小型的超高性能器件。这些芯片的散热就是该技术的核心关键。正因为金刚石热沉膜具有这种高效的热沉功效，所以它是解决这一技术难题的最理想的特殊功能材料。图 6-11 所示为采用 CVD 金刚石膜为关键元件的 MCM 演示性超级计算机（前面的小方块）的设计原理图。

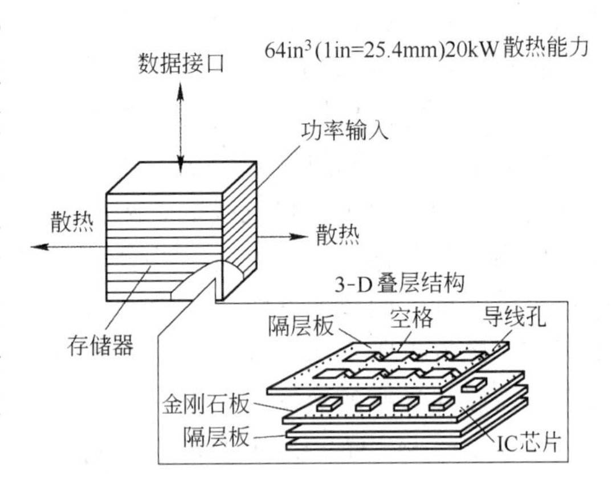

图 6-11 采用 CVD 金刚石膜为关键元件的 MCM 演示性超级计算机的设计原理图

从图 6-11 中可以看出，金刚石膜片（10cm×10cm×1.0mm）和集成电路板依次相间排列。金刚石膜片除散热外，还起绝缘的封装作用。金刚石散热片上用激光钻有成排的小孔，在小孔中灌注低熔点金属作为集成电路的层间线路连接。所用的金刚石膜片的热导率约为 15W/(cm·K)。金刚石膜必须经过抛光和十分复杂的金属化处理。

金刚石膜作热沉在 MCM 中的进展，必将加速未来电子器件的小型化进程，对未来的电子和微机电系统的进展会产生重大影响，充分显示出金刚石膜热沉的特殊功能。

6.8 高温条件下的耐磨功能薄膜

一般来说，膜层在高温中应用，主要是“热稳定性”要好，具有低的蒸气压和高的分解温度的难熔金属化合物，特别涉及一些反应性气氛和热震的应用。最典型的应用有火箭喷嘴、加力燃烧室的部件、返回大气层的锥体、高温燃气轮机热交换部件等，它们都可用化学气相沉积的方法（CVD）镀制 SiC、Si_3N_4 涂层。用化学气相沉积（CVD）法镀制的 SiC 和 Si_3N_4 的高温强度都要高于传统陶瓷工艺制作的 Si_3N_4，其硬度为 Si_3N_4 块体材料的 2 倍。又如在航天飞机上用的一种称为固体润滑膜 AFSL-28（CaF_2-BaF_2-Au，加上结合剂 $AlPO_4$）的部件，这种用等离子喷涂制备的以氟化钙和氟化钡为主要成分的涂层，在低于 480℃时摩擦系数大，而在高温下摩擦系数小，摩擦磨损小，并可使用到 820℃。

6.9 射线环境下的润滑与耐磨和核反应堆相关重要部件的涂层

在核工厂，使用塑料比较普遍，但塑料耐射线的辐照性较差。MoS_2 润滑性受到射线辐照的影响不显著。用真空镀膜的方法镀制的 MoS_2 固态润滑膜已用于通常的润滑油/润滑脂易发生固化的核化工上。另外，在核反应堆中，B_4C 可作中子控制棒的涂层和种子屏蔽的涂层。ZrC 还可作核燃料球的涂层。在核反应堆燃料元件用的不锈钢包壳材料，因受高剂量的射线辐照，易变脆，表面易剥落，在冷却、冲刷中耐蚀、耐磨又不太理想。通过在不锈钢包壳材料中离子注入钇，既可防止腐蚀，又可在高剂量的射线辐照中使不锈钢包壳表面不会剥落，可防止放射性核燃料的渗漏。

从最新的信息获悉，美国已研究完成了在某种类型的堆核发电用的核燃料元件上沉积（涂镀）成一层较厚的“硼化锆”膜，它与包壳材料组装成燃料元件，经中子辐照计算结果，将它放置在堆芯中的一定部位，可节省核燃料的消耗和不必要的损耗，延长了核燃料的使用寿命，降低了成本。这种涂镀在发电堆用的核燃料的“硼化锆”涂层，据称是用大型的卧式非平衡磁控溅射设备用硼化锆靶溅射沉积制备的。我国金属铀矿趋近枯竭，而核发电又是我国今后新能源发展的主要领域。这项节省核燃料的先进技术值得引起核发电反应堆燃料元件设计者的高度关注。有关在射线环境下的润滑与耐磨详情还可参阅第4章中的第4.8.4.3节。

6.10 超晶格特殊功能薄膜

超晶格特殊功能薄膜的组分和掺杂可以随意改变，每层的厚度又可薄至0.1～1nm，层数可多至几十、几百，甚至上千层；材料呈现出一系列的物理特性，如量子尺寸效应、室温激子非线性光学效应、迁移率增强效应、量子霍耳效应、共振隧穿效应等。在这种新结构的材料中，人们可以从原子尺度上设计和改变材料的结构参数和组分，改变材料的结构和物理性能，使人工创造各式各样的新材料和新器件的设想成为现实，因而被称为“能带工程”。至今已研制成的超晶格微结构材料不下于几十种。生长制备方法除已有的分子束外延（MBE）和金属有机化学气相沉积（MOCVD）外，近几年来又发展了化学束外延（CBE）和原子层外延（ALE）等技术。各种结构新颖、性能优异的新型半导体、光电子、超高速和微波器件的涌现，为开拓新一代的半导体科学技术提供了技术支撑。

近30年来，超晶格薄膜材料的研究范围十分广泛，其种类已不下于几十种。随着材料生长沉积制备技术的进步和能带结构设计水平的提高，半导体超晶格薄膜的种类和数目还会不断增多。超晶格按其所含的组分数目可以区分为只含有一种组分的掺杂超晶格（如n_ip_i(GaAs)）和含有两种组分的超晶格及含有两种以上组分的复型超晶格。按组分材料之间的晶格匹配情况又可分为晶格匹配超晶格和失配的应变超晶格，而且还在向每层仅几个原子层厚和低维度方向发展；还有所谓的短周期超晶格和一维、零维超晶格等新型结构；还有把不同特征的超晶格组合在一起的，具有更为复杂能带结构的混合型超晶格等。这些超晶格材料都有它们各自的主要特征，其在光电子器件和超高速器件两方面的应用已取得很大进展。

超晶格微结构薄膜器件有：

（1）超晶格量子阱激光器。这种激光器的波长覆盖范围从可见光到远红外，其中GaAs/AlGaAs体系已进入生产，并在光盘、光印刷、光通信和激光光泵等方面投入使用。

（2）超晶格雪崩二极管。在外电场作用下，因电子加速运动，从势垒AlGaAs落入势阱GaAs的电子和空穴，其在通过异质结界面时所突然增加的能量相差很大，它们碰撞离化率的比值增加也会相当大，这就是在外电场作用下，电子获得很大的能量而形成雪崩倍增。

（3）光双稳器件，是根据室温激子的非线性光学效应来制作光双稳器件。

（4）光调制器，是根据量子限制斯塔克效应来制作的光调制器。

(5) 超高速器件，是根据量子阱的纵向输运特性和负阻来制作超高速器件。

(6) 远红外器件，是根据量子阱电子带间的跃迁来制作远红外器件等。

参 考 文 献

[1] 戴达煌，周克崧，等. 金刚石薄膜沉积制备工艺与应用[M]. 北京：冶金工业出版社，2001.

[2] 李金桂，肖定全. 现代表面工程设计手册[M]. 北京：国防工业出版社，2000.

[3] 徐滨士，刘世参. 中国材料工程大典第 17 卷，材料表面工程(下)[M]. 北京：化学工业出版社，2006.

[4] 罗广南，谢致薇，郑健红，等. 金刚石和类金刚石膜研究及其在电声领域中的应用[J]. 功能材料，1995，26(5)：417.

[5] 宋健民，等. 超硬材料[M]. 台湾：台湾全华科技图书股份公司，2000.

[6] 王福贞，马文存. 气相沉积应用技术[M]. 北京：机械工业出版社，2007.

[7] 戴达煌，胡佑坳，吕帝康，等. 钛科学与工程[M]. 长沙：中南大学出版社，1991.

[8] 戴达煌，刘敏，余志明，等. 薄膜与涂层现代表面技术[M]. 长沙：中南大学出版社，2008.

[9] 陈光华，邓全祥，等. 新型电子薄膜材料[M]. 北京：化学工业出版社，2002.

[10] 孔梅影. 高技术材料要览[M]. 北京：中国科学技术出版社，1993.

[11] Herman M A，Sitter H. Moleculer Beam Epitary Tundeamental and Current Status[M]. Berlin：springerverlag，1989.

[12] 江崎玲于奈. 通过分子束外延发展起来的半导体超晶格和量子阱. 张立钢，克劳斯，普洛洛译. 上海：复旦大学出版社，1988：1 ~ 37.

材料表面微细加工技术及其在微机电系统中的应用

7.1 概述

表面微细加工是一种加工尺寸从微米到纳米量级的制造微小尺寸元器件或薄膜图形的先进制造技术。表面微细加工技术是表面技术的一个重要组成部分，是微电子工业工艺技术的主要基础。微电子工业的发展在很大程度上依赖于表面微细加工技术的发展，在集成电路的每一道制造工序中，它都起到关键性的作用。

集成电路制作工艺精度决定了集成电路的特征尺寸。微电子工业产品不断更新换代，目前加工尺寸已从亚微米量级、微米量级发展到纳米量级。随着半导体集成电路微细加工技术和超精密光机电加工技术的发展，微型传感器、微型执行器（微马达、微泵、微阀、微开关、微谐振器）、微光机电器件和系统、微生物化学芯片、微型机器人、微型汽车、微型飞机、微型双级元火箭发动机等高技术微光机电系列产品的问世，充分显示出微细加工技术在微电子工业以及未来的微光机电产业中发挥着重要的关键作用，微细加工技术不仅是集成电路、半导体、微波技术、声表面波技术、光集成技术发展的工艺基础，而且也是未来会形成的微光机电产品制造技术发展的工艺基础，本章简明扼要地论述材料表面微细加工技术，并通过其在微机电系统（MEMS）中的一些典型器件制作上的应用，阐明其在微机电系统器件制作中发挥的关键作用，从而也表现出微细加工技术与微机电系统器件在制造上如何相互依存、相互促进、蓬勃发展。

表面微细加工技术包括光刻加工、电子束微细加工、离子束微细加工、激光束微细加工、电火花微细加工、电解微细加工、超声微细加工等技术，应用于微电子工业和微光机电系统等方面的表面微细加工技术属于一个十分精密的专业技术领域，在此领域相关的微细加工技术及其在微光机电产品中的新应用技术不断涌现，而且发展又十分迅速，本章中难以概述出该技术领域的最新内容。因此，限于篇幅，本章中仅就一些重要的表面微细加工技术作简要的论述，以加深读者对现代表面技术内容不断拓展与应用前景的认识，以开拓读者对该技术领域的兴趣。

7.2 表面微细加工技术

7.2.1 光刻加工

光刻加工是微电子技术和微系统技术中最重要的一种加工方法。它是一种复印图像和化学腐蚀相结合的表面微细加工技术，在平面器件和集成电路生产中广泛应用。它是用照相复印的方法将光刻掩模上的图形印制在涂有光致抗蚀剂的薄膜或基材表面，之后通过选择性腐蚀，刻蚀出临界尺寸在微米范围的目标图形，不仅可以使一块晶片上并行制造众多结构，还可将所设计的众多结构无磨损、无破坏地拷贝到晶片上，经济地进行大规模生产。

7.2.1.1 光刻工艺

光刻的工艺按技术要求不同而有所不同，但基本过程包括涂胶、前烘、曝光、显影、坚膜、腐蚀和去胶等 7 个步骤。图 7-1 所示为光刻工艺过程示意图。其工艺过程为：在 SiO_2 层表面涂布一层光刻胶膜，并在一定温度下进行前烘处理→在光刻胶层上加掩模，用紫外光曝光→将基片在适当的溶剂里，溶除应去除的部分胶膜，然后在一定温度下烘焙坚膜→浸入适当的腐蚀剂，对未被胶膜覆盖的基片进行腐蚀，以获得完整、清晰、准确的光刻图形→再次显影使光刻胶全部溶除。在集成电路的制作中，这样的过程往往需要重复多次。

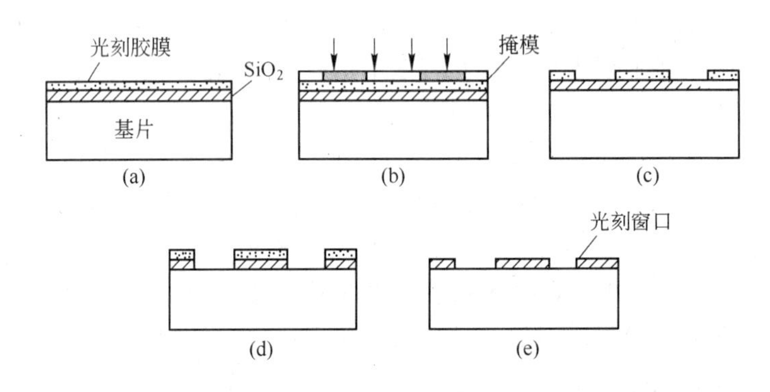

图 7-1 光刻工艺过程示意图

（a）涂胶、前烘；（b）曝光；（c）显影、坚膜；（d）腐蚀；（e）去胶

7.2.1.2 新一代光刻技术

目前，光学光刻方法已从接触-接近式、反射投影式、步进投影式发展到步进扫描投影式，光源波长从 436nm 和 365nm（汞弧灯）缩短到 248nm（KrF 准分子激光源）。通过对光源、透镜系统、精密对准、光刻胶以及相移掩模（PSM）技术等方面的深入研究发现，光学光刻方法可以在芯片上印制出特征尺寸比光源波长更小的图形。SIA1997 年发展指南中对集成电路制造技术发展的预测见表 7-1。

表 7-1 SIA1997 年发展指南（摘要）

年 份	特征尺寸/μm		年 份	特征尺寸/μm	
	稠密度	孤立线		稠密度	孤立线
1997	0.25	0.2	2006	0.10	0.07
1999	0.18	0.14	2009	0.07	0.05
2001	0.15	0.12	2012	0.05	0.035
2003	0.13	0.10			

一般认为，利用光学光刻方法印制微细图形已接近极限。在 50nm 及以下，光学光刻方法将被其他新技术所取代。目前正在开发的技术有 X 射线光刻技术、极紫外光刻技术、

电子束投影光刻技术、离子束投影光刻技术、多通道电子束直写光刻技术等，上述几种技术是目前人们普遍认为的下一代光刻技术（NGL）的主要候选技术，至于将来在100nm及以下的IC制造工业中，是157nm光学光刻还是上述的5种光刻技术中的一种居主导地位，还没有最后的结论。一般认为光学光刻方法仍将与上述新技术相竞争。

光学光刻最终将会让位于先进的光刻技术，但这绝非意味着光学光刻会退出历史舞台。光学光刻作为一种十分成熟的技术，会始终是大规模集成电路加工的重要手段，这是受大规模集成电路的20～30道曝光工序所决定的。只有少数的几道才用到最高的分辨率的光刻技术。各代集成电路的总光刻层数和不同光刻层的图形尺寸见表7-2。以1GB的DRAM芯片为例，在总数达26层的光刻工艺中，只有5层要求的是最高分辨率。因此，混合光刻即高级光刻（曝光）技术与中低级光刻技术的混合使用是集成电路光刻技术的主要特征。

表7-2　不同集成度的DRAM芯片中需要的掩模层数与分辨率要求

DRAM集成度	16MB	64MB	256MB	1GB	DRAM集成度	16MB	64MB	256MB	1GB
掩模层总数/层	21	23	24	26	0.50～0.65μm/层	4	4	4	3
0.18～0.25μm/层				5	0.65～0.75μm/层	4	5	4	3
0.25～0.35μm/层			5	4	≥0.75μm/层	13	10	7	7
0.35～0.50μm/层		4	4	4					

以下就新一代光刻技术作简单介绍：

（1）X射线光刻（XRL）技术。XRL光源波长为0.7～1.3nm的光源类型。由于易于实现高分辨率曝光，自从XRL技术在20世纪70年代被发明以来，就受到人们广泛的重视。欧洲、美国、日本和中国等拥有同步辐射装置的国家相继开展了有关研究，它是下一代光刻技术中最为成熟和现实的技术。XRL技术的主要困难是很难获得具有良好机械物理特性的掩模衬底。近年来掩模技术研究取得较大进展。SiC目前被认为是最合适的衬底材料。由于与XRL技术相关的问题的研究已经比较深入，加上光学光刻技术的发展和其他光刻技术的新突破，XRL技术不再是未来“唯一”的候选技术，美国最近对XRL的投入有所减小。尽管如此，XRL技术仍然是不可忽视的候选技术之一。

（2）极紫外光刻（EUVL）技术。极紫外光刻用波长为10～14nm的极紫外光作光源。虽然该技术最初被称为软X射线光刻，但实际上它更类似于光学光刻。EUVL系统主要由激光等离子体光源或同步辐射光源、聚光系统、反射式掩模版和缩小光学系统等组成，反射式EUV掩模版衬基为高反射率多层膜吸收体材料通常是铬，制作难度和修复掩模缺陷的难度都很高；并且掩模吸收体图形的分辨率要求是0.2μm，远比光学光刻的要求严格，因此，制作成本很高。另外，由于极紫外光辐射可被包括气体在内的所有物质强烈吸收，其光学系统相当复杂，必须采用反射形式，成像必须在真空中完成。因此，它在设备、掩模、工艺等诸多方面的成本还相当高。尽管如此，由于EUVL使用的是波长为10～14nm的光源，其分辨率可达30nm以下，并可批量生产，如果EUVL得到应用，它甚至可能解决0.05μm及以下的问题。

（3）投影电子束光刻技术（SCALPEL）。投影电子束光刻技术是利用电子束作为曝光光源，即利用电子束在涂有感光胶的晶片上直接描画或投影复印图形，具有分辨率高（极限分辨率可达3～8μm）、图形产生与修改容易等特点。其中，贝尔实验室开发的限制散射角投影电子束光刻技术如同光学光刻那样对掩模图形进行缩小投影，并采用特殊滤波技术去除掩模吸收体产生的散射电子，从而在保证分辨率条件下可提高产出效率。图 7-2 所示为 SCALPEL 的原理图，掩模版由低原子序数的薄膜和高原子序数的图形组成，掩模版由均匀的高能电子束（100keV）照射，整个掩模版对电子束是透明的，因而沉积在掩模版上的能量很少，通过高原子序数图形层的电子束将被散射，散射的角度为几毫弧度，在电子投影透镜成像的焦平面上的光阑将阻止散射的电子，通过低原子序数薄膜的电子不受散射，可以通过光阑，在圆片上形成高对比度的图像。SCALPEL 把图像的形成和能量的吸收分开，从而形成不失真的图形。SCALPEL 技术最有可能应用在特征尺寸为 0.1μm 以下的集成电路制造中，因为其他的一些光刻技术要受到衍射的限制，而这种技术几乎不受衍射的限制，可望得到更高的分辨率。

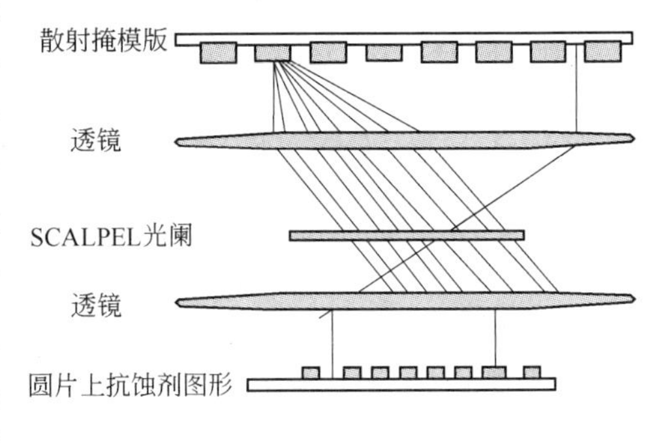

图 7-2 SCALPEL 的原理图

（4）离子束投影光刻（IPL）技术。离子束光刻（IBL）技术是利用离子源中电离产生的离子，引出后经加速、聚焦形成离子束作为曝光光源的光刻技术，离子束光刻与电子束光刻相比，有较少的撞击离子扩散到抗蚀剂内。由于离子质量比电子大，在很大程度上阻止了离子的反向扩散，其散射比电子少，邻近效应可以忽略，因此，IBL 具有极高的极限分辨率。但该技术由于生产效率低，因此很难在生产中得到应用。基于 IBL 技术的限制，人们发展了具有较高曝光效率的 IPL 技术。1997 年，欧洲和美国联合了大量企业、大学和研究机构，开展了一个名为 MEDA 的合作项目，用于解决设备和掩模等方面的问题，研制全视场 IPL 设备。2001 年生产商用 IPL 设备，其分辨率为 0.10μm，曝光面积为 22mm × 22mm，套刻精度为 0.04μm，每套售价 800 万 ~900 万美元。

（5）电子束直写光刻（EBDW）技术。无掩模电子束直写光刻是利用事先制作好的晶片位置标记、芯片套刻标记及工件工作台标定，对晶片的方向角和位置精确定位，其工作过程就是反复利用这些定位直接用电子束在晶片上描绘图形，从而实现图形曝光。其特点是研制周期短、研制成本低，且可获得极高的分辨率，可应用于功能器件、特种器件、纳米器件的研制。但这种技术生产效率低，无法与光学光刻竞争，限制了它在规模生产中的应用。

另外，值得注意的是：2002 年 6 月，美国华裔科学家周郁公开了他发明的制造计算机芯片的新方法——激光辅助直接刻印法（LADI），与现有的“光刻法”相比，此种“刻印法”可望生产出体积更小、速度更快、价格更低的电脑芯片。这种芯片与传统的刻蚀工艺不同，它是将模子直接压印在一块硅片上，可印出小至 10nm 的线路图。这一新技术采用由石英制成的压印模。该压模带有待压印的线路图，压模压向硅片时，用一束大功率的激光射穿透明的压印模，约 0.2×10^{-7}s 的激光脉冲使硅表面熔化后按照模的图案凝固出一个永久的印压线路图。这种工艺可使硅芯片上的晶体管密度增大 100 倍，生产流程简化，采用传统的技术生产一块芯片需 10 ~ 20min，而用此工艺只需 0.25×10^{-6}s，芯片上刻印的功能部件宽度以 10nm 计。报道这种新技术的《自然》杂志发表专家评论说：

“该工艺可使电子制造商继续维持芯片小型化进程，使 Moore 规律在接下来的 20 年里可能仍然有效”。

7.2.2 电子束微细加工

电子束微细加工是利用阴极发射电子，经加速、聚焦成电子束，直接冲击到真空室的工件上，以此方式按工艺要求对工件进行加工。图 7-3 所示为电子束产生及工作原理图。此技术具有束径小（用于微细加工时束径约为 10μm，用于电子束曝光的微小束径是平行度好的电子束中央部分，仅有 1μm）、易控制、可加工各种材料等优点，此技术得到广泛应用。目前主要有两类加工方法，一是高能量密度加工；二是低能量密度加工。

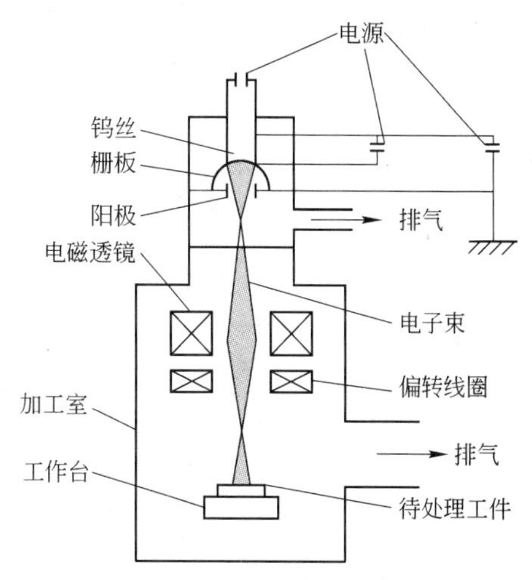

图 7-3 电子束产生及工作原理图

7.2.2.1 电子束高能量密度加工

电子束高能量密度加工主要应用在热处理、区域精炼、熔化、蒸发、穿孔、切槽、焊接等方面，它是利用经加速和聚焦后的高能电子束（其电子能量密度达 $10^6 \sim 10^9 W/cm^2$）冲击工件表面极小的面积，在不到 1μs 内把大部分能量转变为热能，工件受冲击部位的表面温度达到几千摄氏度高温，因作用时间极快，热量还没来得及传导扩散，因此，可把材料局部瞬时熔化、气化及蒸发，从而达到加工目的。其作用面积极小，在各种材料上加工圆孔、异型孔和切槽时，最小孔径或缝宽可达 0.02 ~0.03mm。

7.2.2.2 电子束低能量密度加工

低能量密度加工在微细表面加工上重要的应用是电子束曝光技术，它是利用电子束轰击涂在晶片上的高分子材料感光胶，使其发生化学反应，达到制作精密图形的目的。目前已得到应用和正在发展的电子束曝光技术主要分为扫描曝光（包括扫描电镜电子束、高斯电子束、成型电子束和电子束直写等）和投影曝光（投影电子束）两大类，其中，扫描曝光系统是电子束在工件表面上直接扫描产生图形，分辨率高，生产率低。投影曝光系统即电子束图形复印系统，它将掩模图形产生的电子像按设定的比例复印到工件上，既保证了分辨率，也使生产率大幅度提高。此技术广泛应用于高精度掩模版的制造，其次应用于图形直写制作新器件。

在掩模版制造中普遍采用电子束曝光设备，特别是应用于制作特征尺寸小于 0.15μm 生产线用掩模版，只能采用高精度电子束曝光设备，其工艺过程主要是由电路设计、图形数据准备、图形制作、刻蚀、缺陷检测、修复、定位检测、清洗、总体检测等工序组成。

电子束直接光刻技术是正在发展中的电子束曝光新技术之一。此技术是很灵活的，不需用掩模版，是反复利用预先制作的晶片位置标记、芯片套刻标记和工件台标定，进行定位并描绘图形，实现图形曝光。其优点是节约新器件研制成本，缩短研制周期，且可获得极高的分辨率，广泛应用于功能器件、特种器件和新型电路的制造和纳米器件的研究。另外，电子束直接是“顺次写”，也就存在生产效率低的缺点，限制了它在大规模生产中的应用。

图 7-4 所示为贝尔实验室的电子束曝光装置简图，电子束装置内的微型计算机控制经过一系列静电和磁性透镜系统后折射并成型，随着曝光机内微机控制电子束的偏转、工作台的位置以及电子束的通断等，将所读出的设计器件图形直接写在工作台的晶片（或掩模）上，对光刻胶进行曝光，从而获得结构图形。电子束光刻不受衍射极限的影响，可获得极高的分辨率（40nm）。但通过光刻胶材料，特别是经过衬底的电子散射限制了实际的分辨率。

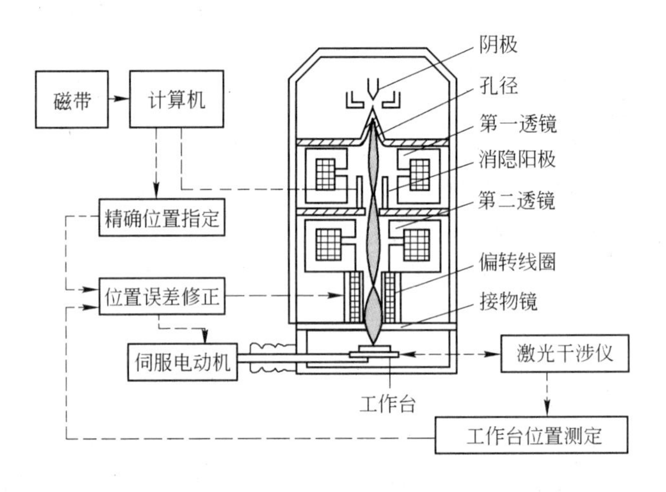

图 7-4　贝尔实验室的电子束曝光装置简图

7.2.2.3　电子束曝光的极限分辨率

电子束曝光是当今分辨率最高、使用最灵活、应用最广泛的微细图形加工工具。纳米技术的发展对图形加工的分辨率提出了更高的要求。商业用电子曝光很容易地制作 100nm 以下的微细图形，而小于 20～30nm 的图形就不是轻易能实现的。这是因为电子束曝光的极限分辨率受多种因素影响。如：

（1）电子曝光系统。电子束曝光分辨率与电子束斑的大小直接相关，而电子束斑的大小又受电子光学系统的像差所限，主要是球差、色差、像散的影响。目前，最为先进的电子束日光系统已获得 10nm 以下的电子束斑，工业界正为实现 1nm 电子束直径的目标努力。但是，实现高分辨率电子束曝光不仅靠高分辨率的电子束曝光系统，还要求有超稳的工作环境，包括环境温度波动和干扰电磁场等，通常这些外界因素决定着电子束曝光系统最终所能达到的分辨率。

（2）二次电子散射。电子散射分两种情况，即前向散射和背散射，这两种散射都是入射的电子散射，由此造成电子束曝光的邻近效应。曾有人做实验，用高压透射电镜改装的电子束曝光系统，其电子能量高达 300keV，电子抗蚀剂厚度有 10nm 左右，在这种条件下，电子的前向散射与背散射可忽略不计。电子束直径也仅 2～3nm，但最终可实现的曝光图形仍然为 10nm 左右。因而电子束曝光的极限分辨率为 10nm 一度被视为一个“定论”。这一定论的根据是：入射电子是高能电子，这些高能电子并不会和抗蚀剂分子直接作用，它们的作用是激发低能二次电子，真正与抗蚀剂分子直接作用并导致分子断链或交链的是这些低能二次电子，其能量一般在 400eV 以下，其中，二次电子能量中有 80% 在 200eV，这些低能电子总是沿与入射电子垂直的方向横向扩散，但其扩散的距离有限，

400eV 的电子飞行距离只有 12nm，而 200eV 的低能电子的飞行距离仅 5nm。因此，如果使入射电子没有任何前向散射和背散射，这些低能二次电子总是要扩散 10nm 直径范围，使曝光图形最小不会小于 10nm 左右。

（3）抗蚀剂工艺。抗蚀剂的曝光不仅与电子能量有关，还与抗蚀剂工艺有关。事实上，用电子束曝光已经获得了最小的 4nm 的曝光线条，这是迄今为止用常规电子束曝光系统获得的最小图形，这一现实表明，10nm 并非是电子束曝光分辨率的极限，获得小于 10nm 曝光图形的关键是采用超声波辅助显影和低强度显影液。超声波振动可加速显影液与抗蚀剂的混合、缩短显影时间、增加显影对比度，增加对比度的直接效果就是增强分辨率，虽然低能二次电子的扩散半径是固定的，但抗蚀剂必须在一定电子剂量下才能发生分子链变化，如果曝光剂量有限，则少数扩散半径较大的电子不足以对抗蚀剂发生作用，而更多的低能电子的作用（较小扩散半径）与超声波能量相结合就可使抗蚀剂在很小范围内发生分子链变化，从而限制了曝光图形的扩展，进一步提高了电子束曝光的分辨率。低强度显影液可以降低抗蚀剂分子链的螺旋半径，因而同样可起到减小曝光图形尺寸的作用。

7.2.3 离子束微细加工

离子束微细加工是利用离子源中电离产生的离子，引出后经加速、聚焦形成离子束，向真空室中的工件表面进行冲击，以其动能进行加工。目前主要用于微细表面加工的离子束技术主要有离子束注入、刻蚀、曝光、清洁和镀膜等，离子束是一种用途广泛的微细加工工具。

7.2.3.1 离子注入

离子注入在集成电路和微电子加工上应用广泛，它是将具有高动能的掺杂离子注入半导体中，以改变半导体的载流子浓度和导电类型的一种工艺。可精确地控制掺杂杂质的数量、掺杂深度和浓度分布，又称为精密掺杂技术。随着集成电路的规模以及复杂程度的增加，离子注入技术越来越显示出其重要性，其技术的主要发展趋势是离子注入浅结工艺和快速退火技术。

离子注入可独立精确地控制注入离子的能量和剂量，通常适用的能量范围在 50 ~ 500keV 之间，可得到杂质浓度分布形状很特殊的各种分布，它所产生的横向扩散很小，进一步缩小了线条宽度和间距。离子注入可以获得大面积的均匀掺杂，适用于大直径硅片生产。在超大规模集成电路工艺中，离子注入主要用于芯片表面区域选择性掺杂。

A 离子注入的基本原理

杂质元素经离化变成带电的杂质离子，经强电场加速获得一定能量（50 ~ 500keV）后，轰击半导体靶片并进入靶片内部，在靶内形成一定浓度的杂质分布，进入靶内的离子称为注入离子。由于具有一定能量的注入离子与靶内部原子核和电子的碰撞作用而损耗其能量，在非晶态 Si 和热生长 SiO_2 中，对于一定能量的入射离子，轻离子比重离子有较长的射程。

离子注入机结构基本上由离子源、分析器、加速器、扫描器、靶室和偏束板、真空系统和电子控制设备等组成。图 7-5 所示为具有电偏转离子束的离子注入机结构示意图。

B 离子沟道效应

由于晶体材料内部存在三维原子排列，沿一定晶向存在开口的沟道，若入射离子沿沟

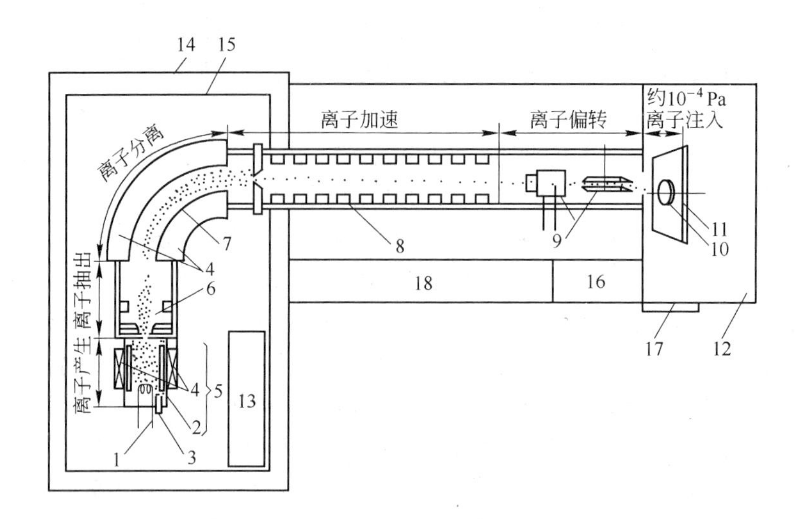

图 7-5 具有电偏转离子束的离子注入机结构示意图

1—炽热的阴极；2—阳极；3—电离介质的引入；4—磁铁；5—离子源；6—输出腔；7—离子分离器；8—加速管；9—偏转系统；10—工件；11—实验平台；12—工作靶室；13—电源；14—保护屏；15—高压区；16—控制台；17—观察口；18—泵系统

道方向注入，注入离子沿沟道运动，且很少受原子核的碰撞，因此，离子注入晶体材料比非晶态材料更深，这种现象称为离子沟道效应。实际操作中，为避免离子浓度的深度分布难以控制，需将离子入射方向偏离沟道方向，以保证离子开始时不进入沟道，而类似于非晶态材料入射离子的情况，以便精确控制浓度分布。实际上，入射后有些离子会因散射而进入沟道方向，因此，离子穿透的深度可比由理论公式计算的射程更深，此影响产生在注入离子浓度的深度分布末端。图 7-6(a)所示为〈100〉和〈110〉方向横断面的小球模型显示金刚石（Si）晶格的“通孔”程度，图 7-6(b)所示为在轴向沟道内不同入射角的离子轨迹示意图。

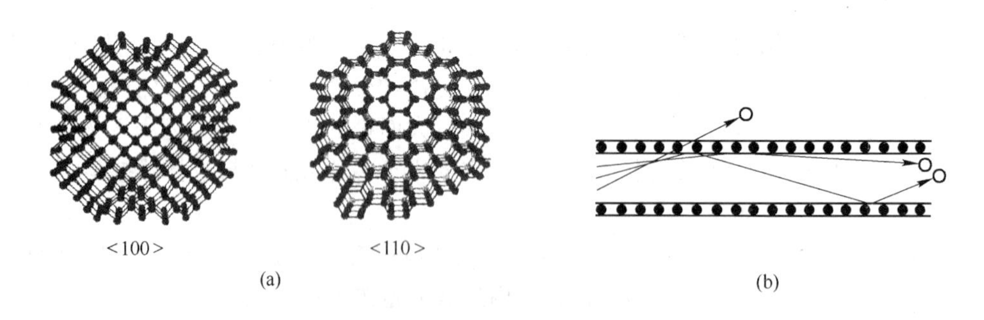

图 7-6 离子沟道效应示意图

(a)〈100〉和〈110〉方向横断面的小球模型显示金刚石（Si）晶格的“通孔”程度；
(b) 在轴向沟道内不同入射角的离子轨迹示意图

C 离子注入引起的损伤及其退火行为

当离子进入固体，由于离子与原子核碰撞会使原子移动，若注入离子转移到靶材原子的能量超过极限值（称为位移能量 E_d，一般为几十电子伏），原子将离开其所在位置，形成位移损伤，入射离子不断地产生位移损伤，直到离子能量低于 E_d，因有原子核碰撞移动的原子可能获得足够的能量，这些原子还能一个接一个撞离其他位于点阵的原子。由于这些碰撞，离子注入靶片引起的损伤是很大的，其损伤程度取决于入射离子能量、离子的剂量、剂量的速率、离子的质量及注入的温度。图 7-7 所示为注入轻离子与注入重离子形成的损伤。

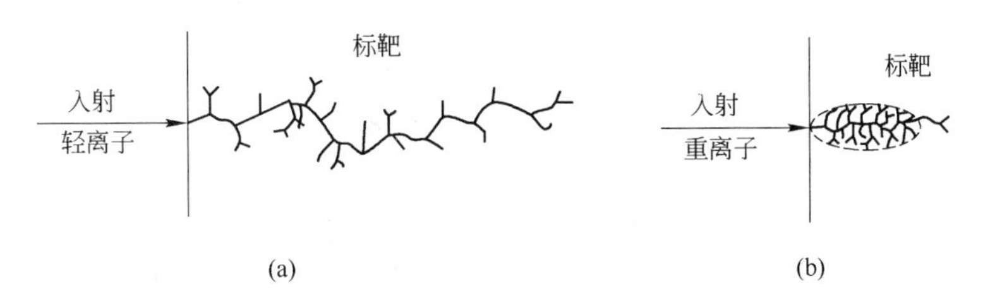

图 7-7 注入离子形成的损伤
(a) 轻离子；(b) 重离子

由于离子注入产生的损伤范围大，半导体中的点缺陷又是电活性的，因此注入材料电特性很差。通常离子注入后少数载流子的寿命和迁移率急剧下降。因此，仅有一部分注入离子处在替位，对载流子浓度有贡献。为了消除离子注入的损伤，材料必须进行高温退火，目的是减少点缺陷密度，并使在间隙位置的注入杂质原子能通过退火恢复到原始状况。

实际上离子注入期间产生的损伤是统计概念，要预言退火后残余损伤种类与特性是困难的，为了理解退火期间缺陷结构的演变，以下是已经提出的一些通用观点。

当注入材料退火时，在相互可以相遇的空间范围内，空位与间隙原子复合，复合后缺陷消失。由于两种缺陷处于不同空间，它们相互完全复合消失是不可能的。因此，短时间退火后，注入材料仍残留有两种类型点缺陷，具有不同的分布与浓度，进一步退火使点缺陷聚结在一起，形成位于 $\{111\}$ 面的本征和非本征的错位环，此错位环是受 $\pm(a/3)\langle 111\rangle$ 弗兰克不全位错（Frank partials）束缚。点缺陷实现聚结的驱动力是要减小缺陷表面能，为了在 III_A-V_A 族材料中形成这种环，同时需要 III_A 族和 V_A 族的空位和间隙原子。

进一步退火后，错位环能生长，这是通过弗兰克不全位错核上吸收相应的点缺陷实现的。当环生长时，因不全位错的错位面积和长度得到增加，对于某一个尺寸，错位环的能量将变成等于由 $\pm(a/2)\langle 110\rangle$ 位错束缚的无错位环能量，错位环向无错位环转换是由肖克莱不全位错（Schockley partials）穿过错位面而实现的，如果注入材料仍处于饱和点缺陷状态，完整的环也能因吸收点缺陷而扩大。生长期间，各种环可以按下列反应相互作用并形成位错网：

$$\frac{a}{2}\langle 1\bar{1}0\rangle + \frac{a}{2}\langle \bar{1}0\bar{1}\rangle \longrightarrow \frac{a}{2}\langle 0\bar{1}\,\bar{1}\rangle \tag{7-1}$$

通常，注入离子的共价四面体的半径与主体原子的四面体半径是不同的。所以，在退火期间，注入杂质占据替位会产生局部应力。因位错和杂质应力场的合适的弹性的相互作用，注入原子迁移到退火期间产生的错位环和位错上去可以降低系统的整个应力能。

7.2.3.2 离子束刻蚀

离子束刻蚀技术是一种干法刻蚀工艺，在微光学元件、微电子器件制造中广泛应用。它包括离子束铣削、活性离子束刻蚀、化学辅助离子束刻蚀等主要刻蚀方法。

离子束刻蚀也常被称为离子束铣削，它是利用惰性离子的物理刻蚀方法。图 7-8 所示为离子刻蚀装置的示意图，通过惰性气体离子在加速栅极的作用向基底运动，轰击基底表面，惰性气体离子与基底表面的原子相碰撞，并将基底表面原子冲击出去，从而实现基底表面被刻蚀的目的。刻蚀过程中，离子能量通常在 0.1 ~ 1keV 之间变化，基底支架可旋转和倾斜，用以改变离子的入射角。此方法可以进行极精密的加工，还可形成亚微米级的图形，如用于形成磁泡存储的微细电极图形等，但刻蚀速度很慢（约 10nm/min），选择性通常较低，但是，由于离子腐蚀没有选择性，因此在半导体器件加工方面的应用受到较多限制。

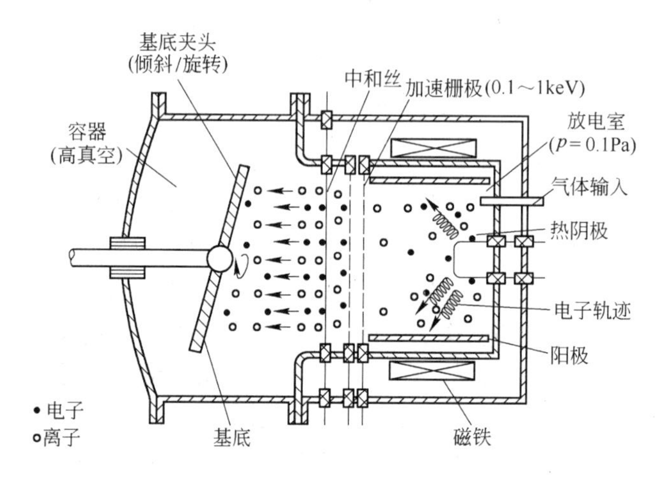

图 7-8 离子刻蚀装置示意图

活性离子束刻蚀和化学辅助离子束刻蚀属于物理化学联合刻蚀方法，在活性离子束刻蚀中可使用与离子束刻蚀相同的装置，只是改用某种活性气体或几种混合化学气体作为离子源，刻蚀过程是不同气体共同作用以及离子与基底撞击的结果。此方法刻蚀速度较高（20 ~ 200nm/min），刻蚀速度与入射角有关，在垂直撞击时刻蚀速度最大，在倾斜入射处刻蚀速度明显下降，因此，刻蚀形状呈现强烈的各向异性，它能完成高深宽比结构的制作，从而得到用纯化学或纯物理方法难以得到的性能指标。

7.2.3.3 离子束曝光技术

在光刻工艺中，采用液态原子或气态原子电离后形成的离子，通过电磁场加速及电磁透镜的聚焦后对光刻胶进行曝光。其原理与电子束光刻类似，但德布罗意波长更短，而且离子质量比电子大，其散射比电子少，邻近效应可以忽略，具有极高的极限分辨率，且曝光场大。离子曝光具有非常高的灵敏度，比电子束曝光的灵敏度高出 100 倍以上，而且在离子束曝光中几乎没有邻近效应，加上离子本身的质量远大于电子，离子在抗蚀剂中的散射范围远小于电子，几乎没有背散射效应。离子束光刻主要包括聚焦离子束光刻（FIBL）、离子投影光刻（IPL）等。其中，FIBL 发展最早，最近实验研究中它已获得 10nm 的分辨率。该技术由于效率低，很难在生产中作为曝光工具得到应用，目前主要用做超大规模集成电路（VLSI）中的掩模修补工具和特殊器件的修整。到 2002 年，由于半导体工业界，特别是以英特尔公司为主的IC芯片生产企业逐渐青睐极紫外曝光技术，随着投资重心的转移，电子束曝光与离子束曝光逐渐受到冷落，现在离子束曝光技术开发已基本停止。

由于聚集离子束的主要功能是溅射和沉积，而且这种溅射和沉积是在极其微小的尺度范围内进行，在加工技术的应用上，特别是在审查与修改集成电路芯片、修复光刻掩模缺陷、制作透射电镜样品和作多用途的微切割工具等领域中，与其他任何加工手段相比，离子束都具有无可比拟的优势，因此，目前主要是作修补掩模和特殊器件修整的工具。

7.2.4 激光束微细加工

激光束微细加工是一种快速成型的技术，它不需曝光、显影、刻蚀等中间步骤，不受材料形状、大小的限制，并且可加工其他技术无法加工的材料，如金属、陶瓷等。激光微细加工主要的缺点是剥蚀材料的速度极其有限，产出率低。

7.2.4.1 激光束微细加工的种类

从光与物质相互作用的机理看，激光加工大致可以分为热效应加工和光化学反应加工两大类。

激光热效应加工是指用高功率密度激光束照射到金属或非金属材料上，使其产生基于快速热效应的各种加工过程，如切割、打孔、焊接、去重、表面处理等。波长1～10μm的红外激光加工大多为热效应加工，热效应迅速向纵深扩散，使加工某些高反射金属材料尤为困难，它主要的缺点是：热熔解、流动及凝结，使加工产生的残留物也难以去除，严重影响加工精度，使材料变形，光洁度变差，产生热应力等。

光化学反应加工主要是指高功率密度激光与物质发生作用时，可诱发或控制物质的化学反应来完成各种加工过程。这种加工过程又称为激光冷加工。

7.2.4.2 准分子激光技术

当前用于激光加工的激光器主要有三类：CO_2、Nd：YAG和准分子（KrF、ArF等）激光器，前两种激光器主要在切割、钻孔和焊接等方面应用。准分子激光具有波长短、光学分辨率高、脉宽窄、峰值功率高等特点，主要用于微细加工中对各种类材料的消融和刻蚀，其刻蚀加工精度可达到微米甚至亚微米级。准分子激光技术因其热影响区域较小，未受照射的区域不受影响、不被破坏，因此，准分子激光加工被视为冷加工。

准分子激光是由惰性气体原子与化学性质活泼的卤素原子混合后放电激发出高功率的紫外光，其输出紫外光波长为157～351nm。主要的准分子激光种类及其波长见表7-3。由于其光子能量大，当光线照射在工件表面，工件吸收准分子激光后，将材料内部的化学键直接打断，当光子密度足够高时，键断裂速度超过复合速度，材料迅速分解，在光照射层内引起压强剧烈增加，被分解的材料高速喷射出去，将多余的激光能量带走，这种在光的化学作用下引起材料高速排出的过程称为光烧蚀离解。当光子密度较低，不足以引起材料的直接烧蚀时，可以实现各种表面加工，如制作标记、薄膜沉积等。

表7-3 主要的准分子激光种类及其波长

气体种类	波长/nm	气体种类	波长/nm	气体种类	波长/nm
F_2	157	KrCl	222	XeCl	308
ArF	193	KrF	248	XeF	351

7.2.4.3 准分子激光在微细加工中的应用

准分子激光的光子能量大，输入能量密度较低，脉冲窄，作用时间短，材料去除量易控制，无残留物，加工速度快，热影响区小，可获得很高的加工精度和高深宽比，可加工有机物、陶瓷和金属材料以及硅等晶体材料。因此，它广泛地应用在微机械、微光学、微电子和医学生物微元件等精密加工领域，例如半导体工业中的光化学气相沉积、激光刻蚀、退火、掺杂和氧化，以及某些非金属材料的切割、打孔和标记等。

准分子激光在表面微细加工上的主要应用有：

（1）在多芯片组件中用于钻孔；

（2）在微电子工业中用于掩模、电路和芯片缺陷修补，选择性去除金属膜和有机膜，刻蚀，掺杂，退火，标记，直接图形写入，深紫外光曝光等；

（3）液晶显示器薄膜晶体管的低温退火；

（4）低温等离子化学气相沉积；

（5）微型激光标记、光致变色标记等；

（6）制作三维微结构；

（7）制作生物医学元件、探针、导管、传感器、滤网等。

7.2.5 超声微细加工

超声微细加工（ultrasonic machining，USM）是通过超声振动的工具在干磨料中或含有磨料的液体介质中，对被加工件产生磨料的冲击、抛磨、液压冲击及其气蚀作用来去除材料，以及利用超声振动使工件相互结合的加工方法。用它加工出的工件直线性好、尺寸精度高、有较好的表面质量，而且加工过程中不会产生烧伤和表面变质层、热应力，有时加工中产生的表面压应力还对提高工件的疲劳强度和抗应力腐蚀能力有益。超声加工的工件表面粗糙度 R_a 较低，可达 0.63 ~ 0.08μm。超声微细加工可加工不导电的非金属硬脆材料，如玻璃、陶瓷、石英、铁氧体、硅、锗、玛瑙、宝石、金刚石等，还可加工导电的硬质金属，如碳化钢、淬火钢、硬质合金等，以及不锈钢与钛合金多层的材料等。

7.2.5.1 超声加工的基本原理和空化效应

A 超声加工设备基本结构

超声加工设备一般包括超声波发生器、超声振动系统、磨料悬浮液循环系统和机床。图 7-9 所示为超声加工设备结构示意图。超声波发生器的作用是将工频交流电转换为功率为 20 ~ 4000W 的 16kHz 以上的超声频振荡，以供给工具端面往复振动和去除工件材料的能量。超声波振动系统主要包括换能器、变幅杆、工具。其作用是将由超声波发生器输出的高频电信号转变为机械振动能，并通过变幅杆使工具端面做纵向

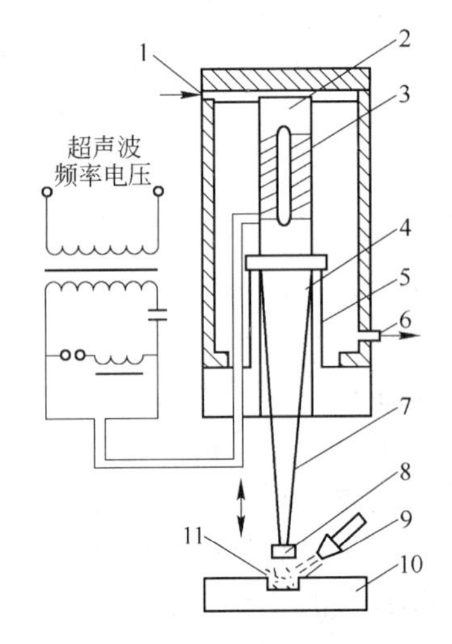

图 7-9 超声加工设备结构示意图
1—冷却水入口；2—换能器；3—激励线圈；4—变幅杆；5—谐振支座；6—冷却水出口；7—工具锥；8—工具头；9—磨料射流；10—工件；11—磨料悬浮液

小振幅为0.01～0.1mm的高频振动。磨料悬浮液循环系统通常使用小型离心泵使磨料悬浮液搅拌后浇注到加工间隙中去。超声加工的精度除受机床、夹具精度的影响之外，主要与磨料粒度、工具的精度及磨损、横向振动、加工深度、工件材料性质等有关。

超声加工孔时，其孔的尺寸将比工具尺寸有所扩大，扩大量约为磨料磨粒直径的2倍，孔的最小直径约等于工具直径加所用磨料磨粒平均直径的2倍。

此外，孔的形状误差与工具的不均匀磨损及横向振动大小有关。一般可采用工具或工件转动的加工方式来减小孔的圆度误差。

B 空化效应

超声波在液体介质中传播时，会使液体介质连续产生压缩和稀疏区域，由于压力差而形成气体空腔，并随着稀疏区的扩展而增大，内部压力下降，同时，受周围液体压力及磨粒传递的冲击力作用，又使气体空腔压缩而提高压力，于是，转入压缩区状态时，迫使其破裂产生冲击波。由于进行的时间极短，因此，会产生更大的冲击力作用于工件表面，从而加速磨粒的切蚀过程，可在界面上产生强烈的冲击和空化现象。由于去除工件材料主要依靠磨粒瞬时局部的冲击作用，因此，工件表面的宏观切削力很小，切削应力、切削热更小，不会产生变形及烧伤，表面粗糙度也较低，可达0.63～0.08μm，尺寸精度可达±0.03mm，适用于加工薄壁、窄缝、低刚度零件。

7.2.5.2 超声加工在精细加工方面的应用

超声加工从20世纪50年代开始实用性研究以来，其应用日益广泛。随着科技和材料工业的发展，新技术、新材料不断涌现，超声加工的应用也进一步拓宽。超声加工是一种加工如陶瓷、玻璃、石英、宝石、锗、硅甚至金刚石等硬脆性半导体、非导体材料有效而重要的方法。即使是电火花粗加工或半精加工后的淬火钢、硬质合金冲压模、拉丝模、塑料模具等，最终的抛光加工也常使用超声加工。目前，超声加工在生产上多用于以下几个方面：

(1) 成型加工。超声波加工在成型加工方面可用于加工各种硬脆材料的圆孔、型孔、型腔、沟槽、异型贯通孔、弯曲孔、微细孔、套料等。例如，对硅等半导体硬脆材料进行套料等加工，在直径90mm、厚0.25mm的硅片上，可套料加工出176个直径仅为1mm的元件，时间只需1.5min，合格率高达90%～95%，加工精度为±0.02mm，现已在玻璃上加工出直径仅9μm的微孔。

(2) 切割加工。超声精密切割半导体、铁氧体、石英、宝石、陶瓷、金刚石等硬脆材料，比用金刚石刀具切割具有切片薄、切口窄、精度高、生产率高、经济性好的优点。例如，超声切割高7mm、宽15～20mm的锗晶片，可在3.5min内切割出厚0.08mm的薄片；超声切割单晶硅片一次可切割10～20片。再如，在陶瓷厚膜集成电路用的元件中，加工8mm、厚0.6mm的陶瓷片，1min内可加工4片；在4mm×1mm的陶瓷元件上加工0.03mm厚的陶瓷片振子，0.5～1min以内，可加工18片，尺寸精度可达±0.02mm。

(3) 焊接加工。超声焊接是利用超声频振动作用，去除工件表面的氧化膜，使新的工件表面显露出来，并在两个被焊工件表面分子的高速振动撞击下摩擦发热，亲和黏结在一起。它不仅可以焊接尼龙、塑料及表面易生成氧化膜的铝制品等，还可以在陶瓷等非金属表面挂锡、挂银、涂覆薄层。由于超声焊接不需要外加热和焊剂，焊接热影响区很小，施加压力微小，因此，用它可焊接直径或厚度很小的（0.015 ~ 0.03mm）金属材料，如大规模集成电路引线连接、可焊接薄到 2μm 的金箔等。此方法已广泛用于微电子器件、微电机、铝制品工业以及航空、航天领域。

（4）超声清洗。超声清洗是由于清洗液（水基清洗剂、氯化烃类溶剂、石油溶剂等）在超声波作用下产生空化效应。空化效应产生的强烈冲击波直接作用到被清洗部位的污物上，使之脱落下来；同时，空化效应产生的空化气泡渗透到污物与被清洗部位表面之间，也促使污物脱落；在污物被清洗液溶解的情况下，空化效应可加速溶解过程。超声主要用于几何形状复杂、清洗质量要求高的中、小型精密零件，特别是工件上的微孔、弯孔、盲孔、沟槽、窄缝等部位的清洗。目前，超声在半导体和集成电路元件、仪表仪器零件、电真空器件、光学零件、精密机械零件、医疗器械、放射性污染等的清洗中应用。

7.2.6 电火花微细加工

电火花加工应用于微细加工的研究起步于 20 世纪 70 年代。初期以微孔加工为目标，经多年的发展，其加工设备与工艺技术已日益完善与成熟，特别是 1984 年日本东京大学增泽隆久等人所发明的线电极电火花磨削技术（WEGD），解决了微细电极的在线制作问题，提高了加工效率和加工精度的一致性，使得此技术步入实用化阶段并拓展到了三维微细型腔的加工。与其他微细加工技术相比，电火花微细加工（micro electro discharge machining，micro EDM）具有以下优点：

（1）可加工导体或半导体类的超硬材料，包括硅材料和铁氧体材料，相比较来说，其加工成本的设备费低。

（2）电火花微细加工是非接触式加工，线电极与工件间保持一定间距，对工件不施加任何压力，对加工超薄工件或弯曲表面的工件十分有利。

（3）可制作深宽比很高的结构，如钻深孔，深宽比可达（5 ~ 10）∶1。

（4）通过控制加工速率和放电能量，可达到很高的表面加工精度，加工边缘和毛刺度要比传统铣削小得多。

7.2.6.1 电火花微细加工的特点和关键技术

电火花微细加工具有加工间隙小、电蚀产物排出困难、工具电极损耗严重、加工稳定性差、电源利用率低、伺服进给灵敏度和精度要求高等特点。在电火花微细加工设备中，工具电极为直流电源的负极（成型电极），工件为正极，两极间充满液态电介质。当正极与负极靠得很近时（几微米到几十微米），液体电介质的绝缘被破坏而发生火花放电，电流密度达 $10^5 \sim 10^6 A/cm^2$，电源供给的是放电持续时间为 $10^{-7} \sim 10^{-3}s$ 的脉冲电流，电火花在很短时间内就消失，因而其瞬时产生的热来不及传导出去，使放电点附近的微小区域达到很高的温度，金属材料局部蒸发而被蚀除，形成一个小坑。如果这个过程不断进行下去，便可加工出所需形状的工件。

在加工过程中，微能脉冲电源参数、微进给伺服机构控制的灵敏度和步进精度，以及电极的制备和装夹、工具电极损耗及补偿方案、加工间隙监测等关键技术直接影响电火花微细加工的各项工艺指标。经过三十多年技术发展，目前应用电火花微细加工技术已可稳定得到尺寸精度高于 0.1μm、表面粗糙度 R_a 小于 0.01μm 的加工表面。

7.2.6.2 线电极电火花磨削技术

线电极电火花磨削技术（WEGD）的工作原理如图7-10所示。在电火花磨削过程中，线电极在导向器上连续移动，导向器垂直工件轴向做微进给，工件轴向旋转的同时做轴向进给，线电极与工件间为点接触放电，由于线电极的连续移动，可忽略电极损耗对加工精度的影响，通过控制工件的旋转与分度，可加工出各种复杂形状的电极，如柱状电极及多边形、螺旋形等形状的电极，为电火花微细加工各种复杂形状的型腔提供了极为有利的工具。日本东京大学的增泽隆久等人利用线电极电火花磨削技术已加工出 ϕ2.5μm 的微细轴和 ϕ5μm 的微细孔。

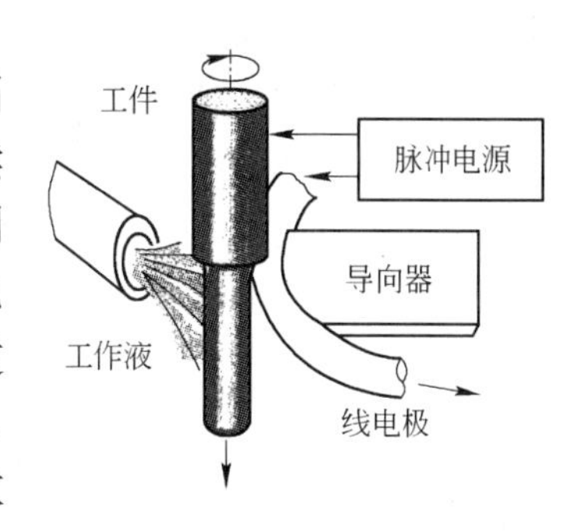

图7-10 线电极电火花磨削的工作原理

7.2.6.3 电极损耗与补偿策略

由于加工中，放电间隙和放电面积均极小，放电点位置在空间与时间上容易集中，增加了放电过程的不稳定性，影响火花放电的蚀除率，且电蚀产物不易排除，使有效脉冲利用率降低、加工速度减慢。同时，放电点集中于电极的尖角棱边，所以电极在此处的损耗大，从而影响工件加工精度。加工过程中的电极的损耗情况是十分复杂的，它并不是按固定的损耗速度进行的。实验证明，在加工初期，电极损耗较大，随着加工的进行，电极损耗速度逐渐减小，趋于相对稳定。因此，需要对电极损耗进行适当规划，采取相应的补偿策略，这样可得到较高的加工精度。目前，提出的电极等损耗概念的应用已大大地简化了电极损耗的补偿策略，例如：分层进行电火花磨削，并在每一加工层面上合理安排电极运动轨迹，实现电极等损耗。图7-11所示为分层电火花铣削示意图，每层加工厚度应小于放电间隙，将放电过程局限在电极底面，其电极损耗也在底面，可有效地避免电极尖角及侧面的损耗，实现电极等损耗。这样可以有效地提高电火花微细加工的精度。

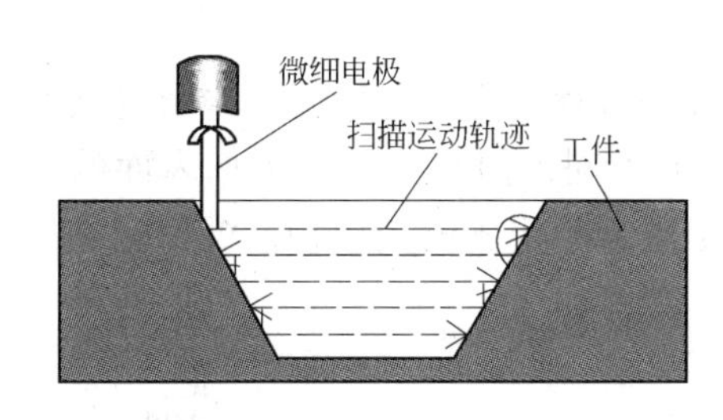

图7-11 分层电火花铣削示意图

7.2.7 电解微细加工

电解微细加工（electrochemical micromachining，EMM）技术是在电解抛光的基础上，利用金属在电解液中因电极反应使阳极溶解的原理对工件进行加工。它具有工具无损耗、生产效率高（其加工效率约为电火花加工的5～10倍）、加工表面质量好、材料选择面广、不受金属材料硬度和强度的限制、不存在切削力的影响、无残余应力的变形等优点。它广泛用于打孔、切槽、雕模、去毛刺等加工。但电解加工也存在加工间隙较大、较难达到更高的加工精度和稳定性、不适宜进行批量生产、电解液具有一定的腐蚀性等缺点。

电解加工时，把按预先设计的形状制成的工具电极与工件相对放置在电解液中，电解液通常为 NaCl、$NaNO_3$、NaBr、NaF、NaOH、KOH、HCl 等，具体使用哪种电解液，要根据加工材料等情况来定，两者距离一般为0.02～1mm，工具电极为负极，工件接电源正极，两极间的直流电压为5～20V，电解液以5～20m/s 的速度从电极间隙中流过，被加工面上的电流密度为25~150A/cm²。加工开始时，工具与工件相距较近的地方通过的电流密度较大，电解液的流速较高，工件（正极）溶解速度也较快。在工件表面不断被溶解的同时，工具电极（负极，不损耗）以0.5~3.0mm/min的速度向工件方向推进，工件不断被溶解，直到与工具电极工作面基本相符的加工形状形成和达到所需尺寸时为止。加工过程中，工具与工件间不存在宏观的切削力，精细地控制电流密度和电解部位，可实现纳米级精度的电解加工，而且表面不会产生加工应力。德国 Viola Kirchner 等人利用微细电解加工技术采用数十纳米级脉冲电源加工出不锈钢微臂悬梁、铜微凸台等复杂微结构。韩国首尔国立大学的 Se Hyun Ahn 等人在20μm厚的不锈钢片上加工出直径为8μm的微孔。美国路易斯安那州立大学的 S. Akkaraju 等人组合 LIGA 和微细电解加工技术批量制造出尖端曲率半径为1.9μm的扫描探针阵列和腰形结构。图7-12所示为电解微细加工系统示意图。

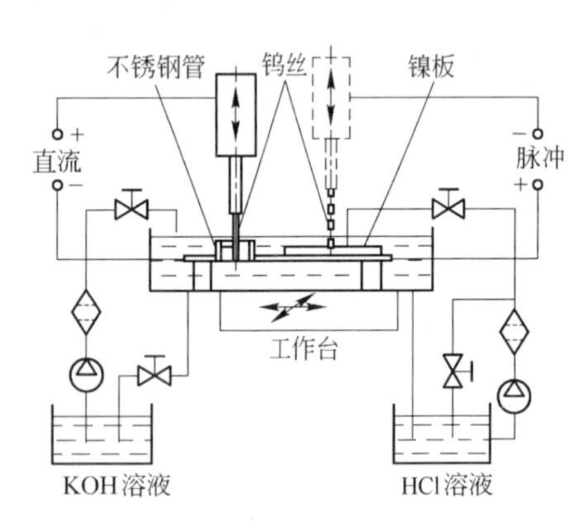

图7-12　电解微细加工系统示意图

7.2.8　微电铸加工

7.2.8.1　微电铸原理

微电铸是通过电沉积金属或合金的方法制作电铸件的过程，它可直接复制精密复杂的器件，具有极高的复制精度和尺寸精度。其原理与电镀类同，但它不是在工件表面的电镀，而是在高深宽比的微构件芯模内沉积与之密合的但附着不牢固的金属物，沉积完成后再将镀层与芯模分离，获得与芯膜型面凸凹相反的电铸件。图7-13所示为微电铸装置示意图，其装置主要由电极、电解液和电源组成，电极的阴极是芯模，阳极是与微电铸件同材料的金属物。微电铸的过程是一个电化学过程，它通过在电解液中金属离子在阴极深的微槽中的沉积，制作出高深宽比的微结构件。

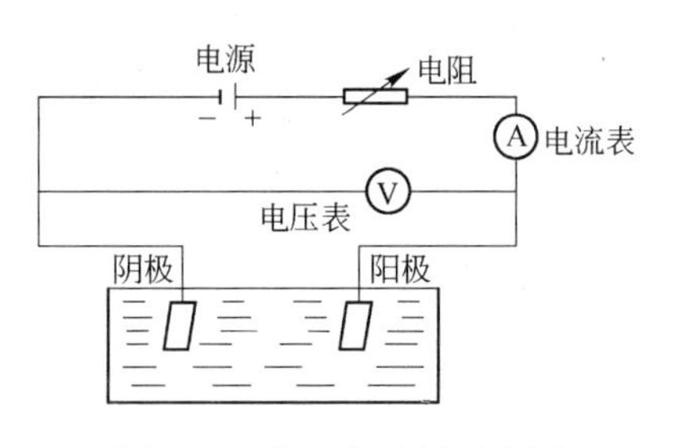

图7-13　微电铸装置示意图

7.2.8.2　微电铸加工特点及基本工艺

微电铸具有可精密复制复杂型面的细微结构、复制精度和尺寸精度高、表面精度可达1nm以下的优点；而且使用范围广，芯模可以用铝、钢、石膏、石蜡、环氧树脂等制造，对于非金属芯模，仅对其表面进行导电处理也可使芯模的表面密合上一层有一定厚度且附着不牢的金属层。微电铸具有较高的沉积速度，可加工高深宽比的结构件。

微电铸加工的主要工艺过程为：芯模制造及芯模的表面处理→电沉积至规定厚度→脱模、加固和修饰→成品。

（1）芯模制造。要根据所需电铸件的形状、结构、尺寸精度、表面粗糙度、产量、机加工工艺等来设计制造芯模。永久性的芯模一般用于产品的长期制造；消耗性的芯模一般在电铸后不能用机械脱膜，要求选用的芯模材料可用热熔化、分解或化学法溶解脱膜。金属芯模电铸后为了顺利脱膜，常用化学或电化学法使芯模表面形成一层导电膜。

（2）电沉积。从原理上讲，凡是能电镀的金属都可用于电铸。但在实际应用上，出于对性能与成本的考虑，只有 Cu、Ni、Fe、Ni-Co 等几种少数金属才可得到高硬度的镀膜，通常按产品的特点和用途选择电镀材料和电镀工艺。

（3）脱膜。常用的脱膜方法有机械法、化学法、熔化法、热胀冷缩法等。由于电镀后，除较薄的电铸层外，一般的电铸层表面都较粗糙，两端棱角处常有结瘤和树枝状沉积层，因此，需进行适当的机械加工后再脱膜。

在微电铸加工中，制作工艺中应注意模具的寿命、制作高深宽比的微结构、深孔电铸、高表面精度、残留应力等。

7.2.9 LIGA 技术加工

7.2.9.1 LIGA 技术加工特点及基本加工过程

LIGA（即 X 射线光刻—电铸成型—注塑的德文缩写）技术是深结构光刻与电铸的代名词。它是 20 世纪 80 年代初德国卡尔斯鲁（Karlsruhe）原子能研究所 W. Ehrfelg 教授等人发明的一种制造微型零件的新工艺技术。它是光刻加工、电铸成型和塑料模铸技术的复合工艺，是制造三维立体微结构零件极具发展前景的新加工技术，是制作各种类型微型器件、微型装置和微机械、微机电系统加工的重要手段。与其他加工技术的最大区别就是它的超深结构加工能力，它可获得极高的深宽比，其微细图形结构的深度可以是图形横向尺寸的 100 倍以上。实现这种加工能力的关键因素是 X 射线光源、X 射线掩模及对 X 射线敏感的聚合物材料。

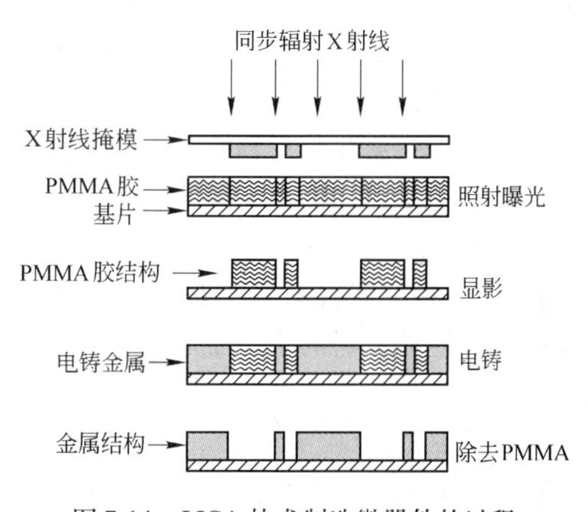

图 7-14　LIGA 技术制造微器件的过程

图 7-14 所示为用 LIGA 技术制造微器件的过程。同步辐射 X 射线透过掩模照向基片上的光敏胶（如 PMMA，即多丙酸酯聚合物）使其感光，经显影把光敏胶被照射部分除去，留下精确的主体光刻胶模型结构。进行批量生产时，所得到的金属结构可用于所要制造的微型器件的铸模，再用电铸法批量复制，得到需要的微型器件，LIGA 技术之所以能加工出高精度的微型器件，其关键是使用了透射能力极强的深度同步辐射 X 射线进行光刻，可在很厚的光敏胶（最厚达 1000μm）上制作出高宽比达 200 的高精度 PMMA 胶微构件。再以 PMMA 胶微构件为模型，通过电铸、塑铸成型复制成金属或塑料的成型构件。

7.2.9.2 LIGA 技术实现超深结构加工水平的技术关键

LIGA 技术实现超深结构加工水平的技术关键在于 X 射线光源、X 射线掩模及对 X 射线敏感的聚合材料。

A　X 射线光源

前面谈及的 X 射线曝光其实都是针对厚度在 1μm 以下的抗蚀剂曝光，其 X 射线波长一般在 1nm 以上，这称为软 X 射线。这种软 X 射线的穿透深度是有限的，远远适应不了超厚结构的曝光，而 1nm 以下的硬 X 射线目前只有用同步辐射加速器才能获得。如采用

0.2～0.3nm 波长的 X 射线光源，一次就可以实现 500μm 厚度的 PMMA 曝光。软 X 射线的光子能量一般为 1～2keV，而硬 X 射线的光子能量在 20keV 以上，硬 X 射线的光子能量不仅是软 X 射线光子能量的 10～20 倍以上，加上大多数的同步辐射光源的 X 射线发散角都在 1mrad 以下，因而在实现超深结构曝光时，相对其高度可视为是平行辐射的。

B X 射线掩模

掩模是实施 LIGA 技术的关键。从形式上讲，它与大规模集成电路 X 射线曝光的掩模类同，通常是由载膜与吸收层图形组成。它们之间的主要区别是吸收层的厚度，因 LIGA 曝光过程中使用的是硬 X 射线，为了使吸收层能完全吸收 X 射线的能量，吸收层的材料属于高原子序数材料；吸收层厚度一般为 5～50μm。常用的吸收层材料是金，因为一方面镀金工艺成熟，另一方面比较容易形成无残余应力的金膜。

吸收层图形其实也是通过曝光工艺完成的，其制作方法是在支撑膜上先沉积一层微薄的金属层作电镀底层，然后涂覆光刻胶、曝光、显影，得到光刻胶图形后，利用电镀工艺将光刻胶图形转化为金属图形。由于吸收层厚度一般都在 10μm 以上，这种比较厚的厚度对光刻工艺来讲本身就有难度。若线宽只有 1μm，曝光图形的深宽比为 10：1 以上的话，传统的厚光刻胶曝光工艺已无能为力，在这种情况下，LIGA 掩模通常是用两步法制备：首先在小于 3μm 厚度的薄胶层上用光学曝光或电子束曝光实现微细图形，然后通过电镀金属层得到所谓的“中间掩模”，中间掩模的金属层厚度为 1～2μm。这种中间掩模也是 X 射线掩模，利用这个中间掩模，再利用软 X 射线光源对厚度为 50μm 以下的光刻胶曝光，显影后通过电镀，最后得到所需的金属吸收层厚度。由于 X 射线曝光的高度平行性和高分辨率，中间掩模的图形可完满地转移到最后的掩模上。此法可获得 10～20μm 厚度的金属吸收层图形。

LIGA 掩模的载膜材料有硅、硅化物、铍、钛、石墨、金刚石膜及某些聚合物材料（Kapton）。这些材料的机械稳定性与 X 射线吸收率一般是相互矛盾的，载膜的厚度增加，其机械稳定性增加，然而，厚度的增加会造成 X 射线吸收增加。从已经测得的几种常用的支撑膜材料（Ti、Si、Be、Kapton）的厚度与 X 射线透过率的关系中得知，铍（Be）是最理想的支撑膜材料，几百微米厚的铍膜比 2～5μm 厚的硅膜有更好的 X 射线透过率，但铍与铍的氧化物有剧毒，需在特殊环境下用特殊工具加工，这就使铍膜作为载膜的成本大增。在报道的载膜材料中，有 2～2.5μm 厚的钛膜、4～5μm 的金刚石膜、2μm 的掺硼硅膜、125～250μm 厚的石墨等材料。当曝光深度超过 500μm 时，则对支撑膜材料的厚度与吸收层金属的厚度有更高要求，如曝光 1mm 以上厚度的 PMMA，需要金属吸收层的厚度为 50μm 和厚度为 50μm 的硅支撑膜，或厚度为 1mm 的铍支撑膜。聚合物（如 Kapton）作支撑材料，虽然它的成本很低，但在长时间硬 X 射线辐射时，会使聚合物退化降解。

C 用于 LIGA 的厚层聚合材料及工艺

PMMA（多丙酸酯聚合物，poly methy methacrylate）是 LIGA 在曝光技术中制作超深结构最适用的光敏聚合物，它是一种对电子束敏感的高分辨率的抗蚀剂。X 射线在曝光中激发 PMMA 中的光电子，导致 PMMA 聚合物中的长链大分子断链成为可溶的短链小分子，其化学过程与电子束曝光一样，工艺区别仅仅在于 PMMA 的厚度。LIGA 工艺中 PMMA 的厚度一般都在几百微米以上，制作如此厚的胶层本身也是一种特殊技术。传统的甩胶法无法获得很厚的胶层，需采用非常黏滞的 PMMA，并需多次旋转涂覆，方可获得最大厚度不超过 150μm 的胶层，而更厚的胶层可采用流动法涂胶，即把黏稠的 PMMA 倾倒在基底材料表面，依靠液态 PMMA 的流动性和表面张力使其摊涂均匀，PMMA 在 X 射线曝光中是一种正型胶。涂胶后的 PMMA 在烘烤固化过程中，因内部有机溶剂的挥发造成 PMMA 的体积缩小，在涂层内产生严重的应力；加上 PMMA 与基底材料线膨胀系数的差异，也会在烘烤过程中形成残余应力，使 PMMA 涂层表面产生龟裂，造成涂层与基底材料分离；若基底材料机械强度不够，则整个涂覆的样品会翘曲；要减少这种应力，需尽可能采用高相对分子质量的 PMMA，使 PMMA 与基底材料尽可能在线膨胀系数上相近，其次是在烘烤的降温过程中尽可能缓慢降温，如用 5℃/h 的速度升降温，以使 PMMA 在固化过程中有充分的弛豫时间来适应基底材料的变化。

一种制作厚层 PMMA 减小应力的方法是直接把 PMMA 硬膜黏附到基底材料表面。PMMA实际是一种有机玻璃，它有各种尺寸厚度。黏 PMMA 硬膜前，先在基底表面涂覆一层 10μm 左右的液态 PMMA，然后把裁剪好的 PMMA 硬膜压贴到上面，烘烤后硬膜 PMMA 与基底材料结为一体。由于黏附层厚度很薄，其产生的应力也就很小。

还有一种简便方法是先涂覆 1~2μm 液态 PMMA，烘烤固化后在这一薄层 PMMA 上滴几滴丙酮溶剂，然后再把 PMMA 硬膜压附上去，丙酮使固化的 PMMA 溶解，也就起到黏附剂的作用。压附的 PMMA 硬膜与基底材料在室温下放置几个小时，待有机溶剂挥发干燥后就形成基本无内应力的 PMMA 厚涂层。

这种附着性能在 LIGA 技术中很关键。附着如果不好，不仅存在的内应力会使 PMMA 层与基底分离，而且在后续的电铸工艺中，也因电铸层的应力存在会造成 PMMA 与基底分离，影响电铸结构精度。由于 PMMA 是涂覆在作为电镀基底的金属导电膜上，因此，PMMA的附着性能主要是它与金属导电膜的亲和性能。若以钛作金属导电层，就可通过化学处理使钛表面形成一层薄的氧化钛层。因为氧化钛本身是一种多孔材料，其可增大PMMA与钛导电层的接触面积，因而增加了 PMMA 的附着力。当然还可以通过另外一些化学增附剂，如硅氧烷、苯硫酚等来改善 PMMA 与金属表面的附着性能。

X 射线对 PMMA 的曝光过程是 PMMA 从高相对分子质量到低相对分子质量的降解过程，如 PMMA 初始相对分子质量为 600000，经过 $4kJ/cm^2$ 剂量曝光后，相对分子质量降为 5700；经过 $20kJ/cm^2$ 剂量曝光后，相对分子质量降为 2800。由于低相对分子质量的PMMA 可溶解于显影液，因此，曝光剂量必须达到某一阈值才会使 PMMA 完全曝光。但是，X 射线是随 PMMA 的深度增加而衰减的，表层接受的曝光剂量与底层接受的曝光剂量差可达 5 倍以上，为使底层的 PMMA 也得到充分曝光，表层的 PMMA 所受的曝光剂量可能过高，表层 PMMA 接受过多的 X 射线能量转化为热量，引发 PMMA 温度升高，导致 PMMA 软化；同时会产生气化物，这种气化物在软化的 PMMA 中形成气泡，使 PMMA 表层泡沫化，破坏曝光的 PMMA 结构。X 射线在 PMMA 中的衰减与波长有关，波长越短，衰减就越小，表层剂量与底层剂量差别就越小。

从 X 射线波长与在 PMMA 中的穿透深度的实验关系曲线中可知，在曝光 100μm 以上 PMMA 厚度时，X 射线的波长应小于 0.5nm。

曝光后的显影也很重要。由于 LIGA 工艺中 PMMA 的厚度远大于传统电子束曝光的 PMMA 厚度，因此，LIGA 工艺采用一种由 60%（体积分数）的二乙二醇丁醚（2-(2-butoxycthoxy) ethanol）、20%（体积分数）的四氢-1,4-噁嗪（tetrahydro-1,4-oxazin）、5%

（体积分数）的2-氨基乙醇-1（2-aminoethanol-1）和15%（体积分数）的去离子水混合而成的特殊显影液；因显影的能力随温度降低而降低，所以显影温度应保持在38℃，最高不能超过45℃，温度过高会使显影对比度降低；对上述显影液而言，在实际应用中曝光剂量一般在3～3.5kJ/cm^2、表面PMMA的最大曝光剂量不超过20～25kJ/cm^2，剂量过高会产生气泡现象；穿透掩模吸收层的剂量应不超过120J/cm^2，为的是保证足够的对比度。

PMMA最大的缺点是灵敏度低，曝光时间长，这在超厚曝光时最为明显，如用X射线曝光1mm厚的PMMA需近24h。因此，近年来，一种新型的化学放大的负型光刻胶SU-8在紫外曝光中得到广泛应用。SU-8胶最大的优点是灵敏度高，通常PMMA需用十几个小时曝光的图形，使用SU-8只要十几分钟，并且SU-8胶在紫外曝光中有极高的对比度。由于同步辐射的X射线平行度极好，由X射线曝光获得的SU-8图形高宽比可达50：1，甚至100：1。

SU-8胶的致命缺点是去胶难。传统的光刻胶可在丙酮类溶液中容易清除，或通过氧等离子体刻蚀清除；而SU-8胶对一般有机溶剂不起作用，它有非常好的化学稳定性，必须用非常强的酸类溶剂才会有效去除。物理去除胶方法有高压喷水、喷砂、激光烧蚀，这些方法在不同程度上都会损伤金属结构。还有一种有效的方法是600℃左右高温下SU-8灰化。化学法是使用酸类腐蚀，对不同的电铸结构选用不同的酸，以免损坏金属构件；等离子刻蚀去胶速度太慢、不实用。因此，目前SU-8电铸模去除仍没有真正解决好。

7.2.9.3 影响LIGA图形精度的因素以及LIGA的应用

LIGA技术尽管可制作深宽比极大、边壁陡直的微细结构，但仍有一些影响着其获得高精度的因素，这些因素主要是X射线的衍射与光电子散射效应、同步辐射光源的发散效应、吸收层图形非陡直边壁效应、掩模畸变效应和基底材料的二次电子效应。

（1）X射线的衍射与光电子散射效应。由于X射线的辐射光源同样有菲涅耳衍射（Fresnel diffraction），衍射结果会在曝光区外形成晕环，对单波长辐射、晕环的宽度与曝光波长和曝光深度的平方根成正比，除衍射效应造成图形横向扩散外，其X射线激发的PMMA内的高能光子也有一定散射。X射线波长越短，激发的光电子能量就越高。图7-15所示为衍射与光电子散射造成的曝光图形横向扩散的综合效应。两者的叠加结果会使图形横向扩展0.1μm左右。

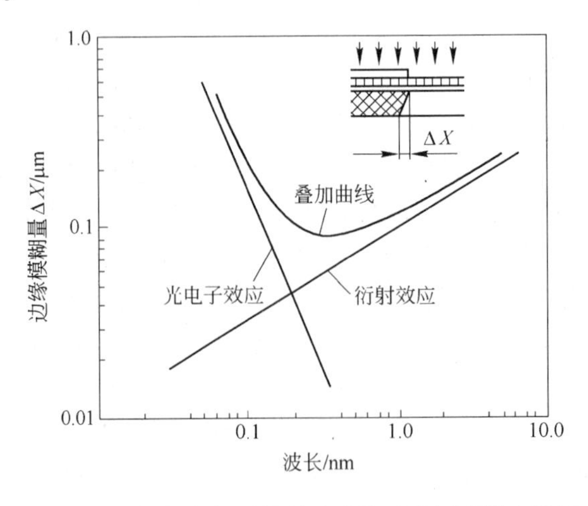

图7-15 衍射与光电子散射造成的曝光图形横向扩展

（2）同步辐射光源的发散效应。典型同步辐射光源 X 射线的发射角在 0.1 ~ 1mrad 之间，按 X 射线出射窗口与掩模的距离以及发散角可计算因发散造成的图形横向偏离。

（3）吸收层图形非陡直边壁效应。吸收层图形的边壁不可能完全垂直，其原因是掩模与入射 X 射线方向不完全垂直，更有可能是制作的吸收层图形边壁不陡直。当吸收层图形由光学曝光法制作时，光学曝光获得的厚光刻胶图形边壁总会有一定斜度，边壁倾斜 5° ~ 10°都有可能，其后果是 X 射线在曝光区边缘处只有部分吸收，造成边缘区域的 PMMA 被部分曝光，而影响曝光图形精度。因此，为保证图形精度，对要求高精度的微细结构、掩模应用两步法制作，即最后的厚胶图形应该由 X 射线曝光形成。

（4）掩模畸变效应。超厚 PMMA 层在长时间 X 射线曝光中，支撑膜本身也会吸收一定的 X 射线，这些吸收的能量转化成热量，使掩模升温而膨胀变形，在掩模表面除通氦冷却外，还应避用不易导热的支撑材料。

（5）基底材料的二次电子效应。当 X 射线穿透 PMMA 到达基底金属导电膜，会激发金属膜发射二次电子，二次电子的各向同性散射会使非曝光区的底层 PMMA 也部分曝光，其在曝光的密集区域尤为明显，在显影过程中受到二次电子影响的非曝光区 PMMA 会因显影液的作用而脱离基底表面，使非曝光区的 PMMA 图形与基底的附着力大大减弱，X 射线波长越短，金属基底的二次电子产额越高，这种现象就越明显。

值得指出的是，上述的 5 种因素对曝光图形精度的影响并不严重。用 LIGA 技术制作的微细结构主要用于微机械与微系统，其整体结构尺寸一般都在几十或数百微米，因此，零点几个微米的图形偏差不会对整个结构造成太大的影响。

LIGA 技术使用了深度同步辐射 X 射线这一关键技术。深度同步辐射 X 射线是目前强度最高的 X 射线，它发射出来的辐射谱从微波波长区经红外光波长区、可见光、紫外光波长区，一直延伸到 X 射线波长区。它所制作的微器件是最大高度达 1000μm、横向加工尺寸为 0.5μm、高宽比大于 200 的立体结构，加工精度可达 0.1μm；刻出的图形侧壁陡峭，能加工金属与合金、陶瓷、聚合物、玻璃等材料，且可成批地复制生产高质量的微结构器件。在应用上，已经用 LIGA 技术研制成微轴、微齿轮、微弹簧、多种微机械零件、多种传感器、微电机、多种微执行器、集成光学和微光学器件、微电子元件、微医疗器械装置、流体技术微元件、多种微纳米元件及系统。图 7-16 所示为 LIGA 技术制成的金属（镍）微器件。

(a)

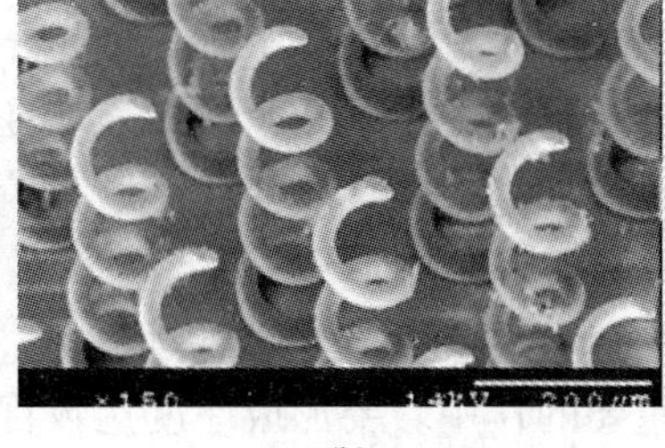
(b)

(c)

图 7-16　LIGA 技术制成的金属（镍）微器件
（a）微齿轮；（b）微弹簧；（c）蜂窝结构

7.2.9.4　LIGA的扩展工艺

现今已开发有几种LIGA新工艺用来加工较为复杂的三维立体结构，并开发了LIGA工艺和牺牲层工艺相结合的复合加工工艺，能加工复杂的微结构器件，大为拓宽了工艺的应用范围。下面介绍几种用LIGA工艺加工的较复杂微结构器件。

A　LIGA工艺制造阶梯状微结构

图7-17所示为用LIGA工艺制成的阶梯状微结构实例。以阶梯微齿轮为例，讲述这种微结构的制造方法。

图7-17　复合LIGA工艺制成的阶梯状微结构

第一种方法：分两次对抗蚀光刻胶进行X射线辐射曝光，第一次对大齿轮的X射线的辐射量强，光刻胶从上到下都全部充分曝光；第二次对小齿轮的X射线辐射量弱些，刚好到分界面处达到曝光要求的最低辐射量，显影后即可得到阶梯结构。这种方法的缺点是需两套X射线掩模，成本较高，而且需控制好照射时间以控制照射量，得到的分界面位置的精度稍差。

第二种方法：用LIGA工艺对大小齿轮分两次加工，第一次先用LIGA工艺加工出小齿轮，小齿轮的高度为大小齿轮之和，再将小齿轮放入光刻胶内，胶的高度等于大齿轮高度，进行二次LIGA光刻，加工出大齿轮，小齿轮有一部分高度也包含在大齿轮内，最终得到阶梯的微型齿轮。这种方法的缺点是仍需两套X射线掩模，大小齿轮不易获得高的同心度，总的工作量较大。

B　加工球状表面微结构

图7-18所示为用LIGA工艺制成的球形表面的微结构。这种特殊的工艺加工过程首先以原来的LIGA工艺制造出PMMA胶的圆柱形微结构，如图7-19(a)所示，然后再进行同步辐射X射线的大剂量辐射照射曝光，如图7-19(b)所示。在第二次照射曝光时，X射线频谱被调整到大部分是较长波长的射线，使辐射量主要被结构的上部所吸收，大剂量的辐射照射吸收，使PMMA胶的相对分子质量变化，它的玻璃态转化温度降低，即随高度的不同，光刻胶的玻璃态转化温度不同，其结果是在结构上部的材料首先熔化。控制照射的时间和照射的量，使微结构上部材料玻璃化而先被熔化，由于表面张力的作用，熔融状态的材料收缩成半球状，就得到具有半球形帽的圆柱体微结构。这种特殊的LIGA工艺非常适用于微型球面透镜阵列的生产。

图7-18　用LIGA工艺制成的球形表面的微结构

值得指出的是，在应用LIGA工艺制造微器件过程中，应对下列关键技术特别关注：

(1) 抗蚀光刻胶起着重要的作用。要形成厚度达数百到上千微米、均匀、平滑、致密的光刻胶，而且它又必须与金属基底牢固连接，制成很高很窄的构件仍牢固连接在基板上，这些都有很大难度。

(2) 光刻胶厚度达数百微米，对光刻的曝光时间、曝光条件等都有特殊的要求；不同

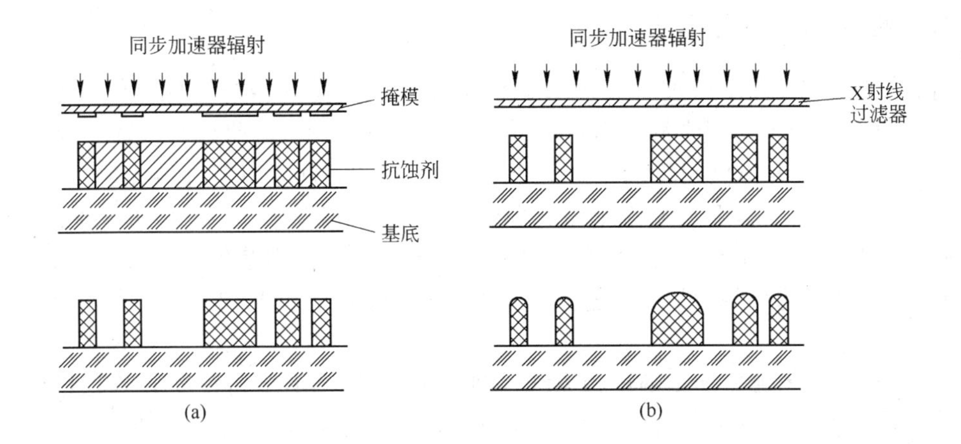

图 7-19 球形表面微结构 LIGA 工艺加工过程
（a）用 LIGA 工艺制造出 PMMA 胶的圆柱形微结构；
（b）大剂量 X 射线曝光得到具有半球形帽的圆柱体微结构

波长的 X 射线对抗蚀光刻胶的穿透能力不同，抗蚀光刻胶要求曝光照射时辐射照射量在一定范围，辐射照射量太小会导致光致效应不完全，辐射照射量过大，则又会导致胶内产生气泡而损伤胶的结构，辐射量上限 $20\mathrm{kJ/cm^2}$，并与照射温度有关，超过此量将会损伤抗蚀光刻胶。用同步辐射 X 射线进行一次曝光时，表层照射量与底层将有明显差别，很可能底层尚未达到要求的辐射量，面表层辐射量就已超过限度，单纯控制曝光时间无法解决问题，此时需要滤波，滤去部分波长较长的射线，调整同步辐射 X 射线的波长谱的分布，使被照射的光刻胶上下层都达到要求的照射量。

由于 X 射线辐射导致的菲涅耳衍射、光电子效应都会造成边缘模糊，一般都小于 $0.1\mu m$；同步辐射的 X 射线在辐射时会有一定散发，因散发角在 0.01mrad 内，其造成的边缘模糊可忽略不计，但掩模边缘在射线的强照射下被激发可能产生荧光辐射，将会导致相当的边缘模糊。

尽管有这些因素的影响，但在用深度同步辐射 X 射线刻蚀出来的 PMMA 光刻胶模型器件仍有很高精度，侧壁陡峭，表面光滑。

（3）由于要镀制几百微米的厚度，且窄缝中部需填满，就需专门的精密微电铸工艺；加上器件形状复杂、精度高、使用材料又多（金属、陶瓷、塑料、玻璃等），注模复制也是关键技术，对电铸或注模时的精确成型和如何脱模都必须重视，只要掌握好精密电铸工艺，并精心进行电铸复制，重复复制的微结构仍可达到很高的精度。这些在用 LIGA 工艺制造微器件过程中的技术关键应引起高度的关注，并精确地控制。

值得指出的是 LIGA 技术比较昂贵，需用同步辐射加速器及特别的掩模版。国内研究开发了 DEM（deepetching electroforming and microreplication）技术，该技术用反应离子或电感耦合等离子体（ICP）刻蚀代替同步辐射软 X 射线刻蚀，并不需要特别的掩模版，后续工序与 LIGA 相同（即微电铸及微复制），但 DEM 技术、LIGA 技术与 IC 制造工艺的相容性较差，因此，开发与 IC 工艺制造相容、线条特征比（深宽比）较大的准 LIGA 技术相当重要。

7.2.10 准 LIGA 技术加工

前面谈到 LIGA 技术可加工高度大、结构较复杂的精密结构器件。但其价格昂贵，需用深度同步辐射 X 射线光源，有这种设备的单位又很少，目前只有北京、合肥有同步辐射光源，其他没有深度同步辐射 X 射线光源的单位就只能用紫外线光源或普通 X 射线光源来进行加工。基于光源的光辐射强度较弱，波长较长，平行性也不理想，因此，光刻质量稍差，加工件的高度最大约为 100 ~ 200μm。这种用紫外线光源或普通的 X 射线光源替代同步辐射 X 射线光源进行的类似 LIGA 技术的工艺加工，一般称为准 LIGA 技术加工。

用准 LIGA 工艺也可加工高度为 100 ~ 200μm、截面图形结构较复杂、上下形状一致的立体微结构器件，只是精密度差些。这是因为它的光刻使用的是标准的 IC 工艺技术方法。如光刻掩模要求较低，普通 IC 工艺中的标准光刻掩模也可使用（厚度为 0.1μm 的 Cr 膜）。光刻胶也用 IC 工艺常用的聚酰亚胺等，光刻胶的显影化学试剂也可用 IC 工艺中使用的显影试剂。这样，准 LIGA 工艺就比 LIGA 工艺简便得多。准 LIGA 加工工艺不足之处是：其曝光使用的紫外线光与普通的 X 射线穿透能力不强、曝光时间较长，而且照射深度受限，光线的平行性也不高，在光刻胶中的衍射和散射又较严重，边缘模糊，在照射深度增加时此现象尤为严重，造成加工出的微结构边缘粗糙、侧面垂直度误差较大，加上普通光刻胶的结构不够紧密坚固，因而制成的微结构侧表面也较粗糙。但这种准 LIGA 加工方法可用于精密度不太高的立体微结构器件的制造，它有一定的应用前景。

7.2.11 扫描探针显微镜纳米精密加工

7.2.11.1 扫描探针显微镜纳米、原子量级的加工

扫描探针显微镜（SPM）是扫描隧道显微镜（STM）和原子力显微镜（AFM）系统的总称。这两种显微镜发明之初主要是用于材料微观纳米级的形貌观察，它不仅观察物质表面原子级结构，还分析物质的化学和物理性质。人们在 STM 和 AFM 的微观作用机理、提高分辨率的研究发展中发现，在测量时，针尖和试件原子间的相互作用力不仅有相互吸引的范德华力、振荡力和相互排斥的库仑力，同时还有毛细力、摩擦力、磁力、静电力、化学力，其中，摩擦力、磁力、静电力、化学力使原子力显微镜测量时增加了测量误差。因此，人们利用针尖与试件原子之间相互吸引的范德华力和相互排斥的库化力作测量信号的原子力显微镜（AFM），又发明了摩擦力（FFM）、磁力（MFM）、静电力（EFM）、化学力（CFM）等显微镜。这些显微镜都是检测扫描针尖与试件间相互作用的扫描力，即检测探针针尖扫描时所受到的各种作用力的显微镜，人们把这类显微镜总称为扫描探针显微镜（SPM）。这些新的扫描探针显微镜有各自的特点和应用领域，且越来越广地发挥着重要作用，人们有时又把这类不同的显微镜统称为扫描力显微镜（SFM）。在应用中一台多功能的扫描探针显微镜配备上不同的配件后就等于有多台不同功能的、具有高分辨率、高灵敏度的多功能扫描隧道和原子力显微镜系统，或者称为多功能扫描探针显微镜。

随着高新技术和纳米技术的发展，人们应用扫描探针显微镜针尖搬迁材料表面原子的

功能，即运用扫描探针显微镜的针尖原子和试件表面原子的相互作用，实现原子或分子的搬迁移动、原子（分子）的增添或针尖与试件间的电场在搬迁移动原子和分子时产生物理或化学的变化，从而实现在材料表面加工（构成）纳米级微结构。这种用扫描探针显微镜来进行纳米、原子量级的加工，很可能成为重要的纳米精密加工技术，也显示出当今微米尺度微细加工已跨入超精度的纳米尺度的微结构精密加工。

7.2.11.2 扫描探针纳米精密加工的原理和方法

与现有的微细结构加工方法相比，扫描探针显微镜纳米精密加工在微结构加工上突出的特点在于能加工特别的纳米尺度微结构。扫描探针显微镜光刻可加工出线宽小于10nm、高宽比大于10的立体线条。使用扫描探针显微镜连续操纵原子还可加工出宽2~3nm的沟槽和纳米线。而现有的微电子器件的电子束光刻加工的仅为最小宽度0.1μm、厚度极小的线条。相比之下，两者在微细加工水平上相差较大。

扫描探针显微镜纳米精密加工根据需求有着多种不同的原理和方法，归结起来大致有：

（1）微精细机械构件加工。其加工原理是使用扫描探针显微镜针尖直接对试件进行雕刻加工，只要在对针尖的运动和作用力进行精确控制的同时，又进行精确地在线测量就可加工出非常精细的机械构件。如国内哈尔滨工业大学纳米技术中心用原子力显微镜（AFM）探针的针尖，按扫描运动方向和行程长短令针尖按微结构所要求的图形形状尺寸对材料表面进行扫描，准确控制针尖的作用力来控制刻划深度，他们在材料表面雕刻出“HIT”精确细微的图形结构（见图7-20）。

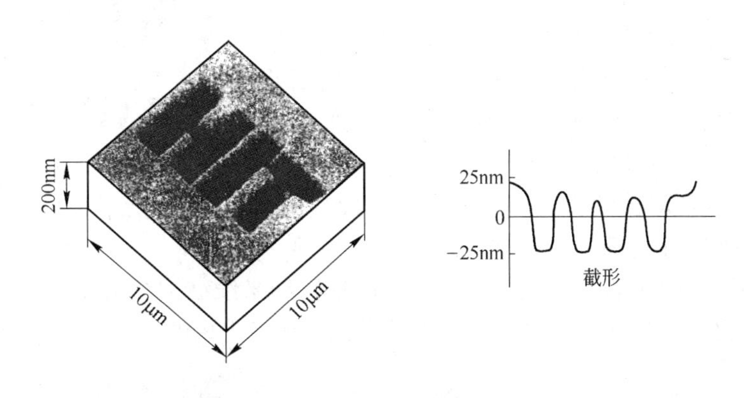

图7-20 用AFM雕刻出的“HIT”图形结构

（2）微沟槽、纳米点、纳米线加工。它是利用扫描探针显微镜连续操作原子来加工微结构。如在连续试件表面去除原子，加工出微沟槽、字样；连续在试件上放置原子加工出纳米点、线。如中科院北京真空物理实验室用STM在Si(111)7×7表面特定方向上连续去除Si原子，使表面获得原子级的平面沟槽（沟宽2.33nm）。加工时，运用恒电流工件模式，偏压+2V，隧道电流1.0nA，去除Si原子时，把隧道电流提高到30~50nA，针尖离开试件表面距离小于0.4nm，由于STM采用恒电流工作模式，针尖以400nm/s速度沿某一方向扫描，针尖经过处在试件表面连续去除Si原子，而形成十分窄的沟槽（见图7-21(a)），并且还用此方法在Si(111)7×7表面上刻蚀出“毛泽东”等字样。由于字的笔划并不都是沿着Si(111)7×7晶胞的基矢方向，因此笔划边界比较粗糙。这类方法是不同于针尖的直接机械刻划。去除 Si 原子的方法是令原子获得能量而飞逸，使表面获得原子级平面沟槽和刻蚀成“毛泽东”字样（见图 7-21(b)）。用这种细的沟槽可组成各种复杂的图形结构。

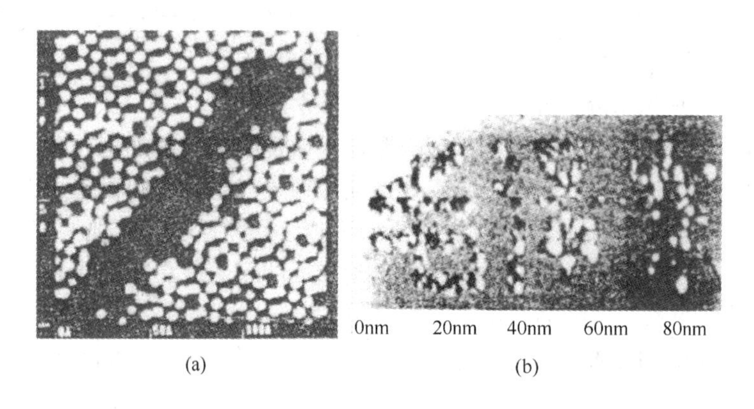

(a)　　(b)

图 7-21　在 Si(111)7×7 表面去除 Si 原子表面获得原子级平面沟槽和刻蚀的“毛泽东”字样

黄德欢用 STM 的 Pt 针尖材料原子在试件 Si(111) 7×7 的表面上沉积出 Pt 纳米点。他在实验中增大隧道电流，使 Pt 针尖与试件表面距为 0.4nm 时，对针尖施加 −3.0V、10ms 的电脉冲，因电流急剧增加，温度升高，针尖的 Pt 原子向试件迅速扩散，形成纳米尺度的连接桥。STM 是工作在恒电流反馈状态，因此针尖迅速回缩，使形成的纳米桥断裂，残留于试件表面的 Pt 构成纳米点（见图 7-22）。

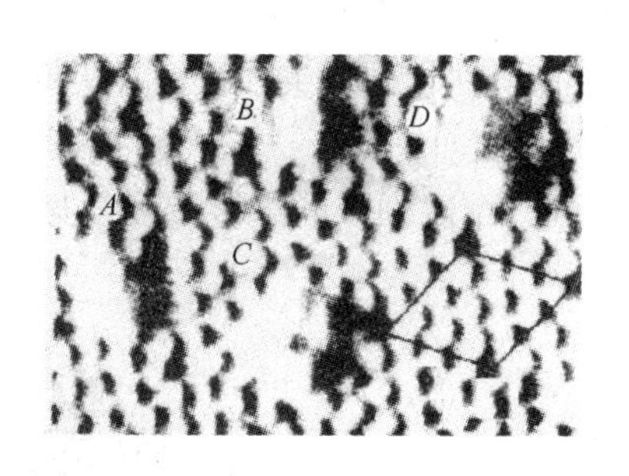

图 7-22　STM 的 Pt 针尖在 Si 表面沉积的纳米点

美国 Stanford 大学的 C. Quate 用原子力显微镜 AFM 对 Si 表面进行光刻加工，加工获得细线宽度为 32nm、刻蚀深度为 320nm、高宽比达 10∶1 的连续纳米线结构（见图 7-23）。如此小的宽度和如此大的高度比的纳米线是普通光刻技术无法加工出来的。

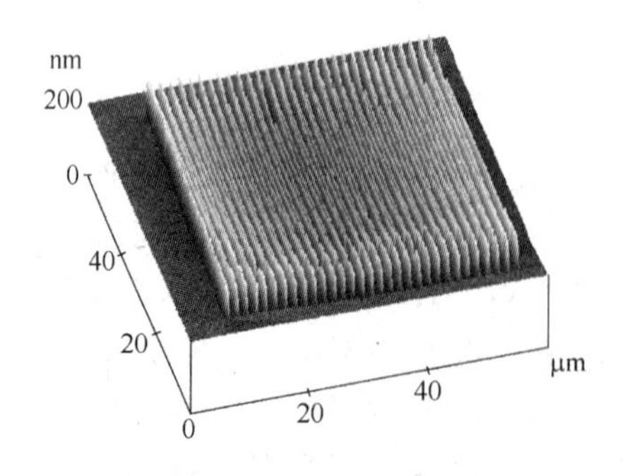

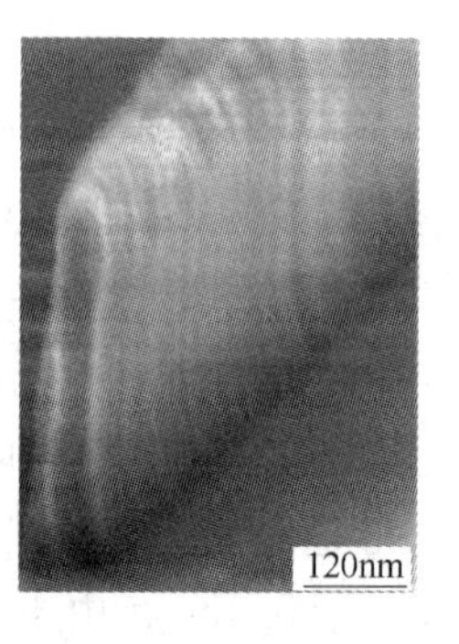

图 7-23　AFM 在 Si 表面光刻加工的连续纳米结构

（3）微结构加工。它是一种利用扫描探针显微镜针尖处的电流或电场所产生的物理或化学反应来加工出微结构的方法。中科院真空物理实验室用扫描探针显微镜针尖处的电流或电场在 P 型 Si(111) 表面、局部阳极氧化加工成中科院院徽，其细微结构如图 7-24 所示。

（4）利用多针尖独立进行加工，可以提高加工微结构的效率，还能提高加工微结构的最大尺寸。如美国 Stanford 大学用五针尖加工了 5×1 平行阵列微悬臂结构，它带独立 Si 压敏电阻偏转传感器和 ZnO 压电扫描器（见图 7-25）。

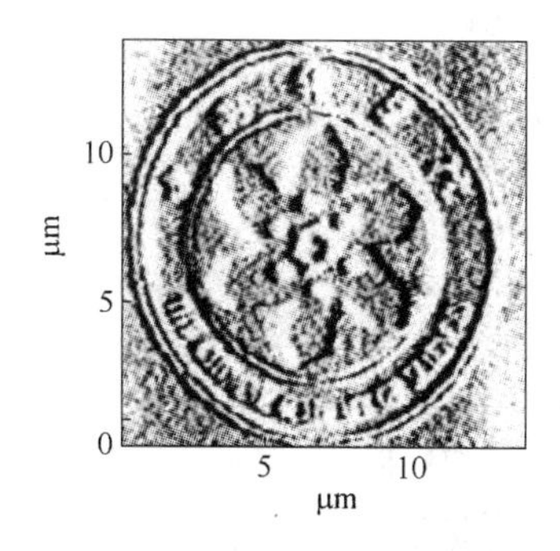

图 7-24 Si 表面阳极氧化成 SiO_2 中科院院徽

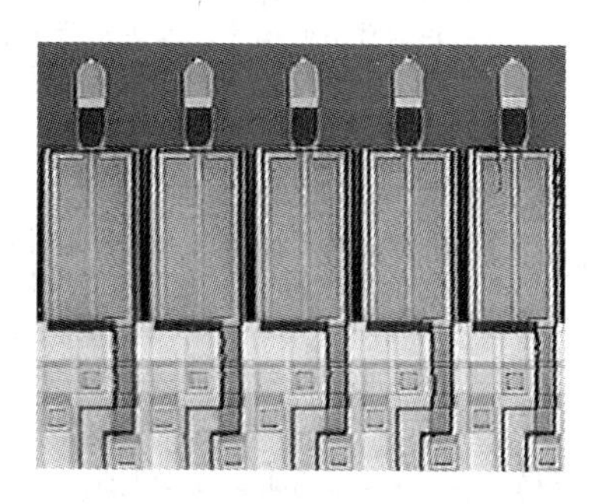

图 7-25 带独立的 5×1 平行阵列微悬臂结构

（5）利用针尖处的电场，在较高温度下使试件表面原子聚集成三维的微型立体结构。如日本电子株式会社的 Dr. M. Iwatsuki 等人通过针尖在试件 Si(111) 表面加负偏压、控制环境温度在600℃，试件表面的 Si 原子在电场的作用下聚集到扫描探针显微镜的针尖下，自组装成一个纳米尺度的六边形 Si 金字塔（见图 7-26）。

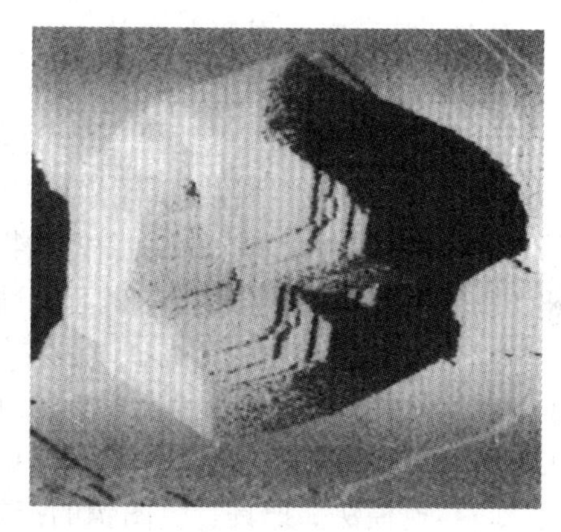

图 7-26 自组装形成的六边形 Si 金字塔

从上述扫描探针显微镜所进行的多种不同的纳米加工方法中可以看出，其实质就是利用扫描探针显微镜的针尖原子和试件表面原子的相互作用，根据所加工的微结构图形尺度的需要，选用不同的加工方法，而这些方法只是针尖与试件间的环境条件和工艺条件不同而已。尽管在发展完善过程中，这种扫描探针显微镜的微细纳米加工还会遇到新的技术难题，但已成功的实例表明，扫描探针显微镜很可能成为纳米精密加工的重要技术，对未来的纳米和分子电器制造、纳米微型机械加工制造的发展都有不可低估的作用和直接的影响。

7.3 微细加工技术在微电子先进新技术中的应用

7.3.1 微电子微细加工技术

上面简要地讲述了光刻、电子束、离子束、激光束、超声、微细电火花、电解、电铸、LIGA 技术等微细加工技术，从目前微电子的微细加工研究和生产技术的现况归纳来看，微电子的微细加工大致由微细图形加工技术、精密控制掺杂技术、超薄层晶体及薄膜生长技术等三部分组成。其涵义和内容见表7-4。

表7-4 微电子微细加工的涵义和内容

类别	涵义	内容
微细图形加工技术	在基板表面上微细加工成要求的薄膜图形，具体方法有反向刻蚀法等，目前常用掩模法，包括光掩模制作技术（即制版）和芯片集成电路图形曝光刻蚀技术（简称光刻）	（1）掩模制作技术，包括计算机辅助设计、制版、中间掩模制作、工作掩模制作、缩微掩模图形合成、掩模缺陷检查、修补技术等； （2）图形曝光技术，包括遮蔽式复印曝光、投影成像曝光、扫描成像技术； （3）图形刻蚀技术，包括湿法、干法刻蚀技术
精密控制掺杂技术	应用离子掺杂技术精密地控制掺杂层杂质浓度、深度及掺杂图形几何尺寸	（1）离子注入技术； （2）离子束直接注入成像技术
超薄层晶体及薄膜生长技术	集成电路生产过程中在半导体基体表面生长或沉积各种外延膜、绝缘膜或金属膜的工艺技术	（1）离子注入成膜技术； （2）离子束外延技术； （3）分子束外延技术； （4）热生长技术； （5）低温化学气相沉积技术

7.3.1.1 微细图形加工技术

在基板表面形成所设计的薄膜图形的方法有：

（1）反向刻蚀法。它是借助丝网印刷或光刻胶在基板表面形成负图像，再用真空镀膜方法，如真空蒸镀、溅射镀、CVD等方法进行镀膜，镀膜后，把镀制的基板浸泡在易使负图像溶解的溶液中，使形成负图像的物质泡胀、溶解在溶液中，将镀在上面的薄膜刻蚀下来，使基板表面留下设计要求的正像薄膜图形。

（2）光刻法。先用真空蒸镀法在基板表面蒸镀一层薄膜，再用丝网印刷正像或光刻胶在基板上形成正像，然后用化学刻蚀（湿法）或干法刻蚀去除露出部分的薄膜，并把残留在正像上的丝网印刷用物料用溶剂溶解，最后在基板上形成设计要求的薄膜正像。

（3）掩模法。把具有负图像的掩模贴在基板上，贴合后用真空蒸镀把薄膜镀在基板上，取下掩模后就可得到设计要求的薄膜正像。

这些方法各有优缺点，但掩模方法工序简便，蒸镀用掩模常用Mo、Co等金属以及石墨和玻璃，开孔加工用超声或电子束等方法。

在制造高密度的集成电路时，提高光刻的分辨率和生产效率十分重要。现已有一系列的措施，如在光掩模制作上采用移相掩模；通过准分子激光器曝光光源提高曝光分辨率；化学上用反差增强技术，用高能粒子束直接扫描成像等。

基于芯片制作工艺精细而复杂，特别是复杂精细的立体多层结构需经过外延、沉积、氧化、扩散、离子注入等工艺，加上每层介质材料的几何图形及层与层之间的相互关系，通常是借助一整套掩模板采用多次光刻工艺才能刻蚀出微细的图形。

7.3.1.2 掺杂技术

随着集成电路高集成度发展的要求，对掺杂要求越来越精细。工业上硅的掺杂常用的方法有：

（1）化学源扩散法。把硅放置于扩散源蒸气中，使用扩散源（含杂质的化合物液体，

如 $POCl_3$、$B(CH_3O)_3$、BBr_3；或气体，如 PH_3、BCl_3 等），通过控制扩散温度、扩散时间等工艺参数来决定掺杂的浓度和深度。

（2）平面扩散法。把氮化硼、氧化硼微晶玻璃片等片状杂质源与硅片间隔相间的置于石英舟上平行放置，并用高纯氮保护，杂质源表面蒸发的杂质蒸气有一定的浓度梯度，于高温化学反应下杂质原子向硅片扩散形成 P 层。

（3）固态源扩散法。把硅片与杂质源置于密闭箱内，在氮气保护下进行高温扩散。双极型隐埋层扩散大多用 Sb_2O_3 为杂质源的箱法扩散，形成 N 层。

（4）离子注入法。离子注入法均匀性高于上述方法，剂量偏差小于 ±1%，适用于制作浅结。用控制加速电压，通过预先设置的半导体表面薄膜或掺杂层向其内部掺杂。掺杂温度低（小于 300℃，扩散法一般在 900～1200℃），甚至在剂量小时可室温注入，且不受溶解度限制，可实现非平衡态下掺杂。各种掺杂剂均可使用，注入的浓度变化大，范围宽，污染小，无横向扩散。其缺点是高浓度注入时间长，注入后晶格损伤较大（因此，注入后一般需对工件进行退火），难以深结，设备费用昂贵。

7.3.1.3 外延技术

外延技术是半导体器件制备的重要技术。它是在单晶基底上沿晶向连续生长具有特定参数的单晶薄层的方法。从生长上看，外延包括：

（1）真同质外延生长。它是基底与外延层的化学组成相同（包括掺杂剂与浓度都完全相同）的外延生长。

（2）赝同质外延生长。它是基底与外延层的主化学组成相同、掺杂剂或掺杂浓度不同的外延生长。

（3）真异质外延生长。它是基底与外延层的化学组成完全不同的外延生长。

（4）赝异质外延生长。它是基底与外延层的化学组成有一个或部分相同的外延生长。

从方法上看，外延包括化学气相外延、液相外延、固相外延、分子束外延、离子束外延、化学分子束外延等。目前用得最多的是化学气相外延。硅的化学气相外延是以 H_2 为载气，用 $SiCl_4$、$SiHCl_3$、SiH_2Cl_2 或 SiH_4 作硅源，外延温度较高（1150～1250℃），生长速度为 0.4～1.5μm/min，N 型掺杂用 PH_3 或 AsH_3，P 型掺杂用 B_2H_5。

若在绝缘体上进行外延，则是异质外延。一般在绝缘基底上外延 Si 或在原硅片上生长薄的 SiO_2 后再外延 Si。在 SiO_2 上外延 Si 的 SOI 结构有几种，如隐埋 SiO_2 上外延，其先在 Si 片上以能量为 150keV、注入量为 $2\times10^{18}cm^{-3}$ 注入氧，氧在进入表层下约 40nm 薄的单晶层后，在 1150℃、氮气保护下退火 3h，再结晶得到 0.15μm 厚的单晶硅，这样总的单晶厚 0.35μm，可用来制作 CMOS 超大规模集成电路。

异质外延也可用固相外延制得。在开有窗口的 SiO_2 上沉积一层多晶硅，用硅离子注入使其成为非晶硅（α-Si），经 500～600℃退火，这时窗口下的单晶硅成仔晶，使 α-Si 转化成单晶硅，并侧向生长，使 SiO_2 上的 α-Si 全部转变成单晶硅。

7.3.1.4 表面薄膜生长技术

在大规模和超大规模集成电路制作中，要求镀制各种厚度的薄膜材料，随着集成度和器件运行速度越来越高的要求，各种绝缘膜、钝化膜、金属膜、光学薄膜的沉积所需用的各种化学气相沉积、物理气相沉积的方法对膜层的控制也应越来越精细。特别是当今纳米级微细加工技术的飞速发展，人们预计的10亿个晶体管元件的吉规模集成电路（GSI）的设想将成为现实。现今业已表明，微细加工技术不仅是集成电路发展的工艺基础，同时也是其他众多先进高技术发展的基础。目前微细加工技术正渗入到其他高新技术领域，特别是微机械技术领域，逐步展现出微细加工技术是具有远大发展前景和规模的先进技术。

7.3.2 微电子微细加工技术的应用

微电子技术是建立在以集成电路为核心基础上的高新电子技术，而微细加工技术是微电子技术的工艺基础。

第一，集成电路制作从晶片、掩模制备开始，经多次氧化、光刻、腐蚀、外延、掺杂、扩散等复杂工序，甚至以后的划片、引线、焊接、封装、检测等工序直至成品，表面的微细加工都起到了核心的作用，它是微电子技术的工艺基础。现今，微细加工尺度已从微米量级发展到了纳米量级。它不仅是大规模（LSI）、超大规模（VLSI）、特大规模（ULSI）、吉规模（GSI）集成电路的工艺基础，同时还是半导体微波技术、声表面波技术、光集成等先进技术发展的工艺基础。一块芯片已经可集成线宽达0.1～0.18μm的1吉位DRAM（1024兆位动态随机存储器）。芯片的集成度每隔3年大约以上升4倍的高速度向前发展。其发展速度之快，很大程度上得益于高速发展的微细图形加工技术。

第二，不断提高器件的速度，即在把集成电路做小的同时，使载流子在半导体内运动速度更快。目前，选用电子迁移率高的半导体材料使电子运动速度更快的材料已开发出来的有砷化镓和超晶格材料。通过改变材料内部晶体结构，把砷化镓和镓铝砷一层一层按原子厚度交替生长，使材料的横向和纵向性能不一样，形成高的电子迁移率。目前，通过分子束外延（MBE）和有机化学气相沉积（MOCVD）等方法来实现超薄层的表面技术工艺已经突破，并成功地应用于实践。

第三，在解决了高速的集成电路后，就要解决降低联结晶体管与晶体管之间的引线和延迟时间问题。目前通过多层布线来减小线间电容。实践证实，多达8～10层的布线就是一种重要的微细加工技术。

从上述三点中可以看出，表面微细加工技术是微电子技术先进新技术发展的工艺基础，它对微电子产品的批量生产和技术发展有重大、深远的影响。

7.4 微细加工在微机械器件、微机电系统部件制造加工中的应用

一般的传统加工工艺已不能满足微器件与微机电系统部件的特殊结构和微小尺寸的加工，必须借助于制造尺寸是毫米到纳米量级的微细加工方法。微机电系统是将微机械机构和微电子系统集成在一起的全新的机电一体化系统。当前，经常是把几个系统集成在一块硅片上，或者把几个带有集成系统的硅基片键合集成，成为具有单一或多种功能的独立完整的微机电系统。要加工制造如此精细、复杂的微器件和微机电系统，传统的精细加工和一般的微细加工虽然已经为加工微型器件开发了一些新的微型加工设备和工艺，但还远满足不了日益发展的需要，还要寻求新的微细加工技术和方法，如束能加工、光刻加工、精密电铸、光致成型加工、化学和电化学加工等。现今，已专门为微器件和微机电系统的加工制造发展了一系列新的先进的加工制造技术与工艺，如立体光刻、LIGA技术、牺牲层

工艺技术、基板键合技术、微型件的自动装配技术等。因微器件和微机电系统本身结构的复杂和综合特性，在制造技术上往往又需用多种先进加工方法的结合。从基本加工机理的类型看，精细加工大致可分为4类：

（1）分离加工，是把工件中某一部分分离出去的加工方法和技术。如切屑和磨屑的去除、分解去除、蒸发去除、破碎去除、溅射去除。

（2）结合加工，是把同种或不同种材料相互结合的加工技术。如表面涂覆加工、材料的沉积和掺入、表面新材料的生长、两工件的黏合和焊接等。

（3）变形加工，是使材料形状改变的加工。如锻、轧、挤压等塑性变形加工，加热熔化铸造，流体变形加工等。

（4）材料的处理和改性，是用物理或化学的方法使材料性质或表面性质发生改变。如离子注入、三束材料表面改性，以及各种材料表面热处理等。

精微加工技术是微型器件和微系统产品制造中的关键工艺，它包含了精微机械加工和许多精微特种加工方法，如电子束加工、激光束加工、离子束加工、化学加工等。同时，在加工概念上，不仅包含了分离加工，而且也包含了结合加工和变形加工等。

随着微器件和微机电系统的发展和应用，使用的材料也日益多样，如单晶硅、多晶硅、石英、金属塑料、半导体、各种陶瓷及各种功能材料等。在这些材料中，单晶硅和多晶硅在微器件和微机电系统中是应用得最多的材料，这是因硅微器件的加工既有大规模集成电路（IC）制造的成熟与成功经验，又有运用单晶硅的化学腐蚀时的各向异性特点。发展硅的立体光刻加工，可以加工制作三维立体硅器件。多种硅微细加工方法已在微机电系统制造中得到应用。

微细加工是电子设备和器件微型化与集成化的关键技术之一，它不仅包括了传统的机械加工方法，而且还发展了许多新的加工方法。从目前来看，微器件和微机电系统产品在制造过程中有特点的又是主要的制造工艺的有以下9种：

（1）大规模成熟制造集成电路技术的引用；

（2）薄膜沉积制备技术；

（3）光刻工艺技术（包括平面与立体光刻）；

（4）LIGA 制造技术；

（5）牺牲层技术；

（6）基板键合技术；

（7）精微机加工技术；

（8）精微特种加工技术；

（9）微机械和微系统装配技术。

下面对在微器件和微机电系统9个制造工艺过程中与现代表面技术方法密切相关的（1）~（6）项微细加工加以概述。

7.4.1 大规模成熟制造集成电路技术的引用

集成电路制作需要多道工序，并使用不同的微细加工，要求的工艺水平很高。在微细加工技术中，用到的主要工艺有外延生长、氧化、光刻、掺杂扩散和真空镀膜等，这些微细加工技术，实际上大都涉及的是现代材料表面技术，从集成电路制作所用的精细加工的工艺示意图（见图 7-27）就可以领略到。

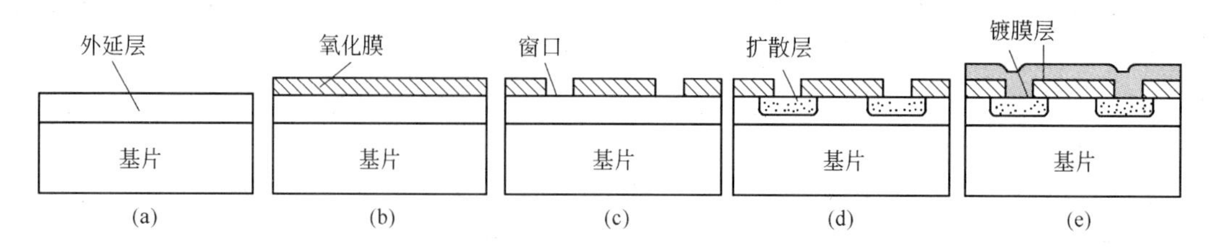

图 7-27 集成电路制作中所用的精细加工工艺

（a）外延生长；（b）氧化；（c）光刻；（d）掺杂扩散；（e）真空镀膜

7.4.1.1 外延生长工艺

外延生长是集成电路制造中的重要工艺方法（见图 7-27(a)），也是微器件和微机电系统制造中常用的重要工艺。外延生长工艺是薄膜沉积中的一种特殊的生长方法，其特点是生长的外延层与基底保持相同的晶向。若是在单晶硅基底上生长，其外延层是同晶向的单晶硅，而在 SiO_2 或多晶硅表面上生长的则是多晶硅。在外延层上可以进行各种横向、纵向的掺杂扩散工艺与化学刻蚀加工，集成电路制造是在半导体的硅片表面沿原来的晶体结构轴向生长一层薄的单晶层，目的是提高晶体管性能，外延层一般在 10μm 以内，其电阻率与厚度由所制的晶体管性能决定。一般的外延生长常用化学气相沉积（CVD）法，使用外延生长法可获得较复杂的三维结构。图 7-28 所示为使用外延生长工艺并结合定向刻蚀所制造的三维微结构的一个简单实例。在单晶硅的基底上局部掺浓硼得到 P^+ 层，并根据图形设计要求刻蚀，掺硼的浓 P^+ 层有较强的抗化学腐蚀性，可形成埋藏的腐蚀终止层，在单晶硅基底表面外延生长的单晶硅层，再经表面氧化生成 SiO_2 层，将 SiO_2 层刻蚀成要求的图形，进行单晶硅保护，而将部分裸露出来的单晶硅表面进行各向异性的化学腐蚀，无 SiO_2 保护的单晶硅被腐蚀去除。结构中如有多晶硅，也将腐蚀去除，当腐蚀到埋藏的 P^+ 层时，因有 P^+ 层保护的单晶硅不被腐蚀，而无 P^+ 层保护的单晶硅被继续去除，最后制成如图 7-28 所示的三维微型结构。

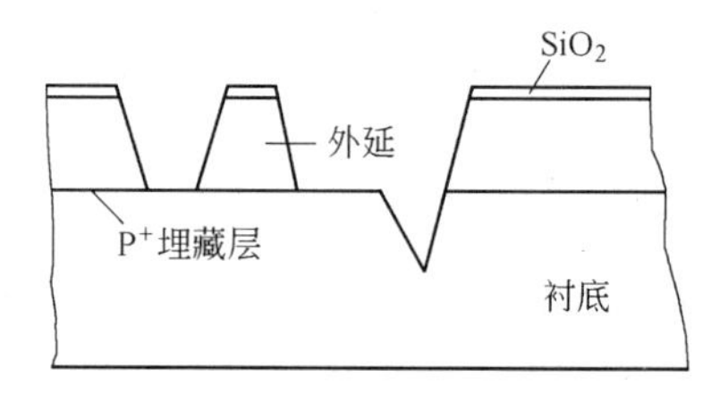

图 7-28 外延工艺制造三维微结构

7.4.1.2 氧化工艺

氧化工艺如图 7-27(b)所示。在半导体硅片表面上生成 SiO_2 氧化膜，这种 SiO_2 氧化膜与半导体硅基片附着紧密，是良好的绝缘体。作为绝缘层，它可防止短路和作电容的绝缘介质。常用的是热氧化工艺，这是微器件和机电微系统制造中常用的氧化膜生产工艺。SiO_2 氧化层具有多种作用，一是可作微机电器件的结构层；二是可作绝缘层；三是可作微系统的外壳；四是可作复杂的微系统的工艺牺牲层。

7.4.1.3 光刻工艺

光刻工艺如图 7-27(c)所示。它是在基片表面上涂覆一层光敏抗蚀剂，经图形复印、曝光、显影、刻蚀等处理后，在基片上形成所需的精细图形。光刻工艺在整个微器件和微机电系统制造中是最基本、最常用的制造工艺。

7.4.1.4 掺杂扩散工艺

基片经氧化、光刻处理后，放置于惰性气体或真空中加热，并与所需的杂质（硼、磷等）接触，在光刻中已去除氧化膜的基片表面进行杂质扩散（见图7-27(d)），形成扩散层。称这种扩散层为选择性精细扩散。扩散层的性质和深度取决于杂质的种类、气体流量、扩散时间、温度等工艺参数。扩散层厚度一般为1～3μm。

7.4.1.5 真空镀膜工艺

在集成电路制造过程中，真空镀膜用得最多。这是因为它有较高的膜/基结合强度，其方法是气相沉积，在集成电路制作中是把导电性能良好的金属（金、银、铂等）在真空镀膜室中加热，使金属原子气化，并产生具有高动能的、能飞溅到被镀基片表面沉积成金属膜，以解决集成电路中的布线和引线制作（见图7-27（e））。当然，这种薄膜的沉积有多种工艺方法，有PVD、CVD、电镀、电化学镀、离子镀、等离子喷涂、LPVD（激光物理气相沉积）、LCVD（激光化学气相沉积）等。在微器件和微机电系统中，真空镀膜工艺经常使用。膜厚最薄的仅有几纳米，厚的也很厚。薄膜的作用是作导电层、绝缘隔离层、磁性层、中间黏结层；厚膜可作微器件和微机电系统的结构层等。

从上述的关键制作工艺环节中，可明显地看到包括在现代材料表面技术之中的微细加工是集成电路制造的关键工艺。

7.4.2 薄膜沉积制备技术

薄膜沉积在微器件和微机电系统制造过程中是一种基本的常用关键技术。薄膜不仅是微机构中的结构层和特殊的功能层（导电、绝缘、磁、过渡连接等），还是工艺牺牲层。把不同的基片材料与相应的薄膜相结合，就构成了微传感器功能复杂的微器件。现今在微器件中的薄膜沉积制备方法主要有：

（1）气相沉积（包括化学、物理气相沉积）制备薄膜；

（2）液相方法（包括电镀膜、化学镀膜、浸喷涂膜等）制备薄膜；

（3）其他方法（包括喷涂、压延、印刷等）制备薄膜。

但是在这些镀膜方法中，真空镀膜在微器件上沉积制备薄膜用得最多。这是因真空镀膜质量较高，膜/基结合好。若薄膜在特殊功能上另有要求时，可采用陶瓷、金刚石、超导材料和各种半导体材料等生成的各种功能薄膜。这些薄膜所独具的物理、化学和光、机、电磁、声等性能都可满足特殊功能所需；而薄膜的厚度可从零点几个纳米到几个纳米，厚的可到数十微米，其厚度可根据技术要求沉积制备，均能达到设计所需。由于薄膜是在基底上沉积或生长起来，因而基底表面状态对成膜质量、结合强度影响很大；在PVD、CVD沉积生长薄膜过程中，这主要取决于基底的表面物理状态（如表面粗糙度、清洁度等）、表面活化能与沉积原子的动能、被吸附原子与基底表面的结合能。因此，在微器件和微机电系统制作过程中，因工艺不同所制备的薄膜的性能是多种多样的。

基底的粗糙度对倾斜入射的原子会产生阴影作用，产生多孔层，从而降低表面的附着力。当温度较高时，扩散作用能部分弥补阴影效应。在惰性气体的离子高速射向基底对表面进行冲击时，将形成变形点，增加了成核点的密度，导致膜层密度增加形成多晶结构，从而增加了与基底的结合强度；加上离子冲击又可清除基底表面的吸附异质，可提高膜层生长质量，增强膜/基结合力。膜/基结合力还取决于基底的表面状态及吸附原子和表面间形成的连接类型（有化学连接、静电连接、范德华连接和组合连接）。化学连接（有共价键、离子键、金属键连接）是所有连接形式中最强的连接，连接的能量在0.5～10eV；范德华连接是由原子间相互作用的力而形成的连接，能量在0.1～0.4eV，远低于化学连接。一个典型的化学连接，如4eV理论上可承受100MPa的机械应力；而一个典型的范德华连接，如0.2eV理论上可承受5MPa的应力（实测的黏合力要低些）。静电连接适宜于有绝缘层的导电材料，其连接的结合力接近范德华连接。

有关薄膜的沉积制备材料及方法，在本书中已有详细的讲述，这里就不多述了，只不过在微器件和微机电系统中应用较多的是单晶硅、多晶硅和非晶硅薄膜，二氧化硅（SiO_2）薄膜，氮化硅（Si_3N_4）薄膜和有机物薄膜（如聚酰亚氨膜、聚合苯二甲基膜、环己烷膜、聚苯乙烯膜、四氟乙烯膜、乳胶膜等）。

7.4.3 光刻工艺技术

光刻工艺是集成电路制造中的主要工艺之一，也是当今微器件和微机电系统制造中最为主要的工艺之一，特别是立体光刻的应用，更大力促进了微器件和微机电系统的发展。

光刻的工艺过程和新一代的光刻技术在7.2.1节中已作了概述，因此就不再讲述了。这里仅介绍光刻掩模制作。

进行光刻加工首先要有精密的光刻掩模。光刻掩模是用光刻工艺来制造的。它是硅光刻技术中重要的组成部分。过去光刻掩模制作是先绘制精确的放大原图，用照相法将图形缩小成掩模原版，再用缩小投影曝光法进行光刻曝光、显影腐蚀，从而制成工作掩模。这种方法用掩模原版复制掩模，成本相对较低。但现今，由于图形线条不断变细，精度不断提高，光刻掩模用电子束光刻机按图形直接扫描光刻而制成，这种方法加工的掩模精度高，但成本费用也高。

光刻掩模的功能是在曝光时将掩模图形转印到硅片抗蚀剂上，现在光学光刻使用紫外线曝光，吸收体上只要有约0.1μm厚的铬膜，即可将紫外线全部吸收。对掩模的载体薄片要求曝光时将照射光全部透射过去，用紫外线曝光时掩模载体可使用约0.5～3mm厚的磨光玻璃或石英片，因为紫外线光能透过玻璃及石英片。当曝光光束照射到掩模上时，图形区和非图形区对照射光会有不同的吸收和透过率，最理想的是让图形区能完全透射过去（或完全吸收或反射），而非图形区将光完全吸收和反射（或完全透射过去）。因掩模有正、负两种结构，被照射硅片基底上涂布的抗蚀光刻胶也有正负之分，掩模和硅片的抗蚀光刻剂共有4种组合，不论哪一种组合，通过它们都可将掩模图形转印到硅片的抗蚀光刻胶上，再经显影、刻蚀等工艺，即可得到所需的图形结构。

先用绘制放大图形再缩小并用投影光刻方法制作光刻掩模方法的工艺流程如图7-29所示。

掩模制造工艺分为版图设计、掩模原版制造、主掩模制造和工作掩模制造4个主要阶段。

（1）版图设计：先由计算机辅助设计（CAD）、用绘图机制成标准掩模放大图形，经缩小照相或计算机控制光学图形发生器得到比实际掩模图形放大的掩模原版图形。

（2）通过步进重复植版机形成主掩模版（光刻掩模）图形。步进重复植版机就是把掩模原版的图形缩小到1/10，并以每个小片的X、Y边长为步距进行曝光的装置。

（3）有主掩模版图后，一般再经基片前处理→涂抗蚀光刻胶→预烘→曝光→显影→后烘→刻蚀→去胶等微细加工步骤，最后得主掩模版。现今也可在计算机控制下用电子束曝光机直接扫描光刻腐蚀，制成掩模版。

（4）有主掩模版后，用电子束曝光机采用投影光刻工艺制作光刻掩模。

应该指出的是，先绘制大图，后用照相缩小图形，再用投影光刻制成的掩模版，其不如直接用电子束光刻机直接扫描曝光光刻制成的掩模版精度高。

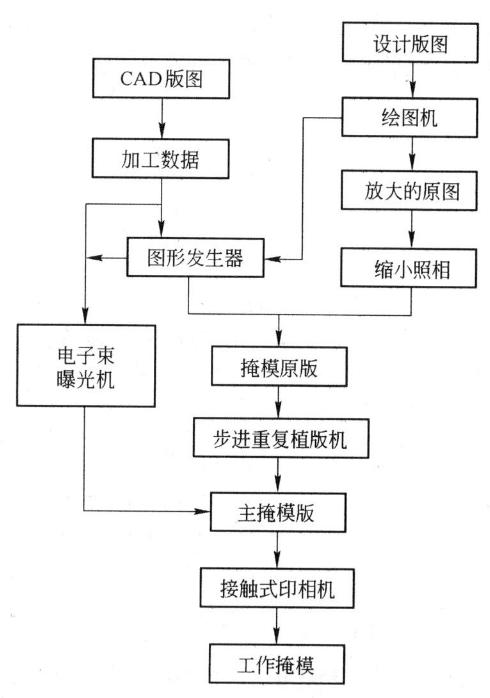

图7-29 用绘图投影光刻法制作光刻掩模工艺流程图

7.4.4 LIGA制造技术

在微器件和微机电系统的结构制造中，LIGA技术实际上是深结构曝光与电铸的代名词，它与其他微细加工最大区别是它的超深结构的加工能力。实现这种有极高的深宽比（深度可为横向尺寸的100倍以上）的技术关键在于X射线的光源、X射线掩模及对X射线敏感的聚合物材料。

7.4.5 牺牲层技术

牺牲层技术是复杂微型结构和微系统制造中不可缺少的重要方法。在微机械、微机电系统中，一般都有静止不动和动的部分。应用牺牲层技术可把某些连接层腐蚀去除，使微型机械系统中需要“动”的部分解除约束，脱离或部分脱离母体基板而能够移动或转动，如轴承、齿轮、滑块、驱动器的运动部分和一些传感器的振动子或谐振梁、微电机的转子等。用牺牲层工艺制造微器件和微系统时，其都与LIGA工艺或IC工艺一同进行，牺牲层的加入和腐蚀去除，仅是整体工艺过程中的一个部分。

牺牲层材料，一般是易用化学或物理方法沉积、表面平滑、厚度易控，易加工成精细图形构件，易快速用化学或物理方法去除，所用的腐蚀剂不损伤相邻的结构材料。常用的牺牲层材料有SiO_2、Ti等。如SiO_2可用Si氧化得到，可用普通光刻加工成型，可用HF溶液腐蚀去除，且HF不腐蚀相邻的单晶硅和多晶硅。

用牺牲层工艺制作微器件需在微器件外加不被腐蚀的外壳。外壳中有通道，为使腐蚀液通过通道能顺利进入内腔腐蚀去除牺牲层，通道不宜过窄，应使作用完的废液能顺畅排出。除去牺牲层，使微系统中需要“动”的部分有活动空间，然后把内腔清理干净，最后进行微器件密封，保持内腔清洁。

下面通过两个应用牺牲层的实例示意图展示其应用过程。

（1）用牺牲层腐蚀法制造密封谐振梁。这种密封的谐振梁和密封腔盖都是用硅制成，牺牲层用Si和SiO_2它们都是用薄膜的化学和物理沉积法淀积上去的（即CVD和PVD

法)。整个工艺过程如图 7-30 所示。使用这种现代表面技术中的化学气相沉积或物理气相沉积和牺牲层工艺腐蚀法就可把该密封的谐振梁微机械系统制造完成。

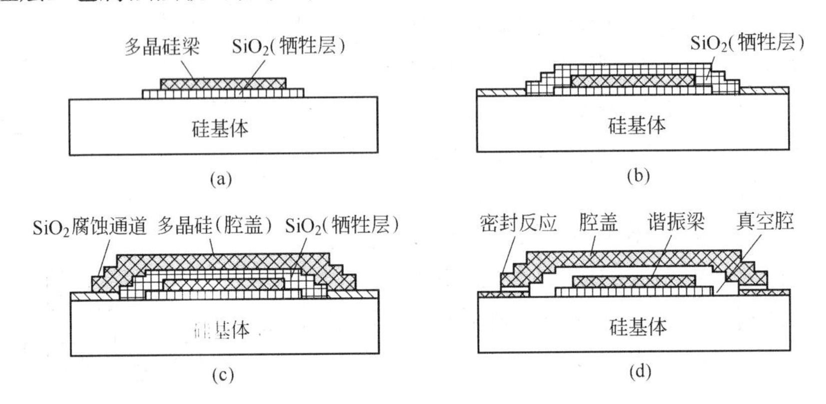

图 7-30 使用牺牲层腐蚀法制造密封谐振梁

(a) 在基体上加牺牲层及多晶硅梁;(b) 外加 SiO_2 牺牲层;

(c) 加多晶硅外壳;(d) 横向腐蚀去除牺牲层并密封

(2) 用 LIGA 工艺和牺牲层工艺制造加速度传感器。用 LIGA 工艺和牺牲层工艺制造加速度传感器系统的过程如图 7-31 所示。

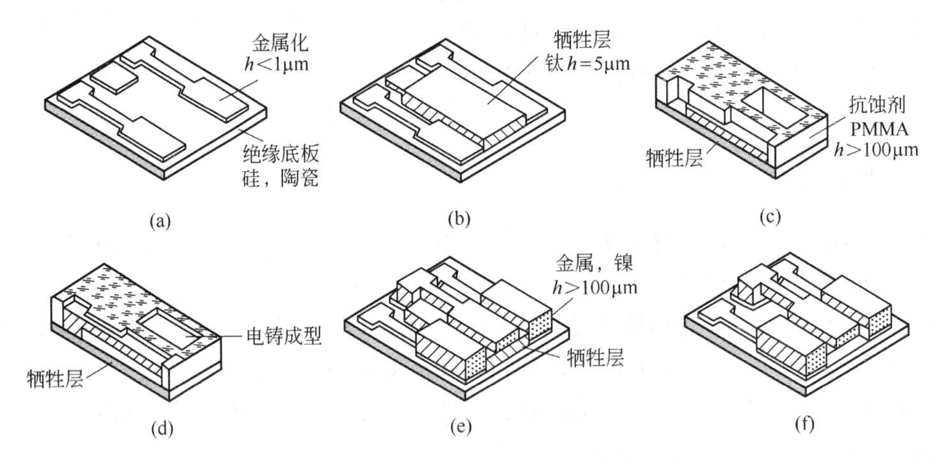

图 7-31 使用 LIGA 工艺和牺牲层工艺制造加速度传感器的工艺过程示意图

(a) 底板加金属导电层并成型;(b) 加钛牺牲层并成型;(c) 加 PMMA 胶并用 X 射线光刻;

(d) 电铸(镍)成型;(e) 去除 PMMA 光刻胶;(f) 化学腐蚀去除牺牲层

由于加速度传感器有电气功能，微结构各部件需绝缘，需用绝缘底层，可用陶瓷片或经氧化绝缘处理的硅片作基底。有的部件又需电铸成型并焊接电线，因此，基底部分表面要形成金属化的导电层，厚度 h 不大于 1μm。这种金属导电层由 Cr 和 Ag 两层金属组成，把它用 PVD 法沉积到绝缘基底上，因 Cr 与基底有很强的黏附力，Ag 对电铸金属有良好的电铸起始层性能和黏附力。金属导电层需刻蚀成图 7-31(a)所示的形状。

用 PVD 的方法把作为牺牲层的钛沉积到基底上，钛具有良好的图像形成能力，并与基底 PMMA 光刻胶有良好的黏附力，对后续的电铸金属有良好的起始层性能和黏附力，腐蚀去除快，化学腐蚀剂又不损伤邻近的其他部件材料，钛牺牲层厚一般取 5μm，可使将来的运动部件有足够的净间隙能自由摆动。钛牺牲层采取普通光刻工艺刻蚀成型，如图 7-31(b)所示。

用标准的 LIGA 工艺法将厚度小于 100μm 的 PMMA 抗蚀光刻胶加涂到基底和牺牲层上，再用同步辐射 X 射线通过掩模对 PMMA 抗蚀光刻胶照射曝光，然后对光刻胶进行显影，并用化学法去除光刻胶被 X 射线照射感光的部分，便得到 PMMA 胶的模型，并显露出需电铸成型的底部导电金属层，如图 7-31(c)所示。注意：为显示牺牲层，图仅绘出宽度的一半。

对所得的 PMMA 胶模进行电铸成型，部分结构是从基底面上的金属化层开始电铸，还有部分结构是从牺牲层表面开始电铸，电铸镍将 PMMA 胶的模型空间部分填满到要求的高度，如图 7-31(d)所示。

把 PMMA 胶结构全部去除，得到的电铸的加速度构件和钛牺牲层全部露出来，如图 7-31(e)所示。

用选择性化学腐蚀去除钛牺牲层（化学腐蚀剂用质量分数为 5% 的 HF 溶液），腐蚀去除很快且不会腐蚀相邻的镍构件和基底的金属化表面，钛牺牲层去除后，加速度传感器中间运动构件后端与基底牢固地连接在一起，前端则可自由摆动，如图 7-31(f)所示。

7.4.6　基板键合技术

在制造复杂形状的微器件和微机电系统时，常要把几块基板键合，或把芯片和基板键合在一起，特别是一些带液体或气体通道的微器件，需要将数层或十多层基板键合在一起，因此，基板的键合技术也是微器件和微机电系统制造中重要而又不可缺少的工艺技术。常碰到的是硅基板与硅基板、硅基板与玻璃基板的键合。有时为了满足电路的导电、绝缘或其他功能，要在硅表面沉积金属薄膜、SiO_2 或 Si_3N_4 绝缘或防腐蚀膜层等，这就会有金属膜、SiO_2 膜、Si_3N_4 膜和硅基板或玻璃基板的键合。不同晶向的硅键合在一起，利用各向异性刻蚀可制造复杂的机械结构。在微机电系统中，键合需有足够的机械强度和密封性，键合后的残余应力应尽量小，要有好的导电性或绝缘性，在一些器件中有时还要与外界干扰（如振动）隔离等。

由于键合的工艺温度较高，热键合后降到室温就会产生较大的热应力，造成键合部件变形，严重的还会破损。解决方法有两种：一种方法是选用两种线膨胀系数非常接近的键合基板，另一种方法就是在两基板间加入应力缓冲的中间层。如玻璃与硅基板键合，选用的玻璃应与硅的线膨胀系数非常接近，硼硅酸玻璃（7740 号和 1729 号）比较适合，1729 号玻璃的退火温度为 853℃，在微结构中需与硅键合的玻璃大多选用这种。

在基板键合中常用两种方法：一种是两基板直接键合；另一种是两基板中间加夹层，用物理或化学原理把它键合。两基板直接键合的，如硅-硅基板的键合，有高温、低温直接键合。在高温键合时，首先要把键合的两硅片磨平并抛光成镜面，然后对硅片表面进行处理，先在室温下把硅片在 HF 溶液中浸泡 10s，再在含 OH^- 的溶液（如 $NH_4OH + H_2O_2 + H_2O$ 混合液，体积比为 1：2：7）中浸泡 10min，温度为 80～90℃，最后用去离子水冲洗，并在氮气中烘干，处理完后在洁净的空气中黏合两硅片（形成自身贴合），在 700～1100℃下进行高温处理，以消除键合面间的空洞和未贴紧处，冷却后即可。键合强度可达硅片本身的强度，它的键合机理如图 7-32 所示。在硅与硅的低温键合中，工艺上首先把硅键合面磨平、抛光成镜面，清洗达高度洁净后，用氩离子束溅射硅表面（需在封闭空间中进行，以免污染），溅射工作电压为1.2kV，氩离子电流为20mA，离子束入射角为45°，氩气压为0.1Pa，将溅射好的两硅键合表面在真空和室温条件下压合即可。硅与硅直接键合不会影响化学刻蚀。

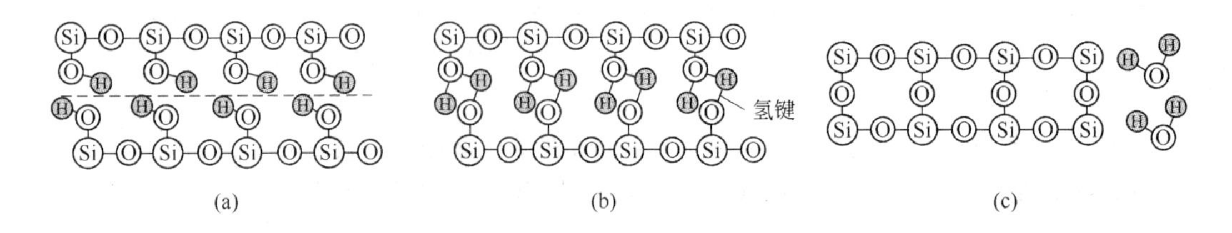

图7-32 硅与硅直接键合过程示意图
（a）键合前状态；（b）预键合时的氢键结合状态；（c）高温处理后的氧键合状态

阳极键合是利用静电作用把两基板键合在一起，常用于硅与玻璃、硅与氧化硅的键合。工艺上，十分简单，只要把表面紧密结合的玻璃板与硅片加热至400℃后，加上1000V高压硅片接阳极，玻璃板接阴极，如图7-33所示。玻璃靠离子迁移变成导电状态，玻璃中的Na_2O被电离，Na^+和O^{2-}分别向阴极和阳极移动，高电压下，硅中的部分原子也被离子化，以Si^{4+}向硅和玻璃界面移动，界面又处在1000V的高静电场中，O^{2-}和Si^{4+}相遇并结合，使玻璃与硅片牢固结合。

在基板中加夹层或结合剂的键合有：钎焊键合（两基板中加焊剂，在加温加压下键合，图7-34所示为将硅芯片用回流焊接钎焊键合在底板上的示意）；金属与硅的共熔键合（在硅基板和玻璃基板中间加金或铝等金属薄层，在400~600℃下使硅与金属成混晶状态，使两基板键合）；在两硅基板间加薄玻璃或陶瓷玻璃层，在一定温度和压力下实现两基板键合，图7-35(a)所示，它的夹层加温（450~550℃），加电流（$10A/m^2$），随电压升高到50V，并保持5min左右时间，电流下降；若两面玻璃板中间要键合一层硅片时，由中间硅片接阳极，两面玻璃板接阴极，如图7-35(b)所示，键合工艺与图7-35(a)基本相同。使用这种键合可使微器件制作灵活多样，图7-36所示为用阳极键合制作的电容器式的微加速度传感器。这种三层结构的加速度传感器，上下两层是玻璃板，并在相应部分沉积金属膜构成传感器的电容定极板和导电连线，中间是硅板层，经刻蚀而成电容动极板和外框，两层玻璃和中间的硅板用阳板键合在一起，即成为一个微小的一体化的电容式微硅加速度传感器。

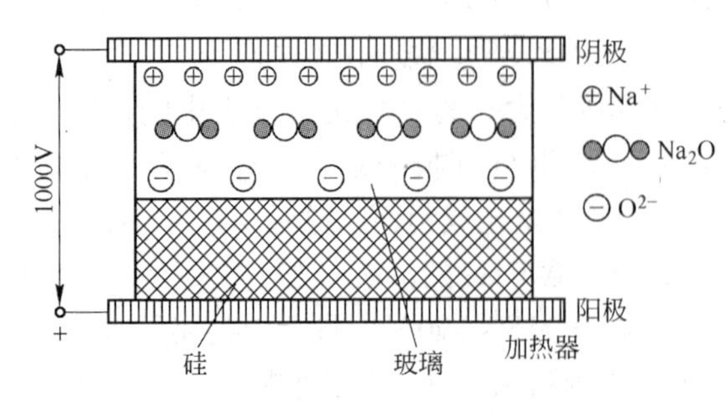

图7-33 硅与玻璃阳极键合原理

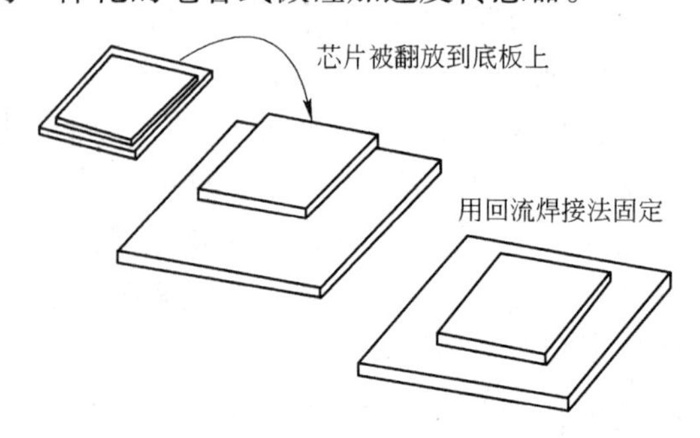

图7-34 硅芯片用回流焊接钎焊键合在底板上的示意

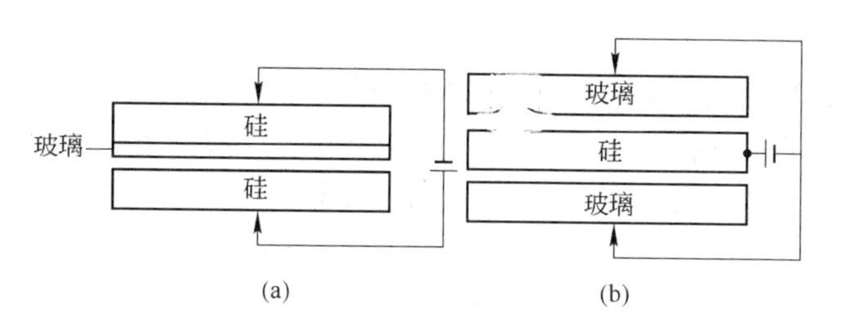

图 7-35　加夹层键合
(a) 硅-玻璃-硅的键合；(b) 玻璃-硅-玻璃的键合

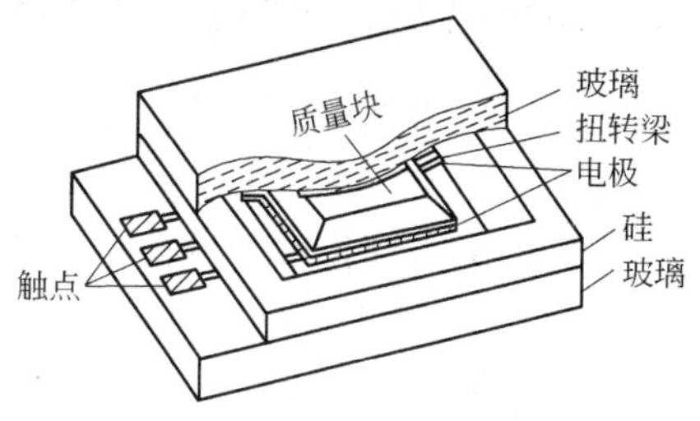

图 7-36　用阳极键合技术制造的微加速度传感器

当然，还有使用胶黏合（热固化环氧树脂黏合）等夹层键合的。这类键合有两种方法：一种是把有机黏合剂在基片要黏合的表面上涂一薄层，将两基片压紧，并加热固化，使两基片黏合在一起；另一种是先在基片需要黏合的表面上刻蚀出微细的毛细沟道，然后压紧两基片并加热，再从外面加黏合剂，加热造成黏合剂有好的流动性，在毛细的作用下流进黏合表面，将两基片固定黏合在一起。如图 7-37 所示。

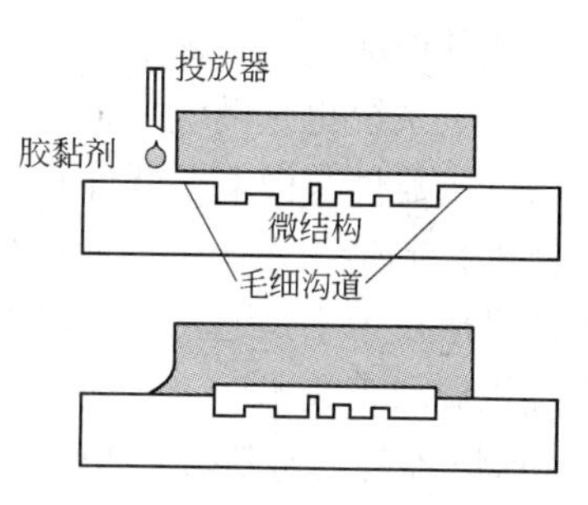

图 7-37　有机黏结剂在毛细作用下黏合

上述谈到的都是与现代表面技术密切相关的在微器件和微机电系统制造中的微细加工工艺技术。在制造微机械器件中还有一些重要的工艺，如精微机加工技术、精微特种加工技术、微器件和微机电系统装配等技术，都是微机电系统制造中不可少的微细加工工艺。因本书的重点在于对现代表面技术的论述，涉及微机械加工方面的技术这里就仅提及一下，不作详细叙述。有关这方面的知识读者可参阅有关的资料和专著。

微机电系统制造中不同基片键合技术的对比见表 7-5，可在选择基片键合时参考。

表 7-5　微机电系统制造中不同基片键合技术的对比

键合方法		键合温度/℃	夹层厚度/μm	结合强度/MPa
阳极键合		400 ~ 650	无夹层	50
硅与硅直接键合	高温硅氧键结合	800 ~ 1100	无夹层	可达硅本体强度
	表面清净活化	室温、真空	无夹层	可达硅本体强度
硅与金属共熔键合	硅与金	400	2 ~ 20	200
	硅与铝	600	2	50
玻璃夹层键合		400 ~ 650	10 ~ 20	50
陶瓷与玻璃夹层键合		850	未加温前膜厚 1mm 可实现多层同时键合	
胶黏合		80 ~ 180	结合面涂胶层或毛细 作用渗入	

7.5 微机电系统的加工与典型器件

近年来，微细加工技术已经扩展成为微纳米加工技术，被纳米科技发展提升到举足轻重的地位。当今，在应用上主要是发展超大规模集成电路技术、纳米电子技术、光电子技术、高密度磁存储技术、生物芯片技术、纳米技术和微机电系统技术等 7 个方面。这里简要地列举微细加工技术应用最为广泛的微机电系统（micro electro-mechanical system，MEMS）技术。

MEMS 是融合硅微加工、光刻铸造成型（LIGA）和精密机加工等多种微加工技术制作微传感器、微执行器和微系统。它是在微电子基础上发展起来的，又区别于微电子技术。在 MEMS 中不存在通用的 MEMS 单元。MEMS 器件不仅工作在电能范畴，还可工作在机械能或其他能量（如磁、热等）范畴。

微机电系统也是微电子器件（包括集成电路）与微机械器件的功能集成。在该系统中，微机械器件与微电子器件有相同量级的尺寸，用微细加工技术（包括微电子技术和微机械技术）制造。系统中的微机械器件是由微电子器件来测量控制。特别需要指明的是，这种微机械技术不是通常精密机械加工技术的缩小，而是对功能薄膜进行二维或平面加工的微细机械加工技术。

MEMS 器件的研制始于 20 世纪 80 年代后期。1982 年，美国 UC Berkeley 发明的微马达在国际上引起轰动。1993 年，美国 ADI 公司采用该技术成功地将微型加速度计商品化，并大批量应用于汽车防撞气囊，这标志了 MEMS 技术商品化的开端。1988 年，利用多晶硅薄膜制备的多晶硅静电马达标志了 MEMS 器件的诞生。经过 16 ~ 17 年的努力，人们研制成诸多 MEMS 器件，这些器件可望在计量测试、仪表、电磁信号处理、光信号显示处理、生物化学分析、微位置控制等方面得到应用。1990 年后，众多国家投入巨资设立国家重大项目，促进 MEMS 技术发展。此后，特别运用了新的、先进的现代表面技术在解决“深槽刻蚀”后，围绕该技术发展了多种新型加工工艺，使 MEMS 技术和产品在全球蓬勃发展。

7.5.1 微机电系统加工技术特点

微机电系统加工技术主要是从半导体加工工艺中发展出来的硅平面工艺和体硅工艺。它也是 20 世纪 80 年代中后期运用硅微加工、光刻技术、电铸技术、铸模的 LIGA 和精密机械加工等技术发展形成的微细机电加工体系。在加工技术上，主要包括硅的表面加工和体硅微细加工、LIGA 加工、紫外光光刻的准 LIGA 加工、微细电火花加工、超声波加工、等离子体加工、激光束加工、离子束加工、电子束加工、立体光刻成型和微机电系统封装等技术。而微机电系统指的是集微型机构、微型传感器、微型执行器、信号处理与控制的电路、接口、通信、电源等于一体的微型器件。它是伴随着半导体集成电路微细加工与精密细小的机加工技术的发展而诞生的。应用它制成的器件具有体积小、质量轻、能耗低、惯性小、谐振频率高、响应时间短等特点。还可把不同的功能、不同敏感方向的器件组成如微传感器阵列、微执行器阵列等，或把多种功能集成形成复杂的微系统。它是当今涉及电子、机械、材料、信息、自动控制、物理、化学和生物等多学科交叉的尖端技术。人们可以通过微型化、集成化探索出一些具有新原理、新功能的元件与集成系统，可以开创一个新的高技术产业。在 21 世纪，微机电系统加工会随着国防与高新技术发展需要，从实验室逐步走向实用化、产业化，成为21世纪高技术产业的亮点。

7.5.2 微机电系统加工的典型器件与系统

微机电系统加工的典型器件与系统有微型传感器、微执行器、微型惯性仪表、微型生物化学芯片、微型机器人、微型飞行器、微型动力系统等，在这一节里简要介绍一下它们的研发概况和种类。

7.5.2.1 微型传感器

微型传感器是微机电系统中最为重要的功能部件之一，也是当今在MEMS功能部件中发展最快的关键部件。从使用角度上看，传感器的主要功能是拾取所需检测物理量的信息和对拾取的信息进行变换，使之成为一种与被测物理量有确定函数关系的、便于传输和处理的量（如电量）。就其品质而言，是以测量的准确度、带宽（范围）、动态特性和测量的稳定性来评价。而微型传感器其体积微小、质量轻、能耗小、成本低、使用灵便、动态性好、品质又可靠，特别适宜用在狭小的空间和要求质量轻的场合。现在已经形成微型传感器的产品和正在研究的微型传感器有：力、力矩、速度、加速度、压力、位置、流量、温度、电量、磁场、气体成分、湿度、浓度、pH值、微陀螺、触角等微型传感器。目前，微型传感器正向微小化、集成化、智能化方向发展。

在微型传感器的阵列中，可把不同的传感器集成为多功能传感器，也可把几个相同的传感器集成在一起，成为微处理器控制的具有数据处理功能的传感器阵列。如国外某公司可批量生产的硅微加速度计，其中间是传感的机械部分，四周为电信号源、放大器、信号处理器和自校正电路等集成电路，集成在3mm×3mm的芯片上。用硅平面微细加工工艺制造，在一块直径10cm的硅片上可制备出几百只微加速度计，并可大量用于汽车防撞气袋，而且每只仅需几美元。现今微型压力传感器、微加速度计、喷墨打印机的微喷嘴和数字微镜器件（DMD）已实现规模化生产，并创造出巨大的经济效益。美国ADI公司集成加速度计系列产品已大量生产，并占据汽车安全气囊的大部分市场，年销售约2亿美元；TI公司生产的DMD显示器设备也占高清晰投影仪的市场份额很大。

从微型传感器的分类看，因被测量的种类繁多，微传感器的种类也很多，其分类也多种多样。如按其敏感原理，大体可分为物理、化学和生物传感器。其中，物理类现今应用最多，它主要是用传感器元件材料的物理特性和某些功能材料的特殊物理功能制成。一部分常用的不同检测对象的微型传感器及其所利用的物理效应见表7-6。

表7-6 一些主要微传感器的检测对象和利用的物理效应

检测对象	传感器或敏感元件	所利用的物理效应	输出信号	主要材料
光	光敏电阻	光电导效应	电阻变化	可见光 CaS、CdSe 红外 PbS、InSb
	光敏二极管 光电池	光生伏特效应	电流 电压	Si、Ge 红外 InSb
	光电管 光电倍增管	光电子发射效应	电流	Ag-D-Cs Cs-Sb
	红外传感器	约瑟夫效应	电压	超导体
	红外摄像管	热释电效应	电荷	$BaTiO_3$

续表 7-6

检测对象	传感器或敏感元件	所利用的物理效应	输出信号	主要材料
机械量	金属电阻应变片 半导体应变片	电阻应变效应	电阻	康铜 卡码合金、Si
	硅杯式压力传感器	压阻效应	电阻	Si、Ge、GaP、In、As
	压电传感器 压电式力、压力、加速度传感器	压电效应	电压	石英、压电陶瓷
	压电式激振器	逆压电效应	振动、长度变化	石英、压电陶瓷
	电容式传感器 电容式力、压力、加速度传感器	电容效应	电容变化	金属极板
	压磁元件 压磁式力、扭矩传感器	压磁效应	感抗	硅钢片、铁氧体、 坡莫合金
	霍耳元件 磁电式力、压力、位移传感器	霍耳磁电效应	电压	Si、Ge、GaAs、InAs
	光电元件 光电式位移、振动、转速传感器	光电效应	电流	GaS、InSb Se 化合物
	光弹式压力传感器 光弹式振动传感器	光弹性效应	折射率	各种透光弹性材料
温度	热电偶	温差电势效应	电压	$Pt\text{-}PtRh_{10}$、NiCr-NiCu
	绝对温度计	约瑟夫效应	噪声、电压	超导体
	声表面波温度传感器	正、逆压电效应	频率	石　英
	Nemst 红外探测器	热磁效应	电场	热敏铁氧体、磁钢
磁	霍耳元件、霍耳 IC、MOS 霍耳 IC	霍耳磁电效应	电压	Si、Ge、GaAs、InAs
	磁阻元件、二极管、磁敏晶体管	磁阻效应	电阻、电流	Ni-Co、InSb、InAs、Ge
	光纤传感器	磁光法拉第效应	偏振光	YIG、EuO、MnBi
		磁光克尔效应	面偏转	MnBi
放射线	光纤放射性传感器	放射线效应	放射剂量	Ti-石英
	射线敏二极管	PN 结	电脉冲	Si、Ge
		光生伏特效应		Li-Ge、Si、HgI_2

现介绍已在汽车防撞安全的应急气囊弹开装置和航天惯性仪等多处获得应用的电容式微加速度传感器。这种传感器一个很大的特点是受温度的影响较小，目前用得较多的是“质量块摆动的差动式”电容结构。图 7-38 所示为典型的悬臂梁式微电容加速度传感器结构。它的基板采用 Si 单晶片或玻璃，上面电镀或沉积上 Ni、Cr 或 Au 导电层，并用微细加工技术制成 Si 悬臂梁，质量块和固定电极间形成差动电容器。悬臂梁和质量块的高度约 300μm，在

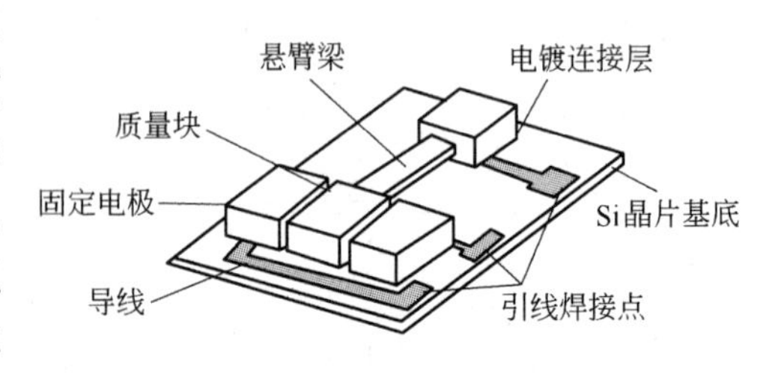

图 7-38　悬臂梁式微电容加速度传感器结构

垂直悬臂梁平面有加速度时，悬臂梁弯曲摆动，引起电容变化，在微小变形时，若梁的最大挠度 $f_{max} < 1\mu m$，则微电容的灵敏度为：

$$\frac{\Delta C_B}{C_B} = \frac{5ma_2L^3}{4Esbt^3} \tag{7-2}$$

式中　ΔC_B——悬臂梁摆动时微传感器的电容变化值；

C_B——静态时微传感器的电容值；

E——弹性模量；

s——电容极板间距；

m——质量块的质量；

a_2——垂直于悬臂梁的加速度；

t——悬臂梁的厚度；

b——悬臂梁的宽度；

L——悬臂梁的长度。

电容式微加速度计的主要组成部分是质量块和支撑梁。加工工艺的不同直接影响微加速度计的结构和性能，现常用的工艺是表面微细加工和体微细加工两种方法。

表面微细加工用的是传统的 IC 微加工技术，尺寸精度高，但只能加工薄层材料，加工的质量块和支撑梁都是薄片材料。而体微细加工工艺是用定向异性腐蚀加工出厚的单晶硅质量块和支撑梁，但加工精度（直线度、尖角的腐蚀控制等）和一致性稍差。

电容式微加速度计性能参数有测量范围、灵敏度、精度、线性工作范围、响应频率、频宽、温度效应、非轴向灵敏度等，这些性能参数直接由它的结构设计和加工工艺所决定的。当然，在微加速度计应用中自检和过载保护也是必要的因素。三个不同公司的电容式微加速度计的性能参数对比见表 7-7。其中，第一种是用表面微细加工的双梁型结构，质量块、支撑梁均是薄片结构；第二种是用体微细加工的单梁型结构；第三种是用体微细加工由开路方法操纵的悬臂型。从对比中可知，加工工艺直接影响电容式微加速度计的结构和性能。

表 7-7　三个不同公司的电容式微加速度计的性能参数对比

分　类	Analog Device 公司	Hitachi 公司	CSEM 公司
动态范围	±50g	±1g	±4g
精　度	3%～5% FS①	±1%	±1%
线性度	0.5% FS	±0.5%	3% FS
频　宽	1kHz	100kHz	100Hz
响应频率	22kHz		800kHz
非轴向敏感性	2%	±0.5%	0.5%
温度范围	-55～125℃	-40～85℃	

①FS 为 Full Scale 的缩写，即满量程。

为实现微机电系统与微电子电路的集成，美国 SANDIA 国家实验室开发出先 MEMS 后 IC 的工艺。图 7-39 所示为该工艺的流程示意图，即在硅片上先用面加工技术制作 MEMS，

包括多层多晶硅与 SiO_2 的沉积、光刻、刻蚀形成完整的 MENS 结构。然后把整个 MEMS 结构掩埋在 SiO_2 中，并以化学机械抛光（chemical mechanical polishing，CMP）技术把硅片表面磨平，把制作好的 MEMS 并抛光后的硅片送到集成电路生产线上制作需要的信号处理电路，制备好集成电路后，通过选择性腐蚀 SiO_2 层，露出微机电系统的机械结构，最后形成 MEMS 与 IC 相集成的芯片。这种方法相对成本较高，只有大规模的批量生产才能使成本下降。相对比较经济易行的工艺是 MEMS 和 IC 分别制作，然后把它们封装成单一的器件。分别加工 MEMS 和 IC 的优点是，它们都是以标准工艺来制作，成本较低。图 7-40(a) 和图 7-40(b) 所示分别为 MEMS 和 IC 集成和分立所构成的加速度传感器，其中，分立的 MEMS 传感器是用硅的体微加工工艺技术制造的。

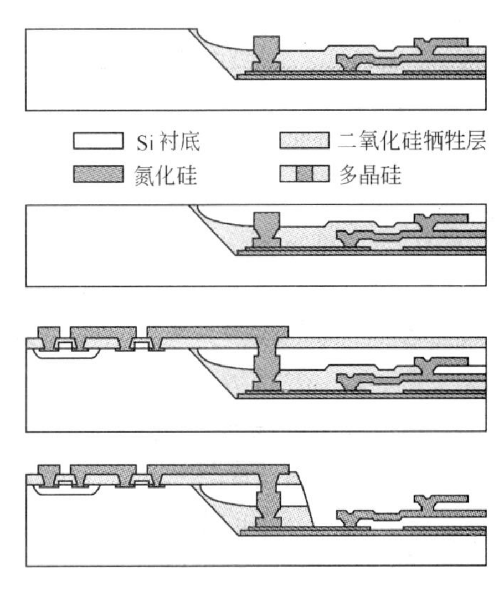

图 7-39　先 MEMS 后 IC 的工艺流程

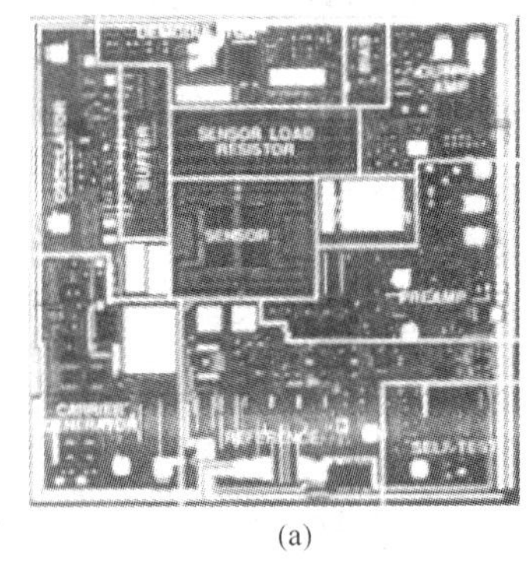

(a)

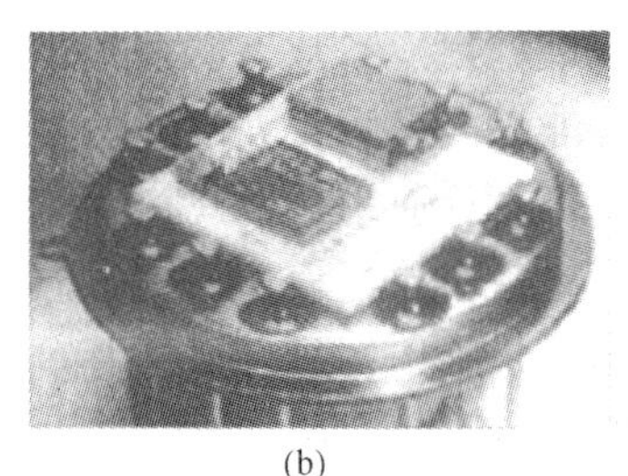

(b)

图 7-40　MEMS 和 IC 集成和分立所构成的加速度传感器

（a）MEMS 与 IC 集成的加速度传感器；（b）MEMS 与 IC 分立的加速度传感器

7.5.2.2　微执行器

微执行器又称为微驱动器或微致动器，它是微机电系统能够产生和执行动作的部件，是微机电系统中最核心的部分。作为系统中的可动部分，动作力的大小和动作范围、动作效率的高低、动作的可靠性等技术指标直接决定着整个微机电系统工作的技术水准。

一般而言，微执行器接收到微传感器输出的信号（光、电、热、磁等）做出响应，用微执行器完成由微传感器控制的预先设定的各种操作，给出力、力矩、尺寸、状态的变化或各种运动。

从装置结构功能类型看，微执行器有微型旋转电机、微型直线运动电机、微型机构（微轴、微齿轮、微轴承、微梁、微凸轮机构、微连杆、微振子等）、微开关、微阀、微泵、微谐振器、微夹持器等；从驱动方式上看，微执行器又可分为静电驱动、电磁驱动、压电驱动、形状记忆合金驱动、热双金属驱动、热气动驱动、激光驱动、生物力驱动等。若把微型执行器分布成阵列，可用于物体搬迁、定位、制作飞机用可变形的灵巧蒙皮。

现今的微执行器的尺寸都是毫米级和微米级，其内部组成的元件都是微米级，因为尺寸极小，就必须考虑尺寸效应的作用，一般都是使作用力的效能增大。而各种物理量在极小尺寸下起作用的大小和宏观世界有很大不同，设计微执行器时，必须重点考虑各种起作用的物理参数的影响。近年来，世界各国特别是发达国家对微机电系统高度重视，这促进了关键部件的微执行器的高速发展，已研制成多种小尺寸的微执行器，国外已研制成功的一些典型微执行器见表7-8，其中有不少国内也已研制成功。

表7-8 国外研制成功的一些典型微执行器

分类	研制单位	尺寸大小	响应速度	产生力	位移	材料	驱动电压	备注
静电电机	UC Berkeley	直径120μm	500r/min	数皮牛	旋转	多晶硅	60～400V	摩擦
静电电机	麻省理工学院	直径100μm	15000r/min	10pN	旋转	多晶硅	50～300V	
静电线性电机	东京大学	10mm对角，50μm厚	约3kHz	40mN	15μm	单晶硅	0～300V	垂直于基板驱动
静电振子	UC Berkeley	0.1mm对角，50μm厚	10～100kHz（共振频率）	200nN	10μm	多晶硅	40V DC + 10V AC	与基板相平行共振
双压电悬臂梁	Stanford University	8μm×0.2mm×1mm	不详	23μN	7μm	ZnO	30V	驱动STM探针
形状记忆合金	贝尔研究所	2μm对角，30μm厚	20kHz		数微米	TiNi	20mA，40V	
热膨胀	Stanford University	3mm对角	响应时间约5ms	0.6N	45μm	单晶硅+液体	200mW	微阀门用
热/空气压	多伦多大学	8mm对角，0.5mm厚	1Hz以下	0.1N	23μm	单晶硅	13V	微泵用
双金属	夫琅和费研究所	长0.5mm	10Hz		60μm	单晶硅+金	约150mV	
超导线性电机	东京大学	5mm对角	200mm/s	100μN	3mm	$YBa_2Cu_3O_7$	0.3～0.9V	磁悬浮
空气悬浮线性电机	UC Berkeley	数毫米对角	10Hz	3nN	数毫米	单晶硅+氮化膜	约15V	空气悬浮静电驱动

微型电机是典型的微执行器。下面先看一下静电驱动的微电机执行器。根据静电驱动的原理和特点，首先是静电力的大小与面积成正比，即微机尺寸越小，单位面积产生的作用力就越大；其次，采用压电驱动功耗低，易控并可达到高速旋转，并且这种静电力驱动的微结构易集成化制造。

根据气体放电原理，在放电电压为300V、微驱动电机平行板面积为S、间隙为d、施加电压为U时，则可产生的静电驱动力F为：

$$F = \frac{1}{2}\varepsilon_0\left(\frac{U}{d}\right)^2 S \tag{7-3}$$

式中 ε_0——真空中介电常数。

设 $U=300\mathrm{V}$，$S=100\mu\mathrm{m}\times100\mu\mathrm{m}$，$d=1\mu\mathrm{m}$，则 $F\approx4\mathrm{mN}$。

图7-41所示为1989年美国加州大学伯克利分校研制的全世界第一个静电驱动微马达，它标志着MEMS时代的开始。微马达转子直径为100μm，高2μm，有12个定子，这12个电极均匀分布在转子周围，每隔两个电极并联在一起，成为3相4极结构，转子有4个电极。从图7-41中可知，转子卡在中心轴的沟内，不会脱出。转子用多晶硅材料在其内外圈表面都沉积有 Si_3N_4 膜。为了减少摩擦，转子和定子间隙为1.5μm，转子和中心轴间间隙为0.3μm，工作电压为60～400V。在定子各极电极上施加电压时，由于静电力的作用使电机转子转动，转速达10000r/min。为防止硅的氧化，在氮气条件下工作，寿命能达1周以上。虽然使用寿命很短，但它却开创了MEMS的新时代。目前，MEMS已从最初的兴趣与好奇发展成了数十亿美元的新兴产业。

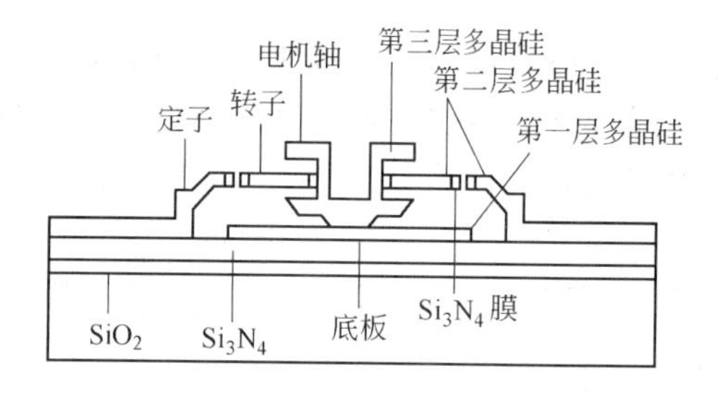

图7-41 美国加州大学伯克利分校研制的世界上第一个静电驱动微马达剖面图

MEMS能发展到今天这样的规模，完全得益于现代表面技术中的微纳米加工技术的进步和应用上精巧地利用各种微纳米加工技术的结果。这里以静电驱动微马达为列，看一下其在加工过程中所涉及的光刻与反应离子刻蚀的微细加工工艺。整个静电驱动微马达制作涉及8道光刻与反应离子刻蚀工序，使用了三层多晶硅层与两层二氧化硅层。图7-42所示为静电驱动微马达剖面结构示意图和扫描电镜照片。

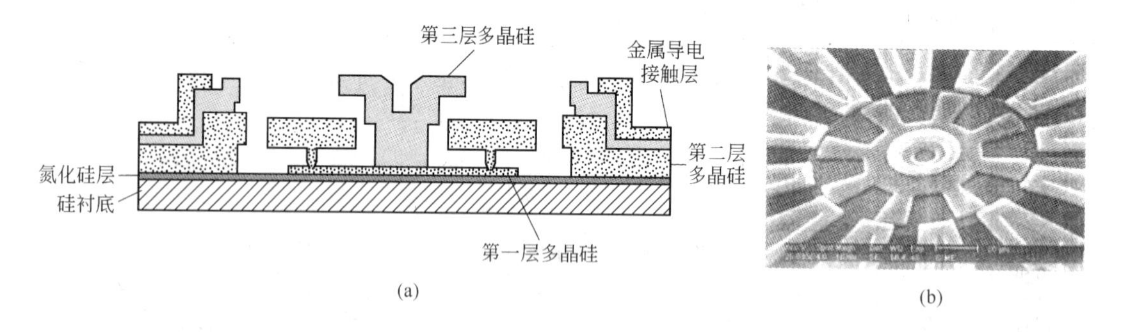

图7-42 静电驱动微马达剖面结构示意图（a）和扫描电镜照片（b）

静电驱动微马达制作时，以硅为基底，首先用真空镀膜方法沉积氮化硅薄膜作绝缘层，沉积第一层多晶硅，并用光刻与反应离子刻蚀做出转子和定子的导电层或接地层；然后再沉积第一层 SiO_2 并通过光刻反应离子刻蚀形成转子的牺牲层图形；下一步就沉积第二层多晶硅层，然后再经光刻与反应离子刻蚀做出转子和定子的结构。为阻止转子脱离微马达系统，需要制作阻止机构。这个机构是通过在 SiO_2 层上刻蚀出锚孔，然后沉积第三层多晶硅层。在第二层与第三层多晶硅层间需用一层 SiO_2 间隔，利用光刻与反应离子刻蚀在第三层多晶硅上制作出阻挡机构。微马达驱动电极是通过沉积金膜并曝光腐蚀，在多晶硅上形成金电极图形。但这样结构的微马达还不能工作，因为转子被掩埋在 SiO_2 层中，因此，还必须用湿法或干法各向同性腐蚀技术去除各层多晶硅层之间的 SiO_2，使转子能够脱离，最后形成如图 7-42(a)所显示出来的横向剖面结构。这时的转子只与基底通过数个针锥相接触，在定子电极上加交流信号电压，其所产生的旋转电场就可带动转子转动。从中可知，用面微加工技术制作微机电系统，牺牲层是一项关键技术。牺牲层不仅定义了运动部件之间的间隙尺寸，而且还确保半导体集成电路平面工艺的应用。在上面的实例中，用了三层多晶硅作为功能材料，在各层多晶硅之间以 SiO_2 作牺牲层。若要实现更为复杂的微机电系统，仍可采用更多层的多晶硅。通过这种在设计中巧妙利用半导体的平面工艺特点，便可以把复杂的三维机械系统制作到平面上，其整体尺寸也不过几个毫米，充分显示出微纳米加工的应用能力。这种面微加工也可应用于金属微结构的制作，与上不同的是在设计选择牺牲层的材料不同而已。其选用原则就是保证在化学湿法腐蚀牺牲层时，腐蚀液对微机电结构材料没有影响。

20 世纪 90 年代初，国内清华大学和中科院上海冶金所共同研制成功直径为 80μm 的超声微马达，转子和定子由厚度为 4.2μm 的多晶硅膜制成，转子和定子之间的间隙为 2μm，驱动电压为 50 ~ 176V，最高转速为 600r/min。转子和定子的多晶硅膜是用化学气相沉积方法沉积，再经光刻而制成。牺牲层材料是 SiO_2，用 HF 酸腐蚀，使转子件脱离母体，如图 7-43(a)所示。

2001 年，清华大学开发出的直径为 1mm 静电微马达，其性能指标都达到当时的世界先进水平，如图 7-43(b)所示。

另外，上海交通大学在 1995 年 5 月研制成直径为 2mm、高为 0.7mm 电磁微马达，其转速为 28000r/min，输出力矩高达 2.5μN · m，如图 7-43(c)所示。在此基础上，开展了在微型直升机上的应用研究。1998 年，又开发出直径为 1mm 电磁微马达，其输出力矩为 1.5μN · m，转速高达 20000r/min。清华大学、上海交通大学这些指标也都达到当时世界先进水平，但就总体的开发能力和研究水平来说，与世界先进水平相比仍有相当大差距。

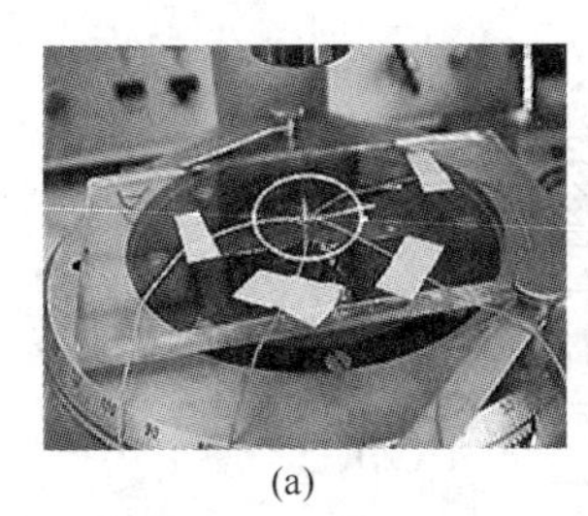
(a)

(b)

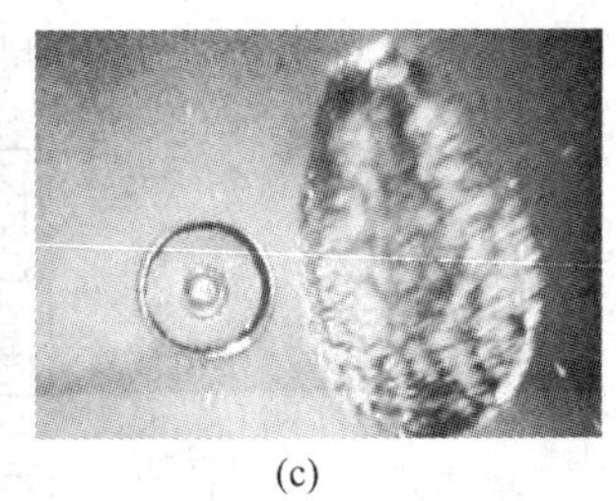
(c)

图 7-43 自主开发的几种微执行器

(a) 超声微马达；(b) 静电微马达；(c) 电磁微马达与芝麻大小的对比

再看微泵，微泵主要是用来输送微量流体，并控制流量大小的执行器，它具有广泛的应用前景。如用于药剂的传送、脉动流的传输、产生压差、驱动制冷液体、悬浮微小颗粒或细胞等。当前，虽还未能有应用的实例，但国内外都在进行微泵的研究与开发，并取得了不少成果。微泵的类型很多，可能被应用在微机械设备方面的就有隔膜泵、旋转泵、扩散泵、水电泵、电泳/电渗泵、超声波泵；有压电型微泵、热变形微泵等。

图 7-44 所示为压电型硅微泵示意图。从图中可知，泵的出口阀和进口阀均是单向阀，在施加电压到压电元件上时，压电元件伸长，推动硅膜片向上变形，减小泵腔体积，使泵腔中的流体从出口阀处流出泵腔。它靠的是压电元件施加脉冲电压使其工作。

图 7-45 所示为清华大学研究成的热驱动双金属微硅泵示意图。其原理是：通电加热后使双金属片弯曲，促成腔的体积增大或减小，在单向阀的作用下，液体从入口进，由出口流出。这种泵体积小，结构十分简单，工作可靠。

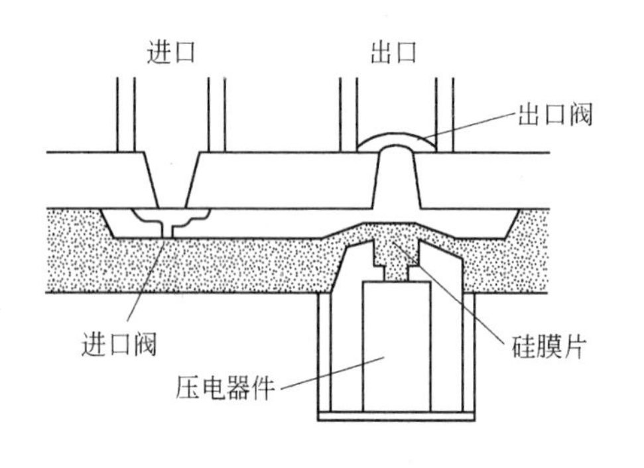

图 7-44 压电型硅微泵示意图

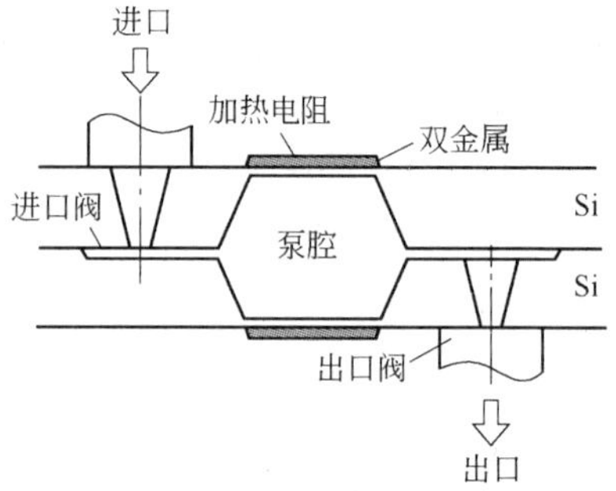

图 7-45 热驱动双金属微硅泵示意图

微型气泡泵是最简单的微泵之一，其原理是通过局部加热附近腔体中的液体，产生气泡，蒸气泡不断地形成和破裂来产生驱动力，一种喷墨打印机中打印头上的微气泡泵就是应用的实例。其基本结构如图 7-46 所示。它是在薄膜上的电阻施加电脉冲，把出口喷嘴下面的喷墨快速加热形成气泡，气泡形成时间 1μs 左右，压力峰值为 1.4MPa（14atm），气泡寿命 20μs，气泡如同活塞似的把周围的墨汁从原位置上挤走，从喷嘴板的小孔中挤出，当加热器断电时，墨汁自然冷却致使气泡破灭，并从墨池中把墨汁吸过来填补，为保证喷射墨滴，必须把喷嘴附近的墨汁加热到墨汁沸点的 90%。

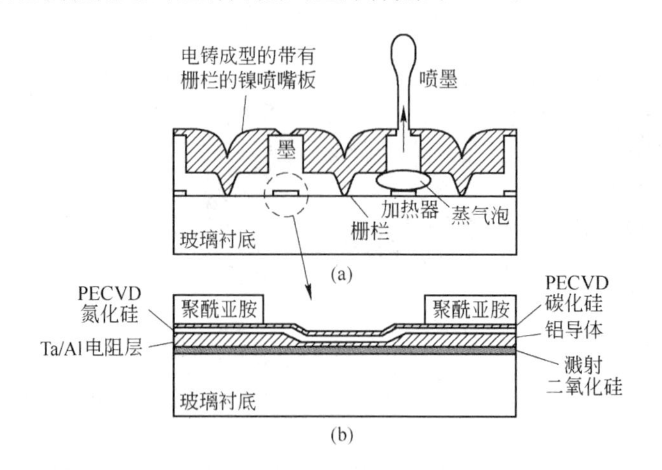

图 7-46 喷墨打印机的打印头示意图

清华大学研制成的微泵硅微电机，其泵有进出口，用双金属热致动的泵膜和泵腔，在 2in（1in = 25.4mm）的硅片上有 16 个泵片，微电机由两层多晶硅组成转子、定子和轴承。

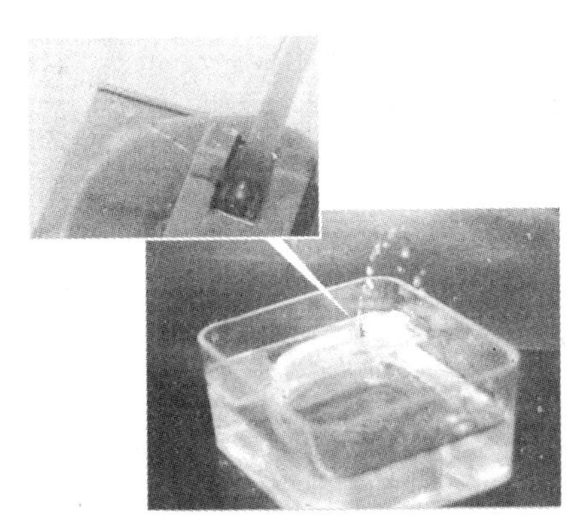
图 7-47 上海交通大学研制的用微马达驱动的微泵

在外围的定子和中间的转子间加上交变电压，静电力拉动转子转动。转子直径相当于头发丝粗细。

上海交通大学也研制成用形状记忆合金薄膜驱动的微泵，其性能优于用压电、静电、热气动驱动的微泵，同时还制成直径为1mm、2mm的电磁微马达，其输出力矩为4μN·m，图7-47所示为上海交通大学研制的用微马达驱动的微泵。

人的心脏其实就是一个微生物泵。它每分钟跳70次，年跳3700万次，一生中约跳30亿次，按平均每分钟的泵血量为5.25L来计算，一生中的泵血量就是200GL。心脏虽是一个器官，但在显微镜下，它就是由一个同步进行工作的微结构（心肌细胞）构造而成，其工作效率高、体积小。又如吸血的蚊子、跳蚤等昆虫，它的吸血泵是由外在肌肉驱动一个有弹性的腔系结构，可使血吸入一个直径约为10μm的孔内，吸血的虫子能在15min内消耗掉300mg的血液，相当于一个20μL/min的微泵。人们发现这类自然界生物有如此高的能量和利用率，这对改进微机械泵很有参考价值。

微阀门是流体系统中的关键部件之一，它是用来切断或接通管路中的流体，有结构简单、制造方便、性能可靠等优点，是微泵、微化学分析系统和微流体系统的组成部件，也可单独使用，它在医疗、化工、军工上均有广阔的应用前景。一般而言，微阀门应具有零泄漏、零功耗、无死角、无限压差能力，对特定的污染不敏感，零响应时间，可用电压进行线性控制，适用于任何气体和液体等。这些特性当然是理想状态，实际中没有任何一种微阀门能达到，但在特定的应用中，应尽量满足它的参数值。就其分类看，最常见的有被动式阀门和主动式阀门、常开阀和常闭阀门、气体阀门和液体阀门、比例式的阀门和数字式的阀门等。

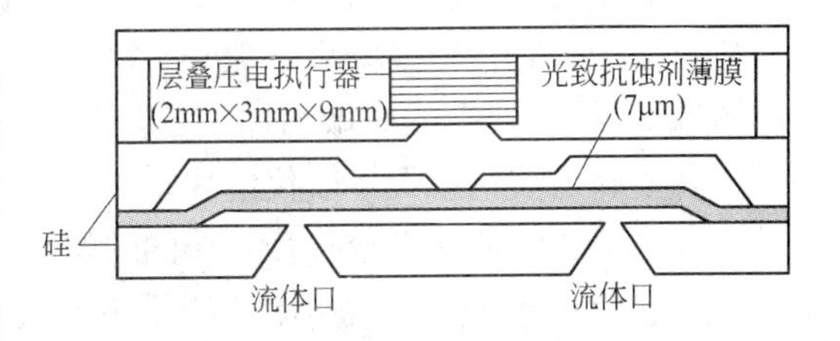

图 7-48 带有机膜的压电式微阀门

图7-48所示为带有机膜的压电式微阀门，它的特点是：执行器采用分离制造，然后再把它们的多层叠合在一起，层叠的压电装置在外加电压作用下，使光致抗蚀剂薄膜向下衬底弯曲，从而切断出入口间的通路，使微阀关闭。当外加电压去除后，层叠的压电驱动装置使光致抗蚀剂薄膜恢复原有出入口之间的通路，阀门开通，这种阀门可灵活地选择不同的阀门隔膜材料。阀门的硅元件由两个衬底连在一起，中间夹着隔膜。用各向异性的湿法刻蚀，并和叠合的隔膜制造出带有流体通道的下衬底，隔膜是通过叠合负光刻胶制成，并用正光刻胶作牺牲层，其具体工艺如图7-49所示。

这种正开阀门工作电压高达100V，流速高达12μL/min，同样的方法也可制成常关阀门。

7.5.2.3 微型惯性仪表（导航仪）

惯性仪表指的是惯性测量平台及其组成的仪表（陀螺仪和加速度计）。惯性测量平台

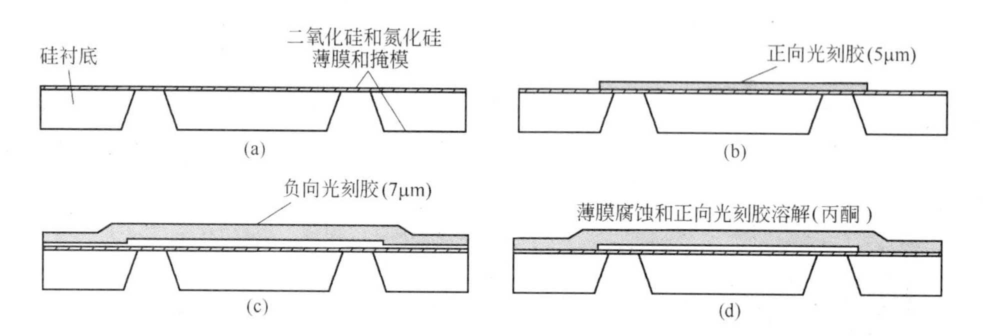

图7-49 有机膜制造工艺

一般由三个方向的加速度计、三个正交方向的陀螺仪和微型计算机组成。陀螺仪用来测量运动物体的运动姿态和旋转角速度，加速度计用来测量物体运动的加速度。它们之间的组合就可测出运动物体空间运动的方向和加速度。保持对空间运动方向的跟踪，并在空间坐标中指示出运动的方向和加速度，对加速度进行积分，可测出运动物体的速度，对加速度进行两次积分，使可测出物体的位移。因此，惯性平台能提供运动物体的空间姿态、速度、加速度、位置和运动轨迹的信息。微型惯性仪表在飞机、人造卫星、导弹、舰船、汽车等中都可作导航用，因此，微型惯性测量平台又称为导航仪。

对于加速度计，这里就不多谈了。主要讲述一下微硅叶片振动陀螺仪。这种陀螺仪是1999年末由美国喷气推进国家实验室（Jet Propulsion Laboratory，JPL）和Hughes空间通信公司研制而成的极小体积的微硅振动陀螺仪，如图7-50所示。其尺寸为4mm×4mm，质量小于1g，比衣服的纽扣还要小。这种新的陀螺仪和已有的陀螺仪相比，具有体积小、质量轻、结构简单、易于制造、售价便宜、性能好、寿命长（估计在15年以上）的特点。据JPL负责此微硅陀螺仪的工程组长T. Tang博士称，陀螺仪的核心是和硅芯片相连的苜蓿叶状振动子，它在很高频率下振动，其结构简单（但JPL没有公布此微硅振动陀螺仪的内部结构），可用成熟的硅微细加工工艺制造。它不仅成本低、精度高，而且经进一步改进后，有望满足航空航天导航仪的要求。

只有当组成的惯性平台（IMU）的陀螺仪、加速度计和计算机都完全微型化，并把它集成在一起后，才能造出微型惯性测量平台（MIMU）。图7-51所示为X、Y、Z三个方向的微加速度表、微陀螺仪和相应的处理电路集成在一个芯片上所组成的一个微惯性平台（MIMU）系统。这种系统是一种高水平的相当复杂的多功能微惯性平台系统。1994年，

图7-50 微硅振动陀螺仪

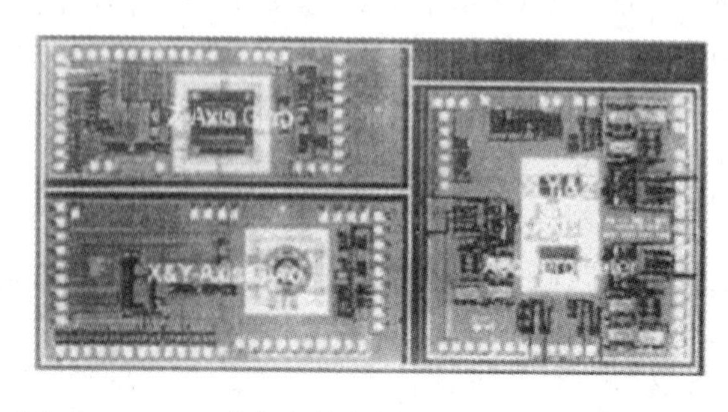

图7-51 X、Y、Z三个方向的微加速度表和微陀螺仪的集成芯片

美国 Draper Lab 用三个微硅加速度计和三个微硅振动陀螺仪组成一个微型惯性测量平台，尺寸仅有 2cm×2cm×0.5cm，质量约 5g，陀螺仪的漂移率约为 10°/h（或稍好），加速度计的零漂移稳定性为 250μg，适用于短时间导航。下一步目标是将把漂移率降到 1°/h。这种惯性仪表除应用于飞机、小型卫星和航天器外，还可在汽车、高精度的炮弹、摄像机体、医疗电子设备，甚至玩具中应用。当今，以加速发展航空航天技术为目的研究 MIMU 技术已经成为发达国家研究开发热点。美国正在研究在 MIMU 中再增加 CPS（环球定位卫星导航系统）接收机，以提供廉价的战术导航或实现汽车全自动无人驾驶等功能。

7.5.2.4 微型生物化学芯片

微型生物化学芯片是用微细加工工艺在厘米见方的硅片和玻璃上集成样品预处理器、微反应器、微分离管道、微检测器等微型生物化学功能器件、微电子器件、微流量器件的微型生物化学分析系统。它是集成电路的延伸和推广，是生物化学分析与实验室的微型化。这种由生化芯片与微电子电路相结合的微型化分析仪器可同时进行大量的实验，不仅自动化程度高，而且所耗用的生化制剂也很少，分析或反应时间大大缩短，它使用半导体集成电路的生产技术可大批量地制造，这使芯片的单位制作成本大幅下降。目前，微型生物化学芯片已应用于临床、环境监测、基因工程、蛋白质工程、新药研制、医学诊断、刑侦鉴定，成为取代传统化学分析与合成的手段。

生物芯片按结构形式可分为微点阵芯片和微流体芯片。微点阵芯片是大量规则排列的点阵，这些点由生物样品构成，如 DNA，每个点代表一个实验。在新药研制中，对大量的化学分子组合进行筛选，找出对某一病毒最有效的治疗药物，将该病毒的生物制剂做成微点阵芯片，然后用不同分子组合的药品去实验。芯片上的每个点都是一个实验样点，上千个实验可通过一个微点阵芯片同时完成。这种微点阵芯片已经商品化，并应用于各种生物化学分析。

微流体芯片在结构上比微点阵芯片复杂得多，其最基本的组成部分是微流体通道。微流体芯片的加工主要就是微流体通道的加工。硅、玻璃或石英是微流体芯片的主要基底材料。用微细加工中的化学湿法腐蚀或反应离子深刻蚀都可以制作这种微流体通道。用硅材还有另一个重要原因是硅与玻璃通过阳极键合可形成非常好的密封结构。图 7-52 所示为一个典型的微流体芯片。这是一个用于化学合成的微型反应器，该芯片是在硅片上用湿法或干法刻蚀出微流体通道，在同样面积的玻璃芯片上刻蚀出相应的液体进出孔，并用阳极键合技术密封液体通道，通过外导管与芯片连接，实现流体的输运。该反应器中间部分微通道的底部沉积了催化剂，经外部加热芯片，实现快速化学反应，反应产物由微流体芯片的另一端输出。由玻璃密封的流体芯片通过光学方法观察微流体的流动过程。

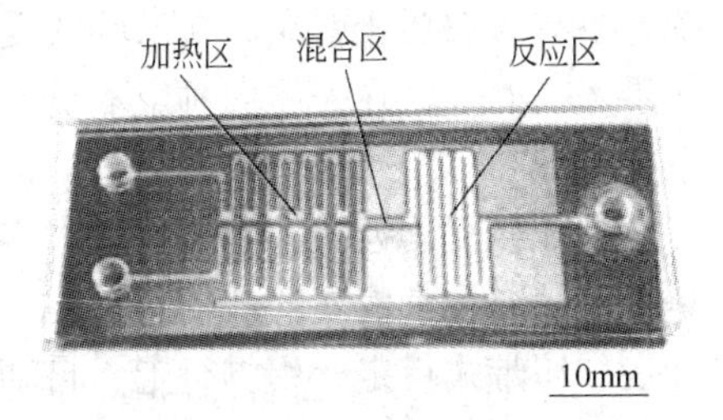

图 7-52 以硅为基底材料的微流体芯片

由于硅和玻璃的加工需光学曝光与刻蚀等工序，加工设备昂贵，加工成本高，虽然生物芯片仍称为芯片，但一般都是在数厘米或数十厘米左右，比半导体集成电路芯片大得多，而基底材料玻璃和硅的成本比塑料高得多，因此，微液体芯片还可用塑料制造。塑料可经热压成型。只要有印模，塑料微流体芯片就可大批量、低成本地进行压印制作。此外，塑料还可经过激光烧蚀快速刻蚀成型。更为复杂的流体芯片包括微泵、微阀、加热器、传感器、检测装置等，构成所谓的全微分析系统（micro total analysis system，MTAS）。微泵是通过微执行器操作流体输运，可用于微泵的微执行器驱动方式有静电式、电热式、压电式和电磁式，不管哪种方式，都是要把驱动的能量转换成薄膜的机械运动，通过薄膜的运动，导致腔体体积变化，产生泵的作用。而微泵又常与微阀相结合才能正常工作。因微泵总体尺寸是毫米或毫米以下量级，所以其所输运的流体、流量是微升或纳升量级。

虽然生物芯片最先是以硅的微加工技术为基础，但后来因尺寸相对较大，又可用塑料取代硅，因此，新的微细加工技术，如塑料热压技术（hot embossing）、PDMS浇铸技术（casting）、喷粉技术（power blasting）相继开发出来。总体来讲，无论点阵的微生物芯片还是微流体生物芯片，其所涉及的微细加工因尺寸相对较大，材料成本低，因此，其加工远比集成电路加工技术简单，所以传统的接触式光学曝光技术足以满足。就微细加工上看，生物芯片并无特殊可言，但在芯片的表面处理上却又有许多特殊之处，因为微流体输运系统的流体接触表面积与流体体积之比远远大于宏观流体输运系统，其表面的性质对流体的运动特性的影响非常重要。如表面的亲水性或疏水性，流体通道的亲水性不好，会对流体输运造成非常大的流阻，但疏水性有时又可用来控制流体的输运，例如在微点阵芯片表面形成亲水点阵，则可把流体局限在亲水点上，表面的疏水区可以形成对流体运动的屏障。对表面亲水性的处理应参照基底材料的性质，如清洁的硅片表面有较强的疏水性，在氧等离子体中稍加处理则可改善其亲水性。

7.5.2.5 微型机器人

机器人是具有一定的人的行为功能、能自己行走（或爬行）的高级机电系统，发展微型机器人是利用其体积小、灵活机动、能通过狭窄通道或恶劣环境空间，其次是利用其具有好的隐蔽性进行侦察而不被敌方发现，因此，就需配备有侦察功能的微型相机、摄像机、微型数字信息处理及输送系统，并能隐蔽保护自己；要有探测功能就要配备压力、温度、红外、光纤、气体、生物化学、放射性或其他微型传感器和相应的信息处理传输系统；要有清扫功能就应有自己的或受遥控的清扫执行机构和微型摄像等监控系统；医用微型手术机器人，在人体内独立行走到需手术的部位，就要有受控的手术机构和摄像监控系统。

因此，机器人是一套高水平、多功能、含有多个复杂功能分系统的微型机电系统。它是机电系统技术发展的产物。目前，美、日、法、德、英等工业发达国家研制成功有轮式行走、履带式行走、用脚行走、自动伸缩步进、蠕动行走的机器人，如美国Sandia国家实验室2001年研制成功的履带式微型机器人小车，质量小于28.4g，体积约4.1cm^3，行驶速度为50.8cm/min，装有微处理器、温度传感器、微型数码相机、微型麦克风、微型信息传输系统等，能把侦察信息及时传回指挥中心，还装有化学-生物气体传感器，能检测平地或坑道内的化学和生物武器。图7-53所示分别为国外研制的轮式、履带式和步进爬行式的机种机器人实物。

在图7-53所示这三类机器人中，用轮子行走的微行机器人的机构常制成小车的形式，这类轮子行走的微型机器人相对结构简单，要求行走的路面较为平坦，大多采用两轮驱动，再加辅助支撑来简化结构，转弯时利用两轮不同的转速控制。国外已制成多种结构不同的轮式微型机器人小车。这种微型轮式机器人小车具有很强的功能，能记录行走路线

(a)

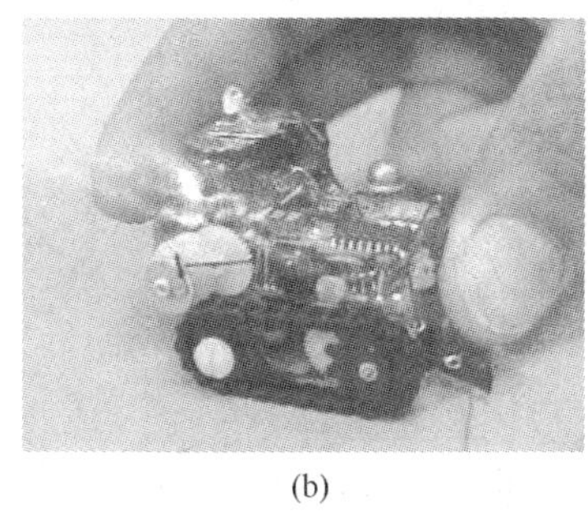

(b)

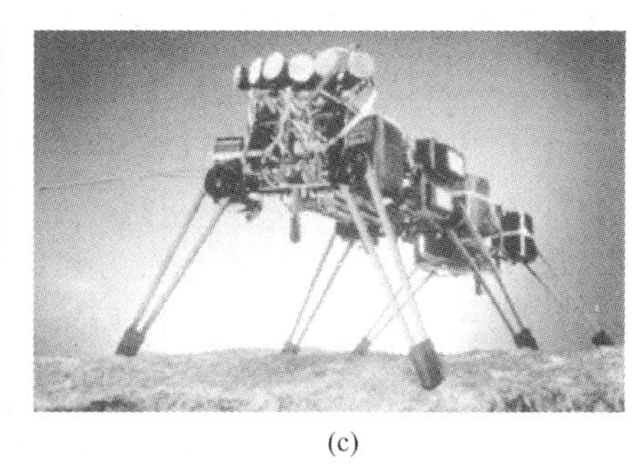

(c)

图 7-53 国外研制的轮式（a）、履带式（b）和步进爬行式（c）的机种机器人实物

图，并能自动回到出发点，装有红外探测器以检测行车前方的位置，遇障或有危险物时，能发出警报声，可自动变速、转弯；装上一支笔还能绘制简单的设计图，并可书写短信；具有自动探索和走迷宫到达指定目标的能力；还具有走出迷宫后再走时选择走捷径快速到达目的地的学习功能；若再装加其他微型仪器，还可增添新的功能。这类轮式微型机器人微型化的关键是能源供应，因现今的化学电池体积都较大，限制了小车微型化体积的缩小。

因履带行走的微型机器人采用的履带行走机构在地面不平时也能正常行走，目前，采用履带式的微型机器人小车日益增多。图 7-53(b)中履带式的微型机器人是美国 Sandia 国家实验室用 MEMS 技术开发的，定名为微型自动机器人车（MARV），是经多次改进才达到 4.1cm^3、质量小于 28.4g 的世界领先水平。现在 MARV 使用的是 3 个手表电池向 2 个驱动马达和通信等电子仪器提供能量，电池体积大而总电能小的问题已成为 MARV 的重要技术瓶颈，目前各方面正在继续研究以提高履带式机器人的各项性能，其中也包括开发新的电能供给装置。2007 年 6 月我国成功研制成履带式小型机器人，可进行危险地区作业。

步进爬行式微机器人，又称为用脚行走的微机器人。其脚的结构有多种。较高级的用脚行走的微机器人常做成昆虫型，常用 4 条或 6 条腿，偶尔也有制成 8 条或更多条腿的。在前进中遇到障碍时，它会自动改变爬行方向，最后走向目的地。这种用脚行走的昆虫型微侦察机器人常用 6 条腿，用电池组作能源驱动行走，并装有带侦察的微型相机或摄像机和微型通信系统及程序控制系统，能把侦察到的信息传送回控制中心。这种微型机器人体积小，隐蔽性好，不易被敌方发现。美国 Sandia 国家实验室这方面的研究和制造技术在世界上是领先的。

图 7-54 所示为英国防卫公司巨头 BAE 系统公司正在研制的一种由微电子控制系统控制的 6 脚爬行昆虫型机器人。它具有在特殊环境下侦察、摄像功能。该项目的负责人史蒂夫·斯卡策拉介绍说，未来可用它在战场上参与侦察任务，充当士兵的“眼睛和耳朵”，帮助军队作战。

图 7-54 电子昆虫模拟图

日本科学家研制的微型机器人，能在桌面上组装像硬盘驱动器之类的精密小巧产品。日本已经研制成用太阳能电池产生的电力驱动微型马达，使机器人向着光亮的地方前进，其大小如同钱币。军方对这种微型机器人兴趣很浓，希望这种微型机器人会爬会跳，到敌军后方收集情报，甚至代替人进入危险地区侦察、排雷、探测生化武器，并且希望能够以低廉的价格大量部署。

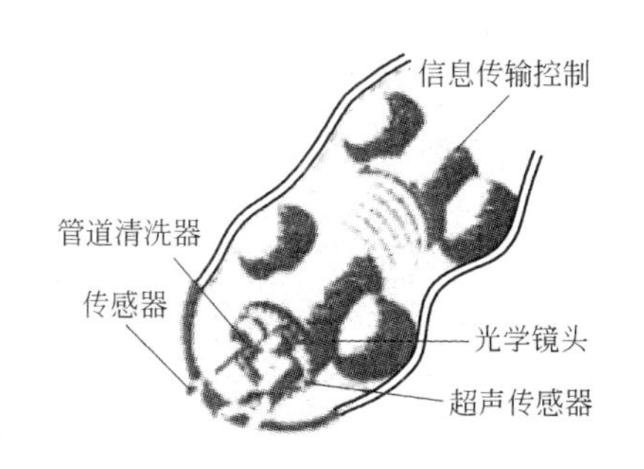

图 7-55 携带内窥镜的微管道机器人

现今还有很多国家投入人力和资金研制外科手术用的微管道机器人。图 7-55 所示为一种携带内窥镜的微管道机器人。通过外科手术把它放入血管中，让它在血管内行走，进行搜索并对准所需手术的病灶部位，用携带的微光学镜头、微超声传感器和其他微传感器对病区实施内窥镜检测，使医生能直接观察到病区的实况，以确定正确有效的手术方案；也可让微管道机器人携带微创手术工具，经医生遥控进行手术。现今，研究较多的是微管机器人携带微型旋转刮刀在血管中行走进行内窥检测，对准需要手术的部位，由医生遥控进行清除血管壁上的脂肪，使血管畅通，来医治心血管梗塞等病症。

7.5.2.6 微型飞行器

未来的战争，从某种意义上讲是高新技术的较量。其中，微机电系统（MEMS）技术的飞速发展与普及，将会促进在未来战争中涌现出更多的微型新概念和微型武器。其中，微型飞行器（micro air vehicle，MAV）就是未来高技术战争中设想应用的微型武器之一。它是一套复杂的可在空中飞行的高水平多功能微机电系统，它可完成飞行、升降、自动导航、侦察、信息传输、对敌干扰等多种任务。微型飞行器长、宽、高均小于 15cm，质量小于 120g。军方认为这种微型飞行器极有价值，军方希望能以军方可接受的成本执行有价值的军事任务。提出的设计目标是 30 ~ 60km/h 的速度，连续飞行 20 ~ 30min，巡航范围为 16km。美国陆军设想把它装备到陆军排，用于战场侦察、通讯中继，甚至反恐怖活动。它的最大优势在于它的隐身能力，雷达难以发现，即使发现，也可能被视为鸟类或其他生物。微细加工技术为微电子技术和微机电技术和发展提供了技术支撑的工艺基础，为微飞行器实现细小、复杂功能奠定了基础。如用 MEMS 技术在机翼上制作微结构阵列，使其具有提升力，通过无线电控制飞行功能，安置探测器、传感器、摄像机实现侦察敌情的目的，用通信系统经信息传输获取侦察摄取的敌情图像。

美国麻省理工学院设计的微型飞行器，预计飞行的速度为 30 ~ 50km/h，可在空中飞行 1h，具有侦察和导航能力。图 7-56 所示为国外几种有代表性的微型飞行器。

就当今研究的动态看，除常规的旋翼和固定翼的微飞行器外，还有仿昆虫飞行的扑翼式微型飞行器以及将不同飞行方式结合在一起的微飞行器等。但是，旋翼式微飞行器因其可在空中悬停，能垂直起降，又能在复杂地形上升降，还能在窄小空间中穿行，有效执行各种特殊任务，因此，其研发备受各国重视，成为以 MEMS 技术为基础的具有广泛军事用途的研发热点。1997 年，德国 IMM 公司研制成功世界上第一架演示性微型直升机，其机身长度为 26mm，质量为 0.4kg，虽然只能做上下垂直飞行，没有其他功能，但已凸显出 MEMS 技术在国防武器中的应用前景，立即引起了各国科学家，特别是微型飞行器的研究专家的高度重视。

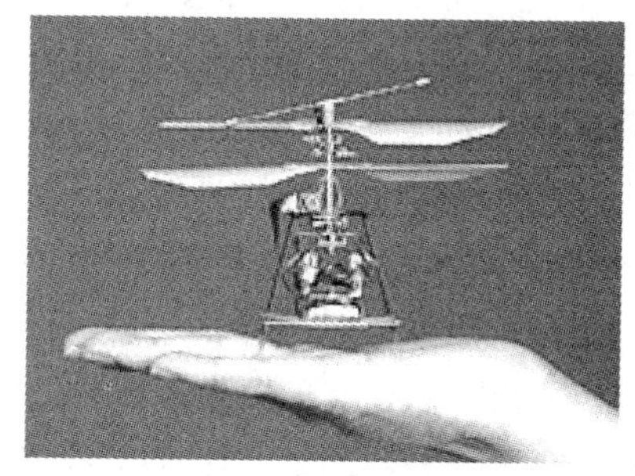

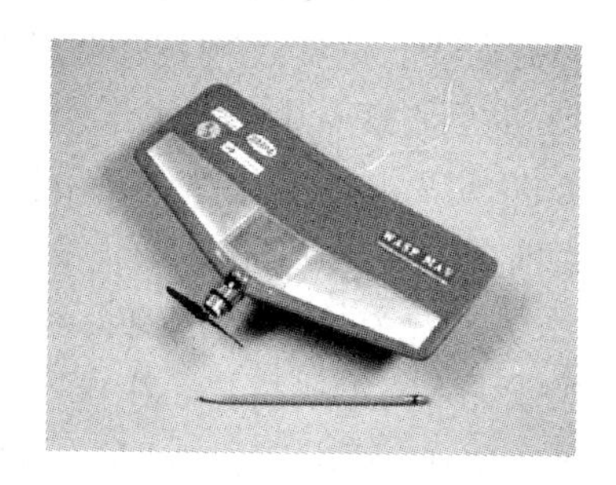

图 7-56 国外几种有代表性的微型飞行器

我国上海交通大学以微型直升机为起点，瞄准世界上 MEMS 应用领域的最前沿，充分发挥 1995 年研制成微型马达的成功经验和技术积累，于 1998 年以直径 2mm 的电磁型微马达作驱动，成功研制出长 18.8mm、宽 2.5mm、高 4.6mm、质量 160mg 的能做离地垂直演示飞行的微型直升机，起升高度限定为 50mm，起飞时间为 10s，其实物结构如图 7-57 所示。该项目实现了当时国内开展微直升机研究零的突破，并跻身该领域的世界先进行列。上海交通大学与德国 IMM 公司微直升机的主要性能比较见表 7-9。

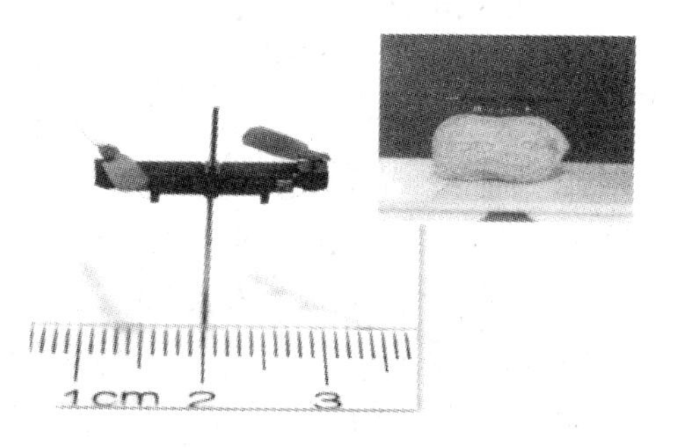

图 7-57 上海交通大学研制的微型直升机

表 7-9 微直升机性能指标

性 能 指 标	尺寸/mm × mm × mm	质量/mg
上海交通大学研制的微直升机	18.8 × 2.5 × 4.6	106.7
德国 IMM 公司研制的微直升机	26.0 × 4.0 × 8.0	400.0

虽然国内这一成果仅仅是一架实验室的原型样机，但通过这一研制，实际掌握了许多关键技术，如高质量的微马达研制、翼型和机身的设计、精密装配等技术，更培养锻炼出一批技术人才。

由于武器小型化、信息化要求进程加快，装备小型化、信息化的微型无人机已成当今发达国家研究的热点之一。1998 年，美国国防高级研究计划局规定这种无人机的长宽高均小于 15cm，发射质量 10 ~ 100g，装载小型有效载荷，飞行时速 30 ~ 60km/h，留空时间 20min，最大飞行距离 10km。并据报道称，这类大小与鸟相仿的微型飞行器上可携带微型视频摄像机，通过信息系统将拍摄图像传回，主要用做单兵携带近距离战场侦察的工具。1997 年以来，美国微型飞行器有限公司先后研制出 15cm 盘形微飞行器、起飞质量 85g 的“Micro STAR”固定翼微飞行器、约 15cm 的扑翼微飞行器、自重仅 10g 的扑翼“微蝙蝠”等多种微飞行器。其中，15cm 盘形微飞行器代表了当今微飞行器的技术水平，引起人们关注的是在这种微飞行器中装有锂电池，这种先进的锂电池储存能量密度为 130W·h/kg，可提供 16min 的飞行能量。目前，美国斯坦福大学正在开展机身只有 1in（1in = 25.4mm）左右的微型直升机研究，使其在微型化上又前进了一步。

为鼓励发展微型飞行器，美国从 1997 年起，每年在佛罗里达（Florida）大学举行一次微型飞行器竞赛。竞赛还规定了优胜的条件，如微型飞行器的尺寸和质量最小、能在 1.5m 尺度下拍下侦察照片、起飞点距离 600m 等。1997 年、1998 年参赛的微飞行器均未达标，从 1999 年后开始有获胜者，而且在指标上每年都有进展。

观察当前国内外微飞行器技术发展，从微飞行器的尺度大小和飞行结构特点来看，1～10kg 量级的微飞行器已经达到实用阶段。这种微飞行器外形与现在飞机相差不大，称为微型飞机或无人微型飞机，不少国家都在研发这类飞机。个别国家研制成功后已投入实用，如美国在 2003 年对伊拉克战争中就用它来完成近距离的侦察等任务，到 2004 年底，美国在对伊战争中使用了 700 余架的无人飞机中，微型无人飞机所占比例不小。下面列举几种这个量级的微型无人机。

美国“银狐”微型无人飞机：其外形如图 7-58 所示，机长 1.8m，翼展 2.5m，质量 8.6kg，可以 120km/h 速度持续飞行 4～6h，机身用玻璃纤维制作，使用标准飞行发动机，采用机腹着陆，机翼可拆卸，可分装在一个高尔夫球袋内。装有微型摄像机、全球定位系统接收机，已装备美国海军陆战队。

美国“指针”微型无人飞机：这是 2003 年对伊战争中使用的一种近距离手提式微型无人侦察机，翼展 2.7m，质量 3.9kg，可以持续飞行 5～8km，装有彩色、黑白相机，并用无线电发回侦察信息，用于近距离侦察和目标捕获，发射时只要 3 人将其抬起即可发射。

美国“龙眼”微型无人飞机：其外形如图 7-59 所示，在 2003 年的对伊战争中正式使用，是一种全自动、可返回的手持发射的微型飞机，飞机质量 2.3kg，用锂电池可以 76km/h 的时速飞行 1h，平时飞机装在士兵的背包中，使用时 2 人可在 10min 内组装完毕并发射，它用于海军陆战队的小部队，可执行侦察和危险探测等任务，在巷战中可侦察敌

图 7-58　美国“银狐”微型无人飞机

图 7-59　美国“龙眼”微型无人飞机

军射手所在的位置，士兵通过戴在手腕上的屏幕察看相关信息。成本为 6～7 万美元/架。

比利时和法国合作研制的微型侦察机：在 2003 年 6 月研制成翼展 25cm、质量 200g、飞行速度 144km/h、飞行半径 10km、用碳纤维等合成纤维制成的微型侦察原型样品机。该机由一台微型电动机带动螺旋桨推进，飞行响声很低，能躲过雷达搜索，装有全球定位导航系统和能实时地传送图像的微型摄像机，还带有探测飞过地区是否带有毒气、化学危险器或辐射的探测器。警察和军队可用它来执行包括从空中用热像仪探测温度异常的建筑物，探测出里面人所处的位置、确定山区中的目标方位等任务。行动时可在 5min 内做好起飞准备。现今正在继续改进，计划在 5 年内可交付正式使用。

在 25～150g 量级的微飞行器中，因飞行条件和飞行力学特性等原因，已和现代的飞机不同，由于飞行速度低，原来的机翼形状已不能提供足够升力，因此，需增加机翼宽度，而不少样机采用圆盘状机翼，目前在研制中采用新的飞行力学原理还有相当难度。

美国“黄蜂”微型飞行器就是一种加宽了翼宽、翼展为 38cm、在燃料充足时质量仅有 140g 的微型飞行器，其外形如图 7-60 所示。该飞行器到 2003 年 9 月已试飞过 3 次，第三次飞行了 90min，飞行时由地面通过无线电控制节流阀、方向舵、飞行高度和飞行速度。用燃料电池作动力，燃料电池的刚性金属网是其机翼结构的一部分，氢储存在干燥芯块内，与储存在机上的水作用，释放出气体并与流经机翼的气流中的氧化合，在燃料电池中产生电能，而氢与水作用释放气体，速度可由地面的无线电控制装置进行调节。在初始飞行试验时，电池平均输出功率 10 多瓦，输出能量密度达 400W·h/kg。“黄蜂”增强型无人飞机可携带一台简单的自动驾驶仪和一台彩色摄像机，特别是在飞行能源动力供给上体现出技术上的一大进步。

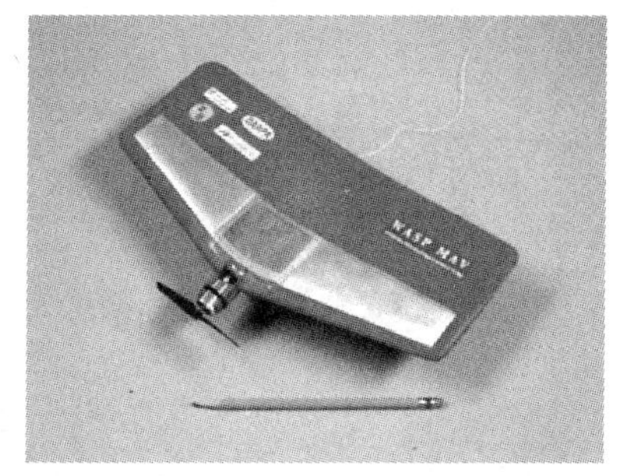

图 7-60 美国“黄蜂”微型飞行器

小于 25g 量级的微飞行器上，若采用固定式机翼已不可能提供足够的升力使微型飞行器起飞，各个研制部门都趋向于采用直升机式或扑翼式结构。已制成扑翼式微型飞行的原理样机，外形像飞鸟、蜻蜓或苍蝇这类飞行器，需采用全新的飞行原理，应该说，目前还处于探索性研究阶段。为了对微型飞行器的飞行原理进行了解，多个单位已经开始研究飞虫的扑翼飞行原理。

英国牛津大学对蝴蝶飞行的原理进行了详细研究，花了 3 年时间建造调试了一条特殊的风洞，训练蝴蝶在其中飞行，并向蝴蝶的翅膀吹送烟雾，以显示翅膀与空气作用时产生的湍流。在对其进行理论分析时发现，蝴蝶飞行时翅膀振动的方式并非简单随机，而具有精妙的空气动力学机制，他们从中辨认出 6 种不同的翅膀振动方式。昆虫的飞行能力已经有 3 亿年的完善进化，它既能高速、低速飞行，还能空中悬停，迅速改变飞行方向，甚至倒退飞行。在翅膀上产生的升力比同面积飞机机翼的升力高出 10 倍，并且耗能极少。因此，研究扑翼式微飞行器就需研究飞虫的飞行方式，这种扑翼飞行的力学研究成果将是新一代微飞行器的设计基础。

美国加州大学伯克利分校于 2002 年研制成功体积非常微小的扑翼式微飞行器，取名“飞行蝇”。飞行蝇高度不到 3cm，质量仅 0.1g，能在 100m 高的空中飞行 20min。取名为

“飞行蝇”的原因是苍蝇是动物世界中的飞行高手，在0.03s的瞬间迅速起飞，在3×10^{-5} s内改变方向，最高飞行速度达40km/h，一天所耗食物仅为0.1g，是飞行最稳、机动性最佳的飞虫。“飞行蝇”就是运用仿生原理制造出来的世界上第一只能飞行的“机器蝇”。其外形如图7-61所示。这种扑翼式的飞行蝇技术难度很大，首先在机翼上，由于苍蝇的翅膀上分布有20块功能不同的肌肉，模仿肌肉的运动来实现飞行。研究人员耗时4年才看清苍蝇翅膀动作和飞行的力学问题，前后做了30多个模型，最后设计用的是一种类似玻璃纸的聚酰胺薄膜材料，制成长10mm、宽3mm、厚5μm的仿生翅膀，翅膀用双层压电伸缩驱动器扇动，并经四连杆机构来实现。翅膀扇动频率为150次/s。目前只能快速飞行，还不能自行控制飞行方向和速度，更不能在空中停留。图7-62所示为“飞行蝇”的各部件组成所在的部位。

图7-61 “飞行蝇”微飞行器

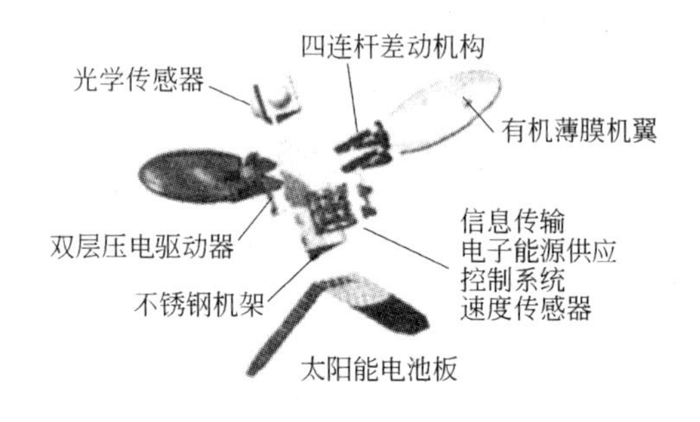

图7-62 “飞行蝇”微飞行器的部件组成

“飞行蝇”的眼睛是光学传感器，可探测前方有无障碍，将来可装微型照相机做侦察，扑翼的扇动是用微型电池来提供能源，同时也为各种电子仪器供电。“飞行蝇”的尾翼用太阳能电池板制成，可辅助供应电能。“飞行蝇”的机架用不锈钢制造，有较高的强度和刚度。“飞行蝇”上还装有多种传感器、微型信息传输系统和控制系统。尽管这种“飞行蝇”还处在初始研制阶段，其广泛的应用前景已引起军方和多方面的关注，美国五角大楼对有望成为“微型间谍”的机器“飞行蝇”极为重视，从1998年项目研究之时就大力资助。研究者称，计划在数年内让“飞行蝇”像苍蝇那样完成起飞、空中变速、变向、停留和安全着陆。目前，正计划努力改善飞行蝇的驱动装置和能源，使其携带仪器进行飞行，完成侦察或其他特殊的任务。

2011年4月德国报道了质量仅有450g的“白海鸥”成功自由飞翔的消息，就在同一天，香港凤凰台播放了德国的机械“白海鸥”在大厂房空间中飞翔的画面。同时，专门展现了“白海鸥”骨架展翅的扑翼动作和“白海鸥”尾部的摆动，“白海鸥”从大厂房地面起飞，起飞后扑翼自由飞行，飞行中变向、变速灵活，最后平稳安全下降着陆。飞行中，若将其放入海鸥飞鸟群中飞翔，难以辨认这只机械飞行海鸥的真伪。遗憾的是报道中没有说明这只聪明的“白海鸥”安装有什么仪器，以及其主要功能等。可以肯定，聪明鸟已是实用型的实验扑翼飞行器。

我国对扑翼式飞行器也进行了研究。图7-63所示为我国南京航空航天大学等单位自行研制、试飞成功的4种扑翼式微飞行器。

美国军方和世界多个科研组正秘密地研究一种体形十分小巧的“电子动物特工”。它

(a) (b) (c) (d)

图 7-63 我国南京航空航天大学等单位自行研制、试飞成功的 4 种扑翼式微型飞行器

是在处于幼虫期或蛹阶段的昆虫（如苍蝇、飞蛾之类）的大脑内植入芯片，令芯片成为其身体的一部分，在昆虫长大后将成为一半是昆虫、一半是机器的“生物机器人”。美国反间谍专家研究了一种可安装在“昆虫特工”腹部下的微型摄像仪，从上空拍摄敌方活动。研究人员的终极目标是：飞行距离超过 100m，使用电脉冲远距离遥控它们的飞行方向，寻找炸弹或刺探敌方活动；到达目的地后，“昆虫特工”可原地待命，始终保持静止或飞行状态，直到接到新的行动指令。

由于最小的飞行器要求质量小于 15g，固定机翼肯定难以正常飞行，鉴于完全没有研究过扑翼飞行的力学理论，而且在发展扑翼式微飞行器上又有大量难度很高深的理论和实际工作要做，因此，有科学家在研究飞行原理出路上改成研究直升机式的飞行。

目前研制的直升微型机只能做上下垂直飞行，距离实际应用尚有很大距离，为了实现实用化，必须努力达到（实现）：

（1）要有一定的负载能力。具有应用价值的微型直升机，升空后需要完成某些特殊任务就必须装备携带一定数量的微型仪器，如微型摄像头、窃听器及各种微型传感器、飞行控制器和一定数量的电池等，要载上这些必备仪器，直升机就需具有足够的负载能力。

（2）要有飞行姿态控制能力。微直升机飞行中会受外来各种因素干扰，因此，它就需具有自我调控能力，对飞行姿态进行控制，以确保微型直升机飞行过程中的正确飞行姿态。

（3）要进行飞行姿态的精确测量。若不进行姿态的精确测量，就没法进行飞行姿态的精确控制。

（4）要有一定距离的续航能力。这主要取决于所带能源量的多少和微型直升机自身的运行效率。

针对这4点要求，确定实用化的微型直升机该由4台直径为8mm左右的微马达分别驱动4只微机翼组成。图7-64所示为实用化微直升机结构示意。这样：

（1）可提高微直升机的升力，并使负载能力有保证，在设计上应提高微马达带旋翼后的升力和与自重的比值。

（2）有利于飞行姿态的控制，因直升机一般是通过其旋翼的摆动来控制飞行姿态，这种复杂结构在微直升机中难以实现，为此，通过4台微马达来改变机翼的转速，控制其升力，以实现控制飞行姿态的目的。

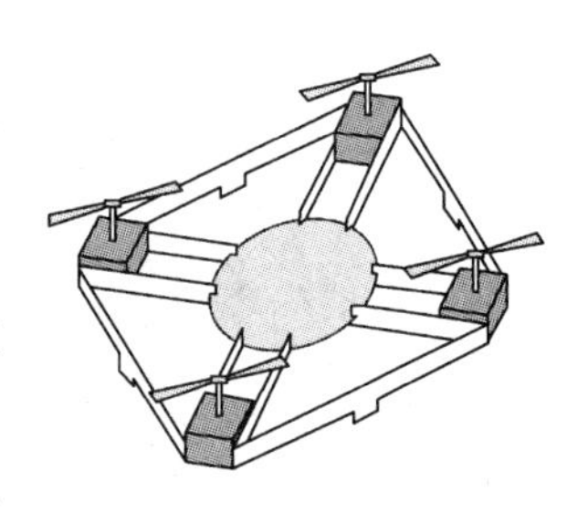

图7-64 实用化微直升机结构示意

图7-65所示为四旋翼微直升机的照片。

美国康纳尔大学的科学家受ATP（三磷腺苷，一种主要的储能分子）酶分子马达启发，研制出可进入人体细胞的纳米直升机，图7-66所示为此纳米直升机示意图。该纳米机电系统包括三个组件：两个金属推进器（螺旋桨）和一个与两个金属推进器相连的金属杆的生物分子组件。生物分子组件将人体生物“燃料”ATP转化为机械能量，使金属推进器运转速率达到8r/s。这架直升机只能在显微镜下才能被观察到。其镍螺旋桨相对较长，达750nm。此生物组件（分子马达）潜在应用价值巨大，把它装配上其他组件可制造出纳米机器。这种技术仍处于研制初期，控制问题还没解决，将来可能完成在人体细胞内发放药物等医疗任务。

图7-65 四旋翼微直升机

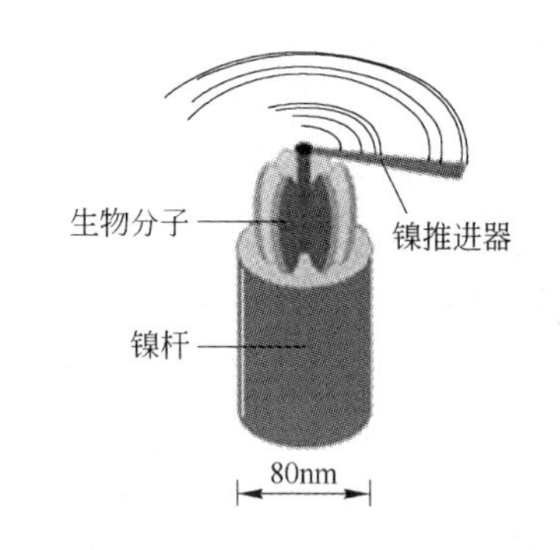

图7-66 美国康纳尔大学研制成的纳米直升机示意图

7.5.2.7 微型动力系统

微型动力系统是尺寸为毫米到厘米，能产生瓦级至十瓦级的电能、热能或机械能输出的微型系统。美国麻省理工学院从1996年开始利用微机电系统的加工技术研究微型涡轮发动机，它主要包括空气压缩机、涡轮机、燃烧室、燃料控制（泵、阀、传感器等）系统和电启动马达发电机等。美国麻省理工学院已经在硅片上研制出涡轮机的模型，其目标是令ϕ1cm的发动机产生10～20W的功率或0.05～0.01N的推力，最终实现100W的目标。同时，该校正在研究由5～6片硅片叠组在一起的微型双组元火箭发动机。在硅片上制有燃烧室、喷嘴、微型泵、微型阀与冷却管道。发动机长×宽×高为15mm×12mm×2.5mm，用液态氧和乙醇作燃料，预计可产生15N的推力，其推力的质量比是大型火箭的

10～100倍。同时，美国的TRW公司、航空航天公司、加州理工学院联合研究组提出了“数字推进概念”方案，将104～106个微推进器集成到一块ϕ10cm的硅片上，已研制成3cm×5cm的微推进器阵列。

由D-STAR工程公司和布莱克斯堡技术公司研制的“微中子”狄塞尔发动机/半导体薄膜温差电池，发动机功率80W，组件直径2cm。温差电池采用先进的量子阱技术，附在发动机壁上，直接把热能转变成电能，使1cm^{3}内燃机废热产生20W功率。

由IGR公司和DOT公司研制的甚轻固体氧化物燃料电池/微型涡扇，其电池可提供足够的动力能满足微型飞行对电源的需求，涡轮风扇发动机推力为600g。

7.5.2.8 微型卫星

近十年来，MEMS技术的快速发展使卫星上多种部件微型化，卫星的质量和体积大大减小，微小型卫星的研制逐步成为现实。用几颗小卫星替代一颗大卫星，使发射费用和技术难度大幅度降低，产生了巨大的经济效益。

微小卫星一般指100kg以下的卫星。也有人把10～100kg的称为小型卫星，1～10kg的称为微型卫星，小于1kg的称为纳米卫星。当前国内外研制主要集中在小型和微型卫星上。纳米卫星技术难度大，需多种卫星技术有重大突破后才可能研制成有实用意义的纳米卫星。但微型卫星与纳米卫星是卫星的发展方向，它可发挥很大的作用。目前美国处于技术领先，研制和发射了多颗小型卫星都发挥着重要的作用。

例如，1991年，美国在对伊拉克战争期间用“飞马座”火箭，一箭发七颗21kg的微型通信卫星组成卫星星系，用于士兵和作战总部的通信联络（见图7-67）。在战后总结中认为：这种微型卫星星系在战争中发挥了重要作用。又如，1995年，Aprize公司研制的Aprize star微型实验室卫星，一箭三颗发射到空中互联网组成卫星星系（见图7-68），它具有GPS全球定位、多种探测、信息传输等功能，曾为北极探险队提供通信与定位服务。还有1998年12月瑞典空间物理所研制的Astrid-2微型科学探测卫星，通过俄罗斯发射，该卫星装有Linda密度测量仪、EMMA电磁场测量仪、MEDUSA电子和离子测量仪、PIA光度计等，它记录的科学数据非常宝贵。

美国空军研究实验室研制的质量仅有25kg的XSS实验科学卫星已为太空轨道中运行的卫星提供后勤维修服务，这颗卫星装有多种航天电子仪表、独立的推进系统、高分辨率

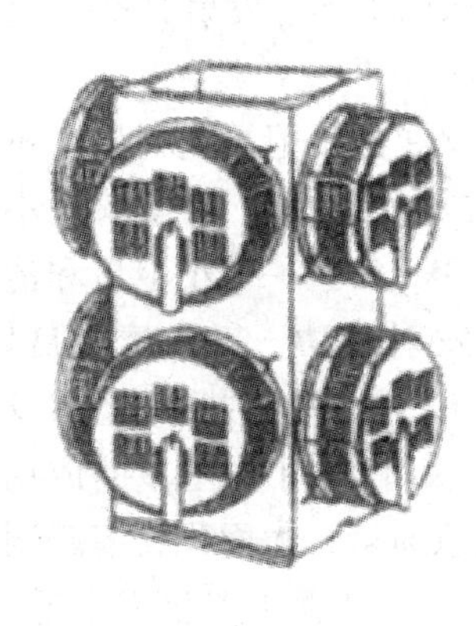

图7-67 21kg的微型通信卫星

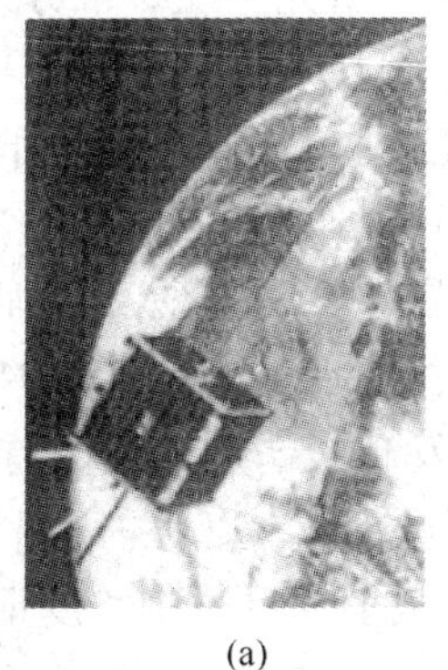

(a)

(b)

图7-68 Aprize公司研制的Aprize star微型实验室卫星
（a）微型卫星工作示意图；（b）微型卫星准备用火箭发射

的相机，入轨后两翼的太阳能电池板展开为卫星提供电能（见图7-69(a)），确保卫星长期正常工作。这颗微型卫星在地面指挥下能使微卫星推进到接近轨道的其他卫星，对其进行观察检测，分离并放出一套自动化的修理工具，对轨道中的卫星进行维修（见图7-69(b)），是颗很有实用价值的空间后勤维修服务工具。

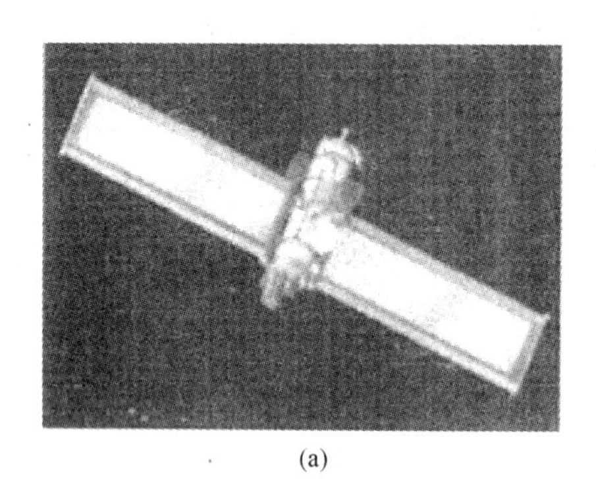

(a)

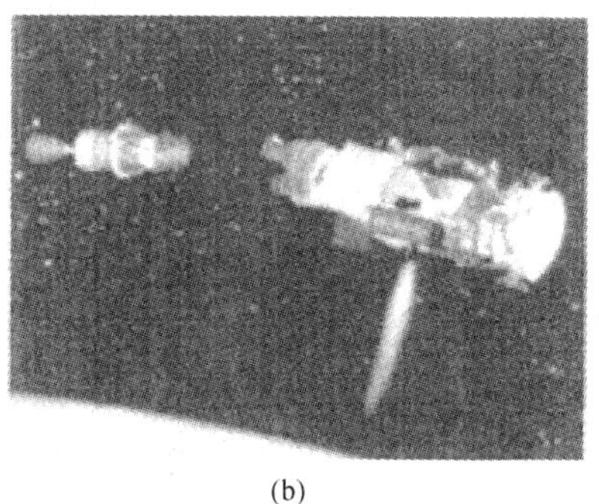

(b)

图7-69 质量仅有25kg的XSS实验微型卫星
（a）太阳能电池板展开为卫星提供电能；（b）分离放出自动维修工具系统

图7-70 德国RUBIN-2小型通信卫星

美国Surrey卫星技术公司于2001年9月在Alaska成功发射了质量为67kg的PICOSat微型实验卫星，工作情况良好。德国Bremen-based宇航公司使用俄罗斯Dnepr火箭于2002年12月成功地发射了RUBIN-2小型通信卫星（见图7-70）。该卫星装备有多种新仪器，可在太空轨道上试验先进的通信及其他多项先进技术，RUBIN-2利用由30颗卫星组成的ORB-COMM网络可快速、大容量、不间断、及时地与地面站进行通信联系。因此，可利用这种小卫星在任何时间与世界各地通电话、传输信件、图片和资料。

现今被称为世界上质量最小的（18kg）、能自主推进的Dawgstar微型卫星是由美国NASA和空军支持的，由Washington大学研制的，该卫星在M. Campbell副教授指导下由75名Washington大学本科生和研究生经3年努力研制而成，于2003年春发射升空（见图7-71）。

我国清华大学、哈尔滨工业大学、浙江大学等单位在研究发展微小卫星上开展了不少工作。清华大学与英国Surrey大学合作研制的“清华-1号”质量约为50kg的实验微小卫星于2000年成功发射（见图7-72）。哈尔滨工业大学研制的203kg实验一号小卫星和清华大学的第二颗微型卫星同时用同一火箭于2004年4月23日发射成功，工作情况良好。2010年9月30日浙江大学发布了研制的我国首颗“皮星一号A”发射成功后，经8天8夜的平稳运行，圆满完成了全部试验任务。这颗国产质量为3.5kg的最小微卫星的成功发射和平稳运行表明，我国的微小卫星——“皮星”已可担当应急通信、大面积灾害勘测等多项任务，且在国防科研领域具有广泛的军事和通信应用前景。这种微小卫星成本低廉、发射便捷，被航天科技界誉为紧急状态下的“突击队”，是我国微卫星发展史上的一个标志，也为我国微型小卫星的发展作出了重要贡献。

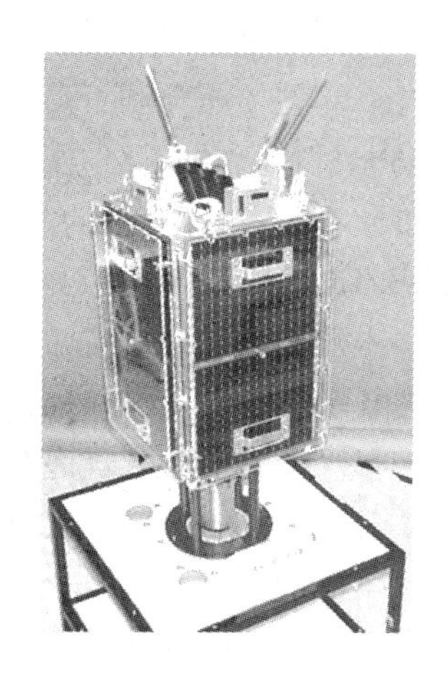

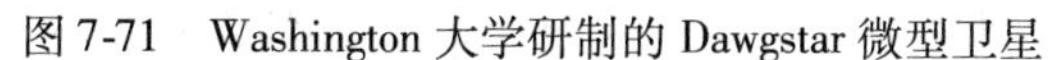

图7-71 Washington大学研制的Dawgstar微型卫星

图7-72 “清华-1号”卫星

微型卫星发展的主要方向是微型化和增强功能，在保证原有功能前提下，缩小体积、减轻质量、增加功能。其发展的核心技术就是MEMS技术，卫星本身的发展就是MEMS技术发展的具体体现。在微型卫星发展领域中，美国Sandia国家实验室的技术在全球领先，并取得多项重要成果，从1998年开始投入巨资和人力，开展研制微/纳米卫星，该实验室具有多种技术的综合开发能力，能把一体化的微机电系统、高速保密的通信网络、精确跟踪车辆与飞机和太空航天器的跟踪系统、新能源装置等综合在一起，使微型卫星进一步缩小，功能更齐全、运行更稳定。

发展小型、微型和纳米卫星以及使用多个小卫星组成星系，可以及时地跟踪发现各尖端敏感武器的装备分布，可对地面指定区域进行持续监视，也可直接向战场的部队提供高清晰的照片图像；还可利用调整宽频带的通信线路与地面超频计算机中心连成太空因特网，为地面接收站和通信站提供中继服务。虽然单个卫星功能单一，但整个卫星星系功能强大，隐蔽性好，易对敌方进行干扰，而且不易被敌方破坏、干扰。

正因为使用多个小型、微型和纳米卫星组成的星系具有这些特点，所以美国当今大力发展基于MEMS技术的微/纳米卫星技术，其中特别引人注目的是天基雷达纳米卫星星系。美国已研究用MEMS技术在芯片上制造卫星的方案，即把多种集成微型仪器芯片集成到硅或其他半导体基底上，能应用于制导、导航控制、姿态控制、推进、能源和通信等航天系统。这种在芯片上制造纳米卫星的计划已在美国得到了“创新研究”计划的支持。相应的其他发达国家都已投入巨资和人力研究开发基于MEMS技术的小型、微型和纳米卫星，并已取得不少成果和应用价值。众多的思路和有关概念研究十分值得我国在MEMS技术发展上借鉴，我国科研人员应该与时俱进地赶上MEMS技术在发展上的前进步伐。

7.5.3 微机械与微机电系统常用材料

微机械与微机电系统常用材料按其性质可分为结构材料、功能材料（包括多功能材料）和智能材料等3类。

（1）结构材料：具有一定的机械强度，用于构造机械器件基本结构的材料。可以是单一的材料，也可是材料的组合体。现今常用的有单晶硅、多晶硅、Si_3N_4单晶、Al_2O_3单晶、金刚石单晶、SiC 单晶、TiC 单晶、Fe 单晶；钢、钨、不锈钢、铝等金属材料；陶瓷；有机聚合物；单层（如金刚石薄膜）和多层膜等。

（2）功能材料：是指压电材料、光敏材料、形状记忆材料、磁性材料等具有特定功能的材料。如形状记忆材料中的 TiN、CuAlNi、CuZnAl、FeMnSi。压电材料中的压电陶瓷（PZT）有 $BaTiO_3$ 类、$Pb(ZrTi)O_3$ 类和再加入其他材料的复合型压电材料等。其中，薄膜型压电材料体积小、灵敏度高，在微传感器件和微致动器的开发中备受重视；磁伸缩材料常用于微机电系统的致动器和执行器中，最近还发展有薄膜磁伸缩材料，因体积小，在制作微传感器和执行器中有其优越性。另外，还有电流变体材料、磁流变体材料等。同样，功能材料可以是单一的材料，也可以是复合材料，在微机械和微机电系统中的应用日益广泛，而且发展很快。

多功能材料是指微机械材料具有多种功能。如微机械中用得最多的硅晶体，它不仅具有很好的强度和力学性能，是一种较好的结构材料，而且它同时又具有良好的多种传感性能，如光电效应、光电子效应、热阻效应、磁阻效应等。所以它又是一种很好的多功能性材料。现今，要求功能材料具有多种功能，即要求其结构与功能性的统一，相信多功能材料会在微机械和微机电系统中得到日益广泛的应用。

（3）智能材料：是微机械新发展的材料。一般具有传感、致动、控制等基本功能，并能模仿人类或生物的基本特定行为，对外界信息具有反应，对信息激励具有适应能力。智能材料模糊了结构材料与功能材料的明显界限，使结构功能化、功能多样化。智能材料是材料的组合体，按功能而组合。但智能材料系统需动力来处理从传感器处获得的输入信息，并对信息产生响应。常用的智能材料有形状记忆合金、电致伸缩材料、导电聚合材料、电流变体和磁流变体材料、储氢材料等。智能材料和智能结构的发展为微机械和微机电系统的发展开辟了新的领域。

目前，80% 以上的微机电系统（MEMS）的器件都是以硅为基础作材料。这在制作上不但使 MEMS 有加工技术成熟的优势，也有利于与微电子电路相集成。但 MEMS 并不局限于硅。只要具备合适的微细加工技术，许多传统机电系统所用的材料同样可以用来制造微机电系统。由于不同的材料有不同的加工方法，就使得 MEMS 的加工技术远比集成电路加工技术要多样化。

7.5.4 微机电系统加工的多样化与标准化

微机电系统加工的多样化与标准化是 MEMS 生产技术中碰到的技术难题。上面提到，不同的材料有不同的加工方法，这就使 MEMS 的加工技术远比集成电路加工技术要多样化。各种 MEMS 加工技术及其所能加工的材料见表 7-10。由表 7-10 就可看出加工技术的多样化（其中有些加工技术已在本章中做了简介）。

由于微机电系统加工技术的多样化与微机电系统本身的多样化，就使得标准化的生产产生了极大的困难。集成电路生产技术经 50 年来的发展已形成一整套的非常标准化、规范化的加工体系。一个集成电路的设计，可以发送到全球任何一个集成电路加工厂去生产，无论何地何厂生产所制造的芯片都有相同的性能。而微机电系统还远远达不到这个要求。有一些公司，试图将某些加工技术标准化，标准化后的生产技术却不同程度上限制了微机电系统的性能，满足不了所有的微机电系统的应用所需。目前，小批量、多品种仍然是微机电系统工业生产的特点，仅有极少数几种产品真正达到了规模生产的技术水平，如汽车用的加速度传感器、安全气囊传感器、压力传感器、便携式投影仪中的微反射镜阵列芯片、喷墨打印机的喷头等。欧共体为了逐步实现 MEMS 的标准化生产，在 2003 年组织制定了微系统技术标准化的路线图，目的在于发现当前 MEMS 标准化方面的难点和障碍，由专家发表对今后标准化发展趋势的预测。该路线图不光对 MEMS 加工技术标准化，还对 MEMS 设计技术、接口技术、封装技术、测量技术等一系列的标准化进行分析和预测。有理由相信，经过 MEMS 科技工作者的努力，总会在一定范围、一定程度、一定规模上解决 MEMS 标准化的难题。

表 7-10 各种 MEMS 加工技术及其所能加工的材料

加工技术	加工材料
体微加工，包括化学湿法腐蚀与等离子体、干法深刻蚀	单晶硅、石英、玻璃
面微加工	单晶硅、多晶硅、氮化硅、金属薄膜
LIGA、包括紫外 LIGA 与 X 射线 LIGA	电铸金、镍、铜、SU-8 光刻胶
热模压	塑料
热铸	塑料、金属粉末、陶瓷粉末
冷铸	PDMS
激光剥蚀	聚合物、金属、硅
激光立体快速成型	光固化聚合物
电火花	金属
精密机械加工	金属
喷砂加工	玻璃、硅、陶瓷等脆性材料
丝网印刷	压电陶瓷浆

7.6 微机电系统研究开发概况与产业化前景

7.6.1 国外微机电系统研究开发概况及产业化前景

微机械始于 20 世纪 50 年代科学家的设想，60 年代就有微型传感器研制成功，70 年代后美国和欧洲就有许多公司开展研究。由于微型电机和多种微型传感器的研制成功，这项新技术受到多个国家决策部门高度重视，被列入高新技术规划。从 1987 年美国 UC Berkeley 微马达的发明引起国际学术界轰动开始，1993 年美国 ADI 公司采用该技术成功地把微型加速度计商品化，并大批量应用于汽车防撞气囊，这标志了微机电系统技术商品化的开端，1990 年众多发达国家先后投入巨资设立国家重大项目，促进 MEMS 技术发展。美国现今约有 30 多个 MEMS 研究组。航空航天、通信和 MEMS 被列为美国三大科研开发重点。美国国防高级研究开发局资助微机电系统技术用于军用开发的经费每年达 5000 万美元。日本通产省从 1991 年到 2000 年，实施 10 年“微机械技术”大型研究计划，投资 250 亿日元，研制两台 MEMS 样机，一台用于医疗，可进入人体诊断和进行微型手术等工作；另一台用于工业，对飞行器和原子能设备的微小裂纹进行维修。法国在 1993 年启动了“微技术和微系统”项目，投资 7000 万法郎进行研究。德国每年用于微系统的科研费用高达7000万美元，并取得了多项重要研究成果。1993年欧洲有8所院校23个国家级的研究所，共31个MEMS研究组。现今欧洲已有数百所院校和研究所在开展MEMS技术的研究。

微机电系统作为一个新兴的高技术领域，完全有望如同当年微电子技术发展那样发展成为一门先进的高技术产业。从1993年美国ADI公司成功把微型加速计商品化，并大批量应用于汽车防撞气囊商品化以来，产业增长一直以高速度向前发展。

据美国N. Calirona微电子中心（MCNC）的MEMS技术中心报导，当前MEMS产业的年增长率是10%～20%，2001年有大于80亿美元的市场。美国Lucas Novsensor公司介绍，过去的30年间，世界花在MEMS的费用约100亿美元，2006年MEMS领域的年产值达100亿美元（1995年为15亿美元），其发展极为迅速。

现在MEMS已有竞争力的产品是微加速度计、微继电器、微冲击传感器、微流量传感器、微喷头、惯性传感器等。其产品体积小、售价低、功能良好、有较强的竞争力。

现今对MEMS产业化的看法是，硅微压力传感器、微加速度传感器、微阀已经是商品，微传感器已占领相当一部分传感器市场。工业界已对MEMS感兴趣。目前市场以流体调节与控制的微型机电系统为主，其次是压力传感器和惯性传感器。2000年，微压力传感器占市场的25%，微光学开关占21%，微惯性传感器占20%，流体调节控制微系统占19%，大容量储存器占6%，其他微型器件占9%，MEMS在工业、信息处理和通信、国防、航空航天、医学和生物工程、农业和家庭服务等领域有着潜在的巨大应用前景。

微机电系统的发展和初步的应用已显示出它的优异特性，具有强大的生命力和发展前景。例如，美国在对伊拉克的战争中使用的微型无人飞机、微型惯性仪表和小型卫星，对战争胜利都起到一定的作用。

近年来，微型构件和功能部件的研究开发已取得重大进展。现已经研制成功多种尺寸微小的新的功能部件，如微传感器（温度、力、压力、速度、加速度、湿度、振动、光、化学传感器等）、微执行器、微驱动器（机械手、泵、马达等）、微控制器、微通信接口、新的驱动能源等，这是微机电系统组成的基础，也是影响微机电系统发展和走向实用化的基础。微型构件和功能部件虽然已经取得重大进展，但要真正满足实际应用，仍有很大差距，还需大力研究开发。

7.6.2 我国微机电系统研究开发概况和今后的发展方向

国内MEMS技术研究起步并不晚，始于1990年初，经过20年的发展，已有七十几家研究机构研制成微型加速度计、微陀螺、微型小车、微马达等多种样机。目前，全球MEMS的应用中领先的有汽车、医疗、环境，正在增长的有通信、过程自动化、机构工程，在萌芽状态的有家用、化学、食品加工等。从整体上看，MEMS技术还处在初级阶段，国内研究开发的水平与世界先进水平的差距还不大，某些个别指标和方面甚至已达世界先进水平，但在产业化水平上却远远落后于世界先进水平。

经过20年的发展，已有清华大学、上海交通大学、浙江大学、中国科学院上海微系统与信息技术研究所、电子学研究所、长春光机与物理研究所、西北工业大学、东南大学、中国电子科技集团公司第十三所和第四十四所、哈尔滨工业大学等几十家的科研机构在进行 MEMS 的研究，已经形成了几个 MEMS 研究力量比较集中的地区。国家“863 计划”也于 2002 年适时地启动了“微机电系统重大专项”。针对国际上 MEMS 技术发展趋势、产业化前景，结合国内经济发展需用和核心技术的发展战略，以支撑我国 MEMS 产业化发展的应用基础和关键技术为切入点，重点研究了 MEMS 器件集成系统、先进制造与测试技术及应用，逐步建立中国的 MEMS 研发体系和产业化基地；围绕医疗、环境、石化等行业开发若干小批量、多品种、高质量的 MEMS 器件及微系统，推动 MEMS 可持续发展和未来产业化的形成。

“十五”期间重点是打基础，通过平台建设，掌握 MEMS 设计、制造、测试工艺、装备与系统集成等方面的具有自主知识产权的关键技术，在建立研发体系与产业化基地的同时，研发具有创新性的器件与微系统。在研究国外微机电系统技术发展状况与发展趋势的基础上，结合我国“十五”期间已有的基础情况和国内需要，“十一五”我国继续完善 MEMS 制造技术和研发体系，形成 MEMS 的自主开发与批量制造能力，部分 MEMS 器件与微系统实现产业化，并围绕环境监测、医疗健康、公共安全、快速检测与预警等国家需要，研究开发具有自主知识产权的微纳系统设计与核心制造技术、关键装备及单元产品，提升我国微纳系统自主设计和微纳制造技术的竞争力，并在某些方面进入国际领先水平行列。

下阶段的发展目标为在纳米材料、器件和系统、生物医学、测量表征等方面取得国际一流的原创性成果；在信息、生物医药、能源、环境、制造等重要应用领域取得重大进展；促进纳米绿色印刷制版、高密度存储器、新型显示、疾病快速诊断、水净化，高效能源转化等纳米材料、器件与技术的规模化应用；培养一批高水平的学术带头人并形成在国际上有重要影响的研究团队。

在国内，目前已突破了若干关键技术，加工能力使成品率得到很大提高。在医疗、环境、石化等行业开发出了若干小批量、多品种、高质量的 MEMS 器件与微系统。在 MEMS 加速度传感器、特种压力传感器、人体腔道诊疗微系统、微型血液检测、气象检测微系统等，基本达到实用和多种方式的产业化。此外，在柔性传感器阵列、微型燃料电池、致冷器、透皮药物释放微系统等方面取得了创新性成果，为我国 MEMS 技术的持续发展奠定了基础。

有专家断言，微纳加工技术是 MEMS 制造的工艺基础，是纳米技术发展的基础之一，是纳米技术走向产业化的技术关键，是人类进入微观世界的桥梁，是人类了解和利用微观世界的工具。由它而引出的新概念、新规律、新技术必然对人类社会和科学技术的发展产生重大而深远的影响。

参考文献

[1] 戴达煌，周克崧，袁镇海，等. 现代材料表面技术科学[M]. 北京：冶金工业出版社，2004.
[2] 陈刚，张立彬，胥芳. LIGA 技术及其在微驱动器中的应用[J]. 微纳电子技术，2002(3)：36.
[3] 清华大学仿声研究实验室. 我国科学家研制成机器蜂[N]. 羊城晚报，2002-12-27(A6).
[4] 蔡炳初. 微光机电系统的发展趋势[C]. TFC'99 届薄膜学术讨论会论文集. 上海. 1999.
[5] 姚汉民，刘业异. 21 世纪微电子光刻技术[J]. 半导体技术，2001(10)：47.
[6] 郭宝增，田华. 角度限制散射投影电子束光刻[J]. 半导体技术，2001(10)：43.

[7] 杰克逊K A. 半导体工艺[M]//材料科学与技术丛书（第16卷）. 北京：科学出版社，1999.
[8] 刘立建，谢进，王家楫. 聚焦离子束（FIB）技术及其在微电子领域中的应用[J]. 半导体技术，2001(2)：19.
[9] 钱苗根. 材料表面技术及其应用手册[M]. 北京：机械工业出版社，1998.
[10] 冯伯儒. 准分子激光的应用[J]. 微细加工技术，1994(3)：43.
[11] 清华大学，微束纳米技术研究中心. 微纳电子技术，2002(12)：50.
[12] [德] Menz W、Mohr J、Paul U. 微系统技术[M]. 王春海，等译. 北京：化学工业出版社，2003.
[13] 明平美，胡洋洋，朱健. 微细电火花加工 MEMS 器件技术关键分析[J]. 微纳电子技术，2005(4)：157～163.
[14] 张朝阳，朱荻，王明环，等. 超短脉冲电流微细电解加工技术研究[C]. 中国微米纳米技术第七届学术年会，2005：1295～1298.
[15] 王振宇，成立，祝俊，等. 电子束曝光技术及其应用综述[J]. 半导体技术，2006，31(6)：418～423.
[16] 吕文龙，陈义华，孙道恒. 表面微加工中镍的微电铸[C]. 中国微米纳米技术第七届学术年会. 2005：407～409.
[17] 苑伟政，马炳和，等. 微机械与微细加工技术[M]. 西安：西北工业大学出版社，2000.
[18] 袁哲俊. 纳米科学与技术[M]. 哈尔滨：哈尔滨工业大学出版社，2005.
[19] 崔铮. 微纳米加工技术及其应用[M]. 北京：高等教育出版社，2005.
[20] 张琛等. 微执行器[M]. 上海：上海交通大学出版社，2005.
[21] 浙江大学. 我国首颗皮卫星发射成功[N]. 羊城晚报，2010-10-1(A4).
[22] 成立，王振宇，朱漪云，刘合祥. 制备纳米级 ULSI 的极紫外光刻技术[J]. 半导体技术，2005，30(9)：28～33.
[23] 胡思远. 走进军事变革的现代战场[M]. 广州：广东省出版集团，花城出版社，2010.